中外有色金属及其合金牌号速查手册

第3版

张永裕　李维钺　李　军　编

机械工业出版社

本手册是一本中外常用有色金属及其合金牌号与化学成分的速查工具书。其主要内容是我国现行相关标准中的有色金属及其合金牌号、标准号与化学成分，与俄罗斯、日本、美国、国际标准化组织、欧洲标准委员会相近似有色金属及其合金牌号的对照表。一个牌号基本上用一个表格来介绍，查找方便。本手册还对中外有色金属及其合金牌号的表示方法做了简单介绍，并将中外有色金属及其合金相关标准目录作为附录供读者参考。本手册内容新，数据翔实可靠，实用性强。

本手册可供机械、冶金、化工、电力、航空等行业的工程技术人员、营销人员使用，也可供相关专业在校师生参考。

图书在版编目（CIP）数据

中外有色金属及其合金牌号速查手册/张永裕，李维钺，李军编. —3版. —北京：机械工业出版社，2022.5

ISBN 978-7-111-70167-5

Ⅰ.①中… Ⅱ.①张… ②李… ③李… Ⅲ.①有色金属-工业产品目录-世界-手册②有色金属合金-工业产品目录-世界-手册 Ⅳ.①TG146-63

中国版本图书馆CIP数据核字（2022）第027118号

机械工业出版社（北京市百万庄大街22号 邮政编码100037）
策划编辑：陈保华 责任编辑：陈保华 王春雨
责任校对：郑 婕 张 薇 李 婷 封面设计：马精明
责任印制：刘 媛
盛通（廊坊）出版物印刷有限公司印刷
2022年6月第3版第1次印刷
148mm×210mm · 27.875印张 · 2插页 · 797千字
标准书号：ISBN 978-7-111-70167-5
定价：99.00元

电话服务 网络服务
客服电话：010-88361066 机 工 官 网：www.cmpbook.com
010-88379833 机 工 官 博：weibo.com/cmp1952
010-68326294 金 书 网：www.golden-book.com
封底无防伪标均为盗版 机工教育服务网：www.cmpedu.com

前　言

《中外有色金属及其合金牌号速查手册》前两版累计发行了1万多册，深受读者欢迎。手册第2版自2010年1月出版发行以来，至今已十多年了。随着科学技术的飞速发展和国际贸易往来的日益扩展，国内外有色金属及其合金的相关标准在不断进行修订或制定，一些旧标准已被新颁发的标准所代替。例如：GB/T 3190—2020《变形铝及铝合金化学成分》代替GB/T 3190—2008，增加了108个牌号；GB/T 5231—2012《加工铜及铜合金牌号和化学成分》相对于GB/T 5231—2001新增加了102个牌号；GB/T 5235—2021《加工镍及镍合金牌号和化学成分》代替GB/T 5235—2007《加工镍及镍合金化学成分和产品形状》，新增加了24个牌号。初步统计，2010—2020年我国新颁发的相关有色金属及其合金标准就有90种。本手册涉及我国的标准有148个，共有1858个牌号。国外相关标准也在不断修订或制定，本手册涉及的美国ASTM、AWS和SAE标准有190个，如ASTM B209/B209M—2021《铝及铝合金薄板和中厚板标准规范》，ASTM B465—2020《铜铁（高铜）合金板、薄板、带材和轧制棒材标准规范》，ASTM B32—2020《金属焊料标准规范》等；日本JIS标准有91个，如JIS H4203：2018《镁合金棒》，JIS H3250：2021《铜及铜合金杆材和棒材》等；国际ISO标准有53个，如ISO H8287：2021（E）《镁和镁合金　纯镁　化学成分》，ISO 3116：2019（E）《变形镁和镁合金　化学成分和力学性能》，ISO 9453：2020（E）《软焊料合金　化学成分和形式》等；欧洲EN标准有57个，如EN 573-3：2019（E）《铝及铝合金　化学成分和形式　第3部分：化学成分》，EN 1706：2020（E）《铝及铝合金　铸件化学成分和力学性能》，EN 13600：2021（E）《铜和铜合金一般电气用无缝铜管》，EN ISO 24034：2020《焊接消耗品　钛和钛合金熔焊用焊

丝和焊条　分类》等；俄罗斯 ГОСТ 标准有 53 个，如 ГОСТ 492—2006《压力蒸炼镍、镍及铜镍合金牌号》，ГОСТ 5017—2006《锡青铜牌号》等。因此，为了适应国内外有色金属及其合金的标准更新情况，满足读者需求，我们决定对手册第 2 版进行修订，出版第 3 版。

本次修订的主要工作是根据新颁发或修订的国内外相关标准，更新了相应的牌号和化学成分数据，并修正了上一版中的错误和不完整之处。

本手册的主要内容是我国现行标准中有色金属及其合金的牌号、标准号与化学成分，与俄罗斯、日本、美国、国际标准化组织、欧洲标准委员会相近似有色金属及其合金牌号的对照表。一个牌号及其化学成分基本上用一个表格来介绍，查找方便。本手册还对中外有色金属及其合金牌号的表示方法做了简单介绍，并将中外有色金属及其合金相关标准目录作为附录供读者参考。本手册内容新，数据翔实可靠，实用性强。本手册可供机械、冶金、化工、电力、航空等行业的工程技术人员、营销人员使用，也可供相关专业在校师生参考。

本手册第 3 版主要是由张永裕在李维钺、李军编写的第 2 版的基础上修订完成的。修订时，得到了机械工业出版社的大力支持和帮助。在此，对相关单位和人员表示衷心的感谢！

由于编者学识、精力有限，手册中不妥之处在所难免，敬请广大读者批评指正。

编　者

目 录

第 1 章　有色金属及其合金分类

1.1　有色金属及其分类

有色金属在金属的类别中占有绝大部分。有的资料将有色金属划归为非铁金属，并称在化学元素周期表中，除铁外所有金属元素均为非铁金属；有的资料把金属分为黑色金属和有色金属两大类，黑色金属为铁、锰、铬三种，其余八十余种金属都称为有色金属。

由于各国地理位置、矿产分布和生产状况等的不同，对有色金属的分类并不统一。一般按有色金属的密度、经济价值、在地壳中的储量及分布情况等分为五大类，见图 1-1。

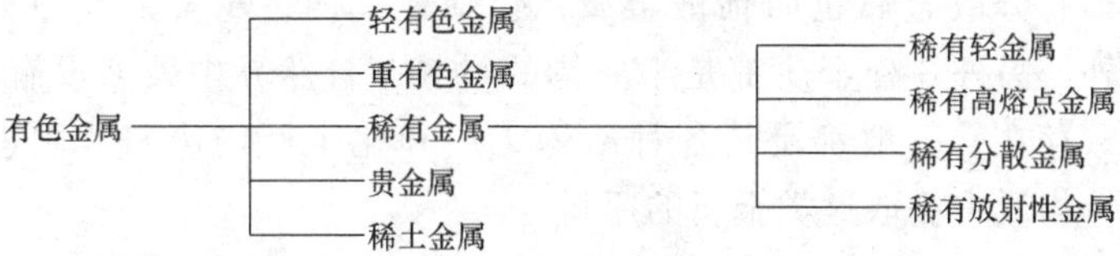

图 1-1　有色金属的分类

1. 轻有色金属

轻有色金属一般是指密度在 4.5g/cm^3 以下的有色金属，包括铝、镁、钠、钾、钙、锶、钡。这类金属的共同特点是密度小(0.53~4.5g/cm^3)，化学活性大，氧、硫、碳和卤素化合物都相当稳定。这类金属多采用熔盐电解法和金属热还原法提取。

有资料介绍，在自然界中的铝约占地壳质量的 8%（铁约占 5%），随着炼铝技术的发展和铝的广泛应用，其产量已超过有色金属总产量的 1/3。

2. 重有色金属

重有色金属一般是指密度在 4.5g/cm^3 以上的有色金属，包括铜、镍、铅、锌、钴、锡、锑、汞、镉和铋。这类金属一般用火法冶炼和湿法冶炼。

根据每种重有色金属的特性，它们在国民经济的各个部门已被广泛应用。

3. 稀有金属

稀有金属通常是指那些在自然界中存在很少，且分布稀散或难以从原料中提取的金属。

稀有轻金属包括锂、铷、铍、铯、钛。其共同特点是密度小（Li：0.53g/cm^3，Rb：1.55g/cm^3，Be：1.85g/cm^3，Cs：1.87g/cm^3，Ti：4.5g/cm^3），化学活性很强。

稀有高熔点金属包括钨、钼、钽、铌、锆、铪、钒和铼 8 种金属。它们的共同特点是熔点高［1830℃（锆）~3400℃（钨）］，硬度高，耐蚀性好，可与一些非金属生成非常坚硬的和难熔的稳定化合物，这些化合物都是生产硬质合金所必需的原料。

稀有分散金属也叫稀散金属，包括镓、铟、铊、锗 4 种金属。除铊外，另外 3 种金属都是半导体的材料，自然界中大多没有单独的矿藏存在，一般都是从各种冶炼工厂和化工厂的废料、阳极泥、炉渣等物质中提取这类金属的原料。

稀有放射性金属包括天然放射性元素（钋、镭、锕、钍、铀、镤）和人造放射性元素（钫、锝、镎、钚）、人造超铀元素（镅、锔、锫、锎、锿、镄、钔、锘、铹、铲、𨧀、𨭎、𨨏、𨭆、鿏、𫟼、𬬭）。这些元素在矿石中往往是彼此共生，也常常与稀土矿物伴生。放射性金属元素具有强烈的放射性。

天然放射性元素镭是医疗界放射性治疗的放射源，天然放射性元素铀（U）及人造超铀元素钚（Pu）等则是和平利用原子能（如核能发电）和制造核武器的重要物质。

天然放射性元素往往与稀土金属矿伴（共）生，有时也存在于特殊石料中。对于装饰用石料，应防止放射性物质超过国家标准的有关规定。

稀有金属的名称具有一定的相对性，因为该类金属并非全部都稀少，一些稀有金属在地壳中的含量比某些常用金属还多，如锆、钒、锂、铍的含量均比铅、锌、汞、锡含量多。

4. 贵金属

贵金属包括金、银和铂族元素（铂、钯、铱、铑、钌、锇）。由于它们对氧和其他试剂的稳定性，而且在地壳中含量少，开采和提炼也比较困难，价格也比一般金属昂贵，因而得名贵金属。

贵金属的特点是密度大（$10.4 \sim 22.4 g/cm^3$），熔点高（最高可达 3000℃），化学性质稳定，抗酸、碱，耐蚀性强（除银、钯外）。

贵金属广泛地应用于电子工业和航空航天工业等领域。体育活动中用其制作奖牌，日常生活中用其制作首饰。铂（俗称白金）也得到了广泛应用。金具有良好的延展性，在古建筑中曾用作外装饰品。一些国家用金、银作为货币的储备物，有的则发行金币和银币用于流通。

5. 稀土金属

稀土金属包括镧系元素以及与镧系元素性质相近的钪和钇，共 17 种金属。镧、铈、镨、钕、钷、钐和铕为轻稀土；钆、铽、镝、钬、铒、铥、镱、镥，以及性质与镧系元素相近的钪、钇为重稀土。我国有着较多的稀土资源，稀土产业是我国少有的能与工业发达国家和地区相抗衡的优势产业之一，在世界占有举足轻重的地位。

1.2　有色金属合金及其分类

用一种有色金属作为基体，然后再根据需要，加入另外一种（或几种）金属或非金属组分，所组成的既有基体金属通性，又具有某些特定性能的物质称为有色金属合金。

有色金属合金分类方法很多，见表 1-1。

一般情况下，合金组分总的质量分数小于 2.5%者称为低合金，质量分数为 2.5%~10%者称为中合金，质量分数大于 10%者称为高合金。下面分别介绍几种有色金属合金。

表1-1　有色金属合金分类

分类方法	种　类
按基体金属分	铝合金、镁合金、铜合金、锌合金、镍合金、钛合金、轴承合金等
按生产方法分	铸造合金、变形合金
按组合元素数目分	二元合金、三元合金、四元合金、多元合金

1. 铝合金

以铝为金属基体，再加入一种或几种其他元素（镁、铜、硅、锰等）组合构成的有色金属合金，称为铝合金。由于纯铝的抗拉强度等力学性能低，它的使用受到了限制。铝合金密度低，有足够高的抗拉强度值（一般约为纯铝的6倍），塑性及耐蚀性也很好。大部分铝合金通过热处理可以得到强化，现已被广泛应用。

以压力加工方法生产的管、棒、线、型、板、带、条等半成品（含完工产品）的铝合金，称为变形铝合金。用各种铸造方法生产的铸件用铝合金，称为铸造铝合金。

2. 镁合金

以镁为金属基体，再加入一种或几种其他元素（铝、锌、锰、锡、锶、锆及稀土钇、铈、钕等）组合构成的有色金属合金，称为镁合金。

以压力加工方法生产的管、棒、线、板、带、条等变形的镁合金产品，称为变形镁合金。用各种铸造方法生产的铸件用镁合金，称为铸造镁合金。

3. 铜合金

以铜为基体的合金，称为铜合金。根据添加元素和性能的不同，铜合金可分为铜锌合金（黄铜）、铜锡合金（青铜）和铜镍合金（白铜）。

黄铜是以锌为主要加入元素的铜合金。铜锌二元合金称为普通黄铜，铜锌合金中再加入其他元素（如锡、镍、锰、铅、硅、铝、铁等）称为特殊黄铜。

黄铜具有良好的理化性能和可加工性，也可用于铸造各种产品零件。

高铜和青铜都是以铜为基体，再加入一种或几种其他元素（铬、铍、锡、铝等）组合构成的铜合金。高铜是指铜的质量分数在96.0%~99.3%之间的铜合金，是从青铜系列中分离出来的一类系列合金，高铜系列合金有铍高铜、铬高铜、镉高铜等。高铜牌号表示方法是将青铜牌号中的“Q”修改为“T”表示，如QBe2改为TBe2。青铜系列合金有锡青铜、铝青铜、锰青铜、铬青铜、硅青铜等。

青铜也可分为加工青铜和铸造青铜两大类。

白铜是以镍为主要加入元素的铜合金。铜镍二元合金称为普通白铜；三元以上的白铜，还需要在前面附上第二个主要加入元素的名称（符号），如锰白铜、铁白铜、锌白铜和铝白铜等。

白铜目前没有铸造产品，加工产品有良好的力学性能和耐蚀性。其广泛地应用在精密机械、化工机械、船舶制造及电工、医疗卫生工程等方面。

4. 锌合金

以锌为金属基体，再加入一种或几种其他元素（铅、铁、镉、镁、钛等）组合构成的有色金属合金，称为锌合金。加工锌及锌合金有锌箔、电池锌饼、电池锌板、照相制版用微晶锌板和胶印锌板。铸造锌及锌合金有铸造用锌合金锭、铸造锌合金、压铸锌合金和热镀用锌合金锭。

5. 镍合金

以镍为金属基体，再加入一种或几种其他元素（铬、钼、锰、硅、铜、铁、钨、铌、钛、铝等）组合构成的有色金属合金，称为镍合金。以压力加工方法生产的管、棒、丝、板、带等镍合金产品，称为加工镍合金。用各种铸造方法生产的铸件用镍合金，称为铸造镍合金。

6. 钛合金

以钛为金属基体，再加入一种或几种其他元素（铝、锡、钯、钌、镍、钼、钒、锆、铵、钛、铌等）组合构成的有色金属合金，称为钛合金。以压力加工方法生产的管、棒、丝、板、带等钛合金产品，称为加工钛合金。用各种铸造方法生产的铸件用钛合金，称为铸造钛合金。

7. 轴承合金（铸造）

轴承有滚动轴承和滑动轴承两大类，滚动轴承是用合金钢制作配套的。轴承合金一般是指滑动轴承所用的轴瓦合金。

根据工作条件，对轴承合金的要求是既能支承轴的正常运转，又不磨损轴。因此，轴承合金应满足下列条件：

1）适中的强度和硬度。

2）良好的塑性（磨合性）。

3）高的耐磨性和低的摩擦因数。

4）耐蚀性好。

5）良好的导热性、黏附性。

国家标准中，目前有锡基、铅基、铜基和铝基四种铸造轴承合金。此外，还有锌基、镉基、银基等轴承合金。

选用轴承合金时，除根据工作条件考虑合金的性质外，还应考虑价格和资源等因素。

第 2 章　中外有色金属及其合金牌号表示方法简介

2.1　中国（GB、YS）有色金属及其合金牌号表示方法简介

2.1.1　有色金属及其合金产品牌号表示方法总则

1. 产品牌号命名

产品牌号命名以代号字头或元素符号及其后面的成分数字或顺序号，结合产品类别或组别名称表示。常用金属及其合金汉语拼音字母的代号见表 2-1。

表 2-1　常用金属及其合金汉语拼音字母的代号

序号	名称	采用的汉字及汉语拼音		采用代号	字体
		汉字	汉语拼音		
1	铜	铜	tong	T	大写
2	铝	铝	lü	L	大写
3	镁	镁	mei	M	大写
4	镍	镍	nie	N	大写
5	黄铜	黄	huang	H	大写
6	青铜	青	qing	Q	大写
7	白铜	白	bai	B	大写
8	钛及钛合金	钛	tai	T	大写
9	无氧铜	铜、无	tong wu	TU	大写
10	镁粉	粉、镁	fen mei	FM	大写
11	镁合金(变形加工用)	镁、变	mei bian	MB	大写
12	阳极镍	镍、阳	nie yang	NY	大写
13	电池锌板	锌、电	xin dian	XD	大写
14	钨钴硬质合金	硬、钴	ying gu	YG	大写
15	铸造碳化钨	硬、铸	ying zhu	YZ	大写
16	钢结硬质合金	硬、结	ying jie	YE	大写

2. 产品代号

产品代号采用汉语拼音字母、化学元素符号及阿拉伯数字相结合的方法表示。

3. 产品统称

产品的统称（如铝材、铜材）、类别（如黄铜、青铜）以及产品标记中的品种（如板、管、棒、线、带、箔）等，均用汉字表示。

2.1.2　冶炼产品牌号表示方法

纯金属冶炼产品分为工业纯和高纯两大类。其牌号用化学元素符号结合顺序号或表示主成分的数字表示。元素符号和顺序号（或数字）中间采用短横线“-”。

1. 工业纯度金属

工业纯度金属用顺序号表示，其纯度随顺序号增加而降低。

2. 高纯金属

高纯金属用表示主成分的数字表示，短横线之后加一个“0”以示高纯，“0”后第一个数字表示主成分“9”的个数，如主成分（质量分数）为99.999%的高纯铟表示为In-05。

3. 海绵状金属

海绵状金属则在元素符号前冠以“H”（“海”字汉语拼音的第一个字母），如1号海绵钛表示为“HT-1”。

2.1.3　加工产品牌号表示方法

有色金属及合金加工产品，按金属及合金系统分类，如铜及铜合金、铝及铝合金、镁及镁合金、钛及钛合金、镍及镍合金等。

1. 纯金属加工产品

铜、镍等的纯金属加工产品分别用汉语拼音字母（T、N等）加顺序号表示，如一号纯铜加工产品表示为T1。

2. 合金加工产品

合金加工产品的代号，用汉语拼音字母、元素符号或汉语拼音字母及元素符号，并结合表示成分的数字组或顺序号表示。

铜、镍、铝、镁、钛以外的其他合金用基体元素的化学元素符号加第一个主添加元素符号及除基体元素外的成分数字组表示，如1.5锌铜合金表示为ZnCu1.5，20金镍合金表示为AuNi20，4铜铍中间合金表示为 CuBe4，13.5-2.5 锡铅合金表示为 SnPb13.5-2.5。

2.1.4　铸造产品牌号表示方法

有色金属及合金铸造产品，按金属及合金系统分类，如铸造铝及铝合金、铸造铜及铜合金、铸造镁及镁合金、铸造钛及钛合金、铸造镍及镍合金等。

1. 铸造纯金属产品

铸造有色纯金属产品的牌号用“Z”和相应纯金属的化学元素符号及表明产品纯度百分含量的数字或用一短横线加顺序号表示。

2. 铸造合金产品

铸造有色合金产品的牌号用铸造代号“Z”和基体金属的元素符号、主要合金元素符号以及表明合金元素名义含量的数字表示。

2.1.5　铝及铝合金牌号表示方法

1. 冶炼产品

铝锭有重熔用铝锭（GB/T 1196—2017）、高纯铝锭（YS/T 275—2018）等，它们均以化学元素符号加数字组成，数字表示铝的质量分数值。

高纯铝锭有 Al 99.999、Al 99.9995 和 Al 99.9999 三个牌号，铝的质量分数分别不小于 99.999%、99.9995% 和 99.9999%，其标准号是 YS/T 275—2018，可以半圆锭、圆锭、长板锭和梯形锭供货。

2. 加工产品

GB/T 16474—2011 规定了变形铝及铝合金的牌号表示方法。各个合金的化学成分及牌号，由 GB/T 3190—2020《变形铝及铝合金化学成分》具体规定。

（1）四位数字体系牌号命名方法　国际四位数字体系铝及铝合金组别与牌号系列，见表 2-2。

表 2-2　国际四位数字体系铝及铝合金组别与牌号系列

组　　别	牌号系列	牌号举例
纯铝(铝的质量分数不小于 99.00%)	1×××	1285、1085、1070、1070A
以铜为主要合金元素的铝合金	2×××	2014、2014A、2024、2124
以锰为主要合金元素的铝合金	3×××	3003、3005、3103、3105

（续）

组　别	牌号系列	牌号举例
以硅为主要合金元素的铝合金	4×××	4004、4032、4043、4043A
以镁为主要合金元素的铝合金	5×××	5005、5019、5050、5154A
以镁和硅为主要合金元素，并以 Mg2Si 相为强化相的铝合金	6×××	6061、6063、6063A、6082
以锌为主要合金元素的铝合金	7×××	7003、7005、7049A、7085
以其他合金元素为主要合金元素的铝合金	8×××	8001、8011、8011A、8090
备用合金组	9×××	—

国际四位数字体系 1×××牌号系列：在 1×××中，最后两位数字表示最低铝的质量分数，与最低铝的质量分数中小数点右边的两位数字相同。例如，1060 表示最低铝的质量分数为 99.60%的工业纯铝。第二位数字表示对杂质范围的修改，若是零，则表示该工业纯铝的杂质范围为生产中的正常范围；如果为 1~9 中的自然数，则表示生产中应对某一种或几种杂质或合金元素专门加以控制。例如，1350 工业纯铝是一种铝的质量分数应不低于 99.50%的电工铝，其中有 3 种杂质应受到控制，即 w（V+Ti）≤0.02%，w（B）≤0.05%，w（Ca）≤0.03%。

国际四位数字体系 2×××~8×××牌号系列：2×××~8×××系列中，牌号最后两位数字无特殊意义，仅表示同一系列中的不同合金，但有些是表示美国铝业公司过去用的旧牌号中的数字部分，如 2024 合金，即过去的 24S 合金。不过，这样的合金为数甚少。第二位数字表示对合金的修改，如为零，则表示原始合金，如为 1~9 中的任一整数，则表示对合金的修改次数。对原始合金的修改仅限于下列任何一种或几种情况：

① 对主要合金元素含量范围进行变更，其极限含量算术平均值的变化量见表 2-3。

② 增加或删除了极限含量算术平均值不超过 0.30%的一个合金元素，或者增加或删除了极限含量算术平均值不超过 0.40%的一组组合元素形式的合金元素。

表 2-3　极限含量算术平均值的变化量

原始合金中的极限含量算术平均值范围（质量分数，%）	极限含量算术平均值的变化量（质量分数，%）
≤1.0	≤0.15
>1.0~2.0	≤0.20
>2.0~3.0	≤0.25
>3.0~4.0	≤0.30
>4.0~5.0	≤0.35
>5.0~6.0	≤0.40
>6.0	≤0.50

注：改型合金中的组合元素极限含量的算术平均值，应与原始合金中相同组合元素的算术平均值或各相同元素（构成该组合元素的各单个元素）的算术平均值之和相比较。

③ 用一种作用相同的合金元素代替另一种合金元素。

④ 改变杂质含量范围。

⑤ 改变晶粒细化剂含量范围。

⑥ 使用高纯金属，将铁、硅的质量分数最大极限值分别降至 0.12%、0.10%或更小。

试验合金的牌号：试验合金的牌号也按上述规定编制，但在数字前面加大写字母“X”。试验合金的注册期限不得超过 5 年。对试验合金的成分，申请注册的单位有权改变。当合金通过试验合格后，去掉“X”，成为正式合金。

国家间相似铝及铝合金牌号：国家间相似铝及铝合金表示某一国家新注册的，与已注册的某牌号成分相似的纯铝或铝合金。国家间相似铝及铝合金采用与其成分相似的四位数字后缀一个英文大写字母（按国际字母表的顺序，由 A 开始依次选用，但 I、O、Q 除外）来命名。

（2）四位字符体系牌号命名方法　未命名为国际四位数字体系牌号的变形铝及铝合金，应采用四位字符牌号（但试验铝及铝合金采用前缀 X 加四位字符牌号）命名。

牌号结构：四位字符体系牌号的第一、三、四位为阿拉伯数字，第二位为英文大写字母（C、I、L、N、O、P、Q、Z 字母除外）。牌号的第一位数字表示铝及铝合金的组别，见表 2-4。除改型合金外，铝合金组别按主要合金元素（6×××系按 Mg_2Si）来确定。主要合金元素指极限含量算术平均值为最大的合金元素。当有一个以上的合金元素极限含量算术平均值同为最大时，应按 Cu、Mn、Si、Mg、Mg_2Si、Zn、其他元素的顺序来确定合金组别。牌号的第二位字母表示原始纯铝或铝合金的改型情况，最后两位数字用以标识同一组中不同的铝合金或表示铝的纯度。

表 2-4　四位字符体系铝及铝合金组别与牌号系列

组　别	牌号系列	牌号举例
纯铝（铝的质量分数不小于 99.00%）	1×××	1A99、1B99、1A80A
以铜为主要合金元素的铝合金	2×××	2A01、2A11、2A12
以锰为主要合金元素的铝合金	3×××	3A21
以硅为主要合金元素的铝合金	4×××	4A01、4A13、4A91
以镁为主要合金元素的铝合金	5×××	5A01、5B06、5A66
以镁和硅为主要合金元素，并以 Mg_2Si 相为强化相的铝合金	6×××	6A01、6R05、6A60
以锌为主要合金元素的铝合金	7×××	7B04、7C04、7D68
以其他合金元素为主要合金元素的铝合金	8×××	8A01、8A06
备用合金组	9×××	—

纯铝的牌号命名法：铝的质量分数不低于 99.00%时为纯铝，其牌号用 1×××系列表示。牌号的最后两位数字表示最低铝的质量分数。当最低铝的质量分数精确到 0.01%时，牌号的最后两位数字就是最低铝的质量分数中小数点后面的两位。牌号第二位的字母表示原始纯铝的改型情况。如果第二位的字母为 A，则表示为原始纯铝；如果是 B~Y 的其他字母，则表示为原始纯铝的改型，与原始纯铝相比，其元素含量略有改变。

铝合金的牌号命名法：铝合金的牌号用 2×××~8×××系列表示。牌号的最后两位数字没有特殊意义，仅用来区分同一组中不同的铝合金。牌号第二位的字母表示原始合金的改型情况。如果牌号第二位的字母是 A，则表示为原始合金；如果是 B~Y 的其他字母，则表示为原始合金的改型合金。改型合金与原始合金相比，化学成分的变化，仅限于下列任何一种或几种情况：

① 一个合金元素或一组组合元素形式的合金元素，极限含量算术平均值的变化量符合表 2-3 的规定。

② 增加或删除了极限含量算术平均值不超过 0.30%的一个合金元素，或者增加或删除了极限含量算术平均值不超过 0.40%的一组组合元素形式的合金元素。

③ 为了同一目的，用一个合金元素代替了另一个合金元素。

④ 改变了杂质的极限含量。

⑤ 细化晶粒的元素含量有变化。

3. 铸造产品

铸造铝及铝合金的相关标准有 GB/T 1173—2013《铸造铝合金》和 GB/T 8733—2016《铸造铝合金锭》。其牌号表示方法如下：

1）铸造铝合金。由“ZAl”加主要合金元素符号以及表明合金元素名义质量分数的数字组成。

2）铸造铝合金锭。铸锭牌号采用三位数字加一位英文字母加小数点再加数字的形式表示，示例如下：

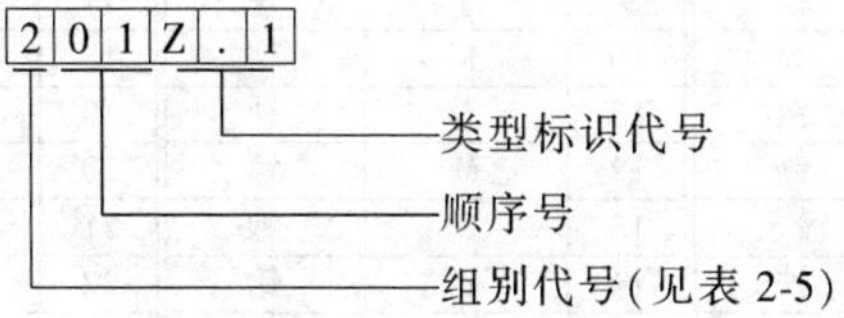

表 2-5　铸锭组别代号

组别代号	组　别
2	以铜为主要合金元素的铸锭
3	以硅、铜和(或)镁为主要合金元素的铸锭
4	以硅为主要合金元素的铸锭
5	以镁为主要合金元素的铸锭
7	以锌为主要合金元素的铸锭
8	以钛为主要合金元素的铸锭
9	以其他元素为主要合金元素的铸锭
6	备用组

2.1.6　镁及镁合金牌号表示方法

1. 冶炼产品

GB/T 3499—2011《原生镁锭》中，原生镁锭牌号用镁化学元素符号“Mg”加四位阿拉伯数字表示，如 Mg9998 表示为镁的质量分数不小于99.98%的原生镁锭。

2. 加工产品

GB/T 5153—2016《变形镁及镁合金牌号和化学成分》中，纯镁牌号以“Mg”加阿拉伯数字的形式表示，“Mg”后的阿拉伯数字表示镁的质量分数，如Mg99.50表示镁的质量分数大于或等于99.50%的纯镁。

镁合金牌号以英文字母加数字再加英文字母的形式表示。前面的英文字母是其最主要的合金组成元素代号（元素代号见表2-6中的规定），其后的数字表示其最主要的合金组成元素的大致含量，最后面的英文字母为标识代号，用以标识各具体组成元素相异或元素含量有微小差别的不同合金。

表2-6　元素代号

序号	元素代号	元素名称	序号	元素代号	元素名称	序号	元素代号	元素名称
1	A	铝	9	J	锶	17	S	硅
2	B	铋	10	K	锆	18	T	锡
3	C	铜	11	L	锂	19	V	钆
4	D	镉	12	M	锰	20	W	钇
5	E	稀土	13	N	镍	21	Y	锑
6	F	铁	14	P	铅	22	Z	锌
7	G	钙	15	Q	银			
8	H	钍	16	R	铬			

镁合金牌号的组成示例：

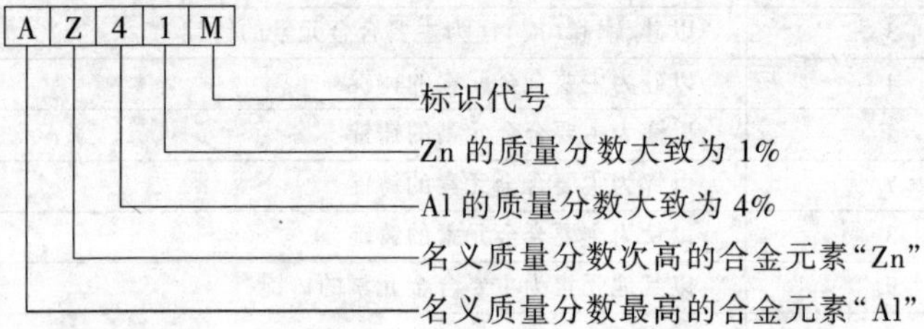

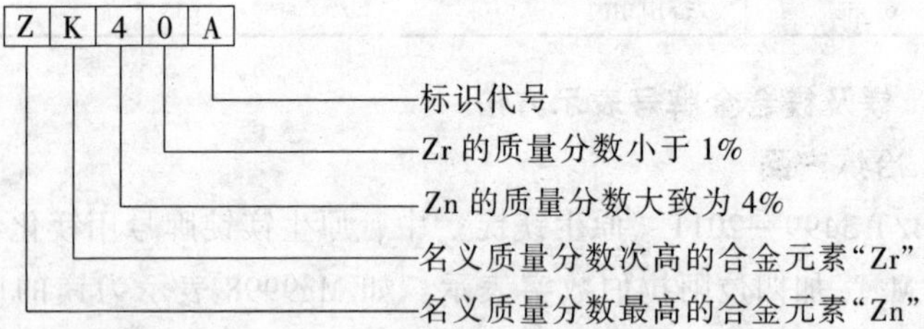

3. 铸造产品

GB/T 19078—2016《铸造镁合金锭》中，将对应的 EN 1753 牌号更改为对应的 ISO 16220 牌号。其牌号表示方法与变形镁合金锭牌号的表示方法一样，以英文字母加数字再加英文字母来表示。例如：牌号 AZ91D 中，“A” 表示质量分数最高的合金元素铝，“Z” 表示质量分数次高的合金元素锌，“9” 表示铝的质量分数约为 9%，“1” 表示锌的质量分数约为 1%，D 为标识代号；牌号 AM20A 中，“A” 表示质量分数最高的合金元素铝，“M” 表示质量分数次高的合金元素锰，“2” 表示铝的质量分数约为 2%，“0” 表示锰的质量分数小于 1%，末位的 “A” 为标识代号。

GB/T 1177—2018《铸造镁合金》中，牌号按 GB/T 8063—2017《铸造有色金属及其合金牌号表示方法》的规定，铸造镁合金牌号由 “Z” 和基体金属的元素符号、主要合金元素符号以及表明合金元素名义质量分数的数字组成。其牌号表示示例如下：

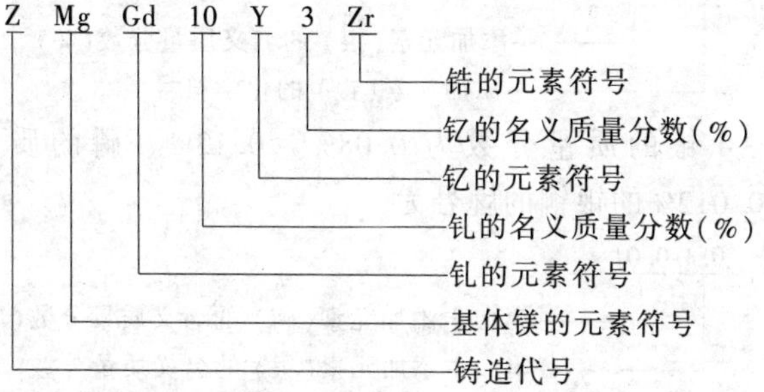

2.1.7　铜及铜合金牌号表示方法

1. 冶炼产品

(1) 再生铜及铜合金　再生铜及铜合金牌号的命名是在加工铜及铜合金牌号的命名方法的基础上，牌号的最前端冠以 “再生” 英文单词 “recycling” 的第一个大写字母 “R”。

(2) 阴极铜　GB/T 467—2010《阴极铜》中用化学元素符号 Cu、阴极的英文字母代号 CATH，以及区分高纯与标准铜的符号 A 和数字 1 号、2 号来表示其牌号。例如：A 级铜（Cu-CATH-1）表示高纯阴极铜，1 号标准铜（Cu-CATH-2）表示标准阴极铜，2 号标准铜（Cu-CATH-3）表示标准阴极铜。

2. 加工产品

加工铜及铜合金产品分为加工铜、加工高铜、加工黄铜、加工青铜和加工白铜。其牌号命名方法及示例分别如下：

(1) 加工铜　加工铜分为纯铜、银铜、锆铜、碲铜、硫铜、无氧铜、银无氧铜、弥散无氧铜、锆无氧铜和磷脱氧铜。纯铜用“T+顺序号”表示，银铜等用“T+第一主添加元素化学符号+各添加元素的质量分数（数字间以“-”隔开）”表示，无氧铜用“TU+顺序号”或“TU+添加元素的化学符号+各添加元素的质量分数”表示，磷脱氧铜用“TP+顺序号”表示。

示例1：铜的质量分数（含银）≥99.90%的二号纯铜的牌号为

T2
└─顺序号

示例2：银的质量分数为0.06%~0.12%的银铜的牌号为

TAg 0.1
0.1 ─添加元素(银)的名义质量分数(%)
Ag ─添加元素(银)的化学符号

示例3：银的质量分数为0.08%~0.12%、磷的质量分数为0.004%~0.012%的银铜的牌号为

TAg 0.1-0.01
0.01 ─第二主添加元素(磷)的名义质量分数(%)
0.1 ─第一主添加元素(银)的名义质量分数(%)
Ag ─第一主添加元素(银)的化学符号

示例4：氧的质量分数≤0.002%的一号无氧铜的牌号为

TU1
└─顺序号

示例5：银的质量分数为0.15%~0.25%、氧的质量分数≤0.003%的无氧银铜的牌号为

TUAg 0.2
0.2 ─添加元素(银)的名义质量分数(%)
Ag ─添加元素(银)的化学符号

示例6：磷的质量分数为0.015%~0.040%的二号磷脱氧铜的牌号为

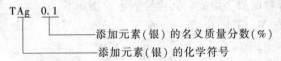

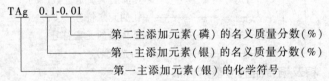

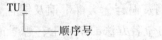

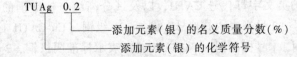

TP2
└──顺序号

（2）加工高铜　加工高铜是从加工青铜中分离出来的，加工高铜合金是指以铜为基体金属，在铜中加入一种或几种微量元素以获得某些预定特性的合金。一般铜的质量分数在 96.0%～99.3%的范围内，用于冷、热压力加工。加工高铜分为铍铜、铬铜、镍铬铜、镁铜、铁铜、钛铜、镉铜和铅铜。加工高铜牌号的命名方法用“T+第一主添加元素化学符号+各添加元素的质量分数（数字间以“-”隔开）”表示。

示例 7：铬的质量分数为 0.50%～1.5%、锆的质量分数为 0.05%～0.25%的高铜牌号为

TCr　1-0.15
- 0.15──第二主添加元素（锆）的名义质量分数（%）
- 1──第一主添加元素（铬）的名义质量分数（%）
- TCr──第一主添加元素（铬）的化学符号

注：铜和高铜合金牌号中不体现铜的含量。

（3）加工黄铜　加工黄铜分为普通黄铜和复杂黄铜（铅黄铜、锡黄铜、铋黄铜、锰黄铜、铝黄铜、硅黄铜、铁黄铜、镍黄铜、镁黄铜、硼砷黄铜和锑黄铜）。普通黄铜用“H+铜的质量分数”表示，复杂黄铜用“H+第二主添加元素化学符号+铜的质量分数+除锌以外的各添加元素的质量分数（数字间以“-”隔开）”表示。

示例 8：铜的质量分数为 63.5%～68.0%的普通黄铜牌号为

H65
└──铜的名义质量分数（%）

示例 9：铅的质量分数为 0.8%～1.9%、铜的质量分数为 57.0%～60.0%的铅黄铜牌号为

HPb　59-1
- 1──第二主添加元素（铅）的名义质量分数（%）
- 59──基本元素（铜）的名义质量分数（%）
- HPb──第二主添加元素（铅）的化学符号

注：黄铜中锌为第一主添加元素，但牌号中不体现锌的含量。

（4）加工青铜　加工青铜分为锡青铜、铝青铜、锰青铜、硅青

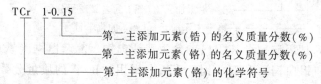

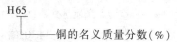

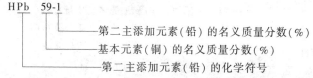

铜和铬青铜。加工青铜牌号的命名方法用"Q+第一主添加元素化学符号+各添加元素的质量分数（数字间以"-"隔开）"表示。

示例10：铝的质量分数为4.0%～6.0%的铝青铜牌号为

QAl　5

5——添加元素（铝）的名义质量分数（%）

Al——添加元素（铝）的化学符号

示例11：锡的质量分数6.0%～7.0%、磷的质量分数0.10%～0.25%的锡磷青铜牌号为

QSn　6.5-0.1

0.1——第二主添加元素（磷）的名义质量分数（%）

6.5——第一主添加元素（锡）的名义质量分数（%）

Sn——第一主添加元素（锡）的化学符号

（5）加工白铜　加工白铜分为普通白铜、复杂白铜（铁白铜、锰白铜和铝白铜）和锌白铜。普通白铜用"B+镍的质量分数"表示，铜为余量的复杂白铜用"B+第二主添加元素化学符号+镍的质量分数+各添加元素的质量分数（数字间以"-"隔开）"表示，锌为余量的锌白铜用"B+Zn元素化学符号+第一主添加元素（镍）的质量分数+第二主添加元素（锌）的质量分数+第三主添加元素的质量分数（数字间以"-"隔开）"表示。

示例12：镍（含钴）的质量分数为29%～33%的普通白铜牌号为

B30

30——镍的名义质量分数（%）

示例13：镍的质量分数为9.0%～11.0%、铁的质量分数为1.0%～1.5%、锰的质量分数为0.5%～1.0%的铁白铜牌号为

BFe　10-1-1

第三个1——第三主添加元素（锰）的名义质量分数（%）

第二个1——第二主添加元素（铁）的名义质量分数（%）

10——第一主添加元素（镍）的名义质量分数（%）

Fe——第二主添加元素（铁）的化学符号

示例14：铜的质量分数为60.0%～63.0%、镍的质量分数为14.0%～16.0%、铅的质量分数为1.5%～2.0%、锌为余量的含铅锌

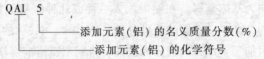

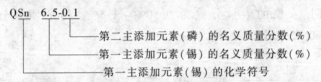

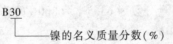

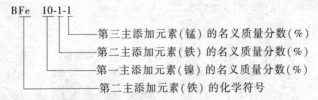

白铜牌号为

BZn 15-21-1.8

- 1.8——第三主添加元素（铅）的名义质量分数（%）
- 21——第二主添加元素（锌）的名义质量分数（%）
- 15——第一主添加元素（镍）的名义质量分数（%）
- BZn——锌元素的化学符号

3. 铸造产品

铸造铜及铜合金牌号的命名是在加工铜及铜合金牌号的命名方法的基础上，牌号的最前端冠以“铸造”一词汉语拼音的第一个大写字母“Z”。

2.1.8 锌及锌合金牌号表示方法

1. 冶炼产品

锌锭牌号用化学元素符号“Zn”加锌的质量分数值表示。如Zn99.995 表示锌的质量分数不小于 99.995%的锌锭。

2. 加工产品

加工锌产品是由锌锭加工成的锌制品，其牌号与锌锭相同。

其他用锌加工的制品，用汉语拼音字母为代号加顺序号组成牌号。如 XD1 表示含 Pd、Cd 的干电池用锌板。

3. 铸造产品

铸造锌合金分为铸造锌合金、压铸锌合金和铸造用锌合金锭三大类。

（1）铸造锌合金　铸造锌合金由铸造代号“Z”和基体锌的元素符号、主要合金元素符号以及表明合金元素名义质量分数的数字组成。其牌号表示示例如下：

Z Zn Al 4 Cu 1 Mg

- Mg——镁的元素符号
- 1——铜的名义质量分数（%）
- Cu——铜的元素符号
- 4——铝的名义质量分数（%）
- Al——铝的元素符号
- Zn——基体锌的元素符号
- Z——铸造代号

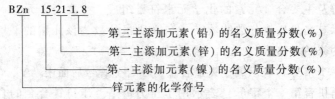

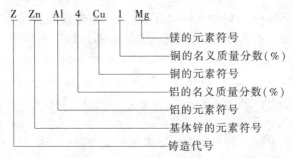

（2）压铸锌合金 GB/T 13818—2009《压铸锌合金》规定，牌号由锌及主要合金元素的化学元素符号组成。主要合金元素后面跟有表示其名义质量分数的数字（名义质量分数为该元素的平均质量分数的修约化整值）。在合金牌号前面以字母“Z”（“铸”字汉语拼音第一个字母）表示属于铸造合金，在合金牌号后面用“Y”（“压”字汉语拼音第一个字母）表示用于压力铸造。压铸锌合金的合金代号由字母“Y”“X”（“压”“锌”字两汉语拼音第一个字母）及其后面的三位阿拉伯数字及一位字母组成。YX后面的前两位数字表示合金中化学元素铝的名义质量分数，第三位数字表示合金中化学元素铜的名义质量分数。末位字母用以区别成分略有不同的合金。例如：牌号ZZnAl4Cu1Y的合金代号为YX041。

（3）铸造用锌合金锭 GB/T 8738—2014《铸造用锌合金锭》规定，合金代号表示方法用“Z”（“铸”字汉语拼音首字母）代表“铸造用”，用“X”（“锌”字汉语拼音首字母）表示“锌合金”，在“X”的后面加顺序号，如代号ZX01。铸造用锌合金锭牌号由基体元素的化学元素符号“Zn”加主要合金元素的化学元素符号及其质量分数值组成，如牌号ZnAl4的合金代号为ZX01，牌号ZnAl27Cu2的合金代号为ZX10。

2.1.9 锡及锡合金牌号表示方法

1. 冶炼产品

（1）锡锭 GB/T 728—2020规定，锡锭牌号用化学元素符号“Sn”加4位数字表示。标准中有Sn99.99、Sn99.95和Sn99.50三个牌号，其中锡的质量分数分别不小于99.99%、99.95%和99.50%。

（2）高纯锡 YS/T 44—2011规定，高纯锡牌号用化学元素符号“Sn”加一短横线“-”隔开，其后加两位数字的顺序号来表示。顺序号越大，锡的质量分数值越高。标准中共有Sn-05、Sn-06、Sn-07三个牌号，其中锡的质量分数值分别不小于99.999%、99.9999%、99.99999%。

2. 加工产品

（1）加工锡 加工锡箔牌号用化学元素符号“Sn”加顺序号表

示。顺序号越大，锡的质量分数值越低。例如：牌号 Sn1、Sn2、Sn3，其锡的质量分数分别不小于 99.90%、99.80%、99.5%。

（2）加工锡合金　加工锡合金牌号用基体元素锡的化学元素符号“Sn”加主要合金元素的化学符号及其质量分数值表示。例如：锡锑合金箔牌号 SnSb2.5 中，“Sn”为基体元素锡的化学元素符号，“Sb”为主要合金元素锑的化学元素符号，“2.5”为锑元素的平均质量分数值。

2.1.10　铅及铅合金牌号表示方法

1. 冶炼产品

（1）铅锭　GB/T 469—2013 规定，铅锭牌号用化学元素符号“Pb”加 5 位数字表示。标准中有 Pb99.994、Pb99.990、Pb99.985、Pb99.970、Pb99.940 五个牌号。其中铅的质量分数值分别不小于 99.994%、99.990%、99.985%、99.970%和 99.940%。

（2）高纯铅　YS/T 265—2012 规定，高纯铅牌号用化学元素符号“Pb”，加一短横线“-”隔开，其后加两位数字的顺序号来表示。顺序号越大，铅的质量分数值越高。标准中共有 Pb-05、Pb-06 两个牌号，其中铅的质量分数值分别不小于 99.999%、99.9999%。

（3）再生铅及铅合金锭　GB/T 21181—2017 规定，再生铅牌号用“ZS”（“再生”字汉语拼音首字母）加铅化学元素符号“Pb”加 4 位数字表示。标准中有 ZSPb99.994、ZSPb99.992 两个牌号。例如：再生铅锭牌号 ZSPb99.994 中，“ZS”为“再生”字汉语拼音首字母，“Pb”为铅化学元素符号，“99.994”指铅的质量分数值不小于 99.994%。再生铅合金牌号用“ZS”（“再生”字汉语拼音首字母）加基体铅的化学元素符号“Pb”加主要合金化学元素符号及其质量分数值表示。例如：再生铅合金锭牌号 ZSPbSb1 中，“ZS”为“再生”字汉语拼音首字母，“Pb”为基体铅的化学元素符号，“Sb”为锑的化学元素符号，“1”为锑的质量分数值。

2. 加工产品

（1）加工铅　加工铅箔牌号用化学元素符号“Pb”加顺序号表示。顺序号越大，铅的质量分数值越低。例如：牌号 Pb2、Pb3、Pb4、Pb5，其铅的质量分数分别不小于 99.99%、99.98%、

99.95%、99.9%。

(2) 加工铅合金 加工铅合金牌号用基体元素铅的化学元素符号"Pb"加主添加合金元素的化学符号及其质量分数值，加一短横线"-"隔开，其后加次添加元素的质量分数值表示。例如：铅锑锡合金箔牌号 PbSb6-5 中，"Pb"为基体元素铅的化学元素符号，"Sb"为主添加元素锑的化学元素符号，"6"为锑元素的平均质量分数值，加一短横线"-"隔开，"5"为次添加元素锡的平均质量分数值。

2.1.11 镍及镍合金牌号表示方法

1. 冶炼产品

GB/T 6516—2010 中，电解镍牌号用镍的化学元素符号"Ni"加数字组成。"Ni"后面的4位数字是指（Ni+Co）最低质量分数，标准中共五个牌号，为 Ni9999、Ni9996、Ni9990、Ni9950 和 Ni9920，其中镍的质量分数分别为 99.99%、99.96%、99.90%、99.50% 和 99.20%。

2. 加工产品

GB/T 5235—2021 中，加工镍及镍合金按组别划分有纯镍、阳极镍、镍锰系、镍铜系、镍镁系、镍硅系、镍钼系、镍钨系、镍铬系、镍铬钼系、镍铬钴系和镍铬铁系共54个牌号。

(1) 纯镍 纯镍牌号用汉语拼音字母"N"分别加顺序号2、4、5、6、7、8、9表示七种纯镍牌号。随着数字的增大，（Ni+Co）的质量分数值稍有降低。另外，还有用两个汉语拼音字母"DN"表示电真空镍，仅有这一个牌号，（Ni+Co）的质量分数不小于99.35%。

(2) 阳极镍 阳极镍用两个汉语拼音字母"NY"加顺序号组成牌号。标准中有 NY1、NY2、NY3 三个牌号，（Ni+Co）的质量分数分别不小于 99.7%、99.4%和 99.0%。

(3) 镍锰系等合金 这些镍合金均用汉语拼音字母"N"和主要合金元素符号，以及除镍以外的各种元素的平均质量分数值组成牌号。例如，NCu40-2-1 表示铜的质量分数约为 40%、锰的质量分数约为 2%和铁的质量分数约为 1%的镍铜合金。

3. 铸造产品

(1) 铸造镍 铸造镍牌号由铸造代号"Z"和基体镍的元素符

号加 2 位或 3 位数字组成，如牌号 ZNi995、ZNi99。

（2）铸造镍合金　铸造镍合金由铸造代号“Z”和基体镍的元素符号、主要合金元素符号以及表明合金元素名义质量分数的数字组成，如牌号 ZNiCr22Mo9Nb4、ZNiCr22Fe20Mo7Cu2。

2.1.12　钛及钛合金牌号表示方法

1. 冶炼产品

（1）海绵钛　GB/T 2524—2019 中，海绵钛牌号用汉语拼音字母代号“MHT”加最小布氏硬度值表示。海绵钛产品分为 0_A、0、1、2、3、4、5 级 7 个等级，牌号有 MHT-95、MHT-100、MHT-110、MHT-125、MHT-140、MHT-160、MHT-200 七个。例如：海绵钛牌号 MHT-95 中，“MHT”为海绵钛汉语拼音字母代号，其钛的质量分数不小于 99.8%，加一短横线“-”隔开，其后“95”为最小布氏硬度值；牌号 MHT-200 中，“MHT”为海绵钛汉语拼音字母首字母，其钛的质量分数不小于 98.5%，加一短横线“-”隔开，其后“200”为最小布氏硬度值。

（2）冶金用二氧化钛　YS/T 322—2015 中，在二氧化钛牌号中“Y”表示冶金用，“TiO_2”表示产品的化学成分主要为二氧化钛，其后用“-”隔开，用 1、2 表示产品的等级。例如：牌号 $YTiO_2$-1 表示 TiO_2 质量分数值不小于 99.5%的一级冶金用二氧化钛。

（3）钛粉　YS/T 654—2018 中，钛粉牌号中“T”表示产品的化学成分主要为钛，“F”表示产品交货状态为粉末状态，其后用“-”隔开，用 0、1、2、3、4、5、6 表示不同的钛质量分数值。例如：牌号 TF-0 表示钛的质量分数不小于 99.50%，牌号 TF-05 表示钛的质量分数不小于 95.00%。

2. 加工产品

GB/T 3620.1—2016 中，加工钛及钛合金一般用汉语拼音字母“T”加表示金属或合金组织类型的字母及顺序号表示。字母 A、B、C 分别表示 α 型、β 型、α+β 型钛合金，合金牌号之外可附有名义化学成分。牌号 TA0～TA4G 共十三个，名义化学成分为工业纯钛；牌号 TA5～TA36 共四十二个，为不同的名义化学成分；牌号 TB2～TB17 共十六个，为不同的名义化学成分；牌号 TC1～TC32 共二十九个，为不同的名义化学成分，标准中共有一百个牌号。例如：工业纯钛牌号TA1ELI的名义化学成分为 w（Ti）≥99.75%（ELI为低间隙元素的英文缩写），钛合金牌号TA5的名义化学成分为Ti-4Al-0.005B，钛合金牌号TB6的名义化学成分为Ti-10V-2Fe-3Al，钛合金牌号TC4的名义化学成分为Ti-6Al-4V。

3. 铸造产品

GB/T 15073—2014中，铸造钛及钛合金牌号除按GB/T 8063—2017《铸造有色金属及其合金牌号表示方法》中的有关规定外，同时规定了铸造钛牌号用“ZTi”加顺序号表示，代号用“ZTA”加顺序号表示。例如：钛代号ZTA1的牌号表示为ZTi1。铸造钛合金用“ZTi”加主要合金元素化学符号及其质量分数值表示，代号由“ZT”分别加A、B、C（分别表示α型、β型、α+β型钛合金）及顺序号表示。顺序号与同类型加工钛合金牌号表示方法相同。但代号和牌号中某些合金元素的含量略有差异。例如：合金代号ZTA5的合金牌号表示为ZTiAl4，合金代号ZTB32的合金牌号表示为ZTiMo32，合金代号ZTC4的合金牌号表示为ZTiAl6V4。

2.1.13 钨及钨合金牌号表示方法

1. 冶炼产品

（1）氧化钨　氧化钨有黄钨、蓝钨和紫钨三类，其牌号分别用化学分子式 WO_3、WO_x 和 $WO_{2.72}$ 加品级“0、1”表示。GB/T 3457—2013《氧化钨》中，有 WO_3-0、WO_3-1、WO_x-0、WO_x-1、$WO_{2.72}$-0和 $WO_{2.72}$-1六个牌号。

（2）仲钨酸铵　仲钨酸铵牌号用代号“APT”加顺序号来表示。GB/T 10116—2007《仲钨酸铵》中，有APT-0、APT-1两个牌号。WO_3 的质量分数均不小于88.5%，杂质含量略有不同。

（3）钨条　钨条牌号用化学元素符号“W”加顺序号来表示。GB/T 3459—2006《钨条》中，有W-1、W-2、W-4三个牌号，除杂质含量要求不同外，余量均为钨。

（4）钨粉　钨粉牌号用汉语拼音字母“F”和化学元素符号“W”组合“FW”加顺序号来表示。GB/T 3458—2006《钨粉》中，有FW-1、FW-2、FW-3三个牌号，除杂质含量要求不同外，余量均为钨。根据粒度不同，将钨粉划分为14个规格。

2. 加工产品

YS/T 659—2007中关于钨及钨合金的牌号命名规则如下：

（1）纯钨 纯钨的牌号以“W”加阿拉伯数字表示，其中阿拉伯数字表示化学成分分级。例如：牌号W2中杂质含量高于牌号W1中的杂质含量。

（2）掺杂硅、铝、钾的钨 掺杂硅、铝、钾的钨牌号以“WAl”加阿拉伯数字表示，其中阿拉伯数字表示其高温性能的不同。标准中有WAl1和WAl2两个牌号。

（3）钨合金 钨合金牌号以钨的化学元素符号“W”加合金元素符号和阿拉伯数字表示，其中阿拉伯数字表示合金元素含量（质量分数）。标准中有钨铈合金WCe0.8、WCe1.1、WCe1.6、WCe2.4、WCe3.2五个牌号，钨钍合金WTh0.7、WTh1.1、WTh1.5、WTh1.9四个牌号和钨铼合金WRe1.0、WRe3.0二个牌号，共十一个钨合金牌号。

2.1.14 钼及钼合金牌号表示方法

1. 冶炼产品

（1）钼酸铵 钼酸铵牌号由“MSA”加一短横线再加顺序号组成。GB/T 3460—2017《钼酸铵》中，有MSA-0、MSA-1、MSA-2和MSA-3四个牌号，钼的质量分数为54.35%~56.45%，杂质含量略有不同。

（2）钼粉 钼粉牌号用汉语拼音字母“F”和元素符号“Mo”组合为“FMo”加一短横线再加顺序号表示。GB/T 3461—2016《钼粉》中，有FMo-1和FMo-2两个牌号，其钼的质量分数分别不小于99.95%和99.90%。

（3）钼条和钼板坯 钼条和钼板坯牌号用钼的元素符号加顺序号表示。GB/T 3462—2017《钼条和钼板坯》中，有Mo-1和Mo-2两个牌号，除杂质含量不同外，余量均为钼。

2. 加工产品

YS/T 660—2007《钼及钼合金加工产品牌号和化学成分》中，对钼及钼合金的牌号命名规则如下：

（1）纯钼　纯钼的牌号以“Mo”加阿拉伯数字表示，其中阿拉伯数字表示化学成分分级。标准中有 Mo1、RMo1、Mo2 三个牌号。

（2）钼合金　钼合金牌号以“Mo”加合金元素符号和阿拉伯数字表示，其中阿拉伯数字表示合金元素的质量分数。标准中有 MoW20、MoW30、MoW50、MoTi0.5、MoTi0.5Zr0.1、MoTi2.5Zr0.3C0.3、MoLa 七个牌号。

2.1.15 铌及铌合金牌号表示方法

1. 冶炼产品

（1）五氧化二铌　五氧化二铌牌号用粉末“F”加化学分子式“Nb_2O_5”加品级“1、2、3”表示，如五氧化二铌牌号 FNb_2O_5-1、FNb_2O_5-2、FNb_2O_5-3。

（2）高纯五氧化二铌　高纯五氧化二铌牌号用粉末“F”加化学分子式“Nb_2O_5”加产品纯度“048、045、04、035”表示。YS/T 548—2007 中有 FNb_2O_5-048、FNb_2O_5-045、FNb_2O_5-04、FNb_2O_5-035 四个牌号，其 Nb_2O_5 的质量分数分别为 99.998%、99.995%、99.99%和 99.95%。

牌号示例：

F　Nb_2O_5-048
- 048 —— 五氧化二铌的质量分数为 99.998%
- Nb_2O_5 —— 五氧化二铌的分子式
- F —— 粉末产品

（3）冶金用铌粉　铌粉用粉末代号“F”加铌的元素符号“Nb”加一短横线再加顺序号表示，如牌号 FNb-1、FNb-2、FNb-3、FNb-0。

（4）铌条　铌条由碳热还原五氧化二铌制得。铌条用汉语拼音字母“T”和元素符号“Nb”组合为“TNb”加品级 1、2 表示，如牌号 TNb1、TNb2。

2. 加工产品

（1）纯铌　纯铌牌号以“Nb”加阿拉伯数字表示，其中阿拉伯数字表示化学成分分级，如牌号 NbT、Nb1、Nb2。

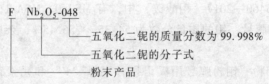

（2）铌合金　铌合金牌号以“Nb”加合金元素符号和阿拉伯数字表示，其中阿拉伯数字表示合金元素的含量，如牌号 NbZr1、NbZr2、NbHf10-1、NbW5-1、NbW5-2。

2.1.16　钽及钽合金牌号表示方法

1. 冶炼产品

（1）五氧化二钽　五氧化二钽牌号用粉末“F”加化学分子式“Ta_2O_5”加品级“1、2、3”表示，如五氧化二钽牌号 FTa_2O_5-1、FTa_2O_5-2、FTa_2O_5-3。

（2）高纯五氧化二钽　高纯五氧化二钽牌号用粉末“F”加化学分子式“Ta_2O_5”加产品纯度“045、04、035”表示。YS/T 547—2007 中有 FTa_2O_5-045、FTa_2O_5-04、FTa_2O_5-035 三个牌号，其 Ta_2O_5 的质量分数分别为 99.995%、99.99%和 99.95%。

牌号示例：

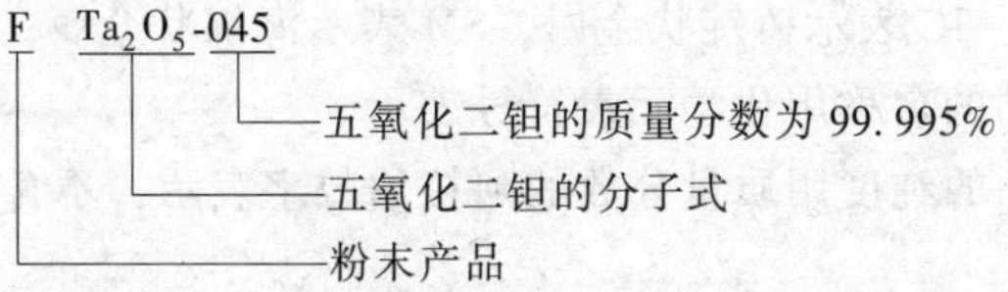

（3）冶金用钽粉　钽粉用粉末代号“F”加钽的元素符号“Ta”加一短横线再加顺序号表示。如牌号 FTa-0、FTa-1、FTa-3、FTa-4。

2. 加工产品

（1）纯钽　纯钽牌号以“Ta”加阿拉伯数字表示，其中阿拉伯数字表示化学成分分级，如牌号 Ta1、Ta2。

（2）钽合金　钽合金牌号以“Ta”加合金元素符号和阿拉伯数字表示，其中阿拉伯数字表示合金元素的质量分数，如牌号 TaNb3、TaNb20、TaNb40、TaW2.5、TaW10、TaW12。

2.1.17　锆及锆合金牌号表示方法

1. 冶炼产品

海绵锆按品质和用途不同分为核级、工业级和火器级三个级别。牌号分别为 HZr-01、HZr-02；HZr-1、HZr-2；HQZr-1。

2. 加工产品

锆及锆合金加工产品分为一般工业用和核工业用两大类，牌号

HZr-1、HZr-3 和 HZr-5 为一般工业用，牌号 HZr-0、HZr-2 和 HZr-4 为核工业用。

2.1.18 贵金属及其合金牌号表示方法

GB/T 18035—2000《贵金属及其合金牌号表示方法》规定了贵金属及其合金的冶炼产品、加工产品、复合材料、粉末产品及钎焊料牌号的表示方法。

1. 冶金产品

贵金属冶金产品牌号表示如下：

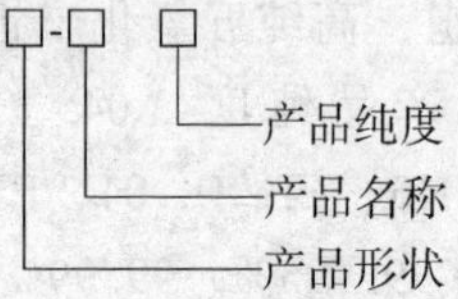

1）产品的形状分别用英文的第一个字母大写或其字母组合形式表示。其中，IC 表示铸锭状金属，SM 表示海绵状金属。

2）产品的名称用化学元素符号表示。

3）产品的纯度用质量分数的阿拉伯数字表示，不含百分号。

示例：

1）IC-Au99.99 表示纯度为 99.99%的金锭。

2）SM-Pt99.999 表示纯度为 99.999%的海绵铂。

2. 加工产品

贵金属加工产品牌号表示如下：

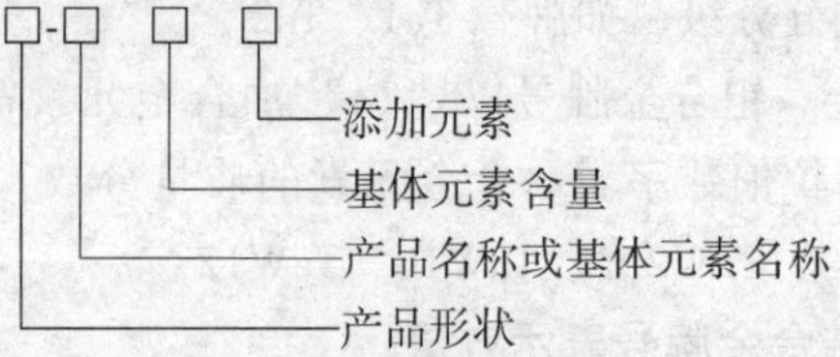

1）产品形状：分别用英语的第一个字母大写形式或英文第一个字母大写和第二个字母小写的组合形式表示。其中，Pl 表示板材，Sh 表示片材，St 表示带材，F 表示箔材，T 表示管材，R 表示棒材，W 表示线材，Th 表示丝材。

2）产品名称：若产品为纯金属，则用其化学元素符号表示名称；若为合金，则用该合金基体的化学元素符号表示名称。

3）产品含量：若产品为纯金属，则用质量分数表示其含量；若产品为合金，则用该合金基体元素的质量分数表示其含量，均不含百分号。

4）添加元素用化学元素符号表示。若产品为三元或三元以上的合金，则依据添加元素在合金中含量的多少，依次用化学元素符号表示。若产品为纯金属加工材，则无此项。

5）若产品的基体元素为普通金属，添加元素为贵金属，则仍将贵金属作为基体元素放在第二项，第三项表示该贵金属元素的含量，普通金属元素放在第四项。

示例：

1）Pl-Au99.999 表示纯度为 99.999%的纯金板材。

2）W-Pt90Rh 表示铂的质量分数为 90%，添加元素为铑的铂铑合金线材。

3）W-Au93NiFeZr 表示金的质量分数为 93%，添加元素为镍、铁、锆的金镍铁锆合金线材。

4）St-Au75Pd 表示金的质量分数为 75%，添加元素为钯的金钯合金带材。

5）St-Ag30Cu 表示银的质量分数为 30%，添加元素为铜的银铜合金带材。

3. 贵金属复合材料

贵金属复合材料牌号表示如下：

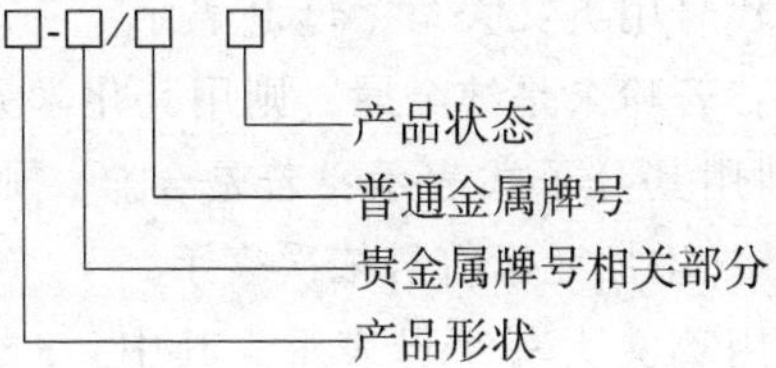

1）产品形状的表示方法与贵金属加工产品相同。

2）构成复合材料的贵金属牌号相关部分，其表示方法与加工产品中产品含量、添加元素以及产品基体元素为普通金属，添加元素为贵金属的相关规定相同。

3）构成复合材料的普通金属牌号，其表示方法参见现行相关国家标准。

4）产品状态分为软态（M）、半硬态（Y_2）和硬态（Y）。此项可根据需要选定或省略。

5）三层及三层以上复合材料，在第三项后面依次插入表示后面层的相关牌号，并以“/”相隔开。

示例：

1）St-Ag99.95/QSn6.5-0.1 表示由银的质量分数为 99.95%的银带材和锡的质量分数为 6.5%、磷的质量分数为 0.1%的锡磷青铜带复合成的复合带材。

2）St-Ag90Ni/H62Y_2 表示由银的质量分数为 90%的银镍合金和铜的质量分数为 62%的黄铜复合成的半硬态的复合带材。

3）St-Ag99.95/T2/Ag99.95 表示第一层为银的质量分数为 99.95%的银带、第二层为 2 号纯铜带、第三层为银的质量分数为 99.95%的银带复合成的三层复合带材。

4. 贵金属粉末产品

贵金属粉末产品牌号表示如下：

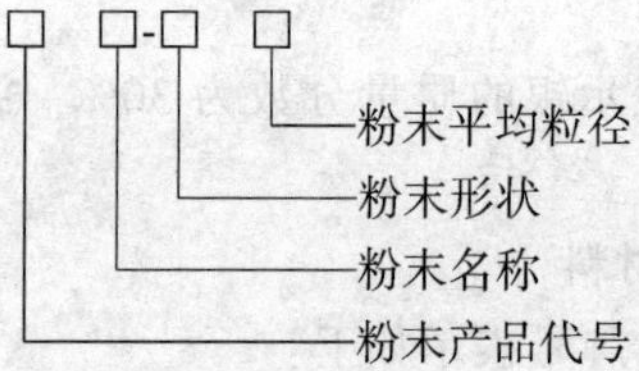

1）粉末产品代号用英文大写字母 P 表示。

2）粉末名称：若粉末是纯金属，则用其化学元素符号表示；若是金属氧化物，则用其分子式表示；若是合金，则用其基体元素符号、基体元素含量、添加元素符号依次表示。

3）粉末形状用英文大写字母表示。其中，S 表示片状粉末，G 表示球状粉末。若不强调粉末的形状，其形状可不表示。

4）粉末平均粒径用阿拉伯数字表示，单位为 μm。若平均粒径是一个范围，则取其上限值。

示例：

1）PAg-S6.0 表示平均粒径小于 6.0μm 的片状银粉。

2）PPd-G0.15 表示平均粒径小于 0.15μm 的球状钯粉。

5. 贵金属钎焊料

贵金属钎焊料牌号表示如下：

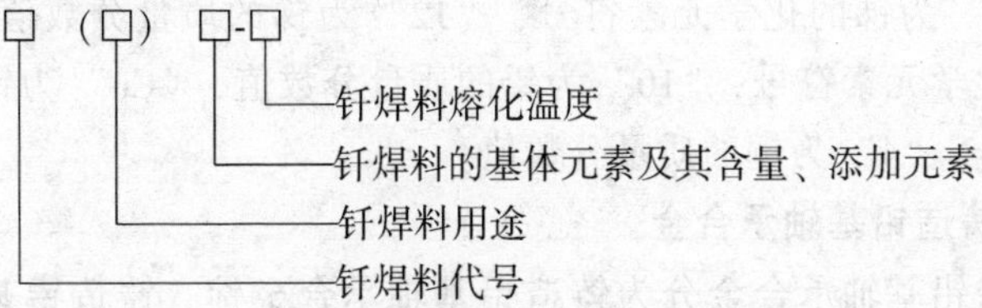

1）钎焊料代号用英文大写字母 B 表示。

2）钎焊料用途用英文大写字母表示。其中，V 表示电真空焊料。若不强调钎焊料的用途，此项可不用字母表示。

3）钎焊料合金的基体元素及其含量以及添加元素，其表示方法同贵金属加工产品中的含量、添加元素。

4）钎焊料熔化温度：共晶合金为共晶点温度，其余合金为固相线温度/液相线温度。

示例：

1）BVAg72Cu-780 表示银的质量分数为 72%，熔化温度为 780℃，用于电真空器件的银铜合金钎焊料。

2）BAg70CuZn-690/740 表示银的质量分数为 70%，固相线温度为 690℃，液相线温度为 740℃的银铜锌合金钎焊料。

2.1.19 轴承合金牌号表示方法

1. 铸造锡基轴承合金

铸造锡基轴承合金分为铸造锡基轴承合金锭和铸造锡基轴承合金两大类。

（1）铸造锡基轴承合金锭 GB/T 8740—2013 规定，铸造锡基轴承合金锭牌号没有铸造代号“Z”，牌号用基体锡的化学元素符号“Sn”加主添加合金元素符号及其质量分数值表示。例如：锡基锑铜轴承合金锭牌号 SnSb8Cu8 中，“Sn”为基体元素锡的化学元素符号，“Sb”为主添加元素锑的化学元素符号，“8”为锑元素的平均质量分数值，“Cu”为次添加元素铜的化学元素符号，“8”为铜元素的平均质量分数值。

（2）铸造锡基轴承合金　GB/T 1174—1992规定，铸造锡基轴承合金牌号用“ZSn”（表示铸造锡）加主添加合金元素符号及其质量分数值表示。例如：牌号ZSnSb12Pb10Cu4中，“ZSn”表示铸造锡，“Sb”为锑的化学元素符号，“12”为锑的质量分数值，“Pb”为铅的化学元素符号，“10”为铅的质量分数值，“Cu”为铜的化学元素符号，“4”为铜的质量分数值。

2. 铸造铅基轴承合金

铸造铅基轴承合金分为铸造铅基轴承合金锭、铸造铅基轴承合金两大类。

（1）铸造铅基轴承合金锭　GB/T8740—2013规定，铸造铅基轴承合金锭牌号没有铸造代号“Z”，牌号用基体铅的化学元素符号“Pb”加主添加合金元素符号及其质量分数值表示。例如：铅锑锡合金牌号PbSb15Sn10中，“Pb”为基体铅的化学元素符号，“Sb”为锑的化学元素符号，“15”为锑的质量分数值，“Sn”为锡的化学元素符号，“10”为锡的质量分数值。

（2）铸造铅基轴承合金　GB/T1174—1992规定，铸造铅基轴承合金牌号用“ZPb”（表示铸造铅）加主添加合金元素符号及其质量分数值表示。例如：牌号ZPbSb16Sn16Cu2中，“ZPb”表示铸造铅，“Sb”为锑的化学元素符号，“16”为锑的质量分数值，“Sn”为锡的化学元素符号，“16”为锡的质量分数值，“Cu”为铜的化学元素符号，“2”为铜的质量分数值。

2.1.20　焊接材料牌号表示方法

1. 焊料牌号表示方法

（1）铸造锡铅焊料牌号表示方法　GB/T 8012—2013中，铸造锡铅焊料牌号由三部分组成。第一部分为字母“ZHL”，表示铸造锡铅焊料；第二部分为主要合金化学成分；第三部分为分类的英文字母AA、A、B、C代号，其分类英文字母AA、A、B、C代表杂质含量略有不同。

示例1：

ZHL　Sn63Pb　A

- A —— 分类字母代号
- Sn63Pb —— 主要合金化学成分
- ZHL —— 铸造锡铅焊料

示例 2：

ZHL　Sn63Pb　B

- B —— 分类字母代号
- Sn63Pb —— 主要合金化学成分
- ZHL —— 铸造锡铅焊料

（2）无铅钎料型号表示方法　GB/T 20422—2018《无铅钎料》中规定的型号编制方法如下：

1）无铅钎料型号由主要合金组分的化学元素符号组成，第一个化学元素符号表示钎料的基本组分，其他元素符号按其质量分数顺序列出。当几种元素具有相同的质量分数时，按其原子序数顺序排列。

2）公称质量分数小于 0.1%的元素在型号中不必标出，如某元素是钎料的关键组分一定要标出时，可仅标出其化学元素符号。

3）型号示例如下：

Sn96　Ag2.5Bi1Cu0.5

- Ag2.5Bi1Cu0.5 —— 添加元素
- Sn96 —— Sn 元素及其含量

（3）镍基钎料型号表示方法　GB/T 10859—2008《镍基钎料》中规定的镍基钎料型号编制方法如下：

1）镍基钎料型号由两部分组成，第一部分用“B”表示硬钎焊，第二部分由主要合金组分的化学元素符号组成。在第二部分中，第一个化学元素符号表示钎料的基本组分，第一个化学元素后标出其公称质量分数（公称质量分数取整数误差±1%，若其元素公称质量分数仅规定最低百分数时应将其取整），其他元素符号按其质量分数由大到小的顺序列出。当几种元素具有相同的质量分数时，按其原子序数顺序排列。公称质量分数小于 1%的元素在型号中不必列出，如某元素是钎料的关键组分一定要列出时，可在括号中列出其

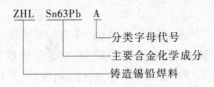

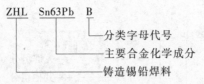

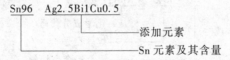

化学元素符号。

2）钎料标记中应有标准号“GB/T 10859”和“钎料型号”的描述。例如一种镍基钎料的化学成分（质量分数）为：w(Cr)=13.0%~15.0%、w(Si)=4.0%~5.0%、w(B)=2.75%~3.50%、w(Fe)=4.0%~5.0%、w(C)=0.60%~0.90%，镍为余量，该钎料标记如下：

GB/T 10859　B　Ni73　CrFeSiB　(C)

- (C)——关键组分
- CrFeSiB——其他组分
- Ni73——基本组分及其公称含量
- B——硬钎料
- GB/T 10859——标准号

2. 焊丝型号表示方法

（1）铝及铝合金焊丝型号编制方法　GB/T 10858—2008《铝及铝合金焊丝》中规定，焊丝型号由三部分组成：第一部分为字母“SAl”，表示铝及铝合金焊丝；第二部分为四位数字，表示焊丝型号；第三部分为可选部分，表示化学成分代号。其焊丝型号示例如下：

SAl　4043　(AlSi5)

- (AlSi5)——化学成分代号
- 4043——焊丝型号
- SAl——铝及铝合金焊丝

（2）铜及铜合金焊丝型号编制方法　GB/T 9460—2008《铜及铜合金焊丝》中规定，焊丝型号由三部分组成：第一部分为“SCu”，表示铜及铜合金焊丝；第二部分为四位数字，表示焊丝型号；第三部分为可选部分，表示化学成分代号。其焊丝型号示例如下：

SCu　1898　(CuSn1)

- (CuSn1)——化学成分代号
- 1898——焊丝型号
- SCu——铜及铜合金焊丝

（3）镍及镍合金焊丝型号编制方法　GB/T 15620—2008《镍及

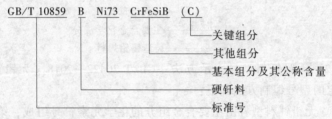

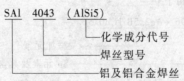

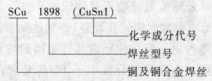

镍合金焊丝》中规定，焊丝型号由三部分组成：第一部分为“SNi”表示镍焊丝；第二部分为四位数字表示焊丝型号；第三部分为可选部分，表示化学成分代号。其焊丝型号示例如下：

SNi　1008　(NiMo19WCr)

- (NiMo19WCr)——化学成分代号
- 1008——焊丝型号
- SNi——镍焊丝

(4) 钛及钛合金焊丝型号编制方法　GB/T 30562—2014《钛及钛合金焊丝》中规定，焊丝型号由两部分组成：第一部分表示产品分类，用“STi”表示钛及钛合金焊丝；第二部分四位数字表示焊丝型号分类。例如：6402 焊丝，前两位数字表示合金类别，后两位数字表示同一合金类别中基本合金的调整。除以上强制分类代号外，第二部分四位数字后允许以括号形式附加焊丝的化学成分代号。其焊丝型号示例如下：

STi　6402　(TiAl6V4B)

- (TiAl6V4B)——可选附加代号，表示焊丝的化学成分代号
- 6402——焊丝型号
- STi——钛及钛合金焊丝

2.2　俄罗斯（ГОСТ）有色金属及其合金牌号表示方法简介

2.2.1　有色金属及其合金产品牌号表示方法总则

俄罗斯有色金属及其合金牌号的表示方法，许多是沿袭苏联用化学元素俄文字母代号或产品名称的俄文字母代号加名义质量分数值或顺序号来表示的。部分有色金属及其合金牌号的表示方法，已开始采用数字牌号和化学元素符号加质量分数值牌号的表示方法。

常用有色金属及其合金中化学元素俄文字母代号见表 2-7。

常用有色金属产品名称俄文字母代号见表 2-8。

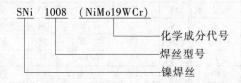

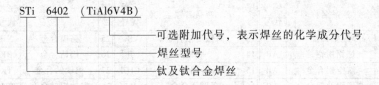

表2-7 常用有色金属及其合金中化学元素俄文字母代号

序号	元素名称	俄文代号	序号	元素名称	俄文代号	序号	元素名称	俄文代号
1	铝	A	16	铬	X	31	钕	H
2	铜	M	17	锆	Цр	32	镓	Гл
3	镍	H	18	钼	M	33	铊	Тл
4	铁	Ж	19	钴	K	34	金	Зл
5	锰	Мц	20	钨	B	35	铂	Пл
6	硅	K	21	铋	Ви	36	钯	Пд
7	镁	Мг	22	锂	Л	37	铑	Рд
8	锌	Ц	23	铟	Ии	38	铱	И
9	铅	C	24	磷	Ф	39	钌	Ру
10	锡	O	25	碲	T	40	锇	Ос
11	锑	Су	26	硒	C	41	汞	P
12	铍	Б	27	砷	Мш	42	碳	E
13	镉	Кд	28	钙	Ка	43	硼	Б
14	银	Ср	29	铌	Нб	—	—	—
15	钛	T	30	钽	T	—	—	—

表2-8 常用有色金属产品名称俄文字母代号

序号	产品名称	字母代号	序号	产品名称	字母代号	序号	产品名称	字母代号
1	原生铝锭	A	13	高强度铝合金	B	25	铬镍合金	XH
2	炼钢用铝锭	AB	14	硬铝	Д	26	钨钴合金	BK
3	航空铝合金	AB	15	硅铝明	СИЛ	27	钨钛钴合金	TK
4	变形铝及铝合金	АД	16	变形镁合金	MA	28	钨钛钽钴合金	TTK
5	锻铝	AK	17	铸造镁合金	Мл	29	海绵钛	ТГ
6	铸造铝合金	Ал	18	黄铜	Л	30	轴承合金	Б
7	铝-铜系合金	AM	19	青铜	Бр	31	铸锭	Ч
8	铝-镁系合金	AMг	20	艺术青铜	Бх	32	粉末	П
9	铝-锰系合金	AMц	21	白铜	MH	33	焊料	П
10	铝-镍系合金	AH	22	半成品镍	НП	34	锌粉	ПЦ
11	铝-镁-锰系合金	MM	23	半成品阳极镍	НПА	—	—	—
12	轴承用铝条	AMCT	24	不钝化半成品阳极镍	НПАН	—	—	—

2.2.2 冶炼产品牌号表示方法

镍、铅、锌、锡、钴、铋、镉、汞等纯金属冶炼产品牌号，均用化学元素俄文字母代号加顺序号表示（元素的俄文字母代号见表2-7），其顺序号表示冶炼产品的纯度。例如：镍的牌号为H0、H1y、H1、H2、H3，高纯镉的牌号为КД0000、КД000、КД00，高纯锡的

牌号为 ОВЧ000。

当顺序号为0时，金属纯度随着“0”的个数增加而提高。例如：Ви0000、Ви000、Ви00、Ви0 分别表示质量分数为 99.9999%、99.999%、99.98%、99.97%的金属铋。

当顺序号非0时，金属纯度随着顺序号的增大而降低。例如：Ц1、Ц2、Ц3 分别表示质量分数为 99.95%、98.7%、97.5%的金属锌。

在同一种金属中，顺序号为0的要比顺序号非0的纯度要高。例如：К0、К1 分别表示质量分数为 99.98%、99.25%的金属钴，Н0、Н1у 分别表示质量分数为 99.99%、99.93%的金属镍。

表明为原牌号基础上新增加的牌号，在顺序号后缀用字母加以区别，有关各字母代表的含义如下：

у——国家优质标记。

А——纯度较高的新牌号。例如：钴原有 К0、К1 等牌号，其质量分数分别为 99.98%、99.25%，其后在 К0、К1 之间增加质量分数分别为 99.35%、99.30%的两个牌号为 К1А、К1Ау。

С——纯度较高、较低或主成分相同而杂质含量不同的新牌号。例如：牌号 Ц2 表示质量分数为 98.7%的金属锌，而 Ц2С 则是质量分数较低（98.6%）的金属锌新牌号；Ц3 表示质量分数为 97.5%的金属锌，而 Ц3С 则是质量分数较高（98.5%）的金属锌新牌号；КдС 和 Кд0 表示主成分的质量分数均为 99.95%，但杂质含量有所不同的金属镉，其中 КдС 是杂质含量较高的新牌号。

В——纯度较高的金属。对于金属锌，锌的质量分数不大于 99.98%时，牌号用 Ц 加顺序号表示；锌的质量分数不小于 99.99%时，牌号用 ЦВ 加顺序号表示。例如：ЦВ0、ЦВ1 分别表示质量分数为 99.995%、99.992%的金属锌，Ц0、Ц1 分别表示质量分数为 99.975%、99.95%的金属锌。

ПЧ——纯度较高的新牌号。例如：О1ПЧ 与 О1 中锡的质量分数分别为 99.915%、99.900%。

高纯金属用化学元素符号的俄文字母加（或不加）ВЧ 结合表示，主成分小数点后为“9”的个数用相同个数的“0”表示。例如：牌号 ОВЧ000 表示主成分的质量分数为 99.999%的高纯锡。

Кд0000、Кд000、Кд00 分别表示主成分的质量分数为99.9999%、99.9996%、99.9985%的高纯镉。

除上述方法之外，金属锡还采用了质量分级的方法，将牌号O1ПЧ、O1、O2按其杂质控制含量不同，分别分为高级品和一级品两级。两级锡产品的主成分相同，杂质控制的含量不同，高级品考核的杂质元素较多，且含量大多数较低。

2.2.3 铝及铝合金牌号表示方法

1. 冶炼产品

(1) 原生铝锭 原生铝锭牌号由字母代号“A”及铝质量分数值组成。按铝的质量分数的不同分为特纯铝、高纯铝和工业纯铝三种，如铝的质量分数为99.999%、99.99%、99.5%的原生铝分别表示为特纯铝A999、高纯铝A99和工业纯铝A5。

(2) 电工用铝 电工用铝的牌号在原生铝牌号后缀加一字母“E”(英文Electric的首字母)，如A7E、A5E。

(3) 炼钢用铝锭 炼钢用铝锭牌号由字母代号“AB”及铝质量分数值组成，如AB97表示铝的质量分数不小于97.00%的炼钢用铝锭。

2. 加工产品

(1) 变形铝

1) 变形铝牌号由“铝”(Алюминий) 和“变形”(Деформация) 的首字母代号“АД”加顺序号（个别为字母或为4位数字）组成。在一般情况下，顺序号的数字越大，铝的纯度越低，或随着“0”个数的增加铝纯度相应提高。

示例：АД0表示铝的质量分数不小于99.50%的变形铝；АД1表示铝的质量分数不小于99.30%的变形铝；АД0、АД00、АД000表示铝的质量分数分别为99.50%、99.70%、99.80%。

2) 高纯变形铝在变形铝牌号后缀加“ч”，如АДч、АД0ч。

3) 导电用变形铝在变形铝牌号后缀加“E”，如АД0E、АД00E。

4) 在原有牌号基础上新增加的变形铝牌号，在其牌号后缀加“C”，如АДC表示是在АД和АД1之间新增加的牌号，铝的纯度介于两者之间。

（2）变形铝合金　变形铝合金牌号由化学元素俄文字母代号加顺序号（后面有4位数字或字母的表示改型或用途）组成。产品牌号表示方法可分为下述几种情况：

1）用化学元素俄文字母代号表示：Al-Mn系合金（AMц合金）牌号用基体元素铝的俄文字母代号“A”加主添加元素锰的俄文字母代号“Mц”组成，Al-Zn系合金（AЦпл合金）牌号用基体元素铝的俄文字母代号“A”加主添加元素锌的俄文字母代号“Ц”组成，Al-Mg-Mn系（MM合金）牌号由两个主添加元素镁和锰的俄文名词的第一个字母“M”“M”组成。

2）用化学元素俄文字母代号加成分数字表示：Al-Mg系合金牌号用基体元素铝的俄文字母代号“A”加主添加元素镁的俄文字母代号“Mг”及镁的成分数字组成，如AMг1表示镁的质量分数为0.7%~1.6%的铝镁合金。

3）用产品名称（产品类别）的俄文字母代号表示：航空铝合金（Al-Mg-Si系）牌号用该类铝合金的俄文字母代号“AB”表示。

4）用产品名称（产品类别）的俄文字母代号加阿拉伯数字表示：硬铝、锻铝、高强度铝合金的牌号分别由各类合金的俄文字母代号加阿拉伯数字组成，如Д16、AK4、B95。“AД”是变形铝及铝合金的俄文字母代号，既可用来表示或组成纯铝加工产品的牌号，也可用来组成铝合金加工产品的牌号，这取决于其后缀的字母或数字。为了表示合金的某些特点，可在其牌号后缀加上标志符号，如用于制造冷镦线材的Д1、Д16、AMг和B95合金，其牌号后缀须加“П”。在基本合金基础上发展起来的新合金，即基本合金的衍生变种，其牌号是在原基本合金牌号后缀加“C”或数字表示，如AMцC、AMг3C、AK4-1。

5）用4位数字表示有色金属及合金牌号：俄罗斯用4位数字表示有色金属及合金牌号，其表示方法为第1位数字是有色金属及合金的分类号，第2位数字是分组号，第3、4位数字是产品编号。

3. 铸造产品

铸造铝合金牌号由俄文“铝”（Алюминий）和“铸造”（Литьё）

的首字母“АЛ”加顺序号组成，如АЛ23。改良型合金则在原牌号后用短横线“-”隔开再加数字表示，如АЛ23-1是在第23号铸造铝合金基础上发展起来的一种新的改良铸造铝合金。

硅铝明是一种铝硅铸造合金，牌号由俄文“硅铝明”（Силумин）的缩写“СИЛ”加数字顺序号组成，有标准质量和获奖质量两种质量分数值指标。ГОСТ 1521标准中有СИЛ-00、СИЛ-0、СИЛ-1、СИЛ-2四个牌号。牌号中硅的质量分数为10%~13%，对于牌号中的杂质来说，顺序号越大，杂质含量越高。

再生铸造铝合金锭牌号表示方法与铸造铝合金相同，只是在其牌号后缀加上俄文“铸锭”（Чушка）的首字母“ч”，如АЛ10ч表示为第10号再生铸造铝合金锭。

用相应的再生（二次）铸造铝合金锭制造的铸件，在其牌号后缀加上字母“В”（Второи），如АЛ10В表示为用再生铸造铝合金锭制造的第10号铸造铝合金铸件。

2.2.4　镁及镁合金牌号表示方法

1. 冶炼产品

原生镁锭牌号由镁的俄文字母代号“Мг”加两位数字组成，两位数字为镁质量分数值小数点后的纯度值，如牌号Мг96、Мг95、Мг90分别表示镁质量分数不小于99.96%、99.95%、99.90%的原生镁锭。

2. 加工产品

变形镁合金牌号由俄文“镁”（Магний）的字母代号“МА”加顺序号组成，如МА1、МА2、МА2-1、МА2-1пч。МА2-1是在МА2合金基础上发展起来的新合金。“пч”是俄文中较高纯度（Повшенная чистота）的缩写。

3. 铸造产品

铸造镁合金分为铸造镁合金件和铸造镁合金锭两大类。

(1) 铸造镁合金件　铸造镁合金件牌号由俄文“镁”（Магний）和“铸造”（Литьё）的首字母“МЛ”加顺序号组成。为了表示合金的某些特点，在顺序号后缀用字母加以区别，如加“пч”表示较高纯度合金，加“он”表示通用合金。例如：МЛ5为

5号原始牌号，МЛ5он为5号通用质量牌号，МЛпч为5号较高纯度牌号。

（2）铸造镁合金铸锭　二元铸造镁合金锭牌号由基体元素镁的俄文首字母“М”和主添加元素的俄文首字母及名义质量分数值的数字组成。为了表示合金的特点，牌号后缀加“ч”表示杂质含量较低的镁合金铸锭。例如：牌号ММ2ч中，“М”为基体元素镁的俄文首字母，“М2”为主添加元素锰的俄文首字母及质量分数为2%，“ч”为杂质含量较低的镁合金铸锭。

三元（或多元）铸造镁合金铸锭牌号由基体元素镁的俄文首字母“М”加除锰以外的主添加元素的俄文字母代号及其质量分数值的数字组成。当主添加元素的名义质量分数小于1%时，其成分数字不标出。例如：牌号МА8Цч中，“М”为镁的俄文首字母，“А”为铝的俄文首字母，“8”为铝的平均质量分数，“Ц”为锌的俄文首字母，锰的俄文字母不标，其两元素质量分数均小于1%不标出，“ч”为杂质含量较低的镁合金铸锭。

2.2.5　铜及铜合金牌号表示方法

1. 冶炼产品

纯铜牌号用俄文“铜”（Медь）的第一个字母“М”加顺序号加下标小写字母组成。顺序号表示铜的纯度。顺序号为0时，铜的纯度随着“0”的个数增加而提高，如$М00_К$、$М0_К$中铜的质量分数分别为99.99%、99.95%。顺序号为非0数字时，铜的纯度随着顺序号的增大而降低，如М1、М2中铜的质量分数分别为99.9%、99.7%。同一种类的铜中，顺序号为0的铜比顺序号为非0数字的铜纯度要高，如$М0_К$、$М1_К$，铜的质量分数分别为99.95%、99.9%。高纯用俄文字母代号“ВЧ”表示，如$МВЧ_К$。

对于不同种类的铜，可在顺序号之后以下标形式用字母加以区别，有关下标字母代号的表示含义：К为阴极铜；б为无氧铜；Р为低磷脱氧铜；Ф为高磷脱氧铜；У为国家优质标记。

示例：牌号$МВЧ_К$、$М1_б$、$М1_ф$、$М2_р$、$М0_{Ку}$分别表示高纯阴极铜、1号无氧铜、1号高磷脱氧铜、2号低磷脱氧铜、优质0号阴极铜。

2. 加工产品

铜合金加工产品分为黄铜、青铜、白铜。

(1) 加工黄铜　加工黄铜产品分为二元黄铜、三元（或多元）黄铜。

1) 普通二元黄铜（铜锌合金）牌号由俄文“黄铜”（Латунь）的首字母“Л”和基体铜的平均质量分数值组成。例如：牌号Л63表示铜平均质量分数值为63%（余量锌在牌号中不标出）的铜锌合金（黄铜）。

2) 三元（或多元）黄铜牌号由俄文字母代号“Л”加除锌以外的各个主要合金元素的俄文字母代号及其平均质量分数值组成，各个元素的平均质量分数值之间用短横线“-”隔开。例如：牌号ЛАН59-3-2表示铜、铝、镍平均质量分数分别为59%、3%、2%的四元黄铜。

(2) 加工青铜　加工青铜牌号由俄文“青铜”（Бронза）的前两个字母“Бр”加各个主要合金元素的俄文字母代号，加上除基体铜以外主要合金元素的质量分数（平均含量）值组成，各个主要元素的平均质量分数值之间用短横线“-”隔开。例如：牌号БрОФ6.5-0.15表示锡、磷平均质量分数分别为6.5%、0.15%的锡磷青铜。

(3) 加工白铜　加工白铜产品分为二元白铜、三元（或多元）白铜和锌白铜。

1) 二元白铜（铜镍合金）牌号由基体铜的俄文首字母“М”和主添加元素镍的俄文首字母“Н”及其镍的平均质量分数值组成。例如：牌号МН19表示镍的平均质量分数值为19%的铜镍合金（白铜）。

2) 三元（或多元）白铜牌号由俄文“铜镍”首字母“МН”加各个主要合金元素的俄文首字母，再加除基体铜以外镍和各个主要元素的平均质量分数值组成，各个主要元素的平均质量分数值之间用短横线“-”隔开。例如：牌号МНЖМц30-1-1表示镍+钴、铁、锰的平均质量分数分别为30%、1%、1%的铁白铜，牌号МНМцАЖ3-12-0.3-0.3表示镍+钴、锰、铝、铁的平均质量分数分别为 3%、12%、0.3%、0.3%的锰白铜。

3）锌白铜牌号由俄文“铜镍锌”首字母“МНЦ”加除铜以外镍、锌元素的平均质量分数值组成，其镍、锌平均质量分数值之间用短横线“-”隔开。例如：牌号 МНЦ18-20 表示镍、锌的平均质量分数分别为 18%、20%的三元锌白铜。

3. 铸造产品

铸造铜合金分为铸造黄铜、铸造青铜和艺术青铜三类。

(1) 铸造黄铜　铸造黄铜牌号由俄文字母代号“ЛЦ”加主添加元素的俄文字母代号及其平均质量分数值，再加次添加元素俄文字母代号及其平均质量分数值组成。例如：牌号 ЛЦ30А3 为铸造铝黄铜，ЛЦ38Мц2С2 为铸造锰铅黄铜。

(2) 铸造青铜　铸造锡青铜牌号由俄文“青铜”（Бронза）的前两个字母“Бр”加主添加元素的俄文字母代号及其平均质量分数值，再加次添加元素俄文字母代号及其平均质量分数值组成。例如：牌号 БрО10С10 为铸造锡铅青铜，БрО5Ц5С5 为铸造锡锌铅青铜。

铸造无锡青铜牌号由俄文“青铜”（Бронза）的前两个字母“Бр”加主添加元素的俄文字母代号及其平均质量分数值，加次添加元素俄文字母代号及其平均质量分数值，再在牌号后缀加上俄文字母代号“Л”（铸造 Литьё 的首字母以示区别）组成。例如：牌号 БрА10Ж3Мц2Л 表示铸造铝铁锰青铜，БрСу3Н3Ц3С20 表示铸造锑镍锌铅青铜。

(3) 艺术青铜　艺术青铜牌号用俄文“艺术青铜”（Художественная Бронза）的两个首字母“Бх”加顺序号组成，如 Бх1、Бх2、Бх3。

2.2.6　锌及锌合金牌号表示方法

1. 加工产品

(1) 金属锌　金属锌牌号由元素锌的俄文字母代号“Ц”加顺序号组成。顺序号表示金属锌的纯度（顺序号为 0 的要比顺序号非 0 的纯度要高）。例如：牌号 Ц0、Ц1、Ц2 分别表示锌的质量分数为 99.975%、99.95%、98.7%的金属锌。

(2) 锌合金　锌合金牌号由基体元素锌的俄文字母代号“Ц”，

加各主要合金元素的俄文字母代号，加上除基体元素锌以外，各主要合金元素的平均质量分数值组成。其数值之间用短横线“-”隔开。例如：牌号 ЦМ1 表示铜的平均质量分数为 1%的二元锌铜合金，牌号 ЦАМ10-5 表示铝、铜的平均质量分数分别为 10%和 5%的三元锌铝铜合金。

2. 铸造产品

铸造锌合金牌号有两种表示方法：一种表示方法是用基体化学元素符号“Zn”加主添加元素符号及其名义质量分数值来表示，如牌号 ZnAl4Cu1A；另一种表示方法是用基体化学元素锌的俄文字母代号“Ц”加主添加元素的俄文字母代号及其名义质量分数值来表示，如牌号 ЦА8М1 表示铝、铜的名义质量分数分别为 8%、1%的锌铝铜合金。

2.2.7 镍及镍合金牌号表示方法

1. 冶炼产品

半成品镍牌号由俄文“镍”的第一个字母“Н”和俄文“半”的第一个字母“П”和顺序号组成。顺序号越大，(Ni+Co) 名义质量分数值越低，如牌号 НП1、НП2 的 (Ni+Co) 名义质量分数分别为 99.9%和 99.0%。对于不同种类的半成品镍，在俄文字母代号后缀或在顺序号后缀再用俄文字母加以区别。其有关俄文字母的含义如下：

АН——不钝化阳极镍。

А——阳极镍。

Э——电子工业用半成品镍。

в——真空熔炼。

ви——真空感应熔炼。

示例：牌号 НПАН 为不钝化半成品阳极镍，牌号 НПА1 为 1 号半成品阳极镍，牌号 НП0Эви 为电子工业用真空感应熔炼 0 号半成品镍，牌号 НП1Эв 为电子工业用真空熔炼 1 号半成品镍，牌号 НП2Э 为电子工业用 2 号半成品镍。

2. 加工产品

(1) 低合金镍 低合金镍牌号用镍的俄文字母代号“Н”和添

加合金元素字母代号及其名义质量分数值来表示。例如：牌号 HK0.4 表示硅含量名义质量分数为 0.4%的镍硅合金。

(2) 镍基合金　镍基合金牌号由基体元素“镍”的俄文首字母“H”加合金元素俄文字母代号及其名义质量分数值组成，在各个主要元素的名义质量分数值之间用短横线“-”隔开。例如：牌号 HMЖMц28-2.5-1.5 表示铜、铁、锰的名义质量分数分别为 28%、2.5%、1.5%的镍铜铁锰四元镍合金。

为了表明合金的某种特点，在牌号后缀用俄文字母加以区别。例如：牌号 HK0.23Э 表示电子工业用镍硅合金，牌号 HMг0.05в 表示真空熔炼制造的镍镁合金。

2.2.8 钛及钛合金牌号表示方法

1. 冶炼产品

海绵钛牌号由俄文名称字母代号“TГ”加布氏硬度（HBW）值来表示，之间用短横线“-”隔开。例如：牌号 TГ-100 表示布氏硬度（HBW）值为 100 的海绵钛。

2. 加工产品

加工钛及钛合金牌号用俄文组合字母代号“BT”“OT”“AT”或“ПT”加阿拉伯数字组成。其俄文字母代号中，“T”代表基体元素钛的字母代号；“B”“O”等与钛及钛合金的原研制单位有关。对于新研制的钛合金，则在原钛合金牌号后缀加数字或字母，之间用短横线“-”隔开。例如：牌号 BT5 是苏联航空材料研究院研制的铝的质量分数为 5%、锡的质量分数为 2.5%的钛合金，牌号 BT5-1 表示新研制的铝的质量分数为 5%、锡的质量分数为 2.5%的钛合金。

3. 铸造产品

铸造钛及钛合金牌号表示方法与加工钛及钛合金表示方法相同，只是在牌号后缀加上俄文字母代号“Л”（铸造 Литьё 的首字母）以示区别。例如：牌号 BT14Л 表示铝、钼、钒的化学成分（质量分数）依次为 5%、3%、1.5%的铝钼钒铸造钛合金。

2.2.9 贵金属及其合金牌号表示方法

1. 金及金合金

金及金合金分为冶炼产品和加工产品两类。

（1）冶炼产品 金阳极牌号由金元素的俄文字母代号“Зл”与10倍质量分数值加后缀专用俄文字母“Ан”组成。例如：牌号Зл999.9Ан表示金的质量分数不小于99.99%的金阳极。

（2）加工产品

1）纯金。纯金牌号不加后缀专用俄文字母“Ан”，牌号表示方法与金阳极相同。

2）金合金。金合金牌号用基体元素“金”的俄文首字母“Зл”加合金元素俄文字母代号及其名义质量分数值来表示，在字母代号与名义质量分数值之间用短横线“-”隔开，金、银为10倍质量分数值，如牌号ЗлСр750-250。金银铜合金不标出铜的名义质量分数值，如牌号ЗлСрМ960-30。金铜合金也不标出铜的名义质量分数值，如牌号ЗлМ980。

金镍、金铂等合金不标出基体元素金的名义质量分数值，牌号用基体元素金的俄文字母代号，加合金元素俄文字母代号及其名义质量分数值来表示，如牌号ЗлН-5、ЗлПл-20等。

2. 银及银合金

银及银合金牌号表示方法与金及金合金牌号表示方法相同，如银阳极牌号为Ср999.9Ан，纯银牌号为Ср999.9，银铂合金牌号为СрПл-4等。

3. 铂及铂合金

铂及铂合金包括精炼铂锭、精炼铂粉、纯铂、铂合金。

1）精炼铂锭、精炼铂粉牌号由冶金产品俄文字母代号加顺序号组成，不标出名义质量分数值，顺序号越大，铂的纯度越低。

精炼铂锭牌号有ПлА-0、ПлА-1、ПлА-2三种，精炼铂粉牌号有ПлАП-0、ПлАП-1、ПлАП-2三种，其铂的质量分数值分别不小于99.985%、99.95%和99.90%。

2）铂合金牌号用基体元素铂的俄文字母代号“Пл”，加合金元素俄文字母代号及其名义质量分数值来表示，在字母代号与名义质量分数值之间用短横线“-”隔开，如牌号ПлИ-10为铂铱合金。

4. 纯铱

纯铱牌号用铱的俄文字母代号“И”加质量分数值来表示。牌

号有 И99.9 和 И99.8 两种，其质量分数分别不小于 99.90% 和 99.80%。

2.2.10 轴承合金牌号表示方法

1. 锡基轴承合金

锡基轴承合金又称巴比特合金，牌号用基体锡的俄文字母代号“O”和添加合金元素字母代号及其名义质量分数值来表示。例如：牌号 OCy8M8 表示添加合金锑、铜的名义质量分数分别为 8%、8% 的锡基锑铜轴承合金。

2. 铅基轴承合金

铅基轴承合金牌号用基体铅的俄文字母代号“C”和添加合金元素字母代号及其名义质量分数值来表示。例如：牌号 CCy15O5 表示添加合金锑、锡的名义质量分数分别为 15%、5% 的铅基锑锡轴承合金。

2.3 日本（JIS）有色金属及其合金牌号表示方法简介

日本没有制定统一的有色金属及其合金牌号表示方法的日本工业标准（JIS），铜及铜合金、铝及铝合金牌号的表示方法，分别参照采用了美国铜业发展协会（CDA）和美国铝业协会（AA）的牌号表示方法。

2.3.1 铝及铝合金牌号表示方法

1. 冶炼产品

铝合金锭有铸造用铝合金锭、压铸用铝合金锭和再生用铝合金锭。牌号用“AC”或“AD”或“C”与种类、级别号和字母“S”表示。其中，“AC”表示铸造用铝合金锭的英文首字母，“AD”表示压铸用铝合金锭的英文首字母，“C”表示再生铝合金锭的英文首字母，“S”表示再生金属。

示例：AC4C.2 表示 4C 类 2 级铸造用铝合金锭，AD1.1 表示 1 类 1 级压铸用铝合金锭，C1AS 表示 1 类 A 铸造用再生铝合金锭。

重熔用铝锭牌号用级别号表示。

2. 加工产品

按日本工业标准的规定，变形铝及铝合金用英文（Aluminium）的首字母A加四位数字表示，其表示方法与美国铝业协会制定的数字牌号表示方法基本相同。

第一位数字（表示合金系列，用数字1~9表示）：1代表纯铝系，铝的质量分数不小于99.00%；2代表Al-Cu-Mg系合金；3代表Al-Mn系合金；4代表Al-Si系合金；5代表Al-Mg系合金；6代表Al-Mg-Si系合金；7代表Al-Zn-Mg系合金；8代表其他合金；9代表备用（尚未使用）。

第二位数字：0表示与美国铝业协会合金相同的原始合金，1~9表示是在原始合金基础上发展的新合金，N表示是日本独立研发的合金或国际注册合金以外的合金，如牌号A7N01。

第三位和第四位数字：若是纯铝，则表示铝的质量分数中小数点后的两位数字；若是合金，原则上为美国铝业协会的代号；若是日本独立研发的合金，则为N加顺序号（01~99）。

铝及铝合金加工产品代号由牌号加表示产品形状类别和用途的英文字头或缩写字母组成。常用的英文字头或缩写字母见表2-9。

表2-9 常用的英文字头或缩写字母

序号	缩写字头	释 义	序号	缩写字头	释 义
1	P	板、条、圆板	7	TW	焊接管
2	PC	复合板	8	TWA	电弧焊接管
3	BE	挤制棒	9	S	挤压型材
4	BD	拉制棒	10	BR	铆钉材料
5	W	拉制线材	11	FD	模锻件
6	TE、TD	拉制无缝管	12	FH	自由锻件

示例：

A 2 0 14
- 14 —— AA代号
- 0 —— 原始合金或改型合金（0表示原始合金）
- 2 —— 合金系列（Al-Cu-Mg系合金）
- A —— 铝及铝合金

A 2 N 01
- 01 —— 日本制定的顺序号
- N —— 日本独立合金
- 2 —— 合金系列（Al-Cu-Mg系合金）
- A —— 铝及铝合金

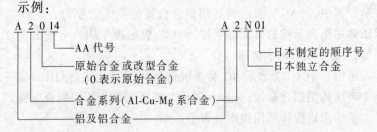

3. 铸造产品

(1) 铸造铝合金锭　铸造铝合金锭牌号（代号）用“C××V(S)”表示。其含义如下：

第一位“C”表示砂型、金属型或壳型等铸件用铸造铝合金锭，取自铸造英文 Cast 的第一个字母。

第二位表示合金系列：1代表 Al-Cu 系合金；2代表 Al-Cu-Si 系合金；3代表 Al-Si 系合金；4代表 Al-Si-Mg 系合金；5代表 Al-Cu-Mg（Ni）系合金；7代表 Al-Mg 系合金；8代表 Al-Si-Cu-Mg 系合金；9代表 Al-Si-Cu-Ni-Mg 系合金。

第三位为字母“A、B、C、D”等，表示同一系列合金中元素含量不同的合金。

第四位“V（S）”取自英文 Virgin（Secondary）的首字母，表示原生锭（再生锭）。

主成分基本相同，杂质含量不同的合金，在第3位后加一字母来表示。例如：C4CHV 表示杂质铁的质量分数比 C4CV 低的合金，前者铁的质量分数为0.15%，后者铁的质量分数为0.30%。

示例：C1AS 表示 Al-Cu 系 A 级铸造用再生铝合金锭。

(2) 铸造铝合金　铸造铝合金牌号（代号）用“AC××”表示。其含义如下：

第一位“A”取自英文铝 Aluminium 的第一个字母，表示铝合金。

第二位为“C”。

第三位、第四位分别与铸造铝合金锭的第二位、第三位含义相同。

示例：AC2A 表示 Al-Cu-Si 系合金 A 级砂型或金属型铸造件用铝合金。

(3) 压铸铝合金锭　压铸铝合金锭牌号（代号）用“AD×V(S)”表示。其含义如下：

第一位“A”取自英文铝 Aluminium 的第一个字母，表示铝合金。

第二位“D”取自英文压铸 Die Casting 的首字母，表示压铸用铸造铝合金锭。

第三位表示合金系列：1代表Al-Si（Fe）系合金；3代表Al-Si-Mg（Fe）系合金；5代表Al-Mg（Fe）系合金；6代表Al-Mg-Mn（Fe）系合金。

第四位“V（S）”取自英文Virgin（Secondary）的首字母，表示原生锭（再生锭）。

（4）压铸铝合金　压铸铝合金牌号（代号）用“ADC×”表示。其含义如下：

第一位“A”取自英文铝Aluminium的第一个字母，表示铝合金。

第二、三位“DC”是英文压铸Die Casting的缩写，表示压铸合金。

第四位表示合金系列，各数字的含义与压铸铝合金锭相同。

示例：ADC12表示Al-Si（Fe）系压铸件用再生铸造铝合金锭。

2.3.2　镁及镁合金牌号表示方法

1. 冶炼产品

镁合金锭牌号用组合代号“MCIn”与种类号表示。例如：牌号MCIn3表示普通铸件用镁合金锭，MCIn1A表示压铸件用A级镁合金锭。

重熔用镁锭牌号用一级和二级表示。

2. 加工产品

变形镁合金牌号用镁的字母代号“M”与产品形状代号和种类号表示。产品形状代号：“B”代表棒材，“P”代表板材，“T”代表管材，“S”代表挤制件。

种类号表示合金类型不同，如牌号MB1、MP4、MT2和MS3分别表示不同类型的镁合金棒材、镁合金板材、镁合金管材和镁合金挤制件。

3. 铸造产品

（1）镁合金铸件　镁合金铸件牌号用组合代号“MC”与种类号表示，如牌号MC1表示普通镁合金铸件。

（2）镁合金压铸件　镁合金压铸件牌号用组合代号“MD”与

种类号和级别代号（A、B）来表示，如 MD2 A 表示 2 类 A 级镁合金压铸件。

2.3.3　铜及铜合金牌号表示方法

1. 冶炼产品

铜冶炼产品分为电解阴极铜和铜线锭两类。这两类产品在标准中用产品名称表示。

2. 加工产品

日本工业标准规定，加工铜及铜合金牌号用英文铜 Copper 的首字母“C”加四位数字表示，其牌号表示方法与美国铜业发展协会制定的方法基本相同。

(1) 加工铜　加工铜包括无氧铜、韧铜、脱氧铜等多个品种，通称为纯铜。纯铜和高铜牌号均由字母代号“C”和 1××× （四位数字组）构成。在四位数字组中第一位“1”代表纯铜和高铜合金；第二、三位数字代表合金编号；第四位数字代表顺序号。例如：牌号 C1220 表示 $w(Cu)+w(Ag) \geqslant 99.90\%$ 的磷脱氧铜，C1720 表示铍的质量分数为 1.8%~2.0%的铍铜。

(2) 加工铜合金　加工铜合金牌号由字母“C”与 2×××~9×××(四位数字组）构成。数字组第一位“2~9”合金系列数字的含义：2 代表 Cu-Zn 合金（黄铜）；3 代表 Cu-Zn-Pb 合金（易切削黄铜）；4 代表 Cu-Zn-Sn 合金（海军黄铜）；5 代表 Cu-Sn 合金（锡磷青铜），Cu-Sn-Pb 合金（易切削锡磷青铜）；6 代表 Cu-Al 合金（铝青铜），Cu-Si 合金（硅青铜），特殊 Cu-Zn 合金；7 代表 Cu-Ni 系合金（白铜），Cu-Ni-Zn 系合金（锌白铜）；8、9 为备用（尚未使用）。

牌号的第二、三、四位为美国铜业发展协会的合金牌号，如牌号 C2720 为 H63 黄铜，C6161 为 QAl10-3-1.5 铝青铜，C7541 为 BZn15-20 锌白铜。

牌号的第五位：0 表示与美国铜业发展协会合金相同的基本合金；1~9 分别表示是在基本合金基础上开发的新合金。

常用的表示加工产品形状与用途及英文首字母或缩写字母见表 2-10。

表 2-10 常用的表示加工产品形状与用途及英文首字母或缩写字母

序号	字母	原 文	形状与用途	序号	字母	原 文	形状与用途
1	B	Bar	棒	8	T	Tube	管
2	C	Casting	铸造产品	9	TW	Tube Welded	焊接管
3	DC	Die Casting	压铸产品	10	TW	Tube Water	水道用管
4	F	Forging	锻件	11	W	Wire	线材
5	P	Plate	板	12	BR	Bar Rivet	铆钉用棒材
6	PP	Printing Plate	印刷用板	13	H	Haku	箔材
7	R	Ribbon	带	14	S	Shape	型材

3. 铸造产品

（1）铸造铜合金锭 铸造铜合金锭牌号用类别代号与铸造代号“C”加锭代号“In”和种类号来表示，如 YBsCIn2 表示铸造黄铜锭，BCIn6 表示铸造青铜锭。

（2）铸造铜合金件 铸造铜合金件牌号用类别代号与铸造代号“C”和种类号来表示，如 BC1 表示 1 类青铜铸件，HBsC2C 表示 2 类 C 高强度黄铜铸件，SzBC3 表示 3 类硅青铜铸件。

2.3.4 镍及镍合金牌号表示方法

（1）纯镍和高镍合金材 纯镍和高镍合金材牌号由镍字母代号“N”与碳含量字母代号（“LC”表示低碳，“NC”表示正常碳）和产品形状类别的英文首字母组成。其产品形状代号为：“B”代表棒，“P”代表板，“T”代表管，“R”代表带，“W”代表线。

例如：牌号 NNCB 表示正常碳镍棒，其中“N”为镍，“NC”为正常碳，“B”为棒；牌号 NLCP 表示低碳板，其中“N”为镍，“LC”为低碳，“P”为板。

（2）镍合金加工材 镍合金加工材牌号由镍字母代号“N”与合金元素代号和产品形状类别的英文首字母组成，如牌号 ANTB 表示镍铝钛合金棒。

（3）电子管用镍材 电子管用镍材牌号由电子管字母代号“V”（Vacuum）与镍的化学元素符号“Ni”和产品形状类别的英文首字母组成，如牌号 VNiP 表示电子管用镍板，其中“P”表示板。

（4）电子管阴极用镍材 电子管阴极用镍材牌号由电子管阴极字母代号“VC”（Vacuum Cathode）与镍的化学元素符号“Ni”和

产品形状类别的英文首字母加上材料种类代号组成，如牌号 VC-NiT1A 表示电子管阴极用 1 号 A 级镍管，VCR1 表示电子管阴极用镍带 1 级。

2.3.5 钛及钛合金牌号表示方法

1. 冶炼产品

海绵钛牌号由英文钛 Titanium 和海绵 Sponge 的首字母“TS”及表示海绵钛最大硬度值（HBW10/1500）的三位数字和表示海绵钛加工方法的字母代号“M”或“S”组成。其中，“M”表示用镁热还原法生产的海绵钛，“S”表示用钠还原法生产的海绵钛。例如：牌号 TS-105M 表示用镁热还原法生产的最大硬度值为 105（HBW10/1500）的海绵钛，TS-120S 表示用钠还原法生产的最大硬度值为 120（HBW10/1500）的海绵钛。

2. 加工产品

钛及高钛加工材牌号由钛元素字母代号“T”、产品形状代号、抗拉强度值和产品加工方法代号组成。其中产品形状代号“TP”（Tubing，Piping）表示管道用管，“TH”（Tubing Heat Exchanger）表示热交换用管。产品加工方法代号见表 2-11。

示例：牌号 TR28C 表示 1 级、抗拉强度 R_m 不小于 275MPa（28kgf/mm^2）的冷轧钛带，牌号 TTP49WD 表示 3 类、抗拉强度 R_m 不小于 480MPa（49kgf/mm^2）的焊接-拉制管道用钛管。

表 2-11 产品加工方法代号

序号	英文首字母或缩写字母	英文名称	译文名称	序号	英文首字母或缩写字母	英文名称	译文名称
1	C	Cold-roling	冷轧	5	W	Welding	焊接
2	H	Hot-roling	热轧	6	WD	Welding Drawn	焊接-拉制
3	E	Extrusion	挤制	7	H	Hot-work	热加工
4	C	Cold-drawn	冷拉	—	—	—	—

2.3.6 焊接材料牌号表示方法

1. 焊锡牌号表示方法

焊锡牌号用基体锡的化学元素符号“Sn”及其质量分数值加主添加元素符号及其质量分数值表示。铸造锡铅焊料牌号表示示例如下：

Sn60　Pb40

- Pb40——主添加元素铅及其质量分数
- Sn60——基体锡及其质量分数

Sn95.8　Ag3.5　Cu0.7

- Cu0.7——次添加元素铜及其质量分数
- Ag3.5——主添加元素银及其质量分数
- Sn95.8——基体锡及其质量分数

2. 镍及镍合金焊丝型号表示方法

焊丝型号由三部分组成：第一部分为“Ni”表示镍焊丝，第二部分为四位数字表示焊丝型号，第三部分为焊丝名义化学成分代号。其焊丝型号示例如下：

Ni　4060　NiCu30Mn3Ti

- NiCu30Mn3Ti——化学成分代号
- 4060——焊丝型号
- Ni——镍焊丝

3. 钛及钛合金焊丝型号表示方法

焊丝型号由三部分组成：第一部分为“STi”表示钛及钛合金焊丝，第二部分为四位数字表示焊丝型号，第三部分为焊丝名义化学成分代号。其焊丝型号示例如下：

STi　4621　TiAl6Zr4Mo2Sn2

- TiAl6Zr4Mo2Sn2——焊丝的化学成分代号
- 4621——焊丝型号
- STi——钛及钛合金焊丝

2.4 美国（ASTM、ANSI）有色金属及其合金牌号表示方法简介

美国对金属及合金制定了统一的数字代号标准，即《金属及合金统一数字代号系统》，通称UNS（Unified Numbering System for Metals and Alloys），用数字对各种有色金属和钢铁材料进行统一编号。UNS系统仅限于工业应用的金属及其合金，对照时具有相同UNS数

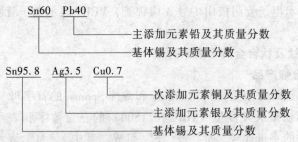

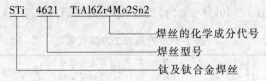

字代号的金属材料，并不表示它们的化学成分完全相同，只能是相似。

美国铝及铝合金、铜及铜合金的数字代号表示方法较为科学，应用较广，是 UNS 的重要组成部分。

2.4.1　统一数字代号系统

ASTM E527—2016《金属及合金编号的标准实施规范》规定的 UNS 综合了美国有关金属学会、贸易协会、个体用户及制造商等的实际情况，目前采用的数字代号系统既避免了同一种材料有几种代号的混乱状况，又避免了两种甚至多种不同的材料采用同一编号的情况。采用 UNS 数字代号，为索引、记录保管、资料储存、检索以及相互参照等均提供了极大的方便。

当然，UNS 数字代号本身不是一个具体的技术规范要求，它未对产品的形状、状态、质量要求等方面提出规定，而只是给金属及合金纳入一个统一的数字代号系统，至于金属及合金的各项技术参数的控制要求，均在具体的技术标准或规范中详细规定。而且，UNS 数字代号是用以标识已被列入常规生产和使用的金属及合金。对于新研制出的金属及合金或尚处于研制（试制）阶段的金属及合金，通常未被编入 UNS 中。

1. 金属及合金 UNS 编制说明

统一数字代号系统（UNS）对金属及合金规定了 18 个系列代号，每个 UNS 代号是由一个前缀字母加其后五位阿拉伯数字组成。有色金属及其合金数字代号基本系列见表 2-12。

表 2-12　有色金属及其合金数字代号基本系列

序号	数字代号	有色金属及合金	序号	数字代号	有色金属及合金
1	A00001～A99999	铝及铝合金	6	N00001～N99999	镍及镍合金
2	C00001～C99999	铜及铜合金	7	P00001～P99999	贵金属及合金
3	E00001～E99999	稀土及稀土类金属及合金	8	R00001～R99999	活泼与高熔点金属及合金
4	L00001～L99999	低熔点金属及合金	9	Z00001～Z99999	锌及锌合金
5	M00001～M99999	其他有色金属及合金	—	—	—

采用一个字母与五位阿拉伯数字是一种协调办法，这样既考虑到所编制的代号能反映材料特性，又使该代号简单扼要，便于广泛采用。在多种情况下，字母表示所标识的金属材料，如“A”代表铝及铝合金，“P”代表贵金属及合金，“C”代表铜及铜合金等。某些代号组中的数字有特定的意义，但每个系列之间并无关联。金属及合金数字代号基本系列的派生系列见表2-13。

表2-13　金属及合金数字代号基本系列的派生系列

金属类别	编号组别	金属	
		金属名称	化学元素符号
稀土和稀土类金属及合金	E00000～E00999	锕	Ac
	E01000～E20999	铈	Ce
	E21000～E45999	混合稀土①	RE
	E46000～E47999	镝	Dy
	E48000～E49999	铒	Er
	E50000～E51999	铕	Eu
	E52000～E55999	钆	Gd
	E56000～E57999	钬	Ho
	E58000～E67999	镧	La
	E68000～E68999	镥	Lu
	E69000～E73999	钕	Nd
	E74000～E77999	镨	Pr
	E78000～E78999	钷	Pm
	E79000～E82999	钐	Sm
	E83000～E84999	钪	Sc
	E85000～E86999	铽	Tb
	E87000～E87999	铥	Tm
	E88000～E89999	镱	Yb
	E90000～E99999	钇	Y
低熔点金属及其合金	L00001～L00999	铋	Bi
	L01001～L01999	镉	Cd
	L02001～L02999	铯	Cs
	L03001～L03999	镓	Ga
	L04001～L04999	铟	In
	L50001～L59999	铅	Pb
	L06001～L06999	锂	Li
	L07001～L07999	汞	Hg
	L08001～L08999	钾	K
	L09001～L09999	铷	Rb

（续）

金属类别	编号组别	金属	
		金属名称	化学元素符号
低熔点金属及其合金	L10001～L10999	硒	Se
	L11001～L11999	钠	Na
	L12001～L12999	铊	Tl
	L13001～L13999	锡	Sn
贵金属及合金	P00001～P00999	金	Au
	P01001～P01999	铱	Ir
	P02001～P02999	锇	Os
	P03001～P03999	钯	Pd
	P04001～P04999	铂	Pt
	P05001～P05999	铑	Rh
	P06001～P06999	钌	Ru
	P07001～P07999	银	Ag
活性金属和难熔金属及合金	R01001～R01999	硼	B
	R02001～R02999	铪	Hf
	R03001～R03999	钼	Mo
	R04001～R04999	铌	Nb
	R05001～R05999	钽	Ta
	R06001～R06999	钍	Th
	R07001～R07999	钨	W
	R08001～R08999	钒	V
	R10001～R19999	铍	Be
	R20001～R29999	铬	Cr
	R30001～R39999	钴	Co
	R40001～R49999	铼	Re
	R50001～R59999	钛	Ti
	R60001～R69999	锆	Zr
其他有色金属及合金	M00001～M00999	锑	Sb
	M01001～M01999	砷	As
	M02001～M02999	钡	Ba
	M03001～M03999	钙	Ca
	M04001～M04999	锗	Ge
	M05001～M05999	钚	Pu
	M06001～M06999	锶	Sr
	M07001～M07999	碲	Te
	M08001～M08999	铀	U
	M10001～M19999	镁	Mg
	M20001～M29999	锰	Mn
	M30001～M39999	硅	Si

（续）

金属类别	编号组别	金　属	
		金属名称	化学元素符号
铸铁	F00001 ~ F99999	灰口、可锻、珠光体可锻、球墨铸铁	
钢与铁合金	K00001 ~ K99999	其他金属	
锌	Z00001 ~ Z99999	锌及锌合金	
焊接填充金属	W00001 ~ W09999	无重要合金元素的碳素钢	
	W10000 ~ W19999	锰钼低合金钢	
	W20000 ~ W29999	镍低合金钢	
	W30000 ~ W39999	奥氏体不锈钢	
	W40000 ~ W49999	铁素体不锈钢	
	W50000 ~ W59999	铬低合金钢	
	W60000 ~ W69999	铜基合金	
	W70000 ~ W79999	堆焊合金	
	W80000 ~ W89999	镍基合金	

① 以自然存在的比例使用的稀土（即未分离稀土）。

2. 按 UNS 编制代号的程序

编制 UNS 代号仅限于工业应用的金属与合金。需要编制新代号时，必须经过核对，检查最近已编制的全部 UNS 代号，确定代号是否适用。在编制 UNS 代号及研究整个代号的编排时，通常按含量占优势的金属或合金元素决定待编代号的前缀字母。在没有一个元素是主要合金元素的情况下，则根据工业生产和其他因素决定前缀字母。凡需要编制新的 UNS 代号的金属及合金，其成分（或其他性能，如使用性能）必须与已经编入 UNS 中的金属及合金明显不同。如需要代号的金属及合金主要是由不同的成分来区别的，则应报告化学成分及含量范围。如需要代号的金属及合金主要是由不同的力学性能（或其他性能）来区别的，则应报告性能及其范围。如果有决定性能的元素，则报告决定性能的化学元素名称及其含量范围。

对要求编制新代号者，应填写“UNS 代号申请书”，任何一个 UNS 代号编制办公室的申请书均有效。申请者在申请书中应注明基体元素和其他重要特性（如“铸造”）及通用名称（如“铜币合金”）。

2.4.2　铝及铝合金牌号表示方法

1. 加工产品

除按 UNS 规定的数字代号 A00001 ~ A99999 表示铝及铝合金牌

号外，美国铝业协会规定了变形铝及铝合金标记方法，即 ANSI H35. 1/H35. 1（M）—2017《铝合金及热处理状态代号命名系统》。美国铝的主要生产者从 1954 年 10 月开始采用这种标记方法。此后，美国军用标准、美国汽车工程师协会、美国材料与试验协会等都相继采用这种标记方法。用四位数字表示铝及铝合金的数字代号见表 2-14。

表 2-14　铝及铝合金的数字代号

铝及铝合金	数字代号	含　义
铝	1×××	铝的质量分数不小于 99%
铝合金系（按合金元素分）	2×××	铝-铜-镁合金
	3×××	铝-锰合金
	4×××	铝-硅合金
	5×××	铝-镁合金
	6×××	铝-镁-硅合金
	7×××	铝-锌合金
	8×××	铝-其他元素合金
备用	9×××	—

注：“×”用以代表的阿拉伯数字。

1×××表示纯铝，铝的质量分数不小于 99%，4 位阿拉伯数字中的最后两位阿拉伯数字，表示纯铝质量分数中小数点后面的两位。例如：1075 表示铝的质量分数不小于 99. 75%。

1×××中的第二位数字用于表示对杂质含量的限制，数字为 0 表示对单个杂质元素不用控制，对于数字 1~9 中的每一个数字，则表示对一个或多个杂质有特定的要求。例如：1075、1175、1275 均表示含有同样纯度的铝（质量分数不小于 99. 75%），但 1175、1275 需要特别控制一个或多个杂质元素，而 1075 则对单个杂质无特定要求。

铝合金代号的四位数字中，第一位数字表示组别，即 2×××~8×××为铝合金主要合金元素系的划分（见表 2-14）。第二位数字表示对原始合金的修正，数字为 0 时，则表示该合金为工业上应用的原始合金，如 2024 为铝-铜系的原始合金，2124 合金则是 2024 合金的改型合金。这两种合金在 Fe、Si 的质量分数上稍有差别（即 2024 中 Fe、Si 的质量分数值均不大于 0. 50%，而 2124 中 Fe、Si 的质量分数值分别为不大于 0. 30% 和 0. 20%）。同理，2117 是 2017 的改型合金，5356和5456则是铝-镁系合金5056的改型合金。第三、四位数字没有什么特定含义，只是用以区分该合金系中的不同铝合金，只有当该系的新合金发展到工业上应用时，第三、四位数字才从01开始依次被采用。例如：2024中“24”为原始合金的代号，采用“24”作为代号中第三、四位数字是因为过去该合金的代号为24S。

试验合金也按上述方法表示，但在合金代号前缀加“X”，当该合金被列入标准合金时则删掉“X”。

国家间相似铝及铝合金，采用与其成分相似的四位数字后缀一个英文大写字母（按国际字母表的顺序，由A开始依次选用，但I、O、Q除外）来命名。

2. 铸造产品

铸造铝及铝合金牌号由三位数字组与小数点和尾数组成。

三位数中的第一位数字含义：1代表纯Al系；2代表Al-Cu系；3代表Al-Si-Cu系；4代表Al-Si系；5代表Al-Mg系；6代表暂空；7代表Al-Zn系；8代表Al-Sn系；9代表其他系。

第二、三位数字表示代号。

小数点后的尾数含义：0代表铸件，1、2代表铸锭。

铸造铝及铝合金同样也有UNS数字代号，如牌号535.2表示铸锭用铝合金，UNS数字代号为A05352。

2.4.3　铜及铜合金牌号表示方法

对合金编号命名时，应遵循下述定义和规定。

① 铜：金属铜的质量分数不小于99.3%。

② 高铜合金：对加工产品，铜的质量分数小于99.3%而大于96%，不能归入其他任何铜合金组；铜的质量分数大于94%，为了获得特殊性能可以加入银。

③ 黄铜：以锌作为主要的合金化元素，可以含有或不含有标明的其他合金化元素，如铁、铝、镍、硅。加工合金包括3个主要的黄铜组，即铜锌合金、铜锌铅合金（铅黄铜）、铜锌锡合金（锡黄铜）；铸造合金包括4个主要的黄铜组，即铜锡锌合金、铜锡锰合金（高强度黄铜）、加铅高强度黄铜、铜锌硅合金。

④ 青铜：不以锌或镍为主要合金元素的合金。对加工合金有4

个主要青铜组，即铜锡磷合金、铜锡铅磷合金、铜铝合金、铜硅合金；对铸造合金有4个主要青铜组，即铜锡合金、铜锡铅合金、铜锡镍合金、铜铝合金。称为“锰青铜”的合金，由于锌是主要的合金化元素，因此应归于黄铜。

⑤ 铜镍合金：含镍并作为主要合金化元素的合金，含有或不含有其他的合金化元素。

⑥ 铜镍锌合金：通常称之为“镍银”，以镍、锌为主要合金化元素，含有或不含有其他的合金化元素。

⑦ 加铅铜：指一系列含铅的质量分数大于或等于20%的铸造铜合金，通常含有少量的银，但不含锡或锌。

⑧ 特殊合金：化学成分不归入上述任何范围的合金。

美国的UNS代号表示方法应用范围很广，不仅在北美洲使用，巴西、澳大利亚等地也采用UNS编号的方法。日本所采用的铜合金数字编号则是根据美国原三位数字代号确定的。

1. 冶炼产品

铜的冶炼产品电解阴极铜牌号为CATH，质量等级分为1级和2级。1级品中杂质的质量分数不大于0.0065%，2级品中铜的质量分数不小于99.95%。

2. 加工产品

加工铜及铜合金牌号表示方法有两种：一种用化学成分表示，另一种用五位数字代号表示。

(1) 加工铜及铜合金的化学成分表示

1) 加工铜。加工铜牌号由铜的质量分数值加铜的化学元素符号组成，如99.95Cu。

2) 加工铜合金。加工铜合金分为黄铜、青铜和白铜三类。

① 加工黄铜。加工黄铜牌号由铜的质量分数值加铜元素符号，短横线“-”隔开，加锌的质量分数值加锌元素符号组成，如65Cu-35Zn。特殊黄铜牌号由铜锌的质量分数及元素符号加主添加元素的质量分数及主添加元素符号组成，之间用短横线“-”隔开，如65Cu-34Zn-1Pb。

② 加工青铜。加工青铜牌号由铜的质量分数值加铜元素符号，

短横线“-”隔开，加主添加元素的质量分数值加主添加元素符号组成，如92Cu-8Al、87Cu-10Al-3Fe。

③ 加工白铜。加工白铜牌号表示方法与加工黄铜相同，如80Cu-20Ni、93Cu-5Ni-1.5Fe-0.5Mn、55Cu-44Ni。

（2）加工铜及铜合金的五位数字代号表示　美国加工铜及铜合金采用五位数字作为代号。这种新的代号系统是在过去三位数字代号的基础上，经美国材料与试验协会（ASTM）和美国汽车工程师学会（SAE）共同研究和发展制定的，并成为美国金属与合金统一数字代号系统（UNS）的构成部分。在新、旧两种数字代号系统之间仍有着紧密的联系和相同之处。例如，原代号No.377锻造黄铜，在统一数字代号系统（UNS）中编为C37700（即等同于国标牌号HPb60-2）。新旧两种数字代号并不会造成合金代号的混淆，并且在合金代号的转变时期将共同存在并使用若干年。现在的新合金均按五位数字代号命名。

五位数字代号对铜及铜合金规定的代号范围：对于加工铜为C10000~C15999，加工铜合金为C16000~C79999；对于铸造铜为C80000~C81199，铸造铜合金为C81300~C99999。

在上述五位数字编号的后四位数字代号的“区间”中，可根据字母“C”后的第一、二位数字区别各种不同的合金系，或辨认该合金中的主要合金组元。加工铜及铜合金的五位数字代号与标准中合金数见表2-15。

表2-15　加工铜及铜合金的五位数字代号与标准中合金数

序号	加工铜及铜合金	五位数字代号	标准中合金数/个
1	加工铜	C10100~C15815	48
2	高铜合金	C16200~C19160	37
3	磷铜合金	C19200~C19900	13
4	铜-锌合金(黄铜)	C21000~C28000	16
5	铜-锌-铅合金(铅黄铜)	C31200~C38500	22
6	铜-锌-锡合金(锡黄铜)	C40400~C48600	24
7	铜-锡-磷合金(锡磷青铜)	C50100~C52400	15
8	铜-铅-磷合金(铅磷青铜)	C53400~C54400	2
9	铜-磷合金	C55180~C55181	2
10	铜-银-磷合金	C55280~C55284	5

（续）

序号	加工铜及铜合金	五位数字代号	标准中合金数/个
11	铜-铝合金（铝青铜）	C60800～C64210	24
12	铜-硅合金（硅青铜）	C64700～C66100	9
13	其他铜-锌合金	C66400～C69910	35
14	铜-镍合金（白铜）	C70100～C72950	30
15	铜-镍-锌合金（锌白铜）	C73500～C79830	22

3. 铸造产品

美国铸造铜及铜合金同样采用五位数字作为代号。这种新的代号系统的发展历程及编号原则与加工铜及铜合金相同。在新、旧两种数字代号系统之间仍有着紧密的联系和相同之处。如原代号No. 836铸造锡青铜，在统一数字代号系统（UNS）中编为C83600。新旧两种数字代号并不会造成合金代号的混淆，并且在合金代号的转变时期将共同存在并使用若干年。现在的新合金均按五位数字代号命名。

五位数字代号对铸造铜及铜合金规定的编号范围：铸造铜为C80000～C81199，铸造铜合金为C81300～C99999。在上述五位数字代号的后四位数字代号的“区间”中，可根据字母“C”后的第一、二位数字区别各种不同的合金系，或辨认该合金中的主要合金组元。铸造铜及铜合金的五位数字代号与标准中合金数见表2-16。

表2-16　铸造铜及铜合金的五位数字代号与标准中合金数

序号	加工铜及铜合金	五位数字代号	标准中合金数/个
1	铸造铜	C80100～C81200	4
2	铸造高铜合金	C81400～C82800	11
3	铸造铜-锡-锌和铜-锡-锌-铅合金	C83300～C83810	7
4	铸造半红黄铜和含铅半红黄铜	C84200～C84800	5
5	铸造黄铜和铅黄铜	C85200～C85800	5
6	铸造铜-锰-锡合金	C86100～C86800	8
7	铸造铜-硅合金	C87300～C87800	6
8	铸造铜-铋和铜-铋-硒合金	C89320～C89940	11
9	铸造铜-锡合金	C90200～C91700	13
10	铸造铜-锡-铅合金（加铅锡青铜）	C92200～C92900	14
11	铸造铜-锡-铅合金（高铅锡青铜）	C93200～C94500	17

（续）

序号	加工铜及铜合金	五位数字代号	标准中合金数/个
12	铸造铜-锡-镍(镍-锡青铜)	C94700~C94900	3
13	铸造铜-铝-铁 铜-铝-铁-镍合金(铝青铜)	C95200~C95800	18
14	铸造铜-镍-铁(铜镍)合金	C96200~C96950	8
15	铸造铜-镍-锌(镍银)	C97300~C97800	4
16	铸造铜-铅(加铅铜)	C98200~C98840	6
17	铸造特殊铜合金	C99300~C99750	7

注：铸件与铸锭合金同为一个UNS代号，应注意化学成分有时略有差异。

在美国，当一种新合金产生后，如果要按五位数字代号的表示方法编号命名，则必须具备三个条件：合金的全部成分已公开；属商业中应用或已确定在商业中使用的铜及铜合金；其成分不同于任何已经编号的合金。

2.4.4　镁及镁合金牌号表示方法

镁及镁合金除有UNS代号外，还有如下牌号表示方法。

1. 冶炼产品

重熔用镁锭牌号由表示镁纯度的四位数字组与表示不同杂质含量的级别代号（A、B、C）组成，如牌号9998A表示控制A级杂质，镁的质量分数值不小于99.98%的重熔用镁锭。

2. 加工产品

变形镁合金牌号由合金元素字母代号与数字组和表示不同杂质含量的级别代号（A、B、C）或标识代号组成。其合金元素字母代号见表2-17。

表2-17　合金元素字母代号

序号	元素代号	元素符号	序号	元素代号	元素符号	序号	元素代号	元素符号
1	A	Al	8	K	Zr	15	R	Cr
2	B	Bi	9	L	Li	16	S	Si
3	C	Cu	10	J	Sr	17	T	Sn
4	D	Cd	11	M	Mn	18	V	Gd
5	E	RE	12	N	Ni	19	W	Y
6	F	Fe	13	P	Pb	20	Y	Sb
7	H	Th	14	Q	Ag	21	Z	Zn

数字组表示合金主添加最高和次高元素名义质量分数值，一般为两位数。当质量分数值小于1%时，标注为0；当某个合金元素质量分数值大于10%时，数字组可为三位数。最后面的英文字母为标识代号，用以标识各具体组成元素相异或元素含量有微小差别的不同合金。

示例：AZ31B表示最高主添加元素铝的质量分数为3%，次高主添加元素锌的质量分数为1%，杂质含量控制为B级，其UNS代号为M11311。AS41A表示最高主添加元素铝的质量分数值为4%，次高主添加元素硅的质量分数为1%，杂质含量控制为A级，其UNS代号为M10411。AM100A表示最高主添加元素铝的质量分数为10%，次高主添加元素锰的质量分数为0.24%，杂质含量控制为A级；其UNS代号为M10100。

2.4.5　钛及钛合金牌号表示方法

1. 冶炼产品

海绵钛牌号用类别字母代号与布氏硬度值表示。类别字母代号的含义："MD"表示镁热还原加蒸馏精炼法；"ML"表示镁热还原加浸出或惰性气体清除精炼法；"SL"表示为镁钠热还原加浸出精炼法；"GP"表示普通级，镁法或钠法均可；"EL"表示电解产品。

示例：EL-110表示布氏硬度不大于110HBW 10/1500/30的电解海绵钛。

2. 加工产品

美国ASTM标准和MIL标准均有UNS代号，但ASTM标准中没有专用的牌号表示方法，一般由各产品标准分别规定。从产品标准中可归纳为牌号用等级单词"Grade"与附加字母和顺序号表示。附加字母的含义："C"表示铸件，"F"表示锻件；顺序号以1~4为纯钛，5以上表示钛合金。

示例：Grade5表示加工用钛合金；GradeC5表示铸件用钛合金；GradeF5表示锻件用钛合金。

MIL标准为美国军用标准。MIL标准采用的钛合金牌号由各合金元素的质量分数及元素符号（之间用短横线"-"隔开）组成。

示例：6Al-4V中，"6"表示铝的质量分数为6%，"4"表示钒的质量分数为4%，对应的ASTM牌号为Grade5，其UNS代号均为R56400。

8V-3Al-6Cr-4Mo-4Zr中，“8”表示钒的质量分数为8%，“3”表示铝的质量分数为3%，“6”表示铬的质量分数为6%，“4”表示钼的质量分数为4%，末尾“4”表示锆的质量分数为4%，对应的ASTM牌号为Grade19，其UNS代号均为R58640。

3Al-2.5V中，“3”表示铝的质量分数为3%，“2.5”表示钒的质量分数为2.5%，对应的ASTM牌号为Grade9，其UNS代号均为R56320。

牌号5Al-2.5Sn中，“5”表示铝的质量分数为5%，“2.5”表示锡的质量分数为2.5%，对应的ASTM牌号为Grade6，其UNS代号均为R54520。

2.5　国际标准化组织（ISO）有色金属及其合金牌号表示方法介绍

国际标准化组织（ISO）从事有色金属国际标准化的技术委员会有五个：ISO/TC18（锌及锌合金技术委员会）、ISO/TC26（铜及铜合金技术委员会）、ISO/TC79（轻金属及其合金技术委员会）、ISO/TC119（粉末冶金技术委员会）、ISO/TC155（镍及镍合金技术委员会）。

其中，ISO/TC26制定了ISO 1190.1《铜及铜合金　代号规范　第1部分：材料牌号》，ISO/TC79制定了ISO 2029《轻金属及其合金　以化学元素表示牌号的规则》这两个统一的国际标准，其他技术委员会制定的有色金属及其合金仅在产品标准中命名牌号。

2.5.1　金属的国际代号系统

ISO/TR 7003：1990（E）《金属命名的统一形式》明确规定了金属的国际代号系统，即INSM。该代号系统规定了金属代号由六位字母和数字组成。

第一位代表金属的类型，采用除I、O、Q以外的大写字母表示，见表2-18。

表 2-18　金属的类型代号

序号	金属名称	代 号	序号	金属名称	代 号
1	铝	A	7	铸铁和生铁	J
2	轻金属(除铝以外的)	B	8	低熔点金属(如锡、铅)	L
3	铜	C	9	镍和钴	N
4	铁合金	F	10	粉末冶金材料	P
5	金(或其他贵金属如银、铂)	G	11	钢	S、T
6	高熔点金属(如钨、钼)	H	12	锌和镉	Z

第二位代表一种金属的状态，采用字母符号表示：金属的形式或形状；生产方法的技术要求，即锻造或铸造；基础金属的合金分类；化学、物理或力学性能。

第三~六位为数字符号，由 ISO 技术委员会制定其含义，并进行分类。为了协调，对于每一位置上的任何含义都必须告知 ISO 中央秘书处及有关技术委员会。

金属及合金产品的六位代号系统已足够满足使用。对于附加的特殊要求和用途均限制在牌号的后缀使用。为避免与其他代号系统混淆，INSM 代号之前须加上国际标准或区域、国家标准的代号。

2.5.2　铝及铝合金牌号表示方法

铝及铝合金在 ISO 2029《轻金属及其合金　以化学元素表示牌号的规则》中属于轻金属及其合金。铝及铝合金的牌号表示方法是以化学元素符号为基础的。铝及铝合金的命名以国际标准中规定的化学成分界限值为基础，遵循以下表示原则：

1）所有材料牌号前均应有“ISO”前缀，但在国际标准或通信文件中已表明是用 ISO 牌号时，为了简便起见可以省略“ISO”前缀。

2）基体金属和主要合金元素均采用国际化学元素符号。

3）在元素符号后面为表示合金质量分数或金属品级的数字。

4）只对表示基体金属纯度的数字用空格将其与元素符号隔开。

1. 冶炼产品

重熔用纯金属（或称非合金化金属）的牌号由金属的化学元素符号（如 Al、Mg、Ti）及其金属纯度的质量分数值组成。质量分数值应根据需要，取小数点后两位或两位以上的数字。如 Al99.95、

Mg99.95分别表示铝、镁的质量分数值不小于99.95%的重熔铝锭和重熔镁锭。

2. 加工产品

变形铝及铝合金牌号表示方法有两种，一种用化学成分表示，另一种用四位数字编号表示。

（1）变形铝及铝合金的化学成分表示

1）纯铝。纯铝牌号由铝的化学元素符号及纯度质量分数值组成。如牌号Al99.8表示铝的质量分数不小于99.8%的纯铝。

当添加的某一合金元素的质量分数达到某一规定值时，牌号后缀应加上该合金元素的化学元素符号，如Al-99.0Cu表示铝的质量分数不小于99.0%，铜的质量分数为0.05%~0.20%的加工纯铝。

当对纯金属的杂质控制有特定要求时，应标明其用途。例如电导体用的纯金属，应在牌号前缀标“E”（electric），再加短横线“-”隔开。如牌号E-Al99.5表示电工用纯铝。

2）铝合金。铝合金牌号由基体金属元素符号（Al）加合金元素的化学元素符号及其质量分数值组成。在编制合金牌号时应注意以下几条规定：

① 合金元素是指最小质量分数大于0的元素（不包括基体元素），当所添加的合金元素质量分数值小于1%时，则牌号应由基体金属化学符号及其合金元素的化学元素符号组成，如AlMgSi。

② 如果合金元素的质量分数值大于1%时，在合金元素的化学符号后面最好用整数标出合金元素的质量分数，如AlMg3。

③ 当有两个以上的合金元素时，并不要求将所有合金元素都列入牌号中，除非这些合金成分在识别合金牌号时具有重要作用。

④ 如果需要区分类似的合金，则应以小数标出主要或次要合金元素的质量分数，如AlMg0.5Si。

⑤ 当两种或更多的合金具有同一成分，仅仅是杂质质量分数不同时，应将杂质允许量较高的元素的化学元素符号在牌号中用括号表示出来。

⑥ 当某一合金元素的质量分数有规定范围时，牌号中的数字应使用平均质量分数的修约数。

⑦ 当合金元素的含量只规定最小质量分数时，牌号中的数字应使用最小质量分数表示。

⑧ 当含量范围的平均值是一小数并以0.5结尾时，通常要将其修约成相邻的偶数。

⑨ 为了区别主要合金元素的质量分数相差小于1%的合金，在牌号中以化学元素符号表示的主要合金元素后面，可以用两位数字（用小数点隔开）来表示其质量分数。

⑩ 当合金采用特殊纯度的金属制造时，其牌号应由基体金属的化学元素符号、金属纯度质量分数的小数点后两位数字、合金元素的化学元素符号及其质量分数值组成。如Al90Mg2表示该合金中，镁的质量分数值为2%，含铝的质量分数为98%，采用纯度为99.90%的铝制造的铝镁合金。合金元素应按国际标准规定的合金元素的质量分数值列出，并按其递减的顺序排列，如果质量分数值相等，则按化学元素符号的字母顺序排列。

（2）变形铝及铝合金的四位数字编号表示 ISO变形铝及铝合金的四位数字体系牌号命名方法与中国相同。具体命名方法及说明见2.1.5节“2. 加工产品”。

3. 铸造产品

（1）铸造纯铝 铸造纯铝牌号由纯铝的化学元素符号及纯度质量分数值组成。如牌号Al99.8表示铝的质量分数不小于99.8%。

（2）铸造铝合金 铸造铝合金牌号由基体金属元素符号（Al）加合金元素的化学元素符号及其质量分数值组成。如牌号Al-Si7Cu3Mg中，“Al”为基体元素铝的化学元素符号，“Si”为添加元素硅的化学元素符号，“7”为硅的质量分数7%，“Cu”为添加元素铜的化学元素符号，“3”为铜的质量分数3%，“Mg”为添加元素镁的化学元素符号。

2.5.3 镁及镁合金牌号表示方法

1. 冶炼产品

ISO 8587：2021（E）《镁和镁合金 纯镁 化学成分》中纯镁牌号由镁的化学元素符号（Mg）及其金属纯度的质量分数值组成。质量分数值应根据需要，取小数点后两位或两位以上的数字。如牌号 ISO Mg 99.98 表示镁的质量分数值不小于 99.98%的纯镁。

2. 加工产品

变形镁合金牌号表示方法有两种，一种用化学成分表示，另一种用四位数字编号表示。

(1) 变形镁合金的化学成分牌号　ISO 3116—2019 (E)《变形镁及镁合金　化学成分和力学性能》中，变形镁合金牌号由基体镁元素符号 (Mg) 加合金元素的化学元素符号及其质量分数值组成。在编制镁合金牌号时应注意以下几条规定：

1) 合金元素是指最小质量分数大于 0 的元素（不包括基体元素），当所添加的合金元素质量分数值小于 1%时，则牌号应由基体金属化学符号及其合金元素的化学元素符号组成。

2) 如果合金元素的质量分数值大于 1%时，在合金元素的化学符号后面最好用整数标出合金元素的质量分数，如 ISO-MgMn2。

3) 当有两个以上的合金元素时，并不要求将所有合金元素都列入牌号中，除非这些合金成分在识别合金牌号时具有重要作用。

4) 如果需要区分类似的合金，则应以小数标出主要或次要合金元素的质量分数。

5) 当两种或更多的合金具有同一成分，仅仅是杂质的质量分数不同时，应将杂质允许量较高的元素的化学元素符号在牌号中用括号表示出来。如 ISO-MgAl3Zn (B)。

6) 当某一合金元素的质量分数有规定范围时，牌号中的数字应使用平均质量分数的修约数。

7) 当合金元素的含量只规定最小质量分数时，牌号中的数字应使用最小质量分数表示。

8) 当含量范围的平均值是一小数并以 0.5 结尾时，通常要将其修约成相邻的偶数。

9) 为了区别主要合金元素的质量分数相差小于 1%的合金，在牌号中以化学元素符号表示的主要合金元素后面，可以用两位数字 (用小数点隔开) 来表示其质量分数。

10) 当合金采用特殊纯度的金属制造时，其牌号应由基体金属的化学元素符号、金属纯度质量分数的小数点后两位数字、合金元素的化学元素符号及其质量分数值组成。如 ISO-MgMn2 表示该合金中，锰的质量分数值为2%，含镁的质量分数为98%，采用纯度为99.98%的镁制造的镁锰合金。合金元素应按国际标准规定的合金元素的质量分数值列出，并按其递减的顺序排列，如果质量分数值相等，则按化学元素符号的字母顺序排列。

示例：ISO-MgAl3Zn（A）中，“Mg”表示基体镁的化学元素符号，“Al”表示添加合金铝的化学元素符号，“3”合金铝的质量分数值为3%，“Zn”表示添加合金锌的化学元素符号，“（A）”表示有两种或多种相同的合金牌号，但相同牌号中的合金元素及其质量分数值略有不同。

（2）变形镁及镁合金的数字牌号 ISO 3116：2019（E）《变形镁及镁合金 化学成分和力学性能》中还规定了镁及镁合金的数字牌号，其数字牌号的结构为“WD加五位数字”，其含义见表2-19。

表2-19 变形镁及镁合金数字牌号的含义

WD	第一位数字	第二、三位数字	第四位数字	第五位数字
代表变形镁及镁合金	表示名义含量(质量分数)最高的元素：1—Mg；2—Al；3—Zn；4—Mn；5—Si；6—RE；7—Zr；8—Ag；9—Y	表示合金组成元素(即组别)：11—Mg+Al+Zn；12—Mg+Al+Mn；13—Mg+Al+Si；21—Mg+Zn+Cu；51—Mg+Zn+RE+Zr；52—Mg+RE+Ag+Zr；53—Mg+RE+Y+Zr	表示同一组别中的顺序号	表示改型情况：该数字为“0”时，表示原始合金；为其他数字时，表示改型合金（即在原始合金基础上，对个别元素含量进行了微小调整）

示例：牌号 WD21150 中，“WD”表示变形镁及镁合金，“2”表示名义含量（质量分数）最高的元素为Al，“11”表示合金组成元素为Mg+Al+Zn，“5”表示同一组别中的顺序号，“0”表示该合金为原始合金。牌号 WD 65220 中，“WD”表示变形镁及镁合金，“6”表示名义含量（质量分数）最高的元素为RE，“52”表示合金组成元素为Mg+RE+Ag+Zr，“2”表示同一组别中的顺序号，“0”表示该合金为原始合金。

3. 铸造产品

铸造镁合金牌号表示方法也有两种，一种用化学成分表示，另一种用四位数字编号表示。

（1）铸造镁合金的化学成分牌号　ISO 16220：2017（E）《镁和镁合金　镁合金铸锭和铸件》中，铸造镁合金牌号由基体金属元素符号（Mg）加合金元素的化学元素符号及其质量分数值组成。如牌号ISO-MgZn4RE1Zr中，“Mg”为基体元素镁的化学元素符号，“Zn”为添加元素锌的化学元素符号，“4”为锌的质量分数4%，“RE”为添加混合稀土的符号，“1”为混合稀土的质量分数1%，“Zr”为添加元素锆的化学元素符号。

（2）铸造镁合金的数字牌号　ISO 16220：2017（E）《镁和镁合金　镁合金铸锭和铸件》中也规定了镁及镁合金铸锭和铸件的数字牌号，其数字牌号的结构为“MB加五位数字”，其含义见表2-20。

表2-20　镁及镁合金铸锭数字牌号的含义

MB	第一位数字	第二、三位数字	第四位数字	第五位数字
代表镁及镁合金铸锭	表示名义含量（质量分数）最高的元素：1—Mg；2—Al；3—Zn；4—Mn；5—Si；6—RE；7—Zr；8—Ag；9—Y	表示合金组成元素（即组别）：11—Mg+Al+Zn；12—Mg+Al+Mn；13—Mg+Al+Si；21—Mg+Zn+Cu；51—Mg+Zn+RE+Zr；52—Mg+RE+Ag+Zr；53—Mg+RE+Y+Zr	表示同一组别中的顺序号	表示改型情况：该数字为“0”时，表示原始合金；为其他数字时，表示改型合金（即在原始合金基础上，对个别元素含量进行了微小调整）

示例：牌号MB35110中，“MB”表示镁及镁合金铸锭，“3”表示名义含量（质量分数）最高的元素为Zn，“51”表示合金组成元素为Mg+Zn+RE+Zr，“1”表示同一组别中的顺序号，“0”表示该合金为原始合金。

2.5.4　钛及钛合金牌号表示方法

1. 加工钛

加工钛牌号由钛的化学元素符号及其质量分数值组成。例如，牌号Ti99.8表示钛的质量分数不小于99.8%的工业纯钛。

2. 加工钛合金

加工钛合金牌号由基体钛的化学元素符号“Ti”加各合金的化

学元素符号及其质量分数值，之间用短横线“-”隔开组成。

示例：牌号 TiNi0.7Mo0.3 中，“Ti”为基体钛的化学元素符号，“Ni”为镍的化学元素符号，“0.7”表示镍的质量分数为 0.7%“Mo”为钼的化学元素符号，“0.3”表示钼的质量分数为 0.3%，相当于中国牌号 TA10，其名义化学成分为 Ti-0.3Mo-0.8Ni。

牌号 TiAl6Zr4Mo2Sn2 中，“Ti”为基体钛的化学元素符号，“Al”为铝的化学元素符号，“6”表示铝的质量分数为 6%，“Zr”为锆的化学元素符号，“4”表示锆的质量分数为 4%，“Mo”为钼的化学元素符号，“2”表示钼的质量分数为 2%，“Sn”为锡的化学元素符号，“2”表示锡的质量分数为 2%，相当于中国牌号 TA19，其名义化学成分为 Ti-6Al-2Sn-4Zr-2Mo-0.08Si。

牌号 TiMo15Al3Nb3 中，“Ti”为基体钛的化学元素符号，“Mo”为钼的化学元素符号，“15”表示钼的质量分数为 15%，“Al”为铝的化学元素符号，“3”表示铝的质量分数为 3%，“Nb”为铌的化学元素符号，“3”表示铌的质量分数为 3%，相当于中国牌号的 TB8，其名义化学成分为 Ti-15Mo-3Al-2.7Nb-0.25Si。

牌号 TiAl6V4A 中，“Ti”为基体钛的化学元素符号，“Al”为铝的化学元素符号，“6”表示铝的质量分数为 6%，“V”为钒的化学元素符号，“4”表示钒的质量分数为 4%，“A”表示 ELI（低间隙元素的英文首字母缩写），相当于中国牌号 TC4ELI，其名义化学成分为 Ti-6Al-4VELI。

2.5.5　铜及铜合金牌号表示方法

ISO 1190-1《铜及铜合金　代号规范　第 1 部分：材料牌号》规定用材料的化学成分来表示铜及铜合金牌号。对照 ISO 1190-1 和 ISO 2029《轻金属及其合金　以化学元素表示牌号的规则》两个标准可知，铜及铜合金牌号表示方法与轻金属及其合金牌号表示方法基本相同。

1. 冶炼产品

除一般表示方法外，精炼铜牌号有时要在铜的化学符号之后加上表示金属特征的大写字母，并用短横线“-”隔开。例如，Cu-CATH 表示铜和银的质量分数之和不小于 99.90% 的阴极铜，Cu-OF

表示铜和银的质量分数之和不小于99.95%的电解精炼无氧铜。未加工产品的牌号及含义见表2-21。

表2-21　未加工产品的牌号及含义

序号	牌号	名称	英文名称
1	Cu-CATH	阴极铜	Cathode copper
2	Cu-ETP	电解精炼铜	Electrolytically refined tough-pitch copper
3	Cu-FRHC	火法精炼高导铜	Fire-refined high-conductivity copper
4	Cu-CRTP	化学精炼韧铜	Chemically refined tough-pitch copper
5	Cu-FRTP	火法精炼韧铜	Fire-refined tough-pitch copper
6	Cu-HCP	高导电含磷铜	High-conductivity phosphorus-containing copper
7	Cu-PHC	高导电含磷铜	High-conductivity phosphorus-containing copper
8	Cu-PHCE	高导电含磷铜(电子极)	High-conductivity phosphorus-containing copper(electronic grade)
9	Cu-DLP	磷脱氧铜(低残留磷)	Phophorus-deoxidized copper(low residual phosphorus)
10	Cu-DHP	磷脱氧铜(高残留磷)	Phophorus-deoxidized copper(high residual phosphorus)
11	Cu-OF	电解精炼无氧铜	Oxygen-free electrolytically refined copper
12	Cu-OFE	电解精炼无氧铜(电子极)	Oxygen-free electrolytically refined copper(electronic grade)
13	Cu-Ag(OF)	含银无氧铜	Oxygen-free copper-silver
14	Cu-Ag	含银韧铜	Tough-pitch copper-silver
15	Cu-Ag(P)	含银的磷脱氧铜	Phosphorus-deoxidized copper-silver

2. 加工产品

（1）加工铜　加工铜按铜的质量分数大小分为不小于99.85%和不小于97.5%两大类，其标准分别为ISO 1337和ISO 1336。铜的质量分数不小于99.85%的牌号与精炼铜的牌号相同，但名称略有区别。如Cu-OF在加工铜中称为无氧铜。铜的质量分数不小于97.5%的牌号表示方法与加工铜合金牌号表示方法类似，但加工铜中的其他元素质量分数值不得超过ISO 1190/1的规定值。其他元素与极限值见表2-22。

表 2-22 其他元素与极限值

序号	其他元素	极限值(质量分数,%)	序号	其他元素	极限值(质量分数,%)	序号	其他元素	极限值(质量分数,%)
1	Ag	0.25	7	Cr	1.4	13	S	0.7
2	Al	0.3	8	Fe	0.3	14	Si	0.3
3	As	0.5	9	Mg	0.8	15	Sn	0.3
4	Bi	0.3	10	Mn	0.3	16	Te	0.8
5	Cd	1.3	11	Ni	0.3	17	Zn	1.0
6	Co	0.3	12	Pb	1.5	18	Zr	0.3

示例：CuCr1 表示铜的质量分数不小于 97.5%，铬的质量分数为 0.3%~1.2%，杂质总质量分数不大于 0.3%的加工铜。

（2）加工铜合金　加工铜合金牌号由基体元素铜加主要合金元素的化学元素符号及表明其含量（质量分数）值的数字（修约为整数）组成（但这些元素的质量分数必须≥1%）。标注牌号时应注意以下几点：

1）如果规定了合金元素的范围值，在牌号中应使用经修约的平均值，如牌号 CuAl5。

2）多种主要合金元素存在时，按含量递减的顺序排列，如牌号 CuZn36Pb3。

3）当主要合金元素的含量相同时，则按化学元素符号的字母顺序排列，如牌号 CuAl10Fe5Ni5。

4）当某种主要合金元素表明合金类别或对合金特性起主要作用时，则不论该元素的质量分数值是多少，均应标在“Cu”之后，如牌号 CuNi18Zn27 不能表示为 CuZn27Ni18，牌号 CuNi15Zn22 不能表示为 CuZn22Ni15，牌号 CuBeCo2 不能表示为 CuCo2Be，牌号 CuSn10Pb10 不能表示为 CuPb10Sn10。

5）当合金中有两种以上的合金元素时，除非为识别该合金而必须列出的成分，否则不必在牌号中列出所有的次要成分，如牌号 CuZn39FeMn。

6）当两种或两种以上合金具有主要成分相同，而只在同一种杂质允许含量上有微小差别时，应将允许有较高含量的杂质元素的化学元素符号，用括号在该合金牌号中表示出来，如牌号 CuS

(P0.01)。

3. 铸造产品

铸造铜合金牌号表示方法与加工铜合金牌号表示方法相同，但均应在该合金牌号前缀冠以“G”，以便于区别成分界限值相近，元素符号及其质量分数值相同的加工铜合金。按铸造工艺，分别采用的前缀含义：“GS”代表砂型铸造，“GM”代表硬模铸造，“GZ”代表离心铸造，“GC”代表连续铸造，“GP”代表压力铸造。

对于铸造合金锭，其牌号从相应合金铸件所规定的化学成分导出，这样可避免合金牌号混淆（即金属锭较窄的化学成分范围会有不同的平均合金含量，从而会使金属锭的牌号不同于用这种金属锭制成的铸件的牌号)。

当合金元素质量分数范围的平均值是两个整数之间的中间值时，牌号中所采用的数字一般应修约成最靠近中间值的偶数。

为了能区别一些主要合金元素质量分数之差小于1%的合金，应在牌号中这一合金元素的化学元素符号之后使用两个数字，并用小数点隔开。

2.5.6 锌及锌合金牌号表示方法

1. 冶炼产品

重熔用锌锭是用化学法、电解法或蒸馏法处理矿石，或用其他含锌料而制成的。其牌号用锌的化学元素符号及其质量分数值的数字表示。例如，ZN-1表示锌的质量分数值不小于99.995%的锌锭，ZN-2表示锌的质量分数不小于99.99%的锌锭。

2. 加工产品

锌合金牌号由基体元素锌的化学元素符号加合金的化学元素符号及其质量分数组成。如锌铝合金牌号ZnAl15中，“Zn”为基体元素锌的化学元素符号，“Al”为合金元素铝的化学元素符号，“15”为铝的平均质量分数值。锌铝锑合金牌号ZnAl0.7Sb中，“Zn”为基体元素锌的化学元素符号，“Al”为合金元素铝的化学元素符号，“0.7”为铝的平均质量分数值，“Sb”为合金元素锑的化学元素符号。

3. 铸造产品

铸造用锌合金锭牌号由基体元素锌的化学元素符号“Zn”加主要合金元素的化学元素符号及其质量分数值组成。如锌铝合金牌号ZnAl4中，“Zn”表示基体元素锌的化学元素符号，“Al”表示合金元素铝的化学元素符号，“4”表示合金元素铝的平均质量分数值为4%。锌铝铜合金牌号ZnAl4Cu1中，“Zn”表示基体元素锌的化学元素符号，“Al”表示合金元素铝的化学元素符号，“4”表示合金元素铝的平均质量分数值为4%，“Cu”表示合金元素铜的化学元素符号，“1”表示合金元素铜的平均质量分数值为1%。

2.5.7　镍及镍合金牌号表示方法

1. 冶炼产品

ISO 6283《精炼镍》规定，精炼镍（镍和钴的质量分数之和不小于99%，其中，Co钴的质量分数不大于1.5%）的牌号由字母代号“NR”加表示镍、钴质量分数的四位数字组成。

示例：NR9995表示镍和钴的质量分数之和不小于99.95%的精炼镍，NR9990表示镍和钴的质量分数之和不小于99.90%的精炼镍，NR9980表示镍和钴的质量分数之和不小于99.80%的精炼镍。

2. 加工产品

加工镍及镍合金牌号表示方法有两种，一种用四位数字编号表示，另一种用化学成分表示。

（1）加工镍及镍合金数字牌号

1）加工镍数字牌号。加工镍牌号由字母“NW”加四位数字组成。如牌号NW2201、NW2200，分别相当于中国加工镍牌号N5、N7。

2）加工镍合金数字牌号。加工镍合金牌号由字母“NW”加四位数字表示。如牌号NW4400、NW5500，分别相当于中国加工镍合金牌号NCu30、NCu30-3-0.5。

（2）加工镍及镍合金化学成分牌号

1）加工镍化学成分牌号。加工镍的化学成分牌号由基体镍的化学元素符号及其质量分数组成。如牌号Ni99.0-LC、Ni99.0。

2）加工镍合金化学成分牌号。ISO 9725：2017（E）《镍和镍合金锻件》中，加工镍合金化学成分牌号由基体镍的化学元素符号加添加合金的化学元素符号及其质量分数组成。

示例：牌号 NiCr16Mo16Ti 中，“Ni”表示基体镍的化学元素符号，“Cr”表示添加铬的化学元素符号，“16”表示铬的质量分数为16%，“Mo”表示添加钼的化学元素符号，“16”表示钼的质量分数为16%，“Ti”表示添加钛的化学元素符号。

3. 铸造产品

（1）铸造镍　ISO 12725：2019（E）《镍和镍合金铸件》中规定，铸造镍牌号由铸造代号“C”加短横线“-”加基体镍的化学元素符号及其质量分数组成。如牌号 C-Ni99。

（2）铸造镍合金　ISO 12725：2019（E）《镍和镍合金铸件》中规定，铸造镍合金牌号由铸造代号“C”加短横线“-”加基体镍的化学元素符号加添加合金的化学元素符号及其质量分数组成。

示例：牌号 C-NiCr22Mo9Nb4 中，“C”表示铸造代号，“Ni”表示基体镍的化学元素符号，“Cr”表示添加铬的化学元素符号，“22”表示铬的质量分数为22%，“Mo”表示添加钼的化学元素符号，“9”表示钼的质量分数为9%，“Nb”表示添加铌的化学元素符号，“4”表示铌的质量分数为4%。

2.5.8　焊接材料牌号表示方法

1. 焊料牌号表示方法

ISO 9453：2020（E）《软焊料合金　化学成分和形式》中，焊料牌号用基体锡的化学元素符号“Sn”及其质量分数加主添加元素符号及其质量分数值表示。

示例1：

Sn63　Pb37
- Pb37——主添加元素铅及其质量分数
- Sn63——基体锡及其质量分数

示例2：

Sn95.5　Ag4　Cu0.5
- Cu0.5——次添加元素铜及其质量分数
- Ag4——主添加元素银及其质量分数
- Sn95.5——基体锡及其质量分数

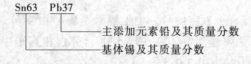

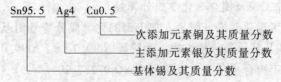

2. 焊丝型号表示方法

（1）铝及铝合金焊丝型号表示方法　ISO 18273：2015（E）《焊接消耗品　焊接用铝及铝合金焊丝和焊条》中，焊丝型号由三部分组成。第一部分为表示焊丝基体铝的元素符号“Al”；第二部分为四位数字表示焊丝型号；第三部分为焊丝或焊条的名义化学成分。

焊丝型号示例如下：

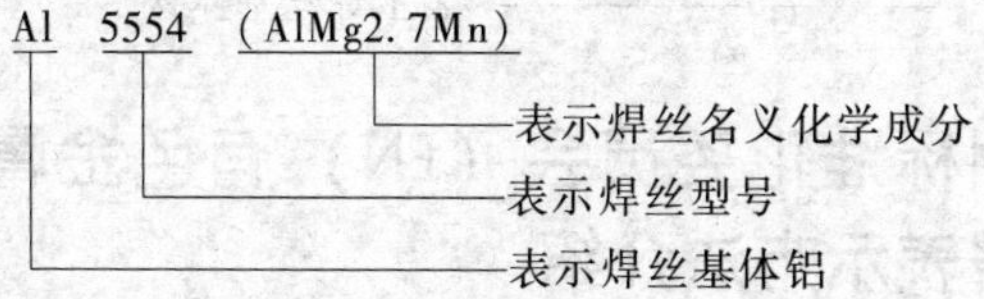

（2）铜及铜合金焊丝型号表示方法　ISO 24373：2018《焊接消耗品　焊接用铜及铜合金焊丝和焊条》中，焊丝型号由三部分组成。第一部分为表示焊丝基体铜的元素符号“Cu”；第二部分为四位数字表示焊丝型号；第三部分为焊丝或焊条的名义化学成分。

焊丝型号示例如下：

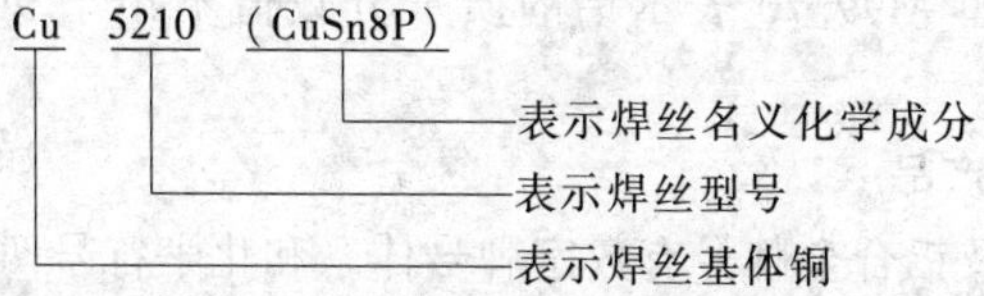

（3）镍及镍合金焊丝型号表示方法　ISO 18274：2010（E）《焊接消耗品　焊接用镍及镍合金焊丝和焊条》中，焊丝型号由三部分组成。第一部分为表示焊丝基体镍的元素符号“Ni”；第二部分为四位数字表示焊丝型号；第三部分为焊丝或焊条的名义化学成分。

焊丝型号示例如下：

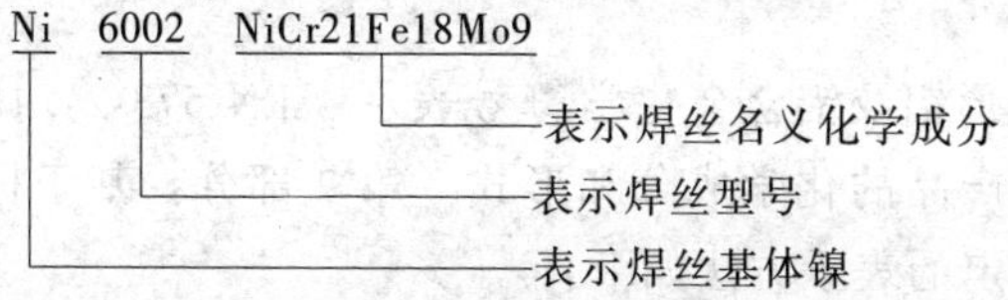

（4）钛及钛合金焊丝型号表示方法　ISO 24034：2020（E）《焊接消耗品　钛和钛合金熔焊用焊丝和焊条．分类》中，焊丝型号由

三部分组成。第一部分为表示焊丝基体钛的元素符号“Ti”；第二部分为四位数字表示焊丝型号；第三部分为焊丝或焊条的名义化学成分。

焊丝型号示例如下：

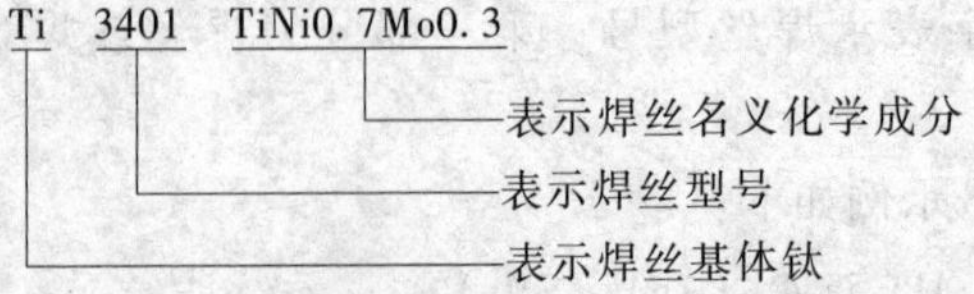

2.6　欧洲标准化委员会（EN）有色金属及其合金牌号表示方法介绍

2.6.1　铝及铝合金牌号表示方法

1. 冶炼产品

重熔用铝锭牌号由铝的化学元素符号（Al）及其金属纯度的质量分数值组成。质量分数值应根据需要，取小数点后两位或两位以上的数字。如 Al99.70 表示铝的质量分数值不小于 99.70% 的重熔铝锭。

2. 加工产品

变形铝及铝合金牌号有数字牌号体系和化学符号两种表示方法。

（1）变形铝及铝合金数字牌号体系　EN 573-1：2004《铝及铝合金　锻制产品的化学成分和形式　第1部分：数字牌号体系》规定的变形铝及铝合金牌号的数字表示方法是用 EN+A（铝）+W（变形产品）+间隔号“-”+四位数字，如 EN AW-2017A。

四位数字牌号体系的表示方法与中国牌号的四位数字相同（见表 2-2）。

（2）变形铝及铝合金化学符号表示　EN 573-2：1994《铝及铝合金　锻制产品的化学成分和形式　第2部分：基于标记系统的化学符号》规定的表示方法如下：

1）非合金铝牌号的化学符号表示用 EN+A（铝）+W（变形产品）+间隔号“-”+Al+表示铝的名义质量分数（%）数字，如 EN

AW-Al99.8、EN AW-Al99.85。

当非合金铝中添加有较低含量的合金元素时，该合金元素的符号置于表示铝的名义质量分数（%）数字之后，如 EN AW-Al99.75Cu。

2）铝合金牌号的化学符号表示用 EN+A（铝）+W（变形产品)+间隔号“-”+Al+合金元素符号+表示合金元素质量分数的阿拉伯数字，如 EN AW-AlSi5、EN AW-AlSi12。

当含有多种合金元素时，首先按合金质量分数顺序递减排列元素及质量分数。合金质量分数值相等时，按化学元素符号顺序排列，但合金的元素符号及质量分数值最多排列 4 种标记，如 EN AW-AlZn6MgCuZr。

当两种或两种以上合金具有主要成分相同，而只在同一种杂质允许含量上有微小差别时，可采用牌号后缀加（A）、（B）、（C）等字母予以区别，如 EN AW-AlZn8MgCu（A）、EN AW-AlZn8MgCu（B）、EN AW-AlZn8MgCu（C）。

3. 铸造产品

铸造铝及铝合金牌号有数字牌号体系和化学符号两种表示方法。

（1）铸造铝及铝合金牌号的数字牌号体系　EN 1780-1：2002《铝及铝合金　再熔化母合金及铸件用铝合金铸锭标识　第 1 部分：数字牌号体系》规定了重熔合金铝锭、中间合金和铸件用合金铝锭的数字标识方法。该数字标识方法为：EN+A（铝）+B+间隔号“-”+五位数字，EN+A（铝）+C+间隔号“-”+五位数字，EN+A（铝）+M+间隔号“-”+五位数字。其中，“B”代表重熔合金铝锭，“C”代表铸件用合金铝锭，“M”代表中间合金。

示例：EN AB-42000 为重熔铝硅镁合金铝锭的数字标识牌号，EN AC-42100 为铸件用铝硅镁合金铝锭的数字标识牌号，EN AM-90500 为中间合金的数字标识牌号。

五位数字标识含义如下：

1）重熔合金铝锭与铸件用合金铝锭的数字标识是相同的，其五位数字代表的含义见表 2-23。

表 2-23　铸造铝合金锭五位数字牌号的含义

AB/AC	第一位数字	第二位数字	第三位数字	第四位数字	第五位数字
代表重熔合金铝锭或代表铸件用合金铝锭	表示主要合金元素。示例：2 表示 Cu，4 表示 Si，5 表示 Mg，7 表示 Zn	表示合金组成元素（即组别）。示例：21×××表示 AlCu5Ti，41×××表示 AlS2iMgTi，42×××表示 AlSi7Mg，43×××表示 AlSi10Mg，45×××表示 AlSi6Cu4，48×××表示 AlSi12CuNiMg，51×××表示 AlMg3，71×××表示 AlZn5Mg	任意	通常为 0	通常为 0 不为 0 时，表示用于航空工业

2）中间合金五位数字牌号的含义见表 2-24。

表 2-24　中间合金五位数字牌号的含义

AM	第一位数字	第二、三位数字	第四、五位数字
代表中间合金	9	表示主要合金元素在化学元素周期表中的序列。示例：29 表示 Cu，14 表示 Si，12 表示 Mg，28 表示 Ni，26 表示 Fe，25 表示 Mn，24 表示 Cr，22 表示 Ti，05 表示 B，04 表示 Be，83 表示 Bi	用于表示年代号。但第五位数字有时表示合金中杂质含量，偶数表示最低含量，奇数表示最高含量

（2）铸造铝及铝合金牌号的化学符号表示方法　EN 1780-2：2002《铝及铝合金　再熔化母合金及铸造用合金铝铸锭标识　第 2 部分：化学符号表示体系》规定的重熔合金铝锭、中间合金和铸件用合金铝锭的化学符号表示方法为：EN+A（铝）+ B+间隔号“-”+Al+合金化学元素符号+代表合金元素质量分数的阿拉伯数字、EN+A（铝）+ C+间隔号“-”+Al+合金化学元素符号+代表合金元素质量分数的阿拉伯数字、EN+A（铝）+ M+间隔号“-”+Al+合金化学元素符号+代表合金元素质量分数的阿拉伯数字。其中，“B”代表重熔合金铝锭，“C”代表铸件用符号，“M”代表中间合金。

示例：化学符号牌号 EN AB-AlSi12CuNiMg 对应数字牌号 EN AB-48000，化学符号牌号 EN AC-AlMg5（Si）对应数字牌号 EN AC-51400，化学符号牌号 EN AM-AlTi5B1（A）对应数字牌号 EN

AM-92256。

化学符号表示方法的原则如下：

1）当含有多种元素时，合金元素符号按质量分数递减顺序排列；若合金元素质量分数相等时，则按合金元素的字母顺序排列，且合金元素的化学符号及质量分数按最高值限制为4种合金编排，如化学符号牌号EN AB-AlSi12CuMgNi。

2）对两种或两种以上合金组区分，首先通过合金组名义质量分数区分，但合金元素按名义质量分数（含量范围）取整数排列；对于两种或更多的合金具有相同元素，仅仅是质量分数小于1%的不同，用代有小数点的两位数字（0.5或0.1）区分，如EN AB-AlSi7Mg0.3和EN AB-AlSi7Mg0.6；当两种或更多的合金具有元素质量分数相同，仅仅是杂质质量分数不同时，应将较高杂质的化学元素符号加圆括号标入牌号后缀区分，如EN AB-AlSi10Mg（Cu）和AB-AlSi10Mg（Fe）；如果上述方法仍不能进行区分，可使用后缀加圆括号内的小写英文字母（a）、（b）、（c）予以区分，如EN AB-AlSi12（a）和EN AB-AlSi12（b）。

对于中间合金，可根据杂质质量分数高低用大写英文字母（A）或（B）作为牌号后缀予以区分。其中，“A”表示低杂质质量分数的中间合金，“B”表示高杂质质量分数的中间合金。

2.6.2 镁及镁合金牌号表示方法

1. 冶炼产品

EN 12421：2017（E）《镁及镁合金　非合金镁》中，非合金镁锭牌号的化学符号表示方法为：EN+M（镁）+B（重熔镁合金锭）+间隔号“-”+Mg+表示镁名义质量分数数字。其中，“B”表示重熔镁合金锭。如牌号EN-MB99.99。

2. 加工产品

变形镁及镁合金牌号有数字牌号体系和化学符号两种表示方法。

（1）变形镁及镁合金牌号用数字牌号体系的表示方法　镁及镁合金牌号用数字牌号体系的表示方法为：EN-M+W+五位数字表示。其中，“M”表示镁，“W”表示变形产品，“B”表示重熔镁合金锭，“C”表示铸件，“M”表示中间合金。五位数字牌号体系的含义见表2-25。

表2-25　五位数字牌号体系的含义

第一位数字	第二、三位数字	第四位数字	第五位数字
表示质量分数最高的元素。其中，1表示Mg，2表示Al，3表示Zn，4表示Mn，5表示Si，6表示RE，7表示Zr，8表示Ag，9表示Y	表示合金组成的化学元素（组别），其中，00表示Mg，11表示Mg+Al+Zn，12表示Mg+Al+Mn，13表示Mg+Al+Si，21表示Mg+Zn+Cu，51表示Mg+Zn+RE+Zr，52表示Mg+RE+Ag+Zr，53表示Mg+RE+Y+Zr	表示同一组别中的顺序号	表示用0～9中的任一数字来区分组别中的不同合金

示例：变形镁合金数字牌号EN-MW-95320中，“M”表示镁，“W”表示变形产品，“9”表示最高质量分数元素为Y，“53”表示合金组成的化学元素为Mg+RE+Y+Zr，“2”表示同一组别中的顺序号，“0”表示区分组别中的不同合金。

（2）变形镁及镁合金牌号用化学符号的表示方法　非合金镁的化学牌号用镁的化学元素符号及镁的质量分数值表示。当区分含量值相差较小时，可用后缀“A”“B”予以区别，如EN-MBMg99.80-A、EN-MBMg99.80-B。镁合金的化学牌号由“Mg”之后加上合金的主要化学元素符号及代表其质量分数的数字表示，即镁合金牌号用化学符号的表示方法为：EN-M+W+Mg+合金化学元素符号+合金元素质量分数的阿拉伯数字。当区分质量分数值相差较小时，可用后缀“A”“B”予以区别，如EN-MWMg-Al9Zn1（A）、EN-MWMg-Al9Zn1（B）。

示例：变形镁合金化学符号牌号EN-MWMg-Al9Zn1（A），对应数字牌号EN-MW-21120，近似中国变形镁合金牌号AZ91D。

3. 铸造产品

EN 1754：2015《镁及镁合金　阳极、铸锭和铸件标记体系》规定了镁及镁合金的数字牌号体系和化学符号体系。

（1）铸造镁及镁合金牌号用数字牌号体系的表示方法　铸造镁及镁合金牌号用数字牌号体系的表示方法为：EN-M+C/M+五位数字表示。其中，“M”表示镁，“C”表示铸件产品，“M”表示中间合金。五位数字牌号体系的含义见表2-26。

表 2-26　五位数字牌号体系的含义

第一位数字	第二、三位数字	第四位数字	第五位数字
表示质量分数最高的元素，即： 1——Mg 2——Al 3——Zn 4——Mn 5——Si 6——RE 7——Zr 8——Ag 9——Y	表示合金组成的化学元素(组别)，即： 00——Mg 11——Mg+Al+Zn 12——Mg+Al+Mn 13——Mg+Al+Si 21——Mg+Zn+Cu 51——Mg+Zn+RE+Zr 52——Mg+RE+Ag+Zr 53——Mg+RE+Y+Zr	表示同一组别中的顺序号	表示用 0～9 中的任一数字来区分组别中的不同合金

示例：铸造镁合金锭数字牌号 EN-MB-21110 中，“M” 表示镁，“B” 表示重熔镁合金锭，“2” 表示最高质量分数元素为 Al，“11” 表示合金组成的化学元素为 Mg+Al+Zn，“1” 表示同一组别中的顺序号，“0” 表示区分组别中的不同合金。

（2）铸造镁合金锭化学符号牌号　EN 1753：2019（E）《镁及镁合金　镁合金锭和铸件》中，铸造镁合金锭的化学牌号由 “Mg” 加上合金的主要化学元素符号及其质量分数数字表示，即铸造镁合金锭牌号用化学符号的表示方法为：EN-M+B+Mg+合金化学元素符号+代表合金元素质量分数的阿拉伯数字。

示例：铸造镁合金锭化学符号牌号 EN-MBMgAl6Zn3，铸造镁合金件化学符号牌号 EN-MCMgRE3Zn2Zr。

2.6.3　铜及铜合金牌号表示方法

1. 铜及铜合金的字母数字编号系统

EN 1412：2016《铜及铜合金　欧洲编号系统》规定了铜及铜合金编号（产品标准中为代号）的表示方法。该编号表示方法为：C（铜）+B/C/F/M/R/S/W/X+三位数字+表示材料组别的字母。编号中六位字母数字代号表示含义见表 2-27。

2. 冶炼产品

铜冶炼产品牌号用铜加类别代号加顺序表示。其中，类别代号的含义见表 2-28。

表 2-27 编号中六位字母数字代号表示含义

第一位	第二位	第三、四、五位	第六位
表示基体铜字母代号,即C表示铜	表示产品类别,即B表示重熔产品铸锭,C表示铸造产品,F表示铜焊和焊接填充物,M表示中间合金,R表示重熔非锻造铜,S表示碎铜材料,W表示锻造产品用铜,X表示为非标准材料	由000~999范围内数字组成,没有特定含义。其中,000~799为标准铜料,800~990为非标准铜料	表示材料组别,即A或B表示铜,C或D表示铜合金、低合金(合金总质量分数<5%),E或F表示多元铜合金(合金总质量分数≥5%),G表示铜铝合金,H表示铜镍合金,J表示铜镍锌合金,K表示铜锡合金,L或M表示铜锌合金(二元),N或P表示铜锌铅合金,R或S表示铜锌合金(多元)

表 2-28 类别代号的含义

序号	类别代号	名称	序号	类别代号	名称
1	CATH	阴极铜	5	DHP	高残磷脱氧铜
2	FRHC	火法精炼高导铜	6	DLP	低残磷脱氧铜
3	ETP	电解精炼韧铜	7	OF	无氧铜
4	FRTP	火法精炼韧铜	8	OFE	电工用脱氧铜

示例：牌号 Cu-CATH-1，代号 CR001A 为阴极铜；牌号 Cu-DHP，代号 CW024A 为高残磷脱氧铜。

3. 加工产品

(1) 加工铜化学符号及代号表示方法 加工铜牌号用铜加类别代号表示。其中，类别代号的含义见表 2-28。

EN 12163：2016《铜及铜合金 一般用途棒材》中，牌号 Cu-DHP，代号 CW024A 为中高残磷脱氧铜。如牌号 CuBe2Pb，代号 CW102C。

(2) 加工铜合金牌号的化学符号及代号表示方法 加工铜合金牌号由铜加主要合金的化学元素符号及其质量分数值加代号组成。牌号 CuZn39Sn1，代号 CW719R；牌号 CuZn20Al2As，代号 CW702R。

4. 铸造产品

铸造铜合金牌号表示方法与加工铜合金牌号表示方法相同，为便于区别，在牌号后缀加（-B）或（-C）区分，其中，“B”代表铸锭，“C”代表铸件。

示例：EN 1982：2017《铜及铜合金 铸锭和铸件》中，牌号 CuZn33Pb2-B、代号 CB750S 为铸造黄铜锭，牌号 CuZn33Pb2-C、代号 CC750S 为铸造黄铜件。

2.6.4 锌及锌合金牌号表示方法

1. 冶炼产品

EN 1179：2003《锌及锌合金　初级锌》中有5个牌号。锌锭牌号由“Z”加一位数字表示。数字越大，锌的质量分数越低，如 Z1 中 $w(\mathrm{Zn})\geqslant 99.995\%$，Z5 中 $w(\mathrm{Zn})\geqslant 98.5\%$。

2. 加工产品

EN 988：1996《锌及锌合金　建筑用轧制板材规范》中只有1个牌号。其牌号由基体锌的化学符号“Zn”加合金元素铜的化学符号及质量分数值加钛的化学符号组成，即 ZnCu1Ti。

3. 铸造产品

EN 1774：1997《锌及锌合金　铸造用合金　铸锭和铸液》中共有8个牌号。其牌号用基体锌的化学符号“Zn”加主要添加合金的化学符号及其质量分数表示。

示例：牌号 ZnAl4Cu1 中，“Zn”为基体锌的化学元素符号，“Al”为主要添加元素铝的化学符号，“4”为主要添加元素铝的平均质量分数，“Cu”为主要添加元素铜的化学符号，“1”为主要添加元素铜的平均质量分数。其代号为 ZL0410。

2.6.5 锡和铅牌号表示方法

（1）锡锭　锡锭牌号由“EN”加短横线“-”加“SB”加短横线“-”加锡的化学符号“Sn”及其质量分数表示。其中，“S”表示锡，“B”表示锭。例如，牌号 EN-SB-Sn9995 中，“SB”表示锡锭，“Sn”表示锡的化学元素符号，“9995”表示锡的质量分数值为 99.95%。

（2）铅锭　铅锭牌号由“EN”加短横线“-”加 PB 加短横线“-”加铅化学符号“Pb”加铅的质量分数表示。其中，“P”表示铅，“B”表示锭。例如，牌号 EN-PB-Pb99.985 中，“PB”表示铅锭，“Pb”表示铅的化学符号，“99.985”表示铅的质量分数值为 99.985%。

2.6.6 焊接材料牌号表示方法

1. 焊料牌号表示方法

EN ISO 9453：2020《软焊料合金　化学成分和形式》中，焊料牌号用基体锡的化学元素符号及其质量分数加主添加元素符号及其质量分数值表示。

示例1：

Sn50　Pb50

- Pb50——主添加元素铅及其质量分数
- Sn50——基体锡及其质量分数

示例2：

Sn98.5　Ag1　Cu0.5

- Cu0.5——次添加元素铜及其质量分数
- Ag1——主添加元素银及其质量分数
- Sn98.5——基体锡及其质量分数

2. 焊丝型号表示方法

（1）铝及铝合金焊丝型号表示方法　EN ISO 18273：2015（E）《焊接消耗品　焊接用铝及铝合金焊丝和焊条》中，焊丝型号由三部分组成。第一部分“Al”表示焊丝基体铝的元素符号；第二部分为四位数字表示焊丝型号；第三部分为焊丝或焊条的名义化学成分。

示例1：铝焊丝

Al　1070　Al99.7

- Al99.7——表示焊丝名义化学成分
- 1070——表示焊丝型号
- Al——表示焊丝基体铝

示例2：铝合金焊丝

Al　2319　AlCu6MnZrTi

- AlCu6MnZrTi——表示焊丝名义化学成分
- 2319——表示焊丝型号
- Al——表示焊丝基体铝

（2）铜及铜合金焊丝型号表示方法　EN ISO 24373：2018《焊接消耗品　焊接用铜及铜合金焊丝和焊条》中，焊丝型号由三部分组成。第一部分“Cu”表示焊丝基体铜的元素符号；第二部分为四位数字表示焊丝型号；第三部分为焊丝或焊条的名义化学成分。

示例1：铜焊丝

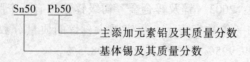

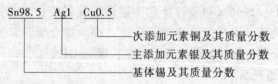

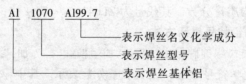

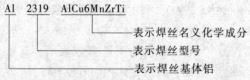

Cu　1897　CuAg1
- CuAg1：表示焊丝名义化学成分
- 1897：表示焊丝型号
- Cu：表示焊丝基体铜

示例2：铜合金焊丝

Cu　6810　CuZn40Fe1Sn1
- CuZn40Fe1Sn1：表示焊丝名义化学成分
- 6810：表示焊丝型号
- Cu：表示焊丝基体铜

（3）镍合金焊丝型号表示方法　EN ISO 14172：2015（E）《焊接消耗品　镍和镍合金手工金属电弧焊用涂敷电焊条》中，焊丝型号由三部分组成。第一部分“Ni”表示焊丝基体镍的元素符号；第二部分为四位数字表示焊丝型号；第三部分为焊丝或焊条的名义化学成分。

示例：

Ni　6200　NiCr23Mo16Cu2
- NiCr23Mo16Cu2：表示焊丝名义化学成分
- 6200：表示焊丝型号
- Ni：表示焊丝基体镍

（4）钛及钛合金焊丝型号表示方法　EN ISO 24034：2020《焊接消耗品　钛和钛合金熔焊用焊丝和焊条．分类》中，焊丝型号由三部分组成。第一部分“Ti”表示焊丝基体钛的元素符号；第二部分为四位数字表示焊丝型号；第三部分为焊丝或焊条名义化学成分。

示例1：钛焊丝

Ti　0120　Ti99.6
- Ti99.6：表示焊丝名义化学成分
- 0120：表示焊丝型号分类
- Ti：表示焊丝基体钛

示例2：钛合金焊丝

Ti　8641　TiV8Cr6Mo4Zr4Al3
- TiV8Cr6Mo4Zr4Al3：表示焊丝名义化学成分
- 8641：表示焊丝型号分类
- Ti：表示焊丝基体钛

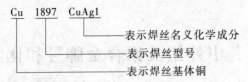

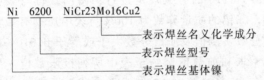

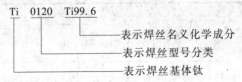

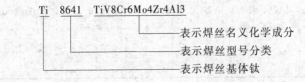

第3章　中外铝及铝合金牌号和化学成分

常用铝及铝合金分为冶炼产品、变形产品和铸造产品三大类。

3.1　冶炼产品

3.1.1　重熔用铝锭牌号和化学成分

GB/T 1196—2017《重熔用铝锭牌号和化学成分》中规定：①对于未规定的其他杂质元素的质量分数，如需方有特殊要求时，可由供需双方另行协商。②分析数值的判定采用修约比较法，修约规则按 GB/T 8170 的有关规定进行；修约数位与表中所列极限值数位一致。③铝的质量分数为100%与表中所列有数值要求的杂质元素质量分数实测值及质量分数大于或等于 0.010%的其他杂质合计的差值，求和前数值修约至表中所列极限数位一致，求和后将数值修约至 0.0×%再与100%求差。④Cd、Hg、Pb、As 元素，供方可不做常规分析，但监控其含量，要求 w（Cd+Hg+Pb）≤0.0095%，w（As）≤0.009%。重熔用铝锭牌号和化学成分对照见表 3-1～表 3-8。

表 3-1　Al99.85 牌号和化学成分（质量分数）对照　（%）

标准号	牌号	Al ≥	杂质≤									
			Si	Fe	Cu	Ga	Mg	Zn	Mn	Ti	其他每种	合计
GB/T 1196—2017	Al99.85	99.85	0.08	0.12	0.005	0.03	0.02	0.03	—	—	0.015	0.15
ГОСТ 11069—2001	A85	99.85	0.06	0.08	0.01	0.03	0.02	0.02	0.02	0.008	0.02	—
美国 AA（铝业协会）：1982	P0610A	余量	0.06	0.10	—	0.04	—	0.03	—	V：0.02	0.02	0.05

表 3-2 Al99.80 牌号和化学成分（质量分数）对照 （%）

标准号	牌号	Al ≥	杂质≤									
			Si	Fe	Cu	Ga	Mg	Zn	Mn	Ti	其他每种	合计
GB/T 1196—2017	Al99.80	99.80	0.09	0.14	0.005	0.03	0.02	0.03	—	—	0.015	0.20
ГОСТ 11069—2001	A8	99.80	0.10	0.12	0.01	0.03	0.02	0.04	0.02	0.01	0.02	—
美国 AA（铝业协会）:1982	P1015A	余量	0.10	0.15	—	0.04	—	0.03	—	V: 0.03	0.03	0.10

表 3-3 Al99.70 牌号和化学成分（质量分数）对照 （%）

标准号	牌号	Al ≥	杂质≤									
			Si	Fe	Cu	Ga	Mg	Zn	Mn	Ti	其他每种	合计
GB/T 1196—2017	Al99.70	99.70	0.10	0.20	0.01	0.03	0.02	0.03	—	—	0.03	0.30
ГОСТ 11069—2001	A7	99.70	0.15	0.16	0.01	0.03	0.02	0.04	0.03	0.01	0.02	—
JIS H2102:2011	Al99.70	99.70	0.10	0.20	0.01	0.03	0.02	0.03	—	0.02 V:0.03	—	—
美国 AA（铝业协会）:1982	P1020A	余量	0.10	0.20	—	0.04	—	0.03	—	V:0.03	0.03	0.10
EN 576:2003(E)	Al99.70①	99.70	0.10	0.20	0.01	0.03	0.02	0.03	—	0.02 V:0.03	0.03	—
ISO 115:2003(E)	Al99.70①	99.70	0.10	0.20	0.01	0.03	0.02	0.03	—	0.02 V:0.03	0.03	—

① w（Cd+Hg+Pb）≤0.0095%，w（As）≤0.009%。

表 3-4 Al99.60 牌号和化学成分（质量分数）对照 （%）

标准号	牌号	Al ≥	杂质≤									
			Si	Fe	Cu	Ga	Mg	Zn	Mn	Ti	其他每种	合计
GB/T 1196—2017	Al99.60	99.60	0.16	0.25	0.01	0.03	0.03	0.03	—	—	0.03	0.40
ГОСТ 11069—2001	A6	99.60	0.18	0.25	0.01	0.03	0.03	0.05	0.03	0.02	0.03	—
美国 AA（铝业协会）:1982	P1520A	余量	0.15	0.20	—	0.04	—	0.03	—	V: 0.03	0.03	0.10

表 3-5 Al99.50 牌号和化学成分（质量分数）对照 （%）

标准号	牌号	Al ≥	杂质≤									
			Si	Fe	Cu	Ga	Mg	Zn	Mn	Ti	其他每种	合计
GB/T 1196—2017	Al99.50	99.50	0.22	0.30	0.02	0.03	0.05	0.05	—	—	0.03	0.50
ГОСТ 11069—2001	A5	99.50	0.25	0.30	0.02	0.03	0.03	0.06	0.05	0.02	0.03	—
美国 AA（铝业协会）:1982	P1535A	余量	0.15	0.35	—	0.04	—	0.03	—	V:0.03	0.03	0.10

表 3-6 Al99.00 牌号和化学成分（质量分数）对照 （%）

标准号	牌号	Al ≥	杂质≤									
			Si	Fe	Cu	Ga	Mg	Zn	Mn	Ti	其他每种	合计
GB/T 1196—2017	Al99.00	99.00	0.42	0.50	0.02	0.05	0.05	0.05	—	—	0.05	1.00
ГОСТ 11069—2001	A0	99.00	Si+Fe:0.95		0.05	—	0.05	0.10	0.05	0.02	0.03	—
ASTM B37—2018	990A	99.0	—	—	0.20	—	—	0.20	0.20	—	—	1.00

表 3-7 Al99.7E 牌号和化学成分（质量分数）对照 （%）

标准号	牌号	Al ≥	杂质≤								
			Si	Fe	Cu	Ga	Mg	Zn	Mn	其他每种	合计
GB/T 1196—2017	Al99.7E①	99.70	0.07	0.20	0.01	—	0.02	0.04	0.005	0.03	0.30
ГОСТ 11069—2001	A7E	99.70	0.08	0.20	0.01	0.03	0.02	0.04	—	0.02 Ti+V+Cr+Mg:0.01	—
JIS H2102:2011	Al99.7E	99.70	0.07	0.20	0.01	—	0.02	0.04	0.005	0.03	—
EN 576:2003(E)	Al99.7E②③	99.70	0.07	0.20	0.01	—	0.02	0.04	0.005	0.03	—
ISO 115:2003(E)	Al99.7E②③	99.70	0.07	0.20	0.01	—	0.02	0.04	0.005	0.03	—

① w（B）≤0.04%，w（Cr）≤0.004%，w（Mn+Ti+Cr+V）≤0.020%。

② w（Cd+Hg+Pb）≤0.0095%，w（As）≤0.009%。

③ w（B）≤0.04%，w（Cr）≤0.004%，w（Mn+Ti+Cr+V）≤0.020%。

表 3-8　Al99.6E 牌号和化学成分（质量分数）对照　（%）

标准号	牌号	Al ≥	杂质≤								
			Si	Fe	Cu	Ga	Mg	Zn	Mn	其他每种	合计
GB/T 1196—2017	Al99.6E①	99.60	0.10	0.30	0.01	—	0.02	0.04	0.007	0.03	0.40
JIS H2102:2011	Al99.6E	99.60	0.10	0.30	0.01	—	0.02	0.04	0.007	0.03	—
EN 576:2003(E)	Al99.6E②③	99.60	0.10	0.30	0.01	—	0.02	0.04	0.007	0.03	—
ISO 115:2003(E)	Al99.6E②③	99.60	0.10	0.30	0.01	—	0.02	0.04	0.007	0.03	—

① w（B）≤0.04%，w（Cr）≤0.005%，w（Mn+Ti+Cr+V）≤0.030%。
② w（Cd+Hg+Pb）≤0.0095%，w（As）≤0.009%。
③ w（B）≤0.04%，w（Cr）≤0.005%，w（Mn+Ti+Cr+V）≤0.030%。

3.1.2　高纯铝锭牌号和化学成分

YS/T 275—2018《高纯铝锭》中，Al99.9999、Al99.9995、Al99.999 牌号和化学成分见表 3-9。

表 3-9　Al99.9999、Al99.9995、Al99.999 牌号和化学成分（质量分数）

标准号	牌号	纯度代号	杂质含量≤，μg/g															w(Al) ≥，%
			Si	Fe	Cu	Zn	Ti	Ga	Pb	Cd	Ag	In	Th	U	V	B	其他① 单个	
YS/T 275—2018	Al99.9999	6N	0.2	0.2	0.1	0.1	0.1	0.1	0.2	0.1	0.1	0.2	0.0005	0.0005	0.1	0.1	0.1	99.9999②
	Al99.9995	5N5	1.0	1.0	0.5	0.9	0.5	0.5	0.5	0.2	0.2	0.2	0.005	0.005	1.0	0.5	0.2	99.9995②
	Al99.999	5N	2.5	2.5	1.0	0.9	1.0	0.5	0.5	0.2	0.2	0.2	—	—	1.0	1.0	0.5	99.999③

注：微电子等行业用高纯金属为主原料加工的高纯铝铸锭及高纯铝合金铸锭应满足 GB/T 33912 要求。
① 其他单个指表中未列出或未规定数值的元素。
② 铝质量分数为 100%与所有含量不小于 0.000005%的元素含量总和的差值，求和前各元素数值要表示到 0.0000××%，求和后的数值修约到 0.0000×%。
③ 铝质量分数为 100%与所有含量不小于 0.00001%的元素含量总和的差值，求和前各元素数值要表示到 0.000××%，求和后的数值修约到 0.000×%。

3.2　加工产品

GB/T 3190—2020《变形铝及铝合金化学成分》中，规定了232个国际四位数字牌号，142个国内四位字符牌号。本书仅对该标准中的国际四位数字牌号和化学成分进行中外对照。美国变形铝及铝合金加工产品共有238个牌号在国际注册体系注册（铝及铝合金国际编号命名体系已形成事实上的铝合金国际注册体系，其国际注册体系实际上是以美国铝业协会为核心）。根据美国铝业协会最近出版的铝及铝合金国际牌号和化学成分注册登记表，共有402个牌号（含美国的238个牌号）。本书仅对238个牌号中与国标中的232个牌号和化学成分进行相应对照。变形铝及铝合金的牌号和化学成分（质量分数）对照见表3-10~表3-241。

表3-10　1035牌号和化学成分（质量分数）对照　（%）

标准号	牌号	Al	Si	Fe	Cu	Mn	Mg	Zn	Ti	V	其他	
											单个	合计
GB/T 3190—2020	1035	99.35	0.35	0.60	0.10	0.05	0.05	0.10	0.03	0.05	0.03	—
美国2006年前注册国际牌号	1035	99.35	0.35	0.60	0.10	0.05	0.05	0.10	0.03	0.05	0.03	—

表3-10~表3-241统一注释如下：

1）表中元素质量分数为单个数值时，“Al”元素质量分数为最低限，其他元素质量分数为最高限。

2）元素栏中“—”表示该位置不规定极限数值，对应元素为非常规分析元素，“其他”栏中“—”表示无极限数值要求。

3）“其他”表示表中未规定极限数值的元素和未列出的金属元素，其中的数值均为最高限。

4）“合计”表示质量分数不小于0.010%的“其他”金属元素质量分数之和。

表 3-11 1050 牌号和化学成分（质量分数）对照 （%）

标准号	牌号	Al	Si	Fe	Cu	Mn	Mg	Zn	Ti	V	其他	
											单个	合计
GB/T 3190—2020	1050	99.50	0.25	0.40	0.05	0.05	0.05	0.05	0.03	0.05	0.03	—
JIS H4000:2017	1050	99.50	0.25	0.40	0.05	0.05	0.05	0.05	0.03	0.05	0.03	—
美国 2006 年前注册国际牌号	1050	99.50	0.25	0.40	0.05	0.05	0.05	0.05	0.03	0.05	0.03	—
ISO 6362-7:2014(E)	1050	99.50	0.25	0.40	0.05	0.05	0.05	0.05	0.03	0.05	0.03	—

表 3-12 1050A 牌号和化学成分（质量分数）对照 （%）

标准号	牌号	Al	Si	Fe	Cu	Mn	Mg	Zn	Ti	其他	
										单个	合计
GB/T 3190—2020	1050A	99.50	0.25	0.40	0.05	0.05	0.05	0.07	0.05	0.03	—
ГОСТ 4784—1997	АД0/1011	99.50	0.25	0.40	0.05	0.05	0.05	0.07	0.05	0.03	—
JIS H4000:2017	1050A	99.50	0.25	0.40	0.05	0.05	0.05	0.07	0.05	0.03	—
EN 573-3:2019(E)	EN-AW-1050A EN-AW-Al 99.5	99.50	0.25	0.40	0.05	0.05	0.05	0.07	0.05	0.03	—
ISO 6362-7:2014(E)	1050A	99.50	0.25	0.40	0.05	0.05	0.05	0.07	0.05	0.03	—

表 3-13 1060 牌号和化学成分（质量分数）对照 （%）

标准号	牌号	Al	Si	Fe	Cu	Mn	Mg	Zn	Ti	V	其他	
											单个	合计
GB/T 3190—2020	1060	99.60	0.25	0.35	0.05	0.03	0.03	0.05	0.03	0.05	0.03	—
JIS H4000:2017	1060	99.60	0.25	0.35	0.05	0.03	0.03	0.05	0.03	0.05	0.03	—
EN 573-3:2019(E)	EN-AW-1060 EN-AW-Al 99.6	99.60	0.25	0.35	0.05	0.03	0.03	0.05	0.03	0.05	0.03	—

（续）

标准号	牌号	Al	Si	Fe	Cu	Mn	Mg	Zn	Ti	V	其他	
											单个	合计
ASTM B209/B209M—2021	1060	99.60	0.25	0.35	0.05	0.03	0.03	0.05	0.03	—	0.03	—
ISO 6362-7:2014(E)	1060	99.60	0.25	0.35	0.05	0.03	0.03	0.05	0.03	—	0.03	—

表 3-14　1065 牌号和化学成分（质量分数）对照　（%）

标准号	牌号	Al	Si	Fe	Cu	Mn	Mg	Zn	Ti	V	其他	
											单个	合计
GB/T 3190—2020	1065	99.65	0.25	0.30	0.05	0.03	0.03	0.05	0.03	0.05	0.03	—
美国 2006 年前注册国际牌号	1065	99.65	0.25	0.30	0.05	0.03	0.03	0.05	0.03	0.05	0.03	—

表 3-15　1070 牌号和化学成分（质量分数）对照　（%）

标准号	牌号	Al	Si	Fe	Cu	Mn	Mg	Zn	Ti	V	其他	
											单个	合计
GB/T 3190—2020	1070	99.70	0.20	0.25	0.04	0.03	0.03	0.04	0.03	0.05	0.03	—
JIS H4000:2017	1070	99.70	0.20	0.25	0.04	0.03	0.03	0.04	0.03	0.05	0.03	—
美国 2006 年前注册国际牌号	1070	99.70	0.20	0.25	0.04	0.03	0.03	0.04	0.03	0.05	0.03	—
ISO 6362-7:2014(E)	1070	99.70	0.20	0.25	0.04	0.03	0.03	0.04	0.03	0.05	0.03	—

表 3-16　1070A 牌号和化学成分（质量分数）对照　（%）

标准号	牌号	Al	Si	Fe	Cu	Mn	Mg	Zn	Ti	其他	
										单个	合计
GB/T 3190—2020	1070A	99.70	0.20	0.25	0.03	0.03	0.03	0.07	0.03	0.03	—

ГОСТ 4784—1997	АД00/1010	99.70	0.20	0.25	0.03	0.03	0.03	0.07	0.03	0.03	—
美国 2006 年前注册国际牌号	1070A										
EN 573-3:2019(E)	EN-AW-1070A EN-AW-Al 99.7										
ISO 6362-7:2014(E)	1070A										

表 3-17　1080 牌号和化学成分（质量分数）对照　（%）

标准号	牌号	Al	Si	Fe	Cu	Mn	Mg	Zn	Ti	Ga	V	其他	
												单个	合计
GB/T 3190—2020	1080	99.80	0.15	0.15	0.03	0.02	0.02	0.03	0.03	0.03	0.05	0.02	—
JIS H4000:2017	1080	99.80	0.15	0.15	0.03	0.02	0.02	0.03	0.03	0.03	0.05	0.02	—
美国 2006 年前注册国际牌号	1080												
ISO 6361-5:2011(E)	1080												

表 3-18　1080A 牌号和化学成分（质量分数）对照　（%）

标准号	牌号	Al	Si	Fe	Cu	Mn	Mg	Zn	Ti	Ga	其他	
											单个	合计
GB/T 3190—2020	1080A	99.80	0.15	0.15	0.03	0.02	0.02	0.06	0.02	0.03①	0.02	—
ISO 209:2007(E)	AW-Al 99.8 AW-1080A	99.80	0.15	0.15	0.03	0.02	0.02	0.06	0.02	0.03①	0.02	—
美国 2006 年前注册国际牌号	1080A											

（续）

标准号	牌号	Al	Si	Fe	Cu	Mn	Mg	Zn	Ti	Ga	其他	
											单个	合计
ГОСТ 4784—1997	АД000	99.80	0.15	0.15	0.03	0.02	0.02	0.06	0.02	—	0.02	—
EN 573-3:2019(E)	EN-AW-1080A EN-AW-Al 99.8（A）	99.80	0.15	0.15	0.03	0.02	0.02	0.06	0.02	0.03 Be: 0.0003	0.02	—

① 焊接电极及填料焊丝的 w（Be）≤0.0003%。

表 3-19　1085 牌号和化学成分（质量分数）对照　（%）

标准号	牌号	Al	Si	Fe	Cu	Mn	Mg	Zn	Ti	Ga	V	其他	
												单个	合计
GB/T 3190—2020	1085	99.85	0.10	0.12	0.03	0.02	0.02	0.03	0.02	0.03	0.05	0.01	—
JIS H4000:2017	1085	99.85	0.10	0.12	0.03	0.02	0.02	0.03	0.02	0.03	0.05	0.01	—
美国 2006 年前注册国际牌号	1085												
EN 573-3:2019(E)	EN-AW-1085 EN-AW-Al 99.85												
ISO 6361-5:2011(E)	1085												

表 3-20　1090 牌号和化学成分（质量分数）对照　（%）

标准号	牌号	Al	Si	Fe	Cu	Mn	Mg	Zn	Ti	Ga	V	其他	
												单个	合计
GB/T 3190—2020	1090	99.90	0.07	0.07	0.02	0.01	0.01	0.03	0.01	0.03	0.05	0.01	—
美国 2006 年前注册国际牌号	1090	99.90	0.07	0.07	0.02	0.01	0.01	0.03	0.01	0.03	0.05	0.01	—

EN 573-3:2019(E)	EN-AW-1090 EN-AW-Al 99.90	99.90	0.07	0.07	0.02	0.01	0.01	0.03	0.01	0.03	0.05	0.01	—
JIS H4000:2017	1N90	99.90	0.050	0.030	0.050	—	—	—	—	—	—	—	—

表 3-21　1100 牌号和化学成分（质量分数）对照　（%）

标准号	牌号	Al	Si	Fe	Cu	Mn	Mg	Zn	Ti	Be	其他	
											单个	合计
GB/T 3190—2020	1100	99.00	Si+Fe:0.95		0.05~0.20	0.05	—	0.10	—	0.0003①	0.05	0.15
JIS H4000:2017	1100											
EN 573-3:2019(E)	EN-AW-1100 EN-AW-Al 99.0Cu	99.00	Si+Fe:0.95		0.05~0.20	0.05	—	0.10	—	0.0003②	0.05	0.15
ISO 6362-7:2014(E)	1100											
ASTM B209/B209M—2021	1100	99.00	Si+Fe:0.95		0.05~0.20	0.05	—	0.10	—	—	0.05	0.15

① 焊接电极及填料焊丝的 w（Be）≤0.0003%。

② 用于电焊条、焊丝的 w（Be）≤0.0003%。

表 3-22　1200 牌号和化学成分（质量分数）对照　（%）

标准号	牌号	Al	Si	Fe	Cu	Mn	Mg	Zn	Ti	Be	其他	
											单个	合计
GB/T 3190—2020	1200	99.00	Si+Fe:1.00		0.05	0.05	—	0.10	0.05	—	0.05	0.15
ГОСТ 4784—1997	АД/1015	99.00	Si+Fe:1.00		0.05	0.05	—	0.10	0.05	—	0.05	0.15

（续）

标准号	牌号	Al	Si	Fe	Cu	Mn	Mg	Zn	Ti	Be	其他	
											单个	合计
JIS H4000:2017	1200	99.00	Si+Fe:1.00		0.05	0.05	—	0.10	0.05	—	0.05	0.15
ASTM B491/B491M—2015	1200	99.00	Si+Fe:1.00		0.05	0.05	—	0.10	0.05	—	0.05	0.15
ISO 6362-7:2014(E)	1200	99.00	Si+Fe:1.00		0.05	0.05	—	0.10	0.05	—	0.05	0.15
EN 573-3:2019(E)	EN-AW-1200 EN-AW-Al 99.0	99.00	Si+Fe:1.00		0.05	0.05	—	0.10	0.05	0.003	0.05	0.15

表 3-23　1200A 牌号和化学成分（质量分数）对照　（%）

标准号	牌号	Al	Si	Fe	Cu	Mn	Mg	Zn	Ti	Cr	其他	
											单个	合计
GB/T 3190—2020	1200A	99.00	Si+Fe:1.00		0.10	0.30	0.30	0.10	—	0.10	0.05	0.15
EN 573-3:2019(E)	EN-AW-1200A EN-AW-Al 99.0(A)	99.00	Si+Fe:1.00		0.10	0.30	0.30	0.10	—	0.10	0.05	0.15
美国 2006 年前注册国际牌号	1200A	99.00	Si+Fe:1.00		0.10	0.30	0.30	0.10	—	0.10	0.05	0.15

表 3-24　1110 牌号和化学成分（质量分数）对照　（%）

标准号	牌号	Al	Si	Fe	Cu	Mn	Mg	Cr	B	V	Ti	其他	
												单个	合计
GB/T 3190—2020	1110	99.10	0.30	0.80	0.04	0.01	0.25	0.01	0.02	V+Ti:0.03		0.03	—
EN 573-3:2019(E)	EN-AW-1110 EN-AW-Al 99.1	99.10	0.30	0.80	0.04	0.01	0.25	0.01	0.02	V+Ti:0.03		0.03	0.15
美国 2006 年前注册国际牌号	1110	99.10	0.30	0.80	0.04	0.01	0.25	—	0.02	V+Ti:0.03		0.03	—

表 3-25　1120 牌号和化学成分（质量分数）对照　（%）

标准号	牌号	Al	Si	Fe	Cu	Mn	Mg	Zn	Cr	Ga 等	其他	
											单个	合计
GB/T 3190—2020	1120	99.20	0.10	0.40	0.05~0.35	0.01	0.20	0.05	0.01	Ga:0.03,B:0.05 V+Ti:0.02	0.03	0.10
美国 2006 年前注册国际牌号	1120	99.20	0.10	0.40	0.05~0.35	0.01	0.20	0.05	0.01	Ga:0.03,B:0.05 V+Ti:0.02	0.03	0.10

表 3-26　1230 牌号和化学成分（质量分数）对照　（%）

标准号	牌号	Al	Si	Fe	Cu	Mn	Mg	Zn	Ti	V	其他	
											单个	合计
GB/T 3190—2020	1230①	99.30	Si+Fe:0.70		0.10	0.05	0.05	0.10	0.03	0.05	0.03	—
JIS H4000:2017	1N30	99.30	Si+Fe:0.70		0.10	0.05	0.05	0.05	—	—	0.03	—
ASTM B209/B209M—2021	1230	99.30	Si+Fe:0.70		0.10	0.05	0.05	0.10	0.03	—	0.03	—
ISO 209:2007(E)	AW-Al 99.3 AW-1030	99.30	0.30	0.30	0.05	0.05	0.05	0.1	0.15	—	0.05	—

① 主要用作包覆材料。

表 3-27　1235 牌号和化学成分（质量分数）对照　（%）

标准号	牌号	Al	Si	Fe	Cu	Mn	Mg	Zn	Ti	V	其他	
											单个	合计
GB/T 3190—2020	1235	99.35	Si+Fe:0.65		0.05	0.05	0.05	0.10	0.06	0.05	0.03	—
ASTM B491/B491M—2015	1235	99.35	Si+Fe:0.65		0.05	0.05	0.05	0.10	0.06	0.05	0.03	—
EN 573-3:2019(E)	EN-AW-1235 EN-AW-Al 99.35											

表 3-28　1435 牌号和化学成分（质量分数）对照　（%）

标准号	牌号	Al	Si	Fe	Cu	Mn	Mg	Zn	Ti	V	其他	
											单个	合计
GB/T 3190—2020	1435	99.35	0.15	0.30~0.50	0.02	0.05	0.05	0.10	0.03	0.05	0.03	—
美国 2006 年前注册国际牌号	1435	99.35	0.15	0.30~0.50	0.02	0.05	0.05	0.10	0.03	0.05	0.03	—

表 3-29　1145 牌号和化学成分（质量分数）对照　（%）

标准号	牌号	Al	Si	Fe	Cu	Mn	Mg	Zn	Ti	V	其他	
											单个	合计
GB/T 3190—2020	1145	99.45	Si+Fe:0.55		0.05	0.05	0.05	0.05	0.03	0.05	0.03	—
美国 2006 年前注册国际牌号	1145	99.45	Si+Fe:0.55		0.05	0.05	0.05	0.05	0.03	0.05	0.03	—

表 3-30　1345 牌号和化学成分（质量分数）对照　（%）

标准号	牌号	Al	Si	Fe	Cu	Mn	Mg	Zn	Ti	V	其他	
											单个	合计
GB/T 3190—2020	1345	99.45	0.30	0.40	0.10	0.05	0.05	0.05	0.03	0.05	0.03	—
美国 2006 年前注册国际牌号	1345	99.45	0.30	0.40	0.10	0.05	0.05	0.05	0.03	0.05	0.03	—

表 3-31　1350 牌号和化学成分（质量分数）对照　（%）

标准号	牌号	Al	Si	Fe	Cu	Mn	Mg	Zn	Cr	Ga 等	其他	
											单个	合计
GB/T 3190—2020	1350	99.50	0.10	0.40	0.05	0.01	—	0.05	0.01	Ga:0.03 B:0.05 V+Ti:0.02	0.03	0.10
EN 573-3:2019(E)	EN-AW-1350 EN-AW-Al 99.5											
ISO 6362-7:2014(E)	1350	99.50	0.10	0.40	0.05	0.01	—	0.05	0.01	Ga:0.03 B:0.05 V+Ti:0.02	0.03	0.10
美国 2006 年前注册国际牌号	1350											
ГОСТ 4784—1997	АД0Е/1011Е	99.50	0.10	0.40	0.05	0.01	—	0.05	0.01	B:0.05 V+Ti:0.02	0.03	0.10

表 3-32　1450 牌号和化学成分（质量分数）对照　（%）

标准号	牌号	Al	Si	Fe	Cu	Mn	Mg	Zn	Ti	Be	其他	
											单个	合计
GB/T 3190—2020	1450	99.50	0.25	0.40	0.05	0.05	0.05	0.07	0.10~0.20	0.0003①	0.02	0.10
美国 2006 年前注册国际牌号	1450	99.50	0.25	0.40	0.05	0.05	0.05	0.07	0.10~0.20	—	0.03	—
EN 573-3:2019(E)	EN-AW-1450 EN-AW-Al 99.5Ti	99.50	0.25	0.40	0.05	0.05	0.05	0.07	0.10~0.20	0.0003	0.03	—

① 焊接电极及填料焊丝的 w（Be）≤0.0003%。

表 3-33 1370 牌号和化学成分（质量分数）对照 （%）

标准号	牌号	Al	Si	Fe	Cu	Mn	Mg	Zn	Cr	Ga 等	其他	
											单个	合计
GB/T 3190—2020	1370	99.70	0.10	0.25	0.02	0.01	0.02	0.04	0.01	Ga:0.03 B:0.02 V+Ti:0.02	0.02	0.10
EN 573-3:2019(E)	EN-AW-1370 EN-AW-Al 99.7	99.70	0.10	0.25	0.02	0.01	0.02	0.04	0.01	Ga:0.03 B:0.02 V+Ti:0.02	0.02	0.10
ISO 209:2007(E)	AW-E-Al99.7 AW-1370											
美国 2006 年前注册国际牌号	1370	99.70	0.10	0.25	0.02	0.01	0.02	0.04	0.01	Ga:0.03 B:0.02 V+Ti:0.02	0.02	0.10
ГОСТ 4784—1997	АД00Е/1010Е	99.70	0.10	0.25	0.02	0.01	0.02	0.04	0.01	B:0.02 V+Ti:0.02	0.02	0.10

表 3-34 1275 牌号和化学成分（质量分数）对照 （%）

标准号	牌号	Al	Si	Fe	Cu	Mn	Mg	Zn	Ti	Ga	V	其他	
												单个	合计
GB/T 3190—2020	1275	99.75	0.08	0.12	0.05~0.10	0.02	0.02	0.03	0.02	0.03	0.03	0.01	—
美国 2006 年前注册国际牌号	1275	99.75	0.08	0.12	0.05~0.10	0.02	0.02	0.03	0.02	0.03	0.03	0.01	—

表 3-35　1185 牌号和化学成分（质量分数）对照　（%）

标准号	牌号	Al	Si	Fe	Cu	Mn	Mg	Zn	Ti	Ga	V	其他	
												单个	合计
GB/T 3190—2020	1185	99.85	Si+Fe:0.15		0.01	0.02	0.02	0.03	0.02	0.03	0.05	0.01	—
美国 2006 年前注册国际牌号	1185	99.85	Si+Fe:0.15		0.01	0.02	0.02	0.03	0.02	0.03	0.05	0.01	—

表 3-36　1285 牌号和化学成分（质量分数）对照　（%）

标准号	牌号	Al	Si	Fe	Cu	Mn	Mg	Zn	Ti	Ga 等	其他	
											单个	合计
GB/T 3190—2020	1285	99.85	0.08	0.08	0.02	0.01	0.01	0.03	0.02	Ga:0.03, V:0.05 Si+Fe:0.14	0.01	—
美国 2006 年前注册国际牌号	1285	99.85	0.08	0.08	0.02	0.01	0.01	0.03	0.02	Ga:0.03, V:0.05 Si+Fe:0.14	0.01	—

表 3-37　1385 牌号和化学成分（质量分数）对照　（%）

标准号	牌号	Al	Si	Fe	Cu	Mn	Mg	Zn	Cr	B 等	其他	
											单个	合计
GB/T 3190—2020	1385	99.85	0.05	0.12	0.02	0.01	0.02	0.03	0.01	B:0.02, Ga:0.03 V+Ti:0.03	0.01	—
美国 2006 年前注册国际牌号	1385	99.85	0.05	0.12	0.02	0.01	0.02	0.03	0.01	B:0.02, Ga:0.03 V+Ti:0.03	0.01	—

表 3-38　1188 牌号和化学成分（质量分数）对照　（%）

标准号	牌号	Al	Si	Fe	Cu	Mn	Mg	Zn	Ti	V 等	其他	
											单个	合计
GB/T 3190—2020	1188[①②]	99.88	0.06	0.06	0.005	0.01	0.01	0.03	0.01	V:0.05, Ga:0.03	0.01	—
美国 2006 年前注册国际牌号	1188	99.88	0.06	0.06	0.005	0.01	0.01	0.03	0.01	V:0.05, Ga:0.03 Be:0.0008	0.01	—

① 焊接电极及填充焊丝的 w（Be）≤0.0003%。

② 纯铝（铝的质量分数不小于 99.00%），其牌号系列为 1×××。

表 3-39　2004 牌号和化学成分（质量分数）对照　（%）

标准号	牌号	Al	Si	Fe	Cu	Mn	Mg	Zn	Ti	Zr	其他	
											单个	合计
GB/T 3190—2020	2004	余量	0.20	0.20	5.5~6.5	0.10	0.50	0.10	0.05	0.30~0.50	0.05	0.15
美国 2006 年前注册国际牌号	2004	余量	0.20	0.20	5.5~6.5	0.10	0.50	0.10	0.05	0.30~0.50	0.05	0.15

表 3-40　2007 牌号和化学成分（质量分数）对照　（%）

标准号	牌号	Al	Si	Fe	Cu	Mn	Mg	Zn	Ti	Cr 等	其他	
											单个	合计
GB/T 3190—2020	2007	余量	0.8	0.8	3.3~4.6	0.50~1.0	0.40~1.8	0.8	0.20	Cr:0.10, Ni:0.20 Bi:0.20, Sn:0.20 Pb:0.8~1.5	0.10	0.30
EN 573-3:2019(E)	EN-AW-2007 EN-AW-Al Cu4PbMgMn	余量	0.8	0.8	3.3~4.6	0.50~1.0	0.40~1.8	0.8	0.20	Cr:0.10, Ni:0.20 Bi:0.20, Sn:0.20 Pb:0.8~1.5	0.10	0.30
ISO 6362-7:2014	2007											
美国 2006 年前注册国际牌号	2007											

表 3-41 2008 牌号和化学成分（质量分数）对照 （%）

标准号	牌号	Al	Si	Fe	Cu	Mn	Mg	Zn	Ti	Cr	V	其他	
												单个	合计
GB/T 3190—2020	2008	余量	0.50~0.8	0.40	0.7~1.1	0.30	0.25~0.50	0.25	0.10	0.10	0.05	0.05	0.15
美国 2006 年前注册国际牌号	2008	余量	0.50~0.8	0.40	0.7~1.1	0.30	0.25~0.50	0.25	0.10	0.10	0.05	0.05	0.15

表 3-42 2010 牌号和化学成分（质量分数）对照 （%）

标准号	牌号	Al	Si	Fe	Cu	Mn	Mg	Zn	Ti	Cr	其他	
											单个	合计
GB/T 3190—2020	2010	余量	0.50	0.50	0.7~1.3	0.10~0.40	0.40~1.0	0.30	—	0.15	0.05	0.15
美国 2006 年前注册国际牌号	2010	余量	0.50	0.50	0.7~1.3	0.10~0.40	0.40~1.0	0.30	—	0.15	0.05	0.15

表 3-43 2011 牌号和化学成分（质量分数）对照 （%）

标准号	牌号	Al	Si	Fe	Cu	Mn	Mg	Zn	Ti	Bi	Pb	其他	
												单个	合计
GB/T 3190—2020	2011	余量	0.40	0.7	5.0~6.0	—	—	0.30	—	0.20~0.6	0.20~0.6	0.05	0.15
JIS H4040:2015	2011	余量	0.40	0.7	5.0~6.0	—	—	0.30	—	0.20~0.6	0.20~0.6	0.05	0.15
ASTM B210/B210M—2019	2011												
EN 573-3:2019(E)	EN-AW-2011 EN-AW-Al Cu6BiPb												
ISO 6362-7:2014(E)	2011												

表 3-44　2014 牌号和化学成分（质量分数）对照　（%）

标准号	牌号	Al	Si	Fe	Cu	Mn	Mg	Zn	Ti	Cr 等	其他	
											单个	合计
GB/T 3190—2020	2014	余量	0.50~1.2	0.7	3.9~5.0	0.40~1.2	0.20~0.8	0.25	0.15	Cr:0.10 Zr+Ti:0.20①	0.05	0.15
JIS H4000:2017	2014											
EN 573-3:2019(E)	EN-AW-2014 EN-AW-Al Cu4SiMg	余量	0.50~1.2	0.7	3.9~5.0	0.40~1.2	0.20~0.8	0.25	0.15	Cr:0.10 Zr+Ti:0.20	0.05	0.15
ISO 6362-7:2014(E)	2014											
ГОСТ 4784—1997	AK8/1380											
ASTM B209/B209M—2021	2014	余量	0.50~1.2	0.7	3.9~5.0	0.40~1.2	0.20~0.8	0.25	0.15	Cr:0.10	0.05	0.15

① 经供需双方协商并同意，挤压产品与锻件的 w（Zr+Ti）最大可达 0.20%。

表 3-45　2014A 牌号和化学成分（质量分数）对照　（%）

标准号	牌号	Al	Si	Fe	Cu	Mn	Mg	Zn	Ti	Cr 等	其他	
											单个	合计
GB/T 3190—2020	2014A	余量	0.50~0.9	0.50	3.9~5.0	0.40~1.2	0.20~0.8	0.25	0.15	Cr:0.10, Ni:0.10 Zr+Ti:0.20	0.05	0.15
ASTM B209/B209M—2021	2014A											
JIS H4000:2017	2014A											
EN 573-3:2019(E)	EN-AW-2014A EN-AW-Al Cu4SiMg(A)	余量	0.50~0.9	0.50	3.9~5.0	0.40~1.2	0.20~0.8	0.25	0.15	Cr:0.10, Ni:0.10 Zr+Ti:0.20	0.05	0.15
ISO 6362-7:2014(E)	2014A											

表 3-46 2214 牌号和化学成分（质量分数）对照 （%）

标准号	牌号	Al	Si	Fe	Cu	Mn	Mg	Zn	Ti	Cr 等	其他	
											单个	合计
GB/T 3190—2020	2214	余量	0.50~1.2	0.30	3.9~5.0	0.40~1.2	0.20~0.8	0.25	0.15	Cr:0.10 Zr+Ti:0.20①	0.05	0.15
美国 2006 年前注册国际牌号	2214	余量	0.50~1.2	0.30	3.9~5.0	0.40~1.2	0.20~0.8	0.25	0.15	Cr:0.10 Zr+Ti:0.20①	0.05	0.15
EN 573-3:2019(E)	EN-AW-2214 EN-AW-Al Cu4SiMg(B)											

① 经供需双方协商并同意，挤压产品与锻件的 w（Zr+Ti）最大可达 0.20%。

表 3-47 2017 牌号和化学成分（质量分数）对照 （%）

标准号	牌号	Al	Si	Fe	Cu	Mn	Mg	Zn	Ti	Cr 等	其他	
											单个	合计
GB/T 3190—2020	2017	余量	0.20~0.8	0.7	3.5~4.5	0.40~1.0	0.40~0.8	0.25	0.15	Cr:0.10 Zr+Ti:0.20①	0.05	0.15
ГОСТ 4784—1997	Д1/1110	余量	0.20~0.8	0.7	3.5~4.5	0.40~1.0	0.40~0.8	0.25	0.15	Cr:0.10 Zr+Ti:0.20	0.05	0.15
JIS H4000:2017	2017											
ISO 6362-7:2014(E)	2017											
ASTM B316/B316M—2020	2017	余量	0.20~0.8	0.7	3.5~4.5	0.40~1.0	0.40~0.8	0.25	0.15	Cr:0.10	0.05	0.15

① 经供需双方协商并同意，挤压产品与锻件的 w（Zr+Ti）最大可达 0.20%。

表 3-48 2017A 牌号和化学成分（质量分数）对照 （%）

标准号	牌号	Al	Si	Fe	Cu	Mn	Mg	Zn	Ti	Cr 等	其他	
											单个	合计
GB/T 3190—2020	2017A	余量	0.20~0.8	0.7	3.5~4.5	0.40~1.0	0.40~1.0	0.25	—	Cr:0.10 Zr+Ti:0.25	0.05	0.15

（续）

标准号	牌号	Al	Si	Fe	Cu	Mn	Mg	Zn	Ti	Cr等	其他	
											单个	合计
JIS H4000:2017	2017A	余量	0.20~0.8	0.7	3.5~4.5	0.40~1.0	0.40~1.0	0.25	—	Cr:0.10 Zr+Ti:0.25	0.05	0.15
EN 573-3:2019(E)	EN-AW-2017A EN-AW-Al Cu4SiMg(A)											
ISO 6362-7:2014(E)	2017A											

表 3-49　2117 牌号和化学成分（质量分数）对照　（%）

标准号	牌号	Al	Si	Fe	Cu	Mn	Mg	Zn	Ti	Cr	其他	
											单个	合计
GB/T 3190—2020	2117	余量	0.8	0.7	2.2~3.0	0.20	0.20~0.50	0.25	—	0.10	0.05	0.15
ГОСТ 4784—1997	Д18/1180											
JIS H4040:2015	2117	余量	0.8	0.7	2.2~3.0	0.20	0.20~0.50	0.25	—	0.10	0.05	0.15
ASTM B316/B316M—2020	2117											
EN 573-3:2019(E)	EN-AW-2117 EN-AW-Al Cu2.5Mg											
ISO 209:2007(E)	AW-Al Cu2.5Mg AW-2117											

表 3-50　2018 牌号和化学成分（质量分数）对照　（%）

标准号	牌号	Al	Si	Fe	Cu	Mn	Mg	Zn	Ti	Cr	Ni	其他	
												单个	合计
GB/T 3190—2020	2018	余量	0.9	1.0	3.5~4.5	0.20	0.45~0.9	0.25	—	0.10	1.7~2.3	0.05	0.15
JIS H4140:1988-R2019	2018	余量	0.9	1.0	3.5~4.5	0.20	0.45~0.9	0.25	—	0.10	1.7~2.3	0.05	0.15
ASTM B247M—2020	2018												

表 3-51　2218 牌号和化学成分（质量分数）对照　（%）

标准号	牌号	Al	Si	Fe	Cu	Mn	Mg	Zn	Ti	Cr	Ni	其他	
												单个	合计
GB/T 3190—2020	2218	余量	0.9	1.0	3.5~4.5	0.20	1.2~1.8	0.25	—	0.10	1.7~2.3	0.05	0.15
JIS H4140:1988(R2019)	2218	余量	0.9	1.0	3.5~4.5	0.20	1.2~1.8	0.25	—	0.10	1.7~2.3	0.05	0.15
ASTM B247M—2020	2218												

表 3-52　2618 牌号和化学成分（质量分数）对照　（%）

标准号	牌号	Al	Si	Fe	Cu	Mn	Mg	Zn	Ti	Ni	其他	
											单个	合计
GB/T 3190—2020	2618	余量	0.10~0.25	0.9~1.3	1.9~2.7	—	1.3~1.8	0.10	0.04~0.10	0.9~1.2	0.05	0.15
ГОСТ 4784—1997	АК4-1ч	余量	0.10~0.25	0.9~1.3	1.9~2.7	—	1.3~1.8	0.10	0.04~0.10	0.9~1.2	0.05	0.15
JIS H4140:1988(R2019)	2618	余量										
ASTM B247M—2020	2618	余量										

表 3-53　2618A 牌号和化学成分（质量分数）对照　（%）

标准号	牌号	Al	Si	Fe	Cu	Mn	Mg	Zn	Ti	Ni 等	其他	
											单个	合计
GB/T 3190—2020	2618A	余量	0.15~0.25	0.9~1.4	1.8~2.7	0.25	1.2~1.8	0.15	0.20	Ni:0.8~1.4 Zr+Ti:0.25	0.05	0.15
EN 573-3:2019(E)	EN-AW-2618A EN-AW-Al Cu2Mg1.5Ni	余量	0.15~0.25	0.9~1.4	1.8~2.7	0.25	1.2~1.8	0.15	0.20	Ni:0.8~1.4 Zr+Ti:0.25	0.05	0.15
ISO 6361-5:2011(E)	2618A											

（续）

标准号	牌号	Al	Si	Fe	Cu	Mn	Mg	Zn	Ti	Ni 等	其他	
											单个	合计
ГОСТ 4784—1997	AK4-1/1141	余量	0.35	0.8~1.4	1.9~2.7	0.2	1.2~1.8	0.3	—	Ni:0.8~1.4 Ti:0.02~0.10	0.05	0.1

表 3-54 2219 牌号和化学成分（质量分数）对照 （%）

标准号	牌号	Al	Si	Fe	Cu	Mn	Mg	Zn	V 等	其他	
										单个	合计
GB/T 3190—2020	2219	余量	0.20	0.30	5.8~6.8	0.20~0.40	0.02	0.10	V:0.05~0.15 Zr:0.10~0.25 Ti:0.02~0.10	0.05	0.15
ГОСТ 4784—1997	1201	余量	0.20	0.30	5.8~6.8	0.20~0.40	0.02	0.10	V:0.05~0.15 Zr:0.10~0.25 Ti:0.02~0.10	0.05	0.15
JIS H4000:2017	2219										
ASTM B209/B209M—2021	2219										
EN 573-3:2019(E)	EN-AW-2219 EN-AW-Al Cu6Mn										
ISO 6361-5:2011(E)	2219										

表 3-55 2519 牌号和化学成分（质量分数）对照 （%）

标准号	牌号	Al	Si	Fe	Cu	Mn	Mg	Zn	V 等	其他	
										单个	合计
GB/T 3190—2020	2519	余量	0.25①	0.30①	5.3~6.4	0.10~0.50	0.05~0.40	0.10	V:0.05~0.15 Zr:0.10~0.25 Ti:0.02~0.10	0.05	0.15
美国 2006 年前注册国际牌号	2519	余量	0.25①	0.30①	5.3~6.4	0.10~0.50	0.05~0.40	0.10	V:0.05~0.15 Zr:0.10~0.25 Ti:0.02~0.10	0.05	0.15

① w（Si+Fe）≤0.40%。

表 3-56 2024 牌号和化学成分（质量分数）对照 （%）

标准号	牌号	Al	Si	Fe	Cu	Mn	Mg	Zn	Ti	Cr 等	其他	
											单个	合计
GB/T 3190—2020	2024	余量	0.50	0.50	3.8~4.9	0.30~0.9	1.2~1.8	0.25	0.15	Cr:0.10 Zr+Ti:0.20①	0.05	0.15
ГОСТ 4784—1997	Д16/1160	余量	0.50	0.50	3.8~4.9	0.30~0.9	1.2~1.8	0.25	0.15	Cr:0.10 Zr+Ti:0.20①	0.05	0.15
JIS H4100:2015	2024	余量	0.50	0.50	3.8~4.9	0.30~0.9	1.2~1.8	0.25	0.15	Cr:0.10 Zr+Ti:0.20①	0.05	0.15
EN 573-3:2019(E)	EN-AW-2024 EN-AW-Al Cu4Mg1											
ISO 6362-7:2014(E)	2024											
ASTM B209/B209M—2021	2024	余量	0.50	0.50	3.8~4.9	0.30~0.9	1.2~1.8	0.25	0.15	Cr:0.10	0.05	0.15

① 经供需双方协商并同意，挤压产品与锻件的 w(Zr+Ti) 最大可达 0.20%。

表 3-57 2024A 牌号和化学成分（质量分数）对照 （%）

标准号	牌号	Al	Si	Fe	Cu	Mn	Mg	Zn	Ti	Cr	其他	
											单个	合计
GB/T 3190—2020	2024A	余量	0.15	0.20	3.7~4.5	0.15~0.8	1.2~1.5	0.25	0.15	0.10	0.05	0.15
ASTM B209/B209M—2021	2024A	余量	0.15	0.20	3.7~4.5	0.15~0.8	1.2~1.5	0.25	0.15	0.10	0.05	0.15

表 3-58 2124 牌号和化学成分（质量分数）对照 （%）

标准号	牌号	Al	Si	Fe	Cu	Mn	Mg	Zn	Ti	Cr 等	其他	
											单个	合计
GB/T 3190—2020	2124	余量	0.20	0.30	3.8~4.9	0.30~0.9	1.2~1.8	0.25	0.15	Cr:0.10 Zr+Ti:0.20①	0.05	0.15

（续）

标准号	牌号	Al	Si	Fe	Cu	Mn	Mg	Zn	Ti	Cr 等	其他	
											单个	合计
ГОСТ 4784—1997	Д16ч	余量	0.20	0.30	3.8~4.9	0.30~0.9	1.2~1.8	0.25	0.15	Cr:0.10	0.05	0.15
ASTM B209/B209M—2021	2124											
EN 573-3:2019(E)	EN-AW-2124 EN-AW-Al Cu4Mg1(A)											
ISO 6361-5:2011(E)	2124											

① 经供需双方协商并同意，挤压产品与锻件的 w（Zr+Ti）最大可达 0.20%。

表 3-59 2324 牌号和化学成分（质量分数）对照 （%）

标准号	牌号	Al	Si	Fe	Cu	Mn	Mg	Zn	Ti	Cr	其他	
											单个	合计
GB/T 3190—2020	2324	余量	0.10	0.12	3.8~4.4	0.30~0.9	1.2~1.8	0.25	0.15	0.10	0.05	0.15
美国 2006 年前注册国际牌号	2324	余量	0.10	0.12	3.8~4.4	0.30~0.9	1.2~1.8	0.25	0.15	0.10	0.05	0.15

表 3-60 2524 牌号和化学成分（质量分数）对照 （%）

标准号	牌号	Al	Si	Fe	Cu	Mn	Mg	Zn	Ti	Cr	其他	
											单个	合计
GB/T 3190—2020	2524	余量	0.06	0.12	4.0~4.5	0.45~0.7	1.2~1.6	0.15	0.10	0.05	0.05	0.15
美国 2006 年前注册国际牌号	2524	余量	0.06	0.12	4.0~4.5	0.45~0.7	1.2~1.6	0.15	0.10	0.05	0.05	0.15

表 3-61 2624 牌号和化学成分（质量分数）对照 （%）

标准号	牌号	Al	Si	Fe	Cu	Mn	Mg	Zn	Ti	Cr	其他	
											单个	合计
GB/T 3190—2020	2624	余量	0.08	0.08	3.8~4.3	0.45~0.7	1.2~1.6	0.15	0.10	0.05	0.05	0.15
美国 2006 年前注册国际牌号	2624	余量	0.08	0.08	3.8~4.3	0.45~0.7	1.2~1.6	0.15	0.10	0.05	0.05	0.15

表 3-62 2025 牌号和化学成分（质量分数）对照 （%）

标准号	牌号	Al	Si	Fe	Cu	Mn	Mg	Zn	Ti	Cr	其他	
											单个	合计
GB/T 3190—2020	2025	余量	0.50~1.2	1.0	3.9~5.0	0.40~1.2	0.05	0.25	0.15	0.10	0.05	0.15
JIS H4140:1988(R2019)	2025	余量	0.50~1.2	1.0	3.9~5.0	0.40~1.2	0.05	0.25	0.15	0.10	0.05	0.15
ASTM B247M—2020	2025											

表 3-63 2026 牌号和化学成分（质量分数） （%）

标准号	牌号	Al	Si	Fe	Cu	Mn	Mg	Zn	Ti	Zr	其他	
											单个	合计
GB/T 3190—2020	2026	余量	0.05	0.07	3.6~4.3	0.30~0.8	1.0~1.6	0.10	0.06	0.05~0.25	0.05	0.15

表 3-64 2036 牌号和化学成分（质量分数）对照 （%）

标准号	牌号	Al	Si	Fe	Cu	Mn	Mg	Zn	Ti	Cr	其他	
											单个	合计
GB/T 3190—2020	2036	余量	0.50	0.50	2.2~3.0	0.10~0.40	0.30~0.6	0.25	0.15	0.10	0.05	0.15
美国 2006 年前注册国际牌号	2036	余量	0.50	0.50	2.2~3.0	0.10~0.40	0.30~0.6	0.25	0.15	0.10	0.05	0.15

表 3-65 2040 牌号和化学成分（质量分数） （%）

标准号	牌号	Al	Si	Fe	Cu	Mn	Mg	Zn	Ti	Ag 等	其他	
											单个	合计
GB/T 3190—2020	2040	余量	0.08	0.10	4.8~5.4	0.45~0.8	0.7~1.1	0.25	0.06	Ag:0.40~0.7 Zr:0.08~0.15 Be:0.0001	0.05	0.15

表 3-66 2050 牌号和化学成分（质量分数） （%）

标准号	牌号	Al	Si	Fe	Cu	Mn	Mg	Zn	Ti	Ag 等	其他	
											单个	合计
GB/T 3190—2020	2050	余量	0.08	0.10	3.2~3.9	0.20~0.50	0.20~0.6	0.25	0.10	Ag:0.20~0.7 Zr:0.06~0.14 Li:0.7~1.3 Cr:0.05,Ni:0.05 Ga:0.05,V0.05	0.05	0.15

表 3-67 2055 牌号和化学成分（质量分数） （%）

标准号	牌号	Al	Si	Fe	Cu	Mn	Mg	Zn	Ti	Ag 等	其他	
											单个	合计
GB/T 3190—2020	2055	余量	0.07	0.10	3.2~4.2	0.10~0.50	0.20~0.6	0.30~0.7	0.10	Ag:0.20~0.7 Zr:0.05~0.15 Li:1.0~1.3	0.05	0.15

表 3-68 2060 牌号和化学成分（质量分数） （%）

标准号	牌号	Al	Si	Fe	Cu	Mn	Mg	Zn	Ti	Ag 等	其他	
											单个	合计
GB/T 3190—2020	2060	余量	0.07	0.07	3.4~4.5	0.10~0.50	0.6~1.1	0.30~0.50	0.10	Ag:0.05~0.50 Zr:0.05~0.15 Li:0.6~0.9	0.05	0.15

表 3-69 2195 牌号和化学成分（质量分数）对照 （%）

标准号	牌号	Al	Si	Fe	Cu	Mn	Mg	Zn	Ti	Ag 等	其他	
											单个	合计
GB/T 3190—2020	2195	余量	0.12	0.15	3.7~4.3	0.25	0.25~0.8	0.25	0.10	Ag:0.25~0.6 Zr:0.08~0.16 Li:0.8~1.2	0.05	0.15
美国 2006 年前注册国际牌号	2195	余量	0.12	0.15	3.7~4.3	0.25	0.25~0.8	0.25	0.10	Ag:0.25~0.6 Zr:0.08~0.16 Li:0.8~1.2	0.05	0.15

表 3-70 2196 牌号和化学成分（质量分数） （%）

标准号	牌号	Al	Si	Fe	Cu	Mn	Mg	Zn	Ti	Ag 等	其他	
											单个	合计
GB/T 3190—2020	2196	余量	0.12	0.15	2.5~3.3	0.35	0.25~0.8	0.35	0.10	Ag:0.25~0.6 Zr:0.04~0.18 Li:1.4~2.1	0.05	0.15

表 3-71 2297 牌号和化学成分（质量分数）对照 （%）

标准号	牌号	Al	Si	Fe	Cu	Mn	Mg	Zn	Ti	Zr	Li	其他	
												单个	合计
GB/T 3190—2020	2297	余量	0.10	0.10	2.5~3.1	0.10~0.50	0.25	0.05	0.12	0.08~0.15	1.1~1.7	0.05	0.15
美国 2006 年前注册国际牌号	2297	余量	0.10	0.10	2.5~3.1	0.10~0.50	0.25	0.05	0.12	0.08~0.15	1.1~1.7	0.05	0.15

表 3-72 2099 牌号和化学成分（质量分数） （%）

标准号	牌号	Al	Si	Fe	Cu①	Mn	Mg	Zn	Ti	Zr 等	其他	
											单个	合计
GB/T 3190—2020	2099	余量	0.05	0.07	2.4~3.0	0.10~0.50	0.10~0.50	0.40~1.0	0.10	Zr:0.05~0.12 Li:1.6~2.0 Be:0.0001	0.05	0.15

① 以铜为主要合金元素的铝合金（Al-Cu），其牌号系列为 2×××。

表 3-73 3002 牌号和化学成分（质量分数）对照 （%）

标准号	牌号	Al	Si	Fe	Cu	Mn	Mg	Zn	Ti	V	其他	
											单个	合计
GB/T 3190—2020	3002	余量	0.08	0.10	0.15	0.05~0.25	0.05~0.20	0.05	0.03	0.05	0.03	0.10
美国 2006 年前注册国际牌号	3002	余量	0.08	0.10	0.15	0.05~0.25	0.05~0.20	0.05	0.03	0.05	0.03	0.10
EN 573-3:2019(E)	EN-AW-3002 EN-AW-Al Mn0.2Mg0.1											

表 3-74 3102 牌号和化学成分（质量分数）对照 （%）

标准号	牌号	Al	Si	Fe	Cu	Mn	Mg	Zn	Ti	其他	
										单个	合计
GB/T 3190—2020	3102	余量	0.40	0.7	0.10	0.05~0.40	—	0.30	0.10	0.05	0.15
JIS H4100:2015	3102	余量	0.40	0.7	0.10	0.05~0.40	—	0.30	0.10	0.05	0.15
ASTM B221M—2020	3102										
EN 573-3:2019(E)	EN-AW-3102 EN-AW-Al Mn0.2										
ISO 6362-7:2014(E)	3102										

表 3-75 3003 牌号和化学成分（质量分数）对照 （%）

标准号	牌号	Al	Si	Fe	Cu	Mn	Mg	Zn	Ti		其他	
											单个	合计
GB/T 3190—2020	3003	余量	0.6	0.7	0.05~0.20	1.0~1.5	—	0.10	—	—	0.05	0.15
JIS H4100:2015	3003	余量	0.6	0.7	0.05~0.20	1.0~1.5	—	0.10	—	—	0.05	0.15
ASTM B209/B209M—2021	3003											
EN 573-3:2019(E)	EN-AW-3003 EN-AW-Al Mn1Cu											
ISO 6362-7:2014(E)	3003											
ГОСТ 4784—1997	AMц/1400	余量	0.6	0.7	0.05~0.20	1.0~1.5	—	—	0.10	成形用板坯 Ti:0.2	0.05	0.15

表 3-76 3103 牌号和化学成分（质量分数）对照 （%）

标准号	牌号	Al	Si	Fe	Cu	Mn	Mg	Zn	Ti	Cr 等	其他	
											单个	合计
GB/T 3190—2020	3103	余量	0.50	0.7	0.10	0.9~1.5	0.30	0.20	—	Cr:0.10 Zr+Ti:0.10 Be:0.0003①	0.05	0.15
JIS H4000:2017	3103	余量	0.50	0.7	0.10	0.9~1.5	0.30	0.20	—	Cr:0.10 Zr+Ti:0.10	0.05	0.15
EN 573-3:2019(E)	EN-AW-3103 EN-AW-Al Mn1											
ISO 6362-7:2014(E)	3103											
美国 2006 年前注册国际牌号	3103											

① 焊接电极及填料焊丝的 w（Be）≤0.0003%。

表 3-77　3103A 牌号和化学成分（质量分数）对照　（%）

标准号	牌号	Al	Si	Fe	Cu	Mn	Mg	Zn	Cr		其他	
											单个	合计
GB/T 3190—2020	3103A	余量	0.50	0.7	0.10	0.7~1.4	0.30	0.20	0.10	Zr+Ti:0.10	0.05	0.15
EN 573-3:2019(E)	EN-AW-3103A EN-AW-Al Mn1(A)	余量	0.50	0.7	0.10	0.7~1.4	0.30	0.20	0.10	Zr+Ti:0.10	0.05	0.15
美国 2006 年前注册国际牌号	3103A											

表 3-78　3203 牌号和化学成分（质量分数）对照　（%）

标准号	牌号	Al	Si	Fe	Cu	Mn	Mg	Zn	Ti	Be	其他	
											单个	合计
GB/T 3190—2020	3203	余量	0.6	0.7	0.05	1.0~1.5	—	0.10	—	0.0003①	0.05	0.15
JIS H4080:2015	3203	余量	0.6	0.7	0.05	1.0~1.5	—	0.10	—	—	0.05	0.15
ISO 6362-7:2014(E)	3203											
美国 2006 年前注册国际牌号	3203											

① 焊接电极及填料焊丝的 $w(\mathrm{Be}) \leqslant 0.0003\%$。

表 3-79　3004 牌号和化学成分（质量分数）对照　（%）

标准号	牌号	Al	Si	Fe	Cu	Mn	Mg	Zn	Ti	其他	
										单个	合计
GB/T 3190—2020	3004	余量	0.30	0.7	0.25	1.0~1.5	0.8~1.3	0.25	—	0.05	0.15
ГОСТ 4784—1997	Д12/1521	余量	0.30	0.7	0.25	1.0~1.5	0.8~1.3	0.25	—	0.05	0.15
JIS H4000:2017	3004										

ASTM B209/B209M—2021	3004	余量	0. 30	0. 7	0. 25	1. 0~1. 5	0. 8~1. 3	0. 25	—	0. 05	0. 15
ISO 6361-5:2011(E)	3004										
EN 573-3:2019(E)	EN-AW-3004 EN-AW-Al Mn1Mg1										

表 3-80　3004A 牌号和化学成分（质量分数）对照　（%）

标准号	牌号	Al	Si	Fe	Cu	Mn	Mg	Zn	Ti	Cr	Pb	其他	
												单个	合计
GB/T 3190—2020	3004A	余量	0. 40	0. 7	0. 25	0. 8~1. 5	0. 8~1. 5	0. 25	0. 05	0. 10	0. 03	0. 05	0. 15
ASTM B209/B209M—2021	3004A	余量	0. 40	0. 7	0. 25	0. 8~1. 5	0. 8~1. 5	0. 25	0. 05	0. 10	0. 03	0. 05	0. 15

表 3-81　3104 牌号和化学成分（质量分数）对照　（%）

标准号	牌号	Al	Si	Fe	Cu	Mn	Mg	Zn	Ti	Ga	V	其他	
												单个	合计
GB/T 3190—2020	3104	余量	0. 6	0. 8	0. 05~0. 25	0. 8~1. 4	0. 8~1. 3	0. 25	0. 10	0. 05	0. 05	0. 05	0. 15
JIS H4000:2017	3104	余量	0. 6	0. 8	0. 05~0. 25	0. 8~1. 4	0. 8~1. 3	0. 25	0. 10	0. 05	0. 05	0. 05	0. 15
美国 2006 年前注册国际牌号	3104												
EN 573-3:2019(E)	EN-AW-3104 EN-AW-Al Mn1Mg1Cu												
ISO 6361-5:2011(E)	3104												

表 3-82　3204 牌号和化学成分（质量分数）对照　（%）

标准号	牌号	Al	Si	Fe	Cu	Mn	Mg	Zn	Ti	其他	
										单个	合计
GB/T 3190—2020	3204	余量	0.30	0.7	0.10~0.25	0.8~1.5	0.8~1.5	0.25	—	0.05	0.15
美国 2006 年前注册国际牌号	3204	余量	0.30	0.7	0.10~0.25	0.8~1.5	0.8~1.5	0.25	—	0.05	0.15

表 3-83　3005 牌号和化学成分（质量分数）对照　（%）

标准号	牌号	Al	Si	Fe	Cu	Mn	Mg	Zn	Ti	Cr	其他	
											单个	合计
GB/T 3190—2020	3005	余量	0.6	0.7	0.30	1.0~1.5	0.20~0.6	0.25	0.10	0.10	0.05	0.15
ГОСТ 4784—1997	MM/1403	余量	0.6	0.7	0.30	1.0~1.5	0.20~0.6	0.25	0.10	0.10	0.05	0.15
JIS H4000:2017	3005											
ASTM B209/B209M—2021	3005											
EN 573-3:2019(E)	EN-AW-3005 EN-AW-Al Mn1Mg0.5											
ISO 209:2007(E)	AW-Al Mn1Mg0.5 AW-3005											

表 3-84　3105 牌号和化学成分（质量分数）对照　（%）

标准号	牌号	Al	Si	Fe	Cu	Mn	Mg	Zn	Ti	Cr	其他	
											单个	合计
GB/T 3190—2020	3105	余量	0.6	0.7	0.30	0.30~0.8	0.20~0.8	0.40	0.10	0.20	0.05	0.15

JIS H4000:2017	3105	余量	0.6	0.7	0.30	0.30~0.8	0.20~0.8	0.40	0.10	0.20	0.05	0.15
ASTM B209/B209M—2021	3105											
EN 573-3:2019(E)	EN-AW-3105 EN-AW-Al Mn0.5Mg0.5											
ISO 209:2007(E)	AW-Al Mn0.5Mg0.5 AW-3105											

表 3-85　3105A 牌号和化学成分（质量分数）对照　（%）

标准号	牌号	Al	Si	Fe	Cu	Mn	Mg	Zn	Ti	Cr	其他	
											单个	合计
GB/T 3190—2020	3105A	余量	0.6	0.7	0.30	0.30~0.8	0.20~0.8	0.25	0.10	0.20	0.05	0.15
EN 573-3:2019(E)	EN-AW-3105A EN-AW-Al Mn0.5Mg0.5(A)	余量	0.6	0.7	0.30	0.30~0.8	0.20~0.8	0.25	0.10	0.20	0.05	0.15
美国 2006 年前注册国际牌号	3105A											

表 3-86　3007 牌号和化学成分（质量分数）对照　（%）

标准号	牌号	Al	Si	Fe	Cu	Mn	Mg	Zn	Ti	Cr	其他	
											单个	合计
GB/T 3190—2020	3007	余量	0.50	0.7	0.05~0.30	0.30~0.8	0.6	0.40	0.10	0.20	0.05	0.15
美国 2006 年前注册国际牌号	3007	余量	0.50	0.7	0.05~0.30	0.30~0.8	0.6	0.40	0.10	0.20	0.05	0.15

表 3-87 3107 牌号和化学成分（质量分数）对照 （%）

标准号	牌号	Al	Si	Fe	Cu	Mn	Mg	Zn	Ti	其他	
										单个	合计
GB/T 3190—2020	3107	余量	0.6	0.7	0.05~0.15	0.40~0.9	—	0.20	0.10	0.05	0.15
美国 2006 年前注册国际牌号	3107	余量	0.6	0.7	0.05~0.15	0.40~0.9	—	0.20	0.10	0.05	0.15

表 3-88 3207 牌号和化学成分（质量分数）对照 （%）

标准号	牌号	Al	Si	Fe	Cu	Mn	Mg	Zn	Ti	其他	
										单个	合计
GB/T 3190—2020	3207	余量	0.30	0.45	0.10	0.40~0.8	0.10	0.10	—	0.05	0.10
EN 573-3:2019(E)	EN-AW-3207 EN-AW-Al Mn0.6	余量	0.30	0.45	0.10	0.40~0.8	0.10	0.10	—	0.05	0.10
美国 2006 年前注册国际牌号	3207										

表 3-89 3207A 牌号和化学成分（质量分数）对照 （%）

标准号	牌号	Al	Si	Fe	Cu	Mn	Mg	Zn	Ti	Cr	其他	
											单个	合计
GB/T 3190—2020	3207A	余量	0.35	0.6	0.25	0.30~0.8	0.40	0.25	—	0.20	0.05	0.15
EN 573-3:2019(E)	EN-AW-3207A EN-AW-Al Mn0.6(A)	余量	0.35	0.6	0.25	0.30~0.8	0.40	0.25	—	0.20	0.05	0.15
美国 2006 年前注册国际牌号	3207A											

表 3-90 3307 牌号和化学成分（质量分数）对照 （%）

标准号	牌号	Al	Si	Fe	Cu	Mn	Mg	Zn	Ti	Cr	其他	
											单个	合计
GB/T 3190—2020	3307	余量	0.6	0.8	0.30	0.50~0.9	0.30	0.40	0.10	0.20	0.05	0.15
美国 2006 年前注册国际牌号	3307	余量	0.6	0.8	0.30	0.50~0.9	0.30	0.40	0.10	0.20	0.05	0.15

表 3-91 3026 牌号和化学成分（质量分数） （%）

标准号	牌号	Al	Si	Fe	Cu	Mn①	Mg	Zn	Ti	Cr	其他	
											单个	合计
GB/T 3190—2020	3026	余量	0.25	0.10~0.40	0.05	0.40~0.9	0.10	0.05~0.30	0.05~0.30	0.05	0.05	0.15

① 以锰为主要合金元素的铝合金（Al-Mn），其牌号系列为 3×××。

表 3-92 4004 牌号和化学成分（质量分数）对照 （%）

标准号	牌号	Al	Si	Fe	Cu	Mn	Mg	Zn	Ti	其他	
										单个	合计
GB/T 3190—2020	4004①	余量	9.0~10.5	0.8	0.25	0.10	1.0~2.0	0.20	—	0.05	0.15
美国 2006 年前注册国际牌号	4004	余量	9.0~10.5	0.8	0.25	0.10	1.0~2.0	0.20	—	0.05	0.15
EN 573-3:2019(E)	EN-AW-4004 EN-AW-Al Si10Mg1.5										

① 主要用作包覆材料。

表 3-93 4104 牌号和化学成分（质量分数）对照 （%）

标准号	牌号	Al	Si	Fe	Cu	Mn	Mg	Zn	Ti	Bi	其他	
											单个	合计
GB/T 3190—2020	4104	余量	9.0~10.5	0.8	0.25	0.10	1.0~2.0	0.20	—	0.02~0.20	0.05	0.15

（续）

标准号	牌号	Al	Si	Fe	Cu	Mn	Mg	Zn	Ti	Bi	其他	
											单个	合计
美国 2006 年前注册国际牌号	4104	余量	9.0~10.5	0.8	0.25	0.10	1.0~2.0	0.20	—	0.02~0.20	0.05	0.15
EN 573-3:2019(E)	EN-AW-4104 EN-AW-Al Si10MgBi											

表 3-94　4006 牌号和化学成分（质量分数）对照　（%）

标准号	牌号	Al	Si	Fe	Cu	Mn	Mg	Zn	Ti	Cr	其他	
											单个	合计
GB/T 3190—2020	4006	余量	0.8~1.2	0.50~0.8	0.10	0.05	0.01	0.05	—	0.20	0.05	0.15
美国 2006 年前注册国际牌号	4006	余量	0.8~1.2	0.50~0.8	0.10	0.05	0.01	0.05	—	0.20	0.05	0.15
ISO 6361-5:2011(E)	4006											
EN 573-3:2019(E)	EN-AW-4006 EN-AW-Al Si1Fe											

表 3-95　4007 牌号和化学成分（质量分数）对照　（%）

标准号	牌号	Al	Si	Fe	Cu	Mn	Mg	Zn	Ti	Cr 等	其他	
											单个	合计
GB/T 3190—2020	4007	余量	1.0~1.7	0.40~1.0	0.20	0.8~1.5	0.20	0.10	0.10	Cr:0.05~0.25 Ni:0.15~0.7 Co:0.05	0.05	0.15

美国2006年前注册国际牌号	4007	余量	1.0~1.7	0.40~1.0	0.20	0.8~1.5	0.20	0.10	0.10	Cr:0.05~0.25 Ni:0.15~0.7 Co:0.05	0.05	0.15
ISO 6361-5:2011(E)	4007											
EN 573-3:2019(E)	EN-AW-4007 EN-AW-Al Si1.5Mn											

表3-96 4015牌号和化学成分（质量分数）对照 （%）

标准号	牌号	Al	Si	Fe	Cu	Mn	Mg	Zn	Ti	其他	
										单个	合计
GB/T 3190—2020	4015	余量	1.4~2.2	0.7	0.20	0.6~1.2	0.10~0.50	0.20	—	0.05	0.15
美国2006年前注册国际牌号	4015	余量	1.4~2.2	0.7	0.20	0.6~1.2	0.10~0.50	0.20	—	0.05	0.15
ISO 6361-5:2011(E)	4015										
EN 573-3:2019(E)	EN-AW-4015 EN-AW-Al Si2Mn										

表3-97 4032牌号和化学成分（质量分数）对照 （%）

标准号	牌号	Al	Si	Fe	Cu	Mn	Mg	Zn	Ti	Cr	Ni	其他	
												单个	合计
GB/T 3190—2020	4032	余量	11.0~13.5	1.0	0.50~1.3	—	0.8~1.3	0.25	—	0.10	0.50~1.3	0.05	0.15
JIS H4140:1988(R2019)	4032	余量	11.0~13.5	1.0	0.50~1.3	—	0.8~1.3	0.25	—	0.10	0.50~1.3	0.05	0.15

（续）

标准号	牌号	Al	Si	Fe	Cu	Mn	Mg	Zn	Ti	Cr	Ni	其他	
												单个	合计
EN 573-3:2019(E)	EN-AW-4032 EN-AW-Al Si12.5MgCuNi	余量	11.0~13.5	1.0	0.50~1.3	—	0.8~1.3	0.25	—	0.10	0.50~1.3	0.05	0.15
ASTM B247M—2020	4032												

表 3-98　4043 牌号和化学成分（质量分数）对照

（%）

标准号	牌号	Al	Si	Fe	Cu	Mn	Mg	Zn	Ti	Be		其他	
												单个	合计
GB/T 3190—2020	4043	余量	4.5~6.0	0.8	0.30	0.05	0.05	0.10	0.20	0.0003①	—	0.05	0.15
ГОСТ 4784—1997	СвАК5	余量	4.5~6.0	0.6	0.2	—	—	—	0.1~0.2	—	Zn+Sn:0.1	0.1	1.1
ISO 209:2007(E)	AW-Al Si5 AW-4043	余量	4.5~6.0	0.8	0.30	0.05	0.05	0.10	0.20	0.0003②	—	0.05	0.15
美国 2006 年前注册国际牌号	4043	余量	4.5~6.0	0.8	0.30	0.05	0.05	0.10	0.20	0.0008③	—	0.05	0.15

① 焊接电极及填料焊丝的 w（Be）≤0.0003%。
② 仅适用电焊条、焊丝的 w（Be）≤0.0003%。
③ 对于焊丝、焊条的 w（Be）≤0.0008%。

表 3-99　4043A 牌号和化学成分（质量分数）对照

（%）

标准号	牌号	Al	Si	Fe	Cu	Mn	Mg	Zn	Ti	Be	其他	
											单个	合计
GB/T 3190—2020	4043A	余量	4.5~6.0	0.6	0.30	0.15	0.20	0.10	0.15	0.0003①	0.05	0.15
EN 573-3:2019(E)	EN-AW-4043A EN-AW-Al Si5(A)	余量	4.5~6.0	0.6	0.30	0.15	0.20	0.10	0.15	0.0003②	0.05	0.15

ISO 209:2007(E)	AW-Al Si5 AW-4043 A	余量	4.5~6.0	0.6	0.30	0.15	0.20	0.10	0.15	0.0008③	0.05	0.15
美国 2006 年前注册国际牌号	4043A											

① 焊接电极及填料焊丝的 w（Be）≤0.0003%。
② 仅适用电焊条、焊丝的 w（Be）≤0.0003%。
③ 对于焊丝、焊条的 w（Be）≤0.0008%。

表 3-100　4343 牌号和化学成分（质量分数）对照　（%）

标准号	牌号	Al	Si	Fe	Cu	Mn	Mg	Zn	Ti	其他	
										单个	合计
GB/T 3190—2020	4343	余量	6.8~8.2	0.8	0.25	0.10	—	0.20	—	0.05	0.15
JIS H4040:2015	4343	余量	6.8~8.2	0.8	0.25	0.10	—	0.20	—	0.05	0.15
美国 2006 年前注册国际牌号	4343										
EN 573-3:2019(E)	EN-AW-4343 EN-AW-Al Si7.5										

表 3-101　4045 牌号和化学成分（质量分数）对照　（%）

标准号	牌号	Al	Si	Fe	Cu	Mn	Mg	Zn	Ti	其他	
										单个	合计
GB/T 3190—2020	4045	余量	9.0~11.0	0.8	0.30	0.05	0.05	0.10	0.20	0.05	0.15
ГОСТ 4784—1997	СвАК10	余量	7.0~10.0	0.6	0.1	—	0.10	0.2	0.15	0.1	1.1

（续）

标准号	牌号	Al	Si	Fe	Cu	Mn	Mg	Zn	Ti	其他	
										单个	合计
美国 2006 年前注册国际牌号	4045	余量	9.0~11.0	0.8	0.30	0.05	0.05	0.10	0.20	0.05	0.15
EN 573-3:2019(E)	EN-AW-4045 EN-AW-Al Si10	余量	9.0~11.0	0.8	0.30	0.05	0.05	0.10	0.20	0.05	0.15

表 3-102　4145 牌号和化学成分（质量分数）对照　（%）

标准号	牌号	Al	Si	Fe	Cu	Mn	Mg	Zn	Ti	Cr	其他	
											单个	合计
GB/T 3190—2020	4145	余量	9.3~10.7	0.8	3.3~4.7	0.15	0.15	0.20	—	0.15	0.05	0.15
美国 2006 年前注册国际牌号	4145①	余量	9.3~10.7	0.8	3.3~4.7	0.15	0.15	0.20	—	0.15	0.05	0.15

① 对于焊丝、焊条 w（Be）≤0.0008%。

表 3-103　4047 牌号和化学成分（质量分数）对照　（%）

标准号	牌号	Al	Si	Fe	Cu	Mn	Mg	Zn	Ti	Be	其他	
											单个	合计
GB/T 3190—2020	4047	余量	11.0~13.0	0.8	0.30	0.15	0.10	0.20	—	0.0003①	0.05	0.15
美国 2006 年前注册国际牌号	4047	余量	11.0~13.0	0.8	0.30	0.15	0.10	0.20	—	0.0008②	0.05	0.15
ISO 209:2007(E)	AW-Al Si12 AW-4047	余量	11.0~13.0	0.8	0.30	0.15	0.10	0.20	—	0.0008③	0.05	0.15

① 焊接电极及填料焊丝的 w（Be）≤0.0003%。
② 仅适用电焊条、焊丝的 w（Be）≤0.0008%。
③ 对于焊丝、焊条 w（Be）≤0.0008%。

表 3-104　4047A 牌号和化学成分（质量分数）对照　（%）

标准号	牌号	Al	Si③	Fe	Cu	Mn	Mg	Zn	Ti	Be	其他	
											单个	合计
GB/T 3190—2020	4047A	余量	11.0~13.0	0.6	0.30	0.15	0.10	0.20	0.15	0.0003①	0.05	0.15
EN 573-3:2019(E)	EN-AW-4047A EN-AW-Al Si12(A)	余量	11.0~13.0	0.6	0.30	0.15	0.10	0.20	0.15	0.0003①	0.05	0.15
ISO 209:2007(E)	AW-Al Si12 AW-4047 A	余量	11.0~13.0	0.6	0.30	0.15	0.10	0.20	0.15	0.0008②	0.05	0.15
美国 2006 年前注册国际牌号	4047A											

① 焊接电极及填料焊丝的 w（Be）≤0.0003%。
② 仅适用电焊条、焊丝 w（Be）≤0.0008%。
③ 以硅为主要合金元素的铝合金（Al-Si），其牌号系列为 4×××。

表 3-105　5005 牌号和化学成分（质量分数）对照　（%）

标准号	牌号	Al	Si	Fe	Cu	Mn	Mg	Zn	Ti	Cr	其他	
											单个	合计
GB/T 3190—2020	5005	余量	0.30	0.7	0.20	0.20	0.50~1.1	0.25	—	0.10	0.05	0.15
ГОСТ 4784—1997	AMr1/1510	余量	0.30	0.7	0.20	0.20	0.50~1.1	0.25	—	0.10	0.05	0.15
JIS H4000:2017	5005											
ASTM B209/B209M—2021	5005											
EN 573-3:2019(E)	EN-AW-5005 EN-AW-Al Mg1(B)											
ISO 6362-7:2014(E)	5005											

表 3-106　5005A 牌号和化学成分（质量分数）对照　（%）

标准号	牌号	Al	Si	Fe	Cu	Mn	Mg	Zn	Ti	Cr	其他	
											单个	合计
GB/T 3190—2020	5005A	余量	0.30	0.45	0.05	0.15	0.7~1.1	0.20	—	0.10	0.05	0.15
EN 573-3:2019(E)	EN-AW-5005A EN-AW-Al Mg1(C)											
ISO 6362-7:2014(E)	5005A	余量	0.30	0.45	0.05	0.15	0.7~1.1	0.20	—	0.10	0.05	0.15
美国 2006 年前注册国际牌号	5005A											

表 3-107　5205 牌号和化学成分（质量分数）对照　（%）

标准号	牌号	Al	Si	Fe	Cu	Mn	Mg	Zn	Ti	Cr	其他	
											单个	合计
GB/T 3190—2020	5205	余量	0.15	0.7	0.03~0.10	0.10	0.6~1.0	0.05	—	0.10	0.05	0.15
美国 2006 年前注册国际牌号	5205	余量	0.15	0.7	0.03~0.10	0.10	0.6~1.0	0.05	—	0.10	0.05	0.15

表 3-108　5006 牌号和化学成分（质量分数）对照　（%）

标准号	牌号	Al	Si	Fe	Cu	Mn	Mg	Zn	Ti	Cr	其他	
											单个	合计
GB/T 3190—2020	5006	余量	0.40	0.8	0.10	0.40~0.8	0.8~1.3	0.25	0.10	0.10	0.05	0.15
EN 573-3:2019(E)	EN-AW-5006 EN-AW-Al Mg1Mn0.5	余量	0.40	0.8	0.10	0.40~0.8	0.8~1.3	0.25	0.10	0.10	0.05	0.15
美国 2006 年前注册国际牌号	5006											

表 3-109　5010 牌号和化学成分（质量分数）对照　（%）

标准号	牌号	Al	Si	Fe	Cu	Mn	Mg	Zn	Ti	Cr	其他	
											单个	合计
GB/T 3190—2020	5010	余量	0.40	0.7	0.25	0.10~0.30	0.20~0.6	0.30	0.10	0.15	0.05	0.15
ASTM B209/B209M—2021	5010	余量	0.40	0.7	0.25	0.10~0.30	0.20~0.6	0.30	0.10	0.15	0.05	0.15
EN 573-3:2019(E)	EN-AW-5010 EN-AW-Al Mg0.5Mn											
ISO 6361-5:2011(E)	5010											

表 3-110　5019 牌号和化学成分（质量分数）对照　（%）

标准号	牌号	Al	Si	Fe	Cu	Mn	Mg	Zn	Ti	Cr 等	其他	
											单个	合计
GB/T 3190—2020	5019	余量	0.40	0.50	0.10	0.10~0.6	4.5~5.6	0.20	0.20	Cr:0.20 Mn+Cr: 0.10~0.6	0.05	0.15
EN 573-3:2019(E)	EN-AW-5019 EN-AW-Al Mg5	余量	0.40	0.50	0.10	0.10~0.6	4.5~5.6	0.20	0.20	Cr:0.20 Mn+Cr: 0.10~0.6	0.05	0.15
ISO 6362-7:2014(E)	5019											
美国 2006 年前注册国际牌号	5019①											
ГОСТ 4784—1997	AMr5/1550	余量	0.5	0.5	0.1	0.3~0.8	4.8~5.8	0.2	0.02~0.10	Be:0.0002~0.005	0.05	0.1

① 对于焊丝、焊条 w（Be）≤0.0008%。

表 3-111 5040 牌号和化学成分（质量分数）对照 （%）

标准号	牌号	Al	Si	Fe	Cu	Mn	Mg	Zn	Ti	Cr	其他	
											单个	合计
GB/T 3190—2020	5040	余量	0.30	0.7	0.25	0.9~1.4	1.0~1.5	0.25	—	0.10~0.30	0.05	0.15
美国 2006 年前注册国际牌号	5040	余量	0.30	0.7	0.25	0.9~1.4	1.0~1.5	0.25	—	0.10~0.30	0.05	0.15
ISO 6361-5:2011(E)	5040											
EN 573-3:2019(E)	EN-AW-5040 EN-AW-Al Mg1.5Mn											

表 3-112 5042 牌号和化学成分（质量分数）对照 （%）

标准号	牌号	Al	Si	Fe	Cu	Mn	Mg	Zn	Ti	Cr	其他	
											单个	合计
GB/T 3190—2020	5042	余量	0.20	0.35	0.15	0.20~0.50	3.0~4.0	0.25	0.10	0.10	0.05	0.15
JIS H4000:2017	5042	余量	0.20	0.35	0.15	0.20~0.50	3.0~4.0	0.25	0.10	0.10	0.05	0.15
美国 2006 年前注册国际牌号	5042	余量	0.20	0.35	0.15	0.20~0.50	3.0~4.0	0.25	0.10	0.10	0.05	0.15
ISO 6361-5:2011(E)	5042											
EN 573-3:2019(E)	EN-AW-5042 EN-AW-Al Mg3.5Mn											

表 3-113 5049 牌号和化学成分（质量分数）对照 （%）

标准号	牌号	Al	Si	Fe	Cu	Mn	Mg	Zn	Ti	Cr	其他	
											单个	合计
GB/T 3190—2020	5049	余量	0.40	0.50	0.10	0.50~1.1	1.6~2.5	0.20	0.10	0.30	0.05	0.15

美国 2006 年前注册国际牌号	5049	余量	0.40	0.50	0.10	0.50~1.1	1.6~2.5	0.20	0.10	0.30	0.05	0.15
ISO 6362-7:2014(E)	5049											
EN 573-3:2019(E)	EN-AW-5049 EN-AW-Al Mg2Mn0.8											

表 3-114　5449 牌号和化学成分（质量分数）对照　（%）

标准号	牌号	Al	Si	Fe	Cu	Mn	Mg	Zn	Ti	Cr	其他	
											单个	合计
GB/T 3190—2020	5449	余量	0.40	0.7	0.30	0.6~1.1	1.6~2.6	0.30	0.10	0.30	0.05	0.15
美国 2006 年前注册国际牌号	5449	余量	0.40	0.7	0.30	0.6~1.1	1.6~2.6	0.30	0.10	0.30	0.05	0.15
ISO 6361-5:2011(E)	5449											
EN 573-3:2019(E)	EN-AW-5449 EN-AW-Al Mg2Mn0.8(B)											

表 3-115　5050 牌号和化学成分（质量分数）对照　（%）

标准号	牌号	Al	Si	Fe	Cu	Mn	Mg	Zn	Ti	Cr	其他	
											单个	合计
GB/T 3190—2020	5050	余量	0.40	0.7	0.20	0.10	1.1~1.8	0.25	—	0.10	0.05	0.15

（续）

标准号	牌号	Al	Si	Fe	Cu	Mn	Mg	Zn	Ti	Cr	其他	
											单个	合计
ГОСТ 4784—1997	AMr1.5	余量	0.40	0.7	0.20	0.10	1.1~1.8	0.25	—	0.10	0.05	0.15
JIS H4080:2015	5050											
ASTM B209/B209M—2021	5050											
ISO 6361-5:2011(E)	5050											
EN 573-3:2019(E)	EN-AW-5050 EN-AW-Al Mg1.5(C)											

表 3-116　5050A 牌号和化学成分（质量分数）对照　（%）

标准号	牌号	Al	Si	Fe	Cu	Mn	Mg	Zn	Ti	Cr	其他	
											单个	合计
GB/T 3190—2020	5050A	余量	0.40	0.7	0.20	0.30	1.1~1.8	0.25	—	0.10	0.05	0.15
美国 2006 年前注册国际牌号	5050A	余量	0.40	0.7	0.20	0.30	1.1~1.8	0.25	—	0.10	0.05	0.15
EN 573-3:2019(E)	EN-AW-5050A EN-AW-Al Mg1.5(D)											

表 3-117　5150 牌号和化学成分（质量分数）对照　（%）

标准号	牌号	Al	Si	Fe	Cu	Mn	Mg	Zn	Ti	其他	
										单个	合计
GB/T 3190—2020	5150	余量	0.08	0.10	0.10	0.03	1.3~1.7	0.10	0.06	0.03	0.10
美国 2006 年前注册国际牌号	5150	余量	0.08	0.10	0.10	0.03	1.3~1.7	0.10	0.06	0.03	0.10

表 3-118 5051 牌号和化学成分（质量分数）对照 （%）

标准号	牌号	Al	Si	Fe	Cu	Mn	Mg	Zn	Ti	Cr	其他	
											单个	合计
GB/T 3190—2020	5051	余量	0.40	0.7	0.25	0.20	1.7~2.2	0.25	0.10	0.10	0.05	0.15
美国 2006 年前注册国际牌号	5051	余量	0.40	0.7	0.25	0.20	1.7~2.2	0.25	0.10	0.10	0.05	0.15

表 3-119 5051A 牌号和化学成分（质量分数）对照 （%）

标准号	牌号	Al	Si	Fe	Cu	Mn	Mg	Zn	Ti	Cr	其他	
											单个	合计
GB/T 3190—2020	5051A	余量	0.30	0.45	0.05	0.25	1.4~2.1	0.20	0.10	0.30	0.05	0.15
ISO 6362-7:2014(E)	5051A	余量	0.30	0.45	0.05	0.25	1.4~2.1	0.20	0.10	0.30	0.05	0.15
EN 573-3:2019(E)	EN-AW-5051A EN-AW-Al Mg2(B)											
美国 2006 年前注册国际牌号	5051A											

表 3-120 5251 牌号和化学成分（质量分数）对照 （%）

标准号	牌号	Al	Si	Fe	Cu	Mn	Mg	Zn	Ti	Cr	其他	
											单个	合计
GB/T 3190—2020	5251	余量	0.40	0.50	0.15	0.10~0.50	1.7~2.4	0.15	0.15	0.15	0.05	0.15
ГОСТ 4784—1997	АМr2	余量	0.40	0.50	0.15	0.10~0.50	1.7~2.4	0.15	0.15	0.15	0.05	0.15
JIS H4080:2015	5251											
EN 573-3:2019(E)	EN-AW-5251 EN-AW-Al Mg2Mn0.3											

（续）

标准号	牌号	Al	Si	Fe	Cu	Mn	Mg	Zn	Ti	Cr	其他	
											单个	合计
ISO 6362-7:2014(E)	5251	余量	0.40	0.50	0.15	0.10~0.50	1.7~2.4	0.15	0.15	0.15	0.05	0.15
美国 2006 年前注册国际牌号	5251											

表 3-121　5052 牌号和化学成分（质量分数）对照

（%）

标准号	牌号	Al	Si	Fe	Cu	Mn	Mg	Zn	Ti	Cr	其他	
											单个	合计
GB/T 3190—2020	5052	余量	0.25	0.40	0.10	0.10	2.2~2.8	0.10	—	0.15~0.35	0.05	0.15
ГОСТ 4784—1997	AMr2.5	余量	0.25	0.40	0.10	0.10	2.2~2.8	0.10	—	0.15~0.35	0.05	0.15
JIS H4100:2015	5052											
ASTM B209/B209M—2021	5052											
EN 573-3:2019(E)	EN-AW-5052 EN-AW-Al Mg2.5											
ISO 6362-7:2014(E)	5052											

表 3-122　5252 牌号和化学成分（质量分数）对照

（%）

标准号	牌号	Al	Si	Fe	Cu	Mn	Mg	Zn	Ti	V	其他	
											单个	合计
GB/T 3190—2020	5252	余量	0.08	0.10	0.10	0.10	2.2~2.8	0.05	—	0.05	0.03	0.10
ASTM B209/B209M—2021	5252	余量	0.08	0.10	0.10	0.10	2.2~2.8	0.05	—	0.05	0.03	0.10
EN 573-3:2019(E)	EN-AW-5252 EN-AW-Al Mg2.5(B)											

表 3-123 5154 牌号和化学成分（质量分数）对照 （%）

标准号	牌号	Al	Si	Fe	Cu	Mn	Mg	Zn	Ti	Cr 等	其他	
											单个	合计
GB/T 3190—2020	5154	余量	0.25	0.40	0.10	0.10	3.1~3.9	0.20	0.20	Cr:0.15~0.35 Be:0.0003①	0.05	0.15
ISO 6362-7:2014(E)	5154	余量	0.25	0.40	0.10	0.10	3.1~3.9	0.20	0.20	Cr:0.15~0.35 Be:0.0003②	0.05	0.15
JIS H4080:2015	5154	余量	0.25	0.40	0.10	0.10	3.1~3.9	0.20	0.20	Cr:0.15~0.35	0.05	0.15
ASTM B209/B209M—2021	5154											
ГОСТ 4784—1997	AMr3.5	余量	0.25	0.40	0.10	0.10	3.1~3.9	0.20	0.20	Be:0.0008 Mn+Cr: 0.10~0.50	0.05	0.15

① 焊接电极及填料焊丝的 w（Be）≤0.0003%。

② 仅适用电焊条、焊丝。

表 3-124 5154A 牌号和化学成分（质量分数）对照 （%）

标准号	牌号	Al	Si	Fe	Cu	Mn	Mg	Zn	Ti	Cr 等	其他	
											单个	合计
GB/T 3190—2020	5154A	余量	0.50	0.50	0.10	0.50	3.1~3.9	0.20	0.20	Cr:0.25 Mn+Cr:0.10~0.50 Be:0.0003①	0.05	0.15
EN 573-3:2019(E)	EN-AW-5154A EN-AW-Al Mg3.5(A)	余量	0.50	0.50	0.10	0.50	3.1~3.9	0.20	0.20	Cr:0.25 Mn+Cr:0.10~0.50 Be:0.0003②	0.05	0.15
ISO 6362-7:2014(E)	5154A											

（续）

标准号	牌号	Al	Si	Fe	Cu	Mn	Mg	Zn	Ti	Cr 等	其他	
											单个	合计
美国 2006 年前注册国际牌号	5154A	余量	0.50	0.50	0.10	0.50	3.1~3.9	0.20	0.20	Cr:0.25 Mn+Cr:0.10~0.50 Be:0.0008③	0.05	0.15

① 焊接电极及填料焊丝的 w（Be）≤0.0003%。

② 仅适用电焊条、焊丝 w（Be）≤0.0003%。

③ 对于焊丝、焊条 w（Be）≤0.0008%。

表 3-125　5154C 牌号和化学成分（质量分数）

（%）

标准号	牌号	Al	Si	Fe	Cu	Mn	Mg	Zn	Ti	Cr	其他	
											单个	合计
GB/T 3190—2020	5154C	余量	0.20	0.30	0.10	0.05~0.25	3.2~3.7	0.01	0.01	0.01	0.05	0.15

表 3-126　5454 牌号和化学成分（质量分数）对照

（%）

标准号	牌号	Al	Si	Fe	Cu	Mn	Mg	Zn	Ti	Cr	其他	
											单个	合计
GB/T 3190—2020	5454	余量	0.25	0.40	0.10	0.50~1.0	2.4~3.0	0.25	0.20	0.05~0.20	0.05	0.15
JIS H4100:2015	5454	余量	0.25	0.40	0.10	0.50~1.0	2.4~3.0	0.25	0.20	0.05~0.20	0.05	0.15
ASTM B209/B209M—2021	5454											
EN 573-3:2019(E)	EN-AW-5454 EN-AW-Al Mg3Mn											
ISO 6362-7:2014(E)	5454											

表 3-127 5554 牌号和化学成分（质量分数）对照 （%）

标准号	牌号	Al	Si	Fe	Cu	Mn	Mg	Zn	Ti	Cr 等	其他	
											单个	合计
GB/T 3190—2020	5554	余量	0.25	0.40	0.10	0.50~1.0	2.4~3.0	0.25	0.05~0.20	Cr:0.05~0.20 Be:0.0003①	0.05	0.15
EN 573-3:2019(E)	EN-AW-5554 EN-AW-Al Mg3Mn(A)②	余量	0.25	0.40	0.10	0.50~1.0	2.4~3.0	0.25	0.05~0.20	Cr:0.059~0.20 Be:0.0003①	0.05	0.15
ISO 209:2007(E)	AW-Al Mg3Mn AW-5554	余量	0.25	0.40	0.10	0.50~1.0	2.4~3.0	0.25	0.05~0.20	Cr:0.05~0.20 Be:0.0008③	0.05	0.15
美国 2006 年前注册国际牌号	5554											

① 焊接电极及填料焊丝的 w（Be）≤0.0003%。
② 仅适用电焊条、焊丝 w（Be）≤0.0003%。
③ 对于焊丝、焊条 w（Be）≤0.0008%。

表 3-128 5754 牌号和化学成分（质量分数）对照 （%）

标准号	牌号	Al	Si	Fe	Cu	Mn	Mg	Zn	Ti	Cr	Mn+Cr	其他	
												单个	合计
GB/T 3190—2020	5754	余量	0.40	0.40	0.10	0.50	2.6~3.6	0.20	0.15	0.30	0.10~0.6①	0.05	0.15
EN 573-3:2019(E)	EN-AW-5754① EN-AW-Al Mg3	余量	0.40	0.40	0.10	0.50	2.6~3.6	0.20	0.15	0.30	0.10~0.6①	0.05	0.15
ГОСТ 4784—1997	АМг3												
JIS H4040:2015	5754												
ASTM B209/B209M—2021	5754												
ISO 6362-7:2014(E)	5754												

① 焊接电极及填料焊丝的 w（Be）≤0.0003%。

表 3-129 5056 牌号和化学成分（质量分数）对照 （%）

标准号	牌号	Al	Si	Fe	Cu	Mn	Mg	Zn	Ti	Cr	其他	
											单个	合计
GB/T 3190—2020	5056	余量	0.30	0.40	0.10	0.05~0.20	4.5~5.6	0.10	—	0.05~0.20	0.05	0.15
ГОСТ 4784—1997	AMr5	余量	0.30	0.40	0.10	0.05~0.20	4.5~5.6	0.10	—	0.05~0.20	0.05	0.15
JIS H4040:2015	5056											
ASTM B316/B316M—2020	5056											
ISO 6362-7:2014(E)	5056											

表 3-130 5356 牌号和化学成分（质量分数）对照 （%）

标准号	牌号	Al	Si	Fe	Cu	Mn	Mg	Zn	Ti	Cr 等	其他	
											单个	合计
GB/T 3190—2020	5356	余量	0.25	0.40	0.10	0.05~0.20	4.5~5.5	0.10	0.06~0.20	Cr:0.05~0.20 Be:0.0003①	0.05	0.15
EN 573-3:2019(E)	EN-AW-5356 EN-AW-Al Mg5Cr(A)①	余量	0.25	0.40	0.10	0.05~0.20	4.5~5.5	0.10	0.06~0.20	Cr:0.05~0.20 Be:0.0003①	0.05	0.15
ISO 209:2007(E)	AW-Al Mg5Cr② AW-5356	余量	0.25	0.40	0.10	0.05~0.20	4.5~5.5	0.10	0.06~0.20	Cr:0.05~0.20 Be:0.0008	0.05	0.15
美国 2006 年前注册国际牌号	5356②	余量	0.25	0.40	0.10	0.05~0.20	4.5~5.5	0.10	0.06~0.20	Cr:0.05~0.20 Be:0.0008	0.05	0.15

① 焊接电极及填料焊丝的 w（Be）≤0.0003%。

② 对于焊丝、焊条 w（Be）≤0.0008%。

表 3-131 5356A 牌号和化学成分（质量分数）对照 （%）

标准号	牌号	Al	Si	Fe	Cu	Mn	Mg	Zn	Ti	Cr	Be	其他	
												单个	合计
GB/T 3190—2020	5356A	余量	0.25	0.40	0.10	0.05~0.20	4.5~5.5	0.10	0.06~0.20	0.05~0.20	0.0005①	0.05	0.15
EN 573-3:2019(E)	EN-AW-5356A EN-AW-Al Mg5Cr(B)①	余量	0.25	0.40	0.10	0.05~0.20	4.5~5.5	0.10	0.06~0.20	0.05~0.20	0.0005①	0.05	0.15

① 焊接电极及填料焊丝的 w（Be）≤0.0005%。

表 3-132 5456 牌号和化学成分（质量分数）对照 （%）

标准号	牌号	Al	Si	Fe	Cu	Mn	Mg	Zn	Ti	Cr	其他	
											单个	合计
GB/T 3190—2020	5456	余量	0.25	0.40	0.10	0.50~1.0	4.7~5.5	0.25	0.20	0.05~0.20	0.05	0.15
ASTM B209/B209M—2021	5456	余量	0.25	0.40	0.10	0.50~1.0	4.7~5.5	0.25	0.20	0.05~0.20	0.05	0.15
EN 573-3:2019(E)	EN-AW-5456 EN-AW-Al Mg5Mn1											
ISO 6361-5:2011(E)	5456											

表 3-133 5556 牌号和化学成分（质量分数）对照 （%）

标准号	牌号	Al	Si	Fe	Cu	Mn	Mg	Zn	Ti	Cr	其他	
											单个	合计
GB/T 3190—2020	5556	余量	0.25	0.40	0.10	0.50~1.0	4.7~5.5	0.25	0.05~0.20	0.05~0.20	0.05	0.15
美国2006年前注册国际牌号	5556	余量	0.25	0.40	0.10	0.50~1.0	4.7~5.5	0.25	0.05~0.20	0.05~0.20	0.05	0.15

表 3-134 5457 牌号和化学成分（质量分数）对照 （%）

标准号	牌号	Al	Si	Fe	Cu	Mn	Mg	Zn	Ti	V	其他	
											单个	合计
GB/T 3190—2020	5457	余量	0.08	0.10	0.20	0.15~0.45	0.8~1.2	0.05	—	0.05	0.03	0.10
ASTM B209/B209M—2021	5457	余量	0.08	0.10	0.20	0.15~0.45	0.8~1.2	0.05	—	0.05	0.03	0.10

表 3-135 5657 牌号和化学成分（质量分数）对照 （%）

标准号	牌号	Al	Si	Fe	Cu	Mn	Mg	Zn	V	Ga	其他	
											单个	合计
GB/T 3190—2020	5657	余量	0.08	0.10	0.10	0.03	0.6~1.0	0.05	0.05	0.03	0.02	0.05
ASTM B209/B209M—2021	5657	余量	0.08	0.10	0.10	0.03	0.6~1.0	0.05	0.05	0.03	0.02	0.05
EN 573-3:2019(E)	EN-AW-5657 EN-AW-Al99.85Mg1(A)											

表 3-136 5059 牌号和化学成分（质量分数）对照 （%）

标准号	牌号	Al	Si	Fe	Cu	Mn	Mg	Zn	Ti	Cr	Zr	其他	
												单个	合计
GB/T 3190—2020	5059	余量	0.45	0.50	0.25	0.6~1.2	5.0~6.0	0.40~0.9	0.20	0.25	0.05~0.25	0.05	0.15
ASTM B209/B209M—2021	5059	余量	0.45	0.50	0.25	0.6~1.2	5.0~6.0	0.40~0.9	0.20	0.25	0.05~0.25	0.05	0.15
EN 573-3:2019(E)	EN-AW-5059 EN-AW-Al Mg5.5MnZnZr												
ISO 6361-5:2011(E)	5059												

表 3-137　5082 牌号和化学成分（质量分数）对照　（%）

标准号	牌号	Al	Si	Fe	Cu	Mn	Mg	Zn	Ti	Cr 等	其他	
											单个	合计
GB/T 3190—2020	5082	余量	0.20	0.35	0.15	0.15	4.0~5.0	0.25	0.10	Cr:0.15	0.05	0.15
JIS H4000:2017	5082	余量	0.20	0.35	0.15	0.15	4.0~5.0	0.25	0.10	Cr:0.15	0.05	0.15
EN 573-3:2019(E)	EN-AW-5082 EN-AW-Al Mg4.5											
ISO 6361-5:2011(E)	5082											
美国 2006 年前注册国际牌号	5082	余量	0.20	0.35	0.15	0.15	4.0~5.0	0.25	0.10	Cr:0.15 Cd:0.05~0.20 Sn:0.03~0.08	0.05	0.15

表 3-138　5182 牌号和化学成分（质量分数）对照　（%）

标准号	牌号	Al	Si	Fe	Cu	Mn	Mg	Zn	Ti	Cr	其他	
											单个	合计
GB/T 3190—2020	5182	余量	0.20	0.35	0.15	0.20~0.50	4.0~5.0	0.25	0.10	0.10	0.05	0.15
JIS H4000:2017	5182	余量	0.20	0.35	0.15	0.20~0.50	4.0~5.0	0.25	0.10	0.10	0.05	0.15
EN 573-3:2019(E)	EN-AW-5182 EN-AW-Al Mg4.5Mn0.4											
ISO 6361-5:2011(E)	5182											
美国 2006 年前注册国际牌号	5182											

表 3-139 5083 牌号和化学成分（质量分数）对照 （%）

标准号	牌号	Al	Si	Fe	Cu	Mn	Mg	Zn	Ti	Cr	其他	
											单个	合计
GB/T 3190—2020	5083	余量	0.40	0.40	0.10	0.40~1.0	4.0~4.9	0.25	0.15	0.05~0.25	0.05	0.15
ГОСТ 4784—1997	AMr4.5	余量	0.40	0.40	0.10	0.40~1.0	4.0~4.9	0.25	0.15	0.05~0.25	0.05	0.15
JIS H4000:2017	5083											
ASTM B209/B209M—2021	5083											
EN 573-3:2019(E)	EN-AW-5083 EN-AW-Al Mg4.5Mn0.7											
ISO 6362-7:2014(E)	5083											

表 3-140 5183 牌号和化学成分（质量分数）对照 （%）

标准号	牌号	Al	Si	Fe	Cu	Mn	Mg	Zn	Ti	Cr	Be	其他	
												单个	合计
GB/T 3190—2020	5183	余量	0.40	0.40	0.10	0.50~1.0	4.3~5.2	0.25	0.15	0.05~0.25	0.0003①	0.05	0.15
EN 573-3:2019(E)	EN-AW-5183 EN-AW-Al Mg4.5Mn0.7(A)①	余量	0.40	0.40	0.10	0.50~1.0	4.3~5.2	0.25	0.15	0.05~0.25	0.0003①	0.05	0.15
ISO 209:2007(E)	AW-Al Mg4.5Mn0.7 AW-5183(A)	余量	0.40	0.40	0.10	0.50~1.0	4.3~5.2	0.25	0.15	0.05~0.25	0.0008②	0.05	0.15
美国 2006 年前注册国际牌号	5183②												

① 焊接电极及填料焊丝的 w（Be）≤0.0003%。

② 对于焊丝、焊条 w（Be）≤0.0008%。

表 3-141 5183A 牌号和化学成分（质量分数）对照 （%）

标准号	牌号	Al	Si	Fe	Cu	Mn	Mg	Zn	Ti	Cr	Be	其他	
												单个	合计
GB/T 3190—2020	5183A	余量	0.40	0.40	0.10	0.50~1.0	4.3~5.2	0.25	0.15	0.05~0.25	0.0005①	0.05	0.15
美国 2006 年前注册国际牌号	5183A	余量	0.40	0.40	0.10	0.50~1.0	4.3~5.2	0.25	0.15	0.05~0.25	0.0005①	0.05	0.15
EN 573-3:2019(E)	EN-AW-5183A EN-AW-Al Mg4.5Mn0.7(C)①												

① 焊接电极及填料焊丝的 w（Be）≤0.0005%。

表 3-142 5383 牌号和化学成分（质量分数）对照 （%）

标准号	牌号	Al	Si	Fe	Cu	Mn	Mg	Zn	Ti	Cr	Zr	其他	
												单个	合计
GB/T 3190—2020	5383	余量	0.25	0.25	0.20	0.7~1.0	4.0~5.2	0.40	0.15	0.25	0.20	0.05	0.15
美国 2006 年前注册国际牌号	5383	余量	0.25	0.25	0.20	0.7~1.0	4.0~5.2	0.40	0.15	0.25	0.20	0.05	0.15
ISO 6361-5:2011(E)	5383												
EN 573-3:2019(E)	EN-AW-5383 EN-AW-Al Mg4.5Mn0.9												

表 3-143 5086 牌号和化学成分（质量分数）对照 （%）

标准号	牌号	Al	Si	Fe	Cu	Mn	Mg	Zn	Ti	Cr	其他	
											单个	合计
GB/T 3190—2020	5086	余量	0.40	0.50	0.10	0.20~0.7	3.5~4.5	0.25	0.15	0.05~0.25	0.05	0.15

（续）

标准号	牌号	Al	Si	Fe	Cu	Mn	Mg	Zn	Ti	Cr	其他	
											单个	合计
ГОСТ 4784—1997	AMr4. 0/1540	余量	0. 40	0. 50	0. 10	0. 20～0. 7	3. 5～4. 5	0. 25	0. 15	0. 05～0. 25	0. 05	0. 15
JIS H4000:2017	5086											
ASTM B209/B209M—2021	5086											
EN 573-3:2019(E)	EN-AW-5086 EN-AW-Al Mg4											
ISO 6362-7:2014(E)	5086											

表 3-144　5186 牌号和化学成分（质量分数）对照　（%）

标准号	牌号	Al	Si	Fe	Cu	Mn	Mg	Zn	Ti	Cr	Zr	其他	
												单个	合计
GB/T 3190—2020	5186	余量	0. 40	0. 45	0. 25	0. 20～0. 50	3. 8～4. 8	0. 40	0. 15	0. 15	0. 05	0. 05	0. 15
美国 2006 年前注册国际牌号	5186	余量	0. 40	0. 45	0. 25	0. 20～0. 50	3. 8～4. 8	0. 40	0. 15	0. 15	0. 05	0. 05	0. 15
EN 573-3:2019(E)	EN-AW-5186 EN-AW-Al Mg4Mn0. 4												

表 3-145　5087 牌号和化学成分（质量分数）对照　（%）

标准号	牌号	Al	Si	Fe	Cu	Mn	Mg	Zn	Ti	Cr 等	其他	
											单个	合计
GB/T 3190—2020	5087	余量	0. 25	0. 40	0. 05	0. 7～1. 0	4. 5～5. 2	0. 25	0. 15	Cr:0. 05～0. 25 Zr:0. 10～0. 20	0. 05	0. 15

美国 2006 年前注册国际牌号	5087	余量	0.25	0.40	0.05	0.7～1.0	4.5～5.2	0.25	0.15	Cr:0.05～0.25 Zr:0.10～0.20	0.05	0.15
EN 573-3:2019(E)	EN-AW-5087 EN-AW-Al Mg4.5MnZr	余量	0.25	0.40	0.05	0.7～1.0	4.5～5.2	0.25	0.15	Cr:0.05～0.25 Zr:0.10～0.20①	0.05	0.15

① 用于电焊条、焊丝 w（Be）≤0.0003%。

表 3-146　5088 牌号和化学成分（质量分数）对照

（%）

标准号	牌号	Al	Si	Fe	Cu	Mn	Mg①	Zn	Ti	Cr	Zr	其他	
												单个	合计
GB/T 3190—2020	5088	余量	0.20	0.10～0.35	0.25	0.20～0.50	4.7～5.5	0.20～0.40	—	0.15	0.15	0.05	0.15
EN 573-3:2019(E)	EN-AW-5088 EN-AW-Al Mg5Mn0.4	余量	0.20	0.10～0.35	0.25	0.20～0.50	4.7～5.5	0.20～0.40	—	0.15	0.15	0.05	0.15

① 以镁为主要合金元素的铝合金（Al-Mg），其牌号系列为 5×××。

表 3-147　6101 牌号和化学成分（质量分数）对照

（%）

标准号	牌号	Al	Si	Fe	Cu	Mn	Mg	Zn	Ti	Cr	B	其他	
												单个	合计
GB/T 3190—2020	6101	余量	0.30～0.7	0.50	0.10	0.03	0.35～0.8	0.10	—	0.03	0.06	0.03	0.10
ГОСТ 4784—1997	АД31Е/1310Е	余量	0.30～0.7	0.50	0.10	0.03	0.35～0.8	0.10	—	0.03	0.06	0.03	0.10
JIS H4100:2015	6101												

（续）

标准号	牌号	Al	Si	Fe	Cu	Mn	Mg	Zn	Ti	Cr	B	其他	
												单个	合计
美国 2006 年前注册国际牌号	6101	余量	0.30~0.7	0.50	0.10	0.03	0.35~0.8	0.10	—	0.03	0.06	0.03	0.10
EN 573-3:2019(E)	EN-AW-6101 EN-AW-Al MgSi												
ISO 209:2007(E)	AW-E-Al MgSi AW-6101												

表 3-148　6101A 牌号和化学成分（质量分数）对照　（%）

标准号	牌号	Al	Si	Fe	Cu	Mn	Mg	Zn	Ti	其他	
										单个	合计
GB/T 3190—2020	6101A	余量	0.30~0.7	0.40	0.05	—	0.40~0.9	—	—	0.03	0.10
EN 573-3:2019(E)	EN-AW-6101A EN-AW-Al MgSi(A)	余量	0.30~0.7	0.40	0.05	—	0.40~0.9	—	—	0.03	0.10
ISO 6362-7:2014(E)	6101A										
美国 2006 年前注册国际牌号	6101A										

表 3-149　6101B 牌号和化学成分（质量分数）对照　（%）

标准号	牌号	Al	Si	Fe	Cu	Mn	Mg	Zn	Ti	其他	
										单个	合计
GB/T 3190—2020	6101B	余量	0.30~0.6	0.10~0.30	0.05	0.05	0.35~0.6	0.10	—	0.03	0.10

EN 573-3:2019(E)	EN-AW-6101B EN-AW-Al MgSi(B)	余量	0.30~0.6	0.10~0.30	0.05	0.05	0.35~0.6	0.10	—	0.03	0.10
ISO 6362-7:2014(E)	6101B										
美国2006年前注册国际牌号	6101B										

表3-150 6201牌号和化学成分（质量分数）对照 （%）

标准号	牌号	Al	Si	Fe	Cu	Mn	Mg	Zn	Ti	Cr	B	其他	
												单个	合计
GB/T 3190—2020	6201	余量	0.50~0.9	0.50	0.10	0.03	0.6~0.9	0.10	—	0.03	0.06	0.03	0.10
EN 573-3:2019(E)	EN-AW-6201 EN-AW-Al Mg0.7Si	余量	0.50~0.9	0.50	0.10	0.03	0.6~0.9	0.10	—	0.03	0.06	0.03	0.10
美国2006年前注册国际牌号	6201												

表3-151 6005牌号和化学成分（质量分数）对照 （%）

标准号	牌号	Al	Si	Fe	Cu	Mn	Mg	Zn	Ti	Cr	其他	
											单个	合计
GB/T 3190—2020	6005	余量	0.6~0.9	0.35	0.10	0.10	0.40~0.6	0.10	0.10	0.10	0.05	0.15
ASTM B221M—2020	6005	余量	0.6~0.9	0.35	0.10	0.10	0.40~0.6	0.10	0.10	0.10	0.05	0.15
EN 573-3:2019(E)	EN-AW-6005 EN-AW-Al SiMg											
ISO 6362-7:2014(E)	6005											

表 3-152　6005A 牌号和化学成分（质量分数）对照　（%）

标准号	牌号	Al	Si	Fe	Cu	Mn	Mg	Zn	Ti	Cr		其他	
												单个	合计
GB/T 3190—2020	6005A	余量	0.50~0.9	0.35	0.30	0.50	0.40~0.7	0.20	0.10	0.30	Mn+Cr: 0.12~0.50	0.05	0.15
JIS H4040:2015	6005A												
ASTM B221M—2020	6005A												
EN 573-3:2019(E)	EN-AW-6005A EN-AW-Al SiMg(A)	余量	0.50~0.9	0.35	0.30	0.50	0.40~0.7	0.20	0.10	0.30	Mn+Cr: 0.12~0.50	0.05	0.15
ISO 6362-7:2014(E)	6005A												

表 3-153　6105 牌号和化学成分（质量分数）对照　（%）

标准号	牌号	Al	Si	Fe	Cu	Mn	Mg	Zn	Ti	Cr	其他	
											单个	合计
GB/T 3190—2020	6105	余量	0.6~1.0	0.35	0.10	0.15	0.45~0.8	0.10	0.10	0.10	0.05	0.15
ASTM B221M—2020	6105	余量	0.6~1.0	0.35	0.10	0.15	0.45~0.8	0.10	0.10	0.10	0.05	0.15

表 3-154　6106 牌号和化学成分（质量分数）对照　（%）

标准号	牌号	Al	Si	Fe	Cu	Mn	Mg	Zn	Ti	Cr	其他	
											单个	合计
GB/T 3190—2020	6106	余量	0.30~0.6	0.35	0.25	0.05~0.20	0.40~0.8	0.10	—	0.20	0.05	0.10
EN 573-3:2019(E)	EN-AW-6106 EN-AW-Al MgSiMn											
ISO 6362-7:2014(E)	6106	余量	0.30~0.6	0.35	0.25	0.05~0.20	0.40~0.8	0.10	—	0.20	0.05	0.10
美国 2006 年前注册国际牌号	6106											

表 3-155 6008 牌号和化学成分（质量分数）对照 （%）

标准号	牌号	Al	Si	Fe	Cu	Mn	Mg	Zn	Ti	Cr	V	其他	
												单个	合计
GB/T 3190—2020	6008	余量	0.50~0.9	0.35	0.30	0.30	0.40~0.7	0.20	0.10	0.30	0.05~0.20	0.05	0.15
EN 573-3:2019(E)	EN-AW-6008 EN-AW-Al MgSiV												
ISO 6362-7:2014(E)	6008	余量	0.50~0.9	0.35	0.30	0.30	0.40~0.7	0.20	0.10	0.30	0.05~0.20	0.05	0.15
美国 2006 年前注册国际牌号	6008												

表 3-156 6009 牌号和化学成分（质量分数）对照 （%）

标准号	牌号	Al	Si	Fe	Cu	Mn	Mg	Zn	Ti	Cr	其他	
											单个	合计
GB/T 3190—2020	6009	余量	0.6~1.0	0.50	0.15~0.6	0.20~0.8	0.40~0.8	0.25	0.10	0.10	0.05	0.15
美国 2006 年前注册国际牌号	6009	余量	0.6~1.0	0.50	0.15~0.6	0.20~0.8	0.40~0.8	0.25	0.10	0.10	0.05	0.15

表 3-157 6010 牌号和化学成分（质量分数）对照 （%）

标准号	牌号	Al	Si	Fe	Cu	Mn	Mg	Zn	Ti	Cr	其他	
											单个	合计
GB/T 3190—2020	6010	余量	0.8~1.2	0.50	0.15~0.6	0.20~0.8	0.6~1.0	0.25	0.10	0.10	0.05	0.15
美国 2006 年前注册国际牌号	6010	余量	0.8~1.2	0.50	0.15~0.6	0.20~0.8	0.6~1.0	0.25	0.10	0.10	0.05	0.15

表 3-158 6110A 牌号和化学成分（质量分数）对照 （%）

标准号	牌号	Al	Si	Fe	Cu	Mn	Mg	Zn	Cr	Zr+Ti	其他	
											单个	合计
GB/T 3190—2020	6110A	余量	0.7~1.1	0.50	0.30~0.8	0.30~0.9	0.7~1.1	0.20	0.05~0.25	0.20	0.05	0.15

（续）

标准号	牌号	Al	Si	Fe	Cu	Mn	Mg	Zn	Cr	Zr+Ti	其他	
											单个	合计
美国 2006 年前注册国际牌号	6110A											
ISO 6362-7:2014(E)	6110A	余量	0.7~1.1	0.50	0.30~0.8	0.30~0.9	0.7~1.1	0.20	0.05~0.25	0.20	0.05	0.15
EN 573-3:2019(E)	EN-AW-6110A EN-AW-Al Mg0.9Si0.9MnCu											

表 3-159　6011 牌号和化学成分（质量分数）对照　（%）

标准号	牌号	Al	Si	Fe	Cu	Mn	Mg	Zn	Ti	Cr	Ni	其他	
												单个	合计
GB/T 3190—2020	6011	余量	0.6~1.2	1.0	0.40~0.9	0.8	0.6~1.2	1.5	0.20	0.30	0.20	0.05	0.15
美国 2006 年前注册国际牌号	6011												
EN 573-3:2019(E)	EN-AW-6011 EN-AW-Al Mg0.9Si0.9Cu	余量	0.6~1.2	1.0	0.40~0.9	0.8	0.6~1.2	1.5	0.20	0.30	0.20	0.05	0.15

表 3-160　6111 牌号和化学成分（质量分数）对照　（%）

标准号	牌号	Al	Si	Fe	Cu	Mn	Mg	Zn	Ti	Cr	其他	
											单个	合计
GB/T 3190—2020	6111	余量	0.6~1.1	0.40	0.50~0.9	0.10~0.45	0.50~1.0	0.15	0.10	0.10	0.05	0.15
美国 2006 年前注册国际牌号	6111	余量	0.6~1.1	0.40	0.50~0.9	0.10~0.45	0.50~1.0	0.15	0.10	0.10	0.05	0.15

表 3-161 6013 牌号和化学成分（质量分数）对照 （%）

标准号	牌号	Al	Si	Fe	Cu	Mn	Mg	Zn	Ti	Cr	其他	
											单个	合计
GB/T 3190—2020	6013	余量	0.6~1.0	0.50	0.6~1.1	0.20~0.8	0.8~1.2	0.25	0.10	0.10	0.05	0.15
ASTM B209/B209M—2021	6013	余量	0.6~1.0	0.50	0.6~1.1	0.20~0.8	0.8~1.2	0.25	0.10	0.10	0.05	0.15
EN 573-3:2019(E)	EN-AW-6013 EN-AW-Al Mg1Si0.8CuMn	余量	0.6~1.0	0.50	0.6~1.1	0.20~0.8	0.8~1.2	0.25	0.10	0.10	0.05	0.15

表 3-162 6014 牌号和化学成分（质量分数）对照 （%）

标准号	牌号	Al	Si	Fe	Cu	Mn	Mg	Zn	Ti	Cr	V	其他	
												单个	合计
GB/T 3190—2020	6014	余量	0.30~0.6	0.35	0.25	0.05~0.20	0.40~0.8	0.10	0.10	0.20	0.05~0.20	0.05	0.15
美国 2006 年前注册国际牌号	6014	余量	0.30~0.6	0.35	0.25	0.05~0.20	0.40~0.8	0.10	0.10	0.20	0.05~0.20	0.05	0.15
ISO 6362-7:2014(E)	6014												
EN 573-3:2019(E)	EN-AW-6014 EN-AW-Al Mg0.6Si0.6V												

表 3-163 6016 牌号和化学成分（质量分数）对照 （%）

标准号	牌号	Al	Si	Fe	Cu	Mn	Mg	Zn	Ti	Cr	其他	
											单个	合计
GB/T 3190—2020	6016	余量	1.0~1.5	0.50	0.20	0.20	0.25~0.6	0.20	0.15	0.10	0.05	0.15

（续）

标准号	牌号	Al	Si	Fe	Cu	Mn	Mg	Zn	Ti	Cr	其他	
											单个	合计
ISO 6361-5:2011(E)	6016	余量	1.0~1.5	0.50	0.20	0.20	0.25~0.6	0.20	0.15	0.10	0.05	0.15
美国2006年前注册国际牌号	6016											
EN 573-3:2019(E)	EN-AW-6016 EN-AW-Al Si1.2Mg0.4	余量	1.0~1.5	0.50	0.20	0.20	0.25~0.6	0.20	0.15	0.10	0.05	0.15

表3-164 6022牌号和化学成分（质量分数）对照 （%）

标准号	牌号	Al	Si	Fe	Cu	Mn	Mg	Zn	Ti	Cr	其他	
											单个	合计
GB/T 3190—2020	6022	余量	0.8~1.5	0.05~0.20	0.01~0.11	0.02~0.10	0.45~0.7	0.25	0.15	0.10	0.05	0.15
美国2006年前注册国际牌号	6022	余量	0.8~1.5	0.05~0.20	0.01~0.11	0.02~0.10	0.45~0.7	0.25	0.15	0.10	0.05	0.15

表3-165 6023牌号和化学成分（质量分数）对照 （%）

标准号	牌号	Al	Si	Fe	Cu	Mn	Mg	Zn	Ti	Bi等	其他	
											单个	合计
GB/T 3190—2020	6023	余量	0.6~1.4	0.50	0.20~0.50	0.20~0.6	0.40~0.9	—	—	Bi:0.30~0.8 Sn:0.6~1.2	0.05	0.15
ISO 6362-7:2014(E)	6023	余量	0.6~1.4	0.50	0.20~0.50	0.20~0.6	0.40~0.9	—	—	Bi:0.30~0.8 Sn:0.6~1.2	0.05	0.15
EN 573-3:2019(E)	EN-AW-6023 EN-AW-Al Si1Sn1MgBi											

表 3-166 6026 牌号和化学成分（质量分数）对照 （%）

标准号	牌号	Al	Si	Fe	Cu	Mn	Mg	Zn	Ti	Bi 等	其他	
											单个	合计
GB/T 3190—2020	6026	余量	0.6~1.4	0.7	0.20~0.50	0.20~1.0	0.6~1.2	0.30	0.20	Bi:0.50~1.5 Cr:0.30 Sn:0.05 Pb:0.40	0.05	0.15
ASTM B221M—2020	6026	余量	0.6~1.4	0.7	0.20~0.50	0.20~1.0	0.6~1.2	0.30	0.20	Bi:0.50~1.5 Cr:0.30 Sn:0.05 Pb:0.40	0.05	0.15
EN 573-3:2019(E)	EN-AW-6026 EN-AW-Al MgSiBi	余量	0.60~1.40	0.70	0.20~0.50	0.20~1.0	0.60~1.2	0.30	0.20	Bi:0.50~1.5 Cr:0.30 Sn:0.05 Pb:0.40	0.05	0.15

表 3-167 6027 牌号和化学成分（质量分数） （%）

标准号	牌号	Al	Si	Fe	Cu	Mn	Mg	Zn	Ti	Cr	其他	
											单个	合计
GB/T 3190—2020	6027	余量	0.55~0.8	0.30	0.15	0.10~0.30	0.8~1.1	0.10~0.30	0.15	0.10	0.05	0.15

表 3-168 6041 牌号和化学成分（质量分数）对照 （%）

标准号	牌号	Al	Si	Fe	Cu	Mn	Mg	Zn	Ti	Cr 等	其他	
											单个	合计
GB/T 3190—2020	6041	余量	0.50~0.9	0.15~0.7	0.15~0.6	0.05~0.20	0.8~1.2	0.25	0.15	Cr:0.05~0.15 Bi:0.30~0.9 Sn:0.35~1.2	0.05	0.15

（续）

标准号	牌号	Al	Si	Fe	Cu	Mn	Mg	Zn	Ti	Cr等	其他	
											单个	合计
ASTM B221M—2020	6041	余量	0.50~0.9	0.15~0.7	0.15~0.6	0.05~0.20	0.8~1.2	0.25	0.15	Cr:0.05~0.15 Bi:0.30~0.9 Sn:0.35~1.2	0.05	0.15

表3-169　6042牌号和化学成分（质量分数）对照　（%）

标准号	牌号	Al	Si	Fe	Cu	Mn	Mg	Zn	Ti	Cr等	其他	
											单个	合计
GB/T 3190—2020	6042	余量	0.50~1.2	0.7	0.20~0.6	0.40	0.7~1.2	0.25	0.15	Cr:0.04~0.35 Bi:0.20~0.8 Pb:0.15~0.40	0.05	0.15
ASTM B221M—2020	6042	余量	0.5~1.2	0.7	0.20~0.6	0.40	0.7~1.2	0.25	0.15	Cr:0.04~0.35 Bi:0.20~0.8 Pb:0.15~0.40	0.05	0.15

表3-170　6043牌号和化学成分（质量分数）　（%）

标准号	牌号	Al	Si	Fe	Cu	Mn	Mg	Zn	Ti	Cr等	其他	
											单个	合计
GB/T 3190—2020	6043	余量	0.40~0.9	0.50	0.30~0.9	0.35	0.6~1.2	0.20	0.15	Cr:0.15 Bi:0.40~0.7 Sn:0.20~0.40	0.05	0.15

表 3-171　6151 牌号和化学成分（质量分数）对照

（%）

标准号	牌号	Al	Si	Fe	Cu	Mn	Mg	Zn	Ti	Cr	其他	
											单个	合计
GB/T 3190—2020	6151	余量	0.6~1.2	1.0	0.35	0.20	0.45~0.8	0.25	0.15	0.15~0.35	0.05	0.15
ASTM B247—2020	6151	余量	0.6~1.2	1.0	0.35	0.20	0.45~0.8	0.25	0.15	0.15~0.35	0.05	0.15

表 3-172　6351 牌号和化学成分（质量分数）对照

（%）

标准号	牌号	Al	Si	Fe	Cu	Mn	Mg	Zn	Ti	其他	
										单个	合计
GB/T 3190—2020	6351	余量	0.7~1.3	0.50	0.10	0.40~0.8	0.40~0.8	0.20	0.20	0.05	0.15
ASTM B221M—2020	6351	余量	0.7~1.3	0.50	0.10	0.40~0.8	0.40~0.8	0.20	0.20	0.05	0.15
EN 573-3:2019(E)	EN-AW-6351 EN-AW-Al SiMg0.5Mn										
ISO 6362-7:2014(E)	6351										

表 3-173　6951 牌号和化学成分（质量分数）对照

（%）

标准号	牌号	Al	Si	Fe	Cu	Mn	Mg	Zn	Ti	其他	
										单个	合计
GB/T 3190—2020	6951	余量	0.20~0.50	0.8	0.15~0.40	0.10	0.40~0.8	0.20	—	0.05	0.15
美国 2006 年前注册国际牌号	6951	余量	0.20~0.50	0.8	0.15~0.40	0.10	0.40~0.8	0.20	—	0.05	0.15
EN 573-3:2019(E)	EN-AW-6951 EN-AW-Al MgSi0.3Cu										

表 3-174 6053 牌号和化学成分（质量分数）对照 （%）

标准号	牌号	Al	Si	Fe	Cu	Mn	Mg	Zn	Ti	Cr	其他	
											单个	合计
GB/T 3190—2020	6053①	余量	—①	0.35	0.10	—	1.1~1.4	0.10	—	0.15~0.35	0.05	0.15
ASTM B316/B316M—2020	6053	余量	—	0.35	0.10	—	1.1~1.4	0.10	—	0.15~0.35	0.05	0.15

① 硅质量分数为镁质量分数的 45%~65%。

表 3-175 6060 牌号和化学成分（质量分数）对照 （%）

标准号	牌号	Al	Si	Fe	Cu	Mn	Mg	Zn	Ti	Cr	其他	
											单个	合计
GB/T 3190—2020	6060	余量	0.30~0.6	0.10~0.30	0.10	0.10	0.35~0.6	0.15	0.10	0.05	0.05	0.15
JIS H4080:2015	6060	余量	0.30~0.6	0.10~0.30	0.10	0.10	0.35~0.6	0.15	0.10	0.05	0.05	0.15
ASTM B221M—2020	6060											
EN 573-3:2019(E)	EN-AW-6060 EN-AW-Al MgSi											
ISO 6362-7:2014(E)	6060											

表 3-176 6160 牌号和化学成分（质量分数）对照 （%）

标准号	牌号	Al	Si	Fe	Cu	Mn	Mg	Zn	Ti	Cr	其他	
											单个	合计
GB/T 3190—2020	6160	余量	0.30~0.6	0.15	0.20	0.05	0.35~0.6	0.05	—	0.05	0.05	0.15
美国 2006 年前注册国际牌号	6160	余量	0.30~0.6	0.15	0.20	0.05	0.35~0.6	0.05	—	0.05	0.05	0.15

表3-177 6360牌号和化学成分（质量分数）对照 （%）

标准号	牌号	Al	Si	Fe	Cu	Mn	Mg	Zn	Ti	Cr	其他	
											单个	合计
GB/T 3190—2020	6360	余量	0.35~0.8	0.10~0.30	0.15	0.02~0.15	0.25~0.45	0.10	0.10	0.05	0.05	0.15
ASTM B221M—2020	6360	余量	0.35~0.8	0.10~0.30	0.15	0.02~0.15	0.25~0.45	0.10	0.10	0.05	0.05	0.15
ISO 6362-7:2014(E)	6360											
EN 573-3:2019(E)	EN-AW-6360 EN-AW-Al SiMgMn											

表3-178 6061牌号和化学成分（质量分数）对照 （%）

标准号	牌号	Al	Si	Fe	Cu	Mn	Mg	Zn	Ti	Cr	其他	
											单个	合计
GB/T 3190—2020	6061	余量	0.40~0.8	0.7	0.15~0.40	0.15	0.8~1.2	0.25	0.15	0.04~0.35	0.05	0.15
ГОСТ 4784—1997	АД33/1330	余量	0.40~0.8	0.7	0.15~0.40	0.15	0.8~1.2	0.25	0.15	0.04~0.35	0.05	0.15
JIS H4100:2015	6061											
ASTM B209/B209M—2021	6061											
ISO 6362-7:2014(E)	6061											

表3-179 6061A牌号和化学成分（质量分数）对照 （%）

标准号	牌号	Al	Si	Fe	Cu	Mn	Mg	Zn	Ti	Cr	Pb	其他	
												单个	合计
GB/T 3190—2020	6061A	余量	0.40~0.8	0.7	0.15~0.40	0.15	0.8~1.2	0.25	0.15	0.04~0.35	0.003①	0.05	0.15

（续）

标准号	牌号	Al	Si	Fe	Cu	Mn	Mg	Zn	Ti	Cr	Pb	其他	
												单个	合计
EN 573-3:2019(E)	EN-AW-6061A EN-AW-Al Mg1SiCu(A)①	余量	0.40~0.8	0.7	0.15~0.40	0.15	0.8~1.2	0.25	0.15	0.04~0.35	0.003①	0.05	0.15
ASTM B209/B209M—2021	Alclad 6061	余量	0.40~0.8	0.7	0.15~0.40	0.15	0.8~1.2	0.25	0.15	0.04~0.35	—	0.05	0.15

① w（Pb）≤0.003%。

表 3-180　6261 牌号和化学成分（质量分数）对照

（%）

标准号	牌号	Al	Si	Fe	Cu	Mn	Mg	Zn	Ti	Cr	其他	
											单个	合计
GB/T 3190—2020	6261	余量	0.40~0.7	0.40	0.15~0.40	0.20~0.35	0.7~1.0	0.20	0.10	0.10	0.05	0.15
ISO 6362-7:2014(E)	6261	余量	0.40~0.7	0.40	0.15~0.40	0.20~0.35	0.7~1.0	0.20	0.10	0.10	0.05	0.15
ASTM B241/B241M—2016	6261											
EN 573-3:2019(E)	EN-AW-6261 EN-AW-Al Mg1SiCuMn											

表 3-181　6162 牌号和化学成分（质量分数）对照

（%）

标准号	牌号	Al	Si	Fe	Cu	Mn	Mg	Zn	Ti	Cr	其他	
											单个	合计
GB/T 3190—2020	6162	余量	0.40~0.8	0.50	0.20	0.10	0.7~1.1	0.25	0.10	0.10	0.05	0.15
ASTM B221M—2020	6162	余量	0.40~0.8	0.50	0.20	0.10	0.7~1.1	0.25	0.10	0.10	0.05	0.15

表 3-182 6262 牌号和化学成分（质量分数）对照 （%）

标准号	牌号	Al	Si	Fe	Cu	Mn	Mg	Zn	Ti	Cr 等	其他	
											单个	合计
GB/T 3190—2020	6262	余量	0.40~0.8	0.7	0.15~0.40	0.15	0.8~1.2	0.25	0.15	Cr:0.04~0.14 Bi:0.40~0.7 Pb:0.40~0.7	0.05	0.15
JIS H4040:2015	6262	余量	0.40~0.8	0.7	0.15~0.40	0.15	0.8~1.2	0.25	0.15	Cr:0.04~0.14 Bi:0.40~0.7 Pb:0.40~0.7	0.05	0.15
ASTM B221M—2020	6262											
EN 573-3:2019(E)	EN-AW-6262 EN-AW-Al Mg1SiPb											
ISO 6362-7:2014(E)	6262											

表 3-183 6262A 牌号和化学成分（质量分数）对照 （%）

标准号	牌号	Al	Si	Fe	Cu	Mn	Mg	Zn	Ti	Cr 等	其他	
											单个	合计
GB/T 3190—2020	6262A	余量	0.40~0.8	0.7	0.15~0.40	0.15	0.8~1.2	0.25	0.10	Cr:0.04~0.14 Bi:0.40~0.9 Sn:0.40~1.0	0.05	0.15
EN 573-3:2019(E)	EN-AW-6262A EN-AW-Al Mg1SiSn	余量	0.40~0.8	0.7	0.15~0.40	0.15	0.8~1.2	0.25	0.10	Cr:0.04~0.14 Bi:0.40~0.9 Sn:0.40~1.0	0.05	0.15
ISO 6362-7:2014(E)	6262A											

表 3-184 6063 牌号和化学成分（质量分数）对照 （%）

标准号	牌号	Al	Si	Fe	Cu	Mn	Mg	Zn	Ti	Cr	其他	
											单个	合计
GB/T 3190—2020	6063	余量	0.20~0.6	0.35	0.10	0.10	0.45~0.9	0.10	0.10	0.10	0.05	0.15

（续）

标准号	牌号	Al	Si	Fe	Cu	Mn	Mg	Zn	Ti	Cr	其他 单个	其他 合计
ГОСТ 4784—1997	АД31/1310	余量	0.20~0.6	0.35	0.10	0.10	0.45~0.9	0.10	0.10	0.10	0.05	0.15
JIS H4100:2015	6063											
ASTM B221M—2020	6063											
EN 573-3:2019(E)	EN-AW-6063 EN-AW-Al Mg0.7Si											
ISO 6362-7:2014(E)	6063											

表 3-185　6063A 牌号和化学成分（质量分数）对照　（%）

标准号	牌号	Al	Si	Fe	Cu	Mn	Mg	Zn	Ti	Cr	其他 单个	其他 合计
GB/T 3190—2020	6063A	余量	0.30~0.6	0.15~0.35	0.10	0.15	0.6~0.9	0.15	0.10	0.05	0.05	0.15
EN 573-3:2019(E)	EN-AW-6063A EN-AW-Al Mg0.7Si(A)	余量	0.30~0.6	0.15~0.35	0.10	0.15	0.6~0.9	0.15	0.10	0.05	0.05	0.15
ISO 6362-7:2014(E)	6063A											
美国 2006 年前注册国际牌号	6063A											

表 3-186　6463 牌号和化学成分（质量分数）对照　（%）

标准号	牌号	Al	Si	Fe	Cu	Mn	Mg	Zn	Ti	其他 单个	其他 合计
GB/T 3190—2020	6463	余量	0.20~0.6	0.15	0.20	0.05	0.45~0.9	0.05	—	0.05	0.15
JIS H4100:2015	6463	余量	0.20~0.6	0.15	0.20	0.05	0.45~0.9	0.05	—	0.05	0.15
ASTM B221M—2020	6463										

EN 573-3:2019(E)	EN-AW-6463 EN-AW-Al Mg0.7Si(B)	余量	0.20~0.6	0.15	0.20	0.05	0.45~0.9	0.05	—	0.05	0.15
ISO 6362-7:2014(E)	6463										

表 3-187 6463A 牌号和化学成分（质量分数）对照 （%）

标准号	牌号	Al	Si	Fe	Cu	Mn	Mg	Zn	Ti	其他	
										单个	合计
GB/T 3190—2020	6463A	余量	0.20~0.6	0.15	0.25	0.05	0.30~0.9	0.05	—	0.05	0.15
美国 2006 年前注册国际牌号	6463A	余量	0.20~0.6	0.15	0.25	0.05	0.30~0.9	0.05	—	0.05	0.15

表 3-188 6064 牌号和化学成分（质量分数）对照 （%）

标准号	牌号	Al	Si	Fe	Cu	Mn	Mg	Zn	Ti	Cr 等	其他	
											单个	合计
GB/T 3190—2020	6064	余量	0.40~0.8	0.7	0.15~0.40	0.15	0.8~1.2	0.25	0.15	Cr:0.05~0.14 Bi:0.50~0.7 Pb:0.20~0.40	0.05	0.15
ASTM B221M—2020	6064	余量	0.40~0.8	0.7	0.15~0.40	0.15	0.8~1.2	0.25	0.15	Cr:0.05~0.14 Bi:0.50~0.7 Pb:0.20~0.40	0.05	0.15

表 3-189 6065 牌号和化学成分（质量分数）对照 （%）

标准号	牌号	Al	Si	Fe	Cu	Mn	Mg	Zn	Ti	Cr 等	其他	
											单个	合计
GB/T 3190—2020	6065	余量	0.40~0.8	0.7	0.15~0.40	0.15	0.8~1.2	0.25	0.10	Cr:0.15 Bi:0.50~1.5 Pb:0.05 Zr:0.15	0.05	0.15
ISO 6362-7:2014(E)	6065	余量	0.40~0.8	0.7	0.15~0.40	0.15	0.8~1.2	0.25	0.10	Cr:0.15 Bi:0.50~1.5 Pb:0.05 Zr:0.15	0.05	0.15
EN 573-3:2019(E)	EN-AW-6065 EN-AW-Al Mg1Bi1Si	余量	0.40~0.8	0.7	0.15~0.40	0.15	0.8~1.2	0.25	0.10	Cr:0.15 Bi:0.50~1.5 Pb:0.05 Zr:0.15	0.05	0.15

表 3-190 6066 牌号和化学成分（质量分数）对照 （%）

标准号	牌号	Al	Si	Fe	Cu	Mn	Mg	Zn	Ti	Cr	其他	
											单个	合计
GB/T 3190—2020	6066	余量	0.9~1.8	0.50	0.7~1.2	0.6~1.1	0.8~1.4	0.25	0.20	0.40	0.05	0.15
ASTM B247M—2020	6066	余量	0.9~1.8	0.50	0.7~1.2	0.6~1.1	0.8~1.4	0.25	0.20	0.40	0.05	0.15

表 3-191 6070 牌号和化学成分（质量分数）对照 （%）

标准号	牌号	Al	Si	Fe	Cu	Mn	Mg	Zn	Ti	Cr	其他	
											单个	合计
GB/T 3190—2020	6070	余量	1.0~1.7	0.50	0.15~0.40	0.40~1.0	0.50~1.2	0.25	0.15	0.10	0.05	0.15
ASTM B221M—2020	6070	余量	1.0~1.7	0.50	0.15~0.40	0.40~1.0	0.50~1.2	0.25	0.15	0.10	0.05	0.15

表 3-192　6081 牌号和化学成分（质量分数）对照

（%）

标准号	牌号	Al	Si	Fe	Cu	Mn	Mg	Zn	Ti	Cr	其他	
											单个	合计
GB/T 3190—2020	6081	余量	0.7~1.1	0.50	0.10	0.10~0.45	0.6~1.0	0.20	0.15	0.10	0.05	0.15
EN 573-3:2019(E)	EN-AW-6081 EN-AW-Al Si0.9MgMn	余量	0.7~1.1	0.50	0.10	0.10~0.45	0.6~1.0	0.20	0.15	0.10	0.05	0.15
ISO 6362-7:2014(E)	6081											
美国 2006 年前注册国际牌号	6081											

表 3-193　6181 牌号和化学成分（质量分数）对照

（%）

标准号	牌号	Al	Si	Fe	Cu	Mn	Mg	Zn	Ti	Cr	其他	
											单个	合计
GB/T 3190—2020	6181	余量	0.8~1.2	0.45	0.10	0.15	0.6~1.0	0.20	0.10	0.10	0.05	0.15
JIS H4040:2015	6181	余量	0.8~1.2	0.45	0.10	0.15	0.6~1.0	0.20	0.10	0.10	0.05	0.15
EN 573-3:2019(E)	EN-AW-6181 EN-AW-Al SiMg0.8											
ISO 209:2007(E)	AW-Al Si1Mg0.8 AW-6181											
美国 2006 年前注册国际牌号	6181											

表 3-194　6181A 牌号和化学成分（质量分数）对照

（%）

标准号	牌号	Al	Si	Fe	Cu	Mn	Mg	Zn	Ti	Cr	V	其他	
												单个	合计
GB/T 3190—2020	6181A	余量	0.7~1.1	0.15~0.50	0.25	0.40	0.6~1.0	0.30	0.25	0.15	0.10	0.05	0.15

(续)

标准号	牌号	Al	Si	Fe	Cu	Mn	Mg	Zn	Ti	Cr	V	其他	
												单个	合计
美国2006年前注册国际牌号	6181A	余量	0.7~1.1	0.15~0.50	0.25	0.40	0.6~1.0	0.30	0.25	0.15	0.10	0.05	0.15

表 3-195 6082牌号和化学成分（质量分数）对照 (%)

标准号	牌号	Al	Si	Fe	Cu	Mn	Mg	Zn	Ti	Cr	其他	
											单个	合计
GB/T 3190—2020	6082	余量	0.7~1.3	0.50	0.10	0.40~1.0	0.6~1.2	0.20	0.10	0.25	0.05	0.15
ГОСТ 4784—1997	АД35/1350											
JIS H4100:2015	6082											
ASTM B221M—2020	6082											
EN 573-3:2019(E)	EN-AW-6082 EN-AW-Al Si1MgMn	余量	0.7~1.3	0.50	0.10	0.40~1.0	0.6~1.2	0.20	0.10	0.25	0.05	0.15
ISO 6362-7:2014(E)	6082											

表 3-196 6082A牌号和化学成分（质量分数）对照 (%)

标准号	牌号	Al	Si	Fe	Cu	Mn	Mg	Zn	Ti	Cr	Pb	其他	
												单个	合计
GB/T 3190—2020	6082A	余量	0.7~1.3	0.50	0.10	0.40~1.0	0.6~1.2	0.20	0.10	0.25	0.003	0.05	0.15
EN 573-3:2019(E)	EN-AW-6082A EN-AW-Al Si1MgMn(A)	余量	0.7~1.3	0.50	0.10	0.40~1.0	0.6~1.2	0.20	0.10	0.25	0.003	0.05	0.15
美国2006年前注册国际牌号	6082A												

表 3-197 6182 牌号和化学成分（质量分数）对照 （%）

标准号	牌号	Al	Si①	Fe	Cu	Mn	Mg①	Zn	Ti	Cr	Zr	其他	
												单个	合计
GB/T 3190—2020	6182	余量	0.9~1.3	0.50	0.10	0.50~1.0	0.7~1.2	0.20	0.10	0.25	0.05~0.20	0.05	0.15
EN 573-3:2019(E)	EN-AW-6182 EN-AW-Al Si1MgZr	余量	0.9~1.3	0.50	0.10	0.50~1.0	0.7~1.2	0.20	0.10	0.25	0.05~0.20	0.05	0.15
ISO 6362-7:2014(E)	6182												

① 以镁和硅为主要合金元素并以 Mg_2Si 相为强化相的铝合金（Al-Mg-Si），其牌号系列为6×××。

表 3-198 7001 牌号和化学成分（质量分数） （%）

标准号	牌号	Al	Si	Fe	Cu	Mn	Mg	Zn	Ti	Cr	其他	
											单个	合计
GB/T 3190—2020	7001	余量	0.35	0.40	1.6~2.6	0.20	2.6~3.4	6.8~8.0	0.20	0.18~0.35	0.05	0.15

表 3-199 7003 牌号和化学成分（质量分数）对照 （%）

标准号	牌号	Al	Si	Fe	Cu	Mn	Mg	Zn	Ti	Cr	Zr	其他	
												单个	合计
GB/T 3190—2020	7003	余量	0.30	0.35	0.20	0.30	0.50~1.0	5.0~6.5	0.20	0.20	0.05~0.25	0.05	0.15
JIS H4100:2015	7003	余量	0.30	0.35	0.20	0.30	0.50~1.0	5.0~6.5	0.20	0.20	0.05~0.25	0.05	0.15
EN 573-3:2019(E)	EN-AW-7003 EN-AW-Al Zn6Mg0.8Zr												

（续）

<table>
<tr><th rowspan="2">标准号</th><th rowspan="2">牌号</th><th rowspan="2">Al</th><th rowspan="2">Si</th><th rowspan="2">Fe</th><th rowspan="2">Cu</th><th rowspan="2">Mn</th><th rowspan="2">Mg</th><th rowspan="2">Zn</th><th rowspan="2">Ti</th><th rowspan="2">Cr</th><th rowspan="2">Zr</th><th colspan="2">其他</th></tr>
<tr><th>单个</th><th>合计</th></tr>
<tr><td>ISO 6362-7:2014(E)</td><td>7003</td><td rowspan="2">余量</td><td rowspan="2">0. 30</td><td rowspan="2">0. 35</td><td rowspan="2">0. 20</td><td rowspan="2">0. 30</td><td rowspan="2">0. 50~1. 0</td><td rowspan="2">5. 0~6. 5</td><td rowspan="2">0. 20</td><td rowspan="2">0. 20</td><td rowspan="2">0. 05~0. 25</td><td rowspan="2">0. 05</td><td rowspan="2">0. 15</td></tr>
<tr><td>美国 2006 年前注册国际牌号</td><td>7003</td></tr>
</table>

表 3-200 7004 牌号和化学成分（质量分数）对照

（%）

标准号	牌号	Al	Si	Fe	Cu	Mn	Mg	Zn	Ti	Cr	Zr	其他 单个	其他 合计
GB/T 3190—2020	7004	余量	0. 25	0. 35	0. 05	0. 20~0. 7	1. 0~2. 0	3. 8~4. 6	0. 05	0. 05	0. 10~0. 20	0. 05	0. 15
美国 2006 年前注册国际牌号	7004	余量	0. 25	0. 35	0. 05	0. 20~0. 7	1. 0~2. 0	3. 8~4. 6	0. 05	0. 05	0. 10~0. 20	0. 05	0. 15

表 3-201 7005 牌号和化学成分（质量分数）对照

（%）

<table>
<tr><th rowspan="2">标准号</th><th rowspan="2">牌号</th><th rowspan="2">Al</th><th rowspan="2">Si</th><th rowspan="2">Fe</th><th rowspan="2">Cu</th><th rowspan="2">Mn</th><th rowspan="2">Mg</th><th rowspan="2">Zn</th><th rowspan="2">Ti</th><th rowspan="2">Cr 等</th><th colspan="2">其他</th></tr>
<tr><th>单个</th><th>合计</th></tr>
<tr><td>GB/T 3190—2020</td><td>7005</td><td>余量</td><td>0. 35</td><td>0. 40</td><td>0. 10</td><td>0. 20~0. 7</td><td>1. 0~1. 8</td><td>4. 0~5. 0</td><td>0. 01~0. 06</td><td>Cr:0. 06~0. 20
Zr:0. 08~0. 20</td><td>0. 05</td><td>0. 15</td></tr>
<tr><td>ГОСТ 4784—1997</td><td>1915</td><td rowspan="4">余量</td><td rowspan="4">0. 35</td><td rowspan="4">0. 40</td><td rowspan="4">0. 10</td><td rowspan="4">0. 20~0. 7</td><td rowspan="4">1. 0~1. 8</td><td rowspan="4">4. 0~5. 0</td><td rowspan="4">0. 01~0. 06</td><td rowspan="4">Cr:0. 06~0. 20
Zr:0. 08~0. 20</td><td rowspan="4">0. 05</td><td rowspan="4">0. 15</td></tr>
<tr><td>JIS H4100:2015</td><td>7005</td></tr>
<tr><td>ASTM B221M—2020</td><td>7005</td></tr>
<tr><td>EN 573-3:2019(E)</td><td>EN-AW-7005
EN-AW-Al
Zn4. 5Mg1. 5Mn</td></tr>
</table>

ISO 6362-7:2014(E)	7005	余量	0. 30	0. 35	0. 20	0. 20~0. 7	1. 0~2. 0	4. 0~5. 0	0. 20	Cr:0. 30 V:0. 10 Zr:0. 25	0. 05	0. 15

表 3-202 7108 牌号和化学成分（质量分数）对照 （%）

标准号	牌号	Al	Si	Fe	Cu	Mn	Mg	Zn	Ti	Zr	其他	
											单个	合计
GB/T 3190—2020	7108	余量	0. 10	0. 10	0. 05	0. 05	0. 7~1. 4	4. 5~5. 5	0. 05	0. 12~0. 25	0. 05	0. 15
ISO 6362-7:2014(E)	7108											
EN 573-3:2019(E)	EN-AW-7108 EN-AW-Al Zn5Mg1Zr	余量	0. 10	0. 10	0. 05	0. 05	0. 7~1. 4	4. 5~5. 5	0. 05	0. 12~0. 25	0. 05	0. 15
美国 2006 年前注册国际牌号	7108											

表 3-203 7108A 牌号和化学成分（质量分数）对照 （%）

标准号	牌号	Al	Si	Fe	Cu	Mn	Mg	Zn	Ti	Cr 等	其他	
											单个	合计
GB/T 3190—2020	7108A	余量	0. 20	0. 30	0. 05	0. 05	0. 7~1. 5	4. 8~5. 8	0. 03	Cr:0. 04 Zr:0. 15~0. 25 Ga:0. 03	0. 05	0. 15

（续）

标准号	牌号	Al	Si	Fe	Cu	Mn	Mg	Zn	Ti	Cr 等	其他	
											单个	合计
ISO 6362-7:2014(E)	7108A	余量	0.20	0.30	0.05	0.05	0.7~1.5	4.8~5.8	0.03	Cr:0.04 Zr:0.15~0.25 Ga:0.03	0.05	0.15
EN 573-3:2019(E)	EN-AW-7108A EN-AW-Al Zn5Mg1Zr											
美国 2006 年前注册国际牌号	7108A											

表 3-204 7020 牌号和化学成分（质量分数）对照 （%）

标准号	牌号	Al	Si	Fe	Cu	Mn	Mg	Zn	Cr 等	其他	
										单个	合计
GB/T 3190—2020	7020	余量	0.35	0.40	0.20	0.05~0.50	1.0~1.4	4.0~5.0	Cr:0.10~0.35 Zr:0.08~0.20 Zr+Ti:0.08~0.25	0.05	0.15
EN 573-3:2019(E)	EN-AW-7020 EN-AW-Al Zn4.5Mg1	余量	0.35	0.40	0.20	0.05~0.50	1.0~1.4	4.0~5.0	Cr:0.10~0.35 Zr:0.08~0.20 Zr+Ti:0.08~0.25	0.05	0.15
JIS H4100:2015	7020										
ISO 6362-7:2014(E)	7020										

表 3-205 7021 牌号和化学成分（质量分数）对照 （%）

标准号	牌号	Al	Si	Fe	Cu	Mn	Mg	Zn	Ti	Cr	Zr	其他	
												单个	合计
GB/T 3190—2020	7021	余量	0.25	0.40	0.25	0.10	1.2~1.8	5.0~6.0	0.10	0.05	0.08~0.18	0.05	0.15

美国 2006 年前注册国际牌号	7021	余量	0.25	0.40	0.25	0.10	1.2~1.8	5.0~6.0	0.10	0.05	0.08~0.18	0.05	0.15
EN 573-3:2019(E)	EN-AW-7021 EN-AW-Al Zn5.5Mg1.5												
ISO 6362-7:2014(E)	7021												

表 3-206　7022 牌号和化学成分（质量分数）对照　（%）

标准号	牌号	Al	Si	Fe	Cu	Mn	Mg	Zn	Ti	Cr	Ti+Zr	其他	
												单个	合计
GB/T 3190—2020	7022	余量	0.50	0.50	0.50~1.0	0.10~0.40	2.6~3.7	4.3~5.2	—	0.10~0.30	0.20	0.05	0.15
EN 573-3:2019(E)	EN-AW-7022 EN-AW-Al Zn5Mg3Cu	余量	0.50	0.50	0.50~1.0	0.10~0.40	2.6~3.7	4.3~5.2	—	0.10~0.30	0.20	0.05	0.15
ISO 6362-7:2014(E)	7022												
美国 2006 年前注册国际牌号	7022	余量	0.50	0.50	0.50~1.0	0.10~0.40	2.6~3.7	4.3~5.2	—	0.10~0.30	0.20	0.05	0.15

表 3-207　7129 牌号和化学成分（质量分数）对照　（%）

标准号	牌号	Al	Si	Fe	Cu	Mn	Mg	Zn	Ti	Cr 等	其他	
											单个	合计
GB/T 3190—2020	7129	余量	0.15	0.30	0.50~0.9	0.10	1.3~2.0	4.2~5.2	0.05	Cr:0.10 Ga:0.03 V:0.05	0.05	0.15

（续）

标准号	牌号	Al	Si	Fe	Cu	Mn	Mg	Zn	Ti	Cr 等	其他	
											单个	合计
ASTM B221M—2020	7129	余量	0.15	0.30	0.50~0.9	0.10	1.3~2.0	4.2~5.2	0.05	Cr:0.10 Ga:0.03 V:0.05	0.05	0.15
EN 573-3:2019(E)	EN-AW-7129 EN-AW-Al Zn4.5Mg1.5Cu(A)											

表 3-208　7034 牌号和化学成分（质量分数）　（%）

标准号	牌号	Al	Si	Fe	Cu	Mn	Mg	Zn	Ti	Cr	Zr	其他	
												单个	合计
GB/T 3190—2020	7034	余量	0.10	0.12	0.8~1.2	0.25	2.0~3.0	11.0~12.0	—	0.20	0.08~0.30	0.05	0.15

表 3-209　7039 牌号和化学成分（质量分数）对照　（%）

标准号	牌号	Al	Si	Fe	Cu	Mn	Mg	Zn	Ti	Cr	其他	
											单个	合计
GB/T 3190—2020	7039	余量	0.30	0.40	0.10	0.10~0.40	2.3~3.3	3.5~4.5	0.10	0.15~0.25	0.05	0.15
美国 2006 年前注册国际牌号	7039	余量	0.30	0.40	0.10	0.10~0.40	2.3~3.3	3.5~4.5	0.10	0.15~0.25	0.05	0.15
EN 573-3:2019(E)	EN-AW-7039 EN-AW-Al Zn4Mg3											

表 3-210　7049 牌号和化学成分（质量分数）对照　（%）

标准号	牌号	Al	Si	Fe	Cu	Mn	Mg	Zn	Ti	Cr	其他	
											单个	合计
GB/T 3190—2020	7049	余量	0.25	0.35	1.2~1.9	0.20	2.0~2.9	7.2~8.2	0.10	0.10~0.22	0.05	0.15
ASTM B247M—2020	7049	余量	0.25	0.35	1.2~1.9	0.20	2.0~2.9	7.2~8.2	0.10	0.10~0.22	0.05	0.15

表 3-211　7049A 牌号和化学成分（质量分数）对照　（%）

标准号	牌号	Al	Si	Fe	Cu	Mn	Mg	Zn	Ti	Cr	Zr+Ti	其他	
												单个	合计
GB/T 3190—2020	7049A	余量	0.40	0.50	1.2~1.9	0.50	2.1~3.1	7.2~8.4	—	0.05~0.25	0.25	0.05	0.15
JIS H4040:2015 EN 573-3:2019(E)	7049A EN-AW-7049A EN-AW-Al Zn8MgCu	余量	0.40	0.50	1.2~1.9	0.50	2.1~3.1	7.2~8.4	—	0.05~0.25	0.25	0.05	0.15
ISO 6362-7:2014(E)	7049A	余量	0.40	0.50	1.2~1.9	0.50	2.1~3.1	7.2~8.4	0.06	0.05~0.25	0.25	0.05	0.15
美国 2006 年前注册国际牌号	7049A	余量	0.40	0.50	1.2~1.9	0.50	2.1~3.1	7.2~8.4	—	0.05~0.25	0.25	0.05	0.15

表 3-212　7050 牌号和化学成分（质量分数）对照　（%）

标准号	牌号	Al	Si	Fe	Cu	Mn	Mg	Zn	Ti	Cr	Zr	其他	
												单个	合计
GB/T 3190—2020	7050	余量	0.12	0.15	2.0~2.6	0.10	1.9~2.6	5.7~6.7	0.06	0.04	0.08~0.15	0.05	0.15

（续）

标准号	牌号	Al	Si	Fe	Cu	Mn	Mg	Zn	Ti	Cr	Zr	其他	
												单个	合计
JIS H4100:2015	7050	余量	0.12	0.15	2.0~2.6	0.10	1.9~2.6	5.7~6.7	0.06	0.04	0.08~0.15	0.05	0.15
ASTM B247M—2020	7050												
EN 573-3:2019(E)	EN-AW-7050 EN-AW-Al Zn6CuMgZr												
ISO 6362-7:2014(E)	7050												

表 3-213 7150 牌号和化学成分（质量分数）对照 （%）

标准号	牌号	Al	Si	Fe	Cu	Mn	Mg	Zn	Ti	Cr	Zr	其他	
												单个	合计
GB/T 3190—2020	7150	余量	0.12	0.15	1.9~2.5	0.10	2.0~2.7	5.9~6.9	0.06	0.04	0.08~0.15	0.05	0.15
美国2006年前注册国际牌号	7150	余量	0.12	0.15	1.9~2.5	0.10	2.0~2.7	5.9~6.9	0.06	0.04	0.08~0.15	0.05	0.15
EN 573-3:2019(E)	EN-AW-7150 EN-AW-Al Zn6CuMgZr(A)												

表 3-214 7055 牌号和化学成分（质量分数）对照 （%）

标准号	牌号	Al	Si	Fe	Cu	Mn	Mg	Zn	Ti	Cr	Zr	其他	
												单个	合计
GB/T 3190—2020	7055	余量	0.10	0.15	2.0~2.6	0.05	1.8~2.3	7.6~8.4	0.06	0.04	0.08~0.25	0.05	0.15

美国 2006 年前注册国际牌号	7055	余量	0.10	0.15	2.0~2.6	0.05	1.8~2.3	7.6~8.4	0.06	0.04	0.08~0.25	0.05	0.15

表 3-215　7255 牌号和化学成分（质量分数）　（%）

标准号	牌号	Al	Si	Fe	Cu	Mn	Mg	Zn	Ti	Cr	Zr	其他	
												单个	合计
GB/T 3190—2020	7255	余量	0.06	0.09	2.0~2.6	0.05	1.8~2.3	7.6~8.4	0.06	0.04	0.08~0.15	0.05	0.15

表 3-216　7065 牌号和化学成分（质量分数）　（%）

标准号	牌号	Al	Si	Fe	Cu	Mn	Mg	Zn	Ti	Cr	Zr	其他	
												单个	合计
GB/T 3190—2020	7065	余量	0.06	0.08	1.9~2.3	0.04	1.5~1.8	7.1~8.3	0.06	0.04	0.05~0.15	0.05	0.15

表 3-217　7072 牌号和化学成分（质量分数）对照　（%）

标准号	牌号	Al	Si	Fe	Cu	Mn	Mg	Zn	Ti	其他	
										单个	合计
GB/T 3190—2020	7072[①]	余量	Si+Fe:0.7		0.10	0.10	0.10	0.8~1.3	—	0.05	0.15
ASTM B209/B209M—2021	7072	余量	Si+Fe:0.7		0.10	0.10	0.10	0.8~1.3	—	0.05	0.15
EN 573-3:2019(E)	EN-AW-7072 EN-AW-Al Zn1										

（续）

标准号	牌号	Al	Si	Fe	Cu	Mn	Mg	Zn	Ti	其他	
										单个	合计
ГОСТ 4784—1997	АЦпл	余量	0.3	0.3	—	0.025	—	0.9~1.3	0.15	0.05	0.1

① 主要用作包覆材料。

表3-218 7075牌号和化学成分（质量分数）对照

（%）

标准号	牌号	Al	Si	Fe	Cu	Mn	Mg	Zn	Ti	Cr	Zr+Ti	其他	
												单个	合计
GB/T 3190—2020	7075	余量	0.40	0.50	1.2~2.0	0.30	2.1~2.9	5.1~6.1	0.20	0.18~0.28	0.25①	0.05	0.15
ГОСТ 4784—1997	АЦ5.5АгД③	余量	0.40	0.50	1.2~2.0	0.30	2.1~2.9	5.1~6.1	0.20	0.18~0.28	0.25	0.05	0.15
JIS H4000:2017	7075②	余量	0.40	0.50	1.2~2.0	0.30	2.1~2.9	5.1~6.1	0.20	0.18~0.28	0.25	0.05	0.15
ASTM B209/B209M—2021	7075②												
EN 573-3:2019(E)	EN-AW-7075 EN-AW-Al Zn5.5MgCu②												
ISO 6362-7:2014(E)	7075②												

① 经供需双方协商并同意，挤压产品与锻件的 w（Zr+Ti）最大可达0.25%。

② 挤压和锻造产品 w（Zr+Ti）≤0.25%。

③ 拉深和锻造用 w（Zr+Ti）≤0.25%。

表 3-219　7175 牌号和化学成分（质量分数）对照　（%）

标准号	牌号	Al	Si	Fe	Cu	Mn	Mg	Zn	Ti	Cr	其他	
											单个	合计
GB/T 3190—2020	7175	余量	0.15	0.20	1.2~2.0	0.10	2.1~2.9	5.1~6.1	0.10	0.18~0.28	0.05	0.15
ГОСТ 4784—1997	АЦ5.5АгДч	余量	0.15	0.20	1.2~2.0	0.10	2.1~2.9	5.1~6.1	0.10	0.18~0.28	0.05	0.15
ASTM B247M—2020	7175											
EN 573-3:2019(E)	EN-AW-7175 EN-AW-Al Zn5.5MgCu(B)											

表 3-220　7475 牌号和化学成分（质量分数）对照　（%）

标准号	牌号	Al	Si	Fe	Cu	Mn	Mg	Zn	Ti	Cr	其他	
											单个	合计
GB/T 3190—2020	7475	余量	0.10	0.12	1.2~1.9	0.06	1.9~2.6	5.2~6.2	0.06	0.18~0.25	0.05	0.15
JIS H4000:2017	7475	余量	0.10	0.12	1.2~1.9	0.06	1.9~2.6	5.2~6.2	0.06	0.18~0.25	0.05	0.15
美国 2006 年前注册国际牌号	7475											
EN 573-3:2019(E)	EN-AW-7475 EN-AW-Al Zn5.5MgCu(A)											
ISO 6361-5:2011(E)	7475											

表 3-221 7076 牌号和化学成分（质量分数）对照 （%）

标准号	牌号	Al	Si	Fe	Cu	Mn	Mg	Zn	Ti	其他	
										单个	合计
GB/T 3190—2020	7076	余量	0.40	0.6	0.30~1.0	0.30~0.8	1.2~2.0	7.0~8.0	0.20	0.05	0.15
ASTM B247M—2020	7076	余量	0.40	0.6	0.30~1.0	0.30~0.8	1.2~2.0	7.0~8.0	0.20	0.05	0.15

表 3-222 7178 牌号和化学成分（质量分数）对照 （%）

标准号	牌号	Al	Si	Fe	Cu	Mn	Mg	Zn	Ti	Cr	其他	
											单个	合计
GB/T 3190—2020	7178	余量	0.40	0.50	1.6~2.4	0.30	2.4~3.1	6.3~7.3	0.20	0.18~0.28	0.05	0.15
JIS H4000:2014	7178											
ASTM B221—2014	7178											
EN 573-3:2019(E)	EN-AW-7178 EN-AW-Al Zn7MgCu	余量	0.40	0.50	1.6~2.4	0.30	2.4~3.1	6.3~7.3	0.20	0.18~0.28	0.05	0.15
ISO 6361-5:2011(E)	7178											

表 3-223 7085 牌号和化学成分（质量分数） （%）

标准号	牌号	Al	Si	Fe	Cu	Mn	Mg	Zn①	Ti	Cr	Zr	其他	
												单个	合计
GB/T 3190—2020	7085	余量	0.06	0.08	1.3~2.0	0.04	1.2~1.8	7.0~8.0	0.06	0.04	0.08~0.15	0.05	0.15

① 以锌为主要合金元素的铝合金（Al-Zn），其牌号系列为7×××。

表 3-224 8006 牌号和化学成分（质量分数）对照 （%）

标准号	牌号	Al	Si	Fe	Cu	Mn	Mg	Zn	Ti	其他	
										单个	合计
GB/T 3190—2020	8006	余量	0.40	1.2~2.0	0.30	0.30~1.0	0.10	0.10	—	0.05	0.15
美国 2006 年前注册国际牌号	8006	余量	0.40	1.2~2.0	0.30	0.30~1.0	0.10	0.10	—	0.05	0.15
EN 573-3:2019(E)	EN-AW-8006 EN-AW-Al Fe1.5Mn										

表 3-225 8011 牌号和化学成分（质量分数）对照 （%）

标准号	牌号	Al	Si	Fe	Cu	Mn	Mg	Zn	Ti	Cr	其他	
											单个	合计
GB/T 3190—2020	8011	余量	0.50~0.9	0.6~1.0	0.10	0.20	0.05	0.10	0.08	0.05	0.05	0.15
美国 2006 年前注册国际牌号	8011	余量	0.50~0.9	0.6~1.0	0.10	0.20	0.05	0.10	0.08	0.05	0.05	0.15

表 3-226 8011A 牌号和化学成分（质量分数）对照 （%）

标准号	牌号	Al	Si	Fe	Cu	Mn	Mg	Zn	Ti	Cr	其他	
											单个	合计
GB/T 3190—2020	8011A	余量	0.40~0.8	0.50~1.0	0.10	0.10	0.10	0.10	0.05	0.10	0.05	0.15
EN 573-3:2019(E)	EN-AW-8011A EN-AW-Al FeSi(A)	余量	0.40~0.8	0.50~1.0	0.10	0.10	0.10	0.10	0.05	0.10	0.05	0.15
ISO 6361-5:2011(E)	8011A											
美国 2006 年前注册国际牌号	8011A											

表 3-227　8111 牌号和化学成分（质量分数）对照　（%）

标准号	牌号	Al	Si	Fe	Cu	Mn	Mg	Zn	Ti	Cr	其他	
											单个	合计
GB/T 3190—2020	8111	余量	0.30~1.1	0.40~1.0	0.10	0.10	0.05	0.10	0.08	0.05	0.05	0.15
EN 573-3:2019(E)	EN-AW-8111 EN-AW-Al FeSi(B)	余量	0.30~1.1	0.40~1.0	0.10	0.10	0.05	0.10	0.08	0.05	0.05	0.15
美国 2006 年前注册国际牌号	8111											

表 3-228　8014 牌号和化学成分（质量分数）对照　（%）

标准号	牌号	Al	Si	Fe	Cu	Mn	Mg	Zn	Ti	其他	
										单个	合计
GB/T 3190—2020	8014	余量	0.30	1.2~1.6	0.20	0.20~0.6	0.10	0.10	0.10	0.05	0.15
美国 2006 年前注册国际牌号	8014	余量	0.30	1.2~1.6	0.20	0.20~0.6	0.10	0.10	0.10	0.05	0.15
EN 573-3:2019(E)	EN-AW-8014 EN-AW-Al Fe1.5Mn0.4										

表 3-229　8017 牌号和化学成分（质量分数）对照　（%）

标准号	牌号	Al	Si	Fe	Cu	Mn	Mg	Zn	Ti	B	Li	其他	
												单个	合计
GB/T 3190—2020	8017	余量	0.10	0.55~0.8	0.10~0.20	—	0.01~0.05	0.05	—	0.04	0.003	0.03	0.10

美国 2006 年前注册国际牌号	8017	余量	0.10	0.55~0.8	0.10~0.20	—	0.01~0.05	0.05	—	0.04	0.003	0.03	0.10

表 3-230　8021 牌号和化学成分（质量分数）对照　（%）

标准号	牌号	Al	Si	Fe	Cu	Mn	Mg	Zn	Ti	其他	
										单个	合计
GB/T 3190—2020	8021	余量	0.15	1.2~1.7	0.05	—	—	—	—	0.05	0.15
JIS H4000:2017	8021	余量	0.15	1.2~1.7	0.05	—	—	—	—	0.05	0.15
ISO 6361-5:2011(E)	8021										
美国 2006 年前注册国际牌号	8021										

表 3-231　8021B 牌号和化学成分（质量分数）对照　（%）

标准号	牌号	Al	Si	Fe	Cu	Mn	Mg	Zn	Ti	Cr	其他	
											单个	合计
GB/T 3190—2020	8021B	余量	0.40	1.1~1.7	0.05	0.03	0.01	0.05	0.05	0.03	0.03	0.10
EN 573-3:2019(E)	EN-AW-8021B EN-AW-Al Fe1.5	余量	0.40	1.1~1.7	0.05	0.03	0.01	0.05	0.05	0.03	0.03	0.10
美国 2006 年前注册国际牌号	8021B											

表 3-232　8025 牌号和化学成分（质量分数）　（%）

标准号	牌号	Al	Si	Fe	Cu	Mn	Mg	Zn	Ti	Cr	Zr	其他	
												单个	合计
GB/T 3190—2020	8025	余量	0. 05~0. 15	0. 06~0. 25	0. 20	0. 03~0. 10	0. 05	0. 50	0. 005~0. 02	0. 18	0. 02~0. 20	0. 05	0. 15

表 3-233　8030 牌号和化学成分（质量分数）对照　（%）

标准号	牌号	Al	Si	Fe	Cu	Mn	Mg	Zn	Ti	B	其他	
											单个	合计
GB/T 3190—2020	8030	余量	0. 10	0. 30~0. 8	0. 15~0. 30	—	0. 05	0. 05	—	0. 001~0. 04	0. 03	0. 10
EN 573-3:2019(E)	EN-AW-8030 EN-AW-Al FeCu	余量	0. 10	0. 30~0. 8	0. 15~0. 30	—	0. 05	0. 05	—	0. 001~0. 04	0. 03	0. 10
美国 2006 年前注册国际牌号	8030	余量	0. 10	0. 30~0. 8	0. 15~0. 30	—	0. 05	0. 05	—	0. 001~0. 04	0. 03	0. 10

表 3-234　8130 牌号和化学成分（质量分数）对照　（%）

标准号	牌号	Al	Si	Fe	Cu	Mn	Mg	Zn	Ti	Si+Fe	其他	
											单个	合计
GB/T 3190—2020	8130	余量	0. 15	0. 40~1. 0	0. 05~0. 15	—	—	0. 10	—	1. 0	0. 03	0. 10
美国 2006 年前注册国际牌号	8130	余量	0. 15	0. 40~1. 0	0. 05~0. 15	—	—	0. 10	—	1. 0	0. 03	0. 10

表 3-235　8050 牌号和化学成分（质量分数）对照　（%）

标准号	牌号	Al	Si	Fe	Cu	Mn	Mg	Zn	Ti	Cr	其他	
											单个	合计
GB/T 3190—2020	8050	余量	0.15~0.30	1.1~1.2	0.05	0.45~0.55	0.05	0.10	—	0.05	0.05	0.15
美国 2006 年前注册国际牌号	8050	余量	0.15~0.30	1.1~1.2	0.05	0.45~0.55	0.05	0.10	—	0.05	0.05	0.15

表 3-236　8150 牌号和化学成分（质量分数）对照　（%）

标准号	牌号	Al	Si	Fe	Cu	Mn	Mg	Zn	Ti	其他	
										单个	合计
GB/T 3190—2020	8150	余量	0.30	0.9~1.3	—	0.20~0.7	—	—	0.05	0.05	0.15
美国 2006 年前注册国际牌号	8150	余量	0.30	0.9~1.3	—	0.20~0.7	—	—	0.05	0.05	0.15

表 3-237　8076 牌号和化学成分（质量分数）对照　（%）

标准号	牌号	Al	Si	Fe	Cu	Mn	Mg	Zn	Ti	B	其他	
											单个	合计
GB/T 3190—2020	8076	余量	0.10	0.6~0.9	0.04	—	0.08~0.22	0.05	—	0.04	0.03	0.10
美国 2006 年前注册国际牌号	8076	余量	0.10	0.6~0.9	0.04	—	0.08~0.22	0.05	—	0.04	0.03	0.10

表 3-238 8176 牌号和化学成分（质量分数）对照 （%）

标准号	牌号	Al	Si	Fe	Cu	Mn	Mg	Zn	Ti	Ga	其他	
											单个	合计
GB/T 3190—2020	8176	余量	0.03~0.15	0.40~1.0	—	—	—	0.10	—	0.03	0.05	0.15
EN 573-3:2019(E)	EN-AW-8176 EN-AW-Al FeSi	余量	0.03~0.15	0.40~1.0	—	—	—	0.10	—	0.03	0.05	0.15
美国2006年前注册国际牌号	8176											

表 3-239 8177 牌号和化学成分（质量分数） （%）

标准号	牌号	Al	Si	Fe	Cu	Mn	Mg	Zn	Ti	B	其他	
											单个	合计
GB/T 3190—2020	8177	余量	0.10	0.25~0.45	0.04	—	0.04~0.12	0.05	—	0.04	0.03	0.10

表 3-240 8079 牌号和化学成分（质量分数）对照 （%）

标准号	牌号	Al	Si	Fe	Cu	Mn	Mg	Zn	Ti	其他	
										单个	合计
GB/T 3190—2020	8079	余量	0.05~0.30	0.7~1.3	0.05	—	—	0.10	—	0.05	0.15
JIS H4000:2017	8079	余量	0.05~0.30	0.7~1.3	0.05	—	—	0.10	—	0.05	0.15
美国2006年前注册国际牌号	8079	余量	0.05~0.30	0.7~1.3	0.05	—	—	0.10	—	0.05	0.15

EN 573-3:2019(E)	EN-AW-8079 EN-AW-Al Fe1Si	余量	0.05~0.30	0.7~1.3	0.05	—	—	0.10	—	0.05	0.15
ISO 6361-5:2011(E)	8079										

表 3-241 8090 牌号和化学成分（质量分数）对照 （%）

标准号	牌号	Al	Si	Fe	Cu	Mn	Mg	Zn	Ti	Cr 等	其他	
											单个	合计
GB/T 3190—2020	8090①	余量	0.20	0.30	1.0~1.6	0.10	0.6~1.3	0.25	0.10	Cr:0.10 Zr:0.04~0.16 Li:2.2~2.7	0.05	0.15
美国 2006 年前注册国际牌号	8090	余量	0.20	0.30	1.0~1.6	0.10	0.6~1.3	0.25	0.10	Cr:0.10 Zr:0.04~0.16 Li:2.2~2.7	0.05	0.15
EN 573-3:2019(E)	EN-AW-8090 EN-AW-Al Li2.5Cu1.5Mg1											

① 以其他合金元素为主要合金元素的铝合金，其牌号系列为 8×××。

3.3 铸造产品

3.3.1 铸造铝合金锭牌号和化学成分

GB/T 8733—2016《铸造铝合金锭》中共有 74 个牌号，中外铸造铝合金锭牌号和化学成分对照见表

3-242～表 3-315。

表 3-242～表 3-315 中"其他"一栏指表中未列出或未规定具体数值的金属元素，表中质量分数有上下限者为合金元素，质量分数为单个数值者为最高限。

表 3-242 201Z.1 牌号和化学成分（质量分数）对照 （%）

标准号	牌号	Al	Si	Fe	Cu	Mn	Mg	Ti	Ni 等	其他≤	
			≤							单个	合计
GB/T 8733—2016	201Z.1	余量	0.30	0.20	4.5～5.3	0.6～1.0	0.05	0.15～0.35	Ni:0.10 Zr:0.20	0.05	0.15
ГОСТ 1583—1993	AK5	余量	0.30	—	4.5～5.3	0.6～1.0	0.05	0.15～0.35	Ni:0.10,Zr:0.20 Te:0.15	杂质合计 0.9	
JIS H2211:2010	AC1B.1	余量	0.30	0.30	4.2～5.0	0.10	0.20～0.35	0.05～0.35	Ni:0.05,Cr:0.05 Pb:0.05,Sn:0.05	—	—
ASTM B179—2018	201.2	余量	0.10	0.10	4.0～5.2	0.20～0.50	0.20～0.55	0.15～0.35	—	0.05	0.10
EN 1676:2020(E)	EN AB-21100 EN AB-Al Cu4Ti	余量	0.18	0.19	4.2～5.2	0.55	—	0.15～0.30	—	0.03	0.10
ISO 3522:2016(E)	Al Cu4Ti										

表 3-243 201Z.2 牌号和化学成分（质量分数）对照 （%）

标准号	牌号	Al	Si	Fe	Cu	Mn	Mg	Zn	Ti	Ni 等	其他≤	
			≤								单个	合计
GB/T 8733—2016	201Z.2	余量	0.05	0.10	4.8～5.3	0.6～1.0	0.05	0.10	0.15～0.35	Ni:0.05 Zr:0.15	0.05	0.15

ГОСТ 1583—1993	AK5	余量	0.30	—	4.5~5.3	0.6~1.0	0.05	0.20	0.15~0.35	Ni:0.10,Zr:0.20 Te:0.15	杂质合计 0.9	
JIS H2211:2010	AC1B.2	余量	0.30	0.25	4.2~5.0	0.03	0.20~0.35	0.03	0.05~0.35	Ni:0.03,Cr:0.03 Pb:0.03,Sn:0.03	—	—
ASTM B179—2018	A201.1 A201.2	余量	0.05	0.07	4.0~5.0	0.20~0.40	0.20~0.35	—	0.15~0.35	—	0.03	0.10
EN 1676:2020(E)	EN AB-21100 EN AB-Al Cu4Ti	余量	0.15	0.15	4.2~5.2	0.55	—	0.07	0.15~0.25	—	0.03	0.10
ISO 3522:2016(E)	Al Cu4Ti											

表3-244 201Z.3牌号和化学成分（质量分数）对照 （%）

标准号	牌号	Al	Si	Fe	Cu	Mn	Mg	Zn	Ti	Cd等	其他≤	
			≤								单个	合计
GB/T 8733—2016	201Z.3	余量	0.20	0.15	4.5~5.1	0.35~0.8	0.05	—	0.15~0.35	Cd:0.07~0.25 Zr:0.15	0.05	0.15
ГОСТ 1583—1993	AK4.5Kл	余量	0.20	—	4.5~5.1	0.35~0.8	0.05	0.1	0.15~0.35	Cd:0.07~0.25 Zr:0.15 Te:0.10	杂质合计 0.60	
ASTM B179—2018	204.2 A-U5GT	余量	0.15	0.10~0.20	4.2~4.9	0.05	0.20~0.35	0.05	0.15~0.25	Ni:0.03 Sn:0.05	0.05	0.15
EN 1676:2020(E)	EN AB-21100 EN AB-Al Cu4Ti	余量	0.18	0.19	4.2~5.2	0.55	—	0.07	0.15~0.30	—	0.03	0.10
ISO 3522:2016(E)	Al Cu4Ti											

表 3-245 201Z.4 牌号和化学成分（质量分数）对照 （%）

标准号	牌号	Al	Si	Fe	Cu	Mn	Mg	Zn	Ti	Cd 等	其他≤	
			≤								单个	合计
GB/T 8733—2016	201Z.4	余量	0.05	0.13	4.6~5.3	0.6~0.9	0.05	0.10	0.15~0.35	Cd:0.15~0.25 Zr:0.15	0.05	0.15
ГОСТ 1583—1993	AK4.5Kл	余量	0.20	—	4.5~5.1	0.35~0.8	0.05	0.1	0.15~0.35	Cd:0.07~0.25 Zr:0.15,Te:0.10	杂质合计 0.60	
ASTM B179—2018	206.2	余量	0.10	0.10	4.2~5.0	0.20~0.50	0.20~0.35	0.05	0.15~0.25	Ni:0.03,Sn:0.05	0.05	0.15
EN 1676:2020(E)	EN AB-21100 EN AB-Al Cu4Ti	余量	0.18	0.19	4.2~5.2	0.55	—	0.07	0.15~0.30	—	0.03	0.10
ISO 3522:2016(E)	Al Cu4Ti											

表 3-246 201Z.5 牌号和化学成分（质量分数）对照 （%）

标准号	牌号	Al	Si	Fe	Cu	Mn	Mg	Zn	Ti	Bi 等	其他≤	
			≤								单个	合计
GB/T 8733—2016	201Z.5	余量	0.05	0.10	4.6~5.3	0.30~0.50	0.05	0.10	0.15~0.35	Bi:0.01~0.06 Cd:0.15~0.25 V:0.05~0.30 Zr:0.05~0.20	0.05	0.15
ГОСТ 1583—1993	AK4.5Kл	余量	0.20	—	4.5~5.1	0.35~0.8	0.05	0.1	0.15~0.35	Cd:0.07~0.25 Zr:0.15,Te:0.10	杂质合计 0.60	
ASTM B179—2018	A206.2	余量	0.05	0.07	4.2~5.0	0.20~0.50	0.20~0.35	0.05	0.15~0.25	Ni:0.03,Sn:0.05	0.05	0.15
EN 1676:2020(E)	EN AB-21100 EN AB-Al Cu4Ti	余量	0.18	0.19	4.2~5.2	0.55	—	0.07	0.15~0.30	—	0.03	0.10
ISO 3522:2016(E)	Al Cu4Ti											

表 3-247 210Z.1 牌号和化学成分（质量分数）对照 （%）

标准号	牌号	Al	Si	Fe	Cu	Mn	Mg	Zn	Ti	Ni 等	其他≤ 单个	其他≤ 合计
			≤									
GB/T 8733—2016	210Z.1	余量	4.0~6.0	0.50	5.0~8.0	0.50	0.30~0.50	0.50	—	Ni:0.30, Sn:0.01 Pb:0.05	0.05	0.20
ГОСТ 1583—1993	AK5M7	余量	4.5~6.5	—	6.0~8.0	0.5	0.3~0.6	0.6	—	Pb+Sn+Sb:0.3 Ni:0.5, Te:1.0	杂质合计 2.6	
JIS H2211:2010	AC2A.1	余量	4.0~6.0	0.7	3.0~4.5	0.55	0.25	0.55	0.20	Cr:0.15, Ni:0.30 Pb:0.15, Sn:0.05	—	—
ASTM B179—2018	308.1 A108	余量	5.0~6.0	0.8	4.0~5.0	0.50	0.10	1.0	0.25	—	—	0.50
EN 1676:2020(E)	EN AB-45000 EN AB-Al Si6Cu4	余量	5.0~7.0	1.0	3.0~5.0	0.20~0.65	0.55	2.0	0.25	Cr:0.15, Ni:0.45 Pb:0.30, Sn:0.15	0.05	0.35
ISO 3522:2016(E)	Al Si6Cu4											

表 3-248 211Z.1 牌号和化学成分（质量分数）对照 （%）

标准号	牌号	Al	Si	Fe	Cu	Mn	Mg	Zn	Ti	Be 等	其他≤ 单个	其他≤ 合计
			≤									
GB/T 8733—2016	211Z.1	余量	0.10	0.30	4.0~7.5	0.20~0.6	RE: 0.02~0.30	Zr: 0.05~0.50	0.05~0.40	Be:0.001~0.08 B①:0.005~0.07 Cd:0.05~0.50 C①:0.003~0.05	0.05	0.15
ГОСТ 1583—1993	AK5	余量	0.30	—	4.5~5.3	0.6~1.0	0.05	0.20	0.15~0.35	Ni:0.10, Zr:0.20 Te:0.15	杂质合计 0.9	
美国 2006 年前注册国际牌号	224.2	余量	0.02	0.04	4.5~5.5	0.20~0.50	—	—	0.25	V:0.05~0.15 Zr:0.10~0.25	0.03	0.10

① B、C 两种元素可只添加其中一种。

表 3-249　295Z.1 牌号和化学成分（质量分数）对照　（%）

标准号	牌号	Al	Si	Fe	Cu	Mn	Mg	Zn	Ti	Sn 等	其他≤	
			≤								单个	合计
GB/T 8733—2016	295Z.1	余量	1.2	0.6	4.0~5.0	0.10	0.03	0.20	0.20	Sn:0.01 Pb:0.05 Zr:0.10	0.05	0.15
ГОСТ 1583—1993	АК4.5Кл	余量	0.20	—	4.5~5.1	0.35~0.8	0.05	0.1	0.15~0.35	Cd:0.07~0.25 Zr:0.15 Te:0.10	杂质合计 0.60	
ASTM B108/B108M—2018e1	204.0 A02040	余量	0.20	0.35	4.2~5.0	0.10	0.15~0.35	0.10	0.15~0.30	Ni:0.05 Sn:0.05	0.05	0.15
EN 1676:2020(E)	EN AB-21000 EN AB-Al Cu4MgTi	余量	0.20	0.35	4.2~5.0	0.10	0.15~0.35	0.10	0.15~0.30	Ni:0.05 Pb:0.05 Sn:0.05	0.03	0.10
ISO 3522:2016(E)	Al Cu4MgTi											

表 3-250　304Z.1 牌号和化学成分（质量分数）对照　（%）

标准号	牌号	Al	Si	Fe	Cu	Mn	Mg	Zn	Ti	Ni 等	其他≤	
			≤								单个	合计
GB/T 8733—2016	304Z.1	余量	1.6~2.4	0.50	0.08	0.30~0.50	0.50~0.7	0.10	0.07~0.15	Ni:0.05, Sn:0.05 Pb:0.05	0.05	0.15
EN 1676:2020(E)	EN AB-41000 EN AB-Al Si2MgTi	余量	1.6~2.4	0.60	0.10	0.30~0.50	0.45~0.65	0.10	0.05~0.20	Ni:0.05, Sn:0.05 Pb:0.05	0.05	0.15
ISO 3522:2016(E)	Al Si2MgTi											

表 3-251 312Z.1 牌号和化学成分（质量分数）对照 （%）

标准号	牌号	Al	Si	Fe	Cu	Mn	Mg	Zn	Ti	Ni 等	其他≤ 单个	其他≤ 合计
			≤									
GB/T 8733—2016	312Z.1	余量	11.0~13.0	0.40	1.0~2.0	0.30~0.9	0.50~1.0	0.20	0.20	Ni:0.30,Sn:0.01 Pb:0.05	0.05	0.20
ГОСТ 1583—1993	AK12MMrH	余量	11.0~13.0	Cr:0.2	0.8~1.5	0.2	0.85~1.35	0.2	0.20	Ni:0.8~1.5 Sn:0.01,Pb:0.05 Te:0.6	杂质合计 1.0	
JIS H2211:2010	AC8A.1	余量	11.0~13.0	0.7	0.8~1.3	0.15	0.8~1.3	0.15	0.20	Ni:0.8~1.5 Cr:0.10,Sn:0.05 Pb:0.05	—	—
ASTM B179—2018	339.1 Z332.1,Z132	余量	11.0~13.0	0.9	1.5~3.0	0.50	0.6~1.5	1.0	0.25	Ni:0.50~1.5	—	0.50
EN 1676:2020(E)	EN AB-47100 EN AB-Al Si12Cu1(Fe)	余量	10.5~13.5	1.3	0.7~1.2	0.55	0.35	0.55	0.20	Cr:0.10,Ni:0.30 Sn:0.10,Pb:0.20	0.05	0.25
ISO 3522:2016(E)	Al Si12Cu1(Fe)											

表 3-252 315Z.1 牌号和化学成分（质量分数）对照 （%）

标准号	牌号	Al	Si	Fe	Cu	Mn	Mg	Zn	Ti	Sb 等	其他≤ 单个	其他≤ 合计
			≤									
GB/T 8733—2016	315Z.1	余量	4.8~6.2	0.25	0.10	0.10	0.45~0.7	1.2~1.8	—	Sb:0.10~0.25, Sn:0.01,Pb:0.05	0.05	0.20
ГОСТ 1583—1993	AK5M	余量	4.5~5.5	—	1.0~1.5	0.5	0.4~0.65	0.3	Te:0.6	Ti+Zr:0.15 Sn:0.01,Be:0.1	杂质合计 0.9	

（续）

标准号	牌号	Al	Si	Fe	Cu	Mn	Mg	Zn	Ti	Sb 等	其他≤	
			≤								单个	合计
JIS H2211:2010	AC4D. 1	余量	4.5~5.5	0.5	1.0~1.5	0.5	0.45~0.6	0.5	0.20	Ni:0.3 Sn:0.05, Pb:0.10	—	—
ASTM B179—2018	355.1 355	余量	4.5~5.5	0.50	1.0~1.5	0.50	0.45~0.6	0.35	0.25	Cr:0.25	0.05	0.15
EN 1676:2020(E)	EN AB-45300 EN AB-Al Si5Cu1Mg	余量	4.5~5.5	0.55	1.0~1.5	0.55	0.40~0.65	0.15	0.20	Ni:0.25 Sn:0.05, Pb:0.15	0.05	0.15
ISO 3522:2016(E)	Al Si5Cu1Mg	余量	4.5~5.5	0.55	1.0~1.5	0.55	0.40~0.65	0.15	0.05~0.20	Ni:0.25 Sn:0.05, Pb:0.15	0.05	0.15

表 3-253　319Z. 1 牌号和化学成分（质量分数）对照　（%）

标准号	牌号	Al	Si	Fe	Cu	Mn	Mg	Zn	Ti	Cr 等	其他≤	
			≤								单个	合计
GB/T 8733—2016	319Z. 1	余量	4.0~6.0	0.7	3.0~4.5	0.55	0.25	0.55	0.20	Cr:0.15, Ni:0.30 Sn:0.05, Pb:0.15	0.05	0.20
ГОСТ 1583—1993	AK5M4	余量	3.5~6.0	—	3.0~5.0	0.2~0.6	0.25~0.55	1.5	0.05~0.20	Ni:0.5, Te:1.0	杂质合计 2.8	
JIS H2211:2010	AC2A. 2	余量	4.0~6.0	0.30	3.0~4.5	0.03	0.25	0.03	0.20	Cr:0.03, Ni:0.03 Pb:0.03, Sn:0.03	—	—
ASTM B179—2018	319.1 319, AllCast	余量	5.5~6.5	0.8	3.0~4.0	0.50	0.10	1.0	0.25	Ni:0.35	—	0.50
EN 1676:2020(E)	EN AB-45000 EN AB-Al Si6Cu4	余量	5.0~7.0	1.0	3.0~5.0	0.20~0.65	0.55	2.0	0.25	Cr:0.15, Ni:0.45 Pb:0.29, Sn:0.15	0.05	0.35

ISO 3522:2016(E)	Al Si6Cu4	余量	5.0~7.0	1.0	3.0~5.0	0.20~0.65	0.55	2.0	0.25	Cr:0.15,Ni:0.45 Pb:0.30,Sn:0.15	0.05	0.35

表 3-254 319Z.2 牌号和化学成分（质量分数）对照 （%）

标准号	牌号	Al	Si	Fe	Cu	Mn	Mg	Zn	Ti	Cr 等	其他≤	
			≤								单个	合计
GB/T 8733—2016	319Z.2	余量	5.0~7.0	0.8	2.0~4.0	0.50	0.50	1.0	0.20	Cr:0.20,Ni:0.35 Pb:0.20,Sn:0.10	0.10	0.30
ГОСТ 1583—1993	АК6М2	余量	5.5~6.5	—	1.8~2.3	0.1	0.35~0.50	0.06	0.1~0.2	Ni:0.05,Te:0.5	杂质合计 0.7	
JIS H2211:2010	AC2B.1	余量	5.0~7.0	0.8	2.0~4.0	0.50	0.50	1.0	0.20	Cr:0.20,Ni:0.35 Pb:0.20,Sn:0.10	—	—
ASTM B179—2018	320.1	余量	5.0~8.0	0.9	2.0~4.0	0.8	0.10~0.6	3.0	0.25	Ni:0.35	—	0.50
EN 1676:2020(E)	EN AB-45400 EN AB-Al Si5Cu3	余量	4.5~6.0	0.60	2.6~3.6	0.55	0.05	0.20	0.25	Ni:0.10 Pb:0.10,Sn:0.05	0.05	0.15
ISO 3522:2016(E)	Al Si5Cu3											

表 3-255 319Z.3 牌号和化学成分（质量分数）对照 （%）

标准号	牌号	Al	Si	Fe	Cu	Mn	Mg	Zn	Ti	Pb 等	其他≤	
			≤								单个	合计
GB/T 8733—2016	319Z.3	余量	6.5~7.5	0.40	3.5~4.5	0.30	0.10	0.20	—	Pb:0.05,Sn:0.01	0.05	0.20

（续）

标准号	牌号	Al	Si	Fe	Cu	Mn	Mg	Zn	Ti	Pb 等	其他≤	
			≤								单个	合计
ГОСТ 1583—1993	AK8M3ч	余量	7.0~8.5	—	2.5~3.5	—	0.25~0.50	0.5~1.0	0.1~0.25	B:0.005~0.1 Be:0.05~0.25 Te:0.4,Cd:0.15 Zr:0.15	杂质合计 0.6	
JIS H2211:2010	AC4B.2	余量	7.0~10.0	0.30	2.0~4.0	0.03	0.50	0.03	0.03	Cr:0.03,Ni:0.03 Pb:0.03,Sn:0.03	—	—
ASTM B179—2018	333.1 333	余量	8.0~10.0	0.8	3.0~4.0	0.50	0.10~0.50	1.0	0.25	Ni:0.50	—	0.50
EN 1676:2020(E)	EN AB-46300 EN AB-Al Si7Cu3Mg	余量	6.5~8.0	0.8	3.0~4.0	0.20~0.65	0.30~0.60	0.65	0.25	Ni:0.30 Pb:0.15,Sn:0.10	0.05	0.25
ISO 3522:2016（E）	Al Si7Cu3Mg	余量	6.5~8.0	0.8	3.0~4.0	0.20~0.65	0.30~0.60	0.65	0.25	Ni:0.30 Pb:0.15,Sn:0.10	0.05	0.25

表 3-256 328Z.1 牌号和化学成分（质量分数）对照 （%）

标准号	牌号	Al	Si	Fe	Cu	Mn	Mg	Zn	Ti	Pb 等	其他≤	
			≤								单个	合计
GB/T 8733—2016	328Z.1	余量	7.5~8.5	0.50	1.0~1.5	0.30~0.50	0.35~0.55	0.20	0.10~0.25	Pb:0.05,Sn:0.01	0.05	0.20
ГОСТ 1583—1993	AK8M	余量	7.5~9	—	1.0~1.5	0.3~0.5	0.35~0.55	0.30	0.1~0.3	Zr:0.1,Te:0.6	杂质合计 0.8	
ASTM B179—2018	328.1 Red X-8	余量	7.5~8.5	0.8	1.0~2.0	0.20~0.6	0.25~0.6	1.5	0.25	Cr:0.35,Ni:0.25	—	0.50

EN 1676:2020(E)	EN AB-46400 EN AB-Al Si9Cu1Mg	余量	8.3~9.7	0.8	0.8~1.3	0.15~0.55	0.25~0.65	0.8	0.20	Ni:0.20 Pb:0.1,Sn:0.10	0.05	0.25
ISO 3522:2016(E)	Al Si9Cu1Mg	余量	8.3~9.7	0.8	0.8~1.3	0.15~0.55	0.25~0.65	0.8	0.10~0.20	Ni:0.20 Pb:0.1,Sn:0.10	0.05	0.25

表 3-257 333Z.1 牌号和化学成分（质量分数）对照 （%）

标准号	牌号	Al	Si	Fe	Cu	Mn	Mg	Zn	Ti	Cr 等	其他≤	
			≤								单个	合计
GB/T 8733—2016	333Z.1	余量	7.0~10.0	0.8	2.0~4.0	0.50	0.50	1.0	0.20	Cr:0.20,Ni:0.35 Pb:0.20,Sn:0.10	0.10	0.30
ГОСТ 1583—1993	AK8M3	余量	7.5~10	Cr:0.1	2.0~4.5	0.5	0.45	1.2	—	Pb+Sn:0.15 Ni:0.5,Te:1.3	杂质合计 4.1	
JIS H2211:2010	AC4B.1	余量	7.0~10.0	0.8	2.0~4.0	0.50	0.50	1.0	0.20	Cr:0.20,Ni:0.35 Pb:0.20,Sn:0.10	—	—
ASTM B179—2018	A333.1	余量	8.0~10.0	0.8	3.0~4.0	0.50	0.10~0.50	3.0	0.25	Ni:0.50	—	0.50
EN 1676:2020(E)	EN AB-46200 EN AB-Al Si8Cu3	余量	7.5~9.5	0.8	2.0~3.5	0.15~0.65	0.05~0.55	1.2	0.25	Ni:0.35 Pb:0.25,Sn:0.15	0.05	0.25
ISO 3522:2016(E)	Al Si8Cu3											

表 3-258 336Z.1 牌号和化学成分（质量分数）对照 （%）

标准号	牌号	Al	Si	Fe	Cu	Mn	Mg	Zn	Ti	Ni 等	其他≤	
			≤								单个	合计
GB/T 8733—2016	336Z.1	余量	11.0~13.0	0.40	0.50~1.5	0.20	0.9~1.5	0.20	0.20	Ni:0.8~1.5 Pb:0.05,Sn:0.01	0.05	0.20

（续）

标准号	牌号	Al	Si	Fe	Cu	Mn	Mg	Zn	Ti	Ni 等	其他≤	
			≤								单个	合计
ГОСТ 1583—1993	AK12MMrH	余量	11~13	—	0.8~1.5	0.2	0.85~1.35	0.2	0.20	Ni:0.8~1.3 Cr:0.2,Pb:0.05 Sn:0.01,Te:0.6	杂质合计 1.0	
JIS H2211:2010	AC8A.2	余量	11.0~13.0	0.40	0.8~1.3	0.03	0.8~1.3	0.03	0.20	Ni:0.8~1.5 Cr:0.03 Pb:0.03,Sn:0.03	—	—
ASTM B179—2018	336.2 A332.2,A132	余量	11.0~13.0	0.9	0.50~1.5	0.10	0.9~1.3	0.10	0.20	Ni:2.0~3.0	0.05	0.15
EN 1676:2020(E)	EN AB-48000 EN AB-Al Si12CuNiMg	余量	10.5~13.5	0.7	0.8~1.5	0.35	0.8~1.5	0.35	0.25	Ni:0.7~1.3	0.05	0.15
ISO 3522:2016(E)	Al Si12CuNiMg	余量	10.5~13.5	0.7	0.8~1.5	0.35	0.8~1.5	0.35	0.25	Ni:0.7~1.3	0.05	0.15

表 3-259 336Z.2 牌号和化学成分（质量分数）对照 （%）

标准号	牌号	Al	Si	Fe	Cu	Mn	Mg	Zn	Ti	Ni 等	其他≤	
			≤								单个	合计
GB/T 8733—2016	336Z.2	余量	11.0~13.0	0.7	0.8~1.3	0.15	0.8~1.3	0.15	0.20	Ni:0.8~1.5 Cr:0.10 Pb:0.05,Sn:0.05	0.05	0.20
ГОСТ 1583—1993	AK12M2MrH	余量	11~13	—	1.5~3.0	0.3~0.6	0.85~1.35	0.5	0.05~0.20	Ni:0.8~1.3 Cr:0.2,Pb:0.10 Sn:0.02,Te:0.7	杂质合计 1.2	

JIS H2211:2010	AC8A.1	余量	11.0~13.0	0.7	0.8~1.3	0.15	0.8~1.3	0.15	0.20	Ni:0.8~1.5 Cr:0.10 Pb:0.05,Sn:0.05	—	—
ASTM B179—2018	336.1 A332.1,A132	余量	11.0~13.0	0.9	0.50~1.5	0.35	0.8~1.3	0.35	0.25	Ni:2.0~3.0	0.05	—
EN 1676:2020(E)	EN AB-48000 EN AB-Al Si12CuNiMg	余量	10.5~13.5	0.7	0.8~1.5	0.35	0.8~1.5	0.35	0.25	Ni:0.7~1.3	0.05	0.15
ISO 3522:2016(E)	Al Si12CuNiMg											

表 3-260 354Z.1 牌号和化学成分（质量分数）对照 (%)

标准号	牌号	Al	Si	Fe	Cu	Mn	Mg	Zn	Ti	Pb 等	其他≤	
			≤								单个	合计
GB/T 8733—2016	354Z.1	余量	8.0~10.0	0.35	1.3~1.8	0.10~0.35	0.45~0.7	0.10	0.10~0.35	Pb:0.05 Sn:0.01	0.05	0.20
ГОСТ 1583—1993	AK9M2	余量	7.5~10	—	0.5~2.0	0.1~0.4	0.25~0.85	1.2	0.05~0.20	Ni:0.5,Cr:0.1 Pb+Sn:0.15 Te:0.9	杂质合计 2.5	
ASTM B179—2018	354.1 354	余量	8.6~9.4	0.15	1.6~2.0	0.10	0.45~0.6	0.10	0.20	—	0.05	0.15
EN 1676:2020(E)	EN AB-46400 EN AB-Al Si9Cu1Mg	余量	8.3~9.7	0.8	0.8~1.3	0.15~0.55	0.25~0.65	0.8	0.20	Ni:0.20 Pb:0.10 Sn:0.10	0.05	0.25

（续）

标准号	牌号	Al	Si	Fe	Cu	Mn	Mg	Zn	Ti	Pb 等	其他≤	
			≤								单个	合计
ISO 3522:2016(E)	Al Si9Cu1Mg	余量	8.3~9.7	0.8	0.8~1.3	0.15~0.55	0.25~0.65	0.8	0.10~0.20	Ni:0.20 Pb:0.10 Sn:0.10	0.05	0.25

表 3-261 355Z.1 牌号和化学成分（质量分数）对照 （%）

标准号	牌号	Al	Si	Fe	Cu	Mn	Mg	Zn	Ti	Be 等	其他≤	
			≤								单个	合计
GB/T 8733—2016	355Z.1	余量	4.5~5.5	0.45	1.0~1.5	0.50	0.45~0.7	0.20	Sn:0.01	Be:0.10,Pb:0.05 Ti+Zr:0.15	0.05	0.15
ГОСТ 1583—1993	AK5M	余量	4.5~5.5	—	1.0~1.5	0.5	0.4~0.65	0.3	Sn:0.01	Ti+Zr:0.15 Be:0.1,Te:0.6	杂质合计 0.9	
JIS H2211:2010	AC4D.1	余量	4.5~5.5	0.5	1.0~1.5	0.5	0.45~0.6	0.5	0.20	Ni:0.3 Pb:0.10,Sn:0.05	—	—
ASTM B179—2018	355.1 355	余量	4.5~5.5	0.50	1.0~1.5	0.50	0.45~0.6	0.35	0.25	Cr:0.25	0.05	0.15
EN 1676:2020(E)	EN AB-45300 EN AB-Al Si5Cu1Mg	余量	4.5~5.5	0.65	1.0~1.5	0.55	0.35~0.65	0.15	0.25	Ni:0.25 Pb:0.15,Sn:0.05	0.05	0.15
ISO 3522:2016(E)	Al Si5Cu1Mg	余量	4.5~5.5	0.65	1.0~1.5	0.55	0.35~0.65	0.15	0.05~0.25	Ni:0.25 Pb:0.15,Sn:0.05	0.05	0.15

表 3-262 355Z.2 牌号和化学成分（质量分数）对照 （%）

标准号	牌号	Al	Si	Fe	Cu	Mn	Mg	Zn	Ti	Pb 等	其他≤	
			≤								单个	合计
GB/T 8733—2016	355Z.2	余量	4.5~5.5	0.15	1.0~1.5	0.10	0.50~0.7	0.10	—	Pb:0.05 Sn:0.01	0.05	0.15

ГОСТ 1583—1993	AK5Mч	余量	4.5~5.5	—	1.0~1.5	0.1	0.45~0.60	0.3	0.08~0.15	Zr:0.15,B:0.1 Sn:0.01,Te0.3	杂质合计 0.6	
JIS H2211:2010	AC4D.2	余量	4.5~5.5	0.3	1.0~1.5	0.03	0.45~0.6	0.03	0.20	Ni:0.03 Pb:0.03,Sn:0.03	—	—
ASTM B179—2018	355.2 355	余量	4.5~5.5	0.14~0.25	1.0~1.5	0.05	0.50~0.6	0.05	0.20	—	0.05	0.15
EN 1676:2020(E)	EN AB-45300 EN AB-Al Si5Cu1Mg	余量	4.5~5.5	0.55	1.0~1.5	0.55	0.40~0.65	0.15	0.20	Ni:0.25 Pb:0.15,Sn:0.05	0.05	0.15
ISO 3522:2016(E)	Al Si5Cu1Mg	余量	4.5~5.5	0.55	1.0~1.5	0.55	0.40~0.65	0.15	0.05~0.20	Ni:0.25 Pb:0.15,Sn:0.05	0.05	0.15

表 3-263 356Z.1 牌号和化学成分（质量分数）对照 （%）

标准号	牌号	Al	Si	Fe	Cu	Mn	Mg	Zn	Ti	Be 等	其他≤	
			≤								单个	合计
GB/T 8733—2016	356Z.1	余量	6.5~7.5	0.45	0.20	0.35	0.30~0.50	0.20	Sn:0.01	Be:0.10,Pb:0.05 Ti+Zr:0.15	0.05	0.15
ГОСТ 1583—1993	AK7	余量	6.0~8.0	—	1.5	0.2~0.6	0.2~0.55	0.5	—	Ni:0.3,Te:1.0	杂质合计 3.0	
JIS H2211:2010	AC4C.1	余量	6.5~7.5	0.4	0.20	0.6	0.25~0.45	0.3	0.20	Ni:0.05 Pb:0.05,Sn:0.05	—	—
ASTM B179—2018	356.1 356	余量	6.5~7.5	0.50	0.25	0.35	0.20~0.45	0.35	0.25	—	0.05	0.15

（续）

标准号	牌号	Al	Si	Fe	Cu	Mn	Mg	Zn	Ti	Be等	其他≤	
			≤								单个	合计
EN 1676:2020(E)	EN AB-42000 EN AB-Al Si7Mg	余量	6.5~7.5	0.55	0.20	0.35	0.20~0.65	0.15	0.25	Ni:0.15 Pb:0.15,Sn:0.05	0.05	0.15
ISO 3522:2016(E)	Al Si7Mg	余量	6.5~7.5	0.55	0.20	0.35	0.20~0.65	0.15	0.05~0.25	Ni:0.15 Pb:0.15,Sn:0.05	0.05	0.15

表 3-264　356Z.2 牌号和化学成分（质量分数）对照　（%）

标准号	牌号	Al	Si	Fe	Cu	Mn	Mg	Zn	Ti	Ni等	其他≤	
			≤								单个	合计
GB/T 8733—2016	356Z.2	余量	6.5~7.5	0.12	0.10	0.05	0.30~0.50	0.05	0.08~0.20	Ni:0.05,Sn:0.01 Pb:0.05	0.05	0.15
ГОСТ 1583—1993	АК7ч	余量	6.0~8.0	—	0.20	0.5	0.25~0.45	0.30	—	Pb:0.05,Sn:0.01 Be:0.1,Te:0.5 Ti+Zr:0.15	杂质合计 1.0	
JIS H2211:2010	AC4C.2	余量	6.5~7.5	0.30	0.05	0.03	0.25~0.45	0.03	0.20	Ni:0.03 Pb:0.03,Sn:0.03	—	—
ASTM B179—2018	356.2 356	余量	6.5~7.5	0.13~0.25	0.10	0.05	0.30~0.45	0.05	0.20	—	0.05	0.15
EN 1676:2020(E)	EN AB-42100 EN AB-Al Si7Mg0.3	余量	6.5~7.5	0.19	0.05	0.10	0.25~0.45	0.07	0.25	—	0.03	0.10
ISO 3522:2016(E)	Al Si7Mg0.3	余量	6.5~7.5	0.19	0.05	0.10	0.25~0.45	0.07	0.08~0.25	—	0.03	0.10

表 3-265 356Z.3 牌号和化学成分（质量分数）对照 （%）

标准号	牌号	Al	Si	Fe	Cu	Mn	Mg	Zn	Ti	Pb 等	其他≤	
			≤								单个	合计
GB/T 8733—2016	356Z.3	余量	6.5~7.5	0.12	0.05	0.05	0.30~0.40	0.05	0.10~0.20	—	0.05	0.15
ГОСТ 1583—1993	АК7пч	余量	7.0~8.0	—	0.10	0.10	0.25~0.45	0.20	0.08	Pb:0.03, Zr:0.15 Sn:0.005, Be:0.1 B:0.1, Te:0.3	杂质合计 0.6	
JIS H2211:2010	AC4CH.1	余量	6.5~7.5	0.17	0.10	0.10	0.30~0.45	0.10	0.20	Ni:0.05, Cr:0.05 Pb:0.05, Sn:0.05	—	—
ASTM B179—2018	A356.1	余量	6.5~7.5	0.15	0.20	0.10	0.30~0.45	0.10	0.20	—	0.05	0.15
EN 1676:2020(E)	EN AB-42100 EN AB-Al Si7Mg0.3	余量	6.5~7.5	0.15	0.03	0.10	0.30~0.45	0.07	0.18	—	0.03	0.10
ISO 3522:2016(E)	Al Si7Mg0.3	余量	6.5~7.5	0.15	0.03	0.10	0.30~0.45	0.07	0.10~0.18	—	0.03	0.10

表 3-266 356Z.4 牌号和化学成分（质量分数）对照 （%）

标准号	牌号	Al	Si	Fe	Cu	Mn	Mg	Zn	Ti	Ca 等	其他≤	
			≤								单个	合计
GB/T 8733—2016	356Z.4	余量	6.8~7.3	0.10	0.02	0.02	0.30~0.40	0.10	0.10~0.15	Ca:0.003 Sr:0.020~0.035	0.05	0.15
JIS H2211:2010	AC4CH.2	余量	6.5~7.5	0.15	0.05	0.03	0.30~0.45	0.03	0.20	Ni:0.03, Cr:0.03 Pb:0.03, Sn:0.03	—	—
ASTM B179—2018	A356.2 A356	余量	6.5~7.5	0.12	0.10	0.05	0.30~0.45	0.05	0.20	—	0.05	0.15

（续）

标准号	牌号	Al	Si	Fe	Cu	Mn	Mg	Zn	Ti	Ca 等	其他≤	
							≤				单个	合计
EN 1676:2020(E)	EN AB-42100 EN AB-Al Si7Mg0.3	余量	6.5~7.5	0.15	0.03	0.10	0.30~0.45	0.07	0.18	—	0.03	0.10
ISO 3522:2016(E)	Al Si7Mg0.3	余量	6.5~7.5	0.15	0.03	0.10	0.30~0.45	0.07	0.10~0.18	—	0.03	0.10

表 3-267 356Z.5 牌号和化学成分（质量分数）对照 （%）

标准号	牌号	Al	Si	Fe	Cu	Mn	Mg	Zn	Ti	Ni 等	其他≤	
							≤				单个	合计
GB/T 8733—2016	356Z.5	余量	6.5~7.5	0.15	0.20	0.05	0.30~0.45	0.10	0.10~0.20	—	0.05	0.15
JIS H2211:2010	AC4CH.1	余量	6.5~7.5	0.17	0.10	0.10	0.30~0.45	0.10	0.20	Ni:0.05, Cr:0.05 Pb:0.05, Sn:0.05	—	—
ASTM B179—2018	B356.2	余量	6.5~7.5	0.06	0.03	0.03	0.30~0.45	0.03	0.04~0.20	—	0.03	0.10
EN 1676:2020(E)	EN AB-42000 EN AB-Al Si7Mg	余量	6.5~7.5	0.55	0.20	0.35	0.20~0.65	0.15	0.25	Ni:0.15 Pb:0.15, Sn:0.05	0.05	0.15
ISO 3522:2016(E)	Al Si7Mg	余量	6.5~7.5	0.55	0.20	0.35	0.20~0.65	0.15	0.05~0.25	Ni:0.15 Pb:0.15, Sn:0.05	0.05	0.15

表 3-268 356Z.6 牌号和化学成分（质量分数）对照 （%）

标准号	牌号	Al	Si	Fe	Cu	Mn	Mg	Zn	Ti	Ni 等	其他≤	
							≤				单个	合计
GB/T 8733—2016	356Z.6	余量	6.5~7.5	0.40	0.20	0.6	0.25~0.40	0.30	0.20	Ni:0.05 Pb:0.05, Sn:0.05	0.05	0.15

JIS H2211:2010	AC4C. 1	余量	6.5~7.5	0.4	0.20	0.6	0.25~0.45	0.3	0.20	Ni:0.05 Pb:0.05,Sn:0.05	—	—
ASTM B179—2018	356.1 356	余量	6.5~7.5	0.50	0.25	0.35	0.20~0.45	0.35	0.25	—	0.05	0.15
EN 1676:2020(E)	EN AB-42000 EN AB-Al Si7Mg	余量	6.5~7.5	0.45	0.15	0.35	0.25~0.65	0.15	0.20	Ni:0.15 Pb:0.15,Sn:0.05	0.05	0.15
ISO 3522:2016(E)	Al Si7Mg	余量	6.5~7.5	0.45	0.15	0.35	0.25~0.65	0.15	0.05~0.20	Ni:0.15 Pb:0.15,Sn:0.05	0.05	0.15

表 3-269 356Z.7 牌号和化学成分（质量分数）对照 （%）

标准号	牌号	Al	Si	Fe	Cu	Mn	Mg	Zn	Ti	Be 等	其他≤	
			≤								单个	合计
GB/T 8733—2016	356Z.7	余量	6.5~7.5	0.15	0.10	0.10	0.50~0.7	—	0.10~0.20	—	0.05	0.15
ГОСТ 1583—1993	АК8л	余量	6.5~8.5	—	0.3	0.10	0.40~0.60	0.30	0.1	Be:0.15~0.4 B:0.10,Zr:0.20 Te:0.5	杂质合计 0.9	
ASTM B179—2018	A357.2 A357	余量	6.5~7.5	0.12	0.10	0.05	0.45~0.7	0.05	0.04~0.20	Be:0.04~0.07	0.03	0.10
EN 1676:2020(E)	EN AB-42200 EN AB-Al Si7Mg0.6	余量	6.5~7.5	0.19	0.05	0.10	0.45~0.7	0.07	0.25	—	0.03	0.10
ISO 3522:2016(E)	Al Si7Mg0.6	余量	6.5~7.5	0.19	0.05	0.10	0.45~0.7	0.07	0.08~0.25	—	0.03	0.10

表 3-270　356Z.8 牌号和化学成分（质量分数）对照　（%）

标准号	牌号	Al	Si	Fe	Cu	Mn	Mg	Zn	Ti	Sn 等	其他≤	
			≤								单个	合计
GB/T 8733—2016	356Z.8	余量	6.5~8.5	0.50	0.30	0.10	0.40~0.6	0.30	0.10~0.30	Sn:0.01,B:0.10 Be:0.15~0.40 Pb:0.05,Zr:0.20	0.05	0.20
ГОСТ 1583—1993	АК8л	余量	6.5~8.5	—	0.3	0.10	0.40~0.60	0.30	0.1	Be:0.15~0.4 B:0.10,Zr:0.20 Te:0.5	杂质合计 0.9	
ASTM B179—2018	358.2 B358.2,Tens-50	余量	7.6~8.6	0.20	0.10	0.10	0.45~0.6	0.10	0.12~0.20	Be:0.15~0.30 Cr:0.05	0.05	0.15

表 3-271　356Z.9 牌号和化学成分（质量分数）对照　（%）

标准号	牌号	Al	Si	Fe	Cu	Mn	Mg	Zn	Ti	Cr 等	其他≤	
			≤								单个	合计
GB/T 8733—2016	356Z.9	余量	6.5~7.5	0.12	0.02	0.03	0.25~0.40	0.07	0.08~0.18	Cr:0.03,Ni:0.03 Sn:0.03,Pb:0.03 Sr:0.020~0.035 Na:0.003	0.05	0.15
ГОСТ 1583—1993	АК7ч	余量	6.0~8.0	—	0.20	0.5	0.25~0.45	0.30	—	Pb:0.05,Sn:0.01 Be:0.1,Te:0.5 Ti+Zr:0.15	杂质合计 1.0	
JIS H2211:2010	AC4CH.1	余量	6.5~7.5	0.17	0.10	0.10	0.30~0.45	0.10	0.20	Ni:0.05,Cr:0.05 Pb:0.05,Sn:0.05	—	—
ASTM B179—2018	F356.2	余量	6.5~7.5	0.12	0.10	0.05	0.17~0.25	0.05	0.04~0.20	—	0.05	0.15

EN 1676:2020(E)	EN AB-42100 EN AB-Al Si7Mg0.3	余量	6.5~7.5	0.19	0.05	0.10	0.25~0.45	0.07	0.25	—	0.03	0.10
ISO 3522:2016(E)	Al Si7Mg0.3	余量	6.5~7.5	0.19	0.05	0.10	0.25~0.45	0.07	0.08~0.25	—	0.03	0.10

表 3-272 356A.1 牌号和化学成分（质量分数）对照 （%）

标准号	牌号	Al	Si	Fe	Cu	Mn	Mg	Zn	Ti	Pb 等	其他≤	
				≤							单个	合计
GB/T 8733—2016	356A.1	余量	6.5~7.5	0.15	0.20	0.10	0.30~0.45	0.10	0.20	—	0.05	0.15
ГОСТ 1583—1993	АК7ч	余量	6.0~8.0	—	0.20	0.5	0.25~0.45	0.30	—	Pb:0.05,Sn:0.01 Be:0.1,Te:0.5 (Ti+Zr):0.15	杂质合计 1.0	
JIS H2211:2010	AC4CH.1	余量	6.5~7.5	0.17	0.10	0.10	0.30~0.45	0.10	0.20	Ni:0.05,Cr:0.05 Pb:0.05,Sn:0.05	—	—
ASTM B179—2018	A356.1	余量	6.5~7.5	0.15	0.20	0.10	0.30~0.45	0.10	0.20	—	0.05	0.15
EN 1676:2020(E)	EN AB-42100 EN AB-Al Si7Mg0.3	余量	6.5~7.5	0.15	0.03	0.10	0.30~0.45	0.07	0.18	—	0.03	0.10
ISO 3522:2016(E)	Al Si7Mg0.3	余量	6.5~7.5	0.15	0.03	0.10	0.30~0.45	0.07	0.10~0.18	—	0.03	0.10

表 3-273　356A. 2 牌号和化学成分（质量分数）对照　（%）

标准号	牌号	Al	Si	Fe	Cu	Mn	Mg	Zn	Ti	Pb 等	其他≤	
			≤								单个	合计
GB/T 8733—2016	356A. 2	余量	6. 5~7. 5	0. 12	0. 10	0. 05	0. 30~0. 45	0. 05	0. 20	—	0. 05	0. 15
ГОСТ 1583—1993	АК7пч	余量	7. 0~8. 0	—	0. 10	0. 10	0. 25~0. 45	0. 20	0. 08	Pb:0. 03, Zr:0. 15 Sn:0. 005, Be:0. 1 B:0. 1, Te:0. 3	杂质合计 0. 6	
JIS H2211:2010	AC4CH. 1	余量	6. 5~7. 5	0. 17	0. 10	0. 10	0. 30~0. 45	0. 10	0. 20	Ni:0. 05, Cr:0. 05 Pb:0. 05, Sn:0. 05	—	—
ASTM B179—2018	A356. 2 A356	余量	6. 5~7. 5	0. 12	0. 10	0. 05	0. 30~0. 45	0. 05	0. 20	—	0. 05	0. 15
EN 1676:2020(E)	EN AB-42100 EN AB-Al Si7Mg0. 3	余量	6. 5~7. 5	0. 19	0. 05	0. 10	0. 25~0. 45	0. 07	0. 25	—	0. 03	0. 10
ISO 3522:2016(E)	Al Si7Mg0. 3	余量	6. 5~7. 5	0. 19	0. 05	0. 10	0. 25~0. 45	0. 07	0. 08~0. 25	—	0. 03	0. 10

表 3-274　356C. 2 牌号和化学成分（质量分数）对照　（%）

标准号	牌号	Al	Si	Fe	Cu	Mn	Mg	Zn	Ti	Sn 等	其他≤	
			≤								单个	合计
GB/T 8733—2016	356C. 2	余量	6. 5~7. 5	0. 08	0. 03	0. 05	0. 35~0. 45	0. 05	0. 10~0. 18	Sn:0. 01 Pb:0. 03, Zr:0. 09	0. 03	0. 15
JIS H2211:2010	AC4CH. 2	余量	6. 5~7. 5	0. 15	0. 05	0. 03	0. 30~0. 45	0. 03	0. 20	Ni:0. 03, Cr:0. 03 Pb:0. 03, Sn:0. 03	—	—
ASTM B179—2018	C356. 2	余量	6. 5~7. 5	0. 04	0. 03	0. 03	0. 30~0. 45	0. 03	0. 04~0. 20	—	0. 03	0. 10

EN 1676:2020(E)	EN AB-42100 EN AB-Al Si7Mg0.3	余量	6.5~7.5	0.15	0.03	0.10	0.30~0.45	0.07	0.18	—	0.03	0.10
ISO 3522:2016(E)	Al Si7Mg0.3	余量	6.5~7.5	0.15	0.03	0.10	0.30~0.45	0.07	0.10~0.18	—	0.03	0.10

表 3-275　360Z.1 牌号和化学成分（质量分数）对照　（%）

标准号	牌号	Al	Si	Fe	Cu	Mn	Mg	Zn	Ti	Ni 等	其他≤	
			≤								单个	合计
GB/T 8733—2016	360Z.1	余量	9.0~11.0	0.40	0.03	0.45	0.25~0.45	0.10	0.15	Ni:0.05,Sn:0.05 Pb:0.05	0.05	0.15
EN 1676:2020(E)	EN AB-43000 EN AB-Al Si10Mg	余量	9.0~11.0	0.40	0.03	0.45	0.25~0.45	0.10	0.15	Ni:0.05,Sn:0.05 Pb:0.05	0.05	0.15
ISO 3522:2016(E)	Al Si10Mg	余量	9.0~11.0	0.55	0.10	0.45	0.20~0.45	0.10	0.15	Ni:0.05,Sn:0.05 Pb:0.05	0.05	0.15
ГОСТ 1583—1993	АК9пч	余量	9~10.5	—	0.10	0.2~0.35	0.25~0.35	0.30	0.08	Sn:0.005,B:0.1 Pb:0.03,Zr:0.15 Be:0.1,Te:0.3	杂质合计 0.6	
JIS H2211:2010	AC4A.1	余量	8.0~10.0	0.40	0.25	0.30~0.6	0.35~0.6	0.25	0.20	Ni:0.10,Cr:0.15 Sn:0.05,Pb:0.10	—	—
ASTM B179—2018	A360.2 A360	余量	9.0~10.0	0.6	0.10	0.05	0.45~0.6	0.05	—	—	0.05	0.15

表 3-276　360Z. 2 牌号和化学成分（质量分数）对照　（%）

标准号	牌号	Al	Si	Fe	Cu	Mn	Mg	Zn	Ti	Ni 等	其他≤ 单个	其他≤ 合计
			≤									
GB/T 8733—2016	360Z. 2	余量	9. 0~11. 0	0. 45	0. 08	0. 45	0. 25~0. 45	0. 10	0. 15	Ni:0. 05,Sn:0. 05 Pb:0. 05	0. 05	0. 15
ISO 3522:2016(E)	Al Si10Mg	余量	9. 0~11. 0	0. 45	0. 08	0. 45	0. 25~0. 45	0. 10	0. 15	Ni:0. 05,Sn:0. 05 Pb:0. 05	0. 05	0. 15
EN 1676:2020(E)	EN AB-43000 EN AB-Al Si10Mg	余量	9. 0~11. 0	0. 55	0. 05	0. 45	0. 20~0. 45	0. 10	0. 15	Ni:0. 05,Sn:0. 05 Pb:0. 05	0. 05	0. 15
ГОСТ 1583—1993	AK9c	余量	8~10. 5	—	0. 5	0. 2~0. 5	0. 2~0. 35	0. 3	—	Ni:0. 1,Pb:0. 05 Sn:0. 01,Te:0. 7	杂质合计 1. 35	
ASTM B179—2018	A360. 1 360	余量	9. 0~10. 0	1. 0	0. 6	0. 35	0. 45~0. 6	0. 40	—	Ni:0. 50,Sn:0. 15	—	0. 25

表 3-277　360Z. 3 牌号和化学成分（质量分数）对照　（%）

标准号	牌号	Al	Si	Fe	Cu	Mn	Mg	Zn	Ti	Ni 等	其他≤ 单个	其他≤ 合计
			≤									
GB/T 8733—2016	360Z. 3	余量	9. 0~11. 0	0. 55	0. 30	0. 55	0. 25~0. 45	0. 35	0. 15	Ni:0. 15,Pb:0. 10	0. 05	0. 15
EN 1676:2020(E)	EN AB-43200 EN AB-Al Si10Mg(Cu)	余量	9. 0~11. 0	0. 55	0. 30	0. 55	0. 25~0. 45	0. 35	0. 15	Ni:0. 15,Pb:0. 10	0. 05	0. 15
ISO 3522:2016(E)	Al Si10Mg(Cu)											
ГОСТ 1583—1993	AK9c	余量	8~10. 5	—	0. 5	0. 2~0. 5	0. 2~0. 35	0. 3	—	Ni:0. 1,Pb:0. 05 Sn:0. 01,Te:0. 7	杂质合计 1. 35	

ASTM B179—2018	361.1	余量	9.5~10.5	0.8	0.50	0.25	0.45~0.6	0.40	0.20	Cr:0.20~0.30 Ni:0.20~0.30 Sn:0.10	0.05	0.15

表 3-278 360Z.4 牌号和化学成分（质量分数）对照 （%）

标准号	牌号	Al	Si	Fe	Cu	Mn	Mg	Zn	Ti	—	其他≤	
			≤								单个	合计
GB/T 8733—2016	360Z.4	余量	9.0~11.0	0.45~0.9	0.08	0.55	0.25~0.50	0.15	0.15	Ni:0.15,Sn:0.05 Pb:0.15	0.05	0.15
EN 1676:2020(E)	EN AB-43400 EN AB-Al Si10Mg(Fe)	余量	9.0~11.0	0.45~0.9	0.08	0.55	0.25~0.50	0.15	0.15	Ni:0.15,Sn:0.05 Pb:0.15	0.05	0.15
ISO 3522:2016(E)	Al Si10Mg(Fe)											
ASTM B179—2018	360.2 360	余量	9.0~10.0	0.7~1.1	0.10	0.10	0.45~0.6	0.10	—	Ni:0.10,Sn:0.10	—	0.20

表 3-279 360Z.5 牌号和化学成分（质量分数）对照 （%）

标准号	牌号	Al	Si	Fe	Cu	Mn	Mg	Zn	Ti	Sn 等	其他≤	
			≤								单个	合计
GB/T 8733—2016	360Z.5	余量	9.0~10.0	0.15	0.03	0.10	0.30~0.45	0.07	0.15	—	0.03	0.10
ISO 3522:2016(E)	Al Si9Mg	余量	9.0~10.0	0.15	0.03	0.10	0.30~0.45	0.07	0.15	—	0.03	0.10

（续）

标准号	牌号	Al	Si	Fe	Cu	Mn	Mg	Zn	Ti	Sn等	其他≤	
			≤								单个	合计
EN 1676:2020(E)	EN AB-43300 EN AB-Al Si9Mg	余量	9.0~10.0	0.15	0.03	0.10	0.25~0.45	0.07	0.15	—	0.03	0.10
ГОСТ 1583—1993	AK9пч	余量	9~10.5	—	0.10	0.2~0.35	0.25~0.35	0.30	0.08	Sn:0.005,B:0.1 Pb:0.03,Zr:0.15 Be:0.1,Te:0.3	杂质合计 0.6	

表 3-280　360Z.6 牌号和化学成分（质量分数）对照　（%）

标准号	牌号	Al	Si	Fe	Cu	Mn	Mg	Zn	Ti	Pb等	其他≤	
			≤								单个	合计
GB/T 8733—2016	360Z.6 (ZLD104)	余量	8.0~10.5	0.45	0.10	0.20~0.50	0.20~0.35	0.25	—	Pb:0.05,Sn:0.01 Ti+Zr:0.15	0.05	0.20
ГОСТ 1583—1993	AK9ч	余量	8~10.5	—	0.3	0.2~0.5	0.2~0.35	0.3	Be:0.10	Zr+Ti:0.12 Ni:0.10,Pb:0.03 Sn:0.008,Te:0.5	杂质合计 1.1	
JIS H2211:2010	AC4A.2	余量	8.0~10.0	0.30	0.05	0.30~0.6	0.35~0.6	0.03	0.03	Ni:0.03,Cr:0.03 Sn:0.03,Pb:0.03	—	—
EN 1676:2020(E)	EN AB-43300 EN AB-Al Si9Mg	余量	9.0~10.0	0.19	0.05	0.10	0.20~0.45	0.07	0.15	—	0.03	0.10
ISO 3522:2016(E)	Al Si9Mg	余量	9.0~10.0	0.19	0.05	0.10	0.25~0.45	0.07	0.15	—	0.03	0.10

表 3-281　360Y.6 牌号和化学成分（质量分数）对照　（%）

标准号	牌号	Al	Si	Fe	Cu	Mn	Mg	Zn	Ti	Pb等	其他≤	
			≤								单个	合计
GB/T 8733—2016	360Y.6	余量	8.0~10.5	0.8	0.30	0.20~0.50	0.20~0.35	0.10	—	Pb:0.05,Sn:0.01 Ti+Zr:0.15	0.05	0.20

ГОСТ 1583—1993	AK9c	余量	8~10.5	—	0.5	0.2~0.5	0.2~0.35	0.3	Sn:0.01	Ni:0.1,Pb:0.05 Te:0.7	杂质合计 1.35	
EN 1676:2020(E)	EN AB-43200 EN AB-Al Si10Mg(Cu)	余量	9.0~11.0	0.65	0.35	0.55	0.20~0.45	0.35	0.20	Ni:0.15,Pb:0.10	0.05	0.15
ISO 3522:2016(E)	Al Si10Mg(Cu)											

表 3-282 360A.1 牌号和化学成分（质量分数）对照 （%）

标准号	牌号	Al	Si	Fe	Cu	Mn	Mg	Zn	Ti	Ni 等	其他[①] ≤	
			≤								单个	合计
GB/T 8733—2016	360A.1	余量	9.0~10.0	1.0	0.6	0.35	0.45~0.6	0.40	—	Ni:0.50,Sn:0.15	—	0.25
ASTM B179—2018	A360.1 A360	余量	9.0~10.0	1.0	0.6	0.35	0.45~0.6	0.40	—	Ni:0.50,Sn:0.15	—	0.25
ГОСТ 1583—1993	AK10Cy	余量	9~11	—	1.8	0.3~0.6	0.15~0.55	1.8	—	Ni:0.5,Te:1.1 Sb:0.1~0.25	杂质合计 4.6	

①“其他”一栏系指表中未列出或未规定具体数值的金属元素。

表 3-283 380A.1 牌号和化学成分（质量分数）对照 （%）

标准号	牌号	Al	Si	Fe	Cu	Mn	Mg	Zn	Ti	Ni 等	其他 ≤	
			≤								单个	合计
GB/T 8733—2016	380A.1	余量	7.5~9.5	1.0	3.0~4.0	0.50	0.10	2.9	—	Ni:0.50,Sn:0.35	—	0.50

（续）

标准号	牌号	Al	Si	Fe	Cu	Mn	Mg	Zn	Ti	Ni 等	其他≤	
			≤								单个	合计
ASTM B179—2018	A380.1 A380	余量	7.5~9.5	1.0	3.0~4.0	0.50	0.10	2.9	—	Ni:0.50,Sn:0.35	—	0.50
ГОСТ 1583—1993	АК8М3	余量	7.5~10	—	2.0~4.5	0.5	0.45	1.2	—	Ni:0.5,Te:1.3 Pb+Sn:0.3	杂质合计 4.1	
JIS H2211:2010	AC8C.1	余量	8.5~10.5	0.8	2.0~4.0	0.50	0.6~1.5	0.50	0.20	Ni:0.50,Cr:0.10 Sn:0.10,Pb:0.10	—	—
EN 1676:2020(E)	EN AB-46200 EN AB-Al Si8Cu3	余量	7.5~9.5	0.8	2.0~3.5	0.15~0.65	0.05~0.55	1.2	0.25	Ni:0.35,Sn:0.15 Pb:0.25	0.05	0.25
ISO 3522:2016(E)	Al Si8Cu3											

表 3-284 380A.2 牌号和化学成分（质量分数）对照 （%）

标准号	牌号	Al	Si	Fe	Cu	Mn	Mg	Zn	Ti	Ni 等	其他≤	
			≤								单个	合计
GB/T 8733—2016	380A.2	余量	7.5~9.5	0.6	3.0~4.0	0.10	0.10	0.10	—	Ni:0.10	0.05	0.15
ASTM B179—2018	A380.2 A380	余量	7.5~9.5	0.6	3.0~4.0	0.10	0.10	0.10	—	Ni:0.10	0.05	0.15
JIS H2211:2010	AC8C.2	余量	8.5~10.5	0.40	2.0~4.0	0.03	0.6~1.5	0.03	0.20	Ni:0.03,Cr:0.03 Sn:0.03,Pb:0.03	—	—
EN 1676:2020(E)	EN AB-46200 EN AB-Al Si8Cu3	余量	7.5~9.5	0.7	2.0~3.5	0.15~0.65	0.15~0.55	1.2	0.20	Ni:0.35,Sn:0.15 Pb:0.25	0.05	0.25
ISO 3522:2016(E)	Al Si8Cu3											

表 3-285 380Y.1 牌号和化学成分（质量分数）对照 （%）

标准号	牌号	Al	Si	Fe	Cu	Mn	Mg	Zn	Ti	Ni 等	其他≤	
			≤								单个	合计
GB/T 8733—2016	380Y.1	余量	7.5~9.5	0.9	2.5~4.0	0.6	0.30	1.0	0.20	Ni:0.50,Sn:0.20 Pb:0.30	0.05	0.20
ГОСТ 1583—1993	AK8M3	余量	7.5~10	—	2.0~4.5	0.5	0.45	1.2	—	Ni:0.5,Te:1.3 Pb+Sn:0.3	杂质合计 4.1	
ASTM B179—2018	B380.1 A380	余量	7.5~9.5	1.0	3.0~4.0	0.50	0.10	0.9	—	Ni:0.50,Sn:0.35	—	0.50
EN 1676:2020(E)	EN AB-46200 EN AB-Al Si8Cu3	余量	7.5~9.5	0.8	2.0~3.5	0.15~0.65	0.05~0.55	1.2	0.25	Ni:0.35,Sn:0.15 Pb:0.25	0.05	0.25
ISO 3522:2016(E)	Al Si8Cu3											

表 3-286 380Y.2 牌号和化学成分（质量分数）对照 （%）

标准号	牌号	Al	Si	Fe	Cu	Mn	Mg	Zn	Ti	Ni 等	其他≤	
			≤								单个	合计
GB/T 8733—2016	380Y.2	余量	7.5~9.5	0.9	2.0~4.0	0.50	0.30	1.0	—	Ni:0.50,Sn:0.20	—	0.20
ГОСТ 1583—1993	AK8M3	余量	7.5~10	—	2.0~4.5	0.5	0.45	1.2	—	Ni:0.5,Te:1.3 Pb+Sn:0.3	杂质合计 4.1	
ASTM B179—2018	B380.1 A380	余量	7.5~9.5	1.0	3.0~4.0	0.50	0.10	0.9	—	Ni:0.50,Sn:0.35	—	0.50
EN 1676:2020(E)	EN AB-46200 EN AB-Al Si8Cu3	余量	7.5~9.5	0.8	2.0~3.5	0.15~0.65	0.05~0.55	1.2	0.25	Ni:0.35,Sn:0.15 Pb:0.25	0.05	0.25
ISO 3522:2016(E)	Al Si8Cu3											

表 3-287 383Z.1 牌号和化学成分（质量分数）对照 （%）

标准号	牌号	Al	Si	Fe	Cu	Mn	Mg	Zn	Ti	Ni 等	其他≤	
			≤								单个	合计
GB/T 8733—2016	383Z.1	余量	9.5~11.5	0.6~1.0	2.0~3.0	0.50	0.10	2.9	—	Ni:0.30,Sn:0.15	—	0.50
ГОСТ 1583—1993	AK8M3	余量	7.5~10	—	2.0~4.5	0.5	0.45	1.2	—	Ni:0.5,Te:1.3 Pb+Sn:0.3	杂质合计 4.1	
ASTM B179—2018	383.1	余量	9.5~11.5	1.0	2.0~3.0	0.50	0.10	2.9	—	Ni:0.30,Sn:0.15	—	0.50
EN 1676:2020(E)	EN AB-46500 EN AB-Al Si9Cu3(Fe)(Zn)	余量	8.0~11.0	0.6~1.2	2.0~4.0	0.55	0.15~0.55	3.0	0.20	Ni:0.55,Cr:0.15 Pb:0.29,Sn:0.15	0.05	0.25
ISO 3522:2016(E)	Al Si9Cu3(Fe)(Zn)	余量	8.0~11.0	0.6~1.2	2.0~4.0	0.55	0.15~0.55	3.0	0.20	Ni:0.55,Cr:0.15 Pb:0.35,Sn:0.25	0.05	0.25

表 3-288 383Z.2 牌号和化学成分（质量分数）对照 （%）

标准号	牌号	Al	Si	Fe	Cu	Mn	Mg	Zn	Ti	Ni 等	其他≤	
			≤								单个	合计
GB/T 8733—2016	383Z.2	余量	9.5~11.5	0.6~1.0	2.0~3.0	0.10	0.10	0.10	—	Ni:0.10,Sn:0.10	—	0.20
ASTM B179—2018	383.2	余量	9.5~11.5	0.6~1.0	2.0~3.0	0.10	0.10	0.10	—	Ni:0.10,Sn:0.10	—	0.20
ГОСТ 1583—1993	AK8M3	余量	7.5~10	—	2.0~4.5	0.5	0.45	1.2	—	Ni:0.5,Te:1.3 Pb+Sn:0.3	杂质合计 4.1	
EN 1676:2020(E)	EN AB-46000 EN AB-Al Si9Cu3(Fe)	余量	8.0~11.0	0.6~1.1	2.0~4.0	0.55	0.15~0.55	1.2	0.20	Ni:0.55,Cr:0.15 Pb:0.29,Sn:0.15	0.05	0.25

ISO 3522:2016(E)	Al Si9Cu3(Fe)	余量	8.0~11.0	0.6~1.1	2.0~4.0	0.55	0.15~0.55	1.2	0.20	Ni:0.55, Cr:0.15 Pb:0.35, Sn:0.25	0.05	0.25

表 3-289 383Y.1 牌号和化学成分（质量分数）对照 （%）

标准号	牌号	Al	Si	Fe	Cu	Mn	Mg	Zn	Ti	Ni 等	其他≤	
			≤								单个	合计
GB/T 8733—2016	383Y.1	余量	9.6~12.0	0.9	1.5~3.5	0.50	0.30	3.0	—	Ni:0.50, Sn:0.20	—	0.20
ASTM B179—2018	A383.1	余量	9.5~11.5	1.0	2.0~3.0	0.50	0.15~0.30	2.9	—	Ni:0.30, Sn:0.15	—	0.50
EN 1676:2020(E)	EN AB-46100 EN AB-Al Si11Cu2(Fe)	余量	10.0~12.0	1.1	1.5~2.5	0.55	0.30	1.7	0.25	Ni:0.45, Cr:0.15 Pb:0.25, Sn:0.15	0.05	0.25
ISO 3522:2016(E)	Al Si11Cu3(Fe)	余量	9.6~12.0	1.3	1.5~3.5	0.60	0.35	1.7	0.25	Ni:0.45, Sn:0.25 Pb:0.25	—	—

表 3-290 383Y.2 牌号和化学成分（质量分数）对照 （%）

标准号	牌号	Al	Si	Fe	Cu	Mn	Mg	Zn	Ti	Ni 等	其他≤	
			≤								单个	合计
GB/T 8733—2016	383Y.2	余量	9.6~12.0	0.9	2.0~3.5	0.50	0.30	0.8	—	Ni:0.50, Sn:0.20	0.05	0.30
ASTM B179—2018	A384.1 384	余量	10.5~12.0	1.0	3.0~4.5	0.50	0.10	0.9	—	Ni:0.50, Sn:0.35	—	0.50

（续）

标准号	牌号	Al	Si	Fe	Cu	Mn	Mg	Zn	Ti	Ni 等	其他≤	
			≤								单个	合计
EN 1676:2020(E)	EN AB-46100 EN AB-Al Si11Cu2(Fe)	余量	10.0~12.0	0.45~1.0	1.5~2.5	0.55	0.30	1.7	0.20	Ni:0.45,Cr:0.15 Pb:0.25,Sn:0.15	0.05	0.25
ISO 3522:2016(E)	Al Si11Cu3(Fe)	余量	9.6~12.0	1.3	1.5~3.5	0.60	0.35	1.7	0.25	Ni:0.45,Sn:0.25 Pb:0.25	—	—

表 3-291　383Y.2 牌号和化学成分（质量分数）对照　（%）

标准号	牌号	Al	Si	Fe	Cu	Mn	Mg	Zn	Ti	Ni 等	其他≤	
			≤								单个	合计
GB/T 8733—2016	383Y.3	余量	9.6~12.0	0.9	1.5~3.5	0.50	0.30	1.0	—	Ni:0.50,Sn:0.20	—	0.20
EN 1676:2020(E)	EN AB-46100 EN AB-Al Si11Cu2(Fe)	余量	10.0~12.0	1.1	1.5~2.5	0.55	0.30	1.7	0.25	Ni:0.45,Cr:0.15 Pb:0.25,Sn:0.15	0.05	0.25
ISO 3522:2016(E)	Al Si11Cu3(Fe)	余量	9.6~12.0	1.3	1.5~3.5	0.60	0.35	1.7	0.25	Ni:0.45,Sn:0.25, Pb:0.25	—	—

表 3-292　390Y.1 牌号和化学成分（质量分数）对照　（%）

标准号	牌号	Al	Si	Fe	Cu	Mn	Mg	Zn	Ti	Ni 等	其他≤	
			≤								单个	合计
GB/T 8733—2016	390Y.1	余量	16.0~18.0	0.9	4.0~5.0	0.50	0.50~0.7	1.5	—	Ni:0.30,Sn:0.30	0.05	0.20
ASTM B179—2018	B390.1	余量	16.0~18.0	1.0	4.0~5.0	0.50	0.50~0.65	1.4	0.20	Ni:0.10	0.10	0.20

EN 1676:2020(E)	EN AB-48100 EN AB-Al Si17Cu4Mg	余量	16.0~18.0	1.0	4.0~5.0	0.50	0.45~0.65	1.5	0.20	Ni:0.3,Sn:0.15	0.05	0.25
ISO 3522:2016(E)	Al Si17Cu4Mg	余量	16.0~18.0	1.0	4.0~5.0	0.50	0.45~0.65	1.5	—	Ni:0.3,Sn:0.3	—	—

表 3-293 398Z.1 牌号和化学成分（质量分数）对照 （%）

标准号	牌号	Al	Si	Fe	Cu	Mn	Mg	Zn	Ti	Pb 等	其他≤	
			≤								单个	合计
GB/T 8733—2016	398Z.1	余量	19.0~22.0	0.50	1.0~2.0	0.30~0.50	0.50~0.8	0.10	0.20	Pb:0.05,Sn:0.01 RE:0.6~1.5 Zr:0.10	0.05	0.20
ГОСТ 1583—1993	AK21M2.5H2.5	余量	20~22	Te:0.5	2.2~3.0	0.2~0.4	0.3~0.6	0.2	0.1~0.3	Ni:2.2~2.8 Cr:0.2~0.4 Pb:0.05,Sn:0.01	杂质合计 0.7	
JIS H2211:2010	AC9B.1	余量	18~20	0.7	0.50~1.5	0.50	0.6~1.5	0.20	<0.20	Ni:0.50~1.5 Cr:0.10,Pb:0.10 Sn:0.10	—	—
ASTM B179—2018	392.1 392	余量	18.0~20.0	1.1	0.40~0.8	0.20~0.6	0.9~1.2	0.40	0.20	Ni:0.50,Sn:0.30	0.15	0.50

表 3-294 411Z.1 牌号和化学成分（质量分数）对照 （%）

标准号	牌号	Al	Si	Fe	Cu	Mn	Mg	Zn	Ti	其他≤	
			≤							单个	合计
GB/T 8733—2016	411Z.1	余量	10.0~11.8	0.15	0.03	0.10	0.45	0.07	0.15	0.03	0.10

（续）

标准号	牌号（原合金代号）	Al	Si	Fe	Cu	Mn	Mg	Zn	Ti	其他≤	
			≤							单个	合计
EN 1676:2020(E)	EN AB-44000 EN AB-Al Si11	余量	10. 0~11. 8	0. 15	0. 03	0. 10	0. 45	0. 07	0. 15	0. 03	0. 10
ISO 3522:2016(E)	Al Si11										
美国 2006 年前注册国际牌号	411. 2	余量	10. 0~12. 0	0. 6~1. 3	0. 20	0. 10	—	0. 10	—	0. 10	0. 20

表 3-295　411Z. 2 牌号和化学成分（质量分数）对照　（%）

标准号	牌号	Al	Si	Fe	Cu	Mn	Mg	Zn	Ti	Ni 等	其他≤	
			≤								单个	合计
GB/T 8733—2016	411Z. 2	余量	8. 0~11. 0	0. 55	0. 08	0. 50	0. 10	0. 15	0. 15	Ni:0. 05, Sn:0. 05 Pb:0. 05	0. 05	0. 15
EN 1676:2020(E)	EN AB-44400 EN AB-Al Si9	余量	8. 0~11. 0	0. 55	0. 08	0. 50	0. 10	0. 15	0. 15	Ni:0. 05, Sn:0. 05 Pb:0. 05	0. 05	0. 15
ISO 3522:2016(E)	Al Si9											
美国 2006 年前注册国际牌号	409. 2	余量	9. 0~10. 0	0. 6~1. 3	0. 10	0. 10	—	0. 10	—	—	0. 10	0. 20

表 3-296　413Z. 1 牌号和化学成分（质量分数）对照　（%）

标准号	牌号	Al	Si	Fe	Cu	Mn	Mg	Zn	Ti	Zr 等	其他≤	
			≤								单个	合计
GB/T 8733—2016	413Z. 1	余量	10. 0~13. 0	0. 6	0. 30	0. 50	0. 10	0. 10	0. 20	—	0. 05	0. 20
ГОСТ 1583—1993	AK12	余量	10~13	—	0. 60	0. 5	0. 10	0. 30	0. 10	Zr:0. 10, Te:0. 7	杂质合计 2. 1	

JIS H2211:2010	AC3A. 1	余量	10. 0~13. 0	0. 7	0. 25	0. 35	0. 15	0. 30	0. 20	Ni:0. 10, Cr:0. 15 Sn:0. 10, Pb:0. 10	—	—
ASTM B179—2018	B413. 1	余量	11. 0~13. 0	0. 40	0. 10	0. 35	0. 05	0. 10	0. 25	Ni:0. 05	0. 05	0. 20
EN 1676:2020(E)	EN AB-44200 EN AB-Al Si12(a)	余量	10. 5~13. 5	0. 55	0. 05	0. 35	—	0. 10	0. 15	—	0. 05	0. 15
ISO 3522:2016(E)	Al Si12(a)											

表 3-297 413Z. 2 牌号和化学成分（质量分数）对照 （%）

标准号	牌号	Al	Si	Fe	Cu	Mn	Mg	Zn	Ti	Ni 等	其他≤	
			≤								单个	合计
GB/T 8733—2016	413Z. 2	余量	10. 5~13. 5	0. 55	0. 10	0. 55	0. 10	0. 15	0. 15	Ni:0. 10, Pb:0. 10	0. 05	0. 15
EN 1676:2020(E)	EN AB-44100 EN AB-Al Si12(b)	余量	10. 5~13. 5	0. 55	0. 10	0. 55	0. 10	0. 15	0. 15	Ni:0. 10, Pb:0. 10	0. 05	0. 15
ISO 3522:2016(E)	Al Si12(b)											
ГОСТ 1583—1993	AK13	余量	11. 0~13. 5	—	0. 10	0. 01~0. 5	0. 01~0. 2	0. 15	0. 20	Te:0. 9	杂质合计 1. 35	
ASTM B179—2018	A413. 2 A13	余量	11. 0~13. 0	0. 6	0. 10	0. 05	0. 05	0. 05	—	Ni:0. 05, Sn:0. 05	—	0. 10

表 3-298 413Z. 3 牌号和化学成分（质量分数）对照 （%）

标准号	牌号	Al	Si	Fe	Cu	Mn	Mg	Zn	Ti	Ni 等	其他≤	
			≤								单个	合计
GB/T 8733—2016	413Z. 3	余量	10. 5~13. 5	0. 40	0. 03	0. 35	—	0. 10	0. 15	—	0. 05	0. 15

（续）

标准号	牌号	Al	Si	Fe	Cu	Mn	Mg	Zn	Ti	Ni 等	其他≤	
			≤								单个	合计
EN 1676:2020(E)	EN AB-44200 EN AB-Al Si12(a)	余量	10.5~13.5	0.40	0.03	0.35	—	0.10	0.15	—	0.05	0.15
ISO 3522:2016(E)	Al Si12(a)											
JIS H2211:2010	AC3A.2	余量	10.0~13.0	0.30	0.05	0.03	0.03	0.03	0.03	Ni:0.03, Cr:0.03 Sn:0.03, Pb:0.03	—	—

表 3-299　413Z.4 牌号和化学成分（质量分数）对照　（%）

标准号	牌号	Al	Si	Fe	Cu	Mn	Mg	Zn	Ti	Ni 等	其他≤	
			≤								单个	合计
GB/T 8733—2016	413Z.4	余量	10.5~13.5	0.45~0.9	0.08	0.55	—	0.15	0.15	—	0.05	0.25
EN 1676:2020(E)	EN AB-44300 EN AB-Al Si12(Fe)(a)	余量	10.5~13.5	0.45~0.9	0.08	0.55	—	0.15	0.15	—	0.05	0.25
ISO 3522:2016(E)	Al Si12(Fe)											
JIS H2211—2010	AC3A.1	余量	10.0~13.0	0.7	0.25	0.35	0.15	0.30	0.20	Ni:0.10, Cr:0.15 Sn:0.10, Pb:0.10	—	—
ASTM B179—2018	413.2 13	余量	11.0~13.0	0.7~1.1	0.10	0.10	0.07	0.10	—	Ni:0.10, Sn:0.10	—	0.20

表 3-300　413Z.5 牌号和化学成分（质量分数）对照　（%）

标准号	牌号	Al	Si	Fe	Cu	Mn	Mg	Zn	Ti	Ca 等	其他≤	
			≤								单个	合计
GB/T 8733—2016	413Z.5	余量	10.5~13.0	0.35	0.02	0.02	0.02	0.02	0.20	Ca:0.007	0.05	0.15

JIS H2211:2010	AC3A. 2	余量	10. 0~13. 0	0. 30	0. 05	0. 03	0. 03	0. 03	0. 03	Ni:0. 03, Cr:0. 03 Sn:0. 03, Pb:0. 03	—	—

表 3-301　413Y. 1 牌号和化学成分（质量分数）对照　（%）

标准号	牌号	Al	Si	Fe	Cu	Mn	Mg	Zn	Ti	Zr 等	其他≤	
			≤								单个	合计
GB/T 8733—2016	413Y. 1 （YLD102）	余量	10. 0~13. 0	0. 9	0. 30	0. 40	0. 25	0. 10	—	Zr:0. 10	0. 05	0. 20
JIS H2211:2010	AC3A. 1	余量	10. 0~13. 0	0. 7	0. 25	0. 35	0. 15	0. 30	0. 20	Ni:0. 10, Cr:0. 15 Sn:0. 10, Pb:0. 10	—	—
ASTM B179—2018	B413. 1	余量	11. 0~13. 0	0. 40	0. 10	0. 35	0. 05	0. 10	0. 25	Ni:0. 05	0. 05	0. 20

表 3-302　413Y. 2 牌号和化学成分（质量分数）对照　（%）

标准号	牌号	Al	Si	Fe	Cu	Mn	Mg	Zn	Ti	Ni 等	其他≤	
			≤								单个	合计
GB/T 8733—2016	413Y. 2	余量	11. 0~13. 0	0. 9	1. 0	0. 30	0. 30	0. 50	—	Ni:0. 50, Sn:0. 10	0. 05	0. 30
ASTM B179—2018	A413. 1 A13	余量	11. 0~13. 0	1. 0	1. 0	0. 35	0. 10	0. 40	—	Ni:0. 50, Sn:0. 15	—	0. 25
EN 1676:2020(E)	EN AB-47000 EN AB-Al Si12(Cu)	余量	10. 5~13. 5	0. 8	1. 0	0. 05~0. 55	0. 35	0. 55	0. 20	Ni:0. 30, Cr:0. 10 Sn:0. 10, Pb:0. 20	0. 05	0. 25
ISO 3522:2016(E)	Al Si12Cu											

表 3-303 413A.1 牌号和化学成分（质量分数）对照 （%）

标准号	牌号	Al	Si	Fe	Cu	Mn	Mg	Zn	Ti	Ni 等	其他≤ 单个	其他≤ 合计
				≤								
GB/T 8733—2016	413A.1	余量	11.0~13.0	1.0	1.0	0.35	0.10	0.40	—	Ni:0.50, Sn:0.15	—	0.25
ASTM B179—2018	A413.1 A13	余量	11.0~13.0	1.0	1.0	0.35	0.10	0.40	—	Ni:0.50, Sn:0.15	—	0.25
EN 1676:2020(E)	EN AB-47100 EN AB-Al Si12Cu1(Fe)	余量	10.5~13.5	1.3	0.7~1.2	0.55	0.35	0.55	0.20	Ni:0.30, Cr:0.10 Sn:0.10, Pb:0.20	0.05	0.25
ISO 3522:2016(E)	Al Si12Cu1(Fe)											

表 3-304 413A.2 牌号和化学成分（质量分数）对照 （%）

标准号	牌号	Al	Si	Fe	Cu	Mn	Mg	Zn	Ti	Ni 等	其他≤ 单个	其他≤ 合计
				≤								
GB/T 8733—2016	413A.2	余量	11.0~13.0	0.6	0.10	0.05	0.05	0.05	—	Ni:0.05, Sn:0.05	—	0.10
ASTM B179—2018	A413.2 A13	余量	11.0~13.0	0.6	0.10	0.05	0.05	0.05	—	Ni:0.05, Sn:0.05	—	0.10
JIS H2211:2010	AC3A.2	余量	10.0~13.0	0.30	0.05	0.03	0.03	0.03	0.03	Ni:0.03, Cr:0.03 Sn:0.03, Pb:0.03	—	—
EN 1676:2020(E)	EN AB-44100 EN AB-Al Si12(b)	余量	10.5~13.5	0.55	0.10	0.55	0.10	0.15	0.15	Ni:0.10, Pb:0.10	0.05	0.15
ISO 3522:2016(E)	Al Si12(b)											

表 3-305 443Z.1 牌号和化学成分（质量分数）对照 （%）

标准号	牌号	Al	Si	Fe	Cu	Mn	Mg	Zn	Ti	Cr 等	其他≤	
			≤								单个	合计
GB/T 8733—2016	443Z.1	余量	4.5~6.0	0.6	0.6	0.50	0.05	0.50	0.25	Cr:0.25	—	0.35
ASTM B179—2018	443.1 43	余量	4.5~6.0	0.6	0.6	0.50	0.05	0.50	0.25	Cr:0.25	—	0.35
ISO 3522:2016(E)	Al Si5	余量	4.5~6.0	0.8	0.10	0.5	0.1	0.1	0.20	Ni:0.1,Sn:0.1 Pb:0.1	—	—

表 3-306 443Z.2 牌号和化学成分（质量分数）对照 （%）

标准号	牌号	Al	Si	Fe	Cu	Mn	Mg	Zn	Ti	Ni 等	其他≤	
			≤								单个	合计
GB/T 8733—2016	443Z.2	余量	4.5~6.0	0.6	0.10	0.10	0.05	0.10	0.20	—	0.05	0.15
ASTM B179—2018	443.2 43	余量	4.5~6.0	0.6	0.10	0.10	0.05	0.10	0.20	—	0.05	0.15
ISO 3522:2016(E)	Al Si5Fe	余量	4.5~6.0	1.3	0.10	0.5	0.1	0.1	0.20	Ni:0.1,Sn:0.1 Pb:0.1	—	—

表 3-307 502Z.1 牌号和化学成分（质量分数）对照 （%）

标准号	牌号	Al	Si	Fe	Cu	Mn	Mg	Zn	Ti	Zr 等	其他≤	
			≤								单个	合计
GB/T 8733—2016	502Z.1	余量	0.8~1.3	0.45	0.10	0.10~0.40	4.6~5.6	0.20	0.20	—	0.05	0.15
ГОСТ 1583—1993	AMr5K	余量	0.8~1.3	—	0.10	0.1~0.4	4.5~5.5	0.20	—	Zr:0.15,Te:0.40	杂质合计 0.5	

（续）

标准号	牌号	Al	Si	Fe	Cu	Mn	Mg	Zn	Ti	Zr 等	其他≤	
			≤								单个	合计
JIS H2211:2010	AC7A.1	余量	0.20	0.25	0.10	0.6	3.6~5.5	0.15	0.20	Ni:0.05,Cr:0.15 Sn:0.05,Pb:0.05	—	—
ASTM B179—2018	511.1 F514.1,F214	余量	0.30~0.7	0.40	0.15	0.35	3.6~4.5	0.15	0.25	—	0.05	0.15
EN 1676:2020(E)	EN AB-51400 EN AB-Al Mg5(Si)	余量	1.3	0.45	0.03	0.45	4.8~6.5	0.10	0.15	—	0.05	0.15
ISO 3522:2016(E)	Al Mg5(Si)											

表 3-308 502Y.1 牌号和化学成分（质量分数）对照 （%）

标准号	牌号	Al	Si	Fe	Cu	Mn	Mg	Zn	Ti	Zr 等	其他≤	
			≤								单个	合计
GB/T 8733—2016	502Y.1	余量	0.8~1.3	0.9	0.10	0.10~0.40	4.6~5.5	0.20	—	Zr:0.15	0.05	0.25
ГОСТ 1583—1993	AMr5K	余量	0.8~1.3	—	0.10	0.1~0.4	4.5~5.5	0.20	—	Zr:0.15,Te:0.40	杂质合计 0.5	
ASTM B179—2018	512.2 B514.2,B214	余量	1.4~2.2	0.30	0.10	0.10	3.6~4.5	0.10	0.20	—	0.05	0.15
EN 1676:2020(E)	EN AB-51400 EN AB-Al Mg5(Si)	余量	1.5	0.55	0.05	0.45	4.5~6.5	0.10	0.20	—	0.05	0.15
ISO 3522:2016(E)	Al Mg5(Si)											

表 3-309 508Z.1 牌号和化学成分（质量分数）对照 （%）

标准号	牌号	Al	Si	Fe	Cu	Mn	Mg	Zn	Ti	Be 等	其他≤	
			≤								单个	合计
GB/T 8733—2016	508Z.1	余量	0.20	0.25	0.10	0.10	7.6~9.0	1.0~1.5	0.10~0.20	Be:0.03~0.10	0.05	0.15

ГОСТ 1583—1993	AMr10	余量	0.20	Te: 0.20	0.15	0.10	9.5~ 10.5	0.10	0.05~ 0.15	Zr:0.05~0.20 Be:0.05~0.15	杂质合计 0.50	
ASTM B179—2018	518.2 218	余量	0.25	0.7	0.10	0.10	7.6~ 8.5	—	—	Ni:0.05,Sn:0.05	—	0.10
EN 1676:2020(E)	EN AB-51200 EN AB-Al Mg9	余量	2.5	0.45~ 0.9	0.08	0.55	8.0~ 10.5	0.25	0.20	Ni:0.10,Sn:0.10 Pb:0.10	0.05	0.15
ISO 3522:2016(E)	Al Mg9	余量	2.5	1.0	0.10	0.55	8.0~ 10.5	0.25	0.20	Ni:0.10,Sn:0.10 Pb:0.10	0.05	0.15

表 3-310　515Y.1 牌号和化学成分（质量分数）对照　（%）

标准号	牌号	Al	Si	Fe	Cu	Mn	Mg	Zn	Ti	Ni 等	其他≤	
			≤								单个	合计
GB/T 8733—2016	515Y.1	余量	1.0	0.6	0.10	0.40~ 0.6	2.6~ 4.0	0.40	—	Ni:0.10,Sn:0.10	0.05	0.25
ASTM B179—2018	515.2 L514.2,L214	余量	0.50~ 1.0	0.6~ 1.0	0.10	0.40~ 0.6	2.7~ 4.0	0.05	—	—	0.05	0.15
EN 1676:2020(E)	EN AB-51100 EN AB-Al Mg3	余量	0.55	0.55	0.05	0.45	2.5~ 3.5	0.10	0.20	—	0.05	0.15
ISO 3522:2016(E)	Al Mg3											

表 3-311　520Y.1 牌号和化学成分（质量分数）对照　（%）

标准号	牌号	Al	Si	Fe	Cu	Mn	Mg	Zn	Ti	Ni 等	其他≤	
			≤								单个	合计
GB/T 8733—2016	520Z.1	余量	0.30	0.25	0.10	0.15	9.8~ 11.0	0.15	0.15	Ni:0.05,Pb:0.05 Sn:0.01,Zr:0.20	0.05	0.15

（续）

标准号	牌号	Al	Si	Fe	Cu	Mn	Mg	Zn	Ti	Ni 等	其他≤	
			≤								单个	合计
ГОСТ 1583—1993	AMr10	余量	0.20	Te: 0.20	0.15	0.10	9.5~ 10.5	0.10	0.05~ 0.15	Zr:0.05~0.20 Be:0.05~0.15	杂质合计 0.50	
ASTM B179—2018	520.2 220	余量	0.15	0.20	0.20	0.10	9.6~ 10.6	0.10	0.20	—	0.05	0.15
EN 1676:2020(E)	EN AB-51200 EN AB-Al Mg9	余量	2.5	1.0	0.10	0.55	8.5~ 10.5	0.25	0.15	Ni:0.10,Sn:0.10 Pb:0.10	0.05	0.15
ISO 3522:2016(E)	Al Mg9	余量	2.5	0.5~ 0.9	0.08	0.55	8.5~ 10.5	0.25	0.15	Ni:0.10,Sn:0.10 Pb:0.10	0.05	0.15

表 3-312 701Z.1 牌号和化学成分（质量分数）对照 （%）

标准号	牌号	Al	Si	Fe	Cu	Mn	Mg	Zn	Ti	Te	其他≤	
			≤								单个	合计
GB/T 8733—2016	701Z.1	余量	6.0~ 8.0	0.6	0.6	0.50	0.15~ 0.35	9.2~ 13.0	—	—	0.05	0.20
ГОСТ 1583—1993	AK7Ц9	余量	6.0~ 8.0	—	0.60	0.5	0.15~ 0.35	7.0~ 12.0	—	0.7	杂质合计 1.7	
EN 1676:2020(E)	EN AB-71100 EN AB-Al Zn10Si8Mg	余量	7.5~ 9.5	0.45	0.10	0.45	0.20~ 0.50	9.0~ 10.5	0.15	—	0.05	0.15
ISO 3522:2016(E)	Al Zn10Si8Mg	余量	7.5~ 9.0	0.30	0.10	0.15	0.2~ 0.4	9.0~ 10.5	0.15	—	0.05	0.15

表 3-313 712Z.1 牌号和化学成分（质量分数）对照 （%）

标准号	牌号	Al	Si	Fe	Cu	Mn	Mg	Zn	Ti	Cr 等	其他≤	
			≤								单个	合计
GB/T 8733—2016	712Z.1	余量	0.30	0.40	0.25	0.10	0.55~0.7	5.2~6.5	0.15~0.25	Cr:0.40~0.6	0.05	0.20
ASTM B179—2018	712.2 D712.2,D612,40E	余量	0.15	0.40	0.25	0.10	0.50~0.65	5.0~6.5	0.15~0.25	Cr:0.40~0.6	0.10	0.20
ISO 3522:2016(E)	Al Zn5Mg	余量	0.30	0.80	0.15~0.35	0.40	0.40~0.70	4.50~6.00	0.10~0.25	Cr:0.15~0.60, Ni:0.05, Sn:0.05,Pb:0.05	0.05	0.15

表 3-314 901Z.1 牌号和化学成分（质量分数） （%）

标准号	牌号	Al	Si	Fe	Cu	Mn	Mg	Zn	Ti	RE	其他≤	
			≤								单个	合计
GB/T 8733—2016	901Z.1	余量	0.20	0.30	—	1.5~1.7	—	—	0.15	0.03	0.05	0.15

表 3-315 907Z.1 牌号和化学成分（质量分数） （%）

标准号	牌号	Al	Si	Fe	Cu	Mn	Mg	Zn	Ti	Ni 等	其他≤	
			≤								单个	合计
GB/T 8733—2016	907Z.1	余量	1.6~2.0	0.50	3.0~3.4	0.9~1.2	0.20~0.30	0.20	—	Ni:0.20~0.30 RE:4.4~5.0 Zr:0.15~0.25	0.05	0.20

3.3.2 铸造铝合金牌号和化学成分

GB/T 1173—2013《铸造铝合金》中有 28 个牌号，中外铸造铝合金牌号和化学成分对照见表 3-316~

表 3-343。

表 3-316~表 3-343 中，质量分数有上下限者为合金元素，质量分数为单个数值者为最高限，S 表示砂型铸造，J 表示金属型铸造，D 表示模铸铁，3 表示砂模铸造，B 表示金属模铸造，K 表示冷模铸造，Д 表示压铸。

表 3-316 ZAlSi7Mg 牌号和化学成分（质量分数）对照 （%）

标准号	牌号 代号	Al	Si	Cu	Mg	Mn	Zn 等	Fe≤		其他杂质合计≤	
					≤			S	J	S	J
GB/T 1173—2013	ZAlSi7Mg ZL101	余量	6.5~7.5	0.2	0.25~0.45	0.35	Zn:0.3, Be:0.1 Sn:0.05, Pb:0.05 Ti+Zr:0.25	0.5	0.9	1.1	1.5
ГОСТ 1583—1993	АЛ9	余量	6.0~8.0	0.20	0.2~0.4	0.5	Zn:0.30, Be:0.1 Te:0.6, Sn:0.01 Pb:0.05, Ti+Zr:0.15	—		1.1	
JIS H5202:2010	AC4C	余量	6.5~7.5	0.20	0.20~0.4	0.6	Zn:0.3, Ni:0.05 Cr:0.05, Sn:0.05 Pb:0.05, Ti: 0.20	0.5		—	
ASTM B108/B108M—2018	356.0 A03560	余量	6.5~7.5	0.25	0.20~0.45	0.35	Zn:0.35, Ti:0.25	0.6		0.05①	0.15②
EN 1706:2020(E)	EN AC-Al Si7Mg EN AC-42000	余量	6.5~7.5	0.20	0.20~0.65	0.35	Zn:0.15, Ni:0.15 Sn:0.05, Pb:0.15 Ti:0.25	0.55		0.05①	0.15②
ISO 3522:2016(E)	Al Si7Mg	余量	6.5~7.5	0.20	0.20~0.65	0.35	Zn:0.15, Ni:0.15 Sn:0.05, Pb:0.15 Ti:0.05~0.25	0.55		0.05①	0.15②

① 其他单个元素质量分数的最大值。
② 其他元素质量分数之和的最大值。

表 3-317 ZAlSi7MgA 牌号和化学成分（质量分数）对照 （%）

标准号	牌号 代号	Al	Si	Cu	Mg	Mn	Ti 等	Fe≤		其他杂质合计≤	
			≤					S	J	S	J
GB/T 1173—2013	ZAlSi7MgA ZL101A	余量	6.5~7.5	0.1	0.25~0.45	0.10	Ti:0.08~0.20,Zn:0.1 Sn:0.05,Pb:0.03	0.2	0.2	0.7	0.7
ГОСТ 1583—1993	АЛ9	余量	6.0~8.0	0.20	0.2~0.4	0.5	Zn:0.30,Be:0.1 Te:0.6,Sn:0.01 Pb:0.05,(Ti+Zr):0.15	—		1.1	
JIS H5202:2010	AC4CH	余量	6.5~7.5	0.10	0.25~0.45	0.10	Zn:0.10,Ni:0.05 Cr:0.05,Sn:0.05 Pb:0.05,Ti: 0.20	0.20		—	
ASTM B108/B108M—2018	A356.0 A13560	余量	6.5~7.5	0.20	0.25~0.45	0.10	Zn:0.10,Ti:0.20	0.20		0.05①	0.15②
EN 1706:2020(E)	EN AC-Al Si7Mg EN AC-42000	余量	6.5~7.5	0.15	0.25~0.65	0.35	Zn:0.15,Ni:0.15 Sn:0.05,Pb:0.15 Ti:0.20	0.45		0.05①	0.15②
ISO 3522:2016(E)	Al Si7Mg	余量	6.5~7.5	0.15	0.25~0.65	0.35	Zn:0.15,Ni:0.15 Sn:0.05,Pb:0.15 Ti:0.05~0.20	0.45		0.05①	0.15②

① 其他单个元素质量分数的最大值。
② 其他元素质量分数之和的最大值。

表 3-318 ZAlSi12 牌号和化学成分（质量分数）对照 （%）

标准号	牌号 代号	Al	Si	Cu	Mg	Mn	Zn 等	Fe≤		其他杂质合计≤	
			≤					S	J	S	J
GB/T 1173—2013	ZAlSi12 ZL102	余量	10.0~13.0	0.30	0.10	0.5	Zn:0.1,Ti:0.2	0.7	1.0	2.0	2.2

（续）

标准号	牌号 代号	Al	Si	Cu	Mg	Mn	Zn 等	Fe≤		其他杂质合计≤	
			≤					S	J	S	J
ГОСТ 1583—1993	АЛ12	余量	10~13	0.60	0.10	0.5	Zn:0.30, Ti:0.10 Te:0.7, Zr:0.10	—		2.1	
JIS H5202:2010	AC3A	余量	10.0~13.0	0.25	0.15	0.35	Zn:0.30, Ti: 0.20 Ni:0.10, Cr:0.15 Sn:0.10, Pb:0.10	0.8		—	
EN 1706:2020(E)	EN AC-Al Si12(a) EN AC-44200	余量	10.5~13.5	0.03	—	0.35	Zn:0.10, Ti:0.15	0.40		0.05①	0.15②
ISO 3522:2016(E)	Al Si12(a)										

① 其他单个元素质量分数的最大值。
② 其他元素质量分数之和的最大值。

表 3-319　ZAlSi9Mg 牌号和化学成分（质量分数）对照

（%）

标准号	牌号 代号	Al	Si	Cu	Mg	Mn	Zn 等	Fe≤		其他杂质合计≤	
			≤					S	J	S	J
GB/T 1173—2013	ZAlSi9Mg ZL104	余量	8.0~10.5	0.1	0.17~0.35	0.2~0.5	Zn:0.25 Ti+Zr:0.15 Sn:0.05, Pb:0.05	0.6	0.9	1.1	1.4
ГОСТ 1583—1993	АК9с	余量	8.0~10.5	0.5	0.2~0.35	0.2~0.5	Zn:0.3, Ni:0.1 Te:0.7 Sn:0.01, Pb:0.05	—		1.35	
JIS H5202:2010	AC4A	余量	8.0~10.0	0.25	0.30~0.6	0.30~0.6	Zn:0.25, Ti: 0.20 Ni:0.10, Cr:0.15 Sn:0.05, Pb:0.10	0.55		—	
ASTM B108/B108M—2018	359.0 A03590	余量	8.5~9.5	0.20	0.50~0.7	0.10	Zn:0.10, Ti:0.20	0.20		0.05	0.15

EN 1706:2020(E)	EN AC-Al Si9Mg EN AC-43300	余量	9.0~10.0	0.03	0.25~0.45	0.10	Zn:0.07,Ti:0.15	0.15		0.03①	0.10②
ISO 3522:2016(E)	Al Si9Mg	余量	9.0~10.0	0.03	0.30~0.45	0.10	Zn:0.07,Ti:0.15	0.15		0.03①	0.10②

① 其他单个元素质量分数的最大值。
② 其他元素质量分数之和的最大值。

表 3-320 ZAlSi5Cu1Mg 牌号和化学成分（质量分数）对照 （%）

标准号	牌号 代号	Al	Si	Cu	Mg	Mn	Zn 等	Fe≤		其他杂质合计≤	
			≤					S	J	S	J
GB/T 1173—2013	ZAlSi5Cu1Mg ZL105	余量	4.5~5.5	1.0~1.5	0.4~0.6	0.5	Zn:0.3,Be:0.1 Ti+Zr:0.15 Sn:0.05,Pb:0.05	0.6	1.0	1.1	1.4
ГОСТ 1583—1993	АЛ5	余量	4.5~5.5	1.0~1.5	0.35~0.6	0.5	Zn:0.3,Be:0.1 Te:0.6,Sn:0.01 (Ti+Zr):0.15	—		0.9	
JIS H5202:2010	AC4D	余量	4.5~5.5	1.0~1.5	0.4~0.6	0.5	Zn:0.5,Ni:0.3 Ti:0.2,Cr:0.05 Sn:0.1,Pb:0.1	0.6		—	
ASTM B108/B108M—2018	355.0 A03550	余量	4.5~5.5	1.0~1.5	0.40~0.6	0.50	Zn:0.35,Ti:0.25 Cr:0.25	0.6		0.05①	0.15②
EN 1706:2020(E)	EN AC-Al Si5Cu1Mg EN AC-45300	余量	4.5~5.5	1.0~1.5	0.40~0.65	0.55	Zn:0.15,Ti:0.20 Ni:0.25,Sn:0.05 Pb:0.15	0.55		0.05①	0.15②

（续）

标准号	牌号 代号	Al	Si	Cu	Mg	Mn	Zn 等	Fe≤		其他杂质合计≤	
						≤		S	J	S	J
ISO 3522:2016(E)	Al Si5Cu1Mg	余量	4.5~5.5	1.0~1.5	0.40~0.65	0.55	Zn:0.15, Ni:0.25 Ti:0.05~0.20 Sn:0.05, Pb:0.15	0.55		0.05①	0.15②

① 其他单个元素质量分数的最大值。
② 其他元素质量分数之和的最大值。

表 3-321 ZAlSi5Cu1MgA 牌号和化学成分（质量分数）对照 （%）

标准号	牌号 代号	Al	Si	Cu	Mg	Mn	Zn 等	Fe≤		其他杂质合计≤	
						≤		S	J	S	J
GB/T 1173—2013	ZAlSi5Cu1MgA ZL105A	余量	4.5~5.5	1.0~1.5	0.4~0.55	0.1	Zn:0.1, Sn:0.05 Pb:0.05	0.2	0.2	0.5	0.5
ГОСТ 1583—1993	АЛ5-1	余量	4.5~5.5	1.0~1.5	0.40~0.55	0.1	Zn:0.3, B:0.1 Zr:0.15 Sn:0.01, Te:0.3 Ti:0.08~0.15	—		0.6	
ASTM B108/B108M—2018	C355.0 A33550	余量	4.5~5.5	1.0~1.5	0.40~0.6	0.10	Zn:0.10, Ti:0.20	0.20		0.05①	0.15②
EN 1706:2020(E)	EN AC-Al Si5Cu1Mg EN AC-45300	余量	4.5~5.5	1.0~1.5	0.40~0.65	0.55	Zn:0.15, Ti:0.20 Ni:0.25, Sn:0.05 Pb:0.15	0.55		0.05①	0.15②
ISO 3522:2016(E)	Al Si5Cu1Mg	余量	4.5~5.5	1.0~1.5	0.40~0.65	0.55	Zn:0.15, Ni:0.25 Ti:0.05~0.20 Sn:0.05, Pb:0.15	0.55		0.05①	0.15②

① 其他单个元素质量分数的最大值。
② 其他元素质量分数之和的最大值。

表 3-322 ZAlSi8Cu1Mg 牌号和化学成分（质量分数）对照 （%）

标准号	牌号 代号	Al	Si	Cu	Mg	Mn	Zn 等	Fe≤		其他杂质合计≤	
						≤		S	J	S	J
GB/T 1173—2013	ZAlSi8Cu1Mg ZL106	余量	7.5~ 8.5	1.0~ 1.5	0.3~ 0.5	0.3~ 0.5	Zn:0.2, Sn:0.05 Pb:0.05 Ti:0.10~0.25	0.6	0.8	0.9	1.0
ГОСТ 1583—1993	АЛ32	余量	7.5~ 9	1.0~ 1.5	0.3~ 0.5	0.3~ 0.5	Zn:0.30, Zr:0.1 Te:0.7, Ti:0.1~0.3	—		0.9	
JIS H5202:2010	AC8C	余量	8.5~ 10.5	2.0~ 4.0	0.5~ 1.5	0.50	Zn:0.50, Ti: 0.20 Ni:0.50, Cr:0.10 Sn:0.10, Pb:0.10	1.0		—	
ASTM B108/B108M—2018	354.0 A03540	余量	8.6~ 9.4	1.6~ 2.0	0.40~ 0.6	0.10	Zn:0.10, Ti:0.20	0.20		0.05①	0.15②
EN 1706:2020(E)	EN AC-Al Si9Cu1Mg EN AC-46400	余量	8.3~ 9.7	0.8~ 1.3	0.30~ 0.65	0.15~ 0.55	Zn:0.8, Ti: 0.18 Ni:0.20, Sn:0.10 Pb:0.10	0.7		0.05①	0.25②
ISO 3522:2016(E)	Al Si9Cu1Mg	余量	8.3~ 9.7	0.8~ 1.3	0.30~ 0.65	0.15~ 0.55	Zn:0.8, Ni:0.20 Ti:0.05~0.18 Sn:0.10, Pb:0.10	0.7		0.05①	0.25②

① 其他单个元素质量分数的最大值。
② 其他元素质量分数之和的最大值。

表 3-323 ZAlSi7Cu4 牌号和化学成分（质量分数）对照 （%）

标准号	牌号 代号	Al	Si	Cu	Mg	Mn	Zn 等	Fe≤		其他杂质合计≤	
						≤		S	J	S	J
GB/T 1173—2013	ZAlSi7Cu4 ZL107	余量	6.5~ 7.5	3.5~ 4.5	0.1	0.5	Zn:0.3, Sn:0.05 Pb:0.05	0.5	0.6	1.0	1.2

（续）

标准号	牌号 代号	Al	Si	Cu	Mg	Mn	Zn 等	Fe≤		其他杂质合计≤	
			≤					S	J	S	J
ГОСТ 1583—1993	AK8M3	余量	7.5~10	2.0~4.5	0.45	0.5	Zn:1.2,Ni:0.5 Te:1.3,(Pb+Sn):0.3	—		4.2	
JIS H5202:2010	AC2B	余量	5.0~7.0	2.0~4.0	0.50	0.50	Zn:1.0,Ti:0.20 Ni:0.35,Cr:0.20 Sn:0.10,Pb:0.20	1.0		—	
ASTM B108/B108M—2018	319.0 A03190	余量	5.5~6.5	3.0~4.0	0.10	0.50	Zn:1.0,Ti:0.25 Ni:0.35	1.0		—①	0.50②
EN 1706:2020(E)	EN AC-Al Si6Cu4 EN AC-45000	余量	5.0~7.0	3.0~5.0	0.55	0.20~0.65	Zn:2.0,Ti:0.20 Ni:0.45,Cr:0.15 Sn:0.15,Pb:0.29	0.9		0.05①	0.35②
ISO 3522:2016(E)	Al Si6Cu4	余量	5.0~7.0	3.0~5.0	0.55	0.20~0.65	Zn:2.0,Ti:0.20 Ni:0.45,Cr:0.15 Sn:0.15,Pb:0.30	0.9		0.05①	0.35②

① 其他单个元素质量分数的最大值。
② 其他元素质量分数之和的最大值。

表 3-324 ZAlSi12Cu2Mg1 牌号和化学成分（质量分数）对照 （%）

标准号	牌号 代号	Al	Si	Cu	Mg	Mn	Zn 等	Fe≤		其他杂质合计≤	
			≤					S	J	S	J
GB/T 1173—2013	ZAlSi12Cu2Mg1 ZL108	余量	11.0~13.0	1.0~2.0	0.4~1.0	0.3~0.9	Zn:0.2,Ti:0.20 Ni:0.3,Sn:0.05 Pb:0.05	—	0.7	—	1.2
ГОСТ 1583—1993	АЛ25	余量	11~13	1.5~3.0	0.8~1.3	0.3~0.6	Ni:0.8~1.3,Te:0.8 Ti:0.05~0.20 Zn:0.5,Cr:0.2 Sn:0.02,Pb:0.10	—		1.3	

JIS H5202:2010	AC8A	余量	11.0~13.0	0.8~1.3	0.7~1.3	0.15	Ni:0.8~1.5,Zn:0.15 Ti:0.20,Cr:0.10 Sn:0.05,Pb:0.05	0.8		—	
ASTM B108/B108M—2018	336.0 A03360	余量	11.0~13.0	0.50~1.5	0.7~1.3	0.35	Zn:0.35,Ti:0.25 Ni:2.0~3.0	1.2		0.05①	—②
EN 1706:2020(E)	EN AC-Al Si12Cu1(Fe) EN AC-47100	余量	10.5~13.5	0.7~1.2	0.35	0.55	Zn:0.55,Ti:0.15 Ni:0.30,Cr:0.10 Pb:0.20,Sn:0.10	0.6~1.1		0.05①	0.25②
ISO 3522:2016(E)	Al Si12Cu1(Fe)	余量	10.5~13.5	0.7~1.2	0.35	0.55	Zn:0.55,Ti:0.15 Ni:0.30,Cr:0.10 Pb:0.20,Sn:0.10	0.6~1.2		0.05①	0.25②

① 其他单个元素质量分数的最大值。
② 其他元素质量分数之和的最大值。

表 3-325 ZAlSi12Cu1Mg1Ni1 牌号和化学成分（质量分数）对照 （%）

标准号	牌号 代号	Al	Si	Cu	Mg	Mn	Ni 等	Fe≤		其他杂质合计≤	
			≤					S	J	S	J
GB/T 1173—2013	ZAlSi12Cu1Mg1Ni1 ZL109	余量	11.0~13.0	0.5~1.5	0.8~1.3	0.2	Ni:0.8~1.5 Zn:0.2,Ti:0.20 Sn:0.05,Pb:0.05	—	0.7	—	1.2
ГОСТ 1583—1993	АЛ30	余量	11~13	0.8~1.5	0.8~1.3	0.2	Zn:0.2,Cr:0.2,Ti:0.20 Te:0.7,Sn:0.01 Pb:0.05,Ni:0.8~1.3	—		1.1	
JIS H5202:2010	AC8A	余量	11.0~13.0	0.8~1.3	0.7~1.3	0.15	Ni:0.8~1.5,Cr:0.10 Zn:0.15,Ti:0.20 Sn:0.05,Pb:0.05	0.8		—	

（续）

标准号	牌号 代号	Al	Si	Cu	Mg	Mn	Ni 等	Fe≤		其他杂质合计≤	
						≤		S	J	S	J
ASTM B108/B108M—2018	336.0 A03360	余量	11.0~13.0	0.50~1.5	0.7~1.3	0.35	Ni:2.0~3.0 Zn:0.35, Ti:0.25	1.2		0.05①	—②
EN 1706:2020(E)	EN AC-Al Si12CuMgNi EN AC-48000	余量	10.5~13.5	0.8~1.5	0.9~1.5	0.35	Ni:0.7~1.3 Zn:0.35, Ti:0.20	0.6		0.05①	0.15②
ISO 3522:2016(E)	Al Si12CuNiMg										

① 其他单个元素质量分数的最大值。

② 其他元素质量分数之和的最大值。

表 3-326 ZAlSi5Cu6Mg 牌号和化学成分（质量分数）对照

（%）

标准号	牌号 代号	Al	Si	Cu	Mg	Mn	Zn 等	Fe≤		其他杂质合计≤	
						≤		S	J	S	J
GB/T 1173—2013	ZAlSi5Cu6Mg ZL110	余量	4.0~6.0	5.0~8.0	0.2~0.5	0.5	Zn:0.6 Sn:0.05, Pb:0.05	—	0.8	—	2.7
ГОСТ 1583—1993	AK5M7	余量	4.5~6.5	6.0~8.0	0.2~0.5	0.5	Zn:0.6, Ni:0.5, Te:1.2 (Pb+Sn+Sb):0.3	—		2.7	
JIS H5202:2010	AC2A	余量	4.0~6.0	3.0~4.5	0.25	0.55	Zn:0.55, Ti:0.20 Ni:0.30, Cr:0.15 Sn:0.05, Pb:0.15	0.8		—	
ASTM B108/B108M—2018	308.0	余量	5.0~6.0	4.0~5.0	0.10	0.50	Zn:1.0, Ti:0.25	1.0		—①	0.50②
EN 1706:2020(E)	EN AC-Al Si6Cu4 EN AC-45000	余量	5.0~7.0	3.0~5.0	0.55	0.20~0.65	Zn:2.0, Ti:0.25 Ni:0.45, Cr:0.15 Sn:0.15, Pb:0.29	1.0		0.05①	0.35②

ISO 3522:2016(E)	Al Si6Cu4	余量	5.0~7.0	3.0~5.0	0.55	0.20~0.65	Zn:2.0,Ti:0.25 Ni:0.45,Cr:0.15 Sn:0.15,Pb:0.30	1.0		0.05①	0.35②

① 其他单个元素质量分数的最大值。

② 其他元素质量分数之和的最大值。

表 3-327 ZAlSi9Cu2Mg 牌号和化学成分（质量分数）对照 （%）

标准号	牌号 代号	Al	Si	Cu	Mg	Mn	Ti 等	Fe≤		其他杂质合计≤	
			≤					S	J	S	J
GB/T 1173—2013	ZAlSi9Cu2Mg ZL111	余量	8.0~10.0	1.3~1.8	0.4~0.6	0.10~0.35	Ti:0.10~0.35,Zn:0.1 Sn:0.05,Pb:0.05	0.4	0.4	—	1.2
ГОСТ 1583—1993	AK9M2	余量	7.5~10	0.5~2.0	0.2~0.8	0.1~0.4	Zn:1.2,Ni:0.5,Cr:0.1 Te:1.0,Ti:0.05~0.20 (Pb+Sn):0.15	—		2.6	
JIS H5202:2010	AC4B	余量	7.0~10.0	2.0~4.0	0.50	0.50	Zn:1.0,Ti:0.20 Ni:0.35,Cr:0.20 Sn:0.10,Pb:0.20	1.0		—	
ASTM B108/B108M—2018	354.0 A03540	余量	8.6~9.4	1.6~2.0	0.40~0.6	0.10	Zn:0.10,Ti:0.20	0.20		0.05①	0.10②
EN 1706:2020(E)	EN AC-Al Si9Cu1Mg EN AC-46400	余量	8.3~9.7	0.8~1.3	0.30~0.65	0.15~0.55	Zn:0.8,Ni:0.20 Ti:0.18 Sn:0.10,Pb:0.10	0.7		0.05①	0.25②
ISO 3522:2016(E)	Al Si9Cu1Mg	余量	8.3~9.7	0.8~1.3	0.30~0.65	0.15~0.55	Zn:0.8,Ni:0.20 Ti:0.10~0.18 Sn:0.10,Pb:0.10	0.7		0.05①	0.25②

表 3-328　ZAlSi7Mg1A 牌号和化学成分（质量分数）对照　（%）

标准号	牌号 代号	Al	Si	Cu	Mg	Mn	Zn 等	Fe≤		其他杂质合计≤	
			≤					S	J	S	J
GB/T 1173—2013	ZAlSi7Mg1A ZL114A	余量	6.5~7.5	0.2	0.45~0.75	0.1	Zn:0.1, Ti:0.10~0.20 Be:0~0.07	0.2	0.2	0.75	0.75
ГОСТ 1583—1993	АЛ34	余量	6.5~8.5	0.3	0.35~0.55	0.10	Be:0.15~0.4, Ti:0.3 Zn:0.30, Zr:0.20 Te:0.5, B:0.10	—		1.0	
ASTM B108/B108M—2018	A357.0 A13570	余量	6.5~7.5	0.20	0.40~0.7	0.10	Zn:0.10 Ti:0.04~0.20 Be:0.04~0.07	0.20		0.05①	0.15②
EN 1706:2020(E)	EN AC-Al Si7Mg0.6 EN AC-42200	余量	6.5~7.5	0.05	0.45~0.70	0.10	Ti:0.25, Zn:0.07	0.19		0.03①	0.10②
ISO 3522:2016(E)	Al Si7Mg0.6	余量	6.5~7.5	0.05	0.45~0.70	0.10	Ti:0.08~0.25 Zn:0.07	0.19		0.03①	0.10②

① 其他单个元素质量分数的最大值。
② 其他元素质量分数之和的最大值。

表 3-329　ZAlSi5Zn1Mg 牌号和化学成分（质量分数）　（%）

标准号	牌号 代号	Al	Si	Cu	Mg	Mn	Zn 等	Fe≤		其他杂质合计≤	
			≤					S	J	S	J
GB/T 1173—2013	ZAlSi5Zn1Mg ZL115	余量	4.8~6.2	0.1	0.4~0.65	0.1	Zn:1.2~1.8, Pb:0.05 Sn:0.05, Sb:0.1~0.25	0.3	0.3	1.0	1.0

表 3-330　ZAlSi8MgBe 牌号和化学成分（质量分数）对照　（%）

标准号	牌号 代号	Al	Si	Cu	Mg	Mn	Ti 等	Fe≤		其他杂质合计≤	
			≤					S	J	S	J
GB/T 1173—2013	ZAlSi8MgBe ZL116	余量	6.5~8.5	0.3	0.35~0.55	0.1	Ti:0.10~0.30, Zn:0.3 Be:0.15~0.40 Zr:0.20 Sn:0.05, Pb:0.05	0.60	0.60	1.0	1.0

ГОСТ 1583—1993	АЛ34	余量	6.5~8.5	0.3	0.35~0.55	0.10	Be:0.15~0.4 Zn:0.30,Ti:0.3,Te:0.5 Zr:0.20,B:0.10	—	1.0	
JIS H5202:2010	AC4C	余量	6.5~7.5	0.20	0.20~0.4	0.6	Zn:0.3,Ni:0.05 Cr:0.05,Sn:0.05 Pb:0.05,Ti: 0.20	0.5	—	
ASTM B108/B108M—2018	356.0 A03560	余量	6.5~7.5	0.25	0.20~0.45	0.35	Zn:0.35,Ti:0.25	0.6	0.05①	0.15②
EN 1706:2020(E)	EN AC-Al Si7Mg EN AC-42000	余量	6.5~7.5	0.20	0.20~0.65	0.35	Ti:0.25,Zn:0.15 Ni:0.15,Sn:0.05 Pb:0.15	0.55	0.05①	0.15②
ISO 3522:2016(E)	Al Si7Mg	余量	6.5~7.5	0.20	0.20~0.65	0.35	Ti:0.05~0.25 Zn:0.15,Ni:0.15 Sn:0.05,Pb:0.15	0.55	0.05①	0.15②

① 其他单个元素质量分数的最大值。

② 其他元素质量分数之和的最大值。

表 3-331 ZAlSi7Cu2Mg 牌号和化学成分（质量分数）对照 （%）

标准号	牌号 代号	Al	Si	Cu	Mg	Mn	Ti 等	Fe≤		其他杂质合计≤	
			≤					S	J	S	J
GB/T 1173—2013	ZAlSi7Cu2Mg ZL118	余量	6.0~8.0	1.3~1.8	0.2~0.5	0.1~0.3	Ti:0.10~0.25,Zn:0.1 Sn:0.05,Pb:0.05	0.3	0.3	1.0	1.5
ГОСТ 1583—1993	АЛ32	余量	7.5~9	1.0~1.5	0.3~0.5	0.3~0.5	Ti:0.1~0.3,Zn:0.30 Zr:0.1,Te:0.6	—		0.9	

（续）

标准号	牌号 代号	Al	Si	Cu	Mg	Mn	Ti 等	Fe≤		其他杂质合计≤	
			≤					S	J	S	J
ASTM B179—2018	328.1 Fied X-8	余量	7.5~8.5	1.0~2.0	0.25~0.6	0.20~0.6	Zn:1.5, Ti:0.25 Ni:0.25, Cr:0.35	0.8		—①	0.50②
EN 1706:2020(E)	EN AC-Al Si7Cu2 EN AC-46600	余量	6.0~8.0	1.5~2.5	0.35	0.15~0.65	Ti:0.20, Zn:1.0 Ni:0.35, Sn:0.15 Pb:0.25	0.7		0.05①	0.15②
ISO 3522:2016(E)	Al Si7Cu2										

① 其他单个元素质量分数的最大值。
② 其他元素质量分数之和的最大值。

表 3-332 ZAlCu5Mn 牌号和化学成分（质量分数）对照

（%）

标准号	牌号 代号	Al	Si	Cu	Mg	Mn	Ti 等	Fe≤		其他杂质合计≤	
			≤					S	J	S	J
GB/T 1173—2013	ZAlCu5Mn ZL201	余量	0.3	4.5~5.3	0.05	0.6~1.0	Ti:0.15~0.35, Zn:0.2 Ni:0.1, Zr:0.2	0.25	0.3	1.0	1.0
ГОСТ 1583—1993	АЛ19	余量	0.30	4.5~5.3	0.05	0.6~1.0	Ti:0.15~0.35 Zn:0.20, Te:0.20 Zr:0.20, Ni:0.10	—		0.9	
JIS H5202:2010	AC1B	余量	0.30	4.2~5.0	0.15~0.35	0.10	Ti:0.05~0.35 Zn:0.10, Ni:0.05 Sn:0.05, Pb:0.05	0.35		Cr:0.05	
ASTM B108/B108M—2018	204.0 A02040	余量	0.20	4.2~5.0	0.15~0.35	0.10	Zn:0.10, Ni:0.05 Ti:0.15~0.30, Sn:0.05	0.35		0.05①	0.15②
EN 1706:2020(E)	EN AC-Al Cu4Ti EN AC-21100	余量	0.18	4.2~5.2	—	0.55	Ti:0.15~0.30, Zn:0.07	0.19		0.03①	0.10②
ISO 3522:2016(E)	Al Cu4Ti										

① 其他单个元素质量分数的最大值。
② 其他元素质量分数之和的最大值。

表 3-333 ZAlCu5MnA 牌号和化学成分（质量分数）对照 （%）

标准号	牌号 代号	Al	Si	Cu	Mg	Mn	Ti 等	Fe≤		其他杂质合计≤	
			≤					S	J	S	J
GB/T 1173—2013	ZAlCu5MnA ZL201A	余量	0.1	4.8~5.3	0.05	0.6~1.0	Ti:0.15~0.35, Zn:0.1 Zr:0.15, Ni:0.05	0.15	—	0.4	—
ГОСТ 1583—1993	АЛ19	余量	0.30	4.5~5.3	0.05	0.6~1.0	Ti:0.15~0.35 Zn:0.20, Te:0.20 Zr:0.20, Ni:0.10	—		0.9	
JIS H5202:2010	AC1B	余量	0.30	4.2~5.0	0.15~0.35	0.10	Ti:0.05~0.35 Zn:0.10, Ni:0.05 Sn:0.05, Pb:0.05	0.35		Cr:0.05	
ASTM B108/B108M—2018	204.0 A02040	余量	0.20	4.2~5.0	0.15~0.35	0.10	Zn:0.10, Ni:0.05 Ti:0.15~0.30 Sn:0.05	0.35		0.05①	0.15②
EN 1706:2020(E)	EN AC-Al Cu4Ti EN AC-21100	余量	0.15	4.2~5.2	—	0.55	Ti:0.15~0.25 Zn:0.07	0.15		0.03①	0.10②
ISO 3522:2016(E)	Al Cu4Ti										

① 其他单个元素质量分数的最大值。
② 其他元素质量分数之和的最大值。

表 3-334 ZAlCu10 牌号和化学成分（质量分数）对照 （%）

标准号	牌号 代号	Al	Si	Cu	Mg	Mn	Zn 等	Fe≤		其他杂质合计≤	
			≤					S	J	S	J
GB/T 1173—2013	ZAlCu10 ZL202	余量	1.2	9.0~11.0	0.3	0.5	Zn:0.8, Ni:0.5	1.0	1.2	2.8	3.0
美国 2006 年前 注册国际牌号	222.0 A02220	余量	≤2.0	9.2~10.7	0.15~035	≤0.50	Zn:0.8, Ti:0.25 Ni:0.50	1.5		—①	0.35②

① 其他单个元素质量分数的最大值。
② 其他元素质量分数之和的最大值。

表 3-335 ZAlCu4 牌号和化学成分（质量分数） （%）

标准号	牌号 代号	Al	Si	Cu	Mg	Mn	Ti 等	Fe≤		其他杂质合计≤	
			≤					S	J	S	J
GB/T 1173—2013	ZAlCu4 ZL203	余量	1.2	4.0~5.0	0.05	0.1	Ti:0.2,Zn:0.25 Zr:0.1,Sn:0.05 Pb:0.05	0.8	0.8	2.1	2.1

表 3-336 ZAlCu5MnCdA 牌号和化学成分（质量分数）对照 （%）

标准号	牌号 代号	Al	Si	Cu	Mg	Mn	Cd 等	Fe≤		其他杂质合计≤	
			≤					S	J	S	J
GB/T 1173—2013	ZAlCu5MnCdA ZL204A	余量	0.06	4.6~5.3	0.05	0.6~0.9	Cd:0.15~0.25 Ti:0.15~0.35,Zn:0.1 Ni:0.05,Zr:0.15	0.12	0.12	0.4	—
ГОСТ 1583—1993	ВАЛ10	余量	0.20	4.5~5.1	0.05	0.35~0.8	Ti:0.15~0.35,Zn:0.1 Cd:0.07~0.25 Zr:0.15,Te:0.15	—		0.60	

表 3-337 ZAlCu5MnCdVA 牌号和化学成分（质量分数） （%）

标准号	牌号 代号	Al	Si	Cu	Mg	Mn	Cd 等	Fe≤		其他杂质合计≤	
			≤					S	J	S	J
GB/T 1173—2013	ZAlCu5MnCdVA ZL205A	余量	0.06	4.6~5.3	0.05	0.3~0.5	Cd:0.15~0.25 V:0.05~0.3 Ti:0.15~0.35 Zr:0.15~0.25 B:0.005~0.6	0.15	0.16	0.3	0.3

表 3-338 ZAlR5Cu3Si2 牌号和化学成分（质量分数） （%）

标准号	牌号 代号	Al	Si	Cu	Mg	Mn	RE 等	Fe≤		其他杂质合计≤	
						≤		S	J	S	J
GB/T 1173—2013	ZAlR5Cu3Si2 ZL207	余量	1.6~2.0	3.0~3.4	0.15~0.25	0.9~1.2	RE:4.4~5.0 Ni:0.2~0.3 Zr:0.15~0.2,Zn:0.2	0.6	0.6	0.8	0.8

表 3-339 ZAlMg10 牌号和化学成分（质量分数）对照 （%）

标准号	牌号 代号	Al	Si	Cu	Mg	Mn	Ti 等	Fe≤		其他杂质合计≤	
						≤		S	J	S	J
GB/T 1173—2013	ZAlMg10 ZL301	余量	0.3	0.1	9.5~11.0	0.15	Ti:0.15,Zn:0.15 Zr:0.20,Be:0.07 Ni:0.05,Sn:0.05 Pb:0.05	0.3	0.3	1.0	1.0
ГОСТ 1583—1993	АЛ27	余量	0.20	0.15	9.5~10.5	0.10	Be:0.05~0.15 Ti:0.05~0.15,Zn:0.10 Zr:0.05~0.20,Te:0.20	—		0.50	
ASTM B26/B26M—2018	520.0	余量	0.25	0.25	9.5~10.6	0.15	Zn:0.15,Ti:0.25	0.30		0.05①	0.15②
EN 1706:2020(E)	EN AC-Al Mg9 EN AC-51200	余量	2.5	0.08	8.5~10.5	0.55	Ti:0.15,Zn:0.25 Ni:0.10,Sn:0.10 Pb:0.10	0.45~0.9		0.05①	0.15②
ISO 3522:2016(E)	Al Mg9	余量	2.5	0.08	8.5~10.5	0.55	Ti:0.15,Zn:0.25 Ni:0.10,Sn:0.10 Pb:0.10	0.5~0.9		0.05①	0.15②

① 其他单个元素质量分数的最大值。
② 其他元素质量分数之和的最大值。

表 3-340 ZAlMg5Si 牌号和化学成分（质量分数）对照 （%）

标准号	牌号 代号	Al	Si	Cu	Mg	Mn	Ti 等	Fe≤		其他杂质合计≤	
				≤				S	J	S	J
GB/T 1173—2013	ZAlMg5Si ZL303	余量	0.8~1.3	0.1	4.5~5.5	0.1~0.4	Ti:0.2,Zn:0.2	0.5	0.5	0.7	0.7
ГОСТ 1583—1993	АЛ13	余量	0.8~1.3	0.10	4.5~5.5	0.1~0.4	Zn:0.20,Zr:0.15 Te:0.5	—		0.6	
JIS H5202:2010	AC7A	余量	0.20	0.10	3.5~5.5	0.6	Zn:0.15,Ti:0.20,Ni:0.05 Cr:0.15,Sn:0.05,Pb:0.05	0.30		—	
ASTM B108/B108M—2018	513.0 A05130	余量	0.30	0.10	3.5~4.5	0.30	Zn:1.4~2.2 Ti:0.20	0.40		0.05[①]	0.15[②]
EN 1706:2020(E)	EN AC-Al Mg5(Si) EN AC-51400	余量	1.5	0.05	4.5~6.5	0.45	Ti:0.20,Zn:0.10	0.55		0.05	0.15
ISO 3522:2016(E)	Al Mg5(Si)										

① 其他单个元素质量分数的最大值。
② 其他元素质量分数之和的最大值。

表 3-341 ZAlMg8Zn1 牌号和化学成分（质量分数）对照 （%）

标准号	牌号 代号	Al	Si	Cu	Mg	Mn	Zn 等	Fe≤		其他杂质合计≤	
				≤				S	J	S	J
GB/T 1173—2013	ZAlMg8Zn1 ZL305	余量	0.2	0.1	7.5~9.0	0.1	Zn:1.0~1.5 Ti:0.10~0.20 Be:0.03~0.10	0.3	—	0.9	—
ГОСТ 1583—1993	АЛ29	余量	0.5~1.0	0.1	6.0~8.0	0.25~0.60	Zn:0.2,Be:0.01	压铸用 Te:0.9		1.0	
ASTM B108/B108M—2018	535.0 A05350	余量	0.15	0.05	6.2~7.5	0.10~0.25	Ti:0.10~0.25 Be:0.003~0.007 B:0.005	0.15		0.05[①]	0.15[②]

① 其他单个元素质量分数的最大值。
② 其他元素质量分数之和的最大值。

表 3-342 ZAlZn11Si7 牌号和化学成分（质量分数）对照 （%）

标准号	牌号 代号	Al	Si	Cu	Mg	Mn	Cu	Fe≤		其他杂质合计≤	
			≤					S	J	S	J
GB/T 1173—2013	ZAlZn11Si7 ZL401	余量	6.0~8.0	9.0~13.0	0.1~0.3	0.5	0.6	0.7	1.2	1.8	2.0
ГОСТ 1583—1993	АЛ11	余量	6.0~8.0	7.0~12.0	0.1~0.3	0.5	0.6	0.7		1.7	

表 3-343 ZAlZn6Mg 牌号和化学成分（质量分数）对照 （%）

标准号	牌号 代号	Al	Si	Cu	Mg	Mn	Ti 等	Fe≤		其他杂质合计≤	
			≤					S	J	S	J
GB/T 1173—2013	ZAlZn6Mg ZL402	余量	0.3	5.0~6.5	0.5~0.65	0.2~0.5	Ti:0.15~0.25,Cu:0.25 Cr:0.4~0.6	0.5	0.8	1.35	1.65
ГОСТ 1583—1993	АЛ24	余量	0.30	3.5~4.5	1.5~2.0	0.2~0.5	Ti:0.1~0.2,Cu:0.20 Be:0.10,Zr:0.10 Te:0.50	—		0.90	
ASTM B26/B26M—2018	712.0	余量	0.30	5.0~6.5	0.50~0.65	0.10	Ti:0.15~0.25 Cr:0.40~0.6,Cu:0.25	0.50		0.05①	0.20②
欧洲 1998 年前 注册牌号	EN AC-Al Zn5Mg EN AC-71000	余量	0.30	4.50~6.00	0.40~0.70	0.40	Ti:0.10~0.25,Ni:0.05 Cu:0.15~0.35,Pb:0.05 Cr:0.15~0.60,Sn:0.05	0.8		0.05①	0.15②
ISO 3522:2016(E)	Al Zn5Mg	余量	0.30	4.50~6.00	0.40~0.70	0.40	Ti:0.10~0.25,Ni:0.05 Cu:0.15~0.35,Pb:0.05 Cr:0.15~0.60,Sn:0.05	0.80		0.05①	0.15②

① 其他单个元素质量分数的最大值。

② 其他元素质量分数之和的最大值。

第 4 章　中外镁及镁合金牌号和化学成分

常用镁及镁合金分为冶炼产品、变形产品和铸造产品三大类。

4.1　冶炼产品

GB/T 3499—2011《原生镁锭》中有 6 个牌号，中外原生镁锭牌号和化学成分对照见表 4-1～表 4-6。以下 6 个国标牌号均满足 $w(Cd+Hg+As+Cr^{6+})\leqslant 0.03\%$。

表 4-1　Mg9999 牌号和化学成分（质量分数）对照　（%）

标准号	牌号 代号	Mg ≥	杂质元素，≤							
			Fe	Si	Ni	Cu	Al	Mn	Ti 等	其他单个杂质
GB/T 3499—2011	Mg9999	99. 99	0. 002	0. 002	0. 0003	0. 0003	0. 002	0. 002	Ti:0. 0005 Pb:0. 001 Sn:0. 002 Zn:0. 003	—
JIS H2150:2017	Mg9999	99. 99	0. 002	0. 003	0. 0003	0. 0003	0. 002	0. 002	Zn:0. 003 Pb:0. 002 Sn:0. 002	0. 003
ISO 8287:2021(E)	ISO-Mg99. 99									
EN 12421:2017(E)	EN-MB99. 99 3. 5209									

表 4-2　Mg9998 牌号和化学成分（质量分数）对照　（%）

标准号	牌号代号	Mg ≥	杂质元素，≤							
			Fe	Si	Ni	Cu	Al	Mn	Ti 等	其他单个杂质
GB/T 3499—2011	Mg9998	99.98	0.002	0.003	0.0005	0.0005	0.004	0.002	Ti:0.001 Pb:0.001 Sn:0.004 Zn:0.004	—
ГОСТ 804—1993	Ar98	99.98	0.002	0.003	0.0005	0.0005	0.004	0.002	Zn:0.005 Pb:0.005 Sn:0.005	0.002(单个) 0.02(合计)
JIS H2150:2017	Mg9998	99.98	0.002	0.003	0.0005	0.0005	0.004	0.002	Zn:0.004 Pb:0.001 Sn:0.004	0.005
EN 12421:2017(E)	EN-MB99.98 3.5208									
ISO 8287:2021(E)	ISO-Mg99.98									
ASTM B92/B92M—2017	9998A M19998	99.98	0.002	0.003	0.0005	0.0005	0.004	0.002	Ti:0.001 Pb:0.001	0.005

表 4-3　Mg9995A 牌号和化学成分（质量分数）对照　（%）

标准号	牌号代号	Mg ≥	杂质元素，≤							
			Fe	Si	Ni	Cu	Al	Mn	Pb 等	其他单个杂质
GB/T 3499—2011	Mg9995A	99.95	0.003	0.006	0.001	0.002	0.008	0.006	Pb:0.005 Sn:0.005 Zn:0.005	0.005
ГОСТ 804—1993	Ar95	99.95	0.003	0.004	0.0010	0.0030	0.010	0.010	Zn:0.010 Pb:0.005 Sn:0.005	0.015(单个) 0.05(合计)

（续）

标准号	牌号代号	Mg ≥	杂质元素，≤ Fe	Si	Ni	Cu	Al	Mn	Pb 等	其他单个杂质
JIS H2150:2017	Mg9995A	99.95	0.003	0.006	0.001	0.005	0.01	0.006	Zn:0.005 Pb:0.005 Sn:0.005 Ca:0.003 Na:0.003	0.005
EN 12421:2017(E)	EN-MB99.95-A 3.5206									
ISO 8287:2021(E)	ISO Mg99.95A									
ASTM B92/B92M—2017	9995A M19995	99.95	0.003	0.005	0.001	—	0.01	0.004	Ti:0.01	0.005

表 4-4 Mg9995B 牌号和化学成分（质量分数）对照 （%）

标准号	牌号代号	Mg ≥	杂质元素，≤ Fe	Si	Ni	Cu	Al	Mn	Pb 等	其他单个杂质
GB/T 3499—2011	Mg9995B	99.95	0.005	0.015	0.001	0.002	0.015	0.015	Pb:0.005 Sn:0.005 Zn:0.01	0.01
JIS H2150:2017	Mg9995B	99.95	0.005	0.015	0.001	0.005	0.015	0.015	Zn:0.01 Pb:0.005 Sn:0.005	0.005
ISO 8287:2021(E)	ISO Mg99.95B									
EN 12421:2017(E)	EN-MB99.95-B 3.5207									

表 4-5 Mg9990 牌号和化学成分（质量分数）对照 （%）

标准号	牌号代号	Mg ≥	杂质元素，≤ Fe	Si	Ni	Cu	Al	Mn	—	其他单个杂质
GB/T 3499—2011	Mg9990	99.90	0.04	0.03	0.001	0.004	0.02	0.03	—	0.01

ГОСТ 804—1993	Ar90	99.90	0.040	0.020	0.0010	0.0040	0.020	0.030	—	0.010(单个) 0.10(合计)
JIS H2150:2017	Mg9990	99.90	0.04	0.03	0.001	0.004	0.02	0.03	—	0.01
ISO 8287:2021(E)	ISO Mg99.90									
EN 12421:2017(E)	EN-MB99.90 3.5205									
ASTM B92/B92M—2017	9990A M19990	99.90	0.04	0.005	0.001	—	0.003	0.004	—	0.01

表 4-6　Mg9980 牌号和化学成分（质量分数）对照　（%）

标准号	牌号 代号	Mg ≥	杂质元素，≤							
			Fe	Si	Ni	Cu	Al	Mn	Zn 等	其他单个杂质
GB/T 3499—2011	Mg9980	99.80	0.05	0.05	0.002	0.02	0.05	0.05	—	0.05
ГОСТ 804—1993	Ar80	99.80	0.050	0.050	0.0020	0.020	0.050	0.050	—	0.050(单个) 0.20(合计)
JIS H2150:2017	Mg9980A	99.80	0.05	0.05	0.001	0.02	0.05	0.05	Zn:0.05 Pb:0.02 Sn:0.01 Ca:0.003 Na:0.003	0.05
ISO 8287:2021(E)	ISO Mg99.80A									
EN 12421:2017(E)	EN-MB99.80-A 3.5202									

（续）

标准号	牌号代号	Mg ≥	杂质元素，≤							
			Fe	Si	Ni	Cu	Al	Mn	Zn 等	其他单个杂质
ASTM B92/B92M—2017	9980A M19980	99.80	—	—	0.001	0.02	—	0.10	Na:0.006 Pb:0.01 Sn:0.01	0.05

4.2 加工产品

GB/T 5153—2016《变形镁及镁合金牌号和化学成分》中增加了元素代号“J”和“V”，分别代表元素“锶（Sr）”和“钆（Gd）”；增加了46个牌号和化学成分，共有66个牌号和化学成分。变形镁及镁合金的中外牌号和化学成分对照见表4-7~表4-72。

表4-7~表4-72中“其他元素”一栏系指表中未列出或未规定具体极限数值含量的金属元素。

表4-7 AZ30M牌号和化学成分（质量分数） （%）

标准号	牌号代号	Mg	Al	Zn	Mn	Ce	杂质元素，≤					
							Si	Fe	Cu	Ni	其他元素	
											单个	合计
GB/T 5153—2016	AZ30M	余量	2.2~3.2	0.20~0.50	0.20~0.40	0.05~0.08	0.01	0.005	0.0015	0.0005	0.01	0.15

表 4-8 AZ31B 牌号和化学成分（质量分数）对照 （%）

标准号	牌号代号	Mg	Al	Zn	Mn	Ca	杂质元素，≤					
							Si	Fe	Cu	Ni	其他元素	
											单个	合计
GB/T 5153—2016	AZ31B	余量	2.5~3.5	0.6~1.4	0.20~1.0	≤0.04	0.08	0.003	0.01	0.001	0.05	0.30
JIS H4201:2018	MP-AZ31B	余量	2.4~3.6	0.50~1.5	0.15~1.0	≤0.04	0.10	0.005	0.05	0.005	0.05	0.30
EN 12438:2017(E)	EN-MAMgAl3Zn1 3.5112	余量	2.5~3.5	0.6~1.4	0.2~1.0	—	0.3	0.02	0.05	0.002	0.05	0.1
ASTM B90/B90M—2021	AZ31B	余量	2.5~3.5	0.6~1.4	0.20~1.0	≤0.04	0.10	0.005	0.05	0.005	—	0.30

表 4-9 AZ31C 牌号和化学成分（质量分数）对照 （%）

标准号	牌号代号	Mg	Al	Zn	Mn	Ca	杂质元素，≤					
							Si	Fe	Cu	Ni	其他元素	
											单个	合计
GB/T 5153—2016	AZ31C	余量	2.4~3.6	0.50~1.5	0.15~1.0①	—	0.10	—	0.10	0.03	—	0.30
ASTM B107/B107M—2013	AZ31C M11312	余量	2.4~3.6	0.50~1.5	0.15~1.0	—	0.10	—	0.10	0.03	—	0.30
JIS H4204:2018	MS-AZ31B	余量	2.4~3.6	0.5~1.5	0.15~1.0	≤0.04	0.10	0.005	0.05	0.005	0.05	0.30

① Fe 元素质量分数不大于 0.005%时，不必限制 Mn 元素的最小极限值。

表 4-10 AZ31N 牌号和化学成分（质量分数）对照 (%)

标准号	牌号 代号	Mg	Al	Zn	Mn	杂质元素，≤					
						Si	Fe	Cu	Ni	其他元素	
										单个	合计
GB/T 5153—2016	AZ31N	余量	2.5~3.5	0.50~1.5	0.20~0.40	0.05	0.0008	—	—	0.02	0.15
ISO 3116:2019(E)	ISO-WD21153 MAZ31c ISO-MgAl3Zn(C)	余量	2.5~3.5	0.50~1.5	0.20~0.40	0.05	0.0008	—	—	0.02	0.15

表 4-11 AZ31S 牌号和化学成分（质量分数）对照 (%)

标准号	牌号 代号	Mg	Al	Zn	Mn	杂质元素，≤					
						Si	Fe	Cu	Ni	其他元素	
										单个	合计
GB/T 5153—2016	AZ31S	余量	2.4~3.6	0.50~1.5	0.15~0.40	0.10	0.005	0.05	0.005	0.05	0.30
ISO 3116:2019(E)	MAZ31a ISO-MgAl3Zn(A) ISO-WD21150	余量	2.4~3.6	0.50~1.5	0.15~0.40	0.10	0.005	0.05	0.005	0.05	0.30

表 4-12 AZ31T 牌号和化学成分（质量分数）对照 (%)

标准号	牌号 代号	Mg	Al	Zn	Mn	杂质元素，≤					
						Si	Fe	Cu	Ni	其他元素	
										单个	合计
GB/T 5153—2016	AZ31T	余量	2.4~3.6	0.50~1.5	0.05~0.40	0.10	0.05	0.05	0.005	0.05	0.30

ISO 3116:2019(E)	MAZ31b ISO-MgAl3Zn(B) ISO-WD21151	余量	2.4~3.6	0.5~1.5	0.05~0.4	0.10	0.05	0.05	0.005	0.05	0.30
JIS H4203:2018	MBE-AZ31C	余量	2.4~3.6	0.5~1.5	0.05~0.4	0.1	0.05	0.05	0.005	0.05	0.30

表 4-13　AZ33M 牌号和化学成分（质量分数）　　（%）

标准号	牌号 代号	Mg	Al	Zn	Mn	杂质元素，≤					
						Si	Fe	Cu	Ni	其他元素	
										单个	合计
GB/T 5153—2016	AZ33M	余量	2.6~4.2	2.2~3.8	—	0.10	0.008	0.005	—	0.01	0.30

表 4-14　AZ40M 牌号和化学成分（质量分数）对照　　（%）

标准号	牌号 代号	Mg	Al	Zn	Mn	Be	杂质元素，≤					
							Si	Fe	Cu	Ni	其他元素	
											单个	合计
GB/T 5153—2016	AZ40M	余量	3.0~4.0	0.20~0.8	0.15~0.50	≤0.01	0.10	0.05	0.05	0.005	0.01	0.30
ГОСТ 14957—1976	MA2	余量	3.0~4.0	0.2~0.8	0.15~0.5	≤0.01	0.10	0.05	0.05	0.005	—	0.3

表 4-15　AZ41M 牌号和化学成分（质量分数）对照　（%）

标准号	牌号代号	Mg	Al	Zn	Mn	Be	杂质元素，≤					
							Si	Fe	Cu	Ni	其他元素	
											单个	合计
GB/T 5153—2016	AZ41M	余量	3.7~4.7	0.8~1.4	0.30~0.6	≤0.01	0.10	0.05	0.05	0.005	0.01	0.30
ГОСТ 14957—1976	MA2-1	余量	3.8~5.0	0.8~1.5	0.3~0.7	≤0.02	0.10	0.04	0.05	0.004	—	03

表 4-16　AZ61A 牌号和化学成分（质量分数）对照　（%）

标准号	牌号代号	Mg	Al	Zn	Mn	杂质元素，≤					
						Si	Fe	Cu	Ni	其他元素	
										单个	合计
GB/T 5153—2016	AZ61A	余量	5.8~7.2	0.40~1.5	0.15~0.50	0.10	0.005	0.05	0.005	—	0.30
ASTM B91M—2017	AZ61A M11610	余量	5.8~7.2	0.40~1.5	0.15~0.5	0.10	0.005	0.05	0.005	—	0.30

表 4-17　AZ61M 牌号和化学成分（质量分数）　（%）

标准号	牌号代号	Mg	Al	Zn	Mn	Be	杂质元素，≤					
							Si	Fe	Cu	Ni	其他元素	
											单个	合计
GB/T 5153—2016	AZ61M	余量	5.5~7.0	0.50~1.5	0.15~0.50	≤0.01	0.10	0.05	0.05	0.005	0.01	0.30

表 4-18　AZ61S 牌号和化学成分（质量分数）对照　（%）

标准号	牌号代号	Mg	Al	Zn	Mn	杂质元素，≤					
						Si	Fe	Cu	Ni	其他元素 单个	其他元素 合计
GB/T 5153—2016	AZ61S	余量	5.5~6.5	0.50~1.5	0.15~0.40	0.10	0.005	0.05	0.005	0.05	0.30
ISO 3116:2019(E)	MAZ61 ISO-MgAl6Zn1 ISO-WD21160	余量	5.5~6.5	0.50~1.5	0.15~0.40	0.10	0.005	0.05	0.005	0.05	0.30
JIS H4204:2018	MS-AZ61	余量	5.5~6.5	0.50~1.5	0.15~0.4	0.10	0.005	0.05	0.005	0.05	0.30
EN 12438:2017(E)	EN-MAMgAl6Zn1 3.5113	余量	5.5~6.5	0.6~1.4	0.2~1.0	0.3	0.02	0.05	0.002	0.05	—
						As+Sb+Pb+Cr+Ni:0.1			Cd+Hg+Se:0.01		

表 4-19　AZ62M 牌号和化学成分（质量分数）　（%）

标准号	牌号代号	Mg	Al	Zn	Mn	Be	杂质元素，≤					
							Si	Fe	Cu	Ni	其他元素 单个	其他元素 合计
GB/T 5153—2016	AZ62M	余量	5.0~7.0	2.0~3.0	0.20~0.50	≤0.01	0.10	0.05	0.05	0.005	0.01	0.30

表 4-20　AZ63B 牌号和化学成分（质量分数）对照　（%）

标准号	牌号代号	Mg	Al	Zn	Mn	杂质元素，≤					
						Si	Fe	Cu	Ni	其他元素 单个	其他元素 合计
GB/T 5153—2016	AZ63B	余量	5.3~6.7	2.5~3.5	0.15~0.6	0.08	0.003	0.01	0.001	—	0.30

（续）

标准号	牌号 代号	Mg	Al	Zn	Mn	杂质元素，≤					
						Si	Fe	Cu	Ni	其他元素	
										单个	合计
ASTM B93/B93M—2021	AZ63A M11631	余量	5.5~6.5	2.7~ 3.3	0.15~ 0.35	0.20	—	0.20	0.010	—	0.30
EN 12438:2017(E)	EN-MBMgAl6Zn3 3.5114	余量	5.0~ 7.0	2.0~ 4.0	0.2~ 1.0	0.3	0.02	0.05	0.002	0.05	—
						As+Sb+Pb+Cr+Ni:0.1			Cd+Hg+Se:0.01		

表 4-21　AZ80A 牌号和化学成分（质量分数）对照

（%）

标准号	牌号 代号	Mg	Al	Zn	Mn	杂质元素，≤					
						Si	Fe	Cu	Ni	其他元素	
										单个	合计
GB/T 5153—2016	AZ80A	余量	7.8~ 9.2	0.20~ 0.8	0.12~ 0.50	0.10	0.005	0.05	0.005	—	0.30
ASTM B91M—2017	AZ80A M11800	余量	7.8~ 9.2	0.20~ 0.8	0.12~ 0.5	0.10	0.005	0.05	0.005	—	0.30

表 4-22　AZ80M 牌号和化学成分（质量分数）对照

（%）

标准号	牌号 代号	Mg	Al	Zn	Mn	Be	杂质元素，≤					
							Si	Fe	Cu	Ni	其他元素	
											单个	合计
GB/T 5153—2016	AZ80M	余量	7.8~ 9.2	0.20~ 0.8	0.15~ 0.50	≤0.01	0.10	0.05	0.05	0.005	0.01	0.30
ГОСТ 14957—1976	MA5	余量	7.8~ 9.2	0.2~ 0.3	0.15~ 0.5	—	0.10	0.05	0.05	0.005	—	0.3

表 4-23 AZ80S 牌号和化学成分（质量分数）对照 （%）

标准号	牌号 代号	Mg	Al	Zn	Mn	杂质元素，≤					
						Si	Fe	Cu	Ni	其他元素 单个	其他元素 合计
GB/T 5153—2016	AZ80S	余量	7.8~9.2	0.20~0.8	0.12~0.40	0.10	0.005	0.05	0.005	0.05	0.30
ISO 3116:2019(E)	MAZ80 ISO-MgAl8Zn ISO-WD21170	余量	7.8~9.2	0.20~0.8	0.12~0.40	0.10	0.005	0.05	0.005	0.05	0.30
JIS H4204:2018	MS-AZ80	余量	7.8~9.2	0.20~0.8	0.12~0.4	0.10	0.005	0.05	0.005	0.05	0.30

表 4-24 AZ91D 牌号和化学成分（质量分数）对照 （%）

标准号	牌号 代号	Mg	Al	Zn	Mn	Be	杂质元素，≤					
							Si	Fe	Cu	Ni	其他元素 单个	其他元素 合计
GB/T 5153—2016	AZ91D	余量	8.5~9.5	0.45~0.9	0.17~0.40	0.0005~0.003	0.08	0.004	0.02	0.001	0.01	—
ASTM B93/B93M—2021	AZ91D M11917	余量	8.5~9.5	0.45~0.9	0.17~0.40	0.0005~0.0015	0.08	0.004	0.025	0.001	0.01	—
JIS H4204:2018 ISO 3116:2019(E)	MS-AZ91 MAZ91 ISO-MgAl9Zn1 ISO-WD21170	余量	8.6~9.5	0.35~1.0	0.15~0.5	—	0.10	0.005	0.05	0.005	0.05	0.30

表 4-25　AM41M 牌号和化学成分（质量分数）　（%）

标准号	牌号代号	Mg	Al	Zn	Mn	杂质元素，≤					
						Si	Fe	Cu	Ni	其他元素 单个	其他元素 合计
GB/T 5153—2016	AM41M	余量	3.0~5.0	—	0.50~1.5	0.01	0.005	0.10	0.004	—	0.30

表 4-26　AM81M 牌号和化学成分（质量分数）　（%）

标准号	牌号代号	Mg	Al	Zn	Mn	杂质元素，≤					
						Si	Fe	Cu	Ni	其他元素 单个	其他元素 合计
GB/T 5153—2016	AM81M	余量	7.5~9.0	0.20~0.50	0.50~2.0	0.01	0.005	0.10	0.004	—	0.30

表 4-27　AE90M 牌号和化学成分（质量分数）　（%）

标准号	牌号代号	Mg	Al	Zn	Mn	RE	杂质元素，≤					
							Si	Fe	Cu	Ni	其他元素 单个	其他元素 合计
GB/T 5153—2016	AE90M	余量	8.0~9.5	0.30~0.9	—	0.20~1.2①	0.01	0.005	0.10	0.004	—	0.20

① 稀土为富铈混合稀土，其中 Ce：50%；La：30%；Nd：15%；Pr：5%。

表 4-28　AW90M 牌号和化学成分（质量分数）　（%）

标准号	牌号代号	Mg	Al	Zn	Mn	Y	杂质元素，≤					
							Si	Fe	Cu	Ni	其他元素 单个	其他元素 合计
GB/T 5153—2016	AW90M	余量	8.0~9.5	0.30~0.9	—	0.20~1.2	0.01	—	0.10	0.004	—	0.20

表 4-29　AQ80M 牌号和化学成分（质量分数）对照　（%）

标准号	牌号 代号	Mg	Al	Zn	Mn	RE 等	杂质元素，≤					
							Si	Fe	Cu	Ni	其他元素	
											单个	合计
GB/T 5153—2016	AQ80M	余量	7.5~8.5	0.35~0.55	0.15~0.35	RE:0.01~0.10 Ag:0.02~0.8 Ca:0.001~0.02	0.05	0.02	0.02	0.001	0.01	0.30
ISO 3116:2019(E)	MAQ80 ISO-MgAl8Ag ISO-WD25110	余量	7.5~8.5	0.35~0.55	0.15~0.35	RE:0.01~0.10 Ag:0.02~0.8 Ca:0.001~0.02	0.05	0.02	0.02	0.001	0.01	0.30

表 4-30　AL33M 牌号和化学成分（质量分数）对照　（%）

标准号	牌号 代号	Mg	Al	Zn	Mn	Li	杂质元素，≤					
							Si	Fe	Cu	Ni	其他元素	
											单个	合计
GB/T 5153—2016	AL33M	余量	2.5~3.5	0.50~0.8	0.20~0.40	1.0~3.0	0.01	0.005	0.0015	0.0005	0.02	0.15
ISO 3116:2019(E)	MAL32 ISO-MgAl3Li2 ISO-WD26110	余量	2.5~3.5	0.50~0.8	0.20~0.40	1.0~3.0	0.01	0.005	0.0015	0.0005	0.02	0.15

表 4-31　AJ31M 牌号和化学成分（质量分数）对照　（%）

标准号	牌号 代号	Mg	Al	Zn	Mn	Sr	杂质元素，≤					
							Si	Fe	Cu	Ni	其他元素	
											单个	合计
GB/T 5153—2016	AJ31M	余量	2.5~3.5	≤0.20	0.6~0.8	0.9~1.5	0.10	0.02	0.05	0.005	0.02	0.15

（续）

标准号	牌号 代号	Mg	Al	Zn	Mn	Sr	杂质元素，≤					
							Si	Fe	Cu	Ni	其他元素	
											单个	合计
ISO 3116:2019(E)	MAJ31 ISO-MgAl3Sr1 ISO-WD21450	余量	2.5~3.5	0~0.25	0.6~0.8	0.9~1.5	0.10	0.02	0.05	0.005	0.02	0.15

表 4-32　AT11M 牌号和化学成分（质量分数）对照

（%）

标准号	牌号 代号	Mg	Al	Zn	Mn	Sn	杂质元素，≤					
							Si	Fe	Cu	Ni	其他元素	
											单个	合计
GB/T 5153—2016	AT11M	余量	0.50~1.2	—	0.10~0.30	0.6~1.2	0.01	0.004	—	—	0.01	0.15
ISO 3116:2019(E)	MAT11 ISO-MgAl1Sn1 ISO-WD25150	余量	0.50~1.2	—	0.10~0.30	0.6~1.2	0.01	0.004	—	—	0.01	0.15

表 4-33　AT51M 牌号和化学成分（质量分数）

（%）

标准号	牌号 代号	Mg	Al	Zn	Mn	Sn	杂质元素，≤					
							Si	Fe	Cu	Ni	其他元素	
											单个	合计
GB/T 5153—2016	AT51M	余量	4.5~5.5	—	0.20~0.50	0.8~1.3	0.02	0.005	—	—	0.05	0.15

表 4-34　AT61M 牌号和化学成分（质量分数）对照

（%）

标准号	牌号 代号	Mg	Al	Zn	Mn	Sn	杂质元素，≤					
							Si	Fe	Cu	Ni	其他元素	
											单个	合计
GB/T 5153—2016	AT61M	余量	6.0~ 6.8	—	0.20~ 0.40	0.7~ 1.3	0.02	0.005	—	—	0.05	0.15
ISO 3116:2019(E)	MAT61 ISO-MgAl6Sn1 ISO-WD25160	余量	6.0~ 6.8	—	0.2 ~0.4	0.7~ 1.3	0.025	0.005	—	—	0.05	0.15

表 4-35　ZA73M 牌号和化学成分（质量分数）

（%）

标准号	牌号 代号	Mg	Al	Zn	Mn	Er	杂质元素，≤					
							Si	Fe	Cu	Ni	其他元素	
											单个	合计
GB/T 5153—2016	ZA73M	余量	2.5~ 3.5	6.5~ 7.5	≤ 0.01	0.30~ 0.9	0.0005	0.01	0.001	0.0001	—	0.30

表 4-36　ZM21M 牌号和化学成分（质量分数）对照

（%）

标准号	牌号 代号	Mg	Al	Zn	Mn	杂质元素，≤					
						Si	Fe	Cu	Ni	其他元素	
										单个	合计
GB/T 5153—2016	ZM21M	余量	—	1.0~ 2.5	0.50~ 1.5	0.01	0.005	0.10	0.004	—	0.30
JIS H4201:2018	MP-ZM21	余量	≤0.1	1.75~ 2.3	0.6~ 1.3	0.10	0.06	0.1	0.005	0.05	0.30

（续）

标准号	牌号 代号	Mg	Al	Zn	Mn	杂质元素，≤					
						Si	Fe	Cu	Ni	其他元素	
										单个	合计
ISO 3116:2019(E)	MZM21 ISO-MgZn2Mn1 ISO-WD32350	余量	≤ 0.1	1.75~ 2.3	0.6~ 1.3	0.1	0.06	0.1	0.005	0.05	0.30

表 4-37 ZM21N 牌号和化学成分（质量分数） （%）

标准号	牌号 代号	Mg	Al	Zn	Mn	Ce	杂质元素，≤					
							Si	Fe	Cu	Ni	其他元素	
											单个	合计
GB/T 5153—2016	ZM21N	余量	≤ 0.02	1.3~ 2.4	0.30~ 0.9	0.10~ 0.6	0.01	0.008	0.006	0.004	0.01	0.20

表 4-38 ZM51M 牌号和化学成分（质量分数）对照 （%）

标准号	牌号 代号	Mg	Al	Zn	Mn	杂质元素，≤					
						Si	Fe	Cu	Ni	其他元素	
										单个	合计
GB/T 5153—2016	ZM51M	余量	—	4.5~ 6.0	0.50~ 2.0	0.01	0.005	0.10	0.004	—	0.30
ISO 3116:2019(E)	MZM51 ISO-MgZn5Mn1 ISO-WD32360	余量	—	4.5~ 6.0	0.50~ 2.0	0.01	0.005	0.10	0.004	—	0.30

表 4-39　ZE10A 牌号和化学成分（质量分数）对照　（%）

标准号	牌号代号	Mg	Al	Zn	Mn	RE	杂质元素，≤					
							Si	Fe	Cu	Ni	其他元素	
											单个	合计
GB/T 5153—2016	ZE10A	余量	—	1.0~1.5	—	0.12~0.22	—	—	—	—	—	0.30
ASTM B90/B90M—2021	ZE10A	余量	—	1.0~1.5	—	0.12~0.22	—	—	—	—	—	0.30

表 4-40　ZE20M 牌号和化学成分（质量分数）对照　（%）

标准号	牌号代号	Mg	Al	Zn	Mn	Ce	杂质元素，≤					
							Si	Fe	Cu	Ni	其他元素	
											单个	合计
GB/T 5153—2016	ZE20M	余量	≤0.02	1.8~2.4	0.50~0.9	0.10~0.6	0.01	0.008	0.006	0.004	0.01	0.20
ISO 3116:2019(E)	MZME210 ISO-MgZn2Mn1RE ISO-WD32351	余量	≤0.02	1.8~2.4	0.50~0.9	0.10~0.6	0.01	0.008	0.006	0.004	0.01	0.20

表 4-41　ZE90M 牌号和化学成分（质量分数）　（%）

标准号	牌号代号	Mg	Al	Zn	Mn	Er 等	杂质元素，≤					
							Si	Fe	Cu	Ni	其他元素	
											单个	合计
GB/T 5153—2016	ZE90M	余量	≤0.0001	8.5~9.0	≤0.01	Er:0.45~0.50 Zr:0.30~0.50	0.0005	0.0001	0.001	0.0001	0.01	0.15

表 4-42 ZW62M 牌号和化学成分（质量分数）（%）

标准号	牌号代号	Mg	Al	Zn	Mn	Ce 等	杂质元素，≤					
							Si	Fe	Cu	Ni	其他元素	
											单个	合计
GB/T 5153—2016	ZW62M	余量	≤0.01	5.0~6.5	0.20~0.8	Ce:0.12~0.25 Y:1.0~2.5 Zr:0.50~0.9 Ag:0.20~1.6 Cd:0.10~0.6	0.05	0.005	0.05	0.005	0.05	0.30

表 4-43 ZW62N 牌号和化学成分（质量分数）（%）

标准号	牌号代号	Mg	Al	Zn	Mn	Y	杂质元素，≤					
							Si	Fe	Cu	Ni	其他元素	
											单个	合计
GB/T 5153—2016	ZW62N	余量	≤0.20	5.5~6.5	0.6~0.8	1.6~2.4	0.10	0.02	0.05	0.005	0.05	0.15

表 4-44 ZK40A 牌号和化学成分（质量分数）对照（%）

标准号	牌号代号	Mg	Al	Zn	Mn	Zr	杂质元素，≤					
							Si	Fe	Cu	Ni	其他元素	
											单个	合计
GB/T 5153—2016	ZK40A	余量	—	3.5~4.5	—	≥0.45	—	—	—	—	—	0.30
ASTM B107/B107M—2013	ZK40A M16400	余量	—	3.5~4.5	—	≥0.45	—	—	—	—	—	0.30
JIS H4204:2018	MS-ZK30	余量	—	2.5~4.0	—	0.45~0.8	—	—	—	—	0.05	0.30
ISO 3116:2019(E)	MZK30 ISO-MgZn3Zr ISO-WD32250											

表 4-45 ZK60A 牌号和化学成分（质量分数）对照 （%）

标准号	牌号代号	Mg	Al	Zn	Mn	Zr	杂质元素，≤					
							Si	Fe	Cu	Ni	其他元素	
											单个	合计
GB/T 5153—2016	ZK60A	余量	—	4.8~6.2	—	≥0.45	—	—	—	—	—	0.30
ASTM B91M—2017	ZK60A M16600	余量	—	4.8~6.2	—	≥0.45	—	—	—	—	—	0.30
JIS H4204:2018	MS-ZK60	余量	—	4.8~6.2	—	0.45~0.8	—	—	—	—	0.05	0.30
ISO 3116:2019(E)	MZK60 ISO-MgZn6Zr ISO-WD32260											

表 4-46 ZK61M 牌号和化学成分（质量分数）对照 （%）

标准号	牌号代号	Mg	Al	Zn	Mn	Zr 等	杂质元素，≤					
							Si	Fe	Cu	Ni	其他元素	
											单个	合计
GB/T 5153—2016	ZK61M	余量	≤0.05	5.0~6.0	≤0.10	Zr:0.30~0.9 Be:≤0.01	0.05	0.05	0.05	0.005	0.01	0.30
ГОСТ 14957—1976	MA14	余量	≤0.05	5.0~6.0	≤0.1	Zr:0.3~0.9 Be:≤0.002	0.05	0.03	0.05	0.005	—	0.3

表 4-47 ZK61S 牌号和化学成分（质量分数）对照 （%）

标准号	牌号代号	Mg	Al	Zn	Mn	Zr	杂质元素，≤					
							Si	Fe	Cu	Ni	其他元素	
											单个	合计
GB/T 5153—2016	ZK61S	余量	—	4.8~6.2	—	0.45~0.8	—	—	—	—	0.05	0.30

（续）

标准号	牌号 代号	Mg	Al	Zn	Mn	Zr	杂质元素，≤					
							Si	Fe	Cu	Ni	其他元素	
											单个	合计
ISO 3116:2019(E)	MZK60 ISO-MgZn6Zr ISO-WD32260	余量	—	4.8~ 6.2	—	0.45~ 0.8	—	—	—	—	0.05	0.30
JIS H4202:2018	MTE-ZK60											

表 4-48 ZC20M 牌号和化学成分（质量分数）对照 （%）

标准号	牌号 代号	Mg	Al	Zn	Mn	Ce 等	杂质元素，≤					
							Si	Fe	Cu	Ni	其他元素	
											单个	合计
GB/T 5153—2016	ZC20M	余量	—	1.5~ 2.5	—	Ce:0.20~0.6 Cu:0.30~0.6	0.02	0.02	—	—	0.01	0.05
ISO 3116:2019(E)	MZC20 ISO-MgZn2Cu ISO-WD32120	余量	—	1.5~ 2.5	—	Ce:0.2~0.6 Cu:0.30~0.6	0.05	0.02	—	—	0.01	0.05

表 4-49 M1A 牌号和化学成分（质量分数）对照 （%）

标准号	牌号 代号	Mg	Al	Zn	Mn	Ca	杂质元素，≤					
							Si	Fe	Cu	Ni	其他元素	
											单个	合计
GB/T 5153—2016	M1A	余量	—	—	1.2~ 2.0	≤0.30	0.10	—	0.05	0.01	—	0.30
ASTM B107/B107M—2013	M1A	余量	—	—	1.2~ 2.0	≤0.30	0.10	—	0.05	0.01	—	0.30

表 4-50　M1C 牌号和化学成分（质量分数）对照　（%）

标准号	牌号代号	Mg	Al	Zn	Mn	杂质元素，≤					
						Si	Fe	Cu	Ni	其他元素	
										单个	合计
GB/T 5153—2016	M1C	余量	≤0.01	—	0.50~1.3	0.05	0.01	0.01	0.001	0.05	0.30
ГОСТ 14957—1976	MA8пч	余量	≤0.01	≤0.06	1.0~1.5	0.01	0.01	0.01	0.001	—	0.1
EN 12438:2017(E)	EN-MBMgMn1 3.5230	余量	≤0.01	≤0.05	0.50~1.3	0.05	0.02	0.02	0.001	0.05	—

表 4-51　M2M 牌号和化学成分（质量分数）对照　（%）

标准号	牌号代号	Mg	Al	Zn	Mn	Be	杂质元素，≤					
							Si	Fe	Cu	Ni	其他元素	
											单个	合计
GB/T 5153—2016	M2M	余量	≤0.20	≤0.30	1.3~2.5	≤0.01	0.10	0.05	0.05	0.007	0.01	0.20
ГОСТ 14957—1976	MA1	余量	≤0.1	≤0.3	1.3~2.5	≤0.02	0.10	0.05	0.05	0.007	—	0.2
EN 12438:2017(E)	EN-MBMgMn2 3.5231	余量	≤0.01	≤0.05	1.20~2.5	—	0.05	0.02	0.02	0.001	0.05	—

表 4-52　M2S 牌号和化学成分（质量分数）对照　（%）

标准号	牌号代号	Mg	Al	Zn	Mn	杂质元素，≤					
						Si	Fe	Cu	Ni	其他元素	
										单个	合计
GB/T 5153—2016	M2S	余量	—	—	1.2~2.0	0.10	—	0.05	0.01	0.05	0.30

（续）

标准号	牌号 代号	Mg	Al	Zn	Mn	杂质元素，≤					
						Si	Fe	Cu	Ni	其他元素	
										单个	合计
JIS H4202:2018	MTE-M1										
ISO 3116:2019(E)	ISO-MgMn2 ISO-WD43150 MM2	余量	—	—	1.2~2.0	0.10	—	0.05	0.01	0.05	0.30

表 4-53 ME20M 牌号和化学成分（质量分数）对照 （%）

标准号	牌号 代号	Mg	Al	Zn	Mn	Ce 等	杂质元素，≤					
							Si	Fe	Cu	Ni	其他元素	
											单个	合计
GB/T 5153—2016	ME20M	余量	≤0.20	≤0.30	1.3~2.2	Ce:0.15~0.35 Be:≤0.01	0.10	0.05	0.05	0.007	0.01	0.30
ГОСТ 14957—1976	MA8	余量	≤0.1	≤0.3	1.3~2.2	Ce:0.15~0.35 Be:≤0.01	0.10	0.05	0.05	0.007	—	0.3

表 4-54 EZ22M 牌号和化学成分（质量分数） （%）

标准号	牌号 代号	Mg	Al	Zn	Mn	Er 等	杂质元素，≤					
							Si	Fe	Cu	Ni	其他元素[①]	
											单个	合计
GB/T 5153—2016	EZ22M	余量	≤0.001	1.2~2.0	≤0.01	Er:2.0~3.0 Zr:0.10~0.50	0.0005	0.001	0.001	0.0001	0.01	0.15

①“其他元素”指在本表表头中列出了元素符号，但在本表中未规定极限含量值的元素。

表 4-55 VE82M 牌号和化学成分（质量分数） （%）

标准号	牌号代号	Mg	Gd	RE	Mn	杂质元素，≤					
						Si	Fe	Cu	Ni	其他元素	
										单个	合计
GB/T 5153—2016	VE82M	余量	7.5～9.5	0.5～2.5①	0.40～1.0	0.01	0.05	—	0.004	—	0.30

① 稀土为富铈混合稀土，其中 Ce：50%；La：30%；Nd：15%；Pr：5%。

表 4-56 VW64M 牌号和化学成分（质量分数）对照 （%）

标准号	牌号代号	Mg	Gd	Zn	Y	Zr 等	杂质元素，≤					
							Si	Fe	Cu	Ni	其他元素	
											单个	合计
GB/T 5153—2016	VW64M	余量	5.5～6.5	0.30～1.0	3.0～4.5	Zr：0.30～0.7 Ag：0.20～1.0 Ca：0.002～0.02	0.05	0.02	0.02	0.001	0.01	0.30
ISO 3116：2019(E)	MVWZ641 ISO-MgGd6Y4Zn1 ISO-WD69120	余量	5.5～6.5	0.30～1.0	3.0～4.5	Zr：0.30～0.7 Ag：0.20～1.0 Ca：0.002～0.02	0.05	0.02	0.02	0.001	0.01	0.30

表 4-57 VW75M 牌号和化学成分（质量分数）对照 （%）

标准号	牌号代号	Mg	Gd	Nd	Y	Zr 等	杂质元素，≤					
							Si	Fe	Cu	Ni	其他元素	
											单个	合计
GB/T 5153—2016	VW75M	余量	6.5～7.5	0.9～1.5	4.6～5.7	Zr：0.40～1.0 Mn：≤0.10 Al：≤0.01	0.01	—	0.10	0.004	—	0.30

（续）

标准号	牌号 代号	Mg	Gd	Nd	Y	Zr 等	杂质元素，≤					
							Si	Fe	Cu	Ni	其他元素	
											单个	合计
ISO 3116:2019(E)	MVWE751 ISO-MgGd7Y4RE1 ISO-WD69130	余量	6.5~7.5	RE: 0.9~1.5	4.6~5.7	Zr:0.40~1.0	0.01	—	0.10	0.004	—	0.30

表 4-58　VW83M 牌号和化学成分（质量分数）对照　（%）

标准号	牌号 代号	Mg	Gd	Zr	Y	Mn 等	杂质元素，≤					
							Si	Fe	Cu	Ni	其他元素	
											单个	合计
GB/T 5153—2016	VW83M	余量	8.0~9.0	0.40~0.6	2.8~3.5	Mn:≤0.05 Zn:≤0.10 Al:≤0.02	0.05	0.01	0.02	0.005	0.01	0.15
ISO 3116:2019(E)	MVW83 ISO-MgGd8Y3 ISO-WD69150	余量	8.0~9.0	0.4~0.6	2.8~3.5	Mn:≤0.05 Zn:≤0.10 Al:≤0.02	0.05	0.01	0.02	0.005	0.01	0.15

表 4-59　VW84M 牌号和化学成分（质量分数）对照　（%）

标准号	牌号 代号	Mg	Gd	Zn	Y	Mn	杂质元素，≤					
							Si	Fe	Cu	Ni	其他元素	
											单个	合计
GB/T 5153—2016	VW84M	余量	7.5~9.0	1.0~2.0	3.5~5.0	0.6~1.0	0.05	0.01	0.02	0.005	0.01	0.15
ISO 3116:2019(E)	MVWZ842 ISO-MgGd8Y4Zn2 ISO-WD69160	余量	7.5~9.0	1.0~2.0	3.5~5.0	0.6~1.0	0.05	0.01	0.02	0.005	0.01	0.15

表 4-60 VK41M 牌号和化学成分（质量分数）对照 （%）

标准号	牌号代号	Mg	Gd	Zr	Y	Mn	杂质元素，≤					
							Si	Fe	Cu	Ni	其他元素	
											单个	合计
GB/T 5153—2016	VK41M	余量	3.8~4.2	0.8~1.2	—	—	0.02	0.01	—	—	0.03	0.30
ISO 3116:2019(E)	MVK41 ISO-MgGd4Zr1 ISO-WD69170	余量	3.8~4.2	0.8~1.2	—	≤0.01	0.02	0.01	0.05	0.01	0.03	0.30

表 4-61 WZ52M 牌号和化学成分（质量分数） （%）

标准号	牌号代号	Mg	Zn	Mn	Y	Zr 等	杂质元素，≤					
							Si	Fe	Cu	Ni	其他元素	
											单个	合计
GB/T 5153—2016	WZ52M	余量	1.5~2.5	0.35~0.55	4.0~5.0	Zr:0.50~1.5 Cd:0.15~0.50	0.05	0.01	0.04	0.005	—	0.30

表 4-62 WE43B 牌号和化学成分（质量分数）对照 （%）

标准号	牌号代号	Mg	Y	Re	Zr 等	杂质元素，≤					
						Li	Fe	Cu	Ni	其他元素	
										单个	合计
GB/T 5153—2016	WE43B	余量	3.7~4.3	Nd: 2.0~2.5 其他: ≤1.9①	Zr:0.40~1.0 Zn+Ag: ≤0.20 Mn:≤0.03	0.20	0.01	0.02	0.005	0.01	—
ASTM B107/B107M—2013	WE43B M18432	余量	3.7~4.3	Nd: 2.0~2.5 RE:≤1.9	Zr:0.40~1.0 Zn+Ag: ≤0.20 Mn:≤0.03	0.2	0.010	0.02	0.005	0.01	—

（续）

标准号	牌号 代号	Mg	Y	Re	Zr 等	杂质元素，≤					
						Si	Fe	Cu	Ni	其他元素	
										单个	合计
JIS H4203:2018	MBE-WE43	余量	3.7~4.3	2.4~4.4	Zr:0.4~1.0 Zn:≤0.2 Mn:≤0.03 Si:≤0.01	0.2	0.010	0.02	0.005	0.01	0.30
ISO 3116:2019(E)	MWEK431b ISO-MgY4RE3Zr1(B) ISO-WD95360	余量	3.7~4.3	2.4~4.4	Zr:0.4~1.0 Zn+Ag: ≤0.20 Mn:≤0.03 Si:≤0.01	0.2	0.01	0.02	0.005	0.01	0.30

① 其他稀土为中重稀土，例如：钆、镝、铒、镱。其他稀土源生自钇，典型为80%钇、20%的重稀土。

表 4-63 WE43C 牌号和化学成分（质量分数）对照

（%）

标准号	牌号 代号	Mg	Y	Re	Zr 等	杂质元素，≤					
						Li	Fe	Cu	Ni	其他元素	
										单个	合计
GB/T 5153—2016	WE43C	余量	3.7~4.3	Nd: 2.0~2.5 其他: 0.30~1.0①	Zr:0.20~1.0 Zn:≤0.06 Mn:≤0.03 Al:≤0.06	0.05	0.005	0.02	0.002	0.01	—
ASTM B107/B107M—2013	WE43C M18434	余量	3.7~4.3	Nd: 2.0~2.5 RE: 0.30~1.0	Zr:0.20~1.0 Zn:≤0.06 Mn:≤0.03	—	0.005	0.02	0.0020	0.01	—
ISO 3116:2019(E)	MWEK431c ISO-MgY4RE3Zr1(C) ISO-WD95370	余量	3.7~4.3	RE: 2.4~4.4	Zr:0.40~1.0 Zn:≤0.06 Mn:≤0.03	—	0.005	0.02	0.0020	0.01	0.30

① 其他稀土为中重稀土，例如：钆、镝、铒、钐和镱。钆+镝+铒的质量分数为0.3%~1.0%。钐的质量分数不大于0.04%，镱的质量分数不大于0.02%。

表 4-64　WE54A 牌号和化学成分（质量分数）对照　（%）

标准号	牌号 代号	Mg	Y	RE	Zr 等	杂质元素，≤					
						Li	Si	Cu	Ni	其他元素	
										单个	合计
GB/T 5153—2016	WE54A	余量	4.8~5.5	Nd：1.5~2.0 其他：≤2.0①	Zr：0.40~1.0 Zn：≤0.20 Mn：≤0.03	0.20	0.01	0.03	0.005	0.20	—
ASTM B107/B107M—2013	WE54A M18410	余量	4.75~5.5	Nd：1.5~2.0 RE：≤2.0	Zr：0.40~1.0 Zn：≤0.20 Mn：≤0.03	0.2	0.01	0.03	0.005	0.2	—
JIS H4203：2018	MBE-WE54	余量	4.75~5.5	1.5~4.0	Zr：0.4~1.0 Zn：≤0.2 Mn：≤0.03	0.2	0.01 Fe 0.010	0.02	0.005	0.01	0.30
ISO 3116：2019(E)	ISO-MgY5RE4Zr1 ISO-WD95350 MWEK541	余量	4.75~5.5	1.5~4.0	Zr：0.4~1.0 Zn：≤0.20 Mn：≤0.03	0.2	0.01 Fe 0.01	0.02	0.005	0.01	0.30

① 其他稀土为中重稀土，例如：钆、镝、铒、镱。其他稀土源生自钇，典型为 80%钇、20%的重稀土。

表 4-65　WE71M 牌号和化学成分（质量分数）对照　（%）

标准号	牌号 代号	Mg	Y	RE	Zr	杂质元素，≤					
						Si	Fe	Cu	Ni	其他元素	
										单个	合计
GB/T 5153—2016	WE71M	余量	6.7~8.5	0.7~2.5①	0.40~1.0	0.01	0.05	—	0.004	—	0.30
ISO 3116：2019(E)	MWEK711 ISO-MgY7RE1Zr1 ISO-WD95380	余量	6.7~8.5	0.7~2.0	0.40~1.0	0.01	0.05	—	0.004	—	0.30

① 稀土为富铈混合稀土，其中 Ce：50%；La：30%；Nd：15%；Pr：5%。

表 4-66 WE83M 牌号和化学成分（质量分数） （%）

标准号	牌号代号	Mg	Y	Nd	Zr	Mn 等	杂质元素，≤					
							Si	Fe	Cu	Ni	其他元素	
											单个	合计
GB/T 5153—2016	WE83M	余量	7.4~8.5	2.4~3.4	0.40~1.0	Mn：≤0.10 Al：≤0.01	0.01	—	0.10	0.004	—	0.30

表 4-67 WE91M 牌号和化学成分（质量分数）对照 （%）

标准号	牌号代号	Mg	Y	RE	Zr	Al	杂质元素，≤					
							Si	Fe	Cu	Ni	其他元素	
											单个	合计
GB/T 5153—2016	WE91M	余量	8.2~9.5	0.7~1.9①	0.40~1.0	≤0.10	0.01	—	—	0.004	—	0.30
ISO 3116:2019(E)	MWEK911 ISO-MgY9RE1Zr1 ISO-WD95390	余量	8.2~9.5	0.7~1.9	0.4~1.0	—	0.01	—	—	0.004	—	0.30

① 稀土为富铈混合稀土，其中 Ce：50%；La：30%；Nd：15%；Pr：5%。

表 4-68 WE93M 牌号和化学成分（质量分数） （%）

标准号	牌号代号	Mg	Y	RE	Zr	Al	杂质元素，≤					
							Si	Fe	Cu	Ni	其他元素	
											单个	合计
GB/T 5153—2016	WE93M	余量	8.2~9.5	2.5~3.7①	0.40~1.0	≤0.10	0.01	—	—	0.004	—	0.30

① 稀土为富铈混合稀土，其中 Ce：50%；La：30%；Nd：15%；Pr：5%。

表 4-69 LA43M 牌号和化学成分（质量分数）对照 （%）

标准号	牌号 代号	Mg	Al	Zn	Li	杂质元素，≤					
						Si	Fe	Cu	Ni	其他元素	
										单个	合计
GB/T 5153—2016	LA43M	余量	2.5~3.5	2.5~3.5	3.5~4.5	0.50	0.05	0.05	—	0.05	0.30
ISO 3116:2019(E)	MLAZ433 ISO-MgLi4Al3Zn3 ISO-WD96120	余量	2.5~3.5	2.5~3.5	3.5~4.5	0.5	0.05	0.05	—	0.05	0.30

表 4-70 LA86M 牌号和化学成分（质量分数） （%）

标准号	牌号 代号	Mg	Al	Zn	Li	Y 等	杂质元素，≤					
							Si	Fe	Cu	Ni	其他元素	
											单个	合计
GB/T 5153—2016	LA86M	余量	5.5~6.5	0.50~1.5	7.0~9.0	Y:0.50~1.2 Cd:2.0~4.0 Ag:0.50~1.5	0.10~0.40	0.01 K: 0.005	0.04 Na: 0.005	0.005	—	0.30

表 4-71 LA103M 牌号和化学成分（质量分数） （%）

标准号	牌号 代号	Mg	Al	Zn	Li	杂质元素，≤					
						Si	Fe	Cu	Ni	其他元素	
										单个	合计
GB/T 5153—2016	LA103M	余量	2.5~3.5	0.8~1.8	9.5~10.5	0.50	0.05	0.05	—	0.05	0.30

表 4-72 LA103Z 牌号和化学成分（质量分数）对照 （%）

标准号	牌号 代号	Mg	Al	Zn	Li	杂质元素，≤					
						Si	Fe	Cu	Ni	其他元素	
										单个	合计
GB/T 5153—2016	LA103Z	余量	2.5~3.5	2.5~3.5	9.5~10.5	0.50	0.05	0.05	—	0.05	0.30

（续）

标准号	牌号 代号	Mg	Al	Zn	Li	杂质元素，≤					
						Si	Fe	Cu	Ni	其他元素	
										单个	合计
ISO 3116:2019(E)	MLAZ1033 ISO-MgLi10Al3Zn3 ISO-WD96130	余量	2.5~3.5	2.5~3.5	9.5~10.5	0.5	0.05	0.05	—	0.05	0.30

4.3 铸造产品

4.3.1 铸造镁合金锭牌号和化学成分

GB/T 19078—2016《铸造镁合金锭》中共有48个牌号。中外铸造镁合金锭牌号和化学成分对照见表4-73~表4-120。

表4-73~表4-120统一注释如下：

1）表中质量分数有上下限者为合金元素，质量分数为单个数值者为最高限，“—”为未规定具体数值。

2）“其他元素”一栏系指表中未列出或未规定质量分数具体极限数值的金属元素。

表4-73 AZ81A牌号和化学成分（质量分数）对照 （%）

标准号	牌号 代号	Mg	Al	Zn	Mn	Be等	Si	Fe	Cu	Ni	其他元素	
											单个	合计
GB/T 19078—2016	AZ81A	余量	7.2~8.0	0.50~0.9	0.15~0.35	Be:0.0005~0.002	0.20	—	0.08	0.01	—	0.30

ГОСТ 2856—1979	МЛ5	余量	7.5~9.0	0.2~0.8	0.15~0.5	Be:0.002 Zr:0.002	0.25	0.06	0.1	0.01	0.1	0.5
ASTM B93/B93M—2021	AZ81A M11811	余量	7.2~8.0	0.5~0.9	0.15~0.35	—	0.20	—	0.08	0.010	—	0.30

表 4-74 AZ81S 牌号和化学成分（质量分数）对照 （%）

标准号	牌号 代号	Mg	Al	Zn	Mn	Be 等	Si	Fe	Cu	Ni	其他元素	
											单个	合计
GB/T 19078—2016	AZ81S	余量	7.2~8.5	0.45~0.9	0.17~0.40	—	0.05	0.004	0.02	0.001	0.01	—
ГОСТ 2856—1979	МЛ5пч	余量	7.5~9.0	0.2~0.8	0.15~0.5	Be:0.002 Zr:0.002	0.08	0.007	0.01	0.001	—	0.13
EN 1753:2019(E)	EN-MBMgAl8Zn1 3.5215	余量	7.2~8.5	0.45~0.9	≥0.17	—	0.05	0.004	0.025	0.001	0.01	—
ISO 16220:2017(E)	AZ81 ISO-MgAl8Zn1 ISO-MB21110	余量	7.2~8.5	0.45~0.9	0.17~0.4	—	0.05	0.004	0.025	0.001	0.05	—

表 4-75 AZ91A 牌号和化学成分（质量分数）对照 （%）

标准号	牌号 代号	Mg	Al	Zn	Mn	Si	Fe	Cu	Ni	其他元素	
										单个	合计
GB/T 19078—2016	AZ91A	余量	8.5~9.5	0.45~0.9	0.15~0.40	0.20	—	0.08	0.01	—	0.30
ASTM B93/B93M—2021	AZ91A M11911	余量	8.5~9.5	0.45~0.9	0.15~0.40	0.20	—	0.08	0.01	—	0.30

表 4-76　AZ91B 牌号和化学成分（质量分数）对照　（%）

标准号	牌号代号	Mg	Al	Zn	Mn	Si	Fe	Cu	Ni	其他元素	
										单个	合计
GB/T 19078—2016	AZ91B	余量	8.5~9.5	0.45~0.9	0.15~0.40	0.20	—	0.25	0.01	—	0.30
ASTM B93/B93M—2021	AZ91B M11913	余量	8.5~9.5	0.45~0.9	0.15~0.40	0.20	—	0.25	0.01	—	0.30
JIS H2222:2017	MD1B	余量	8.5~9.5	0.45~0.9	0.15~0.40	0.20	0.03	0.25	0.01	0.05	—

表 4-77　AZ91C 牌号和化学成分（质量分数）对照　（%）

标准号	牌号代号	Mg	Al	Zn	Mn	Si	Fe	Cu	Ni	其他元素	
										单个	合计
GB/T 19078—2016	AZ91C	余量	8.3~9.2	0.45~0.9	0.15~0.35	0.20	—	0.08	0.01	—	0.30
ASTM B93/B93M—2021	AZ91C M11915	余量	8.3~9.2	0.45~0.9	0.15~0.35	0.20	—	0.08	0.010	—	0.30
JIS H2221:2018	MCI2C	余量	8.3~9.2	0.45~0.9	0.15~0.35	0.20	0.03	0.08	0.010	0.05	—

表 4-78　AZ91D 牌号和化学成分（质量分数）对照　（%）

标准号	牌号代号	Mg	Al	Zn	Mn	Be	Si	Fe	Cu	Ni	其他元素	
											单个	合计
GB/T 19078—2016	AZ91D	余量	8.5~9.5	0.45~0.9	0.17~0.40	0.0005~0.003	0.08	0.004	0.02	0.001	0.01	—
ISO 16220:2017(E)	AZ91 ISO-MgAl9Zn1(A) ISO-MB21120	余量	8.5~9.5	0.45~0.9	0.17~0.40	—	0.08	0.004	0.025	0.001	0.01	—
EN 1753:2019(E)	EN-MBMgAl9Zn1(A) 3.5216	余量	8.5~9.5	0.45~0.9	≥0.17	—	0.05	0.004	0.025	0.001	0.01	—

JIS H2222:2017	MD1D	余量	8.5~9.5	0.45~0.9	0.17~0.40	0.0005~0.0015	0.08	0.004	0.025	0.001	0.01	—
ASTM B93/B93M—2021	AZ91D M11917											

表 4-79　AZ91E 牌号和化学成分（质量分数）对照　（%）

标准号	牌号 代号	Mg	Al	Zn	Mn	Si	Fe	Cu	Ni	其他元素	
										单个	合计
GB/T 19078—2016	AZ91E	余量	8.3~9.2	0.45~0.9	0.17~0.50	0.20	0.005	0.02	0.001	0.01	0.30
ASTM B93/B93M—2021	AZ91E M11918	余量	8.3~9.2	0.45~0.9	0.17~0.50	0.20	0.006	0.015	0.0010	0.01	0.30
JIS H2221:2018	MCI2E	余量	8.3~9.2	0.45~0.9	0.17~0.50	0.20	0.004	0.015	0.0010	0.01	—

表 4-80　AZ91S 牌号和化学成分（质量分数）对照　（%）

标准号	牌号 代号	Mg	Al	Zn	Mn	Be 等	Si	Fe	Cu	Ni	其他元素	
											单个	合计
GB/T 19078—2016	AZ91S	余量	8.0~10.0	0.30~1.0	0.10~0.50	—	0.30	0.03	0.20	0.01	0.05	—
ISO 16220:2017(E)	AZ91 ISO-MgAl9Zn1(B) ISO-MB21121	余量	8.0~10.0	0.3~1.0	0.1~0.50	—	0.3	0.03	0.020	0.01	0.05	—
EN 1753: 2019(E)	EN-MBMgAl9Zn1(B) 3.5217	余量	8.0~10.0	0.3~1.0	—	—	0.3	0.03	0.20	0.01	0.05	—
ГОСТ 2856—1979	МЛ6	余量	9.0~10.2	0.6~1.2	0.1~0.5	Be:0.002 Zr:0.002	0.25	0.06	0.1	0.01	0.1	0.5

表 4-81 AZ92A 牌号和化学成分（质量分数）对照 （%）

标准号	牌号 代号	Mg	Al	Zn	Mn	Si	Fe	Cu	Ni	其他元素	
										单个	合计
GB/T 19078—2016	AZ92A	余量	8.5~9.5	1.7~2.3	0.13~0.35	0.20	—	0.20	0.01	—	0.30
ASTM B93/B93M—2021	AZ92A M11921	余量	8.5~9.5	1.7~2.3	0.13~0.35	0.20	—	0.20	0.010	—	0.30

表 4-82 AZ33M 牌号和化学成分（质量分数） （%）

标准号	牌号 代号	Mg	Al	Zn	Mn	Si	Fe	Cu	Ni	其他元素	
										单个	合计
GB/T 19078—2016	AZ33M	余量	2.6~4.2	2.2~3.8	—	0.20	0.05	0.05	—	0.01	0.30

表 4-83 AZ63A 牌号和化学成分（质量分数）对照 （%）

标准号	牌号 代号	Mg	Al	Zn	Mn	Be 等	Si	Fe	Cu	Ni	其他元素	
											单个	合计
GB/T 19078—2016	AZ63A	余量	5.5~6.5	2.7~3.3	0.15~0.35	Be:0.0005~0.002	0.05	0.005	0.02	0.001	—	0.30
ISO 16220:2017(E)	AZ63 ISO-MgAl6Zn3 ISO-MB21130	余量	5.5~6.5	2.7~3.3	0.15~0.35	—	0.05	0.005	0.015	0.001	0.05	—
EN 1753：2019(E)	EN-MBMgAl6Zn3 3.5214	余量	5.0~7.0	2.0~3.5	≥0.1		0.30	0.05	0.20	0.01	0.05	—
ГОСТ 2856—1979	МЛ4	余量	5.0~7.0	2.0~3.5	0.15~0.5	Be:0.002 Zr:0.002	0.25	0.06	0.1	0.01	0.1	0.5
ASTM B93/B93M—2021	AZ63A M11631	余量	5.5~6.5	2.7~3.3	0.15~0.35	—	0.20	—	0.20	0.010	—	0.30

表 4-84　AM20S 牌号和化学成分（质量分数）对照　（%）

标准号	牌号代号	Mg	Al	Zn	Mn	Si	Fe	Cu	Ni	其他元素	
										单个	合计
GB/T 19078—2016	AM20S	余量	1.7~2.5	0.20	0.35~0.6	0.05	0.004	0.008	0.001	0.01	—
ISO 16220:2017(E)	AM20 ISO-MgAl2Mn ISO-MB21210	余量	1.7~2.5	0.20	0.35~0.60	0.08	0.004	0.008	0.001	0.01	—
EN 1753：2019(E)	EN-MBMgAl2Mn 3.5220	余量	1.7~2.5	0.2	≥0.35	0.05	0.004	0.008	0.001	0.01	—
JIS H2222:2017	MD5	余量	1.7~2.5	0.20	0.35~0.60	0.05	0.004	0.008	0.001	0.01	—

表 4-85　AM50A 牌号和化学成分（质量分数）对照　（%）

标准号	牌号代号	Mg	Al	Zn	Mn	Be	Si	Fe	Cu	Ni	其他元素	
											单个	合计
GB/T 19078—2016	AM50A	余量	4.5~5.3	0.30	0.28~0.50	0.0005~0.003	0.08	0.004	0.008	0.001	0.01	—
ISO 16220:2017(E)	AM50 ISO-MgAl5Mn ISO-MB21220	余量	4.5~5.3	0.30	0.28~0.50	—	0.08	0.004	0.008	0.001	0.01	—
EN 1753：2019(E)	EN-MBMgAl5Mn 3.5221	余量	4.5~5.3	0.2	≥0.27	—	0.05	0.004	0.008	0.001	0.01	—
JIS H2222:2017	MD4	余量	4.5~5.3	0.20	0.28~0.50	0.0005~0.0015	0.08	0.004	0.008	0.001	0.01	—
ASTM B93/B93M—2021	AM50A M10501											

表 4-86　AM60A 牌号和化学成分（质量分数）对照　（%）

标准号	牌号 代号	Mg	Al	Zn	Mn	Si	Fe	Cu	Ni	其他元素	
										单个	合计
GB/T 19078—2016	AM60A	余量	5.6~6.4	0.20	0.15~0.50	0.20	—	0.25	0.01	—	0.30
ASTM B93/B93M—2021	AM60A M10601	余量	5.6~6.4	0.20	0.15~0.50	0.20	—	0.25	0.01	—	0.30

表 4-87　AM60B 牌号和化学成分（质量分数）对照　（%）

标准号	牌号 代号	Mg	Al	Zn	Mn	Be	Si	Fe	Cu	Ni	其他元素	
											单个	合计
GB/T 19078—2016	AM60B	余量	5.6~6.4	0.30	0.26~0.50	0.0005~0.003	0.08	0.004	0.008	0.001	0.01	—
ISO 16220:2017(E)	AM60 ISO-MgAl6Mn ISO-MB21230	余量	5.6~6.4	0.30	0.26~0.50	—	0.2	0.004	0.008	0.001	0.01	—
EN 1753：2019(E)	EN-MBMgAl6Mn 3.5222	余量	5.6~6.4	0.2	≥0.23	—	0.05	0.004	0.008	0.001	0.01	—
JIS H2222:2017	MD2B	余量	5.6~6.4	0.20	0.26~0.50	0.0005~0.0015	0.08	0.004	0.008	0.001	0.01	—
ASTM B93/B93M—2021	AM60B M10603											

表 4-88　AM100A 牌号和化学成分（质量分数）对照　（%）

标准号	牌号 代号	Mg	Al	Zn	Mn	Si	Fe	Cu	Ni	其他元素	
										单个	合计
GB/T 19078—2016	AM100A	余量	9.4~10.6	0.20	0.13~0.35	0.20	—	0.08	0.01	—	0.30

ISO 16220:2017(E)	AM100 ISO-MgAl10Mn ISO-MB21240	余量	9.4~10.6	0.20	0.13~0.35	0.7~1.2	0.004	0.008	0.001	0.01	—
JIS H2221:2018	MCI5	余量	9.4~10.6	0.2	0.13~0.35	0.20	—	0.08	0.010	0.01	—
ASTM B93/B93M—2021	AM100A M10101	余量	9.4~10.6	0.2	0.13~0.35	0.20	—	0.08	0.010	—	0.30

表 4-89 AS21B 牌号和化学成分（质量分数）对照 （%）

标准号	牌号 代号	Mg	Al	Si	Mn	RE 等	Zn	Fe	Cu	Ni	其他元素	
											单个	合计
GB/T 19078—2016	AS21B	余量	1.9~2.5	0.7~1.2	0.05~0.15	RE:0.06~0.25 Be:0.0005~0.002	0.25	0.004	0.008	0.001	0.01	—
ASTM B93/B93M—2021	AS21B M10213	余量	1.9~2.5	0.7~1.2	0.05~0.15	RE:0.06~0.25 Be:0.0005~0.0015	0.25	0.0035	0.008	0.001	0.01	—

表 4-90 AS21S 牌号和化学成分（质量分数）对照 （%）

标准号	牌号 代号	Mg	Al	Si	Mn	Be	Zn	Fe	Cu	Ni	其他元素	
											单个	合计
GB/T 19078—2016	AS21S	余量	1.9~2.5	0.7~1.2	0.20~0.6	0.0005~0.002	0.20	0.004	0.008	0.001	0.01	—

（续）

标准号	牌号 代号	Mg	Al	Si	Mn	Be	Zn	Fe	Cu	Ni	其他元素	
											单个	合计
ISO 16220:2017(E)	AS21 ISO-MgAl2Si ISO-MB21310	余量	1.9~ 2.5	0.7~ 1.2	0.2~ 0.6	—	0.20	0.004	0.008	0.001	0.01	—
EN 1753:2019(E)	EN-MBMgAl2Si 3.5225	余量	1.9~ 2.5	0.7~ 1.2	≥0.20	—	0.2	0.004	0.0008	0.001	0.01	—
JIS H2222:2017	MD6	余量	1.9~ 2.5	0.7~ 1.2	0.2~ 0.6	0.0005~ 0.0015	0.20	0.004	0.008	0.001	0.01	—
ASTM B93/B93M—2021	AS21A M10211											

表4-91　AS41A牌号和化学成分（质量分数）对照　（%）

标准号	牌号 代号	Mg	Al	Si	Mn	Zn	Fe	Cu	Ni	其他元素	
										单个	合计
GB/T 19078—2016	AS41A	余量	3.7~ 4.8	0.6~ 1.4	0.22~ 0.48	0.10	—	0.04	0.01	—	0.30
ASTM B93/B93M—2021	AS41A M10411	余量	3.7~ 4.8	0.60~ 1.4	0.22~ 0.48	0.10	—	0.04	0.01	—	0.30

表4-92　AS41B牌号和化学成分（质量分数）对照　（%）

标准号	牌号 代号	Mg	Al	Si	Mn	Be	Zn	Fe	Cu	Ni	其他元素	
											单个	合计
GB/T 19078—2016	AS41B	余量	3.7~ 4.8	0.6~ 1.4	0.35~ 0.6	0.0005~ 0.002	0.10	0.004	0.02	0.001	0.01	—
JIS H2222:2017	MD3B	余量	3.7~ 4.8	0.60~ 1.4	0.35~ 0.6	0.0005~ 0.0015	0.10	0.0035	0.015	0.001	0.01	—
ASTM B93/B93M—2021	AS41B M10413											

表 4-93 AS41S 牌号和化学成分（质量分数）对照 （%）

标准号	牌号代号	Mg	Al	Si	Mn	Zn	Fe	Cu	Ni	其他元素 单个	其他元素 合计
GB/T 19078—2016	AS41S	余量	3.7~4.8	0.7~1.2	0.20~0.6	0.20	0.004	0.008	0.001	0.01	—
ISO 16220:2017(E)	AS41 ISO-MgAl4Si ISO-MB21320	余量	3.7~4.8	0.7~1.2	0.2~0.6	0.20	0.004	0.008	0.001	0.01	—
EN 1753：2019(E)	EN-MBMgAl4Si 3.5226	余量	3.7~4.8	0.7~1.2	≥0.20	0.2	0.004	0.008	0.001	0.01	—

表 4-94 AE44S 牌号和化学成分（质量分数）对照 （%）

标准号	牌号代号	Mg	Al	Zn	Mn	RE	Si	Fe	Cu	Ni	其他元素 单个	其他元素 合计
GB/T 19078—2016	AE44S①	余量	3.6~4.4	0.20	0.15~0.50	3.6~4.6	0.08	0.004	0.008	0.001	0.01	—
ISO 16220:2017(E)	AE44 ISO-MgAl4RE4 ISO-MB21410	余量	3.6~4.4	0.20	0.15~0.50	3.6~4.6	0.08	0.004	0.008	0.001	0.01	—
EN 1753：2019(E)	EN-MBMgAl4RE4 3.5228											

① 稀土为富铈混合稀土。

表 4-95 AE81M 牌号和化学成分（质量分数） （%）

标准号	牌号代号	Mg	Al	Zn	Mn	RE 等	Si	Fe	Cu	Ni	其他元素 单个	其他元素 合计
GB/T 19078—2016	AE81M①	余量	7.2~8.4	0.6~0.8	0.30~0.40	RE:1.2~1.8 Sr:0.05~0.10	0.01	0.006	—	—	0.05	0.15

① 稀土为纯铈稀土，其中还含有 Sb（质量分数）为 0.20%~0.30%。

表 4-96　AJ52A 牌号和化学成分（质量分数）对照　（%）

标准号	牌号代号	Mg	Al	Zn	Mn	Sr 等	Si	Fe	Cu	Ni	其他元素	
											单个	合计
GB/T 19078—2016	AJ52A	余量	4.6~5.5	0.20	0.26~0.50	Sr:1.8~2.3 Be:0.0005~0.002	0.08	0.004	0.008	0.001	0.01	—
ASTM B93/B93M—2021	AJ52A M17521	余量	4.6~5.5	0.20	0.26~0.5	Sr:1.8~2.3 Be:0.0005~0.0015	0.08	0.004	0.008	0.001	0.01	—
ISO 16220:2017(E)	AJ52 ISO-MgAl5Sr2 ISO-MB21510	余量	4.6~5.5	0.20	0.24~0.6	Sr:1.8~2.3	0.08	0.004	0.008	0.001	0.01	—

表 4-97　AJ62A 牌号和化学成分（质量分数）对照　（%）

标准号	牌号代号	Mg	Al	Zn	Mn	Sr 等	Si	Fe	Cu	Ni	其他元素	
											单个	合计
GB/T 19078—2016	AJ62A	余量	5.6~6.6	0.20	0.26~0.50	Sr:2.1~2.8 Be:0.0005~0.002	0.08	0.004	0.008	0.001	0.01	—
ASTM B93/B93M—2021	AJ62A M17621	余量	5.6~6.6	0.20	0.26~0.5	Sr:2.1~2.8 Be:0.0005~0.0015	0.08	0.004	0.008	0.001	0.01	—
ISO 16220:2017(E)	AJ62 ISO-MgAl6Sr2 ISO-MB21520	余量	5.5~6.6	0.20	0.24~0.6	Sr:2.1~2.8	0.08	0.004	0.008	0.001	0.01	—

表 4-98　ZA81M 牌号和化学成分（质量分数）　（%）

标准号	牌号代号	Mg	Al	Zn	Mn	Si	Fe	Cu	Ni	其他元素	
										单个	合计
GB/T 19078—2016	ZA81M	余量	0.8~1.2	7.5~8.2	0.50~0.7	0.05	0.005	0.40~0.6	0.005	—	0.10

表 4-99 ZA84M 牌号和化学成分（质量分数） （%）

标准号	牌号代号	Mg	Al	Zn	Mn	Sr	Si	Fe	Cu	Ni	其他元素	
											单个	合计
GB/T 19078—2016	ZA84M①	余量	3.6~4.4	7.4~8.4	0.25~0.35	0.05~0.10	—	0.008	—	—	0.01	0.10

① 合金中还含有 Sn（质量分数）为 0.8%~1.4%。

表 4-100 ZE41A 牌号和化学成分（质量分数）对照 （%）

标准号	牌号代号	Mg	Al	Zn	Mn	RE 等	Si	Fe	Cu	Ni	其他元素	
											单个	合计
GB/T 19078—2016	ZE41A①	余量	—	3.5~5.0	0.15	RE:1.0~1.8 Zr:0.10~1.0	0.01	0.01	0.03	0.005	0.01	0.30
ISO 16220:2017(E)	Z41E ISO-MgZn4RE1Zr ISO-MB35110	余量	—	3.5~5.0	0.15	RE:1.0~1.75 Zr:0.1~1.0	0.01	0.01	0.03	0.005	0.01	—
EN 1753:2019(E)	EN-MBMgZn4RE1Zr 3.5246											
JIS H2221:2018	MCI10	余量	—	3.7~4.8	0.15	RE:1.0~1.75 Zr:0.3~1.0	0.01	0.01	0.03	0.010	0.01	—
ASTM B93/B93M—2021	ZE41A M16411	余量	—	3.7~4.8	0.15	RE:1.0~1.75 Zr:0.3~1.0	0.01	—	0.03	0.010	—	0.30

① 稀土为富铈混合稀土。

表 4-101 ZK51A 牌号和化学成分（质量分数）对照 （%）

标准号	牌号代号	Mg	Al	Zn	Zr	Si	Fe	Cu	Ni	其他元素	
										单个	合计
GB/T 19078—2016	ZK51A	余量	—	3.8~5.3	0.30~1.0	0.01	—	0.03	0.01	—	0.30

（续）

标准号	牌号代号	Mg	Al	Zn	Zr	Si	Fe	Cu	Ni	其他元素	
										单个	合计
JIS H2221:2018	MCI6	余量	—	3.8~5.3	0.3~1.0	0.01	—	0.03	0.010	0.01	—
ASTM B93/B93M—2021	ZK51A M16511	余量	—	3.8~5.3	0.3~1.0	0.01	—	0.03	0.010	—	0.30

表 4-102　ZK61A 牌号和化学成分（质量分数）对照　（%）

标准号	牌号代号	Mg	Al	Zn	Zr	Si	Fe	Cu	Ni	其他元素	
										单个	合计
GB/T 19078—2016	ZK61A	余量	—	5.7~6.3	0.30~1.0	0.01	—	0.03	0.01	—	0.30
JIS H2221:2018	MCI7	余量	—	5.7~6.3	0.3~1.0	0.01	—	0.03	0.010	0.01	—
ASTM B93/B93M—2021	ZK61A M16611	余量	—	5.7~6.3	0.3~1.0	0.01	—	0.03	0.010	—	0.30

表 4-103　ZQ81M 牌号和化学成分（质量分数）　（%）

标准号	牌号代号	Mg	RE	Zn	Zr	Si	Fe	Cu	Ni	其他元素	
										单个	合计
GB/T 19078—2016	ZQ81M	余量	0.6~1.2	7.5~9.0	0.30~1.0	—	—	0.10	0.01	—	0.30

表 4-104　ZC63A 牌号和化学成分（质量分数）对照　（%）

标准号	牌号代号	Mg	Al	Zn	Mn	Si	Fe	Cu	Ni	其他元素	
										单个	合计
GB/T 19078—2016	ZC63A	余量	0.20	5.5~6.5	0.25~0.8	0.20	0.05	2.4~3.0	0.01	0.01	—

ISO 16220:2017(E)	ZC63 ISO-MgZn6Cu3Mn ISO-MB32110	余量	0.2	5.5~6.5	0.25~0.75	0.20	0.05	2.4~3.0	0.01	0.01	—
EN 1753：2019(E)	EN-MBMgZn6Cu3Mn 3.5232	余量	—	5.5~6.5	0.25~0.75	0.20	0.05	2.4~3.0	0.01	0.01	—
JIS H5203:2006(R2019)	MC11										
ASTM B93/B93M—2021	ZC63A M16331	余量	—	5.5~6.5	0.25~0.75	0.20	—	2.4~3.00	0.001	—	0.30

表 4-105 EZ30M 牌号和化学成分（质量分数） （%）

标准号	牌号代号	Mg	RE	Zn	Zr	Si	Fe	Cu	Ni	其他元素	
										单个	合计
GB/T 19078—2016	EZ30M①	余量	2.5~4.0	0.20~0.7	0.30~1.0	—	—	0.10	0.01	0.01	0.30

① 稀土为富铈混合稀土。

表 4-106 EZ30Z 牌号和化学成分（质量分数）对照 （%）

标准号	牌号代号	Mg	RE	Zn	Zr	Ca 等	Si	Fe	Cu	Ni	其他元素	
											单个	合计
GB/T 19078—2016	EZ30Z①	余量	2.0~3.5	0.14~0.7	0.30~1.0	Ca:0.50 Mn:0.05	0.01	0.01	0.03	0.005	0.01	0.30
ISO 16220:2017(E)	EZ30 ISO-MgRE3ZnZr ISO-MB65130	余量	2.0~3.5	0.14~0.7	0.3~1.0	Ca:0.05 Mn:0.05	0.01	0.01	0.03	0.005	0.01	—

① 稀土为富钕混合稀土或纯钕稀土。当稀土为富钕混合稀土时，钕的质量分数不小于85%。

表 4-107 EZ33A 牌号和化学成分（质量分数）对照 （%）

标准号	牌号代号	Mg	RE	Zn	Zr	Mn	Si	Fe	Cu	Ni	其他元素	
											单个	合计
GB/T 19078—2016	EZ33A①	余量	2.4~4.0	2.0~3.0	0.10~1.0	0.15	0.01	0.01	0.03	0.005	0.01	0.30
ISO 16220:2017(E)	EZ33 ISO-MgRE3Zn2Zr ISO-MB65120	余量	2.4~4.0	2.0~3.0	0.1~1.0	0.15	0.01	0.01	0.03	0.005	0.01	—
EN 1753: 2019(E)	EN-MBMgRE3Zn2Zr 3.5247											
JIS H2221:2018	MCI8	余量	2.6~3.9	2.0~3.0	0.3~1.0	0.15	0.01	0.01	0.03	0.010	0.01	—
ASTM B93/B93M—2021	EZ33A M12331	余量	2.6~3.9	2.0~3.0	0.3~1.0	—	0.01	—	0.03	0.010	—	0.30

① 稀土为富铈混合稀土。

表 4-108 EV31A 牌号和化学成分（质量分数）对照 （%）

标准号	牌号代号	Mg	RE	Zn	Zr	Gd 等	Si	Fe	Cu	Ni	其他元素	
											单个	合计
GB/T 19078—2016	EV31A①	余量	2.6~3.1	0.20~0.50	0.10~1.0	Gd:1.0~1.7 Ag:0.05 Mn:0.03	—	0.01	0.01	0.002	0.01	—
ISO 16220:2017(E)	EV31 ISO-MgRE3Gd1Zr ISO-MB65410	余量	2.6~3.1	0.20~0.50	0.1~1.0	Gd:1.0~1.7 Ag:0.05 Mn:0.03	—	0.01	0.01	0.002	0.01	—
EN 1753: 2019(E)	EN-MBMgRE3Gd1Zr 3.5256	余量	2.6~3.1	0.20~0.50	0.4~1.0	Gd:1.0~1.7 Ag:0.05 Mn:0.03	0.010	0.01	0.0020	0.01	0.01	—
ASTM B93/B93M—2021	EV31A M12311	余量	0.4	0.20~0.50	0.3~1.0	Gd:1.0~1.7 Nd:2.6~3.1 Ag:0.05	—	0.010	0.01	0.0020	0.01	—

① 稀土元素 Nd 的质量分数为 2.6%~3.1%，其他稀土元素的最大质量分数为 0.4%，主要是 Ce、La 和 Pr。

表 4-109 EQ21A 牌号和化学成分（质量分数）对照 （%）

标准号	牌号 代号	Mg	RE	Ag	Zr	Si	Fe	Cu	Ni	其他元素	
										单个	合计
GB/T 19078—2016	EQ21A①	余量	1.5~3.0	1.3~1.7	0.30~1.0	0.01	—	0.05~0.10	0.01	—	0.30
ASTM B93/B93M—2021	EQ21A M18330	余量	1.5~3.0	1.3~1.7	0.3~1.0	0.01	—	0.05~0.10	0.01	—	0.30

① 稀土为富钕混合稀土，钕的质量分数不小于70%。

表 4-110 EQ21S 牌号和化学成分（质量分数）对照 （%）

标准号	牌号 代号	Mg	RE	Ag	Zr	Zn 等	Si	Fe	Cu	Ni	其他元素	
											单个	合计
GB/T 19078—2016	EQ21S①	余量	1.5~3.0	1.3~1.7	0.10~1.0	Zn:0.20 Mn:0.15	0.01	0.01	0.03	0.005	0.01	—
ISO 16220:2017(E)	EQ21 ISO-MgRE2Ag1Zr ISO-MB65220	余量	1.5~3.0	1.3~1.7	0.1~1.0	Zn:0.2 Mn:0.15	0.01	0.01	0.05~0.10	0.005	0.01	—
EN 1753：2019(E)	EN-MB MgRE2Ag1Zr 3.5250											
JIS H2221:2018	MCI14	余量	1.5~3.0	1.3~1.7	0.3~1.0	Zn:0.2 Mn:0.15	0.01	0.01	0.05~0.10	0.005	0.01	—

① 稀土为富钕混合稀土，钕的质量分数不小于70%。

表 4-111 VW76S 牌号和化学成分（质量分数）对照 （%）

标准号	牌号 代号	Mg	Gd	Y	Zr	Mn 等	Si	Fe	Cu	Ni	其他元素	
											单个	合计
GB/T 19078—2016	VW76S	余量	6.5~7.5	5.5~6.5	0.20~1.0	Mn:0.03 Li:0.20	0.01	0.01	0.03	0.005	0.01	—

（续）

标准号	牌号 代号	Mg	Gd	Y	Zr	Mn 等	Si	Fe	Cu	Ni	其他元素	
											单个	合计
ISO 16220:2017(E)	VW76 ISO-MgGd7Y6Zr ISO-MB69110	余量	6.5~ 7.5	5.5~ 6.5	0.2~ 1.0	Mn:0.03 Li:0.2	0.01	0.010	0.02	0.005	0.01	—

表 4-112 VW103Z 牌号和化学成分（质量分数）对照 （%）

标准号	牌号 代号	Mg	Gd	Y	Zr	Mn 等	Si	Fe	Cu	Ni	其他元素	
											单个	合计
GB/T 19078—2016	VW103Z	余量	8.5~ 10.5	2.5~ 3.5	0.30~ 1.0	Mn:0.05 Zn:0.20	0.01	0.01	0.03	0.005	0.01	0.30
ISO 16220:2017(E)	ISO-MgGd10Y3Zr ISO-MB69120	余量	8.5~ 10.5	2.5~ 3.5	0.3~ 1.0	Mn:0.05 Zn:0.2	0.01	0.01	0.03	0.005	0.01	—

表 4-113 VQ132Z 牌号和化学成分（质量分数） （%）

标准号	牌号 代号	Mg	Gd	Ag	Zr	Al 等	Si	Fe	Cu	Ni	其他元素	
											单个	合计
GB/T 19078—2016	VQ132Z	余量	12.5~ 14.5	1.0~ 2.5	0.30~ 1.0	Al:0.02 Zn:0.50 Mn:0.05 Ca:0.50	0.05	0.01	0.02	0.005	0.01	0.30

表 4-114 WE43A 牌号和化学成分（质量分数）对照 （%）

标准号	牌号 代号	Mg	RE	Y	Zr	Zn 等	Si	Fe	Cu	Ni	其他元素	
											单个	合计
GB/T 19078—2016	WE43A①	余量	2.4~ 4.4	3.7~ 4.3	0.10~ 1.0	Zn:0.2 Mn:0.15 Li:0.20	0.01	0.01	0.03	0.005	0.01	0.30

ISO 16220:2017(E)	WE43 ISO-MgY4RE3Zr ISO-MB95320	余量	2.4~ 4.4	3.7~ 4.3	0.1~ 1.0	Zn:0.2 Mn:0.15 Li:0.2	0.01	0.01	0.03	0.005	0.01	—
EN 1753：2019(E)	EN-MBMgY4RE3Zr 3.5260											
JIS H2221:2018	MCI12	余量	2.4~ 4.4	3.7~ 4.3	0.3~ 1.0	Zn:0.20 Mn:0.15	0.01	0.01	0.03	0.005	0.01	—
ASTM B93/B93M—2021	WE43A M18431	余量	RE:1.9 Nd:2.0~ 2.5	3.7~ 4.3	0.3~ 1.0	Zn:0.20 Mn:0.15 Li:0.18	0.01	—	0.03	0.005	—	0.30

① 稀土中富钕和中重稀土，WE54A、WE43A 和 WE43B 合金中 Nd 的质量分数分别为 1.5%~2.0%、2.0%~2.5%和 2.0%~2.5%，余量为中重稀土，中重稀土主要包括 Gd、Dy、Er 和 Yb。

表 4-115 WE43B 牌号和化学成分（质量分数）对照 （%）

标准号	牌号 代号	Mg	RE	Y	Zr	Mn 等	Si	Fe	Cu	Ni	其他元素	
											单个	合计
GB/T 19078—2016	WE43B①	余量	2.4~ 4.4	3.7~ 4.3	0.30~ 1.0	Mn:0.03 Li:0.18	—	0.01	0.02	0.004	0.01	—
ASTM B93/B93M—2021	WE43B M18433	余量	RE:1.9 Nd:2.0~ 2.5	3.7~ 4.3	0.3~ 1.0	Mn:0.03 Li:0.18	—	—	0.01	0.004	0.01	—

① 其中 Zn+Ag 的质量分数不大于 0.20%。

表 4-116　WE54A 牌号和化学成分（质量分数）对照　（%）

标准号	牌号/代号	Mg	RE	Y	Zr	Zn 等	Si	Fe	Cu	Ni	其他元素 单个	其他元素 合计
GB/T 19078—2016	WE54A[1]	余量	1.5~4.0	4.8~5.5	0.10~1.0	Zn:0.20 Mn:0.15 Li:0.20	0.01	0.01	0.03	0.005	0.01	0.30
ISO 16220:2017(E)	WE54 ISO-MgY5RE4Zr ISO-MB95310	余量	1.5~4.0	4.75~5.5	0.1~1.0	Zn:0.2 Mn:0.15 Li:0.2	0.01	0.01	0.03	0.005	0.01	—
EN 1753：2019(E)	EN-MBMgY5RE4Zr 3.5261											
JIS H2221:2018	MCI13	余量	1.5~4.0	4.75~5.5	0.3~1.0	Zn:0.20 Mn:0.15	0.01	0.01	0.03	0.005	0.01	—
ASTM B93/B93M—2021	WE54A M18410	余量	RE:2.0 Nd:1.5~2.0	4.75~5.5	0.3~1.0	Zn:0.20 Mn:0.15 Li:0.20	0.01	—	0.03	0.005	—	0.30

① 稀土中富钕和中重稀土，WE54A、WE43A 和 WE43B 合金中 Nd 的质量分数分别为 1.5%~2.0%、2.0%~2.5%和 2.0%~2.5%，余量为中重稀土，中重稀土主要包括 Gd、Dy、Er 和 Yb。

表 4-117　WV115Z 牌号和化学成分（质量分数）　（%）

标准号	牌号/代号	Mg	Y	Gd	Zr	Zn 等	Si	Fe	Cu	Ni	其他元素 单个	其他元素 合计
GB/T 19078—2016	WV115Z	余量	10.5~11.5	4.5~5.5	0.30~1.0	Zn:1.5~2.5 Al:0.02 Mn:0.05	0.05	0.01	0.02	0.005	0.01	0.30

表 4-118　K1A 牌号和化学成分（质量分数）对照　（%）

标准号	牌号 代号	Mg	Al	Zn	Zr	Si	Fe	Cu	Ni	其他元素	
										单个	合计
GB/T 19078—2016	K1A	余量	—	—	0.30～1.0	0.01	—	0.03	0.01	—	0.30
ASTM B93/B93M—2021	K1A M18011	余量	—	—	0.3～1.0	0.01	—	0.03	0.010	—	0.30

表 4-119　QE22A 牌号和化学成分（质量分数）对照　（%）

标准号	牌号 代号	Mg	RE	Ag	Zr	Zn 等	Si	Fe	Cu	Ni	其他元素	
											单个	合计
GB/T 19078—2016	QE22A①	余量	1.9～2.4	2.0～3.0	0.30～1.0	Zn:0.20 Mn:0.15	0.01	—	0.03	0.01	—	0.30
JIS H2221:2018	MCI9	余量	1.9～2.4	2.0～3.0	0.3～1.0	Zn:0.2 Mn:0.15	0.01	0.01	0.03	0.010	0.01	—
ASTM B93/B93M—2021	QE22A M18221	余量	1.9～2.4	2.0～3.0	0.3～1.0	Zn:0.2 Mn:0.15	0.01	—	0.03	0.010	—	0.30

① 稀土为富钕混合稀土，钕的质量分数不小于 70%。

表 4-120　QE22S 牌号和化学成分（质量分数）对照　（%）

标准号	牌号 代号	Mg	RE	Ag	Zr	Zn 等	Si	Fe	Cu	Ni	其他元素	
											单个	合计
GB/T 19078—2016	QE22S①	余量	2.0～3.0	2.0～3.0	0.10～1.0	Zn:0.20 Mn:0.15	0.01	0.01	0.03	0.005	0.01	—
ISO 16220:2017(E)	QE22 ISO-MgAg2RE2Zr ISO-MB65210	余量	2.0～3.0	2.0～3.0	0.1～1.0	Zn:0.2 Mn:0.15	0.01	0.01	0.03	0.005	0.01	—
EN 1753：2019(E)	EN-MBMgRE2Ag2Zr 3.5251											

① 稀土为富钕混合稀土，钕的质量分数不小于 70%。

4.3.2 铸造镁合金牌号和化学成分

GB/T 1177—2018《铸造镁合金》中共有 10 个牌号。中外铸造镁合金牌号和化学成分对照见表 4-121～表 4-130。

表 4-121～表 4-130 的统一注释如下：

1）表中质量分数有上下限者为合金元素，质量分数为单个数值者为最高限，"—"为未规定具体数值。

2）"其他元素"一栏系指表中未列出或未规定质量分数具体极限数值的金属元素。

表 4-121 ZMgZn5Zr 牌号和化学成分（质量分数）对照 （%）

标准号	牌号 代号	Mg	Al	Zn	Zr	In 等	Si	Fe	Cu	Ni	其他元素	
											单个	合计
GB/T 1177—2018	ZMgZn5Zr ZM1	余量	0.02	3.5～5.5	0.5～1.0	—	—	—	0.10	0.01	0.05	0.30
ГОСТ 2856—1979	МЛ12	余量	0.02	4.0～5.0	0.6～1.1	In:0.2～0.8 Be:0.001	0.03	0.01	0.03	0.005	0.12	0.2
JIS H5203:2006(R2019)	MC6	余量	—	3.6～5.5	0.50～1.0	—	—	—	0.10	0.01	0.01	—
ASTM B93/B93M—2021	ZK51A M16511	余量	—	3.8～5.3	0.3～1.0	—	0.01	—	0.03	0.010	—	0.30
EN 1753：2019(E)	EN-MCMgZn5Zr 3.5342	余量	—	3.5～5.5	0.4～1.0	Mn:0.15	0.01	0.01	0.03	0.005	0.01	—

表 4-122 ZMgZn4RE1Zr 牌号和化学成分（质量分数）对照 （%）

标准号	牌号 代号	Mg	RE	Zn	Zr	Mn 等	Si	Fe	Cu	Ni	其他元素	
											单个	合计
GB/T 1177—2018	ZMgZn4RE1Zr ZM2	余量	0.75～1.75①	3.5～5.0	0.4～1.0	Mn:0.15	—	—	0.10	0.01	0.05	0.30

ISO 16220:2017(E)	ISO-MgZn4RE1Zr ISO-MB35110 ZE41	余量	0.75~ 1.75	3.5~ 5.0	0.4~ 1.0	Mn:0.15	0.01	0.01	0.03	0.005	0.01	—
EN 1753: 2019(E)	EN-MCMgZn4RE1Zr 3.5346	余量	0.75~ 1.75	3.5~5.0	0.4~ 1.0	Mn:0.15	0.01	0.01	0.03	0.005	0.01	—
ГОСТ 2856—1979	МЛ15	余量	La:0.6~ 1.2	4.0~ 5.0	0.7~ 1.1	Al:0.02	0.03	0.01	0.03	0.005	0.12	0.2
JIS H5203:2006(R2019)	MC10	余量	0.75~ 1.75	3.5~ 5.0	0.4~ 1.0	Mn:0.15	0.01	0.01	0.10	0.01	0.01	—
ASTM B93/B93M—2021	ZE41A M16441	余量	1.0~ 1.75	3.7~ 4.8	0.3~ 1.0	Mn:0.15	0.01	—	0.03	0.010	—	0.30

① 稀土为富铈混合稀土或稀土中间合金，当稀土为富铈混合稀土时，稀土金属合计不小于98%，铈的质量分数不小于45%。

表4-123 ZMgRE3ZnZr牌号和化学成分（质量分数）对照 （%）

标准号	牌号 代号	Mg	RE	Zn	Zr	Mn等	Si	Fe	Cu	Ni	其他元素	
											单个	合计
GB/T 1177—2018	ZMgRE3ZnZr ZM3	余量	2.5①~ 4.0	0.2~ 0.7	0.4~ 1.0	—	—	—	0.10	0.01	0.05	0.30
ISO 16220:2017(E)	ISO-MgRE3ZnZr ISO-MB65130 EZ30	余量	2.0~ 3.7	0.10~ 0.8	0.4~ 1.0	Mn:0.10 Ca:0.5	0.01	0.01	0.03	0.005	0.01	—
ГОСТ 2856—1979	МЛ11	余量	2.5~ 4.0	0.2~ 0.7	0.4~ 1.0	Al:0.02 Be:0.001	0.03	0.02	0.03	0.005	0.12	0.2

① 稀土为富铈混合稀土或稀土中间合金，当稀土为富铈混合稀土时，稀土金属合计不小于98%，铈的质量分数不小于45%。

表 4-124　ZMgRE3Zn3Zr 牌号和化学成分（质量分数）对照　（%）

标准号	牌号 代号	Mg	RE	Zn	Zr	Mn	Si	Fe	Cu	Ni	其他元素	
											单个	合计
GB/T 1177—2018	ZMgRE3Zn3Zr ZM4	余量	2.5①~ 4.0	2.0~3.1	0.5~ 1.0	—	—	—	0.10	0.01	0.05	0.30
ISO 16220:2017(E)	ISO-MgRE3Zn2Zr ISO-MB65120 EZ33	余量	2.4~ 4.0	2.0~ 3.0	0.4~1.0	0.15	0.01	0.01	0.03	0.005	0.01	—
EN 1753：2019(E)	EN-MCMgRE3Zn2Zr 3.5347	余量	2.5~ 4.0	2.0~ 3.0	0.4~1.0	0.15	0.01	0.01	0.03	0.005	0.01	—
JIS H5203:2006(R2019)	MC8	余量	2.5~ 4.0	2.0~ 3.1	0.5~ 1.0	0.15	0.01	0.01	0.10	0.01	0.01	—
ASTM B93/B93M—2021	EZ33A M12331	余量	2.6~ 3.9	2.0~ 3.0	0.3~ 1.0	—	0.01	—	0.03	0.010	—	0.30

① 稀土为富铈混合稀土或稀土中间合金，当稀土为富铈混合稀土时，稀土金属合计不小于98%，铈的质量分数不小于45%。

表 4-125　ZMgAl8Zn 牌号和化学成分（质量分数）对照　（%）

标准号	牌号 代号	Mg	Al	Zn	Mn	Zr	Si	Fe	Cu	Ni	其他元素	
											单个	合计
GB/T 1177—2018	ZMgAl8Zn ZM5	余量	7.5~ 9.0	0.2~ 0.8	0.15~ 0.5	—	0.30	0.05	0.10	0.01	0.10	0.50
ГОСТ 2856—1979	МЛ5	余量	7.5~ 9.0	0.2~ 0.8	0.15~ 0.5	0.002	0.25	0.06	0.1	0.01	0.1	0.5
ASTM B93/B93M—2021	AZ81A M11811	余量	7.2~ 8.0	0.5~ 0.9	0.15~ 0.35	—	0.20	—	0.08	0.010	—	0.30

表 4-126 ZMgAl8ZnA 牌号和化学成分（质量分数）对照 （%）

标准号	牌号 代号	Mg	Al	Zn	Mn	Si	Fe	Cu	Ni	其他元素	
										单个	合计
GB/T 1177—2018	ZMgAl8ZnA ZM5A	余量	7.5~ 9.0	0.2~ 0.8	0.15~ 0.5	0.10	0.005	0.015	0.001	0.01	0.20
ISO 16220:2017(E)	ISO-MgAl8Zn1 ISO-MB21110 AZ81	余量	7.2~ 8.5	0.40~ 1.0	0.13~ 0.50	0.05	0.004	0.025	0.001	0.05	—
EN 1753：2019(E)	EN-MCMgAl8Zn1 3.5315	余量	7.0~ 8.7	0.35~ 1.0	≥0.1	0.10	0.005	0.030	0.002	0.01	—

表 4-127 ZMgNd2ZnZr 牌号和化学成分（质量分数）对照 （%）

标准号	牌号 代号	Mg	Nd	Zn	Zr	Al 等	Si	Fe	Cu	Ni	其他元素	
											单个	合计
GB/T 1177—2018	ZMgNd2ZnZr ZM6	余量	2.0①~ 2.8	0.1~ 0.7	0.4~ 1.0	—	—	—	0.10	0.01	0.05	0.30
ГОСТ 2856—1979	МЛ10	余量	2.2~ 2.8	0.1~ 0.7	0.4~ 1.0	Al:0.02 Be:0.001	0.03	0.01	0.03	0.005	0.12	0.2
ISO 16220:2017(E)	ISO-MgRE3ZnZr ISO-MB65130 EZ30	余量	RE: 2.0~ 3.7	0.10~ 0.8	0.4~ 1.0	Mn:0.10 Ca:0.5	0.01	0.01	0.03	0.005	0.01	—

① 稀土为富钕混合稀土，钕的质量分数不小于85%，其中 Nd、Pr 的质量分数之和不小于95%。

表 4-128 ZMgZn8AgZr 牌号和化学成分（质量分数） （%）

标准号	牌号 代号	Mg	Zn	Ag	Zr	Si	Fe	Cu	Ni	其他元素	
										单个	合计
GB/T 1177—2018	ZMgZn8AgZr ZM7	余量	7.5~ 9.0	0.6~ 1.2	0.5~ 1.0	—	—	0.10	0.01	0.05	0.30

表 4-129 ZMgAl10Zn 牌号和化学成分（质量分数）对照 （%）

标准号	牌号 代号	Mg	Al	Zn	Mn	Be 等	Si	Fe	Cu	Ni	其他元素	
											单个	合计
GB/T 1177—2018	ZMgAl10Zn ZM10	余量	9.0~ 10.7	0.6~ 1.2	0.1~ 0.5	—	0.30	0.05	0.10	0.01	0.05	0.50
ГОСТ 2856—1979	МЛ6	余量	9.0~ 10.2	0.6~ 1.2	0.1~ 0.5	Be:0.002 Zr:0.002	0.25	0.06	0.1	0.01	0.1	0.5
JIS H5203:2006(R2019)	MC5	余量	9.3~ 10.7	0.30	0.10~ 0.35	—	0.30	—	0.10	0.01	0.01	—
ASTM B93/B93M—2021	AZ100A M10101	余量	9.4~ 10.6	0.2	0.13~ 0.35	—	0.20	—	0.08	0.010	—	0.30
EN 1753：2019(E)	EN-MCMgAl9Zn1(B) 3.5317	余量	8.0~ 10.0	0.3~ 1.0	—	—	0.3	0.03	0.20	0.01	0.05	—
ISO 16220:2017(E)	ISO-MgAl9Zn1(B) ISO-MB21121 AZ91	余量	8.0~ 10.0	0.3~ 1.0	0.1~ 0.60	—	0.3	0.03	0.020	0.01	0.05	—

表 4-130 ZMgNd2Zr 牌号和化学成分（质量分数） （%）

标准号	牌号 代号	Mg	Nd	Al	Zr	Si	Fe	Cu	Ni	其他元素	
										单个	合计
GB/T 1177—2018	ZMgNd2Zr ZM11	余量	2.0①~ 3.0	0.02	0.4~ 1.0	0.01	0.01	0.03	0.005	0.05	0.20

① 稀土为富钕混合稀土，钕的质量分数不小于 85%，其中 Nd、Pr 的质量分数之和不小于 95%。

第5章　中外铜及铜合金牌号和化学成分

铜及铜合金包括铜冶炼产品、加工铜及铜合金、铜合金锭及铸造铜合金。

5.1　冶炼产品

铜冶炼产品有粗铜、阴极铜。

5.1.1　粗铜牌号和化学成分

YS/T 70—2015《粗铜》中有4个牌号。粗铜的牌号和化学成分见表5-1。

表5-1　粗铜牌号和化学成分　（%）

标准号	牌号	化学成分						
		Cu ≥	杂质元素，≤					
			As	Sb	Bi	Pb	Ni	Zn
YS/T 70—2015	Cu99.40	99.40	0.10	0.03	0.01	0.10	0.10	0.05
	Cu99.00	99.00	0.15	0.10	0.02	0.15	0.20	0.10
	Cu98.50	98.50	0.20	0.15	0.04	0.20	0.30	0.15
	Cu97.50	97.50	0.34	0.30	0.08	0.40	—	—

5.1.2　阴极铜牌号和化学成分

GB/T 467—2010《阴极铜》中有3个牌号。中外阴极铜牌号和化学成分对照见表5-2~表5-4。

表 5-2　A 级铜牌号（Cu-CATH-1）和化学成分（质量分数）对照　（%）

标准号	牌号 代号	Se	Te	Bi	Cr	Mn	Sb	Cd	As	P	Pb
		杂质 ≤									
GB/T 467—2010	Cu-CATH-1	0.00020	0.00020	0.00020	—	—	0.0004	—	0.0005	—	0.0005
		0.00030 (Se+Te)									
		元素组 1 合计 0.0003			元素组 2 合计 0.0015						元素组 3 合计 0.0005
ГОСТ 859—2001	M00к	0.00020	0.00020	0.00020	—	—	0.0004	—	0.0005	—	—
		元素组 1 合计 0.00030			元素组 2 合计 0.0015						
CEN/TS 13388:2015(E)	Cu-CATH-1 CR001A	0.00020	0.00020	0.00020	—	—	0.0004	—	0.0005	—	0.0005
		Bi+Se+Te:0.00030			As+Cd+Cr+Mn+P+Sb:0.0015						

标准号	牌号 代号	S	Sn	Ni	Fe	Si	Zn	Co	Ag	杂质元素合计	O
		杂质 ≤									
GB/T 467—2010	Cu-CATH-1	0.0015	—	—	0.0010	—	—	—	0.0025	0.0065	—
		元素组 4 合计 0.0015	元素组 5 合计 0.0020						元素组 6 合计 0.0025		
ГОСТ 859—2001	M00к	0.0015	Mg:0.0015 元素组 3 合计 0.0020						0.0020	0.0065	0.01
CEN/TS 13388:2015(E)	Cu-CATH-1 CR001A	0.0015	Co+Fe+Ni+Si+Sn+Zn:0.0020						0.0025	0.0065	—

表 5-3 1号标准铜牌号（Cu-CATH-2）和化学成分（质量分数）对照 （%）

标准号	牌号 代号	Cu+Ag ≥	Zn	S	P	Bi	Fe	Pb	Sn	Ni	Sb	As
			杂质 ≤									
GB/T 467—2010	Cu-CATH-2	99.95	0.002	0.0025	0.001	0.0005	0.0025	0.002	0.0010	0.0020	0.0015	0.0015
ГОСТ 859—2001	M0к	Cu: 99.95	0.005	0.004	0.002	0.001	0.004	0.003	0.002	0.002	0.002	0.002
			O:0.02,Ag:0.003									
ASTM B115—2016	Grade 1	99.95	—	0.0025	—	0.0003	0.0025	0.0040	0.0010	0.0020	0.0015	0.0015
			Si:0.0070,Se:0.0010,Te:0.0005,杂质合计:0.0065									
EN 13601:2021(E)	Cu-OF CW008A	Cu:99.95	—	—	—	0.0005	—	0.005	—	—	—	合计: 0.03

表 5-4 2号标准铜牌号（Cu-CATH-3）和化学成分（质量分数）对照 （%）

标准号	牌号 代号	Cu+Ag ≥	Ag	Se	Bi	Fe	Pb	Sn	Ni	Sb	As	合计
			杂质 ≤									
GB/T 467—2010	Cu-CATH-3	99.90	0.025	—	0.0005	—	0.005	—	—	—	—	0.03
ГОСТ 859—2001	M2к	Cu:99.93	0.003	—	0.001	—	0.005	0.002	0.003	0.002	0.002	—
			P:0.002,S:0.010,Mg:0.005,Zn:0.004,O:0.03									
CEN/TS 13388:2015(E)	Cu-CATH-2 CR002A	Cu:99.90	0.0015	—	0.0005	—	0.005	—	—	—	—	0.03

5.2 加工产品

GB/T 5231—2012《加工铜及铜合金牌号和化学成分》中共有213个牌号。加工铜及铜合金包括加工铜、加工高铜合金、加工黄铜、加工青铜和加工白铜。

5.2.1 加工铜牌号和化学成分

中外加工铜牌号和化学成分对照见表 5-5~表 5-35。

表 5-5 无氧铜 TU00 牌号和化学成分（质量分数）对照 （%）

标准号	牌号 代号	Cu+Ag	P	Ag	Bi①	Sb①	As①	Fe	Ni	Pb	Sn	S	Zn	O
		≥	≤											
GB/T 5231—2012	TU00 C10100	99.99②	0.0003	0.0025	0.0001	0.0004	0.0005	0.0040	0.0010	0.0005	0.0002	0.0015	0.0001	0.0005
			Te:0.0002, Se:0.0003, Mn:0.00005, Cd:0.0001											
ГОСТ 859—2001	$M00_6$	Cu: 99.99	0.0003	0.002	0.0005	0.001	0.001	Se: 0.001	0.001	0.001	0.001	0.001	0.001	0.001
JIS H3510:2012	C1011	Cu: 99.99	0.0003	—	0.001	—	Te: 0.001	Cd: 0.0001	Hg: 0.0001	0.001	Se: 0.001	0.0018	0.0001	0.001
ASTM B170-99(R2020)	Grade 1 C10100	Cu: 99.99	0.0003	0.0025	0.0001	0.0004	0.0005	0.0010	0.0010	0.0005	0.0002	0.0015	0.0001	0.0005
			Te:0.0002, Se:0.0003, Mn:0.00005, Cd:0.0001											
EN 13600:2021(E)	Cu-OFE CW009A	Cu: 99.99	0.0003	0.0025	0.00020	0.0004	0.0005	0.0010	0.0010	0.0005	0.0002	0.0015	0.0001	—
						Te:0.00020, Se:0.00020, Mn:0.0005, Cd:0.0001								
ISO 431:1981(E)	Cu-OFE	Cu: 99.99	0.0003	—	0.001	—	—	—	—	0.001	—	0.0018	0.0001	0.001
						Te:0.001, Se:0.001, Cd:0.0001, Mg:0.0001								

① 砷、铋、锑可不分析，但供方必须保证不于极限值。下同。

② 此值为铜量，铜的质量分数不小于 99.99%时，其值应由差减法求得。

表 5-6 无氧铜 TU0 牌号和化学成分（质量分数）对照 （%）

标准号	牌号 代号	Cu+Ag	P	Bi	Sb	As	Fe	Ni	Pb	Sn	S	Zn	O	杂质 合计
		≥	≤											
GB/T 5231—2012	TU0 T10130	99.97	0.002	0.001	0.002	0.002	0.004	0.002	0.003	0.002	0.004	0.003	0.001	—
ГОСТ 859—2001	$M0_6$	Cu： 99.97	0.002	0.001	0.002	0.002	0.004	0.002	0.003	0.002	0.003	0.003	0.001	—

表 5-7 无氧铜 TU1 牌号和化学成分（质量分数） （%）

标准号	牌号 代号	Cu+Ag	P	Bi	Sb	As	Fe	Ni	Pb	Sn	S	Zn	O	杂质 合计
		≥	≤											
GB/T 5231—2012	TU1 T10150	99.97	0.002	0.001	0.002	0.002	0.004	0.002	0.003	0.002	0.004	0.003	0.002	—

表 5-8 无氧铜 TU2 牌号和化学成分（质量分数） （%）

标准号	牌号 代号	Cu+Ag	P	Bi	Sb	As	Fe	Ni	Pb	Sn	S	Zn	O	杂质 合计
		≥	≤											
GB/T 5231—2012	TU2① T10180	99.95	0.002	0.001	0.002	0.002	0.004	0.002	0.004	0.002	0.004	0.003	0.003	—

① 电工用无氧铜 TU2 氧的质量分数不大于 0.002%。

表 5-9　无氧铜 TU3 牌号和化学成分（质量分数）对照　（%）

标准号	牌号 代号	Cu+Ag	P	Bi	Sb	As	Fe	Ni	Pb	Sn	S	Zn	O	杂质合计
		≥	≤											
GB/T 5231—2012	TU3 C10200	99.95	—	—	—	—	—	—	—	—	—	—	0.0010	—
ASTM B75/B75M—2019	Gradc 2 C10200	Cu: 99.95	—	—	—	—	—	—	—	—	—	—	0.0010	—
JIS H3250:2021	C1020B	Cu≥ 99.96	—	—	—	—	—	—	—	—	—	—	—	—
EN 13600:2021(E)	Cu-OF CW008A	Cu: 99.95	—	0.0005	—	—	—	—	0.005	—	—	—	—	0.03 (不含 Ag)
ISO 431:1981(E)	Cu-OF	Cu: 99.95	—	—	—	—	—	—	—	—	—	—	—	—

表 5-10　银无氧铜 TU00Ag0.06 牌号和化学成分（质量分数）对照　（%）

标准号	牌号 代号	Cu+Ag	P	Ag	Bi	Sb	As	Fe	Ni	O	杂质合计
		≥	≤								
GB/T 5231—2012	TU00Ag0.06 T10350	99.99	0.002	0.05~ 0.08	0.0003	0.0005	0.0004	0.0025	0.0006	0.0005	—
					Pb:0.0006,Sn:0.0007,Zn:0.0005						
EN 13601:2021(E)	CuAg0.07(OF) CW018A	Cu: 余量	—	0.06~ 0.08	0.0005	—	—	—	—	—	0.0065 (不含 Ag,O)
ISO 1336:1980(E)	CuAg0.05	Cu: 余量	—	0.02~ 0.08	—	—	—	—	—	0.06	—

表 5-11　银无氧铜 TUAg0.03 牌号和化学成分（质量分数）对照　（%）

标准号	牌号 代号	Cu+Ag	P	Ag	Bi	Sb	As	Fe	Ni	O	杂质合计
		≥	≤								
GB/T 5231—2012	TUAg0.03 C10500	99.95	—	≥0.034	—	—	—	—	—	0.0010	—
ASTM B187/B187M—2019	C10500	99.95	—	≥0.010	—	—	—	—	—	0.0010	—
EN-13601:2021(E)	CuAg0.04(OF) CW017A	Cu: 余量	—	0.03~ 0.05	0.0005	—	—	—	—	—	0.0065 （不含 Ag,O）

表 5-12　银无氧铜 TUAg0.05 牌号和化学成分（质量分数）对照　（%）

标准号	牌号 代号	Cu+Ag	P	Ag	Bi	Sb	As	Fe	Ni	O	杂质合计
		≥	≤								
GB/T 5231—2012	TUAg0.05 T10510	99.96	0.002	0.02~ 0.06	0.001	0.002	0.002	0.004	0.002	0.003	—
				Pb:0.004,Sn:0.002,S:0.004,Zn:0.003							
ASTM B187/B187M—2019	C10700	Cu 99.95	—	≥0.025	—	—	—	—	—	0.0010	—

表 5-13　银无氧铜 TUAg0.1 牌号和化学成分（质量分数）对照　（%）

标准号	牌号 代号	Cu+Ag	P	Ag	Bi	Sb	As	Fe	Ni	O	杂质合计
		≥	≤								
GB/T 5231—2012	TUAg0.1 T10530	99.96	0.002	0.06~ 0.12	0.001	0.002	0.002	0.004	0.002	0.003	—
					Pb:0.004,Sn:0.002,S:0.004,Zn:0.003						
ASTM B152/B152M—2019	C11600	Cu: 99.90	—	≥0.025	—	—	—	—	—	—	—

（续）

标准号	牌号 代号	Cu+Ag	P	Ag	Bi	Sb	As	Fe	Ni	O	杂质合计
		≥	≤								
EN 13600:2021(E)	CuAg0.10(OF) CW019A	Cu: 余量	—	0.08~ 0.12	0.0005	—	—	—	—	—	0.0065 （不含 Ag,O）
ISO 1336:1980(E)	CuAg0.1	Cu: 余量	—	0.08~ 0.12	—	—	—	—	—	0.06	—

表 5-14　银无氧铜 TUAg0.2 牌号和化学成分（质量分数）（%）

标准号	牌号 代号	Cu+Ag	P	Ag	Bi	Sb	As	Fe	Ni	O	杂质合计
		≥	≤								
GB/T 5231—2012	TUAg0.2 T10540	99.96	0.002	0.15~ 0.25	0.001	0.002	0.002	0.004	0.002	0.003	—
					Pb:0.004,Sn:0.002,S:0.004,Zn:0.003						

表 5-15　银无氧铜 TUAg0.3 牌号和化学成分（质量分数）（%）

标准号	牌号 代号	Cu+Ag	P	Ag	Bi	Sb	As	Fe	Ni	O	杂质合计
		≥	≤								
GB/T 5231—2012	TUAg0.3 T10550	99.96	0.002	0.25~ 0.35	0.001	0.002	0.002	0.004	0.002	0.003	—
					Pb:0.004,Sn:0.002,S:0.004,Zn:0.003						

表 5-16　锆无氧铜 TUZr0.15 牌号和化学成分（质量分数）对照（%）

标准号	牌号 代号	Cu+Ag	P	Zr	Bi	Sb	As	Fe	Ni	O	杂质合计
		≥	≤								
GB/T 5231—2012	TUZr0.15 T10600	99.97[①]	0.002	0.11~ 0.21	0.001	0.002	0.002	0.004	0.002	0.002	—
					Pb:0.003,Sn:0.002,S:0.004,Zn:0.003						

JIS H3100:2018	C1510	Cu:余量	—	0.05~0.15	—	—	—	—	—	—	—
ASTM B888/B888M—2017	C15100	Cu:99.80	—	0.05~0.15	—	—	—	—	—	—	—
EN 12420:2014(E)	CuZr CW120C	Cu:余量	—	0.1~0.2	—	—	—	—	—	—	0.1

① 此值为 w（Cu+Ag+Zr）。

表 5-17　纯铜 T1 牌号和化学成分（质量分数）对照　（%）

标准号	牌号 代号	Cu+Ag	P	Zn	Bi	Sb	As	Fe	Ni	O	杂质合计
		≥	≤								
GB/T 5231—2012	T1 T10900	99.95	0.001	0.005	0.001	0.002	0.002	0.005	0.002	0.02	—
					Pb:0.003,Sn:0.002,S:0.005						
ГОСТ 859—2001	$M1_6$	99.95	0.002	0.003	0.001	0.002	0.002	0.004	0.002	0.003	—
					Pb:0.004,Sn:0.002,S:0.004						
JIS H3300:2018	C1020	Cu:99.96	—	—	—	—	—	—	—	—	—
ASTM B395/B395M—2018	C10200	Cu:99.95	—	—	—	—	—	—	—	0.0010	—
EN 13600:2021(E)	Cu-OF CW008A	Cu:99.95	—	—	0.0005	Pb: 0.005	—	—	—	—	0.03 （不含 Ag）
ISO 1337:1980(E)	Cu-OF	99.95	—	—	—	—	—	—	—	—	—

表 5-18 纯铜 T2 牌号和化学成分（质量分数）对照 （%）

<table>
<tr><th rowspan="2">标准号</th><th rowspan="2">牌号
代号</th><th>Cu+Ag</th><th>P</th><th>Zn</th><th>Bi</th><th>Sb</th><th>As</th><th>Fe</th><th>Ni</th><th>O</th><th>杂质合计</th></tr>
<tr><th>≥</th><th colspan="9">≤</th></tr>
<tr><td rowspan="2">GB/T 5231—2012</td><td rowspan="2">T2①②
T11050</td><td rowspan="2">99.90</td><td rowspan="2">—</td><td rowspan="2">—</td><td>0.001</td><td>0.002</td><td>0.002</td><td>0.005</td><td>—</td><td>—</td><td rowspan="2">—</td></tr>
<tr><td colspan="6">Pb:0.005, S:0.005</td></tr>
<tr><td rowspan="2">ГОСТ 859—2001</td><td rowspan="2">M1</td><td rowspan="2">99.90</td><td rowspan="2">—</td><td rowspan="2">0.004</td><td>0.001</td><td>0.002</td><td>0.002</td><td>0.005</td><td>0.002</td><td>0.05</td><td rowspan="2">—</td></tr>
<tr><td colspan="6">Pb:0.005, Sn:0.002, S:0.004</td></tr>
<tr><td>JIS H3250:2021</td><td>C1100B</td><td>Cu:99.90</td><td>—</td><td>—</td><td>—</td><td>—</td><td>—</td><td>—</td><td>—</td><td>—</td><td>—</td></tr>
<tr><td>ASTM B283/
B283M—2020</td><td>C11000</td><td>Cu:99.90</td><td>—</td><td>—</td><td>—</td><td>—</td><td>—</td><td>—</td><td>—</td><td>—</td><td>—</td></tr>
<tr><td>EN 13600:2021(E)</td><td>Cu-ETP
CW004A</td><td>Cu:99.90</td><td>—</td><td>—</td><td>0.0005</td><td>Pb:
0.005</td><td>—</td><td>—</td><td>—</td><td>0.040</td><td>0.03
(不含 Ag)</td></tr>
<tr><td>ISO 1337:1980(E)</td><td>Cu-ETP</td><td>99.90</td><td>—</td><td>—</td><td>—</td><td>—</td><td>—</td><td>—</td><td>—</td><td>—</td><td>—</td></tr>
</table>

① 经双方协商，可供应 $w(P)$ 不大于 0.001%的导电 T2 铜。

② 电力机车接触材料用纯铜线坯：$w(Bi) \leqslant 0.0005\%$、$w(Pb) \leqslant 0.0050\%$、$w(O) \leqslant 0.035\%$、$w(P) \leqslant 0.001\%$，其他杂质合计≤0.03%。

表 5-19 纯铜 T3 牌号和化学成分（质量分数）对照 （%）

<table>
<tr><th rowspan="2">标准号</th><th rowspan="2">牌号
代号</th><th>Cu+Ag</th><th>Sn</th><th>Pb</th><th>Bi</th><th>Sb</th><th>As</th><th>Fe</th><th>Ni</th><th>O</th><th>杂质合计</th></tr>
<tr><th>≥</th><th colspan="9">≤</th></tr>
<tr><td>GB/T 5231—2012</td><td>T3
T11090</td><td>99.70</td><td>—</td><td>0.01</td><td>0.002</td><td>—</td><td>—</td><td>—</td><td>—</td><td>—</td><td>—</td></tr>
<tr><td>ГОСТ 859—2001</td><td>M2</td><td>99.70</td><td>0.05</td><td>0.01</td><td>0.002</td><td>0.005</td><td>0.01</td><td>0.05</td><td>0.2</td><td>0.07</td><td>S:0.01</td></tr>
</table>

表 5-20 银铜 TAg0.1-0.01 牌号和化学成分（质量分数）对照 （%）

标准号	牌号 代号	Cu+Ag	P	Ag	Bi	Sb	As	Fe	Ni	O	杂质合计
		≥	≤								
GB/T 5231—2012	TAg0.1-0.01 T11200	99.9①	0.001~ 0.012	0.08~ 0.12	—	—	—	—	0.05	0.05	—
EN 13600:2021(E)	CuAg0.10P CW016A	Cu: 余量	0.001~ 0.007	0.08~ 0.12	0.0005	—	—	—	—	—	0.03 (不含 Ag,P)

① 此值为 w(Cu+Ag+P)。

表 5-21 银铜 TAg0.1 牌号和化学成分（质量分数）对照 （%）

标准号	牌号 代号	Cu+Ag	P	Ag	Bi	Sb	As	Fe	Ni	O	杂质合计
		≥	≤								
GB/T 5231—2012	TAg0.1 T11210	99.5①	—	0.06~ 0.12	0.002 Pb:0.01,Sn:0.05,S:0.01	0.005	0.01	0.05	0.2	0.1	—
ГОСТ 18175—1978	БрСр0.1	Cu:余量	—	0.08~ 0.12	—	—	—	—	—	—	0.1
ASTM B187/B187—2019	C11600	Cu:99.90	—	≥ 0.025	—	—	—	—	—	—	—
EN 13600:2021(E)	CuAg0.10 CW013	Cu:余量	—	0.08~ 0.12	0.0005	—	—	—	—	0.040	0.03 (不含 Ag,O)
ISO 1336:1980(E)	CuAg0.1	Cu:余量	—	0.08~ 0.12	—	—	—	—	—	0.06	—

① 此值为铜的质量分数。

表 5-22 银铜 TAg0.15 牌号和化学成分（质量分数） （%）

标准号	牌号 代号	Cu+Ag	P	Ag	Bi	Sb	As	Fe	Ni	O	杂质合计
		≥	≤								
GB/T 5231—2012	TAg0.15 T11220	99.5	—	0.10~ 0.20	0.002 Pb:0.01,Sn:0.05,S:0.01	0.005	0.01	0.05	0.2	0.1	—

表 5-23　磷脱氧铜 TP1 牌号和化学成分（质量分数）对照　（%）

标准号	牌号 代号	Cu+Ag	P	Zn	Bi	Sb	As	Fe	Ni	O	杂质合计
		≥	≤								
GB/T 5231—2012	TP1 C12000	99.90	0.004～0.012	—	—	—	—	—	—	—	—
ГОСТ 859—2001	$M1_p$	99.90	0.002～0.012	0.005	0.001	0.002	0.02	0.005	0.002	0.01	—
					Pb:0.005,Sn:0.002,S:0.005						
JIS H3250:2021	C1201B	Cu:99.90	0.004～0.015	—	—	—	—	—	—	—	—
ASTM B75/B75M—2019	C12000	Cu:99.90	0.004～0.012	—	—	—	—	—	—	—	—
CEN/TS 13388:2015(E)	Cu-DLP CR023A CW023A	Cu:99.90	0.005～0.013	Pb:0.005	0.0005	Pb:0.005	—	—	—	—	0.03(不含Ag,Ni,P)
ISO 1337:1980(E)	Cu-DLP	99.90	0.0005～0.012	—	—	—	—	—	—	—	—

表 5-24　磷脱氧铜 TP2 牌号和化学成分（质量分数）对照　（%）

标准号	牌号 代号	Cu+Ag	P	Zn	Bi	Sb	As	Fe	Ni	O	杂质合计
		≥	≤								
GB/T 5231—2012	TP2 C12200	99.9	0.015～0.040	—	—	—	—	—	—	—	—
ГОСТ 859-2001	$M1_ф$	99.90	0.012～0.04	0.005	0.001	0.002	0.02	0.005	0.002	—	—
				Pb:0.005,Sn:0.002,S:0.005							
CEN/TS 13388:2015(E)	Cu-DHP CR024A CW024A	Cu:99.90	0.015～0.040	—	—	—	—	—	—	—	—
JIS H3250:2021	C1220B	Cu:99.90	0.015～0.040								

ASTM B75/B75M—2019	C12200	Cu:99.9	0.015~0.040	—	—	—	—	—	—	—	—
ISO 1337:1980(E)	Cu-DHP	99.85	0.013~0.050	—	—	—	—	—	—	—	—

表 5-25　磷脱氧铜 TP3 牌号和化学成分（质量分数）　（%）

标准号	牌号 代号	Cu+Ag	P	Zn	Bi	Sb	As	Fe	Ni	O	杂质合计
		≥	≤								
GB/T 5231—2012	TP3 T12210	99.9	0.01~0.025	—	—	—	—	—	—	0.01	—

表 5-26　磷脱氧铜 TP4 牌号和化学成分（质量分数）对照　（%）

标准号	牌号 代号	Cu+Ag	P	Pb	Bi	Sb	As	Fe	Ni	O	杂质合计
		≥	≤								
GB/T 5231—2012	TP4 T12400	99.90	0.040~0.065	—	—	—	—	—	—	0.002	—
CEN/TS 13388:2015(E)	Cu-CXP CR025A	Cu: 99.90	0.04~0.06	0.005	0.0005	—	—	—	—	—	0.03(不含Ag,Ni,P)

表 5-27　碲铜 TTe0.3 牌号和化学成分（质量分数）　（%）

标准号	牌号 代号	Cu+Ag	P	Te	Bi	Sb	As	Fe	Ni	O	杂质合计
		≥	≤								
GB/T 5231—2012	TTe0.3 T14440	99.9[①]	0.001	0.20~0.35	0.001	0.0015	0.002	0.008	0.002	—	—
					Pb:0.01,Sn:0.001,S:0.0025,Zn:0.005,Cd:0.01						

① 此值为 w(Cu+Ag+Te)。

表 5-28 碲铜 TTe0.5-0.008 牌号和化学成分（质量分数）对照 （%）

标准号	牌号 代号	Cu+Ag	P	Te	Bi	Sb	As	Fe	Ni	O	杂质合计
		≥	≤								
GB/T 5231—2012	TTe0.5-0.008 T14450	99.8①	0.004~0.012	0.4~0.6	0.001	0.003	0.002	0.008	0.005	—	—
					Pb:0.01,Sn:0.01,S:0.003,Zn:0.008,Cd:0.01						
ASTM B301/B301-13(2020)	C14520	Cu+Ag+Sn 99.90	0.004~0.020	0.40~0.7	—	—	—	—	—	—	—

① 此值为 w(Cu+Ag+Te+P)。

表 5-29 碲铜 TTe0.5 牌号和化学成分（质量分数）对照 （%）

标准号	牌号 代号	Cu+Ag	P	Te	Bi	Sb	As	Fe	Ni	O	杂质合计
		≥	≤								
GB/T 5231—2012	TTe0.5 C14500	99.90①	0.004~0.012	0.40~0.7	—	—	—	—	—	—	—
ASTM B283/B283M—2020	C14500	Cu:99.90	0.004~0.012	0.40~0.7	—	—	—	—	—	—	—
ГОСТ 18175—1978	БрТ0.5	Cu:余量	0.004~0.012	0.3~0.8	—	—	—	—	—	—	0.2
EN 12166:2016(E)	CuTeP CW118C	Cu:余量	0.003~0.012	0.4~0.7	—	—	—	—	—	—	0.1
ISO 1336:1980(E)	CuTe(P)	Cu:余量	0.004~0.012	0.3~0.8	—	—	—	—	—	—	0.2

① 此值为 w(Cu+Ag+Te+P)。

表 5-30 碲铜 TTe0.5-0.02 牌号和化学成分（质量分数）对照 （%）

标准号	牌号 代号	Cu+Ag	P	Te	Bi	Sb	As	Fe	Pb	O	杂质合计
		≥	≤								
GB/T 5231—2012	TTe0.5-0.02 C14510	99.85①	0.010~0.030	0.30~0.7	—	—	—	—	0.05	—	—

ASTM B301/ B301-13(2020)	C14510	Cu+Ag+Sn 99.85	0.010~ 0.030	0.30~ 0.7	—	—	—	—	0.05	—	—

① 此值为 w(Cu+Ag+Te+P)。

表 5-31　硫铜 TS0.4 牌号和化学成分（质量分数）对照　（%）

标准号	牌号 代号	Cu+Ag	P	S	Bi	Sb	As	Fe	Pb	O	杂质合计
		≥	≤								
GB/T 5231—2012	TS0.4 C14700	99.90①	0.002~ 0.005	0.20~ 0.50	—	—	—	—	—	—	—
ASTM B283/ B283M—2020	C14700	Cu:99.90	0.002~ 0.005	0.20~ 0.50	—	—	—	—	—	—	—
EN 12164:2016(E)	CuSP CW114C	Cu:余量	0.003~ 0.012	0.2~ 0.7	—	—	—	—	—	—	0.1
ISO 1336:1980(E)	CuS(P0.01)	Cu:余量	0.004~ 0.012	0.20~ 0.70	—	—	—	—	—	—	0.1

① 此值为 w(Cu+Ag+S+P)。

表 5-32　锆铜 TZr0.15 牌号和化学成分（质量分数）对照　（%）

标准号	牌号 代号	Cu+Ag	P	Zr	Bi	Sb	As	Fe	Pb	O	杂质合计
		≥	≤								
GB/T 5231—2012	TZr0.15① C15000	99.80	—	0.10~ 0.20	—	—	—	—	—	—	—
JIS H3100:2018	C1510	Cu:余量	—	0.05~ 0.15	—	—	—	—	—	—	—

（续）

标准号	牌号 代号	Cu+Ag	P	Zr	Bi	Sb	As	Fe	Pb	O	杂质合计
		≥	≤								
ASTM B888/ B888M—2017	C15100	Cu:99.80	—	0.05~ 0.15	—	—	—	—	—	—	—
EN 12165:2016(E)	CuZr CW120C	Cu:余量	—	0.1~ 0.2	—	—	—	—	—	—	0.1

① 此牌号 w(Cu+Ag+Zr) 不小于99.9%。

表 5-33 锆铜 TZr0.2 牌号和化学成分（质量分数） （%）

标准号	牌号 代号	Cu+Ag	Pb	Zr	Bi	Sb	As	Fe	Sn	S	Ni
		≥	≤								
GB/T 5231—2012	TZr0.2 T15200	99.5①	0.01	0.15~ 0.30	0.002	0.005	—	0.05	0.05	0.01	0.2

① 此值为 w(Cu+Ag+Zr)。

表 5-34 锆铜 TZr0.4 牌号和化学成分（质量分数） （%）

标准号	牌号 代号	Cu+Ag	Pb	Zr	Bi	Sb	As	Fe	Sn	S	Ni
		≥	≤								
GB/T 5231—2012	TZr0.4 T15400	99.5①	0.01	0.30~ 0.50	0.002	0.005	—	0.05	0.05	0.01	0.2

① 此值为 w(Cu+Ag+Zr)。

表 5-35 弥散无氧铜 TUAl0.12 牌号和化学成分（质量分数） （%）

标准号	牌号 代号	Cu+Ag	P	Al_2O_3	Bi	Sb	As	Fe	Ni	Pb	Sn	S	Zn
		≥	≤										
GB/T 5231—2012	TUAl0.12 T15700	余量	0.002	0.16~ 0.26	0.001	0.002	0.002	0.004	0.002	0.003	0.002	0.004	0.003

5.2.2　加工高铜合金牌号和化学成分

加工高铜合金指铜的质量分数在 96.0%~99.3%之间的合金。加工高铜合金的中外牌号和化学成分对照见表 5-36~表 5-64。

表 5-36　镉铜 TCd1 牌号和化学成分（质量分数）对照　（%）

标准号	牌号 代号	Cu	Cd	Ni	Cr	Si	Fe	Al	Pb	Co	杂质合计
							≤				
GB/T 5231—2012	TCd1 C16200	余量	0.7~ 1.2	—	—	—	0.02	—	—	—	0.5
ГОСТ 18175—1978	БрКд1	余量	0.9~ 1.2	—	—	—	—	—	—	—	0.3
ASTM 标准年鉴 02.01 卷（铜及铜合金卷 2005 年版）	C16200	Cu+主要元素 ≥99.5	0.7~ 1.2	—	—	—	0.02	—	—	—	—
CEN/TS 13388:2015(E)	CuCd1.0 CW131C	余量	0.8~ 1.2	—	—	—	—	—	—	—	0.1
ISO 1336:1980(E)	CuCd1	余量	0.7~ 1.3	—	—	—	—	—	—	—	0.3

表 5-37　铍铜 TBe1.9-0.4 牌号和化学成分（质量分数）对照　（%）

标准号	牌号 代号	Cu	Be	Ni	Co	Si	Fe	Al	Pb	Cr	杂质合计
							≤				
GB/T 5231—2012	TBe1.9-0.4[①] C17300	余量	1.80~ 2.00	—	—	0.20	—	0.20	0.20~ 0.6	—	0.9
ASTM B196/B196M—2018	C17300	余量	1.80~ 2.00	Ni+Co≥0.20 Ni+Co+Fe≤0.6		0.20	—	0.20	0.20~ 0.6	—	—

（续）

标准号	牌号 代号	Cu	Be	Ni	Co	Si	Fe	Al	Pb	Cr	杂质合计
			≤								
EN 12164:2016(E)	CuBe2Pb CW102C	余量	1.8~ 2.0	0.3	—	—	0.2	—	0.2~ 0.6	0.3	0.5
ISO 1187:1983(E)	CuBe2Pb	余量	1.8~ 2.0	②	②	—	②	—	0.2~ 0.6	—	—

① 该牌号 $w(Ni+Co) \geqslant 0.20\%$，$w(Ni+Co+Fe) \leqslant 0.6\%$。
② $w(Co+Ni) \leqslant 0.40\%$，$w(Co+Ni+Fe) \leqslant 0.6\%$。

表 5-38 铍铜 TBe0.3-1.5 牌号和化学成分（质量分数） （%）

标准号	牌号 代号	Cu	Be	Ni	Cr	Si	Fe	Al	Ag	Co	杂质合计
			≤								
GB/T 5231—2012	TBe0.3-1.5 T17490	余量	0.25~ 0.50	—	—	0.20	0.10	0.20	0.90~ 1.10	1.40~ 1.70	0.5

表 5-39 铍铜 TBe0.6-2.5 牌号和化学成分（质量分数）对照 （%）

标准号	牌号 代号	Cu	Be	Ni	Cr	Si	Fe	Al	Pb	Co	杂质合计
			≤								
GB/T 5231—2012	TBe0.6-2.5 C17500	余量	0.4~ 0.7	—	—	0.20	0.10	0.20	—	2.4~ 2.7	1.0
ASTM B888/B888M—2017	C17500	余量	0.4~ 0.7	—	—	0.20	0.10	0.20	—	2.4~ 2.7	—
EN 1654:2019-05	CuCo2Be CW104C	余量	0.4~ 0.7	0.3	—	—	0.2	—	—	2.0~ 2.8	0.5
ISO 1187:1983(E)	CuCo2Be	余量	0.4~ 0.7	①	—	—	①	—	—	2.0~ 2.8	—

① $w(Ni+Fe) \leqslant 0.5\%$。

表 5-40　铍铜 TBe0. 4-1. 8 牌号和化学成分（质量分数）对照　（%）

标准号	牌号 代号	Cu	Be	Ni	Cr	Si	Fe	Al	Pb	Co	杂质合计
			≤								
GB/T 5231—2012	TBe0. 4-1. 8 C17510	余量	0. 2~ 0. 6	1. 4~ 2. 2	—	0. 20	0. 10	0. 20	—	0. 3	1. 3
JIS H3130:2018	C1751	Cu+Be+Ni ≥99. 5	0. 2~ 0. 6	1. 4~ 2. 2	—	—	—	—	—	—	—
ASTM B888/B888M—2017	C17510	余量	0. 2~ 0. 6	1. 4~ 2. 2	—	0. 20	0. 10	0. 20	—	0. 3	—
EN 1654:2019-05	CuNi2Be CW110C	余量	0. 2~ 0. 6	1. 4~ 2. 4	—	—	0. 2	—	—	0. 3	0. 5
ISO 1187:1983(E)	CuNi2Be	余量	0. 20~ 0. 6	1. 4~ 2. 0	—	—	—	—	—	—	—

表 5-41　铍铜 TBe1. 7 牌号和化学成分（质量分数）对照　（%）

标准号	牌号 代号	Cu	Be	Ni	Co	Si	Fe	Al	Pb	Ti	杂质合计
			≤								
GB/T 5231—2012	TBe1. 7 T17700	余量	1. 6~ 1. 85	0. 2~ 0. 4	—	0. 15	0. 15	0. 15	0. 005	0. 10~ 0. 25	0. 5
ГОСТ 18175—1978	БрБНТ1. 7	余量	1. 60~ 1. 85	0. 2~ 0. 4	—	0. 15	0. 15	0. 15	0. 005	0. 10~ 0. 25	0. 5
JIS H3130:2018	C1700	Cu+Be+ Ni+Co+Fe ≥99. 5	1. 60~ 1. 79	Ni+Co≥0. 20		Ni+Co+Fe≤0. 6			—	—	—
ASTM B196/B196M—2018	C17000	余量	1. 60~ 1. 85	Ni+Co≥0. 20 Ni+Co+Fe≤0. 6		0. 20	—	0. 20	—	—	—

（续）

标准号	牌号 代号	Cu	Be	Ni	Co	Si	Fe	Al	Pb	Ti	杂质合计
			≤								
EN 1654:2019-05	CuBe1.7 CW100C	余量	1.6~ 1.8	0.3	0.3	—	0.2	—	—	—	0.5
ISO 1187:1983(E)	CuBe1.7	余量	1.6~ 1.80	Co+Ni: 0.20~0.60		Co+Ni+Fe:0.20~0.60			—	—	—

表 5-42　铍铜 TBe1.9 牌号和化学成分（质量分数）对照　（%）

标准号	牌号 代号	Cu	Be	Ni	Co	Si	Fe	Al	Pb	Ti	杂质合计
			≤								
GB/T 5231—2012	TBe1.9 T17710	余量	1.85~ 2.1	0.2~ 0.4	—	0.15	0.15	0.15	0.005	0.10~ 0.25	0.5
ГОСТ 18175—1978	БрБНТ1.9	余量	1.85~ 2.10	0.2~ 0.4	—	0.15	0.15	0.15	0.005	0.10~ 0.25	0.5

表 5-43　铍铜 TBe1.9-0.1 牌号和化学成分（质量分数）对照　（%）

标准号	牌号 代号	Cu	Be	Ni	Mg	Si	Fe	Al	Pb	Ti	杂质合计
			≤								
GB/T 5231—2012	TBe1.9-0.1 T17715	余量	1.85~ 2.1	0.2~ 0.4	0.07~ 0.13	0.15	0.15	0.15	0.005	0.10~ 0.25	0.5
ГОСТ 18175—1978	БрБНТ1Mг	余量	1.85~ 2.10	0.2~ 0.4	0.07~ 0.13	0.15	0.15	0.15	0.005	0.10~ 0.25	0.5

表 5-44　铍铜 TBe2 牌号和化学成分（质量分数）对照　（%）

标准号	牌号 代号	Cu	Be	Ni	Co	Si	Fe	Al	Pb	Ti	杂质合计
			≤								
GB/T 5231—2012	TBe2 T17720	余量	1.80~ 2.1	0.2~ 0.5	—	0.15	0.15	0.15	0.005	—	0.5

ГОСТ 18175—1978	БрБ2	余量	1.8~2.1	0.2~0.5	—	0.15	0.15	0.15	0.005	—	0.5
JIS H3130:2018	C1720	Cu+Be+Ni+Co+Fe≥99.5	1.80~2.00	Ni+Co≥0.20		Ni+Co+Fe≤0.6			—	—	—
ASTM B196/B196M—2018	C17200	余量	1.80~2.00	Ni+Co≥0.20 Ni+Co+Fe≤0.6		0.20	—	0.20	—	—	—
EN 1654:2019-05	CuBe2 CW101C	余量	1.8~2.1	0.3	0.3	—	0.2	—	—	—	0.5
ISO 1187:1983(E)	CuBe2	余量	1.80~2.1	Co+Ni: 0.20~0.60		Co+Ni+Fe:0.20~0.60			—	—	—

表 5-45　镍铬铜 TNi2.4-0.6-0.5 牌号和化学成分（质量分数）对照　（%）

标准号	牌号 代号	Cu	Cr	Ni	Co	Si	Fe	Mn	Pb	Ti	杂质合计
			≤								
GB/T 5231—2012	TNi2.4-0.6-0.5 C18000	余量	0.10~0.8	1.8~3.9①		0.40~0.8	0.15	—	—	—	0.65
ASTM 标准年鉴 02.01 卷（铜及铜合金卷 2005 年版）	C18000	Cu+主要元素≥99.5	0.10~0.8	Ni+Co: 1.8~3.0		0.40~0.8	0.15	—	—	—	—
EN 1654:2019-05	CuNi2Si CW111C	余量	—	1.6~2.5	—	0.40~0.8	0.2	0.1	0.02	—	0.3
ISO 1187:1983(E)	CuNi2Si	余量	—	1.6~2.5	—	0.5~0.8	—	—	—	—	—

① 此值为 w(Ni+Co)。

表 5-46 铬铜 TCr0. 3-0. 3 牌号和化学成分（质量分数）对照 （%）

标准号	牌号 代号	Cu	Cr	Cd	Co	Si	Fe	Mn	Pb	Ti	杂质合计
							≤				
GB/T 5231—2012	TCr0. 3-0. 3 C18135	余量	0. 20~ 0. 6	0. 20~ 0. 6	—	—	—	—	—	—	0. 5
ASTM 标准年鉴 02. 01 卷 （铜及铜合金卷 2005 年版）	C18135	Cu+ 主要元素 ≥99. 5	0. 20~ 0. 6	0. 20~ 0. 6	—	—	—	—	—	—	—

表 5-47 铬铜 TCr0. 5 牌号和化学成分（质量分数） （%）

标准号	牌号 代号	Cu	Cr	Ni	Co	Si	Fe	Mn	Pb	Ti	杂质合计
							≤				
GB/T 5231—2012	TCr0. 5 T18140	余量	0. 4~ 1. 1	0. 05	—	—	0. 1	—	—	—	0. 5

表 5-48 铬铜 TCr0. 5-0. 2-0. 1 牌号和化学成分（质量分数） （%）

标准号	牌号 代号	Cu	Cr	Al	Mg	Si	Fe	Mn	Pb	Ti	杂质合计
							≤				
GB/T 5231—2012	TCr 0. 5-0. 2-0. 1 T18142	余量	0. 4~ 1. 0	0. 1~ 0. 25	0. 1~ 0. 25	—	—	—	—	—	0. 5

表 5-49 铬铜 TCr0. 5-0. 1 牌号和化学成分（质量分数） （%）

标准号	牌号 代号	Cu	Cr	Ag	Zn	Si	Fe	Ni	Pb	Sn	杂质合计
							≤				
GB/T 5231—2012	TCr0. 5-0. 1 T18144	余量	0. 40~ 0. 70	0. 08~ 0. 13	0. 05~ 0. 25	0. 05	0. 05	0. 05	0. 005	0. 01	0. 25
						S：0. 005					

表 5-50　铬铜 TCr0.7 牌号和化学成分（质量分数）　（%）

标准号	牌号 代号	Cu	Cr	Ni	Mg	Si	Fe	Mn	Pb	Ti	杂质合计
			≤								
GB/T 5231—2012	TCr0.7 T18146	余量	0.55~ 0.85	0.05	—	—	0.1	—	—	—	0.5

表 5-51　铬铜 TCr0.8 牌号和化学成分（质量分数）　（%）

标准号	牌号 代号	Cu	Cr	Ni	S	Si	Fe	Al	Pb	Ti	杂质合计
			≤								
GB/T 5231—2012	TCr0.8 T18148	余量	0.6~ 0.9	0.05	0.005	0.03	0.03	0.005	—	—	0.2

表 5-52　铬铜 TCr1-0.15 牌号和化学成分（质量分数）对照　（%）

标准号	牌号 代号	Cu	Cr	Zr	S	Si	Fe	Al	Pb	Ti	杂质合计
			≤								
GB/T 5231—2012	TCr1-0.15 C18150	余量	0.50~ 1.5	0.05~ 0.25	—	—	—	—	—	—	0.3
ASTM 标准年鉴 02.01 卷 （铜及铜合金卷 2005 年版）	C18150	Cu+ 主要元素 ≥99.7	0.50~ 1.5	0.05~ 0.25	—	—	—	—	—	—	—
EN 12165:2016(E)	CuCr1Zr CW106C	余量	0.5~ 1.2	0.03~ 0.3	—	0.1	0.08	—	—	—	0.2
ISO 1336:1980(E)	CuCr1Zr	余量	0.50~ 1.4	0.02~ 0.2	—	—	—	—	—	—	0.2

表 5-53　铬铜 TCr1-0.18 牌号和化学成分（质量分数）　(%)

标准号	牌号 代号	Cu	Cr	Zr	P	Si	Fe	Al	Pb	Mg	杂质合计
					≤						
GB/T 5231—2012	TCr1-0.18 T18160	余量	0.5~ 1.5	0.05~ 0.30	0.10	0.10	0.10	0.05	0.05	0.05	0.3①
					B:0.02, Sb:0.01, Bi:0.01						

① 此值为表中所列杂质元素实测值总和。

表 5-54　铬铜 TCr0.6-0.4-0.05 牌号和化学成分（质量分数）　(%)

标准号	牌号 代号	Cu	Cr	Zr	Mg	Si	Fe	Al	P	Ti	杂质合计
					≤						
GB/T 5231—2012	TCr 0.6-0.4-0.05 T18170	余量	0.4~ 0.8	0.3~ 0.6	0.04~ 0.08	0.05	0.05	—	0.01	—	0.5

表 5-55　铬铜 TCr1 牌号和化学成分（质量分数）对照　(%)

标准号	牌号 代号	Cu	Cr	Zr	S	Si	Fe	Al	Pb	Ti	杂质合计
					≤						
GB/T 5231—2012	TCr1 C18200	余量	0.6~ 1.2	—	—	0.10	0.10	—	0.05	—	0.75
ГОСТ 18175—1978	БрХ1	余量	0.4~ 1.2	—	—	—	—	—	—	—	0.3
ASTM 标准年鉴 02.01 卷 （铜及铜合金卷 2005 年版）	C18200	Cu+ 主要元素 ≥99.5	0.6~ 1.2	—	—	0.10	0.10	—	0.05	—	—
CEN/TS 13388:2015(E)	CuCr1 CW105C	余量	0.5~ 1.2	—	—	0.1	0.08	—	—	—	0.2
ISO 1336:1980(E)	CuCr1	余量	0.3~ 1.2	—	—	—	—	—	—	—	0.3

表 5-56 镁铜 TMg0.2 牌号和化学成分（质量分数）对照 （%）

标准号	牌号 代号	Cu	Mg	Zr	S	Si	Fe	Al	P	Ti	杂质合计
			≤								
GB/T 5231—2012	TMg0.2 T18658	余量	0.1～0.3	—	—	—	—	—	0.01	—	0.1
CEN/TS 13388:2015(E)	CuMg0.2 CW127C	余量	0.1～0.3	—	—	—	—	—	0.01	—	0.1
ГОСТ 18175—1978	БрMг0.3	余量	0.2～0.5	—	—	—	—	—	—	—	0.2

表 5-57 镁铜 TMg0.4 牌号和化学成分（质量分数）对照 （%）

标准号	牌号 代号	Cu	Mg	Zr	Sn	Si	Fe	Al	P	Ti	杂质合计
			≤								
GB/T 5231—2012	TMg0.4 C18661	余量	0.10～0.7	—	0.20	—	0.10	—	0.001～0.02	—	0.8
ASTM 标准年鉴 02.01 卷（铜及铜合金卷 2005 年版）	C18661	Cu+Ag ≥99.0	0.10～0.7	—	0.20	—	0.10	—	0.001～0.02	—	—

表 5-58 镁铜 TMg0.5 牌号和化学成分（质量分数）对照 （%）

标准号	牌号 代号	Cu	Mg	Zr	Sn	Si	Fe	Al	P	Ti	杂质合计
			≤								
GB/T 5231—2012	TMg0.5 T18664	余量	0.4～0.7	—	—	—	—	—	0.01	—	0.1
CEN/TS 13388:2015(E)	CuMg0.5 CW128C	余量	0.4～0.7	—	—	—	—	—	0.01	—	0.1
ASTM 标准年鉴 02.01 卷（铜及铜合金卷 2005 年版）	C18665	Cu+Ag ≥99.0	0.40～0.9	—	—	—	—	—	0.002～0.04	—	—

表 5-59 镁铜 TMg0.8 牌号和化学成分（质量分数） （%）

标准号	牌号 代号	Cu	Mg	Ni	Zn	Sn	Fe	S	Pb	Bi	杂质合计
				≤							
GB/T 5231—2012	TMg0.8 T18667	余量	0.70~ 0.85	0.006	0.005	0.002	0.005	0.005	0.005	0.002	0.3
				Sb:0.005							

表 5-60 铅铜 TPb1 牌号和化学成分（质量分数）对照 （%）

标准号	牌号 代号	Cu	Pb	Zr	Sn	Si	Fe	Al	P	Ti	杂质合计
				≤							
GB/T 5231—2012	TPb1 C18700	余量	0.8~ 1.5	—	—	—	—	—	—	—	0.5
ASTM B301/B301-13(2020)	C18700	Cu+主 要元素 ≥99.5	0.8~ 1.5	—	—	—	—	—	—	—	—
EN 12164:2016(E)	CuPb1P CW113C	余量	0.7~ 1.5	—	—	—	—	—	0.003~ 0.012	—	0.1
ISO 1187:1983(E)	CuPb1	余量	0.8~ 1.5	—	—	—	—	—	—	—	—

表 5-61 铁铜 TFe1.0 牌号和化学成分（质量分数）对照 （%）

标准号	牌号 代号	Cu	Pb	Zn	Sn	Si	Fe	Al	P	Ti	杂质合计
							≤				
GB/T 5231—2012	TFe1.0 C19200	98.5	—	0.20	—	—	0.8~ 1.2	—	0.01~ 0.04	—	0.4
ASTM B465—2020	C19200	Cu≥98.5	0.03	0.20	—	—	0.8~ 1.2	—	0.01~ 0.04	—	—

表 5-62　铁铜 TFe0. 1 牌号和化学成分（质量分数）对照　（%）

标准号	牌号 代号	Cu	Pb	Zn	Sn	Si	Fe	Al	P	Ti	杂质合计
			≤								
GB/T 5231—2012	TFe0. 1 C19210	余量	—	—	—	—	0. 05~0. 15	—	0. 025~0. 04	—	0. 2
JIS H3100:2018	C1921	余量	—	—	—	—	0. 05~0. 15	—	0. 015~0. 050	—	—
ASTM B465—2020	C19210	余量	—	—	—	—	0. 05~0. 15	—	0. 025~0. 04	—	—

表 5-63　铁铜 TFe2. 5 牌号和化学成分（质量分数）对照　（%）

标准号	牌号 代号	Cu	Pb	Zn	Sn	Si	Fe	Al	P	Ti	杂质合计
			≤								
GB/T 5231—2012	TFe2. 5 C19400	97. 0	0. 03	0. 05~0. 20	—	—	2. 1~2. 6	—	0. 015~0. 15	—	—
JIS H3100:2018	C1940	余量	0. 03	0. 05~0. 20	—	—	2. 1~2. 6	—	0. 015~0. 150	—	—
			Cu+Pb+Fe+Zn+P≥99. 8								
ASTM B465—2020	C19400	Cu≥97. 0	0. 03	0. 05~0. 20	—	—	2. 1~2. 6	—	0. 015~0. 15	—	—
EN 1654:2019-05	CuFe2P CW107C	余量	0. 03	0. 05~0. 20	—	—	2. 1~2. 8	—	0. 015~0. 15	—	0. 2

表 5-64　钛铜 TTi3. 0-0. 2 牌号和化学成分（质量分数）对照　（%）

标准号	牌号 代号	Cu	Pb	Zn	Sn	Si	Fe	Al	P	Ti	杂质合计
			≤								
GB/T 5231—2012	TTi3. 0-0. 2 C19910	余量	—	—	—	—	0. 17~0. 23	—	—	2. 9~3. 4	0. 5

（续）

标准号	牌号代号	Cu	Pb	Zn	Sn	Si	Fe	Al	P	Ti	杂质合计
			≤								
JIS H3130:2018	C1990	Cu+Ti ≥99.5	—	—	—	—	—	—	—	2.9~3.5	—
ASTM 标准年鉴 02.01 卷（铜及铜合金卷 2005 年版）	C19900	Cu+主要元素 ≥99.5	—	—	—	—	—	—	—	2.9~3.4	—

5.2.3 加工黄铜合金牌号和化学成分

中外加工黄铜合金牌号和化学成分对照见表 5-65~表 5-142。

表 5-65 普通黄铜 H95 牌号和化学成分（质量分数）对照 （%）

标准号	牌号代号	Cu	Fe①	Pb	Sn	Sb	P	Al	Bi	Zn	杂质合计
			≤								
GB/T 5231—2012	H95 C21000	94.0~96.0	0.05	0.05	—	—	—	—	—	余量	0.3
ГОСТ 15527—2004	Л96	95.0~97.0	0.1	0.03	—	0.005	0.01	—	0.002	余量	0.2
JIS H3100:2018	C2100	94.0~96.0	0.05	0.03	—	—	—	—	—	余量	—
ASTM B134/B134M—2015(R2021)	C21000	94.0~96.0	0.05	0.05	—	—	—	—	—	余量	—
CEN/TS 13388:2015(E)	CuZn5 CW500L	94.0~96.0	0.05	0.05	0.1	Ni: 0.3	—	0.02	—	余量	0.1
ISO 426-1:1983(E)	CuZn5	94.0~96.0	0.1	0.05	—	—	—	—	—	余量	—

① 抗磁用黄铜中铁的质量分数不大于 0.030%，下同。

表 5-66 普通黄铜 H90 牌号和化学成分（质量分数）对照 （%）

标准号	牌号 代号	Cu	Fe	Pb	Sn	Sb	P	Al	Bi	Zn	杂质合计
			≤								
GB/T 5231—2012	H90 C22000	89.0~91.0	0.05	0.05	—	—	—	—	—	余量	0.3
ГОСТ 15527—2004	Л90	88.0~91.0	0.1	0.03	—	0.005	0.01	—	0.002	余量	0.2
JIS H3300:2018	C2200	89.0~91.0	0.05	0.05	—	—	—	—	—	余量	—
ASTM B134/ B134M—2015(R2021)	C22000	89.0~91.0	0.05	0.05	—	—	—	—	0.006	余量	—
EN 12166:2016(E)	CuZn10 CW501L	89.0~91.0	0.05	0.05	0.1	Ni: 0.3	—	0.02	—	余量	0.1
ISO 426-1:1983(E)	CuZn10	89.0~91.0	0.1	0.05	—	—	—	—	—	余量	—

表 5-67 普通黄铜 H85 牌号和化学成分（质量分数）对照 （%）

标准号	牌号 代号	Cu	Fe	Pb	Sn	Sb	P	Al	Bi	Zn	杂质合计
			≤								
GB/T 5231—2012	H85 C23000	84.0~86.0	0.05	0.05	—	—	—	—	—	余量	0.3
ГОСТ 15527—2004	Л85	84.0~86.0	0.1	0.03	—	0.005	0.01	—	0.002	余量	0.3
JIS H3300:2018	C2300	84.0~86.0	0.05	0.05	—	—	—	—	—	余量	—
ASTM B134/ B134M—2015(R2021)	C23000	84.0~86.0	0.05	0.05	—	—	—	—	—	余量	—
EN 1654:2019-05	CuZn15 CW502L	84.0~86.0	0.05	0.05	0.1	Ni: 0.3	—	0.02	—	余量	0.1
ISO 426-1:1983(E)	CuZn15	84.0~86.0	0.1	0.05	—	—	—	—	—	余量	—

表 5-68 普通黄铜 H80 牌号和化学成分（质量分数）对照 （%）

标准号	牌号 代号	Cu	Fe	Pb	Sn	Sb	P	Al	Bi	Zn	杂质合计
			≤								
GB/T 5231—2012	H80[①] C24000	78.5~81.5	0.05	0.05	—	—	—	—	—	余量	0.3
ГОСТ 15527—2004	Л80	79.0~81.0	0.1	0.03	—	0.005	0.01	—	0.002	余量	0.3
JIS H3100:2018	C2400	78.5~81.5	0.05	0.05	—	—	—	—	—	余量	—
ASTM B134/ B134M—2015(R2021)	C24000	78.5~81.5	0.05	0.05	—	—	—	—	—	余量	—
EN 12166:2016(E)	CuZn20 CW503L	79.0~81.0	0.05	0.05	0.1	Ni: 0.3	—	0.02	—	余量	0.1
ISO 426-1:1983(E)	CuZn20	78.5~81.5	0.1	0.05	—	—	—	—	—	余量	—

① 特殊用途的 H70、H80 的杂质最大值为：Fe0.07%、Sb0.002%、P0.005%、As0.005%、S0.002%，杂质合计为 0.20%。

表 5-69 普通黄铜 H70 牌号和化学成分（质量分数）对照 （%）

标准号	牌号 代号	Cu	Fe	Pb	Sn	Sb	P	Al	Bi	Zn	杂质合计
			≤								
GB/T 5231—2012	H70[①] T26100	68.5~71.5	0.10	0.03	—	—	—	—	—	余量	0.3
ГОСТ 15527—2004	Л70	69.0~71.0	0.07	0.05	—	0.002	—	—	0.002	余量	0.2
JIS H3250:2021	C2600B	68.5~71.5	0.05	0.05	—	—	Ni:0.02	0.02	Mn:0.02	余量	—
ASTM B134/ B134M—2015(R2021)	C26000	68.5~71.5	0.07	0.05	—	—	—	—	—	余量	—
EN 1654:2019-05	CuZn30 CW505L	69.0~71.0	0.05	0.05	0.1	Ni: 0.3	—	0.02	—	余量	0.1
ISO 426-1:1983(E)	CuZn30	68.5~71.5	0.1	0.05	—	—	—	—	—	余量	—

① 特殊用途的 H70、H80 的杂质质量分数最大值为：Fe0.07%、Sb0.002%、P0.005%、As0.005%、S0.002%，杂质合计为 0.20%。

表 5-70 普通黄铜 H68 牌号和化学成分（质量分数）对照 （%）

标准号	牌号 代号	Cu	Fe	Pb	Sn	Sb	P	Al	Bi	Zn	杂质合计
			≤								
GB/T 5231—2012	H68 T26300	67.0~70.0	0.10	0.03	—	—	—	—	—	余量	0.3
ГОСТ 15527—2004	Л68	67.0~70.0	0.1	0.03	—	0.005	0.01	—	0.002	余量	0.3
CEN/TS 13388:2015(E)	CuZn33 CW506L	66.0~68.0	0.05	0.05	0.1	Ni: 0.3	—	0.02	—	余量	0.1

表 5-71 普通黄铜 H66 牌号和化学成分（质量分数）对照 （%）

标准号	牌号 代号	Cu	Fe	Pb	Sn	Sb	P	Al	Bi	Zn	杂质合计
			≤								
GB/T 5231—2012	H66 C26800	64.0~68.5	0.05	0.09	—	—	—	—	—	余量	0.45
JIS H3100:2018	C2680	64.0~68.0	0.05	0.05	—	—	—	—	—	余量	—
ASTM B927/B927M—2017	C26800	64.0~68.5	0.05	0.09	—	—	—	—	—	余量	—

表 5-72 普通黄铜 H65 牌号和化学成分（质量分数）对照 （%）

标准号	牌号 代号	Cu	Fe	Pb	Sn	Sb	P	Al	Bi	Zn	杂质合计
			≤								
GB/T 5231—2012	H65 C27000	63.0~68.5	0.07	0.09	—	—	—	—	—	余量	0.45
JIS H3250:2021	C2700B	63.0~67.0	0.05	0.05	—	—	Ni:0.02	0.02	Mn:0.02	余量	—
ASTM B134/B134M— 2015(R2021)	C27000	63.0~68.5	0.07	0.09	—	—	—	—	—	余量	—
EN 1654:2019-05	CuZn36 CW507L	63.5~65.5	0.05	0.05	0.1	Ni: 0.3	—	0.02	—	余量	0.1
ISO 426-1:1983(E)	CuZn35	64.0~67.0	0.1	0.1	—	—	—	—	—	余量	—

表 5-73 普通黄铜 H63 牌号和化学成分（质量分数）对照 （%）

标准号	牌号 代号	Cu	Fe	Pb	Sn	Sb	P	Al	Bi	Zn	杂质合计
			≤								
GB/T 5231—2012	H63 T27300	62.0~65.0	0.15	0.08	—	—	—	—	—	余量	0.5
ГОСТ 15527—2004	Л63	62.0~65.0	0.2	0.07	0.005	—	0.01	—	0.002	余量	0.50
JIS H3260:2018	C2720W	62.0~64.0	0.02	0.02	—	—	—	—	—	余量	Ni,Mn,Al: 0.02
ASTM B135/B135M—2017	C27200	62.0~65.0	0.07	0.07	—	—	—	—	—	余量	—
EN 12167:2016(E)	CuZn37 CW508L	62.0~64.0	0.1	0.1	0.1	Ni: 0.3	—	0.05	—	余量	0.1
ISO 426-1:1983(E)	CuZn37	62.0~65.0	0.2	0.3	—	—	—	—	—	余量	—

表 5-74 普通黄铜 H62 牌号和化学成分（质量分数）对照 （%）

标准号	牌号 代号	Cu	Fe	Pb	Sn	Sb	P	Al	Bi	Zn	杂质合计
			≤								
GB/T 5231—2012	H62 T27600	60.5~63.5	0.15	0.08	—	—	—	—	—	余量	0.5
JIS H3250:2021	C2800B	59.0~63.0	0.07	0.10	—	—	Ni:0.05	0.03	Mn:0.05	余量	—
ASTM B111/B111M—2018a	C28000	59.0~63.0	0.07	0.09	—	—	—	—	—	余量	—
CEN/TS 13388:2015(E)	CuZn40 CW509L	59.0~61.5	0.2	0.2	0.2	Ni: 0.3	—	0.05	—	余量	0.2

表 5-75 普通黄铜 H59 牌号和化学成分（质量分数）对照 （%）

标准号	牌号 代号	Cu	Fe	Pb	Sn	Sb	P	Al	Bi	Zn	杂质合计
			≤								
GB/T 5231—2012	H59 T28200	57.0~60.0	0.3	0.5	—	—	—	—	—	余量	1.0

ГОСТ 15527—2004	Л60	59.0~62.0	0.2	0.3	—	0.01	0.01	—	0.003	余量	1.0
JIS H3100:2018	C2801	59.0~62.0	0.07	0.10	—	—	—	—	—	余量	—
ASTM B124/B124M—2020	C28500	57.0~59.0 Cu+主要元素≥99.1	0.35	0.25	—	—	—	—	—	余量	—
EN 12167:2016(E)	CuZn42 CW510L	57.0~59.0	0.3	0.2	0.3	Ni: 0.3	—	0.05	—	余量	0.2
ISO 426-1:1983(E)	CuZn40	59.0~62.0	0.2	0.3	—	—	—	—	—	余量	—

表 5-76　硼黄铜 HB90-0.1 牌号和化学成分（质量分数）　（%）

标准号	牌号 代号	Cu	Fe	Pb	Si	B	P	Al	Bi	Zn	杂质合计
			≤								
GB/T 5231—2012	HB90-0.1 T22130	89.0~91.0	0.02	0.02	0.5	0.05~ 0.3	—	—	—	余量	0.5[①]

① 此值为表中所列杂质元素实测值总和。

表 5-77　砷黄铜 HAs85-0.05 牌号和化学成分（质量分数）　（%）

标准号	牌号 代号	Cu	Fe	Pb	As	B	P	Al	Bi	Zn	杂质合计
			≤								
GB/T 5231—2012	HAs85-0.05 T23030	84.0~86.0	0.10	0.03	0.02~ 0.08	—	—	—	—	余量	0.3

表 5-78　砷黄铜 HAs70-0.05 牌号和化学成分（质量分数）对照　（%）

标准号	牌号 代号	Cu	Fe	Pb	As	Sn	P	Al	Bi	Zn	杂质合计
			≤								
GB/T 5231—2012	HAs70-0.05 C26130	68.5~71.5	0.05	0.05	0.02~ 0.08	—	—	—	—	余量	0.4
ASTM 标准年鉴 02.01 卷 （铜及铜合金卷 2005 年版）	C26130	68.5~71.5 Cu+主要 元素≥99.8	0.05	0.05	0.02~ 0.08	—	—	—	—	余量	—
CEN/TS 13388:2015(E)	CuZn30As CW707R	69.0~71.0	0.06	0.07	0.02~ 0.06	0.06	0.01	0.02	Mn: 0.1	余量	0.3
ISO 426-1:1983(E)	CuZn30As	68.5~71.5	0.07	0.05	0.02~ 0.08	—	0.02	—	—	余量	—

表 5-79　砷黄铜 HAs68-0.04 牌号和化学成分（质量分数）对照　（%）

标准号	牌号 代号	Cu	Fe	Pb	As	Sb	P	Al	Bi	Zn	杂质合计
			≤								
GB/T 5231—2012	HAs68-0.04 T26330	67.0~70.0	0.1	0.03	0.03~ 0.06	—	—	—	—	余量	0.3
ГОСТ 15527—2004	ЛМш 68-0.05	67.0~70.0	0.1	0.03	0.02~ 0.06	0.005	0.01	—	0.002	余量	0.3

表 5-80　铅黄铜 HPb89-2 牌号和化学成分（质量分数）对照　（%）

标准号	牌号 代号	Cu	Fe	Pb	Ni	Sb	P	Al	Bi	Zn	杂质合计
			≤								
GB/T 5231—2012	HPb89-2 C31400	87.5~90.5	0.10	1.3~ 2.5	0.7	—	—	—	—	余量	1.2
ASTM B140/ B140M—2012(R2017)	C31400	87.5~90.5	0.10	1.3~ 2.5	0.7	—	—	—	—	余量	—

表 5-81　铅黄铜 HPb66-0.5 牌号和化学成分（质量分数）对照　（%）

标准号	牌号 代号	Cu	Fe	Pb	Ni	Sb	P	Al	Bi	Zn	杂质合计
			≤								
GB/T 5231—2012	HPb66-0.5 C33000	65.0~68.0	0.07	0.25~0.7	—	—	—	—	—	余量	0.5
ASTM B135/B135M—2017	C33000	65.0~68.0	0.07	0.25~0.7	—	—	—	—	—	余量	—
ISO 426-2:1983(E)	CuZn32Pb1	65.0~68.0	0.2	0.75~1.5	—	—	—	—	—	余量	—

表 5-82　铅黄铜 HPb63-3 牌号和化学成分（质量分数）对照　（%）

标准号	牌号 代号	Cu	Fe	Pb	Sn	Sb	P	Al	Bi	Zn	杂质合计
			≤								
GB/T 5231—2012	HPb63-3 T34700	62.0~65.0	0.10	2.4~3.0	—	—	—	—	—	余量	0.75
ГОСТ 15527—2004	ЛС63-3	62.0~65.0	0.1	2.4~3.0	0.10	0.005	0.01	—	0.002	余量	0.25
JIS H3250:2021	C3601B	59.0~63.0	0.30	1.8~3.7	—	—	Ni:0.20	As:0.02	—	余量	Fe+Sn: 0.50
ASTM B16/B16M—2019	C36000	60.0~63.0	0.35	2.5~3.0	—	—	—	—	—	余量	—
EN 12166:2016(E)	CuZn35Pb2 CW601N	62.0~63.5	0.1	1.6~2.5	0.1	Ni: 0.3	—	0.05	—	余量	0.1
ISO 426-2:1983(E)	CuZn34Pb2	62.0~65.0	0.2	1.5~2.5	—	—	—	—	—	余量	—

表 5-83 铅黄铜 HPb63-0.1 牌号和化学成分（质量分数）对照 （%）

标准号	牌号 代号	Cu	Fe	Pb	Sn	Sb	Ni	Al	Bi	Zn	杂质合计
			≤								
GB/T 5231—2012	HPb63-0.1 T34900	61.5~63.5	0.15	0.05~0.3	—	—	—	—	—	余量	0.5
ASTM B121/B121M—2016	C33500	62.0~65.0	0.10	0.25~0.7	—	—	—	—	—	余量	—
CEN/TS 13388:2015(E)	CuZn37 Pb0.5 CW604N	62.0~64.0	0.1	0.1~0.8	0.2	—	0.3	0.05	—	余量	0.2
ISO 426-2:1983(E)	CuZn35Pb	62.0~65.0	0.2	0.25~0.75	—	—	—	—	—	余量	—

表 5-84 铅黄铜 HPb62-0.8 牌号和化学成分（质量分数）对照 （%）

标准号	牌号 代号	Cu	Fe	Pb	Sn	Sb	Ni	Al	Bi	Zn	杂质合计
			≤								
GB/T 5231—2012	HPb62-0.8 T35100	60.0~63.0	0.2	0.5~1.2	—	—	—	—	—	余量	0.75
JIS H3260:2018	C3501W	60.0~64.0	0.20	0.7~1.7	Fe+Sn: 0.40	—	—	—	余量	—	
ASTM B283/B283M—2020	C36500	58.0~61.0	0.15	0.25~0.7	0.25	—	—	—	—	余量	—
EN 12168:2016(E)	CuZn37Pb1 CW605N	61.0~62.5	0.3	0.8~1.6	0.1	—	0.3	0.05	—	余量	0.2
ISO 426-2:1983(E)	CuZn37Pb1	60.0~63.0	0.2	0.75~1.5	—	—	—	—	—	余量	—

表 5-85　铅黄铜 HPb62-2 牌号和化学成分（质量分数）对照　（%）

标准号	牌号 代号	Cu	Fe	Pb	Sn	Sb	Ni	Al	Bi	Zn	杂质合计
			≤								
GB/T 5231—2012	HPb62-2 C35300	60.0~63.0	0.15	1.5~ 2.5	—	—	—	—	—	余量	0.65
JIS H3250:2021	C3531B	59.0~64.0	0.80	1.0~ 4.0	2.3	P+Ni+Al+Si+Sb:0.01%~1.9%				余量	—
ASTM B121/B121M—2016	C35300	60.0~63.0	0.10	1.5~ 2.5	—	—	—	—	—	余量	—
EN 12167:2016(E)	CuZn37Pb2 CW606N	61.0~62.0	0.2	1.6~ 2.5	0.2	—	0.3	0.05	—	余量	0.2
ISO 426-2:1983(E)	CuZn37Pb2	60.0~63.0	0.2	1.5~ 2.5	—	—	—	—	—	余量	—

表 5-86　铅黄铜 HPb62-3 牌号和化学成分（质量分数）对照　（%）

标准号	牌号 代号	Cu	Fe	Pb	Sn	Sb	Ni	Al	Bi	Zn	杂质合计
			≤								
GB/T 5231—2012	HPb62-3 C36000	60.0~63.0	0.35	2.5~ 3.7	—	—	—	—	—	余量	0.85
JIS H3250:2021	C3601B	59.0~63.0	0.30	1.8~ 3.7	Fe+Sn: 0.50	0.20	0.02	—	余量	—	
ASTM B121/B121M—2016	C36000	60.0~63.0	0.35	2.5~ 3.0	—	—	—	—	—	余量	—
EN 12166:2016(E)	CuZn36Pb3 CW603N	60.0~62.0	0.3	2.5~ 3.5	0.2	—	0.3	0.05	—	余量	0.2
ISO 426-2:1983(E)	CuZn36Pb3	60.0~63.0	0.35	2.5~ 3.7	—	—	—	—	—	余量	—

表 5-87 铅黄铜 HPb62-2-0.1 牌号和化学成分（质量分数）对照 （%）

标准号	牌号 代号	Cu	Fe	Pb	Sn	Mn	Ni	Al	As	Zn	杂质合计
			≤								
GB/T 5231—2012	HPb62-2-0.1 T36210	61.0~ 63.0	0.1	1.7~ 2.8	0.1	0.1	—	0.05	0.02~ 0.15	余量	0.55
ASTM B283/B283M—2020	C35330	59.5~ 64.0	—	1.5~ 3.5	—	—	—	—	0.02~ 0.25	余量	—
EN 12165:2016(E)	CuZn36Pb2As CW602N	61.0~ 63.0	0.1	1.7~ 2.8	0.1	0.1	0.3	0.05	0.02~ 0.15	余量	0.2

表 5-88 铅黄铜 HPb61-2-1 牌号和化学成分（质量分数）对照 （%）

标准号	牌号 代号	Cu	Fe	Pb	Sn	Mn	Ni	Al	As	Zn	杂质合计
			≤								
GB/T 5231—2012	HPb61-2-1 T36220	59.0~ 62.0	—	1.0~ 2.5	0.30~ 1.5	—	—	—	0.02~ 0.25	余量	0.4
ASTM B124/B124M—2020	C48600	59.0~ 62.0	—	1.0~ 2.5	0.30~ 1.5	—	—	—	0.02~ 0.25	余量	—

表 5-89 铅黄铜 HPb61-2-0.1 牌号和化学成分（质量分数） （%）

标准号	牌号 代号	Cu	Fe	Pb	Sn	Mn	Ni	Al	As	Zn	杂质合计
			≤								
GB/T 5231—2012	HPb61-2-0.1 T36230	59.2~ 62.3	0.2	1.7~ 2.8	0.2	—	—	—	0.08~ 0.15	余量	0.5

表 5-90 铅黄铜 HPb61-1 牌号和化学成分（质量分数）对照 （%）

标准号	牌号 代号	Cu	Fe	Pb	Sn	Mn	Ni	Al	As	Zn	杂质合计
			≤								
GB/T 5231—2012	HPb61-1 C37100	58.0~62.0	0.15	0.6~1.2	—	—	—	—	—	余量	0.55
JIS H3100:2018	C3710	58.0~62.0	0.10	0.6~1.2	—	—	—	—	—	余量	—
ASTM B283/B283M—2020	C37000	59.0~62.0 Cu+主要元素≥99.6	0.15	0.8~1.5	—	—	—	—	—	余量	—
EN 12164:2016(E)	CuZn38Pb1 CW607N	60.0~61.0	0.2	0.8~1.6	0.2	—	0.3	0.05	—	余量	0.2
ISO 426-2:1983(E)	CuZn39Pb1	58.0~61.0	0.2	0.75~1.5	—	—	—	—	—	余量	—

表 5-91 铅黄铜 HPb60-2 牌号和化学成分（质量分数）对照 （%）

标准号	牌号 代号	Cu	Fe	Pb	Sn	Mn	Ni	Al	As	Zn	杂质合计
			≤								
GB/T 5231—2012	HPb60-2 C37700	58.0~61.0	0.30	1.5~2.5	—	—	—	—	—	余量	0.8
JIS H3250:2021	C3771B	57.0~61.0	—	1.0~2.5	Fe+Sn:1.0		0.20	—	0.02	余量	—
ASTM B283/B283M—2020	C37700	58.0~61.0 Cu+主要元素≥99.5	0.30	1.5~2.5	—	—	—	—	—	余量	—
EN 12164:2016(E)	CuZn38Pb2 CW608N	60.0~61.0	0.2	1.6~2.5	0.2	—	0.3	0.05	—	余量	0.2
ISO 426-2:1983(E)	CuZn38Pb2	58.0~61.0	0.2	1.5~2.5	—	—	—	—	—	余量	—

表 5-92　铅黄铜 HPb60-3 牌号和化学成分（质量分数）对照　（%）

标准号	牌号 代号	Cu	Fe	Pb	Sn	Mn	Ni	Al	As	Zn	杂质合计
			≤								
GB/T 5231—2012	HPb60-3 T37900	58.0~ 61.0	0.3	2.5~ 3.5	0.3	—	—	—	—	余量	0.8①
JIS H3250:2021	C3603B	57.0~ 61.0	0.35	1.8~ 3.7	Fe+Sn:0.6		0.20	—	0.02	余量	—
ASTM B16/B16M—2019	C36010	60.0~ 63.0	0.35	3.1~ 3.7	—	—	—	—	—	余量	—
EN 12166:2016(E)	CuZn36Pb3 CW603N	60.0~ 62.0	0.3	2.5~ 3.5	0.2	—	0.3	0.05	—	余量	0.2

① 此值为表中所列杂质元素实测值合计。

表 5-93　铅黄铜 HPb59-1 牌号和化学成分（质量分数）对照　（%）

标准号	牌号 代号	Cu	Fe	Pb	Sn	Sb	Ni	Al	Bi	Zn	杂质合计
			≤								
GB/T 5231—2012	HPb59-1 T38100	57.0~ 60.0	0.5	0.8~ 1.9	—	—	—	—	—	余量	1.0
ГОСТ 15527—2004	ЛС59-1	57.0~ 60.0	0.5	0.8~ 1.9	0.3	0.01	—	P: 0.02	0.003	余量	0.75
JIS H3100:2018	C3710	58.0~ 62.0	0.35	0.6~ 1.2	—	—	—	—	—	余量	—
ASTM B124/B124M—2020	C37000	59.0~ 62.0	0.15	0.8~ 1.5	—	—	—	—	—	余量	—
EN 12164:2016(E)	CuZn39Pb1 CW611N	59.0~ 60.0	0.3	0.8~ 1.6	0.3	—	0.3	0.05	—	余量	0.2
ISO 426-2:1983(E)	CuZn39Pb1	58.0~ 61.0	0.2	0.75~ 1.5	—	—	—	—	—	余量	—

表 5-94　铅黄铜 HPb59-2 牌号和化学成分（质量分数）对照　（%）

标准号	牌号 代号	Cu	Fe	Pb	Sn	Sb	Ni	Al	Bi	Zn	杂质合计
			≤								
GB/T 5231—2012	HPb59-2 T38200	57.0~60.0	0.5	1.5~2.5	0.5	—	—	—	—	余量	1.0①
ГОСТ 15527—2004	ЛС59-2	57.0~59.0	0.4	1.5~2.5	0.3	—	0.4	0.1	—	余量	0.2
JIS H3250:2021	C3771B	57.0~61.0	—	1.0~2.5	Fe+Sn:1.0		0.20	As:0.02	—	余量	—
ASTM B124/B124M—2020	C37700	58.0~61.0 Cu+主要元素≥99.5	0.30	1.5~2.5	—	—	—	—	—	余量	—
EN 12165:2016(E)	CuZn39Pb2 CW612N	59.0~60.0	0.3	1.6~2.5	0.3	—	0.3	0.05	—	余量	0.2
ISO 426-2:1983(E)	CuZn38Pb2	58.0~61.0	0.2	1.5~2.5	—	—	—	—	—	余量	—

① 此值为表中所列杂质元素实测值合计。

表 5-95　铅黄铜 HPb58-2 牌号和化学成分（质量分数）对照　（%）

标准号	牌号 代号	Cu	Fe	Pb	Sn	Sb	Ni	Al	Si	Zn	杂质合计
			≤								
GB/T 5231—2012	HPb58-2 T38210	57.0~59.0	0.5	1.5~2.5	0.5	—	—	—	—	余量	1.0①
ГОСТ 15527—2004	ЛС58-2	57.0~60.0	0.7	1.0~3.0	0.10	0.01	0.6	0.3	0.3	余量	0.3
ASTM 标准年鉴 02.01 卷（铜及铜合金卷 2005 年版）	C38000	55.0~60.0 Cu+主要元素≥99.5	0.35	1.5~2.5	0.30	—	—	0.50	—	余量	—

（续）

标准号	牌号 代号	Cu	Fe	Pb	Sn	Sb	Ni	Al	Si	Zn	杂质合计
			≤								
EN 12165:2016(E)	CuZn40Pb2 CW617N	57.0~59.0	0.3	1.6~2.5	0.3	—	0.3	0.05	—	余量	0.2
ISO 426-2:1983(E)	CuZn40Pb2	56.0~59.0	0.35	1.5~2.5	—	—	—	—	—	余量	—

① 此值为表中所列杂质元素实测值总和。

表 5-96 铅黄铜 HPb59-3 牌号和化学成分（质量分数）对照

（%）

标准号	牌号 代号	Cu	Fe	Pb	Sn	Sb	Ni	Al	Si	Zn	杂质合计
			≤								
GB/T 5231—2012	HPb59-3 T38300	57.5~59.5	0.50	2.0~3.0	—	—	—	—	—	余量	1.2
CEN/TS 13388:2015(E)	CuZn39Pb3 CW614N	57.0~59.0	0.3	2.5~3.5	0.3	—	0.3	0.05	—	余量	0.2

表 5-97 铅黄铜 HPb58-3 牌号和化学成分（质量分数）对照

（%）

标准号	牌号 代号	Cu	Fe	Pb	Sn	Sb	Ni	Al	Si	Zn	杂质合计
			≤								
GB/T 5231—2012	HPb58-3 T38310	57.0~59.0	0.5	2.5~3.5	0.5	—	—	—	—	余量	1.0①
ГОСТ 15527—2004	ЛС58-3	57.0~59.0	0.5	2.5~3.5	0.4	—	0.5	0.1	—	余量	0.2
ASTM 标准年鉴 02.01 卷（铜及铜合金卷 2005 年版）	C38500	55.0~59.0 Cu+主要元素≥99.5	0.35	2.5~3.5	—	—	—	—	—	余量	—

EN 12165:2016(E)	CuZn39Pb3 CW614N	57.0~59.0	0.3	2.5~3.5	0.3	—	0.3	0.05	—	余量	0.2
ISO 426-2:1983(E)	CuZn38Pb3	56.0~59.0	0.35	2.5~3.5	—	—	—	—	—	余量	—

① 此值为表中所列杂质元素实测值总和。

表 5-98 铅黄铜 HPb57-4 牌号和化学成分（质量分数）对照 （%）

标准号	牌号 代号	Cu	Fe	Pb	Sn	Sb	Ni	Al	Si	Zn	杂质合计
			≤								
GB/T 5231—2012	HPb57-4 T38400	56.0~58.0	0.5	3.5~4.5	0.5	—	—	—	—	余量	1.2①
CEN/TS 13388:2015(E)	CuZn38Pb4 CW609N	57.0~59.0	0.3	3.5~4.2	0.3	—	0.3	0.05	—	余量	0.2
ISO 426-2:1983(E)	CuZn38Pb4	56.0~59.0	0.35	3.5~4.5	—	—	—	—	—	余量	—

① 此值为表中所列杂质元素实测值总和。

表 5-99 锡黄铜 HSn90-1 牌号和化学成分（质量分数）对照 （%）

标准号	牌号 代号	Cu	Fe	Pb	Sn	Sb	Ni	P	Bi	Zn	杂质合计
			≤								
GB/T 5231—2012	HSn90-1 T41900	88.0~91.0	0.10	0.03	0.25~0.75	—	—	—	—	余量	0.2
ГОСТ 15527—2004	Л090-1	88.0~91.0	0.1	0.03	0.2~0.7	0.005	—	0.01	0.002	余量	0.2
ASTM B508—2016	C41100	89.0~92.0	0.05	0.09	0.30~0.7	—	—	—	—	8.5	—

表 5-100 锡黄铜 HSn72-1 牌号和化学成分（质量分数）对照 （%）

标准号	牌号 代号	Cu	Fe	Pb	Sn	As	Sb	P	Bi	Zn	杂质合计
			≤								
GB/T 5231—2012	HSn72-1 C44300	70.0~73.0	0.06	0.07	0.8~ 1.2①	0.02~ 0.06	—	—	—	余量	0.4
JIS H3100:2018	C4450	70.0~73.0	0.03	0.05	0.8~ 1.2	0.02~ 0.06	—	—	—	余量	—
ASTM B111/B111M—2018a	C44300	70.0~73.0	0.06	0.07	0.9~ 1.2	0.02~ 0.06	—	—	—	余量	—
CEN/TS 13388:2015(E)	CuZn28Sn1As CW706R	70.0~72.5	0.07	0.05	0.9~ 1.3	0.02~ 0.06	Mn: 0.1	0.01	Ni: 0.1	余量	0.3
ISO 426-1:1983(E)	CuZn28Sn1	70.0~73.0	0.07	0.05	0.9~ 1.3	0.02~ 0.06	0.02~ 0.06	0.02~ 0.06	—	余量	—

① 此牌号为管材产品时，Sn 质量分数最小值为 0.9%。

表 5-101 锡黄铜 HSn70-1 牌号和化学成分（质量分数）对照 （%）

标准号	牌号 代号	Cu	Fe	Pb	Sn	As	Sb	P	Bi	Zn	杂质合计
			≤								
GB/T 5231—2012	HSn70-1 T45000	69.0~71.0	0.10	0.05	0.8~ 1.3	0.03~ 0.06	—	—	—	余量	0.3
ГОСТ 15527—2004	ЛОМш 70-1-0.05	69.0~71.0	0.1	0.07	1.0~ 1.5	0.02~ 0.06	0.005	0.01	0.002	余量	0.3

表 5-102 锡黄铜 HSn70-1-0.01 牌号和化学成分（质量分数） （%）

标准号	牌号 代号	Cu	Fe	Pb	Sn	As	B	P	Bi	Zn	杂质合计
			≤								
GB/T 5231—2012	HSn70-1-0.01 T45010	69.0~71.0	0.10	0.05	0.8~ 1.3	0.03~ 0.06	0.0015~ 0.02	—	—	余量	0.3

表 5-103 锡黄铜 HSn70-1-0.01-0.04 牌号和化学成分（质量分数） （%）

标准号	牌号 代号	Cu	Fe	Pb	Sn	As	B	Ni	Mn	Zn	杂质合计
			≤								
GB/T 5231—2012	HSn70-1-0.01-0.04 T45020	69.0~71.0	0.10	0.05	0.8~1.3	0.03~0.06	0.0015~0.02	0.05~1.00	0.02~2.00	余量	0.3

表 5-104 锡黄铜 HSn65-0.03 牌号和化学成分（质量分数） （%）

标准号	牌号 代号	Cu	Fe	Pb	Sn	As	Sb	P	Bi	Zn	杂质合计
			≤								
GB/T 5231—2012	HSn65-0.03 T46100	63.5~68.0	0.05	0.03	0.01~0.2	—	—	0.01~0.07	—	余量	0.3

表 5-105 锡黄铜 HSn62-1 牌号和化学成分（质量分数）对照 （%）

标准号	牌号 代号	Cu	Fe	Pb	Sn	Ni	Sb	P	Bi	Zn	杂质合计
			≤								
GB/T 5231—2012	HSn62-1 T46300	61.0~63.0	0.10	0.10	0.7~1.1	—	—	—	—	余量	0.3
ГОСТ 15527—2004	ЛО62-1	61.0~63.0	0.10	0.10	0.7~1.1	—	0.005	0.01	0.002	余量	0.3
JIS H3100:2018	C4621	61.0~64.0	0.20	0.10	0.7~1.5	—	—	—	—	余量	—
ASTM B21/B21M—2018(R2019)	C46200	62.0~65.0	0.10	0.20	0.50~1.0	—	—	—	—	余量	—
EN 12163:2016(E)	CuZn36Sn1Pb CW712R	61.0~63.0	0.1	0.2~0.6	1.0~1.5	0.2	—	—	—	余量	0.2

表 5-106　锡黄铜 HSn60-1 牌号和化学成分（质量分数）对照　（%）

标准号	牌号 代号	Cu	Fe	Pb	Sn	Ni	Sb	P	Bi	Zn	杂质合计
			≤								
GB/T 5231—2012	HSn60-1 T46410	59.0~61.0	0.10	0.30	1.0~ 1.5	—	—	—	—	余量	1.0
ГОСТ 15527—2004	ЛО60-1	59.0~61.0	0.1	0.03	1.0~ 1.5	—	0.005	0.01	0.002	余量	1.0
JIS H3100:2018	C4640	59.0~62.0	0.10	0.20	0.5~ 1.0	—	—	—	—	余量	—
ASTM B283/B283M—2020	C46400	59.0~62.0 Cu+主要元素 ≥99.6	0.10	0.20	0.50~ 1.0	—	—	—	—	余量	—
EN 12163:2016(E)	CuZn39Sn1 CW719R	59.0~61.0	0.1	0.2	0.50~ 1.0	0.2	—	—	—	余量	0.2
ISO 426-1:1983(E)	CuZn38Sn1	59.0~62.0	0.10	0.20	0.5~ 1.2	—	—	—	—	余量	—

表 5-107　铋黄铜 HBi60-2 牌号和化学成分（质量分数）对照　（%）

标准号	牌号 代号	Cu	Fe	Pb	Sn	Bi	Cd	P	Ni	Zn	杂质合计
			≤								
GB/T 5231—2012	HBi60-2 T49230	59.0~62.0	0.2	0.1	0.3	2.0~ 3.5	0.01	—	—	余量	0.5①
ASTM B283/B283M—2020	C49250	58.0~61.0 Cu+主要元素 ≥99.5	0.50	0.09	0.30	1.8~ 2.4	—	—	—	余量	—

① 此值为表中所列杂质元素实测值总和。

表 5-108 铋黄铜 HBi60-1.3 牌号和化学成分（质量分数）对照 （%）

标准号	牌号 代号	Cu	Fe	Pb	Sn	Bi	Cd	Si	Ni	Zn	杂质合计
			≤								
GB/T 5231—2012	HBi60-1.3 T49240	58.0~62.0	0.1	0.2	0.05~ 1.2②	0.3~ 2.3	0.01	—	—	余量	0.3①
ASTM B283/B283M—2020	C49300	58.0~62.0 Cu+主要元素 ≥99.5	0.10	0.09	1.0~ 1.8	0.5~ 2.5	—	0.10	0.3	余量	—

① 此值为表中所列杂质元素实测值总和。
② 此值为 w(Sb+B+Ni+Sn)。

表 5-109 铋黄铜 HBi60-1.0-0.05 牌号和化学成分（质量分数）对照 （%）

标准号	牌号 代号	Cu	Fe	Pb	Sn	Bi	Cd	Si	P	Zn	杂质合计
			≤								
GB/T 5231—2012	HBi60- 1.0-0.05 C49260	58.0~63.0	0.50	0.09	0.50	0.50~ 1.8	0.001	0.10	0.05~ 0.15	余量	1.5
ASTM B283/ B283M—2020	C49260	58.0~63.0 Cu+主要元素 ≥99.5	0.50	0.09	0.50	0.50~ 1.8	—	0.10	0.05~ 0.15	余量	—

表 5-110 铋黄铜 HBi60-0.5-0.01 牌号和化学成分（质量分数） （%）

标准号	牌号 代号	Cu	Fe	Pb	Te	Bi	Cd	As	P	Zn	杂质合计
			≤								
GB/T 5231—2012	HBi60- 0.5-0.01 T49310	58.5~ 61.5	—	0.1	0.010~ 0.015	0.45~ 0.65	0.01	0.01	—	余量	0.5①

① 此值为表中所列杂质元素实测值总和。

表 5-111　铋黄铜 HBi60-0. 8-0. 01 牌号和化学成分（质量分数）　（%）

标准号	牌号 代号	Cu	Fe	Pb	Te	Bi	Cd	As	P	Zn	杂质合计
			≤								
GB/T 5231—2012	HBi60- 0. 8-0. 01 T49320	58. 5~61. 5	—	0. 1	0. 010~ 0. 015	0. 70~ 0. 95	0. 01	0. 01	—	余量	0. 5①

① 此值为表中所列杂质元素实测值总和。

表 5-112　铋黄铜 HBi60-1. 1-0. 01 牌号和化学成分（质量分数）　（%）

标准号	牌号 代号	Cu	Fe	Pb	Te	Bi	Cd	As	P	Zn	杂质合计
			≤								
GB/T 5231—2012	HBi60- 1. 1-0. 01 T49330	58. 5~61. 5	—	0. 1	0. 010~ 0. 015	1. 00~ 1. 25	0. 01	0. 01	—	余量	0. 5①

① 此值为表中所列杂质元素实测值总和。

表 5-113　铋黄铜 HBi59-1 牌号和化学成分（质量分数）对照　（%）

标准号	牌号 代号	Cu	Fe	Pb	Sn	Bi	Cd	As	P	Zn	杂质合计
			≤								
GB/T 5231—2012	HBi59-1 T49360	58. 0~60. 0	0. 2	0. 1	0. 2	0. 8~ 2. 0	0. 01	—	—	余量	0. 5①
ASTM B283/B283M—2020	C49265	58. 0~62. 0 Cu+主要元素 ≥99. 5	0. 30	0. 09~ 0. 25	0. 50	0. 50~ 1. 30	—	—	0. 05~ 0. 12	余量	—

① 此值为表中所列杂质元素实测值总和。

表 5-114 铋黄铜 HBi62-1 牌号和化学成分（质量分数）对照 （%）

标准号	牌号 代号	Cu	Fe	Pb	Sn	Bi	Si	Sb	P	Zn	杂质合计
			≤								
GB/T 5231—2012	HBi62-1 C49350	61.0~63.0	—	0.09	1.5~ 3.0	0.50~ 2.5	0.30	0.02~ 0.10	0.04~ 0.15	余量	0.9
ASTM B283/B283M—2020	C49350	61.0~63.0 Cu+主要元素 ≥99.5	0.12	0.09	1.5~ 3.0	0.50~ 2.5	0.30	—	0.04~ 0.15	余量	—

表 5-115 锰黄铜 HMn64-8-5-1.5 牌号和化学成分（质量分数） （%）

标准号	牌号 代号	Cu	Fe	Pb	Mn	Al	Si	Ni	Sn	Zn	杂质合计
			≤								
GB/T 5231—2012	HMn64-8-5-1.5 T67100	63.0~ 66.0	0.5~ 1.5	0.3~ 0.8	7.0~ 8.0	4.5~ 6.0	1.0~ 2.0	0.5	0.5	余量	1.0

表 5-116 锰黄铜 HMn62-3-3-0.7 牌号和化学成分（质量分数） （%）

标准号	牌号 代号	Cu	Fe	Pb	Mn	Al	Si	Ni	Sn	Zn	杂质合计
			≤								
GB/T 5231—2012	HMn62-3-3-0.7 T67200	60.0~ 63.0	0.1	0.05	2.7~ 3.7	2.4~ 3.4	0.5~ 1.5	—	0.1	余量	1.2

表 5-117 锰黄铜 HMn62-3-3-1 牌号和化学成分（质量分数）对照 （%）

标准号	牌号 代号	Cu	Fe	Pb	Mn	Al	Si	Ni	Cr	Zn	杂质合计
			≤								
GB/T 5231—2012	HMn62-3-3-1 T67300	59.0~ 65.0	0.6	0.18	2.2~ 3.8	1.7~ 3.7	0.5~ 1.3	0.2~ 0.6	0.07~ 0.27	余量	0.8

（续）

标准号	牌号 代号	Cu	Fe	Pb	Mn	Al	Si	Ni	Cr	Zn	杂质合计
			≤								
EN 12164:2016(E)	CuZn37Mn3A-l2PbSi CW713R	57.0~59.0	1.0	0.2~0.8	1.5~3.0	1.3~2.3	0.3~1.3	1.0	Sn:0.4	余量	0.3
ISO 426-1:1983(E)	CuZn37Mn3AlSi	57.0~60.0	0.6	0.8	1.5~3.5	1.0~2.5	0.3~1.3	0.25	Sn:0.5	余量	—

表 5-118　锰黄铜 HMn62-13 牌号和化学成分（质量分数）对照　（%）

标准号	牌号 代号	Cu	Fe	Pb	Mn	Al	Si	Ni	Sn	Zn	杂质合计
			≤								
GB/T 5231—2012	HMn62-13② T67310	59.0~65.0	0.05	0.03	10~15	0.5~2.5③	0.05	0.05~0.5④	—	余量	0.15①
ASTM 标准年鉴 02.01 卷（铜及铜合金卷 2005 年版）	C66900	62.5~64.5 Cu+主要元素≥99.5	0.25	0.05	11.5~12.5	—	—	—	—	余量	—

① 此值为表中所列杂质元素实测值总和。
② 此牌号 $w(P) \leqslant 0.005\%$、$w(B) \leqslant 0.01\%$、$w(Bi) \leqslant 0.005\%$、$w(Sb) \leqslant 0.005\%$。
③ 此值为 $w(Ti+Al)$。
④ 此值为 $w(Ni+Co)$。

表 5-119　锰黄铜 HMn55-3-1 牌号和化学成分（质量分数）　（%）

标准号	牌号 代号	Cu	Fe	Pb	Mn	Al	Si	Ni	Sn	Zn	杂质合计
			≤								
GB/T 5231—2012	HMn55-3-1① T67320	53.0~58.0	0.5~1.5	0.5	3.0~4.0	—	—	—	—	余量	1.5

① 供异型铸造和热锻用的 HMn57-3-1、HMn58-2 中磷的质量分数不大于 0.03%。供特殊使用的 HMn55-3-1 中铝的质量分数不大于 0.1%。

表 5-120 锰黄铜 HMn59-2-1.5-0.5 牌号和化学成分（质量分数）对照 （%）

标准号	牌号 代号	Cu	Fe	Pb	Mn	Al	Si	Ni	Sn	Zn	杂质合计
			≤								
GB/T 5231—2012	HMn59-2-1.5-0.5 T67330	58.0~59.0	0.35~0.65	0.3~0.6	1.8~2.2	1.4~1.7	0.6~0.9	—	—	余量	0.3
JIS H3250:2021	C6783B	55.0~59.0	0.20~1.50	0.50	1.00~3.00	0.20~2.00	—	—	—	余量	—
ASTM 标准年鉴 02.01 卷（铜及铜合金卷 2005 年版）	C67420	57.0~58.0 Cu+主要元素≥99.5	0.15~0.55	0.25~0.8	1.5~2.5	1.0~2.0	0.25~0.7	Ni+Co 0.25	0.35	余量	—

表 5-121 锰黄铜 HMn58-2 牌号和化学成分（质量分数）对照 （%）

标准号	牌号 代号	Cu	Fe	Pb	Mn	P	Sb	Bi	Sn	Zn	杂质合计
			≤								
GB/T 5231—2012	HMn58-2[①] T67400	57.0~60.0	1.0	0.1	1.0~2.0	—	—	—	—	余量	1.2
ГОСТ 15527—2004	ЛМц58-2	57.0~60.0	0.5	0.1	1.0~2.0	0.01	0.005	0.002	—	余量	1.2
EN 12167:2016(E)	CuZn40Mn2Fe1 CW723R	56.5~58.5	0.5~1.5	0.5	1.0~2.0	Al: 0.1	Ni: 0.6	Si: 0.1	0.3	余量	0.4

① 供异型铸造和热锻用的 HMn57-3-1、HMn58-2 中磷的质量分数不大于 0.03%。供特殊使用的 HMn55-3-1 中铝的质量分数不大于 0.1%。

表 5-122 锰黄铜 HMn57-3-1 牌号和化学成分（质量分数）对照 （%）

标准号	牌号 代号	Cu	Fe	Pb	Mn	Al	Si	Ni	Sn	Zn	杂质合计
			≤								
GB/T 5231—2012	HMn57-3-1[①] T67410	55.0~58.5	1.0	0.2	2.5~3.5	0.5~1.5	—	—	—	余量	1.3

（续）

标准号	牌号 代号	Cu	Fe	Pb	Mn	Al	Si	Ni	Sn	Zn	杂质合计
			≤								
ASTM 标准年鉴 02.01 卷（铜及铜合金卷 2005 年版）	C67400	57.0～60.0 Cu+主要元素≥99.5	0.35	0.50	2.0～3.5	0.50～2.0	0.50～1.5	Ni+Co 0.25	0.30	余量	—

① 供异型铸造和热锻用的 HMn57-3-1、HMn58-2 中磷的质量分数不大于 0.03%。供特殊使用的 HMn55-3-1 中铝的质量分数不大于 0.1%。

表 5-123 锰黄铜 HMn57-2-2-0.5 牌号和化学成分（质量分数）对照

（%）

标准号	牌号 代号	Cu	Fe	Pb	Mn	Al	Si	Ni	Sn	Zn	杂质合计
			≤								
GB/T 5231—2012	HMn57-2-2-0.5 T67420	56.5～58.5	0.3～0.8	0.3～0.8	1.5～2.3	1.3～2.1	0.5～0.7	0.5	0.5	余量	1.0
CEN/TS 13388:2015(E)	CuZn37Mn-3Al2PbSi CW713R	57.0～59.0	1.0	0.2～0.8	1.5～3.0	1.3～2.3	0.3～1.3	1.0	0.4	余量	0.3

表 5-124 铁黄铜 HFe59-1-1 牌号和化学成分（质量分数）对照

（%）

标准号	牌号 代号	Cu	Fe	Pb	Mn	Al	Si	Ni	Sn	Zn	杂质合计
			≤								
GB/T 5231—2012	HFe59-1-1 T67600	57.0～60.0	0.6～1.2	0.20	0.5～0.8	0.1～0.5	—	—	0.3～0.7	余量	0.3
ГОСТ 15527—2004	ЛЖМц59-1-1	57.0～60.0	0.6～1.2	0.2	0.5～0.8	0.1～0.4	P: 0.01	Sb: 0.01	0.3～0.7	余量	0.3 Bi:0.003
ASTM B283/B283M—2020	C67500	57.0～60.0	0.8～2.0	0.20	0.05～0.50	0.25	—	—	0.50～1.5	余量	—

表 5-125　铁黄铜 HFe58-1-1 牌号和化学成分（质量分数）对照　（%）

标准号	牌号 代号	Cu	Fe	Pb	Mn	Al	P	Sb	Bi	Zn	杂质合计
			≤								
GB/T 5231—2012	HFe58-1-1 T67610	56.0~ 58.0	0.7~ 1.3	0.7~ 1.3	—	—	—	—	—	余量	0.5
ГОСТ 15527—2004	ЛЖС58-1-1	56.0~ 58.0	0.7~ 1.3	0.7~ 1.3	—	—	0.02	0.01	0.003	余量	0.5

表 5-126　锑黄铜 HSb61-0.8-0.5 牌号和化学成分（质量分数）　（%）

标准号	牌号 代号	Cu	Fe	Pb	Mn	Cd	Si	Sb	Ni	Zn	杂质合计
			≤								
GB/T 5231—2012	HSb61-0.8-0.5 T68200	59.0~ 63.0	0.2	0.2	—	0.01	0.3~ 1.0	0.4~ 1.2	0.05~ 1.2②	余量	0.5①

① 此值为表中所列杂质元素实测值总和。
② 此值为 w(Ni+Sn+B)。

表 5-127　锑黄铜 HSb60-0.9 牌号和化学成分（质量分数）　（%）

标准号	牌号 代号	Cu	Fe	Pb	Mn	Cd	Si	Sb	Ni	Zn	杂质合计
			≤								
GB/T 5231—2012	HSb60-0.9 T68210	58.0~ 62.0	—	0.2	—	0.01	—	0.3~ 1.5	0.05~ 0.9②	余量	0.3①

① 此值为表中所列杂质元素实测值总和。
② 此值为 w(Ni+Fe+B)。

表 5-128 硅黄铜 HSi80-3 牌号和化学成分（质量分数）对照 （%）

标准号	牌号 代号	Cu	Fe	Pb	Mn	Cd	Si	Sb	Ni	Zn	杂质合计
			≤								
GB/T 5231—2012	HSi80-3 T68310	79.0~ 81.0	0.6	0.1	—	—	2.5~ 4.0	—	—	余量	1.5
ASTM B371/B371—2019	C69400	80.0~ 83.0	0.20	0.30	—	—	3.5~ 4.5	—	—	余量	—

表 5-129 硅黄铜 HSi75-3 牌号和化学成分（质量分数）对照 （%）

标准号	牌号 代号	Cu	Fe	Pb	Mn	P	Si	Sn	Ni	Zn	杂质合计
			≤								
GB/T 5231—2012	HSi75-3 T68320	73.0~ 77.0	0.1	0.1	0.1	0.04~ 0.15	2.7~ 3.4	0.2	0.1	余量	0.6① Cd:0.01
JIS H3250:2021	C6931B	74.0~ 79.0	0.10	0.09	0.10	0.04~ 0.15	2.6~ 3.4	0.25~ 0.70	0.20	余量	Cd:0.0075 Bi:0.05
ASTM B283/ B283M—2020	C69300	73.0~ 77.0	0.10	0.09	0.10	0.04~ 0.15	2.7~ 3.4	0.20	0.10	余量	—
EN 12165:2016(E)	CuZn21Si3P CW724R	75.0~ 77.0	0.3	0.10	0.05	0.02~ 0.10	2.7~ 3.5	0.3	0.2	余量	0.2 Al:0.05

① 此值为表中所列杂质元素实测值总和。

表 5-130 硅黄铜 HSi62-0.6 牌号和化学成分（质量分数）对照 （%）

标准号	牌号 代号	Cu	Fe	Pb	Al	P	Si	Sn	Ni	Zn	杂质合计
			≤								
GB/T 5231—2012	HSi62-0.6 C68350	59.0~ 64.0	0.15	0.09	0.30	0.05~ 0.40	0.3~ 1.0	0.6	0.20	余量	2.0

ASTM 标准年鉴 02.01 卷（铜及铜合金卷 2005 年版）	C68350	59.0~64.0 Cu+主要元素≥99.5	0.15	0.09	0.30	0.05~0.40	0.3~1.0	0.6	0.20	余量	—
EN 12163:2016(E)	CuZn31Si1 CW708R	66.0~70.0	0.4	0.8	—	—	0.7~1.3	—	0.5	余量	0.5
ISO 426-1:1983(E)	CuZn31Si1	66.0~70.0	0.4	0.8	—	—	0.7~1.3	—	0.4	余量	—

表 5-131　硅黄铜 HSi61-0.6 牌号和化学成分（质量分数）　（%）

标准号	牌号 代号	Cu	Fe	Pb	Al	P	Si	Cd	Ni	Zn	杂质合计
			≤								
GB/T 5231—2012	HSi61-0.6 T68360	59.0~63.0	0.15	0.2	—	0.03~0.12	0.4~1.0	0.01	0.05~1.0①	余量	0.3

① 此值为 w(Sb+B+Ni+Sn)。

表 5-132　铝黄铜 HAl77-2 牌号和化学成分（质量分数）对照　（%）

标准号	牌号 代号	Cu	Fe	Pb	Al	As	Bi	Sb	P	Zn	杂质合计
			≤								
GB/T 5231—2012	HAl77-2 C68700	76.0~79.0	0.06	0.07	1.8~2.5	0.02~0.06	—	—	—	余量	0.6
ГОСТ 15527—2004	ЛАМш77-2-0.05	76.0~79.0	0.1	0.07	1.7~2.5	0.020~0.06	0.002	0.005	0.01	余量	0.3

（续）

标准号	牌号 代号	Cu	Fe	Pb	Al	As	Bi	Sb	P	Zn	杂质合计
			≤								
JIS H3300:2018	C6870	76.0~79.0	0.05	0.05	1.8~2.5	0.02~0.06	—	—	—	余量	—
ASTM B111/B111M—2018a	C68700	76.0~79.0	0.06	0.07	1.8~2.5	0.02~0.06	—	—	—	余量	—
EN 12451:2012(E)	CuZn20Al2As CW702R	76.0~79.0	0.07	0.05	1.8~2.3	0.02~0.06	Ni:0.1	Mn:0.1	0.01	余量	0.3
ISO 426-1:1983(E)	CuZn20Al2	76.0~79.0	0.07	0.05	1.8~2.3	0.02~0.06	—	0.02~0.06	0.010	余量	—

表 5-133　铝黄铜 HAl67-2.5 牌号和化学成分（质量分数）对照　（%）

标准号	牌号 代号	Cu	Fe	Pb	Al	Sn	Ni	Sb	Co	Zn	杂质合计
			≤								
GB/T 5231—2012	HAl67-2.5 T68900	66.0~68.0	0.6	0.5	2.0~3.0	—	—	—	—	余量	1.5
CEN/TS 13388:2015(E)	CuZn23Al3Co	72.0~75.0	0.05	0.05	3.0~3.5	0.1	0.3	—	0.25~0.55	余量	0.1

表 5-134　铝黄铜 HAl66-6-3-2 牌号和化学成分（质量分数）　（%）

标准号	牌号 代号	Cu	Fe	Pb	Al	Mn	Ni	Si	Sn	Zn	杂质合计
			≤								
GB/T 5231—2012	HAl66-6-3-2 T69200	64.0~68.0	2.0~4.0	0.5	6.0~7.0	1.5~2.5	—	—	—	余量	1.5

表 5-135 铝黄铜 HAl64-5-4-2 牌号和化学成分（质量分数）对照 （%）

标准号	牌号 代号	Cu	Fe	Pb	Al	Mn	Ni	Si	Sn	Zn	杂质合计
			≤								
GB/T 5231—2012	HAl64-5-4-2 T69210	63.0~ 66.0	1.8~ 3.0	0.2~ 1.0	4.0~ 6.0	3.0~ 5.0	—	0.5	0.3	余量	1.3
ASTM 标准年鉴 02.01 卷（铜及铜合金卷 2005 年版）	C67000	63.0~68.0 Cu+主要元素 ≥99.5	2.0~ 4.0	0.20	3.0~ 6.0	2.5~ 5.0	—	—	0.50	余量	—
EN 12165:2016(E)	CuZn23Al6-Mn4Fe3Pb CW704R	63.0~ 65.0	2.0~ 3.5	0.2~ 0.8	5.0~ 6.0	3.5~ 5.0	0.5	0.2	0.2	余量	0.2

表 5-136 铝黄铜 HAl61-4-3-1.5 牌号和化学成分（质量分数） （%）

标准号	牌号 代号	Cu	Fe	Pb	Al	Co	Ni	Si	Sn	Zn	杂质合计
			≤								
GB/T 5231—2012	HAl61-4-3-1.5 T69220	59.0~ 62.0	0.5~ 1.3	—	3.5~ 4.5	1.0~ 2.0	2.5~ 4.0	0.5~ 1.5	0.2~ 1.0	余量	1.3

表 5-137 铝黄铜 HAl61-4-3-1 牌号和化学成分（质量分数） （%）

标准号	牌号 代号	Cu	Fe	Pb	Al	Co	Ni	Si	Sn	Zn	杂质合计
			≤								
GB/T 5231—2012	HAl61-4-3-1 T69230	59.0~ 62.0	0.3~ 1.3	—	3.5~ 4.5	0.5~ 1.0	2.5~ 4.0	0.5~ 1.5	—	余量	0.7

表 5-138 铝黄铜 HAl60-1-1 牌号和化学成分（质量分数）对照 （%）

标准号	牌号 代号	Cu	Fe	Pb	Al	Mn	Ni	Si	Sn	Zn	杂质合计
			≤								
GB/T 5231—2012	HAl60-1-1 T69240	58.0~ 61.0	0.70~ 1.50	0.40	0.70~ 1.50	0.1~ 0.6	—	—	—	余量	0.7
ГОСТ 15527—2004	ЛАЖ60-1-1	58.0~ 61.0	0.75~ 1.50	0.40	0.7~ 1.5	0.1~ 0.6	P： 0.01	Sb： 0.005	Bi： 0.002	余量	0.7
ISO 426-1：1983（E）	CuZn39AlFeMn	56.0~ 61.0	0.2~ 1.5	1.5	0.2 1.5	0.2~ 2.0	2.0	—	1.2	余量	—

表 5-139 铝黄铜 HAl59-3-2 牌号和化学成分（质量分数）对照 （%）

标准号	牌号 代号	Cu	Fe	Pb	Al	Mn	Ni	Si	Sn	Zn	杂质合计
			≤								
GB/T 5231—2012	HAl59-3-2 T69250	57.0~ 60.0	0.50	0.10	2.5~ 3.5	—	2.0~ 3.0	—	—	余量	0.9
ГОСТ 15527—2004	ЛАН59-3-2	57.0~ 60.0	0.5	0.1	2.5~ 3.5	Bi： 0.003	2.0~ 3.0	P：0.1	Sb： 0.005	余量	0.9

表 5-140 镁黄铜 HMg60-1 牌号和化学成分（质量分数） （%）

标准号	牌号 代号	Cu	Fe	Pb	Mg	Bi	Cd	Si	Sn	Zn	杂质合计
			≤								
GB/T 5231—2012	HMg60-1 T69800	59.0~ 61.0	0.2	0.1	0.5~ 2.0	0.3~ 0.8	0.01	—	0.3	余量	0.5①

① 此值为表中所列杂质元素实测值总和。

表 5-141　镍黄铜 HNi65-5 牌号和化学成分（质量分数）　（%）

标准号	牌号 代号	Cu	Fe	Pb	Ni	Bi	Cd	Si	Sn	Zn	杂质合计
			≤								
GB/T 5231—2012	HNi65-5 T69900	64.0~ 67.0	0.15	0.03	5.0~ 6.5	—	—	—	—	余量	0.3

表 5-142　镍黄铜 HNi56-3 牌号和化学成分（质量分数）　（%）

标准号	牌号 代号	Cu	Fe	Pb	Ni	Al	Cd	Si	Sn	Zn	杂质合计
			≤								
GB/T 5231—2012	HNi56-3 T69910	54.0~ 58.0	0.15~ 0.5	0.2	2.0~ 3.0	0.3~ 0.5	—	—	—	余量	0.6

5.2.4　加工青铜合金牌号和化学成分

加工青铜合金的中外牌号和化学成分对照见表 5-143～表 5-180。

表 5-143　锡青铜 QSn0.4 牌号和化学成分（质量分数）　（%）

标准号	牌号 代号	Cu	Sn	P	Fe	Pb	Al	Ni	O	Zn	杂质合计
			≤								
GB/T 5231—2012	QSn0.4 T50110	余量	0.15~ 0.55	0.001	—	—	—	—	0.035	—	0.1

表 5-144　锡青铜 QSn0.6 牌号和化学成分（质量分数）　（%）

标准号	牌号 代号	Cu	Sn	P	Fe	Pb	Al	Ni	Mn	Zr	杂质合计
			≤								
GB/T 5231—2012	QSn0.6 T50120	余量	0.4~ 0.8	0.01	0.020	—	—	—	—	—	0.1

表 5-145 锡青铜 QSn0.9 牌号和化学成分（质量分数）对照 （%）

标准号	牌号 代号	Cu	Sn	P	Fe	Pb	Al	Ni	Mn	Zn	杂质合计
			≤								
GB/T 5231—2012	QSn0.9 T50130	余量	0.85~ 1.05	0.03	0.05	—	—	—	—	—	0.1
ASTM 标准年鉴 02.01 卷 （铜及铜合金卷 2005 年版）	C50200	余量	1.0~ 1.5	0.04	0.10	0.05	—	—	—	—	—

表 5-146 锡青铜 QSn0.5-0.025 牌号和化学成分（质量分数）对照 （%）

标准号	牌号 代号	Cu	Sn	P	Fe	Pb	Al	Ni	Mn	Zr	杂质计
			≤								
GB/T 5231—2012	QSn0.5-0.025 T50300	余量	0.25~ 0.6	0.015~ 0.035	0.010	—	—	—	—	—	0.1
ASTM 标准年鉴 02.01 卷 （铜及铜合金卷 2005 年版）	C50100	余量	0.50~ 0.8	0.01~ 0.05	0.05	0.05	—	—	—	—	—
JIS H3300:2018	C5010	≥99.20	0.58~ 0.72	0.015~ 0.040	—	—	—	—	—	0.04~ 0.08	—

表 5-147 锡青铜 QSn1-0.5-0.5 牌号和化学成分（质量分数） （%）

标准号	牌号 代号	Cu	Sn	P	Fe	Pb	Al	Si	Mn	Zn	杂质合计
			≤								
GB/T 5231—2012	QSn1-0.5-0.5 T50400	余量	0.9~ 1.2	0.09	S: 0.005	0.01	0.01	0.3~ 0.6	0.3~ 0.6	—	0.1

表 5-148 锡青铜 QSn1.5-0.2 牌号和化学成分（质量分数）对照 （%）

标准号	牌号 代号	Cu	Sn	P	Fe	Pb	Al	Ni	Mn	Zn	杂质合计
					≤						
GB/T 5231—2012	QSn1.5-0.2 C50500	余量	1.0~ 1.7	0.03~ 0.35	0.10	0.05	—	—	—	0.30	0.95
ГОСТ 5017—2006	БрОФ2-0.25	余量	1.0~ 2.5	0.02~ 0.3	0.05	0.03	—	—	—	0.3	0.3
JIS H3110:2018	C5050	余量	1.0~ 1.7	0.15	0.10	0.02	—	—	—	0.20	—
		Cu+Sn+P≥99.5									
ASTM B508—2016	C50500	98.7	1.0~ 1.7	0.03~ 0.35	0.10	0.05	—	—	—	0.30	—
ISO 427:1983(E)	CuSn2	余量	1.0~ 2.5	0.01~ 0.3	0.1	0.05	—	0.3	—	0.3	—

表 5-149 锡青铜 QSn1.8 牌号和化学成分（质量分数）对照 （%）

标准号	牌号 代号	Cu	Sn	P	Fe	Pb	Al	Ni	Mn	Zn	杂质合计
					≤						
GB/T 5231—2012	QSn1.8 C50700	余量	1.5~ 2.0	0.30	0.10	0.05	—	—	—	—	0.95
ASTM 标准年鉴 02.01 卷 （铜及铜合金卷 2005 年版）	C50700	余量	1.5~ 2.0	0.30	0.10	0.05	—	—	—	—	—
JIS H3110:2018	C5071	余量	1.7~ 2.3	0.15	0.10	0.02	—	0.10~ 0.40	—	0.20	—
		Cu+Sn+Ni+P≥99.5									

表 5-150 锡青铜 QSn4-3 牌号和化学成分（质量分数）对照 （%）

标准号	牌号 代号	Cu	Sn	P	Fe	Pb	Al	Ni	Bi	Zn	杂质合计
			≤								
GB/T 5231—2012	QSn4-3 T50800	余量	3.5~4.5	0.03	0.05	0.02	0.002	—	—	2.7~3.3	0.2
ГОСТ 5017—2006	БрОЦ4-3	余量	3.5~4.0	0.03	0.05	0.02 Sb:0.002	0.002	Si:0.002	0.002	2.7~3.3	0.2
ISO 427:1983(E)	CuSn4Zn2	余量	3.0~5.0	—	0.1	0.05	—	0.3	—	1.0~3.0	—

表 5-151 锡青铜 QSn5-0.2 牌号和化学成分（质量分数）对照 （%）

标准号	牌号 代号	Cu	Sn	P	Fe	Pb	Al	Ni	Mn	Zn	杂质合计
					≤						
GB/T 5231—2012	QSn5-0.2 C51000	余量	4.2~5.8	0.03~0.35	0.10	0.05	—	—	—	0.30	0.95
ASTM B888/B888M—2017	C51000	余量	4.2~5.8	0.03~0.35	0.10	0.05	—	—	—	0.30	—

表 5-152 锡青铜 QSn5-0.3 牌号和化学成分（质量分数）对照 （%）

标准号	牌号 代号	Cu	Sn	P	Fe	Pb	Al	Ni	Mn	Zn	杂质合计
					≤						
GB/T 5231—2012	QSn5-0.3 T51010	余量	4.5~5.5	0.01~0.40	0.1	0.02	—	0.2	—	0.2	0.75
JIS H3110:2018	C5102	余量 Cu+Sn+P=99.5	4.5~5.5	0.03~0.35	0.10	0.02	—	—	—	0.20	—

EN 1654:2019-05	CuSn5 CW451K	余量	4.5~ 5.5	0.01~ 0.4	0.1	0.02	—	0.2	—	0.2	0.2
ISO 427:1983(E)	CuSn5	余量	4.5~ 5.5	0.01~ 0.4	0.1	0.05	—	0.3	—	0.3	—

表 5-153 锡青铜 QSn4-0.3 牌号和化学成分（质量分数）对照 （%）

标准号	牌号 代号	Cu	Sn	P	Fe	Pb	Al	Ni	Mn	Zn	杂质合计
			≤								
GB/T 5231—2012	QSn4-0.3 C51100	余量	3.5~ 4.9	0.03~ 0.35	0.10	0.05	—	—	—	0.30	0.95
ГОСТ 5017—2006	БрОФ4-0.25	余量	3.5~ 4.0	0.20~ 0.30	0.02	0.02	0.002	Sb: 0.002	Bi: 0.002	Si: 0.002	0.1
JIS H3110:2018	C5111	余量 Cu+Sn+P≥99.5	3.5~ 4.5	0.03~ 0.35	0.10	0.02	—	—	—	0.20	—
ASTM B103/B103M—2019	C51100	余量	3.5~ 4.9	0.03~ 0.35	0.10	0.05	—	—	—	0.30	—
EN 1654:2019-05	CuSn4 CW450K	余量	3.5~ 4.5	0.01~ 0.4	0.1	0.02	—	0.2	—	0.2	0.2
ISO 427:1983(E)	CuSn4	余量	3.5~ 4.5	0.01~ 0.4	0.1	0.05	—	0.3	—	0.3	—

表 5-154 锡青铜 QSn6-0.05 牌号和化学成分（质量分数） （%）

标准号	牌号 代号	Cu	Sn	P	Fe	Pb	Ag	Ni	Mn	Zn	杂质合计
			≤								
GB/T 5231—2012	QSn6-0.05 T51500	余量	6.0~ 7.0	0.05	0.10	—	0.05~ 0.12	—	—	0.05	0.2

表 5-155 锡青铜 QSn6.5-0.1 牌号和化学成分（质量分数）对照 （%）

标准号	牌号 代号	Cu	Sn	P	Fe	Pb	Al	Ni	Bi	Zn	杂质合计
			≤								
GB/T 5231—2012	QSn6.5-0.1 T51510	余量	6.0~7.0	0.10~0.25	0.05	0.02	0.002	—	—	0.3	0.4
ГОСТ 5017—2006	БрОФ6.5-0.15	余量	6.0~7.0	0.10~0.25	0.05	0.02	0.002	Sb：0.002	0.002	Si：0.002	0.1
JIS H3110:2018	C5191	余量	5.5~7.0	0.03~0.35	0.10	0.02	—	—	—	0.20	—
		Cu+Sn+P≥99.5									
ASTM B888/ B888M—2017	C51980	余量	5.5~7.0	0.01~0.35	0.05~0.20	0.05	—	0.05~0.20	—	0.30	—
EN 1654:2019-05	CuSn6 CW452K	余量	5.5~7.0	0.01~0.4	0.1	0.02	—	0.2	—	0.2	0.2
ISO 427:1983(E)	CuSn6	余量	5.5~7.0	0.01~0.4	0.1	0.05	—	0.3	—	0.3	—

表 5-156 锡青铜 QSn6.5-0.4 牌号和化学成分（质量分数）对照 （%）

标准号	牌号 代号	Cu	Sn	P	Fe	Pb	Al	Ni	Si	Zn	杂质合计
			≤								
GB/T 5231—2012	QSn6.5-0.4 T51520	余量	6.0~7.0	0.26~0.40	0.02	0.02	0.002	—	—	0.3	0.4
ГОСТ 5017—2006	БрОФ6.5-0.4	余量	6.0~7.0	0.26~0.40	0.02	0.02	0.002	0.10~0.20	0.002	0.03	0.1
			Sb:0.002,Bi:0.002								

表 5-157 锡青铜 QSn7-0.2 牌号和化学成分（质量分数）对照 （%）

标准号	牌号 代号	Cu	Sn	P	Fe	Pb	Al	Sb	Bi	Zn	杂质合计
			≤								
GB/T 5231—2012	QSn7-0.2 T51530	余量	6.0~ 8.0	0.10~ 0.25	0.05	0.02	0.01	—	—	0.3	0.45
ГОСТ 5017—2006	БрОФ7-0.2	余量	7.0~ 8.0	0.10~ 0.25	0.05	0.02	0.002	0.002	0.002	Si: 0.002	0.1

表 5-158 锡青铜 QSn8-0.3 牌号和化学成分（质量分数）对照 （%）

标准号	牌号 代号	Cu	Sn	P	Fe	Pb	Al	Ni	Si	Zn	杂质合计
			≤								
GB/T 5231—2012	QSn8-0.3 C52100	余量	7.0~ 9.0	0.03~ 0.35	0.10	0.05	—	—	—	0.20	0.85
ГОСТ 5017—2006	БрОФ8-0.2	余量	7.5~ 8.5	0.25~ 0.35	0.02	0.02	0.002	0.10~ 0.20	0.002	0.03	0.1
			Sb:0.002,Bi:0.002								
JIS H3110:2018	C5212	余量	7.0~ 9.0	0.03~ 0.35	0.10	0.02	—	—	—	0.20	—
		Cu+Sn+P≥99.5									
ASTM B159/B159M—2017	C52100	余量	7.0~ 9.0	0.03~ 0.35	0.10	0.05	—	—	—	0.20	—
EN 12163:2016(E)	CuSn8P CW459K	余量	7.5~ 8.5	0.2~ 0.4	0.1	0.05	—	0.3	—	0.3	0.2
ISO 427:1983(E)	CuSn8	余量	7.5~ 9.0	0.01~ 0.4	0.1	0.05	—	0.3	—	0.3	—

表 5-159　锡青铜 QSn15-1-1 牌号和化学成分（质量分数）（%）

标准号	牌号 代号	Cu	Sn	P	Fe	B	Mn	Ti	Si	Zn	杂质合计
			≤								
GB/T 5231—2012	QSn15-1-1 T52500	余量	12~ 18	0.5	0.1~ 1.0	0.002~ 1.2	0.6	0.002	—	0.5~ 2.0	1.0①

① 此值为表中所列杂质元素实测值总和。

表 5-160　锡青铜 QSn4-4-2.5 牌号和化学成分（质量分数）对照（%）

标准号	牌号 代号	Cu	Sn	P	Fe	Pb	Al	Sb	Bi	Zn	杂质合计
			≤								
GB/T 5231—2012	QSn4-4-2.5 T53300	余量	3.0~ 5.0	0.03	0.05	1.5~ 3.5	0.002	—	—	3.0~ 5.0	0.2
ГОСТ 5017—2006	БрОЦС4-4-2.5	余量	3.0~ 5.0	0.03	0.05	1.5~ 3.5	0.002	0.002	0.002	3.0~ 5.0	0.2
JIS H3270:2018	C5441	余量	3.0~ 4.5	0.01~ 0.50	—	3.5~ 4.5	—	—	—	1.5~ 4.5	—
		Cu+Sn+P≥99.5									
ASTM B139/B139M—2017	C54400	余量	3.5~ 4.5	0.01~ 0.50	0.10	3.0~ 4.0	—	—	—	1.5~ 4.5	—
ISO 427:1983(E)	CuSn4Pb4Zn3	余量	3.5~ 4.5	0.01~ 0.50	0.10	3.5~ 4.5	—	—	—	1.5~ 4.5	—

表 5-161　锡青铜 QSn4-4-4 牌号和化学成分（质量分数）对照（%）

标准号	牌号 代号	Cu	Sn	P	Fe	Pb	Al	Sb	Bi	Zn	杂质合计
			≤								
GB/T 5231—2012	QSn4-4-4 T53500	余量	3.0~ 5.0	0.03	0.05	3.5~ 4.5	0.002	—	—	3.0~ 5.0	0.2

ГОСТ 5017—2006	БрОЦС4-4-4	余量	3.0~5.0	0.03	0.05	3.5~4.5	0.002	0.002	0.002	3.0~5.0	0.2
EN 12163:2016(E)	CuSn4Pb4Zn4 CW456K	余量	3.5~4.5	0.01~0.4	0.1	3.5~4.5	Ni:0.2	Te:0.2	—	3.5~4.5	0.2

表 5-162 铬青铜 QCr4.5-2.5-0.6 牌号和化学成分（质量分数） （%）

标准号	牌号 代号	Cu	Cr	Ti	Mn	Ni	As①	Sb①	Bi①	Zn	杂质合计
			≤								
GB/T 5231—2012	QCr4.5-2.5-0.6 T55600	余量	3.5~5.5	1.5~3.5	0.5~2.0	0.2~1.0	P:0.005	Fe:0.05	—	0.05	0.1②

① 砷、锑和铋可不分析，但供方必须保证不大于界限值。

② 此值为表中所列杂质元素实测值总和。

表 5-163 锰青铜 QMn1.5 牌号和化学成分（质量分数） （%）

标准号	牌号 代号	Cu	Al	Fe	Mn	Ni	As①	Sb①	Bi①	S	杂质合计
			≤								
GB/T 5231—2012	QMn1.5 T56100	余量	0.07	0.1	1.20~1.80	0.1	Sn:0.05	0.005	0.002	0.01	0.3
			Si:0.1,Pb:0.01,Cr:0.1								

① 砷、锑和铋可不分析，但供方必须保证不大于界限值。

表 5-164 锰青铜 QMn2 牌号和化学成分（质量分数） （%）

标准号	牌号 代号	Cu	Al	Fe	Mn	Si	As①	Sb①	Bi①	Pb	杂质合计
			≤								
GB/T 5231—2012	QMn2 T56200	余量	0.07	0.1	1.5~2.5	0.1	0.01	0.05	0.002	0.01	0.5
			Sn:0.05								

① 砷、锑和铋可不分析，但供方必须保证不大于界限值。

表 5-165 锰青铜 QMn5 牌号和化学成分（质量分数）对照 （%）

标准号	牌号 代号	Cu	Sn	Fe	Mn	P	As①	Sb①	Bi①	Zn	杂质合计
			≤								
GB/T 5231—2012	QMn5 T56300	余量	0.1	0.35	4.5~ 5.5	0.01	Pb: 0.03	0.002	Si:0.1	0.4	0.9
ГОСТ 18175—1978	БрМц5	余量	0.1	0.35	4.5~ 5.5	0.01	Pb: 0.03	—	Si:0.1	0.4	0.9

① 砷、锑和铋可不分析，但供方必须保证不大于界限值。

表 5-166 铝青铜 QAl5 牌号和化学成分（质量分数）对照 （%）

标准号	牌号 代号	Cu	Al	Fe	Mn	Ni	As①	Sb①	Bi①	Zn	杂质合计
				≤							
GB/T 5231—2012	QAl5 T60700	余量	4.0~ 6.0	0.5	0.5	P: 0.01	Sn: 0.1	Si: 0.1	Pb: 0.03	0.5	1.6
ГОСТ 18175—1978	БрА5	余量	4.0~ 6.0	0.5	0.5	P: 0.01	Sn: 0.1	Si: 0.1	Pb: 0.03	0.5	1.1
ASTM B359/B359M—2018	C60600	余量	5.0~ 6.5	0.10	—	—	0.02~ 0.35	—	Pb: 0.10	—	—
EN 12451:2012(E)	CuAl5As CW300G	余量	4.0~ 6.5	0.2	0.2	0.2	0.1~ 0.4	Sn: 0.05	Pb: 0.02	0.3	0.3
ISO 428:1983(E)	CuAl5	余量	4.0~ 6.5	0.5	0.5	0.8	0.4	—	Pb: 0.1	0.5	—

① 砷、锑和铋可不分析，但供方必须保证不大于界限值。

表 5-167 铝青铜 QAl6 牌号和化学成分（质量分数）对照 （%）

标准号	牌号 代号	Cu	Al	Fe	Mn	Ni	As①	Sb①	Bi①	Pb	杂质合计
				≤							
GB/T 5231—2012	QAl6 C60800	余量	5.0~ 6.5	0.10	—	—	0.02~ 0.35	—	—	0.10	0.7

ASTM B111/B111M—2018a	C60800	余量	5.0~6.5	0.10	—	—	0.02~0.35	—	—	0.10	—

① 锑和铋可不分析，但供方必须保证不大于界限值。

表 5-168　铝青铜 QAl7 牌号和化学成分（质量分数）对照　（%）

标准号	牌号 代号	Cu	Al	Fe	Zn	Si	As①	Sb①	Bi①	Pb	杂质合计
			≤								
GB/T 5231—2012	QAl7 C61000	余量	6.0~8.5	0.50	0.20	0.10	—	—	—	0.02	1.3
ГОСТ 18175—1978	БрА7	余量	6.0~8.0	0.5	0.5	0.1	Mn:0.5	P:0.01	Sn:0.1	0.03	1.1
JIS H3100:2018	C6140	88.0~92.5	6.0~8.0	1.5~3.5	0.20	—	Mn:1.0	P:0.015	—	0.01	—
ASTM B150/150M—2020	C61400	余量	6.0~8.0	1.5~3.5	0.20	—	Mn:1.0	P:0.015	—	0.01	—
ISO 428:1983(E)	CuAl8	余量	7.0~9.0	0.5	0.5	Ni:0.8	Mn:0.5	—	—	—	—

① 砷、锑和铋可不分析，但供方必须保证不大于界限值。

表 5-169　铝青铜 QAl9-2 牌号和化学成分（质量分数）对照　（%）

标准号	牌号 代号	Cu	Al	Fe	Mn	Si	As①	Sb①	Bi①	Pb	杂质合计
			≤								
GB/T 5231—2012	QAl9-2 T61700	余量	8.0~10.0	0.5	1.5~2.5	0.1	P:0.01	Zn:1.0	Sn:0.1	0.03	1.7
ГОСТ 18175—1978	БрАМц9-2	余量	8.0~10.0	0.5	1.5~2.5	0.1	P:0.01	Zn:1.0	Sn:0.1	0.03	1.5
ISO 428:1983(E)	CuAl9Mn2	余量	8.0~10.0	1.5	1.5~3.0	Ni:0.8	—	Zn:0.5	—	—	—

① 砷、锑和铋可不分析，但供方必须保证不大于界限值。

表 5-170 铝青铜 QAl9-4 牌号和化学成分（质量分数）对照 （%）

标准号	牌号 代号	Cu	Al	Fe	Mn	Si	As①	Sb①	Bi①	Pb	杂质合计
			≤								
GB/T 5231—2012	QAl9-4 T61720	余量	8.0~ 10.0	2.0~ 4.0	0.5	0.1	P: 0.01	Zn: 1.0	Sn: 0.1	0.01	1.7
ГОСТ 18175—1978	БрАЖ9-4	余量	8.0~ 10.0	2.0~ 4.0	0.5	0.1	P: 0.01	Zn: 1.0	Sn: 0.1	0.01	1.7
JIS H3250:2021	C6161B	Cu: 83.0~90.0	7.0~ 10.0	2.0~ 4.0	0.50~ 2.00	Ni:0.50~ 2.00	—	—	—	0.02	—
		Cu+Fe+Al+Mn+Ni≥99.5									
ASTM B283/ B283M—2020	C62300	Cu+Ag: 余量	8.5~ 10.0	2.0~ 4.0	0.50	0.25	Ni: 1.0	—	Sn: 0.6	—	—
		Cu+Ag+主要元素≥99.5									
EN 12165:2016(E)	CuAl8Fe3 CW303G	余量	6.5~ 8.5	1.5~ 3.5	1.0	0.2	Ni: 1.0	Zn: 0.5	Sn: 0.1	0.05	0.2
ISO 428:1983(E)	CuAl10Fe3	余量	8.5~ 11.0	2.0~ 4.0	2.0	—	Ni: 1.0	Zn: 0.5	—	—	—

① 砷、锑和铋可不分析，但供方必须保证不大于界限值。

表 5-171 铝青铜 QAl9-5-1-1 牌号和化学成分（质量分数）对照 （%）

标准号	牌号 代号	Cu	Al	Fe	Mn	Ni	As①	Sb①	Bi①	Pb	杂质合计
			≤								
GB/T 5231—2012	QAl9-5-1-1 T61740	余量	8.0~ 10.0	0.5~ 1.5	0.5~ 1.5	4.0~ 6.0	0.01	Zn: 0.3	Sn: 0.1	0.01	0.6
			P:0.01,Si:0.1								
JIS H3100:2018	C6280	Cu: 78.0~85.0	8.0~ 11.0	1.5~ 3.5	0.50~ 2.0	4.0~ 7.0	—	—	—	0.02	—
		Cu+Fe+Al+Mn+Ni≥99.5									

ASTM 标准年鉴 02.01 卷（铜及铜合金卷 2005 年版）	C63010	Cu+Ag：≥78.0	9.7~10.9	2.0~3.5	1.5	4.5~5.5	—	Zn：0.30	Sn：0.20	—	—
		Cu+Ag+主要元素≥99.8									
EN 12165：2016(E)	CuAl10Ni5Fe4 CW307G	余量	8.5~11.0	3.0~4.0	1.0	4.0~6.0	Si：0.2	Zn：0.4	Sn：0.1	0.05	0.2

① 砷、锑和铋可不分析，但供方必须保证不大于界限值。

表 5-172 铝青铜 QAl10-3-1.5 牌号和化学成分（质量分数）对照 （%）

标准号	牌号 代号	Cu	Al	Fe	Mn	Ni	As[1]	Sb[1]	Bi[1]	Pb	杂质合计
			≤								
GB/T 5231—2012	QAl10-3-1.5[2] T61760	余量	8.5~10.0	2.0~4.0	1.0~2.0	P：0.01	Si：0.1	Zn：0.5	Sn：0.1	0.03	0.75
ГОСТ 18175—1978	БрАЖМц 10-3-1.5	余量	9.0~11.0	2.0~4.0	1.0~2.0	P：0.01	Si：0.1	Zn：0.5	Sn：0.1	0.03	0.7
JIS H3250：2021	C6161B	Cu：83.0~90.0	7.0~10.0	2.0~4.0	0.50~2.00	0.50~2.00	—	—	—	0.02	—
		Cu+Fe+Al+Mn+Ni≥99.5									
ASTM B124/B124M—2020	C62300	Cu+Ag：余量	8.5~10.0	2.0~4.0	0.50	1.0	Si：0.25	—	Sn：0.6	—	—
		Cu+Ag+主要元素≥99.5									
EN 12165：2016(E)	CuAl10Fe3Mn2 CW306G	余量	9.0~11.0	2.0~4.0	1.5~3.5	1.0	Si：0.2	Zn：0.5	Sn：0.1	0.05	0.2
ISO 428：1983(E)	CuAl10Fe3	余量	8.5~11.0	2.0~4.0	2.0	—	Ni：1.0	Zn：0.5	—	—	—

① 砷、锑和铋可不分析，但供方必须保证不大于界限值。

② 非耐磨材料用 QAl10-3-1.5，其锌的质量分数可达 1%，但杂质合计应不大于 1.25%。

表 5-173　铝青铜 QAl10-4-4 牌号和化学成分（质量分数）对照　　（%）

标准号	牌号 代号	Cu	Al	Fe	Mn	Ni	As①	Sb①	Bi①	Pb	杂质合计
			≤								
GB/T 5231—2012	QAl10-4-4② T61780	余量	9.5~ 11.0	3.5~5.5	0.3	3.5~ 5.5	Si: 0.1	Zn: 0.5	Sn: 0.1	0.02 P:0.01	1.0
ГОСТ 18175—1978	БрАЖН10-4-4	余量	9.5~ 11.0	3.5~5.5	0.3	3.5~ 5.5	Si: 0.1	Zn: 0.3	Sn: 0.1	0.02 P:0.01	0.6
ASTM B283/B283M—2020	C63000	余量	9.0~ 11.0	2.0~ 4.0	1.5	4.0~5.5	Si: 0.25	Zn: 0.30	Sn: 0.20		
EN 12165:2016(E)	CuAl10Ni5Fe4 CW307G	余量	8.5~ 11.0	3.0~ 4.0	1.0	4.0~ 6.0	Si: 0.2	Zn: 0.4	Sn: 0.1	0.05	0.2
ISO 428:1983(E)	CuAl9Fe4Ni4	余量	8.0~ 11.0	2.5~ 4.5	3.0	2.5~ 5.0	Si: 0.1	Zn: 0.5	Sn: 0.2	0.1	0.5

① 砷、锑和铋可不分析，但供方必须保证不大于界限值。

② 焊接或特殊要求的 QAl10-4-4，其锌的质量分数不大于 0.2%。

表 5-174　铝青铜 QAl10-4-4-1 牌号和化学成分（质量分数）对照　　（%）

标准号	牌号 代号	Cu	Al	Fe	Mn	Ni	As①	Sb①	Bi①	Pb	杂质合计
			≤								
GB/T 5231—2012	QAl10-4-4-1 T61790	余量	8.5~ 11.0	3.0~ 5.0	0.5~ 2.0	3.0~ 5.0	—	—	—	—	0.8
ГОСТ 18175—1978	БрАЖНМц 9-4-4-1	余量	8.8~ 10.0	4.0~ 5.0	0.5~ 1.2	4.0~ 5.0	Si: 0.1	Zn: 0.5	Sn: 0.1	0.02 P:0.01	0.7
JIS H3100:2018	C6301	Cu: 77.0~84.0	8.5~ 10.5	3.5~ 6.0	0.50~ 2.0	4.0~ 6.0	—	—	—	0.02	—
		Cu+Fe+Al+Mn+Ni≥99.5									
ASTM B124/ B124M—2020	C63200	Cu+Ag: 余量	8.7~ 9.5	3.5~ 4.3	1.2~2.0	4.0~ 4.8	Si: 0.10	—	—	0.02	—
		Cu+Ag+主要元素≥99.5									

① 砷、锑和铋可不分析，但供方必须保证不大于界限值。

表 5-175 铝青铜 QAl10-5-5 牌号和化学成分（质量分数）对照 （%）

标准号	牌号 代号	Cu	Al	Fe	Mn	Ni	As①	Sb①	Bi①	Pb	杂质合计
			≤								
GB/T 5231—2012	QAl10-5-5 T62100	余量	8.0~ 11.0	4.0~ 6.0	0.5~ 2.5	4.0~6.0	Si: 0.25	Zn: 0.5	Sn: 0.2	0.05 Mg: 0.10	1.2
JIS H3100:2018	C6301	Cu: 77.0~84.0	8.5~ 10.5	3.5~ 6.0	0.50~ 2.0	4.0~ 6.0	—	—	—	0.02	—
		Cu+Fe+Al+Mn+Ni≥99.5									
ASTM B150/B150M—2019	C63020	Cu≥74.5	10.0~ 11.0	4.0~ 5.5	1.5	4.2~ 6.0	—	Zn: 0.30	Sn: 0.25	0.03	—
ISO 428:1983(E)	CuAl10Fe5Ni5	余量	8.0~ 11.0	3.5~ 5.5	3.0	3.5~ 6.5	Si: 0.1	Zn: 0.1	Sn: 0.2	0.1	—
		Cu+Fe+Ni+Al+Mn>99.2									

① 砷、锑和铋可不分析，但供方必须保证不大于界限值。

表 5-176 铝青铜 QAl11-6-6 牌号和化学成分（质量分数）对照 （%）

标准号	牌号 代号	Cu	Al	Fe	Mn	Ni	As①	Sb①	Bi①	Pb	杂质合计
			≤								
GB/T 5231—2012	QAl11-6-6 T62200	余量	10.0~ 11.5	5.0~ 6.5	0.5	5.0~ 6.5	Si: 0.2	Zn: 0.6	Sn: 0.2	0.05 P:0.1	1.5
EN 12167:2016(E)	CuAl11Fe6Ni6 CW308G	余量	10.5~ 12.5	5.0~ 7.0	1.5	5.0~ 7.0	Si: 0.2	Zn: 0.5	Sn: 0.1	0.05	0.2

① 砷、锑和铋可不分析，但供方必须保证不大于界限值。

表 5-177 硅青铜 QSi0.6-2 牌号和化学成分（质量分数）对照 （%）

标准号	牌号 代号	Cu	Si	Fe	Mn	Ni	As①	Sb①	Bi①	Pb	杂质合计
			≤								
GB/T 5231—2012	QSi0.6-2 C64700	余量	0.40~0.8	0.10	Zn：0.50	1.6~2.2②	—	—	—	0.09	1.2
ASTM B411/B411M—2014(R2019)	C64700	Cu+Ag：余量	0.40~0.8	0.10	Zn：0.50	Ni+Co 1.6~2.2	—	—	—	0.09	—
EN 1654:2019-05	CuNi2Si CW111C	余量	0.4~0.8	0.2	0.1	1.6~2.5	—	—	—	0.02	0.3
ISO 1187:1983(E)	CuNi2Si	余量	0.5~0.8	—	—	1.6~2.5	—	—	—	—	—

① 砷、锑和铋可不分析，但供方必须保证不大于界限值。
② 此值为 w(Ni+Co)。

表 5-178 硅青铜 QSi1-3 牌号和化学成分（质量分数）对照 （%）

标准号	牌号 代号	Cu	Si	Fe	Mn	Ni	As①	Sb①	Bi①	Pb	杂质合计
			≤								
GB/T 5231—2012	QSi1-3 T64720	余量	0.6~1.1	0.1	0.1~0.4	2.4~3.4	Al：0.02	Sn：0.1	Zn：0.2	0.15	0.5
ГОСТ 18175—1978	БрКН1-3	余量	0.6~1.1	0.1	0.1~0.4	2.4~3.0	Al：0.02	Sn：0.1	Zn：0.2	0.15	0.4
ASTM 标准年鉴 02.01 卷（铜及铜合金卷 2005 年版）	C64710	Cu+Ag ≥95.0	0.50~0.9	—	0.10	Ni+Co 2.9~3.5	—	Zn：0.20~0.50		—	—
		Cu+主要元素≥99.5									
CEN/TS 13388:2015(E)	CuNi3Si1 CW112C	余量	0.8~1.3	0.2	0.1	2.6~4.5	—	—	—	0.02	0.5

① 砷、锑和铋可不分析，但供方必须保证不大于界限值。

表 5-179 硅青铜 QSi3-1 牌号和化学成分（质量分数）对照 （%）

标准号	牌号 代号	Cu	Si	Fe	Mn	Ni	As①	Sb①	Bi①	Pb	杂质合计
			≤								
GB/T 5231—2012	QSi3-1② T64730	余量	2.7~3.5	0.3	1.0~1.5	0.2	—	Sn:0.25	Zn:0.5	0.03	1.1
ГОСТ 18175—1978	БрКМц3-1	余量	2.7~3.5	0.3	1.0~1.5	0.2	—	Sn:0.25	Zn:0.5	0.03	1.0
ASTM B124/B124M—2020	C65500	Cu+Ag:余量	2.8~3.8	0.8	0.50~1.3	0.6	—	—	Zn:1.5	0.05	—
		Cu+主要元素≥99.5									
CEN/TS 13388:2015(E)	CuSi3Mn1 CW116C	余量	2.7~3.2	0.2	0.7~1.3	—	Al:0.05	P:0.05	Zn:0.4	0.05	0.5
ISO 1187:1983(E)	CuSi3Mn1	余量	2.7~3.5	0.3	0.7~1.5	0.3	—	—	Zn:0.5	0.03	—

① 砷、锑和铋可不分析，但供方必须保证不大于界限值。

② 抗磁用锡青铜铁的质量分数不大于 0.020%，QSi3-1 中铁的质量分数不大于 0.030%。

表 5-180 硅青铜 QSi3.5-3-1.5 牌号和化学成分（质量分数） （%）

标准号	牌号 代号	Cu	Si	Fe	Mn	Zn	As①	Sb①	Bi①	Pb	杂质合计
			≤								
GB/T 5231—2012	QSi3.5-3-1.5 T64740	余量	3.0~4.0	1.2~1.8	0.5~0.9	2.5~3.5	0.002	0.002	Sn:0.25	0.03	1.1
							Ni:0.2			P:0.03	

① 砷、锑和铋可不分析，但供方必须保证不大于界限值。

5.2.5 加工白铜合金牌号和化学成分

加工白铜合金的中外牌号和化学成分对照见表 5-181~表 5-217。

表 5-181 普通白铜 B0.6 牌号和化学成分（质量分数）对照 (%)

标准号	牌号 代号	Cu	Ni+Co	Fe	Si	Pb	P	S	C	Zn	杂质合计
			≤								
GB/T 5231—2012	B0.6 T70110	余量	0.57~0.63	0.005	0.002	0.005	0.002	0.005	0.002	—	0.1
ГОСТ 492—2006	MH0.6	余量	0.57~0.63	0.005	0.02	0.005	0.002	0.005	0.002	—	0.10
				Bi:0.002, As:0.002, Sb:0.002							

表 5-182 普通白铜 B5 牌号和化学成分（质量分数）对照 (%)

标准号	牌号 代号	Cu	Ni+Co	Fe	Mn	Pb	P	S	C	Zn	杂质合计
			≤								
GB/T 5231—2012	B5 T70380	余量	4.4~5.0	0.20	—	0.01	0.01	0.01	0.03	—	0.5
ГОСТ 492—2006	MH5	余量	4.4~5.0	0.20	—	0.01	0.03	0.01	0.03	—	0.5
				Bi:0.002, As:0.01, Sb:0.005, O:0.1							

表 5-183 普通白铜 B19 牌号和化学成分（质量分数）对照 (%)

标准号	牌号 代号	Cu	Ni+Co	Fe	Mn	Pb	P	S	C	Zn	杂质合计
			≤								
GB/T 5231—2012	B19[①] T71050	余量	18.0~20.0	0.5	0.5	0.005	0.01	0.01	0.05	0.3	1.8
				Mg:0.05, Si:0.15							
ГОСТ 492—2006	MH19	余量	18.0~20.0	0.5	0.30	0.005	0.010	0.01	0.05	0.3	1.50
				Mg:0.05, Si:0.15, Bi:0.002, As:0.010, Sb:0.005							
JIS H3300:2018	C7100	余量	19.0~23.0	0.50~1.0	0.20~1.0	0.02	—	—	—	0.50	—
		Cu+Fe+Mn+Ni≥99.5									

ASTM B111/B111M—2018a	C71000	Cu+Ag 余量	19.0~23.0	0.50~1.0	1.0	0.05	—	—	—	1.0	—
		Cu+主要元素≥99.5									

① 特殊用途的 B19 白铜带可供应硅的质量分数不大于 0.05%的材料。

表 5-184　普通白铜 B23 牌号和化学成分（质量分数）对照　（%）

标准号	牌号 代号	Cu	Ni+Co	Fe	Mn	Pb	P	S	C	Zn	杂质合计
			≤								
GB/T 5231—2012	B23 C71100	余量	22.0~24.0	0.10	0.15	0.05	—	—	—	0.20	1.0
ASTM 标准年鉴 02.01 卷（铜及铜合金卷 2005 年版）	C71100	Cu+Ag 余量	22.0~24.0	0.10	0.15	0.05	—	—	—	0.20	—
		Cu+主要元素≥99.5									

表 5-185　普通白铜 B25 牌号和化学成分（质量分数）对照　（%）

标准号	牌号 代号	Cu	Ni+Co	Fe	Mn	Pb	P	S	C	Zn	杂质合计
			≤								
GB/T 5231—2012	B25 T71200	余量	24.0~26.0	0.5	0.5	0.005	0.01	0.01	0.05	0.3	1.8
				Mg:0.05,Si:0.15,Sn:0.03							
ГОСТ 492—2006	MH25	余量	24.0~26.0	—	—	0.005	—	0.01	0.05	0.3	1.3

（续）

标准号	牌号 代号	Cu	Ni+Co	Fe	Mn	Pb	P	S	C	Zn	杂质合计
			≤								
ASTM 标准年鉴 02.01 卷（铜及铜合金卷 2005 年版）	C71300	Cu+Ag 余量	23.5~ 26.5	0.20	1.0	0.05	—	—	—	1.0	—
		Cu+主要元素 ≥99.5									
CEN/TS 13388:2015(E)	CuNi25 CW350H	余量	24.0~ 26.0	0.3	0.5	0.02	—	0.05	0.05	0.5	0.1
				Sn:0.03,Co:0.1							
ISO 429:1983(E)	CuNi25	余量	(24.0~ 26.0)+ 0.5	0.3	0.5	0.02	—	0.02	—	0.5	—
				Sn:0.03							

表 5-186 普通白铜 B30 牌号和化学成分（质量分数）对照 （%）

标准号	牌号 代号	Cu	Ni+Co	Fe	Mn	Pb	P	S	C	Zn	杂质合计
			≤								
GB/T 5231—2012	B30 C71400	余量	29.0~ 33.0	0.9	1.2	0.05	0.006	0.01	0.05	Si: 0.15	2.3
JIS H3300:2018	C7150	余量	29.0~ 33.0	0.40~ 1.0	0.20 1.0	0.02	—	—	—	0.50	—
			Cu+Fe+Mn+Ni≥99.5								
ASTM B543/ B543M—2018	C71500	Cu+Ag 余量	29.0~ 33.0	0.40~ 1.0	1.0	0.05	—	—	—	1.0	—
					焊接用						
		Cu+主要元素≥99.5			0.50	0.02	0.02	0.02	0.05		

表 5-187　铁白铜 BFe5-1.5-0.5 牌号和化学成分（质量分数）对照　（%）

标准号	牌号 代号	Cu	Ni+Co	Fe	Mn	Pb	P	S	C	Zn	合计
			≤								
GB/T 5231—2012	BFe5-1.5-0.5 C70400	余量	4.8~6.2	1.3~1.7	0.30~0.8	0.05	—	—	—	1.0	1.55
ГОСТ 492—2006	МНЖ5-1	余量	5.0~6.5	1.0~1.4	0.3~0.8	0.005	0.04	0.01	0.03	0.5	0.7
						Bi:0.002, As:0.10, Sb:0.005, Sn:0.10, Si:0.15					
ASTM B359/B359M—2018	C70400	Cu+Ag 余量	4.8~6.2	1.3~1.7	0.30~0.8	0.05	—	—	—	1.0	—
		Cu+主要元素≥99.5									

表 5-188　铁白铜 BFe7-0.4-0.4 牌号和化学成分（质量分数）对照　（%）

标准号	牌号 代号	Cu	Ni+Co	Fe	Mn	Pb	P	S	C	Zn	合计
			≤								
GB/T 5231—2012	BFe7-0.4-0.4 T70510	余量	6.0~7.0	0.1~0.7	0.1~0.7	0.01	0.01	0.01	0.03	0.05	0.7
						Si:0.02					
ASTM 标准年鉴 02.01 卷（铜及铜合金卷 2005 年版）	C70500	Cu+Ag 余量	5.8~7.8	0.10	0.15	0.05	—	—	—	0.20	—
		Cu+主要元素≥99.5									

表 5-189　铁白铜 BFe10-1-1 牌号和化学成分（质量分数）对照　（%）

标准号	牌号 代号	Cu	Ni+Co	Fe	Mn	Pb	Zn	P	S	C	合计
			≤								
GB/T 5231—2012	BFe10-1-1 T70590	余量	9.0~11.0	1.0~1.5	0.5~1.0	0.02	0.3	0.006	0.01	0.05	0.7
						Si:0.15, Sn:0.03					

（续）

标准号	牌号 代号	Cu	Ni+Co	Fe	Mn	Pb	Zn	P	S	C	合计
			≤								
ГОСТ 492—2006	МНЖМц10-1-1	余量	9.0~11.0	1.0~2.0	0.3~1.0	0.03	0.3	—	0.03	0.03	0.5
JIS H3300:2018	C7060	余量	9.0~11.0	1.0~1.8	0.20~1.0	0.02	0.50	—	—	—	—
		Cu+Ni+Fe+Mn≥99.5									
ASTM B122/B122M—2016	C70600	Cu+Ag 余量	9.0~11.0	1.0~1.8	1.0	0.05	1.0	—	—	—	—
						焊接用					
		Cu+主要元素≥99.5				0.02	0.50	0.02	0.02	0.05	
EN 12163:2016(E)	CuNi10Fe1Mn CW352H	余量	Ni 9.0~11.0; Co 0.1①	1.0~2.0	0.5~1.0	0.02	0.5	0.02	0.05	0.05	0.2
						Sn:0.03					
ISO 429:1983(E)	CuNi10Fe1Mn	余量	Ni+Co:(9.0~11.0)+0.5	1.0~2.0	0.5~1.0	0.02	0.5	—	0.05	—	—
								焊接用			
								0.02	0.02	0.05	

① $w(Co) \leqslant 0.1\%$。

表 5-190 铁白铜 BFe10-1.5-1 牌号和化学成分（质量分数）对照（%）

标准号	牌号 代号	Cu	Ni+Co	Fe	Mn	Pb	P	S	C	Zn	杂质合计
						≤					
GB/T 5231—2012	BFe10-1.5-1 C70610	余量	10.0~11.0	1.0~2.0	0.50~1.0	0.01	—	0.05	0.05	—	0.6
ASTM 标准年鉴 02.01 卷（铜及铜合金卷 2005 年版）	C70610	Cu+Ag 余量	10.0~11.0	1.0~2.0	0.50~1.0	0.01	—	0.05	0.05	—	—
		Cu+主要元素≥99.5									

表 5-191　铁白铜 BFe10-1.6-1 牌号和化学成分（质量分数）对照　（%）

标准号	牌号 代号	Cu	Ni+Co	Fe	Mn	Pb	P	S	C	Zn	杂质合计
			≤								
GB/T 5231—2012	BFe10-1.6-1 T70620	余量	9.0~ 11.0	1.5~ 1.8	0.5~ 1.0	0.03	0.02	0.01	0.05	0.20	0.4
ASTM B283/ B283M—2020	C70620	Cu+Ag ≥86.5	9.0~ 11.0	1.0~ 1.8	1.0	0.02	0.02	0.02	—	0.50	—
		Cu+主要元素≥99.5									

表 5-192　铁白铜 BFe16-1-1-0.5 牌号和化学成分（质量分数）对照　（%）

标准号	牌号 代号	Cu	Ni+Co	Fe	Mn	Zn	Pb	P	S	C	杂质合计
			≤								
GB/T 5231—2012	BFe16-1-1-0.5 T70900	余量	15.0~ 18.0	0.50~ 1.00	0.2~ 1.0	1.0	0.05		—	—	1.1
							Cr:0.30~0.70,Ti:0.03,Si:0.03				
ASTM B395/ B395M—2018	C72200	Cu+Ag 余量	15.0~ 18.0	0.50~ 1.0	1.0	1.0	0.05	Cr:0.30~0.7			—
						焊接用					
		Cu+主要元素≥99.5				0.50	0.02	0.02	0.02	0.05	

表 5-193　铁白铜 BFe30-0.7 牌号和化学成分（质量分数）对照　（%）

标准号	牌号 代号	Cu	Ni+Co	Fe	Mn	Zn	Pb	P	S	C	杂质合计
			≤								
GB/T 5231—2012	BFe30-0.7 C71500	余量	29.0~ 33.0	0.40~ 1.0	1.0	1.0	0.05	—	—	—	2.5
JIS H3300:2018	C7150	余量	29.0~ 33.0	0.40~ 1.0	0.20~ 1.0	0.50	0.02	—	—	—	—
		Cu+Fe+Mn+Ni≥99.5									

（续）

标准号	牌号 代号	Cu	Ni+Co	Fe	Mn	Zn	Pb	P	S	C	杂质合计
			≤								
ASTM B543/B543M—2018	C71500	Cu+Ag 余量	29.0~ 33.0	0.40~ 1.0	1.0	1.0	0.05	—	—	—	—
						焊接用					
		Cu+主要元素≥99.5				0.50	0.02	0.02	0.02	0.05	

表 5-194 铁白铜 BFe30-1-1 牌号和化学成分（质量分数）对照 （%）

标准号	牌号 代号	Cu	Ni+Co		Fe	Mn	Zn	Pb	P	S	C	杂质 合计
			≤									
GB/T 5231—2012	BFe30-1-1 T71510	余量	29.0~32.0		0.5~ 1.0	0.5~ 1.2	0.3	0.02	0.006	0.01	0.05	0.7
							Si:0.15,Sn:0.03					
ГОСТ 492—2006	МНЖМц30-1-1	余量	29.0~33.0		0.5~ 1.0	0.5~ 1.0	0.5	0.05	0.006	0.01	0.05	0.6
							Si:0.15					
EN 12163:2016(E)	CuNi30Fe1Mn CW354H	余量	Ni	Co	0.4~ 1.0	0.5~ 1.5	0.5	0.02	0.02	0.05	0.05	0.2
			30.0~ 32.0	0.1①								
							Sn:0.05					
ISO 429:1983(E)	CuNi10Fe1Mn	余量	Ni+Co: (30.0~32.0) +0.5		0.4~ 1.0	0.5~ 1.0	0.5	0.02	—	0.06	0.06	—
									焊接用			
									0.02	0.02	0.05	

① $w(Co) \leqslant 0.1\%$。

表 5-195 铁白铜 BFe30-2-2 牌号和化学成分（质量分数）对照 （%）

标准号	牌号 代号	Cu	Ni+Co	Fe	Mn	Zn	Pb	P	S	C	杂质 合计
			≤								
GB/T 5231—2012	BFe30-2-2 T71520	余量	29.0~ 32.0	1.7~ 2.3	1.5~ 2.5	—	0.01	—	0.03	0.06	0.6

JIS H3300:2018	C7164	余量	29.0~32.0	1.7~2.3	1.5~2.5	0.50	0.02	—	—	—	—
		Cu+Fe+Mn+Ni≥99.5									
ASTM B111/B111M—2018a	C71640	Cu+Ag 余量	29.0~32.0	1.7~2.3	1.5~2.5	1.0	0.05	—	0.03	0.06	—
						焊接用					
		Cu+主要元素≥99.5				0.50	0.02	0.02	0.02	0.05	
EN 12451:2012(E)	CuNi30Fe2Mn2 CW353H	余量	Ni 29.0~32.0 Co 0.1①	1.5~2.5	1.5~2.5	0.5	0.02	0.02	0.05	0.05	0.2
						Sn:0.05					

① w(Co)≤0.1%。

表 5-196 锰白铜 BMn3-12 牌号和化学成分(质量分数)对照 (%)

标准号	牌号 代号	Cu	Ni+Co	Fe	Mn	Si	Pb	P	S	C	杂质合计
			≤								
GB/T 5231—2012	BMn3-12① T71620	余量	2.0~3.5	0.20~0.50	11.5~13.5	0.1~0.3	0.020	0.005	0.020	0.05	0.5
							Mg:0.03,Al:0.2				
ГОСТ 492—2006	МНМцАЖ 3-12-0.3-0.3	余量	2.5~3.5	0.2~0.5	11.5~13.5	Al:0.20~0.40		—	—	—	0.4

① 为保证电气性能，对 BMn3-12 合金、做热电偶用的 BMn40-1.5 合金和 BMn43-0.5 合金，其规定有最大值和最小值的成分，允许略微超出表中的规定。

表 5-197 锰白铜 BMn40-1.5 牌号和化学成分（质量分数）对照

（%）

标准号	牌号 代号	Cu	Ni+Co	Fe	Mn	Si	Pb	P	S	C	杂质合计
						≤					
GB/T 5231—2012	BMn40-1.5① T71660	余量	39.0~41.0	0.50	1.0~2.0	0.10	0.005	0.005	0.02	0.10	0.9
						Mg:0.05					
ГОСТ 492—2006	МНМц40-1.5	余量	39.0~41.0	0.50	1.0~2.0	0.10	0.005	0.005	0.02	0.10	0.90
						Mg:0.05, Bi:0.002, As:0.010, Sb:0.002					

① 为保证电气性能，对 BMn3-12 合金、做热电偶用的 BMn40-1.5 合金和 BMn43-0.5 合金，其规定有最大值和最小值的成分，允许略微超出表中的规定。

表 5-198 锰白铜 BMn43-0.5 牌号和化学成分（质量分数）对照

（%）

标准号	牌号 代号	Cu	Ni+Co	Fe	Mn	Si	Pb	P	S	C	杂质合计
						≤					
GB/T 5231—2012	BMn43-0.5① T71670	余量	42.0~44.0	0.15	0.10~1.0	0.10	0.002	0.002	0.01	0.10	0.6
						Mg:0.05					
ГОСТ 492—2006	МНМц43-0.5	余量	42.5~44.0	0.15	0.10~1.0	0.10	0.002	0.002	0.01	0.10	0.60
						Mg:0.05, Bi:0.002, As:0.002, Sb:0.002					
ISO 429:1983(E)	CuNi44Mn1	余量	(43.0~45.0)+0.5	0.5	0.5~2.5	Zn:0.2	0.01	Sb:0.01	0.05	0.05	—

① 为保证电气性能，对 BMn3-12 合金、做热电偶用的 BMn40-1.5 合金和 BMn43-0.5 合金，其规定有最大值和最小值的成分，允许略微超出表中的规定。

表 5-199 铝白铜 BAl6-1.5 牌号和化学成分（质量分数）对照

（%）

标准号	牌号 代号	Cu	Ni+Co	Fe	Mn	Al	Pb	P	S	C	杂质合计
							≤				
GB/T 5231—2012	BAl6-1.5 T72400	余量	5.5~6.5	0.50	0.20	1.2~1.8	0.003	—	—	—	1.1

ГОСТ 492—2006	MHA6-1.5	余量	5.50~6.50	0.50	0.20	1.2~1.8	0.002			1.10

表 5-200　铝白铜 BAl13-3 牌号和化学成分（质量分数）对照　（%）

标准号	牌号 代号	Cu	Ni+Co	Fe	Mn	Al	Pb	P	S	C	杂质合计
							≤				
GB/T 5231—2012	BAl13-3 T72600	余量	12.0~15.0	1.0	0.50	2.3~3.0	0.003	0.01	—	—	1.9
ГОСТ 492—2006	MHA13-3	余量	12.0~15.0	1.00	0.50	2.3~3.0	0.002	—	—	—	1.90

表 5-201　锌白铜 BZn18-10 牌号和化学成分（质量分数）对照　（%）

标准号	牌号 代号	Cu	Ni+Co	Fe	Mn	Pb	P	S	C	Zn	杂质合计
						≤					
GB/T 5231—2012	BZn18-10 C73500	70.5~73.5	16.5~19.5	0.25	0.50	0.09	—	—	—	余量	1.35
JIS H3110:2018	C7351	70.0~75.0	16.5~19.5	0.25	0~0.50	0.03	—	—	—	余量	—
ASTM B122/B122M—2016	C73500	Cu+Ag 70.5~73.5	16.5~19.5	0.25	0.50	0.09	—	—	—	余量	—

表 5-202　锌白铜 BZn15-20 牌号和化学成分（质量分数）对照　（%）

标准号	牌号 代号	Cu	Ni+Co	Fe	Mn	Pb	P	S	C	Zn	杂质合计
						≤					
GB/T 5231—2012	BZn15-20 T74600	62.0~ 65.0	13.5~ 16.5	0.5	0.3	0.02	0.005	0.01	0.03	余量	0.9
				Mg:0.05, Si:0.15, Bi①:0.002, As①:0.010, Sb①:0.002							
ГОСТ 492—2006	МНЦ15-20	余量	13.5~ 16.5	0.3	0.30	0.020	0.005	0.005	0.03	18.0~ 22.0	0.90
				Mg:0.05, Si:0.15, Bi:0.002, As:0.010, Sb:0.002							
JIS H3110:2018	C7541	60.0~ 64.0	12.5~ 15.5	0.25	0.50	0.03	—	—	—	—	—
ASTM 标准年鉴 02.01 卷（铜及铜合金卷 2005 年版）	C75400	Cu+Ag 63.5~66.5	14.0~ 16.0	0.25	0.50	0.10	—	—	—	余量	—

① 铋、锑和砷可不分析，但供方必须保证不大于界限值。

表 5-203　锌白铜 BZn18-18 牌号和化学成分（质量分数）对照　（%）

标准号	牌号 代号	Cu	Ni+Co	Fe	Mn	Pb	P	S	C	Zn	杂质合计
						≤					
GB/T 5231—2012	BZn18-18 C75200	63.0~ 66.5	16.5~ 19.5	0.25	0.50	0.05	—	—	—	余量	1.3
ASTM B122/B122M—2016	C75200	Cu+Ag 63.0~66.5	16.5~ 19.5	0.25	0.50	0.05	—	—	—	余量	—

表 5-204　锌白铜 BZn18-17 牌号和化学成分（质量分数）对照　（%）

标准号	牌号 代号	Cu	Ni+Co	Fe	Mn	Pb	P	S	C	Zn	杂质合计
						≤					
GB/T 5231—2012	BZn18-17 T75210	62.0~ 66.0	16.5~ 19.5	0.25	0.50	0.03	—	—	—	余量	0.9
JIS H3110:2018	C7521	62.0~ 66.0	16.5~ 19.5	0.25	0.50	0.03	—	—	—	余量	—

表 5-205 锌白铜 BZn9-29 牌号和化学成分（质量分数）对照 （%）

标准号	牌号 代号	Cu	Ni+Co	Fe	Mn	Pb	P	S	C	Zn	杂质合计
			≤								
GB/T 5231—2012	BZn9-29 T76100	60.0~ 63.0	7.2~ 10.4	0.3	0.5	0.03	0.005	0.005	0.03	余量	0.8②
				Al:0.005,Si:0.15,Sn:0.08,Bi①:0.002,Ti:0.005,Sb①:0.002							
ASTM 标准年鉴 02.01 卷 （铜及铜合金卷 2005 年版）	C76000	Cu+Ag 60.0~63.0	7.0~ 9.0	0.25	0.50	0.10	—	—	—	余量	—
EN 12167:2016(E)	CuNi10Zn27 CW401J	61.0~ 64.0	9.0~ 11.0	0.3	0.5	0.05	—	—	—	余量	0.2

① 铋和锑可不分析，但供方必须保证不大于界限值。
② 此值为表中所列杂质元素实测值总和。

表 5-206 锌白铜 BZn12-24 牌号和化学成分（质量分数）对照 （%）

标准号	牌号 代号	Cu	Ni+Co	Fe	Mn	Pb	P	S	C	Zn	杂质合计
			≤								
GB/T 5231—2012	BZn12-24 T76200	63.0~ 66.0	11.0~ 13.0	0.3	0.5	0.03	—	—	Sn: 0.03	余量	0.8①
ГОСТ 492—2006	МНЦ12-24	62.0~ 66.0	11.0~ 13.0	0.3	0.5	0.05	—	—	—	余量	0.6
JIS H3110:2018	C7451	63.0~ 67.0	8.5~ 11.0	0.25	0.5	0.03	—	—	—	余量	—
ASTM B206/B206M—2017	C75700	Cu+Ag 63.5~66.5	11.0~ 13.0	0.25	0.50	0.05	—	—	—	余量	—
EN 1654:2019-05	CuNi12Zn24 CW403J	63.0~ 66.0	11.0~ 13.0	0.3	0.5	0.03	—	—	Sn: 0.03	余量	0.2

① 此值为表中所列杂质元素实测值总和。

表 5-207 锌白铜 BZn12-26 牌号和化学成分（质量分数）对照 （%）

标准号	牌号 代号	Cu	Ni+Co	Fe	Mn	Pb	P	S	C	Zn	杂质合计
			≤								
GB/T 5231—2012	BZn12-26 T76210	60.0~ 63.0	10.5~ 13.0	0.3	0.5	0.03	0.005	0.005	0.03	余量	0.8②
				Al:0.005,Si:0.15,Sn:0.08,Bi①:0.002,Ti:0.005,Sb①:0.002							
ASTM 标准年鉴 02.01 卷 （铜及铜合金卷 2005 年版）	C75720	Cu+Ag 60.0~65.0	11.0~ 13.0	0.25	0.05~ 0.30	0.04	—	—	—	余量	—
CEN/TS 13388:2015(E)	CuNi12Zn25Pb1 CW404J	60.0~ 63.0	11.0~ 13.0	0.3	0.5	0.5~ 1.5	—	—	Sn: 0.2	余量	0.2

① 铋和锑可不分析，但供方必须保证不大于界限值。
② 此值为表中所列杂质元素实测值总和。

表 5-208 锌白铜 BZn12-29 牌号和化学成分（质量分数）对照 （%）

标准号	牌号 代号	Cu	Ni+Co	Fe	Mn	Pb	P	S	Sn	Zn	杂质合计
			≤								
GB/T 5231—2012	BZn12-29 T76220	57.0~ 60.0	11.0~ 13.5	0.3	0.5	0.03	—	—	0.03	余量	0.8①
ASTM B122/B122M—2016	C76200	Cu+Ag 57~61.0	11.0~ 13.5	0.25	0.50	0.09	—	—	—	余量	—
EN 1654:2019-05	CuNi12Zn29 CW405J	57.0~ 60.0	11.0~ 13.5	0.3	0.5	0.03	—	—	0.03	余量	0.2

① 此值为表中所列杂质元素实测值总和。

表 5-209 锌白铜 BZn18-20 牌号和化学成分（质量分数）对照 （%）

标准号	牌号 代号	Cu	Ni+Co	Fe	Mn	Pb	P	S	C	Zn	杂质合计
			≤								
GB/T 5231—2012	BZn18-20 T76300	60.0~ 63.0	16.5~ 19.5	0.3	0.5	0.03	0.005	0.005	0.03	余量	0.8②
				Al:0.005,Si:0.15,Sn:0.08,Bi①:0.002,Ti:0.005, Sb①:0.002							

ГОСТ 492—2006	МНЦ18-20	60.0~64.0	17.0~19.0	0.3	0.5	0.03	—	—	—	余量	0.6
ASTM 标准年鉴 02.01 卷（铜及铜合金卷 2005 年版）	C75900	Cu+Ag 60.0~63.0	16.5~19.5	0.25	0.50	0.10	—	—	—	余量	—
EN 12163:2016(E)	CuNi18Zn20 CW409J	60.0~63.0	17.0~19.0	0.3	0.5	0.03	—	—	Sn: 0.03	余量	0.2
ISO 430:1983(E)	CuNi18Zn20	60.0~64.0	17.0~19.0	0.3	0.5	0.05	—	—	—	余量	—

① 铋和锑可不分析，但供方必须保证不大于界限值。
② 此值为表中所列杂质元素实测值总和。

表 5-210 锌白铜 BZn22-16 牌号和化学成分（质量分数） （%）

标准号	牌号 代号	Cu	Ni+Co	Fe	Mn	Pb	P	S	C	Zn	杂质合计
			≤								
GB/T 5231—2012	BZn22-16 T76400	60.0~63.0	20.5~23.5	0.3	0.5	0.03	0.005	0.005	0.03	余量	0.8②
				Al:0.005, Si:0.15, Sn:0.08, Bi①:0.002, Ti:0.005, Sb①:0.002							

① 铋和锑可不分析，但供方必须保证不大于界限值。
② 此值为表中所列杂质元素实测值总和。

表 5-211 锌白铜 BZn25-18 牌号和化学成分（质量分数） （%）

标准号	牌号 代号	Cu	Ni+Co	Fe	Mn	Pb	P	S	C	Zn	杂质合计
			≤								
GB/T 5231—2012	BZn25-18 T76500	56.0~59.0	23.5~26.5	0.3	0.5	0.03	0.005	0.005	0.03	余量	0.8②
				Al:0.005, Si:0.15, Sn:0.08, Bi①:0.002, Ti:0.005, Sb①:0.002							

① 铋和锑可不分析，但供方必须保证不大于界限值。
② 此值为表中所列杂质元素实测值总和。

表 5-212 锌白铜 BZn18-26 牌号和化学成分（质量分数）对照 （%）

标准号	牌号 代号	Cu	Ni+Co	Fe	Mn	Pb	P	S	C	Zn	杂质合计
			≤								
GB/T 5231—2012	BZn18-26 C77000	53.5~56.5	16.5~19.5	0.25	0.50	0.05	—	—	—	余量	0.8
ГОСТ 492—2006	МНЦ18-27	53.0~56.0	17.0~19.0	0.3	0.5	0.05	—	—	—	余量	0.6
JIS H3130:2018	C7701	54.0~58.0	16.5~19.5	0.25	0.50	0.03	—	—	—	余量	—
ASTM B122/B122M—2016	C77000	Cu+Ag 53.0~56.5	16.5~19.5	0.25	0.50	0.05	—	—	—	余量	—
EN 12167:2016(E)	CuNi18Zn27 CW410J	53.0~56.0	17.0~19.0	0.3	0.5	0.03	—	—	Sn: 0.03	余量	0.2

表 5-213 锌白铜 BZn40-20 牌号和化学成分（质量分数） （%）

标准号	牌号 代号	Cu	Ni+Co	Fe	Mn	Pb	P	S	C	Zn	杂质合计
			≤								
GB/T 5231—2012	BZn40-20 T77500	38.0~42.0	38.0~41.5	0.3	0.5	0.03	0.005	0.005	0.10	余量	0.8②
				Al:0.005, Si:0.15, Sn:0.08, Bi①:0.002, Ti:0.005, Sb①:0.002							

① 铋和锑可不分析，但供方必须保证不大于界限值。

② 此值为表中所列杂质元素实测值总和。

表 5-214 锌白铜 BZn15-21-1.8 牌号和化学成分（质量分数）对照 （%）

标准号	牌号 代号	Cu	Ni+Co	Fe	Mn	Pb	P	Si	C	Zn	杂质合计
			≤								
GB/T 5231—2012	BZn15-21-1.8 T78300	60.0~63.0	14.0~16.0	0.3	0.5	1.5~2.0	—	0.15	—	余量	0.9

JIS H3270:2018	C7941	60.0~64.0	16.5~19.5	0.25	0.50	0.8~1.8	—	—	—	余量	—
EN 12166:2016(E)	CuNi18Zn19Pb1 CW408J	59.5~62.5	17.0~19.0	0.3	0.7	0.5~1.5	—	—	Sn:0.2	余量	0.2
ISO 430:1983(E)	CuNi18Zn19Pb1	59.0~63.0	17.0~19.0	0.3	0.7	0.5~1.5	—	—	—	余量	—

表 5-215　锌白铜 BZn15-24-1.5 牌号和化学成分（质量分数）对照　　（%）

标准号	牌号 代号	Cu	Ni+Co	Fe	Mn	Pb	P	S	C	Zn	杂质合计
			≤								
GB/T 5231—2012	BZn15-24-1.5 T79500	58.0~60.0	12.5~15.5	0.25	0.05~0.5	1.4~1.7	0.02	0.005	—	余量	0.75
ГОСТ 492—2006	МНЦС16-29-1.8	51.0~55.0	15.0~16.5	—	—	1.6~2.0	—	—	—	余量	1.0
ASTM B206/B206M—2017	C79200	Cu+Ag 59.0~66.5	11.0~13.0	0.25	0.50	0.8~1.4	—	—	—	余量	—
EN 12166:2016(E)	CuNi12Zn30Pb1 CW406J	56.0~58.0	11.0~13.0	0.3	0.5	0.5~1.5	—	—	Sn:0.2	余量	0.2
ISO 430:1983(E)	CuNi10Zn28Pb1	59.0~63.0	9.0~11.0	0.3	0.7	1.2~2.0	—	—	—	余量	—

表 5-216 锌白铜 BZn10-41-2 牌号和化学成分（质量分数）对照 （%）

标准号	牌号 代号	Cu	Ni+Co	Fe	Mn	Pb	P	S	C	Zn	杂质合计
			≤								
GB/T 5231—2012	BZn10-41-2 C79800	45.5~48.5	9.0~11.0	0.25	1.5~2.5	1.5~2.5	—	—	—	余量	0.75
ASTM 标准年鉴 02.01 卷（铜及铜合金卷 2005 年版）	C79800	Cu+Ag 45.5~48.5	9.0~11.0	0.25	1.5~2.5	1.5~2.5	—	—	—	余量	—
EN 12166:2016(E)	CuNi7Zn39-Pb3Mn2 CW400J	47.0~50.0	6.0~8.0	0.3	1.5~3.0	2.3~3.3	—	—	Sn: 0.2	余量	0.2

表 5-217 锌白铜 BZn12-37-1.5 牌号和化学成分（质量分数）对照 （%）

标准号	牌号 代号	Cu	Ni+Co	Fe	Mn	Pb	P	Si	Sn	Zn	杂质合计
			≤								
GB/T 5231—2012	BZn12-37-1.5 C79860	42.3~43.7	11.8~12.7	0.20	5.6~6.4	1.3~1.8	0.005	0.06	0.10	余量	0.56
ASTM 标准年鉴 02.01 卷（铜及铜合金卷 2005 年版）	C79860	Cu+Ag 42.3~43.7	11.8~12.7	0.20	5.6~6.4	1.3~1.8	0.005	0.06	0.10	余量	—
EN 12167:2016(E)	CuNi12Zn38-Mn5Pb2 CW407J	42.0~45.0	11.0~13.0	0.3	4.5~6.0	1.0~2.5	—	—	0.2	余量	0.2

5.3 铸造产品

铸造铜及铜合金包括铸造铜合金锭和铸造铜及铜合金两大类。

5.3.1　铸造铜合金锭牌号和化学成分

YS/T 544—2009《铸造铜合金锭》中包括铸造黄铜合金锭、铸造青铜合金锭两大类，共有 41 个牌号。中外铸造铜合金锭牌号和化学成分对照见表 5-218～表 5-258。

表 5-218～表 5-258 统一注释如下：

1）表中质量分数有上下限者为合金元素，质量分数为单个数值者为最高限，“—”为未规定具体数值。

2）抗磁用的黄铜锭，铁的质量分数不超过 0.05%。

3）抗磁用的青铜锭，铁的质量分数不超过 0.05%。

1. 铸造黄铜合金锭牌号和化学成分

中外铸造黄铜合金锭牌号和化学成分对照见表 5-218～表 5-237。

表 5-218　铸造黄铜锭 ZH68 牌号和化学成分（质量分数）对照　（%）

标准号	牌号	Cu	Al	Fe	Ni	Pb	Sb	Sn	P	Zn
YS/T 544—2009	ZH68	67.0～70.0	0.1	0.10	—	0.03	0.01	1.0	0.01	余量
JIS H2202:2016	CACIn202	65.0～70.0	0.5	0.6	1.0	0.5～3.0	—	1.0	—	余量

表 5-219　铸造黄铜锭 ZH62 牌号和化学成分（质量分数）对照　（%）

标准号	牌号 代号	Cu	Al	Fe	Ni	Pb	Sb	Sn	P	Zn
YS/T 544—2009	ZH62	60.0～63.0	0.3	0.2	—	0.08	0.01	1.0	0.01	余量
JIS H2202:2016	CACIn203	58.0～64.0	0.5	0.6	1.0	0.5～3.0	—	1.0	—	余量
ASTM 标准年鉴 02.01 卷 （铜及铜合金卷 2005 年版）	C85500	59.0～63.0 Cu+主要元素 ≥99.2	—	0.20	Ni+Co 0.20	0.20	Mn： 0.20	0.20	—	余量

表 5-220 铸造黄铜锭 ZHAl67-5-2-2 牌号和化学成分（质量分数）对照 （%）

标准号	牌号 代号	Cu	Al	Fe	Mn	Sb	Sn	P	Pb	Zn
YS/T 544—2009	ZHAl67-5-2-2	67.0~70.0	5.0~6.0	2.0~3.0	2.0~3.0	0.01	0.5	0.01	0.5	余量
ASTM B271/B271M—2018	C86100	66.0~68.0 Cu+主要元素≥99.0	4.5~5.5	2.0~4.0	2.5~5.0	—	0.20	—	0.20	余量

表 5-221 铸造黄铜锭 ZHAl63-6-3-3 牌号和化学成分（质量分数）对照 （%）

标准号	牌号 代号	Cu	Al	Fe	Ni	Mn	Si	Sn	Pb	Zn
YS/T 544—2009	ZHAl63-6-3-3	60.0~66.0	4.5~7.0	2.0~4.0	—	1.5~4.0	0.10	0.2	0.20	余量
ГОСТ 17711—1994	ЛЦ23А6Ж3Мц2	64.0~68.0	4.0~7.0	2.0~4.0	1.0	1.5~3.0	0.3	0.7	0.7	余量
							Sb:0.1，杂质合计：1.8			
JIS H2202:2016	CACIn304	60.0~65.0	5.0~7.5	2.0~4.0	0.5	2.5~5.0	0.1	0.2	0.2	余量
ASTM B271/B271M—2018	C86300	60.0~66.0 Cu+主要元素≥99.0	5.0~7.5	2.0~4.0	Ni+Co 1.0	2.5~5.0	—	0.20	0.20	22.0~28.0
EN 1982:2017(E)	CuZn25Al5-Mn4Fe3-B CB762S	60.0~66.0	4.0~7.0	1.5~3.5	2.7	3.0~5.0	0.08	0.20	0.20	余量
							Sb:0.03,P:0.02			

表 5-222 铸造黄铜锭 ZHAl62-4-3-3 牌号和化学成分（质量分数）对照 （%）

标准号	牌号 代号	Cu	Al	Fe	Ni	Mn	Sn	Si	Pb	Zn
YS/T 544—2009	ZHAl62-4-3-3	60.0~66.0	2.5~ 5.0	1.5~ 4.0	—	1.5~4.0	0.2	0.10	0.20	余量
JIS H2202:2016	CACIn303	60.0~65.0	3.0~ 5.0	2.0~4.0	0.5	2.5~5.0	0.5	0.1	0.2	余量
ASTM B505/ B505M—2018	C86200	60.0~66.0 Cu+主要元素 ≥99.0	3.0~ 4.9	2.0~ 4.0	Ni+Co 1.0	2.5~ 5.0	0.20	—	0.20	22.0~ 28.0

表 5-223 铸造黄铜锭 ZHAl67-2.5 牌号和化学成分（质量分数）对照 （%）

标准号	牌号	Cu	Al	Fe	Ni	Mn	Sb	Sn	Pb	Zn
YS/T 544—2009	ZHAl67-2.5	66.0~68.0	2.0~3.0	0.6	—	0.5	0.05	0.5	0.5	余量
ГОСТ 17711—1994	ЛЦ30А3	66.0~68.0	2.0~ 3.0	0.8	0.3	0.5	0.1	0.7	0.7	余量
				P:0.05,Si:0.3,杂质合计:2.6						

表 5-224 铸造黄铜锭 ZHAl61-2-2-1 牌号和化学成分（质量分数）对照 （%）

标准号	牌号 代号	Cu	Al	Fe	Ni	Mn	Sb	Sn	Si	Pb	Zn
YS/T 544—2009	ZHAl61-2-2-1	57.0~ 65.0	0.5~ 2.5	0.5~ 2.0	—	0.1~ 3.0	—	1.0	0.10	0.5	余量
							(Sb+P+As):0.4				
JIS H2202:2016	CACIn302	55.0~60.0	0.5~ 2.0	0.5~ 2.0	1.0	0.1~ 3.5	—	1.0	0.1	0.4	余量
EN 1982:2017(E)	CuZn32Al2Mn2Fe1-B CB763S	59.0~67.0	1.0~ 2.5	0.5~ 2.0	2.5	1.0~ 3.5	0.08	1.0	1.0	1.5	余量

表 5-225　铸造黄铜锭 ZHMn58-2-2 牌号和化学成分（质量分数）对照　（%）

标准号	牌号	Cu	Mn	Fe	Ni	Pb	Sb	Sn	P	Al	Zn
YS/T 544—2009	ZHMn58-2-2	57.0~60.0	1.5~2.5	0.6	—	1.5~2.5	0.05	0.5	0.01	1.0	余量
ГОСТ 17711—1994	ЛЦ38Мц2С2	57.0~60.0	1.5~2.5	0.8	1.0	1.5~2.5	0.1	0.5	0.05	0.8	余量
							Si:0.4,杂质合计:2.2				

表 5-226　铸造黄铜锭 ZHMn58-2 牌号和化学成分（质量分数）对照　（%）

标准号	牌号	Cu	Mn	Fe	Ni	Pb	Sb	Sn	P	Al	Zn
YS/T 544—2009	ZHMn58-2	57.0~60.0	1.0~2.0	0.6	—	0.1	0.05	0.5	0.01	0.5	余量
ГОСТ 17711—1994	ЛЦ40Мц1.5	57.0~60.0	1.0~2.0	1.5	0.1	0.7	0.1	0.5	0.03	—	余量
							Si:0.1,杂质合计:2.0				

表 5-227　铸造黄铜锭 ZHMn57-3-1 牌号和化学成分（质量分数）对照　（%）

标准号	牌号	Cu	Mn	Fe	Ni	Pb	Sb	Sn	P	Al	Zn
YS/T 544—2009	ZHMn57-3-1	53.0~58.0	3.0~4.0	0.5~1.5	—	0.3	0.05	0.5	0.01	0.5	余量
ГОСТ 17711—1994	ЛЦ40Мц3Ж1	53.0~58.0	3.0~4.0	0.5~1.5	0.5	0.5	0.1	0.5	0.05	0.6	余量
							Si:0.2,杂质合计:1.7				

表 5-228　铸造黄铜锭 ZHPb65-2 牌号和化学成分（质量分数）对照　（%）

标准号	牌号 代号	Cu	Mn	Fe	Ni	Pb	Si	Sn	P	Al	Zn
YS/T 544—2009	ZHPb65-2	63.0~66.0	0.2	0.7	—	1.0~2.8	0.03	1.5	0.02	0.1	余量

JIS H2202:2016	CACIn202	65.0~70.0	—	0.6	1.0	0.5~3.0	—	1.0	—	0.5	余量
EN 1982:2017(E)	CuZn33Pb2-B CB750S	63.0~66.0	0.2	0.7	1.0	1.0~2.8	0.04	1.5	0.02	0.1	余量

表 5-229　铸造黄铜锭 ZHPb59-1 牌号和化学成分（质量分数）对照

（%）

标准号	牌号 代号	Cu	Mn	Fe	Ni	Pb	Sb	Sn	P	Al	Zn
YS/T 544—2009	ZHPb59-1	57.0~61.0	—	0.6	—	0.8~1.9	0.05	—	0.01	0.2	余量
ГОСТ 17711—1994	ЛЦ40С	57.0~61.0	0.5	0.8	1.0	0.8~2.0	0.05	0.5	—	0.5	余量
							Si:0.3,杂质合计:2.0				
ASTM B176—2018	C85800	≥57.0 Cu+主要元素 ≥98.7	0.25	0.50	Ni+Co 0.50	1.5	0.05	1.5	0.01	0.55	31.0~41.0
							S:0.05,Si:0.25,As:0.05				

表 5-230　铸造黄铜锭 ZHPb60-2 牌号和化学成分（质量分数）对照

（%）

标准号	牌号 代号	Cu	Mn	Fe	Ni	Pb	Si	Sn	Sb	Al	Zn
YS/T 544—2009	ZHPb60-2	58.0~62.0	0.5	0.7	—	0.5~2.5	0.05	1.0	—	0.2~0.8	余量
ГОСТ 17711—1994	ЛЦ40Сд	58.0~61.0	0.2	0.5	1.0	0.8~2.0	0.2	0.3	0.05	0.2	余量
							杂质合计:1.5				

（续）

标准号	牌号 代号	Cu	Mn	Fe	Ni	Pb	Si	Sn	Sb	Al	Zn
JIS H2202:2016	CACIn203	58.0~64.0	—	0.6	1.0	0.5~3.0	—	1.0	—	0.5	余量
EN 1982:2017(E)	CuZn39Pb1Al-B CB754S	58.0~62.0	0.5	0.7	1.0	0.5~2.4	0.05	1.0	P:0.02	0.10~0.8	余量

表 5-231　铸造黄铜锭 ZHPb60-1A 牌号和化学成分（质量分数）　（%）

标准号	牌号	Cu	Mn	Fe	Ni	Pb	Si	Sn	P	Al	Zn
YS/T 544—2009	ZHPb60-1A	59.0~61.0	—	0.1	—	1.0~2.0	—	0.1	0.005	0.5~0.7	余量

表 5-232　铸造黄铜锭 ZHPb60-1B 牌号和化学成分（质量分数）对照　（%）

标准号	牌号 代号	Cu	Mn	Fe	Ni	Pb	Si	Sn	P	Al	Zn
YS/T 544—2009	ZHPb60-1B	59.0~61.0	—	0.2	—	1.0~2.0	—	0.2	0.01	0.5~0.7	余量
EN 1982:2017(E)	CuZn39Pb1AlB-B CB755S	59.0~60.5	0.05	0.05	0.2	1.2~1.7	0.03	0.3	B:0.100	0.4~0.65	余量

表 5-233　铸造黄铜锭 ZHPb59-2C 牌号和化学成分（质量分数）　（%）

标准号	牌号	Cu	Mn	Fe	Ni	Pb	Si	Sn	P	Al	Zn
YS/T 544—2009	ZHPb59-2C	58.0~60.0	—	0.8	—	2.0~3.0	—	0.8	—	0.4~0.8	余量

表 5-234　铸造黄铜锭 ZHPb62-2-0.1 牌号和化学成分（质量分数）对照　（%）

标准号	牌号 代号	Cu	Mn	Fe	As	Pb	Si	Sn	Sb	Al	Zn
YS/T 544—2009	ZHPb62-2-0.1	61.0~63.0	0.1	0.1	0.08~0.15	1.5~3.0	P:0.005	0.1	—	0.5~0.7	余量
EN 1982:2017(E)	CuZn35Pb2Al-B CB752S	61.5~65.0	0.1	0.3	0.04~0.12	1.5~2.1	0.02 Ni:0.2	0.3	0.04~0.12	0.3~0.7	余量

表 5-235　铸造黄铜锭 ZHBi60-0.8 牌号和化学成分（质量分数）对照　（%）

标准号	牌号 代号	Cu	Bi	Fe	Ni	Pb	Si	Sn	P	Al	Zn
YS/T 544—2009	ZHBi60-0.8	59.0~61.0	0.5~1.0	0.5	—	0.1	—	0.5	—	—	余量
ASTM B30—2016	C89540	58.0~64.0 Cu+主要元素≥99.5	0.6~1.2	0.50	Ni+Co 1.0	0.10	—	1.2	Se:0.10	0.10~0.60	32.0~38.0

表 5-236　铸造黄铜锭 ZHSi80-3 牌号和化学成分（质量分数）对照　（%）

标准号	牌号 代号	Cu	Si	Fe	Ni	Pb	Mn	Sn	P	Al	Zn
YS/T 544—2009	ZHSi80-3	79.0~81.0	2.5~4.5	0.4	Sb:0.05	0.1	0.5	0.2	0.02	0.1	余量
ГОСТ 17711—1994	ЛЦ16К4	78.0~81.0	3.0~4.5	0.6	0.2	0.5	0.8 Sb:0.1,杂质合计:2.5	0.3	0.1	0.04	余量
JIS H2202:2016	CACIn802	78.5~82.5	4.0~5.0	—	—	0.3	—	—	—	0.3	14.0~16.0

（续）

标准号	牌号 代号	Cu	Si	Fe	Ni	Pb	Mn	Sn	P	Al	Zn
ASTM B271/ B271M—2018	C87400	≥79.0 Cu+主要元素 ≥99.2	2.5~ 4.0	—	—	1.0	—	—	—	0.8	12.0~ 16.0
EN 1982:2017(E)	CuZn16Si4-B CB761S	78.5~82.0	3.0~ 5.0	0.5	1.0	0.6	0.2	0.25	0.02 Sb:0.05	0.10	余量

表 5-237 铸造黄铜锭 ZHSi80-3-3 牌号和化学成分（质量分数）对照 （%）

标准号	牌号	Cu	Si	Fe	Ni	Pb	Mn	Sn	P	Al	Zn
YS/T 544—2009	ZHSi80-3-3	79.0~81.0	2.5~ 4.5	0.4	Sb: 0.05	2.0~ 4.0	0.5	0.2	0.02	0.2	余量
ГОСТ 17711—1994	ЛЦ14К3С3	77~81	2.5~ 4.5	0.6	0.2	2~4	1.0 Sb:0.1，杂质合计:2.3	0.3	—	0.3	余量

2. 铸造青铜合金锭牌号和化学成分

中外铸造青铜合金锭牌号和化学成分对照见表 5-238~表 5-258。

表 5-238 铸造青铜锭 ZQSn3-8-6-1 牌号和化学成分（质量分数）对照 （%）

标准号	牌号 代号	Cu	Sn	Zn	Pb	Ni	Fe	Si	P	Al	Sb
YS/T 544—2009	ZQSn3-8-6-1	余量	2.0~ 4.0	6.3~ 9.3	4.0~ 6.7	0.5~ 1.5	0.3	0.02	0.05	0.02	0.3
ГОСТ 613—1979	БрО3Ц7С5Н1	余量	2.5~ 4.0	6.0~9.5	3.0~ 6.0	0.5~ 2.0	0.4	0.02	0.05 杂质合计:1.3	0.02	0.5

标准号	牌号 代号	Cu	Sn	Zn	Pb	Ni	Fe	Si	P	Al	Sb
ASTM B271/ B271M—2018	C83800	82.0~83.8 Cu+主要元素 ≥99.3	3.3~ 4.2	5.0~ 8.0	5.0~ 7.0	Ni+Co 1.0	0.30	0.005	0.03 S:0.08	0.005	0.25
EN 1982:2017(E)	CuSn3Zn8Pb5-B CB490K	81.0~85.5	2.2~ 3.5	7.5~ 10.0	3.5~ 5.8	2.0	0.50	0.01	0.03 S:0.08	0.01	0.25

表 5-239　铸造青铜锭 ZQSn3-11-4 牌号和化学成分（质量分数）对照　（%）

标准号	牌号 代号	Cu	Sn	Zn	Pb	Ni	Fe	Si	P	Al	Sb
YS/T 544—2009	ZQSn3-11-4	余量	2.0~ 4.0	9.5~ 13.5	3.0~ 5.8	—	0.4	0.02	0.05	0.02	0.3
ГОСТ 613—1979	БрО3Ц12С5	余量	2.0~ 3.5	8.0~ 15.0	3.0~ 6.0	—	0.4	0.02	0.05 杂质合计:1.3	0.02	0.5
JIS H2202:2016	CACIn401	79.0~83.0 Cu+Sn+Zn+Pb+Ni=99.0	2.0~ 4.0	8.0~ 12.0	3.0~ 7.0	Cu+Ni 0.8	0.35	0.005	0.03	0.005	0.2
ASTM B271/ B271M—2018	C84800	75.0~77.0 Cu+主要元素 ≥99.3	2.0~ 3.0	13.0~ 17.0	5.5~ 7.0	Ni+Co 1.0	0.40	0.005	0.02 S:0.08	0.005	0.25

表 5-240　铸造青铜锭 ZQSn5-5-5 牌号和化学成分（质量分数）对照　（%）

标准号	牌号 代号	Cu	Sn	Zn	Pb	Ni	Fe	Si	P	Al	Sb
YS/T 544—2009	ZQSn5-5-5	余量	4.0~ 6.0	4.5~ 6.0	4.0~ 5.7	S: 0.10	0.25	0.01	0.03	0.01	0.25

（续）

标准号	牌号 代号	Cu	Sn	Zn	Pb	Ni	Fe	Si	P	Al	Sb
ГОСТ 613—1979	БрО5Ц5С5	余量	4.0~ 6.0	4.0~ 6.0	4.0~ 6.0	—	0.4	0.05	0.1	0.05	0.5
									杂质合计:1.3		
JIS H2202:2016	CACIn406	83.0~87.0	4.0~ 6.0	4.0~ 6.0	4.0~ 6.0	Cu+Ni 0.8	0.3	0.005	0.03	0.005	0.2
		Cu+Sn+Zn+Pb+Ni=99.0									
ASTM B271/ B271M—2018	C83600	84.0~86.0 Cu+主要元素 ≥99.3	4.0~ 6.0	4.0~ 6.0	4.0~ 6.0	Ni+Co 1.0	0.30	0.005	0.05	0.005	0.25
									S:0.08		
EN 1982:2017(E)	CuSn5Zn5Pb5-B CB491K	83.0~86.5	4.2~ 6.0	4.5~ 6.5	4.2~ 5.8	2.0	0.25	0.01	0.03	0.01	0.25
									S:0.08		

表 5-241　铸造青铜锭 ZQSn6-6-3 牌号和化学成分（质量分数）对照　（%）

标准号	牌号 代号	Cu	Sn	Zn	Pb	Ni	Fe	Si	P	Al	Sb
YS/T 544—2009	ZQSn6-6-3	余量	5.0~ 7.0	5.3~ 7.3	2.0~ 3.8	—	0.3	0.05	—	0.05	0.2
ГОСТ 613—1979	БрО6Ц6С3	余量	5.0~ 7.0	5.0~ 7.0	2.0~ 4.0	—	0.4	0.02	0.05	0.05	0.5
									杂质合计:1.3		
JIS H2202:2016	CACIn407	86.0~90.0	5.0~ 7.0	3.0~ 5.0	1.0~ 3.0	Cu+Ni 0.8	0.2	0.005	0.03	0.005	0.2
		Cu+Sn+Zn+Pb+Ni=99.5									

<table>
<tr><td rowspan="2">ASTM B271/B271M—2018</td><td rowspan="2">C92200</td><td rowspan="2">86.0~90.0
Cu+主要元素
≥99.3</td><td rowspan="2">5.5~
6.5</td><td rowspan="2">3.0~
5.0</td><td rowspan="2">1.0~
2.0</td><td rowspan="2">Ni+Co
1.0</td><td rowspan="2">0.25</td><td rowspan="2">0.005</td><td>0.05</td><td>0.005</td><td rowspan="2">0.25</td></tr>
<tr><td colspan="2">S:0.05</td></tr>
<tr><td rowspan="2">EN 1982:2017(E)</td><td rowspan="2">CuSn6Zn4Pb2-B
CB498K</td><td rowspan="2">86.0~89.5</td><td rowspan="2">5.7~
6.5</td><td rowspan="2">3.2~
5.0</td><td rowspan="2">1.2~
2.0</td><td rowspan="2">1.0</td><td rowspan="2">0.25</td><td rowspan="2">0.01</td><td>0.03</td><td>0.01</td><td rowspan="2">0.25</td></tr>
<tr><td colspan="2">S:0.08</td></tr>
</table>

表 5-242　铸造青铜锭 ZQSn10-1 牌号和化学成分（质量分数）对照　（%）

<table>
<tr><th>标准号</th><th>牌号
代号</th><th>Cu</th><th>Sn</th><th>P</th><th>Pb</th><th>Ni</th><th>Fe</th><th>Si</th><th>Zn</th><th>Al</th><th>Sb</th></tr>
<tr><td rowspan="2">YS/T 544—2009</td><td rowspan="2">ZQSn10-1</td><td rowspan="2">余量</td><td rowspan="2">9.2~
11.5</td><td rowspan="2">0.60~
1.0</td><td rowspan="2">0.25</td><td rowspan="2">0.10</td><td rowspan="2">0.08</td><td>0.02</td><td>0.05</td><td>0.01</td><td>0.05</td></tr>
<tr><td colspan="2">Mn:0.05</td><td colspan="2">S:0.05</td></tr>
<tr><td rowspan="2">ГОСТ 613—1979</td><td rowspan="2">БрО10Ф1</td><td rowspan="2">余量</td><td rowspan="2">9.0~
11.0</td><td rowspan="2">0.4~
1.1</td><td rowspan="2">0.3</td><td rowspan="2">—</td><td rowspan="2">0.2</td><td rowspan="2">0.02</td><td rowspan="2">0.3</td><td>0.02</td><td>0.3</td></tr>
<tr><td colspan="2">杂质合计:1.0</td></tr>
<tr><td rowspan="2">ASTM B505/
B505M—2018</td><td rowspan="2">C90700</td><td rowspan="2">88.0~90.0
Cu+主要元素
≥99.4</td><td rowspan="2">10.0~
12.0</td><td rowspan="2">1.5</td><td rowspan="2">0.50</td><td rowspan="2">Ni+Co
0.50</td><td rowspan="2">0.15</td><td rowspan="2">0.005</td><td rowspan="2">0.50</td><td>0.005</td><td>0.20</td></tr>
<tr><td colspan="2">S:0.05</td></tr>
<tr><td rowspan="2">EN 1982:2017(E)</td><td rowspan="2">CuSn11P-B
CB481K</td><td rowspan="2">87.0~89.3</td><td rowspan="2">10.2~
11.5</td><td rowspan="2">0.6~
1.0</td><td rowspan="2">0.25</td><td rowspan="2">0.10</td><td rowspan="2">0.10</td><td>0.01</td><td>0.05</td><td>0.01</td><td>0.05</td></tr>
<tr><td colspan="2">Mn:0.05</td><td colspan="2">S:0.05</td></tr>
</table>

表 5-243　铸造青铜锭 ZQSn10-2 牌号和化学成分（质量分数）对照　（%）

<table>
<tr><th>标准号</th><th>牌号
代号</th><th>Cu</th><th>Sn</th><th>Zn</th><th>Pb</th><th>Ni</th><th>Fe</th><th>Si</th><th>P</th><th>Al</th><th>Sb</th></tr>
<tr><td rowspan="2">YS/T 544—2009</td><td rowspan="2">ZQSn10-2</td><td rowspan="2">余量</td><td rowspan="2">9.2~
11.2</td><td rowspan="2">1.0~3.0</td><td rowspan="2">1.3</td><td rowspan="2">—</td><td rowspan="2">0.20</td><td>0.01</td><td>0.03</td><td>0.01</td><td>0.3</td></tr>
<tr><td colspan="2">Mn:0.2</td><td colspan="2">S:0.10</td></tr>
</table>

（续）

标准号	牌号 代号	Cu	Sn	Zn	Pb	Ni	Fe	Si	P	Al	Sb
ГОСТ 613—1979	БрО10Ц2	余量	9.0~11.0	1.0~3.0	0.05	—	0.3	0.02	0.05	0.02	0.3
										杂质合计:1.0	
JIS H2202:2016	CACIn403	86.5~89.5	9.0~11.0	1.0~3.0	1.0	Cu+Ni 0.8	0.2	0.005	0.03	0.005	0.2
		Cu+Sn+Zn+ Ni=99.5									
ASTM B505/B505M—2018	C90500	86.0~89.0 Cu+主要元素≥99.7	9.0~11.0	1.0~3.0	0.30	Ni+Co 1.0	0.20	0.005	1.5	0.005	0.20
										S:0.05	

表 5-244 铸造青铜锭 ZQSn10-5 牌号和化学成分（质量分数）对照 （%）

标准号	牌号 代号	Cu	Sn	Zn	Pb	Ni	Fe	Si	P	Al	Sb
YS/T 544—2009	ZQSn10-5	余量	9.2~11.0	1.0	4.0~5.8	—	0.2	0.01	0.05	0.01	0.2
JIS H2202:2016	CACIn602	82.0~86.0	9.0~11.0	1.0	4.0~6.0	Cu+Ni 1.0	0.2	0.005	0.05	0.005	0.3
		Cu+Sn+ Pb+Ni=98.5									
ASTM 标准年鉴 02.01 卷（铜及铜合金卷 2005 年版）	C92710	余量 Cu+主要元素≥99.3	9.0~11.0	1.0	4.0~6.0	Ni+Co 2.0	0.20	0.005	0.10	0.005	0.25
									S:0.05		

表 5-245　铸造青铜锭 ZQPb10-10 牌号和化学成分（质量分数）对照　（%）

标准号	牌号 代号	Cu	Sn	Zn	Pb	Ni	Fe	Si	P	Al	Sb
YS/T 544—2009	ZQPb10-10	余量	9.2~11.0	2.0	8.5~10.5	—	0.15	0.01	0.05	0.01	0.50
								Mn:0.2		S:0.10	
ГОСТ 613—1979	БрО10С10	余量	9.0~11.0	0.5	8.0~11.0	—	0.2	0.02	0.05	0.02	0.3
										杂质合计:0.9	
JIS H2202:2016	CACIn603	77.0~81.0	9.0~11.0	1.0	9.0~11.0	Cu+Ni 1.0	0.2	0.005	0.05	0.005	0.5
		Cu+Sn+Pb+Ni=99.5									
ASTM B763/ B763M—2015	C93700	78.0~82.0 Cu+主要元素 ≥99.0	9.0~11.0	0.8	8.0~11.0	Ni+Co 0.50	0.7	0.005	0.10	0.005	0.50
									S:0.08		
EN 1982:2017(E)	CuSn10Pb10-B CB495K	78.0~81.5	9.2~11.0	2.0	8.2~10.5	2.0	0.20	0.01	0.10	0.01	0.5
							Mn:0.2		S:0.08		

表 5-246　铸造青铜锭 ZQPb15-8 牌号和化学成分（质量分数）对照　（%）

标准号	牌号 代号	Cu	Sn	Zn	Pb	Ni	Fe	Si	P	Al	Sb
YS/T 544—2009	ZQPb15-8	余量	7.2~9.0	2.0	13.5~16.5	—	0.15	0.01	0.05	0.01	0.5
							Mn:0.2		S:0.1		
JIS H2202:2016	CACIn604	74.0~78.0	7.0~9.0	1.0	14.0~16.0	Cu+Ni 1.0	0.2	0.005	0.05	0.005	0.5
		Cu+Sn+Pb+Ni=99.5									

（续）

标准号	牌号 代号	Cu	Sn	Zn	Pb	Ni	Fe	Si	P	Al	Sb
ASTM B763/ B763M—2015	C93800	75.0~79.0 Cu+主要元素≥99.0	6.3~ 7.5	0.8	13.0~ 16.0	Ni+Co 1.0	0.15	0.005	0.05	0.005	0.8
									S:0.08		
EN 1982:2017(E)	CuSn7Pb15-B CB496K	74.0~79.5	6.2~ 8.0	2.0	13.2~ 17.0	0.5~ 2.0	0.20	0.01	0.10	0.01	0.5
							Mn:0.20		S:0.08		

表 5-247　铸造青铜锭 ZQPb17-4-4 牌号和化学成分（质量分数）对照　（%）

标准号	牌号	Cu	Sn	Zn	Pb	Ni	Fe	Si	P	Al	Sb
YS/T 544—2009	ZQPb17-4-4	余量	3.5~ 5.0	2.0~ 6.0	14.5~ 19.5	—	0.3	0.02	0.05	0.02	0.3
										S:0.05	
ГОСТ 613—1979	БрО4Ц4С17	余量	3.5~ 5.5	2.0~ 6.0	14.0~ 20.0	—	0.4	0.05	0.1	0.05	0.5
										杂质合计:1.3	

表 5-248　铸造青铜锭 ZQPb20-5 牌号和化学成分（质量分数）对照　（%）

标准号	牌号 代号	Cu	Sn	Zn	Pb	Ni	Fe	Si	P	Al	Sb
YS/T 544—2009	ZQPb20-5	余量	4.0~ 6.0	2.0	19.0~ 23.0	—	0.15	0.01	0.05	0.01	0.75
								Mn:0.2		S:0.1	
ГОСТ 613—1979	БрО5С25	余量	4.0~ 6.0	0.5	23.0~ 26.0	—	0.2	0.02	0.05	0.02	0.5
										杂质合计:1.2	

JIS H2202:2016	CACIn605	70.0~76.0	6.0~8.0	1.0	16.0~22.0	Cu+Ni 1.0	0.2	0.005	0.05	0.005	0.5
		Cu+Sn+ Pb+Ni=99.5									
ASTM B505/B505M—2018	C94100	72.0~79.0 Cu+主要元素≥98.7	4.5~6.5	1.0	18.0~22.0	Ni+Co 1.0	0.25	0.005	1.5	0.005	0.8
										S:0.25	
EN 1982:2017(E)	CuSn5Pb20-B CB497K	70.0~77.5	4.2~6.0	2.0	19.0~23.0	0.5~2.5	0.20	0.01	0.10	0.01	0.75
								Mn:0.20		S:0.08	

表 5-249　铸造青铜锭 ZQPb30 牌号和化学成分（质量分数）对照　（%）

标准号	牌号 代号	Cu	Sn	Zn	Pb	Ni	Fe	Si	P	Al	Sb
YS/T 544—2009	ZQPb30	余量	—	0.1	28.0~33.0	—	0.2	0.01	0.08	0.01	0.2
										S:0.05	
ГОСТ 493—1979	БрС30	余量	0.1	0.1	27.0~31.0	0.5	0.25	0.02	0.1	—	0.3
							As:0.1，杂质合计:0.9				
ASTM 标准年鉴 02.01 卷（铜及铜合金卷 2005 年版）	C98400	余量 Cu+主要元素≥99.5	0.50	0.50	26.0~33.0	0.50	0.7	—	0.10	Ag:1.5	0.50

表 5-250　铸造青铜锭 ZQPb85-5-5 牌号和化学成分（质量分数）对照　（%）

标准号	牌号 代号	Cu	Sn	Zn	Pb	Ni	Fe	Si	P	Al	Sb
YS/T 544—2009	ZQPb85-5-5	84.0~86.0	4.0~6.0	4.0~6.0	4.0~6.0	—	0.3	—	—	—	—

（续）

标准号	牌号 代号	Cu	Sn	Zn	Pb	Ni	Fe	Si	P	Al	Sb
ГОСТ 613—1979	БрО5Ц5С5	余量	4.0~6.0	4.0~6.0	4.0~6.0	—	0.4	0.05	0.1	0.05	0.5
										杂质合计:1.3	
JIS H2202:2016	CACIn406	83.0~87.0	4.0~6.0	4.0~6.0	4.0~6.0	Cu+Ni 0.8	0.3	0.005	0.03	0.005	0.2
		Cu+Sn+Zn+Pb+Ni=99.0									
ASTM B62—2017	C83600	84.0~86.0	4.0~6.0	4.0~6.0	4.0~6.0	Ni+Co 1.0	0.30	0.005	0.05	0.005	0.25
										S:0.08	
CEN/TS 13388:2015(E)	CuSn5Zn5Pb5-B CB491K	83.0~87.0	4.2~6.0	4.5~6.5	4.2~5.8	2.0	0.25	0.01	0.03	0.01	0.25
										S:0.08	

表 5-251 铸造青铜锭 ZQPb80-7-3 牌号和化学成分（质量分数）对照 （%）

标准号	牌号 代号	Cu	Sn	Zn	Pb	Ni	Fe	Si	P	Al	Sb
YS/T 544—2009	ZQPb80-7-3	78.0~82.0	2.3~3.5	7.0~10.0	6.0~8.0	—	0.4	—	—	—	—
ASTM B505/B 505M—2018	C84400	78.0~82.0 Cu+主要元素≥99.3	2.3~3.5	7.0~10.0	6.0~8.0	Ni+Co 1.0	0.40	0.005	1.5	0.005	0.25
										S:0.08	

表 5-252 铸造青铜锭 ZQAl9-2 牌号和化学成分（质量分数）对照 （%）

标准号	牌号	Cu	Al	Mn	Pb	Ni	Fe	Si	P	Sn	Sb
YS/T 544—2009	ZQAl9-2	余量	8.2~10.0	1.5~2.5	0.1	—	0.5	0.20	0.10	0.2	0.05
										Zn:0.5	

ГОСТ 493—1979	БрА9Мц2Л	余量	8.0~9.5	1.5~2.5	0.1	1.0	1.0	0.2	0.1	0.2	0.05
								Zn:1.5,As:0.05,杂质合计:2.8			

表 5-253　铸造青铜锭 ZQAl9-4-4-2 牌号和化学成分（质量分数）对照　（%）

标准号	牌号 代号	Cu	Al	Mn	Fe	Ni	Pb	Si	P	Sn	Sb
YS/T 544—2009	ZQAl9-4-4-2	余量	8.7~10.0	0.8~2.5	4.0~5.0	4.0~5.0	0.02	0.15	—	—	—
ГОСТ 493—1979	БрА9Ж4Н4Мц1	余量	8.8~10.0	0.5~1.2	4.0~5.0	4.0~5.0	0.05	0.2	0.03	0.2	0.07
								Zn:1.0,As:0.05,杂质合计:1.2			
JIS H2202:2016	CACIn703	≥78.0	8.5~10.5	0.1~1.5	3.0~6.0	3.0~6.0	0.1	Zn:0.5	—	0.1	—
		Cu+Al+Fe+Ni+Mn=99.5									
ASTM B505/B505M—2018	C95800	≥79.0 Cu+主要元素≥99.5	8.5~9.5	0.8~1.5	3.5~4.5	Ni+Co 4.0~5.0	0.03	0.10	—	—	—

表 5-254　铸造青铜锭 ZQAl10-2 牌号和化学成分（质量分数）对照　（%）

标准号	牌号	Cu	Al	Mn	Pb	Ni	Fe	Si	P	Sn	Sb
YS/T 544—2009	ZQAl10-2	余量	9.2~11.0	1.5~2.5	0.1	—	0.5	0.2	0.1	0.2	—
										Zn:1.0	
ГОСТ 493—1979	БрА10Мц2Л	余量	9.6~11.0	1.5~2.5	0.1	1.0	1.0	0.2	0.1	0.2	0.06
								As:0.05,Zn:1.5, 杂质合计:2.8			

表 5-255 铸造青铜锭 ZQAl9-4 牌号和化学成分（质量分数）对照 （%）

标准号	牌号 代号	Cu	Al	Fe	Mn	Ni	Zn	Si	Pb	Sn	Sb
YS/T 544—2009	ZQAl9-4	余量	8.7~ 10.7	2.0~ 4.0	1.0	—	0.40	0.10	0.10	0.20	—
ГОСТ 493—1979	БрА10Мц2Л	余量	9.6~ 11.0	1.5~ 2.5	0.1	1.0	1.0	0.2	0.1	0.2 杂质合计:2.8	0.06
JIS H2202:2016	CACIn702	≥80.0 Cu+Al+Fe+Ni+Mn=99.5	8.0~ 10.5	2.5~5.0	0.1~ 1.5	1.0~ 3.0	0.5	—	0.1	0.1	—
ASTM B505/ B505M—2018	C95200	≥86.0 Cu+主要元素 ≥99.0	8.5~ 9.5	2.5~ 4.0	—	—	—	—	—	—	—
EN 1982:2017(E)	CuAl10Fe2-B CB331G	83.0~89.0	8.7~ 10.5	1.5~3.3	1.0	1.5	0.50	0.15	0.03	0.20	Mg: 0.05

表 5-256 铸造青铜锭 ZQAl10-3-2 牌号和化学成分（质量分数）对照 （%）

标准号	牌号	Cu	Al	Fe	Mn	Ni	Zn	Si	Pb	Sn	Sb
YS/T 544—2009	ZQAl10-3-2	余量	9.2~ 11.0	2.0~ 4.0	1.0~ 2.0	0.5	0.5	0.10	0.1 P:0.01	0.1	0.05
ГОСТ 493—1979	БрА10Ж3Мц2	余量	9.0~ 11.0	2.0~ 4.0	1.0~ 3.0	0.5	0.5	0.1 P:0.01,As:0.01,杂质合计:1.0	0.3	0.1	0.05
JIS H2202:2016	CACIn701	≥85.0 Cu+Al+Fe+Ni+Mn=99.5	8.0~ 10.0	1.0~ 3.0	0.1~ 1.0	0.1~ 1.0	0.5	—	0.1	0.1	—

表 5-257 铸造青铜锭 ZQMn12-8-3 牌号和化学成分（质量分数） （%）

标准号	牌号	Cu	Al	Fe	Mn	Ni	Zn	Si	Pb	Sn	Sb
YS/T 544—2009	ZQMn12-8-3	余量	7.2~9.0	2.0~4.0	12.0~14.5	—	0.3	0.15	0.02	—	—

表 5-258 铸造青铜锭 ZQMn12-8-3-2 牌号和化学成分（质量分数）对照 （%）

标准号	牌号 代号	Cu	Al	Fe	Mn	Ni	Zn	Si	Pb	Sn	P
YS/T 544—2009	ZQMn12-8-3-2	余量	7.2~8.5	2.5~4.0	11.5~14.0	1.8~2.5	0.1	0.15	0.02	0.1	0.01
ГОСТ 493—1979	БрА7Мц15Ж3Н2Ц2	余量	6.6~7.5	2.5~3.5	14.0~15.5	1.5~2.5	1.5~2.5	0.1 As:0.1,Sb:0.05,杂质合计:0.5	0.05	0.1	0.02
JIS H2202:2016	CACIn704	≥71.0	6.0~9.0	2.0~5.0	7.0~15.0	1.0~4.0	0.5	—	0.1	0.1	—
ASTM B505/B505M—2018	C95700	≥71.0 Cu+主要元素 ≥99.5	7.0~8.0	2.0~4.0	11.0~14.0	Ni+Co 1.5~3.0	—	0.10	—	—	—

5.3.2 铸造铜及铜合金牌号和化学成分

GB/T 1176—2013《铸造铜及铜合金》中共有 36 个牌号。中外铸造铜及铜合金牌号和化学成分对照见表 5-259~表 5-294。

表 5-259~表 5-294 的统一注释如下：

1）表中质量分数有上下限者为合金元素，质量分数为单个数值者为最高限，“—”为未规定具体数值。

2）表中未列出的杂质元素，计入杂质合计。

表 5-259　铸造铜 ZCu99 牌号和化学成分（质量分数）对照　（%）

标准号	牌号 代号	Cu	Al	Fe	Mn	Ni	Zn	Pb	Sn	P	杂质合计
GB/T 1176—2013	ZCu99	≥99.0	—	—	—	—	—	—	0.4	0.07	1.0
JIS H5120:2016	CAC101	≥99.5	—	—	—	—	—	—	0.4	0.07	—
ASTM 标准年鉴 02.01 卷（铜及铜合金卷 2005 年版）	C81100	≥99.70	—	—	—	—	—	—	—	—	—
EN 1982:2017(E)	Cu-C CC040A	Cu	—	—	—	—	—	—	—	—	—

表 5-260　铸造锡青铜 ZCuSn3Zn8Pb6Ni1 牌号和化学成分（质量分数）对照　（%）

标准号	牌号 代号	Cu	Sn	Zn	Pb	Ni	Fe	Si	Al	Sb	P	杂质合计
GB/T 1176—2013	ZCuSn3Zn8Pb6Ni1	余量	2.0~4.0	6.0~9.0	4.0~7.0	0.5~1.5	0.4	0.02	0.02	0.3	0.05	1.0
ГОСТ 613—1979	БрО3Ц7С5Н1	余量	2.5~4.0	6.0~9.5	3.0~6.0	0.5~2.0	0.4	0.02	0.02	0.5	0.05	1.3
ASTM B584—2014	C83800	82.0~83.5 Cu+主要元素≥99.3	3.5~4.2	5.0~8.0	5.0~7.0	Ni+Co 1.0	0.30	0.005	0.005	0.25 S:0.08	0.03	—
EN 1982:2017(E)	CuSn3Zn8Pb5-C CC490K	81.0~86.0	2.0~3.5	7.0~9.5	3.0~6.0	2.0	0.5	0.01	0.01	0.30 S:0.08	0.05	—

表 5-261　铸造锡青铜 ZCuSn3Zn11Pb4 牌号和化学成分（质量分数）对照　（%）

标准号	牌号 代号	Cu	Sn	Zn	Pb	Fe	Si	Al	Sb	P	杂质合计
GB/T 1176—2013	ZCuSn3Zn11Pb4	余量	2.0~4.0	9.0~13.0	3.0~6.0	0.5	0.02	0.02	0.3	0.05	1.0

ГОСТ 613—1979	БрО3Ц12С5	余量	2.0~3.5	8.0~15.0	3.0~6.0	0.4	0.02	0.02	0.5	0.05	1.3
JIS H5120:2016	CAC401	79.0~83.0	2.0~4.0	8.0~12.0	3.0~7.0	0.35	0.01	0.01	0.2	0.05	—
						Ni:1.0					
ASTM B271/B271M—2018	C84400	79.0~82.0 Cu+主要元素≥99.3	2.3~3.5	7.0~10.0	6.0~8.0	0.40	0.005	0.005	0.25	0.02	—
						Ni+Co:1.0,S:0.08					

表 5-262 铸造锡青铜 ZCuSn5Zn5Pb5 牌号和化学成分（质量分数）对照 （%）

标准号	牌号 代号	Cu	Sn	Zn	Pb	Fe	Si	Al	Sb	P	杂质合计
GB/T 1176—2013	ZCuSn5Zn5Pb5	余量	4.0~6.0	4.0~6.0	4.0~6.0	0.3	0.01	0.01	0.25	0.05	1.0
						Ni:2.5①,S:0.10					
ГОСТ 613—1979	БрО5Ц5С5	余量	4.0~6.0	4.0~6.0	4.0~6.0	0.4	0.05	0.05	0.5	0.1	1.3
JIS H5120:2016	CAC406	83.0~87.0	4.0~6.0	4.0~6.0	4.0~6.0	0.3	0.01	0.01	0.2	0.05	—
						Ni:1.0					
ASTM B271/B271M—2018	C83600	84.0~86.0 Cu+主要元素≥99.3	4.0~6.0	4.0~6.0	4.0~6.0	0.30	0.005	0.005	0.25	0.05	—
						Ni+Co:1.0,S:0.08					
EN 1982:2017(E)	CuSn5Zn5Pb5-C CC491K	83.0~87.0	4.0~6.0	4.0~6.0	4.0~6.0	0.3	0.01	0.01	0.25	0.10	—
						Ni:2.0,S:0.10					

① 指该元素不计入杂质合计。

表 5-263 铸造锡青铜 ZCuSn10P1 牌号和化学成分（质量分数）对照 （%）

标准号	牌号代号	Cu	Sn	P	Pb	Fe	Si	Al	Sb	Zn	杂质合计
GB/T 1176—2013	ZCuSn10P1	余量	9.0~11.5	0.8~1.1	0.25	0.1	0.02	0.01	0.05	0.05	0.75
						Ni:0.10,Mn:0.05,S:0.05					
ГОСТ 613—1979	БрО10Ф1	余量	9.0~11.0	0.4~1.1	0.03	0.2	0.02	0.02	0.3	0.03	1.0
JIS H5120:2016	CAC502B	87.0~91.0	9.0~12.0	0.15~0.50	0.3	0.2	0.01	0.01	0.05	0.3	—
						Ni: 1.0					
ASTM 标准年鉴 02.01 卷（铜及铜合金卷 2005 年版）	C90710	余量 Cu+主要元素≥99.4	10.0~12.0	0.05~1.2	0.25	0.10	0.005	0.005	0.20	0.05	—
						Ni+Co:0.10,S:0.05					
EN 1982:2017(E)	CuSn11P-C CC481K	87.0~89.5	10.0~11.5	0.5~1.0	0.25	0.10	0.01	0.01	0.05	0.05	—
						Ni:0.10,Mn:0.05,S:0.05					

表 5-264 铸造锡青铜 ZCuSn10Pb5 牌号和化学成分（质量分数）对照 （%）

标准号	牌号代号	Cu	Sn	P	Pb	Fe	Si	Al	Sb	Zn	杂质合计
GB/T 1176—2013	ZCuSn10Pb5	余量	9.0~11.0	0.05	4.0~6.0	0.3	—	0.02	0.3	1.0①	1.0
JIS H5120:2016	CAC602	82.0~86.0	9.0~11.0	0.1	4.0~6.0	0.3	0.01	0.01	0.3	1.0	—
						Ni: 1.0					
ASTM 标准年鉴 02.01 卷（铜及铜合金卷 2005 年版）	C92710	余量 Cu+主要元素≥99.3	9.0~11.0	0.10	4.0~6.0	0.20	0.005	0.005	0.25	1.0	—
						Ni+Co:2.0,S:0.05					

① 指该元素不计入杂质合计。

表 5-265 铸造锡青铜 ZCuSn10Zn2 牌号和化学成分（质量分数）对照 （%）

标准号	牌号代号	Cu	Sn	Zn	Pb	Fe	Si	Al	Sb	P	杂质合计
GB/T 1176—2013	ZCuSn10Zn2	余量	9.0~11.0	1.0~3.0	1.5[①]	0.25	0.01	0.01	0.3	0.05	1.5
						Ni:2.0[①],Mn:0.2,S:0.10					
ГОСТ 613—1979	БрО10Ц2	余量	9.0~11.0	1.0~3.0	0.5	0.3	0.02	0.02	0.3	0.05	1.0
JIS H5120:2016	CAC403	86.5~89.5	9.0~11.0	1.0~3.0	1.0	0.2	0.01	0.02	0.2	0.05	—
						Ni:1.0					
ASTM B271/B271M—2018	C90500	86.0~89.0 Cu+主要元素≥99.7	9.0~11.0	1.0~3.0	0.30	0.20	0.005	0.005	0.20	0.05	—
						Ni +Co:1.0,S:0.05					

① 指该元素不计入杂质合计。

表 5-266 铸造锡青铜 ZCuPb9Sn5 牌号和化学成分（质量分数）对照 （%）

标准号	牌号代号	Cu	Sn	Zn	Pb	Fe	Si	Al	Sb	P	杂质合计
GB/T 1176—2013	ZCuPb9Sn5	余量	4.0~6.0	2.0[①]	8.0~10.0	—	—	—	0.5	0.10	1.0
						Ni:2.0[①]					
ASTM B271/B271M—2018	C93500	83.0~86.0 Cu+主要元素≥99.4	4.3~6.0	2.0	8.0~10.0	0.20	0.005	0.005	0.30	0.05	—
						Ni+Co:1.0,S:0.08					
EN 1982:2017(E)	CuSn5Pb9-C CC494K	80.0~87.0	4.0~6.0	2.0	8.0~10.0	0.25	0.01	0.01	0.5	0.10	—
							Ni:2.0,Mn:0.2,S:0.10				

① 指该元素不计入杂质合计。

表 5-267　铸造锡青铜 ZCuPb10Sn10 牌号和化学成分（质量分数）对照　（%）

标准号	牌号代号	Cu	Sn	Zn	Pb	Fe	Si	Al	Sb	P	杂质合计
GB/T 1176—2013	ZCuPb10Sn10	余量	9.0~11.0	2.0①	8.0~11.0	0.25	0.01	0.01	0.5	0.05	1.0
						Ni:2.0①, Mn:0.2, S:0.10					
ГОСТ 613—1979	БрО10С10	余量	9.0~11.0	0.5	8.0~11.0	0.2	0.02	0.02	0.3	0.05	0.9
JIS H5120:2016	CAC603	77.0~81.0	9.0~11.0	1.0	9.0~11.0	0.3	0.01	0.01	0.5	0.1	—
						Ni:1.0					
ASTM B22/B22M—2017	C93700	78.0~82.0 Cu+主要元素≥99.0	9.0~11.0	0.8	8.0~11.0	0.7	0.005	0.005	0.50	0.10	—
						Ni+Co:0.50, S:0.08					
EN 1982:2017(E)	CuSn10Pb10-C CC495K	78.0~82.0	9.0~11.0	2.0	8.0~11.0	0.25	0.01	0.01	0.5	0.10	—
						Ni:2.0, Mn:0.2, S:0.10					

① 指该元素不计入杂质合计。

表 5-268　铸造锡青铜 ZCuPb15Sn8 牌号和化学成分（质量分数）对照　（%）

标准号	牌号代号	Cu	Sn	Zn	Pb	Fe	Si	Al	Sb	P	杂质合计
GB/T 1176—2013	ZCuPb15Sn8	余量	7.0~9.0	2.0①	13.0~17.0	0.25	0.01	0.01	0.5	0.10	1.0
						Ni:2.0①, Mn:0.2, S:0.10					
JIS H5120:2016	CAC604	74.0~78.0	7.0~9.0	1.0	14.0~16.0	0.3	0.01	0.01	0.5	0.1	—
						Ni:1.0					
ASTM B271/B271M—2018	C93800	75.0~79.0 Cu+主要元素≥99.0	6.3~7.5	0.8	13.0~16.0	0.15	0.005	0.005	0.8	0.05	—
						Ni+Co:1.0, S:0.08					
EN 1982:2017(E)	CuSn7Pb15-C CC496K	74.0~80.0	6.0~8.0	2.0	13.0~17.0	0.25	0.01	0.01	0.5	0.10	—
						Ni:0.5~2.0, Mn:0.20, S:0.10					

注：（1）指该元素不计入杂质合计。

表 5-269 铸造锡青铜 ZCuPb17Sn4Zn4 牌号和化学成分（质量分数）对照 （%）

标准号	牌号	Cu	Sn	Zn	Pb	Fe	Si	Al	Sb	P	杂质合计
GB/T 1176—2013	ZCuPb17Sn4Zn4	余量	3.5~5.0	2.0~6.0	14.0~20.0	0.4	0.02	0.05	0.3	0.05	0.75
ГОСТ 613—1979	БрО4Ц4С17	余量	3.5~5.0	2.0~6.0	14.0~20.0	0.4	0.05	0.05	0.5	0.1	1.3

表 5-270 铸造锡青铜 ZCuPb20Sn5 牌号和化学成分（质量分数）对照 （%）

标准号	牌号 代号	Cu	Sn	Zn	Pb	Fe	Si	Al	Sb	P	杂质合计
GB/T 1176—2013	ZCuPb20Sn5	余量	4.0~6.0	2.0[①]	18.0~23.0	0.25	0.01	0.01	0.75	0.10	1.0
						Ni:2.5[①],Mn:0.2,S:0.10					
ГОСТ 613—1979	БрО5С25	余量	4.0~5.0	0.5	23.0~26.0	0.2	0.02	0.02	0.5	0.05	1.2
JIS H5120:2016	CAC605	70.0~76.0	6.0~8.0	1.0	16.0~22.0	0.3	0.01	0.01	0.5	0.1	—
						Ni:1.0					
ASTM B505/B505M—2018	C94100	72.0~79.0 Cu+主要元素≥99.0	4.5~6.5	1.0	18.0~22.0	0.25	0.005	0.005	0.8	1.5	—
						Ni+Co:1.0,S:0.25					
EN 1982:2017(E)	CuSn5Pb20-C CC497K	70.0~78.0	4.0~6.0	2.0	18.0~23.0	0.25	0.01	0.01	0.75	0.10	—
						Ni:0.5~2.5,Mn:0.20,S:0.10					

① 指该元素不计入杂质合计。

表 5-271 铸造锡青铜 ZCuPb30 牌号和化学成分（质量分数）对照 （%）

标准号	牌号 代号	Cu	Sn	Zn	Pb	Fe	Si	Al	Sb	P	杂质合计
GB/T 1176—2013	ZCuPb30	余量	1.0[①]	—	27.0~33.0	0.5	0.02	0.01	0.2	0.08	1.0
						Mn:0.3,Bi:0.005,As:0.10					

（续）

标准号	牌号代号	Cu	Sn	Zn	Pb	Fe	Si	Al	Sb	P	杂质合计
ГОСТ 493—1979	БрС30	余量	0.1	0.1	27.0~31.0	0.25	0.02	0.1	—	0.3	0.9
						Ni:0.5, As:0.1					
ASTM 标准年鉴 02.01 卷（铜及铜合金卷 2005 年版）	C98400	余量 Cu+主要元素≥99.5	0.50	0.50	26.0~33.0	0.7	—	0.10	—	0.50	—
						Ni:0.50, Ag:1.5					

① 指该元素不计入杂质合计。

表 5-272 铸造铝青铜 ZCuAl8Mn13Fe3 牌号和化学成分（质量分数） （%）

标准号	牌号	Cu	Al	Fe	Mn	Zn	Si	Pb	C	Sn	杂质合计
GB/T 1176—2013	ZCuAl8Mn13Fe3	余量	7.0~9.0	2.0~4.0	12.0~14.5	0.3①	0.15	0.02	0.10	—	1.0

① 指该元素不计入杂质合计。

表 5-273 铸造铝青铜 ZCuAl8Mn13Fe3Ni2 牌号和化学成分（质量分数）对照 （%）

标准号	牌号代号	Cu	Al	Fe	Mn	Zn	Si	Pb	C	Sn	杂质合计
GB/T 1176—2013	ZCuAl8Mn13Fe3Ni2	余量	7.0~8.5	2.5~4.0	11.5~14.0	0.3①	0.15	0.02	0.10	—	1.0
						Ni:1.8~2.5					
JIS H5120:2016	CAC704	71.0~84.0	6.0~9.0	2.0~5.0	7.0~15.0	0.5	—	0.1	—	0.1	—
						Ni:1.0~4.0					
ASTM B148—2018	C95700	≥71.0 Cu+主要元素≥99.5	7.0~8.5	2.0~4.0	11.0~14.0	—	0.10	0.03	—	—	—
						Ni+Co:1.5~3.0					

EN 1982:2017(E)	CuMn11Al8Fe3Ni3-C CC212E	68.0~77.0	7.0~ 9.0	2.0~ 4.0	8.0~ 15.0	1.0	0.1	0.05	—	0.5	—
						Ni:1.5~4.5, Mg:0.05					

① 指该元素不计入杂质合计。

表 5-274　铸造铝青铜 ZCuAl8Mn14Fe3Ni2 牌号和化学成分（质量分数）对照　（%）

标准号	牌号 代号	Cu	Al	Fe	Mn	Zn	Si	Pb	C	Sn	杂质 合计
GB/T 1176—2013	ZCuAl8Mn14Fe3Ni2	余量	7.4~ 8.1	2.6~ 3.5	12.4~ 13.2	0.5	0.15	0.02	0.10	—	1.0
						Ni:1.9~2.3					
ASTM B505/ B505M—2018	C95700	≥71.0 Cu+主要元素 ≥99.5	7.0~ 8.0	2.0~ 4.0	11.0~ 14.0	—	0.10	0.03	—	—	—
						Ni+Co:1.5~3.0					

表 5-275　铸造铝青铜 ZCuAl9Mn2 牌号和化学成分（质量分数）对照　（%）

标准号	牌号	Cu	Al	Fe	Mn	Zn	Si	Pb	P	Sn	杂质 合计
GB/T 1176—2013	ZCuAl9Mn2	余量	8.0~ 10.0	—	1.5~ 2.5	1.5①	0.20	0.1	0.10	0.2	1.0
							Sb:0.05, As:0.05				
ГОСТ 493—1979	БрА9Мц2Л	余量	8.0~ 9.5	1.0	1.5~2.5	1.5	0.2	0.1	0.1	0.2	2.8
							Ni:1.0, Sb:0.05, As:0.05				

① 指该元素不计入杂质合计。

表 5-276　铸造铝青铜 ZCuAl8Be1Co1 牌号和化学成分（质量分数）　（%）

标准号	牌号	Cu	Al	Be	Co	Fe	Si	Pb	C	Sb	杂质 合计
GB/T 1176—2013	ZCuAl8Be1Co1	余量	7.0~8.5	0.7~1.0	0.7~1.0	<0.4	0.10	0.02	0.10	0.05	1.0

表 5-277 铸造铝青铜 ZCuAl9Fe4Ni4Mn2 牌号和化学成分（质量分数）对照 （%）

标准号	牌号 代号	Cu	Al	Fe	Mn	Ni	Zn	Si	Pb	C	杂质 合计
GB/T 1176—2013	ZCuAl9Fe4Ni4Mn2	余量	8.5~ 10.0	4.0~ 5.0①	0.8~ 2.5	4.0~ 5.0①	—	0.15	0.02	0.10	1.0
ГОСТ 493—1979	БрА9Ж4Н4Мц1	余量	8.8~ 10.0	4.0~ 5.0	0.5~ 1.2	4.0~ 5.0	1.0	0.2	0.05	—	1.2
							Sn:0.2,As:0.05,P:0.03，Sb:0.07				
JIS H5120:2016	CAC703	78.0~85.0	8.5~ 10.0	3.0~ 6.0	0.1~ 1.5	3.0~ 6.0	0.5	—	0.1	Sn: 0.1	—
ASTM B148—2018	C95800	≥79.0 Cu+主要元素 ≥99.5	8.5~ 9.5	3.5~ 4.5	0.8~ 1.5	Ni+Co 4.0~ 5.0	—	0.10	0.03	—	—

① 该牌号铁的质量分数不得超过镍的质量分数。

表 5-278 铸造铝青铜 ZCuAl10Fe4Ni4 牌号和化学成分（质量分数）对照 （%）

标准号	牌号 代号	Cu	Al	Fe	Ni	Zn	Si	Pb	Sn	Sb	杂质 合计
GB/T 1176—2013	ZCuAl10Fe4Ni4	余量	9.5~ 11.0	3.5 5.5	3.5 5.5	0.5	0.20	0.05	0.2	0.05	1.5
						Mn:0.5,P:0.1,As:0.05					
ГОСТ 493—1979	БрА10Ж4Н4Л	余量	9.5~ 11.0	3.5 5.5	3.5 5.5	0.5	0.2	0.05	0.2	0.05	1.5
						Mn:0.5P:0.1,As:0.05					
ASTM B148—2018	C95500	≥78.0 Cu+主要元素 ≥99.5	10.0~ 11.5	3.0~ 5.0	Ni+Co 3.0~ 5.5	—	—	—	—	—	—
						Mn:3.5					
EN 1982:2017(E)	CuAl10Fe5Ni5-C CC333G	76.0~83.0	8.5~ 10.5	4.0~5.5	4.0~ 6.0	0.50	0.1	0.03	—	—	—
						Mn:3.0,Sn:0.1,Bi:0.01,Cr:0.05,Mg:0.05					

表 5-279 铸造铝青铜 ZCuAl10Fe3 牌号和化学成分（质量分数）对照 （%）

标准号	牌号 代号	Cu	Al	Fe	Mn	Ni	Zn	Si	Pb	Sn	杂质合计
GB/T 1176—2013	ZCuAl10Fe3	余量	8.5~11.0	2.0~4.0	1.0①	3.0①	0.4	0.20	0.2	0.3	1.0
ГОСТ 493—1979	БрА9Ж3Л	余量	8.0 10.5	2.0~4.0	0.5	1.0	1.0	0.2	0.1	0.2	2.7
							Sb:0.05,As:0.05,P:0.1				
ASTM B148—2018	C95200	Cu≥86.0 Cu+主要元素≥99.0	8.5~9.5	2.5~4.0	—	—	—	—	—	—	—
EN 1982:2017(E)	CuAl10Fe2-C CC331G	83.0~89.5	8.5~10.5	1.5~3.5	1.0	1.5	0.50	0.2	0.10	0.20	—
							Mg:0.05				

① 指该元素不计入杂质合计。

表 5-280 铸造铝青铜 ZCuAl10Fe3Mn2 牌号和化学成分（质量分数）对照 （%）

标准号	牌号	Cu	Al	Fe	Mn	Zn	Si	Pb	P	Sn	杂质合计
GB/T 1176—2013	ZCuAl10Fe3Mn2	余量	9.0~11.0	2.0~4.0	1.0~2.0	0.5①	0.10	0.3	0.01	0.1	0.75
						Sb:0.05,As:0.01					
ГОСТ 493—1979	БрА10Ж3Мц2	余量	9.0~11.0	2.0~4.0	1.0~3.0	0.5	0.1	0.3	0.01	0.1	1.0
						Ni:0.5,Sb:0.05,As:0.01					

① 指该元素不计入杂质合计。

表 5-281 铸造黄铜 ZCuZn38 牌号和化学成分（质量分数）对照 （%）

标准号	牌号 代号	Cu	Al	Fe	Zn	Sb	Bi	Pb	P	Sn	杂质合计
GB/T 1176—2013	ZCuZn38	60.0~63.0	0.5	0.8	余量	0.1	0.002	—	0.01	2.0①	1.5

（续）

标准号	牌号 代号	Cu	Al	Fe	Zn	Sb	Bi	Pb	P	Sn	杂质 合计
JIS H5120:2016	CAC203	58.0~64.0	0.5	0.8	30.0~ 41.0	—	Ni: 1.0	0.5~ 3.0	—	1.0	—
ASTM 标准年鉴 02.01 卷 （铜及铜合金卷 2005 年版）	C85500	59.0~63.0 Cu+主要元素 ≥99.2	—	0.20	余量	Ni+Co:0.20		0.20	Mn: 0.20	0.20	—

① 指该元素不计入杂质合计。

表 5-282 铸造铝黄铜 ZCuZn21Al5Fe2Mn2 牌号和化学成分（质量分数）对照

（%）

标准号	牌号 代号	Cu	Al	Fe	Mn	Zn	Sb	Pb	Sn	杂质 合计
GB/T 1176—2013	ZCuZn21Al5Fe2Mn2	67.0~70.0	4.5~ 6.0	2.0~ 3.0	2.0~ 3.0	余量	0.1	0.1	< 0.5	1.0
ASTM B271/B271M—2018	C86100	66.0~68.0 Cu+主要元素 ≥99.0	4.5~ 5.5	2.0~ 4.0	2.5~ 5.0	余量	—	0.20	0.20	—

表 5-283 铸造铝黄铜 ZCuZn25Al6Fe3Mn3 牌号和化学成分（质量分数）对照

（%）

标准号	牌号 代号	Cu	Al	Fe	Mn	Zn	Pb	Ni	Sn	杂质 合计
GB/T 1176—2013	ZCuZn25Al6Fe3Mn3	60.0~66.0	4.5~ 7.0	2.0~ 4.0	2.0~ 4.0	余量	0.2	3.0① Si:0.10	0.2	2.0
ГОСТ 17711—1994	ЛЦ23А6Ж3Мц2	64.0~68.0	4.0~ 7.0	2.0~ 4.0	1.5~ 3.0	余量	0.7	1.0 Si:0.3	0.7	—
JIS H5120:2016	CAC304	60.0~65.0	5.0~ 7.5	2.0~ 4.0	2.5~ 5.0	22.0~ 28.0	0.2	0.5 Si:0.1	0.2	—

ASTM B505/B505M—2018	C86300	60.0~66.0 Cu+主要元素 ≥99.0	5.0~ 7.5	2.0~ 4.0	2.5~ 5.0	22.0~ 28.0	0.20	+Co: 1.0	0.20	—
EN 1982:2017(E)	CuZn25Al5Mn4Fe3-C CC762S	60.0~67.0	3.0~ 7.0	1.5~ 4.0	2.5~ 5.0	余量	0.2	3.0	0.2	—
							Sb:0.03,Si:0.1,P:0.03			

① 指该元素不计入杂质合计。

表 5-284 铸造铝黄铜 ZCuZn26Al4Fe3Mn3 牌号和化学成分（质量分数）对照 （%）

标准号	牌号 代号	Cu	Al	Fe	Mn	Zn	Pb	Ni	Sn	杂质 合计
GB/T 1176—2013	ZCuZn26Al4Fe3Mn3	60.0~66.0	2.5~ 5.0	2.0~ 4.0	2.0~ 4.0	余量	0.2	3.0①	0.2	2.0
							Si:0.10			
JIS H5120:2016	CAC303	60.0~65.0	3.0~ 5.0	2.0~ 4.0	2.5~ 5.0	22.0~ 28.0	0.2	0.5	0.5	—
							Si:0.1			
ASTM B505/B505M—2018	C86200	60.0~66.0 Cu+主要元素 ≥99.0	3.0~ 4.9	2.0~ 4.0	2.5~ 5.0	22.0~ 28.0	0.20	+Co: 1.0	0.20	—

① 指该元素不计入杂质合计。

表 5-285 铸造铝黄铜 ZCuZn31Al2 牌号和化学成分（质量分数）对照 （%）

标准号	牌号	Cu	Al	Fe	Mn	Zn	Pb	Ni	Sn	杂质 合计
GB/T 1176—2013	ZCuZn31Al2	66.0~68.0	2.0~3.0	0.8	0.5	余量	1.0①	—	1.0①	1.5
ГОСТ 17711—1994	ЛЦ30А3	66.0~68.0	2.0~3.0	0.8	0.5	余量	0.7	0.3	0.7	2.6
							Sb:0.1,Si:0.3,P:0.05			

① 指该元素不计入杂质合计。

表 5-286 铸造铝黄铜 ZCuZn35Al2Mn2Fe1 牌号和化学成分（质量分数）对照 （%）

标准号	牌号 代号	Cu	Al	Fe	Mn	Zn	Pb	Ni	Sn	杂质合计
GB/T 1176—2013	ZCuZn35Al2Mn2Fe1	57.0~65.0	0.5~2.5	0.5~2.0	0.1~3.0	余量	0.5	3.0①	1.0①	2.0
							Si:0.10, Sb+P+As:0.40			
JIS H5120:2016	CAC302	55.0~60.0	0.5~2.0	0.5~2.0	0.1~3.5	30.0~42.0	0.4	1.0	1.0	—
							Si:0.1			
EN 1982:2017(E)	CuZn32Al2Mn2Fe1-C CC763S	59.0~67.0	1.0~2.5	0.5~2.0	1.0~3.5	余量	1.5	2.5	1.0	—
							Sb:0.08, Si:1.0			

① 指该元素不计入杂质合计。

表 5-287 铸造锰黄铜 ZCuZn38Mn2Pb2 牌号和化学成分（质量分数）对照 （%）

标准号	牌号	Cu	Pb	Fe	Mn	Zn	Al	Ni	Sn	杂质合计
GB/T 1176—2013	ZCuZn38Mn2Pb2	57.0~60.0	1.5~2.5	0.8	1.5~2.5	余量	1.0①	—	2.0①	2.0
							Sb:0.1			
ГОСТ 17711—1994	ЛЦ30Мц2С2	57.0~60.0	1.5~2.5	0.8	1.5~2.5	余量	0.8	0.3	0.5	2.6
							Sb:0.1, Si:0.4, P:0.05			

① 指该元素不计入杂质合计。

表 5-288 铸造锰黄铜 ZCuZn40Mn2 牌号和化学成分（质量分数）对照 （%）

标准号	牌号	Cu	Pb	Fe	Mn	Zn	Al	Ni	Sn	杂质合计
GB/T 1176—2013	ZCuZn40Mn2	57.0~60.0	—	0.8	1.0~2.0	余量	1.0①	—	1.0①	2.0
							Sb:0.1			
ГОСТ 17711—1994	ЛЦ40Мц1.5	57.0~60.0	0.7	1.5	1.0~2.0	余量	—	1.0	0.5	2.0
							Sb:0.1, Si:0.1, P:0.03			

① 指该元素不计入杂质合计。

表 5-289 铸造锰黄铜 ZCuZn40Mn3Fe1 牌号和化学成分（质量分数）对照 （%）

标准号	牌号	Cu	Pb	Fe	Mn	Zn	Al	Ni	Sn	杂质合计
GB/T 1176—2013	ZCuZn40Mn3Fe1	53.0~58.0	0.5	0.5~1.5	3.0~4.0	余量	1.0[①]	—	0.5	1.5
							Sb:0.1			
ГОСТ 17711—1994	ЛЦ40Мц3Ж	53.0~58.0	0.5	0.5~1.5	3.0~4.0	余量	0.6	0.5	0.5	1.7
							Sb:0.1,Si:0.2,P:0.05			

① 指该元素不计入杂质合计。

表 5-290 铸造铅黄铜 ZCuZn33Pb2 牌号和化学成分（质量分数）对照 （%）

标准号	牌号 代号	Cu	Pb	Fe	Mn	Zn	Al	Ni	Sn	杂质合计
GB/T 1176—2013	ZCuZn33Pb2	63.0~67.0	1.0~3.0	0.8	0.2	余量	0.1	1.0[①]	1.5[①]	1.5
							P:0.05,Si:0.05			
JIS H5120:2016	CAC202	65.0~70.0	0.5~3.0	0.8	—	24.0~34.0	0.5	1.0	1.0	—
EN 1982:2017(E)	CuZn33Pb2-C CC750S	63.0~67.0	1.0~3.0	0.8	0.2	余量	0.1	1.0	1.5	—
							P:0.05,Si:0.05			

① 指该元素不计入杂质合计。

表 5-291 铸造铅黄铜 ZCuZn40Pb2 牌号和化学成分（质量分数）对照 （%）

标准号	牌号 代号	Cu	Pb	Fe	Al	Zn	Mn	Ni	Sn	杂质合计
GB/T 1176—2013	ZCuZn40Pb2	58.0~63.0	0.5~2.5	0.8	0.2~0.8	余量	0.5	1.0[①]	1.0[①]	1.5
							Sb:0.05			
ГОСТ 17711—1994	ЛЦ40С	57.0~61.0	0.8~2.0	0.8	0.5	余量	0.5	1.0	0.5	2.0
							Sb:0.05,Si:0.3			

（续）

标准号	牌号 代号	Cu	Pb	Fe	Al	Zn	Mn	Ni	Sn	杂质合计
JIS H5120:2016	CAC203	58.0~64.0	0.5~3.0	0.8	—	30.0~41.0	0.5	1.0	1.0	—
EN 1982:2017(E)	CuZn33Pb2Al-C CC752S	61.5~64.5	1.5~2.2	0.3	0.3~0.70	余量	0.1	0.2	0.3	—
							As:0.04~0.14,Sb:0.14,Si:0.02			

① 指该元素不计入杂质合计。

表 5-292 铸造硅黄铜 ZCuZn16Si4 牌号和化学成分（质量分数）对照 （%）

标准号	牌号 代号	Cu	Si	Zn	Sb	Pb	Mn	Ni	Sn	杂质合计
GB/T 1176—2013	ZCuZn16Si4	79.0~81.0	2.5~4.5	余量	0.1	0.5	0.5	—	0.3	2.0
					Fe:0.6,Al:0.1					
ГОСТ 17711—1994	ЛЦ16К4	78.0~81.0	3.0~4.5	余量	0.1	0.5	0.8	0.2	0.3	2.5
					Fe:0.6,Al:0.04,P:0.1					
JIS H5120:2016	CAC802	78.5~82.5	4.0~5.0	14.0~16.0	—	0.3	—	—	—	—
					Al:0.3					
ASTM B176—2018	C87800	≥80.0 Cu+主要元素 ≥99.5	3.8~4.2	12.0~16.0	0.05	0.09	0.15	+Co 0.20	0.25	—
					Fe:0.15,Al:0.15,Mg:0.01,S:0.05,P:0.01,As:0.05					
EN 1982:2017(E)	CuZn16Si4-C CC761S	78.0~83.0	3.0~5.0	余量	0.05	0.8	0.2	1.0	0.3	—
					Fe:0.6,Al:0.1,P:0.03					

表 5-293 铸造镍白铜 ZCuNi10Fe1Mn1 牌号和化学成分（质量分数）对照 （%）

标准号	牌号 代号	Cu	Ni	Fe	P	S	C	Si	Pb	杂质合计
GB/T 1176—2013	ZCuNi10Fe1Mn1	84.5~87.5	9.0~ 11.0	1.0~ 1.8	0.02	0.02	0.1	0.25	0.01	1.0
					Mn:0.8~1.5					
ASTM B30—2016	C96200	84.5~87.0 Cu+主要元素 ≥99.5	Ni+Co 9.0~ 11.0	1.0~ 1.8	0.02	0.02	0.05	0.25	0.005	—
					Mn:0.8~1.5,Nb:1.0					
EN 1982:2017(E)	CuNi10Fe1Mn1-C CC380H	≥84.5	9.0~ 11.0	1.0~ 1.8	—	—	0.10	0.10	0.03	—
					Mn:1.0~1.5,Nb:1.0, Zn:0.5,Al:0.01					

表 5-294 铸造镍白铜 ZCuNi30Fe1Mn1 牌号和化学成分（质量分数）对照 （%）

标准号	牌号 代号	Cu	Ni	Fe	P	S	C	Si	Pb	杂质合计
GB/T 1176—2013	ZCuNi30Fe1Mn1	65.0~67.0	29.5~ 31.5	0.25~ 1.5	0.02	0.02	0.15	0.5	0.01	1.0
					Mn:0.8~1.5					
ASTM B505/B505M—2018	C96400	余量 Cu+主要元素 ≥99.5	Ni+Co 28.0~ 32.0	0.25~ 1.50	0.02	0.02	0.05	0.50	0.01	—
					Mn:1.5					
EN 1982:2017(E)	CuNi30Fe1Mn1-C CC381H	≥64.5	29.0~ 31.0	0.5~ 1.5	0.01	0.01	0.03	0.1	0.03	—
					Mn:0.6~1.2,Zn:0.5,Al:0.01					

第 6 章　中外锌、锡、铅及其合金牌号和化学成分

6.1　锌及锌合金牌号和化学成分

常用锌及锌合金包括锌锭、加工锌及锌合金、铸造用锌合金锭、铸造锌合金、压铸锌合金和热镀用锌合金锭。

6.1.1　冶炼产品

GB/T 470—2008《锌锭》共有 5 个牌号。中外锌锭牌号和化学成分对照见表 6-1~表 6-5。

表 6-1　锌锭 Zn99.995 牌号和化学成分（质量分数）对照　（%）

标准号	牌号	Zn	Pb	Cd	Fe	Cu	Sn	Al	As	杂质合计
		≥	≤							
GB/T 470—2008	Zn99.995	99.995	0.003	0.002	0.001	0.001	0.001	0.001	—	0.005
ГОСТ 3640—1994	ЦВ0	99.995	0.003	0.002	0.002	0.001	0.001	0.005	0.0005	0.005
JIS H2107:1999 (R2019)	Zn99.995	99.995	0.003	0.003	0.002	0.001	0.001	0.005	—	0.0050
ASTM B6—2018	Z12002	99.995	0.003	0.003	0.002	0.001	0.001	0.001	—	0.005
EN 1179:2003(E)	Z1	99.995	0.003	0.003	0.002	0.001	0.001	0.001	—	0.005
ISO 752:2004(E)	ZN-1	99.995	0.003	0.003	0.002	0.001	0.001	0.001	—	0.005

表 6-2　锌锭 Zn99.99 牌号和化学成分（质量分数）对照　（%）

标准号	牌号	Zn	Pb	Cd	Fe	Cu	Sn	Al	As	杂质合计
		≥	≤							
GB/T 470—2008	Zn99.99	99.99	0.005	0.003	0.003	0.002	0.001	0.002	—	0.01
ГОСТ 3640—1994	ЦВ	99.99	0.005	0.002	0.003	0.001	0.001	0.005	0.0005	0.01
JIS H2107:1999 (R2019)	Zn99.99	99.99	0.003	0.003	0.003	0.002	0.001	0.005	—	0.010
ASTM B6—2018	Z13001	99.990	0.003	0.003	0.003	0.002	0.001	0.002	—	0.010
EN 1179:2003(E)	Z2	99.99	0.005	0.003	0.003	0.002	0.001	—	—	0.01
ISO 752:2004(E)	ZN-2	99.990	0.003	0.003	0.003	0.002	0.001	0.002	—	0.010

表 6-3　锌锭 Zn99.95 牌号和化学成分（质量分数）对照　（%）

标准号	牌号	Zn ≥	Pb	Cd	Fe	Cu	Sn	Al	As	杂质合计
			≤							
GB/T 470—2008	Zn99.95	99.95	0.030	0.01	0.02	0.002	0.001	0.01	—	0.05
ГОСТ 3640—1994	Ц1	99.95	0.02	0.01	0.01	0.002	0.001	0.005	0.0005	0.05
JIS H2107:1999 (R2019)	Zn99.95	99.95	0.03	0.02	0.02	0.002	0.001	0.005	—	0.050
ASTM B6—2018	Z14003	99.95	0.03	0.01	0.02	0.002	0.001	0.01	—	0.05
EN 1179:2003(E)	Z3	99.95	0.03	0.005	0.02	0.002	0.001	—	—	0.05
ISO 752:2004(E)	ZN-3	99.95	0.03	0.01	0.02	0.002	0.001	0.01	—	0.05

表 6-4　锌锭 Zn99.5 牌号和化学成分（质量分数）对照　（%）

标准号	牌号	Zn ≥	Pb	Cd	Fe	Cu	Sn	Al	As	杂质合计
			≤							
GB/T 470—2008	Zn99.5	99.5	0.45	0.01	0.05	—	—	—	—	0.5
JIS H2107:1999 (R2019)	Zn99.5	99.5	0.45	0.15	0.05	—	0.003 (压延用)	0.010 0.005 (压延用)	—	0.50
ASTM B6—2018	Z16005	99.5	0.45	0.01	0.05	0.20	—	0.01	—	0.5
EN 1179:2003(E)	Z4	99.5	0.45	0.005	0.05	—	—	—	—	0.5
ISO 752:2004(E)	ZN-4	99.5	0.45	0.01	0.05	—	—	—	—	0.5

表 6-5　锌锭 Zn98.5 牌号和化学成分（质量分数）对照　（%）

标准号	牌号	Zn ≥	Pb	Cd	Fe	Cu	Sn	Al	As	杂质合计
			≤							
GB/T 470—2008	Zn98.5	98.5	1.4	0.01	0.05	—	—	—	—	1.5
ГОСТ 3640—1994	Ц2	98.7	1.0	0.2	0.05	0.005	0.002	0.010	0.01	1.3
JIS H2107:1999 (R2019)	Zn98.5	98.5	1.4	0.20	0.05	—	0.003 (压延用)	0.02 0.005 (压延用)	—	1.50
ASTM B6—2018	Z18005	98.5	0.5~1.4	0.20	0.05	0.10	—	0.01	—	1.5
EN 1179:2003(E)	Z5	98.5	1.4	0.005	0.05	—	—	—	—	1.5
ISO 752:2004(E)	ZN-5	98.5	1.4	0.01	0.05	—	—	—	—	1.5

6.1.2　加工产品

1. 中国加工锌及锌合金牌号和化学成分

中国加工锌及锌合金有锌箔、电池锌饼、电池锌板、照相制版用微晶锌板。中国加工锌及锌合金的牌号和化学成分见表 6-6。

表 6-6 中国加工锌及锌合金牌号和化学成分（质量分数） （%）

标准号	名称	牌号	Zn	Pb	Fe	Cd	Mg	Cu	Al	Ti	Sn	杂质合计
			≥	≤								
YS/T 523—2011	锌箔	Zn2	99.95	0.020	0.010	0.02	—	0.001	—	—	—	0.05
		Zn3	99.9	0.01	0.020	0.02	—	0.002	—	—	—	0.10
GB/T 3610—2010	电池锌饼	DX	余量	< 0.004	0.003	< 0.002	0.0005~0.0015	0.001	0.002~0.02	0.001~0.05	0.001	< 0.011
YS/T 565—2010	电池用锌板和锌带	DX	余量	< 0.004	0.003	< 0.002	0.0005~0.0015	0.001	0.002~0.02	0.001~0.05	0.001	0.040
YS/T 225—2010	照相制版用微晶锌板	X_{12}	余量	0.005	0.006	0.005	0.05~0.15	0.001	0.02~0.10	—	0.001	0.013

2. 美国轧制锌合金牌号和化学成分

ASTM B69—2016《轧制锌的标准规范》中共有 12 个牌号。美国轧制锌牌号和化学成分见表 6-7。

表 6-7 美国轧制锌牌号和化学成分（质量分数） （%）

名称	牌号	Cu	Ti	Al	Pb	Fe	Cd	Sn	Mg	Zn
					≤					
特高等级锌	Z13004	≤0.003	—	≤0.002	0.003	0.003	0.003	0.001	—	余量
商品纯锌	Z15006	≤0.08	≤0.02	≤0.01	0.03	0.02	0.01	0.003	—	余量
低铜锌	Z40101	0.08~0.40	≤0.02	≤0.01	0.01	0.01	0.005	0.003	—	余量
高铜锌	Z40301	0.50~1.0	≤0.04	≤0.01	0.01	0.01	0.005	0.003	—	余量
低铜钛铝锌	Z41110	0.08~0.20	0.07~0.12	0.001~0.015	—	—	—	—	—	余量
高铜钛铝锌	Z41310	0.80~1.00	0.07~0.12	0.001~0.015	—	—	—	—	—	余量
低铜钛锌	Z41121	0.08~0.49	0.05~0.18	≤0.01	0.01	0.01	0.005	0.003	—	余量
高铜钛锌	Z41321	0.50~1.00	0.08~0.18	≤0.01	0.01	0.01	0.005	0.003	—	余量

铅锌	Z20301	≤0.005	≤0.02	≤0.002	0.10	0.01	0.01	—	—	余量
铅镉锌	Z21721	≤0.005	≤0.02	≤0.002	1.0	0.01	0.07	—	—	余量
铅锰锌	Z24311	≤0.005	≤0.02	≤0.002	0.03~0.08	0.01	0.005	Mn:0.015	0.0015	余量
铝锌轧制锌合金	Z30900	≤5.0	≤0.2	1.4~34.0	0.05	0.1	0.15	0.03	0.10	余量

6.1.3　铸造产品

1. 铸造用锌合金锭牌号和化学成分

GB/T 8738—2014《铸造用锌合金锭》中共有 11 个牌号。中外铸造用锌合金锭牌号和化学成分对照见表 6-8~表 6-18。

表 6-8　锌合金锭 ZnAl4 牌号和化学成分（质量分数）对照　（%）

标准号	牌号 代号	Zn	Al	Cu	Mg	Ni	Fe	Pb	Cd	Sn	Si
							≤				
GB/T 8738—2014	ZnAl4 ZX01	余量	3.9~4.3	≤0.03	0.03~0.06	≤0.001	0.02	0.003	0.003	0.0015	—
ISO 301:2006(E)	ZnAl4 ZL0400(ZL3)	余量	3.9~4.3	≤0.1	0.03~0.06	—	0.035	0.0040	0.0030	0.0015	—
ASTM B240—2017	AG40A Z33524	余量	3.9~4.3	≤0.10	0.03~0.06	—	0.035	0.0040	0.0030	0.0015	—
ГОСТ 25140—1993	ЦА4	余量	3.5~4.5	≤0.06	0.02~0.06	—	0.07	0.01	0.005	0.002	0.015

（续）

标准号	牌号 代号	Zn	Al	Cu	Mg	Ni	Fe	Pb	Cd	Sn	Si
							≤				
JIS H2201:2015	2级	余量	3.9~ 4.3	≤ 0.03	0.03~ 0.06	—	0.075	0.003	0.002	0.001	—
EN 1774:1997	ZnAl4 ZL0400(ZL3)	余量	3.8~ 4.2	≤ 0.03	0.035~ 0.06	≤ 0.001	0.020	0.003	0.003	0.001	0.02

表 6-9 锌合金锭 ZnAl4Cu0.4 牌号和化学成分（质量分数）对照 （%）

标准号	牌号 代号	Zn	Al	Cu	Mg	Ni	Fe	Pb	Cd	Sn	Si
							≤				
GB/T 8738—2014	ZnAl4Cu0.4 ZX02	余量	3.9~ 4.3	0.25~ 0.45	0.03~ 0.06	≤ 0.001	0.02	0.003	0.003	0.0015	—
ASTM B240—2017	AG40B Z33526	余量	3.9~ 4.3	≤ 0.10	0.010~ 0.020	0.005~ 0.020	0.035	0.0030	0.0020	0.0010	—

表 6-10 锌合金锭 ZnAl4Cu1 牌号和化学成分（质量分数）对照 （%）

标准号	牌号 代号	Zn	Al	Cu	Mg	Ni	Fe	Pb	Cd	Sn	Si
							≤				
GB/T 8738—2014	ZnAl4Cu1 ZX03	余量	3.9~ 4.3	0.7~ 1.1	0.03~ 0.06	≤0.001	0.02	0.003	0.003	0.0015	—
ISO 301:2006(E)	ZnAl4Cu1 ZL0410(ZL5)	余量	3.9~ 4.3	0.7~ 1.1	0.03~ 0.06	—	0.035	0.0040	0.0030	0.0015	—
ASTM B240—2017	AC41A Z35532	余量	3.9~ 4.3	0.7~ 1.1	0.03~ 0.06	—	0.035	0.0040	0.0030	0.0015	—

ГОСТ 25140—1993	ЦА4М1	余量	3.5~4.5	0.7~1.3	0.02~0.06	—	0.07	0.01	0.005	0.002	0.015
JIS H2201:2015	1级	余量	3.9~4.3	0.75~1.25	0.03~0.06	—	0.075	0.003	0.002	0.001	—
EN 1774:1997	ZnAl4Cu1 ZL0410(ZL5)	余量	3.8~4.2	0.7~1.1	0.035~0.06	≤0.001	0.020	0.003	0.003	0.001	0.02

表 6-11　锌合金锭 ZnAl4Cu3 牌号和化学成分（质量分数）对照　（%）

标准号	牌号 代号	Zn	Al	Cu	Mg	Ni	Fe	Pb	Cd	Sn	Si
							≤				
GB/T 8738—2014	ZnAl4Cu3 ZX04	余量	3.9~4.3	2.7~3.3	0.03~0.06	≤0.001	0.02	0.003	0.003	0.0015	—
ISO 301:2006(E)	ZnAl4Cu3 ZL0430(ZL2)	余量	3.9~4.3	2.7~3.3	0.03~0.06	—	0.035	0.0040	0.0030	0.0015	—
ASTM B240—2017	AC43A Z35544	余量	3.9~4.3	2.7~3.3	0.025~0.06	—	0.035	0.0040	0.0030	0.0015	—
ГОСТ 25140—1993	ЦА4М3	余量	3.5~4.5	2.5~3.7	0.02~0.06	—	0.07	0.01	0.005	0.002	0.015
EN 1774:1997	ZnAl4Cu3 ZL0430(ZL2)	余量	3.8~4.2	2.7~3.3	0.035~0.06	≤0.001	0.020	0.003	0.003	0.001	0.02

表 6-12 锌合金锭 ZnAl6Cu1 牌号和化学成分（质量分数）对照 （%）

标准号	牌号 代号	Zn	Al	Cu	Mg	Ni	Fe	Pb	Cd	Sn	Si
							≤				
GB/T 8738—2014	ZnAl6Cu1 ZX05	余量	5.6~ 6.0	1.2~ 1.6	≤ 0.005	≤ 0.001	0.02	0.003	0.003	0.001	0.02
EN 1774:1997	ZnAl6Cu1 ZL0610(ZL6)	余量	5.6~ 6.0	1.2~ 1.6	≤ 0.005	≤ 0.001	0.020	0.003	0.003	0.001	0.02

表 6-13 锌合金锭 ZnAl8Cu1 牌号和化学成分（质量分数）对照 （%）

标准号	牌号 代号	Zn	Al	Cu	Mg	Ni	Fe	Pb	Cd	Sn	Si
							≤				
GB/T 8738—2014	ZnAl8Cu1 ZX06	余量	8.2~ 8.8	0.9~ 1.3	0.02~ 0.03	≤0.001	0.035	0.005	0.005	0.002	0.02
ISO 301:2006(E)	ZnAl8Cu1 ZL0810(ZL8)	余量	8.2~ 8.8	0.9~ 1.3	0.02~ 0.03	—	0.035	0.005	0.005	0.002	—
ASTM B240—2017	ZA-8 Z35637	余量	8.2~ 8.8	0.9~ 1.3	0.02~ 0.03	—	0.035	0.005	0.005	0.002	—
ГОСТ 25140—1993	ЦА8М1	余量	7.1~ 8.9	0.70~ 1.40	0.01~ 0.06	—	0.10	0.01	0.006	0.002	0.015
EN 1774:1997	ZnAl8Cu1 ZL0810(ZL8)	余量	8.2~ 8.8	0.9~ 1.3	0.02~ 0.03	≤ 0.001	0.035	0.005	0.005	0.002	0.035

表 6-14 锌合金锭 ZnAl9Cu2 牌号和化学成分（质量分数） （%）

标准号	牌号 代号	Zn	Al	Cu	Mg	Ni	Fe	Pb	Cd	Sn	Si
							≤				
GB/T 8738—2014	ZnAl9Cu2 ZX07	余量	8.0~ 10.0	1.0~ 2.0	0.03~ 0.06	—	0.05	0.005	0.005	0.002	0.05

表 6-15　锌合金锭 ZnAl11Cu1 牌号和化学成分（质量分数）对照　（%）

标准号	牌号 代号	Zn	Al	Cu	Mg	Ni	Fe	Pb	Cd	Sn	Si
							≤				
GB/T 8738—2014	ZnAl11Cu1 ZX08	余量	10.8~ 11.5	0.5~ 1.2	0.02~ 0.03	—	0.05	0.005	0.005	0.002	—
ISO 301:2006(E)	ZnAl11Cu1 ZL1110(ZL12)	余量	10.8~ 11.5	0.5~ 1.2	0.02~ 0.03	—	0.05	0.005	0.005	0.002	—
ASTM B240—2017	ZA-12 Z35632	余量	10.8~ 11.5	0.5~ 1.2	0.02~ 0.03	—	0.05	0.005	0.005	0.002	—
EN 1774:1997	ZnAl11Cu1 ZL1110(ZL12)	余量	10.8~ 11.5	0.5~ 1.2	0.02~ 0.03	—	0.05	0.005	0.005	0.002	0.05

表 6-16　锌合金锭 ZnAl11Cu5 牌号和化学成分（质量分数）　（%）

标准号	牌号 代号	Zn	Al	Cu	Mg	Ni	Fe	Pb	Cd	Sn	Si
							≤				
GB/T 8738—2014	ZnAl11Cu5 ZX09	余量	10.0~ 12.0	4.0~ 5.5	0.03~ 0.06	—	0.05	0.005	0.005	0.002	0.05

表 6-17　锌合金锭 ZnAl27Cu2 牌号和化学成分（质量分数）对照　（%）

标准号	牌号 代号	Zn	Al	Cu	Mg	Ni	Fe	Pb	Cd	Sn	Si
							≤				
GB/T 8738—2014	ZnAl27Cu2 ZX10	余量	25.5~ 28.0	2.0~ 2.5	0.012~ 0.02	—	0.07	0.005	0.005	0.002	—
ISO 301:2006(E) ASTM B240—2017	ZnAl27Cu2 ZL2720(ZL27) ZA-27 Z35842	余量	25.5~ 28.0	2.0~ 2.5	0.012~ 0.020	—	0.07	0.005	0.005	0.002	—
EN 1774:1997	ZnAl27Cu2 ZL2720(ZL27)	余量	25.5~ 28.0	2.0~ 2.5	0.012~ 0.02	—	0.07	0.005	0.005	0.002	0.07

表 6-18　锌合金锭 ZnAl17Cu4 牌号和化学成分（质量分数）　（%）

标准号	牌号 代号	Zn	Al	Cu	Mg	Ni	Fe	Pb	Cd	Sn	Si
							≤				
GB/T 8738—2014	ZnAl17Cu4 ZX11	余量	16.5~ 17.5	3.5~ 4.5	0.01~ 0.03	—	0.05	0.005	0.005	0.002	—

2. 铸造锌合金牌号和化学成分

GB/T 1175—2018《铸造锌合金》中共有 8 个牌号。中外铸造锌合金牌号和化学成分对照见表 6-19~表 6-26。

表 6-19　铸造锌合金 ZZnAl4Cu1Mg 牌号和化学成分（质量分数）对照　（%）

标准号	牌号 代号	Zn	Al	Cu	Mg	Fe	Pb	Cd	Sn	其他
						≤				
GB/T 1175—2018	ZZnAl4Cu1Mg ZA4-1	余量	3.9~ 4.3	0.7~ 1.1	0.03~ 0.06	0.02	0.003	0.003	0.0015	Ni:0.001
ГОСТ 25140—1993	ZnAl4Cu1A	余量	3.5~ 4.5	0.7~ 1.3	0.02~ 0.06	0.06	0.004 Pb+Cd+Sn:0.007	0.003	0.001	Si:0.015
JIS H5301:2009	ZDC1	余量	3.9~ 4.3	0.50~ 1.25	0.03~ 0.06	0.03	0.003	0.003	0.001	—
ASTM B240—2017	AC41A Z35532	余量	3.9~ 4.3	0.7~ 1.1	0.03~ 0.06	0.035	0.0040	0.0030	0.0015	—
ISO 301:2006(E)	ZnAl4Cu1 ZL0410(ZL5)									
EN 1774:1997	ZnAl4Cu1 ZL0410(ZL5)	余量	3.8~ 4.2	0.7~ 1.1	0.035~ 0.06	0.020	0.003	0.003	0.001	Ni:0.001, Si:0.02

表 6-20 铸造锌合金 ZZnAl4Cu3Mg 牌号和化学成分（质量分数）对照 （%）

标准号	牌号 代号	Zn	Al	Cu	Mg	Fe	Pb	Cd	Sn	其他
						≤				
GB/T 1175—2018	ZZnAl4Cu3Mg ZA4-3	余量	3.9~4.3	2.7~3.3	0.03~0.06	0.02	0.003	0.003	0.0015	Ni:0.001
ISO 301:2006(E)	ZnAl4Cu3 ZL0430(ZL2)	余量	3.9~4.3	2.7~3.3	0.03~0.06	0.035	0.0040	0.0030	0.0015	—
ГОСТ 25140—1993	ZnAl4Cu3A	余量	3.5~4.5	2.5~3.7	0.02~0.06	0.06	0.004	0.003	0.001	Si:0.015
							Pb+Cd+Sn:0.007			
ASTM B240—2017	AC43A Z35544	余量	3.9~4.3	2.7~3.3	0.025~0.06	0.035	0.0040	0.0030	0.0015	—
EN 1774:1997	ZnAl4Cu3 ZL0430(ZL2)	余量	3.8~4.2	2.7~3.3	0.035~0.06	0.020	0.003	0.003	0.001	Ni:0.001, Si:0.02

表 6-21 铸造锌合金 ZZnAl6Cu1 牌号和化学成分（质量分数）对照 （%）

标准号	牌号 代号	Zn	Al	Cu	Mg	Fe	Pb	Cd	Sn	其他
						≤				
GB/T 1175—2018	ZZnAl6Cu1 ZA6-1	余量	5.6~6.0	1.2~1.6	≤0.005	0.02	0.003	0.003	0.001	Ni:0.001 Si:0.02
EN 1774:1997	ZnAl6Cu1 ZL0610(ZL6)	余量	5.6~6.0	1.2~1.6	≤0.005	0.020	0.003	0.003	0.001	Ni:0.001 Si:0.02

表 6-22 铸造锌合金 ZZnAl8Cu1Mg 牌号和化学成分（质量分数）对照 （%）

标准号	牌号 代号	Zn	Al	Cu	Mg	Fe	Pb	Cd	Sn	其他
						≤				
GB/T 1175—2018	ZZnAl8Cu1Mg ZA8-1	余量	8.2~8.8	0.9~1.3	0.02~0.03	0.035	0.005	0.005	0.002	Ni:0.001 Si:0.02

（续）

标准号	牌号 代号	Zn	Al	Cu	Mg	Fe	Pb	Cd	Sn	其他
						≤				
EN 1774:1997	ZnAl8Cu1 ZL0810(ZL8)	余量	8.2~ 8.8	0.9~ 1.3	0.02~ 0.03	0.035	0.005	0.005	0.002	Ni:0.001 Si:0.035
ASTM B240—2017	ZA-8 Z35637	余量	8.2~ 8.8	0.9~ 1.3	0.02~0.03	0.035	0.005	0.005	0.002	—
ISO 301:2006(E)	ZnAl8Cu1 ZL0810(ZL8)									

表 6-23　铸造锌合金 ZZnAl9Cu2Mg 牌号和化学成分（质量分数）　（%）

标准号	牌号 代号	Zn	Al	Cu	Mg	Fe	Pb	Cd	Sn	其他
						≤				
GB/T 1175—2018	ZZnAl9Cu2Mg ZA9-2	余量	8.0~ 10.0	1.0~ 2.0	0.03~ 0.06	0.05	0.005	0.005	0.002	Si:0.05

表 6-24　铸造锌合金 ZZnAl11Cu1Mg 牌号和化学成分（质量分数）对照　（%）

标准号	牌号 代号	Zn	Al	Cu	Mg	Fe	Pb	Cd	Sn	其他
						≤				
GB/T 1175—2018	ZZnAl11Cu1Mg ZA11-1	余量	10.8~11.5	0.5~1.2	0.02~ 0.03	0.05	0.005	0.005	0.002	—
ASTM B240—2017	ZA-12 Z35632	余量	10.8~11.5	0.5~ 1.2	0.02~ 0.03	0.05	0.005	0.005	0.002	—
ISO 301:2006(E)	ZnAl11Cu1 ZL1110(ZL12)									
EN 1774:1997	ZnAl11Cu1 ZL1110(ZL12)	余量	10.8~11.5	0.5~ 1.2	0.02~0.03	0.05	0.005	0.005	0.002	Si:0.05

表 6-25　铸造锌合金 ZZnAl11Cu5Mg 牌号和化学成分（质量分数）（%）

标准号	牌号 代号	Zn	Al	Cu	Mg	Fe	Pb	Cd	Sn	其他
						≤				
GB/T 1175—2018	ZZnAl11Cu5Mg ZA11-5	余量	10.0~12.0	4.0~5.5	0.03~0.06	0.05	0.005	0.005	0.002	Si:0.05

表 6-26　铸造锌合金 ZZnAl27Cu2Mg 牌号和化学成分（质量分数）对照（%）

标准号	牌号 代号	Zn	Al	Cu	Mg	Fe	Pb	Cd	Sn	其他
						≤				
GB/T 1175—2018	ZZnAl27Cu2Mg ZA27-2	余量	25.5~28.0	2.0~2.5	0.012~0.02	0.07	0.005	0.005	0.002	—
ASTM B240—2017	ZA-27 Z35842	余量	25.5~28.0	2.0~2.5	0.012~0.020	0.07	0.005	0.005	0.002	—
ISO 301:2006(E)	ZnAl27Cu2 ZL2720(ZL27)									
EN 1774:1997	ZnAl27Cu2 ZL2720(ZL27)	余量	25.5~28.0	2.0~2.5	0.012~0.02	0.07	0.005	0.005	0.002	Si:0.07

3. 压铸锌合金牌号和化学成分

GB/T 13818—2009《压铸锌合金》中共有 7 个牌号。中外铸造锌合金牌号和化学成分对照见表 6-27~表 6-33。

表 6-27　铸压锌合金 YZZnAl4A 牌号和化学成分（质量分数）对照（%）

标准号	牌号 代号	Zn	Al	Cu	Mg	Fe	Pb	Cd	Sn
						≤			
GB/T 13818—2009	YZZnAl4A YX040A	余量	3.9~4.3	≤0.1	0.030~0.060	0.035	0.004	0.003	0.0015

（续）

标准号	牌号 代号	Zn	Al	Cu	Mg	Fe	Pb	Cd	Sn
						≤			
ГОСТ 19424—1997	ЦА40	余量	3.9~4.3	≤0.03	0.03~0.06	0.05	0.004	0.002	0.001
								Si:0.015	
JIS H2201:2015	ZnAl4	余量	3.9~4.3	≤0.03	0.03~0.06	0.03	0.003	0.003	0.001
ASTM B86—2018	Zamak 3(AG40A) Z33525	余量	3.7~4.3	≤0.10	0.02~0.06	0.05	0.0050	0.0040	0.002
EN 1774:1997	ZnAl4 ZL0400(ZL3)	余量	3.8~4.2	≤0.03	0.035~0.06	0.020	0.003	0.003	0.001
						Ni:0.001		Si:0.02	
ISO 301:2006(E)	ZnAl4 ZL0400(ZL3)	余量	3.9~4.3	≤0.1	0.03~0.06	0.035	0.0040	0.0030	0.0015

表 6-28 铸压锌合金 YZZnAl4B 牌号和化学成分（质量分数）对照 （%）

标准号	牌号 代号	Zn	Al	Cu	Mg	Fe	Pb	Cd	Sn
						≤			
GB/T 13818—2009	YZZnAl4B① YX040B	余量	3.9~4.3	≤0.1	0.010~0.020	0.075	0.003	0.002	0.0010
ГОСТ 19424—1997	ЦА4	余量	3.5~4.3	≤0.03	0.03~0.06	0.05	0.01	0.005	0.002
								Si:0.015	
ASTM B86—2018	Zamak 7(AG40B) Z33527	余量	3.7~4.3	≤0.10	0.005~0.020	0.05	0.0030	0.0020	0.0010
								Ni:0.005~0.020	
ISO 15201:2006(E)	ZP3 ZP0400	余量	3.7~4.3	≤0.1	0.02~0.06	0.05	0.005	0.004	0.002

① Ni 的质量分数为 0.005%~0.020%。

表 6-29　铸压锌合金 YZZnAl4Cu1 牌号和化学成分（质量分数）对照　（%）

标准号	牌号 代号	Zn	Al	Cu	Mg	Fe	Pb	Cd	Sn
						≤			
GB/T 13818—2009	YZZnAl4Cu1 YX041	余量	3.9~ 4.3	0.7~ 1.1	0.030~ 0.060	0.035	0.004	0.003	0.0015
ISO 301:2006(E)	ZnAl4Cu1 ZL0410(ZL5)	余量	3.9~ 4.3	0.7~ 1.1	0.03~ 0.06	0.035	0.0040	0.0030	0.0015
ГОСТ 19424—1997	ЦАМ4-10	余量	3.9~ 4.3	0.7~ 1.2	0.03~ 0.06	0.05	0.004	0.002 Si:0.015	0.001
JIS H2201:2015	ZnAl4Cu1	余量	3.9~ 4.3	0.50~ 1.25	0.03~ 0.06	0.03	0.003	0.003	0.001
ASTM B86—2018	Zamak 5(AC41A) Z35533	余量	3.7~ 4.3	0.7~ 1.2	0.02~ 0.06	0.05	0.0050	0.0040	0.002
EN 1774:1997	ZnAl4Cu1 ZL0410(ZL5)	余量	3.8~ 4.2	0.7~ 1.1	0.035~ 0.06	0.020 Ni:0.001	0.003	0.003 Si:0.02	0.001

表 6-30　铸压锌合金 YZZnAl4Cu3 牌号和化学成分（质量分数）对照　（%）

标准号	牌号 代号	Zn	Al	Cu	Mg	Fe	Pb	Cd	Sn
						≤			
GB/T 13818—2009	YZZnAl4Cu3 YX043	余量	3.9~ 4.3	2.7~ 3.3	0.025~ 0.050	0.035	0.004	0.003	0.0015
ГОСТ 19424—1997	ЦАМ4-3	余量	3.5~4.3	2.5~3.5	0.03~0.06	0.05	0.01	0.005	0.002
ASTM B86—2018	Zamak 2(AC43A) Z35545	余量	3.7~ 4.3	2.6~ 3.3	0.02~ 0.05	0.05	0.0050	0.0040	0.002
EN 1774:1997	ZnAl4Cu3 ZL0430(ZL2)	余量	3.8~ 4.2	2.7~ 3.3	0.035~0.06	0.020 Ni:0.001	0.003	0.003 Si:0.02	0.001

（续）

标准号	牌号 代号	Zn	Al	Cu	Mg	Fe	Pb	Cd	Sn
						≤			
ISO 301:2006(E)	ZnAl4Cu3 ZL0430(ZL2)	余量	3.9~ 4.3	2.7~ 3.3	0.03~ 0.06	0.035	0.0040	0.0030	0.0015

表 6-31 铸压锌合金 YZZnAl8Cu1 牌号和化学成分（质量分数）对照 （%）

标准号	牌号 代号	Zn	Al	Cu	Mg	Fe	Pb	Cd	Sn
						≤			
GB/T 13818—2009	YZZnAl8Cu1 YX081	余量	8.2~ 8.8	0.9~ 1.3	0.020~ 0.030	0.035	0.005	0.002	0.0050
ASTM B86—2018	ZA-8 Z35638	余量	8.0~ 8.8	0.8~ 1.3	0.01~ 0.03	0.075	0.006	0.006	0.003
EN 1774:1997	ZnAl8Cu1 ZL0810(ZL8)	余量	8.2~ 8.8	0.9~ 1.3	0.02~ 0.03	0.035 Ni:0.001	0.005	0.005 Si:0.035	0.002
ISO 301:2006(E)	ZnAl8Cu1 ZL0810(ZL8)	余量	8.2~ 8.8	0.9~ 1.3	0.02~ 0.03	0.035	0.005	0.005	0.002

表 6-32 铸压锌合金 YZZnAl11Cu1 牌号和化学成分（质量分数）对照 （%）

标准号	牌号 代号	Zn	Al	Cu	Mg	Fe	Pb	Cd	Sn
						≤			
GB/T 13818—2009	YZZnAl11Cu1 YX111	余量	10.8~ 11.5	0.5~ 1.2	0.020~ 0.030	0.050	0.005	0.002	0.0050
ASTM B86—2018	ZA-12 Z35633	余量	10.5~ 11.5	0.5~ 1.2	0.01~ 0.03	0.075	0.006	0.006	0.003

EN 1774:1997	ZnAl11Cu1 ZL1110(ZL12)	余量	10.8~ 11.5	0.5~ 1.2	0.02~ 0.03	0.05	0.005	0.005 Si:0.05	0.002
ISO 301:2006(E)	ZnAl11Cu1 ZL1110(ZL12)	余量	10.8~ 11.5	0.5~ 1.2	0.02~ 0.03	0.05	0.005	0.005	0.002

表 6-33 铸压锌合金 YZZnAl27Cu2 牌号和化学成分（质量分数）对照 （%）

标准号	牌号 代号	Zn	Al	Cu	Mg	Fe ≤	Pb ≤	Cd ≤	Sn ≤
GB/T 13818—2009	YZZnAl27Cu2 YX272	余量	25.5~ 28.0	2.0~ 2.5	0.012~ 0.020	0.070	0.005	0.002	0.0050
ASTM B86—2018	ZA-27 Z35841	余量	25.0~ 28.0	2.0~ 2.5	0.01~ 0.020	0.075	0.006	0.006	0.003
EN 1774:1997	ZnAl27Cu2 ZL2720(ZL27)	余量	25.5~ 28.0	2.0~ 2.5	0.012~ 0.02	0.07	0.005	0.005 Si:0.07	0.002
ISO 301:2006(E)	ZnAl27Cu2 ZL2720(ZL27)	余量	25.5~ 28.0	2.0~ 2.5	0.012~ 0.020	0.07	0.005	0.005	0.002

4. 热镀用锌合金锭牌号和化学成分

YS/T 310—2008《热镀用锌合金锭》中，将热镀用锌合金锭分为锌铝合金锭、锌铝锑合金锭、锌铝硅合金锭和锌铝稀土合金锭四类，共有 11 个牌号。中外热镀用锌合金锭牌号和化学成分对照见表 6-34～表 6-44。

表 6-34 热镀用锌铝合金锭 RZnAl0.4 牌号和化学成分（质量分数）对照 （%）

标准号	牌号 代号	Zn	Al	Sb	Fe	Cd	Sn	Pb	Cu	其他杂质	
										单个	合计
					≤						
YS/T 310—2008	RZnAl0.4	余量	0.25~0.55	—	0.004	0.003	0.001	0.004	0.002	—	—
ASTM B852—2016	Z80411	余量	0.31~0.39	—	0.0075	0.01	—	0.007	0.01	0.01	

表 6-35 热镀用锌铝合金锭 RZnAl0.6 牌号和化学成分（质量分数）对照 （%）

标准号	牌号 代号	Zn	Al	Sb	Fe	Cd	Sn	Pb	Cu	其他杂质	
										单个	合计
					≤						
YS/T 310—2008	RZnAl0.6	余量	0.55~0.70	—	0.005	0.003	0.001	0.005	0.002	—	—
ASTM B852—2016	Z80710	余量	0.58~0.72	—	0.0075	0.01	—	0.007	0.01	—	—

表 6-36 热镀用锌铝合金锭 RZnAl0.8 牌号和化学成分（质量分数）对照 （%）

标准号	牌号 代号	Zn	Al	Sb	Fe	Cd	Sn	Pb	Cu	其他杂质	
										单个	合计
					≤						
YS/T 310—2008	RZnAl0.8	余量	0.70~0.85	—	0.006	0.003	0.001	0.005	0.002	—	—
ASTM B852—2016	Z80810	余量	0.67~0.83	—	0.0075	0.01	—	0.007	0.01	—	—

表 6-37 热镀用锌铝合金锭 RZnAl5 牌号和化学成分（质量分数）对照 （%）

标准号	牌号 代号	Zn	Al	Sb	Fe	Cd	Sn	Pb	Cu	其他杂质	
										单个	合计
					≤						
YS/T 310—2008	RZnAl5	余量	4.8~5.2	—	0.01	0.003	0.005	0.008	0.003	—	—
ASTM B860—2017	Type A-6 Z30503	余量	4.5~5.5	—	0.05	0.004	0.003	0.005	0.035	0.01	

表 6-38 热镀用锌铝合金锭 RZnAl10 牌号和化学成分（质量分数）对照 （%）

标准号	牌号 代号	Zn	Al	Sb	Fe	Cd	Sn	Pb	Cu	其他杂质	
										单个	合计
					≤						
YS/T 310—2008	RZnAl10	余量	9.5~10.5	—	0.03	0.003	0.005	0.01	0.005	—	—
ASTM B860—2017	Type A-1 Z30750	余量	9.5~10.5	—	0.05	0.004	0.003	0.005	0.035	0.01	

表 6-39 热镀用锌铝合金锭 RZnAl15 牌号和化学成分（质量分数） （%）

标准号	牌号	Zn	Al	Sb	Fe	Cd	Sn	Pb	Cu	其他杂质	
										单个	合计
					≤						
YS/T 310—2008	RZnAl15	余量	13.0~17.0	—	0.03	0.003	0.005	0.01	0.005	—	—

表 6-40 热镀用锌铝锑合金锭 RZnAl0.4Sb 牌号和化学成分（质量分数） （%）

标准号	牌号	Zn	Al	Sb	Fe	Cd	Sn	Pb	Cu	其他杂质	
										单个	合计
					≤						
YS/T 310—2008	RZnAl0.4Sb	余量	0.30~0.60	0.05~0.30	0.006	0.003	0.002	0.005	0.003	—	—

表 6-41 热镀用锌铝锑合金锭 RZnAl0.7Sb 牌号和化学成分（质量分数） （%）

标准号	牌号	Zn	Al	Sb	Fe	Cd	Sn	Pb	Cu	其他杂质	
										单个	合计
					≤						
YS/T 310—2008	RZnAl0.7Sb	余量	0.60~0.90	0.05~0.30	0.006	0.003	0.002	0.005	0.003	—	—

表 6-42　热镀用锌铝硅合金锭 RAl56ZnSi1.5 牌号和化学成分（质量分数）　（%）

标准号	牌号	Zn	Al	Si	Pb	Fe	Cu	Cd	Mn	其他杂质	
										单个	合计
					≤						
YS/T 310—2008	RAl56ZnSi1.5	余量	52.0~60.0	1.2~1.8	0.02	0.15	0.03	0.01	0.03	—	—

表 6-43　热镀用锌铝硅合金锭 RAl65.0ZnSi1.7 牌号和化学成分（质量分数）　（%）

标准号	牌号	Zn	Al	Si	Pb	Fe	Cu	Cd	Mn	其他杂质	
										单个	合计
					≤						
YS/T 310—2008	RAl65.0ZnSi1.7	余量	60.0~70.0	1.4~2.0	0.015	—	—	—	—	—	—

表 6-44　热镀用锌铝稀土合金锭 RZnAl5RE 牌号和化学成分（质量分数）对照　（%）

标准号	牌号 代号	Zn	Al	La+Ce	Fe	Cd	Sn	Pb	Si	其他杂质	
										单个	合计
					≤						
YS/T 310—2008	RZnAl5RE	余量	4.2~6.2	0.03~0.10	0.075	0.005	0.002	0.005	0.015	0.02	0.04
ASTM B750—2016	Z38510	余量	4.2~6.2	0.03~0.10	0.075	0.005	0.002	0.005	0.015	0.02	0.05

6.2　锡及锡合金牌号和化学成分

6.2.1　冶炼产品

1. 锡锭牌号和化学成分

GB/T 728—2020《锡锭》中共有5个牌号。中外锡锭牌号和化学成分对照见表6-45~表6-49。

表 6-45 锡锭 Sn99.90A 牌号和化学成分（质量分数）对照 （%）

标准号	牌号	Sn ≥	As	Fe	Cu	Pb	Bi	Sb	Cd	Zn	Ni+Co	杂质合计
			≤									
GB/T 728—2020	Sn99.90A	99.90	0.0080	0.0070	0.0080	0.0250	0.0200	0.0200	0.0008	0.0010	0.0050	0.10
			Al:0.0010,S:0.0010,Ag:0.0050									
ГОСТ 860—1975	O1	99.90	0.01	0.09	0.01	0.04	0.015	0.015	Al: 0.002	0.002	S: 0.008	0.1
JIS H2108:2009	1 级	99.90	0.030	0.010	0.030	0.040	—	0.020	—	—	—	—
ASTM B339—2019	B 级	99.85	0.05	0.010	0.04	0.05	0.030	0.015	0.001	0.005	0.01	—
			S:0.01, Ag:0.01									
EN 610:1995	Sn99.85	99.85	0.030	0.010	0.050	0.050	0.030	0.060	0.0010	0.0010	Al: 0.0010	0.150

表 6-46 锡锭 Sn99.90AA 牌号和化学成分（质量分数）对照 （%）

标准号	牌号	Sn ≥	As	Fe	Cu	Pb	Bi	Sb	Cd	Zn	Ni+Co	杂质合计
			≤									
GB/T 728—2020	Sn99.90AA	99.90	0.0080	0.0070	0.0080	0.0100	0.0200	0.0200	0.0008	0.0010	0.0050	0.10
			Al:0.0010,S:0.0010,Ag:0.0050									
ASTM B339—2019	A 级	99.85	0.05	0.010	0.04	0.05	0.030	0.04	0.001	0.005	0.01	—
			S:0.01, Ag:0.01									
EN 610:1995	Sn99.90	99.90	0.030	0.005	0.030	0.010	0.010	0.040	0.0010	0.0010	Al: 0.0010	0.100

表 6-47 锡锭 Sn99.95A 牌号和化学成分（质量分数）对照 （%）

标准号	牌号	Sn ≥	As	Fe	Cu	Pb	Bi	Sb	Cd	Zn	Ni+Co	杂质合计
			≤									
GB/T 728—2020	Sn99.95A	99.95	0.0030	0.0040	0.0040	0.0200	0.0060	0.0140	0.0005	0.0008	0.0050	0.05
			Al:0.0008,S:0.0010,Ag:0.0005									
ГОСТ 860—1975	О1ПЧ	99.915	0.01	0.09	0.01	0.025	0.01	0.015	Al:0.002	0.002	S:0.008	0.085
JIS H2108:2009	特级 B	99.95	0.010	0.010	0.010	0.020	—	0.010	—	—	—	—
ASTM B339—2019	高纯级	99.95	0.005	0.010	0.005	0.001	0.015	0.005	0.001	0.005	0.010	0.010
			S:0.010, Ag:0.010									
EN 610:1995	Sn99.95	99.95	0.0040	0.0025	0.005	0.040	0.0050	0.015	0.0005	0.0005	Al:0.0006	0.050

表 6-48 锡锭 Sn99.95AA 牌号和化学成分（质量分数） （%）

标准号	牌号	Sn ≥	As	Fe	Cu	Pb	Bi	Sb	Cd	Zn	Ni+Co	杂质合计
			≤									
GB/T 728—2020	Sn99.95AA	99.95	0.0030	0.0040	0.0040	0.0100	0.0060	0.0140	0.0005	0.0008	0.0050	0.05
			Al:0.0008,S:0.0010,Ag:0.0005									

表 6-49 锡锭 Sn99.99A 牌号和化学成分（质量分数）对照 （%）

标准号	牌号	Sn ≥	As	Fe	Cu	Pb	Bi	Sb	Cd	Zn	Ni+Co	杂质合计
			≤									
GB/T 728—2020	Sn99.99A	99.99	0.0005	0.0020	0.0005	0.0035	0.0025	0.0015	0.0003	0.0003	0.0006	0.01
			Al:0.0005,Ag:0.0005									

JIS H2108:2009	特级 A	99.99	0.0010	0.0030	0.0020	0.0030	—	0.0020	—	—	—	—
EN 610:1995	Sn99.99	99.99	0.0005	0.0001	0.0005	0.0040	0.0001	0.0010	0.0005	0.0005	Al: 0.0005	0.010

2. 高纯锡牌号和化学成分

YS/T 44—2011《高纯锡》中共有 3 个牌号。中外高纯锡牌号和化学成分对照见表 6-50。

表 6-50 高纯锡牌号和化学成分（质量分数）对照 （%）

标准号	牌号	Sn ≥	杂质含量/10^{-4} ≤							
			Ag	Al	Ca	Cu	Fe	Mg	Ni	Zn
YS/T 44—2011	Sn-05	99.999	0.5	0.3	0.5	0.5	0.5	0.5	0.5	0.5
ГОСТ 860—1975	ОВЧ-000	99.999	0.05	3	0.5	0.1	1	—	0.1	0.3
YS/T 44—2011	Sn-06	99.9999	0.01	0.05	0.05	0.05	0.05	0.05	0.05	0.05
	Sn-07	99.99999	0.005	0.005	0.005	0.005	0.005	0.005	0.005	0.005
标准号	牌号	Sn ≥	杂质含量/10^{-4} ≤							
			Sb	Bi	As	Pb	Au	Co	In	杂质合计
YS/T 44—2011	Sn-05	99.999	0.3	0.5	0.5	0.5	0.1	0.1	0.2	—
ГОСТ 860—1975	ОВЧ-000	99.999	0.5	0.05	1	0.1	0.1	0.1	0.1	1
YS/T 44—2011	Sn-06	99.9999	0.05	0.05	0.05	0.05	0.01	0.01	0.02	—
	Sn-07	99.99999	0.005	0.005	0.005	0.005	0.001	0.001	0.002	—

6.2.2 加工产品

YS/T 523—2011《锡、铅及其合金箔和锌箔》中，锡及锡合金有 7 个牌号。中外锡及锡合金牌号和化学成分对照见表 6-51~表 6-55。

表 6-51　锡箔 Sn1、Sn2、Sn3 牌号和化学成分（质量分数）对照　（%）

标准号	牌号	Sn ≥	Pb ≤	Sb ≤	As ≤	Fe ≤	Cu ≤	Bi ≤	S ≤	杂质合计 ≤
YS/T 523—2011	Sn1	99.90	0.045	0.02	0.01	0.007	0.008	0.015	0.001	0.10
EN ISO 9453:2020	Sn100	99.9	—	—	—	—	—	—	—	—
ISO 9453:2020(E)	Sn100	99.9	—	—	—	—	—	—	—	—
YS/T 523—2011	Sn2	99.80	0.065	0.05	0.02	0.01	0.02	0.05	0.005	0.20
YS/T 523—2011	Sn3	99.5	0.35	0.08	0.02	0.02	0.03	0.05	0.01	0.50

表 6-52　锡箔 SnSb2.5 牌号和化学成分（质量分数）对照　（%）

标准号	牌号	Sn	Zn ≤	Sb	As ≤	Fe ≤	Cu ≤	Pb ≤	S ≤	杂质合计 ≤
YS/T 523—2011	SnSb2.5	余量	—	1.9~3.1	—	—	Pb+Cu:0.5		—	—
ГОСТ 18394—1973	OCy2.5	余量	—	1.90~3.10	—	—	0.05	0.50	—	—
							Pb+Cu:0.5			
ASTM B560—2014	L13963	95~98	0.005	1.0~3.0	0.05	0.015	1.0~2.0	0.05	—	—

表 6-53　锡箔 SnSb1.5 牌号和化学成分（质量分数）　（%）

标准号	牌号	Sn	Zn ≤	Sb	As ≤	Fe ≤	Cu ≤	Pb ≤	S ≤	杂质合计 ≤
YS/T 523—2011	SnSb1.5	余量	—	1.0~2.0	—	—	Pb+Cu:0.5		—	—

表 6-54　锡箔 SnSb13.5-2.5 牌号和化学成分（质量分数）　（%）

标准号	牌号	Sn	Pb	Sb	As ≤	Fe ≤	Cu ≤	Bi ≤	S ≤	杂质合计 ≤
YS/T 523—2011	SnSb13.5-2.5	余量	12.0~15.0	1.75~3.25	—	—	—	—	—	—

表 6-55 锡箔 SnSb12-1.5 牌号和化学成分（质量分数） （%）

标准号	牌号	Sn	Pb	Sb	As	Fe	Cu	Bi	S	杂质合计
			≤							
YS/T 523—2011	SnSb12-1.5	余量	10.5~13.5	1.0~2.0	—	—	—	—	—	—

6.3 铅及铅合金牌号和化学成分

6.3.1 冶炼产品

GB/T 469—2013《铅锭》标准中有5个牌号。铅锭的中外牌号和化学成分对照见表6-56~表6-60。表中铅锭内铅的质量分数为100%减去表中所列杂质实测合计的质量分数。

表 6-56 铅锭 Pb99.994 牌号和化学成分（质量分数）对照 （%）

标准号	牌号	Pb≥	Ag	Cu	Bi	As	Sb	Sn	Zn	Fe	Cd	Ni	合计
			≤										
GB/T 469—2013	Pb99.994	99.994	0.0008	0.001	0.004	0.0005	0.0007	0.0005	0.0004	0.0005	0.0002	0.0002	0.006
ГОСТ 3778—1998	CO	99.992	3×10^{-4}	5×10^{-4}	0.004	5×10^{-4}	5×10^{-4}	5×10^{-4}	0.001	0.001	Mg+Ca+Na：0.002		0.008
ASTM B29—2019	L50006	99.995	0.0010	0.0010	0.0015	0.0005	0.0005	0.0005	0.0005	0.0002	Te：0.0001	0.0002	—

表 6-57 铅锭 Pb99.990 牌号和化学成分（质量分数）对照 （%）

标准号	牌号	Pb≥	Ag	Cu	Bi	As	Sb	Sn	Zn	Fe	Cd	Ni	合计
			≤										
GB/T 469—2013	Pb99.990	99.990	0.0015	0.001	0.010	0.0005	0.0008	0.0005	0.0004	0.0010	0.0002	0.0002	0.010
ГОСТ 3778—1998	C1C	99.99	0.001	0.001	0.005	0.001	0.001	0.001	0.001	0.001	Mg+Ca+Na: 0.002		0.01
JIS H2105:1955 (R2018)	特级	99.99	0.002	0.002	0.005	0.002	Sb+Sn:0.005		0.002	0.002	—	—	—
EN 12659:1999	PB990R	99.990	0.0015	0.0005	0.0100	0.0005	0.0005	0.0005	0.0002	—	0.0002	0.0002	0.010
ASTM B29—2019	L50008	99.990	0.0015	0.0005	0.0075	0.0005	0.0005	0.0005	0.0002	0.0005	0.0002	0.0002	—
		Te:0.0001, Se:0.0005, S:0.0005, Al:0.0005											

表 6-58 铅锭 Pb99.985 牌号和化学成分（质量分数）对照 （%）

标准号	牌号	Pb≥	Ag	Cu	Bi	As	Sb	Sn	Zn	Fe	Cd	Ni	合计
			≤										
GB/T 469—2013	Pb99.985	99.985	0.0025	0.001	0.015	0.0005	0.0008	0.0005	0.0004	0.0010	0.0002	0.0005	0.015
ГОСТ 3778—1998	C1	99.985	0.001	0.001	0.006	0.001	0.001	0.001	0.001	0.001	Mg+Ca+Na: 0.003		0.015
EN 12659:1999	PB985R	99.985	0.0025	0.0010	0.0150	0.0005	0.0005	0.0005	0.0002	—	0.0002	0.0005	0.015

表 6-59 铅锭 Pb99.970 牌号和化学成分（质量分数）对照 （%）

标准号	牌号	Pb≥	Ag	Cu	Bi	As	Sb	Sn	Zn	Fe	Cd	Ni	合计
			≤										
GB/T 469—2013	Pb99.970	99.970	0.0050	0.003	0.030	0.0010	0.0010	0.0010	0.0005	0.0020	0.0010	0.0010	0.030
ГОСТ 3778—1998	C2C	99.97	0.002	0.002	0.02	0.002	0.005	0.001	0.002	—	Mg+Ca+Na: 0.003		0.03

JIS H2105:1955(R2018)	1级	99.97	0.002	0.003	0.010	0.002	Sb+Sn:0.007		0.002	0.004	—	—	—
ASTM B29—2019	L50021	99.97	0.0075	0.0010	0.025	0.0005	0.0005	0.0005	0.001	0.001	0.0005	0.0002	—
			Te:0.0002,Se:0.0005,S:0.001,Al:0.0005										
EN 12659:1999	PB970R	99.970	0.0050	0.0030	0.030	0.0010	0.0010	0.0010	0.0005	—	0.0010	0.0010	0.030

表6-60 铅锭Pb99.940牌号和化学成分（质量分数）对照 （%）

标准号	牌号	Pb≥	Ag	Cu	Bi	As	Sb	Sn	Zn	Fe	Cd	Ni	合计
			≤										
GB/T 469—2013	Pb99.940	99.940	0.0080	0.005	0.060	0.0010	0.0010	0.0010	0.0005	0.0020	0.0020	0.0020	0.060
ГОСТ 3778—1998	C2	99.95	0.015	0.001	0.03	0.002	0.005	0.002	0.001	0.002	Mg+Ca+Na:0.015		0.05
JIS H2105:1955(R2018)	2级	99.95	0.002	0.005	0.050	0.005	Sb+Sn:0.010		0.002	0.005	—	—	—
ASTM B29—2019	L50049	99.94	0.010	0.0015	0.05	0.001	0.001	0.001	0.001	0.001	0.0005	0.0005	—
						Sb+As+Sn:0.002							
			Se:0.001,S:0.002,Al:0.0005										
EN 12659:1999	PB940R	99.940	0.0080	0.0050	0.060	0.0010	0.0010	0.0010	0.0005	—	0.0020	0.0020	0.060

6.3.2 加工产品

1. 铅及铅合金箔牌号和化学成分

YS/T 523—2011《锡、铅及其合金箔和锌箔》中，铅及铅合金箔有11个牌号。中外铅及铅合金箔牌号和化学成分对照见表 6-61～表 6-71。

表 6-61　铅箔 Pb2 牌号和化学成分（质量分数）对照　（%）

标准号	牌号	Pb	Sn	Sb	As	Fe	Cu	Bi	Ag	Zn	杂质合计
		≥	≤								
YS/T 523—2011	Pb2	99.99	0.001	0.001	0.001	0.001	0.001	0.005	0.0005	0.001	0.01
JIS H4301:2006	PbP	余量	Te:0.015～0.025，Pb+Sb+Cu+Ag+As+Zn+Fe+Bi:0.02;除非另有说明，Ag,As,Zn,Fe 和 Bi 可不做分析								—
ASTM B749—2020	L50006	99.99	0.0005	0.0005	0.0005	Ni:0.0002	0.0010	0.0015	0.0010	0.0005	Te:0.0001

表 6-62　铅箔 Pb3 牌号和化学成分（质量分数）对照　（%）

标准号	牌号	Pb	Sn	Sb	As	Fe	Cu	Bi	Ag	Zn	杂质合计
		≥	≤								
YS/T 523—2011	Pb3	99.98	0.002	0.004	0.002	0.002	0.001	0.006	0.001	0.001	0.02
ASTM B749—2020	L50021	99.97	0.0005	0.0005	0.0005	0.001	0.0010	0.025	0.0075	0.001	—
			Te:0.0001,Ni:0.0002,Se:0.0005,S:0.001,Al:0.0005,Cd:0.0005								

表 6-63　铅箔 Pb4 牌号和化学成分（质量分数）对照　（%）

标准号	牌号	Pb	Sn	Sb	As	Fe	Cu	Bi	Ag	Zn	杂质合计
		≥	≤								
YS/T 523—2011	Pb4	99.95	0.002	0.005	0.002	0.003	0.001	0.03	0.0015	0.002	0.05
ASTM B749—2020	L50049	99.94	0.001	0.001	0.001	0.001	0.0015	0.05	0.010	0.001	—
			Sb+As+Sn:0.002								
			Ni:0.0005,Se:0.001,S:0.002,Al:0.0005,Cd:0.0005								

表 6-64 铅箔 Pb5 牌号和化学成分（质量分数）对照 （%）

标准号	牌号	Pb	Sn	Sb	As	Fe	Cu	Bi	Ag	Zn	杂质合计
		≥	≤								
YS/T 523—2011	Pb5	99.9	Sb+Sn:0.01		0.005	0.005	0.002	0.06	0.002	0.005	0.1
ASTM B749—2020	L51121	99.90	0.001	0.001	0.001	0.002	0.040~0.080	0.025	0.020	0.001	—
			Sb+As+Sn:0.002								
			Ni:0.0002,Se:0.001,S:0.001,Al:0.0005,Cd:0.0003								

表 6-65 铅箔 PbSb3.5 牌号和化学成分（质量分数）对照 （%）

标准号	牌号	Pb	Sn	Sb	As	Fe	Cu	Bi	Ag	Zn	杂质合计
					≤						
YS/T 523—2011	PbSb3.5	余量	—	3.0~4.5	—	—	Sn+Cu:0.5	—	—	—	—
JIS H4301:2006	HPbP4	余量	—	3.50~4.50	Sn,Cu 及其他杂质合计:0.40;Ag,As,Zn,Fe 和 Bi 可不做分析						

表 6-66 铅箔 PbSb3-1 牌号和化学成分（质量分数） （%）

标准号	牌号	Pb	Sn	Sb	As	Fe	Cu	Bi	Ag	Zn	杂质合计
					≤						
YS/T 523—2011	PbSb3-1	余量	0.5~1.5	2.5~3.5	—	—	—	—	—	—	—

表 6-67 铅箔 PbSb6-5 牌号和化学成分（质量分数） （%）

标准号	牌号	Pb	Sn	Sb	As	Fe	Cu	Bi	Ag	Zn	杂质合计
					≤						
YS/T 523—2011	PbSb6-5	余量	4.5~5.5	5.5~6.5	—	—	—	—	—	—	—

表 6-68 铅箔 PbSn2-2 牌号和化学成分（质量分数） （%）

标准号	牌号	Pb	Sn	Sb	As	Fe	Cu	Bi	Ag	Zn	杂质合计
					≤						
YS/T 523—2011	PbSn2-2	余量	1.5~2.5	1.5~2.5	—	—	—	—	—	—	—

表 6-69 铅箔 PbSn4.5-2.5 牌号和化学成分（质量分数） （%）

标准号	牌号	Pb	Sn	Sb	As	Fe	Cu	Bi	Ag	Zn	杂质合计
					≤						
YS/T 523—2011	PbSn4.5-2.5	余量	4.0~5.0	2.0~3.0	—	—	—	—	—	—	—

表 6-70 铅箔 PbSn6.5 牌号和化学成分（质量分数）对照 （%）

标准号	牌号 代号	Pb	Sn	Sb	As	Fe	Cu	Bi	Ag	Zn	杂质合计
			≤								
YS/T 523—2011	PbSn6.5	余量	5.0~8.0	—	—	—	—	—	—	—	—
JIS Z3282:2017	PbSn5 H5A	余量	4.5~5.5	0.50	0.03	0.02	0.08	0.10	0.10	0.001	—
					Cd:0.005, Au:0.05, In:0.10, Al:0.001, Ni:0.01						
ASTM B32—2020	Sn5 L54322	余量	4.5~5.5	0.50	0.02	0.02	0.08	0.25	0.015	0.005	—
					Cd:0.001, Al:0.005						
EN ISO 9453:2020	PbSn5 123	余量	4.5~5.5	0.50	0.03	0.02	0.08	0.10	0.10	0.001	—
ISO 9453:2020(E)	PbSn5 123				Cd:0.005, Au:0.05, In:0.10, Al:0.001, Ni:0.01						

表 6-71 铅箔 PbSn45 牌号和化学成分（质量分数）对照 （%）

标准号	牌号 代号	Pb	Sn	Sb	As	Fe	Cu	Bi	Ag	Zn	杂质合计
			≤								
YS/T 523—2011	PbSn45	余量	44.5~45.5	—	—	—	—	—	—	—	—

JIS Z3282:2017	PbSn45 H45A	余量	44.5~45.5	0.50	0.03	0.02	0.08	0.25	0.10	0.001	—
					Cd:0.005, Au:0.05, In:0.10, Al:0.001, Ni:0.01						
ASTM B32—2020	Sn45 L54951	余量	44.5~46.5	0.50	0.025	0.02	0.08	0.25	0.015	0.005	—
					Cd:0.001, Al:0.005						
EN ISO 9453:2020	PbSn45 113	余量	44.5~45.5	0.50	0.03	0.02	0.08	0.25	0.10	0.001	—
ISO 9453:2020(E)	PbSn45 113				Cd:0.005, Au:0.05, In:0.10, Al:0.001, Ni:0.01						

2. 铅及铅锑合金板牌号和化学成分

GB/T 1470—2014《铅及铅锑合金板》中共有 19 个牌号。中外铅及铅锑合金板的中外牌号和化学成分对照见表 6-72~表 6-81。

表 6-72　纯铅 Pb1 牌号和化学成分（质量分数）对照　（%）

标准号	牌号 代号	Pb ≥	Ag	Sb	Cu	Sn	As	Bi	Fe	Te	Se	Zn	杂质合计
			≤										
GB/T 1470—2014	Pb1	99.992	0.0005	0.001	0.001	0.001	0.0005	0.004	0.0005	—	—	0.0005	0.008
ASTM B749—2020	L50006	99.99	0.0010	0.0005	0.0010	0.0005	0.0005	0.0015	Ni: 0.0002	0.0001	—	0.0005	—

表 6-73　纯铅 Pb2 牌号和化学成分（质量分数）　（%）

标准号	牌号 代号	Pb ≥	Ag	Sb	Cu	Sn	As	Bi	Fe	Te	Se	Zn	杂质合计
			≤										
GB/T 1470—2014	Pb2	99.90	0.002	0.05	0.01	0.005	0.01	0.03	0.002	—	—	0.002	0.10

（续）

标准号	牌号 代号	Pb ≥	Ag	Sb	Cu	Sn	As	Bi	Fe	Te	Se	Zn	杂质合计
			≤										
ASTM B749—2020	L51121	99.90	0.020	0.001	0.040~0.060	0.001	0.001	0.025	0.002	—	0.01	0.001	—
			Sb+As+Sn≤0.002, Cd≤0.0003, S≤0.01, Al≤0.0005, Ni≤0.002										

表 6-74　铅锑合金 PbSb0.5 牌号和化学成分（质量分数）对照　（%）

标准号	牌号 代号	Pb	Sb	Cu	Sn	As	Bi	Ni	Ag	Zn	杂质合计
						≤					
GB/T 1470—2014	PbSb0.5	余量	0.3~0.8	—	—	—	—	—	—	—	0.3
EN 12548:1999	PB002K 002K	余量	0.50~0.60	≤0.003	≤0.005	0.005	0.05	0.001	0.005	0.0005	—
						Cd:0.001, Te:0.002					

表 6-75　铅锑合金 PbSb1 牌号和化学成分（质量分数）对照　（%）

标准号	牌号 代号	Pb	Sb	Cu	Sn	As	Bi	Ni	Ag	Zn	杂质合计
						≤					
GB/T 1470—2014	PbSb1	余量	0.8~1.3	—	—	—	—	—	—	—	0.3
EN 12548:1999	PB001K 001K	余量	0.80~0.90	≤0.003	≤ 0.01	0.005	0.05	0.001	0.005	0.0005	—

表 6-76　铅锑合金 PbSb2 牌号和化学成分（质量分数）　（%）

标准号	牌号	Pb	Sb	Cu	Sn	As	Bi	Ni	Ag	Zn	杂质合计
						≤					
GB/T 1470—2014	PbSb2	余量	1.5~2.5	—	—	—	—	—	—	—	0.3

表 6-77　铅锑合金 PbSb4 牌号和化学成分（质量分数）对照　（%）

标准号	牌号	Pb	Sb	Cu	Sn	As	Bi	Ni	Ag	Zn	杂质合计
						≤					
GB/T 1470—2014	PbSb4	余量	3.5~4.5	—	—	—	—	—	—	—	0.3
JIS H4301:2006	HPbP4	余量	3.50~4.50	Sn、Cu 及其他杂质合计:0.40;Ag、As、Zn、Fe 和 Bi 可不作分析							

表 6-78　铅锑合金 PbSb6 牌号和化学成分（质量分数）对照　（%）

标准号	牌号	Pb	Sb	Cu	Sn	As	Bi	Ni	Ag	Zn	杂质合计
						≤					
GB/T 1470—2014	PbSb6	余量	5.5~6.5	—	—	—	—	—	—	—	0.3
JIS H4301:2006	HPbP6	余量	5.50~6.50	Sn、Cu 及其他杂质合计:0.40;Ag、As、Zn、Fe 和 Bi 可不作分析							

表 6-79　铅锑合金 PbSb8 牌号和化学成分（质量分数）　（%）

标准号	牌号	Pb	Sb	Cu	Sn	As	Bi	Ni	Ag	Zn	杂质合计
						≤					
GB/T 1470—2014	PbSb8	余量	7.5~8.5	—	—	—	—	—	—	—	0.3

表 6-80　三种硬铅锑合金的牌号和化学成分（质量分数）　（%）

标准号	牌号	Pb	Sb	Cu	Sn	杂质合计 ≤
GB/T 1470—2014	PbSb4-0.2-0.5	余量	3.5~4.5	0.05~0.2	0.05~0.5	0.3
	PbSb6-0.2-0.5		5.5~6.5	0.05~0.2	0.05~0.5	
	PbSb8-0.2-0.5		7.5~8.5	0.05~0.2	0.05~0.5	

表 6-81 八种特硬铅锑合金的牌号和化学成分（质量分数） （%）

标准号	牌号	Pb	Ag	Sb	Cu	Te	杂质合计 ≤
GB/T 1470—2014	PbSb1-0.1-0.05	余量	0.01~0.5	0.5~1.5	0.05~0.2	0.04~0.1	0.3
	PbSb2-0.1-0.05		0.01~0.5	1.6~2.5	0.05~0.2	0.04~0.1	
	PbSb3-0.1-0.05		0.01~0.5	2.6~3.5	0.05~0.2	0.04~0.1	
	PbSb4-0.1-0.05		0.01~0.5	3.6~4.5	0.05~0.2	0.04~0.1	
	PbSb5-0.1-0.05		0.01~0.5	4.6~5.5	0.05~0.2	0.04~0.1	
	PbSb6-0.1-0.05		0.01~0.5	5.6~6.5	0.05~0.2	0.04~0.1	
	PbSb7-0.1-0.05		0.01~0.5	6.6~7.5	0.05~0.2	0.04~0.1	
	PbSb8-0.1-0.05		0.01~0.5	7.6~8.5	0.05~0.2	0.04~0.1	

3. 保险铅丝牌号和化学成分

GB 3132—1982《保险铅丝》中有 2 个牌号。保险铅丝的牌号和化学成分见表 6-82。

表 6-82 保险铅丝牌号和化学成分（质量分数） （%）

标准号	牌号	Pb	Sb	杂质合计 ≤
GB 3132—1982	A0.25-1.10	余量	1.5~3.0	0.5
	A1.25-2.50	余量	0.3~1.5	1.5

4. 铅银合金牌号和化学成分

YS/T 498—2006《电解沉积用铅阳极板》中，铅银合金共有 1 个牌号。铅银合金的中外牌号和化学成分对照见表 6-83。

表 6-83 铅银合金 PbAg1 牌号和化学成分（质量分数）对照 （%）

标准号	牌号 代号	Pb ≥	Ag	Sb	Cu	As	Bi	Sn	Zn	Fe	杂质合计
				≤							
YS/T 498—2006	PbAg1	余量	0.9~1.1	0.004	0.001	0.002	0.006	0.002	0.001	0.002	0.02
				Mg+Ca+Na:0.003							
EN ISO 9453:2020	Pb98Ag2 181	余量	2.0~3.0	0.20	0.08	0.03	0.10	0.25	0.001	0.02	—
ISO 9453:2020(E)	Pb98Ag2 181			Cd:0.002,Au:0.05,In:0.10,Al:0.001,Ni:0.01							

第 7 章　中外镍及镍合金牌号和化学成分

镍及镍合金包括电解镍、加工镍及镍合金、耐蚀合金和镍及镍合金铸件。

7.1　冶炼产品

GB/T 6516—2010《电解镍》中共有 5 个牌号。中外电解镍牌号和化学成分对照见表 7-1～表 7-5。

表 7-1　电解镍 Ni9999 牌号和化学成分（质量分数）对照　（%）

标准号	牌号	Ni+Co	Co	C	Si	P	S	Fe	Cu	Zn	As	Cd	Sn
		≥	≤										
GB/T 6516—2010	Ni9999	99.99	0.005	0.005	0.001	0.001	0.001	0.002	0.0015	0.001	0.0008	0.0003	0.0003
			Sb:0.0003,Pb:0.0003,Bi:0.0003,Al:0.001,Mn:0.001,Mg:0.001										
ГОСТ 849—1997	H-0	99.99	0.005	0.005	0.001	0.001	0.001	0.002	0.001	0.0005	0.0005	0.0003	0.0003
			Sb:0.0003,Pb:0.0003,Bi:0.0003,Al:0.001,Mn:0.001,Mg:0.001										
JIS H2104:1997(R2018)	特级 NO	99.98	0.01	0.01	0.001	—	0.001	0.005	0.002	Pb: 0.001	Mn: 0.004	—	—
ISO 6283:2017(E)	NR9997	99.97	0.0005	0.005	0.001	0.0002	0.0005	0.015	0.001	0.0005	0.0001	0.0001	0.0001
			Ag:0.0001,Al:0.0005,Bi:0.00002,Mn:0.0005,N:0.0003,Pb:0.0001,Sb:0.0001,Se:0.0001,Te:0.00005,Ti:0.00005										

表 7-2 电解镍 Ni9996 牌号和化学成分（质量分数）对照 （%）

标准号	牌号	Ni+Co ≥	Co	C	Si	P	S	Fe	Cu	Zn	As	Cd	Sn
			≤										
GB/T 6516—2010	Ni9996	99.96	0.02	0.01	0.002	0.001	0.001	0.01	0.01	0.0015	0.0008	0.0003	0.0003
			Sb:0.0003,Pb:0.0015,Bi:0.0003,Mg:0.001										
ГОСТ 849—1997	H-1y	99.95	0.10	0.01	0.002	0.001	0.001	0.01	0.015	0.0010	0.001	0.0005	0.0005
			Sb:0.0005,Pb:0.0005,Bi:0.0005,Mg:0.001										
JIS H2104:1997(R2018)	NR9995	99.95	0.0005	0.015	0.001	0.0002	0.001	0.015	0.001	0.0005	0.0001	0.0001	0.0001
			Ag:0.0001,Al:0.0005,Bi:0.00005,Mn:0.0005,Pb:0.0001,Sb:0.0001,Se:0.0001,Te:0.00005,Ti:0.00005										
ISO 6283:2017(E)	NR9995	99.95	0.0005	0.015	0.001	0.0002	0.001	0.015	0.001	0.0005	0.0001	0.0001	0.0001
			Ag:0.0001,Al:0.0005,Bi:0.00005,Mn:0.0005,Pb:0.0001,Sb:0.0001,Se:0.0001,Te:0.00005,Ti:0.00005										

表 7-3 电解镍 Ni9990 牌号和化学成分（质量分数）对照 （%）

标准号	牌号	Ni+Co ≥	Co	C	Si	P	S	Fe	Cu	Zn	As	Cd	Sn
			≤										
GB/T 6516—2010	Ni9990	99.90	0.08	0.01	0.002	0.001	0.001	0.02	0.02	0.002	0.001	0.0008	0.0008
			Sb:0.0008,Pb:0.0015,Bi:0.0008,Mg:0.002										
ГОСТ 849—1997	H-1	99.93	0.10	0.01	0.002	0.001	0.001	0.02	0.02	0.001	0.001	0.001	0.001
			Sb:0.001,Pb:0.001,Bi:0.0006,Mg:0.001										
JIS H2104:1997(R2018)	NR9990	99.90	0.05	0.015	0.002	0.002	0.002	0.015	0.01	0.0015	0.004	0.001	0.0001
			Ag:0.001,Al:0.001,Bi:0.0002,Mn:0.004,Pb:0.001,Sb:0.0005,Se:0.001,Te:0.0001,Ti:0.0001										
ASTM B39—1979(R2018)	精炼 Ni	99.80	0.15	0.03	0.005	0.005	0.01	0.02	0.02	0.005	0.005	—	0.005
			Mn:0.005,Pb:0.005,Sb:0.005,Bi:0.005										

（续）

标准号	牌号	Ni+Co ≥	Co	C	Si	P	S	Fe	Cu	Zn	As	Cd	Sn
			≤										
ISO 6283:2017(E)	NR9990	99.90	0.05	0.015	0.002	0.002	0.002	0.015	0.01	0.0015	0.004	0.001	0.0001
			Ag:0.001,Al:0.001,Bi:0.0002,Mn:0.004,Pb:0.001,Sb:0.0005,Se:0.001,Te:0.0001,Ti:0.0001										

表 7-4　电解镍 Ni9950 牌号和化学成分（质量分数）对照　（%）

标准号	牌号	Ni+Co ≥	Co	C	Si	P	S	Fe	Cu	Zn	As	Cd	Sn
			≤										
GB/T 6516—2010	Ni9950	99.50	0.15	0.02	—	0.003	0.003	0.20	0.04	0.005	0.002	0.002	0.0025
			Sb:0.0025,Pb:0.002,Bi:0.0025										
ГОСТ 849—1997	H-2	99.8	0.15	0.02	0.002	Pb:0.01	0.003	0.04	0.04	0.005	—	—	—
JIS H2104:1997(R2018)	NR9980	99.8	0.15	0.03	0.004	0.004	0.01	0.02	0.02	0.004	0.004	—	0.004
			Bi:0.004,Mn:0.004,Pb:0.004,Sb:0.004										
ISO 6283:2017(E)	NR9980	99.80	0.15	0.03	0.004	0.004	0.001	0.02	0.02	0.004	0.004	—	0.004
			Bi:0.004,Mn:0.004,Pb:0.004, Sb:0.004										

表 7-5　电解镍 Ni9920 牌号和化学成分（质量分数）　（%）

标准号	牌号	Ni+Co ≥	Co	C	Si	P	S	Fe	Cu	Zn	As	Cd	Pb
			≤										
GB/T 6516—2010	Ni9920	99.20	0.50	0.10	—	0.02	0.02	0.50	0.15	—	—	—	0.005

7.2 加工产品

7.2.1 加工镍及镍合金牌号和化学成分

GB/T 5235—2021《加工镍及镍合金牌号和化学成分》中包括纯镍、阳极镍、镍锰系、镍铜系、镍镁系、镍硅系、镍钼系、镍钨系、镍铬系、镍铬钼系、镍铬钴系、镍铬铁系，共有 54 号牌号。中外加工镍及镍合金牌号和化学成分对照见表 7-6~表 7-59。其中，表 7-6~表 7-16、表 7-29~表 7-31、表 7-38、表 7-44 和表 7-45 中 Ni+Co 含量由差减法求得；要求单元测量 Co 含量时，此值为 Ni 含量；不要求单独测量 Co 含量时，此值为 Ni+Co 含量。

表 7-6~表 7-59 中，各元素质量分数是范围者为基体元素或合金元素，质量分数为单个数值者，除 Ni+Co 为最小值，其他为最大值。

表 7-6 二号镍 N2 牌号和化学成分（质量分数） （%）

标准号	牌号	Ni+Co	Cu	Si	Mn	C	Mg	S	P	Fe	Pb	Bi	杂质合计
GB/T 5235—2021	N2	99.98	0.001	0.003	0.002	0.005	0.003	0.001	0.001	0.007	0.0003	0.0003	0.02
			As:0.001,Sb:0.0003,Zn:0.002,Cd:0.0003,Sn:0.001										

表 7-7 四号镍 N4 牌号和化学成分（质量分数）对照 （%）

标准号	牌号	Ni+Co	Cu	Si	Mn	C	Mg	S	P	Fe	Pb	Bi	杂质合计
GB/T 5235—2021	N4	99.9	0.015	0.03	0.002	0.01	0.01	0.001	0.001	0.04	0.001	0.001	0.1
			As:0.001,Sb:0.001,Zn:0.005,Cd:0.001,Sn:0.001										

（续）

标准号	牌号	Ni+Co	Cu	Si	Mn	C	Mg	S	P	Fe	Pb	Bi	杂质合计
ГОСТ 492—2006	НП1	99.9	0.015	0.03	0.002	0.01	0.01	0.001	0.001	0.04	0.001	0.001	0.1
			As：0.001，Sb：0.001，Zn：0.005，Cd：0.001，Sn：0.001										

表 7-8　五号镍 N5 牌号和化学成分（质量分数）对照　（%）

标准号	牌号 统一数字代号	Ni+Co	Cu	Si	Mn	C	Mg	S	P	Fe	Pb	Cr	杂质合计
GB/T 5235—2021	N5	99.0	0.25	0.30	0.35	0.02	—	0.01	—	0.40	—	—	—
JIS H4551：2000	Ni99.0-LC NW2201	99.0	0.2	0.3	0.3	0.02	—	0.010	—	0.4	—	—	—
ISO 9725：2017(E)	Ni99.0-LC NW2201												
ASTM B161—2005(R2019)	N02201	99.0	0.25	0.35	0.35	0.02	—	0.01	—	0.40	—	—	—

表 7-9　六号镍 N6 牌号和化学成分（质量分数）对照　（%）

标准号	牌号	Ni+Co	Cu	Si	Mn	C	Mg	S	P	Fe	Pb	Bi	杂质合计
			≤										
GB/T 5235—2021	N6	99.5	0.10	0.10	0.05	0.10	0.10	0.005	0.002	0.10	0.002	0.002	0.5
			As：0.002，Sb：0.002，Zn：0.007，Cd：0.002，Sn：0.002										
ГОСТ 492—2006	НП2	99.5	0.10	0.15	0.05	0.10	0.10	0.005	0.002	0.10	0.002	0.002	0.5
			As：0.002，Sb：0.002，Zn：0.007，Cd：0.002，Sn：0.002										

表 7-10 七号镍 N7 牌号和化学成分（质量分数）对照 （%）

标准号	牌号 统一数字代号	Ni+Co	Cu	Si	Mn	C	Mg	S	P	Fe	Pb	Cr	杂质合计
GB/T 5235—2021	N7	99.0	0.25	0.30	0.35	0.15	—	0.01	—	0.40	—	—	—
JIS H4551:2000	Ni99.0 NW2200	99.0	0.2	0.3	0.3	0.15	—	0.010	—	0.4	—	—	—
ASTM B162—1999(R2019)	N02200	99.0	0.25	0.35	0.35	0.15	—	0.01	—	0.40	—	—	—
ISO 9725:2017(E)	Ni99.0 NW2200	99.0	0.2	0.3	0.3	0.15	—	0.010	—	0.4	—	—	—

表 7-11 八号镍 N8 牌号和化学成分（质量分数）对照 （%）

标准号	牌号	Ni+Co	Cu	Si	Mn	C	Mg	S	P	Fe	Pb	Cr	杂质合计
GB/T 5235—2021	N8	99.0	0.15	0.15	0.20	0.20	0.10	0.015	—	0.30	—	—	1.0
ГОСТ 492—2006	НП4	99.0	0.15	0.15	0.20	0.20	0.10	0.015	—	0.30	—	—	1.0

表 7-12 九号镍 N9 牌号和化学成分（质量分数） （%）

标准号	牌号	Ni+Co	Cu	Si	Mn	C	Mg	S	P	Fe	Pb	Bi	杂质合计
GB/T 5235—2021	N9	98.63	0.25	0.35	0.35	0.02	0.10	0.005	0.002	0.4	0.002	0.002	0.5
			As:0.002,Sb:0.002,Zn:0.007,Cd:0.002,Sn:0.002										

表 7-13 电真空镍 DN 牌号和化学成分（质量分数） （%）

标准号	牌号	Ni+Co	Cu	Si	Mn	C	Mg	S	P	Fe	Pb	Bi	杂质合计
GB/T 5235—2021	DN	99.35	0.06	0.02~0.10	0.05	0.02~0.10	0.02~0.10	0.005	0.002	0.10	0.002	0.002	—
								As:0.002,Sb:0.002,Zn:0.007,Cd:0.002,Sn:0.002					

表 7-14 一号阳极镍 NY1 牌号和化学成分（质量分数）对照 （%）

标准号	牌号	Ni+Co	Cu	Si	Mn	C	Mg	S	P	Fe	Pb	Cr	杂质合计
GB/T 5235—2021	NY1	99.7	0.1	0.10	—	0.02	0.10	0.005	—	0.10	—	—	0.3
ГОСТ 492—2006	НПА1	99.7	0.1	0.03	—	0.02	0.10	0.005	—	0.10	—	—	0.3

表 7-15 二号阳极镍 NY2 牌号和化学成分（质量分数）对照 (%)

标准号	牌号	Ni+Co	Cu	Si	Mn	C	Mg	S	P	Fe	Pb	O	杂质合计
GB/T 5235—2021	NY2	99.4	0.01~0.10	0.10	—	—	—	0.002~0.01	—	0.10	—	0.03~0.30	—
ГОСТ 492—2006	НПАН	99.4	0.01~0.10	0.03	—	—	—	0.002~0.01	—	0.10	—	0.03~0.30	0.6

表 7-16 三号阳极镍 NY3 牌号和化学成分（质量分数）对照 (%)

标准号	牌号	Ni+Co	Cu	Si	Mn	C	Mg	S	P	Fe	Pb	O	杂质合计
GB/T 5235—2021	NY3	99.0	0.15	0.2	—	0.1	0.10	0.005	—	0.25	—	—	—
ГОСТ 492—2006	НПА2	99.0	0.15	0.2	—	0.10	0.10	0.005	—	0.25	—	—	1.0

表 7-17 镍锰系 NMn3 牌号和化学成分（质量分数）对照 (%)

标准号	牌号	Ni+Co	Cu	Si	Mn	C	Mg	S	P	Fe	Pb	Bi	杂质合计
GB/T 5235—2021	NMn3	余量	0.50	0.30	2.30~3.30	0.30	0.10	0.03	0.010	0.65	0.002	0.002	1.5
							As:0.030,Sb:0.002						
ГОСТ 492—2006	НМц2.5	余量	0.50	0.30	2.30~3.30	0.30	0.10	0.03	0.010	0.65	0.002	0.002	1.50
							As:0.030,Sb:0.002						

表 7-18 镍锰系 NMn4-1 牌号和化学成分（质量分数） (%)

标准号	牌号	Ni+Co	Cu	Si	Mn	C	Mg	S	P	Fe	Pb	O	杂质合计
GB/T 5235—2021	NMn4-1	余量	—	0.75~1.05	3.75~4.25	—	—	—	—	—	—	—	—

表 7-19 镍锰系 NMn5 牌号和化学成分（质量分数）对照 (%)

标准号	牌号 统一数字代号	Ni+Co	Cu	Si	Mn	C	Mg	S	P	Fe	Pb	Bi	杂质合计
GB/T 5235—2021	NMn5	余量	0.50	0.30	4.60~5.40	0.30	0.10	0.03	0.020	0.65	0.002	0.002	—
						As:0.030,Sb:0.002							

ГОСТ 492—2006	НМц5	余量	0.50	0.30	4.60~5.40	0.30	0.10	0.03	0.020	0.65	0.002	0.002	2.0
						As:0.030, Sb:0.002							
ASTM B160—2005(R2019)	N02211	93.7	0.25	0.15	4.25~5.25	0.20	—	0.015	—	0.75	—	—	—

表 7-20 镍锰系 NMn1.5-1.5-0.5 牌号和化学成分（质量分数） （%）

标准号	牌号	Ni+Co	Cu	Si	Mn	C	Mg	S	P	Fe	Pb	Cr	杂质合计
GB/T 5235—2021	NMn1.5-1.5-0.5	余量	—	0.35~0.75	1.3~1.7	—	—	—	—	—	—	1.3~1.7	—

表 7-21 镍铜系 NCu40-2-1 牌号和化学成分（质量分数） （%）

标准号	牌号	Ni+Co	Cu	Si	Mn	C	Mg	S	P	Fe	Pb	Cr	杂质合计
GB/T 5235—2021	NCu40-2-1	余量	38.0~42.0	0.15	1.25~2.25	0.30	—	0.02	0.005	0.2~1.0	0.006	—	—

表 7-22 镍铜系 NCu28-1-1 牌号和化学成分（质量分数） （%）

标准号	牌号	Ni+Co	Cu	Si	Mn	C	Mg	S	P	Fe	Pb	Cr	杂质合计
GB/T 5235—2021	NCu28-1-1	余量	28~32	1.0~1.4	—	—	—	—	—	1.0~1.4	—	—	—

表 7-23 镍铜系 NCu28-2.5-1.5 牌号和化学成分（质量分数）对照 （%）

标准号	牌号	Ni+Co	Cu	Si	Mn	C	Mg	S	P	Fe	Pb	Bi	杂质合计
GB/T 5235—2021	NCu28-2.5-1.5	余量	27.0~29.0	0.1	1.2~1.8	0.20	0.10	0.02	0.005	2.0~3.0	0.003	0.002	—
											As:0.010, Sb:0.002		

（续）

标准号	牌号	Ni+Co	Cu	Si	Mn	C	Mg	S	P	Fe	Pb	Bi	杂质合计
ГОСТ 492—2006	НМЖМц 28-2.5-1.5	余量	27.0~29.0	0.05	1.2~1.8	0.20	0.10	0.01	0.005	2.0~3.0	0.002	0.002	0.60
											As:0.010,Sb:0.002		

表 7-24　镍铜系 NCu30 牌号和化学成分（质量分数）对照　（%）

标准号	牌号 统一数字代号	Ni+Co	Cu	Si	Mn	C	Mg	S	P	Fe	Pb	Cr	杂质合计
GB/T 5235—2021	NCu30	63.0	28.0~34.0	0.5	2.0	0.3	—	0.024		2.5	—	—	—
ASTM B127—2019	N04400	63.0	28.0~34.0	0.5	2.0	0.3	—	0.024	—	2.5	—	—	—
JIS H4552:2000	NCu30 NW4400	63.0	28.0~34.0	0.5	2.0	0.30	—	0.025	—	2.5	—	—	—
ISO 9725:2017(E)	NCu30 NW4400												

① 此值由差减法求得。

表 7-25　镍铜系 NCu30-LC 牌号和化学成分（质量分数）对照　（%）

标准号	牌号 统一数字代号	Ni+Co	Cu	Si	Mn	C	Mg	S	P	Fe	Pb	Cr	杂质合计
GB/T 5235—2021	NCu30-LC	63.0①	28.0~34.0	0.5	2.0	0.04	—	0.024	—	2.5	—	—	—
JIS H4552:2000	NCu30·LC NW4402	63.0	28.0~34.0	0.5	2.0	0.04	—	0.025	—	2.5	—	—	—
ISO 9725:2017(E)	NCu30-LC NW4402												

① 此值由差减法求得。

表 7-26　镍铜系 NCu30-HS 牌号和化学成分（质量分数）对照　（%）

标准号	牌号	Ni+Co	Cu	Si	Mn	C	Mg	S	P	Fe	Pb	Cr	杂质合计
GB/T 5235—2021	NCu30-HS	63.0[①]	28.0~34.0	0.5	2.0	0.3	—	0.025~0.060	—	2.5	—	—	—
ASTM 标准年鉴（镍及镍合金卷 2005 年版）	N04405	63.0	28.0~34.0	0.5	2.0	0.3	—	0.025~0.060	—	2.5	—	—	—

① 此值由差减法求得。

表 7-27　镍铜系 NCu30-3-0.5 牌号和化学成分（质量分数）对照　（%）

标准号	牌号 统一数字代号	Ni+Co	Cu	Si	Mn	C	Mg	S	P	Fe	Al	Ti	杂质合计
GB/T 5235—2021	NCu30-3-0.5	63.0[①]	27.0~33.0	0.50	1.5	0.18	—	0.010	—	2.0	2.30~3.15	0.35~0.86	—
ASTM 标准年鉴（镍及镍合金卷 2005 年版）	N05500	63.0	27.0~33.0	0.5	1.5	0.18	—	0.010	—	2.0	2.30~3.15	0.35~0.85	—
JIS H4551:2000	NCu30Al3Ti NW5500	余量	27.0~34.0	0.5	1.5	0.25	—	0.015	0.020	2.0	2.2~3.2	0.35~0.85	—
ISO 9725:2017(E)	NiCu30Al3Ti NW5500												

① 此值由差减法求得。

表 7-28　镍铜系 NCu35-1.5-1.5 牌号和化学成分（质量分数）　（%）

标准号	牌号	Ni+Co	Cu	Si	Mn	C	Mg	S	P	Fe	Al	Ti	杂质合计
GB/T 5235—2021	NCu35-1.5-1.5	余量	34~38	0.1~0.4	1.0~1.5	—	—	—	—	1.0~1.5	—	—	—

表 7-29　镍镁系 NMg0.1 牌号和化学成分（质量分数）对照　（%）

标准号	牌号	Ni+Co	Cu	Si	Mn	C	Mg	S	P	Fe	Pb	Bi	杂质合计
GB/T 5235—2021	NMg0.1	99.6	0.05	0.02	0.05	0.05	0.07~0.15	0.005	0.002	0.07	0.002	0.002	—
								As:0.002,Sb:0.002,Zn:0.007,Cd:0.002,Sn:0.002					
ГОСТ 492—2006	HMr0.1	99.7	0.02	0.01	0.01	0.04	0.08~0.12	0.003	0.001	0.04	0.002	0.001	—
		Co:0.1,Al:0.01,Zn:0.005,Cd:0.001,As:0.001,Sb:0.001,Sn:0.001											

表 7-30 镍硅系 NSi0.19 牌号和化学成分（质量分数）对照 （%）

标准号	牌号	Ni+Co	Cu	Si	Mn	C	Mg	S	P	Fe	Pb	Bi	杂质合计
GB/T 5235—2021	NSi0.19	99.4	0.05	0.15~0.25	0.05	0.10	0.05	0.005	0.002	0.07	0.002	0.002	—
								As:0.002, Sb:0.002, Zn:0.007, Cd:0.002, Sn:0.002					
ГОСТ 492—2006	НК0.2Э	99.4	0.04	0.15~0.25	0.04	0.05	0.05	0.003	0.002	0.07	0.002	0.002	—
		Co:0.1, Al:0.01As:0.002, Sb:0.002, Zn:0.005, Cd:0.002, Sn:0.002											

表 7-31 镍硅系 NSi3 牌号和化学成分（质量分数） （%）

标准号	牌号	Ni+Co	Si	C	Mn	W	Ca	S	P	Fe	Cu	Mg	杂质合计
GB/T 5235—2021	NSi3	97	3	—	—	—	—	—	—	—	—	—	—

表 7-32 镍钼系 NMo28 牌号和化学成分（质量分数）对照 （%）

标准号	牌号 统一数字代号	Ni	C	Cr	Fe	Mo	Co	Cu	Si	Mn	P	S
GB/T 5235—2021	NMo28	余量	0.02	1.0	2.0	26.0~30.0	1.00	—	0.10	1.0	0.04	0.03
JIS H4552:2000	NiMo28 NW0665	余量	0.02	1.0	2.0	26.0~30.0	1.0	—	0.1	1.0	0.040	0.030
ASTM B564—2019	N10665	余量	0.02	1.0	2.0	26.0~30.0	1.0	—	0.10	1.0	0.04	0.03
ISO 9725:2017(E)	NiMo28 NW0665	余量	0.02	1.0	2.0	26.0~30.0	1.0	—	0.1	1.0	0.040	0.030

表 7-33 镍钼系 NMo30-5 牌号和化学成分（质量分数）对照 （%）

标准号	牌号 统一数字代号	Ni	C	Cr	Fe	Mo	Co	V	Si	Mn	P	S
GB/T 5235—2021	NMo30-5	余量	0.05	1.0	4.0~6.0	26.0~30.0	2.5	0.2~0.4	1.0	1.0	0.040	0.030

JIS H4551:2000	NiMo30Fe5 NW0001	余量	0.05	1.0	4.0~ 6.0	26.0~ 30.0	2.5	0.2~ 0.4	1.0	1.0	0.040	0.030
ISO 9725:2017(E)	NiMo30Fe5 NW0001											
ASTM B622—2017	Ni-Mo Alloys N10001	余量	0.05	1.0	4.0~ 6.0	26.0~ 30.0	2.5	0.2~ 0.4	1.0	1.0	0.04	0.03

表 7-34　镍钨系 NW4-0.15 牌号和化学成分（质量分数）　（%）

标准号	牌号	Ni+Co	Cu	W	Ca	Al	C	Si	Mn	Fe	S	P	杂质合计
GB/T 5235—2021	NW4-0.15	余量	0.02	3.0~ 4.0	0.07~ 0.17	0.01	0.01	0.01	0.005	0.03	0.003	0.002	—
			Mg:0.01, Pb:0.002, Bi:0.002, As:0.002, Sb:0.002, Zn:0.003, Cd:0.002, Sn:0.002										

表 7-35　镍钨系 NW4-0.2-0.2 牌号和化学成分（质量分数）　（%）

标准号	牌号	Ni+Co	Cu	W	Ca	Al	C	Si	Mn	Fe	Mg	Zn	杂质合计
GB/T 5235—2021	NW4-0.2-0.2	余量	0.02	3.0~ 4.0	0.10~ 0.19	0.1~ 0.2	0.05	0.01	0.02	0.03	0.03	0.003	—
			P+Pb+Sn+Bi+Sb+Cd+S≤0.002										

表 7-36　镍钨系 NW4-0.1 牌号和化学成分（质量分数）　（%）

标准号	牌号	Ni+Co	Cu	W	Zr	Al	C	Si	Mn	Fe	S	P	杂质合计
GB/T 5235—2021	NW4-0.1	余量	0.005	3.0~ 4.0	0.08~ 0.14	0.005	0.01	0.005	0.005	0.03	0.001	0.001	—
			Mg:0.005, Ti:0.005, Pb:0.001, Bi:0.001, Sb:0.001, Zn:0.003, Cd:0.001, Sn:0.001										

表 7-37　镍钨系 NW4-0. 07 牌号和化学成分（质量分数）对照　（%）

标准号	牌号	Ni+Co	Cu	W	Mg	Si	Mn	C	S	P	Fe	Pb	杂质合计
GB/T 5235—2021	NW4-0. 07	余量	0. 02	3. 5～4. 5	0. 05～0. 10	0. 01	0. 005	0. 01	0. 001	0. 001	0. 03	0. 002	—
			Bi：0. 002，As：0. 002，Sb：0. 002，Zn：0. 005. Cd：0. 002，Sn：0. 002Al：0. 001										
ГОСТ 19241—1980	NiW4Mg0. 02	95. 6	0. 02	3. 7～4. 2	0. 01～0. 04	0. 01	0. 02	0. 02	0. 003	0. 001	0. 04	0. 001	—
			Co：0. 1，Al：0. 01Zn：0. 002，Cd：0. 001，As：0. 001，Sb：0. 001，Bi：0. 001										

表 7-38　镍铬系 NCr10 牌号和化学成分（质量分数）对照　（%）

标准号	牌号	Ni+Co	Co	Cr	Mn	C	Mg	S	P	Fe	Pb	Bi	杂质合计
GB/T 5235—2021	NCr10	89. 0	—	9. 0～11. 0	—	—	—	—	—	—	—	—	—
ГОСТ 492—2006	HX9. 5	余量	0. 60～1. 20	9. 00～10. 00	0. 30	0. 20	0. 05	0. 01	0. 003	0. 30	0. 002	0. 003	1. 40
					Al：0. 15，Cu：0. 25，Si：0. 40，As：0. 002，Sb：0. 002								
JIS C2520：1999	GNC69	—	—	9. 0～10. 5	1. 5	Si：1. 0	—	—	—	—	Ni+Cr+Si：99. 0		

表 7-39　镍铬系 NCr20 牌号和化学成分（质量分数）　（%）

标准号	牌号	Ni+Co	Co	Cr	Mn	C	Si	S	P	Fe	Cu	Al	杂质合计
GB/T 5235—2021	NCr20	余量	—	18～20	—	—	—	—	—	—	—	—	—

表 7-40　镍铬系 NCr20-2-1. 5 牌号和化学成分（质量分数）对照　（%）

标准号	牌号 统一数字代号	Ni+Co	Co	Cr	Mn	Si	C	S	P	Fe	Ti	Al	杂质合计
GB/T 5235—2021	NCr20-2-1. 5	余量	—	18. 00～21. 00	1. 00	1. 00	0. 10	0. 015	—	3. 00	1. 80～2. 70	0. 50～1. 80	—
ISO 9725：2017（E）	NiCr20Ti2Al NW7080	余量	2. 0	18. 0～21. 0	1. 0	1. 0	0. 04～0. 10	0. 015	—	1. 5	1. 8～2. 7	1. 0～1. 8	—
			B：0. 008，Cu：0. 2，Ag：0. 0005，Bi：0. 0001，Pb：0. 0020										

表 7-41 镍铬系 NCr20-0.5 牌号和化学成分（质量分数）对照 （%）

标准号	牌号 统一数字代号	Ni	Co	Cr	Mn	Si	C	S	P	Fe	Ti	Al	杂质合计
GB/T 5235—2021	NCr20-0.5	余量	5.0	18.0~21.0	1.0	1.0	0.08~0.15	0.020	—	3.0	0.20~0.60	—	—
			Cu:0.5，Pb:0.0050										
ISO 9725:2017(E)	NiCr20Ti NW6621	余量	5.0	18.0~21.0	1.0	1.0	0.08~0.15	0.020	—	3.0	0.20~0.60	—	—
			Cu:0.5,Pb:0.0050										

表 7-42 镍铬钼系 NCr16-16 牌号和化学成分（质量分数）对照 （%）

标准号	牌号 统一数字代号	Ni	Co	Cr	Mn	Si	C	S	P	Fe	Mo	Ti
GB/T 5235—2021	NCr16-16	余量	2.0	14.0~18.0	1.0	0.08	0.015	0.03	0.04	3.0	14.0~17.0	0.7
JIS H4552:2000	NiCr16Mo16Ti NW6455	余量	2.0	14.0~18.0	1.0	0.08	0.015	0.030	0.040	3.0	14.0~17.0	0.7
ASTM B622—2017	Low C-Ni-Cr-Mo Alloys N06455	余量	2.0	14.0~18.0	1.0	0.08	0.015	0.03	0.04	3.0	14.0~17.0	0.70
ISO 9725:2017(E)	NiCr16Mo16Ti NW6455	余量	2.0	14.0~18.0	1.0	0.08	0.015	0.030	0.040	3.0	14.0~17.0	0.7

表 7-43 镍铬钼系 NMo16-15-6-4 牌号和化学成分（质量分数）对照 （%）

标准号	牌号 统一数字代号	Ni	Co	Cr	Mn	Si	C	S	P	Fe	Mo	W
GB/T 5235—2021	NMo16-15-6-4	余量	2.5	14.5~16.5	1.0	0.08	0.010	0.03	0.04	4.0~7.0	15.0~17.0	3.0~4.5
			V:0.35									

(续)

标准号	牌号 统一数字代号	Ni	Co	Cr	Mn	Si	C	S	P	Fe	Mo	W
ASTM B564—2019	N10276	余量	2.5	14.5~16.5	1.0	0.08	0.010	0.03	0.04	4.0~7.0	15.0~17.0	3.0~4.5
			V≤0.35									
JIS H4553:1999	NiMo16Cr15Fe6W4 NW0276	余量	2.5	14.5~16.5	1.0	0.08	0.010	0.030	0.040	4.0~7.0	15.0~17.0	3.0~4.5
			V≤0.35									
ISO 9725:2017(E)	NiMo16Cr15Fe6W4 NW0276	余量	2.5	14.5~16.5	1.0	0.08	0.010	0.030	0.040	4.0~7.0	15.0~17.0	3.0~4.5

表 7-44 镍铬钼系 NCr30-10-2 牌号和化学成分（质量分数） (%)

标准号	牌号	Ni+Co	Co	Cr	Mn	Si	C	S	P	Fe	Mo	W
GB/T 5235—2021	NCr30-10-2	51	1.0	28.0~33.0	1.0	1.0	0.15	0.015	0.50	1.0	9.0~12.0	1.0~4.0
			Nb:1.0,Ti:1.0,Al:1.0,Cu:0.5									

表 7-45 镍铬钼系 NCr22-9-3.5 牌号和化学成分（质量分数）对照 (%)

标准号	牌号 统一数字代号	Ni+Co	Co	Cr	Mn	Si	C	S	P	Fe	Mo	Nb+Ta
GB/T 5235—2021	NCr22-9-3.5	58	1.0	20.0~23.0	0.5	0.5	0.10	0.015	0.015	5.0	8.0~10.0	3.15~4.15
			Ti:0.4,Al:0.4									
ASTM B564—2019	N06625	Ni≥58	1.0	20.0~23.0	0.5	0.5	0.10	0.015	0.015	5.0	8.0~10.0	3.15~4.15
			Ti:0.4,Al:0.4									
ISO 9725:2017(E)	NiCr22Mo9Nb NW6625	Ni≥58	1.0	20.0~23.0	0.50	0.50	0.10	0.015	0.015	5.0	8.0~10.0	3.15~4.15
			Ti:0.40,Al:0.40									

表 7-46　镍铬钴系 NCo20-15-5-4 牌号和化学成分（质量分数）对照　（%）

标准号	牌号 统一数字代号	Ni	Co	Cr	Mn	Si	C	S	P	Fe	Mo	Al
GB/T 5235—2021	NCo20-15-5-4	余量	18.0~22.0	14.0~15.7	1.0	1.0	0.12~0.17	0.015	—	0.1	4.5~5.5	4.5~4.9
			Ti:0.9~1.5, B:0.003~0.010, Cu:0.2, Ag:0.0005, Pb:0.0015, Bi:0.0001									
ISO 9725:2017(E)	NiCo20Cr15Mo5Al4Ti NW3021	余量	18.0~22.0	14.0~15.7	1.0	1.0	0.12~0.17	0.015	—	1.0	4.5~5.5	4.5~4.9
			Ti:0.9~1.5, B:0.003~0.010, Cu:0.2, Ag:0.0005, Pb:0.0015, Bi:0.0001									

表 7-47　镍铬钴系 NCr20-20-5-2 牌号和化学成分（质量分数）对照　（%）

标准号	牌号 统一数字代号	Ni	Co	Cr	Mn	Si	C	S	P	Fe	Mo	Ti
GB/T 5235—2021	NCr20-20-5-2	余量	19.0~21.0	19.0~21.0	0.6	0.4	0.04~0.08	0.007	—	0.7	5.6~6.1	1.9~2.4
			Al:0.3~0.6, Al+Ti:2.4~2.8, B:0.005, Cu:0.2, Ag:0.0005, Pb:0.0020, Bi:0.0001									
ISO 9725:2017(E)	NiCo20Cr20Mo5Ti2Al NW7263	余量	19.0	19.0~21.0	0.6	0.4	0.04~0.08	0.007	—	0.7	5.6~6.1	1.9~2.4
			Al:0.3~0.6, Al+Ti:2.4~2.8, B:0.005, Cu:0.2, Ag:0.0005, Pb:0.0020, Bi:0.0001									

表 7-48　镍铬钴系 NCr20-13-4-3 牌号和化学成分（质量分数）对照　（%）

标准号	牌号 统一数字代号	Ni ≥	Co	Cr	Mn	Si	C	S	P	Fe	Mo	Ti
GB/T 5235—2021	NCr20-13-4-3	余量	12.0~15.0	18.0~21.0	1.00	0.75	0.03~0.10	0.030	0.030	2.00	3.50~5.00	2.75~3.25
			Al:1.20~1.60, Zr:0.02~0.12, B:0.003~0.01, Cu:0.50, Ag:0.0005, Pb:0.0010, Bi:0.0001									

（续）

标准号	牌号 统一数字代号	Ni ≥	Co	Cr	Mn	Si	C	S	P	Fe	Mo	Ti
ASTM 标准年鉴（镍及镍合金卷 2005 年版）	N07001	余量	12.0~15.0	18.0~21.0	1.00	0.75	0.03~0.10	0.030	0.030	2.00	3.50~5.00	2.75~3.25
			Al:1.20~1.60，Zr:0.02~0.12，B:0.003~0.01，Cu:0.50									
ISO 9725:2017(E)	NiCr20Co13Mo4Ti3Al NW7001	余量	21.0	18.0~21.0	1.0	0.1	0.02~0.10	0.015	0.015	2.0	3.5~5.0	2.8~3.3
			Al:1.2~1.6，Zr:0.02~0.08，B:0.003~0.010，Cu:0.10，Ag:0.0005，Pb:0.0010，Bi:0.00005									

表 7-49　镍铬钴系 NCr20-18-2.5 牌号和化学成分（质量分数）对照　（%）

标准号	牌号 统一数字代号	Ni	Co	Cr	Mn	Si	C	S	P	Fe	Mo	Ti
GB/T 5235—2021	NCr20-18-2.5	余量	15.0~21.0	18.0~21.0	1.0	1.0	0.13	0.015	—	1.5	—	2.0~3.0
			Al:1.0~2.0，Zr:0.15，B:0.020，Cu:0.2									
ISO 9725:2017(E)	NiCr20Co18Ti3 NW7090	余量	15.0~21.0	18.0~21.0	1.0	1.0	0.13	0.015	—	1.5	—	2.0~3.0
			Al:1.0~2.0，Zr:0.15，B:0.020，Cu:0.2									

表 7-50　镍铬钴系 NCr22-12-9 牌号和化学成分（质量分数）对照　（%）

标准号	牌号 统一数字代号	Ni ≥	Co	Cr	Mn	Si	C	S	P	Fe	Mo	Al
GB/T 5235—2021	NCr22-12-9	44.5	10.0~15.0	20.0~24.0	1.0	1.0	0.05~0.15	0.015	—	3.0	8.0~10.0	0.8~1.5
			Ti:0.6，B:0.006，Cu:0.5									

ASTM B564—2019	N06617	44.5	10.0~15.0	20.0~24.0	1.0	1.0	0.05~0.15	0.015	—	3.0	8.0~10.0	0.8~1.5
			Ti:0.6,B:0.006,Cu:0.5									

表 7-51　镍铬铁系 NCr15-8 牌号和化学成分（质量分数）对照　（%）

标准号	牌号 统一数字代号	Ni ≥	Co	Cr	Mn	Si	C	S	P	Fe	Cu	Al
GB/T 5235—2021	NCr15-8	72.0	—	14.0~17.0	1.0	0.5	0.15	0.015	—	6.0~10.0	0.5	—
ASTM B564—2019	N06600	72.0	—	14.0~17.0	1.0	0.5	0.15	0.015	—	6.0~10.0	0.5	—
ISO 9725:2017(E)	NiCr15Fe8 NW6600	72.0	—	14.0~17.0	1.0	0.5	0.15	0.015	—	6.0~10.0	0.5	—

表 7-52　镍铬铁系 NCr15-8-LC 牌号和化学成分（质量分数）对照　（%）

标准号	牌号 统一数字代号	Ni ≥	Co	Cr	Mn	Si	C	S	P	Fe	Cu	Al
GB/T 5235—2021	NCr15-8-LC	72.0	—	14.0~17.0	1.0	0.5	0.02	0.015	—	6.0~10.0	0.5	—
ISO 9725:2017(E)	NiCr15Fe8-LC NW6602	72.0	—	14.0~17.0	1.0	0.5	0.02	0.015	—	6.0~10.0	0.5	—

表 7-53　镍铬铁系 NCr15-7-2.5 牌号和化学成分（质量分数）对照　（%）

标准号	牌号 统一数字代号	Ni ≥	Co	Cr	Mn	Si	C	S	P	Fe	Cu	Al
GB/T 5235—2021	NCr15-7-2.5	70.0	1.00	14.00~17.00	1.00	0.50	0.08	0.01	—	5.00~9.00	0.50	0.40~1.00
			Ti：2.25~2.75，Nb+Ta：0.70~1.20									
ASTM 标准年鉴（镍及镍合金卷 2005 年版）	N07750	70.0	1.0	14.0~17.0	1.00	0.50	0.08	0.01	—	5.0~9.0	0.50	0.40~1.00
			Ti：2.25~2.75，Nb+Ta：0.70~1.20									
ISO 9725：2017(E)	NiCr15Fe7Ti2Al NW7750	70.0	15.0~21.0	14.0~17.0	1.0	0.5	0.08	0.015	—	5.0~9.0	0.5	0.4~1.0
			Ti：2.2~2.8，Nb+Ta：0.7~1.2									

表 7-54　镍铬铁系 NCr21-18-9 牌号和化学成分（质量分数）对照　（%）

标准号	牌号 统一数字代号	Ni	Co	Cr	Mn	Si	C	S	P	Fe	W	Mo
GB/T 5235—2021	NCr21-18-9	余量[①]	0.5~2.5	20.5~23.0	1.00	1.00	0.05~0.15	0.03	0.04	17.0~20.0	0.2~1.0	8.0~10.0
ASTM B622—2017	Ni-Fe-Cr-Mo Alloys N06002	余量	0.5~2.5	20.5~23.0	1.0	1.0	0.05~0.15	0.03	0.04	17.0~20.0	0.20~1.0	8.0~10.0
JIS H4552：2000	NiCr21Fe18Mo9 NW6002	余量	0.5~2.5	20.5~23.0	1.0	1.0	0.05~0.15	0.030	0.040	17.0~20.0	0.2~1.0	8.0~10.0
			B≤0.010									
ISO 9725：2017(E)	NiCr21Fe18Mo9 NW6002	余量	0.5~2.5	20.5~23.0	1.0	1.0	0.05~0.15	0.030	0.040	17.0~20.0	0.2~1.0	8.0~10.0
			B≤0.010									

① 此值为实测值。

表 7-55 镍铬铁系 NCr23-15-1.5 牌号和化学成分（质量分数）对照 （%）

标准号	牌号 统一数字代号	Ni	Co	Cr	Mn	Si	C	S	P	Fe	Cu	Al
GB/T 5235—2021	NCr23-15-1.5	58.0~63.0	—	21.0~25.0	1.0	0.5	0.10	0.015	—	余量	1.0	1.0~1.7
ASTM B168—2019	N06601	58.0~63.0	—	21.0~25.0	1.0	0.5	0.10	0.015	—	余量	1.0	1.0~1.7
ISO 9725:2017(E)	NiCr23Fe15Al NW6601											

表 7-56 镍铬铁系 NFe36-12-6-3 牌号和化学成分（质量分数）对照 （%）

标准号	牌号 统一数字代号	Ni	Mo	Cr	Mn	Si	C	S	P	Fe	Cu	Ti
GB/T 5235—2021	NFe36-12-6-3	40.0~45.0	5.0~6.5	11.0~14.0	0.5	0.4	0.02~0.06	0.020	0.020	余量	0.2	2.8~3.1
			B:0.010~0.020,Al:0.35									
ISO 9725:2017(E)	NiFe36Cr12Mo3Ti3 NW9911	40.0~45.0	5.0~6.5	11.0~14.0	0.5	0.4	0.02~0.06	0.020	0.020	余量	0.2	2.8~3.1
			B:0.010~0.020,Al:0.35									

表 7-57 镍铬铁系 NCr19-19-5 牌号和化学成分（质量分数）对照 （%）

标准号	牌号 统一数字代号	Ni	Co	Cr	Mn	Si	C	S	P	Fe	Mo	Nb+Ta
GB/T 5235—2021	NCr19-19-5	50.0~55.0	1.0	17.0~21.0	0.35	0.35	0.08	0.015	0.015	余量	2.80~3.30	4.75~5.50
			Ti:0.65~1.15,Al:0.20~0.80,Cu:0.30,B:0.006									
ASTM 标准年鉴 （镍及镍合金卷 2005 年版）	N07718	50.0~55.0	1.0	17.0~21.0	0.35	0.35	0.08	0.015	0.015	余量	2.80~3.30	4.75~5.50
			Ti:0.65~1.15,Al:0.20~0.80,Cu:0.3,B:0.006									

（续）

标准号	牌号 统一数字代号	Ni	Co	Cr	Mn	Si	C	S	P	Fe	Mo	Nb+Ta
ISO 9725:2017(E)	NiCr19Fe19Nb5Mo3 NW7718	50.0~ 55.0	1.0	17.0~ 21.0	0.4	0.4	0.08	0.015	0.015	余量	2.8~ 3.3	4.7~ 5.5
			Ti:0.6~1.2,Al:0.2~0.8,Cu:0.3,B:0.006									

表 7-58 镍铬铁系 NFe30-21-3 牌号和化学成分（质量分数）对照 （%）

标准号	牌号 统一数字代号	Ni	Mo	Cr	Mn	Si	C	S	Al	Fe	Cu	Ti
GB/T 5235—2021	NFe30-21-3	38.0~ 46.0	2.5~ 3.5	19.5~ 23.5	1.0	0.5	0.05	0.03	0.2	≥22.0[①]	1.5~ 3.0	0.6~ 1.2
ASTM B425—2019	N08825	38.0~ 46.0	2.5~ 3.5	19.5~ 23.5	1.0	0.5	0.05	0.03	0.2	≥22.0	1.5~ 3.0	0.6~ 1.2
ISO 9725:2017(E)	NiCr21Mo3Cu2Ti NW8825	38.0~ 46.0	2.5~ 3.5	19.5~ 23.5	1.0	0.5	0.05	0.015	0.2	余量	1.5~ 3.0	0.6~ 1.2

① 此值由差减法求得。

表 7-59 镍铬铁系 NCr29-9 牌号和化学成分（质量分数）对照 （%）

标准号	牌号 统一数字代号	Ni	Co	Cr	Mn	Si	C	S	P	Fe	Cu	Al
GB/T 5235—2021	NCr29-9	58.0	—	27.0~ 31.0	0.5	0.5	0.05	0.015	—	7.0~ 11.0	0.5	—
ASTM B163—2019	N06690	58.0	—	27.0~ 31.0	0.5	0.5	0.05	0.015	—	7.0~ 11.0	0.5	—

7.2.2 变形镍合金牌号和化学成分

GB/T 15007—2017《耐蚀合金牌号》中包括变形耐蚀合金、焊接用变形耐蚀合金，共有 66 个牌号。

中外耐蚀合金牌号和化学成分对照见表 7-60～表 7-125。

1. 变形耐蚀合金牌号和化学成分

中外变形耐蚀合金牌号和化学成分对照见表 7-60～表 7-111。

表 7-60　NS1101 牌号和化学成分（质量分数）对照　（%）

标准号	牌号 统一数字代号	C	Cr	Ni	Fe	Cu	Al	Ti	Si	Mn	P	S
GB/T 15007—2017	NS1101 H08800	≤ 0.10	19.0～ 23.0	30.0～ 35.0	≥ 39.5	≤ 0.75	0.15～ 0.60	0.15～ 0.60	≤ 1.00	≤ 1.50	≤ 0.030	≤ 0.015
ASTM B163—2019	N08800	≤ 0.10	19.0～ 23.0	30.0～ 35.0	≥ 39.5	≤ 0.75	0.15～ 0.60	0.15～ 0.60	≤ 1.0	≤ 1.5	—	≤ 0.015
ISO 9725:2017(E)	FeNi32Cr21AlTi NW8800	≤ 0.10	19.0～ 23.0	30.0～ 35.0	余量	≤ 0.7	0.15～ 0.60	0.15～ 0.60	≤ 1.0	≤ 1.5	—	≤ 0.015

表 7-61　NS1102 牌号和化学成分（质量分数）对照　（%）

标准号	牌号 统一数字代号	C	Cr	Ni	Fe	Cu	Al	Ti	Si	Mn	P	S
GB/T 15007—2017	NS1102 H08810	0.05～ 0.10	19.0～ 23.0	30.0～ 35.0	≥ 39.5	≤ 0.75	0.15～ 0.60	0.15～ 0.60	≤ 1.00	≤ 1.50	≤ 0.030	≤ 0.015
ASTM B163—2019	N08810	0.05～ 0.10	19.0～ 23.0	30.0～ 35.0	≥ 39.5	≤ 0.75	0.15～ 0.60	0.15～ 0.60	≤ 1.0	≤ 1.5	—	≤ 0.015
ISO 9725:2017(E)	FeNi32Cr21AlTi-HC NW8810	0.05～ 0.10	19.0～ 23.0	30.0～ 35.0	余量	≤ 0.7	0.15～ 0.60	0.15～ 0.60	≤ 1.0	≤ 1.5	—	≤ 0.015

表 7-62　NS1103 牌号和化学成分（质量分数）　（%）

标准号	牌号 统一数字代号	C	Cr	Ni	Fe	Cu	Al	Ti	Si	Mn	P	S
GB/T 15007—2017	NS1103 H01103	≤ 0.030	24.0～ 26.5	34.0～ 37.0	余量	—	0.15～ 0.45	0.15～ 0.60	0.30～ 0.70	0.50～ 1.50	≤ 0.030	≤ 0.030

表 7-63 NS1104 牌号和化学成分（质量分数）对照 （%）

标准号	牌号 统一数字代号	C	Cr	Ni	Fe	Cu	Al	Ti	Si	Mn	P	S
GB/T 15007—2017	NS1104 H08811	0.06~0.10	19.0~23.0	30.0~35.0	≥39.5	≤0.75	0.15~0.60	0.15~0.60	≤1.00	≤1.50	≤0.030	≤0.015
							Al+Ti：0.85~1.20					
ASTM B163—2019	N08811	0.06~0.10	19.0~23.0	30.0~35.0	≥39.5	≤0.75	0.15~0.60	0.15~0.60	≤1.0	≤1.5	—	≤0.015
							Al+Ti：0.85~1.20					
ISO 9725：2017(E)	FeNi32Cr21AlTi-HT NW8811	0.06~0.10	19.0~23.0	30.0~35.0	余量	≤0.7	0.25~0.60	0.25~0.60	≤1.0	≤1.5	—	≤0.015
							Al+Ti：0.85~1.2					

表 7-64 NS1105 牌号和化学成分（质量分数）对照 （%）

标准号	牌号 统一数字代号	C	Cr	Ni	Fe	Cu	Sn	Pb	Si	Mn	P	S
GB/T 15007—2017	NS1105 H08330	≤0.08	17.0~20.0	34.0~37.0	余量	≤1.0	≤0.025	≤0.005	0.75~1.50	≤2.00	≤0.030	≤0.030
ASTM 标准年鉴（镍及镍合金卷 2005 年版）	N08330	≤0.08	17.0~20.0	34.0~37.0	余量	≤1.0	≤0.025	≤0.005	0.75~1.50	≤2.0	≤0.03	≤0.03

表 7-65 NS1106 牌号和化学成分（质量分数）对照 （%）

标准号	牌号 统一数字代号	C	Cr	Ni	Fe	Cu	Sn	Pb	Si	Mn	P	S
GB/T 15007—2017	NS1106 H08332	0.05~0.10	17.0~20.0	34.0~37.0	余量	≤1.0	≤0.025	≤0.005	0.75~1.50	≤2.00	≤0.030	≤0.030
ASTM 标准年鉴（镍及镍合金卷 2005 年版）	N08332	0.05~0.10	17.0~20.0	34.0~37.0	余量	≤1.0	≤0.025	≤0.005	0.75~1.50	≤2.0	≤0.03	≤0.03

表 7-66　NS1301 牌号和化学成分（质量分数）　（%）

标准号	牌号 统一数字代号	C	Cr	Ni	Fe	Mo	Al	Ti	Si	Mn	P	S
GB/T 15007—2017	NS1301 H01301	≤ 0.05	19.0~ 21.0	42.0~ 44.0	余量	12.5~ 13.5	—	—	≤ 0.70	≤ 1.00	≤ 0.030	≤ 0.030

表 7-67　NS1401 牌号和化学成分（质量分数）　（%）

标准号	牌号 统一数字代号	C	Cr	Ni	Fe	Mo	Cu	Ti	Si	Mn	P	S
GB/T 15007—2017	NS1401 H01401	≤ 0.030	25.0~ 27.0	34.0~ 37.0	余量	2.0~ 3.0	3.0~ 4.0	0.40~ 0.90	≤ 0.70	≤ 1.00	≤ 0.030	≤ 0.030

表 7-68　NS1402 牌号和化学成分（质量分数）对照　（%）

标准号	牌号 统一数字代号	C	Cr	Ni	Fe	Mo	Cu	Ti	Si	Mn	P	S
GB/T 15007—2017	NS1402 H08825	≤ 0.05	19.5~ 23.5	38.0~ 46.0	≥ 22.0	2.5~ 3.5	1.5~ 3.0	0.60~ 1.20	≤ 0.50 Al≤0.20	≤ 1.00	≤ 0.030	≤ 0.030
ASTM B423—2011(R2021)	N08825	≤ 0.05	19.5~ 23.5	38.0~ 46.0	≥ 22.0	2.5~ 3.5	1.5~ 3.0	0.6~ 1.2	≤ 0.5	≤ 1.0	Al≤ 0.2	≤ 0.03
ISO 9725:2017(E)	NiCr21Mo3Cu2Ti NW8825	≤ 0.05	19.5~ 23.5	38.0~ 46.0	余量	2.5~ 3.5	1.5~ 3.0	0.6~ 1.2	≤ 0.5	≤ 1.0	Al≤ 0.2	≤ 0.015

表 7-69　NS1403 牌号和化学成分（质量分数）对照　（%）

标准号	牌号 统一数字代号	C	Cr	Ni	Fe	Mo	Cu	Nb	Si	Mn	P	S
GB/T 15007—2017	NS1403 H08020	≤ 0.07	19.0~ 21.0	32.0~ 38.0	余量	2.0~ 3.0	3.0~ 4.0	8×C ~1.00 Nb 为 Nb+ Ta	≤ 1.00	≤ 2.00	≤ 0.030	≤ 0.030

（续）

标准号	牌号 统一数字代号	C	Cr	Ni	Fe	Mo	Cu	Nb	Si	Mn	P	S
ASTM 标准年鉴 （镍及镍合金卷 2005 年版）	N08020	≤ 0.07	19.0~ 21.0	32.0~ 38.0	余量	2.0~ 3.0	3.0~ 4.0	Nb+Ta ≤1.0	≤ 1.0	≤ 2.0	≤ 0.045	≤ 0.035
ISO 9725:2017(E)	FeNi35Cr20Cu4Mo2 NW8020	≤ 0.07	19.0~ 21.0	32.0~ 38.0	余量	2.0~ 3.0	3.0~ 4.0	Nb+Ta 8×C~1.0	≤ 1.0	≤ 2.0	≤ 0.040	≤ 0.030

表 7-70 NS1404 牌号和化学成分（质量分数）对照

（%）

标准号	牌号 统一数字代号	C	Cr	Ni	Fe	Mo	Cu	Nb	Si	Mn	P	S
GB/T 15007—2017	NS1404 H08028	≤ 0.030	26.0~ 28.0	30.0~ 34.0	余量	3.0~ 4.0	0.6~ 1.4	—	≤ 1.00	≤ 2.50	≤ 0.030	≤ 0.030
ASTM 标准年鉴 （镍及镍合金卷 2005 年版）	N08028	≤ 0.03	26.0~ 28.0	30.0~ 34.0	余量	3.0~ 4.0	0.6~ 1.4	—	≤ 1.0	≤ 2.50	≤ 0.030	≤ 0.030
ISO 15156-3:2015(E)	N08028	≤ 0.03	26.0~ 28.0	29.5~ 32.5	余量	3.0~ 4.0	0.6~ 1.4	—	≤ 1.00	≤ 2.50	≤ 0.030	≤ 0.030

表 7-71 NS1405 牌号和化学成分（质量分数）对照

（%）

标准号	牌号 统一数字代号	C	Cr	Ni	Fe	Mo	Cu	Nb	Si	Mn	P	S
GB/T 15007—2017	NS1405 H08535	≤ 0.030	24.0~ 27.0	29.0~ 36.5	余量	2.5~ 4.0	≤ 1.50	—	≤ 0.50	≤ 1.00	≤ 0.030	≤ 0.030
ASTM B622—2017	Low C-Ni-Fe-Cr Alloys N08535	≤ 0.03	24.0~ 27.0	29.0~ 36.5	余量	2.5~ 4.0	≤ 1.50	—	≤ 0.5	≤ 1.0	≤ 0.03	≤ 0.03
ISO 15156-3:2015(E)	N08535	≤ 0.030	24.0~ 27.0	29.0~ 36.5	余量	2.5~ 4.0	≤ 1.50	—	≤ 0.50	≤ 1.00	≤ 0.03	≤ 0.03

表 7-72 NS1501 牌号和化学成分（质量分数） （%）

标准号	牌号 统一数字代号	C	Cr	Ni	Fe	Mo	W	N	Si	Mn	P	S
GB/T 15007—2017	NS1501 （H01501）	≤ 0.030	≤ 0.010	22.0~ 24.0	34.0~ 36.0	余量	7.0~ 8.0	0.17~ 0.24	—	≤ 1.00	≤ 1.00	≤ 0.030

表 7-73 NS1502 牌号和化学成分（质量分数）对照 （%）

标准号	牌号 统一数字代号	C	Cr	Ni	Fe	Mo	N	Nb	Si	Mn	P	S
GB/T 15007—2017	NS1502 H08120	0.02~ 0.10	23.0~ 27.0	35.0~ 39.0	余量	≤ 2.5	0.15~ 0.30	0.40~ 0.90	≤ 1.00	≤ 1.50	≤ 0.040	≤ 0.030
		W≤2.5，Co≤3.0，Cu≤0.50，Al≤0.40，Ti≤0.20，B≤0.010										
ASTM B564—2019	N08120	0.02~ 0.10	23.0~ 27.0	35.0~ 39.0	余量	≤ 2.50	0.15~ 0.30	0.4~ 0.9	≤ 1.0	≤ 1.5	≤ 0.040	≤ 0.03
		W≤2.50，Co≤3.0，Cu≤0.50，Al≤0.40，Ti≤0.20，B≤0.010										

表 7-74 NS1601 牌号和化学成分（质量分数）对照 （%）

标准号	牌号 统一数字代号	C	Cr	Ni	Fe	Mo	Cu	N	Si	Mn	P	S
GB/T 15007—2017	NS1601 H01601	≤ 0.015	26.0~ 28.0	30.0~ 32.0	余量	6.0~ 7.0	0.50~ 1.5	0.15~ 0.25	≤ 0.30	≤ 2.00	≤ 0.020	≤ 0.010
ASTM B564—2019	N08031	≤ 0.015	26.0~ 28.0	30.0~ 32.0	余量	6.0~ 7.0	1.0~ 1.4	0.15~ 0.25	≤ 0.3	≤ 2.0	≤ 0.020	≤ 0.010

表 7-75 NS1602 牌号和化学成分（质量分数）对照 （%）

标准号	牌号 统一数字代号	C	Cr	Ni	Fe	Mo	Cu	N	Si	Mn	P	S
GB/T 15007—2017	NS1602 H01602	≤ 0.015	31.0~ 35.0	余量	30.0~ 33.0	0.50~ 2.0	0.30~ 1.20	0.35~ 0.60	≤ 0.50	≤ 2.00	≤ 0.020	≤ 0.010

（续）

标准号	牌号 统一数字代号	C	Cr	Ni	Fe	Mo	Cu	N	Si	Mn	P	S
ASTM B564—2019	R20033	≤ 0.015	31.0~ 35.0	30.0~ 33.0	余量	0.50~ 2.0	0.3~ 1.20	0.35~ 0.60	≤ 0.50	≤ 2.0	≤ 0.02	≤ 0.01

表 7-76 NS2401 牌号和化学成分（质量分数）对照

（%）

标准号	牌号 统一数字代号	C	Cr	Ni	Fe	Mo	Cu	Al	Si	Mn	P	S
GB/T 15007—2017	NS2401 H09925	≤ 0.030	19.5~ 22.5	42.0~ 46.0	≥ 22.0	2.5~ 3.5	1.5~ 3.0	0.1~ 0.5	≤ 0.50	≤ 1.00	≤ 0.030	≤ 0.030
					Ti:1.9~2.4		Nb≤0.5					
ASTM B564—2019	N08825	≤ 0.05	19.5~ 23.5	38.0~ 46.0	≥ 22.0	2.5~ 3.5	1.5~ 3.0	0.2	≤ 0.5	≤ 1.00	—	≤ 0.03
					Ti:0.6~1.2							
ISO 15156-3:2015(E)	N08825	≤ 0.03	19.5~ 23.5	38.0~ 46.0	≥ 22.0	2.50~ 3.50	1.50~ 3.00	0.10~ 0.50	≤ 0.50	≤ 1.00	—	≤ 0.03
					Ti:1.90~2.40		Nb≤0.50					

表 7-77 NS3101 牌号和化学成分（质量分数）

（%）

标准号	牌号 统一数字代号	C	Cr	Ni	Fe	Mo	Cu	Al	Si	Mn	P	S
GB/T 15007—2017	NS3101 H03101	≤ 0.06	28.0~ 31.0	余量	≤ 1.0	—	—	≤ 0.30	≤ 0.50	≤ 1.20	≤ 0.020	≤ 0.020

表 7-78 NS3102 牌号和化学成分（质量分数）对照 （%）

标准号	牌号 统一数字代号	C	Cr	Ni	Fe	Mo	Cu	Al	Si	Mn	P	S
GB/T 15007—2017	NS3102 H06600	≤ 0.15	14.0~ 17.0	≥ 72.0	6.0~ 10.0	—	≤ 0.50	—	≤ 0.50	≤ 1.00	≤ 0.030	≤ 0.015
ASTM B564—2019	N06600	≤ 0.15	14.0~ 17.0	≥ 72.0	6.0~ 10.0	—	≤ 0.5	—	≤ 0.5	≤ 1.0	—	≤ 0.015
ISO 9725:2017(E)	NiCr15Fe8 NW6600	≤ 0.15	14.0~ 17.0	≥ 72.0	6.0~ 10.0	—	≤ 0.5	—	≤ 0.5	≤ 1.0	—	≤ 0.015

表 7-79 NS3103 牌号和化学成分（质量分数）对照 （%）

标准号	牌号 统一数字代号	C	Cr	Ni	Fe	Mo	Cu	Al	Si	Mn	P	S
GB/T 15007—2017	NS3103 H06601	≤ 0.10	21.0~ 25.0	58.0~ 63.0	余量	—	≤ 1.00	1.00~ 1.70	≤ 0.50	≤ 1.00	≤ 0.030	≤ 0.015
ASTM B168—2019	N06601	≤ 0.10	21.0~ 25.0	58.0~ 63.0	余量	—	≤ 1.0	1.0~ 1.7	≤ 0.5	≤ 1.0	—	≤ 0.015
ISO 9725:2017(E)	NiCr23Fe15Al NW6601	≤ 0.10	21.0~ 25.0	58.0~ 63.0	余量	—	≤ 1.0	1.0~ 1.7	≤ 0.5	≤ 1.0	—	≤ 0.015

表 7-80 NS3104 牌号和化学成分（质量分数） （%）

标准号	牌号 统一数字代号	C	Cr	Ni	Fe	Mo	Cu	Al	Si	Mn	P	S
GB/T 15007—2017	NS3104 H03104	≤ 0.030	35.0~ 38.0	余量	≤ 1.0	—	—	0.20~ 0.50	≤ 0.50	≤ 1.00	≤ 0.030	≤ 0.020

表 7-81 NS3105 牌号和化学成分（质量分数）对照 （%）

标准号	牌号 统一数字代号	C	Cr	Ni	Fe	Mo	Cu	Al	Si	Mn	P	S
GB/T 15007—2017	NS3105 H06690	≤ 0.05	27.0~ 31.0	≥ 58.0	7.0~ 11.0	—	≤ 0.50	—	≤ 0.50	≤ 0.50	≤ 0.030	≤ 0.015
ASTM B163—2019	N06690	≤ 0.05	27.0~ 31.0	≥ 58.0	7.0~ 11.0	—	≤ 0.5	—	≤ 0.5	≤ 0.5	—	≤ 0.015

表 7-82 NS3201 牌号和化学成分（质量分数）对照 （%）

标准号	牌号 统一数字代号	C	Cr	Ni	Fe	Mo	Co	V	Si	Mn	P	S
GB/T 15007—2017	NS3201 H10001	≤ 0.05	≤ 1.00	余量	4.0~ 6.0	26.0~ 30.0	≤ 2.5	0.20~ 0.40	≤ 1.00	≤ 1.00	≤ 0.030	≤ 0.030
JIS H4551:2000	NiMo30Fe5 NW0001	≤ 0.05	≤ 1.0	余量	4.0~ 6.0	26.0~ 30.0	≤ 2.5	0.2~ 0.4	≤ 1.0	≤ 1.0	≤ 0.040	≤ 0.030
ASTM B622—2017	Ni-Mo Alloys N10001	≤ 0.05	≤ 1.0	余量	4.0~ 6.0	26.0~ 30.0	≤ 2.5	0.2~ 0.4	≤ 1.0	≤ 1.0	≤ 0.04	≤ 0.03
ISO 9725:2017(E)	NiMo30Fe5 NW0001	≤ 0.05	≤ 1.0	余量	4.0~ 6.0	26.0~ 30.0	≤ 2.5	0.2~ 0.4	≤ 1.0	≤ 1.0	≤ 0.040	≤ 0.030

表 7-83 NS3202 牌号和化学成分（质量分数）对照 （%）

标准号	牌号 统一数字代号	C	Cr	Ni	Fe	Mo	Co	Cu	Si	Mn	P	S
GB/T 15007—2017	NS3202 H10665	≤ 0.020	≤ 1.00	余量	≤ 2.0	26.0~ 30.0	≤ 1.0	—	≤ 0.10	≤ 1.00	≤ 0.040	≤ 0.030
JIS H4552:2000	NiMo28 NW0665	≤ 0.02	≤ 1.0	余量	≤ 2.0	26.0~ 30.0	≤ 1.0	—	≤ 0.1	≤ 1.0	≤ 0.040	≤ 0.030

ASTM B564—2019	N10665	≤0.02	≤1.0	余量	≤2.0	26.0~30.0	≤1.0	—	≤0.10	≤1.0	≤0.04	≤0.03
ISO 9725:2017(E)	NiMo28 NW0665	≤0.02	≤1.0	余量	≤2.0	26.0~30.0	≤1.0	—	≤0.1	≤1.0	≤0.040	≤0.030

表 7-84 NS3203 牌号和化学成分（质量分数）对照 （%）

标准号	牌号 统一数字代号	C	Cr	Ni	Fe	Mo	Co	Cu	Si	Mn	P	S
GB/T 15007—2017	NS3203 H10675	≤0.01	1.0~3.0	≥65.0	1.0~3.0	27.0~32.0	≤3.00	≤0.20	≤0.10	≤3.00	≤0.030	≤0.010
		W≤3.0,Al≤0.50,Ti≤0.20,Nb≤0.20,V≤0.20,Ta≤0.20,Zr≤0.10,Ni+Mo:94~98										
ASTM B564—2019	N10675	≤0.01	1.0~3.0	≥65.0	1.0~3.0	27.0~32.0	≤3.0	≤0.20	≤0.10	≤3.0	≤0.030	≤0.010
		W≤3.0,Al≤0.50,Ti≤0.20,Nb≤0.20,V≤0.20,Ta≤0.20,Zr≤0.10,Ni+Mo:94~98										

表 7-85 NS3204 牌号和化学成分（质量分数）对照 （%）

标准号	牌号 统一数字代号	C	Cr	Ni	Fe	Mo	Co	Cu	Si	Mn	P	S
GB/T 15007—2017	NS3204 H03204	≤0.010	0.5~1.5	≥65.0	1.0~6.0	26.0~30.0	≤2.50	≤0.50	≤0.05	≤1.5	≤0.040	≤0.010
							Al:0.1~0.50					
ASTM B564—2019	N10629	≤0.01	0.5~1.5	余量	1.0~6.0	26.0~30.0	≤2.5	≤0.5	≤0.05	≤1.5	≤0.04	≤0.01
							Al:0.1~0.5					

表 7-86　NS3301 牌号和化学成分（质量分数）　（%）

标准号	牌号 统一数字代号	C	Cr	Ni	Fe	Mo	Ti	Cu	Si	Mn	P	S
GB/T 15007—2017	NS3301 H03301	≤ 0.030	14.0~ 17.0	余量	≤ 8.0	2.0~ 3.0	0.40~ 0.90	—	≤ 0.70	≤ 1.00	≤ 0.030	≤ 0.020

表 7-87　NS3302 牌号和化学成分（质量分数）　（%）

标准号	牌号 统一数字代号	C	Cr	Ni	Fe	Mo	Ti	Co	Si	Mn	P	S
GB/T 15007—2017	NS3302 H03302	≤ 0.030	17.0~ 19.0	余量	≤ 1.0	16.0~ 18.0	—	—	≤ 0.70	≤ 1.00	≤ 0.030	≤ 0.030

表 7-88　NS3303 牌号和化学成分（质量分数）　（%）

标准号	牌号 统一数字代号	C	Cr	Ni	Fe	Mo	W	Co	Si	Mn	P	S
GB/T 15007—2017	NS3303 H03303	≤ 0.08	14.5~ 16.5	余量	4.0~ 7.0	15.0~ 17.0	3.0~ 4.5	≤ 2.5	≤ 1.00	≤ 1.00	≤ 0.040	≤ 0.030
							V≤0.35					

表 7-89　NS3304 牌号和化学成分（质量分数）对照　（%）

标准号	牌号 统一数字代号	C	Cr	Ni	Fe	Mo	W	Co	Si	Mn	P	S
GB/T 15007—2017	NS3304 H10276	≤ 0.010	14.5~ 16.5	余量	4.0~ 7.0	15.0~ 17.0	3.0~ 4.5	≤ 2.5	≤ 0.08	≤ 1.00	≤ 0.040	≤ 0.030
								V≤0.35				
JIS H4553:1999	NiMo16Cr15Fe6W4 NW0276	≤ 0.010	14.5~ 16.5	余量	4.0~ 7.0	15.0~ 17.0	3.0~ 4.5	≤ 2.5	≤ 0.08	≤ 1.0	≤ 0.040	≤ 0.030
								V≤0.35				

ASTM B564—2019	N10276	≤ 0.010	14.5~ 16.5	余量	4.0~ 7.0	15.0~ 17.0	3.0~ 4.5	≤ 2.5	≤ 0.08	≤ 1.0	≤ 0.04	≤ 0.03
								V≤0.35				
ISO 9725:2017(E)	NiMo16Cr15Fe6W4 NW0276	≤ 0.010	14.5~ 16.5	余量	4.0~ 7.0	15.0~ 17.0	3.0~ 4.5	≤ 2.5	≤ 0.08	≤ 1.0	≤ 0.040	≤ 0.030

表 7-90 NS3305 牌号和化学成分（质量分数）对照 （%）

标准号	牌号 统一数字代号	C	Cr	Ni	Fe	Mo	Ti	Co	Si	Mn	P	S
GB/T 15007—2017	NS3305 H06455	≤ 0.015	14.0~ 18.0	余量	≤ 3.0	14.0~ 17.0	≤ 0.70	≤ 2.0	≤ 0.08	≤ 1.00	≤ 0.040	≤ 0.030
JIS H4552:2000	NiCr16Mo16Ti NW6455	≤ 0.015	14.0~ 18.0	余量	≤ 3.0	14.0~ 17.0	≤ 0.7	≤ 2.0	≤ 0.08	≤ 1.0	≤ 0.040	≤ 0.030
ASTM B622—2017	Low C-Ni-Cr-Mo Alloys N06455	≤ 0.015	14.0~ 18.0	余量	≤ 3.0	14.0~ 17.0	≤ 0.70	≤ 2.0	≤ 0.08	≤ 1.0	≤ 0.04	≤ 0.03
ISO 9725:2017(E)	NiCr16Mo16Ti NW6455	≤ 0.015	14.0~ 18.0	余量	≤ 3.0	14.0~ 17.0	≤ 0.7	≤ 2.0	≤ 0.08	≤ 1.0	≤ 0.040	≤ 0.030

表 7-91 NS3306 牌号和化学成分（质量分数）对照 （%）

标准号	牌号 统一数字代号	C	Cr	Ni	Fe	Mo	Nb	Co	Si	Mn	P	S
GB/T 15007—2017	NS3306 H06625	≤ 0.10	20.0~ 23.0	余量	≤ 5.0	8.0~ 10.0	3.15~ 4.15	≤ 1.0	≤ 0.50	≤ 0.50	≤ 0.015	≤ 0.015
						Al≤0.40		Ti≤0.40				

（续）

标准号	牌号 统一数字代号	C	Cr	Ni	Fe	Mo	Nb	Co	Si	Mn	P	S
ASTM B564—2019	N06625	≤ 0.10	20.0~ 23.0	≥ 58.0	≤ 5.0	8.0~ 10.0	3.15~ 4.15	≤1.0	≤0.5	≤ 0.50	≤ 0.015	≤ 0.015
						Al≤0.4		Ti≤0.40				
ISO 9725:2017(E)	NiCr22Mo9Nb NW6625	≤ 0.10	20.0~ 23.0	≥ 58.0	≤ 5.0	8.0~ 10.0	Nb+Ta: 3.15~ 4.15	≤ 1.0	≤ 0.50	≤ 0.50	≤ 0.015	≤ 0.015
				Al≤0.40				Ti≤0.40				

表 7-92　NS3307 牌号和化学成分（质量分数）　（%）

标准号	牌号 统一数字代号	C	Cr	Ni	Fe	Mo	Cu	Co	Si	Mn	P	S
GB/T 15007—2017	NS3307 H03307	≤ 0.030	19.0~ 21.0	余量	≤ 5.0	15.0~ 17.0	≤ 0.10	≤ 0.10	≤ 0.40	0.50~ 1.50	≤ 0.020	≤ 0.020

表 7-93　NS3308 牌号和化学成分（质量分数）对照　（%）

标准号	牌号 统一数字代号	C	Cr	Ni	Fe	Mo	W	Co	Si	Mn	P	S
GB/T 15007—2017	NS3308 H06022	≤ 0.015	20.0~ 22.5	余量	2.0~ 6.0	12.5~ 14.5	2.5~ 3.5	≤ 2.5	≤ 0.08	≤ 0.50	≤ 0.020	≤ 0.020
							V≤0.35					
JIS H4552:2000	NiCr21Mo13Fe4W3 NW06022	≤ 0.015	20.0~ 22.5	余量	2.0~ 6.0	12.5~ 14.5	2.5~ 3.5	≤ 2.5	≤ 0.08	≤ 0.5	≤ 0.025	≤ 0.020
							V≤0.35					
ASTM B564—2019	N06022	≤ 0.015	20.0~ 22.5	余量	2.0~ 6.0	12.5~ 14.5	2.5~ 3.5	≤ 2.5	≤ 0.08	≤ 0.50	≤ 0.02	≤ 0.02
							V≤0.35					

ISO 15156-3:2015(E)	N06022	≤0.015	20.0~22.5	余量	2.0~6.0	12.5~14.5	2.5~3.5	≤2.5	≤0.08	≤0.50	≤0.02	≤0.02

表 7-94　NS3309 牌号和化学成分（质量分数）对照　（%）

标准号	牌号 统一数字代号	C	Cr	Ni	Fe	Mo	W	Ti	Si	Mn	P	S
GB/T 15007—2017	NS3309 H06686	≤0.010	19.0~23.0	余量	≤5.0	15.0~17.0	3.0~4.4	0.02~0.25	≤0.08	≤0.75	≤0.040	≤0.020
ASTM B163—2019	Low C-Ni-Cr-Mo-W Alloys N06686	≤0.010	19.0~23.0	余量	≤5.0	15.0~17.0	3.0~4.4	0.02~0.25	≤0.08	≤0.75	≤0.04	≤0.02
ISO 15156-3:2015(E)	N06686	≤0.010	19.0~23.0	余量	≤5.0	15.0~17.0	3.0~4.4	0.02~0.25	≤0.08	≤0.75	≤0.04	≤0.02

表 7-95　NS3310 牌号和化学成分（质量分数）对照　（%）

<table>
<tr><th>标准号</th><th>牌号
统一数字代号</th><th>C</th><th>Cr</th><th>Ni</th><th>Fe</th><th>Mo</th><th>W</th><th>Co</th><th>Si</th><th>Mn</th><th>P</th><th>S</th></tr>
<tr><td rowspan="2">GB/T 15007—2017</td><td rowspan="2">NS3310
H06950</td><td rowspan="2">≤0.015</td><td rowspan="2">19.0~21.0</td><td rowspan="2">余量</td><td rowspan="2">15.0~20.0</td><td rowspan="2">8.0~10.0</td><td>≤1.0</td><td>≤2.5</td><td>≤1.00</td><td>≤1.00</td><td>≤0.040</td><td>≤0.015</td></tr>
<tr><td colspan="2">Al≤0.40</td><td colspan="2">Cu≤0.50</td><td colspan="2">Nb≤0.50</td></tr>
<tr><td rowspan="2">ASTM 标准年鉴
（镍及镍合金卷 2005 年版）</td><td rowspan="2">N06950</td><td rowspan="2">≤0.015</td><td rowspan="2">19.0~21.0</td><td rowspan="2">≥50.0</td><td rowspan="2">15.0~20.0</td><td rowspan="2">8.0~10.0</td><td>≤1.0</td><td>≤2.5</td><td>≤1.00</td><td>≤1.00</td><td>≤0.04</td><td>≤0.015</td></tr>
<tr><td colspan="2">V≤0.04</td><td colspan="2">Cu≤0.5</td><td colspan="2">Nb+Ta≤0.50</td></tr>
<tr><td rowspan="2">ISO 15156-3:2015(E)</td><td rowspan="2">N06950</td><td rowspan="2">≤0.015</td><td rowspan="2">19.0~21.0</td><td rowspan="2">≥50.0</td><td rowspan="2">15.0~20.0</td><td rowspan="2">8.0~10.0</td><td>≤1.0</td><td>≤2.5</td><td>≤1.00</td><td>≤1.00</td><td>≤0.04</td><td>≤0.015</td></tr>
<tr><td colspan="2">V≤0.04</td><td colspan="2">Cu≤0.5</td><td colspan="2">Nb+Ta≤0.50</td></tr>
</table>

表 7-96 NS3311 牌号和化学成分（质量分数）对照 （%）

标准号	牌号 统一数字代号	C	Cr	Ni	Fe	Mo	Al	Co	Si	Mn	P	S
GB/T 15007—2017	NS3311 H06059	≤ 0.010	22.0~ 24.0	余量	≤ 1.5	15.0~ 16.5	0.10~ 0.40	≤ 0.3	≤ 0.10 Cu≤0.50	≤ 0.50	≤ 0.015	≤ 0.010
ASTM B564—2019	N06059	≤ 0.010	22.0~ 24.0	余量	≤ 1.5	15.0~ 16.5	0.1~ 0.4	≤ 0.3	≤ 0.10 Cu≤0.50	≤ 0.5	≤ 0.015	≤ 0.005
ISO 15156-3:2015(E)	N06059	≤ 0.010	22.0~ 24.0	余量	≤ 1.5	15.0~ 16.5	0.1~ 0.4	≤ 0.3	≤ 0.10	≤ 0.5	≤ 0.015	≤ 0.005

表 7-97 NS3312 牌号和化学成分（质量分数）对照 （%）

标准号	牌号 统一数字代号	C	Cr	Ni	Fe	Mo	W	Co	Si	Mn	P	S
GB/T 15007—2017	NS3312 H06002	0.05~ 0.15	20.5~ 23.0	余量	17.0~ 20.0	8.0~ 10.0	0.20~ 1.00	0.50~ 2.50	≤ 1.00	≤ 1.00	≤ 0.04	≤ 0.03
JIS H4552:2000	NiCr21Fe18Mo9 NW6002	0.05~ 0.15	20.5~ 23.0	余量	17.0~ 20.0	8.0~ 10.0	0.2~ 1.0	0.5~ 2.5	≤ 1.0	≤ 1.0	≤ 0.040 B≤0.010	≤ 0.030
ASTM B622—2017	Ni-Fe-Cr-Mo Alloys N06002	0.05~ 0.15	20.5~ 23.0	余量	17.0~ 20.0	8.0~ 10.0	0.20~ 1.0	0.5~ 2.5	≤ 1.0	≤ 1.0	≤ 0.04	≤ 0.03
ISO 9725:2017(E)	NiCr21Fe18Mo9 NW6002	0.05~ 0.15	20.5~ 23.0	余量	17.0~ 20.0	8.0~ 10.0	0.2~ 1.0	0.5~ 2.5	≤ 1.0	≤ 1.0	≤ 0.040 B≤0.010	≤ 0.030

表 7-98 NS3313 牌号和化学成分（质量分数）对照 （%）

标准号	牌号 统一数字代号	C	Cr	Ni	Fe	Mo	W	Co	Si	Mn	P	S
GB/T 15007—2017	NS3313 H06230	0.05~ 0.15	20.0~ 24.0	余量	≤ 3.0	1.0~ 3.0	13.0~ 15.0	≤ 5.0	0.25~ 0.75	0.30~ 1.00	≤ 0.030	≤ 0.015
						La:0.005~0.050			Al≤0.50		B≤0.015	
ASTM B564—2019	N06230	0.05~ 0.15	20.0~ 24.0	余量	≤ 3.0	1.0~ 3.0	13.0~ 15.0	≤ 5.0	0.25~ 0.75	0.30~ 1.00	≤ 0.03	≤ 0.015
						La:0.005~0.050			Al:0.20~0.50		B≤0.015	

表 7-99 NS3401 牌号和化学成分（质量分数） （%）

标准号	牌号 统一数字代号	C	Cr	Ni	Fe	Mo	Cu	Ti	Si	Mn	P	S
GB/T 15007—2017	NS3401 H03401	≤ 0.030	19.0~ 21.0	余量	≤ 7.0	2.0~ 3.0	1.0~ 2.0	0.40~ 0.90	≤ 0.70	≤ 1.00	≤ 0.030	≤ 0.030

表 7-100 NS3402 牌号和化学成分（质量分数）对照 （%）

标准号	牌号 统一数字代号	C	Cr	Ni	Fe	Mo	Cu	Nb	Si	Mn	P	S
GB/T 15007—2017	NS3402 H06007	≤ 0.05	21.0~ 23.5	余量	18.0~ 21.0	5.5~ 7.5	1.5~ 2.5	Nb+Ta: 1.75~ 2.50	≤ 1.0	1.0~ 2.0	≤ 0.040	≤ 0.030
									W≤1.0		Co≤2.5	
JIS H4552:2000	NiCr22Fe20Mo6Cu2Nb NW6007	≤ 0.05	21.0~ 23.5	余量	18.0~ 21.0	5.5~ 7.5	1.5~ 2.5	Nb+Ta: 1.7~ 2.5	≤ 1.0	1.0~ 2.0	≤ 0.040	≤ 0.030
									W≤1.0		Co≤2.5	
ISO 15156-3:2015(E)	N06007	≤ 0.05	21.0~ 23.5	余量	18.0~ 21.0	5.5~ 7.5	1.5~ 2.5	Nb+Ta: 1.75~ 2.5	≤ 1.00	1.0~ 2.0	≤ 0.04	≤ 0.03
									W≤1.00		Co≤2.5	

表 7-101 NS3403 牌号和化学成分（质量分数）对照 (%)

标准号	牌号 统一数字代号	C	Cr	Ni	Fe	Mo	Cu	Nb	Si	Mn	P	S
GB/T 15007—2017	NS3403 H06985	≤ 0.015	21.0~ 23.5	余量	18.0~ 21.0	6.0~ 8.0	1.5~ 2.5	Nb+Ta: ≤0.50	≤ 1.0	≤ 1.0	≤ 0.040	≤ 0.030
									W≤1.5		Co≤5.0	
JIS H4552:2000	NiCr22Fe20Mo7Cu2 NW6985	≤ 0.015	21.0~ 23.5	余量	18.0~ 21.0	6.0~ 8.0	1.5~ 2.5	Nb+Ta: ≤0.5	≤ 1.0	≤ 1.0	≤ 0.040	≤ 0.030
									W≤1.5		Co≤5.0	
ASTM B622—2017	Ni-Cr-Fe-Mo-Cu Alloys N06985	≤ 0.015	21.0~ 23.5	余量	18.0~ 21.0	6.0~ 8.0	1.5~ 2.5	Nb+Ta: ≤0.5	≤ 1.0	≤ 1.0	≤ 0.04	≤ 0.03
									W≤1.5		Co≤5.0	
ISO 15156-3:2015(E)	N06985	≤ 0.015	21.0~ 23.5	余量	18.0~ 21.0	6.0~ 8.0	1.5~ 2.5	Nb+Ta: ≤0.50	≤ 1.00	≤ 1.00	≤ 0.04	≤ 0.03
									W≤1.5		Co≤5.0	

表 7-102 NS3404 牌号和化学成分（质量分数）对照 (%)

标准号	牌号 统一数字代号	C	Cr	Ni	Fe	Mo	W	Cu	Si	Mn	P	S
GB/T 15007—2017	NS3404 H06030	≤ 0.030	28.0~ 31.5	余量	13.0~ 17.0	4.0~ 6.0	1.5~ 4.0	1.0~ 2.4	≤ 0.80	≤ 1.50	≤ 0.04	≤ 0.020
								Nb+Ta:0.30~1.50			Co≤5.0	
ASTM B622—2017	Ni-Cr-Fe-Mo-Cu Alloys N06030	≤ 0.03	28.0~ 31.5	余量	13.0~ 17.0	4.0~ 6.0	1.5~ 4.0	1.0~ 2.4	≤ 0.8	≤ 1.5	≤ 0.04	≤ 0.02
								Nb+Ta:0.30~1.50			Co≤5.0	
ISO 15156-3:2015(E)	N06030	≤ 0.03	28.0~ 31.5	余量	13.0~ 17.0	4.0~ 6.0	1.5~ 4.0	1.0~ 2.4	≤ 0.8	≤ 1.5	≤ 0.04	≤ 0.02
		V≤0.04			Nb:0.30~1.50,Nb+Ta:0.3~1.5						Co≤5.0	

表 7-103 NS3405 牌号和化学成分（质量分数）对照 （%）

标准号	牌号 统一数字代号	C	Cr	Ni	Fe	Mo	Co	Cu	Si	Mn	P	S
GB/T 15007—2017	NS3405 H06200	≤ 0.010	22.0~ 24.0	余量	≤ 3.0	15.0~ 17.0	≤ 2.0	1.3~ 1.9	≤ 0.08	≤ 0.50	≤ 0.025	≤ 0.010
											Al≤0.50	
ASTM B564—2019	N06200	≤ 0.010	22.0~ 24.0	余量	≤ 3.0	15.0~ 17.0	≤ 2.0	1.3~ 1.9	≤ 0.08	≤ 0.50	≤ 0.025	≤ 0.010
											Al:0.50	

表 7-104 NS4101 牌号和化学成分（质量分数） （%）

标准号	牌号 统一数字代号	C	Cr	Ni	Fe	Al	Ti	Nb	Si	Mn	P	S
GB/T 15007—2017	NS4101 H04101	≤ 0.05	19.0~ 21.0	余量	5.0~ 9.0	0.40~ 1.00	2.25~ 2.75	0.70~ 1.20	≤ 0.80	≤ 1.00	≤ 0.030	≤ 0.030

表 7-105 NS4102 牌号和化学成分（质量分数）对照 （%）

标准号	牌号 统一数字代号	C	Cr	Ni	Fe	Al	Ti	Nb	Si	Mn	P	S
GB/T 15007—2017	NS4102 H07750	≤ 0.08	14.0~ 17.0	Ni+Co ≥ 70.0	5.0~ 9.0	0.40~ 1.00	2.25~ 2.75	Nb+Ta: 0.70~ 1.20	≤ 0.50	≤ 1.00	—	≤ 0.010
									Co≤1.0		Cu≤0.50	
ASTM 标准年鉴 （镍及镍合金卷 2005 年版）	N07750	≤ 0.08	14.0~ 17.0	≥ 70.0	5.0~ 9.0	0.40~ 1.00	2.25~ 2.75	Nb+Ta: 0.70~ 1.20	≤ 0.50	≤ 1.00	—	≤ 0.01
									Co≤1.0		Cu≤0.50	
ISO 9725:2017(E)	NiCr15Fe7Ti2Al NW7750	≤ 0.08	14.0~ 17.0	≥ 70.0	5.0~ 9.0	0.4~ 1.0	2.2~ 2.8	Nb+Ta: 0.70~ 1.20	≤ 0.5	≤ 1.0	—	≤ 0.015
									Co:15.0~21.0		Cu≤0.5	

表 7-106 NS4103 牌号和化学成分（质量分数）对照 （%）

标准号	牌号 统一数字代号	C	Cr	Ni	Fe	Al	Ti	Nb	Si	Mn	P	S
GB/T 15007—2017	NS4103 H07751	≤ 0.10	14.0~ 17.0	≥ 70.0	5.0~ 9.0	0.90~ 1.50	2.0~ 2.60	Nb+Ta： 0.70~ 1.20	≤ 0.50	≤ 1.00	—	≤ 0.010
											Cu≤0.50	
ASTM 标准年鉴 （镍及镍合金卷 2005 年版）	N07751	≤ 0.10	14.0~ 17.0	≥ 70.0	5.0~ 9.0	0.90~ 1.50	2.0~ 2.60	Nb+Ta： 0.70~ 1.20	≤ 0.50	≤ 1.00	—	≤ 0.01
											Cu≤0.50	

表 7-107 NS4301 牌号和化学成分（质量分数）对照 （%）

标准号	牌号 统一数字代号	C	Cr	Ni	Fe	Mo	Ti	Nb	Si	Mn	P	S
GB/T 15007—2017	NS4301 （H07718）	≤ 0.08	17.0~ 21.0	Ni+Co： 50.0~ 55.0	余量	2.8~ 3.3	0.65~ 1.15	Nb+Ta： 4.75~ 5.50	≤ 0.35	≤ 0.35	≤ 0.015	≤ 0.015
				Co≤1.0		Al：0.20~0.80			Cu≤0.30		B≤0.006	
ASTM 标准年鉴 （镍及镍合金卷 2005 年版）	N07718	≤ 0.08	17.0~ 21.0	50.0~ 55.0	余量	2.80~ 3.30	0.65~ 1.15	Nb+Ta： 4.75~ 5.50	≤ 0.35	≤ 0.35	≤ 0.015	≤ 0.015
				Co≤1.0		Al：0.20~0.80			Cu≤0.3		B≤0.006	
ISO 9725：2017（E）	NiCr19Fe19Nb5Mo3 NW7718	≤ 0.08	17.0~ 21.0	50.0~ 55.0	余量	2.8~ 3.3	0.6~ 1.2	Nb+Ta： 4.7~ 5.5	≤ 0.4	≤ 0.4	≤ 0.015	≤ 0.015
						Al：0.2~0.8			Cu≤0.3		B≤0.006	

表 7-108 NS5200 牌号和化学成分（质量分数）对照 （%）

标准号	牌号 统一数字代号	C	Co	Ni	Fe	Mg	Cu	Ti	Si	Mn	P	S
GB/T 15007—2017	NS5200 H02200	≤0.15	—	≥99.0	≤0.40	—	≤0.25	—	≤0.35	≤0.35	—	≤0.010
ГОСТ 492—2006	НП4	≤0.20	—	≥99.0	≤0.30	≤0.10	≤0.15	—	≤0.15	≤0.20	—	≤0.015
									其他杂质合计≤1.0			
JIS H4551:2000	Ni99.0 NW2200	≤0.15	—	≥99.0	≤0.4	—	≤0.2	—	≤0.3	≤0.3	—	≤0.010
ASTM B564—2019	N02200	≤0.15	—	≥99.0	≤0.40	—	≤0.25	—	≤0.35	≤0.35	—	≤0.01
ISO 9725:2017(E)	Ni99.0 NW2200	≤0.15	—	≥99.0	≤0.4	—	≤0.2	—	≤0.3	≤0.3	—	≤0.010

表 7-109 NS5201 牌号和化学成分（质量分数）对照 （%）

标准号	牌号 统一数字代号	C	Co	Ni	Fe	Mg	Cu	Ti	Si	Mn	P	S
GB/T 15007—2017	NS5201 H02201	≤0.020	—	≥99.0	≤0.40	—	≤0.25	—	≤0.35	≤0.35	—	≤0.010
ГОСТ 492—2006	НПА2	≤0.10	—	≥99.0	≤0.25	≤0.10	≤0.15	—	≤0.2	—	—	≤0.005
									其他杂质合计≤1.0			
JIS H4551:2000	Ni99.0-LC NW2201	≤0.02	—	≥99.0	≤0.4	—	≤0.2	—	≤0.3	≤0.3	—	≤0.010
ASTM B160—2005(R2019)	N02201	≤0.02	—	≥99.0	≤0.40	—	≤0.25	—	≤0.35	≤0.35	—	≤0.01

（续）

标准号	牌号 统一数字代号	C	Co	Ni	Fe	Mg	Cu	Ti	Si	Mn	P	S
ISO 9725:2017(E)	Ni99.0-LC NW2201	≤ 0.02	—	≥ 99.0	≤ 0.4	—	≤ 0.2	—	≤ 0.3	≤ 0.3	—	≤ 0.010

表 7-110 NS6400 牌号和化学成分（质量分数）对照 （%）

标准号	牌号 统一数字代号	C	Co	Ni	Fe	Al	Cu	Ti	Si	Mn	P	S
GB/T 15007—2017	NS6400 H04400	≤ 0.30	—	≥ 63.0	≤ 2.5	—	28.0~ 34.0	—	≤ 0.50	≤ 2.00	—	≤ 0.024
JIS H4551:2000	NiCu30 NW4400	≤ 0.30	—	≥ 63.0	≤ 2.5	—	28.0~ 34.0	—	≤ 0.5	≤ 2.0	—	≤ 0.025
ASTM B564—2019	N04400	≤ 0.3	—	≥ 63.0	≤ 2.5	—	28.0~ 34.0	—	≤ 0.5	≤ 2.0	—	≤ 0.024
ISO 9725:2017(E)	NiCu30 NW4400	≤ 0.30	—	≥ 63.0	≤ 2.5	—	28.0~ 34.0	—	≤ 0.5	≤ 2.0	—	≤ 0.025

表 7-111 NS6500 牌号和化学成分（质量分数）对照 （%）

标准号	牌号 统一数字代号	C	Co	Ni	Fe	Al	Cu	Ti	Si	Mn	P	S
GB/T 15007—2017	NS6500 H05500	≤ 0.25	—	≥ 63.0	≤ 2.0	2.30~ 3.15	27.0~ 33.0	0.35~ 0.85	≤ 0.50	≤ 1.50	—	≤ 0.010
JIS H4551:2000	NiCu30Al3Ti NW5500	≤ 0.25	—	余量	≤ 2.0	2.2~ 3.2	27.0~ 34.0	0.35~ 0.85	≤ 0.5	≤ 1.5	≤ 0.020	≤ 0.015
ASTM 标准年鉴 （镍及镍合金卷 2005 年版）	N05500	≤ 0.18	—	≥ 63.0	≤ 2.0	2.30~ 3.15	27.0~ 33.0	0.35~ 0.85	≤ 0.5	≤ 1.5	—	≤ 0.010

ISO 9725:2017(E)	NiCu30Al3Ti NW5500	≤ 0.25	—	余量	≤ 2.0	2.2~ 3.2	27.0~ 34.0	0.35~ 0.85	≤ 0.5	≤ 1.5	≤ 0.020	≤ 0.015

2. 焊接用变形耐蚀合金牌号和化学成分

中外焊接用变形耐蚀合金牌号和化学成分对照见表7-112~表7-125。

表7-112　HNS1402牌号和化学成分（质量分数）对照　（%）

标准号	牌号 统一数字代号	C	Cr	Ni	Fe	Mo	Cu	Si	Mn	P	S	其他元素合计
GB/T 15007—2017	HNS1402 W58825	≤ 0.05	19.5~ 23.5	38.0~ 46.0	≥ 22.0	2.5~ 3.5	1.5~ 3.0	≤ 0.50	≤ 1.0	≤ 0.020	≤ 0.015	—
						Ti:0.6~1.2,Al≤0.20						
ASTM B163—2019	N08825	≤ 0.05	19.5~ 23.5	38.0~ 46.0	≥ 22.0	2.5~ 3.5	1.5~ 3.0	≤ 0.5	≤ 1.0	—	≤ 0.03	—
						Ti:0.6~1.2,Al≤0.2						
ISO 9725:2017(E)	NiCr21Mo3Cu NW8825	≤ 0.05	19.5~ 23.5	38.0~ 46.0	余量	2.5~ 3.5	1.5~ 3.0	≤ 0.5	≤ 1.0	—	≤ 0.015	—
						Ti:0.6~1.2,Al≤0.2						

表7-113　HNS1403牌号和化学成分（质量分数）对照　（%）

标准号	牌号 统一数字代号	C	Cr	Ni	Fe	Mo	Cu	Si	Mn	P	S	其他元素合计
GB/T 15007—2017	HNS1403 W58020	≤ 0.07	—	32.0~ 38.0	余量	2.0~ 3.0	3.0~ 4.0	≤ 1.00	≤ 2.0	≤ 0.020	≤ 0.015	—
		Nb+Ta:8×C~1.00										

（续）

标准号	牌号 统一数字代号	C	Cr	Ni	Fe	Mo	Cu	Si	Mn	P	S	其他元素合计
ASTM 标准年鉴（镍及镍合金卷 2005 年版）	N08020	≤0.07	19.0~21.0	32.0~38.0	余量	2.0~3.0	3.0~4.0	≤1.0	≤2.0	≤0.045	≤0.035	—
		Nb+Ta≤1.0										
ISO 9725:2017(E)	FeNi35Cr20Cu4Mo2 NW8020	≤0.07	19.0~21.0	32.0~38.0	余量	2.0~3.0	3.0~4.0	≤1.0	≤2.0	≤0.040	≤0.030	—
		Nb+Ta:8×C~1.00										

表 7-114 HNS3101 牌号和化学成分（质量分数） （%）

标准号	牌号 统一数字代号	C	Cr	Ni	Fe	Cu	Al	Si	Mn	P	S	其他元素合计
GB/T 15007—2017	HNS3101 （W53101）	≤0.06	28.0~31.0	余量	≤1.0	—	≤0.30	≤0.50	≤1.2	≤0.020	≤0.015	—

表 7-115 HNS3103 牌号和化学成分（质量分数）对照 （%）

标准号	牌号 统一数字代号	C	Cr	Ni	Fe	Cu	Al	Si	Mn	P	S	其他元素合计
GB/T 15007—2017	HNS3103 W56601	≤0.10	21.0~25.0	58.0~63.0	余量	≤1.0	1.0~1.7	≤0.50	≤1.0	≤0.03	≤0.015	≤0.50
ASTM B166—2019	N06601	≤0.10	21.0~25.0	58.0~63.0	余量	≤1.0	1.0~1.7	≤0.5	≤1.0	—	≤0.015	—
ISO 9725:2017(E)	NiCr23Fe15Al NW6601	≤0.10	21.0~25.0	58.0~63.0	余量	≤1.0	1.0~1.7	≤0.5	≤1.0	—	≤0.015	—

表 7-116 HNS3106 牌号和化学成分（质量分数） （%）

标准号	牌号 统一数字代号	C	Cr	Ni	Fe	Cu	Nb+Ta	Si	Mn	P	S	其他元素合计
GB/T 15007—2017	HNS3106 W56082	≤ 0.10	18.0~ 22.0	≥ 67.0	≤ 3.0	≤ 0.50	2.0~ 3.0	≤ 0.50	2.5~ 3.5	≤ 0.03	≤ 0.015	≤ 0.50
								Ti≤0.75				

表 7-117 HNS3152 牌号和化学成分（质量分数） （%）

标准号	牌号 统一数字代号	C	Cr	Ni	Fe	Cu	Al	Si	Mn	P	S	其他元素合计
GB/T 15007—2017	HNS3152 W56052	≤ 0.04	28.0~ 31.5	余量	7.0~ 11.0	≤ 0.30	≤ 1.10	≤ 0.50	≤ 1.0	≤ 0.02	≤ 0.015	≤ 0.50
						Mo≤0.50, Ti≤1.0, Nb+Ta≤0.10						

表 7-118 HNS3154 牌号和化学成分（质量分数） （%）

标准号	牌号 统一数字代号	C	Cr	Ni	Fe	Mo	Cu	Si	Mn	P	S	其他元素合计
GB/T 15007—2017	HNS3154 W56054	≤ 0.04	28.0~ 31.5	余量	7.0~ 11.0	≤ 0.50	≤ 0.30	≤ 0.50	≤ 1.0	≤ 0.02	≤ 0.015	≤ 0.50
							Co≤0.12, Ti≤1.0, Nb+Ta≤0.50, Al≤1.10					

表 7-119 HNS3201 牌号和化学成分（质量分数）对照 （%）

标准号	牌号 统一数字代号	C	Cr	Ni	Fe	Mo	V	Si	Mn	P	S	其他元素合计
GB/T 15007—2017	HNS3201 W10001	≤ 0.05	≤ 1.0	余量	4.0~ 6.0	26.0~ 30.0	0.20~ 0.40	≤ 1.0	≤ 1.0	≤ 0.02	≤ 0.015	—
								Co≤2.5, Cu≤0.50				

（续）

标准号	牌号 统一数字代号	C	Cr	Ni	Fe	Mo	V	Si	Mn	P	S	其他元素合计
JIS H4551:2000	NiMo30Fe5 NW0001	≤ 0.05	≤ 1.0	余量	4.0~ 6.0	26.0~ 30.0	0.2~ 0.4	≤ 1.0	≤ 1.0	≤ 0.040	≤ 0.030	—
								Co≤2.5				
ASTM B333—2003(R2018)	Ni-Mo Alloys N10001	≤ 0.05	≤ 1.0	余量	4.0~ 6.0	26.0~ 30.0	0.2~ 0.4	≤ 1.0	≤ 1.0	≤ 0.04	≤ 0.03	—
								Co≤2.5				
ISO 9725:2017(E)	NiMo30Fe5 NW0001	≤ 0.05	≤ 1.0	余量	4.0~ 6.0	26.0~ 30.0	0.2~ 0.4	≤ 1.0	≤ 1.0	≤ 0.040	≤ 0.030	—
								Co≤2.5				

表 7-120　HNS3202 牌号和化学成分（质量分数）对照　（%）

标准号	牌号 统一数字代号	C	Cr	Ni	Fe	Mo	V	Si	Mn	P	S	其他元素合计
GB/T 15007—2017	HNS3202 W10665	≤ 0.02	≤ 1.0	余量	≤ 2.0	26.0~ 30.0	0.20~ 0.40	≤ 1.0	≤ 0.10	≤ 0.02	≤ 0.015	—
								Co≤1.0,Cu≤0.50				
JIS H4552:2000	NiMo28 NW0665	≤ 0.02	≤ 1.0	余量	≤ 2.0	26.0~ 30.0	—	≤ 0.1	≤ 1.0	≤ 0.040	≤ 0.030	—
								Co≤1.0				
ASTM B564—2019	N10665	≤ 0.02	≤ 1.0	余量	≤ 2.0	26.0~ 30.0	—	≤ 0.10	≤ 1.0	≤ 0.04	≤ 0.03	—
								Co≤1.0				
ISO 9725:2017(E)	NiMo28 NW0665	≤ 0.02	≤ 1.0	余量	≤ 2.0	26.0~ 30.0	—	≤ 0.1	≤ 1.0	≤ 0.040	≤ 0.030	—
								Co≤1.0				

表 7-121 HNS3304 牌号和化学成分（质量分数）对照 （%）

标准号	牌号 统一数字代号	C	Cr	Ni	Fe	Mo	W	Si	Mn	P	S	其他元素合计
GB/T 15007—2017	HNS3304 W50276	≤ 0.02	14.5~ 16.5	余量	4.0~ 7.0	15.0~ 17.0	3.0~ 4.5	≤ 0.08	≤ 1.0	≤ 0.04	≤ 0.03	≤ 0.50
								Co≤2.5, V≤0.35, Cu≤0.50				
JIS H4553:1999	NiMo16Cr15Fe6W4 NW0276	≤ 0.010	14.5~ 16.5	余量	4.0~ 7.0	15.0~ 17.0	3.0~ 4.5	≤ 0.08	≤ 1.0	≤ 0.040	≤ 0.030	—
								Co≤2.5, V≤0.35				
ASTM B564—2019	N10276	≤ 0.010	14.5~ 16.5	余量	4.0~ 7.0	15.0~ 17.0	3.0~ 4.5	≤ 0.08	≤ 1.0	≤ 0.04	≤ 0.03	—
								Co≤2.5, V≤0.35				
ISO 9725:2017(E)	NiMo16Cr15Fe6W4 NW0276	≤ 0.010	14.5~ 16.5	余量	4.0~ 7.0	15.0~ 17.0	3.0~ 4.5	≤ 0.08	≤ 1.0	≤ 0.040	≤ 0.030	—

表 7-122 HNS3306 牌号和化学成分（质量分数）对照 （%）

标准号	牌号 统一数字代号	C	Cr	Ni	Fe	Mo	Nb+Ta	Si	Mn	P	S	其他元素合计
GB/T 15007—2017	HNS3306 W56625	≤ 0.10	20.0~ 23.0	≥ 58.0	≤ 5.0	8.0~ 10.0	3.15~ 4.15	≤ 0.50	≤ 0.50	≤ 0.02	≤ 0.015	≤ 0.50
								Cu≤0.50, Al≤0.40, Ti≤0.40				
ASTM B622—2017	Low C-Ni-Cr-Mo-Cb Alloys N06625	≤ 0.10	20.0~ 23.0	余量	≤ 5.0	8.0~ 10.0	3.15~ 4.15	≤ 0.5	≤ 0.5	≤ 0.015	≤ 0.015	—
								Co≤1.0, Al≤0.4, Ti≤0.4				
ISO 9725:2017(E)	NiCr22Mo9Nb NW6625	≤ 0.10	20.0~ 23.0	≥ 58.0	≤ 5.0	8.0~ 10.0	3.15~ 4.15	≤ 0.50	≤ 0.50	≤ 0.015	≤ 0.015	—
								Co≤1.0, Al≤0.40, Ti≤0.40				

表 7-123　HNS3312 牌号和化学成分（质量分数）对照　（%）

标准号	牌号 统一数字代号	C	Cr	Ni	Fe	Mo	Co	Si	Mn	P	S	其他元素合计
GB/T 15007—2017	HNS3312 W56600	0.05~ 0.15	20.5~ 23.0	余量	17.0~ 20.0	8.0~ 10.0	0.50~ 2.5	≤ 1.0	≤ 1.0	≤ 0.04	≤ 0.03	≤ 0.50
								W:0.20~1.0,Cu≤0.50				
JIS H4552:2000	NiCr21Fe18Mo9 NW6002	0.05~ 0.15	20.5~ 23.0	余量	17.0~ 20.0	8.0~ 10.0	0.5~ 2.5	≤ 1.0	≤ 1.0	≤ 0.040	≤ 0.030	—
								W:0.2~1.0,B≤0.010				
ASTM B622—2017	Ni-Fe-Cr-Mo Alloys N06002	0.05~ 0.15	20.5~ 23.0	余量	17.0~ 20.0	8.0~ 10.0	0.5~ 2.5	≤ 1.0	≤ 1.0	≤ 0.04	≤ 0.03	—
								W:0.20~1.0				
ISO 9725:2017(E)	NiCr21Fe18Mo9 NW6002	0.05~ 0.15	20.5~ 23.0	余量	17.0~ 20.0	8.0~ 10.0	0.5~ 2.5	≤ 1.0	≤ 1.0	≤ 0.040	≤ 0.030	—
								W:0.2~1.0,B≤0.010				

表 7-124　HNS5206 牌号和化学成分（质量分数）　（%）

标准号	牌号 统一数字代号	C	Ni	Fe	Cu	Al	Ti	Si	Mn	P	S	其他元素合计
GB/T 15007—2017	HNS5206 W55206	≤ 0.15	≥ 93.0	≤ 1.0	≤ 0.25	≤ 1.5	2.0~ 3.5	≤ 0.75	≤ 1.0	≤ 0.03	≤ 0.015	≤ 0.50

表 7-125　HNS6406 牌号和化学成分（质量分数）　（%）

标准号	牌号 统一数字代号	C	Ni	Fe	Cu	Al	Ti	Si	Mn	P	S	其他元素合计
GB/T 15007—2017	HNS6406 W56406	≤ 0.15	62.0~ 69.0	≤ 2.5	余量	≤ 1.25	1.5~ 3.0	≤ 1.25	≤ 4.0	≤ 0.02	≤ 0.015	≤ 0.50

7.3 铸造产品

GB/T 36518—2018《镍及镍合金铸件》和 GB/T 15007—2017《耐蚀合金牌号》中共有30个铸造镍及镍合金牌号，其中10个为耐蚀合金牌号。中外铸造镍及镍合金牌号和化学成分对照见表 7-126～表 7-155。

表 7-126 ZNi995 牌号和化学成分（质量分数） （%）

标准号	牌号 统一数字代号	C	Cu	Fe	Cr	P	S	Si	Mn	Ni	其他
GB/T 36518—2018	ZNi995 ZN2200	≤ 0.10	≤ 0.10	≤ 0.10	—	≤ 0.002	≤ 0.005	≤ 0.10	≤ 0.05	—	Ni+Co ≥99.5

表 7-127 ZNi99 牌号和化学成分（质量分数）对照 （%）

标准号	牌号 统一数字代号	C	Cu	Fe	Cr	P	S	Si	Mn	Ni	其他
GB/T 36518—2018	ZNi99 ZN2100	≤ 1.00	≤ 1.25	≤ 3.0	—	≤ 0.030	≤ 0.020	≤ 2.00	≤ 1.50	≥ 95.0	—
ISO 12725:2019(E)	C-Ni99-HC NC2100	≤ 1.00	≤ 1.25	≤ 3.0	—	≤ 0.030	≤ 0.030	≤ 2.00	≤ 1.50	≥ 95.0	—
JIS H5701:1991-R2005	Ni99-C	≤ 1.00	≤ 1.25	≤ 3.00	—	≤ 0.030	≤ 0.030	≤ 2.00	≤ 1.50	≥ 95.0	—
ASTM A494/A494M—2018a	CZ100 N02100	≤ 1.00	≤ 1.25	≤ 3.00	—	≤ 0.03	≤ 0.02	≤ 2.00	≤ 1.50	≥ 95.00	—

表 7-128 ZNiCu30Si 牌号和化学成分（质量分数）对照 （%）

标准号	牌号 统一数字代号	C	Cu	Fe	Cr	P	S	Si	Mn	Ni	其他
GB/T 36518—2018	ZNiCu30Si ZN4020	≤ 0.35	26.0~ 33.0	≤ 3.5	—	≤ 0.030	≤ 0.020	≤ 2.00	≤ 1.50	余量	Nb≤0.5
ISO 12725:2019(E)	C-NiCu30Si NC4020	≤ 0.35	26.0~ 33.0	≤ 3.5	—	≤ 0.030	≤ 0.020	≤ 2.00	≤ 1.50	余量	Nb≤0.5
ASTM A494/A494M—2018a	M35-2 N04020	≤ 0.35	26.0~ 33.0	≤ 3.50	—	≤ 0.03	≤ 0.02	≤ 2.00	≤ 1.50	余量	Nb≤0.5

表 7-129 ZNiCu30 牌号和化学成分（质量分数）对照 （%）

标准号	牌号 统一数字代号	C	Cu	Fe	Cr	P	S	Si	Mn	Ni	其他
GB/T 36518—2018	ZNiCu30 ZN4135	≤ 0.35	26.0~ 33.0	≤ 3.5	—	≤ 0.030	≤ 0.020	≤ 1.25	≤ 1.50	余量	Nb≤0.5
ISO 12725:2019(E)	C-NiCu30 NC4135	≤ 0.35	26.0~ 33.0	≤ 3.5	—	≤ 0.030	≤ 0.020	≤ 1.25	≤ 1.50	余量	Nb≤0.5
JIS H5701:1991—R2005	Ni-Cu	≤ 0.35	26.0~ 33.0	≤ 3.50	—	≤ 0.030	≤ 0.030	≤ 1.25	≤ 1.50	余量	—
ASTM A494/A494M—2018a	M35-1 N24135	≤ 0.35	26.0~ 33.0	≤ 3.50	—	≤ 0.03	≤ 0.02	≤ 1.25	≤ 1.50	余量	Nb≤0.5

表 7-130 ZNiCu30Si4 牌号和化学成分（质量分数）对照 （%）

标准号	牌号 统一数字代号	C	Cu	Fe	Cr	P	S	Si	Mn	Ni	其他
GB/T 36518—2018	ZNiCu30Si4 ZN4025	≤ 0.25	27.0~ 33.0	≤ 3.0	—	≤ 0.030	≤ 0.020	≤2.00	≤ 1.50	余量	—
ASTM A494/A494M—2018a	M25S N24025	≤ 0.25	27.0~ 33.0	≤ 3.50	—	≤ 0.03	≤ 0.02	3.5~ 4.5	≤ 1.50	余量	—

表 7-131 ZNiCu30Si3 牌号和化学成分（质量分数）对照 （%）

标准号	牌号 统一数字代号	C	Cu	Fe	Al	P	S	Si	Mn	Ni	其他
GB/T 36518—2018	ZNiCu30Si3 ZN4030	≤ 0.30	27.0~ 33.0	≤ 3.5	—	≤ 0.030	≤ 0.020	2.70~ 3.70	≤ 1.50	余量	—
ISO 12725:2019(E)	C-NiCu30Si3 NC4030	≤ 0.30	27.0~ 33.0	≤ 3.5	—	≤ 0.030	≤ 0.030	2.7~ 3.7	≤ 1.50	余量	—
ASTM A494/A494M—2018a	M30H N24030	≤ 0.30	27.0~ 33.0	≤ 3.50	—	≤ 0.03	≤ 0.02	2.7~ 3.7	≤ 1.50	余量	—

表 7-132 ZNiCu30Nb2Si2 牌号和化学成分（质量分数）对照 （%）

标准号	牌号 统一数字代号	C	Cu	Fe	P	S	Si	Mn	Nb	Ni	其他
GB/T 36518—2018	ZNiCu30Nb2Si2 ZN4130	≤ 0.30	26.0~ 33.0	≤ 3.5	≤ 0.030	≤ 0.020	1.00~ 2.00	≤ 1.50	1.0~ 3.0	余量	—
ISO 12725:2019(E)	C-NiCu30Nb2Si2 NC4130	≤ 0.30	26.0~ 33.0	≤ 3.5	≤ 0.030	≤ 0.030	1.0~ 2.0	≤ 1.50	1.0~ 3.0	余量	—
ASTM A494/A494M—2018a	M30C N24130	≤ 0.30	26.0~ 33.0	≤ 3.50	≤ 0.03	≤ 0.02	1.0~ 2.0	≤ 1.50	1.0~ 3.0	余量	—

表 7-133 ZNiCr12Mo3Bi4Sn4 牌号和化学成分（质量分数）对照 （%）

标准号	牌号 统一数字代号	C	Cr	Fe	Mo	P	S	Si	Mn	Ni	其他
GB/T 36518—2018	ZNiCr12Mo3Bi4Sn4 ZN6055	≤ 0.05	11.0~ 14.0	≤ 2.0	2.0~ 3.5	≤ 0.030	≤ 0.020	≤ 0.50	≤ 1.50	余量	Bi:3.0~5.0 Sn:3.0~5.0
ASTM A494/A494M—2018a	CY5SnBiM N26055	≤ 0.05	11.0~ 14.0	≤ 2.0	2.0~ 3.5	≤ 0.03	≤ 0.02	≤ 0.5	≤ 1.5	余量	Bi:3.0~5.0 Sn:3.0~5.0

表 7-134　ZNiMo31 牌号和化学成分（质量分数）对照　（%）

标准号	牌号 统一数字代号	C	Cr	Fe	Mo	P	S	Si	Mn	Ni	其他
GB/T 36518—2018	ZNiMo31 ZN0012	≤ 0.03	≤ 1.0	≤ 3.0	30.0~ 33.0	≤ 0.020	≤ 0.020	≤ 1.00	≤ 1.00	余量	—
ISO 12725:2019(E)	C-NiMo31 NC0012	≤ 0.03	≤ 1.0	≤ 3.0	30.0~ 33.0	≤ 0.030	≤ 0.030	≤ 1.00	≤ 1.00	余量	—
ASTM A494/A494M—2018a	N3M N30003	≤ 0.03	≤ 1.0	≤ 3.00	30.0~ 33.0	≤ 0.030	≤ 0.020	≤ 0.50	≤ 1.00	余量	—

表 7-135　耐蚀合金 ZNS3202 牌号和化学成分（质量分数）对照　（%）

标准号	牌号 统一数字代号	C	Cr	Fe	Mo	P	S	Si	Mn	Ni	其他
GB/T 15007—2017	ZNS3202 C73202	≤ 0.07	≤ 1.00	≤ 3.00	30.0~ 33.0	≤ 0.040	≤ 0.040	≤ 1.00	≤ 1.00	余量	—
ASTM A494/A494M—2018a	N7M N30007	≤ 0.07	≤ 1.0	≤ 3.00	30.0~ 33.0	≤ 0.030	≤ 0.020	≤ 1.00	≤ 1.00	余量	—

表 7-136　ZNiMo30Fe5 牌号和化学成分（质量分数）对照　（%）

标准号	牌号 统一数字代号	C	Cr	Fe	Mo	P	S	Si	Mn	Ni	其他
GB/T 36518—2018	ZNiMo30Fe5 ZN0007	≤ 0.05	≤ 1.0	4.0~ 6.0	26.0~ 33.0	≤ 0.030	≤ 0.020	≤ 1.00	≤ 1.00	余量	V:0.20~0.60
ISO 12725:2019(E)	C-NiMo30Fe5 NC0007	≤ 0.05	≤ 1.0	4.0~ 6.0	26.0~ 33.0	≤ 0.030	≤ 0.020	≤ 1.00	≤ 1.00	余量	V:0.20~0.60

表 7-137 耐蚀合金 ZNS3201 牌号和化学成分（质量分数）对照 （%）

标准号	牌号 统一数字代号	C	Cr	Fe	Mo	P	S	Si	Mn	Ni	其他
GB/T 15007—2017	ZNS3201 C73201	≤ 0.12	≤ 1.00	4.0~ 6.0	26.0~ 30.0	≤ 0.040	≤ 0.030	≤ 1.00	≤ 1.00	余量	V:0.20~0.60
JIS H5701:1991-R2005	Ni-Mo	≤ 0.12	≤ 1.00	4.0~ 6.0	26.0~ 33.0	≤ 0.040	≤ 0.030	≤ 1.00	≤ 1.00	余量	V:0.20~0.60
ASTM A494/A494M—2018a	N12MV N30012	≤ 0.12	≤ 1.00	4.0~ 6.0	26.0~ 33.0	≤ 0.030	≤ 0.020	≤ 1.00	≤ 1.00	余量	V:0.20~0.60

表 7-138 ZNiCr22Fe20Mo7Cu2 牌号和化学成分（质量分数）对照 （%）

标准号	牌号 统一数字代号	C	Cr	Fe	Mo	P	S	Si	Mn	Ni	其他
GB/T 36518—2018	ZNiCr22Fe20Mo7Cu2 ZN6985	≤ 0.02	21.5~ 23.5	18.0~ 21.0	6.0~ 8.0	≤ 0.025	≤ 0.020	≤ 1.00	≤ 1.00	余量	Co≤5.0 W≤1.5
									Cu:1.5~2.5,Nb+Ta≤0.5		
ISO 12725:2019(E)	C-NiCr22Fe20Mo7Cu2 NC6985	≤ 0.02	21.5~ 23.5	18.0~ 21.0	6.0~ 8.0	≤ 0.025	≤ 0.030	≤ 1.00	≤ 1.00	余量	Co≤5.0 W≤1.50
									Cu:1.5~2.5,Nb+Ta≤0.5		

表 7-139 耐蚀合金 ZNS1301 牌号和化学成分（质量分数）对照 （%）

标准号	牌号 统一数字代号	C	Cr	Fe	Mo	P	S	Si	Mn	Ni	其他
GB/T 15007—2017	ZNS1301 C71301	≤ 0.050	19.5~ 23.5	余量	2.5~ 3.5	≤ 0.030	≤ 0.030	≤ 1.0	≤ 1.0	38.0~ 44.0	Nb:0.60~1.2
ASTM A494/A494M—2018a	CU5MCuC N08828	≤ 0.050	19.5~ 23.5	余量	2.5~ 3.5	≤ 0.030	≤ 0.020	≤ 1.0	≤ 1.0	38.0~ 44.0	Cu:1.50~3.50 Nb:0.60~1.2

表 7-140　ZNiCr23Mo16 牌号和化学成分（质量分数）对照　（%）

标准号	牌号 统一数字代号	C	Cr	Fe	Mo	P	S	Si	Mn	Ni	其他
GB/T 36518—2018	ZNiCr23Mo16 ZN6059	≤ 0.02	22.0~ 24.0	≤ 1.50	15.0~ 16.5	≤ 0.020	≤ 0.020	≤ 0.50	≤ 1.00	余量	—
ASTM A494/A494M—2018a	CX2M N26059	≤ 0.02	22.0~ 24.0	≤ 1.50	15.0~ 16.5	≤ 0.020	≤ 0.020	≤ 0.50	≤ 1.00	余量	—

表 7-141　ZNiCr22Mo9Nb4 牌号和化学成分（质量分数）对照　（%）

标准号	牌号 统一数字代号	C	Cr	Fe	Mo	P	S	Si	Mn	Ni	其他
GB/T 36518—2018	ZNiCr22Mo9Nb4 ZN6625	≤ 0.06	20.0~ 23.0	≤ 5.0	8.0~ 10.0	≤ 0.030	≤ 0.015	≤ 1.00	≤ 1.00	余量	Nb:3.2~4.5
ISO 12725:2019(E)	C-NiCr22Mo9Nb4 NC6625	≤ 0.06	20.0~ 23.0	≤ 5.0	8.0~ 10.0	≤ 0.030	≤ 0.030	≤ 1.00	≤ 1.00	余量	Nb:3.2~4.5

表 7-142　耐蚀合金 ZNS4301 牌号和化学成分（质量分数）对照　（%）

标准号	牌号 统一数字代号	C	Cr	Fe	Mo	P	S	Si	Mn	Ni	其他
GB/T 15007—2017	ZNS4301 C74301	≤ 0.06	20.0~ 23.0	≤ 5.0	8.0~ 10.0	≤ 0.015	≤ 0.015	≤ 1.00	≤ 1.00	余量	Nb:3.15~ 4.15
ASTM A494/A494M—2018a	CW6MC N26625	≤ 0.06	20.0~ 23.0	≤ 5.0	8.0~ 10.0	≤ 0.015	≤ 0.015	≤ 0.50	≤ 1.00	余量	Nb:3.15~ 4.15

表 7-143　ZNiCr16Mo16 牌号和化学成分（质量分数）对照　（%）

标准号	牌号 统一数字代号	C	Cr	Fe	Mo	P	S	Si	Mn	Ni	其他
GB/T 36518—2018	ZNiCr16Mo16 ZN6455	≤ 0.02	15.0~ 17.5	≤ 2.0	15.0~ 17.5	≤ 0.030	≤ 0.020	≤ 0.80	≤ 1.00	余量	W≤1.00
ISO 12725:2019(E)	C-NiCr16Mo16 NC6455	≤ 0.02	15.0~ 17.5	≤ 2.0	15.0~ 17.5	≤ 0.030	≤ 0.020	≤ 0.80	≤ 1.00	余量	W≤1.00

ASTM A494/A494M—2018a	CW2M N26455	≤ 0.02	15.0~17.5	≤ 2.0	15.0~17.5	≤ 0.03	≤ 0.02	≤ 0.80	≤ 1.00	余量	W≤1.0

表 7-144 耐蚀合金 ZNS3303 牌号和化学成分（质量分数）对照 （%）

标准号	牌号 统一数字代号	C	Cr	Fe	Mo	P	S	Si	Mn	Ni	其他
GB/T 15007—2017	ZNS3303 C73303	≤ 0.020	15.0~17.5	≤ 2.0	15.0~17.5	≤ 0.030	≤ 0.030	≤ 0.80	≤ 1.00	余量	W≤1.0
ASTM A494/A494M—2018a	CW2M N26455	≤ 0.02	15.0~17.5	≤ 2.0	15.0~17.5	≤ 0.03	≤ 0.02	≤ 0.80	≤ 1.00	余量	W≤1.0
ISO 12725:2019(E)	C-NiCr16Mo16 NC6455	≤ 0.02	15.0~17.5	≤ 2.0	15.0~17.5	≤ 0.030	≤ 0.020	≤ 0.80	≤ 1.00	余量	W≤1.00

表 7-145 耐蚀合金 ZNS3304 牌号和化学成分（质量分数） （%）

标准号	牌号 统一数字代号	C	Cr	Fe	Mo	P	S	Si	Mn	Ni	其他
GB/T 15007—2017	ZNS3304 C73304	≤ 0.020	15.0~16.5	≤ 1.50	15.0~16.5	≤ 0.020	≤ 0.020	≤ 0.50	≤ 1.00	余量	—

表 7-146 ZNiMo17Cr16Fe6W4 牌号和化学成分（质量分数）对照 （%）

标准号	牌号 统一数字代号	C	Cr	Fe	Mo	P	S	Si	Mn	Ni	其他
GB/T 36518—2018	ZNiMo17Cr16Fe6W4 ZN0002	≤ 0.06	15.5~17.5	4.5~7.5	16.0~18.0	≤ 0.030	≤ 0.020	≤ 1.00	≤ 1.00	余量	V:0.20~0.40 W:3.75~5.3
ISO 12725:2019(E)	C-NiMo17Cr16Fe6W4 NC0002	≤ 0.06	15.5~17.5	4.5~7.5	16.0~18.0	≤ 0.030	≤ 0.030	≤ 1.00	≤ 1.00	余量	V:0.20~0.40 W:3.8~5.3

表 7-147 耐蚀合金 ZNS3301 牌号和化学成分（质量分数）对照 （%）

标准号	牌号 统一数字代号	C	Cr	Fe	Mo	P	S	Si	Mn	Ni	其他
GB/T 15007—2017	ZNS3301 C73301	≤ 0.12	15.5~ 17.5	4.5~ 7.5	16.0~ 18.0	≤ 0.040	≤ 0.030	≤ 1.00	≤ 1.00	余量	V:0.20~0.40 W:3.75~5.25
JIS H5701:1991-R2005	Ni-Mo-Cr	≤ 0.12	15.5~ 17.5	4.5~ 7.5	16.0~ 18.0	≤ 0.040	≤ 0.030	≤ 1.00	≤ 1.00	余量	V:0.20~0.40 W:3.75~5.25
ASTM A494/A494M—2018a	CW12MW N30002	≤ 0.12	15.5~ 17.5	4.5~ 7.5	16.0~ 18.0	≤ 0.030	≤ 0.020	≤ 1.00	≤ 1.00	余量	V:0.20~0.40 W:3.75~5.25

表 7-148 ZNiCr21Mo14Fe4W3 牌号和化学成分（质量分数）对照 （%）

标准号	牌号 统一数字代号	C	Cr	Fe	Mo	P	S	Si	Mn	Ni	其他
GB/T 36518—2018	ZNiCr21Mo14Fe4W3 ZN6022	≤ 0.02	20.0~ 22.5	2.0~ 6.0	12.5~ 14.5	≤ 0.025	≤ 0.020	≤ 0.80	≤ 1.00	余量	V≤0.35 W:2.5~3.5
ISO 12725:2019(E)	C-NiCr21Mo14Fe4W3 NC6022	≤ 0.02	20.0~ 22.5	2.0~ 6.0	12.5~ 14.5	≤ 0.025	≤ 0.025	≤ 0.80	≤ 1.00	余量	V≤0.35 W:2.5~3.5
ASTM A494/A494M—2018a	CX2MW N26022	≤ 0.02	20.0~ 22.5	2.0~ 6.0	12.5~ 14.5	≤ 0.025	≤ 0.020	≤ 0.80	≤ 1.00	余量	V≤0.35 W:2.5~3.5

表 7-149 耐蚀合金 ZNS3305 牌号和化学成分（质量分数）对照 （%）

标准号	牌号 统一数字代号	C	Cr	Fe	Mo	P	S	Si	Mn	Ni	其他
GB/T 15007—2017	ZNS3305 C73305	≤ 0.05	20.00~ 22.50	2.0~ 6.0	12.5~ 14.5	≤ 0.025	≤ 0.025	≤ 0.80	≤ 1.00	余量	V≤0.35 W:2.5~3.5
ISO 12725:2019(E)	C-NiCr21Mo14Fe4W3 NC6022	≤ 0.02	20.0~ 22.5	2.0~ 6.0	12.5~ 14.5	≤ 0.025	≤ 0.025	≤ 0.80	≤ 1.00	余量	V≤0.35 W:2.5~3.5

ASTM A494/A494M—2018a	CX2MW N26022	≤0.02	20.0~22.5	2.0~6.0	12.5~14.5	≤0.025	≤0.020	≤0.80	≤1.00	余量	V≤0.35 W:2.5~3.5

表 7-150 ZNiCr18Mo18 牌号和化学成分（质量分数）对照 （%）

标准号	牌号 统一数字代号	C	Cr	Fe	Mo	P	S	Si	Mn	Ni	其他
GB/T 36518—2018	ZNiCr18Mo18 ZN0107	≤0.03	17.0~20.0	≤3.0	17.0~20.0	≤0.030	≤0.020	≤1.00	≤1.00	余量	—
ISO 12725:2019(E)	C-NiCr18Mo18 NC0107	≤0.03	17.0~20.0	≤3.0	17.0~20.0	≤0.030	≤0.030	≤1.00	≤1.00	余量	—

表 7-151 耐蚀合金 ZNS3302 牌号和化学成分（质量分数）对照 （%）

标准号	牌号 统一数字代号	C	Cr	Fe	Mo	P	S	Si	Mn	Ni	其他
GB/T 15007—2017	ZNS3302 C73302	≤0.07	17.0~20.0	≤3.0	17.0~20.0	≤0.040	≤0.030	≤1.00	≤1.00	余量	—
ASTM A494/A494M—2018a	CW6M N30107	≤0.07	17.0~20.0	≤3.0	17.0~20.0	≤0.030	≤0.020	≤1.00	≤1.00	余量	—

表 7-152 ZNiCr15Fe 牌号和化学成分（质量分数）对照 （%）

标准号	牌号 统一数字代号	C	Cr	Fe	Mo	P	S	Si	Mn	Ni	其他
GB/T 36518—2018	ZNiCr15Fe ZN6040	≤0.40	14.0~17.0	≤11.0	—	≤0.030	≤0.020	≤3.00	≤1.50	余量	—
ASTM A494/A494M—2018a	CY40 N06040	≤0.40	14.0~17.0	≤11.0	—	≤0.03	≤0.02	≤3.00	≤1.50	余量	—

表 7-153 耐蚀合金 ZNS3101 牌号和化学成分（质量分数）对照 （%）

标准号	牌号 统一数字代号	C	Cr	Fe	Mo	P	S	Si	Mn	Ni	其他
GB/T 15007—2017	ZNS3101 C73101	≤ 0.40	14.0~ 17.0	≤ 11.0	—	≤ 0.030	≤ 0.030	≤ 3.0	≤ 1.5	余量	—
JIS H5701:1991-R2005	Ni-Cr-Fe	≤ 0.40	14.0~ 17.0	≤ 11.0	—	≤ 0.030	≤ 0.030	≤ 3.00	≤ 1.50	余量	—
ISO 12725:2019(E)	C-NiCr15Fe NC6040										

表 7-154 ZNiFe30Cr20Mo3CuNb 牌号和化学成分（质量分数）对照 （%）

标准号	牌号 统一数字代号	C	Cr	Fe	Mo	P	S	Si	Mn	Ni	其他
GB/T 36518—2018	ZNiFe30Cr20Mo3CuNb ZN8826	≤ 0.05	19.5~ 23.5	28.0~ 32.0	2.5~ 3.5	≤ 0.030	≤ 0.020	0.75~ 1.20	≤ 1.00	余量	Nb:0.70~1.00 Cu:1.5~3.0
ISO 12725:2019(E)	C-NiFe30Cr20Mo3CuNb NC8826	≤ 0.05	19.5~ 23.5	28.0~ 32.0	2.5~ 3.5	≤ 0.030	≤ 0.030	0.75~ 1.20	≤ 1.00	余量	Nb:0.70~1.00 Cu:1.5~3.0

表 7-155 ZNiSi9Cu3 牌号和化学成分（质量分数）对照 （%）

标准号	牌号 统一数字代号	C	Cr	Fe	P	S	Si	Mn	Cu	Ni	其他
GB/T 36518—2018	ZNiSi9Cu3 ZN2000	≤ 0.12	≤ 1.0	—	≤ 0.030	≤ 0.020	8.5~ 10.0	≤ 1.50	2.0~ 4.0	余量	—
ISO 12725:2019(E)	C-NiSi9Cu3 NC2000	≤ 0.12	≤ 1.0	—	≤ 0.030	≤ 0.030	8.5~ 10.0	≤ 1.50	2.0~ 4.0	余量	—

第 8 章 中外钛及钛合金牌号和化学成分

8.1 冶炼产品

海绵钛牌号和化学成分见 GB/T 2524—2019《海绵钛》，其中共有 7 个牌号。中外海绵钛牌号和化学成分对照见表 8-1～表 8-7。

表 8-1 MHT-95 牌号和化学成分（质量分数）对照 （%）

标准号	产品等级	牌号	Ti② ≥	Fe	Si	Cl	C	N	O	Mn	Mg	布氏硬度 HBW10/1500/30 ≤
				≤								
GB/T 2524—2019	0_A 级	MHT-95	99.8	0.03	0.01	0.06	0.01	0.010	0.050	0.01	0.01	95
				H:0.003, Ni:0.01, Cr:0.01, 其他杂质合计①:0.02								
ГОСТ 17746—1996	较高级	ТГ-90	99.74	0.05	0.01	0.08	0.02	0.02	0.04	Ni0.04	—	90
	普通级		99.72	0.06	0.01	0.08	0.02	0.02	0.04	Ni0.05		

① 其他杂质元素一般包括（但不限于）Al、Sn、V、Mo、Zr、Cu、Er、Y 等；1 级及以上品 Al、Sn 各杂质元素的质量分数不得大于 0.030%，不包括在本表规定的其他杂质合计中；Y 的质量分数不大于 0.005%，下同。

② 钛的质量分数为 100%减去表中杂质实测值合计后余量，下同。

表 8-2　MHT-100 牌号和化学成分（质量分数）对照　（%）

标准号	产品等级	牌号	Ti ≥	Fe	Si	Cl	C	N	O	Mn	Mg	布氏硬度 HBW10/1500/30 ≤
				≤								
GB/T 2524—2019	0 级	MHT-100	99.7	0.04	0.01	0.06	0.02	0.010	0.060	0.01	0.02	100
				H:0.003, Ni:0.02, Cr:0.02, 其他杂质合计:0.02								
ГОСТ 17746—1996	较高级	TΓ-100	99.72	0.06	0.01	0.08	0.03	0.02	0.04	Ni0.04	—	100
	普通级		99.69	0.07	0.02	0.08	0.03	0.02	0.04	Ni0.05		
JIS H2151:2015	Class 1M	TS-105M	99.6	0.10	0.03	0.10	0.03	0.02	0.08	0.01	0.06	105
				H:0.005								
	Class 1S	TS-105S	99.6	0.03	0.03	0.15	0.03	0.01	0.08	0.01	—	
				Na:0.10, H:0.010								

表 8-3　MHT-110 牌号和化学成分（质量分数）对照　（%）

标准号	产品等级	牌号	Ti ≥	Fe	Si	Cl	C	N	O	Mn	Mg	布氏硬度 HBW10/1500/30 ≤
				≤								
GB/T 2524—2019	1 级	MHT-110	99.6	0.07	0.02	0.08	0.02	0.020	0.080	0.01	0.03	110
				H:0.005, Ni:0.03, Cr:0.03, 其他杂质合计:0.03								
ГОСТ 17746—1996	较高级	TΓ-110	99.67	0.09	0.02	0.08	0.03	0.02	0.05	Ni0.04	—	110
	普通级		99.65	0.09	0.03	0.08	0.03	0.02	0.05	Ni0.05		
JIS H2151:2015	Class 1M	TS-105M	99.6	0.10	0.03	0.10	0.03	0.02	0.08	0.01	0.06	105
				H:0.005								
	Class 1S	TS-105S	99.6	0.03	0.03	0.15	0.03	0.01	0.08	0.01	—	
				Na:0.10, H:0.010								
ASTM B299—2018	电解产品	EL	余量	0.05	0.04	0.10	0.02	0.008	0.08	—	0.08	110
				H_2O:0.02, Al:0.03, Na:0.10, H:0.02, 其他杂质合计:0.05								

表 8-4　MHT-125 牌号和化学成分（质量分数）对照　（%）

标准号	产品等级	牌号	Ti ≥	Fe	Si	Cl	C	N	O	Mn	Mg	布氏硬度 HBW10/1500/30 ≤
				≤								
GB/T 2524—2019	2 级	MHT-125	99.4	0.10	0.02	0.10	0.03	0.030	0.100	0.02	0.04	125
				H:0.005, Ni:0.05, Cr:0.05, 其他杂质合计:0.05								
ГОСТ 17746—1996	较高级	TГ-120	99.64	0.11	0.02	0.08	0.03	0.02	0.06	Ni0.04	—	120
	普通级		99.60	0.11	0.03	0.08	0.04	0.03	0.06	Ni0.05		
JIS H2151:2015	Class 2M	TS-120M	99.4	0.15	0.03	0.12	0.03	0.02	0.12	0.02	0.07	120
				H:0.005								
	Class 2S	TS-120S	99.4	0.05	0.03	0.20	0.03	0.01	0.12	0.02	—	120
				Na:0.15, H:0.010								
ASTM B299—2018	钠还原并经水漂	SL	余量	0.05	0.04	0.20	0.02	0.015	0.10	—	—	120
				H_2O:0.02, Al:0.05, Na:0.19, H:0.05; 其他杂质合计:0.05								

表 8-5　MHT-140 牌号和化学成分（质量分数）对照　（%）

标准号	产品等级	牌号	Ti ≥	Fe	Si	Cl	C	N	O	Mn	布氏硬度 HBW10/1500/30 ≤
				≤							
GB/T 2524—2019	3 级	MHT-140	99.3	0.20	0.03	0.15	0.03	0.040	0.150	0.02	140
				Mg:0.06, H:0.010, 其他杂质合计:0.05							
ГОСТ 17746—1996	较高级	TГ-150	99.44	0.2	0.03	0.12	0.03	0.03	0.10	Ni0.04	150
	普通级		99.40	0.2	0.04	0.12	0.05	0.04	0.10	Ni0.05	
JIS H2151:2015	Class 3M	TS-140M	99.3	0.20	0.03	0.15	0.03	0.03	0.15	0.05	140
				Mg:0.08, H:0.005							
	Class 3S	TS-140S	99.3	0.07	0.03	0.20	0.03	0.03	0.15	—	
				Na:0.15, H:0.015							

（续）

标准号	产品等级	牌号	Ti ≥	Fe	Si	Cl	C	N	O	Mn	布氏硬度 HBW10/1500/30 ≤
				≤							
ASTM B299—2018	普通级	GP	余量	0.15	0.04	0.20	0.03	0.02	0.15	—	140
				H_2O:0.02,Al:0.05,H:0.03,其他杂质合计:0.05							
	镁还原并经水漂或惰性气体净化	ML	余量	0.15	0.04	0.20	0.02	0.015	0.10	—	
				Mg:0.50,H_2O:0.02,Al:0.06,H:0.03,其他杂质合计:0.05							
				0.12	0.04	0.12	0.02	0.015	0.10	—	
	镁还原并经蒸馏	MD	余量	Mg:0.08,H_2O:0.02,H:0.010,Ni:0.05,Cr:0.08,其他杂质合计:0.05							

表 8-6 MHT-160 牌号和化学成分（质量分数）对照 （%）

标准号	产品等级	牌号	Ti ≥	Fe	Si	Cl	C	N	O	Mn	Mg	布氏硬度 HBW10/1500/30 ≤
				≤								
GB/T 2524—2019	4级	MHT-160	99.1	0.30	0.04	0.15	0.04	0.05	0.20	0.03	0.09	160
				H:0.012								
JIS H2151:2015	Class 4M	TS-160M	99.2	0.20	0.03	0.15	0.03	0.03	0.25	0.05	0.08	160
				H:0.005								
	Class 4S	TS-160S	99.2	0.07	0.03	0.20	0.03	0.03	0.25	0.05	—	
				Na:0.15,H:0.015								

表 8-7 MHT-200 牌号和化学成分（质量分数） （%）

标准号	产品等级	牌号	Ti ≥	Fe	Si	Cl	C	N	O	Mn	Mg	布氏硬度 HBW10/1500/30 ≤
				≤								
GB/T 2524—2019	5级	MHT-200	98.5	0.40	0.06	0.30	0.05	0.10	0.30	0.08	0.15	200
				H:0.030								

8.2　加工产品

加工钛及钛合金牌号和化学成分见 GB/T 3620.1—2016《钛及钛合金牌号和化学成分》，其中共有100个牌号。中外钛及钛合金牌号和化学成分对照见表8-8～表8-107。

1. 工业纯钛、α型和近α型钛及钛合金

工业纯钛、α型和近α型钛及钛合金的中外牌号和化学成分对照见表8-8～表8-62。

表8-8　TA0牌号和化学成分（质量分数）对照　（%）

标准号	牌号 名义化学成分	Ti	Al	Zr	Mo	V	Fe	C	N	H	O	其他元素 单一	其他元素 合计
							≤						
GB/T 3620.1—2016	TA0 工业纯钛	余量	—	—	—	—	0.15	0.10	0.03	0.015	0.15	0.1	0.4
ГОСТ 19807—1997	BT1-00	余量	—	—	—	—	0.15	0.05	0.04	0.008	0.10	—	0.10
							Si:0.08						
JIS H4670:2016	1级	余量	—	—	—	—	0.20	0.08	0.03	0.013	0.15	0.10	0.40
EN ISO 24034:2020	Ti0100 Ti99.8	99.8	—	—	—	—	0.08	0.03	0.012	0.005	0.03～0.10	—	—
ISO 24034:2020(E)	Ti0100 Ti99.8												

表8-9　TA1牌号和化学成分（质量分数）对照　（%）

标准号	牌号 名义化学成分	Ti	Al	Zr	Mo	V	Fe	C	N	H	O	其他元素 单一	其他元素 合计
							≤						
GB/T 3620.1—2016	TA1 工业纯钛	余量	—	—	—	—	0.25	0.10	0.03	0.015	0.20	0.1	0.4

（续）

标准号	牌号 名义化学成分	Ti	Al	Zr	Mo	V	Fe	C	N	H	O	其他元素 单一	其他元素 合计
							≤						
ГОСТ 19807—1997	BT1-0	余量	—	—	—	—	0.25	0.07	0.04	0.010	0.20	—	0.30
							Si:0.10						
JIS H4670:2016	2级	余量	—	—	—	—	0.25	0.08	0.03	0.013	0.20	0.10	0.40
ASTM B338—2017	Grade 1 R50250	余量	—	—	—	—	0.20	0.08	0.03	0.015	0.18	0.1	0.4
EN ISO 24034:2020	Ti0120 Ti99.6	99.6	—	—	—	—	0.12	0.03	0.015	0.008	0.08~0.16	—	—
ISO 24034:2020(E)	Ti0120 Ti99.6												

表8-10　TA2牌号和化学成分（质量分数）对照　（%）

标准号	牌号 名义化学成分	Ti	Al	Zr	Mo	V	Fe	C	N	H	O	其他元素 单一	其他元素 合计
							≤						
GB/T 3620.1—2016	TA2 工业纯钛	余量	—	—	—	—	0.30	0.10	0.05	0.015	0.25	0.1	0.4
JIS H4670:2016	3级	余量	—	—	—	—	0.30	0.08	0.05	0.013	0.30	0.10	0.40
ASTM B338—2017	Grade 2/2H R50400	余量	—	—	—	—	0.30	0.08	0.03	0.015	0.25	0.1	0.4
EN ISO 24034:2020	Ti0125 Ti99.5	99.5	—	—	—	—	0.16	0.03	0.02	0.008	0.13~0.20	—	—
ISO 24034:2020(E)	Ti0125 Ti99.5												

表 8-11 TA3 牌号和化学成分（质量分数）对照 （%）

标准号	牌号 名义化学成分	Ti	Al	Zr	Mo	V	Fe	C	N	H	O	其他元素	
							≤					单一	合计
GB/T 3620.1—2016	TA3 工业纯钛	余量	—	—	—	—	0.40	0.10	0.05	0.015	0.30	0.1	0.4
JIS H4670:2016	4级	余量	—	—	—	—	0.50	0.08	0.05	0.013	0.40	0.10	0.40
ASTM 861—2019	Grade 3 R50550	余量	—	—	—	—	0.30	0.08	0.05	0.015	0.35	0.1	0.4
EN ISO 24034:2020	Ti0130 Ti99.3	99.3	—	—	—	—	0.25	0.03	0.025	0.008	0.18~0.32	—	—
ISO 24034:2020(E)	Ti0130 Ti99.3												

表 8-12 TA1GEL Ⅰ 牌号和化学成分（质量分数）对照 （%）

标准号	牌号 名义化学成分	Ti	Al	Zr	Mo	V	Fe	C	N	H	O	其他元素	
							≤					单一	合计
GB/T 3620.1—2016	TA1GEL Ⅰ 工业纯钛	余量	—	—	—	—	0.10	0.03	0.012	0.008	0.10	0.05	0.20
JIS Z3331:2011	S Ti 0100 Ti99.8	余量	—	—	—	—	0.08	0.03	0.012	0.005	0.03~0.10	—	—
EN ISO5832-2:2018	Grade 1 EL Ⅰ	余量	—	—	—	—	0.10	0.03	0.012	0.0125	0.10	—	—
ISO 5832-2:2018	Grade 1 EL Ⅰ												

表 8-13 TA1G 牌号和化学成分（质量分数）对照 （%）

标准号	牌号 名义化学成分	Ti	Al	Zr	Mo	V	Fe	C	N	H	O	其他元素	
							≤					单一	合计
GB/T 3620.1—2016	TA1G 工业纯钛	余量	—	—	—	—	0.20	0.08	0.03	0.015	0.18	0.10	0.40

（续）

标准号	牌号 名义化学成分	Ti	Al	Zr	Mo	V	Fe	C	N	H	O	其他元素	
							≤					单一	合计
ASTM B861—2019	Grade 1 R50250	余量	—	—	—	—	0.20	0.08	0.03	0.015	0.18	0.1	0.4
EN ISO5832-2:2018	Grade 1	余量	—	—	—	—	0.20	0.08	0.03	0.0125	0.18	—	—
ISO 5832-2:2018	Grade 1												

表 8-14 TA1G-Ⅰ牌号和化学成分（质量分数） （%）

标准号	牌号 名义化学成分	Ti	Al	Si	Mo	V	Fe	C	N	H	O	其他元素	
							≤					单一	合计
GB/T 3620.1—2016	TA1G-Ⅰ 工业纯钛	余量	≤ 0.20	≤ 0.08	—	—	0.15	0.05	0.03	0.003	0.12	—	0.10

表 8-15 TA2GELⅠ牌号和化学成分（质量分数）对照 （%）

标准号	牌号 名义化学成分	Ti	Al	Si	Mo	V	Fe	C	N	H	O	其他元素	
							≤					单一	合计
GB/T 3620.1—2016	TA2GELⅠ 工业纯钛	余量	—	—	—	—	0.20	0.05	0.03	0.008	0.10	0.05	0.20
JIS Z3331:2011	S Ti 0100J Ti99.8J	余量	—	—	—	—	0.20	0.03	0.02	0.008	0.10	—	—

表 8-16 TA2G 牌号和化学成分（质量分数）对照 （%）

标准号	牌号 名义化学成分	Ti	Al	Si	Mo	V	Fe	C	N	H	O	其他元素	
							≤					单一	合计
GB/T 3620.1—2016	TA2G 工业纯钛	余量	—	—	—	—	0.30	0.08	0.03	0.015	0.25	0.10	0.40

JIS Z3331:2011	S Ti 0125J Ti99.5J	余量	—	—	—	—	0.30	0.03	0.02	0.008	0.25	—	—
ASTM B265—2020a	Grade 2)⁺2H R50400	余量	—	—	—	—	0.30	0.08	0.03	0.015	0.25	0.1	0.4
EN ISO5832-2:2018	Grade 2	余量	—	—	—	—	0.30	0.08	0.03	0.0125	0.25	—	—
ISO 5832-2:2018	Grade 2	余量	—	—	—	—	0.30	0.08	0.03	0.0125	0.25	—	—

表 8-17 TA3GEL I 牌号和化学成分（质量分数）对照 （%）

标准号	牌号 名义化学成分	Ti	Al	Si	Mo	V	Fe	C	N	H	O	其他元素	
							≤					单一	合计
GB/T 3620.1—2016	TA3GEL I 工业纯钛	余量	—	—	—	—	0.25	0.05	0.04	0.008	0.18	0.05	0.20
ASTM B863—2019	Grade 1 R50250	余量	—	—	—	—	0.20	0.08	0.03	0.015	0.18	0.1	0.4

表 8-18 TA3G 牌号和化学成分（质量分数）对照 （%）

标准号	牌号 名义化学成分	Ti	Al	Si	Mo	V	Fe	C	N	H	O	其他元素	
							≤					单一	合计
GB/T 3620.1—2016	TA3G 工业纯钛	余量	—	—	—	—	0.30	0.08	0.05	0.015	0.35	0.10	0.40
JIS H4650:2016	3 级	余量	—	—	—	—	0.30	0.08	0.05	0.013	0.30	0.10	0.40
ASTM B265—2020a	Grade 3 R50550	余量	—	—	—	—	0.30	0.08	0.05	0.015	0.35	0.1	0.4
EN ISO5832-2:2018	Grade 3	余量	—	—	—	—	0.30	0.08	0.05	0.0125	0.35	—	—
ISO 5832-2:2018	Grade 3												

表 8-19 TA4GEL I 牌号和化学成分（质量分数）对照 （%）

标准号	牌号 名义化学成分	Ti	Al	Si	Mo	V	Fe	C	N	H	O	其他元素	
							≤					单一	合计
GB/T 3620.1—2016	TA4GEL I 工业纯钛	余量	—	—	—	—	0.30	0.05	0.05	0.008	0.25	0.05	0.20
ASTM B862—2019	Grade 2/2H R50400	余量	—	—	—	—	0.30	0.08	0.03	0.015	0.25	0.1	0.4

表 8-20 TA4G 牌号和化学成分（质量分数）对照 （%）

标准号	牌号 名义化学成分	Ti	Al	Si	Mo	V	Fe	C	N	H	O	其他元素	
							≤					单一	合计
GB/T 3620.1—2016	TA4G 工业纯钛	余量	—	—	—	—	0.50	0.08	0.05	0.015	0.40	0.10	0.40
JIS H4650:2016	4 级	余量	—	—	—	—	0.50	0.08	0.05	0.013	0.40	0.10	0.40
ASTM B265—2020a	Grade 4 R50700	余量	—	—	—	—	0.50	0.08	0.05	0.015	0.40	0.1	0.4
EN ISO5832-2:2018	Grade 4	余量	—	—	—	—	0.50	0.08	0.05	0.0125	0.40	—	—
ISO 5832-2:2018	Grade 4	余量	—	—	—	—	0.50	0.08	0.05	0.0125	0.40	—	—

表 8-21 TA5 牌号和化学成分（质量分数） （%）

标准号	牌号 名义化学成分	Ti	Al	Si	Mo	V	Fe	C	N	H	O	其他元素	
							≤					单一	合计
GB/T 3620.1—2016	TA5 Ti-4Al-0.005B	余量	3.3~ 4.7	—	—	—	0.30	0.08	0.04	0.015	0.15	0.10	0.40
							B:0.005						

表 8-22 TA6 牌号和化学成分（质量分数）对照 （%）

标准号	牌号 名义化学成分	Ti	Al	Si	Mo	V	Fe	C	N	H	O	其他元素	
							≤					单一	合计
GB/T 3620.1—2016	TA6 Ti-5Al	余量	4.0~ 5.5	—	—	—	0.30	0.08	0.05	0.015	0.15	0.10	0.40

ГОСТ 19807—1997	BT5	余量	4.5~6.2	≤0.12	≤0.80	≤1.20	0.30	0.10	0.05	0.015	0.20	—	0.30
							Zr:0.30						

表 8-23 TA7 牌号和化学成分（质量分数）对照 （%）

标准号	牌号 名义化学成分	Ti	Al	Sn	Mo	V	Fe	C	N	H	O	其他元素	
							≤					单一	合计
GB/T 3620.1—2016	TA7 Ti-5Al-2.5Sn	余量	4.0~6.0	2.0~3.0	—	—	0.50	0.08	0.05	0.015	0.20	0.10	0.40
ГОСТ 19807—1997	BT5-1	余量	4.3~6.0	2.0~3.0	≤0.12	≤0.10	0.30	0.10	0.05	0.015	0.15	—	0.30
							Zr:0.30						
JIS Z3331:2011	S Ti 52501 TiAl5Sn2.5J	余量	4.0~6.0	2.0~3.0	—	—	0.50	0.10	0.05	0.020	0.20	—	—
ASTM B265—2020a	Grade 6 R54520	余量	4.0~6.0	2.0~3.0	—	—	0.50	0.08	0.03	0.015	0.20	0.1	0.4

表 8-24 TA7ELⅠ 牌号和化学成分（质量分数） （%）

标准号	牌号 名义化学成分	Ti	Al	Sn	Mo	V	Fe	C	N	H	O	其他元素	
							≤					单一	合计
GB/T 3620.1—2016	TA7ELⅠ① Ti-5Al-2.5SnELⅠ	余量	4.5~5.75	2.0~3.0	—	—	0.25	0.05	0.035	0.0125	0.12	0.05	0.30

① TA7ELⅠ 牌号的杂质“Fe+O”的质量分数合计应不大于 0.32%。

表 8-25 TA8 牌号和化学成分（质量分数）对照 （%）

标准号	牌号 名义化学成分	Ti	Pd	Sn	Mo	V	Fe	C	N	H	O	其他元素	
							≤					单一	合计
GB/T 3620.1—2016	TA8 Ti-0.05Pd	余量	0.04~0.08	—	—	—	0.30	0.08	0.03	0.015	0.25	0.10	0.40

（续）

标准号	牌号 名义化学成分	Ti	Pd	Sn	Mo	V	Fe	C	N	H	O	其他元素	
							≤					单一	合计
JIS H4650:2016	18 级	余量	0.04~0.08	—	—	—	0.30	0.08	0.03	0.015	0.25	0.10	0.40
ASTM B265—2020a	Grade 16/16H R52402	余量	0.04~0.08	—	—	—	0.30	0.08	0.03	0.015	0.25	0.1	0.4

表 8-26　TA8-1 牌号和化学成分（质量分数）对照　（%）

标准号	牌号 名义化学成分	Ti	Pd	Sn	Mo	V	Fe	C	N	H	O	其他元素	
							≤					单一	合计
GB/T 3620.1—2016	TA8-1 Ti-0.05Pd	余量	0.04~0.08	—	—	—	0.20	0.08	0.03	0.015	0.18	0.10	0.40
JIS H4650:2016	17 级	余量	0.04~0.08	—	—	—	0.20	0.08	0.03	0.015	0.18	0.10	0.40
ASTM B265—2020a	Grade 17 R52252	余量	0.04~0.08	—	—	—	0.20	0.08	0.03	0.015	0.18	0.1	0.4
EN ISO 24034:2020	Ti2253 TiPd0.06	余量	0.04~0.08	—	—	—	0.08	0.03	0.012	0.005	0.03~0.10	—	—
ISO 24034:2020(E)	Ti2253 TiPd0.06												

表 8-27　TA9 牌号和化学成分（质量分数）对照　（%）

标准号	牌号 名义化学成分	Ti	Pd	Sn	Mo	V	Fe	C	N	H	O	其他元素	
							≤					单一	合计
GB/T 3620.1—2016	TA9 Ti-0.2Pd	余量	0.12~0.25	—	—	—	0.30	0.08	0.03	0.015	0.25	0.10	0.40
JIS H4670:2016	12 级	余量	0.12~0.25	—	—	—	0.25	0.08	0.03	0.013	0.20	0.10	0.40

ASTM B348/B348M—2019	Grade 7/7H R52400	余量	0.12~0.25	—	—	—	0.30	0.08	0.03	0.015	0.25	0.1	0.4
EN ISO 24034:2020	Ti2401 TiPd0.2A	余量	0.12~0.25	—	—	—	0.12	0.03	0.015	0.008	0.08~0.16	—	—
ISO 24034:2020(E)	Ti2401 TiPd0.2A												

表 8-28 TA9-1 牌号和化学成分（质量分数）对照 （%）

标准号	牌号 名义化学成分	Ti	Pd	Sn	Mo	V	Fe	C	N	H	O	其他元素	
							≤					单一	合计
GB/T 3620.1—2016	TA9-1 Ti-0.2Pd	余量	0.12~0.25	—	—	—	0.20	0.08	0.03	0.015	0.18	0.10	0.40
JIS H4670:2016	11 级	余量	0.12~0.25	—	—	—	0.20	0.08	0.03	0.013	0.15	0.10	0.40
ASTM B348/B348M—2019	Grade 11 R52250	余量	0.12~0.25	—	—	—	0.20	0.08	0.03	0.015	0.18	0.1	0.4
EN ISO 24034:2020	Ti2251 TiPd0.2	余量	0.12~0.25	—	—	—	0.08	0.03	0.012	0.005	0.03~0.10	—	—
ISO 24034:2020(E)	Ti2251 TiPd0.2												

表 8-29 TA10 牌号和化学成分（质量分数）对照 （%）

标准号	牌号 名义化学成分	Ti	Al	Ni	Mo	V	Fe	C	N	H	O	其他元素	
							≤					单一	合计
GB/T 3620.1—2016	TA10 Ti-0.3Mo-0.8Ni	余量	—	0.6~0.9	0.2~0.4	—	0.30	0.08	0.03	0.015	0.25	0.10	0.40

（续）

标准号	牌号 名义化学成分	Ti	Al	Ni	Mo	V	Fe	C	N	H	O	其他元素	
							≤					单一	合计
ASTM B348/B348M—2019	Grade 12 R53400	余量	—	0.6~0.9	0.2~0.4	—	0.30	0.08	0.03	0.015	0.25	0.1	0.4
JIS Z3331:2011	S Ti 3401 TiNi0.7Mo0.3	余量	—	0.6~0.9	0.2~0.4	—	0.15	0.03	0.015	0.008	0.08~0.16	—	—
EN ISO 24034:2020	Ti3401 TiNi0.7Mo0.3												
ISO 24034:2020(E)	Ti3401 TiNi0.7Mo0.3	余量	—	0.6~0.9	0.2~0.4	—	0.15	0.03	0.015	0.008	0.08~0.16	—	—

表 8-30 TA11 牌号和化学成分（质量分数）对照 （%）

标准号	牌号 名义化学成分	Ti	Al	Ni	Mo	V	Fe	C	N	H	O	其他元素	
							≤					单一	合计
GB/T 3620.1—2016	TA11 Ti-8Al-1Mo-1V	余量	7.35~8.35	—	0.75~1.25	0.75~1.25	0.30	0.08	0.05	0.015	0.12	0.10	0.30
JIS Z3331:2011	S Ti 4810 TiAl8V1Mo1	余量	7.35~8.35	—	0.75~1.25	0.75~1.25	0.30	0.08	0.05	0.01	0.12	—	—

表 8-31 TA12 牌号和化学成分（质量分数） （%）

标准号	牌号 名义化学成分	Ti	Al	Sn	Zr	Mo	Fe	C	O	其他元素	
							≤			单一	合计
GB/T 3620.1—2016	TA12 Ti-5.5Al-4Sn-2Zr-1Mo-1Nd-0.25Si	余量	4.8~6.0	3.7~4.7	1.5~2.5	0.75~1.25	0.25	0.08	0.15	0.10	0.40
			Nd:0.6~1.2，Si:0.2~0.35				H:0.0125，N:0.05				

表 8-32　TA12-1 牌号和化学成分（质量分数）　（%）

标准号	牌号 名义化学成分	Ti	Al	Sn	Zr	Mo	Fe	C	O	其他元素	
							≤			单一	合计
GB/T 3620.1—2016	TA12-1 Ti-5Al-4Sn-2Zr-1Mo-1Nd-0.25Si	余量	4.5~5.5	3.7~4.7	1.5~2.5	1.0~2.0	0.25	0.08	0.15	0.10	0.30
			Nd:0.6~1.2,Si:0.2~0.35				H:0.0125,N:0.04				

表 8-33　TA13 牌号和化学成分（质量分数）　（%）

标准号	牌号 名义化学成分	Ti	Cu	Sn	Zr	Mo	Fe	C	N	H	O	其他元素	
							≤					单一	合计
GB/T 3620.1—2016	TA13 Ti-2.5Cu	余量	2.0~2.5	—	—	—	0.20	0.08	0.05	0.010	0.20	0.10	0.30

表 8-34　TA14 牌号和化学成分（质量分数）　（%）

标准号	牌号 名义化学成分	Ti	Al	Sn	Zr	Mo	Fe	C	O	其他元素	
							≤			单一	合计
GB/T 3620.1—2016	TA14 Ti-2.3Al-11Sn-5Zr-1Mo-0.2Si	余量	2.0~2.5	10.52~11.50	4.0~6.0	0.8~1.2	0.20	0.08	0.20	0.10	0.30
			Si:0.10~0.50				H:0.0125,N:0.05				

表 8-35　TA15 牌号和化学成分（质量分数）对照　（%）

标准号	牌号 名义化学成分	Ti	Al	V	Zr	Mo	Fe	C	O	其他元素	
							≤			单一	合计
GB/T 3620.1—2016	TA15 Ti-6.5Al-1Mo-1V-2Zr	余量	5.5~7.1	0.8~2.5	1.5~2.5	0.5~2.0	0.25	0.08	0.15	0.10	0.30
							Si:0.15,H:0.015,N:0.05				
ГОСТ 19807—1997	BT20	余量	5.5~7.0	0.8~2.5	1.5~2.5	0.5~2.0	0.25	0.10	0.15	—	0.30
							Si:0.15,H:0.015,N:0.05				

表 8-36　TA15-1 牌号和化学成分（质量分数）　（%）

标准号	牌号 名义化学成分	Ti	Al	V	Zr	Mo	Fe	C	O	其他元素	
							≤			单一	合计
GB/T 3620.1—2016	TA15-1 Ti-2.5Al-1Mo-1V-1.5Zr	余量	2.0~3.0	0.5~1.5	1.0~2.0	0.5~1.5	0.15	0.05	0.12	0.10	0.30
							Si:0.10,H:0.003,N:0.04				

表 8-37　TA15-2 牌号和化学成分（质量分数）对照　（%）

标准号	牌号 名义化学成分	Ti	Al	V	Zr	Mo	Fe	C	O	其他元素	
							≤			单一	合计
GB/T 3620.1—2016	TA15-2 Ti-4Al-1Mo-1V-1.5Zr	余量	3.5~4.5	0.5~1.5	1.0~2.0	0.5~1.5	0.15	0.05	0.12	0.10	0.30
			Si≤0.10				N:0.04,H:0.003				
ASTM B265—2020a	Grade 32 R55111	余量	4.5~5.5	0.6~1.4	0.6~1.4	0.6~1.2	0.25	0.08	0.11	0.1	0.4
			Sn:0.6~1.4,Si:0.06~0.14				N:0.03,H:0.015				
JIS Z3331:2011	S Ti 5112 TiAl5V1Sn1Mo1Zr1	余量	4.5~5.5	0.6~1.4	0.6~1.4	0.6~1.2	0.20	0.03	0.05	—	—
EN ISO 24034:2020	Ti5112 TiAl5V1Sn1Mo1Zr1										
ISO 24034:2020(E)	Ti5112 TiAl5V1Sn1Mo1Zr1		Sn:0.6~1.4,Si:0.06~0.14				N:0.012,H:0.008				

表 8-38　TA16 牌号和化学成分（质量分数）对照　（%）

标准号	牌号 名义化学成分	Ti	Al	V	Zr	Mo	Fe	C	N	H	O	其他元素	
							≤					单一	合计
GB/T 3620.1—2016	TA16 Ti-2Al-2.5Zr	余量	1.8~2.5	—	2.0~3.0	—	0.25	0.08	0.04	0.006	0.15	0.10	0.30
							Si:0.12						

ГОСТ 19807—1997	ПТ-7М	余量	1.8~2.5	—	2.0~3.0	—	0.25	0.10	0.04	0.006	0.15	—	0.30
							Si:0.12						

表 8-39 TA17 牌号和化学成分（质量分数）对照 (%)

标准号	牌号 名义化学成分	Ti	Al	V	Zr	Mo	Fe	C	N	H	O	其他元素	
							≤					单一	合计
GB/T 3620.1—2016	TA17 Ti-4Al-2V	余量	3.5~4.5	1.5~3.0	—	—	0.25	0.08	0.05	0.015	0.15	0.10	0.30
							Si:0.15						
ГОСТ 19807—1997	ПТ-3В	余量	3.5~5.0	1.2~2.5	—	—	0.25	0.10	0.04	0.006	0.15	—	0.30
							Si:0.12. Zr:0.30						
ASTM B862—2019	Grade 38 R54250	余量	3.5~4.5	2.0~3.0	—	—	1.2~1.8	0.08	0.03	0.015	0.20~0.30	0.1	0.4
EN ISO 24034:2020	Ti4251 TiAl4V2Fe	余量	3.5~4.5	2.0~3.0	—	—	1.2~1.8	0.05	0.02	0.010	0.20~0.27	—	—
ISO 24034:2020(E)	Ti4251 TiAl4V2Fe												

表 8-40 TA18 牌号和化学成分（质量分数）对照 (%)

标准号	牌号 名义化学成分	Ti	Al	V	Zr	Mo	Fe	C	N	H	O	其他元素	
							≤					单一	合计
GB/T 3620.1—2016	TA18 Ti-3Al-2.5V	余量	2.0~3.5	1.5~3.0	—	—	0.25	0.08	0.05	0.015	0.12	0.10	0.30
JIS H4670:2016	61 级	余量	2.5~3.5	2.00~3.50	—	—	0.25	0.08	0.03	0.015	0.15	0.10	0.40

（续）

标准号	牌号 名义化学成分	Ti	Al	V	Zr	Mo	Fe ≤	C ≤	N ≤	H ≤	O ≤	其他元素 单一 ≤	其他元素 合计 ≤
ASTM B861—2019	Grade 9 R56320	余量	2.5~3.5	2.0~3.0	—	—	0.25	0.08	0.03	0.015	0.15	0.1	0.4
EN ISO 24034:2020	Ti6321 TiAl3V2.5A	余量	2.5~3.5	2.0~3.0	—	—	0.20	0.03	0.012	0.015	0.06~0.12	—	—
ISO 24034:2020(E)	Ti6321 TiAl3V2.5A												

表 8-41　TA19 牌号和化学成分（质量分数）对照　（%）

标准号	牌号 名义化学成分	Ti	Al	Sn	Zr	Mo	Fe ≤	C ≤	N ≤	H ≤	O ≤	其他元素 单一 ≤	其他元素 合计 ≤
GB/T 3620.1—2016	TA19 Ti-6Al-2Sn-4Zr-2Mo-0.08Si	余量	5.5~6.5	1.8~2.2	3.6~4.4	1.8~2.2	0.25	0.05	0.05	0.0125	0.15	0.10	0.30
			Si:0.06~0.10										
JIS Z3331:2011	S Ti 4621 TiAl6Zr4Mo2Sn2	余量	5.50~6.50	1.80~2.20	3.60~4.40	1.80~2.20	0.05	0.04	0.015	0.015	0.30	—	—
EN ISO 24034:2020	Ti4621 TiAl6Zr4Mo2Sn2												
ISO 24034:2020(E)	Ti4621 TiAl6Zr4Mo2Sn2						Cr:0.25						

表 8-42　TA20 牌号和化学成分（质量分数）　（%）

标准号	牌号 名义化学成分	Ti	Al	V	Zr	Mo	Fe ≤	C ≤	N ≤	H ≤	O ≤	其他元素 单一 ≤	其他元素 合计 ≤
GB/T 3620.1—2016	TA20 Ti-4Al-3V-1.5Zr	余量	3.5~4.5	2.5~3.5	1.0~2.0	—	0.15	0.05	0.04	0.003	0.12	0.10	0.30
							Si:0.10						

表 8-43　TA21 牌号和化学成分（质量分数）对照　（%）

标准号	牌号 名义化学成分	Ti	Al	Mn	V	Mo	Fe	C	N	H	O	其他元素 单一	其他元素 合计
							≤						
GB/T 3620.1—2016	TA21 Ti-1Al-1Mn	余量	0.4~1.5	0.5~1.3	—	—	0.30	0.10	0.05	0.012	0.15	0.10	0.30
							Si:0.12, Zr:0.30						
ГОСТ 19807—1997	OT4-0	余量	0.4~1.4	0.5~1.3	—	—	0.30	0.10	0.05	0.012	0.15	—	0.30
							Si:0.12, Zr:0.30						

表 8-44　TA22 牌号和化学成分（质量分数）　（%）

标准号	牌号 名义化学成分	Ti	Al	Mo	Zr	Ni	Fe	C	N	H	O	其他元素 单一	其他元素 合计
							≤						
GB/T 3620.1—2016	TA22 Ti-3Al-1Mo-1Ni-1Zr	余量	2.5~3.5	0.5~1.5	0.8~2.0	0.3~1.0	0.20	0.10	0.05	0.015	0.15	0.10	0.30
							Si:0.15						

表 8-45　TA22-1 牌号和化学成分（质量分数）　（%）

标准号	牌号 名义化学成分	Ti	Al	Mo	Zr	Ni	Fe	C	N	H	O	其他元素 单一	其他元素 合计
							≤						
GB/T 3620.1—2016	TA22-1 Ti-2.5Al-1Mo-1Ni-1Zr	余量	2.0~3.0	0.2~0.8	0.5~1.0	0.3~0.8	0.20	0.10	0.04	0.008	0.10	0.10	0.30
							Si:0.04						

表 8-46　TA23 牌号和化学成分（质量分数）　（%）

标准号	牌号 名义化学成分	Ti	Al	Mo	Zr	Fe	C	N	H	O	其他元素 单一	其他元素 合计
							≤					
GB/T 3620.1—2016	TA23 Ti-2.5Al-2Zr-1Fe	余量	2.2~3.0	—	1.7~2.3	0.8~1.2	0.10	0.04	0.010	0.15	0.10	0.30
							Si:0.15					

表 8-47　TA23-1 牌号和化学成分（质量分数）　（%）

标准号	牌号 名义化学成分	Ti	Al	Mo	Zr	Fe	C	N	H	O	其他元素 单一	其他元素 合计
							≤					
GB/T 3620.1—2016	TA23-1 Ti-2.5Al-2Zr-1Fe	余量	2.2~3.0	—	1.7~2.3	0.8~1.1	0.10	0.04	0.008	0.10	0.10	0.30
							Si:0.10					

表 8-48 TA24 牌号和化学成分（质量分数） （%）

标准号	牌号 名义化学成分	Ti	Al	Mo	Zr	V	Fe	C	N	H	O	其他元素	
							≤					单一	合计
GB/T 3620.1—2016	TA24 Ti-3Al-2Mo-2Zr	余量	2.0~3.8	1.0~2.5	1.0~3.0	—	0.30	0.10	0.05	0.015	0.15	0.10	0.30
							Si:0.15						

表 8-49 TA24-1 牌号和化学成分（质量分数） （%）

标准号	牌号 名义化学成分	Ti	Al	Mo	Zr	V	Fe	C	N	H	O	其他元素	
							≤					单一	合计
GB/T 3620.1—2016	TA24-1 Ti-3Al-2Mo-2Zr	余量	1.5~2.5	1.0~2.0	1.0~3.0	—	0.15	0.10	0.04	0.010	0.10	0.10	0.30
							Si:0.04						

表 8-50 TA25 牌号和化学成分（质量分数）对照 （%）

标准号	牌号 名义化学成分	Ti	Al	V	Pd	Si	Fe	C	N	H	O	其他元素	
							≤					单一	合计
GB/T 3620.1—2016	TA25 Ti-3Al-2.5V-0.05Pd	余量	2.5~3.5	2.0~3.0	0.04~0.08	—	0.25	0.08	0.03	0.015	0.15	0.10	0.40
ASTM B863—2019	Grade 18 R56322	余量	2.5~3.5	2.0~3.0	0.04~0.08	—	0.25	0.08	0.03	0.015	0.15	0.1	0.4
JIS Z3331:2011	S Ti 6326 TiAl3V2.5Pd												
EN ISO 24034:2020	Ti6326 TiAl3V2.5Pd	余量	2.5~3.5	2.0~3.0	0.04~0.08	—	0.20	0.03	0.012	0.005	0.06~0.12	—	—
ISO 24034:2020(E)	Ti6326 TiAl3V2.5Pd												

表 8-51　TA26 牌号和化学成分（质量分数）对照　（%）

标准号	牌号 名义化学成分	Ti	Al	V	Ru	Si	Fe	C	N	H	O	其他元素	
							≤					单一	合计
GB/T 3620.1—2016	TA26 Ti-3Al-2.5V-0.10Ru	余量	2.5~3.5	2.0~3.0	0.08~0.14	—	0.25	0.08	0.03	0.015	0.15	0.10	0.40
ASTM B862—2019	Grade 28 R56323	余量	2.5~3.5	2.0~3.0	0.08~0.14	—	0.25	0.08	0.03	0.015	0.15	0.1	0.4
JIS Z3331:2011	S Ti 6324 TiAl3V2.5Ru	余量	2.5~3.5	2.0~3.0	0.08~0.14	—	0.20	0.03	0.012	0.005	0.06~0.12	—	—
EN ISO 24034:2020	Ti6324 TiAl3V2.5Ru												
ISO 24034:2020(E)	Ti6324 TiAl3V2.5Ru												

表 8-52　TA27 牌号和化学成分（质量分数）对照　（%）

标准号	牌号 名义化学成分	Ti	Al	V	Ru	Si	Fe	C	N	H	O	其他元素	
							≤					单一	合计
GB/T 3620.1—2016	TA27 Ti-0.10Ru	余量	—	—	0.08~0.14	—	0.30	0.08	0.03	0.015	0.25	0.10	0.40
ASTM B861—2019	Grade 26/26H R52404	余量	—	—	0.08~0.14	—	0.30	0.08	0.03	0.015	0.25	0.1	0.4
JIS Z3331:2011	S Ti 2405 TiRu0.1A	余量	—	—	0.08~0.14	—	0.12	0.03	0.015	0.008	0.08~0.16	—	—
EN ISO 24034:2020	Ti2405 TiRu0.1A												
ISO 24034:2020(E)	Ti2405 TiRu0.1A												

表 8-53 TA27-1 牌号和化学成分（质量分数）对照 （%）

标准号	牌号 名义化学成分	Ti	Al	V	Ru	Si	Fe	C	N	H	O	其他元素	
							≤					单一	合计
GB/T 3620.1—2016	TA27-1 Ti-0.10Ru	余量	—	—	0.08~0.14	—	0.20	0.08	0.03	0.015	0.18	0.10	0.40
ASTM B265—2020a	Grade 27 R52254	余量	—	—	0.08~0.14	—	0.20	0.08	0.03	0.015	0.18	0.1	0.4
JIS Z3331:2011	S Ti 2255 TiRu0.1	余量	—	—	0.08~0.14	—	0.08	0.03	0.012	0.005	0.03~0.10	—	—
EN ISO 24034:2020	Ti2255 TiRu0.1												
ISO 24034:2020(E)	Ti2255 TiRu0.1												

表 8-54 TA28 牌号和化学成分（质量分数）对照 （%）

标准号	牌号 名义化学成分	Ti	Al	V	Ru	Si	Fe	C	N	H	O	其他元素	
							≤					单一	合计
GB/T 3620.1—2016	TA28 Ti-3Al	余量	2.0~3.0	—	—	—	0.30	0.08	0.05	0.015	0.15	0.10	0.40
ASTM B265—2020a	Grade 37 R52815	余量	1.0~2.0	—	—	—	0.30	0.08	0.03	0.015	0.25	0.1	0.4
JIS H4650:2016	50级	余量	1.00~2.00	—	—	—	0.30	0.08	0.03	0.015	0.25	0.10	0.40

表 8-55 TA29 牌号和化学成分（质量分数） （%）

标准号	牌号 名义化学成分	Ti	Al	Sn	Zr	Ta	Fe	C	其他元素	
							≤		单一	合计
GB/T 3620.1—2016	TA29 Ti-5.8Al-4Sn-4Zr-0.7Nb-1.5Ta-0.4Si-0.06C	余量	5.4~6.1	3.7~4.3	3.7~4.3	1.3~1.7	0.05	0.04~0.08	0.10	0.20
			Nb:0.5~0.9,Si:0.34~0.45				N:0.02,H:0.010,O:0.10			

表 8-56　TA30 牌号和化学成分（质量分数）　（%）

标准号	牌号 名义化学成分	Ti	Al	Sn	Zr	Mo	Fe	C	其他元素 单一	其他元素 合计
							≤			
GB/T 3620.1—2016	TA30 Ti-5.5Al-3.5Sn-3Zr-1Nb-1Mo-0.3Si	余量	4.7~6.0	3.0~3.8	2.4~3.5	0.7~1.3	0.15	0.10	0.10	0.30
			Nb:0.7~1.3,Si:0.20~0.35				N:0.04,H:0.012,O:0.15			

表 8-57　TA31 牌号和化学成分（质量分数）　（%）

标准号	牌号 名义化学成分	Ti	Al	Nb	Zr	Mo	Fe	C	其他元素 单一	其他元素 合计
							≤			
GB/T 3620.1—2016	TA31 Ti-6Al-3Nb-2Zr-1Mo	余量	5.5~6.5	2.5~3.5	1.5~2.5	0.6~1.5	0.25	0.10	0.10	0.30
							Si:0.15, N:0.05,H:0.015,O:0.15			

表 8-58　TA32 牌号和化学成分（质量分数）　（%）

标准号	牌号 名义化学成分	Ti	Al	Sn	Zr	Mo	Fe	C	其他元素 单一	其他元素 合计
							≤			
GB/T 3620.1—2016	TA32 Ti-5.5Al-3.5Sn-3Zr-1Mo-0.5Nb-0.7Ta-0.3Si	余量	5.0~6.0	3.0~4.0	2.5~3.5	0.3~1.5	0.25	0.10	0.10	0.30
			Nb:0.2~0.7,Si:0.1~0.5,Ta:0.2~0.7, N:0.05,H:0.012,O:0.15							

表 8-59　TA33 牌号和化学成分（质量分数）　（%）

标准号	牌号 名义化学成分	Ti	Al	Sn	Zr	Mo	Fe	C	其他元素 单一	其他元素 合计
							≤			
GB/T 3620.1—2016	TA33 Ti-5.8Al-4Sn-3.5Zr-0.7Mo-0.5Nb-1.1Ta-0.4Si-0.06C	余量	5.2~6.5	3.0~4.5	2.5~4.0	0.2~1.0	0.25	0.04~0.08	0.10	0.30
			Nb:0.2~0.7,Si:0.2~0.6,Ta:0.7~1.5,N:0.05,H:0.012,O:0.15							

表 8-60　TA34 牌号和化学成分（质量分数）　（%）

标准号	牌号 名义化学成分	Ti	Al	Sn	Zr	Mo	Fe ≤	C ≤	O ≤	其他元素 单一	其他元素 合计
GB/T 3620.1—2016	TA34 Ti-2Al-3.8Zr-1Mo	余量	1.0~3.0	—	3.0~4.5	0.5~1.5	0.25	0.05	0.10	0.10	0.25
							N:0.035,H:0.008				

表 8-61　TA35 牌号和化学成分（质量分数）　（%）

标准号	牌号 名义化学成分	Ti	Al	Sn	Zr	Nb	Fe ≤	C ≤	其他元素 单一	其他元素 合计
GB/T 3620.1—2016	TA35 Ti-6Al-2Sn-4Zr-2Nb-1Mo-0.2Si	余量	5.8~7.0	1.5~2.5	3.5~4.5	1.5~2.5	0.20	0.10	0.10	0.30
			Mo:0.3~1.3,Si:0.05~0.50				N:0.05,H:0.015,O:0.15			

表 8-62　TA36 牌号和化学成分（质量分数）对照　（%）

标准号	牌号 名义化学成分	Ti	Al	Sn	Zr	Nb	Fe ≤	C ≤	N ≤	H ≤	O ≤	其他元素 单一	其他元素 合计
GB/T 3620.1—2016	TA36 Ti-1Al-1Fe	余量	0.7~1.3	—	—	—	1.0~1.4	0.10	0.05	0.015	0.15	0.10	0.30
JIS H4650:2016	50 级	余量	1.00~2.00	—	—	—	0.30	0.08	0.03	0.015	0.25	0.10	0.40
ASTM B265—2020a	Grade 37 R52815	余量	1.0~2.0	—	—	—	0.30	0.08	0.03	0.015	0.25	0.1	0.4

2. β 型和近 β 型钛合金

中外 β 型和近 β 型钛合金牌号和化学成分对照见表 8-63~表 8-78。

表 8-63 TB2 牌号和化学成分（质量分数） （%）

标准号	牌号 名义化学成分	Ti	Al	V	Cr	Mo	Fe	C	N	H	O	其他元素	
							≤					单一	合计
GB/T 3620. 1—2016	TB2 Ti-5Mo-5V-8Cr-3Al	余量	2. 5~3. 5	4. 7~5. 7	7. 5~8. 5	4. 7~5. 7	0. 30	0. 05	0. 04	0. 015	0. 15	0. 10	0. 40

表 8-64 TB3 牌号和化学成分（质量分数） （%）

标准号	牌号 名义化学成分	Ti	Al	V	Fe	Mo	C	N	H	O	其他元素	
							≤				单一	合计
GB/T 3620. 1—2016	TB3 Ti-3. 5Al-10Mo-8V-1Fe	余量	2. 7~3. 7	7. 5~8. 5	0. 8~1. 2	9. 5~11. 0	0. 05	0. 04	0. 015	0. 15	0. 10	0. 40

表 8-65 TB4 牌号和化学成分（质量分数） （%）

标准号	牌号 名义化学成分	Ti	Al	V	Zr	Mo	C	N	H	O	其他元素	
							≤				单一	合计
GB/T 3620. 1—2016	TB4 Ti-4Al-7Mo-10V-2Fe-1Zr	余量	3. 0~4. 5	9. 0~10. 5	0. 5~1. 5	6. 0~7. 8	0. 05	0. 04	0. 015	0. 20	0. 10	0. 40
			Fe:1. 5~2. 5									

表 8-66 TB5 牌号和化学成分（质量分数） （%）

标准号	牌号 名义化学成分	Ti	Al	V	Cr	Sn	Fe	C	N	H	O	其他元素	
							≤					单一	合计
GB/T 3620. 1—2016	TB5 Ti-15V-3Al-3Cr-3Sn	余量	2. 5~3. 5	14. 0~16. 0	2. 5~3. 5	2. 5~3. 5	0. 25	0. 05	0. 05	0. 015	0. 15	0. 10	0. 30

表 8-67 TB6 牌号和化学成分（质量分数） （%）

标准号	牌号 名义化学成分	Ti	Al	V	Fe	Sn	C	N	H	O	其他元素	
							≤				单一	合计
GB/T 3620. 1—2016	TB6 Ti-10V-2Fe-3Al	余量	2. 6~3. 4	9. 0~11. 0	1. 6~2. 2	—	0. 05	0. 05	0. 0125	0. 13	0. 10	0. 30

表 8-68　TB7 牌号和化学成分（质量分数）　（%）

标准号	牌号 名义化学成分	Ti	Al	Mo	Cr	Sn	Fe	C	N	H	O	其他元素	
							≤					单一	合计
GB/T 3620.1—2016	TB7 Ti-32Mo	余量	—	30.0~34.0	—	—	0.30	0.08	0.05	0.015	0.20	0.10	0.40

表 8-69　TB8 牌号和化学成分（质量分数）对照　（%）

标准号	牌号 名义化学成分	Ti	Al	Mo	Nb	Si	C	N	H	其他元素	
							≤			单一	合计
GB/T 3620.1—2016	TB8 Ti-15Mo-3Al-2.7Nb-0.25Si	余量	2.5~3.5	14.0~16.0	2.4~3.2	0.15~0.25	0.05	0.05	0.015	0.10	0.40
							Fe:0.40,O:0.17				
ASTMB863—2019	Grade 21 R58210	余量	2.5~3.5	14.0~16.0	2.2~3.2	0.15~0.25	0.05	0.03	0.015	0.1	0.4
							Fe:0.40,O:0.17				
EN ISO 24034:2020	Ti8211 TiMo15Al3Nb3	余量	2.5~3.5	14.0~16.0	2.2~3.2	0.15~0.25	0.03	0.012	0.005	—	—
ISO 24034:2020(E)	Ti8211 TiMo15Al3Nb3						Fe:0.20~0.40, O:0.10~0.15				

表 8-70　TB9 牌号和化学成分（质量分数）对照　（%）

标准号	牌号 名义化学成分	Ti	Al	V	Cr	Mo	C	N	H	其他元素	
							≤			单一	合计
GB/T 3620.1—2016	TB9 Ti-3Al-8V-6Cr-4Mo-4Zr	余量	3.0~4.0	7.5~8.5	5.5~6.5	3.5~4.5	0.05	0.03	0.030	0.10	0.40
			Zr:3.5~4.5,Pd≤0.10				Fe:0.30,O:0.14				
ASTM B265—2020a	Grade 20 R58645	余量	3.0~4.0	7.5~8.5	5.5~6.5	3.5~4.5	0.05	0.03	0.02	0.15	0.4
			Zr:3.5~4.5, Pd:0.04~0.08				Fe:0.30,O:0.12				

EN ISO 24034:2020	Ti8646 TiV8Cr6Mo4Zr4Al3Pd	余量	3.0~4.0	7.5~8.5	5.5~6.5	3.5~4.5	0.03	0.015	0.015	—	—
			Zr:3.5~4.5, Pd:0.04~0.08				Fe:0.20,O:0.06~0.10				
ISO 24034:2020(E)	Ti8646 TiV8Cr6Mo4Zr4Al3Pd	余量	3.0~4.0	7.5~8.5	5.5~6.5	3.5~4.5	0.03	0.015	0.015	—	—
			Zr:3.5~4.5, Pd:0.04~0.08				Fe:0.20,O:0.06~0.10				

表 8-71　TB10 牌号和化学成分（质量分数）对照　（%）

标准号	牌号 名义化学成分	Ti	Al	V	Mo	Cr	C	N	H	其他元素	
							≤			单一	合计
GB/T 3620.1—2016	TB10 Ti-5Mo-5V-2Cr-3Al	余量	2.5~3.5	4.5~5.5	4.5~5.5	1.5~2.5	0.05	0.04	0.015	0.10	0.40
							Fe:0.30,O:0.15				
ГОСТ 19807—1997	BT22	余量	4.4~5.7	4.0~5.5	4.0~5.5	0.5~1.5	0.10	0.05	0.015	—	0.30
							Fe:0.5~1.5,O:018,Si≤0.15,Zr≤0.30				

表 8-72　TB11 牌号和化学成分（质量分数）　（%）

标准号	牌号 名义化学成分	Ti	Al	V	Mo	Cr	Fe	C	N	H	O	其他元素	
							≤					单一	合计
GB/T 3620.1—2016	TB11 Ti-15Mo	余量	—	—	14.0~16.0	—	0.10	0.10	0.05	0.015	0.20	0.10	0.40

表 8-73　TB12 牌号和化学成分（质量分数）　（%）

标准号	牌号 名义化学成分	Ti	Al	V	Cr	Si	Fe	C	N	H	O	其他元素	
							≤					单一	合计
GB/T 3620.1—2016	TB12 Ti-25V-15Cr-0.3Si	余量	—	24.0~28.0	13.0~17.0	0.2~0.5	0.25	0.10	0.03	0.015	0.15	0.10	0.30

表 8-74　TB13 牌号和化学成分（质量分数）对照

（%）

标准号	牌号 名义化学成分	Ti	Al	V	Cr	Si	Fe	C	N	H	O	其他元素	
							≤					单一	合计
GB/T 3620.1—2016	TB13 Ti-4Al-22V	余量	3.0~4.5	20.0~23.0	—	—	0.15	0.05	0.03	0.010	0.18	0.10	0.40
JIS H4650:2016	80 级	余量	3.50~4.50	20.0~23.0	—	—	1.00	0.10	0.05	0.015	0.25	0.10	0.40

表 8-75　TB14 牌号和化学成分（质量分数）对照

（%）

标准号	牌号 名义化学成分	Ti	Nb	V	Cr	Si	Fe	C	N	H	O	其他元素	
							≤					单一	合计
GB/T 3620.1—2016	TB14① Ti-45Nb	余量	42.0~47.0	—	≤0.02	≤0.03	0.03	0.04	0.03	0.0035	0.16	0.10	0.30
ASTM B348/B348M—2019	Grade 36 R58450	余量	42.0~47.0	—	—	—	0.03	0.04	0.03	0.015	0.16	0.1	0.4
EN ISO 24034:2020	Ti8451 TiNb45	余量	42.0~47.0	—	—	—	0.03	0.03	0.02	0.0035	0.06~0.12	—	—
ISO 24034:2020(E)	Ti8451 TiNb45	余量	42.0~47.0	—	—	—	0.03	0.03	0.02	0.0035	0.06~0.12	—	—

① TB14 钛合金的 Mg 的质量分数≤0.01%，Mn 的质量分数≤0.01%。

表 8-76　TB15 牌号和化学成分（质量分数）

（%）

标准号	牌号 名义化学成分	Ti	Al	V	Cr	Mo	Fe	C	N	H	O	其他元素	
							≤					单一	合计
GB/T 3620.1—2016	TB15 Ti-4Al-5V-6Cr-5Mo	余量	3.5~4.5	4.5~5.5	5.0~6.5	4.5~5.5	0.30	0.10	0.05	0.015	0.15	0.10	0.30

表 8-77　TB16 牌号和化学成分（质量分数）　（%）

标准号	牌号 名义化学成分	Ti	Al	V	Cr	Mo	Fe	C	N	H	O	其他元素	
							≤					单一	合计
GB/T 3620.1—2016	TB16 Ti-3Al-5V-6Cr-5Mo	余量	2.5~3.5	4.5~5.7	5.5~6.5	4.5~5.7	0.30	0.05	0.04	0.015	0.15	0.10	0.40

表 8-78　TB17 牌号和化学成分（质量分数）　（%）

标准号	牌号 名义化学成分	Ti	Al	V	Cr	Mo	C	N	H	其他元素	
							≤			单一	合计
GB/T 3620.1—2016	TB17 Ti-6.5Mo-2.5Cr-2V-2Nb-1Sn-1Zr-4Al	余量	3.5~5.5	1.0~3.0	2.0~3.5	5.0~7.5	0.08	0.05	0.015	0.10	0.40
			Nb:1.5~3.0,Sn:0.5~2.5,Zr:0.5~2.5,Si:0.15,Fe:0.15,O:0.13								

3. α-β 型钛合金

中外 α-β 型钛合金牌号和化学成分对照见表 8-79~表 8-107。

表 8-79　TC1 牌号和化学成分（质量分数）对照　（%）

标准号	牌号 名义化学成分	Ti	Al	Mn	Zr	Si	Fe	C	N	H	O	其他元素	
							≤					单一	合计
GB/T 3620.1—2016	TC1 Ti-2Al-1.5Mn	余量	1.0~2.5	0.7~2.0	—	—	0.30	0.08	0.05	0.012	0.15	0.10	0.40
ГОСТ 19807—1997	OT4-1	余量	1.5~2.5	0.7~2.0	—	—	0.30	0.10	0.05	0.012	0.15	—	0.30
							Zr:0.30,Si:0.12						

表 8-80　TC2 牌号和化学成分（质量分数）对照　（%）

标准号	牌号 名义化学成分	Ti	Al	Mn	Zr	Si	Fe	C	N	H	O	其他元素	
							≤					单一	合计
GB/T 3620.1—2016	TC2 Ti-4Al-1.5Mn	余量	3.5~5.0	0.8~2.0	—	—	0.30	0.08	0.05	0.012	0.15	0.10	0.40

（续）

标准号	牌号 名义化学成分	Ti	Al	Mn	Zr	Si	Fe	C	N	H	O	其他元素	
							≤					单一	合计
ГОСТ 19807—1997	OT4	余量	3.5~ 5.0	0.8~ 2.0	—	—	0.30	0.10	0.05	0.012	0.15	—	0.30
							Zr:0.30，Si:0.12						

表 8-81　TC3 牌号和化学成分（质量分数）　（%）

标准号	牌号 名义化学成分	Ti	Al	V	Zr	Si	Fe	C	N	H	O	其他元素	
							≤					单一	合计
GB/T 3620.1—2016	TC3 Ti-5Al-4V	余量	4.5~ 6.0	3.5~ 4.5	—	—	0.30	0.08	0.05	0.015	0.15	0.10	0.40

表 8-82　TC4 牌号和化学成分（质量分数）对照　（%）

标准号	牌号 名义化学成分	Ti	Al	V	Zr	Si	Fe	C	N	H	O	其他元素	
							≤					单一	合计
GB/T 3620.1—2016	TC4 Ti-6Al-4V	余量	5.50~ 6.75	3.5~ 4.5	—	—	0.30	0.08	0.05	0.015	0.20	0.10	0.40
ГОСТ 19807—1997	BT6	余量	5.3~ 6.8	3.5~ 5.3	—	—	0.60	0.10	0.05	0.015	0.20	—	0.30
							Zr:0.30，Si:0.10						
JIS H4650:2016	60 级	余量	5.50~ 6.75	3.50~ 4.50	—	—	0.40	0.08	0.05	0.015	0.20	0.10	0.40
ASTM B265—2020a	Grade 5 R56400	余量	5.5~ 6.75	3.5~ 4.5	—	—	0.40	0.08	0.05	0.015	0.20	0.1	0.4
EN ISO 24034:2020	Ti6402 TiAl6V4B	余量	5.50~ 6.75	3.50~ 4.50	—	—	0.22	0.05	0.030	0.015	0.12~ 0.20	—	—
ISO 24034:2020(E)	Ti6402 TiAl6V4B	余量	5.50~ 6.75	3.50~ 4.50	—	—	0.22	0.05	0.030	0.015	0.12~ 0.20	—	—

表 8-83　TC4ELI 牌号和化学成分（质量分数）对照　（%）

标准号	牌号 名义化学成分	Ti	Al	V	Zr	Si	Fe	C	N	H	O	其他元素	
							≤					单一	合计
GB/T 3620.1—2016	TC4EL I Ti-6Al-4VEL I	余量	5.5~6.5	3.5~4.5	—	—	0.25	0.08	0.03	0.012	0.13	0.10	0.30
JIS H4650:2016	60E 级	余量	5.50~6.50	3.50~4.50	—	—	0.25	0.08	0.03	0.0125	0.13	0.10	0.40
ASTM B265—2020a	Grade 23 R56407	余量	5.5~6.5	3.5~4.5	—	—	0.25	0.08	0.03	0.0125	0.13	0.1	0.4
ГОСТ 19807—1997	BT6C	余量	5.3~6.5	3.5~4.5	—	—	0.25	0.10	0.04	0.015	0.15	—	0.30
							Zr:0.30, Si:0.15						
EN ISO 24034:2020	Ti6408 TiAl6V4A	余量	5.5~6.5	3.5~4.5	—	—	0.20	0.03	0.012	0.005	0.03~0.11	—	—
ISO 24034:2020(E)	Ti6408 TiAl6V4A												

表 8-84　TC6 牌号和化学成分（质量分数）对照　（%）

标准号	牌号 名义化学成分	Ti	Al	Cr	Mo	Si	C	O	其他元素	
							≤		单一	合计
GB/T 3620.1—2016	TC6 Ti-6Al-1.5Cr-2.5Mo-0.5Fe-0.3Si	余量	5.5~7.0	0.8~2.3	2.0~3.0	0.15~0.40	0.08	0.18	0.10	0.40
			Fe:0.2~0.7				N:0.05, H:0.015			
ГОСТ 19807—1997	BT3-1	余量	5.5~7.0	0.8~2.0	2.0~3.0	0.15~0.40	0.10	0.15	—	0.30
			Fe:0.2~0.7				Zr:0.50, N:0.05, H:0.015			

表 8-85　TC8 牌号和化学成分（质量分数）对照

（%）

标准号	牌号 名义化学成分	Ti	Al	Cr	Mo	Si	C	N	H	其他元素 单一	其他元素 合计
							≤				
GB/T 3620.1—2016	TC8 Ti-6.5Al-3.5Mo-0.25Si	余量	5.8~6.8	—	2.8~3.8	0.20~0.35	0.08	0.05	0.015	0.10	0.40
							Fe:0.40,O:0.15				
ГОСТ 19807—1997	BT8	余量	5.8~7.0	—	2.8~3.8	0.20~0.40	0.10	0.05	0.015	—	0.30
							Zr:0.50,Fe:0.30,O:0.15				

表 8-86　TC9 牌号和化学成分（质量分数）

（%）

标准号	牌号 名义化学成分	Ti	Al	Sn	Mo	Si	C	N	H	其他元素 单一	其他元素 合计
							≤				
GB/T 3620.1—2016	TC9 Ti-6.5Al-3.5Mo-2.5Sn-0.3Si	余量	5.8~6.8	1.8~2.8	2.8~3.8	0.2~0.4	0.08	0.05	0.015	0.10	0.40
							Fe:0.40,O:0.15				

表 8-87　TC10 牌号和化学成分（质量分数）

（%）

标准号	牌号 名义化学成分	Ti	Al	Sn	V	Cu	C	N	H	其他元素 单一	其他元素 合计
							≤				
GB/T 3620.1—2016	TC10 Ti-6Al-6V-2Sn-0.5Cu-0.5Fe	余量	5.5~6.5	1.5~2.5	5.5~6.5	0.35~1.00	0.08	0.04	0.015	0.10	0.40
			Fe:0.35~1.00				O:0.20				

表 8-88　TC11 牌号和化学成分（质量分数）对照

（%）

标准号	牌号 名义化学成分	Ti	Al	Mo	Zr	Si	C	N	H	其他元素 单一	其他元素 合计
							≤				
GB/T 3620.1—2016	TC11 Ti-6.5Al-3.5Mo-1.5Zr-0.3Si	余量	5.8~7.0	2.8~3.8	0.8~2.0	0.20~0.35	0.08	0.05	0.012	0.10	0.40
							Fe:0.25,O:0.15				

ГОСТ 19807—1997	BT9	余量	5.8~7.0	2.8~3.8	1.0~2.0	0.20~0.35	0.10	0.05	0.015	—	0.30
							Fe:0.25,O:0.15				

表 8-89 TC12 牌号和化学成分（质量分数） （%）

标准号	牌号 名义化学成分	Ti	Al	Mo	Cr	Zr	C	N	H	其他元素	
							≤			单一	合计
GB/T 3620.1—2016	TC12 Ti-5Al-4Mo-4Cr-2Zr-2Sn-1Nb	余量	4.5~5.5	3.5~4.5	3.5~4.5	1.5~3.0	0.08	0.05	0.015	0.10	0.40
			Sn:1.5~2.5,Nb:0.5~1.5				Fe:0.30,O:0.20				

表 8-90 TC15 牌号和化学成分（质量分数）对照 （%）

标准号	牌号 名义化学成分	Ti	Al	Mo	Zr	Fe	C	N	H	O	其他元素	
							≤				单一	合计
GB/T 3620.1—2016	TC15 Ti-5Al-2.5Fe	余量	4.5~5.5	—	—	2.0~3.0	0.08	0.05	0.013	0.20	0.10	0.40
ISO 5832-10:1996(E)	TiAl5Fe2.5	余量	4.5~5.5	—	—	2.0~3.0	0.08	0.05	0.015	0.20	0.10	0.40

表 8-91 TC16 牌号和化学成分（质量分数） （%）

标准号	牌号 名义化学成分	Ti	Al	Mo	V	Zr	C	N	H	其他元素	
							≤			单一	合计
GB/T 3620.1—2016	TC16 Ti-3Al-5Mo-4.5V	余量	2.2~3.8	4.5~5.5	4.0~5.0	—	0.08	0.05	0.012	0.10	0.30
							Fe:0.25,O:0.15,Si:0.15				

表 8-92　TC17 牌号和化学成分（质量分数）　（%）

标准号	牌号 名义化学成分	Ti	Al	Mo	Cr	Sn	C	N	H	其他元素 单一	其他元素 合计
							≤				
GB/T 3620.1—2016	TC17 Ti-5Al-2Sn-2Zr-4Mo-4Cr	余量	4.5~5.5	3.5~4.5	3.5~4.5	1.5~2.5	0.05	0.05	0.0125	0.10	0.30
			Zr:1.5~2.5				Fe:0.25,O:0.08~0.13				

表 8-93　TC18 牌号和化学成分（质量分数）对照　（%）

标准号	牌号 名义化学成分	Ti	Al	Mo	V	Cr	C	N	H	其他元素 单一	其他元素 合计
							≤				
GB/T 3620.1—2016	TC18 Ti-5Al-4.75Mo-4.75V-1Cr-1Fe	余量	4.4~5.7	4.0~5.5	4.0~5.5	0.5~1.5	0.08	0.05	0.015	0.10	0.30
			Fe:0.5~1.5				Zr:0.30,Si:0.15,O:0.18				
ГОСТ 19807—1997	ВТ22	余量	4.4~5.7	4.0~5.5	4.0~5.5	0.5~1.5	0.10	0.05	0.015	—	0.30
			Fe:0.5~1.5				Zr:0.30,Si:0.15,O:0.18				

表 8-94　TC19 牌号和化学成分（质量分数）　（%）

标准号	牌号 名义化学成分	Ti	Al	Mo	Zr	Sn	C	N	H	其他元素 单一	其他元素 合计
							≤				
GB/T 3620.1—2016	TC19 Ti-6Al-2Sn-4Zr-6Mo	余量	5.5~6.5	5.5~6.5	3.5~4.5	1.75~2.25	0.04	0.04	0.0125	0.10	0.40
							Fe:0.15,O:0.15				

表 8-95　TC20 牌号和化学成分（质量分数）对照　（%）

标准号	牌号 名义化学成分	Ti	Al	Nb	Zr	Sn	C	N	H	其他元素 单一	其他元素 合计
							≤				
GB/T 3620.1—2016	TC20 Ti-6Al-7Nb	余量	5.5~6.5	6.5~7.5	—	—	0.08	0.05	0.009	0.10	0.40
							Ta:0.5,Fe:0.25,O:0.20				

JIS T7401-5:2002	Ti-6Al-7Nb	余量	5.5~6.5	6.5~7.5	—	—	0.08	0.05	0.009	—	—
ISO 5832-11:2014(E)	Ti-6Al-7Nb						Ta:0.50,Fe:0.25,O:0.20				
ASTM F1295—2016	R56700	余量	5.50~6.50	6.50~7.50	—	—	0.08	0.05	0.009	—	—
							Ta:0.50,Fe:0.25,O:0.20				

表 8-96　TC21 牌号和化学成分（质量分数）　（%）

标准号	牌号 名义化学成分	Ti	Al	Mo	Nb	Zr	C	N	H	其他元素	
							≤			单一	合计
GB/T 3620.1—2016	TC21 Ti-6Al-2Mo-2Nb-2Zr-2Sn-1.5Cr	余量	5.2~6.8	2.2~3.3	1.7~2.3	1.6~2.5	0.08	0.05	0.015	0.10	0.40
			Sn:1.6~2.5,Cr:0.9~2.0				Fe:0.15,O:0.15				

表 8-97　TC22 牌号和化学成分（质量分数）对照　（%）

标准号	牌号 名义化学成分	Ti	Al	V	Pd	Zr	C	N	H	其他元素	
							≤			单一	合计
GB/T 3620.1—2016	TC22 Ti-6Al-4V-0.05Pd	余量	5.50~6.75	3.5~4.5	0.04~0.08	—	0.08	0.05	0.015	0.10	0.40
							Fe:0.40,O:0.20				
JIS Z3331:2011	S Ti 6415 TiAl6V4Pd	余量	5.5~6.7	3.5~4.5	0.04~0.08	—	0.05	0.030	0.015	—	—
EN ISO 24034:2020	Ti6415 TiAl6V4Pd						Fe:0.22,O:0.12~0.20				
ISO 24034:2020(E)	Ti6415 TiAl6V4Pd										

（续）

标准号	牌号 名义化学成分	Ti	Al	V	Pd	Zr	C	N	H	其他元素	
							≤			单一	合计
ASTM B265—2020a	Grade 24 R56405	余量	5.5~ 6.75	3.5~ 4.5	0.04~ 0.08	—	0.08	0.05	0.015	0.1	0.4
							Fe:0.40,O:0.20				

表 8-98 TC23 牌号和化学成分（质量分数）对照 （%）

标准号	牌号 名义化学成分	Ti	Al	V	Ru	Zr	C	N	H	其他元素	
							≤			单一	合计
GB/T 3620.1—2016	TC23 Ti-6Al-4V-0.1Ru	余量	5.50~ 6.75	3.5~ 4.5	0.08~ 0.14	—	0.08	0.05	0.015	0.10	0.40
							Fe:0.25,O:0.13				
ASTM B265—2020a	Grade 29 R56404	余量	5.5~ 6.5	3.5~ 4.5	0.08~ 0.14	—	0.08	0.03	0.0125	0.1	0.4
							Fe:0.25,O:0.13				
JIS Z3331:2011	S Ti 6414 TiAl6V4Ru	余量	5.5~ 6.5	3.5~ 4.5	0.08~ 0.14	—	0.03	0.012	0.005	—	—
EN ISO 24034:2020	Ti6414 TiAl6V4Ru						Fe:0.20,O:0.03~0.11				
ISO 24034:2020(E)	Ti6414 TiAl6V4Ru										

表 8-99 TC24 牌号和化学成分（质量分数） （%）

标准号	牌号 名义化学成分	Ti	Al	V	Mo	Fe	C	N	H	O	其他元素	
							≤				单一	合计
GB/T 3620.1—2016	TC24 Ti-4.5Al-3V-2Mo-2Fe	余量	4.0~ 5.0	2.5~ 3.5	1.8~ 2.2	1.7~ 2.3	0.05	0.05	0.010	0.15	0.10	0.40

表 8-100　TC25 牌号和化学成分（质量分数）　（%）

标准号	牌号 名义化学成分	Ti	Al	Mo	Zr	Sn	C	N	H	其他元素	
							≤			单一	合计
GB/T 3620.1—2016	TC25 Ti-6.5Al-2Mo-1Zr-1Sn-1W-0.2Si	余量	6.2~7.2	1.5~2.5	0.8~2.5	0.8~2.5	0.10	0.04	0.012	0.10	0.30
			W:0.5~1.5,Si:0.10~0.25				Fe:0.15,O:0.15				

表 8-101　TC26 牌号和化学成分（质量分数）　（%）

标准号	牌号 名义化学成分	Ti	Nb	Zr	Mo	Si	C	N	H	O	其他元素	
							≤				单一	合计
GB/T 3620.1—2016	TC26 Ti-13Nb-13Zr	余量	12.5~14.0	12.5~14.0	—	—	0.08	0.05	0.012	0.15	0.10	0.40
							Fe:0.25					

表 8-102　TC27 牌号和化学成分（质量分数）　（%）

标准号	牌号 名义化学成分	Ti	Al	Mo	V	Nb	C	N	H	O	其他元素	
							≤				单一	合计
GB/T 3620.1—2016	TC27 Ti-5Al-4Mo-6V-2Nb-1Fe	余量	5.0~6.2	3.5~4.5	5.5~6.5	1.5~2.5	0.05	0.05	0.015	0.13	0.10	0.30
			Fe:0.5~1.5									

表 8-103　TC28 牌号和化学成分（质量分数）　（%）

标准号	牌号 名义化学成分	Ti	Al	Mo	V	Fe	C	N	H	O	其他元素	
							≤				单一	合计
GB/T 3620.1—2016	TC28 Ti-6.5Al-1Mo-1Fe	余量	5.0~8.0	0.2~2.0	—	0.5~2.0	0.10	—	0.015	0.15	0.10	0.40

表 8-104　TC29 牌号和化学成分（质量分数）　（%）

标准号	牌号 名义化学成分	Ti	Al	Mo	Fe	V	C	N	H	O	其他元素	
							≤				单一	合计
GB/T 3620.1—2016	TC29 Ti-4.5Al-7Mo-2Fe	余量	3.5~ 5.5	6.0~ 8.0	0.8~ 3.0	—	0.10	—	0.015	0.15	0.10	0.40
							Si:0.5					

表 8-105　TC30 牌号和化学成分（质量分数）对照　（%）

标准号	牌号 名义化学成分	Ti	Al	Mo	V	Nb	C	N	H	O	其他元素	
							≤				单一	合计
GB/T 3620.1—2016	TC30 Ti-5Al-3Mo-1V	余量	3.5~ 6.3	2.5~ 3.8	0.9~ 1.9	—	0.10	0.05	0.015	0.15	0.10	0.30
							Zr:0.30,Si:0.15,Fe:0.30					
ГОСТ 19807—1997	BT14	余量	3.5~ 6.3	2.5~ 3.8	0.9~ 1.9	—	0.10	0.05	0.015	0.15	—	0.30
							Zr:0.30,Si:0.15,Fe:0.25					

表 8-106　TC31 牌号和化学成分（质量分数）　（%）

标准号	牌号 名义化学成分	Ti	Al	Sn	Zr	Nb	N	H	其他元素	
							≤		单一	合计
GB/T 3620.1—2016	TC31 Ti-6.5Al-3Sn-3Zr-3Nb-3Mo-1W-0.2Si	余量	6.0~ 7.2	2.5~ 3.2	2.5~ 3.2	1.0~ 3.2	0.05	0.015	0.10	0.30
			Mo:1.0~3.2,W:0.3~1.2,Si:0.1~0.5,Fe:0.25,O:0.15,C:0.10							

表 8-107　TC32 牌号和化学成分（质量分数）　（%）

标准号	牌号 名义化学成分	Ti	Al	Mo	Cr	Zr	N	H	其他元素	
							≤		单一	合计
GB/T 3620.1—2016	TC32 Ti-5Al-3Mo-3Cr-1Zr-0.15Si	余量	4.5~ 5.5	2.5~ 3.5	2.5~ 3.5	0.5~ 1.5	0.05	0.0125	0.10	0.40
			Si:0.1~0.2				Fe:0.30,O:0.20,C:0.08			

8.3 铸造产品

铸造钛及钛合金牌号和化学成分见 GB/T 15073—2014《铸造钛及钛合金》，其中共有 12 个牌号。中外铸造钛及钛合金牌号和化学成分对照见表 8-108～表 8-119。

表 8-108　ZTi1 牌号和化学成分（质量分数）　（%）

标准号	牌号 代号	Ti	Al	Mo	Cr	V	C	N	H	其他元素	
							≤			单一	合计
GB/T 15073—2014	ZTi1 ZTA1	余量	—	—	—	—	0.10	0.03	0.015	0.10	0.40
							Si:0.10,Fe:0.25,O:0.25				

表 8-109　ZTi2 牌号和化学成分（质量分数）对照　（%）

标准号	牌号 代号	Ti	Al	Mo	Cr	V	C	N	H	其他元素	
							≤			单一	合计
GB/T 15073—2014	ZTi2 ZTA2	余量	—	—	—	—	0.10	0.05	0.015	0.10	0.40
							Si:0.15,Fe:0.30,O:0.35				
ASTM B367—2013(2017)	Grade C-2 R52550	余量	—	—	—	—	0.10	0.05	0.015	0.1	0.4
							Fe:0.20,O:0.40				

表 8-110　ZTi3 牌号和化学成分（质量分数）对照　（%）

标准号	牌号 代号	Ti	Al	Mo	Cr	V	C	N	H	其他元素	
							≤			单一	合计
GB/T 15073—2014	ZTi3 ZTA3	余量	—	—	—	—	0.10	0.05	0.015	0.10	0.40
							Si:0.15,Fe:0.40,O:0.40				
ASTM B367—2013(2017)	Grade C-3 R52560	余量	—	—	—	—	0.10	0.05	0.015	0.1	0.4
							Fe:0.25,O:0.40				

表 8-111 ZTiAl4 牌号和化学成分（质量分数） （%）

标准号	牌号 代号	Ti	Al	Mo	Cr	V	C	N	H	其他元素 单一	其他元素 合计
							≤				
GB/T 15073—2014	ZTiAl4 ZTA5	余量	3.3~ 4.7	—	—	—	0.10	0.04	0.015	0.10	0.40
							Si:0.15,Fe:0.30,O:0.20				

表 8-112 ZTiAl5Sn2.5 牌号和化学成分（质量分数）对照 （%）

标准号	牌号 代号	Ti	Al	Mo	Sn	V	C	N	H	其他元素 单一	其他元素 合计
							≤				
GB/T 15073—2014	ZTiAl5Sn2.5 ZTA7	余量	4.0~ 6.0	—	2.0~ 3.0	—	0.10	0.05	0.015	0.10	0.40
							Si:0.15,Fe:0.50,O:0.20				
ASTM B367—2013(2017)	Grade C-6 R54520	余量	4.0~ 6.0	—	2.0~ 3.0	—	0.10	0.05	0.015	0.1	0.4
							Fe:0.50,O:0.20				

表 8-113 ZTiPd0.2 牌号和化学成分（质量分数）对照 （%）

标准号	牌号 代号	Ti	Pd	Mo	Sn	V	C	N	H	其他元素 单一	其他元素 合计
							≤				
GB/T 15073—2014	ZTiPd0.2 ZTA9	余量	0.12~ 0.25	—	—	—	0.10	0.05	0.015	0.10	0.40
							Si:0.10,Fe:0.25,O:0.40				
ASTM B367—2013(2017)	Grade C-8 R52700	余量	0.12~ 0.25	—	—	—	0.10	0.05	0.015	—	—
							Fe:0.25,O:0.40				

表 8-114 ZTiMo0.3Ni0.8 牌号和化学成分（质量分数）对照 （%）

标准号	牌号 代号	Ti	Al	Mo	Ni	V	C	N	H	其他元素 单一	其他元素 合计
							≤				
GB/T 15073—2014	ZTiMo0.3Ni0.8 ZTA10	余量	—	0.2~ 0.4	0.6~ 0.9	—	0.10	0.05	0.015	0.10	0.40
							Si:0.10,Fe:0.30,O:0.25				

ASTM B367—2013(2017)	Grade C-12 R53400	余量	—	0.2~0.4	0.6~0.9	—	0.10	0.05	0.015	0.1	0.4
							Fe:0.30,O:0.25				

表 8-115　ZTiAl6Zr2Mo1V1 牌号和化学成分（质量分数）　（%）

标准号	牌号 代号	Ti	Al	Zr	Mo	V	C	N	H	其他元素	
							≤			单一	合计
GB/T 15073—2014	ZTiAl6Zr2Mo1V1 ZTA15	余量	5.5~7.0	1.5~2.5	0.5~2.0	0.8~2.5	0.10	0.05	0.015	0.10	0.40
							Si:0.15,Fe:0.30,O:0.20				

表 8-116　ZTiAl4V2 牌号和化学成分（质量分数）　（%）

标准号	牌号 代号	Ti	Al	V	Mo	Zr	C	N	H	其他元素	
							≤			单一	合计
GB/T 15073—2014	ZTiAl4V2 ZTA17	余量	3.5~4.5	1.5~3.0	—	—	0.10	0.05	0.015	0.10	0.40
							Si:0.15,Fe:0.25,O:0.20				

表 8-117　ZTiMo32 牌号和化学成分（质量分数）　（%）

标准号	牌号 代号	Ti	Al	V	Mo	Zr	C	N	H	其他元素	
							≤			单一	合计
GB/T 15073—2014	ZTiMo32 ZTB32	余量	—	—	30.0~34.0	—	0.10	0.05	0.015	0.10	0.40
							Si:0.15,Fe:0.30,O:0.15				

表 8-118 ZTiAl6V4 牌号和化学成分（质量分数）对照 （%）

标准号	牌号 代号	Ti	Al	V	Mo	Zr	C	N	H	其他元素	
							≤			单一	合计
GB/T 15073—2014	ZTiAl6V4 ZTC4	余量	5.50~6.75	3.5~4.5	—	—	0.10	0.05	0.015	0.10	0.40
							Si:0.15, Fe:0.40, O:0.25				
ASTM B367—2013(2017)	Grade C-5 R56400	余量	5.5~6.75	3.5~4.5	—	—	0.10	0.05	0.015	0.1	0.4
							Fe:0.40, O:0.25				

表 8-119 ZTiAl6Sn4.5Nb2Mo1.5 牌号和化学成分（质量分数） （%）

标准号	牌号 代号	Ti	Al	Sn	Nb	Mo	C	N	H	其他元素	
							≤			单一	合计
GB/T 15073—2014	ZTiAl6Sn4.5Nb2Mo1.5 ZTC21	余量	5.5~6.5	4.0~5.0	1.5~2.0	1.0~2.0	0.10	0.05	0.015	0.10	0.40
							Si:0.15, Fe:0.30, O:0.20				

第 9 章　中外钨、钼、铌、钽、锆及其合金牌号和化学成分

9.1　钨及钨合金牌号和化学成分

常用钨及钨合金包括钨冶炼产品、加工钨及钨合金和其他钨及钨合金。

9.1.1　冶炼产品

1. 氧化钨

氧化钨牌号和化学成分见表 9-1。

表 9-1　氧化钨牌号和化学成分（质量分数）　（%）

标准号	牌号	杂质≤											
		Al	As	Bi	Ca	Co	Cr	Cu	Fe	K	Mg	Mn	Mo
GB/T 3457—2013	WO_3-0 WO_x-0 $WO_{2.72}$-0	0.0005	0.0015	0.0001	0.0010	0.0010	0.0010	0.0003	0.0015	0.0010	0.0007	0.0010	0.0020
	WO_3-1 WO_x-1 $WO_{2.72}$-1	0.0010	0.0015	0.0001	0.0010	0.0010	0.0010	0.0005	0.0015	0.0015	0.0010	0.0010	0.0040

（续）

标准号	牌号	杂质≤										
		Na	Ni	P	Pb	S	Sb	Si	Sn	Ti	V	灼损
GB/T 3457—2013	WO_3-0 WO_x-0 $WO_{2.72}$-0	0.0010	0.0005	0.0008	0.0001	0.0007	0.0005	0.0010	0.0002	0.0010	0.0010	0.5
	WO_3-1 WO_x-1 $WO_{2.72}$-1	0.0020	0.0007	0.0015	0.0001	0.0010	0.0010	0.0010	0.0005	0.0010	0.0010	0.5

2. 仲钨酸铵

仲钨酸铵的中外牌号和化学成分对照见表9-2、表9-3。

表9-2　仲钨酸铵牌号和化学成分（质量分数）对照（1）　（%）

标准号	牌号	WO_3 ≥	杂质（以 WO_3 为基准）≤										
			Al	As	Bi	Ca	Cd	Co	Cr	Cu	Fe	K	Mg
GB/T 10116—2007	APT-0	88.5	0.0005	0.0010	0.0001	0.0010	0.0010	0.0010	0.0010	0.0003	0.0010	0.0010	0.0005
ГОСТ 2197—1978	一级品	—	0.002	0.01	—	0.006	C 0.05	Cl 0.05	—	0.002	0.004	0.01	0.005

标准号	牌号	杂质（以 WO_3 为基准）≤											
		Mn	Mo	Na	Ni	P	Pb	S	Sb	Si	Sn	Ti	V
GB/T 10116—2007	APT-0	0.0005	0.0020	0.0010	0.0005	0.0007	0.0001	0.0008	0.0005	0.0010	0.0002	0.0010	0.0010
ГОСТ 2197—1978	一级品	—	0.02	0.02	0.002	0.005	Zn 0.004	0.005	—	0.005		烧损 7~15	

表 9-3 仲钨酸铵牌号和化学成分（质量分数）对照（2） （%）

标准号	牌号	WO_3 ≥	杂质（以 WO_3 为基准）≤										
			Al	As	Bi	Ca	Cd	Co	Cr	Cu	Fe	K	Mg
GB/T 10116—2007	APT-1	88.5	0.0010	0.0010	0.0001	0.0010	0.0010	0.0010	0.0010	0.0005	0.0010	0.0015	0.0007
ГОСТ 2197—1978	二级品	—	0.006	0.02	—	0.01	C —	Cl —	—	—	0.005	0.01	—

标准号	牌号	杂质（以 WO_3 为基准）≤											
		Mn	Mo	Na	Ni	P	Pb	S	Sb	Si	Sn	Ti	V
GB/T 10116—2007	APT-1	0.0010	0.0030	0.0015	0.0005	0.0010	0.0001	0.0010	0.0010	0.0010	0.0003	0.0010	0.0010
ГОСТ 2197—1978	二级品	—	0.02	0.03	—	0.01	Zn —	0.02	—	0.01	烧损 7~15		

3. 合成白钨

合成白钨牌号和化学成分见表 9-4。

表 9-4 合成白钨牌号和化学成分（质量分数） （%）

标准号	类别	品级	WO_3 ≥	杂质≤								
				S	P	As	Mo	Mn	Cu	Sn	SiO_2	Sb
YS/T 524—2011	Ⅰ类	特级	68	0.30	0.03	0.06	0.05	0.50	0.06	0.15	2.00	0.01
		一级	65	0.60	0.05	0.10	0.08	1.00	0.10	0.20	3.00	0.02
		二级	60	0.80	0.10	0.15	0.10	1.50	0.20	0.20	4.00	0.02
		三级	55	1.00	0.10	0.20	0.15	2.00	0.30	0.20	10.00	0.06
	Ⅱ类	特级	68	0.30	0.03	0.06	0.05	0.50	0.10	0.20	2.00	0.01
		一级	65	0.60	0.10	0.10	0.10	1.00	0.25	0.30	3.00	0.02
		二级	60	0.80	0.10	0.20	0.15	1.50	0.35	0.30	4.00	0.02
		三级	55	1.00	0.10	0.20	0.20	2.00	0.40	0.30	10.00	0.06

4. 钨粉

中国钨粉牌号和化学成分见表9-5，FW-1、FW-2的平均粒度范围及氧质量分数见表9-6。

表9-5　中国钨粉牌号和化学成分（质量分数）　（%）

标准号	牌号	杂质≤							
		Fe	Al	Si	Mg	Mn	Ni	As	Pb
GB/T 3458—2006	FW-1	粒度<10μm:0.0050 粒度≥10μm:0.010	0.0010	0.0020	0.0010	0.0010	0.0030	0.0015	0.0001
	FW-2	0.030	0.0040	0.0050	0.0040	0.0020	0.0040	0.0020	0.0005
	FWP-1	0.030	0.0050	0.010	0.0040	0.0040	0.0050	0.0020	0.0007

标准号	牌号	杂质≤									
		Bi	Sn	Sb	Cu	Ca	Mo	K+Na	P	C	O
GB/T 3458—2006	FW-1	0.0001	0.0003	0.0010	0.0007	0.0020	0.0050	0.0030	0.0010	0.0050	见表9-6
	FW-2	0.0005	0.0005	0.0010	0.0010	0.0040	0.010	0.0030	0.0040	0.010	见表9-6
	FWP-1	0.0007	0.0007	0.0010	0.0020	0.0040	0.010	0.0030	0.0040	0.010	0.20

表9-6　FW-1、FW-2的平均粒度范围及氧质量分数

产品规格	平均粒度范围/μm	氧质量分数(%)≤	产品规格	平均粒度范围/μm	氧质量分数(%)≤
04	BET:<0.10	0.80	40	F_{sss}:>4.0~5.0	0.25
06	BET:0.10~0.20	0.50	50	F_{sss}:>5.0~7.0	0.25
08	F_{sss}:≥0.8~1.0	0.40	70	F_{sss}:>7.0~10.0	0.20
10	F_{sss}:>1.0~1.5	0.30	100	F_{sss}:>10.0~15.0	0.20
15	F_{sss}:>1.5~2.0	0.30	150	F_{sss}:>15.0~20.0	0.10
20	F_{sss}:>2.0~3.0	0.25	200	F_{sss}:>20.0~30.0	0.10
30	F_{sss}:>3.0~4.0	0.25	300	F_{sss}:>30.0	0.10

注：1. BET是按GB/T 2596比表面积（平均粒度）测定（简化氮吸附法）。
2. F_{sss} 是按GB/T 3249难熔金属及碳化物粉末粒度测定方法（费氏法）测定的。

日本钨粉牌号和化学成分见表9-7。

表9-7　日本钨粉牌号和化学成分（质量分数）（%）

标准号	牌号	W ≥	杂质≤					
			Fe	Mo	Ca	Si	Al	Mg
JIS H2116:2002(R2007)	1类	99.9	0.02	0.02	0.003	0.003	0.002	0.001
	2类	99.0	0.3	0.5	0.03	0.03	0.02	0.01

9.1.2　加工产品

1. 钨及钨合金

纯钨及钨铝合金牌号和化学成分见表9-8。钨铈合金牌号和化学成分见表9-9。中国钨钍合金牌号和化学成分见表9-10。日本照明及电子设备用钨钍合金丝牌号和化学成分见表9-11。钨铼合金牌号和化学成分见表9-12。

表9-8　纯钨及钨铝合金牌号和化学成分（质量分数）（%）

标准号	牌号	主成分			杂质≤									
		W	Ce	Th	Al	Ca	Fe	Mg	Mo	Ni	Si	C	N	O
YS/T 659—2007	W1	余量	—	—	0.002	0.003	0.005	0.002	0.010	0.003	0.003	0.005	0.003	0.005
	W2	余量	—	—	0.004	0.003	0.005	0.002	0.010	0.003	0.005	0.008	0.003	0.008
	WAl1① WAl2①	余量	—	—	—	0.005	0.005	0.005	0.010	0.005	—	0.005	0.003	—

① 标准文本中未给出硅、铝、钾的允许含量值。

表9-9　钨铈合金牌号和化学成分（质量分数）（%）

标准号	牌号	主成分				杂质≤							
		W	Ce	Th	Re	Ca	Fe	Mg	Mo	Ni	Si	C	N
YS/T 659—2007	WCe0.8	余量	0.65～0.98	—	—	0.005	0.005	0.005	0.010	0.003	0.005	0.010	0.003

(续)

标准号	牌号	主成分				杂质≤							
		W	Ce	Th	Re	Ca	Fe	Mg	Mo	Ni	Si	C	N
YS/T 659—2007	WCe1. 1	余量	1. 06~1. 38	—	—	0. 005	0. 005	0. 005	0. 010	0. 003	0. 005	0. 010	0. 003
	WCe1. 6	余量	1. 47~1. 79	—	—	0. 005	0. 005	0. 005	0. 010	0. 003	0. 005	0. 010	0. 003
	WCe2. 4	余量	2. 28~2. 60	—	—	0. 005	0. 005	0. 005	0. 010	0. 003	0. 005	0. 010	0. 003
	WCe3. 2	余量	3. 09~3. 42	—	—	0. 005	0. 005	0. 005	0. 010	0. 003	0. 005	0. 010	0. 003

表 9-10 中国钨钍合金牌号和化学成分（质量分数） (%)

标准号	牌号	主成分				杂质≤							
		W	Ce	Th	Re	Ca	Fe	Mg	Mo	Ni	Si	C	N
YS/T 659—2007	WTh0. 7	余量	—	0. 60~0. 84	—	0. 005	0. 005	—	0. 010	0. 003	—	0. 010	0. 003
	WTh1. 1	余量	—	0. 85~1. 27	—	0. 005	0. 005	—	0. 010	0. 003	—	0. 010	0. 003
	WTh1. 5	余量	—	1. 28~1. 70	—	0. 005	0. 005	—	0. 010	0. 003	—	0. 010	0. 003
	WTh1. 9	余量	—	1. 71~2. 13	—	0. 005	0. 005	—	0. 010	0. 003	—	0. 010	0. 003

表 9-11　日本钨钍合金丝牌号和化学成分（质量分数）　（%）

标准号	类别	牌号	W	ThO_2	杂质合计
JIS H4463:2002(R2019)	1 类	VTWW1D	余量	0.80~1.20	≤0.05
		VTWW1C			
		VTWW1E			
		VTWW1H			
		VTWW1G			
	2 类	VTWW2D	余量	1.20~1.60	≤0.05
		VTWW2C			
		VTWW2E			
		VTWW2H			
		VTWW2G			
	3 类	VTWW3D	余量	1.60~2.05	≤0.05
		VTWW3C			
		VTWW3E			
		VTWW3H			
		VTWW3G			

表 9-12　钨铼合金牌号和化学成分（质量分数）　（%）

标准号	牌号	主成分				杂质≤							
		W	Ce	Th	Re	Ca	Fe	Mg	Mo	Ni	Si	C	N
YS/T 659—2007	WRe1.0	余量	—	—	0.90~1.10	0.005	0.005	—	0.010	0.003	—	0.010	0.003
	WRe3.0	余量	—	—	2.85~3.15	0.005	0.005	—	0.010	0.003	—	0.010	0.003

2. 其他钨及钨合金牌号和化学成分

(1) 钨条 钨条牌号和化学成分见表 9-13。

表 9-13 钨条牌号和化学成分（质量分数） (%)

标准号	牌号	主含量	杂质≤						
			Pb	Bi	Sn	Sb	As	Fe	Ni
GB/T 3459—2006	TW-1	余量	0.0001	0.0001	0.0003	0.0010	0.0015	0.0030	0.0020
	TW-2	余量	0.0005	0.0005	0.0005	0.0010	0.0020	0.0040	0.0020
	TW-4	余量	0.0005	0.0005	0.0005	0.0010	0.0020	0.030	0.050

标准号	牌号	杂质≤								
		Al	Si	Ca	Mg	Mo	P	C	O	N
GB/T 3459—2006	TW-1	0.0020	0.0020	0.0020	0.0010	0.0040	0.0010	0.0030	0.0020	0.0020
	TW-2	0.0020	0.0020	0.0020	0.0010	0.0040	0.0010	0.0050	0.0020	0.0020
	TW-4	0.0050	0.0050	0.0050	0.0050	0.050	0.0030	0.010	0.0070	0.0050

(2) 钨条和钨杆 钨条和钨杆牌号和化学成分见表 9-14。

表 9-14 钨条和钨杆牌号和化学成分（质量分数） (%)

标准号	牌号	W ≥	K	杂质≤					
				Fe	Al	Mo	Si	As/Ca/Cr/Mg/Mn/Na/Ni	Bi/Cd/Cu/Pb/Sb/Co/Ti/Sn
GB/T 4187—2017	WK80	99.95	0.007~0.009	0.002	0.0030	0.003	0.0015	0.001	0.0005
	WK60	99.95	0.005~0.007	0.002	0.0030	0.003	0.0015	0.001	0.0005
	WK40	99.95	0.003~0.005	0.003	0.0030	0.003	0.0015	0.001	0.0005
	W1	99.95	<0.0015	0.003	0.0030	0.003	0.0015	0.001	0.0005

（3）抗射线用高精度钨板　抗射线用高精度钨板牌号和化学成分见表9-15。

表9-15　抗射线用高精度钨板牌号和化学成分（质量分数）　（%）

标准号	牌号	W①	杂质≤											
			Al	Ca	Fe	Mg	Mo	Ni	Si	C	N	O	其他杂质②	
													单个	合计
GB/T 26023—2010	W1	余量	0.002	0.002	0.005	0.002	0.005	0.002	0.002	0.005	0.002	0.005	0.002	0.018

① 钨的质量分数为100%与表中所有杂质元素实测值合计的差值，求和前各元素数值要表示到0.00×%。

② 其他杂质指表中未列出或未规定数值的元素。

（4）钨板　钨板的中外牌号和化学成分对照见表9-16。

表9-16　钨板中外牌号和化学成分（质量分数）对照　（%）

标准号	牌号	W	杂质≤									
			Al	Ca	Fe	Mg	Mo	Ni	Si	C	N	O
GB/T 3875—2017	W1	余量	0.002	0.003	0.005	0.002	0.010	0.003	0.003	0.005	0.003	0.005
ASTM B760—2007(R2019)	—	—	—	—	0.010	—	—	0.010	0.010	0.010	0.010	0.010

（5）钨基高密度合金板材　钨基高密度合金板材的中外牌号和化学成分对照见表9-17～表9-20。钨的质量分数为100%与表中合金元素和所有杂质元素实测值合计的差值，求和前各元素数值要表示到0.00×%。其他杂质指表中未列出或未规定数值的元素。

表9-17　板材W90NiFe牌号和化学成分（质量分数）对照　（%）

标准号	牌号	W	Ni	Fe	杂质≤									
					Al	Mg	Ca	Si	C	N	H	O	其他杂质	
													单个	合计
GB/T 26038—2010	W90NiFe	余量	6.9～7.1	2.9～3.1	0.002	0.003	0.005	0.005	0.008	0.003	0.001	0.005	0.002	0.018
ASTM B777—2015(R2020)	Class 1	90	—											

表 9-18 板材 W93NiFe 牌号和化学成分（质量分数）对照 （%）

标准号	牌号	W	Ni	Fe	杂质≤									
					Al	Mg	Ca	Si	C	N	H	O	其他杂质	
													单个	合计
GB/T 26038—2010	W93NiFe	余量	4.8~5.0	2.0~2.2	0.002	0.003	0.005	0.005	0.008	0.003	0.001	0.005	0.002	0.018
ASTM B777—2015(R2020)	Class 2	92.5	—											

表 9-19 板材 W95NiFe 牌号和化学成分（质量分数）对照 （%）

标准号	牌号	W	Ni	Fe	杂质≤									
					Al	Mg	Ca	Si	C	N	H	O	其他杂质	
													单个	合计
GB/T 26038—2010	W95NiFe	余量	3.4~3.6	1.4~1.6	0.002	0.003	0.005	0.005	0.008	0.003	0.001	0.005	0.002	0.018
ASTM B777—2015(R2020)	Class 3	95	—											

表 9-20 板材 W97NiFe 牌号和化学成分（质量分数）对照 （%）

标准号	牌号	W	Ni	Fe	杂质≤									
					Al	Mg	Ca	Si	C	N	H	O	其他杂质	
													单个	合计
GB/T 26038—2010	W97NiFe	余量	2.0~2.2	0.8~1.0	0.002	0.003	0.005	0.005	0.008	0.003	0.001	0.005	0.002	0.018
ASTM B777—2015(R2020)	Class 4	97	—											

（6）照明及电子设备用钨丝　中国照明及电子设备用钨丝牌号和化学成分见表 9-21。日本照明及电子器件用钨丝牌号和化学成分见表 9-22。

表9-21 中国照明及电子设备用钨丝牌号和化学成分（质量分数） （%）

标准号	牌号	W[①] ≥	K	杂质≤						
				Fe	Al	Mo	Co	As、Ca、Cr、Mg、Mn、Na、Ni、Ti、Si中的每个	Bi、Cd、Cu、Pb、Sb中的每个	Sn
GB/T 23272—2009	W91	99.95	0.0080~0.0100	0.002	0.0015	0.003	0.001	0.001	0.0005	0.0005
	W71	99.90	0.0065~0.0100	0.002	0.0015	0.003	0.020	0.001	0.0005	0.0020
	W61	99.95	0.0070~0.0085	0.002	0.0015	0.003	0.001	0.001	0.0005	0.0005
	W31	99.95	0.0060~0.0075	0.002	0.0015	0.003	0.001	0.001	0.0005	0.0005
	W41	99.95	0.0040~0.0060	0.005	0.0015	0.01	0.001	0.001	0.0005	0.0005
	W42	99.95	0.0060~0.0100	0.005	0.0015	0.01	0.001	0.001	0.0005	0.0005
	W11	99.98	<0.0015	0.005	0.0015	0.01	0.001	0.001	0.0005	0.0005

① $w(W)=100\%-w(K)-w$(实测其他元素合计)。

表9-22 日本照明及电子器件用钨丝牌号和化学成分（质量分数） （%）

标准号	类别	牌号	W
JIS H4461:2002	1类	VWW1D	≥99.95
		VWW1C	
		VWW1E	
		VWW1H	
	2类	VWW2D	≥99.90
		VWW2C	
		VWW2E	
		VWW2H	

（7）钨丝　钨丝的牌号和化学成分见表 9-23。

表 9-23　钨丝牌号和化学成分（质量分数）　（%）

标准号	牌号	W ≥	K	杂质≤					
				Fe	Al	Mo	Si	As、Ca、Cr、Mg、Mn、Na、Ni	Bi、Cd、Cu、Pb、Sb、Co、Ti、Sn
GB/T 4181—2017	WK80	99.95	0.007~0.009	0.002	0.0030	0.003	0.0015	0.001	0.0005
	WK60	99.95	0.005~0.007	0.002	0.0030	0.003	0.0015	0.001	0.0005
	WK40	99.95	0.003~0.005	0.003	0.0030	0.003	0.0015	0.001	0.0005
	W1	99.95	<0.003	0.003	0.0030	0.003	0.0015	0.001	0.0005

9.2　钼及钼合金牌号和化学成分

9.2.1　冶炼产品

1. 纯三氧化钼

中外纯三氧化钼的牌号和化学成分对照见表 9-24、表 9-25。

表 9-24　纯三氧化钼 MoO_3-1 牌号和化学成分（质量分数）对照　（%）

标准号	牌号	MoO_3 ≥	杂质≤							
			Al	Ca	Cr	Cu	Fe	Mg	Ni	K
YS/T 639—2007	MoO_3-1	99.95	0.0015	0.0015	0.0010	0.0015	0.0020	0.0010	0.0010	0.0080
ГОСТ 2677—1978	一级品	78	0.005	0.004	—	—	0.007	0.0015	0.005	K+Na：0.08

（续）

标准号	牌号	杂质≤								
		Si	Na	P	Pb	Ti	S	Sn	W	As
YS/T 639—2007	MoO_3-1	0.0020	0.0020	0.0005	0.0005	0.0010	0.0050	0.0015	0.0150	0.0010
ГОСТ 2677—1978	一级品	0.01	Mn:0.01	0.002	—	—	0.04	—	—	0.003

表 9-25　纯三氧化钼 MoO_3-2 牌号和化学成分（质量分数）对照　（%）

标准号	牌号	MoO_3 ≥	杂质≤							
			Al	Ca	Cr	Cu	Fe	Mg	Ni	K
YS/T 639—2007	MoO_3-2	99.80	0.0050	0.0050	0.0030	0.0030	0.0050	0.0030	0.0020	0.0300
ГОСТ 2677—1978	二级品	78	0.007	0.01	—	—	0.01	0.004	0.005	K+Na:0.08

标准号	牌号	杂质≤								
		Si	Na	P	Pb	Ti	S	Sn	W	As
YS/T 639—2007	MoO_3-2	0.0050	0.0030	0.0010	0.0020	0.0030	0.0080	0.0050	0.0300	0.0015
ГОСТ 2677—1978	二级品	0.02	Mn:0.01	0.002	—	—	0.05	—	—	0.005

2. 二硫化钼

二硫化钼牌号和化学成分见表 9-26。

表 9-26　二硫化钼牌号和化学成分（质量分数）　（%）

标准号	牌号	MoS_2 ≥	杂质≤							
			总不溶物	Fe	Pb	MoO_3	SiO_2	H_2O	酸值以 KOH 计/(mg/g)	含油量（丙酮萃取）
GB/T 23271—2009	$FMoS_2$-1	99.50	—	0.01	0.02	—	0.001	0.10	0.50	—
	$FMoS_2$-2	99.00	0.50	0.15	0.02	0.20	0.10	0.20	0.50	0.50
	$FMoS_2$-3	98.50	0.50	0.15	0.02	0.20	0.10	0.20	0.50	0.50
	$FMoS_2$-4	98.00	0.65	0.30	0.02	0.20	0.20	0.20	0.50	0.50
	$FMoS_2$-5	96.00	2.50	0.70	0.02	0.20	—	0.20	1.00	0.50

3. 钼酸铵

钼酸铵牌号和化学成分见表 9-27。

表 9-27　钼酸铵牌号和化学成分（质量分数）　（%）

标准号	牌号	Mo ≥	杂质≤								
			K	Na	Fe	Al	Si	Sn	Pb	P	Mg
GB/T 3460—2017	MSA-0	二钼酸铵 56.45±0.40	0.0060	0.0005	0.0005	0.0005	0.0005	0.0005	0.0003	0.0005	0.0003
	MSA-1		0.0010	0.0008	0.0005	0.0005	0.0005	0.0005	0.0005	0.0005	0.0005
	MSA-2	四钼酸铵≥56.00	0.0150	0.0010	0.0006	0.0006	0.0005	0.0005	0.0005	0.0005	0.0006
	MSA-3	七钼酸铵 54.35±0.40	0.0180	0.0015	0.0010	0.0008	0.0010	0.0010	0.0005	0.0010	0.0010

标准号	牌号	杂质≤										
		Ca	Cd	Sb	Bi	Cu	Ni	Mn	Cr	W	Ti	As
GB/T 3460—2017	MSA-0	0.0005	0.0005	0.0005	0.0005	0.0003	0.0003	0.0003	0.0002	0.0100	0.0005	0.0005
	MSA-1	0.0006	0.0005	0.0005	0.0005	0.0004	0.0003	0.0003	0.0002	0.0120	0.0005	0.0005
	MSA-2	0.0010	0.0005	0.0005	0.0005	0.0005	0.0003	0.0003	0.0007	0.0150	0.0005	0.0005
	MSA-3	0.0015	0.0006	0.0006	0.0006	0.0005	0.0005	0.0005	0.0007	—	0.0005	0.0005

4. 钼粉

钼粉牌号和化学成分见表 9-28，钼粉 FMo-1 牌号的费氏粒度范围及氧含量见表 9-29。

表 9-28　钼粉牌号和化学成分（质量分数）　（%）

标准号	牌号	Mo① ≥	杂质≤								
			Pb	Bi	Sn	Sb	Cd	Fe	Al	Si	Mg
GB/T 3461—2016	FMo-1	99.95	0.0005	0.0005	0.0005	0.0010	0.0010	0.0050	0.0015	0.0020	0.0020
	FMo-2	99.90	0.0005	0.0005	0.0005	0.0010	0.0010	0.0300	0.0050	0.0100	0.0050

标准号	牌号	Ni	Cu	Ca	P	C	N	O	Ti	Mn	Cr	W
GB/T 3461—2016	FMo-1	0.0030	0.0010	0.0015	0.0010	0.0050	0.0150	见表 9-29	0.0010	0.0010	0.0030	0.0200
	FMo-2	0.0050	0.0010	0.0040	0.0050	0.0100	0.0200	0.2500	—	—	—	—

① Mo 的质量分数按杂质减量法计算（气体元素除外）。

表 9-29　钼粉 FMo-1 牌号的费氏粒度范围及氧含量

费氏粒度/μm	氧含量(质量分数,%)≤
≤2.0	0.20
>2.0~8.0	0.15
>8.0	0.10

5. 粉冶钼合金顶头

粉冶钼合金顶头牌号和化学成分见表 9-30。

表 9-30　粉冶钼合金顶头牌号和化学成分（质量分数）　（%）

标准号	合金元素				杂质元素≤						
	Mo	Ti	Zr	C	Fe	Ni	Al	Si	Ca	Mg	P
YS/T 245—2011	余量	1.0~2.0	0.1~0.5	0.1~0.5	0.0060	0.0030	0.0020	0.0030	0.0020	0.0020	0.0010

6. 钼条和钼板坯

钼条和钼板坯牌号和化学成分见表 9-31。

表 9-31　钼条和钼板坯牌号和化学成分（质量分数）　（%）

标准号	牌号	Mo[1]	杂质≤						
			Pb	Bi	Sn	Sb	Cd	Fe	Ni
GB/T 3462—2017	Mo-1	余量	0.0010	0.0010	0.0010	0.0010	0.0010	0.0050	0.0030
	Mo-2	余量	0.0015	0.0015	0.0015	0.0015	0.0015	0.030	0.050

标准号	牌号	杂质≤							
		Al	Si	Ca	Mg	P	C	O	N
GB/T 3462—2017	Mo-1	0.0020	0.0030	0.0020	0.0020	0.0010	0.0050	0.0060	0.0030
	Mo-2	0.0050	0.0050	0.0040	0.0040	0.0050	0.050	0.0080	—

① Mo 的质量分数按杂质减量法计算（气体元素除外）。

9.2.2 加工产品

1. 钼及钼合金加工产品牌号和化学成分

（1）纯钼 中外纯钼牌号和化学成分对照见表 9-32～表 9-34。

表 9-32 纯钼 Mo1 牌号和化学成分（质量分数）对照 （%）

标准号	牌号	Mo	杂质≤								
			Al	Ca	Fe	Mg	Ni	Si	C	N	O
YS/T 660—2007	Mo1	余量	0.002	0.002	0.010	0.002	0.005	0.010	0.010	0.003	0.008
JIS H4481:1989	1 类	99.95①	—								
ASTM B387—2018	361	余量	—	—	0.010	—	0.002	0.010	0.010	0.002	0.0070

① 钼的质量分数为 100%减去铁及不挥发杂质的质量分数。

表 9-33 纯钼 RMo1 牌号和化学成分（质量分数） （%）

标准号	牌号	Mo	杂质≤								
			Al	Ca	Fe	Mg	Ni	Si	C	N	O
YS/T 660—2007	RMo1①	余量	0.002	0.002	0.010	0.002	0.005	0.010	0.020	0.002	0.005

① RMo1 为熔炼的钼牌号。

表 9-34 纯钼 Mo2 牌号和化学成分（质量分数）对照 （%）

标准号	牌号	Mo	杂质≤								
			Al	Ca	Fe	Mg	Ni	Si	C	N	O
YS/T 660—2007	Mo2	余量	0.005	0.004	0.015	0.005	0.005	0.010	0.020	0.003	0.010
JIS H4481:1989	2 类及 3 类	99.90①	—								
ASTM B387—2018	360	余量	—	—	0.010	—	0.002	0.010	0.030	0.002	0.0015

① 钼的质量分数为 100%减去铁及不挥发杂质的质量分数。

（2）钼钨合金 中外钼钨合金牌号和化学成分对照见表 9-35～表 9-37。

表 9-35 钼钨合金 MoW20 牌号和化学成分（质量分数） （%）

标准号	牌号	名义成分	Mo	W	杂质≤								
					Al	Ca	Fe	Mg	Ni	Si	C	N	O
YS/T 660—2007	MoW20	Mo-20W	余量	20±1	0.002	0.002	0.010	0.002	0.005	0.010	0.010	0.003	0.008

表 9-36 钼钨合金 MoW30 牌号和化学成分（质量分数）对照 （%）

标准号	牌号	名义成分	Mo	W	杂质≤								
					Al	Ca	Fe	Mg	Ni	Si	C	N	O
YS/T 660—2007	MoW30	Mo-30W	余量	30±1	0.002	0.002	0.010	0.002	0.005	0.010	0.010	0.003	0.008
ASTM B387—2018	366	—	余量	27~33	—	—	0.010	—	0.002	0.010	0.030	0.002	0.0025

表 9-37 钼钨合金 MoW50 牌号和化学成分（质量分数）对照 （%）

标准号	牌号	名义成分	Mo	W	杂质≤								
					Al	Ca	Fe	Mg	Ni	Si	C	N	O
YS/T 660—2007	MoW50	Mo-50W	余量	50±1	0.002	0.002	0.010	0.002	0.005	0.010	0.010	0.003	0.008
JIS H4471:1989	—	—	余量①	49~51	—								

① 钼的质量分数为 100%减去钨、铁及不挥发杂质的质量分数。

(3) 钼钛及钼钛锆合金　中外钼钛及钼钛锆合金牌号和化学成分对照见表 9-38~表 9-40。

表 9-38 钼钛合金牌号和化学成分（质量分数） （%）

标准号	牌号	名义成分	Mo	Ti	C	杂质≤						
						Al	Fe	Mg	Ni	Si	N	O
YS/T 660—2007	MoTi0.5	Mo-0.5Ti	余量	0.40~0.55	0.01~0.04	0.002	0.005	0.002	0.005	0.010	0.001	0.003

表 9-39 钼钛锆合金牌号和化学成分（质量分数）对照 （%）

标准号	牌号	名义成分	Mo	Ti	Zr	C	杂质≤				
							Fe	Ni	Si	N	O
YS/T 660—2007	MoTi0.5Zr0.1（TZM）①	Mo-0.5Ti-0.1Zr	余量	0.40～0.55	0.06～0.12	0.01～0.04	0.010	0.005	0.010	0.003	0.080
ASTM B387—2018	364	—	余量	0.40～0.55	0.06～0.12	0.010～0.040	0.010	0.005	0.005	0.002	0.030

① 对熔炼 MoTi0.5Zr0.1（TZM）钼合金，其氧的质量分数应不大于0.005%，且允许加入0.02%硼（B）。

表 9-40 钼钛锆合金牌号和化学成分（质量分数） （%）

标准号	牌号	名义成分	Mo	Ti	Zr	C	杂质≤				
							Fe	Ni	Si	N	O
YS/T 660—2007	MoTi2.5Zr0.3C0.3（TZC）	Mo-2.5Ti-0.3Zr-0.3C	余量	1.00～3.50	0.10～0.50	0.10～0.50	0.025	0.02	0.02	—	0.30

（4）钼镧合金　钼镧合金牌号和化学成分见表9-41。

表 9-41 钼镧合金牌号和化学成分（质量分数） （%）

标准号	牌号	名义成分	Mo	La	杂质≤								
					Al	Ca	Fe	Mg	Ni	Si	C	N	O
YS/T 660—2007	MoLa	Mo-(0.1～2.0)La	余量	0.10～2.00	0.005	0.004	0.015	0.005	0.005	0.010	0.010	0.003	—

2. 其他钼及钼合金牌号和化学成分

（1）钼丝　中外钼丝牌号和化学成分对照见表9-42～表9-45。

表 9-42 钼丝 Mo1 牌号和化学成分（质量分数）对照 （%）

标准号	牌号	Mo ≥	杂质≤									
			W	Al	Ca	Mg	Fe	Ni	Si	C	N	O
GB/T 4182—2017	Mo1	99.95	0.02	0.002	0.002	0.002	0.010	0.003	0.005	0.006	0.003	0.008
JIS H4481:1989	1类	99.95[1]	—									
ASTM B387—2018	361	余量	—	—	—	—	0.010	0.005	0.010	0.010	0.002	0.0070

① 钼的质量分数为100%减去铁及不挥发杂质的质量分数。

表 9-43 钼丝 MoLa 牌号和化学成分（质量分数） （%）

标准号	牌号	Mo	La_2O_3	杂质≤								
				W	Al	Ca	Mg	Fe	Ni	Si	C	N
GB/T 4182—2017	MoLa	余量	0.02~2.00	0.02	0.002	0.002	0.002	0.010	0.003	0.005	0.006	0.003

表 9-44 钼丝 MoY 牌号和化学成分（质量分数） （%）

标准号	牌号	Mo	Y_2O_3	杂质≤								
				W	Al	Ca	Mg	Fe	Ni	Si	C	N
GB/T 4182—2017	MoY	余量	0.01~1.00	0.02	0.002	0.002	0.002	0.010	0.003	0.005	0.006	0.003

表 9-45 钼丝 MoK 牌号和化学成分（质量分数） （%）

标准号	牌号	Mo	K	杂质≤								
				W	Al	Ca	Mg	Fe	Ni	Si	C	N
GB/T 4182—2017	MoK	余量	0.005~0.05	0.02	0.025	0.002	0.002	0.010	0.003	0.070	0.006	0.003

（2）钼板　中外钼板牌号和化学成分对照见表 9-46、表 9-47。

表 9-46 钼板 Mo1 牌号和化学成分（质量分数）对照 （%）

标准号	牌号	Mo	杂质≤									
			Al	Ca	Fe	Mg	Ni	Si	C	N	P	O
GB/T 3876—2017	Mo1	余量	0.002	0.002	0.006	0.002	0.005	0.005	0.010	0.003	0.001	0.008
ГОСТ 25442—1982	МЧ①	余量	0.004	0.003	0.014	0.002	0.005	0.014	0.005	—	—	—
JIS H4483:1984	1类	99.95②	—									
ASTM B386/B386—2019	361	余量	—	—	0.010	—	0.005	0.010	0.010	0.002	—	0.0070

① МЧ 牌号的铝+铁+镁之和保持不变时，允许杂质铝、铁、钙、镁的质量分数偏高。
② 钼的质量分数为100%减去铁及不挥发杂质的质量分数。

表 9-47 钼板 Mo2 牌号和化学成分（质量分数）对照 （%）

标准号	牌号	Mo	杂质≤									
			Al	Ca	Fe	Mg	Ni	Si	C	N	P	O
GB/T 3876—2017	Mo2	余量	0.005	0.004	0.015	0.005	0.005	0.005	0.020	0.003	0.001	0.020
JIS H4483:1984	2类	99.90①	—									
ASTM B386/B386—2019	360	余量	—	—	0.010	—	0.002	0.010	0.030	0.002	—	0.0015

① 钼的质量分数为100%减去铁及不挥发杂质的质量分数。

（3）钼合金板　中外钼合金板牌号和化学成分对照见表 9-48～表 9-50。

表 9-48 钼合金板 MoTi0.5 牌号和化学成分（质量分数） （%）

标准号	牌号	Mo	Ti	C	杂质≤					
					Al	Fe	Mg	Si	N	O
GB/T 3876—2017	MoTi0.5	余量	0.40～0.60	0.01～0.04	0.002	0.010	0.002	0.01	0.003	0.080

表 9-49 钼合金板 TZM 牌号和化学成分（质量分数）对照 （%）

标准号	牌号	Mo	Ti	C	Zr	杂质≤				
						Fe	Ni	Si	N	O
GB/T 3876—2017	TZM①	余量	0.40～0.55	0.01～0.04	0.06～0.12	0.010	0.005	0.005	0.003	0.080
ASTM B386/B386—2019	364	余量	0.40～0.55	0.010～0.040	0.06～0.12	0.010	0.005	0.005	0.002	0.030

① TZM 钼合金中允许加入 0.02%的硼（B）。

表 9-50 钼合金板 MoLa 牌号和化学成分（质量分数） （%）

标准号	牌号	Mo	La 或 La_2O_3	杂质≤							
				Al	Ca	Fe	Mg	Ni	Si	C	N
GB/T 3876—2017	MoLa①	余量	La:0.08~1.50 或 La_2O_3:0.1~1.8	0.002	0.002	0.006	0.002	0.005	0.005	0.010	0.003

① MoLa 钼合金中 La 和 La_2O_3 为名义添加量。

（4）钼箔　中外钼箔牌号和化学成分对照见表 9-51~表 9-53。

表 9-51 钼箔 Mo1 牌号和化学成分（质量分数）对照 （%）

标准号	牌号	Mo	杂质≤								
			Al	Ca	Fe	Mg	Ni	Si	C	N	O
GB/T 3877—2006	Mo1	余量	0.002	0.002	0.010	0.002	0.005	0.01	0.01	0.003	0.008
ASTM B386/B386—2019	361	余量	—	—	0.010	—	0.005	0.010	0.010	0.002	0.0070

表 9-52 钼箔 Mo2 牌号和化学成分（质量分数）对照 （%）

标准号	牌号	Mo	杂质≤								
			Al	Ca	Fe	Mg	Ni	Si	C	N	O
GB/T 3877—2006	Mo2	余量	0.005	0.004	0.015	0.005	0.005	0.01	0.02	0.003	0.020
ASTM B386/B386—2019	360	余量	—	—	0.010	—	0.002	0.010	0.030	0.002	0.0015

表 9-53 钼箔 MoLa 牌号和化学成分（质量分数） （%）

标准号	牌号	Mo	杂质≤								稀土 La_2O_3 名义添加量
			Al	Ca	Fe	Mg	Ni	Si	C	N	
GB/T 3877—2006	MoLa	余量	0.002	0.002	0.015	0.005	0.005	0.01	0.02	0.005	0.1~1.8

注：MoLa 牌号的氧含量可根据需方要求报实测值。

（5）钼圆片　中外钼圆片牌号和化学成分对照见表 9-54、表 9-55。

表 9-54　钼圆片牌号和化学成分（质量分数）对照（1）　（%）

标准号	牌号	Mo	杂质≤								
			Al	Ca	Fe	Mg	Ni	Si	C	N	O
GB/T 14592—2014	Mo1	余量	0.002	0.002	0.010	0.002	0.005	0.010	0.010	0.003	0.008
ASTM B387—2018	361	余量	—	—	0.010	—	0.002	0.010	0.010	0.002	0.0070
ГОСТ 25442—1982	МЧ①	余量	0.004	0.003	0.014	0.002	0.005	0.014	0.005	—	—

① МЧ 牌号的铝+铁+镁之和保持不变时，允许杂质铝、铁、钙、镁的含量偏高。

表 9-55　钼圆片牌号和化学成分（质量分数）对照（2）　（%）

标准号	牌号	Mo	杂质≤								
			Al	Ca	Fe	Mg	Ni	Si	C	N	O
GB/T 14592—2014	Mo2	余量	0.005	0.004	0.015	0.005	0.005	0.010	0.020	0.003	0.010
ASTM B387—2018	360	余量	—	—	0.010	—	0.002	0.010	0.030	0.002	0.0015

（6）钼钨合金条及杆　中外钼钨合金条及杆的牌号和化学成分对照见表 9-56～表 9-58。

表 9-56　钼钨合金 MoW50 牌号和化学成分（质量分数）对照　（%）

标准号	牌号	Mo	W	杂质≤								杂质合计≤
				Fe	Ni	Cr	Ca	Si	O	C	S	
GB/T 4185—2017	MoW50	50±1	余量	0.005	0.003	0.003	0.002	0.002	0.005	0.003	0.002	0.07
JIS H4471:1989	—	余量①	49～51	—								

① 钼的质量分数为 100%减去钨、铁及不挥发杂质的质量分数。

表 9-57　钼钨合金 MoW30 牌号和化学成分（质量分数）对照　（%）

标准号	牌号	Mo	W	杂质≤								杂质合计≤
				Fe	Ni	Cr	Ca	Si	O	C	S	
GB/T 4185—2017	MoW30	70±1	余量	0.005	0.003	0.003	0.002	0.002	0.005	0.003	0.002	0.07
ASTM B387—2018	366	余量	27～33	0.010	0.002	—	—	0.010	0.0025	0.030	N 0.002	—

表 9-58 钼钨合金 MoW20 牌号和化学成分（质量分数） （%）

标准号	牌号	Mo	W	杂质≤								杂质合计≤
				Fe	Ni	Cr	Ca	Si	O	C	S	
GB/T 4185—2017	MoW20	80±1	余量	0.005	0.003	0.003	0.002	0.002	0.005	0.003	0.002	0.07

（7）钼条和钼杆　中外钼条和钼杆牌号和化学成分对照见表 9-59～表 9-61。

表 9-59 钼条和钼杆牌号和化学成分（质量分数） （%）

标准号	牌号	钼+添加元素	添加元素				其他杂质元素合计	每种杂质元素
			Co、Mg	La_2O_3	Si、Al、K	Y_2O_3		
GB/T 4188—2017	MoCo	≥99.95	0.01～0.20	—	—	—	≤0.05	≤0.01
	MoLa	≥99.95	—	0.01～1.0	—	—	≤0.05	≤0.01
	MoK	≥99.95	—	—	0.01～0.60	—	≤0.05	≤0.01
	MoY	≥99.95	—	—	—	0.01～0.70	≤0.05	≤0.01

表 9-60 钼条和钼杆 Mo1 牌号和化学成分（质量分数）对照 （%）

标准号	牌号	钼+添加元素	添加元素				其他杂质元素合计	每种杂质元素
			Co、Mg	La_2O_3	Si、Al、K	Y_2O_3		
GB/T 4188—2017	Mo1	≥99.95	—	—	—	—	≤0.05	≤0.01
JIS H4481:1989	1类	≥99.95①	—					

① 钼的质量分数为100%减去铁及不挥发杂质的质量分数。

表 9-61 钼条和钼杆 Mo2 牌号和化学成分（质量分数）对照 （%）

标准号	牌号	钼+添加元素	添加元素				其他杂质元素合计	每种杂质元素
			Co、Mg	La_2O_3	Si、Al、K	Y_2O_3		
GB/T 4188—2017	Mo2	≥99.90	—	—	—	—	≤0.10	≤0.01
JIS H4481:1989	2类	≥99.90①	—					

① 钼的质量分数为100%减去铁及不挥发杂质的质量分数。

9.3 铌及铌合金牌号和化学成分

9.3.1 冶炼产品

1. 五氧化二铌

中外五氧化二铌牌号和化学成分对照见表9-62～表9-64。其中灼减量为850℃下灼烧1h所测值。

表9-62 五氧化二铌 FNb_2O_5-1牌号和化学成分（质量分数）对照 （%）

标准号	牌号	Nb_2O_5 ≥	杂质≤									
			Ta	Ti	W	Mo	Cr	Mn	Fe	Ni	Sn	Cu
YS/T 428—2012	FNb_2O_5-1	99.6	0.030	0.0010	0.0030	0.0020	0.0020	0.0020	0.0050	0.0020	0.0020	0.0020
ГОСТ 23620—1979	НБО-Лт	—	Ta_2O_5 0.07	TiO_2 0.05	—	—	—	—	Fe_2O_3 0.05	—	Na 0.05	K 0.05

标准号	牌号	杂质≤										
		Ca	Mg	Zr	Al	Si	As	Pb	S	P	F	灼减量
YS/T 428—2012	FNb_2O_5-1	0.0020	0.0020	0.0020	0.0020	0.0030	0.0050	0.0010	0.0030	0.010	0.050	0.20
ГОСТ 23620—1979	НБО-Лт	CaO 0.10	—	—	Al_2O_3 0.01	SiO_2 0.08	—	—	0.05	0.02	0.2	0.2

表9-63 五氧化二铌 FNb_2O_5-2牌号和化学成分（质量分数） （%）

标准号	牌号	Nb_2O_5 ≥	杂质≤									
			Ta	Ti	W	Mo	Cr	Mn	Fe	Ni	Sn	Cu
YS/T 428—2012	FNb_2O_5-2	99.4	0.050	0.0020	0.0050	0.0030	0.0030	0.0050	0.020	0.010	0.0050	0.0050

标准号	牌号	杂质≤										
		Ca	Mg	Zr	Al	Si	As	Pb	S	P	F	灼减量
YS/T 428—2012	FNb_2O_5-2	0.0050	0.0050	0.0030	0.0020	0.0050	0.0050	0.0030	0.0060	0.010	0.080	0.30

表 9-64 五氧化二铌 FNb_2O_5-3 牌号和化学成分（质量分数）对照 （%）

标准号	牌号	Nb_2O_5 ≥	杂质≤									
			Ta	Ti	W	Mo	Cr	Mn	Fe	Ni	Sn	Cu
YS/T 428—2012	FNb_2O_5-3	99.0	0.20	0.005	0.010	—	—	0.010	0.030	0.020	0.010	0.0050
ГОСТ 23620—1979	НБО-М	—	Ta_2O_5 0.07	TiO_2 0.10	0.004	0.004	—	—	Fe_2O_3 0.15	—	Na 0.10	K 0.10

标准号	牌号	杂质≤										
		Ca	Mg	Zr	Al	Si	As	Pb	S	P	F	灼减量
YS/T 428—2012	FNb_2O_5-3	0.010	0.010	0.0050	0.010	0.020	0.0050	0.0050	0.010	0.010	0.12	0.40
ГОСТ 23620—1979	НБО-М	CaO 0.10	—	—	Al_2O_3 0.10	SiO_2 0.10	—	—	—	0.10	0.3	0.5

2. 高纯五氧化二铌

高纯五氧化二铌牌号和化学成分见表 9-65。

表 9-65 高纯五氧化二铌牌号和化学成分（质量分数） （%）

标准号	牌号	Nb_2O_5 ≥	杂质≤											
			Ta	Al	As	B	Bi	Ca	Co	Cr	Cu	F	Fe	K
YS/T 548—2007	FNb_2O_5-048	99.998	0.0003	0.0001	0.00001	0.00005	0.00005	0.0001	0.00001	0.00005	0.00005	0.0015	0.0001	0.0001
	FNb_2O_5-045	99.995	0.0005	0.0002	0.00005	0.00005	0.0001	0.0003	0.00005	0.0001	0.0001	0.003	0.0002	0.0003
	FNb_2O_5-04	99.99	0.001	0.0003	0.0005	0.0001	0.0002	0.0005	0.0001	0.0003	0.0003	0.0075	0.0005	0.0005
	FNb_2O_5-035	99.95	0.002	0.0005	0.001	—	0.0003	—	—	0.0005	0.0005	0.01	0.001	—

标准号	牌号	杂质≤												
		Mg	Mn	Mo	Na	Ni	Pb	Sb	Si	Sn	Ti	V	W	Zr
YS/T 548—2007	FNb_2O_5-048	0.0001	0.00005	0.00001	0.0001	0.00005	0.00005	0.0002	0.0005	0.00005	0.0001	0.00005	0.00002	0.00001
	FNb_2O_5-045	0.0001	0.0001	0.0001	0.0003	0.0001	0.0003	0.0006	0.001	0.0001	0.0001	0.00005	0.0002	0.00005
	FNb_2O_5-04	0.0002	0.0002	0.0002	0.0005	0.0003	0.0003	0.001	0.0015	0.0001	0.0001	0.0001	0.0003	0.0001
	FNb_2O_5-035	—	0.0005	0.0008	—	0.001	0.001	—	0.003	0.0005	0.0005	—	0.0005	—

3. 碳化铌粉

碳化铌粉牌号和化学成分见表 9-66。

表 9-66 碳化铌粉牌号和化学成分（质量分数） （%）

标准号	牌号	NbC① ≥	总碳	杂质≤					
				游离碳	Ta	Al	Ca	Co	Cr
GB/T 24485—2009	FNbC-1	99.5	11.0±0.4	0.15	0.5	0.005	0.005	0.05	0.05
	FNbC-2	99.0	11.0±0.4	0.15	1.0	0.005	0.01	0.1	0.1
	FNbC-3	99.0	11.0±0.4	0.15	1.0	0.01	0.015	0.15	0.15

标准号	牌号	杂质≤								
		Fe	K	Mn	Mo	Na	Si	Sn	Ti	W
GB/T 24485—2009	FNbC-1	0.05	0.005	0.005	0.05	0.005	0.005	0.005	0.005	0.05
	FNbC-2	0.1	0.008	0.01	0.1	0.008	0.01	0.01	0.01	0.1
	FNbC-3	0.15	0.01	0.02	0.15	0.01	0.02	0.05	0.02	0.15

① NbC 的质量分数为 100%减去表中杂质 Al、Ca、Co、Cr、Fe、K、Mn、Mo、Na、Si、Sn、Ti、W 实测合计的质量分数。

4. 冶金用铌粉

冶金用铌粉牌号和化学成分见表 9-67。

表 9-67 冶金用铌粉牌号和化学成分（质量分数） （%）

标准号	牌号	Nb+Ta ≥	杂质≤								
			Ta	O	H	N	C	Fe	Si	Ni	Cr
YS/T 258—2011	FNb-0	99.8	0.20	0.15	0.005	0.02	0.05	0.01	0.005	0.005	0.005
	FNb-1	99.5	0.20	0.20	0.005	0.04	0.05	0.01	0.005	0.005	0.005
	FNb-2	99.5	0.50	0.20	0.005	0.06	0.05	0.05	0.01	0.005	0.07
	FNb-3	98.0	1.0	0.50	0.01	0.10	0.08	0.08	0.02	0.01	0.01

（续）

标准号	牌号	杂质≤										
		W	Mo	Ti	Mn	Cu	Ca	Sn	Al	Mg	P	S
YS/T 258—2011	FNb-0	0.005	0.003	0.003	0.003	0.003	0.005	0.005	0.01	0.005	0.01	0.01
	FNb-1	0.005	0.003	0.003	0.003	0.003	0.005	0.005	0.01	0.005	0.01	0.01
	FNb-2	0.01	0.005	0.005	0.005	0.005	0.005	0.005	0.01	0.005	0.01	0.01
	FNb-3	0.03	0.01	0.02	0.01	0.01	0.02	0.01	0.02	0.01	0.01	0.01

5. 铌条

中国铌条牌号和化学成分见表9-68。俄罗斯铌条牌号和化学成分见表9-69。

表9-68 中国铌条牌号和化学成分（质量分数） （%）

标准号	牌号	杂质≤						
		Ta	O	N	C	Si	Fe	W
GB/T 6896—2007	TNb1	0.10	0.05	0.03	0.02	0.0030	0.0050	0.005
	TNb2	0.15	0.15	0.05	0.03	0.0050	0.02	0.01
标准号	牌号	杂质≤						
		Mo	Ti	Al	Cu	Cr	Ni	Zr
GB/T 6896—2007	TNb1	0.0050	0.0050	0.0030	0.0020	0.0050	0.005	0.020
	TNb2	0.0050	0.01	0.0050	0.0030	0.0050	0.010	0.020

注：碳热还原五氧化二铌制得的铌条。产品供生产铌粉、超导材料、高温合金钢的添加剂和电子轰击熔炼铌及铌合金锭等用。

表9-69 俄罗斯铌条牌号和化学成分（质量分数） （%）

标准号	牌号	杂质≤						
		Ta	Ti	Si	Fe	N	C	O
ГОСТ 16100—1987	НБШ00	0.1	0.01	0.01	0.03	0.03	0.03	0.02
	НБШ0	0.2	0.06	0.03	0.07	0.03	0.03	0.02
	НБШ1	0.3	0.07	0.03	0.08	0.05	0.06	0.04

9.3.2 加工产品

1. 铌及铌合金加工产品牌号和化学成分

YS/T 656—2015《铌及铌合金加工产品牌号和化学成分》中，NbT、Nb1、Nb2、NbZr1、NbZr2、Nb-Hf10-1、NbW5-1、NbW5-2 为真空电弧或电子束熔炼的工业铌及铌合金产品，FNb1 和 FNb2 为粉末冶金方法制得的工业铌产品。

（1）纯铌　中外纯铌牌号和化学成分对照见表 9-70～表 9-72。

表 9-70　纯铌 NbT 牌号和化学成分（质量分数）对照　（%）

标准号	牌号	Nb	杂质≤							
			Zr	Cu	Ti	C	N	O	H	Ta
YS/T 656—2015	NbT	余量	0.001	0.001	0.001	0.002	0.004	0.008	0.001	0.04
ASTM B393—2018	Type 5 R04220	—	0.010	—	0.005	0.0030	0.0030	0.0040	0.0005	0.1

标准号	牌号	杂质≤							
		Fe	Si	W	Ni	Mo	Mn	Cr	Al
YS/T 656—2015	NbT	0.002	0.005	0.008	0.001	0.002	0.001	0.001	0.002
ASTM B393—2018	Type 5 R04220	0.005	0.002	0.008	0.003	—	—	—	0.005

表 9-71　纯铌 Nb1 牌号和化学成分（质量分数）对照　（%）

标准号	牌号	Nb	杂质≤										
			C	N	O	H	Ta	Fe	Si	W	Ni	Mo	Cr
YS/T 656—2015	Nb1	余量	0.01	0.015	0.015	0.001	0.10	0.005	0.005	0.03	0.005	0.010	0.002
			Zr:0.02,Ti:0.002										
ASTM B393—2018	Type 1 R04200	—	0.01	0.01	0.015	0.0015	0.1	0.005	0.005	0.03	0.005	0.010	0.002
			Zr:0.02,Ti:0.02,Hf:0.02,B:0.0002,Be:0.005,Co:0.002,Al:0.002										

ГОСТ 16099—1980	НБ1	余量	0.01	0.01	0.01	0.001	0.1	0.005	0.005	W+Mo 0.01	Ti 0.005	—

表 9-72　纯铌 Nb2 牌号和化学成分（质量分数）对照　（%）

标准号	牌号	Nb	杂质≤									
			C	N	O	H	Ta	Fe	Si	W	Ni	Mo
YS/T 656—2015	Nb2	余量	0.02	0.05	0.025	0.005	0.25	0.03	0.02	0.05	0.01	0.050
			Zr:0.02, Ti:0.005, Cr:0.01									
ASTM B393—2018	Type 2 R04210	—	0.01	0.01	0.025	0.0015	0.3	0.01	0.005	0.05	0.005	0.020
			Zr:0.02, Ti:0.03, Al:0.005, Hf:0.02									

（2）铌锆合金　中外铌锆合金牌号和化学成分对照见表 9-73、表 9-74。

表 9-73　铌锆合金 NbZr1 牌号和化学成分（质量分数）对照　（%）

标准号	牌号	Nb	Zr	杂质≤									
				C	N	O	H	Ta	Fe	Si	W	Ni	Mo
YS/T 656—2015	NbZr1	余量	0.8~1.2	0.01	0.01	0.015	0.0015	0.10	0.005	0.005	0.03	0.005	0.010
				Ti:0.02, Cr:0.002									
ASTM B393—2018	Type 3 R04251	—	0.8~1.2	0.01	0.01	0.015	0.0015	0.1	0.005	0.005	0.03	0.005	0.010
				Ti:0.02, Cr:0.002, Hf:0.02, B:0.0002, Al:0.002, Be:0.005, Co:0.002									

表 9-74 铌锆合金 NbZr2 牌号和化学成分（质量分数）对照 （%）

标准号	牌号	Nb	Zr	杂质≤									
				C	N	O	H	Ta	Fe	Si	W	Ni	Mo
YS/T 656—2015	NbZr2	余量	0.8~1.2	0.01	0.01	0.025	0.0015	0.50	0.01	0.005	0.05	0.005	0.050
				Ti:0.03									
ASTM B393—2018	Type 4 R04261	—	0.8~1.2	0.01	0.01	0.025	0.0015	0.5	0.01	0.005	0.05	0.005	0.050
				Ti:0.03, Hf:0.02, Al:0.005									

（3）铌粉末冶金　铌粉末冶金产品牌号和化学成分见表 9-75。

表 9-75 铌粉末冶金 FNb1、FNb2 牌号和化学成分（质量分数） （%）

标准号	牌号	Nb	杂质≤											
			Zr	Ti	C	N	O	H	Fe	Si	W	Ni	Mo	Cr
YS/T 656—2015	FNb1①	余量	0.02	0.005	0.03	0.035	0.030	0.002	0.01	0.01	0.05	0.005	0.020	0.005
	FNb2①	余量	0.02	0.01	0.05	0.05	0.060	0.005	0.04	0.03	0.05	0.01	0.050	0.01

① FNb1 和 FNb2 为粉末冶金方法制得的工业铌产品。

（4）铌铪合金　中外铌铪合金牌号和化学成分对照见表 9-76。

表 9-76 铌铪合金 NbHf10-1 牌号和化学成分（质量分数）对照 （%）

标准号	牌号	Nb	Hf	Ti	杂质≤								
					Zr	C	N	O	H	Ta	W	其他元素	
												单个	合计
YS/T 656—2015	NbHf10-1	余量	9.0~11.0	0.70~1.30	0.70	0.015	0.015	0.023	0.002	0.50	0.50	—	0.3
ASTM B654/B654M—10(R2018)	R04295	余量	9~11	0.7~1.3	0.700	0.015	0.010	0.025	0.0015	0.500	0.500	—	—

（5）铌钨合金　铌钨合金牌号和化学成分见表 9-77。

表 9-77　铌钨合金牌号和化学成分（质量分数）　（%）

标准号	牌号	Nb	Zr	W	Mo	C	杂质≤					
							N	O	H	Ta	其他元素 单个	其他元素 合计
YS/T 656—2015	NbW5-1	余量	0.7~1.2	4.5~5.5	1.7~2.3	0.05~0.12	0.01	0.01	0.002	0.1	0.08	0.15
							Fe:0.02,Si:0.01,Al:0.02					
	NbW5-2	余量	1.4~2.2	4.5~5.5	1.5~2.5	0.02	0.015	0.023	0.002	0.5	—	0.30

2. 其他铌及铌合金加工产品牌号和化学成分

（1）铌及铌合金无缝管　中外铌及铌合金无缝管牌号和化学成分对照见表 9-78~表 9-81。

表 9-78　铌无缝管 Nb1 牌号和化学成分（质量分数）对照　（%）

标准号	牌号	Nb	杂质≤									
			C	N	O	H	Ta	Fe	Si	W	Ni	Mo
GB/T 8183—2007	Nb1	余量	0.0100	0.0100	0.0250	0.0015	0.10	0.005	0.005	0.03	0.005	0.010
			Cr:0.002,Zr:0.02,Ti:0.002									
ASTM B394—2018	Type 1 R04200	—	0.01	0.01	0.015	0.0015	0.1	0.005	0.005	0.03	0.005	0.010
			Cr:0.002, Zr:0.02,Ti:0.02,Al:0.002,Co:0.002,Hf:0.02,B:0.0002,Be:0.005									

表 9-79　铌无缝管 Nb2 牌号和化学成分（质量分数）对照　（%）

标准号	牌号	Nb	杂质≤									
			C	N	O	H	Ta	Fe	Si	W	Ni	Mo
GB/T 8183—2007	Nb2	余量	0.0150	0.0100	0.0400	0.0015	0.25	0.03	0.02	0.05	0.01	0.050
			Cr:0.01,Zr:0.02,Ti:0.005									
ASTM B394—2018	Type 2 R04210	—	0.01	0.01	0.025	0.0015	0.3	0.01	0.005	0.05	0.005	0.020
			Zr:0.02,Ti:0.03,Hf:0.02,Al:0.005									

表 9-80 铌锆无缝管 NbZr1 牌号和化学成分（质量分数）对照 （%）

标准号	牌号	Nb	Zr	杂质≤								
				C	N	O	H	Ta	Fe	Si	W	Ni
GB/T 8183—2007	NbZr1	余量	0.8~1.2	0.0100	0.0100	0.0250	0.0015	0.10	0.005	0.005	0.02	0.005
				Cr:0.002, Mo:0.010, Ti:0.02								
ASTM B394—2018	Type 3 R04251	—	0.8~1.2	0.01	0.01	0.015	0.0015	0.1	0.005	0.005	0.03	0.005
				Cr:0.002, Mo:0.010, Ti:0.02, Hf:0.02, B:0.0002, Al:0.002, Be:0.005, Co:0.002								

表 9-81 铌锆无缝管 NbZr2 牌号和化学成分（质量分数）对照 （%）

标准号	牌号	Nb	Zr	杂质≤								
				C	N	O	H	Ta	Fe	Si	W	Ni
GB/T 8183—2007	NbZr2	余量	0.8~1.2	0.0150	0.0100	0.0400	0.0015	0.50	0.01	0.005	0.05	0.005
				Mo:0.050, Ti:0.03								
ASTM B394—2018	Type 4 R04261	—	0.8~1.2	0.01	0.01	0.025	0.0015	0.5	0.01	0.005	0.05	0.005
				Mo:0.050, Ti:0.03, Hf:0.02, Al:0.005								

（2）铌及铌合金棒材　中外铌及铌合金棒材牌号和化学成分对照见表 9-82～表 9-86。

表 9-82 铌棒 Nb1 牌号和化学成分（质量分数）对照 （%）

标准号	牌号	Nb	杂质≤									
			C	N	O	H	Ta	Fe	Si	W	Ni	Mo
GB/T 14842—2007	Nb1	余量	0.01	0.01	0.025	0.0015	0.10	0.005	0.005	0.03	0.005	0.010
			Cr:0.002, Zr:0.02, Ti:0.002									
ASTM B392—2018	Type 1 R04200	—	0.01	0.01	0.015	0.0015	0.1	0.005	0.005	0.03	0.005	0.010
			Cr:0.002, Al:0.002, Co:0.002, Zr:0.02, Ti:0.02, Hf:0.02, B:0.0002, Be:0.005									

表 9-83　铌棒 Nb2 牌号和化学成分（质量分数）对照　（%）

标准号	牌号	Nb	杂质≤									
			C	N	O	H	Ta	Fe	Si	W	Ni	Mo
GB/T 14842—2007	Nb2	余量	0.015	0.01	0.04	0.0015	0.25	0.03	0.02	0.05	0.01	0.050
			Cr:0.01,Zr:0.02,Ti:0.005									
ASTM B392—2018	Type 2 R04210	—	0.01	0.01	0.025	0.0015	0.3	0.01	0.005	0.05	0.005	0.020
			Hf:0.02,Zr:0.02,Ti:0.03,Al:0.005									

表 9-84　铌锆合金棒 NbZr1 牌号和化学成分（质量分数）对照　（%）

标准号	牌号	Nb	Zr	杂质≤							
				N	O	H	Ta	Fe	Si	W	Ni
GB/T 14842—2007	NbZr1	余量	0.8~1.2	0.01	0.025	0.0015	0.10	0.005	0.005	0.02	0.005
				Cr:0.002,Mo:0.010,Ti:0.02,C:0.01							
ASTM B392—2018	Type 3 R04251	—	0.8~1.2	0.01	0.015	0.0015	0.1	0.005	0.005	0.03	0.005
				Cr:0.002,Mo:0.010,Ti:0.02,C:0.01,Hf:0.02,B:0.0002,Al:0.002,Be:0.005,Co:0.002							

表 9-85　铌锆合金棒 NbZr2 牌号和化学成分（质量分数）对照　（%）

标准号	牌号	Nb	Zr	杂质≤							
				N	O	H	Ta	Fe	Si	W	Ni
GB/T 14842—2007	NbZr2	余量	0.8~1.2	0.01	0.04	0.0015	0.50	0.01	0.005	0.05	0.005
				Mo:0.050,Ti:0.03,C:0.015							
ASTM B392—2018	Type 4 R04261	—	0.8~1.2	0.01	0.025	0.0015	0.5	0.01	0.005	0.05	0.005
				Mo:0.050,Ti:0.03,C:0.01,Hf:0.02,Al:0.005							

表 9-86 铌粉末冶金 FNb1、FNb2 牌号和化学成分（质量分数） （%）

标准号	牌号	Nb	杂质≤							
			C	N	O	H	Fe	Si	W	Ni
GB/T 14842—2007	FNb1	余量	0.02	0.02	0.05	0.002	0.01	0.01	0.05	0.005
			Cr:0.005,Mo:0.020,Zr:0.02,Ti:0.005							
GB/T 14842—2007	FNb2	余量	0.05	0.05	0.08	0.005	0.04	0.03	0.05	0.01
			Cr:0.01,Mo:0.050,Zr:0.02,Ti:0.01							

（3）铌板材、带材和箔材 中外铌板材、带材和箔材牌号和化学成分对照见表 9-87～表 9-89。

表 9-87 铌板、带和箔材 Nb1 牌号和化学成分（质量分数）对照 （%）

标准号	牌号	Nb	杂质≤									
			C	N	O	H	Ta	Fe	Si	W	Ni	Mo
GB/T 3630—2017	Nb1	余量	0.01	0.015	0.015	0.001	0.10	0.005	0.005	0.03	0.005	0.010
			Cr:0.002,Zr:0.02,Ti:0.002									
ASTM B393—2018	Type 1 R04200	—	0.01	0.01	0.015	0.0015	0.1	0.005	0.005	0.03	0.005	0.010
			Cr:0.002,Al:0.002,Zr:0.02,Ti:0.02,Co:0.002,Hf:0.02,B:0.0002,Be:0.005									

表 9-88 铌板、带和箔材 Nb2 牌号和化学成分（质量分数）对照 （%）

标准号	牌号	Nb	杂质≤									
			C	N	O	H	Ta	Fe	Si	W	Ni	Mo
GB/T 3630—2017	Nb2	余量	0.02	0.05	0.025	0.005	0.25	0.03	0.02	0.05	0.01	0.050
			Cr:0.01,Zr:0.02,Ti:0.005									
ASTM B393—2018	Type 2 R04210	—	0.01	0.01	0.025	0.0015	0.3	0.01	0.005	0.05	0.005	0.020
			Hf:0.02,Al:0.005,Zr:0.02,Ti:0.03									

表 9-89　铌粉末冶金 FNb1、FNb2 牌号和化学成分（质量分数）　（%）

标准号	牌号	Nb	杂质≤								
			C	N	O	H	Fe	Si	W	Ni	Mo
GB/T 3630—2017	FNb1①	余量	0.03	0.035	0.030	0.002	0.01	0.01	0.05	0.005	0.020
			Cr:0.005,Zr:0.02,Ti:0.005								
	FNb2①	余量	0.05	0.05	0.060	0.005	0.04	0.03	0.05	0.01	0.050
			Cr:0.01,Zr:0.02,Ti:0.01								

① FNb1 和 FNb2 为粉末冶金方法制得的工业铌产品。

9.4　钽及钽合金牌号和化学成分

9.4.1　冶炼产品

1. 五氧化二钽

五氧化二钽的牌号和化学成分见表 9-90。

表 9-90　五氧化二钽牌号和化学成分（质量分数）　（%）

标准号	牌号	Ta_2O_5 ≥	杂质≤							
			Nb	Ti	W	Mo	Cr	Mn	Fe	Ni
YS/T 427—2012	FTa_2O_5-1	99.5	0.0030	0.0010	0.0010	0.0010	0.0010	0.0010	0.0040	0.0010
	FTa_2O_5-2	99.4	0.020	0.0020	0.0020	0.0020	0.0020	0.0020	0.010	0.0020
	FTa_2O_5-3	99.0	0.10	0.0030	0.0050	0.0050	0.0030	0.0030	0.030	—

标准号	牌号	杂质≤									
		Cu	Ca	Mg	Zr	Al	Sn	Si	Pb	F	灼减量①
YS/T 427—2012	FTa_2O_5-1	0.0010	0.0020	0.0010	0.0010	0.0010	0.0020	0.0030	0.0010	0.050	0.20
	FTa_2O_5-2	0.0020	0.0050	0.0020	0.0020	0.0020	0.0050	0.0050	0.0020	0.10	0.30
	FTa_2O_5-3	—	0.010	0.0050	0.0050	0.010	0.010	0.010	0.0050	0.15	0.40

① 灼减量为 850℃ 下灼烧 1h 的实测值。

2. 高纯五氧化二钽

高纯五氧化二钽的牌号和化学成分见表 9-91。

表 9-91　高纯五氧化二钽牌号和化学成分（质量分数）　（%）

标准号	牌号①	Ta_2O_5 ≥	杂质≤											
			Nb	Al	As	B	Bi	Ca	Co	Cr	Cu	F	Fe	K
YS/T 547—2007	FTa_2O_5-045	99.995	0.0003	0.0002	0.00005	0.0001	0.0001	0.0003	0.00005	0.0001	0.0001	0.0020	0.0002	0.0003
	FTa_2O_5-04	99.99	0.0010	0.0004	0.0001	0.0001	0.0002	0.0005	0.0001	0.0003	0.0003	0.0070	0.0005	0.0005
	FTa_2O_5-035	99.95	0.0030	0.0005	0.0010	—	0.0005	—	—	0.0005	0.0005	0.010	0.0010	—

标准号	牌号	杂质≤												
		Mg	Mn	Mo	Na	Ni	Pb	Sb	Si	Sn	Ti	V	W	Zr
YS/T 547—2007	FTa_2O_5-045	0.0002	0.0001	0.0001	0.0005	0.0001	0.0003	0.0005	0.0008	0.0001	0.0001	0.00005	0.0002	0.0001
	FTa_2O_5-04	0.0003	0.0002	0.0002	0.0010	0.0003	0.0003	0.0010	0.0013	0.0001	0.0001	0.0001	0.0003	0.0001
	FTa_2O_5-035	—	0.0005	0.0008	—	0.0010	0.0010	—	0.0030	0.0005	0.0005	—	0.0005	—

① 每批产品应提供在 850℃下灼烧 1h 的实测灼减量。

3. 钽粉

钽粉的牌号和化学成分见表 9-92。

表 9-92　钽粉牌号和化学成分（质量分数）　（%）

标准号	产品牌号	杂质≤														
		O	C	N	H	Fe	Ni	Cr	Si	Nb	W	Mo	Mn	Ti	Al	K+Na
YS/T 573—2015	FTA200K	1.40	0.004	0.30	0.070	0.0025	0.0020	0.0020	0.0020	0.0030	0.0005	0.0005	0.0005	0.0005	0.0005	0.0055
	FTA170K	1.20	0.004	0.30	0.060	0.0025	0.0020	0.0020	0.0020	0.0030	0.0005	0.0005	0.0005	0.0005	0.0005	0.0055
	FTA150K	1.00	0.004	0.30	0.050	0.0025	0.0020	0.0020	0.0020	0.0030	0.0005	0.0005	0.0005	0.0005	0.0005	0.0050
	FTA120K	0.80	0.004	0.28	0.030	0.0025	0.0020	0.0020	0.0020	0.0030	0.0005	0.0005	0.0005	0.0005	0.0005	0.0050
	FTA100K	0.60	0.004	0.20	0.020	0.0025	0.0020	0.0020	0.0020	0.0030	0.0005	0.0005	0.0005	0.0005	0.0005	0.0050

YS/T 573—2015	FTA800	0.50	0.004	0.20	0.018	0.0025	0.0020	0.0020	0.0020	0.0030	0.0005	0.0005	0.0005	0.0005	0.0005	0.0050
	FTA700	0.40	0.004	0.10	0.018	0.0025	0.0020	0.0020	0.0020	0.0030	0.0005	0.0005	0.0005	0.0005	0.0005	0.0040
	FTA500	0.35	0.004	0.05	0.017	0.0025	0.0020	0.0020	0.0020	0.0030	0.0005	0.0005	0.0005	0.0005	0.0005	0.0030
	FTA400	0.30	0.004	0.05	0.017	0.0020	0.0020	0.0020	0.0020	0.0030	0.0005	0.0005	0.0005	0.0005	0.0005	0.0030
	FTA320	0.25	0.003	0.04	0.012	0.0020	0.0020	0.0020	0.0020	0.0030	0.0005	0.0005	0.0005	0.0005	0.0005	0.0030
	FTA300	0.25	0.003	0.04	0.012	0.0020	0.0020	0.0020	0.0020	0.0030	0.0005	0.0005	0.0005	0.0005	0.0005	0.0030
	FTA230	0.25	0.003	0.015	0.012	0.0020	0.0020	0.0020	0.0020	0.0030	0.0005	0.0005	0.0005	0.0005	0.0005	0.0020
	FTA150	0.25	0.003	0.015	0.004	0.0020	0.0020	0.0020	0.0020	0.0030	0.0005	0.0005	0.0005	0.0005	0.0005	0.0020
	FTA80	0.22	0.003	0.012	0.004	0.0020	0.0020	0.0020	0.0020	0.0030	0.0005	0.0005	0.0005	0.0005	0.0005	0.0020
	FTA60	0.20	0.004	0.010	0.003	0.0020	0.0020	0.0020	0.0020	0.0030	0.0005	0.0005	0.0005	0.0005	0.0005	0.0020
	FTB400	0.28	0.006	0.040	0.020	0.0050	0.0020	0.0020	0.0020	0.0030	0.0050	0.0050	0.0050	0.0050	0.0050	0.0025
	FTB300	0.25	0.006	0.030	0.012	0.0040	0.0020	0.0020	0.0020	0.0030	0.0005	0.0005	0.0005	0.0005	0.0005	0.0025
	FTB200	0.25	0.006	0.030	0.012	0.0040	0.0020	0.0020	0.0020	0.0030	0.0005	0.0005	0.0005	0.0005	0.0005	0.0025
	FTB150	0.25	0.006	0.025	0.010	0.0040	0.0020	0.0020	0.0020	0.0030	0.0005	0.0005	0.0005	0.0005	0.0005	0.0020
	FTB100	0.24	0.004	0.015	0.003	0.0040	0.0015	0.0015	0.0020	0.0030	0.0005	0.0005	0.0005	0.0005	0.0005	0.0020
	FTB85	0.22	0.004	0.015	0.003	0.0040	0.0015	0.0015	0.0020	0.0030	0.0005	0.0005	0.0005	0.0005	0.0005	0.0025
	FTB80	0.24	0.004	0.015	0.003	0.0040	0.0015	0.0015	0.0020	0.0030	0.0005	0.0005	0.0005	0.0005	0.0005	0.0020
	FTB50	0.18	0.004	0.010	0.003	0.0040	0.0015	0.0015	0.0020	0.0030	0.0005	0.0005	0.0005	0.0005	0.0005	0.0020
	FTC40	0.24	0.003	0.006	0.003	0.0035	0.0010	0.0010	0.0030	0.0030	0.0005	0.0005	0.0005	0.0005	0.0005	—
	FTC35	0.16	0.003	0.006	0.003	0.0030	0.0010	0.0010	0.0030	0.0030	0.0005	0.0005	0.0005	0.0005	0.0005	—
	FTC28	0.14	0.003	0.004	0.003	0.0015	0.0005	0.0005	0.0020	0.0030	0.0005	0.0005	0.0005	0.0005	0.0005	—
	FTC25	0.12	0.003	0.004	0.003	0.0015	0.0005	0.0005	0.0020	0.0030	0.0005	0.0005	0.0005	0.0005	0.0005	—
	FTC20	0.12	0.0025	0.004	0.003	0.0010	0.0005	0.0005	0.0020	0.0030	0.0005	0.0005	0.0005	0.0005	0.0005	—
	FTC15	0.10	0.0025	0.004	0.003	0.0010	0.0005	0.0005	0.0020	0.0030	0.0005	0.0005	0.0005	0.0005	0.0005	—
	FTC10	0.10	0.0025	0.004	0.003	0.0010	0.0005	0.0005	0.0020	0.0030	0.0005	0.0005	0.0005	0.0005	0.0005	—

4. 冶金用钽粉

冶金用钽粉的牌号和化学成分见表 9-93。

表 9-93 冶金用钽粉牌号和化学成分（质量分数） （%）

标准号	牌号	Ta ≥	Nb	杂质≤							
				H	O	C	N	Fe	Ni	Cr	Si
YS/T 259—2012	FTa-1	99.95	—	0.003	0.15	0.005	0.005	0.003	0.003	0.003	0.003
	FTa-2	99.95	—	0.003	0.18	0.008	0.015	0.005	0.005	0.003	0.005
	FTa-3	99.93	—	0.005	0.20	0.015	0.015	0.005	0.005	0.005	0.01
	FTa-4	99.5	—	0.01	0.30	0.02	0.045	0.02	0.02	0.02	0.03
	FTaNb-3	—	2.5~3.5	0.01	0.30	0.05	0.02	0.03	0.02	—	0.02
	FTaNb-20	—	17~23	0.01	0.30	0.05	0.02	0.03	0.02	—	0.02

标准号	牌号	杂质≤										
		Nb	W	Mo	Ti	Mn	Sn	Ca	Al	Cu	Mg	P
YS/T 259—2012	FTa-1	0.003	0.002	0.001	0.001	0.001	0.001	0.001	0.001	0.001	0.001	0.0015
	FTa-2	0.005	0.003	0.002	0.001	0.001	0.001	0.001	0.001	0.001	0.005	0.003
	FTa-3	0.005	0.003	0.002	0.001	0.001	0.001	0.001	0.001	0.001	0.01	—
	FTa-4	0.03	0.01	0.01	0.01	0.001	0.001	0.001	0.001	0.001	0.01	—
	FTaNb-3	—	0.01	0.01	0.01	—	—	—	—	—	—	—
	FTaNb-20	—	0.01	0.01	0.01	—	—	—	—	—	—	—

9.4.2 加工产品

1. 钽及钽合金加工产品牌号和化学成分

YS/T 751—2011《钽及钽合金牌号和化学成分》中，Ta1、Ta2、TaNb3、TaNb20、TaNb40、TaW2.5、TaW10、TaW12 为真空电子束熔炼或电弧熔炼的工业级钽及钽合金材。

（1）纯钽　中外纯钽牌号和化学成分对照见表 9-94、表 9-95。

表 9-94　纯钽 Ta1 牌号和化学成分（质量分数）对照　（%）

标准号	牌号	Ta	杂质≤										
			C	N	H	O	Nb	Fe	Ti	W	Mo	Si	Ni
YS/T 751—2011	Ta1	余量	0.010	0.005	0.0015	0.015	0.050	0.005	0.002	0.010	0.010	0.005	0.002
ASTM B521—2019	R05200	余量	0.010	0.010	0.0015	0.015	0.10	0.010	0.010	0.050	0.020	0.005	0.010

表 9-95　纯钽 Ta2 牌号和化学成分（质量分数）对照　（%）

标准号	牌号	Ta	杂质≤										
			C	N	H	O	Nb	Fe	Ti	W	Mo	Si	Ni
YS/T 751—2011	Ta2	余量	0.020	0.025	0.0050	0.030	0.100	0.030	0.005	0.040	0.030	0.020	0.005
JIS H4701:2001(R2005)	TaB-O	≥99.80	0.03	0.01	0.0015	0.03	0.10	0.02	0.01	0.03	0.02	0.02	0.02
ASTM B521—2019	R05400	余量	0.010	0.010	0.0015	0.03	0.10	0.010	0.010	0.050	0.020	0.005	0.010

（2）钽粉末冶金产品

钽粉末冶金产品牌号和化学成分见表 9-96。

表 9-96　钽粉末冶金 FTa1、FTa2 牌号和化学成分（质量分数）　（%）

标准号	牌号①	Ta	杂质≤										
			C	N	H	O	Nb	Fe	Ti	W	Mo	Si	Ni
YS/T 751—2011	FTa1	余量	0.010	0.010	0.0020	0.030	0.050	0.010	0.005	0.010	0.010	0.005	0.010
	FTa2	余量	0.050	0.030	0.0050	0.035	0.100	0.030	0.010	0.040	0.020	0.030	0.010

① FTa1、FTa2 为粉末冶金方法制得的工业级钽材。

（3）钽铌合金　中外钽铌合金牌号和化学成分对照见表 9-97～表 9-99。

表 9-97 钽铌合金 TaNb3 牌号和化学成分（质量分数） （%）

标准号	牌号	Ta	Nb	杂质≤									
				C	N	H	O	Fe	Ti	W	Mo	Si	Ni
YS/T 751—2011	TaNb3	余量	1.5~3.5	0.020	0.025	0.0050	0.030	0.030	0.005	0.040	0.030	0.030	0.005

表 9-98 钽铌合金 TaNb20 牌号和化学成分（质量分数） （%）

标准号	牌号	Ta	Nb	杂质≤									
				C	N	H	O	Fe	Ti	W	Mo	Si	Ni
YS/T 751—2011	TaNb20	余量	17~23	0.020	0.025	0.0050	0.030	0.030	0.005	0.040	0.020	0.030	0.005

表 9-99 钽铌合金 TaNb40 牌号和化学成分（质量分数）对照 （%）

标准号	牌号	Ta	Nb	杂质≤									
				C	N	H	O	Fe	Ti	W	Mo	Si	Ni
YS/T 751—2011	TaNb40	余量	35.0~42.0	0.010	0.010	0.0015	0.020	0.010	0.010	0.050	0.020	0.005	0.010
ASTM B521—2019	R05240	余量	35.0~42.0	0.010	0.010	0.0015	0.020	0.010	0.010	0.050	0.020	0.005	0.010

（4）钽钨合金 中外钽钨合金牌号和化学成分对照见表 9-100~表 9-102。

表 9-100 钽钨合金 TaW2.5 牌号和化学成分（质量分数）对照 （%）

标准号	牌号	Ta	W	杂质≤									
				C	N	H	O	Fe	Ti	Nb	Mo	Si	Ni
YS/T 751—2011	TaW2.5	余量	2.0~3.5	0.010	0.010	0.0015	0.015	0.010	0.010	0.500	0.020	0.005	0.010
ASTM B521—2019	R05252	余量	2.0~3.5	0.010	0.010	0.0015	0.015	0.010	0.010	0.50	0.020	0.005	0.010

表 9-101 钽钨合金 TaW10 牌号和化学成分（质量分数）对照 （%）

标准号	牌号	Ta	W	杂质≤									
				C	N	H	O	Fe	Ti	Nb	Mo	Si	Ni
YS/T 751—2011	TaW10	余量	9.0~11.0	0.010	0.010	0.0015	0.015	0.010	0.010	0.100	0.020	0.005	0.010
ASTM B521—2019	R05255	余量	9.0~11.0	0.010	0.010	0.0015	0.015	0.010	0.010	0.10	0.020	0.005	0.010

表 9-102 钽钨合金 TaW12 牌号和化学成分（质量分数） （%）

标准号	牌号	Ta	W	杂质≤									
				C	N	H	O	Fe	Ti	Nb	Mo	Si	Ni
YS/T 751—2011	TaW12	余量	11.0~13.0	0.020	0.010	0.0015	0.030	0.010	0.010	0.100	0.020	0.005	0.010

2. 其他钽及钽合金加工产品牌号和化学成分

（1）钽及钽合金无缝管 中外钽及钽合金无缝管牌号和化学成分对照见表 9-103~表 9-107。

表 9-103 钽无缝管 Ta1 牌号和化学成分（质量分数）对照 （%）

标准号	牌号	Ta	杂质≤										
			C	N	H	O	Nb	Fe	Ti	W	Mo	Si	Ni
GB/T 8182—2008	Ta1	余量	0.010	0.005	0.0015	0.015	0.050	0.005	0.002	0.010	0.010	0.005	0.002
ASTM B521—2019	R05200	余量	0.010	0.010	0.0015	0.015	0.10	0.010	0.010	0.050	0.020	0.005	0.010

表 9-104 钽无缝管 Ta2 牌号和化学成分（质量分数）对照 （%）

标准号	牌号	Ta	杂质≤										
			C	N	H	O	Nb	Fe	Ti	W	Mo	Si	Ni
GB/T 8182—2008	Ta2	余量	0.020	0.025	0.0050	0.030	0.100	0.030	0.005	0.040	0.030	0.020	0.005
JIS H4701:2001(R2005)	TaW-O	≥99.80	0.03	0.01	0.0015	0.03	0.10	0.02	0.01	0.03	0.02	0.02	0.02
ASTM B521—2019	R05400	余量	0.010	0.010	0.0015	0.030	0.10	0.010	0.010	0.050	0.020	0.005	0.010

表 9-105　钽铌无缝管 TaNb3 牌号和化学成分（质量分数）（%）

标准号	牌号	Ta	Nb	杂质≤									
				C	N	H	O	Fe	Ti	W	Mo	Si	Ni
GB/T 8182—2008	TaNb3	余量	1.5~3.5	0.020	0.025	0.0050	0.030	0.030	0.005	0.040	0.030	0.030	0.005

表 9-106　钽铌无缝管 TaNb20 牌号和化学成分（质量分数）（%）

标准号	牌号	Ta	Nb	杂质≤									
				C	N	H	O	Fe	Ti	W	Mo	Si	Ni
GB/T 8182—2008	TaNb20	余量	17~23	0.020	0.025	0.0050	0.030	0.030	0.005	0.040	0.030	0.030	0.005

表 9-107　钽钨无缝管 TaW2.5 牌号和化学成分（质量分数）对照（%）

标准号	牌号	Ta	W	杂质≤									
				C	N	H	O	Fe	Ti	Nb	Mo	Si	Ni
YS/T 751—2011	TaW2.5	余量	2.0~3.5	0.010	0.010	0.0015	0.015	0.010	0.010	0.500	0.020	0.005	0.010
ASTM B521—2019	R05252	余量	2.0~3.5	0.010	0.010	0.0015	0.015	0.010	0.010	0.50	0.020	0.005	0.010

（2）钽及钽合金棒材　中外钽及钽合金棒材牌号和化学成分对照见表 9-108~表 9-115。

表 9-108　钽棒 Ta1 牌号和化学成分（质量分数）对照（%）

标准号	牌号	Ta	杂质≤										
			C	N	H	O	Nb	Fe	Ti	W	Mo	Si	Ni
GB/T 14841—2008	Ta1	余量	0.010	0.005	0.0015	0.015	0.050	0.005	0.002	0.010	0.010	0.005	0.002
ASTM B365—2012(R2019)	R05200	余量	0.010	0.010	0.0015	0.015	0.10	0.010	0.010	0.050	0.020	0.005	0.010

表 9-109 钽棒 Ta2 牌号和化学成分（质量分数）对照 （%）

标准号	牌号	Ta	杂质≤										
			C	N	H	O	Nb	Fe	Ti	W	Mo	Si	Ni
GB/T 14841—2008	Ta2	余量	0.020	0.025	0.0050	0.030	0.100	0.030	0.005	0.040	0.030	0.020	0.005
JIS H4701:2001(R2005)	TaB-O	≥99.80	0.03	0.01	0.0015	0.03	0.10	0.02	0.01	0.03	0.02	0.02	0.02
ASTM B365—2012(R2019)	R05400	余量	0.010	0.010	0.0015	0.03	0.10	0.010	0.010	0.050	0.020	0.005	0.010

表 9-110 钽铌棒 TaNb3 牌号和化学成分（质量分数） （%）

标准号	牌号	Ta	Nb	杂质≤									
				C	N	H	O	Fe	Ti	W	Mo	Si	Ni
GB/T 14841—2008	TaNb3	余量	1.5~3.5	0.020	0.025	0.0050	0.030	0.030	0.005	0.040	0.030	0.030	0.005

表 9-111 钽铌棒 TaNb20 牌号和化学成分（质量分数） （%）

标准号	牌号	Ta	Nb	杂质≤									
				C	N	H	O	Fe	Ti	W	Mo	Si	Ni
GB/T 14841—2008	TaNb20	余量	17~23	0.020	0.025	0.0050	0.030	0.030	0.005	0.040	0.020	0.030	0.005

表 9-112 钽铌棒 TaNb40 牌号和化学成分（质量分数）对照 （%）

标准号	牌号	Ta	Nb	杂质≤									
				C	N	H	O	Fe	Ti	W	Mo	Si	Ni
GB/T 14841—2008	TaNb40	余量	35.0~42.0	0.010	0.010	0.0015	0.020	0.010	0.010	0.050	0.020	0.005	0.010
ASTM B365—2012(R2019)	R05240	余量	35.0~42.0	0.010	0.010	0.0015	0.020	0.010	0.010	0.050	0.020	0.005	0.010

表 9-113　钽钨棒 TaW2.5 牌号和化学成分（质量分数）对照　（%）

标准号	牌号	Ta	W	杂质≤									
				C	N	H	O	Fe	Ti	Nb	Mo	Si	Ni
GB/T 14841—2008	TaW2.5	余量	2.0~3.5	0.010	0.010	0.0015	0.015	0.010	0.010	0.500	0.020	0.005	0.010
ASTM B365—2012(R2019)	R05252	余量	2.0~3.5	0.010	0.010	0.0015	0.015	0.010	0.010	0.50	0.020	0.005	0.010

表 9-114　钽钨棒 TaW10 牌号和化学成分（质量分数）对照　（%）

标准号	牌号	Ta	W	杂质≤									
				C	N	H	O	Fe	Ti	Nb	Mo	Si	Ni
GB/T 14841—2008	TaW10	余量	9.0~11.0	0.010	0.010	0.0015	0.015	0.010	0.010	0.100	0.020	0.005	0.010
ASTM B365—2012(R2019)	R05255	余量	9.0~11.0	0.010	0.010	0.0015	0.015	0.010	0.010	0.10	0.020	0.005	0.010

表 9-115　钽粉末冶金棒 FTa1、FTa2 牌号和化学成分（质量分数）　（%）

标准号	牌号①	Ta	杂质≤										
			C	N	H	O	Nb	Fe	Ti	W	Mo	Si	Ni
GB/T 14841—2008	FTa1	余量	0.010	0.010	0.0020	0.030	0.050	0.010	0.005	0.010	0.010	0.005	0.010
	FTa2	余量	0.050	0.030	0.0050	0.035	0.100	0.030	0.010	0.040	0.020	0.030	0.010

① FTa1、FTa2 为粉末冶金方法制得的工业级钽棒材。

（3）钽及钽合金板、带和箔材　中外钽及钽合金板、带和箔材牌号和化学成分对照见表 9-116～表 9-123。

表 9-116 钽板、带和箔材 Ta1 牌号和化学成分（质量分数）对照 （%）

标准号	牌号	Ta	杂质≤										
			C	N	H	O	Nb	Fe	Ti	W	Mo	Si	Ni
GB/T 3629—2017	Ta1	余量	0.010	0.005	0.0015	0.015	0.050	0.005	0.002	0.010	0.010	0.005	0.002
ASTM B708—2012(R2019)	R05200	余量	0.010	0.010	0.0015	0.015	0.100	0.010	0.010	0.05	0.020	0.005	0.010

表 9-117 钽板、带和箔材 Ta2 牌号和化学成分（质量分数）对照 （%）

标准号	牌号	Ta	杂质≤										
			C	N	H	O	Nb	Fe	Ti	W	Mo	Si	Ni
GB/T 3629—2017	Ta2	余量	0.020	0.025	0.0050	0.030	0.100	0.030	0.005	0.040	0.030	0.020	0.005
JIS H4701:2001(R2005)	TaP-O	≥99.80	0.03	0.01	0.0015	0.03	0.10	0.02	0.01	0.03	0.02	0.02	0.02
ASTM B708—2012(R2019)	R05400	余量	0.010	0.010	0.0015	0.03	0.100	0.010	0.010	0.05	0.020	0.005	0.010

表 9-118 钽粉末冶金板、带和箔材 FTa1、FTa2 牌号和化学成分（质量分数） （%）

标准号	牌号①	Ta	杂质≤										
			C	N	H	O	Nb	Fe	Ti	W	Mo	Si	Ni
GB/T 3629—2017	FTa1	余量	0.010	0.010	0.0020	0.030	0.050	0.010	0.005	0.010	0.010	0.005	0.010
	FTa2	余量	0.050	0.030	0.0050	0.035	0.100	0.030	0.010	0.040	0.020	0.030	0.010

① FTa1、FTa2 为粉末冶金方法制得的工业级钽板、带、箔材。

表 9-119 钽铌板、带和箔材 TaNb3 牌号和化学成分（质量分数） （%）

标准号	牌号	Ta	Nb	杂质≤									
				C	N	H	O	Fe	Ti	W	Mo	Si	Ni
GB/T 3629—2017	TaNb3	余量	1.5~3.5	0.020	0.025	0.0050	0.030	0.030	0.005	0.040	0.030	0.030	0.005

表 9-120　钽铌板、带和箔材 TaNb20 牌号和化学成分（质量分数）　（%）

标准号	牌号	Ta	Nb	杂质≤									
				C	N	H	O	Fe	Ti	W	Mo	Si	Ni
GB/T 3629—2017	TaNb20	余量	17~23	0.020	0.025	0.0050	0.030	0.030	0.005	0.040	0.020	0.030	0.005

表 9-121　钽铌板、带和箔材 TaNb40 牌号和化学成分（质量分数）对照　（%）

标准号	牌号	Ta	Nb	杂质≤									
				C	N	H	O	Fe	Ti	W	Mo	Si	Ni
GB/T 3629—2017	TaNb40	余量	35.0~42.0	0.010	0.010	0.0015	0.020	0.010	0.010	0.050	0.020	0.005	0.010
ASTM B708—2012(R2019)	R05240	余量	35.0~42.0	0.010	0.010	0.0015	0.020	0.010	0.010	0.050	0.020	0.005	0.010

表 9-122　钽钨板、带和箔材 TaW2.5 牌号和化学成分（质量分数）对照　（%）

标准号	牌号	Ta	W	杂质≤									
				C	N	H	O	Fe	Ti	Nb	Mo	Si	Ni
GB/T 3629—2017	TaW2.5	余量	2.0~3.5	0.010	0.010	0.0015	0.015	0.010	0.010	0.500	0.020	0.005	0.010
ASTM B708—2012(R2019)	R05252	余量	2.0~3.5	0.010	0.010	0.0015	0.015	0.010	0.010	0.50	0.020	0.005	0.010

表 9-123　钽钨板、带和箔材 TaW10 牌号和化学成分（质量分数）对照　（%）

标准号	牌号	Ta	W	杂质≤									
				C	N	H	O	Fe	Ti	Nb	Mo	Si	Ni
GB/T 3629—2017	TaW10	余量	9.0~11.0	0.010	0.010	0.0015	0.015	0.010	0.010	0.100	0.020	0.005	0.010
ASTM B708—2012(R2019)	R05255	余量	9.0~11.0	0.010	0.010	0.0015	0.015	0.010	0.010	0.10	0.020	0.005	0.010

9.5 锆及锆合金牌号和化学成分

9.5.1 冶炼产品

中外海绵锆牌号和化学成分对照见表9-124～表9-127。

表9-124 核级HZr-01牌号和化学成分（质量分数） （%）

标准号	牌号	杂质≤												
		Al	B	C	Cd	Cl	Co	Cr	Cu	Fe	H	Hf	Mg	Mn
YS/T 397—2015	HZr-01	0.0075	0.00005	0.010	0.00005	0.030	0.001	0.010	0.003	0.060	0.0025	0.008	0.015	0.0035
标准号	牌号	杂质≤												
		Mo	N	Na	Ni	O	P	Pb	Si	Sn	Ti	U	V	W
YS/T 397—2015	HZr-01	0.005	0.005	0.015	0.007	0.070	0.001	0.005	0.007	0.005	0.005	0.0003	0.005	0.005

表9-125 核级HZr-02牌号和化学成分（质量分数）对照 （%）

标准号	牌号	杂质≤												
		Al	B	C	Cd	Cl	Co	Cr	Cu	Fe	H	Hf	Mg	Mn
YS/T 397—2015	HZr-02	0.0075	0.00005	0.025	0.00005	0.080	0.002	0.020	0.003	0.150	0.0125	0.010	0.060	0.005
ASTM B349/B349M—2016	R60001	0.0075	0.00005	0.025	0.00005	0.13	0.002	0.02	0.003	0.15	—	0.01	—	0.005
标准号	牌号	杂质≤												
		Mo	N	Na	Ni	O	P	Pb	Si	Sn	Ti	U	V	W
YS/T 397—2015	HZr-02	0.005	0.005	—	0.007	0.140	—	0.010	0.010	0.020	0.005	0.0003	0.005	0.005
ASTM B349/B349M—2016	R60001	0.005	0.005	—	0.007	0.14	—	—	0.012	—	0.005	0.0003	—	0.005

表 9-126 工业级 HZr-1、HZr-2 牌号和化学成分（质量分数） （%）

标准号	牌号	Zr+Hf ≥	杂质≤						
			Al	C	Cl	Cr	Fe	H	Hf
YS/T 397—2015	HZr-1	99.4	0.03	0.03	0.13	0.02	—	0.0125	3.0
	HZr-2	99.2	—	0.03	—	0.05	0.15	0.0125	4.5

标准号	牌号	杂质≤								
		Mg	Mn	N	Ni	O	Pb	Si	Ti	V
YS/T 397—2015	HZr-1	0.06	0.01	0.01	0.01	0.1	0.005	0.01	0.005	0.005
	HZr-2	—	—	0.025	—	0.14	—	—	—	—

表 9-127 火器级 HQZr-1 牌号和化学成分（质量分数） （%）

标准号	牌号	Zr+Hf ≥	杂质≤				
			C	Cl	N	O	Si
YS/T 397—2015	HQZr-1	99.2	0.05	0.13	0.025	0.14	0.01

9.5.2 加工产品

1. 锆及锆合金

（1）一般工业产品 中外一般工业用锆及锆合金牌号和化学成分对照见表 9-128～表 9-130。Zr+Hf 的质量分数为 100%减去除 Hf 以外的其他元素分析值。

表 9-128 一般工业 Zr-1 牌号和化学成分（质量分数）对照 （%）

标准号	牌号	Zr+Hf ≥	Hf ≤	Fe+Cr ≤	杂质≤			
					C	N	H	O
GB/T 26314—2010	Zr-1	99.2	4.5	0.2	0.050	0.025	0.005	0.10
ASTM B551/B551M—2012(R2017)	R60700	99.2	4.5	0.2	0.05	0.025	0.005	0.10

表 9-129　一般工业 Zr-3 牌号和化学成分（质量分数）对照　（%）

标准号	牌号	Zr+Hf ≥	Hf ≤	Fe+Cr ≤	杂质≤			
					C	N	H	O
GB/T 26314—2010	Zr-3	99.2	4.5	0.2	0.050	0.025	0.005	0.16
ASTM B551/B551M—2012(R2017)	R60702	99.2	4.5	0.2	0.05	0.025	0.005	0.16

表 9-130　一般工业 Zr-5 牌号和化学成分（质量分数）对照　（%）

标准号	牌号	Zr+Hf ≥	Hf ≤	Fe+Cr ≤	Nb	杂质≤			
						C	N	H	O
GB/T 26314—2010	Zr-5	95.5	4.5	0.2	2.0~3.0	0.05	0.025	0.005	0.18
ASTM B551/B551M—2012(R2017)	R60705	95.5	4.5	0.2	2.0~3.0	0.05	0.025	0.005	0.18

（2）核工业产品　中外核工业用锆及锆合金牌号和化学成分对照见表 9-131～表 9-133。

表 9-131　核工业 Zr-0 牌号和化学成分（质量分数）对照　（%）

标准号	牌号	Zr	杂质≤											
			Al	B	C	Cd	Co	Cu	Cr	Fe	Hf	Mg	Mn	Mo
GB/T 26314—2010	Zr-0	余量	0.0075	0.00005	0.027	0.00005	0.002	0.005	0.020	0.15	0.010	0.002	0.005	0.005
ASTM B352/B352M—2017	R60001	余量	0.0075	0.00005	0.027	0.00005	0.0020	0.0050	0.020	0.150	0.010	0.0020	0.0050	0.0050

标准号	牌号	杂质≤											
		Ni	Pb	Si	Sn	Ti	U	V	W	Cl	N	H	O
GB/T 26314—2010	Zr-0	0.007	0.013	0.012	0.005	0.005	0.00035	0.005	0.010	0.010	0.008	0.0025	0.16
ASTM B352/B352M—2017	R60001	0.0070	—	0.0120	0.0050	0.0050	0.00035	—	0.010	—	0.0080	0.0025	—

表 9-132 核工业 Zr-2 牌号和化学成分（质量分数）对照 （%）

标准号	牌号	Zr	Sn	Fe	Ni	Cr	Fe+Ni+Cr	杂质≤						
								Al	B	Cd	Co	Cu	Hf	Mg
GB/T 26314—2010	Zr-2	余量	1.20~1.70	0.07~0.20	0.03~0.08	0.05~0.15	0.18~0.38	0.0075	0.00005	0.00005	0.002	0.005	0.010	0.002
JIS H4751:2016	ZrTN802D	余量	1.20~1.70	0.07~0.20	0.03~0.08	0.05~0.15	0.18~0.38	0.0075	0.00005	0.00005	0.0020	0.0050	0.010	0.0020
ASTM B352/B352M—2017	R60802	余量	1.20~1.70	0.07~0.20	0.03~0.08	0.05~0.15	0.18~0.38	0.0075	0.00005	0.00005	0.0020	0.0050	0.010	0.0020

标准号	牌号	杂质≤												
		Mn	Mo	Pb	Si	Ti	U	V	W	Cl	C	N	H	O
GB/T 26314—2010	Zr-2	0.005	0.005	0.013	0.012	0.005	0.00035	0.005	0.010	0.010	0.027	0.008	0.0025	0.16
JIS H4751:2016	ZrTN802D	0.0050	0.0050	Nb 0.0100	0.0120	0.0050	0.00035	Ca 0.0030	0.010	—	0.027	0.0080	0.0025	—
ASTM B352/B352M—2017	R60802	0.0050	0.0050	Nb 0.0100	0.0120	0.0050	0.00035	Ca 0.0030	0.010	—	0.027	0.0080	0.0025	—

表 9-133 核工业 Zr-4 牌号和化学成分（质量分数）对照 （%）

标准号	牌号	Zr	Sn	Fe	Cr	Fe+Cr	杂质≤							
							Al	B	Cd	Co	Cu	Hf	Mg	Mn
GB/T 26314—2010	Zr-4	余量	1.20~1.70	0.18~0.24	0.07~0.13	0.28~0.37	0.0075	0.00005	0.00005	0.002	0.005	0.010	0.002	0.005
JIS H4751:2016	ZrTN804D	余量	1.20~1.70	0.18~0.24	0.07~0.13	0.28~0.37	0.0075	0.00005	0.00005	0.0020	0.0050	0.010	0.0020	0.0050
ASTM B352/B352M—2017	R60804	余量	1.20~1.70	0.18~0.24	0.07~0.13	0.28~0.37	0.0075	0.00005	0.00005	0.0020	0.0050	0.010	0.0020	0.0050

（续）

标准号	牌号	杂质≤												
		Mo	Ni	Pb	Si	Ti	U	V	W	Cl	C	N	H	O
GB/T 26314—2010	Zr-4	0.005	0.007	0.013	0.012	0.005	0.00035	0.005	0.010	0.010	0.027	0.008	0.0025	0.16
JIS H4751:2016	ZrTN804D	0.0050	0.0070	Nb 0.0100	0.0120	0.0050	0.00035	Ca 0.0030	0.010	—	0.027	0.0080	0.0025	—
ASTM B352/B352M—2017	R60804	0.0050	0.0070	Nb 0.0100	0.0120	0.0050	0.00035	Ca 0.0030	0.010	—	0.027	0.0080	0.0025	—

（3）化学成分复验分析允许偏差　中外锆及锆合金化学成分复验分析允许偏差对照见表9-134。

表9-134　中外锆及锆合金化学成分复验分析允许偏差对照　（%）

元素	按表9-128至表9-133中规定范围的成分复验允许偏差，不大于				
	核工业			一般工业	
	中国 GB/T 26314—2010	美国 ASTM B352/B352M—2017	日本 JIS H4751:2016	中国 GB/T 26314—2010	美国 ASTM B493/B493M—R2019
Sn	0.050	0.050	0.050	—	0.05
Fe	0.020	0.020	0.020	—	—
Ni	0.010	0.010	0.010	—	—
Cr	0.010	0.010	0.010	—	—
Fe+Ni+Cr	0.020	0.020	0.020	—	—
Fe+Cr	0.020	0.020	0.020	0.025	0.025
O	0.020	0.020	0.020	0.02	0.02
Hf	0.002或规定极限的20%，取较小者	0.0020或规定极限的20%，取较小者	0.0020或规定极限的20%，取较小者	0.10	0.1
Nb				0.05	0.05
H				0.002	0.002
C				0.01	0.01
N				0.01	0.01
其他杂质元素				—	—

2. 其他锆及锆合金

（1）锆及锆合金无缝管材　中外锆及锆合金无缝管材牌号和化学成分对照见表9-135～表9-140。

表9-135　无缝管材Zr-0牌号和化学成分（质量分数）对照　（%）

标准号	牌号	Zr	杂质≤											
			Al	B	C	Cd	Co	Cu	Cr	Fe	Hf	Mg	Mn	Mo
GB/T 26283—2010	Zr-0	余量	0.0075	0.00005	0.027	0.00005	0.002	0.005	0.020	0.15	0.010	0.002	0.005	0.005
ASTM B353—2012(R2017)	R60001	余量	0.0075	0.00005	0.027	0.00005	0.0020	0.0050	0.020	0.150	0.010	0.0020	0.0050	0.0050

标准号	牌号	杂质≤											
		Ni	Pb	Si	Sn	Ti	U	V	W	Cl	N	H	O
GB/T 26283—2010	Zr-0	0.007	0.013	0.012	0.005	0.005	0.00035	0.005	0.010	0.010	0.008	0.0025	0.16
ASTM B353—2012(R2017)	R60001	0.0070	—	0.0120	0.0050	0.0050	0.00035	—	0.010	—	0.0080	0.0025	—

表9-136　无缝管材Zr-2牌号和化学成分（质量分数）对照　（%）

标准号	牌号	Zr	Sn	Fe	Ni	Cr	Fe+Ni+Cr	杂质≤						
								Al	B	Cd	Co	Cu	Hf	Mg
GB/T 26283—2010	Zr-2	余量	1.20～1.70	0.07～0.20	0.03～0.08	0.05～0.15	0.18～0.38	0.0075	0.00005	0.00005	0.002	0.005	0.010	0.002
JIS H4751:2016	ZrTN802D	余量	1.20～1.70	0.07～0.20	0.03～0.08	0.05～0.15	0.18～0.38	0.0075	0.00005	0.00005	0.0020	0.0050	0.010	0.0020
ASTM B353—2012(R2017)	R60802	余量	1.20～1.70	0.07～0.20	0.03～0.08	0.05～0.15	0.18～0.38	0.0075	0.00005	0.00005	0.0020	0.0050	0.010	0.0020

标准号	牌号	杂质≤												
		Mn	Mo	Pb	Si	Ti	U	V	W	Cl	C	N	H	O
GB/T 26283—2010	Zr-2	0.005	0.005	0.013	0.012	0.005	0.00035	0.005	0.010	0.010	0.027	0.008	0.0025	0.16
JIS H4751:2016	ZrTN802D	0.0050	0.0050	Nb 0.0100	0.0120	0.0050	0.00035	Ca 0.0030	0.010	—	0.027	0.0080	0.0025	—
ASTM B353—2012(R2017)	R60802	0.0050	0.0050	Nb 0.0100	0.0120	0.0050	0.00035	Ca 0.0030	0.010	—	0.027	0.0080	0.0025	—

表 9-137　无缝管材 Zr-4 牌号和化学成分（质量分数）对照　（%）

标准号	牌号	Zr	Sn	Fe	Cr	Fe+Cr	杂质≤							
							Al	B	Cd	Co	Cu	Hf	Mg	Mn
GB/T 26283—2010	Zr-4	余量	1.20~1.70	0.18~0.24	0.07~0.13	0.28~0.37	0.0075	0.00005	0.00005	0.002	0.005	0.010	0.002	0.005
JIS H4751:2016	ZrTN804D	余量	1.20~1.70	0.18~0.24	0.07~0.13	0.28~0.37	0.0075	0.00005	0.00005	0.0020	0.0050	0.010	0.0020	0.0050
ASTM B353—2012(R2017)	R60804	余量	1.20~1.70	0.18~0.24	0.07~0.13	0.28~0.37	0.0075	0.00005	0.00005	0.0020	0.0050	0.010	0.0020	0.0050

标准号	牌号	杂质≤												
		Mo	Ni	Pb	Si	Ti	U	V	W	Cl	C	N	H	O
GB/T 26283—2010	Zr-4	0.005	0.007	0.013	0.012	0.005	0.00035	0.005	0.010	0.010	0.027	0.008	0.0025	0.16
JIS H4751:2016	ZrTN804D	0.0050	0.0070	Nb 0.0100	0.0120	0.0050	0.00035	Ca 0.0030	0.010	—	0.027	0.0080	0.0025	—
ASTM B353—2012(R2017)	R60804	0.0050	0.0070	Nb 0.0100	0.0120	0.0050	0.00035	Ca 0.0030	0.010	—	0.027	0.0080	0.0025	—

表 9-138　无缝管材 Zr-1 牌号和化学成分（质量分数）对照　（%）

标准号	牌号	Zr+Hf ≥	Hf ≤	Fe+Cr ≤	杂质≤			
					C	N	H	O
GB/T 26283—2010	Zr-1	99.2	4.5	0.2	0.050	0.025	0.005	0.10
ASTM B495—2010(R2017)	R60700	99.2	4.5	0.2	0.05	0.025	0.005	0.10

表 9-139　无缝管材 Zr-3 牌号和化学成分（质量分数）对照　（%）

标准号	牌号	Zr+Hf ≥	Hf ≤	Fe+Cr ≤	杂质≤			
					C	N	H	O
GB/T 26283—2010	Zr-3	99.2	4.5	0.2	0.050	0.025	0.005	0.16
ASTM B495—2010(R2017)	R60702	99.2	4.5	0.2	0.05	0.025	0.005	0.16

表 9-140　无缝管材 Zr-5 牌号和化学成分（质量分数）对照　（%）

标准号	牌号	Zr+Hf ≥	Hf ≤	Fe+Cr ≤	Nb	杂质≤			
						C	N	H	O
GB/T 26283—2010	Zr-5	95.5	4.5	0.2	2.0~3.0	0.05	0.025	0.005	0.18
ASTM B495—2010(R2017)	R60705	95.5	4.5	0.2	2.0~3.0	0.05	0.025	0.005	0.18

（2）锆及锆合金棒材和丝　中外锆及锆合金棒材和丝材牌号和化学成分对照见表 9-141~表 9-145。

表 9-141　棒材和丝材 Zr-0 牌号和化学成分（质量分数）对照　（%）

标准号	牌号	Zr	杂质≤											
			Al	B	C	Cd	Co	Cu	Cr	Fe	Hf	Mg	Mn	Mo
GB/T 8769—2010	Zr-0	余量	0.0075	0.00005	0.027	0.00005	0.002	0.005	0.020	0.15	0.010	0.002	0.005	0.005
ASTM B351/B351M—2013(R2018)	R60001	余量	0.0075	0.00005	0.027	0.00005	0.0020	0.0050	0.020	0.150	0.010	0.0020	0.0050	0.0050

标准号	牌号	杂质≤											
		Ni	Pb	Si	Sn	Ti	U	V	W	Cl	N	H	O
GB/T 8769—2010	Zr-0	0.007	0.013	0.012	0.005	0.005	0.00035	0.005	0.010	0.010	0.008	0.0025	0.16
ASTM B351/B351M—2013(R2018)	R60001	0.0070	—	0.0120	0.0050	0.0050	0.00035	—	0.010	—	0.0080	0.0025	—

表 9-142　棒材和丝材 Zr-2 牌号和化学成分（质量分数）对照　（%）

标准号	牌号	Zr	Sn	Fe	Ni	Cr	Fe+Ni+Cr	杂质≤						
								Al	B	Cd	Co	Cu	Hf	Mg
GB/T 8769—2010	Zr-2	余量	1.20~1.70	0.07~0.20	0.03~0.08	0.05~0.15	0.18~0.38	0.0075	0.00005	0.00005	0.002	0.005	0.010	0.002
ASTM B351/B351M—2013(R2018)	R60802	余量	1.20~1.70	0.07~0.20	0.03~0.08	0.05~0.15	0.18~0.38	0.0075	0.00005	0.00005	0.0020	0.0050	0.010	0.0020

标准号	牌号	杂质≤												
		Mn	Mo	Pb	Si	Ti	U	V	W	Cl	C	N	H	O
GB/T 8769—2010	Zr-2	0.005	0.005	0.013	0.012	0.005	0.00035	0.005	0.010	0.010	0.027	0.008	0.0025	0.16
ASTM B351/B351M—2013(R2018)	R60802	0.0050	0.0050	Nb 0.0100	0.0120	0.0050	0.00035	Ca 0.0030	0.010	—	0.027	0.0080	0.0025	—

表 9-143　棒材和丝材 Zr-4 牌号和化学成分（质量分数）对照　（%）

标准号	牌号	Zr	Sn	Fe	Cr	Fe+Cr	杂质≤							
							Al	B	Cd	Co	Cu	Hf	Mg	Mn
GB/T 8769—2010	Zr-4	余量	1.20~1.70	0.18~0.24	0.07~0.13	0.28~0.37	0.0075	0.00005	0.00005	0.002	0.005	0.010	0.002	0.005
ASTM B351/B351M—2013(R2018)	R60804	余量	1.20~1.70	0.18~0.24	0.07~0.13	0.28~0.37	0.0075	0.00005	0.00005	0.0020	0.0050	0.010	0.0020	0.0050

标准号	牌号	杂质≤												
		Mo	Ni	Pb	Si	Ti	U	V	W	Cl	C	N	H	O
GB/T 8769—2010	Zr-4	0.005	0.007	0.013	0.012	0.005	0.00035	0.005	0.010	0.010	0.027	0.008	0.0025	0.16
ASTM B351/B351M—2013(R2018)	R60804	0.0050	0.0070	Nb 0.0100	0.0120	0.0050	0.00035	Ca 0.0030	0.010	—	0.027	0.0080	0.0025	—

表 9-144　棒材和丝材 Zr-3 牌号和化学成分（质量分数）对照　（%）

标准号	牌号	Zr+Hf ≥	Hf ≤	Fe+Cr ≤	杂质≤			
					C	N	H	O
GB/T 8769—2010	Zr-3	99.2	4.5	0.2	0.050	0.025	0.005	0.16
ASTM B550/B550M—2007(R2019)	R60702	99.2	4.5	0.2	0.05	0.025	0.005	0.16

表 9-145　棒材和丝材 Zr-5 牌号和化学成分（质量分数）对照　（%）

标准号	牌号	Zr+Hf ≥	Hf ≤	Fe+Cr ≤	Nb	杂质≤			
						C	N	H	O
GB/T 8769—2010	Zr-5	95.5	4.5	0.2	2.0~3.0	0.05	0.025	0.005	0.18
ASTM B550/B550M—2007(R2019)	R60705	95.5	4.5	0.2	2.0~3.0	0.05	0.025	0.005	0.18

（3）锆及锆合金板、带、箔材　中外锆及锆合金板、带、箔材牌号和化学成分对照见表9-146～表9-151。其中，表9-146～表9-148中Zr+Hf的质量分数为100%减去除Hf以外的其他元素分析值。

表9-146　一般工业Zr-1牌号和化学成分（质量分数）对照　（%）

标准号	牌号	Zr+Hf	Hf	Fe+Cr	杂质≤			
		≥	≤	≤	C	N	H	O
GB/T 21183—2017	Zr-1	99.2	4.5	0.2	0.050	0.025	0.005	0.10
ASTM B551/B551M—2012(R2017)	R60700	99.2	4.5	0.2	0.05	0.025	0.005	0.10

表9-147　一般工业Zr-3牌号和化学成分（质量分数）对照　（%）

标准号	牌号	Zr+Hf	Hf	Fe+Cr	杂质≤			
		≥	≤	≤	C	N	H	O
GB/T 21183—2017	Zr-3	99.2	4.5	0.2	0.050	0.025	0.005	0.16
ASTM B551/B551M—2012(R2017)	R60702	99.2	4.5	0.2	0.05	0.025	0.005	0.16

表9-148　一般工业Zr-5牌号和化学成分（质量分数）对照　（%）

标准号	牌号	Zr+Hf	Hf	Fe+Cr	Nb	杂质≤			
		≥	≤	≤		C	N	H	O
GB/T 21183—2017	Zr-5	95.5	4.5	0.2	2.0～3.0	0.05	0.025	0.005	0.18
ASTM B551/B551M—2012(R2017)	R60705	95.5	4.5	0.2	2.0～3.0	0.05	0.025	0.005	0.18

表9-149　核工业Zr-0牌号和化学成分（质量分数）对照　（%）

标准号	牌号	杂质≤											
		Al	B	C	Cd	Co	Cu	Cr	Fe	Hf	Mg	Mn	Mo
GB/T 21183—2017	Zr-0	0.0075	0.00005	0.027	0.00005	0.002	0.005	0.020	0.15	0.010	0.002	0.005	0.005
ASTM B352/B352M—2017	R60001	0.0075	0.00005	0.027	0.00005	0.0020	0.0050	0.020	0.150	0.010	0.0020	0.0050	0.0050

（续）

标准号	牌号	杂质≤											
		Ni	Pb	Si	Sn	Ti	U	V	W	Cl	N	H	O
GB/T 21183—2017	Zr-0	0.007	0.013	0.012	0.005	0.005	0.00035	0.005	0.010	0.010	0.008	0.0025	0.16
ASTM B352/B352M—2017	R60001	0.0070	—	0.0120	0.0050	0.0050	0.00035	—	0.010	—	0.0080	0.0025	—

表 9-150 核工业 Zr-2 牌号和化学成分（质量分数）对照 （%）

标准号	牌号	Zr	Sn	Fe	Ni	Cr	Fe+Ni+Cr	杂质≤						
								Al	B	Cd	Co	Cu	Hf	Mg
GB/T 21183—2017	Zr-2	余量	1.20~1.70	0.07~0.20	0.03~0.08	0.05~0.15	0.18~0.38	0.0075	0.00005	0.00005	0.002	0.005	0.010	0.002
ASTM B352/B352M—2017	R60802	余量	1.20~1.70	0.07~0.20	0.03~0.08	0.05~0.15	0.18~0.38	0.0075	0.00005	0.00005	0.0020	0.0050	0.010	0.0020

标准号	牌号	杂质≤												
		Mn	Mo	Pb	Si	Ti	U	V	W	Cl	C	N	H	O
GB/T 21183—2017	Zr-2	0.005	0.005	0.013	0.012	0.005	0.00035	0.005	0.010	0.010	0.027	0.008	0.0025	0.16
ASTM B352/B352M—2017	R60802	0.0050	0.0050	Nb 0.0100	0.0120	0.0050	0.00035	Ca 0.0030	0.010	—	0.027	0.0080	0.0025	—

表 9-151 核工业 Zr-4 牌号和化学成分（质量分数）对照 （%）

标准号	牌号	Zr	Sn	Fe	Cr	Fe+Cr	杂质≤							
							Al	B	Cd	Co	Cu	Hf	Mg	Mn
GB/T 21183—2017	Zr-4	余量	1.20~1.70	0.18~0.24	0.07~0.13	0.28~0.37	0.0075	0.00005	0.00005	0.002	0.005	0.010	0.002	0.005
ASTM B352/B352M—2017	R60804	余量	1.20~1.70	0.18~0.24	0.07~0.13	0.28~0.37	0.0075	0.00005	0.00005	0.0020	0.0050	0.010	0.0020	0.0050

（续）

标准号	牌号	杂质≤												
		Mo	Ni	Pb	Si	Ti	U	V	W	Cl	C	N	H	O
GB/T 21183—2017	Zr-4	0.005	0.007	0.013	0.012	0.005	0.00035	0.005	0.010	0.010	0.027	0.008	0.0025	0.16
ASTM B352/B352M—2017	R60804	0.0050	0.0070	Nb 0.0100	0.0120	0.0050	0.00035	Ca 0.0030	0.010	—	0.027	0.0080	0.0025	—

（4）锆及锆合金锻件　中外锆及锆合金锻件牌号和化学成分对照见表 9-152～表 9-154。

表 9-152　锻件 R60702 牌号和化学成分（质量分数）对照　（%）

标准号	牌号	Zr+Hf①	Hf	Fe+Cr	H	N	C	O
			≤					
GB/T 30568—2014	R60702	≥99.2	4.5	0.2	0.005	0.025	0.05	0.16
ASTM B493/B493M—2014(R2019)	R60702	≥99.2	4.5	0.2	0.005	0.025	0.05	0.16

① Zr 的质量分数由 Hf 差异确定。

表 9-153　锻件 R60704 牌号和化学成分（质量分数）对照　（%）

标准号	牌号	Zr+Hf①	Hf	Fe+Cr	Sn	H	N	C	O
			≤						
GB/T 30568—2014	R60704	≥97.5	4.5	0.2～0.4	1.0～2.0	0.005	0.025	0.05	0.18
ASTM B493/B493M—2014(R2019)	R60704	≥97.5	4.5	0.2～0.4	1.0～2.0	0.005	0.025	0.05	0.18

① Zr 的质量分数由 Hf 差异确定。

表 9-154　锻件 R60705 牌号和化学成分（质量分数）对照　（%）

标准号	牌号	Zr+Hf①	Hf	Fe+Cr	Nb	H	N	C	O
			≤						
GB/T 30568—2014	R60705	≥95.5	4.5	0.2	2.0～3.0	0.005	0.025	0.05	0.18
ASTM B493/B493M—2014(R2019)	R60705	≥95.5	4.5	0.2	2.0～3.0	0.005	0.025	0.05	0.16

① Zr 的质量分数由 Hf 差异确定。

第10章 中外贵金属及其合金牌号和化学成分

贵金属及其合金系指金及金合金、银及银合金、铂及铂合金、钯及钯合金、铱及铱合金、铑及铑合金、钌金属和锇金属等。

10.1 金及金合金牌号和化学成分

常用金及金合金包括冶炼产品、加工金及金合金和金及金合金钎料。

10.1.1 冶炼产品

1. 金锭

中外金锭牌号和化学成分对照见表10-1~表10-4。应注意，所需测定杂质元素包括但不限于表中所列杂质元素。

表10-1 金锭IC-Au99.995牌号和化学成分（质量分数）对照 （%）

标准号	牌号	Au ≥	杂质≤												杂质合计 ≤
			Ag	Cu	Fe	Pb	Bi	Sb	Pd	Mg	Sn	Cr	Ni	Mn	
GB/T 4134—2015	IC-Au99.995	99.995	0.001	0.001	0.001	0.001	0.001	0.001	0.001	0.001	0.001	0.0003	0.0003	0.0003	0.005
ASTM B562—1995(R2017)	Grade99.995	99.995	0.001	0.001	0.001	0.001	0.001	Si 0.001	0.001	0.001	0.001	0.0003	—	0.0003	—

表 10-2　金锭 IC-Au99.99 牌号和化学成分（质量分数）对照　（%）

标准号	牌号	Au ≥	杂质≤												杂质合计 ≤
			Ag	Cu	Fe	Pb	Bi	Sb	Pd	Mg	Sn	Cr	Ni	Mn	
GB/T 4134—2015	IC-Au99.99	99.99	0.005	0.002	0.002	0.001	0.002	0.001	0.005	0.003	—	0.0003	0.0003	0.0003	0.01
ГОСТ 25475—1985	Зл999.9	99.99	0.008	0.007	0.002	0.002	0.001	0.001	—	—	—	—	—	—	0.01
ASTM B562—1995(R2017)	Grade99.99	99.99	0.009	0.005	0.002	0.002	0.002	Si 0.005	0.005	0.003	0.001	0.0003	0.0003	0.0003	As 0.003

表 10-3　金锭 IC-Au99.95 牌号和化学成分（质量分数）对照　（%）

标准号	牌号	Au ≥	杂质≤												杂质合计 ≤
			Ag	Cu	Fe	Pb	Bi	Sb	Pd	Mg	Sn	Cr	Ni	Mn	
GB/T 4134—2015	IC-Au99.95	99.95	0.020	0.015	0.003	0.003	0.002	0.002	0.02	—	—	—	—	—	0.05
ASTM B562—1995(R2017)	Grade99.95	99.95	0.035	0.02	0.005	0.005	—	—	0.02	—	—	—	—	—	—
			Ag+Cu:0.04												

表 10-4　金锭 IC-Au99.50 牌号和化学成分（质量分数）对照　（%）

标准号	牌号	Au ≥	杂质≤												杂质合计 ≤
			Ag	Cu	Fe	Pb	Bi	Sb	Pd	Mg	Sn	Cr	Ni	Mn	
GB/T 4134—2015	IC-Au99.50	99.50	—	—	—	—	—	—	—	—	—	—	—	—	0.5
ASTM B562—1995(R2017)	Grade99.5	99.5	—	—	—	—	—	—	—	—	—	—	—	—	—

2. 高纯金

高纯金牌号和化学成分见表 10-5。

表 10-5　高纯金牌号和化学成分（质量分数）　（%）

标准号	牌号	Au[①] ≥	杂质≤									
			Ag	Cu	Fe	Pb	Bi	Sb	Si	Pd	Mg	As
GB/T 25933—2010	Au99.999	99.999	0.0002	0.0001	0.0002	0.0001	0.0001	0.0001	0.0002	0.0001	0.0001	0.0001

标准号	牌号	杂质≤											
		Sn	Cr	Ni	Mn	Cd	Al	Pt	Rh	Ir	Ti	Zn	杂质合计
GB/T 25933—2010	Au99.999	0.0001	0.0001	0.0001	0.0001	0.0001	0.0001	0.0001	0.0001	0.0001	0.0002	0.0001	0.001

① 高纯金中金的质量分数应为 100%减去表中杂质元素实测质量分数合计的差值。当杂质元素实测质量分数小于 0.00002%时，可不参与差减。

3. 蒸发金

蒸发金牌号和化学成分见表 10-6。

表 10-6　蒸发金牌号和化学成分（质量分数）　（%）

标准号	牌号	Au[①] ≥	杂质≤							
			Ag	Cu	Fe	Pb	Bi	Sb	Si	Mn
GB/T 26312—2010	Z-Au 99.999	99.999	0.0005	0.0001	0.0002	0.0001	0.0001	0.0001	0.0002	0.0001
	Z-Au 99.99	99.99	0.005	0.002	0.002	0.001	0.002	0.001	0.005	0.0003

标准号	牌号	杂质≤						
		Pd	Mg	As	Sn	Cr	Ni	合计
GB/T 26312—2010	Z-Au 99.999	0.0001	0.0002	0.0001	0.0001	0.0001	0.0001	0.01
	Z-Au 99.99	0.005	0.003	0.003	0.001	0.0003	0.0003	0.1

① 金的质量分数为 100%减去表中规定的杂质实测值的合计而得。需方对某种特定杂质元素含量有要求的，按供需双方协商进行。

4. 超细金粉

超细金粉牌号和化学成分见表 10-7。

5. 金粒

中外金粒牌号和化学成分对照见表 10-8～表 10-11。

表 10-7 超细金粉牌号和化学成分（质量分数） （%）

标准号	牌号	杂质≤												杂质合计
		Pt	Pd	Rh	Ir	Ag	Cu	Ni	Fe	Pb	Al	Sb	Bi	≤
GB/T 1775—2009	PAu①-3.0	0.001	0.001	0.001	0.001	0.002	0.001	0.001	0.001	0.001	0.001	0.001	0.001	0.01

① 金的质量分数为100%减去表中杂质实测合计的余量。

表 10-8 金粒 IC-Au99.995 牌号和化学成分（质量分数）对照 （%）

标准号	牌号	Au①	杂质≤												杂质合计
		≥	Ag	Cu	Fe	Pb	Bi	Sb	Pd	Mg	Sn	Cr	Ni	Mn	≤
YS/T 855—2012	IC-Au99.995	99.995	0.001	0.001	0.001	0.001	0.001	0.001	0.001	0.001	0.001	0.0003	0.0003	0.0003	0.005
ASTM B562—1995(R2017)	Grade99.995	99.995	0.001	0.001	0.001	0.001	0.001	Si 0.001	0.001	0.001	0.001	0.0003	—	0.0003	—

① IC-Au99.995、IC-Au99.99 和 IC-Au99.95 牌号的金含量（质量分数）为100%减去表中杂质实测合计的余量。

表 10-9 金粒 IC-Au99.99 牌号和化学成分（质量分数）对照 （%）

标准号	牌号	Au	杂质≤												杂质合计
		≥	Ag	Cu	Fe	Pb	Bi	Sb	Pd	Mg	Sn	Cr	Ni	Mn	≤
YS/T 855—2012	IC-Au99.99	99.99	0.005	0.002	0.002	0.001	0.002	0.001	0.005	0.003	—	0.0003	0.0003	0.0003	0.01
ГОСТ 25475—1985	Зл999.9	99.99	0.008	0.007	0.002	0.002	0.001	0.001	—	—	—	—	—	—	0.01
ASTM B562—1995(R2017)	Grade99.99	99.99	0.009	0.005	0.002	0.002	0.002	Si 0.005	0.005	0.003	0.001	0.0003	0.0003	0.0003	As 0.003

表 10-10 金粒 IC-Au99.95 牌号和化学成分（质量分数）对照 （%）

标准号	牌号	Au	杂质≤												杂质合计
		≥	Ag	Cu	Fe	Pb	Bi	Sb	Pd	Mg	Sn	Cr	Ni	Mn	≤
YS/T 855—2012	IC-Au99.95	99.95	0.020	0.015	0.003	0.003	0.002	0.002	0.02	—	—	—	—	—	0.05
ASTM B562—1995(R2017)	Grade99.95	99.95	0.035 Ag+Cu:0.04	0.02	0.005	0.005	—	—	0.02	—	—	—	—	—	—

表 10-11　金粒 IC-Au99.5 牌号和化学成分（质量分数）对照　（%）

标准号	牌号	Au[①] ≥	杂质≤												杂质合计 ≤
			Ag	Cu	Fe	Pb	Bi	Sb	Pd	Mg	Sn	Cr	Ni	Mn	
YS/T 855—2012	IC-Au99.5	99.50	—	—	—	—	—	—	—	—	—	—	—	—	0.5
ASTM B562—1995(R2017)	Grade99.5	99.5	—	—	—	—	—	—	—	—	—	—	—	—	—

① IC-99.5 牌号中金的质量分数为直接测定而得。

6. 金条

中外金条牌号和化学成分对照见表 10-12～表 10-15。表 10-12～表 10-15 中 IC-Au99.99 和 Pl-Au99.99 应符合 GB/T 4134 中牌号 IC-Au99.99 的化学成分要求，IC-Au99.95 和 Pl-Au99.95 应符合 GB/T 4134 中牌号 IC-Au99.95 的化学成分要求。

表 10-12　金条 IC-Au99.99 牌号和化学成分（质量分数）对照　（%）

标准号	牌号	Au ≥	杂质≤												杂质合计 ≤
			Ag	Cu	Fe	Pb	Bi	Sb	Pd	Mg	Sn	Cr	Ni	Mn	
GB/T 26021—2010	IC-Au99.99	99.99	0.005	0.002	0.002	0.001	0.002	0.001	0.005	0.003	—	0.0003	0.0003	0.0003	0.01
ГОСТ 25475—1985	Зл999.9	99.99	0.008	0.007	0.002	0.002	0.001	0.001	—	—	—	—	—	—	0.01
ASTM B562—1995(R2017)	Grade99.99	99.99	0.009	0.005	0.002	0.002	0.002	Si 0.005	0.005	0.003	0.001	0.0003	0.0003	0.0003	As 0.003

表 10-13　金条 IC-Au99.95 牌号和化学成分（质量分数）对照　（%）

标准号	牌号	Au ≥	杂质≤												杂质合计 ≤
			Ag	Cu	Fe	Pb	Bi	Sb	Pd	Mg	Sn	Cr	Ni	Mn	
GB/T 26021—2010	IC-Au99.95	99.95	0.020	0.015	0.003	0.003	0.002	0.002	0.02	—	—	—	—	—	0.05
ASTM B562—1995(R2017)	Grade99.95	99.95	0.035; Ag+Cu:0.04	0.02	0.005	0.005	—	—	0.02	—	—	—	—	—	—

表 10-14 金条 Pl-Au99.99 牌号和化学成分（质量分数）对照 （%）

标准号	牌号	Au ≥	杂质≤												杂质合计 ≤
			Ag	Cu	Fe	Pb	Bi	Sb	Pd	Mg	Sn	Cr	Ni	Mn	
GB/T 26021—2010	Pl-Au99.99	99.99	0.005	0.002	0.002	0.001	0.002	0.001	0.005	0.003	—	0.0003	0.0003	0.0003	0.01
ГОСТ 25475—1985	Зл999.9	99.99	0.008	0.007	0.002	0.002	0.001	0.001	—	—	—	—	—	—	0.01
ASTM B562—1995(R2017)	Grade99.99	99.99	0.009	0.005	0.002	0.002	0.002	Si 0.005	0.005	0.003	0.001	0.0003	0.0003	0.0003	As 0.003

表 10-15 金条 Pl-Au99.95 牌号和化学成分（质量分数）对照 （%）

标准号	牌号	Au ≥	杂质≤												杂质合计 ≤
			Ag	Cu	Fe	Pb	Bi	Sb	Pd	Mg	Sn	Cr	Ni	Mn	
GB/T 26021—2010	Pl-Au99.95	99.95	0.020	0.015	0.003	0.003	0.002	0.002	0.02	—	—	—	—	—	0.05
ASTM B562—1995(R2017)	Grade99.95	99.95	0.035 Ag+Cu:0.04	0.02	0.005	0.005	—	—	0.02	—	—	—	—	—	—

7. 金箔

金箔的金含量（质量分数）应符合表 10-16 的规定。

表 10-16 金箔的金含量（质量分数） （%）

标准号	名称	含量	标准号	名称	含量
QB/T 1734—2008	九九金箔金含量	99±0.5	QB/T 1734—2008	九二金箔金含量	92±1
	九八金箔金含量	98±1		七七金箔金含量	77±1
	九六金箔金含量	96±1		七四金箔金含量	74±1

8. 金靶材

金靶材牌号和化学成分见表 10-17、表 10-18。

表 10-17 金靶材 IC-Au99.99 牌号和化学成分（质量分数） （%）

标准号	牌号	Au ≥	杂质≤											杂质合计 ≤
			Ag	Cu	Fe	Pb	Bi	Sb	Pd	Mg	Cr	Ni	Mn	
GB/T 23611—2009	IC-Au99.99	99.99	0.005	0.002	0.002	0.001	0.002	0.001	0.005	0.003	0.0003	0.0003	0.0003	0.01

表 10-18 金靶材 IC-Au99.999 牌号和化学成分（质量分数） （%）

标准号	牌号	Au ≥	杂质≤														
			Ag	Cu	Fe	Pb	Bi	Sb	Si	Pd	Mg	As	Sn	Cr	Ni	Mn	杂质合计
GB/T 23611—2009	IC-Au99.999	99.999	0.0005	0.0001	0.0003	0.0001	0.0001	0.0001	0.0003	0.0001	0.0001	0.0001	0.0001	0.0001	0.0001	0.0001	0.001

10.1.2 加工产品

1. 加工金

中外加工金牌号和化学成分对照见表10-19~表10-22。

表 10-19 Au99.999 牌号和化学成分（质量分数）对照 （%）

标准号	牌号	Au ≥	杂质≤												杂质合计 ≤
			Ag	Cu	Pd	Mg	Sn	Cr	Ni	Mn	Fe	Pb	Sb	Bi	
YS/T 201—2018	Au99.999	99.999	—	—	—	—	—	—	—	—	—	—	—	—	0.001
ASTM B562—1995(R2017)	Grade99.995	99.995	0.001	0.001	0.001	0.001	0.001	0.0003	—	0.0003	0.001	0.001	Si 0.001	0.001	—

表 10-20 Au99.99 牌号和化学成分（质量分数）对照 （%）

标准号	牌号	Au ≥	杂质≤												杂质合计 ≤
			Ag	Cu	Pd	Mg	Sn	Cr	Ni	Mn	Fe	Pb	Sb	Bi	
YS/T 201—2018	Au99.99	99.99	—	—	—	—	—	—	—	—	0.004	0.002	0.002	0.002	0.01

（续）

标准号	牌号	Au ≥	杂质≤												杂质合计 ≤
			Ag	Cu	Pd	Mg	Sn	Cr	Ni	Mn	Fe	Pb	Sb	Bi	
ГОСТ 6835—1980	Зл999.9	99.99	0.008	0.007	—	—	—	—	—	—	0.004	0.003	0.001	0.002	0.01
ASTM B562—1995(R2017)	Grade99.99	99.99	0.009	0.005	0.005	0.003	0.001	0.0003	0.0003	0.0003	0.002	0.002	Si 0.005	0.002	As 0.003

表 10-21 Au99.95 牌号和化学成分（质量分数）对照 （%）

标准号	牌号	Au ≥	杂质≤												杂质合计 ≤
			Ag	Cu	Pd	Mg	Sn	Cr	Ni	Mn	Fe	Pb	Sb	Bi	
YS/T 201—2018	Au99.95	99.95	—	—	—	—	—	—	—	—	0.03	0.003	0.004	0.004	0.05
ASTM B562—1995(R2017)	Grade99.95	99.95	0.035 Ag+Cu:0.04	0.02	0.02	—	—	—	—	—	0.005	0.005	—	—	—

表 10-22 Au99.90 牌号和化学成分（质量分数）对照 （%）

标准号	牌号	Au ≥	杂质≤												杂质合计 ≤
			Ag	Cu	Pd	Mg	Sn	Cr	Ni	Mn	Fe	Pb	Sb	Bi	
YS/T 203—2009	Au99.90	99.90	—	—	—	—	—	—	—	—	0.004	0.004	0.004	0.004	0.1
ГОСТ 6835—1980	Зл999	99.90	0.020	0.012	—	—	—	—	—	—	0.035	0.003	0.002	0.002	0.10

2. 加工金银合金

中外加工金银合金牌号和化学成分对照见表 10-23～表 10-28。

表 10-23 Au90Ag 牌号和化学成分（质量分数） （%）

标准号	牌号	Au	Ag	Cu	杂质≤				
					Fe	Pb	Sb	Bi	合计
YS/T 201—2018	Au90Ag	余量	10±0.5	—	0.1	0.003	0.005	0.005	0.30

表 10-24　Au80Ag 牌号和化学成分（质量分数）　（%）

标准号	牌号	Au	Ag	Cu	杂质≤				
					Fe	Pb	Sb	Bi	合计
YS/T 201—2018	Au80Ag	余量	20±0.5	—	0.15	0.003	0.005	0.005	0.30

表 10-25　Au75Ag 牌号和化学成分（质量分数）对照　（%）

标准号	牌号	Au	Ag	Cu	杂质≤				
					Fe	Pb	Sb	Bi	合计
YS/T 201—2018	Au75Ag	余量	25±0.5	—	0.15	0.003	0.005	0.005	0.30
ГОСТ 6835—1980	ЗлСр750-250	74.7~75.3	24.7~25.3	—	0.15	0.005	0.005	0.005	0.16

表 10-26　Au70Ag 牌号和化学成分（质量分数）　（%）

标准号	牌号	Au	Ag	Cu	杂质≤				
					Fe	Pb	Sb	Bi	合计
YS/T 201—2018	Au70Ag	余量	30±0.5	—	0.15	0.003	0.005	0.005	0.30

表 10-27　Au65Ag 牌号和化学成分（质量分数）　（%）

标准号	牌号	Au	Ag	Cu	杂质≤				
					Fe	Pb	Sb	Bi	合计
YS/T 201—2018	Au65Ag	余量	35±0.5	—	0.15	0.003	0.005	0.005	0.30

表 10-28　Au60Ag 牌号和化学成分（质量分数）对照　（%）

标准号	牌号	Au	Ag	Cu	杂质≤				
					Fe	Pb	Sb	Bi	合计
YS/T 201—2018	Au60Ag	余量	40±0.5	—	0.1	0.003	0.005	0.005	0.30
ГОСТ 6835—1980	ЗлСр600-400	59.7~60.3	39.7~40.3	—	0.15	0.005	0.005	0.005	0.16

3. 加工金银铜合金

中外加工金银铜合金牌号和化学成分对照见表10-29～表10-43。

表10-29 Au96AgCu牌号和化学成分（质量分数）对照 （%）

标准号	牌号	Au	Ag	Cu	杂质≤				
					Fe	Pb	Sb	Bi	合计
YS/T 201—2018	Au96AgCu	余量	3±0.5	1±0.3	0.15	0.003	0.005	0.005	0.30
ГОСТ 6835—1980	ЗлСрМ960-30	95.7～96.3	2.5～3.5	0.7～1.3	0.08	0.003	0.003	0.003	0.09

表10-30 Au75AgCu-1牌号和化学成分（质量分数）对照 （%）

标准号	牌号	Au	Ag	Cu	杂质≤				
					Fe	Pb	Sb	Bi	合计
YS/T 201—2018	Au75AgCu-1	余量	13±0.5	12±0.5	0.15	0.003	0.005	0.005	0.30
ГОСТ 6835—1980	ЗлСрМ750-125	74.7～75.3	12.0～13.0	12.0～13.0	0.15	0.005	0.005	0.005	0.16

表10-31 Au75AgCu-2牌号和化学成分（质量分数） （%）

标准号	牌号	Au	Ag	Cu	杂质≤				
					Fe	Pb	Sb	Bi	合计
YS/T 201—2018	Au75AgCu-2	余量	20±0.5	5±0.5	0.15	0.003	0.005	0.005	0.30

表10-32 Au75AgCu-3牌号和化学成分（质量分数） （%）

标准号	牌号	Au	Ag	Cu	杂质≤				
					Fe	Pb	Sb	Bi	合计
YS/T 201—2018	Au75AgCu-3	余量	12.5±0.5	12.5±0.5	0.15	0.003	0.005	0.005	0.30

表 10-33　Au70AgCu 牌号和化学成分（质量分数）　（%）

标准号	牌号	Au	Ag	Cu	杂质≤				
					Fe	Pb	Sb	Bi	合计
YS/T 201—2018	Au70AgCu	余量	20±0.5	10±0.5	0.15	0.003	0.005	0.005	0.30

表 10-34　Au58.5AgCu 牌号和化学成分（质量分数）对照　（%）

标准号	牌号	Au	Ag	Cu	杂质≤				
					Fe	Pb	Sb	Bi	合计
YS/T 201—2018	Au58.5AgCu	余量	20.75±0.5	20.75±0.5	0.15	0.003	0.005	0.005	0.30
ГОСТ 6835—1980	ЗлСрМ583-200	58.0~58.6	19.5~20.5	21.1~22.3	0.15	0.005	0.005	0.005	0.16

表 10-35　Au50AgCu 牌号和化学成分（质量分数）对照　（%）

标准号	牌号	Au	Ag	Cu	杂质≤				
					Fe	Pb	Sb	Bi	合计
YS/T 201—2018	Au50AgCu	余量	20±0.5	30±0.5	0.15	0.003	0.005	0.005	0.30
ГОСТ 6835—1980	ЗлСрМ500-200	49.7~50.3	19.5~20.5	29.2~30.8	0.15	0.005	0.005	0.005	0.16

表 10-36　Au60AgCu-1 牌号和化学成分（质量分数）　（%）

标准号	牌号	Au	Ag	Cu	杂质≤				
					Fe	Pb	Sb	Bi	合计
YS/T 201—2018	Au60AgCu-1	余量	25±0.5	15±0.5	0.15	0.003	0.005	0.005	0.30

表 10-37　Au60AgCu-2 牌号和化学成分（质量分数）　（%）

标准号	牌号	Au	Ag	Cu	杂质≤				
					Fe	Pb	Sb	Bi	合计
YS/T 201—2018	Au60AgCu-2	余量	35±0.5	5±0.5	0.15	0.003	0.005	0.005	0.30

表 10-38　Au58. 3AgCu 牌号和化学成分（质量分数）对照　（%）

标准号	牌号	Au	Ag	Cu	杂质≤				
					Fe	Pb	Sb	Bi	合计
YS/T 201—2018	Au58. 3AgCu	余量	33. 7±0. 5	8±0. 5	0. 15	0. 003	0. 005	0. 005	0. 30
ГОСТ 6835—1980	ЗлСрМ583-300	58. 0~58. 6	29. 5~30. 5	11. 2~12. 2	0. 15	0. 005	0. 005	0. 005	0. 16

表 10-39　Au59. 6AgCuGd 牌号和化学成分（质量分数）　（%）

标准号	牌号	Au	Ag	Cu	Gd	杂质≤				
						Fe	Pb	Sb	Bi	合计
YS/T 201—2018	Au59. 6AgCuGd	余量	35±0. 5	5±0. 5	0. 4±0. 15	0. 15	0. 003	0. 005	0. 005	0. 30

表 10-40　Au59. 6AgCuGd-1 牌号和化学成分（质量分数）　（%）

标准号	牌号	Au	Ag	Cu	Gd	杂质≤				
						Fe	Pb	Sb	Bi	合计
YS/T 203—2009	Au59. 6AgCuGd-1	余量	30. 0±0. 5	10. 0±0. 5	0. 40±0. 15	0. 2	0. 005	0. 005	0. 005	0. 30

表 10-41　Au60. 5AgCuMn-2 牌号和化学成分（质量分数）　（%）

标准号	牌号	Au	Ag	Cu	Mn	杂质≤				
						Fe	Pb	Sb	Bi	合计
YS/T 203—2009	Au60. 5AgCuMn-2	余量	33. 5±0. 5	3. 0±0. 5	3. 0±0. 5	0. 2	0. 005	0. 005	0. 005	0. 30

表 10-42　Au60. 5AgCuMnGd 牌号和化学成分（质量分数）　（%）

标准号	牌号	Au	Ag	Cu	Mn	Gd	杂质≤				
							Fe	Pb	Sb	Bi	合计
YS/T 203—2009	Au60. 5AgCuMnGd	余量	33. 0±0. 5	3. 0±0. 5	2. 5±0. 5	0. 50±0. 15	0. 2	0. 005	0. 005	0. 005	0. 30

表 10-43　Au60AgCuNi 牌号和化学成分（质量分数）　（%）

标准号	牌号	Au	Ag	Cu	Ni	杂质≤				
						Fe	Pb	Sb	Bi	合计
YS/T 201—2018	Au60AgCuNi	余量	30±1.0	7±0.5	3±0.5	0.15	0.003	0.005	0.005	0.30

4. 加工金银铂合金

中外加工金银铂合金牌号和化学成分对照见表 10-44、表 10-45。

表 10-44　Au73.5AgPt 牌号和化学成分（质量分数）　（%）

标准号	牌号	Au	Ag	Pt	杂质≤				
					Fe	Pb	Sb	Bi	合计
YS/T 201—2018	Au73.5AgPt	余量	23.5±0.5	3±0.5	0.15	0.003	0.005	0.005	0.30

表 10-45　Au69AgPt 牌号和化学成分（质量分数）对照　（%）

标准号	牌号	Au	Ag	Pt	杂质≤				
					Fe	Pb	Sb	Bi	合计
YS/T 201—2018	Au69AgPt	余量	25±0.5	6±0.5	0.15	0.003	0.005	0.005	0.30
ASTM B522—2001(R2017)	Class 1	68.0~70.0	23.5~26.5	5.0~7.0	—				0.20

5. 加工金镍合金

中外加工金镍合金牌号和化学成分对照见表 10-46~表 10-58。

表 10-46　Au95Ni 牌号和化学成分（质量分数）对照　（%）

标准号	牌号	Au	Ni	Cu	杂质≤				
					Fe	Pb	Sb	Bi	合计
YS/T 201—2018	Au95Ni	余量	5±0.5	—	0.15	0.003	0.005	0.005	0.30
ГОСТ 6835—1980	ЗлН-5	94.5~95.5	4.5~5.5	—	0.10	0.005	0.005	0.005	0.11

表 10-47　Au92.5Ni 牌号和化学成分（质量分数）　（%）

标准号	牌号	Au	Ni	Cu	杂质≤				
					Fe	Pb	Sb	Bi	合计
YS/T 201—2018	Au92.5Ni	余量	7.5±0.5	—	0.15	0.003	0.005	0.005	0.30

表 10-48　Au91Ni 牌号和化学成分（质量分数）　（%）

标准号	牌号	Au	Ni	Cu	杂质≤				
					Fe	Pb	Sb	Bi	合计
YS/T 201—2018	Au91Ni	余量	9±0.5	—	0.15	0.003	0.005	0.005	0.30

表 10-49　Au88Ni 牌号和化学成分（质量分数）　（%）

标准号	牌号	Au	Ni	Cu	杂质≤				
					Fe	Pb	Sb	Bi	合计
YS/T 201—2018	Au88Ni	余量	12±0.5	—	0.15	0.003	0.005	0.005	0.30

表 10-50　Au94NiCr 牌号和化学成分（质量分数）　（%）

标准号	牌号	Au	Ni	Cr	杂质≤				
					Fe	Pb	Sb	Bi	合计
YS/T 203—2009	Au94NiCr	余量	5.0±0.5	0.7±0.15	0.20	0.005	0.005	0.005	0.30

表 10-51　Au90.5NiY 牌号和化学成分（质量分数）　（%）

标准号	牌号	Au	Ni	Y	杂质≤				
					Fe	Pb	Sb	Bi	合计
YS/T 201—2018	Au90.5NiY	余量	9±0.5	0.3~0.6	0.15	0.003	0.005	0.005	0.30

表 10-52　Au90. 5NiGd 牌号和化学成分（质量分数）　（%）

标准号	牌号	Au	Ni	Gd	杂质≤				
					Fe	Pb	Sb	Bi	合计
YS/T 201—2018	Au90. 5NiGd	余量	9±0. 5	0. 3~0. 6	0. 15	0. 003	0. 005	0. 005	0. 30

表 10-53　Au91NiCu 牌号和化学成分（质量分数）　（%）

标准号	牌号	Au	Ni	Cu	杂质≤				
					Fe	Pb	Sb	Bi	合计
YS/T 201—2018	Au91NiCu	余量	7. 5±0. 5	1. 5±0. 5	0. 15	0. 003	0. 005	0. 005	0. 30

表 10-54　Au73. 5NiCuZn 牌号和化学成分（质量分数）　（%）

标准号	牌号	Au	Ni	Cu	Zn	杂质≤				
						Fe	Pb	Sb	Bi	合计
YS/T 201—2018	Au73. 5NiCuZn	余量	18. 5±0. 5	2±0. 5	6±0. 5	0. 15	0. 003	0. 005	0. 005	0. 30

表 10-55　Au72. 5NiCuZn 牌号和化学成分（质量分数）　（%）

标准号	牌号	Au	Ni	Cu	Zn	杂质≤				
						Fe	Pb	Sb	Bi	合计
YS/T 201—2018	Au72. 5NiCuZn	余量	20±0. 5	2±0. 5	5. 5±0. 5	0. 15	0. 003	0. 005	0. 005	0. 30

表 10-56　Au93. 2NiFeZr 牌号和化学成分（质量分数）　（%）

标准号	牌号	Au	Ni	Fe	Zr	杂质≤				
						Fe	Pb	Sb	Bi	合计
YS/T 203—2009	Au93. 2NiFeZr	余量	5. 0±0. 5	1. 5±0. 5	0. 3±0. 15	—	0. 005	0. 005	0. 005	0. 30

表 10-57 Au88.7NiFeZr 牌号和化学成分（质量分数） (%)

标准号	牌号	Au	Ni	Fe	Zr	杂质≤				
						Fe	Pb	Sb	Bi	合计
YS/T 203—2009	Au88.7NiFeZr	余量	9.0±0.5	2.0±0.5	0.3±0.15	—	0.005	0.005	0.005	0.30

表 10-58 Au83NiIn 牌号和化学成分（质量分数） (%)

标准号	牌号	Au	Ni	In	杂质≤				
					Fe	Pb	Sb	Bi	合计
YS/T 203—2009	Au83NiIn	余量	9.0±0.5	8.0±0.5	0.20	0.005	0.005	0.005	0.30

6. 加工金铜合金

中外加工金铜合金牌号和化学成分对照见表 10-59～表 10-67。

表 10-59 Au80Cu 牌号和化学成分（质量分数）对照 (%)

标准号	牌号	Au	Cu	Ni	杂质≤				
					Fe	Pb	Sb	Bi	合计
YS/T 201—2018	Au80Cu	余量	20±0.5	—	0.15	0.003	0.005	0.005	0.30
ГОСТ 6835—1980	ЗлМ900	89.7～90.3	9.7～10.3	—	0.15	0.005	0.005	0.005	0.16
ASTM B596—1989(R2017)	—	89.0～91.0	9.0～11.0	—	—				0.2

表 10-60 Au70Cu 牌号和化学成分（质量分数） (%)

标准号	牌号	Au	Cu	Ni	杂质≤				
					Fe	Pb	Sb	Bi	合计
YS/T 201—2018	Au70Cu	余量	30±0.5	—	0.15	0.003	0.005	0.005	0.30

表 10-61　Au75CuAgZn 牌号和化学成分（质量分数）　（%）

标准号	牌号	Au	Cu	Ag	Zn	杂质≤				
						Fe	Pb	Sb	Bi	合计
YS/T 203—2009	Au75CuAgZn	余量	17.0±0.5	7.0±0.5	0.75±0.25	0.20	0.005	0.005	0.005	0.30

表 10-62　Au60CuNiZn 牌号和化学成分（质量分数）　（%）

标准号	牌号	Au	Cu	Ni	Zn	杂质≤				
						Fe	Pb	Sb	Bi	合计
YS/T 201—2018	Au60CuNiZn	余量	30±0.5	3±0.5	7±0.5	0.15	0.003	0.005	0.005	0.30

表 10-63　Au74.48CuNiZnMn 牌号和化学成分（质量分数）　（%）

标准号	牌号	Au	Cu	Ni	Zn	Mn	杂质≤				
							Fe	Pb	Sb	Bi	合计
YS/T 201—2018	Au74.48CuNiZnMn	余量	22±1.0	2.5±0.5	0.5~1.2	0.02±0.01	0.15	0.003	0.005	0.005	0.30

表 10-64　Au79.48CuNiZnMn 牌号和化学成分（质量分数）　（%）

标准号	牌号	Au	Ag	Cu	Ni	Zn	Mn	杂质≤				
								Fe	Pb	Sb	Bi	合计
YS/T 201—2018	Au79.48CuNiZnMn	余量	13±0.5	18±1.0	1.8±0.4	0.3~0.9	0.02±0.01	0.15	0.003	0.005	0.005	0.30

表 10-65　Au69CuPtNi 牌号和化学成分（质量分数）　（%）

标准号	牌号	Au	Cu	Pt	Ni	杂质≤				
						Fe	Pb	Sb	Bi	合计
YS/T 201—2018	Au69CuPtNi	余量	21±0.5	7±0.5	3±0.5	0.15	0.003	0.005	0.005	0.30

表 10-66 Au71.5CuPtAgZn 牌号和化学成分（质量分数）对照 （%）

标准号	牌号	Au	Cu	Pt	Ag	Zn	杂质≤				
							Fe	Pb	Sb	Bi	合计
YS/T 201—2018	Au71.5CuPtAgZn	余量	14.5±0.5	8.5±0.5	4.5±0.5	0.5~1.2	0.15	0.003	0.005	0.005	0.30
ASTM B541—2001(R2018)	—	70.5~72.5	13.5~15.5	8.0~9.0	4.0~5.0	0.7~1.3	—				0.2

表 10-67 Au62CuPdNiRh 牌号和化学成分（质量分数） （%）

标准号	牌号	Au	Cu	Pd	Ni	Rh	杂质≤				
							Fe	Pb	Sb	Bi	合计
YS/T 201—2018	Au62CuPdNiRh	余量	21±0.5	12±0.5	3±0.5	2±0.5	0.15	0.003	0.005	0.005	0.30

7. 加工金铂合金

中外加工金铂合金牌号和化学成分对照见表 10-68、表 10-69。

表 10-68 Au95Pt 牌号和化学成分（质量分数）对照 （%）

标准号	牌号	Au	Pt	Cu	杂质≤				
					Fe	Pb	Sb	Bi	合计
YS/T 201—2018	Au95Pt	余量	5±0.5	—	0.15	0.003	0.005	0.005	0.30
ГОСТ 6835—1980	ЗлПл-5	94.7~95.3	4.7~5.3	—	0.03	0.003	Pd+Ir+Rh:0.08		0.11

表 10-69 Au93Pt 牌号和化学成分（质量分数）对照 （%）

标准号	牌号	Au	Pt	Cu	杂质≤				
					Fe	Pb	Sb	Bi	合计
YS/T 201—2018	Au93Pt	余量	7±0.5	—	0.15	0.003	0.005	0.005	0.30
ГОСТ 6835—1980	ЗлПл-7	92.6~93.4	6.6~7.4	—	0.03	0.003	Pd+Ir+Rh:0.08		0.11

8. 加工金锆合金

加工金锆合金牌号和化学成分见表 10-70。

表 10-70 Au97Zr 牌号和化学成分（质量分数） （%）

标准号	牌号	Au	Zr	Cu	杂质≤				
					Fe	Pb	Sb	Bi	合计
YS/T 201—2018	Au97Zr	余量	3±0.5	—	0.15	0.003	0.005	0.005	0.30

9. 加工金钯合金

中外加工金钯合金牌号和化学成分对照见表 10-71～表 10-76。

表 10-71 Au75Pd 牌号和化学成分（质量分数）对照 （%）

标准号	牌号	Au	Pd	Cu	杂质≤				
					Fe	Pb	Sb	Bi	合计
YS/T 201—2018	Au75Pd	余量	25±0.5	—	0.15	0.003	0.005	0.005	0.30
ГОСТ 6835—1980	ЗлПд-20	79.5～80.5	19.5～20.5	—	0.03	0.003	Pt+Ir+Rh：0.10		0.13

表 10-72 Au70Pd 牌号和化学成分（质量分数） （%）

标准号	牌号	Au	Pd	Cu	杂质≤				
					Fe	Pb	Sb	Bi	合计
YS/T 201—2018	Au70Pd	余量	30±0.5	—	0.15	0.003	0.005	0.005	0.30

表 10-73 Au65Pd 牌号和化学成分（质量分数） （%）

标准号	牌号	Au	Pd	Cu	杂质≤				
					Fe	Pb	Sb	Bi	合计
YS/T 201—2018	Au65Pd	余量	35±0.5	—	0.15	0.003	0.005	0.005	0.30

表 10-74 Au60Pd 牌号和化学成分（质量分数）对照 （%）

标准号	牌号	Au	Pd	Cu	杂质≤				
					Fe	Pb	Sb	Bi	合计
YS/T 201—2018	Au60Pd	余量	40±0.5	—	0.15	0.003	0.005	0.005	0.30
ГОСТ 6835—1980	ЗлПд-40	59.5~60.5	39.5~40.5	—	0.03	0.003	Pt+Ir+Rh:0.10		0.13

表 10-75 Au50Pd 牌号和化学成分（质量分数） （%）

标准号	牌号	Au	Pd	Cu	杂质≤				
					Fe	Pb	Sb	Bi	合计
YS/T 201—2018	Au50Pd	余量	50±0.5	—	0.15	0.003	0.005	0.005	0.30

表 10-76 Au65PdPt 牌号和化学成分（质量分数）对照 （%）

标准号	牌号	Au	Pd	Pt	杂质≤				
					Fe	Pb	Sb	Bi	合计
YS/T 201—2018	Au65PdPt	余量	30±0.5	5±0.5	0.15	0.003	0.005	0.005	0.30
ГОСТ 6835—1980	ЗлПдПл30-10	59.4~60.6	29.5~30.5	9.5~10.5	0.03	0.003	Pt+Ir+Rh:0.10		0.13

10.1.3 钎料产品

1. 金钎料

中外金钎料牌号和化学成分对照见表 10-77。

表 10-77 BAu1064 牌号和化学成分（质量分数）对照 （%）

标准号	牌号	Au	Ag	Cu	Pd	杂质≤			
						Pb	Zn	Cd	合计
GB/T 18762—2017	BAu1064	99.99	—	—	—	0.003	0.002	0.002	0.01
ASTM F72—2017	—	99.99	—	—	—	—	—	—	0.01

2. 金银铜合金钎料

金银铜合金钎料牌号和化学成分见表10-78、表10-79。

表10-78　BAu75AgCu885/895牌号和化学成分（质量分数）　（%）

标准号	牌号	Au	Ag	Cu	Pd	杂质≤			
						Pb	Zn	Cd	合计
GB/T 18762—2017	BAu75AgCu885/895	余量	4.5~5.5	19.5~20.5	—	0.005	0.005	0.005	0.15

表10-79　BAu60AgCu835/845牌号和化学成分（质量分数）　（%）

标准号	牌号	Au	Ag	Cu	Pd	杂质≤			
						Pb	Zn	Cd	合计
GB/T 18762—2017	BAu60AgCu835/845	余量	19.0~21.0	19.5~20.5	—	0.005	0.005	0.005	0.15

3. 金铜合金钎料

中外金铜合金钎料牌号和化学成分对照见表10-80~表10-85。

表10-80　BAu80Cu910牌号和化学成分（质量分数）对照　（%）

标准号	牌号 代号	Au	Cu	Ag	Pd	杂质≤			
						Pb	Zn	Cd	合计
GB/T 18762—2017	BAu80Cu910	余量	19.5~20.5	—	—	0.005	0.005	0.005	0.15
JIS Z3266:1998	B-Au80Cu-890 BAu-2	79.5~80.5	余量	—	—	—	—	—	0.15
ASTM F106—2012(R2017)	BVAu-2 P00807	79.5~80.5	余量	P≤0.002	C≤0.005	0.002	0.001	0.001	—
EN ISO 17672:2016	Au 800	79.5~80.5	19.5~20.5	—	—	Al:0.0010,Cd:0.010 P:0.008,Pb:0.025 Ti0.002,Zr:0.002			0.15
ISO 17672:2016(E)	Au 800[890]								

表 10-81 BAu60Cu935/945 牌号和化学成分（质量分数）对照 （%）

标准号	牌号	Au	Cu	Ag	Pd	杂质≤			
						Pb	Zn	Cd	合计
GB/T 18762—2017	BAu60Cu935/945	余量	39.5~40.5	—	—	0.005	0.005	0.005	0.15
EN ISO 17672:2016	Au 625	62.0~63.0	37.0~38.0	—	—	Al:0.0010,Cd:0.010 P:0.008,Pb:0.025 Ti0.002,Zr:0.002			0.15
ISO 17672:2016(E)	Au 625[930/940]								

表 10-82 BAu50Cu955/970 牌号和化学成分（质量分数）对照 （%）

标准号	牌号 代号	Au	Cu	Ag	Pd	杂质≤			
						Pb	Zn	Cd	合计
GB/T 18762—2017	BAu50Cu955/970	余量	49.5~50.5	—	—	0.005	0.005	0.005	0.15
JIS Z3266:1998	BV-Cu50Au-955/970 BAu-11	49.5~50.5	余量	—	—	—	—	—	0.15
ASTM F106—2012(R2017)	BVAu-10 P00503	49.5~50.5	余量	P≤0.002	C≤0.005	0.002	0.001	0.001	—
EN ISO 17672:2016	Au 503	49.5~50.5	49.5~50.5	—	—	Al:0.0010,Cd:0.010 P:0.008,Pb:0.025 Ti0.002,Zr:0.002			0.15
ISO 17672:2016(E)	Au 503[955/970]								

表 10-83 BAu40Cu980/1010 牌号和化学成分（质量分数）对照 （%）

标准号	牌号 代号	Au	Cu	Ag	Pd	杂质≤			
						Pb	Zn	Cd	合计
GB/T 18762—2017	BAu40Cu980/1010	39.5~40.5	余量	—	—	0.005	0.005	0.005	0.15
JIS Z3266:1998	B-Cu62Au-990/1015 BAu-1	37.0~38.0	余量	—	—	—	—	—	0.15
AWS A5.8/A5.8M:2019-AMD 1	BAu-1 P00375	37.0~38.0	余量	—	—	—	—	—	0.15

EN ISO 17672:2016	Au 375	37.0~38.0	62.0~63.0	—	—	Al:0.0010,Cd:0.010 P:0.008,Pb:0.025 Ti0.002,Zr:0.002			0.15
ISO 17672:2016(E)	Au 375[980/1000]								

表 10-84　BAu35Cu990/1010 牌号和化学成分（质量分数）对照　（%）

标准号	牌号 代号	Au	Cu	Ag	Pd	杂质≤			
						Pb	Zn	Cd	合计
GB/T 18762—2017	BAu35Cu990/1010	34.5~35.5	余量	—	—	0.005	0.005	0.005	0.15
ASTM F106—2012(R2017)	BVAu-9 P00354	34.5~35.5	余量	P≤0.002	C≤0.005	0.002	0.001	0.001	—
EN ISO 17672:2016	Au 354	34.5~35.5	64.5~65.5	—	—	Al:0.0010,Cd:0.010 P:0.008,Pb:0.025 Ti0.002,Zr:0.002			0.15
ISO 17672:2016(E)	Au 354[990/1010]								

表 10-85　BAu10Cu1050/1065 牌号和化学成分（质量分数）　（%）

标准号	牌号	Au	Cu	Ag	Pd	杂质≤			
						Pb	Zn	Cd	合计
GB/T 18762—2017	BAu10Cu1050/1065	9.5~10.5	余量	—	—	0.005	0.005	0.005	0.15

4. 金铜镍合金钎料

中外金铜镍合金钎料牌号和化学成分对照见表 10-86、表 10-87。

5. 金镍合金钎料

中外金镍合金钎料牌号和化学成分对照见表 10-88~表 10-90。

表 10-86 BAu35CuNi975/1030 牌号和化学成分（质量分数）对照 （%）

标准号	牌号 代号	Au	Cu	Ni	Pd	杂质≤ Pb	杂质≤ Zn	杂质≤ Cd	杂质≤ 合计
GB/T 18762—2017	BAu35CuNi975/1030	34.5~35.5	余量	2.5~3.5	—	0.005	0.005	0.005	0.15
JIS Z3266:1998	B-Cu62AuNi-975/1030 BAu-3	34.5~35.5	余量	2.5~3.5	—	—	—	—	0.15
ASTM F106—2012(R2017)	BVAu-3 P00351	34.5~35.5	余量	2.5~3.5	P≤0.002 C≤0.005	0.002	0.001	0.001	—
EN ISO 17672:2016	Au 351	34.5~35.5	61.0~63.0	2.5~3.5	—	Al:0.0010, Cd:0.010 P:0.008, Pb:0.025 Ti0.002, Zr:0.002			0.15
ISO 17672:2016(E)	Au 351[975/1030]								

表 10-87 BAu81.5CuNi910/930 牌号和化学成分（质量分数） （%）

标准号	牌号	Au	Cu	Ni	Pd	杂质≤ Pb	杂质≤ Zn	杂质≤ Cd	杂质≤ 合计
GB/T 18762—2017	BAu81.5CuNi910/930	余量	15.0~16.0	2.5~3.5	—	0.005	0.005	0.005	0.15

表 10-88 BAu82Ni950 牌号和化学成分（质量分数）对照 （%）

标准号	牌号 代号	Au	Ni	Pd	Ag	杂质≤ Pb	杂质≤ Zn	杂质≤ Cd	杂质≤ 合计
GB/T 18762—2017	BAu82Ni950	余量	17.5~18.5	—	—	0.005	0.005	0.005	0.15
JIS Z3266:1998	B-Au82Ni-950 BAu-4	81.5~82.5	余量	—	—	—	—	—	0.15
ASTM F106—2012(R2017)	BVAu-4 P00827	81.5~82.5	余量	—	P≤0.002 C≤0.005	0.002	0.001	0.001	—
EN ISO 17672:2016	Au 827	81.5~82.5	17.5~18.5	—	—	Al:0.0010, Cd:0.010 P:0.008, Pb:0.025 Ti0.002, Zr:0.002			0.15
ISO 17672:2016(E)	Au 827[950]								

表 10-89 BAu82.5Ni950 牌号和化学成分（质量分数） （%）

标准号	牌号	Au	Ni	Pd	Ag	杂质≤			
						Pb	Zn	Cd	合计
GB/T 18762—2017	BAu82.5Ni950	余量	17.0~18.0	—	—	0.005	0.005	0.005	0.15

表 10-90 BAu55Ni1010/1160 牌号和化学成分（质量分数） （%）

标准号	牌号	Au	Ni	Pd	Ag	杂质≤			
						Pb	Zn	Cd	合计
GB/T 18762—2017	BAu55Ni1010/1160	余量	44.5~45.5	—	—	0.005	0.005	0.005	0.15

6. 金钯合金钎料

中外金钯合金钎料牌号和化学成分对照见表 10-91、表 10-92。

表 10-91 BAu92Pd1190/1230 牌号和化学成分（质量分数）对照 （%）

标准号	牌号 代号	Au	Pd	Ni	Ag	杂质≤			
						Pb	Zn	Cd	合计
GB/T 18762—2017	BAu92Pd1190/1230	余量	7.5~8.5	—	—	0.005	0.005	0.005	0.15
ASTM F106—2012(R2017)	BVAu-8 P00927	91.0~93.0	余量	—	P≤0.002 C≤0.005	0.002	0.001	0.001	—
EN ISO 17672:2016	Au 927	91.0~93.0	7.0~9.0	—	—	Al:0.0010, Cd:0.010 P:0.008, Pb:0.025 Ti0.002, Zr:0.002			0.15
ISO 17672:2016(E)	Au 927[1200/1240]								

表 10-92 BAu88Pd1260/1300 牌号和化学成分（质量分数） （%）

标准号	牌号	Au	Pd	Ni	Ag	杂质≤			
						Pb	Zn	Cd	合计
GB/T 18762—2017	BAu88Pd1260/1300	余量	11.5~12.5	—	—	0.005	0.005	0.005	0.15

7. 金钯镍合金钎料

中外金钯镍合金钎料牌号和化学成分对照见表 10-93～表 10-96。

表 10-93　BAu50PdNi1121 牌号和化学成分（质量分数）对照　（%）

标准号	牌号 代号	Au	Pd	Ni	Ag	杂质≤			
						Pb	Zn	Cd	合计
GB/T 18762—2017	BAu50PdNi1121	余量	24.5～25.5	24.5～25.5	—	0.005	0.005	0.005	0.15
ASTM F106—2012(R2017)	BVAu-7 P00507	49.5～50.5	余量	24.5～25.5	P≤0.002 C≤0.005	0.002	0.001	0.001	Co 0.06
EN ISO 17672:2016 ISO 17672:2016(E)	Au 507 Au 507[1100/1120]	49.5～50.5	24.0～26.0	24.5～25.5	Co≤0.06	Al:0.0010,Cd:0.010 P:0.008,Pb:0.025 Ti0.002,Zr:0.002			0.15

表 10-94　BAu30PdNi1135/1169 牌号和化学成分（质量分数）对照　（%）

标准号	牌号 代号	Au	Pd	Ni	Ag	杂质≤			
						Pb	Zn	Cd	合计
GB/T 18762—2017	BAu30PdNi1135/1169	29.5～30.5	余量	35.5～36.5	—	0.005	0.005	0.005	0.15
AWS A5.8/A5.8M: 2019-AMD 1	BAu-5 P00300	29.5～30.5	33.5～34.5	35.5～36.5	—	—	—	—	0.15
EN ISO 17672:2016 ISO 17672:2016(E)	Au 300 Au 300[1135/1165]	29.5～30.5	33.5～34.5	35.5～36.5	—	Al:0.0010,Cd:0.010 P:0.008,Pb:0.025 Ti0.002,Zr:0.002			0.15

表 10-95　BAu51PdNi1054/1110 牌号和化学成分（质量分数）　（%）

标准号	牌号	Au	Pd	Ni	Ag	杂质≤			
						Pb	Zn	Cd	合计
GB/T 18762—2017	BAu51PdNi1054/1110	余量	26.5～27.5	21.5～22.5	—	0.005	0.005	0.005	0.15

表 10-96 BAu70PdNi1005/1037 牌号和化学成分（质量分数）对照 （%）

标准号	牌号 代号	Au	Pd	Ni	Ag	杂质≤			
						Pb	Zn	Cd	合计
GB/T 18762—2017	BAu70PdNi1005/1037	余量	7.5~8.5	21.5~22.5	—	0.005	0.005	0.005	0.15
JIS Z3266:1998	B-Au70NiPd-1005/1045 BAu-6	69.5~70.5	7.5~8.5	余量	—	—	—	—	0.15
AWS A5.8/A5.8M: 2019-AMD 1	BAu-6 P00700	69.5~70.5	7.5~8.5	21.5~22.5	—	—	—	—	0.15
EN ISO 17672:2016	Au 700	69.5~70.5	7.5~8.5	21.5~22.5	—	Al:0.0010,Cd:0.010 P:0.008,Pb:0.025 Ti0.002,Zr:0.002			0.15
ISO 17672:2016(E)	Au 700[1005/1045]								

8. 金银锡合金钎料

金银锡合金钎料牌号和化学成分见表 10-97。

表 10-97 BAu30AgSn411/412 牌号和化学成分（质量分数） （%）

标准号	牌号	Au	Ag	Sn	Cu	杂质≤			
						Pb	Zn	Cd	合计
GB/T 18762—2017	BAu30AgSn411/412	29.5~30.5	29.5~30.5	余量	—	0.005	0.005	0.005	0.15

9. 金锡合金钎料

金锡合金钎料牌号和化学成分见表 10-98。

表 10-98 BAu80Sn280 牌号和化学成分（质量分数） （%）

标准号	牌号	Au	Sn	Ag	Cu	杂质≤			
						Pb	Zn	Cd	合计
GB/T 18762—2017	BAu80Sn280	余量	19.0~21.0	—	—	0.005	0.005	0.005	0.15

10. 金锗合金钎料

金锗合金钎料牌号和化学成分见表10-99。

表10-99 BAu88Ge356牌号和化学成分（质量分数） （%）

标准号	牌号	Au	Ge	Ag	Cu	杂质≤			
						Pb	Zn	Cd	合计
GB/T 18762—2017	BAu88Ge356	余量	11.5~12.5	—	—	0.005	0.005	0.005	0.15

11. 金锗银合金钎料

金锗银合金钎料牌号和化学成分见表10-100。

表10-100 BAu89.5GeAg356/370牌号和化学成分（质量分数） （%）

标准号	牌号	Au	Ge	Ag	Cu	杂质≤			
						Pb	Zn	Cd	合计
GB/T 18762—2017	BAu89.5GeAg356/370	余量	9.0~10.0	0.4~0.6	—	0.005	0.005	0.005	0.15

12. 金锑合金钎料

金锑合金钎料牌号和化学成分见表10-101、表10-102。

表10-101 BAu99.5Sb360/370牌号和化学成分（质量分数） （%）

标准号	牌号	Au	Sb	Ag	Cu	杂质≤			
						Pb	Zn	Cd	合计
GB/T 18762—2017	BAu99.5Sb360/370	余量	0.3~0.7	—	—	0.005	0.005	0.005	0.15

表10-102 BAu99Sb360/380牌号和化学成分（质量分数） （%）

标准号	牌号	Au	Ge	Ag	Cu	杂质≤			
						Pb	Zn	Cd	合计
GB/T 18762—2017	BAu99Sb360/380	余量	0.8~1.2	—	—	0.005	0.005	0.005	0.15

13. 金硅合金钎料

金硅合金钎料牌号和化学成分见表 10-103。

表 10-103　BAu98Si370/390 牌号和化学成分（质量分数）　（%）

标准号	牌号	Au	Ge	Ag	Cu	杂质≤			
						Pb	Zn	Cd	合计
GB/T 18762—2017	BAu98Si370/390	余量	1.5~2.5	—	—	0.005	0.005	0.005	0.15

10.2　银及银合金牌号和化学成分

常用银及银合金包括银冶炼产品、加工银及银合金和银及银合金钎料。

10.2.1　冶炼产品

1. 银锭

中外银锭牌号和化学成分对照见表 10-104～表 10-106。

表 10-104　IC-Ag99.99 牌号和化学成分（质量分数）对照　（%）

标准号	牌号 代号	Ag ≥	杂质≤								
			Cu	Pb	Fe	Sb	Se	Te	Bi	Pd	合计
GB/T 4135—2016	IC-Ag99.99	99.99	0.0025	0.001	0.001	0.001	0.0005	0.0008	0.0008	0.001	0.01
ГОСТ 25474—1982	Ср999.9Ан	99.99	0.008	0.001	0.002	0.001	Mn: 0.001	0.002	0.005	0.001	0.01
JIS H2141:1964(R2019)	Class 1	99.99	0.003	0.001	0.002	—	—	—	0.001	—	—
ASTM B413—1997a(R2017)	Grade 99.99 P07010	99.99	0.010	0.001	0.001	—	0.0005	0.0005	0.0005	0.001	—

表 10-105 IC-Ag99.95 牌号和化学成分（质量分数）对照 （%）

标准号	牌号 代号	Ag ≥	杂质≤								
			Cu	Pb	Fe	Sb	Se	Te	Bi	Pd	合计
GB/T 4135—2016	IC-Ag99.95	99.95	0.025	0.015	0.002	0.002	—	—	0.001	—	0.05
JIS H2141:1964(R2019)	Class 2	99.95	0.030	0.005	0.003	—	—	—	0.005	—	—
ASTM B413—1997a(R2017)	Grade 99.95 P07015	99.95	0.04	0.015	0.002	—	—	—	0.001	—	—

表 10-106 IC-Ag99.90 牌号和化学成分（质量分数）对照 （%）

标准号	牌号 代号	Ag ≥	杂质≤								
			Cu	Pb	Fe	Sb	Se	Te	Bi	Pd	合计
GB/T 4135—2016	IC-Ag99.90	99.90	0.05	0.025	0.002	—	—	—	0.002	—	0.10
ASTM B413—1997a(R2017)	Grade 99.90 P07020	99.90 Ag+Cu≥99.95	0.08	0.025	0.002	—	—	—	0.001	—	—

2. 银条

中外银条牌号和化学成分对照见表 10-107。

表 10-107 Pl-Ag99.99 牌号和化学成分（质量分数）对照 （%）

标准号	牌号 代号	Ag ≥	杂质≤								
			Cu	Pb	Fe	Sb	Se	Te	Bi	Pd	合计
YS/T 857—2012	Pl-Ag99.99	99.99	0.0025	0.001	0.001	0.001	0.0005	0.0008	0.0008	0.001	0.01
ГОСТ 25474—1982	Ср999.9Ан	99.99	0.008	0.001	0.002	0.001	Mn: 0.001	0.002	0.005	0.001	0.01
JIS H2141:1964(R2019)	Class 1	99.99	0.003	0.001	0.002	—	—	—	0.001	—	—

ASTM B413—1997a(R2017)	Grade 99.99 P07010	99.99	0.010	0.001	0.001	—	0.0005	0.0005	0.0005	0.001	—

3. 超细银粉

超细银粉牌号和化学成分见表 10-108。

表 10-108　PAg-G0.2、PAg-G2.0、PAg-G7.0 牌号和化学成分（质量分数）　（%）

标准号	牌号	Ag[①] ≥	杂质≤												
			Pt	Pd	Au	Rh	Ir	Cu	Ni	Fe	Pb	Al	Sb	Bi	Cd	杂质合计
GB/T 1774—2009	PAg-G0.2 PAg-G2.0 PAg-G7.0	99.95	0.002	0.002	0.002	0.001	0.001	0.01	0.005	0.01	0.001	0.005	0.001	0.002	0.001	0.05

① 银的质量分数为 100%减去表中杂质实测量合计的余量。

4. 片状银粉

片状银粉牌号和化学成分见表 10-109。

表 10-109　PAg-S2、PAg-S8、PAg-S15 牌号和化学成分（质量分数）　（%）

标准号	牌号	Ag[①] ≥	杂质≤												
			Pt	Pd	Au	Rh	Ir	Cu	Ni	Fe	Pb	Al	Sb	Bi	Cd	杂质合计
GB/T 1773—2008	PAg-S2 PAg-S8 PAg-S15	99.95	0.002	0.002	0.002	0.001	0.001	0.01	0.005	0.01	0.001	0.005	0.001	0.002	0.001	0.05

① 银的质量分数是指在 540℃灼烧至恒重后分析所得的银的量。

10.2.2　加工产品

1. 加工银

中外加工银牌号和化学成分对照见表10-110～表10-112。

表10-110　Ag99.99牌号和化学成分（质量分数）对照　（%）

标准号	牌号 代号	Ag	Cu	Au	杂质≤				
					Fe	Pb	Sb	Bi	合计
YS/T 201—2018	Ag99.99	≥99.99	—	—	0.004	0.002	0.002	0.002	0.01
ГОСТ 6836—1980	Cp999.9	≥99.99	≤0.008	—	0.004	0.003	—	0.002	0.01
ASTM B413—1997a(R2017)	Grade 99.99 P07010	≥99.99	≤0.010	Pd ≤0.001	0.001	0.001	Se: 0.0005	0.0005	Te: 0.0005

表10-111　Ag99.95牌号和化学成分（质量分数）对照　（%）

标准号	牌号 代号	Ag	Cu	Au	杂质≤				
					Fe	Pb	Sb	Bi	合计
YS/T 201—2018	Ag99.95	≥99.95	—	—	0.03	0.003	0.004	0.004	0.05
ASTM B413—1997a(R2017)	Grade 99.95 P07015	≥99.95	≤0.04	—	0.002	0.015	—	0.001	—

表10-112　Ag99.90牌号和化学成分（质量分数）对照　（%）

标准号	牌号 代号	Ag	Cu	Au	杂质≤				
					Fe	Pb	Sb	Bi	合计
YS/T 203—2009	Ag99.90	≥99.90	—	—	0.004	0.004	0.004	0.004	0.10
ГОСТ 6836—1980	Cp999	≥99.90	≤0.015	—	0.035	0.003	—	0.002	0.10
ASTM B413—1997a(R2017)	Grade 99.90 P07020	≥99.99 Ag+Cu≥99.95	0.08	—	0.002	0.025	—	0.001	—

2. 加工银铂合金

中外加工银铂合金牌号和化学成分对照见表10-113、表10-114。

表10-113 Ag88Pt牌号和化学成分（质量分数）对照 （%）

标准号	牌号	Ag	Pt	Au	杂质≤				
					Fe	Pb	Sb	Bi	合计
YS/T 201—2018	Ag88Pt	余量	12±0.5	—	0.10	0.003	0.005	0.005	0.30
ГОСТ 6836—1980	СрПл-12	87.6~88.4	11.6~12.4	—	0.03	0.005	Pd+Ir+Rh+Au：0.15		0.18

表10-114 Ag80Pt牌号和化学成分（质量分数） （%）

标准号	牌号	Ag	Pt	Au	杂质≤				
					Fe	Pb	Sb	Bi	合计
YS/T 201—2018	Ag80Pt	余量	20±0.5	—	0.10	0.003	0.005	0.005	0.30

3. 加工银钯合金

中外加工银钯合金牌号和化学成分对照见表10-115~表10-120。

表10-115 Ag99Pd牌号和化学成分（质量分数） （%）

标准号	牌号	Ag	Pd	Au	杂质≤				
					Fe	Pb	Sb	Bi	合计
YS/T 203—2009	Ag99Pd	余量	1±0.3	—	0.20	0.005	0.005	0.005	0.30

表10-116 Ag95Pd牌号和化学成分（质量分数） （%）

标准号	牌号	Ag	Pd	Au	杂质≤				
					Fe	Pb	Sb	Bi	合计
YS/T 201—2018	Ag95Pd	余量	5±0.5	—	0.10	0.003	0.005	0.005	0.30

表 10-117　Ag90Pd 牌号和化学成分（质量分数）　（%）

标准号	牌号	Ag	Pd	Au	杂质≤				
					Fe	Pb	Sb	Bi	合计
YS/T 201—2018	Ag90Pd	余量	10±0.5	—	0.10	0.003	0.005	0.005	0.30

表 10-118　Ag80Pd 牌号和化学成分（质量分数）对照　（%）

标准号	牌号	Ag	Pd	Au	杂质≤				
					Fe	Pb	Sb	Bi	合计
YS/T 201—2018	Ag80Pd	余量	20±0.5	—	0.10	0.003	0.005	0.005	0.30
ГОСТ 6836—1980	СрПд-20	79.6~80.4	19.6~20.4	—	0.04	0.004	—	0.002	0.19
					Pt+Ir+Rh+Au:0.15				

表 10-119　Ag70Pd 牌号和化学成分（质量分数）对照　（%）

标准号	牌号	Ag	Pd	Au	杂质≤				
					Fe	Pb	Sb	Bi	合计
YS/T 201—2018	Ag70Pd	余量	30±0.5	—	0.10	0.003	0.005	0.005	0.30
ГОСТ 6836—1980	СрПд-30	69.5~70.5	29.5~30.5	—	0.04	0.004	—	0.002	0.19
					Pt+Ir+Rh+Au:0.15				

表 10-120　Ag60Pd 牌号和化学成分（质量分数）对照　（%）

标准号	牌号	Ag	Pd	Au	杂质≤				
					Fe	Pb	Sb	Bi	合计
YS/T 201—2018	Ag60Pd	余量	40±0.5	—	0.10	0.003	0.005	0.005	0.30
ГОСТ 6836—1980	СрПд-40	59.5~60.5	39.5~40.5	—	0.04	0.004	—	0.002	0.19
					Pt+Ir+Rh+Au:0.15				

4. 加工银钯合金

中外加工银钯合金牌号和化学成分对照见表 10-121。

表 10-121 Ag52PdCu 牌号和化学成分（质量分数）对照 （%）

标准号	牌号	Ag	Pd	Cu	杂质≤				
					Fe	Pb	Sb	Bi	合计
YS/T 201—2018	Ag52PdCu	余量	20±0.5	28±0.5	0.15	0.003	0.005	0.005	0.30
ГОСТ 6836—1980	СрПдМ-30-20	49.2~50.8	29.4~30.6	19.4~20.6	0.04	0.004	—	0.002	0.19
					Pt+Ir+Rh+Au:0.15				

5. 加工银金合金

加工银金合金牌号和化学成分见表 10-122~表 10-125。

表 10-122 Ag95Au 牌号和化学成分（质量分数） （%）

标准号	牌号	Ag	Au	Cu	杂质≤				
					Fe	Pb	Sb	Bi	合计
YS/T 201—2018	Ag95Au	余量	5±0.5	—	0.15	0.003	0.005	0.005	0.30

表 10-123 Ag90Au 牌号和化学成分（质量分数） （%）

标准号	牌号	Ag	Au	Cu	杂质≤				
					Fe	Pb	Sb	Bi	合计
YS/T 201—2018	Ag90Au	余量	10±0.5	—	0.10	0.003	0.005	0.005	0.30

表 10-124 Ag69Au 牌号和化学成分（质量分数） （%）

标准号	牌号	Ag	Au	Cu	杂质≤				
					Fe	Pb	Sb	Bi	合计
YS/T 201—2018	Ag69Au	余量	31±0.5	—	0.15	0.003	0.005	0.005	0.30

表 10-125　Ag60Au 牌号和化学成分（质量分数）　（%）

标准号	牌号	Ag	Au	Cu	杂质≤				
					Fe	Pb	Sb	Bi	合计
YS/T 201—2018	Ag60Au	余量	40±0.5	—	0.15	0.003	0.005	0.005	0.30

6. 加工银铈合金

加工银铈合金牌号和化学成分见表 10-126。

表 10-126　Ag95Ce 牌号和化学成分（质量分数）　（%）

标准号	牌号	Ag	Ce	Zr	杂质≤				
					Fe	Pb	Sb	Bi	合计
YS/T 201—2018	Ag95Ce	余量	0.3~0.8	—	0.15	0.003	0.005	0.005	0.30

7. 加工银锆铈合金

加工银锆铈合金牌号和化学成分见表 10-127。

表 10-127　Ag98.5ZrCe 牌号和化学成分（质量分数）　（%）

标准号	牌号	Ag	Ce	Zr	杂质≤				
					Fe	Pb	Sb	Bi	合计
YS/T 201—2018	Ag98.5ZrCe	余量	0.3~0.8	1±0.5	0.15	0.003	0.005	0.005	0.30

8. 加工银镁合金

加工银镁合金牌号和化学成分见表 10-128~表 10-130。

表 10-128　Ag98.2Mg 牌号和化学成分（质量分数）　（%）

标准号	牌号	Ag	Mg	Ni	杂质≤				
					Fe	Pb	Sb	Bi	合计
YS/T 201—2018	Ag98.2Mg	余量	1.5~2.0	—	0.15	—	—	—	0.30

表 10-129　Ag97Mg 牌号和化学成分（质量分数）　（%）

标准号	牌号	Ag	Mg	Ni	杂质≤				
					Fe	Pb	Sb	Bi	合计
YS/T 201—2018	Ag97Mg	余量	3±0.5	—	0.15	—	—	—	0.30

表 10-130　Ag95.3Mg 牌号和化学成分（质量分数）　（%）

标准号	牌号	Ag	Mg	Ni	杂质≤				
					Fe	Pb	Sb	Bi	合计
YS/T 201—2018	Ag95.3Mg	余量	4.7±0.5	—	0.15	—	—	—	0.30

9. 加工银镁镍合金

加工银镁镍合金牌号和化学成分见表 10-131～表 10-133。

表 10-131　Ag99.55MgNi-1 牌号和化学成分（质量分数）　（%）

标准号	牌号	Ag	Mg	Ni	杂质≤				
					Fe	Pb	Sb	Bi	合计
YS/T 201—2018	Ag99.55MgNi-1	余量	0.27±0.02	0.18±0.02	0.15	—	—	—	0.3

表 10-132　Ag99.55MgNi-2 牌号和化学成分（质量分数）　（%）

标准号	牌号	Ag	Mg	Ni	杂质≤				
					Fe	Pb	Sb	Bi	合计
YS/T 201—2018	Ag99.55MgNi-2	余量	0.25±0.02	0.2±0.02	0.15	—	—	—	0.3

表 10-133　Ag99.47MgNi 牌号和化学成分（质量分数）　（%）

标准号	牌号	Ag	Mg	Ni	杂质≤				
					Fe	Pb	Sb	Bi	合计
YS/T 201—2018	Ag99.47MgNi	余量	0.29±0.03	0.24±0.02	0.15	—	—	—	0.30

10. 加工银铜合金

中外加工银铜合金牌号和化学成分对照见表 10-134～表 10-151。

表 10-134　Ag99.4Cu 牌号和化学成分（质量分数）　（%）

标准号	牌号	Ag	Cu	Ni	杂质≤				
					Fe	Pb	Sb	Bi	合计
YS/T 201—2018	Ag99.4Cu	余量	0.6±0.2	—	0.10	0.003	0.005	0.005	0.20

表 10-135　Ag98Cu 牌号和化学成分（质量分数）对照　（%）

标准号	牌号	Ag	Cu	Ni	杂质≤				
					Fe	Pb	Sb	Bi	合计
YS/T 201—2018	Ag98Cu	余量	2±0.4	—	0.10	0.003	0.005	0.005	0.20
ГОСТ 6836—1980	CpM970	96.7～97.3	2.7～3.3	—	0.08	0.004	0.002	0.002	0.09

表 10-136　Ag96Cu 牌号和化学成分（质量分数）对照　（%）

标准号	牌号	Ag	Cu	Ni	杂质≤				
					Fe	Pb	Sb	Bi	合计
YS/T 201—2018	Ag96Cu	余量	4±0.5	—	0.10	0.003	0.005	0.005	0.20
ГОСТ 6836—1980	CpM960	95.7～96.3	3.7～4.3	—	0.08	0.004	0.002	0.002	0.09

表 10-137　Ag92.5Cu 牌号和化学成分（质量分数）对照　（%）

标准号	牌号	Ag	Cu	Ni	杂质≤				
					Fe	Pb	Sb	Bi	合计
YS/T 201—2018	Ag92.5Cu	余量	7.5±0.5	—	0.15	0.003	0.005	0.005	0.20
ГОСТ 6836—1980	CpM925	92.2～92.8	7.2～7.8	—	0.10	0.004	0.002	0.002	0.11

表 10-138　Ag91.6Cu 牌号和化学成分（质量分数）对照　（%）

标准号	牌号	Ag	Cu	Ni	杂质≤				
					Fe	Pb	Sb	Bi	合计
YS/T 201—2018	Ag91.6Cu	余量	8.4±0.5	—	0.15	0.003	0.005	0.005	0.20
ГОСТ 6836—1980	СрМ916	91.3~91.9	8.1~8.7	—	0.10	0.004	0.002	0.002	0.11

表 10-139　Ag90Cu 牌号和化学成分（质量分数）对照　（%）

标准号	牌号	Ag	Cu	Ni	杂质≤				
					Fe	Pb	Sb	Bi	合计
YS/T 201—2018	Ag90Cu	余量	10±0.5	—	0.15	0.003	0.005	0.005	0.20
ГОСТ 6836—1980	СрМ900	89.7~90.3	9.7~10.3	—	0.10	0.004	0.002	0.002	0.11
ASTM B617—1998(R2016)	—	89.6~91.0	9.0~10.4	≤0.01	0.05	0.03	—	—	其他杂质合计 0.06
					Cd:0.05,P:0.02,Zn:0.06,Al:0.005				

表 10-140　Ag87.5Cu 牌号和化学成分（质量分数）对照　（%）

标准号	牌号	Ag	Cu	Ni	杂质≤				
					Fe	Pb	Sb	Bi	合计
YS/T 201—2018	Ag87.5Cu	余量	12.5±0.5	—	0.15	0.003	0.005	0.005	0.30
ГОСТ 6836—1980	СрМ875	87.2~87.8	12.2~12.8	—	0.10	0.004	0.002	0.002	0.11

表 10-141　Ag85Cu 牌号和化学成分（质量分数）　（%）

标准号	牌号	Ag	Cu	Ni	杂质≤				
					Fe	Pb	Sb	Bi	合计
YS/T 201—2018	Ag85Cu	余量	15±0.5	—	0.15	0.003	0.005	0.005	0.30

表 10-142 Ag80Cu 牌号和化学成分（质量分数）对照 （%）

标准号	牌号	Ag	Cu	Ni	杂质≤				
					Fe	Pb	Sb	Bi	合计
YS/T 201—2018	Ag80Cu	余量	20±0.5	—	0.15	0.003	0.005	0.005	0.30
ГОСТ 6836—1980	CpM800	79.7~80.3	19.7~20.3	—	0.13	0.005	0.002	0.002	0.14

表 10-143 Ag77Cu 牌号和化学成分（质量分数）对照 （%）

标准号	牌号	Ag	Cu	Ni	杂质≤				
					Fe	Pb	Sb	Bi	合计
YS/T 201—2018	Ag77Cu	余量	23±0.5	—	0.15	0.003	0.005	0.005	0.30
ГОСТ 6836—1980	CpM770	76.5~77.5	22.5~23.5	—	0.13	0.005	0.002	0.002	0.14

表 10-144 Ag70Cu 牌号和化学成分（质量分数）对照 （%）

标准号	牌号	Ag	Cu	Ni	杂质≤				
					Fe	Pb	Sb	Bi	合计
YS/T 201—2018	Ag70Cu	余量	30±0.5	—	0.15	0.003	0.005	0.005	0.30
ГОСТ 6836—1980	CpM750	74.5~75.5	24.5~25.5	—	0.13	0.005	0.002	0.002	0.14
ASTM B628—1998(R2016)	—	71.0~73.0	余量	≤0.01	0.05	0.03	—	—	其他杂质合计 0.06
					Cd:0.05, Al:0.005, Zn:0.06, P:0.03				

表 10-145 Ag65Cu 牌号和化学成分（质量分数） （%）

标准号	牌号	Ag	Cu	Ni	杂质≤				
					Fe	Pb	Sb	Bi	合计
YS/T 201—2018	Ag65Cu	余量	35±0.5	—	0.15	0.003	0.005	0.005	0.30

表 10-146　Ag55Cu 牌号和化学成分（质量分数）　（%）

标准号	牌号	Ag	Cu	Ni	杂质≤				
					Fe	Pb	Sb	Bi	合计
YS/T 201—2018	Ag55Cu	余量	45±0.5	—	0.15	0.003	0.005	0.005	0.30

表 10-147　Ag50Cu 牌号和化学成分（质量分数）对照　（%）

标准号	牌号	Ag	Cu	Ni	杂质≤				
					Fe	Pb	Sb	Bi	合计
YS/T 201—2018	Ag50Cu	余量	50±1.0	—	0.15	0.003	0.005	0.005	0.30
ГОСТ 6836—1980	СрМ500	49.5~50.5	49.5~50.5	—	0.13	0.005	0.002	0.002	0.14

表 10-148　Ag46Cu 牌号和化学成分（质量分数）　（%）

标准号	牌号	Ag	Cu	Ni	杂质≤				
					Fe	Pb	Sb	Bi	合计
YS/T 201—2018	Ag46Cu	余量	54±1.0	—	0.15	—	—	—	0.30

表 10-149　Ag45Cu 牌号和化学成分（质量分数）　（%）

标准号	牌号	Ag	Cu	Ni	杂质≤				
					Fe	Pb	Sb	Bi	合计
YS/T 203—2009	Ag45Cu	余量	55±0.5	—	0.20	0.005	0.005	0.005	0.30

表 10-150　Ag30Cu 牌号和化学成分（质量分数）　（%）

标准号	牌号	Ag	Cu	Ni	杂质≤				
					Fe	Pb	Sb	Bi	合计
YS/T 201—2018	Ag30Cu	余量	70±1.0	—	0.15	—	—	—	0.30

表 10-151　Ag25Cu 牌号和化学成分（质量分数）　　（%）

标准号	牌号	Ag	Cu	Ni	杂质≤				
					Fe	Pb	Sb	Bi	合计
YS/T 201—2018	Ag25Cu	余量	75±1.0	—	0.20	0.005	0.005	0.005	0.30

11. 加工银铜钒合金

加工银铜钒合金牌号和化学成分见表 10-152、表 10-153。

表 10-152　Ag89.8CuV 牌号和化学成分（质量分数）　　（%）

标准号	牌号	Ag	Cu	V	杂质≤				
					Fe	Pb	Sb	Bi	合计
YS/T 201—2018	Ag89.8CuV	余量	10±1.0	0.2~0.7	0.15	0.003	0.005	0.005	0.30

表 10-153　Ag89.9CuV 牌号和化学成分（质量分数）　　（%）

标准号	牌号	Ag	Cu	V	杂质≤				
					Fe	Pb	Sb	Bi	合计
YS/T 201—2018	Ag89.9CuV	余量	10±1.0	0.1~0.7	0.15	0.003	0.005	0.005	0.30

12. 加工银铜钒锆合金

加工银铜钒锆合金牌号和化学成分见表 10-154。

表 10-154　Ag88.8CuVZr 牌号和化学成分（质量分数）　　（%）

标准号	牌号	Ag	Cu	V	Zr	杂质≤				
						Fe	Pb	Sb	Bi	合计
YS/T 201—2018	Ag88.8CuVZr	余量	10±1.0	0.2~0.7	1±0.5	0.15	0.003	0.005	0.005	0.30

13. 加工银铜镍合金

中外加工银铜镍合金牌号和化学成分对照见表10-155~表10-157。

表10-155 Ag78CuNi牌号和化学成分（质量分数） （%）

标准号	牌号	Ag	Cu	Ni	杂质≤				
					Fe	Pb	Sb	Bi	合计
YS/T 201—2018	Ag78CuNi	余量	20±0.8	2±0.5	0.15	0.003	0.005	0.005	0.30

表10-156 Ag80CuNi牌号和化学成分（质量分数） （%）

标准号	牌号	Ag	Cu	Ni	杂质≤				
					Fe	Pb	Sb	Bi	合计
YS/T 201—2018	Ag80CuNi	余量	18±0.8	2±0.5	0.15	0.003	0.005	0.005	0.30

表10-157 Ag75CuNi牌号和化学成分（质量分数）对照 （%）

标准号	牌号	Ag	Cu	Ni	杂质≤				
					Fe	Pb	Sb	Bi	合计
YS/T 201—2018	Ag75CuNi	余量	24.5±0.5	0.5±0.2	0.15	0.003	0.005	0.005	0.30
ASTM B780—2016	—	74.0~76.0	≥23.5	0.35~0.65	0.05	0.03	Cd:0.01	Zn:0.06	0.15

14. 加工银锡铈镧合金

加工银锡铈镧合金牌号和化学成分见表10-158。

表10-158 Ag98SnCeLa牌号和化学成分（质量分数） （%）

标准号	牌号	Ag	Sn	Ce	La	杂质≤				
						Fe	Pb	Sb	Bi	合计
YS/T 201—2018	Ag98SnCeLa	余量	0.8~1.3	0.3~0.8	0.3~0.8	0.10	0.003	0.005	0.005	0.30

15. 加工银锰合金

加工银锰合金牌号和化学成分见表 10-159。

表 10-159 Ag85Mn 牌号和化学成分（质量分数） （%）

标准号	牌号	Ag	Mn	Cu	杂质≤				
					Fe	Pb	Sb	Bi	合计
YS/T 203—2009	Ag85Mn	余量	15.0±0.15	—	0.20	0.005	0.005	0.005	0.30

10.2.3 钎料产品

1. 银钎料

中外银钎料牌号和化学成分对照见表 10-160。

表 10-160 BAg962 牌号和化学成分（质量分数）对照 （%）

标准号	牌号 代号	Ag	Cu	Ni	杂质≤			
					Pb	Zn	Cd	合计
GB/T 18762—2017	BAg962	≥99.99	—	—	0.001	0.001	0.001	0.01
JIS Z3268:1998	BV-Ag100-961 BVAg-0	≥99.95	≤0.05	—	0.002	0.001	0.001	其他杂质元素 0.001
ASTM F106—2012(R2017)	BVAg-0 P07017	≥99.95	≤0.05	P≤0.002 C≤0.005	0.002	0.001	0.001	—

2. 银铜合金钎料

中外银铜合金钎料牌号和化学成分对照见表 10-161～表 10-164。

表 10-161 BAg72Cu779 牌号和化学成分（质量分数）对照 （%）

标准号	牌号 代号	Ag	Cu	Ni	杂质≤			
					Pb	Zn	Cd	合计
GB/T 18762—2017	BAg72Cu779	余量	27.0～29.0	—	0.005	0.005	0.005	0.15

ГОСТ 19738—1974	ПСр72	71.5~72.5	余量	—	0.005	Fe:0.10	Bi:0.005	0.10
JIS Z3268:1998	BV-Ag72Cu-780 BVAg-8	71.0~73.0	余量	—	0.002	0.002	0.002	其他杂质元素 0.002
ASTM F106—2012(R2017)	BVAg-8 P07727	71.0~73.0	余量	P≤0.002 C≤0.005	0.002	0.001	0.001	—
EN ISO 17672:2016	Ag 272	71.0~73.0	27.0~29.0	—	Al:0.001,Bi:0.030 Cd:0.010,P:0.008 Pb:0.025,Si:0.05			0.15
ISO 17672:2016(E)	Ag 272[780]							

表 10-162　BAg50Cu780/875 牌号和化学成分（质量分数）对照　（%）

标准号	牌号 代号	Ag	Cu	Ni	杂质≤			
					Pb	Zn	Cd	合计
GB/T 18762—2017	BAg50Cu780/875	余量	49.0~51.0	—	0.005	0.005	0.005	0.15
ГОСТ 19738—1974	ПСр50	49.5~50.5	余量	—	0.005	Fe:0.15	Bi:0.005	0.15
JIS Z3268:1998	BV-Cu50-780/870 BVAg-6B	49.0~51.0	余量	—	0.002	0.002	0.002	其他杂质元素 0.002
ASTM F106—2012(R2017)	BVAg-6b P07507	49.0~51.0	余量	P≤0.002 C≤0.005	0.002	0.001	0.001	—

表 10-163　BAg45Cu780/880 牌号和化学成分（质量分数）　（%）

标准号	牌号	Ag	Cu	Ni	杂质≤			
					Pb	Zn	Cd	合计
GB/T 18762—2017	BAg45Cu780/880	余量	54.0~56.0	—	0.005	0.005	0.005	0.15

表 10-164　BAg30Cu780/945 牌号和化学成分（质量分数）　（%）

标准号	牌号	Ag	Cu	Ni	杂质≤			
					Pb	Zn	Cd	合计
GB/T 18762—2017	BAg30Cu780/945	余量	69.0~71.0	—	0.005	0.005	0.005	0.15

3. 银铜锗钴合金钎料

银铜锗钴合金钎料牌号和化学成分见表 10-165。

表 10-165　BAg70CuGeCo780/800 牌号和化学成分（质量分数）　（%）

标准号	牌号	Ag	Cu	Ge	Co	杂质≤			
						Pb	Zn	Cd	合计
GB/T 18762—2017	BAg70CuGeCo780/800	余量	27.0~29.0	1.75~2.25	0.2~0.4	0.005	0.005	0.005	0.15

4. 银铜锂合金钎料

中外银铜锂合金钎料牌号和化学成分对照见表 10-166、表 10-167。

表 10-166　BAg71.75CuLi766 牌号和化学成分（质量分数）对照　（%）

标准号	牌号 代号	Ag	Cu	Li	杂质≤			
					Pb	Zn	Cd	合计
GB/T 18762—2017	BAg71.75CuLi766	余量	27.0~29.0	0.25~0.5	0.005	0.005	0.005	0.15
JIS Z3261:1998-R2017	B-Ag72Cu(Li)-770 BAg-8A	71.0~73.0	余量	0.25~0.50	—	—	—	0.15
AWS A5.8/A5.8M:2019-AMD 1	BAg-8a P07723							

表 10-167　BAg71.7CuNiLi780/800 牌号和化学成分（质量分数）　（%）

标准号	牌号	Ag	Cu	Ni	Li	杂质≤			
						Pb	Zn	Cd	合计
GB/T 18762—2017	BAg71.7CuNiLi780/800	余量	26.0~28.0	0.75~1.25	0.2~0.5	0.005	0.005	0.005	0.15

5. 银铜镍合金钎料

中外银铜镍合金钎料牌号和化学成分对照见表 10-168～表 10-173。

表 10-168　BAg71.5CuNi780/800 牌号和化学成分（质量分数）对照　（%）

标准号	牌号 代号	Ag	Cu	Ni	杂质≤			
					Pb	Zn	Cd	合计
GB/T 18762—2017	BAg71.5CuNi780/800	余量	27.0～29.0	0.5～1.0	0.005	0.005	0.005	0.15
JIS Z3268:1998	BV-Ag71CuNi-780/795 BVAg-8B	70.5～72.5	余量	0.3～0.7	0.002	0.002	0.002	其他杂质元素 0.002
ASTM F106—2012(R2017)	BVAg-8b P07728	70.5～72.5	余量	0.3～0.7	0.002	0.001	0.001	—
					P:0.002,C:0.005			

表 10-169　BAg71CuNi780/810 牌号和化学成分（质量分数）　（%）

标准号	牌号	Ag	Cu	Ni	杂质≤			
					Pb	Zn	Cd	合计
GB/T 18762—2017	BAg71CuNi780/810	余量	27.0～29.0	0.75～1.25	0.005	0.005	0.005	0.15

表 10-170　BAg70CuNi785/820 牌号和化学成分（质量分数）　（%）

标准号	牌号	Ag	Cu	Ni	杂质≤			
					Pb	Zn	Cd	合计
GB/T 18762—2017	BAg70CuNi785/820	余量	27.0～29.0	1.75～2.25	0.005	0.005	0.005	0.15

表 10-171　BAg67CuNi790/820 牌号和化学成分（质量分数）　（%）

标准号	牌号	Ag	Cu	Ni	杂质≤			
					Pb	Zn	Cd	合计
GB/T 18762—2017	BAg67CuNi790/820	余量	31.0～33.0	0.75～1.25	0.005	0.005	0.005	0.15

表 10-172　BAg66CuNi790/820 牌号和化学成分（质量分数）　（%）

标准号	牌号	Ag	Cu	Ni	杂质≤			
					Pb	Zn	Cd	合计
GB/T 18762—2017	BAg66CuNi790/820	余量	31.0~33.0	1.75~2.25	0.005	0.005	0.005	0.15

表 10-173　BAg63CuNi790/830 牌号和化学成分（质量分数）　（%）

标准号	牌号	Ag	Cu	Ni	杂质≤			
					Pb	Zn	Cd	合计
GB/T 18762—2017	BAg63CuNi790/830	余量	34.0~36.0	1.75~2.25	0.005	0.005	0.005	0.15

6. 银铜镍锂合金钎料

银铜镍锂合金钎料牌号和化学成分见表 10-174。

表 10-174　BAg71.7CuNiLi780/800 牌号和化学成分（质量分数）　（%）

标准号	牌号	Ag	Cu	Ni	Li	杂质≤			
						Pb	Zn	Cd	合计
GB/T 18762—2017	BAg71.7CuNiLi780/800	余量	26.0~28.0	0.75~1.25	0.2~0.5	0.005	0.005	0.005	0.15

7. 银铜铟合金钎料

中外银铜铟合金钎料牌号和化学成分对照见表 10-175~表 10-177。

表 10-175　BAg61CuIn630/705 牌号和化学成分（质量分数）对照　（%）

标准号	牌号 代号	Ag	Cu	In	杂质≤			
					Pb	Zn	Cd	合计
GB/T 18762—2017	BAg61CuIn630/705	余量	23.0~25.0	14.5~15.5	0.005	0.005	0.005	0.15
JIS Z3268:1998	BV-Ag61CuIn-625/710 BVAg-29	60.5~62.5	余量	14.0~15.0	0.002	0.002	0.002	其他杂质元素 0.002

ASTM F106—2012(R2017)	BVAg-29 P07627	60.5~62.5	余量	14.0~15.0	0.002	0.001	0.001	—
					P:0.002,C:0.005			

表 10-176　BAg63CuIn655/736 牌号和化学成分（质量分数）　（%）

标准号	牌号	Ag	Cu	In	杂质≤			
					Pb	Zn	Cd	合计
GB/T 18762—2017	BAg63CuIn655/736	余量	26.0~28.0	9.5~10.5	0.005	0.005	0.005	0.15

表 10-177　BAg60CuIn650/740 牌号和化学成分（质量分数）　（%）

标准号	牌号	Ag	Cu	In	杂质≤			
					Pb	Zn	Cd	合计
GB/T 18762—2017	BAg60CuIn650/740	余量	26.0~28.0	12.5~13.5	0.005	0.005	0.005	0.15

8. 银铜铟锡合金钎料

银铜铟锡合金钎料牌号和化学成分见表 10-178。

表 10-178　BAg62CuInSn553/571 牌号和化学成分（质量分数）　（%）

标准号	牌号	Ag	Cu	In	Sn	杂质≤			
						Pb	Zn	Cd	合计
GB/T 18762—2017	BAg62CuInSn553/571	余量	17.0~19.0	12.5~13.5	6.5~7.5	0.005	0.005	0.005	0.15

9. 银铟合金钎料

银铟合金钎料牌号和化学成分见表 10-179。

表 10-179　BAg90In850/887 牌号和化学成分（质量分数）　（%）

标准号	牌号	Ag	In	Sn	杂质≤			
					Pb	Zn	Cd	合计
GB/T 18762—2017	BAg90In850/887	余量	9.5~10.55	—	0.005	0.005	0.005	0.15

10. 银铜锡合金钎料

中外银铜锡合金钎料牌号和化学成分对照见表 10-180~表 10-182。

表 10-180　BAg68CuSn672/746 牌号和化学成分（质量分数）　（%）

标准号	牌号	Ag	Cu	Sn	杂质≤			
					Pb	Zn	Cd	合计
GB/T 18762—2017	BAg68CuSn672/746	余量	23.0~25.0	7.5~8.5	0.005	0.005	0.005	0.15

表 10-181　BAg68CuSn730/742 牌号和化学成分（质量分数）对照　（%）

标准号	牌号	Ag	Cu	Sn	杂质≤			
					Pb	Zn	Cd	合计
GB/T 18762—2017	BAg68CuSn730/742	余量	26.0~28.0	4.5~5.5	0.005	0.005	0.005	0.15
ГОСТ 19738—1974	ПСрМО68-27-5	67.5~68.5	余量	4.5~5.5	0.005	Fe:0.15	Bi:0.005	0.15

表 10-182　BAg60CuSn600/720 牌号和化学成分（质量分数）对照　（%）

标准号	牌号 代号	Ag	Cu	Sn	杂质≤			
					Pb	Zn	Cd	合计
GB/T 18762—2017	BAg60CuSn600/720	余量	29.0~31.0	9.5~10.5	0.005	0.005	0.005	0.15
JIS Z3268:1998	BV-Ag60CuSn-600/720 BVAg-18	59.0~61.0	余量	9.5~10.5	0.002	0.002	0.002	其他杂质元素 0.002

ASTM F106—2012(R2017)	BVAg-18 P07607	59.0~61.0	余量	9.5~10.5	0.002	0.001	0.001	—
					P:0.002,C:0.005			
EN ISO 17672:2016	Ag 160	59.0~61.0	29.0~31.0	9.5~10.5	Al:0.001,Bi:0.030 Cd:0.010,P:0.008 Pb:0.025,Si:0.05			0.15
ISO 17672:2016(E)	Ag 160[600/730]							

11. 银铜锌合金钎料

中外银铜锌合金钎料牌号和化学成分对照见表10-183~表10-190。

表10-183　BAg70CuZn730/755牌号和化学成分（质量分数）对照　（%）

标准号	牌号	Ag	Cu	Zn	杂质≤			
					Pb	Zn	Cd	合计
GB/T 18762—2017	BAg70CuZn730/755	余量	25.0~27.0	3.0~5.0	0.05	—	—	0.2
ГОСТ 19738—1974	ПСр70	69.5~70.5	25.5~26.5	余量	0.050	Fe:0.10	Bi:0.005	0.15

表10-184　BAg60CuZn700/735牌号和化学成分（质量分数）　（%）

标准号	牌号	Ag	Cu	Zn	杂质≤			
					Pb	Zn	Cd	合计
GB/T 18762—2017	BAg60CuZn700/735	余量	29.0~31.0	9.0~11.0	0.05	—	—	0.2

表10-185　BAg70CuZn690/740牌号和化学成分（质量分数）对照　（%）

标准号	牌号 代号	Ag	Cu	Zn	杂质≤			
					Pb	Zn	Cd	合计
GB/T 18762—2017	BAg70CuZn690/740	余量	19.0~21.0	9.0~11.0	0.05	—	—	0.2

（续）

标准号	牌号 代号	Ag	Cu	Zn	杂质≤			
					Pb	Zn	Cd	合计
AWS A5.8/A5.8M：2019-AMD 1	BAg-10 P07700	69.0~71.0	19.0~21.0	8.0~12.0	—	—	—	0.15
EN ISO 17672:2016	Ag 270	69.0~71.0	19.0~21.0	8.0~12.0	Al:0.001，Bi:0.030 Cd:0.010，P:0.008 Pb:0.025，Si:0.05			0.15
ISO 17672:2016(E)	Ag 270[690/740]							

表 10-186 BAg65CuZn685/719 牌号和化学成分（质量分数）对照 （%）

标准号	牌号 代号	Ag	Cu	Zn	杂质≤			
					Pb	Zn	Cd	合计
GB/T 18762—2017	BAg65CuZn685/719	余量	20.0~22.0	14.0~16.0	0.05	—	—	0.2
ГОСТ 19738—1974	ПСр65	64.5~65.5	19.5~20.5	余量	0.100	Fe:0.10	Bi:0.005	0.15
AWS A5.8/A5.8M：2019-AMD 1	BAg-9 P07650	64.0~66.0	19.0~21.0	13.0~17.0	—	—	—	0.15
EN ISO 17672:2016	Ag 265	64.0~66.0	19.0~21.0	13.0~17.0	Al:0.001，Bi:0.030 Cd:0.010，P:0.008 Pb:0.025，Si:0.05			0.15
ISO 17672:2016(E)	Ag 265[670/720]							

表 10-187 BAg45CuZn677/745 牌号和化学成分（质量分数）对照 （%）

标准号	牌号 代号	Ag	Cu	Zn	杂质≤			
					Pb	Zn	Cd	合计
GB/T 18762—2017	BAg45CuZn677/745	余量	29.0~31.0	24.0~26.0	0.05	—	—	0.2
ГОСТ 19738—1974	ПСр45	44.5~45.5	29.5~30.5	余量	0.050	Fe:0.10	Bi:0.005	0.15
JIS Z3261:1998(R2017)	B-Ag45CuZn665/745 BAg-5	44.0~46.0	29.0~31.0	23.0~27.0	—	—	—	0.15

AWS A5.8/A5.8M:2019-AMD 1	BAg-5 P07453	44.0~46.0	29.0~31.0	23.0~27.0	—	—	—	0.15
EN ISO 17672:2016	Ag 245	44.0~46.0	29.0~31.0	23.0~27.0	Al:0.001,Bi:0.030 Cd:0.010,P:0.008 Pb:0.025,Si:0.05			0.15
ISO 17672:2016(E)	Ag 245[665/745]							

表 10-188　BAg50CuZn677/775 牌号和化学成分（质量分数）对照　（%）

标准号	牌号 代号	Ag	Cu	Zn	杂质≤			
					Pb	Zn	Cd	合计
GB/T 18762—2017	BAg50CuZn677/775	余量	33.0~35.0	15.0~17.0	0.05	—	—	0.2
JIS Z3261:1998(R2017)	B-Ag50CuZn690/775 BAg-6	49.0~51.0	33.0~35.0	14.0~18.0	—	—	—	0.15
AWS A5.8/A5.8M:2019-AMD 1	BAg-6 P07503							
EN ISO 17672:2016	Ag 250	49.0~51.0	33.0~35.0	14.0~18.0	Al:0.001,Bi:0.030 Cd:0.010,P:0.008 Pb:0.025,Si:0.05			0.15
ISO 17672:2016(E)	Ag 250[690/775]							

表 10-189　BAg25CuZn700/800 牌号和化学成分（质量分数）对照　（%）

标准号	牌号 代号	Ag	Cu	Zn	杂质≤			
					Pb	Zn	Cd	合计
GB/T 18762—2017	BAg25CuZn700/800	余量	39.0~41.0	34.0~36.0	0.05	—	—	0.2
ГОСТ 19738—1974	ПCp25	24.7~25.3	39.0~41.0	余量	0.050	Fe:0.10	Bi:0.005	0.15
JIS Z3261:1998(R2017)	B-Cu41ZnAg700/800 BAg-20A	24.0~26.0	40.0~42.0	33.0~35.0	—	—	—	0.16

（续）

标准号	牌号 代号	Ag	Cu	Zn	杂质≤			
					Pb	Zn	Cd	合计
AWS A5.8/A5.8M:2019-AMD 1	BAg-20 P07301	29.0~31.0	37.0~39.0	30.0~34.0	—	—	—	0.16
EN ISO 17672:2016	Ag 225	24.0~26.0	39.0~41.0	33.0~37.0	Al:0.001,Bi:0.030 Cd:0.010,P:0.008 Pb:0.025,Si:0.05			0.15
ISO 17672:2016(E)	Ag 225[700/790]							

表 10-190 BAg10CuZn815/850 牌号和化学成分（质量分数）对照 （%）

标准号	牌号	Ag	Cu	Zn	杂质≤			
					Pb	Zn	Cd	合计
GB/T 18762—2017	BAg10CuZn815/850	余量	52.0~54.0	36.0~38.0	0.05	—	—	0.2
ГОСТ 19738—1974	ПСр10	9.7~10.3	52.0~54.0	余量	0.050	Fe:0.10	Bi:0.005	0.15

12. 银铜锌镉合金钎料

中外银铜锌镉合金钎料牌号和化学成分对照见表 10-191～表 10-193。

表 10-191 BAg50CuZnCd625/635 牌号和化学成分（质量分数）对照 （%）

标准号	牌号 代号	Ag	Cu	Zn	Cd	杂质≤			
						Pb	Zn	Cd	合计
GB/T 18762—2017	BAg50CuZnCd625/635	余量	14.0~16.0	15.0~17.0	18.0~20.0	0.05	—	—	0.2
ГОСТ 19738—1974	ПСр50Кд	49.5~50.5	15.0~17.0	15.0~17.0	余量	0.100	Fe:0.15	Bi:0.005	0.15
JIS Z3261:1998(R2017)	B-Ag50CdZnCu-625/635 BAg-1A	49.0~51.0	14.5~16.5	14.5~18.5	17.0~19.0	—	—	—	0.15
AWS A5.8/A5.8M:2019-AMD 1	BAg-1a P07500								

EN ISO 17672:2016	Ag 350	49.0~51.0	14.5~16.5	14.5~18.5	17.0~19.0	Al:0.001,Bi:0.030 Cd:0.010,P:0.008 Pb:0.025,Si:0.05			0.15
ISO 17672:2016(E)	Ag 350[620/640]								

表 10-192 BAg45CuZnCd605/620 牌号和化学成分（质量分数）对照 （%）

标准号	牌号 代号	Ag	Cu	Zn	Cd	杂质≤			
						Pb	Zn	Cd	合计
GB/T 18762—2017	BAg45CuZnCd605/620	余量	14.0~16.0	15.0~17.0	23.0~25.0	0.05	—	—	0.2
ГОСТ 19738—1974	ПСрМЦКд45-15-16-24	44.5~45.5	余量	15.0~17.0	23.0~25.0	0.150	Fe:0.15	Bi:0.005	0.15
JIS Z3261:1998 (R2017)	B-Ag45CdZnCu-605/620 BAg-1	44.0~46.0	14.0~16.0	14.0~18.0	23.0~25.0	—	—	—	0.15
AWS A5.8/A5.8M: 2019-AMD 1	BAg-1 P07450								
EN ISO 17672:2016	Ag 345	44.0~46.0	14.0~16.0	14.0~18.0	23.0~25.0	Al:0.001,Bi:0.030 Cd:0.010,P:0.008 Pb:0.025,Si:0.05			0.15
ISO 17672:2016(E)	Ag 345[605/620]								

表 10-193 BAg35CuZnCd605/700 牌号和化学成分（质量分数）对照 （%）

标准号	牌号 代号	Ag	Cu	Zn	Cd	杂质≤			
						Pb	Zn	Cd	合计
GB/T 18762—2017	BAg35CuZnCd605/700	余量	25.0~27.0	20.0~22.0	17.0~19.0	0.05	—	—	0.2
JIS Z3261:1998 (R2017)	B-Ag35CuZnCd-605/700 BAg-2	34.0~36.0	25.0~27.0	19.0~23.0	17.0~19.0	—	—	—	0.15
AWS A5.8/A5.8M: 2019-AMD 1	BAg-2 P07350								

（续）

标准号	牌号 代号	Ag	Cu	Zn	Cd	杂质≤			合计
						Pb	Zn	Cd	
EN ISO 17672:2016	Ag 335	34.0~36.0	25.0~27.0	19.0~23.0	17.0~19.0	Al:0.001,Bi:0.030 Cd:0.010,P:0.008 Pb:0.025,Si:0.05			0.15
ISO 17672:2016(E)	Ag 335[610/700]								

13. 银铜锌镉镍合金钎料

中外银铜锌镉镍合金钎料牌号和化学成分对照见表10-194、表10-195。

表10-194　BAg49CuZnCdNi630/690牌号和化学成分（质量分数）对照　（%）

标准号	牌号 代号	Ag	Cu	Zn	Cd	Ni	杂质≤			合计
							Pb	Zn	Cd	
GB/T 18762—2017	BAg49CuZnCdNi630/690	余量	14.0~16.0	16.0~18.0	15.0~17.0	2.5~3.5	0.05	—	—	0.2
JIS Z3261:1998(R2017)	B-Ag50CdZnCuNi-630/660 BAg-3	49.0~51.0	14.5~16.5	13.5~17.5	15.0~17.0	2.5~3.5	—	—	—	0.15
AWS A5.8/A5.8M:2019-AMD1	BAg-3 P07501									
EN ISO 17672:2016	Ag 351	49.0~51.0	14.5~16.5	13.5~17.5	14.0~18.0	2.5~3.5	Al:0.001,Bi:0.030 Cd:0.010,P:0.008 Pb:0.025,Si:0.05			0.15
ISO 17672:2016(E)	Ag 351[635/655]									

表10-195　BAg39.8CuZnCdNi590/605牌号和化学成分（质量分数）对照　（%）

标准号	牌号	Ag	Cu	Zn	Cd	Ni	杂质≤			合计
							Pb	Zn	Cd	
GB/T 18762—2017	BAg39.8CuZnCdNi590/605	余量	15.0~17.0	17.0~19.0	25.0~27.0	0.1~0.3	0.05	—	—	0.2
ГОСТ 19738—1974	ПСр40	39.0~41.0	16.0~17.4	16.2~17.8	余量	0.1~0.5	0.050	Fe:0.10 Bi:0.005		0.15

14. 银铜锌锡合金钎料

中外银铜锌锡合金钎料牌号和化学成分对照见表10-196、表10-197。

表10-196 BAg56CuZnSn620/650牌号和化学成分（质量分数）对照 （%）

标准号	牌号 代号	Ag	Cu	Zn	Sn	杂质≤			
						Pb	Zn	Cd	合计
GB/T 18762—2017	BAg56CuZnSn620/650	余量	21.0~23.0	16.0~18.0	4.5~5.5	0.05	—	—	0.2
JIS Z3261:1998(R2017)	B-Ag56CuZnSn-620/650 BAg-7	55.0~57.0	21.0~23.0	15.0~19.0	4.5~5.5	—	—	—	0.15
AWS A5.8/A5.8M:2019-AMD1	BAg-7 P07563	55.0~57.0	21.0~23.0	15.0~19.0	4.5~5.5	—	—	—	0.15
EN ISO 17672:2016	Ag 156	55.0~57.0	21.0~23.0	15.0~19.0	4.5~5.5	Al:0.001, Bi:0.030 Cd:0.010, P:0.008 Pb:0.025, Si:0.05			0.15
ISO 17672:2016(E)	Ag 156[620/655]								

表10-197 BAg34CuZnSn730/790牌号和化学成分（质量分数）对照 （%）

标准号	牌号 代号	Ag	Cu	Zn	Sn	杂质≤			
						Pb	Zn	Cd	合计
GB/T 18762—2017	BAg34CuZnSn730/790	余量	35.0~37.0	26.0~28.0	2.5~3.5	0.05	—	—	0.2
JIS Z3261:1998(R2017)	B-Cu36CuAgZnSn-630/730 BAg-7B	33.0~35.0	35.0~37.0	25.0~29.0	2.5~3.5	—	—	—	0.15
EN ISO 17672:2016	Ag 134	33.0~35.0	35.0~37.0	25.5~29.5	2.0~3.0	Al:0.001, Bi:0.030 Cd:0.010, P:0.008 Pb:0.025, Si:0.05			0.15
ISO 17672:2016(E)	Ag 134[630/730]								

15. 银铜锌锡镍合金钎料

银铜锌锡镍合金钎料牌号和化学成分见表10-198、表10-199。

表 10-198　BAg50.5CuZnSnNi650/670 牌号和化学成分（质量分数）　（%）

标准号	牌号	Ag	Cu	Zn	Sn	Ni	杂质≤			
							Pb	Zn	Cd	合计
GB/T 18762—2017	BAg50.5CuZnSnNi650/670	余量	20.0~22.0	26.0~28.0	0.7~1.3	0.3~0.7	0.05	—	—	0.2

表 10-199　BAg40CuZnSnNi634/640 牌号和化学成分（质量分数）　（%）

标准号	牌号	Ag	Cu	Zn	Sn	Ni	杂质≤			
							Pb	Zn	Cd	合计
GB/T 18762—2017	BAg40CuZnSnNi634/640	余量	24.0~26.0	29.5~31.5	2.7~3.3	1.3~1.7	0.05	—	—	0.2

16. 银铜锌锰合金钎料

银铜锌锰合金钎料牌号和化学成分见表 10-200。

表 10-200　BAg20CuZnMn740/790 牌号和化学成分（质量分数）　（%）

标准号	牌号	Ag	Cu	Zn	Mn	杂质≤			
						Pb	Zn	Cd	合计
GB/T 18762—2017	BAg20CuZnMn740/790	余量	39.0~41.0	34.0~36.0	4.0~6.0	0.05	—	—	0.2

17. 银铜锌锰镍合金钎料

银铜锌锰镍合金钎料牌号和化学成分对照见表 10-201、表 10-202。

表 10-201　BAg49CuZnMnNi625/690 牌号和化学成分（质量分数）　（%）

标准号	牌号	Ag	Cu	Zn	Mn	Ni	杂质≤			
							Pb	Zn	Cd	合计
GB/T 18762—2017	BAg49CuZnMnNi625/690	余量	26.0~28.0	20.0~22.0	1.5~3.5	0.3~0.7	0.05	—	—	0.2

表 10-202 BAg49CuZnMnNi625/705 牌号和化学成分（质量分数）对照 （%）

标准号	牌号 代号	Ag	Cu	Zn	Mn	Ni	杂质≤			
							Pb	Zn	Cd	合计
GB/T 18762—2017	BAg49CuZnMnNi625/705	余量	15.0~17.0	22.0~24.0	6.5~8.5	4.0~5.0	0.05	—	—	0.2
AWS A5.8/A5.8M:2019-AMD1	BAg-22 P07490	48.0~50.0	15.0~17.0	21.0~25.0	7.0~8.0	4.0~5.0	—	—	—	0.15
EN ISO 17672:2016	Ag 449	48.0~50.0	15.0~17.0	21.0~25.0	7.0~8.0	4.0~5.0	Al:0.001, Bi:0.030 Cd:0.010, P:0.008 Pb:0.025, Si:0.05			0.15
ISO 17672:2016(E)	Ag 449[680/705]									

18. 银铝锰合金钎料

银铝锰合金钎料牌号和化学成分见表 10-203。

表 10-203 BAg94AlMn780/825 牌号和化学成分（质量分数） （%）

标准号	牌号	Ag	Al	Mn	杂质≤			
					Pb	Zn	Cd	合计
GB/T 18762—2017	BAg94AlMn780/825	余量	4.5~5.5	0.7~1.3	0.05	0.05	0.05	0.2

19. 银铜锰合金钎料

银铜锰合金钎料牌号和化学成分见表 10-204~表 10-206。

表 10-204 BAg80CuMn880/900 牌号和化学成分（质量分数） （%）

标准号	牌号	Ag	Cu	Mn	杂质≤			
					Pb	Zn	Cd	合计
GB/T 18762—2017	BAg80CuMn880/900	余量	9.0~11.0	9.0~11.0	0.05	0.05	0.05	0.2

表 10-205　BAg40CuMn740/760 牌号和化学成分（质量分数）　（%）

标准号	牌号	Ag	Cu	Mn	杂质≤			
					Pb	Zn	Cd	合计
GB/T 18762—2017	BAg40CuMn740/760	余量	39.0~41.0	19.0~21.0	0.05	0.05	0.05	0.2

表 10-206　BAg20CuMn730/760 牌号和化学成分（质量分数）　（%）

标准号	牌号	Ag	Cu	Mn	杂质≤			
					Pb	Zn	Cd	合计
GB/T 18762—2017	BAg20CuMn730/760	19.5~20.5	余量	19.0~21.0	0.05	0.05	0.05	0.2

20. 银铜锰镍合金钎料

银铜锰镍合金钎料牌号和化学成分见表 10-207。

表 10-207　BAg65CuMnNi780/825 牌号和化学成分（质量分数）　（%）

标准号	牌号	Ag	Cu	Mn	Ni	杂质≤			
						Pb	Zn	Cd	合计
GB/T 18762—2017	BAg65CuMnNi780/825	余量	27.0~29.0	4.5~5.5	1.5~2.5	0.05	0.05	0.05	0.2

21. 银铜锡锰合金钎料

银铜锡锰合金钎料牌号和化学成分见表 10-208。

表 10-208　BAg55CuSnMn660/720 牌号和化学成分（质量分数）　（%）

标准号	牌号	Ag	Cu	Sn	Mn	杂质≤			
						Pb	Zn	Cd	合计
GB/T 18762—2017	BAg55CuSnMn660/720	余量	30.0~32.0	9.5~10.5	3.5~4.5	0.05	0.05	0.05	0.2

22. 银锰合金钎料

银锰合金钎料牌号和化学成分见表 10-209。

表 10-209 BAg85Mn960/970 牌号和化学成分（质量分数）对照 （%）

标准号	牌号 代号	Ag	Mn	杂质≤			
				Pb	Zn	Cd	合计
GB/T 18762—2017	BAg85Mn960/970	余量	14.0~16.0	0.05	0.05	0.05	0.2
AWS A5.8/A5.8M：2019-AMD 1	BAg-23 P07850	84.0~86.0	余量	—	—	—	0.15
EN ISO 17672：2016	Ag 485	84.0~86.0	14.0~16.0	Al：0.001，Bi：0.030 Cd：0.010，P：0.008 Pb：0.025，Si：0.05			0.15
ISO 17672：2016(E)	Ag 485[960/970]						

23. 银铜磷合金钎料

中外银铜磷合金钎料牌号和化学成分对照见表 10-210~表 10-212。

表 10-210 BAg71CuP700/780 牌号和化学成分（质量分数）对照 （%）

标准号	牌号	Ag	Cu	P	杂质≤			
					Pb	Zn	Cd	合计
GB/T 18762—2017	BAg71CuP700/780	余量	27.0~29.0	0.75~1.25	0.005	0.005	0.005	0.15
ГОСТ 19738—1974	ПСр71	70.5~71.5	余量	0.8~1.2	0.005	Fe：0.15	Bi：0.005	0.15

表 10-211 BAg25CuP650/710 牌号和化学成分（质量分数）对照 （%）

标准号	牌号	Ag	Cu	P	杂质≤			
					Pb	Zn	Cd	合计
GB/T 18762—2017	BAg25CuP650/710	24.5~25.5	余量	4.0~6.0	0.005	0.005	0.005	0.15
ГОСТ 19738—1974	ПСр25Ф	24.5~25.5	余量	4.5~5.5	0.010	Fe：0.15	Bi：0.010	0.15

表 10-212　BAg15CuP710/815 牌号和化学成分（质量分数）对照　（%）

标准号	牌号 代号	Ag	Cu	P	杂质≤			
					Pb	Zn	Cd	合计
GB/T 18762—2017	BAg15CuP710/815	14.5~15.5	余量	5±1.0	0.005	0.005	0.005	0.15
ГОСТ 19738—1974	ПСр15	14.5~15.5	余量	4.5~5.1	0.100	Fe:0.05	Bi:0.010	0.15
AWS A5.8/A5.8M:2019-AMD 1	BCuP-5 C55284	14.5~15.5	余量	4.8~5.2	—	—	—	0.15
EN ISO 17672:2016	CuP 284	14.5~15.5	余量	4.8~5.2	Al:0.01,Bi:0.030 Cd:0.010,Pb:0.025 Zn:0.05,Zn+Cd:0.05			0.25
ISO 17672:2016(E)	CuP 284[645/800]							

24. 银铜锌锰合金钎料

中外银铜锌锰合金钎料牌号和化学成分对照见表 10-213。

表 10-213　BAg37.5CuZnMn725/810 牌号和化学成分（质量分数）对照　（%）

标准号	牌号	Ag	Cu	Zn	Mn	杂质≤		
						Pb	Cd	合计
GB/T 18762—2017	BAg37.5CuZnMn725/810	37.0~38.0	余量	5.0~6.0	7.7~8.7	0.005	0.005	0.15
ГОСТ 19738—1974	ПСр37.5	37.0~38.0	余量	5.0~6.0	7.9~8.5	Pb:0.050 Fe:0.10 Bi:0.005		0.15

10.3　铂及铂合金牌号和化学成分

常用铂及铂合金包括冶炼产品、加工铂及铂合金和其他铂及铂合金产品。

10.3.1　冶炼产品

1. 海绵铂

中外海绵铂牌号和化学成分对照见表10-214～表10-216。

表10-214　SM-Pt99.99牌号和化学成分（质量分数）对照　（%）

标准号	牌号	Pt ≥	杂质≤							
			Pd	Rh	Ir	Ru	Au	Ag	Cu	Fe	Ni
GB/T 1419—2015	SM-Pt99.99	99.99	0.003	0.003	0.003	0.003	0.003	0.001	0.001	0.001	0.001
ГОСТ 12341—1981E	ПлА-0	99.98	Pd+Rh+Ir+Ru:0.015				0.002	—	—	0.003	—
ASTM B561—1994(R2018)	Grade 99.99	99.99	0.005	0.005	0.005	0.002	0.005	0.003	0.004	0.005	0.001

标准号	牌号	杂质≤									
		Al	Pb	Mn	Cr	Mg	Sn	Si	Zn	Bi	合计
GB/T 1419—2015	SM-Pt99.99	0.003	0.002	0.002	0.002	0.002	0.002	0.003	0.002	0.002	0.01
ГОСТ 12341—1981E	ПлА-0	0.002	0.002	—	—	—	0.001	0.002	—	—	0.02
		Sb:0.001									
ASTM B561—1994(R2018)	Grade 99.99	0.004	0.001	0.001	0.001	0.003	0.002	0.005	0.002	0.002	—
		Ca:0.003, Sb:0.002, As:0.002, Te:0.004, Mo:0.004									

表10-215　SM-Pt99.95牌号和化学成分（质量分数）对照　（%）

标准号	牌号	Pt ≥	杂质≤							
			Pd	Rh	Ir	Ru	Au	Ag	Cu	Fe	Ni
GB/T 1419—2015	SM-Pt99.95	99.95	0.01	0.02	0.02	0.02	0.01	0.005	0.005	0.005	0.005
ГОСТ 12341—1981E	ПлА-1	99.95	Pd+Rh+Ir+Ru:0.025				0.005	—	—	0.01	—
ASTM B561—1994(R2018)	Grade 99.95	99.95	0.02	0.03	0.015	0.01	0.01	0.005	0.01	0.01	0.005

（续）

标准号	牌号	杂质≤									
		Al	Pb	Mn	Cr	Mg	Sn	Si	Zn	Bi	合计
GB/T 1419—2015	SM-Pt99.95	0.005	0.003	0.005	0.005	0.005	0.005	0.005	0.005	0.005	0.05
ГОСТ 12341—1981Е	ПлА-1	0.005	0.005	—	—	—	0.001	0.005	—	—	0.05
		Sb:0.001									
ASTM B561—1994(R2018)	Grade 99.95	0.005	0.005	0.005	0.005	0.005	0.005	0.01	0.005	0.005	—
		Ca:0.005,Sb:0.005,As:0.005,Te:0.005,Mo:0.01,Cd:0.005									

表 10-216　SM-Pt99.9 牌号和化学成分（质量分数）对照　（%）

标准号	牌号	Pt ≥	杂质≤								
			Pd	Rh	Ir	Ru	Au	Ag	Cu	Fe	Ni
GB/T 1419—2015	SM-Pt99.9	99.9	0.03	0.03	0.03	0.04	0.03	0.01	0.01	0.01	0.01
ГОСТ 12341—1981Е	ПлА-2	99.90	Pd+Rh+Ir+Ru:0.050				0.005	—	—	0.01	—

标准号	牌号	杂质≤									
		Al	Pb	Mn	Cr	Mg	Sn	Si	Zn	Bi	合计
GB/T 1419—2015	SM-Pt99.9	0.01	0.01	0.01	0.01	0.01	0.01	0.01	0.01	0.01	0.10
ГОСТ 12341—1981Е	ПлА-2	0.005	0.005	—	—	—	0.005	0.005	—	—	0.10
		Sb:0.005									

2. 高纯海绵铂

高纯海绵铂牌号和化学成分见表 10-217、表 10-218。

表 10-217　SM-Pt99.999 牌号和化学成分（质量分数）　（%）

标准号	牌号	Pt ≥	杂质≤								
			Pd	Rh	Ir	Ru	Au	Ag	Cu	Fe	Ni
YS/T 81—2020	SM-Pt99.999	99.999	0.00005	0.00005	0.00005	0.00005	0.00005	0.00005	0.00005	0.00005	0.00005

（续）

标准号	牌号	杂质≤									
		Al	Pb	Mg	Si	Mn	Cr	Sn	Zn	Bi	合计
YS/T 81—2020	SM-Pt99. 999	0. 00005	0. 00005	0. 00005	0. 0001	0. 00005	0. 00005	0. 00005	0. 00005	0. 00005	0. 001

表 10-218　SM-Pt99. 995 牌号和化学成分（质量分数）　（%）

标准号	牌号	Pt	杂质≤								
		≥	Pd	Rh	Ir	Ru	Au	Ag	Cu	Fe	Ni
YS/T 81—2020	SM-Pt99. 995	99. 995	0. 0002	0. 0002	0. 0002	0. 0002	0. 0002	0. 0002	0. 0002	0. 0002	0. 0002

标准号	牌号	杂质≤									
		Al	Pb	Mg	Si	Mn	Cr	Sn	Zn	Bi	合计
YS/T 81—2020	SM-Pt99. 995	0. 0002	0. 0002	0. 0002	0. 001	0. 0002	0. 0002	0. 0002	0. 0002	0. 0002	0. 005

3. 二氧化铂

二氧化铂牌号和化学成分见表 10-219。

表 10-219　PtO_2 牌号和化学成分（质量分数）　（%）

标准号	牌号	Pt	杂质≤											
			Ag	Au	Pd	Rh	Ir	Pb	Ni	Cu	Fe	Sn	Cr	合计
YS/T 754—2011	PtO_2	68~86	0. 001	0. 001	0. 001	0. 001	0. 001	0. 0005	0. 0005	0. 0005	0. 0005	0. 0005	0. 0005	0. 1

4. 二亚硝基二氨铂

二亚硝基二氨铂化学成分见表 10-220。

表 10-220　二亚硝基二氨铂的化学成分（质量分数）　（%）

标准号	Pt	杂质≤											
	≥	Ag	Au	Pd	Rh	Ir	Pb	Ni	Cu	Fe	Sn	Cr	合计
YS/T 596—2006	59. 5	0. 001	0. 001	0. 001	0. 001	0. 001	0. 0005	0. 0005	0. 0005	0. 0005	0. 0005	0. 0005	0. 1

5. 超细铂粉

中外超细铂粉牌号和化学成分对照见表 10-221。

表 10-221 PPt-3.0 牌号和化学成分（质量分数）对照 （%）

标准号	牌号	Pt[①] ≥	杂质≤												
			Pd	Rh	Ir	Au	Ag	Cu	Ni	Fe	Pb	Al	Si	Cd	合计
GB/T 1776—2009	PPt-3.0	99.95	0.02	0.02	0.02	0.02	0.005	0.005	0.005	0.005	0.001	0.005	0.005	0.001	0.05
ГОСТ 14837—1979	ПлАП-2	99.9	Pd+Rh+Ir+Ru≤0.025			0.005	—	—	Sn: 0.001	0.010	0.005	0.005	0.005	Sb: 0.001	0.05

① 铂质量分数为 100%减去表中杂质实测量合计的余量。

10.3.2 加工产品

1. 加工铂

中外加工铂牌号和化学成分对照见表 10-222～表 10-224。

表 10-222 Pt99.99 牌号和化学成分（质量分数） （%）

标准号	牌号	Pt	Ir	Rh	Cu	杂质≤		
						Fe	Au	合计
YS/T 201—2018	Pt99.99	≥99.99	—	—	—	0.002	0.008	0.01

表 10-223 Pt99.95 牌号和化学成分（质量分数）对照 （%）

标准号	牌号	Pt	Ir	Rh	Cu	杂质≤		
						Fe	Au	合计
YS/T 201—2018	Pt99.95	≥99.95	—	—	—	0.01	0.01	0.05
ГОСТ 13498—1979	Пл99.93	≥99.93	Pd+Ir+Rh≤0.04		—	0.010	0.008	0.07
						Pb:0.006,Si:0.005		

表 10-224 Pt99.90 牌号和化学成分（质量分数）对照 （%）

标准号	牌号	Pt	Ir	Rh	Cu	杂质≤		
						Fe	Au	合计
YS/T 203—2009	Pt99.90	≥99.90	—	—	—	0.01	0.01	0.10
ГОСТ 13498—1979	Пл99.9	≥99.9	Pd+Ir+Rh≤0.07		—	0.010	0.010	0.10
						Pb:0.006,Si:0.006		
JIS H6202:1986	Pt99.9	≥99.9	Pd++Rh+Ru+Ir+Au+Ag+Cu+Fe≤0.1					

2. 加工铂铱合金

中外加工铂铱合金牌号和化学成分对照见表 10-225～表 10-232。

表 10-225 Pt95Ir 牌号和化学成分（质量分数）对照 （%）

标准号	牌号	Pt	Ir	Rh	Cu	杂质≤		
						Au	Fe	合计
YS/T 201—2018	Pt95Ir	余量	5±0.5	—	—	0.05	0.04	0.30
ГОСТ 13498—1979	ПлИ-5	94.7～95.3	4.7～5.3	Pd+Rh+Au≤0.15		—	0.04	0.19

表 10-226 Pt90Ir 牌号和化学成分（质量分数）对照 （%）

标准号	牌号	Pt	Ir	Rh	Cu	杂质≤		
						Au	Fe	合计
YS/T 201—2018	Pt90Ir	余量	10±0.5	—	—	0.05	0.04	0.30
ГОСТ 13498—1979	ПлИ-10	89.7～90.3	9.7～10.3	Pd+Rh+Au≤0.15			0.04	0.19
ASTM B684/B684M—2016	90Pt10Ir	余量	9.50～10.50	铂族金属(Pd、Rh、Os、Ru)、Au≤0.1 其他杂质合计≤0.1 Pb、Sb、Bi、Sn、As、Cd、Zn(每个)≤0.01 其他元素(每个)≤0.02			0.015	0.2

表 10-227　Pt85Ir 牌号和化学成分（质量分数）对照　（%）

标准号	牌号	Pt	Ir	Rh	Cu	杂质≤		
						Au	Fe	合计
YS/T 201—2018	Pt85Ir	余量	15±0.5	—	—	0.05	0.04	0.30
ГОСТ 13498—1979	ПлИ-15	84.6～85.4	14.6～15.4	Pd+Rh+Au≤0.15			0.04	0.19
ASTM B684/B684M—2016	85Pt15Ir	余量	14.50～15.50	铂族金属（Pd、Rh、Os、Ru）、Au≤0.1 其他杂质合计≤0.1 Pb、Sb、Bi、Sn、As、Cd、Zn（每个）≤0.01 其他元素（每个）≤0.02			0.015	0.2

表 10-228　Pt82.5Ir 牌号和化学成分（质量分数）对照　（%）

标准号	牌号	Pt	Ir	Rh	Cu	杂质≤		
						Au	Fe	合计
YS/T 201—2018	Pt82.5Ir	余量	17.5±0.5	—	—	0.05	0.04	0.30
ГОСТ 13498—1979	ПлИ-17.5	82.1～82.9	17.1～17.9	Pd+Rh+Au≤0.15			0.04	0.19

表 10-229　Pt80Ir 牌号和化学成分（质量分数）对照　（%）

标准号	牌号	Pt	Ir	Rh	Cu	杂质≤		
						Au	Fe	合计
YS/T 201—2018	Pt80Ir	余量	20±0.5	—	—	0.05	0.04	0.30
ГОСТ 13498—1979	ПлИ-20	79.5～80.5	19.5～20.5	Pd+Rh+Au≤0.15			0.04	0.19

表 10-230　Pt75Ir 牌号和化学成分（质量分数）对照　（%）

标准号	牌号	Pt	Ir	Rh	Cu	杂质≤		
						Au	Fe	合计
YS/T 201—2018	Pt75Ir	余量	25±0.5	—	—	0.05	0.04	0.30
ГОСТ 13498—1979	ПлИ-25	74.0～76.0	24.0～26.0	Pd+Rh+Au≤0.15			0.04	0.19

表 10-231 Pt70Ir 牌号和化学成分（质量分数）对照 （%）

标准号	牌号	Pt	Ir	Rh	Cu	杂质≤		
						Au	Fe	合计
YS/T 201—2018	Pt70Ir	余量	30±0.5	—	—	0.05	0.04	0.30
ГОСТ 13498—1979	ПлИ-30	69.0~71.0	29.0~31.0	Pd+Rh+Au≤0.15			0.04	0.19

表 10-232 Pt60Ir 牌号和化学成分（质量分数） （%）

标准号	牌号	Pt	Ir	Rh	Cu	杂质≤		
						Au	Fe	合计
YS/T 201—2018	Pt60Ir	余量	40±0.5	—	—	0.05	0.04	0.30

3. 加工铂铱钌合金

加工铂铱钌合金牌号和化学成分见表 10-233。

表 10-233 Pt74.25IrRu 牌号和化学成分（质量分数） （%）

标准号	牌号	Pt	Ir	Rh	Cu	杂质≤		
						Au	Fe	合计
YS/T 201—2018	Pt74.25IrRu	余量	25±0.5	0.75±0.3	—	0.05	0.04	0.30

4. 加工铂钌合金

中外加工铂钌合金牌号和化学成分对照见表 10-234。

表 10-234 Pt90Ru 牌号和化学成分（质量分数）对照 （%）

标准号	牌号	Pt	Ru	Rh	Cu	杂质≤		
						Au	Fe	合计
YS/T 201—2018	Pt90Ru	余量	10±0.5	—	—	0.05	0.04	0.30
ГОСТ 13498—1979	ПлРу-10	89.5~90.5	9.5~10.5	Pd+Ir+Rh+Au≤0.20			0.04	0.24

5. 加工铂铑合金

中外加工铂铑合金牌号和化学成分对照见表 10-235～表 10-241。

表 10-235　Pt95Rh 牌号和化学成分（质量分数）对照　（%）

标准号	牌号	Pt	Rh	Ru	Cu	杂质≤		
						Au	Fe	合计
YS/T 201—2018	Pt95Rh	余量	5±0.5	—	—	0.05	0.04	0.30
ГОСТ 13498—1979	ПлРд-5	94.7～95.3	4.7～5.3	Pd+Ir+Au≤0.15			0.04	0.19

表 10-236　Pt93Rh 牌号和化学成分（质量分数）对照　（%）

标准号	牌号	Pt	Rh	Ru	Cu	杂质≤		
						Au	Fe	合计
YS/T 201—2018	Pt93Rh	余量	7±0.5	—	—	0.05	0.04	0.30
ГОСТ 13498—1979	ПлРд-7	92.7～93.3	6.7～7.3	Pd+Ir+Au≤0.15			0.04	0.19

表 10-237　Pt90Rh 牌号和化学成分（质量分数）对照　（%）

标准号	牌号	Pt	Rh	Ru	Cu	杂质≤		
						Au	Fe	合计
YS/T 201—2018	Pt90Rh	余量	10±0.5	—	—	0.05	0.04	0.30
ГОСТ 13498—1979	ПлРд-10	89.7～90.3	9.7～10.3	Pd+Ir+Au≤0.15			0.04	0.19

表 10-238　Pt87Rh 牌号和化学成分（质量分数）　（%）

标准号	牌号	Pt	Rh	Ru	Cu	杂质≤		
						Au	Fe	合计
YS/T 201—2018	Pt87Rh	余量	13±0.5	—	—	0.05	0.04	0.30

表 10-239　Pt80Rh 牌号和化学成分（质量分数）对照　（%）

标准号	牌号	Pt	Rh	Ru	Cu	杂质≤		
						Au	Fe	合计
YS/T 201—2018	Pt80Rh	余量	20±0.5	—	—	0.05	0.04	0.30
ГОСТ 13498—1979	ПлРд-20	79.5~80.5	19.5~20.5	Pd+Ir+Au≤0.15			0.04	0.19

表 10-240　Pt70Rh 牌号和化学成分（质量分数）对照　（%）

标准号	牌号	Pt	Rh	Ru	Cu	杂质≤		
						Au	Fe	合计
YS/T 201—2018	Pt70Rh	余量	30±0.5	—	—	0.05	0.04	0.30
ГОСТ 13498—1979	ПлРд-30	69.5~70.5	29.5~30.5	Pd+Ir+Au≤0.15			0.04	0.19

表 10-241　Pt60Rh 牌号和化学成分（质量分数）对照　（%）

标准号	牌号	Pt	Rh	Ru	Cu	杂质≤		
						Au	Fe	合计
YS/T 203—2009	Pt60Rh	余量	40±0.5	—	—	0.05	0.04	0.30
ГОСТ 13498—1979	ПлРд-40	59.5~60.5	39.5~40.5	Pd+Ir+Au≤0.15			0.04	0.19

6. 加工铂镍合金

中外加工铂镍合金牌号和化学成分对照见表 10-242。

表 10-242　Pt95.5Ni 牌号和化学成分（质量分数）对照　（%）

标准号	牌号	Pt	Ni	Ru	Cu	杂质≤		
						Au	Fe	合计
YS/T 201—2018	Pt95.5Ni	余量	4.5±0.5	—	—	0.05	0.04	0.30
ГОСТ 13498—1979	ПлН-4.5	95.1~95.9	4.1~4.9	Pd+Ir+Rh+Ru≤0.20			0.04	0.24

7. 加工铂铜合金

中外加工铂铜合金牌号和化学成分对照见表 10-243～表 10-245。

表 10-243　Pt97.5Cu 牌号和化学成分（质量分数）对照　（%）

标准号	牌号	Pt	Cu	Ru	Ni	杂质≤		
						Au	Fe	合计
YS/T 203—2009	Pt97.5Cu	余量	2.5±0.5	—	—	0.05	0.04	0.30
ГОСТ 13498—1979	ПлМ-2.5	97.2～97.8	2.2～2.8	Pd+Ir+Rh+Au≤0.20			0.035	0.23

表 10-244　Pt91.5Cu 牌号和化学成分（质量分数）对照　（%）

标准号	牌号	Pt	Cu	Ru	Ni	杂质≤		
						Au	Fe	合计
YS/T 203—2009	Pt91.5Cu	余量	8.5±0.5	—	—	0.05	0.04	0.30
ГОСТ 13498—1979	ПлМ-8.5	91.1～91.9	8.1～8.9	Pd+Ir+Rh+Au≤0.20			0.035	0.23

表 10-245　Pt60Cu 牌号和化学成分（质量分数）对照　（%）

标准号	牌号	Pt	Cu	Ru	Ni	杂质≤		
						Au	Fe	合计
YS/T 201—2018	Pt60Cu	余量	40±0.5	—	—	0.05	0.04	0.30
ГОСТ 13498—1979	ПлМ-40	59.5～60.5	39.5～40.5	Pd+Ir+Rh+Au≤0.20			0.035	0.23

8. 其他铂及铂合金产品

（1）光谱分析用铂基体　光谱分析用铂基体牌号和化学成分见表 10-246、表 10-247。

表 10-246　SM-Pt99.999 牌号和化学成分（质量分数）　（%）

标准号	牌号	Pt ≥	杂质≤										
			Pd	Rh	Ir	Ru	Au	Ag	Cu	Fe	Ni	Al	Pb
YS/T 82—2020	SM-Pt99.999	99.999	0.00001	0.00001	0.00001	0.00001	0.00001	0.00001	0.00001	0.00001	0.00001	0.00001	0.00001

标准号	牌号	杂质≤											
		Mg	Si	Mn	Cr	Sn	Zn	Bi	Ti	V	Co	Cd	合计
YS/T 82—2020	SM-Pt99. 999	0. 00001	0. 0001	0. 00001	0. 00001	0. 00001	0. 00001	0. 00001	0. 00001	0. 00001	0. 00001	0. 00001	0. 001

表 10-247　SM-Pt99. 995 牌号和化学成分（质量分数）　（%）

标准号	牌号	Pt ≥	杂质≤										
			Pd	Rh	Ir	Ru	Au	Ag	Cu	Fe	Ni	Al	Pb
YS/T 82—2020	SM-Pt99. 995	99. 995	0. 00005	0. 00005	0. 0001	0. 0001	0. 00001	0. 00001	0. 00001	0. 00005	0. 00005	0. 00005	0. 00005

标准号	牌号	杂质≤											
		Mg	Si	Mn	Cr	Sn	Zn	Bi	Ti	V	Co	Cd	合计
YS/T 82—2020	SM-Pt99. 995	0. 00001	0. 0001	0. 00001	0. 00005	0. 00005	0. 0001	0. 00005	0. 0001	0. 0001	0. 0001	0. 0001	0. 005

（2）工业热电偶用贵金属铂丝材　工业热电偶用贵金属铂丝材牌号和化学成分见表 10-248～表 10-252。

表 10-248　Pt90Rh 牌号和化学成分（质量分数）对照　（%）

标准号	牌号 代号	Pt	Rh	Ru	Cu	杂质≤			极性
						Au	Fe	合计	
YS/T 378—2009	Pt90Rh SP	90	10	—	—	—	—	—	正极
ГОСТ 13498—1979	ПлРд-10	89. 7～90. 3	9. 7～10. 3	Pd+Ir+Au≤0. 15			0. 04	0. 19	—

表 10-249　Pt 牌号和化学成分（质量分数）　（%）

标准号	牌号 代号	Pt	Ir	Rh	Cu	杂质≤			极性
						Fe	Au	合计	
YS/T 378—2009	Pt SN、RN	100	—	—	—	—	—	—	负极

表 10-250　Pt87Rh 牌号和化学成分（质量分数）（%）

标准号	牌号 代号	Pt	Rh	Ir	Cu	杂质≤			极性
						Fe	Au	合计	
YS/T 378—2009	Pt87Rh RP	87	13	—	—	—	—	—	正极

表 10-251　Pt70Rh 牌号和化学成分（质量分数）对照（%）

标准号	牌号 代号	Pt	Rh	Ru	Cu	杂质≤			极性
						Au	Fe	合计	
YS/T 378—2009	Pt70Rh BP	70	30	—	—	—	—	—	正极
ГОСТ 13498—1979	ПлРд-30	69.5～70.5	29.5～30.5	Pd+Ir+Au≤0.15			0.04	0.19	—

表 10-252　Pt94Rh 牌号和化学成分（质量分数）对照（%）

标准号	牌号 代号	Pt	Rh	Ru	Cu	杂质≤			极性
						Au	Fe	合计	
YS/T 203—2009	Pt94Rh BN	94	6	—	—	—	—	—	负极
ГОСТ 13498—1979	ПлРд-5	94.7～95.3	4.7～5.3	Pd+Ir+Au≤0.15			0.04	0.19	—

10.4　钯及钯合金牌号和化学成分

常用钯及钯合金包括冶炼产品、加工钯及钯合金、其他钯及钯合金产品和钯合金钎料。

10.4.1　冶炼产品

1. 海绵钯

中外海绵钯牌号和化学成分对照见表 10-253～表 10-255。

表 10-253　SM-Pd99.99 牌号和化学成分（质量分数）对照　（%）

标准号	牌号	Pd ≥	杂质≤								
			Pt	Rh	Ir	Ru	Au	Ag	Cu	Fe	Ni
GB/T 1420—2015	SM-Pd99.99	99.99	0.003	0.002	0.002	0.003	0.002	0.001	0.001	0.001	0.001
ГОСТ 12340—1981E	ПдА-0	99.98	Pt+Ir+Rh+Ru:0.015				0.002	—	—	0.003	—

标准号	牌号	杂质≤									
		Al	Pb	Mn	Cr	Mg	Sn	Si	Zn	Bi	合计
GB/T 1420—2015	SM-Pd99.99	0.003	0.002	0.002	0.002	0.002	0.002	0.003	0.002	0.002	0.01
ГОСТ 12340—1981E	ПдА-0	0.002	0.002	—	—	—	0.001	0.002	—	—	0.02

表 10-254　SM-Pd99.95 牌号和化学成分（质量分数）对照　（%）

标准号	牌号 代号	Pd ≥	杂质≤								
			Pt	Rh	Ir	Ru	Au	Ag	Cu	Fe	Ni
GB/T 1420—2015	SM-Pd99.95	99.95	0.02	0.02	0.02	0.02	0.01	0.005	0.005	0.005	0.005
ГОСТ 12340—1981E	ПдА-1	99.95	Pt+Ir+Rh+Ru:0.025				0.005	—	—	0.01	—
ASTM B589—1994 (R2017)	Grade 99.95 P03995	99.95	— 铂族金属(Pd 除外)合计:0.03	—	—	—	0.01	0.01	0.005	0.005	0.005

标准号	牌号 代号	杂质≤									
		Al	Pb	Mn	Cr	Mg	Sn	Si	Zn	Bi	合计
GB/T 1420—2015	SM-Pd99.95	0.005	0.003	0.005	0.005	0.005	0.005	0.005	0.005	0.005	0.05
ГОСТ 12340—1981E	ПдА-1	0.005	0.005	—	—	—	0.001	0.005	—	—	0.05
ASTM B589—1994 (R2017)	Grade 99.95 P03995	0.005	0.005	—	0.001	0.005	0.005	0.005	0.0025	—	—
		Mo:0.001,Sb:0.002,Co:0.001,Ca:0.005									

表 10-255 SM-Pd99.9 牌号和化学成分（质量分数）对照 （%）

标准号	牌号	Pd ≥	杂质≤								
			Pt	Rh	Ir	Ru	Au	Ag	Cu	Fe	Ni
GB/T 1420—2015	SM-Pd99.9	99.9	0.03	0.03	0.03	0.04	0.03	0.01	0.01	0.01	0.01
ГОСТ 12340—1981E	ПдА-2	99.90	Pt+Ir+Rh+Ru:0.05				0.010	—	—	0.02	—
ASTM B683—2001 (R2012)	—	99.8	铂族金属(Pt、Ir、Rh、Os、Ru)和 Au、Ag、Cu 杂质合计:0.1							0.015	
标准号	牌号	杂质≤									
		Al	Pb	Mn	Cr	Mg	Sn	Si	Zn	Bi	合计
GB/T 1420—2015	SM-Pd99.9	0.01	0.01	0.01	0.01	0.01	0.01	0.01	0.01	0.01	0.1
ГОСТ 12340—1981E	ПдА-2	0.005	0.005	—	—	—	0.005	0.005	—	—	0.10
ASTM B683—2001 (R2012)	—	Pb、Sb、Bi、Sn、As、Cd、Zn 杂质单个:0.01 其他杂质合计:0.1,其他元素每个:0.02									0.2

2. 二氯化钯

二氯化钯牌号和化学成分见表 10-256。

表 10-256 $PdCl_2$ 牌号和化学成分（质量分数） （%）

标准号	牌号	Pd ≥	杂质≤													
			Al	Au	Cd	Cr	Cu	Fe	Ir	Mg	Ni	Pb	Pt	Rh	Si	Zn	NO_3^-
GB/T 8185—2020	$PdCl_2$	59.5	0.003	0.003	0.003	0.003	0.003	0.003	0.003	0.003	0.003	0.001	0.003	0.003	0.003	0.003	0.01

3. 钯炭

钯炭牌号和化学成分见表 10-257～表 10-259。

表 10-257 3%-Pd/C 牌号和化学成分（质量分数） （%）

标准号	牌号	Pd ≥	杂质≤		
			Fe	Pb	Cu
GB/T 23518—2020	3%-Pd/C	2.85	0.05	0.05	0.05

表 10-258　5%-Pd/C 牌号和化学成分（质量分数）　（%）

标准号	牌号	Pd ≥	杂质≤		
			Fe	Pb	Cu
GB/T 23518—2020	5%-Pd/C	4.75	0.05	0.05	0.05

表 10-259　10%-Pd/C 牌号和化学成分（质量分数）　（%）

标准号	牌号	Pd ≥	杂质≤		
			Fe	Pb	Cu
GB/T 23518—2020	10%-Pd/C	9.70	0.05	0.05	0.05

4. 超细钯粉

中外超细钯粉牌号和化学成分对照见表 10-260。

表 10-260　PPd-6.0 牌号和化学成分（质量分数）对照　（%）

标准号	牌号	Pd[①] ≥	杂质≤												
			Pt	Rh	Ir	Au	Ag	Cu	Ni	Fe	Pb	Al	Si	Cd	合计
GB/T 1777—2009	PPd-6.0	99.95	0.02	0.02	0.02	0.02	0.005	0.005	0.005	0.005	0.001	0.005	0.005	0.001	0.05
ГОСТ 14836—1982	ПдАП-1	99.95	Pt+Ir+Rh+Ru:0.025			0.005	—	—	—	0.01	0.005	0.005	0.005	Sn: 0.001	0.05

① 钯的质量分数为 100%减去表中杂质实测量合计的余量。

10.4.2　加工产品

1. 加工钯

中外加工钯牌号和化学成分对照见表 10-261～表 10-263。

表 10-261 Pd99.99 牌号和化学成分（质量分数）对照 （%）

标准号	牌号	Pd ≥	Pt	Ir	杂质≤					
					Au	Fe	Pb	Sb	Bi	合计
YS/T 201—2018	Pd99.99	99.99	—	—	0.008	0.002	—	—	—	0.01
ГОСТ 12340—1981E	ПдА-0	99.98	Pt+Ir+Rh+Ru≤0.015		0.002	0.003	0.002	—	—	0.02
					Si:0.002,Sn:0.001,Al:0.002					

表 10-262 Pd99.95 牌号和化学成分（质量分数）对照 （%）

标准号	牌号 代号	Pd ≥	Pt	Ir	杂质≤					
					Au	Fe	Pb	Sb	Bi	合计
YS/T 201—2018	Pd99.95	99.95	—	—	0.01	0.01	—	—	—	0.05
ГОСТ 12340—1981E	ПдА-1	99.95	Pt+Ir+Rh+Ru≤0.025		0.005	0.01	0.005	—	—	0.05
					Si:0.005,Sn:0.001,Al:0.005					
ASTM B589—1994 (R2017)	Grade 99.95 P03995	99.95	铂族金属(Pd除外) 合计:0.03		0.01	0.005	0.005	0.002	—	—
					Ag:0.01,Sn:0.005,Zn:0.0025,Cu:0.005,Si:0.005,Mg:0.005, Ca:0.005,Al:0.005,Ni:0.005,Cr:0.001,Co:0.001,Mo:0.001					

表 10-263 Pd99.90 牌号和化学成分（质量分数）对照 （%）

标准号	牌号	Pd ≥	Pt	Ir	杂质≤					
					Au	Fe	Pb	Sb	Bi	合计
YS/T 203—2009	Pd99.90	99.90	—	—	0.01	0.01	—	—	—	0.10
ГОСТ 13462—1979	Пд99.9	99.90	Pt+Ir+Rh≤0.06		0.006	0.030	0.006	Si:0.005		0.10
ASTM B683—2001 (R2012)	—	99.8	铂族金属(Pt,Ir,Rh,Os,Ru)和 Au、Ag、Cu杂质合计≤0.1			0.015	Pb、Sb、Bi、Sn、As、Cd、Zn 杂质单个:0.01 其他杂质合计:0.1 其他元素每个:0.02			0.2

2. 加工钯铱合金

中外加工钯铱合金牌号和化学成分对照见表 10-264、表 10-265。

表 10-264　Pd90Ir 牌号和化学成分（质量分数）对照　（%）

标准号	牌号	Pd	Ir	Pt	杂质≤					
					Au	Fe	Pb	Sb	Bi	合计
YS/T 201—2018	Pd90Ir	余量	10±0.5	—	0.04	0.05	—	—	—	0.30
ГОСТ 13462—1979	ПдИ-10	89.7~90.4	9.6~10.5	Pt+Rh+Au≤0.18		0.05	—	—	—	0.25

表 10-265　Pd82Ir 牌号和化学成分（质量分数）对照　（%）

标准号	牌号	Pd	Ir	Pt	杂质≤					
					Au	Fe	Pb	Sb	Bi	合计
YS/T 201—2018	Pd82Ir	余量	18±0.5	—	0.04	0.05	—	—	—	0.30
ГОСТ 13462—1979	ПдИ-18	81.6~82.5	17.5~18.4	Pt+Ir+Rh+Ru≤0.18		—	—	—	—	0.25

3. 加工钯铜合金

中外加工钯铜合金牌号和化学成分对照见表 10-266。

表 10-266　Pd60Cu 牌号和化学成分（质量分数）对照　（%）

标准号	牌号	Pd	Cu	Pt	杂质≤					
					Au	Fe	Pb	Sb	Bi	合计
YS/T 201—2018	Pd60Cu	余量	40±0.5	—	0.04	0.05	—	—	—	0.30
ASTM B685—2001 (R2012)	60Pd-40Cu	余量	40±0.5	—	Ag	0.05	0.03	—	—	0.2
					Ag:0.10, Zn:0.06, Cd:0.05, Al:0.005, 其他杂质合计:0.1					

4. 加工钯银合金

中外加工钯银合金牌号和化学成分对照见表 10-267~表 10-271。

表 10-267 Pd90Ag 牌号和化学成分（质量分数） （%）

标准号	牌号	Pd	Ag	Pt	杂质≤					
					Au	Fe	Pb	Sb	Bi	合计
YS/T 201—2018	Pd90Ag	余量	10±0.5	—	0.03	0.06	0.005	0.005	0.005	0.30

表 10-268 Pd80Ag 牌号和化学成分（质量分数）对照 （%）

标准号	牌号	Pd	Ag	Pt	杂质≤					
					Au	Fe	Pb	Sb	Bi	合计
YS/T 201—2018	Pd80Ag	余量	20±0.5	—	0.03	0.06	0.005	0.005	0.005	0.30
ГОСТ 13462—1979	ПдСр-20	79.5~80.5	19.5~20.5	Pt+Rh+Ir+Au≤0.19		0.05	0.004	—	0.002	0.24

表 10-269 Pd70Ag 牌号和化学成分（质量分数）对照 （%）

标准号	牌号	Pd	Ag	Pt	杂质≤					
					Au	Fe	Pb	Sb	Bi	合计
YS/T 203—2009	Pd70Ag	余量	30±0.5	—	0.04	0.005	0.005	0.005	0.06	0.40
ГОСТ 13462—1979	ПдСр-30	69.5~70.5	29.5~30.5	Pt+Rh+Ir+Au≤0.19		0.05	0.004	—	0.002	0.24

表 10-270 Pd60Ag 牌号和化学成分（质量分数）对照 （%）

标准号	牌号	Pd	Ag	Pt	杂质≤					
					Au	Fe	Pb	Sb	Bi	合计
YS/T 201—2018	Pd60Ag	余量	40±0.5	—	0.03	0.06	0.005	0.005	0.005	0.30
ГОСТ 13462—1979	ПдСр-40	59.5~60.5	39.5~40.5	Pt+Rh+Ir+Au≤0.19		0.05	0.004	—	0.002	0.24
ASTM B731—1996(R2012)	60Pd-40Ag	≥59.5	39.1~40.5	—	—	—	—	—	—	—
		贵金属杂质合计(Au+Pt+Rh+Ir+Ru+Os)：≤0.2				Cu：0.1，Pb、Sn、Zn、Fe、Si、Mg、Ca、Al、Ni、Cr、Mn、Sb、B、Co、Mo、Te、Cd 杂质合计：0.10，单个：0.01				

表 10-271　Pd50Ag 牌号和化学成分（质量分数）　（%）

标准号	牌号	Pd	Ag	Pt	杂质≤					
					Au	Fe	Pb	Sb	Bi	合计
YS/T 201—2018	Pd50Ag	余量	50±0.5	—	0.03	0.06	0.005	0.005	0.005	0.30

5. 加工钯银钴合金

中外加工钯银钴合金牌号和化学成分对照见表 10-272。

表 10-272　Pd60AgCo 牌号和化学成分（质量分数）对照　（%）

标准号	牌号	Pd	Ag	Co	杂质≤					
					Au	Fe	Pb	Sb	Bi	合计
YS/T 201—2018	Pd60AgCo	余量	35±0.5	5±0.5	0.04	0.06	0.005	0.005	0.005	0.30
ГОСТ 13462—1979	ПдСрК-35-5	59.2~60.8	34.4~35.6	4.5~5.5	—	0.05	0.003	—	0.002	0.24
					Pt+Rh+Ir+Au:0.19					

6. 加工钯银铜合金

中外加工钯银铜合金牌号和化学成分对照见表 10-273。

表 10-273　Pd60AgCu 牌号和化学成分（质量分数）对照　（%）

标准号	牌号	Pd	Ag	Cu	杂质≤					
					Au	Fe	Pb	Sb	Bi	合计
YS/T 201—2018	Pd60AgCu	余量	36±0.5	4±0.5	0.04	0.06	0.005	0.005	0.005	0.30
ГОСТ 13462—1979	ПдСрМ-36-4	59.2~60.8	35.4~36.6	3.5~4.5	—	0.04	0.003	—	0.002	0.23
					Pt+Rh+Ir+Au:0.19					

7. 加工钯银铜镍合金

加工钯银铜镍合金牌号和化学成分见表 10-274。

表 10-274　Pd60AgCuNi 牌号和化学成分（质量分数）　（%）

标准号	牌号	Pd	Ag	Cu	Ni	杂质≤					
						Au	Fe	Pb	Sb	Bi	合计
YS/T 201—2018	Pd60AgCuNi	余量	40±0.5	18±0.5	2±0.5	0.04	0.06	0.005	0.005	0.005	0.30

8. 加工钯银铜金铂锌合金

中外加工钯银铜金铂锌合金牌号和化学成分对照见表 10-275。

表 10-275　Pd35AgCuAuPtZn 牌号和化学成分（质量分数）对照　（%）

标准号	牌号	Pd	Ag	Cu	Au	Pt	Zn	杂质≤				
								Fe	Pb	Sb	Bi	合计
YS/T 201—2018	Pd35AgCuAuPtZn	余量	30±0.5	14±0.5	10±0.5	10±0.5	0.5~1.2	0.06	0.005	0.005	0.005	0.30
ASTM B540—1997(R2017)	—	34.0~36.0	29.0~31.0	13.5~14.5	9.5~10.5	9.5~10.5	0.8~1.2	贵金属杂质合计:0.1 其他杂质合计:0.2				

9. 加工钯银金合金

加工钯银金合金牌号和化学成分见表 10-276。

表 10-276　Pd70AgAu 牌号和化学成分（质量分数）　（%）

标准号	牌号	Pd	Ag	Au	杂质≤				
					Fe	Pb	Sb	Bi	合计
YS/T 201—2018	Pd70AgAu	余量	25±0.5	5±0.5	0.06	0.005	0.005	0.005	0.20

10. 加工钯镍合金

加工钯镍合金牌号和化学成分见表 10-277。

表 10-277　Pd95Ni 牌号和化学成分（质量分数）　（%）

标准号	牌号	Pd	Ni	Au	杂质≤				
					Fe	Pb	Sb	Bi	合计
YS/T 201—2018	Pd95Ni	余量	5±0.5	—	0.05	0.005	0.005	0.005	0.20

11. 加工钯银铜合金

加工钯银铜合金牌号和化学成分见表 10-278、表 10-279。

表 10-278　Pd30AgCu 牌号和化学成分（质量分数）　（%）

标准号	牌号	Pd	Ag	Cu	杂质≤				
					Fe	Pb	Sb	Bi	合计
YS/T 201—2018	Pd30AgCu	余量	40±0.5	30±0.5	0.05	0.005	0.005	0.005	0.20

表 10-279　Pd50AgCu 牌号和化学成分（质量分数）　（%）

标准号	牌号	Pd	Ag	Cu	杂质≤				
					Fe	Pb	Sb	Bi	合计
YS/T 201—2018	Pd50AgCu	余量	30±0.5	20±0.5	0.05	0.005	0.005	0.005	0.20

12. 加工钯银铜金合金

加工钯银铜金合金牌号和化学成分见表 10-280。

表 10-280　Pd47AgCuAu 牌号和化学成分（质量分数）　（%）

标准号	牌号	Pd	Ag	Cu	Au	杂质≤				
						Fe	Pb	Sb	Bi	合计
YS/T 203—2009	Pd47AgCuAu	余量	30±0.5	13±0.5	10±0.5	0.005	0.005	0.005	0.06	0.40

13. 加工钯金铂银铜合金

加工钯金铂银铜合金牌号和化学成分见表 10-281。

表 10-281 Pd40AuPtAgCu 牌号和化学成分（质量分数） （%）

标准号	牌号	Pd	Au	Pt	Ag	Cu	杂质≤				
							Fe	Pb	Sb	Bi	合计
YS/T 203—2009	Pd40AuPtAgCu	余量	20±0.5	15±0.5	13±0.5	12±0.5	0.005	0.005	0.005	0.06	0.40

14. 光谱分析用钯基体

光谱分析用钯基体牌号和化学成分见表 10-282、表 10-283。

表 10-282 SM-Pd99.999 牌号和化学成分（质量分数） （%）

标准号	牌号	Pd ≥	杂质≤										
			Pt	Rh	Ir	Ru	Au	Ag	Cu	Fe	Ni	Al	Pb
YS/T 83—2020	SM-Pd99.999	99.999	0.00001	0.00001	0.00001	0.00001	0.00001	0.00001	0.00001	0.00001	0.00001	0.00001	0.00001

标准号	牌号	杂质≤											
		Mg	Si	Mn	Cr	Sn	Zn	Bi	Ti	V	Co	Cd	合计
YS/T 83—2020	SM-Pd99.999	0.00001	0.00001	0.00001	0.00001	0.00001	0.00001	0.00001	0.00001	0.00001	0.00001	0.00001	0.001

表 10-283 SM-Pd99.995 牌号和化学成分（质量分数） （%）

标准号	牌号	Pd ≥	杂质≤										
			Pt	Rh	Ir	Ru	Au	Ag	Cu	Fe	Ni	Al	Pb
YS/T 83—2020	SM-Pd99.995	99.995	0.00005	0.00005	0.0001	0.0001	0.00001	0.00001	0.00001	0.00005	0.00005	0.00005	0.00005

标准号	牌号	杂质≤											
		Mg	Si	Mn	Cr	Sn	Zn	Bi	Ti	V	Co	Cd	合计
YS/T 83—2020	SM-Pd99.995	0.00001	0.0001	0.00001	0.00005	0.00005	0.0001	0.00005	0.0001	0.0001	0.0001	0.0001	0.005

10.4.3 钎料产品

1. 钯银合金钎料

中外钯银合金钎料牌号和化学成分对照见表 10-284、表 10-285。

表 10-284　BPd80Ag1425/1470 牌号和化学成分（质量分数）　（%）

标准号	牌号	Pd	Ag	Cu	杂质≤			
					Pb	Zn	Cd	合计
GB/T 18762—2017	BPd80Ag1425/1470	余量	19.5~20.5	—	0.005	0.005	0.005	0.15

表 10-285　BAg95Pd970/1010 牌号和化学成分（质量分数）对照　（%）

标准号	牌号 代号	Ag	Pd	Cu	杂质≤			
					Pb	Zn	Cd	合计
GB/T 18762—2017	BAg95Pd970/1010	余量	4.5~5.5	—	0.005	0.005	0.005	0.15
JIS Z3267:1998(R2018)	B-Ag95Pd-970/1010 BPd-7	余量	4.5~5.5	—	—	—	—	0.15
EN ISO 17672:2016	Pd 288	94.5~95.5	4.5~5.5	—	Al:0.0010,P:0.008 Ti:0.002,Zr:0.002			0.15
ISO 17672:2016(E)	Pd 288[970/1010]							

2. 钯银铜合金钎料

中外钯银铜合金钎料牌号和化学成分对照见表 10-286~表 10-291。

表 10-286　BAg54CuPd900/950 牌号和化学成分（质量分数）对照　（%）

标准号	牌号 代号	Ag	Pd	Cu	杂质≤			
					Pb	Zn	Cd	合计
GB/T 18762—2017	BAg54CuPd900/950	余量	24.5~25.5	20.0~22.0	0.005	0.005	0.005	0.15
JIS Z3268:1998	BV-Ag54PdCu-900/950 BVAg-32	53.0~55.0	24.5~25.5	余量	0.002	0.002	0.002	其他杂质元素 0.002
ASTM F106—2012(R2017)	BVAg-32 P07547	53.0~55.0	余量	20.0~22.0	0.002	0.001	0.001	—
					P:0.002,C:0.005			
EN ISO 17672:2016	Pd 587	53.0~55.0	24.5~25.5	20.5~21.5	Al:0.0010,P:0.008 Ti:0.002,Zr:0.002			0.15
ISO 17672:2016(E)	Pd 587[900/950]							

表 10-287 BAg52CuPd867/900 牌号和化学成分（质量分数）对照 （%）

标准号	牌号 代号	Ag	Pd	Cu	杂质≤			
					Pb	Zn	Cd	合计
GB/T 18762—2017	BAg52CuPd867/900	余量	19.5~20.5	27.0~29.0	0.005	0.005	0.005	0.15
JIS Z3267:1998(R2018)	B-Ag52PdCu-875/900 BPd-5	51.5~52.5	19.5~20.5	余量	—	—	—	0.15
EN ISO 17672:2016 ISO 17672:2016(E)	Pd 484 Pd 484[875/900]	51.5~52.5	19.5~20.5	27.5~28.5	Al:0.0010, P:0.008 Ti:0.002, Zr:0.002			0.15

表 10-288 BAg65CuPd845/880 牌号和化学成分（质量分数）对照 （%）

标准号	牌号 代号	Ag	Pd	Cu	杂质≤			
					Pb	Zn	Cd	合计
GB/T 18762—2017	BAg65CuPd845/880	余量	14.5~15.5	19.0~21.0	0.005	0.005	0.005	0.15
JIS Z3267:1998(R2018)	B-Ag65PdCu-850/900 BPd-4	64.5~65.5	14.5~15.5	余量	—	—	—	0.15
EN ISO 17672:2016 ISO 17672:2016(E)	Pd 481 Pd 481[850/900]	64.5~65.5	14.5~15.5	19.5~20.5	Al:0.0010, P:0.008 Ti:0.002, Zr:0.002			0.15

表 10-289 BAg58CuPd824/852 牌号和化学成分（质量分数）对照 （%）

标准号	牌号 代号	Ag	Pd	Cu	杂质≤			
					Pb	Zn	Cd	合计
GB/T 18762—2017	BAg58CuPd824/852	余量	9.5~10.5	31.0~33.0	0.005	0.005	0.005	0.15
JIS Z3268:1998	BV-Ag58PdCu-825/850 BVAg-31	57.0~59.0	9.5~10.5	余量	0.002	0.002	0.002	其他杂质元素 0.002
ASTM F106—2012(R2017)	BVAg-31 P07587	57.0~59.0	余量	31.0~33.0	0.002 P:0.002, C:0.005	0.001	0.001	—

EN ISO 17672:2016	Pd 387	57.0~59.0	9.5~10.5	31.0~33.0	Al:0.0010,P:0.008 Ti:0.002,Zr:0.002	0.15
ISO 17672:2016(E)	Pd 387[825/850]					

表 10-290　BAg68CuPd807/810 牌号和化学成分（质量分数）对照　（%）

标准号	牌号 代号	Ag	Pd	Cu	杂质≤			
					Pb	Zn	Cd	合计
GB/T 18762—2017	BAg68CuPd807/810	余量	4.5~5.5	26.0~28.0	0.005	0.005	0.005	0.15
JIS Z3268:1998	BV-Ag68PdCu-805/810 BVAg-30	67.0~69.0	4.5~5.5	余量	0.002	0.002	0.002	其他杂质元素 0.002
ASTM F106—2012(R2017)	BVAg-30 P07687	67.0~69.0	4.5~5.5	余量	0.002	0.001	0.001	—
					P:0.002,C:0.005			
EN ISO 17672:2016	Pd 287	67.0~69.0	4.5~5.5	26.0~27.0	Al:0.0010,P:0.008 Ti:0.002,Zr:0.002			0.15
ISO 17672:2016(E)	Pd 287[805/810]							

表 10-291　BPd60AgCu1100/1250 牌号和化学成分（质量分数）　（%）

标准号	牌号	Pd	Ag	Cu	杂质≤			
					Pb	Zn	Cd	合计
GB/T 18762—2017	BPd60AgCu1100/1250	余量	35.5~36.5	3.5~4.5	0.005	0.005	0.005	0.15

3. 银铜钯钴合金钎料

银铜钯钴合金钎料牌号和化学成分见表 10-292。

4. 钯银锰合金钎料

钯银锰合金钎料的中外牌号和化学成分对照见表 10-293、表 10-294。

表 10-292　BAg65CuPdCo845/900 牌号和化学成分（质量分数）（%）

标准号	牌号	Ag	Cu	Pd	Co	杂质≤			
						Pb	Zn	Cd	合计
GB/T 18762—2017	BAg65CuPdCo845/900	64.0~66.0	19.0~21.0	余量	0.7~1.2	0.005	0.005	0.005	0.15

表 10-293　BPd33AgMn1120/1170 牌号和化学成分（质量分数）对照（%）

标准号	牌号 代号	Pd	Ag	Mn	杂质≤			
					Pb	Zn	Cd	合计
GB/T 18762—2017	BPd33AgMn1120/1170	32.5~33.5	余量	2.5~3.5	0.05	0.05	0.05	0.2
JIS Z3267:1998(R2018)	B-Ag64PdMn-1180/1200 BPd-10	32.5~33.5	余量	2.5~3.5	—	—	—	0.30
EN ISO 17672:2016	Pd 597	32.0~33.5	63.0~65.0	2.5~3.5	Al:0.0010,P:0.008 Ti:0.002,Zr:0.002			0.15
ISO 17672:2016(E)	Pd 597[1180/1200]							

表 10-294　BPd20AgMn1071/1170 牌号和化学成分（质量分数）对照（%）

标准号	牌号 代号	Pd	Ag	Mn	杂质≤			
					Pb	Zn	Cd	合计
GB/T 18762—2017	BPd20AgMn1071/1170	19.5~20.5	余量	4.5~5.5	0.05	0.05	0.05	0.2
JIS Z3267:1998(R2018)	B-Ag75PdMn-1000/1120 BPd-9	19.5~20.5	余量	4.5~5.5	—	—	—	0.30
EN ISO 17672:2016	Pd 485	19.5~20.5	74.5~75.5	4.5~5.5	Al:0.0010,P:0.008 Ti:0.002,Zr:0.002			0.15
ISO 17672:2016(E)	Pd 485[1000/1120]							

5. 钯铜合金钎料

中外钯铜合金钎料牌号和化学成分对照见表10-295。

表 10-295　BPd18Cu1080/1090 牌号和化学成分（质量分数）对照　（%）

标准号	牌号 代号	Pd	Cu	Ni	杂质≤			
					Pb	Zn	Cd	合计
GB/T 18762—2017	BPd18Cu1080/1090	17.5~18.5	余量	—	0.005	0.005	0.005	0.15
JIS Z3267:1998(R2018)	B-Cu82Pd-1080/1090 BPd-8	17.5~18.5	余量	—	—	—	—	0.15
EN ISO 17672:2016	Pd 483	17.5~18.5	81.5~82.5	—	Al:0.0010,P:0.008 Ti:0.002,Zr:0.002			0.15
ISO 17672:2016(E)	Pd 483[1080/1090]							

6. 钯铜镍合金钎料

钯铜镍合金钎料牌号和化学成分见表 10-296。

表 10-296　BPd35CuNi1163/1171 牌号和化学成分（质量分数）　（%）

标准号	牌号	Pd	Cu	Ni	杂质≤			
					Pb	Zn	Cd	合计
GB/T 18762—2017	BPd35CuNi1163/1171	34.5~35.5	余量	14.5~15.5	0.005	0.005	0.005	0.15

7. 钯铜镍锰合金钎料

中外钯铜镍锰合金钎料牌号和化学成分对照见表 10-297。

表 10-297　BPd20CuNiMn1070/1105 牌号和化学成分（质量分数）对照　（%）

标准号	牌号 代号	Pd	Cu	Ni	Mn	杂质≤			
						Pb	Zn	Cd	合计
GB/T 18762—2017	BPd20CuNiMn1070/1105	19.5~20.5	余量	14.5~15.5	9.0~11.0	0.05	0.05	0.05	0.2
JIS Z3267:1998(R2018)	B-Cu55PdNiMn-1060/1110 BPd-12	19.5~20.5	余量	14.5~15.5	9.5~10.5	—	—	—	0.30

8. 钯镍合金钎料

中外钯镍合金钎料牌号和化学成分对照见表10-298。

表10-298　BPd60Ni1237牌号和化学成分（质量分数）对照　（%）

标准号	牌号 代号	Pd	Ni	Mn	杂质≤			
					Pb	Zn	Cd	合计
GB/T 18762—2017	BPd60Ni1237	余量	39.5~40.5	—	0.005	0.005	0.005	0.15
JIS Z3267:1998(R2018)	B-PdNi-1235 BPd-14	59.5~60.5	余量	—	—	—	—	0.30
EN ISO 17672:2016	Pd 647	59.5~60.5	39.5~40.5	—	Al:0.0010,P:0.008 Ti:0.002,Zr:0.002			0.15
ISO 17672:2016(E)	Pd 647[1235]							

9. 钯镍锰合金钎料

中外钯镍锰合金钎料牌号和化学成分对照见表10-299。

表10-299　BPd20NiMn1120牌号和化学成分（质量分数）对照　（%）

标准号	牌号 代号	Pd	Ni	Mn	杂质≤			
					Pb	Zn	Cd	合计
GB/T 18762—2017	BPd20NiMn1120	19.5~20.5	余量	31.0~33.0	0.05	0.05	0.05	0.2
JIS Z3267:1998(R2018)	B-Ni48MnPd-1120 BPd-11	20.5~21.5	余量	30.5~31.5	—	—	—	0.30
EN ISO 17672:2016	Pd 496	20.5~21.5	47.0~49.0	30.5~31.5	Al:0.0010,P:0.008 Ti:0.002,Zr:0.002			0.15
ISO 17672:2016(E)	Pd 496[1120]							

10. 钯镍铬硅硼合金钎料

钯镍铬硅硼合金钎料牌号和化学成分见表10-300。

表 10-300　BPd37NiCrSiB818/992 牌号和化学成分（质量分数）　（%）

标准号	牌号	Pd	Ni	Cr	Si	B	杂质≤			
							Pb	Zn	Cd	合计
GB/T 18762—2017	BPd37NiCrSiB818/992	36.5~37.5	余量	10.0~12.0	2.0~3.0	2.0~3.0	0.005	0.005	0.005	0.15

10.5　铱及铱合金牌号和化学成分

常用铱及铱合金包括铱冶炼产品、加工铱及铱合金和其他铱加工产品。

10.5.1　冶炼产品

1. 铱粉

中外铱粉牌号和化学成分对照见表 10-301~表 10-303。

表 10-301　SM-Ir99.99 牌号和化学成分（质量分数）　（%）

标准号	牌号	Ir ≥	杂质≤							
			Pt	Ru	Rh	Pd	Au	Ag	Cu	Fe
GB/T 1422—2018	SM-Ir99.99	99.99	0.003	0.003	0.003	0.001	0.001	0.001	0.002	0.002
标准号	牌号	杂质≤								
		Ni	Al	Pb	Mn	Mg	Sn	Si	Zn	合计
GB/T 1422—2018	SM-Ir99.99	0.001	0.003	0.001	0.002	0.002	0.001	0.003	0.002	0.01

表 10-302　SM-Ir99.95 牌号和化学成分（质量分数）　（%）

标准号	牌号	Ir ≥	杂质≤							
			Pt	Ru	Rh	Pd	Au	Ag	Cu	Fe
GB/T 1422—2018	SM-Ir99.95	99.95	0.02	0.02	0.02	0.01	0.01	0.005	0.005	0.005

（续）

标准号	牌号	杂质≤								
		Ni	Al	Pb	Mn	Mg	Sn	Si	Zn	合计
GB/T 1422—2018	SM-Ir99.95	0.005	0.005	0.005	0.005	0.005	0.005	0.005	0.005	0.05

表 10-303　SM-Ir99.9 牌号和化学成分（质量分数）对照　（%）

标准号	牌号	Ir ≥	杂质≤							
			Pt	Rh	Pd	Ru	Au	Ag	Cu	Fe
GB/T 1422—2018	SM-Ir99.9	99.9	0.03	0.03	0.02	0.04	0.02	0.01	0.01	0.01
ГОСТ 13099—2006	И99.9	99.90	Pt+Rh+Pd:0.05			—	0.01	—	—	0.02
ASTM B671—1981(R2017)	Grade 99.90	99.90	0.05	0.05	0.05	0.05	0.02	0.02	0.02	0.01

标准号	牌号	杂质≤								
		Ni	Al	Pb	Mn	Mg	Sn	Si	Zn	合计
GB/T 1422—2018	SM-Ir99.9	0.01	0.01	0.01	0.01	0.01	0.01	0.01	0.01	0.1
ГОСТ 13099—2006	И99.9	—	—	0.01	—	—	Ba:0.005	0.01	—	0.10
ASTM B671—1981(R2017)	Grade 99.90	0.02	Cr:0.02	0.015	As:0.005	Bi:0.005	0.01	0.01	0.01	Ca:0.005

2. 氯铱酸

氯铱酸的质量等级和化学成分见表 10-304、表 10-305。

表 10-304　一级氯铱酸的化学成分（质量分数）　（%）

标准号	质量等级	Ir ≥	杂质≤											
			Pt	Pd	Rh	Ru	Au	Na	Cu	Mn	Fe	Mg	Si	合计
YS/T 595—2006	一级	35±0.3	0.01	0.01	0.01	0.01	0.005	0.01	0.005	0.005	0.005	0.005	0.005	0.08

表 10-305　二级氯铱酸的化学成分（质量分数）　（%）

标准号	质量等级	Ir ≥	杂质≤											
			Pt	Pd	Rh	Ru	Au	Na	Cu	Mn	Fe	Mg	Si	合计
YS/T 595—2006	二级	35±0.3	0.02	0.02	0.02	0.02	0.02	0.01	0.01	0.01	0.01	0.01	0.01	0.2

3. 水合三氯化铱

水合三氯化铱的化学成分见表 10-306。

表 10-306　水合三氯化铱化学成分（质量分数）　（%）

标准号	Ir	杂质≤									
		Ca	Fe	Na	Cu	Mg	Pb	Mn	Al	Si	合计
YS/T 643—2007	54.0~57.0	0.01	0.01	0.01	0.005	0.005	0.005	0.005	0.005	0.01	0.1

10.5.2　加工产品

1. 加工铱

中外加工铱牌号和化学成分对照见表 10-307、表 10-308。

表 10-307　Ir99.99 牌号和化学成分（质量分数）　（%）

标准号	牌号	Ir ≥	Rh	Pt	杂质≤					
					Au	Fe	Pb	Sb	Bi	合计
YS/T 203—2009	Ir99.99	99.99	—	—	—	—	—	—	—	0.01

表 10-308　Ir99.90 牌号和化学成分（质量分数）对照　（%）

标准号	牌号	Ir ≥	Rh	Pt	杂质≤					
					Au	Fe	Pb	Sb	Bi	合计
YS/T 203—2009	Ir99.90	99.90	—	—	—	—	—	—	—	0.1

（续）

标准号	牌号	Ir ≥	Rh	Pt	杂质≤					
					Au	Fe	Pb	Sb	Bi	合计
ГОСТ 13099—2006	И99.9	99.90	Pt+Rh+Pd:0.05		0.01	0.02	0.01	Si:0.01	Ba:0.005	0.10
ASTM B671—1981(R2017)	Grade 99.90	99.90	0.05	0.05	0.02	0.01	0.015	—	0.005	—
			Pd:0.05, Ru:0.05, Ag:0.02, Si:0.01, Sn:0.01, Zn:0.01 As:0.005, Ca:0.005, Cu:0.02, Ni:0.02, Cr:0.02							

2. 加工铱铑合金

加工铱铑合金牌号和化学成分见表10-309。

表10-309　Ir60Rh牌号和化学成分（质量分数）　（%）

标准号	牌号	Ir	Rh	Pt	杂质≤					
					Au	Fe	Pb	Sb	Bi	合计
YS/T 203—2009	Ir60Rh	60±1	40±1	—	—	—	—	—	—	0.3

3. 其他铱加工产品

（1）铱管　中外铱管牌号和化学成分对照见表10-310～表10-312。

表10-310　T-Ir99.99铱管牌号和化学成分（质量分数）　（%）

标准号	牌号	Ir ≥	杂质≤							
			Pt	Ru	Rh	Pd	Au	Ag	Cu	Fe
YS/T 790—2012	T-Ir99.99	99.99	0.003	0.003	0.003	0.001	0.001	0.001	0.002	0.002

标准号	牌号	杂质≤								
		Ni	Al	Pb	Mn	Mg	Sn	Si	Zn	合计
YS/T 790—2012	T-Ir99.99	0.001	0.003	0.001	0.002	0.002	0.001	0.003	0.002	0.01

表 10-311　T-Ir99.95 铱管牌号和化学成分（质量分数）　（%）

标准号	牌号	Ir ≥	杂质≤							
			Pt	Ru	Rh	Pd	Au	Ag	Cu	Fe
YS/T 790—2012	T-Ir99.95	99.95	0.02	0.02	0.02	0.01	0.01	0.005	0.005	0.005
标准号	牌号	杂质≤								
		Ni	Al	Pb	Mn	Mg	Sn	Si	Zn	合计
YS/T 790—2012	T-Ir99.95	0.005	0.005	0.005	0.005	0.005	0.005	0.005	0.005	0.05

表 10-312　SM-Ir99.9 铱管牌号和化学成分（质量分数）对照　（%）

标准号	牌号	Ir ≥	杂质≤							
			Pt	Rh	Pd	Ru	Au	Ag	Cu	Fe
YS/T 790—2012	SM-Ir99.9	99.9	0.03	0.03	0.02	0.04	0.02	0.01	0.01	0.01
ГОСТ 13099—2006	И99.9	99.90	Pt+Rh+Pd:0.05			—	0.01	—	—	0.02
ASTM B671—1981 (R2017)	Grade 99.90	99.90	0.05	0.05	0.05	0.05	0.02	0.02	0.02	0.01
标准号	牌号	杂质≤								
		Ni	Al	Pb	Mn	Mg	Sn	Si	Zn	合计
YS/T 790—2012	SM-Ir99.9	0.01	0.01	0.01	0.01	0.01	0.01	0.01	0.01	0.1
ГОСТ 13099—2006	И99.9	—	—	0.01	—	—	Ba:0.005	0.01	—	0.10
ASTM B671—1981 (R2017)	Grade 99.90	0.02	Cr:0.02	0.015	As:0.005	Bi:0.005	0.01	0.01	0.01	Ca:0.005

（2）光谱分析用铱基体　光谱分析用铱基体的牌号和化学成分见表 10-313。

表 10-313　SM-Ir99.995 牌号和化学成分（质量分数）　（%）

标准号	牌号	Ir ≥	杂质≤										
			Pt	Pd	Rh	Ru	Au	Ag	Cu	Fe	Ni	Al	Pb
YS/T 84—2020	SM-Ir99.995	99.995	0.0001	0.00005	0.0001	0.0001	0.00005	0.00002	0.00002	0.00005	0.00005	0.00005	0.00005

（续）

标准号	牌号	杂质≤											
		Mg	Si	Mn	Cr	Sn	Zn	Bi	Ti	V	Co	Cd	合计
YS/T 84—2020	SM-Ir99.995	0.00002	0.0001	0.00002	0.00002	0.00005	0.00005	0.00005	0.00005	0.00005	0.00005	0.00005	0.005

10.6 铑牌号和化学成分

常用铑金属包括冶炼产品和加工铑产品。

10.6.1 冶炼产品

1. 铑粉

中外铑粉牌号和化学成分对照见表 10-314～表 10-316。

表 10-314 SM-Rh99.99 牌号和化学成分（质量分数） （%）

标准号	牌号	Rh ≥	杂质≤							
			Pt	Ru	Ir	Pd	Au	Ag	Cu	Fe
GB/T 1421—2018	SM-Rh99.99	99.99	0.003	0.003	0.003	0.001	0.001	0.001	0.001	0.002
标准号	牌号	杂质≤								
		Ni	Al	Pb	Mn	Mg	Sn	Si	Zn	合计
GB/T 1421—2018	SM-Rh99.99	0.001	0.003	0.001	0.002	0.002	0.001	0.003	0.002	0.01

表 10-315 SM-Rh99.95 牌号和化学成分（质量分数）对照 （%）

标准号	牌号	Rh ≥	杂质≤							
			Pt	Ru	Ir	Pd	Au	Ag	Cu	Fe
GB/T 1421—2018	SM-Rh99.95	99.95	0.02	0.02	0.02	0.01	0.02	0.005	0.005	0.005
ASTM B616—1996(R2018)	Grade 99.95	99.95	0.02	0.01	0.02	0.005	0.003	0.005	0.005	0.003

（续）

标准号	牌号	杂质≤								
		Ni	Al	Pb	Mn	Mg	Sn	Si	Zn	合计
GB/T 1421—2018	SM-Rh99.95	0.005	0.005	0.005	0.005	0.005	0.005	0.005	0.005	0.05
ASTM B616—1996(R2018)	Grade 99.95	0.003	0.005	0.005	0.005	0.005	0.003	0.005	0.003	—
		As:0.003, Bi:0.005, Cd:0.005, Te:0.005, Ca:0.005, Cr:0.005, Sb:0.003, Co:0.001, B:0.001								

表 10-316　SM-Rh99.9牌号和化学成分（质量分数）对照　（%）

标准号	牌号	Rh ≥	杂质≤							
			Pt	Ru	Ir	Pd	Au	Ag	Cu	Fe
GB/T 1421—2018	SM-Rh99.9	99.9	0.03	0.04	0.03	0.02	0.03	0.01	0.01	0.01
ГОСТ 13098—2006	Рд99.9	99.90	Pt+ Pd+Ir:0.05				0.01	—	—	0.02
ASTM B616—1996(R2018)	Grade 99.90	99.90	0.05	0.05	0.05	0.05	0.01	0.02	0.01	0.01

标准号	牌号	杂质≤								
		Ni	Al	Pb	Mn	Mg	Sn	Si	Zn	合计
GB/T 1421—2018	SM-Rh99.9	0.01	0.01	0.01	0.01	0.01	0.01	0.01	0.01	0.10
ГОСТ 13098—2006	Рд99.9	—	—	0.01	—	—	0.01	—	Ba:0.005	0.10
ASTM B616—1996(R2018)	Grade 99.90	0.01	0.01	0.01	0.005	0.01	0.01	0.01	0.01	—
		As:0.005, Bi:0.005, Cd:0.005, Te:0.01, Ca:0.01, Cr:0.01, Sb:0.005, Co:0.005, B:0.005								

2. 三苯基膦氯化铑

三苯基膦氯化铑的化学成分见表10-317。

表 10-317　三苯基膦氯化铑的化学成分（质量分数）　（%）

标准号	Rh	杂质≤							
		Pb	Fe	Cu	Pd	Pt	Al	Ni	合计
GB/T 23519—2009	11.00~11.11	0.003	0.002	0.002	0.002	0.002	0.005	0.005	0.05

3. 水合三氯化铑

水合三氯化铑的质量等级和化学成分见表 10-318、表 10-319。

表 10-318 一级品水合三氯化铑的化学成分（质量分数） （%）

标准号	质量等级	Rh	杂质≤													
			Na	Pb	Fe	Ca	Cu	Mg	Pd	Pt	Cr	Zn	Al	Ni	Si	合计
YS/T 593—2006	一级	38.0~42.0	0.01	0.003	0.002	0.002	0.002	0.002	0.002	0.002	0.005	0.005	0.005	0.005	0.005	0.05

表 10-319 二级品水合三氯化铑的化学成分（质量分数） （%）

标准号	质量等级	Rh	杂质≤													
			Na	Pb	Fe	Ca	Cu	Mg	Pd	Pt	Cr	Zn	Al	Ni	Si	合计
YS/T 593—2006	二级	38.0~42.0	0.02	0.005	0.004	0.004	0.005	0.003	0.004	0.004	—	—	—	—	—	0.10

10.6.2 加工产品

1. 加工铑

中外加工铑牌号和化学成分对照见表 10-320。

表 10-320 Rh99.90 牌号和化学成分（质量分数）对照 （%）

标准号	牌号	Rh ≥	杂质≤							
			Pt	Ru	Ir	Pd	Au	Ag	Cu	Fe
YS/T 203—2009	Rh99.90	99.90	—	—	—	—	—	—	—	—
ГОСТ 13098—2006	Рд99.9	99.90	Pt+Pd+Ir:0.05				0.01	—	—	0.02
ASTM B616—1996(R2018)	Grade 99.90	99.90	0.05	0.05	0.05	0.05	0.01	0.02	0.01	0.01

表 10-327　Ru-0.10/C 牌号和化学成分（质量分数）　（%）

标准号	牌号	Ru ≥	杂质≤		
			Fe	Pb	Cu
GB/T 23517—2009	Ru-0.10/C	9.70	0.05	0.05	0.05

4. 亚硝酰基硝酸钌

亚硝酰基硝酸钌的化学成分见表 10-328。

表 10-328　亚硝酰基硝酸钌的化学成分（质量分数）　（%）

标准号	Ru	杂质≤						
		Pb	Fe	Cu	Na	Ca	Mg	合计
YS/T 755—2011	32~39	0.003	0.002	0.002	0.005	0.005	0.005	0.05

10.8　锇牌号和化学成分

常用锇金属为冶炼产品。锇粉牌号和化学成分见表 10-329、表 10-330。

表 10-329　SM-Os99.95 牌号和化学成分（质量分数）　（%）

标准号	牌号	Os ≥	杂质≤												
			Au	Mg	Si	Fe	Pt	Ni	Al	Ir	Pd	Cu	Ag	Rh	合计
YS/T 681—2008	SM-Os99.95	99.95	0.001	0.002	0.02	0.02	0.001	0.002	0.01	0.001	0.002	0.002	0.001	0.002	0.05

表 10-330　SM-Os99.90 牌号和化学成分（质量分数）　（%）

标准号	牌号	Os ≥	杂质≤												
			Au	Mg	Si	Fe	Pt	Ni	Al	Ir	Pd	Cu	Ag	Rh	合计
YS/T 681—2008	SM-Os99.90	99.90	0.001	0.005	0.03	0.03	0.001	0.005	0.02	0.002	0.002	0.008	0.001	0.002	0.10

第 11 章 中外铸造轴承合金牌号和化学成分

常用铸造轴承合金包括铸造轴承合金锭、铸造轴承合金两大类。

11.1 铸造轴承合金锭牌号和化学成分

铸造轴承合金锭分为锡基合金锭和铅基合金锭两类。

1. 锡基合金锭

中外锡基合金锭牌号和化学成分对照见表 11-1～表 11-6。

表 11-1 SnSb4Cu4 牌号和化学成分（质量分数）对照 （%）

标准号	牌号	Sn	Pb	Sb	Cu	杂质≤					
						Fe	As	Bi	Zn	Al	Cd
GB/T 8740—2013	SnSb4Cu4	余量	≤0.35	4.00～5.00	4.00～5.00	0.060	0.10	0.080	0.0050	0.0050	0.050
ASTM B23—2020	UNS-L13910	余量	≤0.35	4.0～5.0	4.0～5.0	0.08	0.10	0.08	0.005	0.005	0.05
						所列元素合计≥99.80					

表 11-2 SnSb8Cu4 牌号和化学成分（质量分数）对照 （%）

标准号	牌号	Sn	Pb	Sb	Cu	杂质≤					
						Fe	As	Bi	Zn	Al	Cd
GB/T 8740—2013	SnSb8Cu4	余量	≤0.35	7.00～8.00	3.00～4.00	0.060	0.10	0.080	0.0050	0.0050	0.050

ГОСТ 1320—1974	Б88	余量	≤0.10	7.3~7.8	2.5~3.5	0.05	0.05	0.05	0.005	0.005	0.8~1.2
						Ni:0.15~0.25					
JIS H5401:1958(R2005)	WJ 1	余量	≤0.50	5.0~7.0	3.0~5.0	0.08	0.10	0.08	0.01	0.01	—
ASTM B23—2020	UNS-L13890	余量	≤0.35	7.0~8.0	3.0~4.0	0.08	0.10	0.08	0.005	0.005	0.05
						所列元素合计≥99.80					
						其他杂质:0.2					

表 11-3　SnSb8Cu8 牌号和化学成分（质量分数）对照　（%）

标准号	牌号	Sn	Pb	Sb	Cu	杂质≤					
						Fe	As	Bi	Zn	Al	Cd
GB/T 8740—2013	SnSb8Cu8	余量	≤0.35	7.50~8.50	7.50~8.50	0.080	0.10	0.080	0.0050	0.0050	0.050
ASTM B23—2020	UNS-L13840	余量	≤0.35	7.5~8.5	7.5~8.5	0.08	0.10	0.08	0.005	0.005	0.05
						所列元素合计≥99.80					

表 11-4　SnSb9Cu7 牌号和化学成分（质量分数）对照　（%）

标准号	牌号	Sn	Pb	Sb	Cu	杂质≤					
						Fe	As	Bi	Zn	Al	Cd
GB/T 8740—2013	SnSb9Cu7	余量	≤0.35	7.50~9.50	7.50~8.50	0.080	0.10	0.080	0.0050	0.0050	0.050
JIS H5401:1958(R2005)	WJ 2B	余量	≤0.50	7.5~9.5	7.5~8.5	0.08	0.10	0.08	0.01	0.01	—

表 11-5　SnSb11Cu6 牌号和化学成分（质量分数）对照　（%）

标准号	牌号	Sn	Pb	Sb	Cu	杂质≤					
						Fe	As	Bi	Zn	Al	Cd
GB/T 8740—2013	SnSb11Cu6	余量	≤0.35	10.00~12.00	5.50~6.50	0.080	0.10	0.080	0.0050	0.0050	0.050

（续）

标准号	牌号	Sn	Pb	Sb	Cu	杂质≤					
						Fe	As	Bi	Zn	Al	Cd
ГОСТ 1320—1974	Б83	余量	≤0.35	10.0~12.0	5.5~6.5	0.10	0.05	0.05	0.010	0.005	—

表 11-6 SnSb12Pb10Cu4 牌号和化学成分（质量分数）对照 （%）

标准号	牌号	Sn	Pb	Sb	Cu	杂质≤					
						Fe	As	Bi	Zn	Al	Cd
GB/T 8740—2013	SnSb12Pb10Cu4	余量	9.00~11.00	11.00~13.00	2.50~5.00	0.080	0.10	0.080	0.0050	0.0050	0.050
JIS H5401:1958(R2005)	WJ 4	余量	13.0~15.0	11.0~13.0	3.0~5.0	0.10	0.10	0.08	0.01	0.01	—

2. 铅基合金锭

中外铅基合金锭牌号和化学成分对照见表 11-7~表 11-11。

表 11-7 PbSb16Sn1As1 牌号和化学成分（质量分数）对照 （%）

标准号	牌号	Pb	Sn	Sb	As	杂质≤					
						Fe	Cu	Bi	Zn	Al	Cd
GB/T 8740—2013	PbSb16Sn1As1	余量	0.80~1.20	14.50~17.50	0.80~1.40	0.10	0.6	0.10	0.0050	0.0050	0.050
JIS H5401:1958(R2005)	WJ 10	余量	0.8~1.2	14.0~15.5	0.75~1.25	0.10	0.1~0.5	—	0.05	0.01	—
ASTM B23—2020	UNS-L53620	余量	0.8~1.2	14.5~17.5	0.8~1.4	0.10	0.6	0.10	0.005	0.005	0.05

表 11-8 PbSb16Sn16Cu2 牌号和化学成分（质量分数）对照 （%）

标准号	牌号	Pb	Sn	Sb	Cu	杂质≤					
						Fe	As	Bi	Zn	Al	Cd
GB/T 8740—2013	PbSb16Sn16Cu2	余量	15.00~17.00	15.00~17.00	1.50~2.00	0.10	0.25	0.10	0.0050	0.0050	0.050

ГОСТ 1320—1974	Б16	余量	15.0~17.0	15.0~17.0	1.5~2.0	0.10	0.30	0.10	0.150	0.010	—

表 11-9　PbSb15Sn10 牌号和化学成分（质量分数）对照　（%）

标准号	牌号	Pb	Sn	Sb	Au	杂质≤					
						Fe	Cu	Bi	Zn	Al	Cd
GB/T 8740—2013	PbSb15Sn10	余量	9.30~10.70	14.00~16.00	0.30~0.60	0.10	0.50	0.10	0.0050	0.0050	0.050
ASTM B23—2020	UNS-L53585	余量	9.3~10.7	14.0~16.0	0.30~0.60	0.10	0.50	0.10	0.005	0.005	0.05

表 11-10　PbSb15Sn5 牌号和化学成分（质量分数）对照　（%）

标准号	牌号	Pb	Sn	Sb	Au	杂质≤					
						Fe	Cu	Bi	Zn	Al	Cd
GB/T 8740—2013	PbSb15Sn5	余量	4.50~5.50	14.00~16.00	0.30~0.60	0.10	0.50	0.10	0.0050	0.0050	0.050
ASTM B23—2020	UNS-L53565	余量	4.5~5.5	14.0~16.0	0.30~0.60	0.10	0.50	0.10	0.005	0.005	0.05

表 11-11　PbSb10Sn6 牌号和化学成分（质量分数）对照　（%）

标准号	牌号	Pb	Sn	Sb	As	杂质≤					
						Fe	Cu	Bi	Zn	Al	Cd
GB/T 8740—2013	PbSb10Sn6	余量	5.50~6.50	9.50~10.50	≤0.25	0.10	0.50	0.10	0.0050	0.0050	0.050
JIS H5401:1958(R2005)	WJ 9	余量	5.0~7.0	9.0~11.0	≤0.20	0.10	0.30	—	0.05	0.01	—
ASTM B23—2020	UNS-L53346	余量	5.5~6.5	9.5~10.5	≤0.25	0.10	0.50	0.10	0.005	0.005	0.05

11.2 铸造轴承合金牌号和化学成分

铸造轴承合金分为锡基铸造轴承合金、铅基铸造轴承合金、铜基铸造轴承合金、铝基铸造轴承合金。

1. 锡基铸造轴承合金

中外锡基铸造轴承合金牌号和化学成分对照见表 11-12～表 11-16。

表 11-12 ZSnSb12Pb10Cu4 牌号和化学成分（质量分数）对照 （%）

标准号	牌号	Sn	Pb	Sb	Cu	杂质≤					
						Fe	As	Bi	Zn	Al	其他合计
GB/T 1174—1992	ZSnSb12Pb10Cu4	余量	9.0～11.0	11.0～13.0	2.5～5.0	0.1	0.1	0.08	0.01	0.01	0.55
JIS H5401:1958(R2005)	WJ 4	余量	13.0～15.0	11.0～13.0	3.0～5.0	0.10	0.10	0.08	0.01	0.01	—

表 11-13 ZSnSb12Cu6Cd1 牌号和化学成分（质量分数） （%）

标准号	牌号	Sn	Sb	Cu	Cd	杂质≤					
						Fe	As	Pb	Zn	Al	其他合计
GB/T 1174—1992	ZSnSb12Cu6Cd1	余量	10.0～13.0	4.5～6.8	1.1～1.6	0.1	0.4～0.7	0.15	0.05	0.05	—
								Ni:0.3～0.6,Fe+Al+Zn:0.15			

表 11-14 ZSnSb11Cu6 牌号和化学成分（质量分数）对照 （%）

标准号	牌号	Sn	Sb	Cu	Bi	杂质≤					
						Fe	As	Pb	Zn	Al	其他合计
GB/T 1174—1992	ZSnSb11Cu6	余量	10.0～12.0	5.5～6.5	≤0.03	0.1	0.1	0.35	0.01	0.01	0.55
ГОСТ 1320—1974	Б83	余量	10.0～12.0	5.5～6.5	≤0.05	0.10	0.05	0.35	0.010	0.005	—

表 11-15　ZSnSb8Cu4 牌号和化学成分（质量分数）对照　（%）

标准号	牌号	Sn	Pb	Sb	Cu	杂质≤					
						Fe	As	Bi	Zn	Al	其他合计
GB/T 1174—1992	ZSnSb8Cu4	余量	≤0.35	7.0~8.0	3.0~4.0	0.1	0.1	0.03	0.005	0.005	0.55
ГОСТ 1320—1974	Б88	余量	≤0.10	7.3~7.8	2.5~3.5	0.05	0.05	0.05	0.005	0.005	—
						Cd:0.8~1.2, Ni:0.15~0.25					
ASTM B23—2020	UNS-L13890	余量	≤0.35	7.0~8.0	3.0~4.0	0.08	0.10	0.08	0.005	0.005	—
						Cd:0.05，所列元素合计≥99.80					

表 11-16　ZSnSb4Cu4 牌号和化学成分（质量分数）对照　（%）

标准号	牌号	Sn	Pb	Sb	Cu	杂质≤					
						Fe	As	Bi	Zn	Al	其他合计
GB/T 1174—1992	ZSnSb4Cu4	余量	≤0.35	4.0~5.0	4.0~5.0	—	0.1	0.08	0.01	0.01	0.50
ASTM B23—2020	UNS-L13910	余量	≤0.35	4.0~5.0	4.0~5.0	0.08	0.10	0.08	0.005	0.005	—
						Cd:0.05，所列元素合计≥99.80					

2. 铅基铸造轴承合金

中外铅基铸造轴承合金牌号和化学成分对照见表 11-17~表 11-21。

表 11-17　ZPbSb16Sn16Cu2 牌号和化学成分（质量分数）对照　（%）

标准号	牌号	Pb	Sn	Sb	Cu	杂质≤					
						Fe	As	Bi	Zn	Al	其他合计
GB/T 1174—1992	ZPbSb16Sn16Cu2	余量	15.0~17.0	15.0~17.0	1.5~2.0	0.1	0.3	0.1	0.15	—	0.6
ГОСТ 1320—1974	Б16	余量	15.0~17.0	15.0~17.0	1.5~2.0	0.10	0.30	0.10	0.150	0.010	—

表 11-18　ZPbSb15Sn5Cu3Cd2 牌号和化学成分（质量分数）（%）

标准号	牌号	Pb	Sn	Sb	Cu	杂质≤					
						Fe	As	Bi	Zn	Cd	其他合计
GB/T 1174—1992	ZPbSb15Sn5Cu3Cd2	余量	5.0~6.0	14.0~16.0	2.5~3.0	0.1	0.6~1.0	0.1	0.15	1.75~2.25	0.4

表 11-19　ZPbSb15Sn10 牌号和化学成分（质量分数）对照（%）

标准号	牌号	Pb	Sn	Sb	Cu	杂质≤					
						Fe	As	Bi	Zn	Al	其他合计
GB/T 1174—1992	ZPbSb15Sn10	余量	9.0~11.0	14.0~16.0	≤0.7	0.1	0.6	0.1	0.005 Cd:0.05	0.005	0.45
ASTM B23—2020	UNS-L53585	余量	9.3~10.7	14.0~16.0	≤0.50	0.10	0.30~0.60	0.10	0.005 Cd:0.05	0.005	—

表 11-20　ZPbSb15Sn5 牌号和化学成分（质量分数）对照（%）

标准号	牌号	Pb	Sn	Sb	Cu	杂质≤					
						Fe	As	Bi	Zn	Al	其他合计
GB/T 1174—1992	ZPbSb15Sn5	余量	4.0~5.5	14.0~15.5	0.5~1.0	0.1	0.2	0.1	0.15	0.01	0.75
ASTM B23—2020	UNS-L53565	余量	4.5~5.5	14.0~16.0	≤0.50	0.10	0.30~0.60	0.10	0.005 Cd:0.05	0.005	—

表 11-21　ZPbSb10Sn6 牌号和化学成分（质量分数）对照（%）

标准号	牌号	Pb	Sn	Sb	Cu	杂质≤					
						Fe	As	Bi	Zn	Al	其他合计
GB/T 1174—1992	ZPbSb10Sn6	余量	5.0~7.0	9.0~11.0	≤0.7	0.1	0.25	0.1	0.005 Cd:0.05	0.005	0.7
JIS H5401:1958(R2005)	WJ 9	余量	5.0~7.0	9.0~11.0	≤0.30	0.10	0.20	—	0.05	0.01	—
ASTM B23—2020	UNS-L53346	余量	5.5~6.5	9.5~10.5	≤0.50	0.10	0.25	0.10	0.005 Cd:0.05	0.005	—

3. 铜基铸造轴承合金

中外铜基铸造轴承合金牌号和化学成分对照见表 11-22～表 11-28。

表 11-22　ZCuSn5Pb5Zn5 牌号和化学成分（质量分数）对照　（%）

标准号	牌号 代号	Cu	Sn	Pb	Zn	杂质≤ Fe	Al	Sb	Ni	Si	其他合计
GB/T 1174—1992	ZCuSn5Pb5Zn5	余量	4.0～6.0	4.0～6.0	4.0～6.0	0.30	0.01	0.25	2.5	0.01	0.7
							P:0.05，S:0.10				
ГОСТ 613—1979	БрО5Ц5С5	余量	4.0～6.0	4.0～6.0	4.0～6.0	0.4	0.05	0.5	P 0.1	0.05	1.3
JIS H5120:2016	CAC406	83.0～87.0	4.0～6.0	4.0～6.0	4.0～6.0	0.3	0.01	0.2	1.0	0.01	—
							P:0.05				
ASTM B584—2014	C83600	84.0～86.0	4.0～6.0	4.0～6.0	4.0～6.0	0.30	0.005	0.25	1.0	0.005	—
							P:0.05，S:0.08				
EN 1982:2017(E)	CuSn5Zn5Pb5-C CC491K	83.0～87.0	4.0～6.0	4.0～6.0	4.0～6.0	0.3	0.01	0.25	2.0	0.01	—
							P:0.10，S:0.10				

表 11-23　ZCuSn10P1 牌号和化学成分（质量分数）对照　（%）

标准号	牌号 代号	Cu	Sn	P	Zn	杂质≤ Fe	Al	Sb	Ni	Si	其他合计
GB/T 1174—1992	ZCuSn10P1	余量	9.0～11.5	0.5～1.0	≤0.05	0.10	0.01	0.05	0.10	0.02	0.7
						Pb:0.25，Mn:0.05，S:0.05，Bi:0.005					
ГОСТ 613—1979	БрО10Ф1	余量	9.0～11.0	0.4～1.1	≤0.3	0.2	0.02	0.3	—	0.02	1.0
						Pb: 0.3					
JIS H5120:2016	CAC502B	87.0～91.0	9.0～12.0	0.15～0.50	≤0.3	0.2	0.01	0.05	1.0	0.01	—
						Pb:0.3					
ASTM 标准年鉴 02.01 卷（铜及铜合金卷 2005 年版）	C90710	余量	10.0～12.0	0.05～1.2	≤0.05	0.10	0.005	0.20	Ni+Co 0.10	0.005	—
		Cu+主要元素≥99.4				Pb:0.25，S:0.05					
EN 1982:2017(E)	CuSn11P-C CC481K	87.0～89.5	10.0～11.5	0.5～1.0	≤0.05	0.10	0.01	0.05	0.10	0.01	—
						Pb:0.25，Mn:0.05，S:0.05					

表 11-24 ZCuPb10Sn10 牌号和化学成分（质量分数）对照

（%）

<table>
<tr><th rowspan="2">标准号</th><th rowspan="2">牌号
代号</th><th rowspan="2">Cu</th><th rowspan="2">Sn</th><th rowspan="2">Pb</th><th rowspan="2">Zn</th><th colspan="6">杂质≤</th></tr>
<tr><th>Fe</th><th>Al</th><th>Sb</th><th>Ni</th><th>Si</th><th>其他合计</th></tr>
<tr><td rowspan="2">GB/T 1174—1992</td><td rowspan="2">ZCuPb10Sn10</td><td rowspan="2">余量</td><td rowspan="2">9.0~
11.0</td><td rowspan="2">8.0~
11.0</td><td rowspan="2">≤2.0</td><td>0.25</td><td>0.01</td><td>0.5</td><td>2.0</td><td>0.01</td><td rowspan="2">1.0</td></tr>
<tr><td colspan="5">Mn:0.2,P:0.05,S:0.10,Bi:0.005</td></tr>
<tr><td rowspan="2">ГОСТ 613—1979</td><td rowspan="2">БрО10С10</td><td rowspan="2">余量</td><td rowspan="2">9.0~
11.0</td><td rowspan="2">8.0~
11.0</td><td rowspan="2">≤0.5</td><td>0.2</td><td>0.02</td><td>0.3</td><td>—</td><td>0.02</td><td rowspan="2">0.9</td></tr>
<tr><td colspan="5">P: 0.05</td></tr>
<tr><td rowspan="2">JIS H5120:2016</td><td rowspan="2">CAC603</td><td rowspan="2">77.0~
81.0</td><td rowspan="2">9.0~
11.0</td><td rowspan="2">9.0~
11.0</td><td rowspan="2">≤1.0</td><td>0.3</td><td>0.01</td><td>0.5</td><td>1.0</td><td>0.01</td><td rowspan="2">—</td></tr>
<tr><td colspan="5">P:0.1</td></tr>
<tr><td rowspan="2">ASTM B584—2014</td><td rowspan="2">C93700</td><td rowspan="2">78.0~
82.0</td><td rowspan="2">9.0~
11.0</td><td rowspan="2">8.0~
11.0</td><td rowspan="2">≤0.8</td><td>0.15</td><td>0.005</td><td>0.50</td><td>0.50</td><td>0.005</td><td rowspan="2">—</td></tr>
<tr><td colspan="5">P:0.10,S:0.08</td></tr>
<tr><td rowspan="2">EN 1982:2017(E)</td><td rowspan="2">CuSn10Pb10-C
CC495K</td><td rowspan="2">78.0~
82.0</td><td rowspan="2">9.0~
11.0</td><td rowspan="2">8.0~
11.0</td><td rowspan="2">≤2.0</td><td>0.25</td><td>—</td><td>0.5</td><td>2.0</td><td>0.01</td><td rowspan="2">—</td></tr>
<tr><td colspan="5">Mn:0.2,P:0.10,S:0.10</td></tr>
</table>

表 11-25 ZCuPb15Sn8 牌号和化学成分（质量分数）对照

（%）

<table>
<tr><th rowspan="2">标准号</th><th rowspan="2">牌号
代号</th><th rowspan="2">Cu</th><th rowspan="2">Sn</th><th rowspan="2">Pb</th><th rowspan="2">Zn</th><th colspan="6">杂质≤</th></tr>
<tr><th>Fe</th><th>Al</th><th>Sb</th><th>Ni</th><th>Si</th><th>其他合计</th></tr>
<tr><td rowspan="2">GB/T 1174—1992</td><td rowspan="2">ZCuPb15Sn8</td><td rowspan="2">余量</td><td rowspan="2">7.0~
9.0</td><td rowspan="2">13.0~
17.0</td><td rowspan="2">≤2.0</td><td>0.25</td><td>0.01</td><td>0.5</td><td>2.0</td><td>0.01</td><td rowspan="2">1.0</td></tr>
<tr><td colspan="5">Mn:0.2.P:0.10,S:0.10</td></tr>
<tr><td rowspan="2">JIS H5120:2016</td><td rowspan="2">CAC604</td><td rowspan="2">74.0~
78.0</td><td rowspan="2">7.0~
9.0</td><td rowspan="2">14.0~
16.0</td><td rowspan="2">≤1.0</td><td>0.3</td><td>0.01</td><td>0.5</td><td>1.0</td><td>0.01</td><td rowspan="2">—</td></tr>
<tr><td colspan="5">P:0.1</td></tr>
<tr><td rowspan="2">ASTM B30—2016</td><td rowspan="2">C93800</td><td>76.0~
79.0</td><td>6.5~
7.5</td><td>14.0~
16.0</td><td>≤0.8</td><td>0.10</td><td>0.005</td><td>0.50</td><td>Ni+Co
0.8</td><td>0.005</td><td rowspan="2">—</td></tr>
<tr><td colspan="4">Cu+主要元素≥99.0</td><td colspan="5">P:0.05,S:0.06</td></tr>
<tr><td rowspan="2">EN 1982:2017(E)</td><td rowspan="2">CuSn7Pb15-C
CC496K</td><td rowspan="2">74.0~
80.0</td><td rowspan="2">6.0~
8.0</td><td rowspan="2">13.0~
17.0</td><td rowspan="2">≤2.0</td><td>0.25</td><td>0.01</td><td>0.5</td><td>0.5~2.0</td><td>0.01</td><td rowspan="2">—</td></tr>
<tr><td colspan="5">Mn:0.20,P:0.10,S:0.10</td></tr>
</table>

表 11-26　ZCuPb20Sn5 牌号和化学成分（质量分数）对照　（%）

<table>
<tr><th rowspan="2">标准号</th><th rowspan="2">牌号
代号</th><th rowspan="2">Cu</th><th rowspan="2">Sn</th><th rowspan="2">Pb</th><th rowspan="2">Zn</th><th colspan="6">杂质≤</th></tr>
<tr><th>Fe</th><th>Al</th><th>Sb</th><th>Ni</th><th>Si</th><th>其他合计</th></tr>
<tr><td rowspan="2">GB/T 1174—1992</td><td rowspan="2">ZCuPb20Sn5</td><td rowspan="2">余量</td><td rowspan="2">4.0~6.0</td><td rowspan="2">18.0~23.0</td><td rowspan="2">≤2.0</td><td>0.25</td><td>0.01</td><td>0.75</td><td>2.5</td><td>0.01</td><td rowspan="2">1.0</td></tr>
<tr><td colspan="5">Mn:0.2,P:0.10,S:0.10</td></tr>
<tr><td rowspan="2">ГОСТ 613—1979</td><td rowspan="2">БрО5С25</td><td rowspan="2">余量</td><td rowspan="2">4.0~5.0</td><td rowspan="2">23.0~26.0</td><td rowspan="2">≤0.5</td><td>0.2</td><td>0.02</td><td>0.5</td><td>—</td><td>0.02</td><td rowspan="2">1.2</td></tr>
<tr><td colspan="5">P :0.05</td></tr>
<tr><td rowspan="2">JIS H5120:2016</td><td rowspan="2">CAC605</td><td rowspan="2">70.0~76.0</td><td rowspan="2">6.0~8.0</td><td rowspan="2">16.0~22.0</td><td rowspan="2">≤1.0</td><td>0.3</td><td>0.01</td><td>0.5</td><td>1.0</td><td>0.01</td><td rowspan="2">—</td></tr>
<tr><td colspan="5">P:0.1</td></tr>
<tr><td rowspan="2">ASTM B505/B505—2018</td><td rowspan="2">C94100</td><td>72.0~79.0</td><td>4.5~6.5</td><td>18.0~22.0</td><td>≤1.0</td><td>0.25</td><td>0.005</td><td>0.8</td><td>Ni+Co
1.0</td><td>0.005</td><td rowspan="2">—</td></tr>
<tr><td colspan="4">Cu+主要元素≥99.0</td><td colspan="5">P:1.5,S:0.25</td></tr>
<tr><td rowspan="2">EN 1982:2017(E)</td><td rowspan="2">CuSn5Pb20-C
CC497K</td><td rowspan="2">70.0~78.0</td><td rowspan="2">4.0~6.0</td><td rowspan="2">18.0~23.0</td><td rowspan="2">≤2.0</td><td>0.25</td><td>0.01</td><td>0.75</td><td>0.5~2.5</td><td>0.01</td><td rowspan="2">—</td></tr>
<tr><td colspan="5">Mn:0.20,P:0.10,S:0.10</td></tr>
</table>

表 11-27　ZCuPb30 牌号和化学成分（质量分数）对照　（%）

<table>
<tr><th rowspan="2">标准号</th><th rowspan="2">牌号</th><th rowspan="2">Cu</th><th rowspan="2">Sn</th><th rowspan="2">Pb</th><th rowspan="2">Zn</th><th colspan="6">杂质≤</th></tr>
<tr><th>Fe</th><th>Al</th><th>Sb</th><th>Ni</th><th>Si</th><th>其他合计</th></tr>
<tr><td rowspan="2">GB/T 1174—1992</td><td rowspan="2">ZCuPb30</td><td rowspan="2">余量</td><td rowspan="2">≤1.0</td><td rowspan="2">27.0~33.0</td><td rowspan="2">—</td><td>0.5</td><td>0.01</td><td>0.2</td><td>—</td><td>0.02</td><td rowspan="2">1.0</td></tr>
<tr><td colspan="5">Mn:0.3,Bi:0.005,As:0.10,P:0.08</td></tr>
<tr><td rowspan="2">ГОСТ 613—1979</td><td rowspan="2">БрС30</td><td rowspan="2">余量</td><td rowspan="2">≤0.1</td><td rowspan="2">27.0~31.0</td><td rowspan="2">≤0.1</td><td>0.25</td><td>0.1</td><td>—</td><td>0.5</td><td>0.02</td><td rowspan="2">0.9</td></tr>
<tr><td colspan="5">As:0.1,P:0.3</td></tr>
<tr><td rowspan="2">ASTM 标准年鉴 02.01 卷
（铜及铜合金卷 2005 年版）</td><td rowspan="2">C98400</td><td>余量</td><td>≤0.50</td><td>26.0~33.0</td><td>≤0.50</td><td rowspan="2">0.7</td><td rowspan="2">0.10</td><td rowspan="2">Ag:1.5</td><td rowspan="2">0.50</td><td rowspan="2">P:0.50</td><td rowspan="2">—</td></tr>
<tr><td colspan="4">Cu+主要元素≥99.5</td></tr>
</table>

表 11-28　ZCuAl10Fe3 牌号和化学成分（质量分数）对照　（%）

<table>
<tr><th rowspan="2">标准号</th><th rowspan="2">牌号
代号</th><th rowspan="2">Cu</th><th rowspan="2">Al</th><th rowspan="2">Fe</th><th rowspan="2">Mn</th><th colspan="6">杂质≤</th></tr>
<tr><th>Sn</th><th>Pb</th><th>Zn</th><th>Ni</th><th>Si</th><th>其他合计</th></tr>
<tr><td>GB/T 1174—1992</td><td>ZCuAl10Fe3</td><td>余量</td><td>8.5~11.0</td><td>2.0~4.0</td><td>≤1.0</td><td>0.3</td><td>0.2</td><td>0.4</td><td>3.0</td><td>0.20</td><td>1.0</td></tr>
</table>

（续）

<table>
<tr><th rowspan="2">标准号</th><th rowspan="2">牌号
代号</th><th rowspan="2">Cu</th><th rowspan="2">Al</th><th rowspan="2">Fe</th><th rowspan="2">Mn</th><th colspan="6">杂质≤</th></tr>
<tr><th>Sn</th><th>Pb</th><th>Zn</th><th>Ni</th><th>Si</th><th>其他合计</th></tr>
<tr><td rowspan="2">ГОСТ 493—1979</td><td rowspan="2">БрА9Ж3Л</td><td rowspan="2">余量</td><td rowspan="2">8.0~10.5</td><td rowspan="2">2.0~4.0</td><td rowspan="2">≤0.5</td><td>0.2</td><td>0.1</td><td>1.0</td><td>1.0</td><td>0.2</td><td rowspan="2">2.7</td></tr>
<tr><td colspan="5">Sb:0.05,As:0.05,P:0.1</td></tr>
<tr><td rowspan="2">ASTM B148—2018</td><td rowspan="2">C95200</td><td>≥86</td><td>8.5~9.5</td><td>2.5~4.0</td><td>—</td><td rowspan="2">—</td><td rowspan="2">—</td><td rowspan="2">—</td><td rowspan="2">—</td><td rowspan="2">—</td><td rowspan="2">—</td></tr>
<tr><td colspan="4">Cu+主要元素≥99.0</td></tr>
<tr><td rowspan="2">EN 1982:2017(E)</td><td rowspan="2">CuAl10Fe2-C
CC331G</td><td rowspan="2">83.0~89.5</td><td rowspan="2">8.5~10.5</td><td rowspan="2">1.5~3.5</td><td rowspan="2">≤1.0</td><td>0.20</td><td>0.10</td><td>0.50</td><td>1.5</td><td>0.2</td><td rowspan="2">—</td></tr>
<tr><td colspan="5">Mg:0.05</td></tr>
</table>

4. 铝基铸造轴承合金

中外铝基铸造轴承合金牌号和化学成分对照见表 11-29。

表 11-29 ZAlSn6Cu1Ni1 牌号和化学成分（质量分数）对照 （%）

<table>
<tr><th rowspan="2">标准号</th><th rowspan="2">牌号</th><th rowspan="2">Al</th><th rowspan="2">Sn</th><th rowspan="2">Cu</th><th rowspan="2">Ni</th><th colspan="6">杂质≤</th></tr>
<tr><th>Mn</th><th>Si</th><th>Fe</th><th>Ti</th><th>Mg</th><th>其他合计</th></tr>
<tr><td rowspan="2">GB/T 1174—1992</td><td rowspan="2">ZAlSn6Cu1Ni1</td><td rowspan="2">余量</td><td rowspan="2">5.5~7.0</td><td rowspan="2">0.7~1.3</td><td rowspan="2">0.7~1.3</td><td>0.1</td><td>0.7</td><td>0.7</td><td>0.2</td><td>—</td><td>1.5</td></tr>
<tr><td colspan="6">Fe+Si+Mn:1.0</td></tr>
<tr><td>ГОСТ 14113—1978</td><td>AO6-1</td><td>余量</td><td>5.0~7.0</td><td>0.7~1.3</td><td>0.7~1.3</td><td>—</td><td>0.3</td><td>0.3</td><td>—</td><td>—</td><td>0.3</td></tr>
<tr><td>ASTM B26/B26M—2018</td><td>850.0</td><td>余量</td><td>5.5~7.0</td><td>0.7~1.3</td><td>0.7~1.3</td><td>0.10</td><td>0.7</td><td>0.7</td><td>0.20</td><td>0.10</td><td>0.30</td></tr>
</table>

第 12 章　中外焊接材料牌（型）号和化学成分

常用焊接材料分为铸造锡铅焊料、无铅钎料、铝及铝合金焊丝、铜及铜合金焊丝、镍及镍合金焊丝、镍基钎料和钛及钛合金焊丝。

12.1　铸造锡铅焊料牌号和化学成分

铸造锡铅焊料包括锡铅焊料、铸造锡铅银焊料、铸造锡铅磷焊料和铸造锡铅镉钎料。

12.1.1　锡铅焊料牌号和化学成分

中外锡铅焊料牌号和化学成分对照见表 12-1～表 12-31。

表 12-1　ZHLSn63PbAA 牌号和化学成分（质量分数）对照　（%）

标准号	牌号 代号	Sn	Pb	Sb	杂质≤							
					Bi	Fe	As	Cu	Zn	Al	Cd	Ag
GB/T 8012—2013	ZHLSn63PbAA 63AA	62.50～ 63.50	余量	≤0.0070	0.008	0.0050	0.0020	0.0050	0.0010	0.0010	0.0010	0.010
JIS Z3282:2017	Sn63Pb37E H63E	62.5～ 63.5	余量	≤0.05	0.05	0.02	0.03	0.08	0.001	0.001	0.002	0.10
ISO 9453:2020(E)	Sn63Pb37E 102[183℃]				Ni:0.01,Au:0.05,In:0.10							

（续）

标准号	牌号 代号	Sn	Pb	Sb	杂质≤							
					Bi	Fe	As	Cu	Zn	Al	Cd	Ag
EN ISO 9453:2020	Sn63Pb37E 102[183℃]	62.5~ 63.5	余量	≤0.05	0.05	0.02	0.03	0.08	0.001	0.001	0.002	0.10
					Ni:0.01,Au:0.05,In:0.10							

表 12-2　ZHLSn90PbA 牌号和化学成分（质量分数）对照　（%）

标准号	牌号 代号	Sn	Pb	Sb	杂质≤							
					Bi	Fe	As	Cu	Zn	Al	Cd	Ag
GB/T 8012—2013	ZHLSn90PbA 90A	89.50~ 90.50	余量	≤0.050	0.020	0.010	0.010	0.020	0.0010	0.0010	0.0010	0.015
ГОСТ 21930—1976	ПОС90	89~ 91	余量	≤0.05	0.1	0.02	0.02	0.05	0.002	0.001	—	—
					Ni:0.02,S:0.02							
JIS Z3282:2017	Sn95Pb5A H95A	94.5~ 95.5	余量	≤0.20	0.10	0.02	0.03	0.08	0.001	0.001	0.002	0.10
					Ni:0.01,Au:0.05,In:0.10							

表 12-3　ZHLSn70PbA 牌号和化学成分（质量分数）对照　（%）

标准号	牌号 代号	Sn	Pb	Sb	杂质≤							
					Bi	Fe	As	Cu	Zn	Al	Cd	Ag
GB/T 8012—2013	ZHLSn70PbA 70A	69.50~ 70.50	余量	≤0.050	0.020	0.010	0.010	0.020	0.0010	0.0010	0.0010	0.015
ASTM B32—2020	Sn70 L13700	69.5~ 71.5	余量	≤0.50	0.25	0.02	0.03	0.08	0.005	0.005	0.001	0.015

表 12-4 ZHLSn63PbA 牌号和化学成分（质量分数）对照 （%）

标准号	牌号 代号	Sn	Pb	Sb	杂质≤							
					Bi	Fe	As	Cu	Zn	Al	Cd	Ag
GB/T 8012—2013	ZHLSn63PbA 63A	62.50~ 63.50	余量	≤0.012	0.020	0.010	0.010	0.020	0.0010	0.0010	0.0010	0.015
ASTM B32—2020	Sn63 L13630	62.5~ 63.5	余量	≤0.50	0.25	0.02	0.03	0.08	0.005	0.005	0.001	0.015
EN ISO 9453:2020	Sn63Pb37 101[183℃]				0.10	0.02	0.03	0.08	0.001	0.001	0.002	0.10
ISO 9453:2020(E)	Sn63Pb37 101[183℃]	62.5~ 63.5	余量	≤0.20								
JIS Z3282:2017	Sn63Pb37 H63A				Ni:0.01, Au:0.05, In:0.10							

表 12-5 ZHLSn60PbA 牌号和化学成分（质量分数）对照 （%）

标准号	牌号 代号	Sn	Pb	Sb	杂质≤							
					Bi	Fe	As	Cu	Zn	Al	Cd	Ag
GB/T 8012—2013	ZHLSn60PbA 60A	59.50~ 60.50	余量	≤0.012	0.020	0.010	0.010	0.020	0.0010	0.0010	0.0010	0.015
ГОСТ 21930—1976	ПОС61	59~61	余量	≤0.05	0.1	0.02	0.03	0.05	0.002	0.002	—	—
					Ni:0.02, S:0.02							
JIS Z3282:2017	Sn60Pb40 H60A				0.10	0.02	0.03	0.08	0.001	0.001	0.002	0.10
ISO 9453:2020(E)	Sn60Pb40 103[183/190℃]	59.5~ 60.5	余量	≤0.20								
EN ISO 9453:2020	Sn60Pb40 103[183/190℃]				Ni:0.01, Au:0.05, In:0.10							

（续）

标准号	牌号 代号	Sn	Pb	Sb	杂质≤							
					Bi	Fe	As	Cu	Zn	Al	Cd	Ag
ASTM B32—2020	Sn60 L13600	59.5~ 61.5	余量	≤0.50	0.25	0.02	0.03	0.08	0.005	0.005	0.001	0.015

表 12-6 ZHLSn55PbA 牌号和化学成分（质量分数） （%）

标准号	牌号 代号	Sn	Pb	Sb	杂质≤							
					Bi	Fe	As	Cu	Zn	Al	Cd	Ag
GB/T 8012—2013	ZHLSn55PbA 55A	54.50~ 55.50	余量	≤0.012	0.020	0.010	0.010	0.020	0.0010	0.0010	0.0010	0.015

表 12-7 ZHLSn50PbA 牌号和化学成分（质量分数）对照 （%）

标准号	牌号 代号	Sn	Pb	Sb	杂质≤							
					Bi	Fe	As	Cu	Zn	Al	Cd	Ag
GB/T 8012—2013	ZHLSn50PbA 50A	49.50~ 50.50	余量	≤0.012	0.020	0.010	0.010	0.020	0.0010	0.0010	0.0010	0.015
ASTM B32—2020	Sn50 L55031	49.5~ 51.5	余量	≤0.50	0.25	0.02	0.025	0.08	0.005	0.005	0.001	0.015
EN ISO 9453:2020	Sn50Pb50 111[183/215℃]	49.5~ 50.5	余量	≤0.20	0.10	0.02	0.03	0.08	0.001	0.001	0.002	0.10
ISO 9453:2020(E)	Sn50Pb50 111[183/215℃]											
JIS Z3282:2017	Sn50Pb50 H50A				Ni:0.01,Au:0.05,In:0.10							

表 12-8 ZHLSn45PbA 牌号和化学成分（质量分数）对照 （%）

标准号	牌号 代号	Sn	Pb	Sb	杂质≤							
					Bi	Fe	As	Cu	Zn	Al	Cd	Ag
GB/T 8012—2013	ZHLSn45PbA 45A	44.50～45.50	余量	≤0.050	0.025	0.012	0.010	0.030	0.0010	0.0010	0.0010	0.015
ASTM B32—2020	Sn45 L54951	44.5～46.5	余量	≤0.50	0.25	0.02	0.025	0.08	0.005	0.005	0.001	0.015
EN ISO 9453:2020	Pb55Sn45 113[183/226℃]	44.5～45.5	余量	≤0.50	0.25	0.02	0.03	0.08	0.001	0.001	0.005	0.10
ISO 9453:2020(E)	Pb55Sn45 113[183/226℃]											
JIS Z3282:2017	Pb55Sn45 H45A				Ni:0.01,Au:0.05,In:0.10							

表 12-9 ZHLSn40PbA 牌号和化学成分（质量分数）对照 （%）

标准号	牌号 代号	Sn	Pb	Sb	杂质≤							
					Bi	Fe	As	Cu	Zn	Al	Cd	Ag
GB/T 8012—2013	ZHLSn40PbA 40A	39.50～40.50	余量	≤0.050	0.025	0.012	0.010	0.030	0.0010	0.0010	0.0010	0.015
ГОСТ 21930—1976	ПОС40	39～41	余量	≤0.05	0.1	0.02	0.03	0.05	0.002	0.002	—	—
					Ni:0.02,S:0.02							
JIS Z3282:2017	Pb60Sn40 H40A	39.5～40.5	余量	≤0.50	0.25	0.02	0.03	0.08	0.001	0.001	0.005	0.10
ISO 9453:2020(E)	Pb60Sn40 114[183/238℃]				Ni:0.01,Au:0.05,In:0.10							
EN ISO 9453:2020	Pb60Sn40 114[183/238℃]											

（续）

标准号	牌号 代号	Sn	Pb	Sb	杂质≤							
					Bi	Fe	As	Cu	Zn	Al	Cd	Ag
ASTM B32—2020	Sn40A L54916	39.5~ 41.5	余量	≤0.50	0.25	0.02	0.02	0.08	0.005	0.005	0.001	0.015

表 12-10 ZHLSn35PbA 牌号和化学成分（质量分数）对照 （%）

标准号	牌号 代号	Sn	Pb	Sb	杂质≤							
					Bi	Fe	As	Cu	Zn	Al	Cd	Ag
GB/T 8012—2013	ZHLSn35PbA 35A	34.50~ 35.50	余量	≤0.050	0.025	0.012	0.010	0.030	0.0010	0.0010	0.0010	0.015
ASTM B32—2020	Sn35A L54851	34.5~ 36.5	余量	≤0.50	0.25	0.02	0.02	0.08	0.005	0.005	0.001	0.015
EN ISO 9453:2020	Pb65Sn35 115[183/245℃]				0.25	0.02	0.03	0.08	0.001	0.001	0.005	0.10
ISO 9453:2020(E)	Pb65Sn35 115[183/245℃]	34.5~ 35.5	余量	≤0.50								
JIS Z3282:2017	Pb65Sn35 H35A				Ni:0.01,Au:0.05,In:0.10							

表 12-11 ZHLSn30PbA 牌号和化学成分（质量分数）对照 （%）

标准号	牌号 代号	Sn	Pb	Sb	杂质≤							
					Bi	Fe	As	Cu	Zn	Al	Cd	Ag
GB/T 8012—2013	ZHLSn30PbA 30A	29.50~ 30.50	余量	≤0.050	0.025	0.012	0.010	0.030	0.0010	0.0010	0.0010	0.015
ГОСТ 21930—1976	ПОС30	29~31	余量	≤0.05	0.1	0.02	0.03	0.05	0.002	0.002	—	—
					Ni:0.02,S:0.02							

ASTM B32—2020	Sn30A L54821	29.5~ 31.5	余量	≤0.50	0.25	0.02	0.02	0.08	0.005	0.005	0.001	0.015
EN ISO 9453:2020	Pb70Sn30 116[183/255℃]				0.25	0.02	0.03	0.08	0.001	0.001	0.005	0.10
ISO 9453:2020(E)	Pb70Sn30 116[183/255℃]	29.5~ 30.5	余量	≤0.50								
JIS Z3282:2017	Pb70Sn30 H30A				Ni:0.01, Au:0.05, In:0.10							

表 12-12　ZHLSn25PbA 牌号和化学成分（质量分数）对照　（%）

标准号	牌号 代号	Sn	Pb	Sb	杂质≤							
					Bi	Fe	As	Cu	Zn	Al	Cd	Ag
GB/T 8012—2013	ZHLSn25PbA 25A	24.50~ 25.50	余量	≤0.050	0.025	0.012	0.010	0.030	0.0010	0.0010	0.0010	0.015
ASTM B32—2020	Sn25A L54721	24.5~ 26.5	余量	≤0.50	0.25	0.02	0.02	0.08	0.005	0.005	0.001	0.015

表 12-13　ZHLSn20PbA 牌号和化学成分（质量分数）对照　（%）

标准号	牌号 代号	Sn	Pb	Sb	杂质≤							
					Bi	Fe	As	Cu	Zn	Al	Cd	Ag
GB/T 8012—2013	ZHLSn20PbA 20A	19.50~ 20.50	余量	≤0.050	0.025	0.012	0.010	0.030	0.0010	0.0010	0.0010	0.015
ASTM B32—2020	Sn20A L54711	19.5~ 21.5	余量	≤0.50	0.25	0.02	0.02	0.08	0.005	0.005	0.001	0.015

（续）

标准号	牌号 代号	Sn	Pb	Sb	杂质≤							
					Bi	Fe	As	Cu	Zn	Al	Cd	Ag
EN ISO 9453:2020	Pb80Sn20 117[183/280℃]				0.25	0.02	0.03	0.08	0.001	0.001	0.005	0.10
ISO 9453:2020(E)	Pb80Sn20 117[183/280℃]	19.5～ 20.5	余量	≤0.50								
JIS Z3282:2017	Pb80Sn20 H20A				Ni:0.01,Au:0.05,In:0.10							

表 12-14 ZHLSn15PbA 牌号和化学成分（质量分数）对照 （%）

标准号	牌号 代号	Sn	Pb	Sb	杂质≤							
					Bi	Fe	As	Cu	Zn	Al	Cd	Ag
GB/T 8012—2013	ZHLSn15PbA 15A	14.50～ 15.50	余量	≤0.050	0.025	0.012	0.010	0.030	0.0010	0.0010	0.0010	0.015
ASTM B32—2020	Sn15A L54560	14.5～ 16.5	余量	≤0.50	0.25	0.02	0.02	0.08	0.005	0.005	0.001	0.015
EN ISO 9453:2020	Pb85Sn15 121[226/290℃]	14.5～ 15.5	余量	≤0.50	0.25	0.02	0.03	0.08	0.001	0.001	0.005	0.10
ISO 9453:2020(E)	Pb85Sn15 121[226/290℃]				Ni:0.01,Au:0.05,In:0.10							

表 12-15 ZHLSn10PbA 牌号和化学成分（质量分数）对照 （%）

标准号	牌号 代号	Sn	Pb	Sb	杂质≤							
					Bi	Fe	As	Cu	Zn	Al	Cd	Ag
GB/T 8012—2013	ZHLSn10PbA 10A	9.50～ 10.50	余量	≤0.050	0.025	0.012	0.010	0.030	0.0010	0.0010	0.0010	0.015

ГОСТ 21930—1976	ПОС10	9~10	余量	≤0.05	0.1	0.02	0.03	0.05	0.002	0.002	—	—
					Ni:0.02,S:0.02							
ASTM B32—2020	Sn10A L54520	9.0~ 11.0	余量	≤0.50	0.25	0.02	0.02	0.08	0.005	0.005	0.001	0.015
EN ISO 9453:2020	Pb90Sn10 122[268/302℃]	9.5~ 10.5	余量	≤0.50	0.25	0.02	0.03	0.08	0.001	0.001	0.005	0.10
ISO 9453:2020(E)	Pb90Sn10 122[268/302℃]				Ni:0.01,Au:0.05,In:0.10							
JIS Z3282:2017	Pb90Sn10 H10A											

表 12-16　ZHLSn5PbA 牌号和化学成分（质量分数）对照　（%）

标准号	牌号 代号	Sn	Pb	Sb	杂质≤							
					Bi	Fe	As	Cu	Zn	Al	Cd	Ag
GB/T 8012—2013	ZHLSn5PbA 5A	4.50~ 5.50	余量	≤0.050	0.025	0.012	0.010	0.030	0.0010	0.0010	0.0010	0.015
ASTM B32—2020	Sn5 L54322	4.5~ 5.5	余量	≤0.50	0.25	0.02	0.02	0.08	0.005	0.005	0.001	0.015
ISO 9453:2020(E)	Pb95Sn5 123[300/314℃]	4.5~ 5.5	余量	≤0.50	0.10	0.02	0.03	0.08	0.001	0.001	0.005	0.10
EN ISO 9453:2020	Pb95Sn5 123[300/314℃]				Ni:0.01,Au:0.05,In:0.10							
JIS Z3282:2017	Pb95Sn5 H5A											

表 12-17　ZHLSn2PbA 牌号和化学成分（质量分数）对照　（%）

标准号	牌号 代号	Sn	Pb	Sb	杂质≤							
					Bi	Fe	As	Cu	Zn	Al	Cd	Ag
GB/T 8012—2013	ZHLSn2PbA 2A	1.50～ 2.50	余量	≤0.050	0.025	0.012	0.010	0.030	0.0010	0.0010	0.0010	0.015
ASTM B32—2020	Sn2 L54210	1.5～ 2.5	余量	≤0.50	0.25	0.02	0.02	0.08	0.005	0.005	0.001	0.015
EN ISO 9453:2020	Pb98Sn2 124[320/325℃]	1.8～ 2.2	余量	≤0.12	0.10	0.02	0.03	0.08	0.001	0.001	0.002	0.10
ISO 9453:2020(E)	Pb98Sn2 124[320/325℃]				Ni:0.01,Au:0.05,In:0.10							

表 12-18　ZHLSn63PbB 牌号和化学成分（质量分数）对照　（%）

标准号	牌号 代号	Sn	Pb	Sb	杂质≤							
					Bi	Fe	As	Cu	Zn	Al	Cd	Ag
GB/T 8012—2013	ZHLSn63PbB 63B	62.50～ 63.50	余量	0.12～ 0.50	0.050	0.012	0.015	0.040	0.0010	0.0010	0.0010	0.015
EN ISO 9453:2020	Sn63Pb37Sb 131[183℃]	62.5～ 63.5	余量	0.20～ 0.50	0.10	0.02	0.03	0.08	0.001	0.001	0.002	0.10
ISO 9453:2020(E)	Sn63Pb37Sb 131[183℃]				Ni:0.01,Au:0.05,In:0.10							

表 12-19　ZHLSn60PbB 牌号和化学成分（质量分数）对照　（%）

标准号	牌号 代号	Sn	Pb	Sb	杂质≤							
					Bi	Fe	As	Cu	Zn	Al	Cd	Ag
GB/T 8012—2013	ZHLSn60PbB 60B	59.50～ 60.50	余量	0.12～ 0.50	0.050	0.012	0.015	0.040	0.0010	0.0010	0.0010	0.015

ГОСТ 21930—1976	ПОССу61-0.5	59～61	余量	0.05～0.5	0.1	0.02	0.03	0.08	0.002	0.002	—	—
					Ni:0.02,S:0.02							
EN ISO 9453:2020	Sn60Pb40Sb 132[183/190℃]	59.5～60.5	余量	0.20～0.50	0.10	0.02	0.03	0.08	0.001	0.001	0.002	0.10
ISO 9453:2020(E)	Sn60Pb40Sb 132[183/190℃]				Ni:0.01,Au:0.05,In:0.10							

表 12-20　ZHLSn50PbB 牌号和化学成分（质量分数）对照　（%）

标准号	牌号 代号	Sn	Pb	Sb	杂质≤							
					Bi	Fe	As	Cu	Zn	Al	Cd	Ag
GB/T 8012—2013	ZHLSn50PbB 50B	49.50～50.50	余量	0.12～0.50	0.050	0.012	0.015	0.040	0.0010	0.0010	0.0010	0.015
ГОСТ 21930—1976	ПОССу50-0.5	49～51	余量	0.05～0.5	0.1	0.02	0.03	0.08	0.002	0.002	—	—
					Ni:0.02,S:0.02							
EN ISO 9453:2020	Pb50Sn50Sb 133[183/216℃]	49.5～50.5	余量	0.20～0.50	0.10	0.02	0.03	0.08	0.001	0.001	0.002	0.10
ISO 9453:2020(E)	Pb50Sn50Sb 133[183/216℃]				Ni:0.01,Au:0.05,In:0.10							

表 12-21　ZHLSn45PbB 牌号和化学成分（质量分数）　（%）

标准号	牌号 代号	Sn	Pb	Sb	杂质≤							
					Bi	Fe	As	Cu	Zn	Al	Cd	Ag
GB/T 8012—2013	ZHLSn45PbB 45B	44.50～45.50	余量	0.12～0.50	0.050	0.012	0.015	0.040	0.0010	0.0010	0.0010	0.015

表 12-22 ZHLSn40PbB 牌号和化学成分（质量分数）对照 （%）

标准号	牌号 代号	Sn	Pb	Sb	杂质≤							
					Bi	Fe	As	Cu	Zn	Al	Cd	Ag
GB/T 8012—2013	ZHLSn40PbB 40B	39.50~40.50	余量	0.12~0.50	0.050	0.012	0.015	0.040	0.0010	0.0010	0.0010	0.015
ГОСТ 21930—1976	ПОССу40-0.5	39~41	余量	0.05~0.5	0.1	0.02	0.03	0.08	0.002	0.002	—	—
					Ni:0.02,S:0.02							

表 12-23 ZHLSn60PbC 牌号和化学成分（质量分数） （%）

标准号	牌号 代号	Sn	Pb	Sb	杂质≤							
					Bi	Fe	As	Cu	Zn	Al	Cd	Ag
GB/T 8012—2013	ZHLSn60PbC 60C	59.50~60.50	余量	0.50~0.80	0.100	0.020	0.020	0.050	0.0010	0.0010	0.0010	—

表 12-24 ZHLSn55PbC 牌号和化学成分（质量分数） （%）

标准号	牌号 代号	Sn	Pb	Sb	杂质≤							
					Bi	Fe	As	Cu	Zn	Al	Cd	Ag
GB/T 8012—2013	ZHLSn55PbC 55C	54.50~55.50	余量	0.12~0.80	0.100	0.020	0.020	0.050	0.0010	0.0010	0.0010	—

表 12-25 ZHLSn50PbC 牌号和化学成分（质量分数） （%）

标准号	牌号 代号	Sn	Pb	Sb	杂质≤							
					Bi	Fe	As	Cu	Zn	Al	Cd	Ag
GB/T 8012—2013	ZHLSn50PbC 50C	49.50~50.50	余量	0.50~0.80	0.100	0.020	0.020	0.050	0.0010	0.0010	0.0010	—

表 12-26 ZHLSn45PbC 牌号和化学成分（质量分数） （%）

标准号	牌号 代号	Sn	Pb	Sb	杂质≤							
					Bi	Fe	As	Cu	Zn	Al	Cd	Ag
GB/T 8012—2013	ZHLSn45PbC 45C	44.50~45.50	余量	0.50~0.80	0.100	0.020	0.020	0.050	0.0010	0.0010	0.0010	—

表 12-27 ZHLSn40PbC 牌号和化学成分（质量分数）对照 （%）

标准号	牌号 代号	Sn	Pb	Sb	杂质≤							
					Bi	Fe	As	Cu	Zn	Al	Cd	Ag
GB/T 8012—2013	ZHLSn40PbC 40C	39.50~40.50	余量	1.50~2.00	0.100	0.020	0.020	0.050	0.0010	0.0010	0.0010	—
ГОСТ 21930—1976	ПОССу40-2	39~41	余量	1.5~2.0	0.1	0.02	0.05	0.08	0.002	0.002	—	—
					Ni:0.02,S:0.02							
ASTM B32—2020	Sn40B L54918	39.5~41.5	余量	1.8~2.4	0.25	0.02	0.02	0.08	0.005	0.005	0.001	0.015
EN ISO 9453:2020	Pb58Sn40Sb2 134[185/231℃]	39.5~40.5	余量	2.0~2.4	0.25	0.02	0.03	0.08	0.001	0.001	0.005	0.10
ISO 9453:2020(E)	Pb58Sn40Sb2 134[185/231℃]				Ni:0.01,Au:0.05,In:0.10							

表 12-28 ZHLSn35PbC 牌号和化学成分（质量分数）对照 （%）

标准号	牌号 代号	Sn	Pb	Sb	杂质≤							
					Bi	Fe	As	Cu	Zn	Al	Cd	Ag
GB/T 8012—2013	ZHLSn35PbC 35C	34.50~35.50	余量	1.50~2.00	0.100	0.020	0.020	0.050	0.0010	0.0010	0.0010	—

（续）

标准号	牌号 代号	Sn	Pb	Sb	杂质≤							
					Bi	Fe	As	Cu	Zn	Al	Cd	Ag
ГОСТ 21930—1976	ПОССу35-2	34~36	余量	1.5~ 2.0	0.1	0.02	0.05	0.08	0.002	0.002	—	—
					Ni:0.02,S:0.02							
ASTM B32—2020	Sn35B L54852	34.5~ 36.5	余量	1.6~ 2.0	0.25	0.02	0.02	0.08	0.005	0.005	0.001	0.015

表 12-29 ZHLSn30PbC 牌号和化学成分（质量分数）对照 （%）

标准号	牌号 代号	Sn	Pb	Sb	杂质≤							
					Bi	Fe	As	Cu	Zn	Al	Cd	Ag
GB/T 8012—2013	ZHLSn30PbC 30C	29.50~ 30.50	余量	1.50~ 2.00	0.100	0.020	0.020	0.050	0.0010	0.0010	0.0010	—
ГОСТ 21930—1976	ПОССу30-2	29~31	余量	1.5~ 2.0	0.1	0.02	0.05	0.08	0.002	0.002	—	—
					Ni:0.02,S:0.02							
ASTM B32—2020	Sn30B L54822	29.5~ 31.5	余量	1.4~ 1.8	0.25	0.02	0.02	0.08	0.005	0.005	0.001	0.015
EN ISO 9453:2020	Pb69Sn30Sb1 135[185/250℃]	29.5~ 30.5	余量	0.5~ 1.8	0.25	0.02	0.03	0.08	0.001	0.001	0.005	0.10
ISO 9453:2020(E)	Pb69Sn30Sb1 135[185/250℃]				Ni:0.01,Au:0.05,In:0.10							

表 12-30 ZHLSn25PbC 牌号和化学成分（质量分数）对照 （%）

标准号	牌号 代号	Sn	Pb	Sb	杂质≤							
					Bi	Fe	As	Cu	Zn	Al	Cd	Ag
GB/T 8012—2013	ZHLSn25PbC 25C	24.50~ 25.50	余量	0.20~ 1.50	0.100	0.020	0.020	0.050	0.0010	0.0010	0.0010	—

ГОСТ 21930—1976	ПОССу25-2	24～26	余量	1.5～2.0	0.1	0.02	0.05	0.08	0.002	0.002	—	—
					Ni:0.02,S:0.02							
ASTM B32—2020	Sn25B L54722	24.5～26.5	余量	1.1～1.5	0.25	0.02	0.02	0.08	0.005	0.005	0.001	0.015
EN ISO 9453:2020	Pb74Sn25Sb1 136[185/263℃]	24.5～25.5	余量	0.5～2.0	0.25	0.02	0.03	0.08	0.001	0.001	0.005	0.10
ISO 9453:2020(E)	Pb74Sn25Sb1 136[185/263℃]				Ni:0.01,Au:0.05,In:0.10							

表 12-31　ZHLSn20PbC 牌号和化学成分（质量分数）对照　（%）

标准号	牌号 代号	Sn	Pb	Sb	杂质≤							
					Bi	Fe	As	Cu	Zn	Al	Cd	Ag
GB/T 8012—2013	ZHLSn20PbC 20C	19.50～20.50	余量	0.50～3.00	0.100	0.020	0.020	0.050	0.0010	0.0010	0.0010	—
ГОСТ 21930—1976	ПОССу18-2	17～18	余量	1.5～2.0	0.1	0.02	0.05	0.10	0.002	0.002	—	—
					Ni:0.08,S:0.02							
ASTM B32—2020	Sn20B L54712	19.5～21.5	余量	0.8～1.2	0.25	0.02	0.02	0.08	0.005	0.005	0.001	0.015
EN ISO 9453:2020	Pb78Sn20Sb2 137[185/270℃]	19.5～20.5	余量	0.5～3.0	0.25	0.02	0.03	0.08	0.001	0.001	0.005	0.10
ISO 9453:2020(E)	Pb78Sn20Sb2 137[185/270℃]				Ni:0.01,Au:0.05,In:0.10							

12.1.2 锡铅银焊料牌号和化学成分

中外锡铅银焊料牌号和化学成分对照见表12-32～表12-34。

表12-32 ZHLSn62PbAg牌号和化学成分（质量分数）对照 （%）

标准号	牌号 代号	Sn	Pb	Ag	杂质≤							
					Bi	Fe	As	Cu	Zn	Al	Cd	Sb
GB/T 8012—2013	ZHLSn62PbAg Ag2	61.50～62.50	余量	1.80～2.20	0.020	0.010	0.010	0.020	0.0010	0.0010	0.0010	0.012
ASTM B32—2020	Sn62 L13620	61.5～62.5	余量	1.75～2.25	0.25	0.02	0.02	0.08	0.005	0.005	0.001	0.50
EN ISO 9453:2020	Sn62Pb36Ag2 171[179℃]	61.5～62.5	余量	1.8～2.2	0.10	0.02	0.03	0.08	0.001	0.001	0.002	0.20
ISO 9453:2020(E)	Sn62Pb36Ag2 171[179℃]											
JIS Z3282:2017	Sn62Pb36Ag2 H62Ag2A				Ni:0.01, Au:0.05, In:0.10							

表12-33 ZHLSn5PbAg牌号和化学成分（质量分数）对照 （%）

标准号	牌号 代号	Sn	Pb	Ag	杂质≤							
					Bi	Fe	As	Cu	Zn	Al	Cd	Sb
GB/T 8012—2013	ZHLSn5PbAg Ag2.5	4.50～5.50	余量	2.30～2.70	0.020	0.012	0.010	0.030	0.0010	0.0010	0.0010	0.050
EN ISO 9453:2020	Pb93Sn5Ag2 191[296/301℃]	4.8～5.2	余量	1.2～1.8	0.10	0.02	0.03	0.08	0.001	0.001	0.002	0.20
ISO 9453:2020(E)	Pb93Sn5Ag2 191[296/301℃]				Ni:0.01, Au:0.05, In:0.10							

表 12-34 ZHLSn1PbAg 牌号和化学成分（质量分数）对照 （%）

标准号	牌号 代号	Sn	Pb	Ag	杂质≤							
					Bi	Fe	As	Cu	Zn	Al	Cd	Sb
GB/T 8012—2013	ZHLSn1PbAg Ag1.5	0.80~ 1.20	余量	1.30~ 1.70	0.020	0.012	0.010	0.030	0.0010	0.0010	0.0010	0.050
JIS Z3282:2017	Pb97.5Ag1.5Sn1 H1Ag1.5A	0.7~ 1.3	余量	1.2~ 1.8	0.25	0.02	0.03	0.08	0.001	0.001	0.002	0.20
					Ni:0.01, Au:0.05, In:0.10							
ASTM B32—2020	Ag1.5 L50132	0.75~ 1.25	余量	1.3~ 1.7	0.25	0.02	0.02	0.30	0.005	0.005	0.001	0.40

12.1.3 锡铅磷焊料牌号和化学成分

铸造锡铅磷焊料牌号和化学成分见表 12-35~表 12-37。

表 12-35 ZHLSn63PbP 牌号和化学成分（质量分数） （%）

标准号	牌号 代号	Sn	Pb	P	杂质≤							
					Bi	Fe	As	Cu	Zn	Al	Cd	Sb
GB/T 8012—2013	ZHLSn63PbP 63P	62.50~ 63.50	余量	0.001~ 0.004	0.020	0.010	0.010	0.020	0.0010	0.0010	0.0010	0.012
					Ag:0.015							

表 12-36 ZHLSn60PbP 牌号和化学成分（质量分数） （%）

标准号	牌号 代号	Sn	Pb	P	杂质≤							
					Bi	Fe	As	Cu	Zn	Al	Cd	Sb
GB/T 8012—2013	ZHLSn60PbP 60P	59.50~ 60.50	余量	0.001~ 0.004	0.020	0.010	0.010	0.020	0.0010	0.0010	0.0010	0.012
					Ag:0.015							

表 12-37　ZHLSn50PbP 牌号和化学成分（质量分数）　（%）

标准号	牌号 代号	Sn	Pb	P	杂质≤							
					Bi	Fe	As	Cu	Zn	Al	Cd	Sb
GB/T 8012—2013	ZHLSn50PbP 50P	49.50~ 50.50	余量	0.001~ 0.004	0.020	0.010	0.010	0.020	0.0010	0.0010	0.0010	0.012
					Ag:0.015							

12.1.4　铸造锡铅镉钎料牌号和化学成分

中外铸造锡铅镉钎料的牌号和化学成分对照见表 12-38。

表 12-38　S-Sn50PbCdA 牌号和化学成分（质量分数）对照　（%）

标准号	牌号 代号	Sn	Pb	Cd	杂质≤							
					Bi	Fe	As	Cu	Zn	Al	S	Sb
GB/T 3131—2020	S-Sn50PbCdA	49.0~ 51.0	余量	17.5~ 18.5	0.030	0.020	0.020	0.030	0.0020	0.0020	0.012	0.10
					除 Sb、Bi、Cu 以外的杂质合计:0.060							
ГОСТ 21930—1976	ПОСК50-18	49~ 51	余量	17~ 19	0.1	0.02	0.03	0.08	0.002	0.002	0.02	0.20
					Ni:0.02							
EN ISO 9453:2020	Sn50Pb32Cd18 151[145℃]	49.5~ 50.5	余量	17.5~ 18.5	0.10	0.02	0.03	0.08	0.001	0.001	—	0.20
ISO 9453:2020(E)	Sn50Pb32Cd18 151[145℃]				Ag:0.10,Ni:0.01,Au:0.05,In:0.10							

12.2　无铅钎料型号和化学成分

中外无铅钎料型号和化学成分对照见表 12-39~表 12-60。

表 12-39 Sn99.7Cu0.3 型号和化学成分（质量分数） （%）

标准号	型号	熔化温度范围/℃	Sn	Ag	Cu	杂质①≤						
						Bi	Sb	Zn	Pb	Ni	Fe	合计
GB/T 20422—2018	Sn99.7Cu0.3	227~235	余量	≤0.10	0.20~0.40	0.10	0.10	0.001	0.07	0.01	0.02	0.2
						As:0.03,Al:0.001,Cd:0.002						

① 当 In、Au 等作为杂质元素存在时，供方应保证钎料中 $w(\mathrm{In}) \leqslant 0.1\%$、$w(\mathrm{Au}) \leqslant 0.05\%$。

表 12-40 Sn99.3Cu0.7 型号和化学成分（质量分数）对照 （%）

标准号	型号 代号	熔化温度范围/℃	Sn	Ag	Cu	杂质≤						
						Bi	Sb	Zn	Pb	Ni	Fe	合计
GB/T 20422—2018	Sn99.3Cu0.7	227	余量	≤0.10	0.5~0.9	0.10	0.10	0.001	0.07	0.01	0.02	0.2
						As:0.03,Al:0.001,Cd:0.002						
EN ISO 9453:2020	Sn99.3Cu0.7 401	227	余量	≤0.10	0.5~0.9	0.10	0.10	0.001	0.07	0.01	0.02	—
ISO 9453:2020(E)	Sn99.3Cu0.7 401	227				As:0.03,Al:0.001,Cd:0.002,Au:0.05,In:0.10						
JIS Z3282:2017	Sn99.3Cu0.7 C7	227	余量	≤0.10	0.5~0.9	0.10	0.20	0.001	0.07	0.01	0.02	—
						As:0.03,Al:0.001,Cd:0.002,Au:0.05,In:0.10						

表 12-41 Sn97Cu3 型号和化学成分（质量分数）对照 （%）

标准号	型号 代号	熔化温度范围/℃	Sn	Ag	Cu	杂质≤						
						Bi	Sb	Zn	Pb	Ni	Fe	合计
GB/T 20422—2018	Sn97Cu3	227~310	余量	≤0.10	2.5~3.5	0.10	0.10	0.001	0.07	0.01	0.02	0.2
						As:0.03,Al:0.001,Cd:0.002						

（续）

标准号	型号代号	熔化温度范围/℃	Sn	Ag	Cu	杂质≤ Bi	Sb	Zn	Pb	Ni	Fe	合计
EN ISO 9453:2020	Sn97Cu3 402	227~310	余量	≤0.10	2.5~3.5	0.10	0.10	0.001	0.07	0.01	0.02	—
ISO 9453:2020(E)	Sn97Cu3 402	227~310	余量	≤0.10	2.5~3.5	As:0.03,Al:0.001,Cd:0.002,Au:0.05,In:0.10						—
JIS Z3282:2017	Sn97Cu3 C30	227~309	余量	≤0.10	2.5~3.5	0.10	0.20	0.001	0.07	0.01	0.02	—
						As:0.03,Al:0.001,Cd:0.002,Au:0.05,In:0.10						

表 12-42　Sn97Ag3 型号和化学成分（质量分数）对照　（%）

标准号	型号代号	熔化温度范围/℃	Sn	Ag	Cu	杂质≤ Bi	Sb	Zn	Pb	Ni	Fe	合计
GB/T 20422—2018	Sn97Ag3	221~224	余量	2.8~3.2	≤0.05	0.10	0.10	0.001	0.07	0.01	0.02	0.2
						As:0.03,Al:0.001,Cd:0.002						
EN ISO 9453:2020	Sn97Ag3 702	221~224	余量	2.8~3.2	≤0.05	0.10	0.10	0.001	0.07	0.01	0.02	—
ISO 9453:2020(E)	Sn97Ag3 702	221~224	余量	2.8~3.2	≤0.05	As:0.03,Al:0.001,Cd:0.002,Au:0.05,In:0.10						—
JIS Z3282:2017	Sn97Ag3 A30	221~222	余量	2.8~3.2	≤0.05	0.10	0.20	0.001	0.07	0.01	0.02	—
						As:0.03,Al:0.001,Cd:0.002,Au:0.05,In:0.10						

表 12-43　Sn96.5Ag3.5 型号和化学成分（质量分数）对照　（%）

标准号	型号代号	熔化温度范围/℃	Sn	Ag	Cu	杂质≤ Bi	Sb	Zn	Pb	Ni	Fe	合计
GB/T 20422—2018	Sn96.5Ag3.5	221	余量	3.3~3.7	≤0.05	0.10	0.10	0.001	0.07	0.01	0.02	0.2
						As:0.03,Al:0.001,Cd:0.002						

ASTM B32—2020	Sn96 L13965	221	余量	3.4~3.8	≤0.08	0.15	0.12	0.005	0.10	—	0.02	—
						As:0.05,Al:0.005,Cd:0.005						
EN ISO 9453:2020	Sn96.5Ag3.5 703	221	余量	3.3~3.7	≤0.05	0.10	0.10	0.001	0.07	0.01	0.02	—
ISO 9453:2020(E)	Sn96.5Ag3.5 703					As:0.03,Al:0.001,Cd:0.002,Au:0.05,In:0.10						
JIS Z3282:2017	Sn96.5Ag3.5 A35	221	余量	3.3~3.7	≤0.05	0.10	0.20	0.001	0.07	0.01	0.02	—
						As:0.03,Al:0.001,Cd:0.002,Au:0.05,In:0.10						

表 12-44　Sn96.3Ag3.7 型号和化学成分（质量分数）对照　　（%）

标准号	型号 代号	熔化温度范围/℃	Sn	Ag	Cu	杂质≤						
						Bi	Sb	Zn	Pb	Ni	Fe	合计
GB/T 20422—2018	Sn96.3Ag3.7	221~228	余量	3.5~3.9	≤0.05	0.10	0.10	0.001	0.07	0.01	0.02	0.2
						As:0.03,Al:0.001,Cd:0.002						
JIS Z3282:2017	Sn96.3Ag3.7 A37	221	余量	3.5~3.9	≤0.05	0.10	0.20	0.001	0.07	0.01	0.02	—
						As:0.03,Al:0.001,Cd:0.002,Au:0.05,In:0.10						
EN ISO 9453:2020	Sn96.3Ag3.7 701	221~228	余量	3.5~3.9	≤0.05	0.10	0.10	0.001	0.07	0.01	0.02	—
ISO 9453:2020(E)	Sn96.3Ag3.7 701	221~228				As:0.03,Al:0.001,Cd:0.002,Au:0.05,In:0.10						

表 12-45 Sn95Ag5 型号和化学成分（质量分数）对照 （%）

标准号	型号代号	熔化温度范围/℃	Sn	Ag	Cu	杂质≤ Bi	Sb	Zn	Pb	Ni	Fe	合计
GB/T 20422—2018	Sn95Ag5	221~240	余量	4.8~5.2	≤0.05	0.10	0.10	0.001	0.07	0.01	0.02	0.2
						As:0.03, Al:0.001, Cd:0.002						
ASTM B32—2020	Sn95 L13967	221~245	余量	4.4~4.8	≤0.08	0.15	0.12	0.005	0.10	—	0.02	—
						As:0.05, Al:0.005, Cd:0.005						
EN ISO 9453:2020	Sn95Ag5 704	221~240	余量	4.8~5.2	≤0.05	0.10	0.10	0.001	0.07	0.01	0.02	—
ISO 9453:2020(E)	Sn95Ag5 704	221~240	余量	4.8~5.2	≤0.05	As:0.03, Al:0.001, Cd:0.002, Au:0.05, In:0.10						—
JIS Z3282:2017	Sn95Ag5 A50	221~240	余量	4.8~5.2	≤0.05	0.10	0.20	0.001	0.07	0.01	0.02	—
						As:0.03, Al:0.001, Cd:0.002, Au:0.05, In:0.10						

表 12-46 Sn98.5Ag1Cu0.5 型号和化学成分（质量分数）对照 （%）

标准号	型号代号	熔化温度范围/℃	Sn	Ag	Cu	杂质≤ Bi	Sb	Zn	Pb	Ni	Fe	合计
GB/T 20422—2018	Sn98.5Ag1Cu0.5	217~227	余量	0.8~1.2	0.3~0.7	0.10	0.10	0.001	0.07	0.01	0.02	0.2
						As:0.03, Al:0.001, Cd:0.002						
EN ISO 9453:2020	Sn98.5Ag1Cu0.5 716	217~227	余量	0.8~1.2	0.3~0.7	0.10	0.10	0.001	0.07	0.01	0.02	—
ISO 9453:2020(E)	Sn98.5Ag1Cu0.5 716	217~227	余量	0.8~1.2	0.3~0.7	As:0.03, Al:0.001, Cd:0.002, Au:0.05, In:0.10						—

表 12-47 Sn98.3Ag1Cu0.7 型号和化学成分（质量分数）对照 （%）

<table>
<tr><th rowspan="2">标准号</th><th rowspan="2">型号
代号</th><th rowspan="2">熔化温度
范围/℃</th><th rowspan="2">Sn</th><th rowspan="2">Ag</th><th rowspan="2">Cu</th><th colspan="7">杂质≤</th></tr>
<tr><th>Bi</th><th>Sb</th><th>Zn</th><th>Pb</th><th>Ni</th><th>Fe</th><th>合计</th></tr>
<tr><td rowspan="2">GB/T 20422—2018</td><td rowspan="2">Sn98.3Ag1Cu0.7</td><td rowspan="2">217~224</td><td rowspan="2">余量</td><td rowspan="2">0.8~
1.2</td><td rowspan="2">0.5~
0.9</td><td>0.10</td><td>0.10</td><td>0.001</td><td>0.07</td><td>0.01</td><td>0.02</td><td rowspan="2">0.2</td></tr>
<tr><td colspan="6">As:0.03, Al:0.001, Cd:0.002</td></tr>
<tr><td rowspan="2">JIS Z3282:2017</td><td rowspan="2">Sn98.3Ag1Cu0.7
A10C7</td><td rowspan="2">217~224</td><td rowspan="2">余量</td><td rowspan="2">0.8~
1.2</td><td rowspan="2">0.5~
0.9</td><td>0.10</td><td>0.20</td><td>0.001</td><td>0.07</td><td>0.01</td><td>0.02</td><td rowspan="2">—</td></tr>
<tr><td colspan="6">As:0.03, Al:0.001, Cd:0.002, Au:0.05, In:0.10</td></tr>
<tr><td>EN ISO 9453:2020</td><td>Sn98.3Ag1Cu0.7
715</td><td>217~224</td><td rowspan="2">余量</td><td rowspan="2">0.8~
1.2</td><td rowspan="2">0.5~
0.9</td><td>0.10</td><td>0.10</td><td>0.001</td><td>0.07</td><td>0.01</td><td>0.02</td><td rowspan="2">—</td></tr>
<tr><td>ISO 9453:2020(E)</td><td>Sn98.3Ag1Cu0.7
715</td><td>217~224</td><td colspan="6">As:0.03, Al:0.001, Cd:0.002, Au:0.05, In:0.10</td></tr>
</table>

表 12-48 Sn96.5Ag3Cu0.5 型号和化学成分（质量分数）对照 （%）

<table>
<tr><th rowspan="2">标准号</th><th rowspan="2">型号
代号</th><th rowspan="2">熔化温度
范围/℃</th><th rowspan="2">Sn</th><th rowspan="2">Ag</th><th rowspan="2">Cu</th><th colspan="7">杂质≤</th></tr>
<tr><th>Bi</th><th>Sb</th><th>Zn</th><th>Pb</th><th>Ni</th><th>Fe</th><th>合计</th></tr>
<tr><td rowspan="2">GB/T 20422—2018</td><td rowspan="2">Sn96.5Ag3Cu0.5</td><td rowspan="2">217~220</td><td rowspan="2">余量</td><td rowspan="2">2.8~
3.2</td><td rowspan="2">0.3~
0.7</td><td>0.10</td><td>0.10</td><td>0.001</td><td>0.07</td><td>0.01</td><td>0.02</td><td rowspan="2">0.2</td></tr>
<tr><td colspan="6">As:0.03, Al:0.001, Cd:0.002</td></tr>
<tr><td rowspan="2">JIS Z3282:2017</td><td rowspan="2">Sn96.5Ag3Cu0.5
A30C5</td><td rowspan="2">217~219</td><td rowspan="2">余量</td><td rowspan="2">2.8~
3.2</td><td rowspan="2">0.3~
0.7</td><td>0.10</td><td>0.20</td><td>0.001</td><td>0.07</td><td>0.01</td><td>0.02</td><td rowspan="2">—</td></tr>
<tr><td colspan="6">As:0.03, Al:0.001, Cd:0.002, Au:0.05, In:0.10</td></tr>
<tr><td>EN ISO 9453:2020</td><td>Sn96.5Ag3Cu0.5
711</td><td>217~220</td><td rowspan="2">余量</td><td rowspan="2">2.8~
3.2</td><td rowspan="2">0.3~
0.7</td><td>0.10</td><td>0.10</td><td>0.001</td><td>0.07</td><td>0.01</td><td>0.02</td><td rowspan="2">—</td></tr>
<tr><td>ISO 9453:2020(E)</td><td>Sn96.5Ag3Cu0.5
711</td><td>217~220</td><td colspan="6">As:0.03, Al:0.001, Cd:0.002, Au:0.05, In:0.10</td></tr>
</table>

表 12-49　Sn95.5Ag4Cu0.5 型号和化学成分（质量分数）对照　（%）

标准号	型号 代号	熔化温度 范围/℃	Sn	Ag	Cu	杂质≤						
						Bi	Sb	Zn	Pb	Ni	Fe	合计
GB/T 20422—2018	Sn95.5Ag4Cu0.5	217~219	余量	3.8~4.2	0.3~0.7	0.10	0.10	0.001	0.07	0.01	0.02	0.2
						As:0.03, Al:0.001, Cd:0.002						
JIS Z3282:2017	Sn95.5Ag4Cu0.5 A40C5	217~219	余量	3.8~4.2	0.3~0.7	0.10	0.20	0.001	0.07	0.01	0.02	—
						As:0.03, Al:0.001, Cd:0.002, Au:0.05, In:0.10						
EN ISO 9453:2020	Sn95.5Ag4Cu0.5 714	217~219	余量	3.8~4.2	0.3~0.7	0.10	0.10	0.001	0.07	0.01	0.02	—
ISO 9453:2020(E)	Sn95.5Ag4Cu0.5 714	217~219				As:0.03, Al:0.001, Cd:0.002, Au:0.05, In:0.10						

表 12-50　Sn95.8Ag3.5Cu0.7 型号和化学成分（质量分数）对照　（%）

标准号	型号 代号	熔化温度 范围/℃	Sn	Ag	Cu	杂质≤						
						Bi	Sb	Zn	Pb	Ni	Fe	合计
GB/T 20422—2018	Sn95.8Ag3.5Cu0.7	217~218	余量	3.3~3.7	0.5~0.9	0.10	0.10	0.001	0.07	0.01	0.02	0.2
						As:0.03, Al:0.001, Cd:0.002						
JIS Z3282:2017	Sn95.8Ag3.5Cu0.7 A35C7	217	余量	3.3~3.7	0.5~0.9	0.10	0.20	0.001	0.07	0.01	0.02	—
						As:0.03, Al:0.001, Cd:0.002, Au:0.05, In:0.10						
EN ISO 9453:2020	Sn95.8Ag3.5Cu0.7 712	217~218	余量	3.3~3.7	0.5~0.9	0.10	0.10	0.001	0.07	0.01	0.02	—
ISO 9453:2020(E)	Sn95.8Ag3.5Cu0.7 712	217~218				As:0.03, Al:0.001, Cd:0.002, Au:0.05, In:0.10						

表 12-51 Sn95. 5Ag3. 8Cu0. 7 型号和化学成分（质量分数）对照 （%）

<table>
<tr><th rowspan="2">标准号</th><th rowspan="2">型号
代号</th><th rowspan="2">熔化温度
范围/℃</th><th rowspan="2">Sn</th><th rowspan="2">Ag</th><th rowspan="2">Cu</th><th colspan="7">杂质≤</th></tr>
<tr><th>Bi</th><th>Sb</th><th>Zn</th><th>Pb</th><th>Ni</th><th>Fe</th><th>合计</th></tr>
<tr><td rowspan="2">GB/T 20422—2018</td><td rowspan="2">Sn95. 5Ag3. 8Cu0. 7</td><td rowspan="2">217</td><td rowspan="2">余量</td><td rowspan="2">3. 6~
4. 0</td><td rowspan="2">0. 5~
0. 9</td><td>0. 10</td><td>0. 10</td><td>0. 001</td><td>0. 07</td><td>0. 01</td><td>0. 02</td><td rowspan="2">0. 2</td></tr>
<tr><td colspan="6">As:0. 03, Al:0. 001, Cd:0. 002</td></tr>
<tr><td rowspan="2">JIS Z3282:2017</td><td rowspan="2">Sn95. 5Ag3. 8Cu0. 7
A38C7</td><td rowspan="2">217</td><td rowspan="2">余量</td><td rowspan="2">3. 6~
4. 0</td><td rowspan="2">0. 5~
0. 9</td><td>0. 10</td><td>0. 20</td><td>0. 001</td><td>0. 07</td><td>0. 01</td><td>0. 02</td><td rowspan="2">—</td></tr>
<tr><td colspan="6">As:0. 03, Al:0. 001, Cd:0. 002, Au:0. 05, In:0. 10</td></tr>
<tr><td>EN ISO 9453:2020</td><td>Sn95. 5Ag3. 8Cu0. 7
713</td><td>217</td><td rowspan="2">余量</td><td rowspan="2">3. 6~
4. 0</td><td rowspan="2">0. 5~
0. 9</td><td>0. 10</td><td>0. 10</td><td>0. 001</td><td>0. 07</td><td>0. 01</td><td>0. 02</td><td rowspan="2">—</td></tr>
<tr><td>ISO 9453:2020(E)</td><td>Sn95. 5Ag3. 8Cu0. 7
713</td><td>217</td><td colspan="6">As:0. 03, Al:0. 001, Cd:0. 002, Au:0. 05, In:0. 10</td></tr>
</table>

表 12-52 Sn96Ag2. 5Bi1Cu0. 5 型号和化学成分（质量分数）对照 （%）

<table>
<tr><th rowspan="2">标准号</th><th rowspan="2">型号
代号</th><th rowspan="2">熔化温度
范围/℃</th><th rowspan="2">Sn</th><th rowspan="2">Ag</th><th rowspan="2">Bi</th><th rowspan="2">Cu</th><th colspan="6">杂质≤</th></tr>
<tr><th>Sb</th><th>Zn</th><th>Pb</th><th>Ni</th><th>Fe</th><th>合计</th></tr>
<tr><td rowspan="2">GB/T 20422—2018</td><td rowspan="2">Sn96Ag2. 5Bi1Cu0. 5</td><td rowspan="2">213~218</td><td rowspan="2">余量</td><td rowspan="2">2. 3~
2. 7</td><td rowspan="2">0. 8~
1. 2</td><td rowspan="2">0. 3~
0. 7</td><td>0. 10</td><td>0. 001</td><td>0. 07</td><td>0. 01</td><td>0. 02</td><td>0. 2</td></tr>
<tr><td colspan="6">As:0. 03, Al:0. 001, Cd:0. 002</td></tr>
<tr><td rowspan="2">JIS Z3282:2017</td><td rowspan="2">Sn96Ag2. 5Bi1Cu0. 5
A25B10C5</td><td rowspan="2">213~218</td><td rowspan="2">余量</td><td rowspan="2">2. 3~
2. 7</td><td rowspan="2">0. 8~
1. 2</td><td rowspan="2">0. 3~
0. 7</td><td>0. 20</td><td>0. 001</td><td>0. 07</td><td>0. 01</td><td>0. 02</td><td>—</td></tr>
<tr><td colspan="6">As:0. 03, Al:0. 001, Cd:0. 002, Au:0. 05, In:0. 10</td></tr>
<tr><td>EN ISO 9453:2020</td><td>Sn96Ag2. 5Bi1Cu0. 5
721</td><td>213~218</td><td rowspan="2">余量</td><td rowspan="2">2. 3~
2. 7</td><td rowspan="2">0. 8~
1. 2</td><td rowspan="2">0. 3~
0. 7</td><td>0. 10</td><td>0. 001</td><td>0. 07</td><td>0. 01</td><td>0. 02</td><td>—</td></tr>
<tr><td>ISO 9453:2020(E)</td><td>Sn96Ag2. 5Bi1Cu0. 5
721</td><td>213~218</td><td colspan="6">As:0. 03, Al:0. 001, Cd:0. 002, Au:0. 05, In:0. 10</td></tr>
</table>

表 12-53 Sn99Cu0.7Ag0.3 型号和化学成分（质量分数）对照 （%）

标准号	型号 代号	熔化温度范围/℃	Sn	Ag	Cu	杂质≤ Bi	Sb	Zn	Pb	Ni	Fe	合计
GB/T 20422—2018	Sn99Cu0.7Ag0.3	217~227	余量	0.2~0.4	0.5~0.9	0.06	0.10	0.001	0.07	0.01	0.02	0.2
						As:0.03, Al:0.001, Cd:0.002						
JIS Z3282:2017	Sn99Cu0.7Ag0.3 C7A3	217~226	余量	0.2~0.4	0.5~0.9	0.06	0.20	0.001	0.07	0.01	0.02	—
						As:0.03, Al:0.001, Cd:0.002, Au:0.05, In:0.10						
EN ISO 9453:2020	Sn99Cu0.7Ag0.3 501	217~227	余量	0.2~0.4	0.5~0.9	0.06	0.10	0.001	0.07	0.01	0.02	—
ISO 9453:2020(E)	Sn99Cu0.7Ag0.3 501	217~227				As:0.03, Al:0.001, Cd:0.002, Au:0.05, In:0.10						

表 12-54 Sn95Cu4Ag1 型号和化学成分（质量分数）对照 （%）

标准号	型号 代号	熔化温度范围/℃	Sn	Ag	Cu	杂质≤ Bi	Sb	Zn	Pb	Ni	Fe	合计
GB/T 20422—2018	Sn95Cu4Ag1	217~353	余量	0.8~1.2	3.5~4.5	0.08	0.10	0.001	0.07	0.01	0.02	0.2
						As:0.03, Al:0.001, Cd:0.002						
JIS Z3282:2017	Sn95Cu4Ag1 C40A10	217~335	余量	0.8~1.2	3.5~4.5	0.08	0.20	0.001	0.07	0.01	0.02	—
						As:0.03, Al:0.001, Cd:0.002, Au:0.05, In:0.10						
EN ISO 9453:2020	Sn95Cu4Ag1 502	217~353	余量	0.8~1.2	3.5~4.5	0.08	0.10	0.001	0.07	0.01	0.02	—
ISO 9453:2020(E)	Sn95Cu4Ag1 502	217~353				As:0.03, Al:0.001, Cd:0.002, Au:0.05, In:0.10						

表 12-55 Sn92Cu6Ag2 型号和化学成分（质量分数）对照 （%）

标准号	型号代号	熔化温度范围/℃	Sn	Ag	Cu	杂质≤ Bi	Sb	Zn	Pb	Ni	Fe	合计
GB/T 20422—2018	Sn92Cu6Ag2	217~380	余量	1.8~2.2	5.5~6.5	0.08	0.10	0.001	0.07	0.01	0.02	0.2
						As:0.03,Al:0.001,Cd:0.002						
JIS Z3282:2017	Sn92Cu6Ag2 C60A20	217~373	余量	1.8~2.2	5.5~6.5	0.08	0.20	0.001	0.07	0.01	0.02	—
						As:0.03,Al:0.001,Cd:0.002,Au:0.05,In:0.10						
EN ISO 9453:2020	Sn92Cu6Ag2 503	217~380	余量	1.8~2.2	5.5~6.5	0.08	0.10	0.001	0.07	0.01	0.02	—
ISO 9453:2020(E)	Sn92Cu6Ag2 503	217~380				As:0.03,Al:0.001,Cd:0.002,Au:0.05,In:0.10						

表 12-56 Sn91Zn9 型号和化学成分（质量分数）对照 （%）

标准号	型号代号	熔化温度范围/℃	Sn	Ag	Zn	杂质≤ Bi	Sb	Cu	Pb	Ni	Fe	合计
GB/T 20422—2018	Sn91Zn9	199	余量	≤0.10	8.5~9.5	0.10	0.10	0.05	0.07	0.01	0.02	0.2
						As:0.03,Al:0.001,Cd:0.002						
JIS Z3282:2017	Sn91Zn9 Z90	198	余量	≤0.10	8.5~9.5	0.10	0.20	0.05	0.07	0.01	0.02	—
						As:0.03,Al:0.001,Cd:0.002,Au:0.05,In:0.10						
EN ISO 9453:2020	Sn91Zn9 801	199	余量	≤0.10	8.5~9.5	0.10	0.10	0.05	0.07	0.01	0.02	—
ISO 9453:2020(E)	Sn91Zn9 801	199				As:0.03,Al:0.001,Cd:0.002,Au:0.05,In:0.10						

表 12-57 Sn95Sb5 型号和化学成分（质量分数）对照 （%）

标准号	型号代号	熔化温度范围/℃	Sn	Ag	Sb	杂质≤ Bi	Zn	Cu	Pb	Ni	Fe	合计
GB/T 20422—2018	Sn95Sb5	235～240	余量	≤0.10	4.5～5.5	0.10	0.001	0.05	0.07	0.01	0.02	0.2
						As:0.03, Al:0.001, Cd:0.002						
ASTM B32—2020	Sb5 L13950	233～240	≥94.0	≤0.015	4.5～5.5	0.15	0.005	0.08	0.20	—	0.04	—
						As:0.05, Al:0.005, Cd:0.005						
EN ISO 9453:2020	Sn95Sb5 201	235～240	余量	≤0.10	4.5～5.5	0.10	0.001	0.05	0.07	0.01	0.02	—
ISO 9453:2020(E)	Sn95Sb5 201	235～240	余量	≤0.10	4.5～5.5	0.10	0.001	0.05	0.07	0.01	0.02	—
JIS Z3282:2017	Sn95Sb5 S50	238～241	余量	≤0.10	4.5～5.5	As:0.03, Al:0.001, Cd:0.002, Au:0.05, In:0.10						—

表 12-58 Bi58Sn42 型号和化学成分（质量分数）对照 （%）

标准号	型号代号	熔化温度范围/℃	Sn	Ag	Bi	杂质≤ Sb	Zn	Cu	Pb	Ni	Fe	合计
GB/T 20422—2018	Bi58Sn42	139	41.0～43.0	≤0.10	余量	0.10	0.001	0.05	0.07	0.01	0.02	0.2
						As:0.03, Al:0.001, Cd:0.002						
EN ISO 9453:2020	Bi58Sn42 301	139	41.0～43.0	≤0.10	余量	0.10	0.001	0.05	0.07	0.01	0.02	—
ISO 9453:2020(E)	Bi58Sn42 301	139	41.0～43.0	≤0.10	余量	As:0.03, Al:0.001, Cd:0.002, Au:0.05, In:0.10						—
JIS Z3282:2017	Bi58Sn42 B580	139	41.0～43.0	≤0.10	余量	0.20	0.001	0.05	0.07	0.01	0.02	—
						As:0.03, Al:0.001, Cd:0.002, Au:0.05, In:0.10						

表 12-59 Sn89Zn8Bi3 型号和化学成分（质量分数）对照 （%）

标准号	型号 代号	熔化温度 范围/℃	Sn	Ag	Bi	杂质≤						
						Sb	Zn	Cu	Pb	Ni	Fe	合计
GB/T 20422—2018	Sn89Zn8Bi3	190~197	余量	7.5~8.5	2.8~3.2	0.10	0.10	0.05	0.07	0.01	0.02	0.2
						As:0.03, Al:0.001, Cd:0.002						
JIS Z3282:2017	Sn89Zn8Bi3 Z80B30	190~196	余量	7.5~8.5	2.8~3.2	0.20	0.10	0.05	0.07	0.01	0.02	—
						As:0.03, Al:0.001, Cd:0.002, Au:0.05, In:0.10						
EN ISO 9453:2020	Sn89Zn8Bi3 811	190~197	余量	7.5~8.5	2.8~3.2	0.10	0.10	0.05	0.07	0.01	0.02	—
ISO 9453:2020(E)	Sn89Zn8Bi3 811	190~197				As:0.03, Al:0.001, Cd:0.002, Au:0.05, In:0.10						

表 12-60 In52Sn48 型号和化学成分（质量分数）对照 （%）

标准号	型号 代号	熔化温度 范围/℃	Sn	In	Ag	杂质≤						
						Sb	Zn	Cu	Pb	Ni	Fe	合计
GB/T 20422—2018	In52Sn48	118	47.5~48.5	余量	≤0.10	0.10	0.001	0.05	0.07	0.01	0.02	0.2
						As:0.03, Al:0.001, Cd:0.002, Bi:0.10						
EN ISO 9453:2020	In52Sn48 601	118	47.5~48.5	余量	≤0.10	0.10	0.001	0.05	0.07	0.01	0.02	—
ISO 9453:2020(E)	In52Sn48 601	118				As:0.03, Al:0.001, Cd:0.002, Au:0.05, In:0.10						
JIS Z3282:2017	In52Sn48 N520	119	47.5~48.5	余量	≤0.10	0.20	0.001	0.05	0.07	0.01	0.02	—
						As:0.03, Al:0.001, Cd:0.002, Au:0.05						

12.3 铝及铝合金焊丝型号和化学成分

常用铝及铝合金焊丝包括铝焊丝、铝铜焊丝、铝锰焊丝、铝硅焊丝和铝镁焊丝。

12.3.1 铝焊丝型号和化学成分

中外铝焊丝型号和化学成分对照表见12-61～表12-66。

表12-61 SAl1070型号和化学成分（质量分数）对照 （%）

标准号	焊丝型号 化学成分代号	Al ≥	杂质≤									
			Si	Fe	Cu	Mn	Mg	Zn	V	Ti	Be	其他元素	
												单个	合计
GB/T 10858—2008	SAl1070 Al99.7	99.70	0.20	0.25	0.04	0.03	0.03	0.04	0.05	0.03	0.0003	0.03	—
AWS A5.10/A5.10M:2017	ER1070 R1070												
EN ISO 18273:2015(E)	Al1070 Al99.7	99.70	0.20	0.25	0.04	0.03	0.03	0.04	0.05	0.03	0.0003	0.03	—
ISO 18273:2015(E)	Al1070 Al99.7												

表12-62 SAl1080A型号和化学成分（质量分数）对照 （%）

标准号	焊丝型号 化学成分代号	Al ≥	杂质≤									
			Si	Fe	Cu	Mn	Mg	Zn	Ga	Ti	Be	其他元素	
												单个	合计
GB/T 10858—2008	SAl1080A Al99.8(A)	99.80	0.15	0.15	0.03	0.02	0.02	0.06	0.03	0.02	0.0003	0.02	—

AWS A5.10/A5.10M:2017	ER1080A R1080A	99.80	0.15	0.15	0.03	0.02	0.02	0.06	0.03	0.02	0.0003	0.02	—
EN ISO 18273:2015(E)	Al1080A Al99.8A												
ISO 18273:2015(E)	Al1080A Al99.8A												

表 12-63　SAl1188 型号和化学成分（质量分数）对照　（%）

标准号	焊丝型号 化学成分代号	Al ≥	杂质≤										
			Si	Fe	Cu	Mn	Mg	Zn	Ga	V	Ti	Be	其他元素	
													单个	合计
GB/T 10858—2008	SAl1188 Al99.88	99.88	0.06	0.06	0.005	0.01	0.01	0.03	0.03	0.05	0.01	0.0003	0.01	—
AWS A5.10/A5.10M:2017	ER1188 R1188	99.88	0.06	0.06	0.005	0.01	0.01	0.03	0.03	0.05	0.01	0.0003	0.01	—
EN ISO 18273:2015(E)	Al1188 Al99.88													
ISO 18273:2015(E)	Al1188 Al99.88													

表 12-64　SAl1100 型号和化学成分（质量分数）对照　（%）

标准号	焊丝型号 化学成分代号	Al ≥	杂质≤									
			Si	Fe	Cu	Mn	Mg	Zn	Ga、V	Be	其他元素 单个	其他元素 合计
GB/T 10858—2008	SAl1100 Al99.0Cu	99.00	Si+Fe:0.95		0.05~0.20	0.05	—	0.10	—	0.0003	0.05	0.15
AWS A5.10/A5.10M:2017	ER1100 R1100	99.00	Si+Fe:0.95		0.05~0.20	0.05	—	0.10	—	0.0003	0.05	0.15
EN ISO 18273:2015(E)	Al1100 Al99.0Cu											
ISO 18273:2015(E)	Al1100 Al99.0Cu											

表 12-65　SAl1200 型号和化学成分（质量分数）对照　（%）

标准号	焊丝型号 化学成分代号	Al ≥	杂质≤										
			Si	Fe	Cu	Mn	Mg	Zn	Ga、V	Ti	Be	其他元素 单个	其他元素 合计
GB/T 10858—2008	SAl1200 Al99.0	99.00	Si+Fe:1.00		0.05	0.05	—	0.10	—	0.05	0.0003	0.05	0.15
AWS A5.10/A5.10M:2017	ER1200 R1200	99.00	Si+Fe:1.00		0.05	0.05	—	0.10	—	0.05	0.0003	0.05	0.15
EN ISO 18273:2015(E)	Al1200 Al99.0												
ISO 18273:2015(E)	Al1200 Al99.0												

表 12-66　SAl1450 型号和化学成分（质量分数）对照　（%）

标准号	焊丝型号 化学成分代号	Al ≥	杂质≤								其他元素	
			Si	Fe	Cu	Mn	Mg	Zn	Ti	Be	单个	合计
GB/T 10858—2008	SAl1450 Al99.5Ti	99.50	0.25	0.40	0.05	0.05	0.05	0.07	0.10~0.20	0.0003	0.03	—
AWS A5.10/A5.10M:2017	ER1450 R1450	99.50	0.25	0.40	0.05	0.05	0.05	0.07	0.10~0.20	0.0003	0.03	—
EN ISO 18273:2015(E)	Al1450 Al99.5Ti											
ISO 18273:2015(E)	Al1450 Al99.5Ti											

12.3.2　铝铜焊丝型号和化学成分

中外铝铜焊丝型号和化学成分对照表见表 12-67。

表 12-67　SAl2319 型号和化学成分（质量分数）对照　（%）

标准号	焊丝型号 化学成分代号	Al	Cu	Mn	Zr	Ti	杂质≤				其他元素	
							Si	Fe	Zn	V 等	单个	合计
GB/T 10858—2008	SAl2319 AlCu6MnZrTi	余量	5.8~6.8	0.20~0.40	0.10~0.25	0.10~0.20	0.20	0.30	0.10	V:0.05~0.15 Mg:0.02 Be:0.0003	0.05	0.15
AWS A5.10/A5.10M:2017	ER2319 R2319	余量	5.8~6.8	0.20~0.40	0.10~0.25	0.10~0.20	0.20	0.30	0.10	V:0.05~0.15 Mg:0.02 Be:0.0003	0.05	0.15
EN ISO 18273:2015	Al2319 AlCu6MnZrTi											

（续）

标准号	焊丝型号 化学成分代号	Al	Cu	Mn	Zr	Ti	杂质≤					
							Si	Fe	Zn	V 等	其他元素	
											单个	合计
ISO 18273:2015(E)	Al2319 AlCu6MnZrTi	余量	5.8~6.8	0.20~0.40	0.10~0.25	0.10~0.20	0.20	0.30	0.10	V:0.05~0.15 Mg:0.02 Be:0.0003	0.05	0.15

12.3.3 铝锰焊丝型号和化学成分

中外铝锰焊丝型号和化学成分对照表见表 12-68。

表 12-68 SAl3103 型号和化学成分（质量分数）对照 （%）

标准号	焊丝型号 化学成分代号	Al	Mn	杂质≤								
				Si	Fe	Cu	Mg	Cr	Zn	Be 等	其他元素	
											单个	合计
GB/T 10858—2008	SAl3103 AlMn1	余量	0.9~1.5	0.50	0.7	0.10	0.30	0.10	0.20	Ti+Zr:0.10 Be:0.0003	0.05	0.15
AWS A5.10/A5.10M:2017	ER3103 R3103	余量	0.9~1.5	0.50	0.7	0.10	0.30	0.10	0.20	Ti+Zr:0.10 Be:0.0003	0.05	0.15
EN ISO 18273:2015(E)	Al3103 AlMn1	余量	0.9~1.5	0.50	0.7	0.10	0.30	0.10	0.20	Ti+Zr:0.10 Be:0.0003	0.05	0.15
ISO 18273:2015(E)	Al3103 AlMn1											

12.3.4 铝硅焊丝型号和化学成分

中外铝硅焊丝型号和化学成分对照表见表 12-69~表 12-79。

表 12-69 SAl4009 型号和化学成分（质量分数）对照 （%）

标准号	焊丝型号 化学成分代号	Al	Si	Cu	Mg	杂质≤						
						Fe	Mn	Zn	Ti	Be	其他元素 单个	其他元素 合计
GB/T 10858—2008	SAl4009 AlSi5Cu1Mg	余量	4.5~5.5	1.0~1.5	0.45~0.6	0.20	0.10	0.10	0.20	0.0003	0.05	0.15
AWS A5.10/A5.10M:2017	ER4009 R4009	余量	4.5~5.5	1.0~1.5	0.45~0.6	0.20	0.10	0.10	0.20	0.0003	0.05	0.15
EN ISO 18273:2015(E)	Al4009 AlSi5Cu1Mg											
ISO 18273:2015(E)	Al4009 AlSi5Cu1Mg											

表 12-70 SAl4010 型号和化学成分（质量分数）对照 （%）

标准号	焊丝型号 化学成分代号	Al	Si	Mg	杂质≤							
					Fe	Cu	Mn	Zn	Ti	Be	其他元素 单个	其他元素 合计
GB/T 10858—2008	SAl4010 AlSi7Mg	余量	6.5~7.5	0.30~0.45	0.20	0.20	0.10	0.10	0.20	0.0003	0.05	0.15
AWS A5.10/A5.10M:2017	ER4010 R4010	余量	6.5~7.5	0.30~0.45	0.20	0.20	0.10	0.10	0.20	0.0003	0.05	0.15
EN ISO 18273:2015(E)	Al4010 AlSi7Mg											
ISO 18273:2015(E)	Al4010 AlSi7Mg											

表 12-71　SAl4011 型号和化学成分（质量分数）对照　（%）

标准号	焊丝型号 化学成分代号	Al	Si	Mg	Ti	杂质≤						
						Fe	Cu	Mn	Zn	Be	其他元素 单个	其他元素 合计
GB/T 10858—2008	SAl4011 AlSi7Mg0.5Ti	余量	6.5~7.5	0.45~0.7	0.04~0.20	0.20	0.20	0.10	0.10	0.04~0.07	0.05	0.15
AWS A5.10/A5.10M:2017	ER4011 R4011											
EN ISO 18273:2015	Al4011 AlSi7Mg0.5Ti	余量	6.5~7.5	0.45~0.7	0.04~0.20	0.20	0.20	0.10	0.10	0.04~0.07	0.05	0.15
ISO 18273:2015(E)	Al4011 AlSi7Mg0.5Ti											

表 12-72　SAl4018 型号和化学成分（质量分数）对照　（%）

标准号	焊丝型号 化学成分代号	Al	Si	Mg	杂质≤							
					Fe	Cu	Mn	Zn	Ti	Be	其他元素 单个	其他元素 合计
GB/T 10858—2008	SAl4018 AlSi7Mg	余量	6.5~7.5	0.50~0.8	0.20	0.05	0.10	0.10	0.20	0.0003	0.05	0.15
AWS A5.10/A5.10M:2017	ER4018 R4018											
EN ISO 18273:2015(E)	Al4018 AlSi7Mg	余量	6.5~7.5	0.50~0.8	0.20	0.05	0.10	0.10	0.20	0.0003	0.05	0.15
ISO 18273:2015(E)	Al4018 AlSi7Mg											

表 12-73 SAl4043 型号和化学成分（质量分数）对照 （%）

标准号	焊丝型号 化学成分代号	Al	Si	杂质≤								
				Fe	Cu	Mn	Mg	Zn	Ti	Be	其他元素 单个	其他元素 合计
GB/T 10858—2008	SAl4043 AlSi5	余量	4.5～6.0	0.8	0.30	0.05	0.05	0.10	0.20	0.0003	0.05	0.15
AWS A5.10/A5.10M:2017	ER4043 R4043	余量	4.5～6.0	0.8	0.30	0.05	0.05	0.10	0.20	0.0003	0.05	0.15
EN ISO 18273:2015	Al4043 AlSi5											
ISO 18273:2015(E)	Al4043 AlSi5											

表 12-74 SAl4043A 型号和化学成分（质量分数）对照 （%）

标准号	焊丝型号 化学成分代号	Al	Si	杂质≤								
				Fe	Cu	Mn	Mg	Zn	Ti	Be	其他元素 单个	其他元素 合计
GB/T 10858—2008	SAl4043A AlSi5(A)	余量	4.5～6.0	0.6	0.30	0.15	0.20	0.10	0.15	0.0003	0.05	0.15
AWS A5.10/A5.10M:2017	ER4043A R4043A	余量	4.5～6.0	0.6	0.30	0.15	0.20	0.10	0.15	0.0003	0.05	0.15
EN ISO 18273:2015(E)	Al4043A AlSi5(A)											
ISO 18273:2015(E)	Al4043A AlSi5(A)											

表 12-75 SAl4046 型号和化学成分（质量分数）对照 （%）

标准号	焊丝型号 化学成分代号	Al	Si	Mg	杂质≤							
					Fe	Cu	Mn	Zn	Ti	Be	其他元素 单个	其他元素 合计
GB/T 10858—2008	SAl4046 AlSi10Mg	余量	9.0~11.0	0.20~0.50	0.50	0.30	0.40	0.10	0.15	0.0003	0.05	0.15
AWS A5.10/A5.10M:2017	ER4046 R4046	余量	9.0~11.0	0.20~0.50	0.50	0.03	0.40	0.10	0.15	0.0003	0.05	0.15
EN ISO 18273:2015(E)	Al4046 AlSi10Mg											
ISO 18273:2015(E)	Al4046 AlSi10Mg											

表 12-76 SAl4047 型号和化学成分（质量分数）对照 （%）

标准号	焊丝型号 化学成分代号	Al	Si	杂质≤								
				Fe	Cu	Mn	Mg	Zn	Ti	Be	其他元素 单个	其他元素 合计
GB/T 10858—2008	SAl4047 AlSi12	余量	11.0~13.0	0.8	0.30	0.15	0.10	0.20	—	0.0003	0.05	0.15
AWS A5.10/A5.10M:2017	ER4047 R4047	余量	11.0~13.0	0.8	0.30	0.15	0.10	0.20	—	0.0003	0.05	0.15
EN ISO 18273:2015(E)	Al4047 AlSi12											
ISO 18273:2015(E)	Al4047 AlSi12											

表 12-77　SAl4047A 型号和化学成分（质量分数）对照　（%）

标准号	焊丝型号 化学成分代号	Al	Si	杂质≤								
				Fe	Cu	Mn	Mg	Zn	Ti	Be	其他元素 单个	其他元素 合计
GB/T 10858—2008	SAl4047A AlSi12(A)	余量	11.0~13.0	0.6	0.30	0.15	0.10	0.20	0.15	0.0003	0.05	0.15
AWS A5.10/A5.10M:2017	ER4047A R4047A	余量	11.0~13.0	0.6	0.30	0.15	0.10	0.20	0.15	0.0003	0.05	0.15
EN ISO 18273:2015(E)	Al4047A AlSi12(A)											
ISO 18273:2015(E)	Al4047A AlSi12(A)											

表 12-78　SAl4145 型号和化学成分（质量分数）对照　（%）

标准号	焊丝型号 化学成分代号	Al	Si	Cu	杂质≤							
					Fe	Cu	Mn	Zn	Cr	Be	其他元素 单个	其他元素 合计
GB/T 10858—2008	SAl4145 AlSi10Cu4	余量	9.3~10.7	3.3~4.7	0.8	0.15	0.15	0.20	0.15	0.0003	0.05	0.15
AWS A5.10/A5.10M:2017	ER4145 R4145	余量	9.3~10.7	3.3~4.7	0.8	0.15	0.15	0.20	0.15	0.0003	0.05	0.15
EN ISO 18273:2015(E)	Al4145 AlSi10Cu4											
ISO 18273:2015(E)	Al4145 AlSi10Cu4											

表 12-79 SAl4643 型号和化学成分（质量分数）对照 （%）

标准号	焊丝型号 化学成分代号	Al	Si	Mg	杂质≤							
					Fe	Cu	Mn	Zn	Ti	Be	其他元素	
											单个	合计
GB/T 10858—2008	SAl4643 AlSi4Mg	余量	3.6~4.6	0.10~0.30	0.8	0.10	0.05	0.10	0.15	0.0003	0.05	0.15
AWS A5.10/A5.10M:2017	ER4643 R4643											
EN ISO 18273:2015(E)	Al4643 AlSi4Mg	余量	3.6~4.6	0.10~0.30	0.8	0.10	0.05	0.10	0.15	0.0003	0.05	0.15
ISO 18273:2015(E)	Al4643 AlSi4Mg											

12.3.5 铝镁焊丝型号和化学成分

中外铝镁焊丝型号和化学成分对照表见表 12-80~表 12-94。

表 12-80 SAl5249 型号和化学成分（质量分数）对照 （%）

标准号	焊丝型号 化学成分代号	Al	Mg	Mn	Zr	杂质≤						
						Si	Fe	Cu	Zn	Cr 等	其他元素	
											单个	合计
GB/T 10858—2008	SAl5249 AlMg2Mn0.8Zr	余量	1.6~2.5	0.50~1.1	0.10~0.20	0.25	0.40	0.05	0.20	Cr:0.30 Ti:0.15 Be:0.0003	0.05	0.15

AWS A5. 10/A5. 10M:2017	ER5249 R5249	余量	1. 6~2. 5	0. 50~1. 1	0. 10~0. 20	0. 25	0. 40	0. 05	0. 20	Cr:0. 30 Ti:0. 15 Be:0. 0003	0. 05	0. 15
EN ISO 18273:2015(E)	Al5249 AlMg2Mn0. 8Zr											
ISO 18273:2015(E)	Al5249 AlMg2Mn0. 8Zr											

表 12-81　SAl5554 型号和化学成分（质量分数）对照　（%）

标准号	焊丝型号 化学成分代号	Al	Mg	Mn	Cr	杂质≤						
						Si	Fe	Cu	Zn	Ti 等	其他元素	
											单个	合计
GB/T 10858—2008	SAl5554 AlMg2. 7Mn	余量	2. 4~3. 0	0. 50~1. 0	0. 05~0. 20	0. 25	0. 40	0. 10	0. 25	Ti:0. 05~0. 20 Be:0. 0003	0. 05	0. 15
AWS A5. 10/A5. 10M:2017	ER5554 R5554	余量	2. 4~3. 0	0. 50~1. 0	0. 05~0. 20	0. 25	0. 40	0. 10	0. 25	Ti:0. 05~0. 20 Be:0. 0003	0. 05	0. 15
EN ISO 18273:2015	Al5554 AlMg2. 7Mn											
ISO 18273:2015(E)	Al5554 AlMg2. 7Mn											

表 12-82　SAl5654 型号和化学成分（质量分数）对照　（%）

标准号	焊丝型号 化学成分代号	Al	Mg	Cr	Ti	杂质≤						其他元素	
						Si	Fe	Cu	Mn	Zn	Be	单个	合计
GB/T 10858—2008	SAl5654 AlMg3.5Ti	余量	3.1~3.9	0.15~0.35	0.05~0.15	Si+Fe:0.45		0.05	0.01	0.20	0.0003	0.05	0.15
AWS A5.10/A5.10M:2017	ER5654 R5654	余量	3.1~3.9	0.15~0.35	0.05~0.15	Si+Fe:0.45		0.05	0.01	0.20	0.0003	0.05	0.15
EN ISO 18273:2015(E)	Al5654 AlMg3.5Ti(A)												
ISO 18273:2015(E)	Al5654 AlMg3.5Ti(A)												

表 12-83　SAl5654A 型号和化学成分（质量分数）对照　（%）

标准号	焊丝型号 化学成分代号	Al	Mg	Cr	Ti	杂质≤						其他元素	
						Si	Fe	Cu	Mn	Zn	Be	单个	合计
GB/T 10858—2008	SAl5654A AlMg3.5Ti	余量	3.1~3.9	0.15~0.35	0.05~0.15	Si+Fe:0.45		0.05	0.01	0.20	0.0005	0.05	0.15
AWS A5.10/A5.10M:2017	ER5654A R5654A	余量	3.1~3.9	0.15~0.35	0.05~0.15	Si+Fe:0.45		0.05	0.01	0.20	0.0005	0.05	0.15
EN ISO 18273:2015(E)	Al5654A AlMg3.5Ti												
ISO 18273:2015(E)	Al5654A AlMg3.5Ti												

表 12-84 SAl5754 型号和化学成分（质量分数）对照 （%）

标准号	焊丝型号 化学成分代号	Al	Mg	杂质≤									
				Si	Fe	Cu	Mn	Cr	Zn	Ti	Be	其他元素 单个	其他元素 合计
GB/T 10858—2008	SAl5754① AlMg3	余量	2.6~3.6	0.40	0.40	0.10	0.50	0.30	0.20	0.15	0.0003	0.05	0.15
AWS A5.10/A5.10M:2017	ER5754② R5754	余量	2.6~3.6	0.40	0.40	0.10	0.50	0.30	0.20	0.15	0.0003	0.05	0.15
EN ISO 18273:2015(E)	Al5754② AlMg3												
ISO 18273:2015(E)	Al5754② AlMg3												

① SAl5754 中 w(Mn+Cr)：0.10~0.60。

② ER5754 和 Al5754 中 w(Mn+Cr)：0.10~0.60。

表 12-85 SAl5356 型号和化学成分（质量分数）对照 （%）

标准号	焊丝型号 化学成分代号	Al	Mg	Cr	Mn	杂质≤						
						Si	Fe	Cu	Zn	Ti 等	其他元素 单个	其他元素 合计
GB/T 10858—2008	SAl5356 AlMg5Cr(A)	余量	4.5~5.5	0.05~0.20	0.05~0.20	0.25	0.40	0.10	0.10	Ti:0.06~0.20 Be:0.0003	0.05	0.15
AWS A5.10/A5.10M:2017	ER5356 R5356	余量	4.5~5.5	0.05~0.20	0.05~0.20	0.25	0.40	0.10	0.10	Ti:0.06~0.20 Be:0.0003	0.05	0.15
EN ISO 18273:2015(E)	Al5356 AlMg5Cr(A)											
ISO 18273:2015(E)	Al5356 AlMg5Cr(A)											

表 12-86 SAl5356A 型号和化学成分（质量分数）对照 （%）

标准号	焊丝型号 化学成分代号	Al	Mg	Cr	Mn	杂质≤						
						Si	Fe	Cu	Zn	Ti 等	其他元素	
											单个	合计
GB/T 10858—2008	SAl5356A AlMg5Cr(A)	余量	4.5~ 5.5	0.05~ 0.20	0.05~ 0.20	0.25	0.40	0.10	0.10	Ti:0.06~0.20 Be:0.0005	0.05	0.15
AWS A5.10/A5.10M:2017	ER5356A R5356A											
EN ISO 18273:2015(E)	Al5356A AlMg5Cr	余量	4.5~ 5.5	0.05~ 0.20	0.05~ 0.20	0.25	0.40	0.10	0.10	Ti:0.06~0.20 Be:0.0005	0.05	0.15
ISO 18273:2015(E)	Al5356A AlMg5Cr											

表 12-87 SAl5556 型号和化学成分（质量分数）对照 （%）

标准号	焊丝型号 化学成分代号	Al	Mg	Mn	Ti	杂质≤						
						Si	Fe	Cu	Zn	Cr 等	其他元素	
											单个	合计
GB/T 10858—2008	SAl5556 AlMg5Mn1Ti	余量	4.7~ 5.5	0.50~ 1.0	0.05~ 0.20	0.25	0.40	0.10	0.25	Cr:0.05~0.20 Be:0.0003	0.05	0.15
AWS A5.10/A5.10M:2017	ER5556 R5556											
EN ISO 18273:2015(E)	Al5556 AlMg5Mn1Ti(A)	余量	4.7~ 5.5	0.50~ 1.0	0.05~ 0.20	0.25	0.40	0.10	0.25	Cr:0.05~0.20 Be:0.0003	0.05	0.15
ISO 18273:2015(E)	Al5556 AlMg5Mn1Ti(A)											

表 12-88 SAl5556C 型号和化学成分（质量分数）对照 （%）

标准号	焊丝型号 化学成分代号	Al	Mg	Mn	Ti	杂质≤						
						Si	Fe	Cu	Zn	Cr 等	其他元素 单个	其他元素 合计
GB/T 10858—2008	SAl5556C AlMg5Mn1Ti	余量	4.7~5.5	0.50~1.0	0.05~0.20	0.25	0.40	0.10	0.25	Cr:0.05~0.20 Be:0.0005	0.05	0.15
AWS A5.10/A5.10M:2017	ER5556C R5556C	余量	4.7~5.5	0.50~1.0	0.05~0.20	0.25	0.40	0.10	0.25	Cr:0.05~0.20 Be:0.0005	0.05	0.15
EN ISO 18273:2015(E)	Al5556C AlMg5Mn1Ti											
ISO 18273:2015(E)	Al5556 AlMg5Mn1Ti											

表 12-89 SAl5556A 型号和化学成分（质量分数）对照 （%）

标准号	焊丝型号 化学成分代号	Al	Mg	Mn	Ti	杂质≤						
						Si	Fe	Cu	Zn	Cr 等	其他元素 单个	其他元素 合计
GB/T 10858—2008	SAl5556A AlMg5Mn	余量	5.0~5.5	0.6~1.0	0.05~0.20	0.25	0.40	0.10	0.20	Cr:0.05~0.20 Be:0.0003	0.05	0.15
AWS A5.10/A5.10M:2017	ER5556A R5556A	余量	5.0~5.5	0.6~1.0	0.05~0.20	0.25	0.40	0.10	0.20	Cr:0.05~0.20 Be:0.0003	0.05	0.15
EN ISO 18273:2015(E)	Al5556A AlMg5Mn1(A)											
ISO 18273:2015(E)	Al5556A AlMg5Mn1(A)											

表 12-90 SAl5556B 型号和化学成分（质量分数）对照 （%）

标准号	焊丝型号 化学成分代号	Al	Mg	Mn	Ti	杂质≤						
						Si	Fe	Cu	Zn	Cr 等	其他元素	
											单个	合计
GB/T 10858—2008	SAl5556B AlMg5Mn	余量	5.0~5.5	0.6~1.0	0.05~0.20	0.25	0.40	0.10	0.20	Cr:0.05~0.20 Be:0.0005	0.05	0.15
AWS A5.10/A5.10M:2017	ER5556B R5556B	余量	5.0~5.5	0.6~1.0	0.05~0.20	0.25	0.40	0.10	0.20	Cr:0.05~0.20 Be:0.0005	0.05	0.15
EN ISO 18273:2015(E)	Al5556B AlMg5Mn1											
ISO 18273:2015(E)	Al5556B AlMg5Mn1											

表 12-91 SAl5183 型号和化学成分（质量分数）对照 （%）

标准号	焊丝型号 化学成分代号	Al	Mg	Mn	Cr	杂质≤							
						Si	Fe	Cu	Zn	Ti	Be	其他元素	
												单个	合计
GB/T 10858—2008	SAl5183 AlMg4.5Mn0.7(A)	余量	4.3~5.2	0.50~1.0	0.05~0.25	0.40	0.40	0.10	0.25	0.15	0.0003	0.05	0.15
AWS A5.10/A5.10M:2017	ER5183 R5183	余量	4.3~5.2	0.50~1.0	0.05~0.25	0.40	0.40	0.10	0.25	0.15	0.0003	0.05	0.15
EN ISO 18273:2015(E)	Al5183 AlMg4.5Mn0.7(A)												
ISO 18273:2015(E)	Al5183 AlMg4.5Mn0.7(A)												

表 12-92 SAl5183A 型号和化学成分（质量分数）对照 （%）

标准号	焊丝型号 化学成分代号	Al	Mg	Mn	Cr	杂质≤ Si	Fe	Cu	Zn	Ti	Be	其他元素 单个	合计
GB/T 10858—2008	SAl5183A AlMg4.5Mn0.7(A)	余量	4.3~5.2	0.50~1.0	0.05~0.25	0.40	0.40	0.10	0.25	0.15	0.0005	0.05	0.15
AWS A5.10/A5.10M:2017	ER5183A R5183A	余量	4.3~5.2	0.50~1.0	0.05~0.25	0.40	0.40	0.10	0.25	0.15	0.0005	0.05	0.15
EN ISO 18273:2015(E)	Al5183A AlMg4.5Mn0.7	余量	4.3~5.2	0.50~1.0	0.05~0.25	0.40	0.40	0.10	0.25	0.15	0.0005	0.05	0.15
ISO 18273:2015(E)	Al5183A AlMg4.5Mn0.7	余量	4.3~5.2	0.50~1.0	0.05~0.25	0.40	0.40	0.10	0.25	0.15	0.0005	0.05	0.15

表 12-93 SAl5087 型号和化学成分（质量分数）对照 （%）

标准号	焊丝型号 化学成分代号	Al	Mg	Mn	Zr	杂质≤ Si	Fe	Cu	Zn	Cr 等	其他元素 单个	合计
GB/T 10858—2008	SAl5087 AlMg4.5MnZr	余量	4.5~5.2	0.7~1.1	0.10~0.20	0.25	0.40	0.05	0.25	Cr:0.05~0.25 Ti:0.15 Be:0.0003	0.05	0.15
AWS A5.10/A5.10M:2017	ER5087 R5087	量	4.5~5.2	0.7~1.1	0.10~0.20	0.25	0.40	0.05	0.25	Cr:0.05~0.25 Ti:0.15 Be:0.0003	0.05	0.15
EN ISO 18273:2015(E)	Al5087 AlMg4.5MnZr(A)	量	4.5~5.2	0.7~1.1	0.10~0.20	0.25	0.40	0.05	0.25	Cr:0.05~0.25 Ti:0.15 Be:0.0003	0.05	0.15
ISO 18273:2015(E)	Al5087 AlMg4.5MnZr(A)	量	4.5~5.2	0.7~1.1	0.10~0.20	0.25	0.40	0.05	0.25	Cr:0.05~0.25 Ti:0.15 Be:0.0003	0.05	0.15

表 12-94 SAl5187A 型号和化学成分（质量分数）对照 （%）

标准号	焊丝型号 化学成分代号	Al	Mg	Mn	Zr	杂质≤						
						Si	Fe	Cu	Zn	Cr 等	其他元素 单个	其他元素 合计
GB/T 10858—2008	SAl5187A AlMg4.5MnZr	余量	4.5~5.2	0.7~1.1	0.10~0.20	0.25	0.40	0.05	0.25	Cr:0.05~0.25 Ti:0.15 Be:0.0005	0.05	0.15
AWS A5.10/A5.10M:2017	ER5187 R5187	余量	4.5~5.2	0.7~1.1	0.10~0.20	0.25	0.40	0.05	0.25	Cr:0.05~0.25 Ti:0.15 Be:0.0005	0.05	0.15
EN ISO 18273:2015(E)	Al5187 AlMg4.5MnZr											
ISO 18273:2015(E)	Al5187 AlMg4.5MnZr											

12.4 铜及铜合金焊丝型号和化学成分

常用铜及铜合金焊丝包括铜焊丝、黄铜焊丝、青铜焊丝和白铜焊丝。

12.4.1 铜焊丝型号和化学成分

中外铜焊丝型号和化学成分对照表见 12-95~表 12-97。

表 12-95 SCu1897 型号和化学成分（质量分数）对照 （%）

标准号	焊丝型号 化学成分代号	Cu ≥	P	杂质≤							
				Sn	Mn	Fe	Si	Ni+Co	Al	Pb	其他
GB/T 9460—2008	SCu1897[①] CuAg1	99.5 （含 Ag）	0.01~0.05	—	0.2	0.05	0.1	0.3	0.01	0.01	0.2

EN ISO 24373:2018	Cu 1897 CuAg1	99.5 （含 Ag）	0.01~ 0.05	—	0.2	0.05	0.1	0.3	0.01	0.01	0.2
ISO 24373:2018(E)	Cu 1897 CuAg1			Ag:0.8~1.2,As:0.05							
JIS Z3202:2007(R2019)	GCu	99.5	≤0.1	—	—	—	—	—	—	0.03	—

① As 的质量分数不大于 0.05%，Ag 的质量分数：0.8~1.2%。

表 12-96　SCu1898 型号和化学成分（质量分数）对照　（%）

标准号	焊丝型号 化学成分代号	Cu ≥	杂质≤								
			P	Sn	Mn	Fe	Si	Ni+Co	Al	Pb	其他
GB/T 9460—2008	SCu1898 CuSn1	98.0	0.15	1.0	0.50	—	0.5	—	0.01	0.02	0.5
JIS Z3341:2007(R2018)	YCu	98.0	0.15	1.0	0.5	—	0.5	—	0.01	0.02	0.50
AWS A5.7/A5.7M:2007(R2017)	ERCu C18980	98.0	0.15	1.0	0.50	—	0.50	—	0.01	0.02	0.50
EN ISO 24373:2018	Cu 1898 CuSn1										
ISO 24373:2018(E)	Cu 1898 CuSn1										

表 12-97 SCu1898A 型号和化学成分（质量分数）对照 （%）

标准号	焊丝型号 化学成分代号	Cu	Sn	Mn	Si	杂质≤					
						Fe	P	Ni+Co	Al	Pb	其他
GB/T 9460—2008	SCu1898A CuSn1MnSi	余量	0.5~ 1.0	0.1~ 0.4	0.1~ 0.4	0.03	0.015	0.1	0.01	0.01	0.2
EN ISO 24373:2018	Cu 1898A CuSn1MnSi	余量	0.5~ 1.0	0.1~ 0.4	0.1~ 0.4	0.03	0.015	0.1	0.01	0.01	0.2
ISO 24373:2018(E)	Cu 1898A CuSn1MnSi										

12.4.2 黄铜焊丝型号和化学成分

中外黄铜焊丝型号和化学成分对照表见 12-98~表 12-103。

表 12-98 SCu4700 型号和化学成分（质量分数）对照 （%）

标准号	焊丝型号 化学成分代号	Cu	Sn	Zn	杂质≤						
					Mn	Fe	Si	Ni+Co	Al	Pb	其他
GB/T 9460—2008	SCu4700 CuZn40Sn	57.0~ 61.0	0.25~ 1.0	余量	—	—	—	—	0.01	0.05	0.5
EN ISO 24373:2018	Cu 4700 CuZn40Sn	57.0~ 61.0	0.25~ 1.00	余量	—	—	—	—	0.01	0.05	0.50
ISO 24373:2018(E)	Cu 4700 CuZn40Sn										
AWS A5.8/A5.8M:2019-AMD 1	RBCuZn-A C47000										
JIS Z3202:2007-R2019	GCuZnSn	57~61	0.5~1.5	余量	—	—	—	—	0.02	0.05	—

表 12-99　SCu4701 型号和化学成分（质量分数）对照　（%）

标准号	焊丝型号 化学成分代号	Cu	Sn	Si	Mn	Zn	杂质≤				
							Fe	Ni+Co	Al	Pb	其他
GB/T 9460—2008	SCu4701 CuZn40SnSiMn	58.5~61.5	0.2~0.5	0.15~0.4	0.05~0.25	余量	0.25	—	0.01	0.02	0.2
EN ISO 24373:2018	Cu 4701 CuZn40SnSiMn	58.5~61.5	0.2~0.5	0.15~0.45	0.05~0.25	余量	0.25	—	0.01	0.02	0.2
ISO 24373:2018(E)	Cu 4701 CuZn40SnSiMn										

表 12-100　SCu6800 型号和化学成分（质量分数）对照　（%）

标准号	焊丝型号 化学成分代号	Cu	Sn	Fe	Ni+Co	Mn	Si	Zn	杂质≤		
									Al	Pb	其他
GB/T 9460—2008	SCu6800 CuZn40Ni	56.0~60.0	0.8~1.1	0.25~1.20	0.2~0.8	0.01~0.50	0.04~0.15	余量	0.01	0.05	0.5
EN ISO 24373:2018	Cu 6800 CuZn40Ni	56.0~60.0	0.80~1.10	0.25~1.20	0.20~0.80	0.01~0.50	0.04~0.20	余量	0.01	0.05	0.50
ISO 24373:2018(E)	Cu 6800 CuZn40Ni										
AWS A5.8/A5.8M:2019-AMD 1	RBCuZn-B C68000	56.0~60.0	0.80~1.10	0.25~1.20	Ni:0.20~0.80	0.01~0.50	0.04~0.15	余量	0.01	0.05	0.50

表 12-101　SCu6810 型号和化学成分（质量分数）对照　（%）

标准号	焊丝型号 化学成分代号	Cu	Fe	Sn	Mn	Si	Zn	杂质≤			
								Ni+Co	Al	Pb	其他
GB/T 9460—2008	SCu6810 CuZn40Fe1Sn1	56.0～60.0	0.25～1.20	0.8～1.1	0.01～0.50	0.04～0.25	余量	—	0.01	0.05	0.5
EN ISO 24373:2018	Cu 6810 CuZn40Fe1Sn1	56.0～60.0	0.25～1.20	0.80～1.10	0.01～0.50	0.04～0.15	余量	—	0.01	0.05	0.50
ISO 24373:2018(E)	Cu 6810 CuZn40Fe1Sn1										
AWS A5.8/A5.8M:2019-AMD 1	RBCuZn-C C68100										

表 12-102　SCu6810A 型号和化学成分（质量分数）对照　（%）

标准号	焊丝型号 化学成分代号	Cu	Sn	Si	Zn	杂质≤					
						Fe	Mn	Ni+Co	Al	Pb	其他
GB/T 9460—2008	SCu6810A CuZn40SnSi	58.0～62.0	≤1.0	0.1～0.5	余量	0.2	0.3	—	0.01	0.03	0.2
EN ISO 24373:2018	Cu 4641 CuZn40SnSi	58.0～62.0	≤1.0	0.1～0.5	余量	0.2	0.3	—	0.01	0.03	0.2
ISO 24373:2018(E)	Cu 4641 CuZn40SnSi										

表 12-103　SCu7730 型号和化学成分（质量分数）对照　（%）

标准号	焊丝型号 化学成分代号	Cu	Ni+Co	Si	Zn	杂质≤					
						Fe	Mn	P	Al	Pb	其他
GB/T 9460—2008	SCu7730 CuZn40Ni10	46.0～50.0	9.0～11.0	0.04～0.25	余量	—	—	0.25	0.01	0.05	0.5

EN ISO 24373:2018	Cu 7730 CuZn40Ni10	46.0~50.0	9.0~11.0	0.04~0.25	余量	—	—	0.25	0.01	0.05	0.50
ISO 24373:2018(E)	Cu 7730 CuZn40Ni10										
AWS A5.8/A5.8M: 2019-AMD 1	RBCuZn-D C77300										
JIS Z3202:2007-R2019	GCuZnNi	46~50	Ni: 9~11	0.25	余量	—	—	0.25	0.02	0.05	—

12.4.3 青铜焊丝型号和化学成分

中外青铜焊丝型号和化学成分对照表见12-104~表12-121。

表12-104 SCu6511型号和化学成分（质量分数）对照 （%）

标准号	焊丝型号 化学成分代号	Cu	Si	Mn	Sn	杂质≤					
						Fe	P	Zn	Al	Pb	其他
GB/T 9460—2008	SCu6511 CuSi2Mn1	余量	1.5~2.0	0.5~1.5	0.1~0.3	0.1	0.02	0.2	0.01	0.02	0.5
EN ISO 24373:2018	Cu 6511 CuSi2Mn1	余量	1.5~2.0	0.5~1.5	0.1~0.3	0.1	0.02	0.2	0.01	0.02	0.5
ISO 24373:2018(E)	Cu 6511 CuSi2Mn1										

表 12-105　SCu6560 型号和化学成分（质量分数）对照　（%）

标准号	焊丝型号 化学成分代号	Cu	Si	Mn	杂质≤						
					Fe	P	Sn	Zn	Al	Pb	其他
GB/T 9460—2008	SCu6560 CuSi3Mn	余量	2.8~ 4.0	≤1.5	0.5	—	1.0	1.0	0.01	0.02	0.5
EN ISO 24373:2018	Cu 6560 CuSi3Mn1										
ISO 24373:2018(E)	Cu 6560 CuSi3Mn1	余量	2.8~ 4.0	≤1.5	0.50	—	1.0	1.0	0.01	0.02	0.50
AWS A5.7/A5.7M: 2007(R2017)	ERCuSi-A C65600										
JIS Z3341:2007-R2018	YCuSi B	≥93.0	2.8~ 4.0	≤1.5	0.5	—	1.5	1.5	0.01	0.02	0.50

表 12-106　SCu6560A 型号和化学成分（质量分数）对照　（%）

标准号	焊丝型号 化学成分代号	Cu	Si	Mn	杂质≤						
					Fe	P	Sn	Zn	Al	Pb	其他
GB/T 9460—2008	SCu6560A CuSi3Mn1	余量	2.7~ 3.2	0.7~ 1.3	0.2	0.05	—	0.4	0.05	0.05	0.5
EN 13347:2002(E)	CuSi3Mn1 CF116C	余量	2.7~ 3.2	0.7~ 1.3	0.2	0.05	—	0.4	0.05	0.05	0.5
ISO 17672:2016(E)	Cu 541	余量	2.7~ 3.2	0.7~ 1.3	0.2	0.05	—	0.4	0.05	—	0.5
AWS A5.6/A5.6M: 2008(R2017)	ECuSi W60656	余量	2.4~ 4.0	≤1.5	0.50	—	1.5	—	0.01	0.02	0.50

表 12-107 SCu6561 型号和化学成分（质量分数）对照 （%）

标准号	焊丝型号 化学成分代号	Cu	Si	Mn	Sn	Zn	杂质≤				
							Fe	P	Al	Pb	其他
GB/T 9460—2008	SCu6561 CuSi2Mn1Sn1Zn1	余量	2.0~2.8	≤1.5	≤1.5	≤1.5	0.5	—	—	0.02	0.5
EN ISO 24373:2018	Cu 6561 CuSi2Mn1Sn1Zn1	余量	2.0~2.8	≤1.5	≤1.5	≤1.5	0.5	—	—	0.02	0.5
ISO 24373:2018(E)	Cu 6561 CuSi2Mn1Sn1Zn1										
JIS Z3341:2007(R2018)	YCuSi A	≥94.0	2.0~2.8	≤1.5	≤1.5	≤1.5	0.5	—	0.01	0.02	0.50

表 12-108 SCu5180 型号和化学成分（质量分数）对照 （%）

标准号	焊丝型号 化学成分代号	Cu	Sn	P	杂质≤						
					Fe	Si	Mn	Zn	Al	Pb	其他
GB/T 9460—2008	SCu5180 CuSn5P	余量	4.0~6.0	0.1~0.4	—	—	—	—	0.01	0.02	0.5
EN ISO 24373:2018	Cu 5180 CuSn5P	余量	4.0~6.0	0.10~0.35	—	—	—	—	0.01	0.02	0.50
ISO 24373:2018(E)	Cu 5180 CuSn5P										
JIS Z3341:2007(R2018)	YCuSn A										
AWS A5.7/A5.7M:2007(R2017)	ERCuSn-A C51800										

表 12-109 SCu5180A 型号和化学成分（质量分数）对照 （%）

标准号	焊丝型号 化学成分代号	Cu	Sn	P	杂质≤						
					Fe	Si	Mn	Zn	Al	Pb	其他
GB/T 9460—2008	SCu5180A CuSn6P	余量	4.0~ 7.0	0.01~ 0.4	0.1	—	—	0.1	0.01	0.02	0.2
EN ISO 24373:2018	Cu 5180A CuSn6P	余量	4.0~ 7.0	0.01~ 0.45	0.1	—	—	0.1	0.01	0.02	0.2
ISO 24373:2018(E)	Cu 5180A CuSn6P										

表 12-110 SCu5210 型号和化学成分（质量分数）对照 （%）

标准号	焊丝型号 化学成分代号	Cu	Sn	P	杂质≤						
					Fe	Ni+Co	Mn	Zn	Al	Pb	其他
GB/T 9460—2008	SCu5210 CuSn8P	余量	7.5~ 8.5	0.01~ 0.4	0.1	0.2	—	0.2	—	0.02	0.2
JIS Z3341:2007(R2018)	YCuSn B	余量	6.0~ 9.0	0.10~ 0.35	—	—	—	—	0.01	0.02	0.50
AWS A5.7/A5.7M: 2007(R2017)	ERCuSn-C C52100	余量	7.0~ 9.0	0.10~ 0.35	0.10	—	—	0.20	0.01	0.02	0.50
EN ISO 24373:2018	Cu 5210 CuSn8P										
ISO 24373:2018(E)	Cu 5210 CuSn8P										

表 12-111 SCu5211 型号和化学成分（质量分数）对照 （%）

标准号	焊丝型号 化学成分代号	Cu	Sn	Mn	Si	杂质≤					
						Fe	P	Zn	Al	Pb	其他
GB/T 9460—2008	SCu5211 CuSn10MnSi	余量	9.0~10.0	0.1~0.5	0.1~0.5	0.1	0.1	0.1	0.01	0.02	0.5
EN ISO 24373:2018	Cu 5211 CuSn10MnSi	余量	9.0~10.0	0.1~0.5	0.1~0.5	0.1	0.1	0.1	0.01	0.02	0.5
ISO 24373:2018(E)	Cu 5211 CuSn10MnSi										

表 12-112 SCu5410 型号和化学成分（质量分数）对照 （%）

标准号	焊丝型号 化学成分代号	Cu	Sn	P	杂质≤						
					Fe	Si	Mn	Zn	Al	Pb	其他
GB/T 9460—2008	SCu5410 CuSn12P	余量	11.0~13.0	0.01~0.4	—	—	—	0.05	0.005	0.02	0.4
EN ISO 24373:2018	Cu 5410 CuSn12P	余量	11.0~13.0	0.01~0.4	—	—	—	0.05	0.005	0.02	0.4
ISO 24373:2018(E)	Cu 5410 CuSn12P										

表 12-113 SCu6061 型号和化学成分（质量分数）对照 （%）

标准号	焊丝型号 化学成分代号	Cu	Al	Ni+Co	Mn	杂质≤					
						Fe	Si	Sn	Zn	Pb	其他
GB/T 9460—2008	SCu6061 CuAl5Ni2Mn	余量	4.5~5.5	1.0~2.5	0.1~1.0	0.5	0.1	—	0.2	0.02	0.5

（续）

标准号	焊丝型号 化学成分代号	Cu	Al	Ni+Co	Mn	杂质≤					
						Fe	Si	Sn	Zn	Pb	其他
EN ISO 24373:2018	Cu 6061 CuAl5Ni2Mn	余量	4.5~ 5.5	1.0~ 2.5	0.1~ 1.0	0.5	0.1	—	0.2	0.02	0.5
ISO 24373:2018(E)	Cu 6061 CuAl5Ni2Mn										

表 12-114　SCu6100 型号和化学成分（质量分数）对照　（%）

标准号	焊丝型号 化学成分代号	Cu	Al	杂质≤							
				Fe	Mn	Si	Ni+Co	Sn	Zn	Pb	其他
GB/T 9460—2008	SCu6100 CuAl7	余量	6.0~ 8.5	—	0.5	0.1	—	—	0.2	—	0.5
EN ISO 24373:2018	Cu 6100 CuAl7	余量	6.0~ 8.5	—	0.50	0.10	—	—	0.20	0.02	0.50
ISO 24373:2018(E)	Cu 6100 CuAl7										
AWS A5.7/A5.7M: 2007(R2017)	ERCuAl-A1 C61000										

表 12-115　SCu6100A 型号和化学成分（质量分数）对照　（%）

标准号	焊丝型号 化学成分代号	Cu	Al	杂质≤							
				Fe	Mn	Si	Ni+Co	Sn	Zn	Pb	其他
GB/T 9460—2008	SCu6100A CuAl8	余量	7.0~ 9.0	0.5	0.5	0.2	0.5	0.1	0.2	0.02	0.2

（续）

ISO 17672:2016(E)	Cu 561	余量	7.0~9.0	0.5	0.5	0.2	Ni:0.5	0.1	0.2	—	0.2
EN 13347:2002(E)	CuAl8 CF309G	余量	7.0~9.0	0.5	0.5	0.2	Ni:0.5	0.1	0.2	0.02	0.2

表 12-116　SCu6180 型号和化学成分（质量分数）对照　（%）

标准号	焊丝型号 化学成分代号	Cu	Al	Fe	杂质≤						
					Mn	Si	Ni+Co	Sn	Zn	Pb	其他
GB/T 9460—2008	SCu6180 CuAl10Fe	余量	8.5~11.0	≤1.5	—	0.1	—	—	0.2	0.02	0.5
EN ISO 24373:2018	Cu 6180 CuAl10Fe										
ISO 24373:2018(E)	Cu 6180 CuAl10Fe	余量	8.5~11.0	0.5~1.5	—	0.10	—	—	0.02	0.02	0.50
AWS A5.7/A5.7M:2007(R2017)	ERCuAl-A2 C61800										
JIS Z3341:2007(R2018)	YCuAl	余量	9.0~11.0	≤1.5	—	0.10	—	—	0.02	0.02	0.50

表 12-117　SCu6240 型号和化学成分（质量分数）对照　（%）

标准号	焊丝型号 化学成分代号	Cu	Al	Fe	杂质≤						
					Mn	Si	Ni+Co	Sn	Zn	Pb	其他
GB/T 9460—2008	SCu6240 CuAl11Fe3	余量	10.0~11.5	2.0~4.5	—	0.1	—	—	0.1	0.02	0.5

（续）

标准号	焊丝型号 化学成分代号	Cu	Al	Fe	杂质≤						
					Mn	Si	Ni+Co	Sn	Zn	Pb	其他
EN ISO 24373:2018	Cu 6240 CuAl11Fe3	余量	10.0~11.5	2.0~4.5	—	0.10	—	—	0.10	0.02	0.50
ISO 24373:2018(E)	Cu 6240 CuAl11Fe3										
AWS A5.7/A5.7M:2007(R2017)	ERCuAl-A3 C62400										

表 12-118　SCu6325 型号和化学成分（质量分数）对照　（%）

标准号	焊丝型号 化学成分代号	Cu	Al	Fe	Mn	Ni+Co	杂质≤				
							Si	Sn	Zn	Pb	其他
GB/T 9460—2008	SCu6325 CuAl8Fe4Mn2Ni2	余量	7.0~9.0	1.8~5.0	0.5~3.0	0.5~3.0	0.1	—	0.1	0.02	0.4
EN ISO 24373:2018	Cu 6325 CuAl8Fe4Mn2Ni2	余量	7.0~9.0	1.8~5.0	0.5~3.0	0.5~3.0	0.1	—	0.1	0.02	0.4
ISO 24373:2018(E)	Cu 6325 CuAl8Fe4Mn2Ni2										
JIS Z3341:2007(R2018)	YCuAlNi B	余量	7.0~9.0	2.0~5.0	0.5~3.0	Ni:0.5~3.0	0.10	—	0.10	0.02	0.50

表 12-119　SCu6327 型号和化学成分（质量分数）对照　（%）

标准号	焊丝型号 化学成分代号	Cu	Al	Fe	Mn	Ni+Co	杂质≤				
							Si	Sn	Zn	Pb	其他
GB/T 9460—2008	SCu6327 CuAl8Ni2Fe2Mn2	余量	7.0~9.5	0.5~2.5	0.5~2.5	0.5~3.0	0.2	—	0.2	0.02	0.4

EN ISO 24373:2018	Cu 6327 CuAl8Ni2Fe2Mn2	余量	7.0~9.5	0.5~2.5	0.5~2.5	0.5~3.0	0.2	—	0.2	0.02	0.4
ISO 24373:2018(E)	Cu 6327 CuAl8Ni2Fe2Mn2										

表 12-120　SCu6328 型号和化学成分（质量分数）对照　（%）

标准号	焊丝型号 化学成分代号	Cu	Al	Fe	Mn	Ni+Co	杂质≤				
							Si	Sn	Zn	Pb	其他
GB/T 9460—2008	SCu6328 CuAl9Ni5Fe3Mn2	余量	8.5~9.5	3.0~5.0	0.6~3.5	4.0~5.5	0.1	—	0.1	0.02	0.5
EN ISO 24373:2018	Cu 6328 CuAl9Ni5Fe3Mn2	余量	8.50~9.50	3.0~5.0	0.60~3.50	4.0~5.5	0.10	—	0.10	0.02	0.50
ISO 24373:2018(E)	Cu 6328 CuAl9Ni5Fe3Mn2										
AWS A5.7/A5.7M:2007(R2017)	ERCuNiAl C63280										
JIS Z3341:2007(R2018)	YCuAlNi C	余量	8.5~9.5	3.0~5.0	0.6~3.5	Ni:4.0~5.5	0.10	—	0.10	0.02	0.50

表 12-121　SCu6338 型号和化学成分（质量分数）对照　（%）

标准号	焊丝型号 化学成分代号	Cu	Al	Fe	Mn	Ni+Co	杂质≤				
							Si	Sn	Zn	Pb	其他
GB/T 9460—2008	SCu6338 CuMn13Al8Fe3Ni2	余量	7.0~8.5	2.0~4.0	11.0~14.0	1.5~3.0	0.1	—	0.15	0.02	0.5

（续）

标准号	焊丝型号 化学成分代号	Cu	Al	Fe	Mn	Ni+Co	杂质≤				
							Si	Sn	Zn	Pb	其他
EN ISO 24373:2018	Cu 6338 CuMn13Al8Fe3Ni2	余量	7.0~ 8.5	2.0~ 4.0	11.0~ 14.0	1.5~ 3.0	0.10	—	0.15	0.02	0.50
ISO 24373:2018(E)	Cu 6338 CuMn13Al8Fe3Ni2										
AWS A5.7/A5.7M: 2007(R2017)	ERCuMnNiAl C63380										

12.4.4 白铜焊丝型号和化学成分

中外白铜焊丝型号和化学成分对照表见12-122、表12-123。

表12-122 SCu7158型号和化学成分（质量分数）对照 （%）

标准号	焊丝型号 化学成分代号	Cu	Ni+Co	Mn	Fe	Ti	杂质≤				
							Si	S	P	Pb	其他
GB/T 9460—2008	SCu7158① CuNi30Mn1FeTi	余量	29.0~ 32.0	0.5~ 1.5	0.4~ 0.7	0.2~ 0.5	0.25	0.01	0.02	0.02	0.5
EN ISO 24373:2018	Cu 7158 CuNi30Mn1FeTi	余量	29.0~ 32.0	≤1.0	0.40~ 0.70	0.20~ 0.50	0.25	0.01	0.02	0.02	0.50
ISO 24373:2018(E)	Cu 7158 CuNi30Mn1FeTi										
AWS A5.7/A5.7M: 2007(R2017)	ERCuNi C71581	余量	29.0~ 32.0	≤1.0	0.40~ 0.75	0.20~ 0.50	0.25	—	0.02	0.02	0.50
JIS Z3341:2007(R2018)	YCuNi-3	余量	Ni:29.0 ~32.0	≤1.0	0.40~ 0.75	0.2~ 0.5	0.15	0.01	0.02	0.02	0.50

① 碳的质量分数不大于0.04%。

表 12-123 SCu7061 型号和化学成分（质量分数）对照 （%）

标准号	焊丝型号 化学成分代号	Cu	Ni+Co	Mn	Fe	Ti	杂质≤				
							Si	S	P	Pb	其他
GB/T 9460—2008	SCu7061[1] CuNi10	余量	9.0~ 11.0	0.5~ 1.5	0.5~ 2.0	0.1~ 0.5	0.2	0.02	0.02	0.02	0.4
EN ISO 24373:2018	Cu 7061 CuNi10	余量	9.0~ 11.0	0.5~ 1.5	0.5~ 2.0	0.1~ 0.5	0.2	0.02	0.02	0.02	0.4
ISO 24373:2018(E)	Cu 7061 CuNi10						C:0.05				
JIS Z3341:2007(R2018)	YCuNi-1	余量	Ni:9.0 ~11.0	0.5~ 1.5	0.5~ 1.5	0.1~ 0.5	0.20	0.01	0.02	0.02	0.50

① 碳的质量分数不大于 0.05%。

12.5 镍及镍合金焊丝型号和化学成分

常用镍及镍合金焊丝包括镍焊丝、镍铜焊丝、镍铬焊丝、镍铬铁焊丝、镍钼焊丝、镍铬钼焊丝、镍铬钴焊丝、镍铬钨焊丝。

表 12-124~表 12-175 的统一注释如下：

1）“其他”包括未规定数值的元素合计，合计应不超过 0.5%。

2）除具体说明外，磷的质量分数不大于 0.020%，硫的质量分数不大于 0.015%。

12.5.1 镍焊丝型号和化学成分

中外镍焊丝型号和化学成分对照表见 12-124。

表 12-124　SNi2061 型号和化学成分（质量分数）对照　（%）

标准号	焊丝型号 化学成分代号	Ni①	Co①	Ti	杂质≤ C	Mn	Fe	Si	Cu	Nb	Al	其他
GB/T 15620—2008	SNi2061 NiTi3	≥92.0	—	2.0~3.5	0.15	1.0	1.0	0.7	0.2	—	1.5	—
ISO 18274:2010(E)	Ni 2061 NiTi3	≥92.0	—	2.0~3.5	0.15	1.0	1.0	0.7	0.25	—	1.5	0.5
JIS Z3334:2017	Ni2061 NiTi3	≥92.0	—	2.0~3.5	P:0.03,S:0.015							0.5
AWS A5.14/A5.14M:2018	ERNi-1 N02061	≥93.0	—	2.0~3.5	0.15	1.0	1.0	0.75	0.25	—	1.5	0.50
					P:0.03,S:0.015							
EN ISO 14172:2015(E)	Ni 2061 NiTi3	≥92.0	—	1.0~4.0	0.10	0.7	0.7	1.2	0.2	—	1.0	0.5
					P:0.020,S:0.015							

① Co 的质量分数应低于 Ni 的质量分数的 1%。

12.5.2　镍铜焊丝型号和化学成分

中外镍铜焊丝型号和化学成分对照表见 12-125~表 12-127。

表 12-125　SNi4060 型号和化学成分（质量分数）对照　（%）

标准号	焊丝型号 化学成分代号	Ni	Cu	Mn	Ti	杂质≤ C	Fe	Si	Co	Nb	Al	其他
GB/T 15620—2008	SNi4060 NiCu30Mn3Ti	≥62.0	28.0~32.0	2.0~4.0	1.5~3.0	0.15	2.5	1.2	—	—	1.2	—
ISO 18274:2010(E)	Ni 4060 NiCu30Mn3Ti	≥62.0	28.0~32.0	≤4.0	1.5~3.0	0.15	2.5	1.2	—	0.3	1.2	0.5
						P:0.020,S:0.015						
JIS Z3334:2017	Ni4060 NiCu30Mn3Ti	≥62.0	28.0~32.0	2.0~4.0	1.5~3.0	0.15	2.5	1.2	—	0.3	1.2	0.5
						P:0.020,S:0.015						

AWS A5.14/A5.14M:2018	ERNiCu-7 N04060	62.0~ 69.0	余量	≤4.0	1.5~ 3.0	0.15	2.5	1.25	—	—	1.25	0.50
						P:0.02,S:0.015						
EN ISO 14172:2015(E)	Ni 4060 NiCu30Mn3Ti	≥ 62.0	27.0~ 34.0	≤4.0	≤1.0	0.15	2.5	1.5	—	—	1.0	0.5
						P:0.020,S:0.015						

表 12-126 SNi4061 型号和化学成分（质量分数）对照 （%）

标准号	焊丝型号 化学成分代号	Ni	Cu	Mn	Nb①	杂质≤						
						C	Fe	Si	Co	Ti	Al	其他
GB/T 15620—2008	SNi4061 NiCu30Mn3Nb	≥60.0	28.0~ 32.0	≤4.0	≤3.0	0.15	2.5	1.25	—	1.0	1.0	—
JIS Z3334:2017	Ni4061 NiCu30Mn3Nb	≥60.0	28.0~ 32.0	≤4.0	≤3.0	0.15	2.5	1.25	—	1.0	1.0	0.5
						P:0.020,S:0.015						
EN ISO 14172:2015(E)	Ni 4061 NiCu27Mn3NbTi	≥62.0	24.0~ 31.0	≤4.0	≤3.0	0.15	2.5	1.3	—	1.5	1.0	0.5
						P:0.020,S:0.015						
ISO 18274:2010(E)	Ni 4061 NiCu30Mn3Nb	≥60.0	28.0~ 32.0	≤4.0	≤3.0	0.15	2.5	1.25	—	1.0	1.0	0.5
						P:0.020,S:0.015						

① Ta 的质量分数应不低于 Nb 的质量分数的 20%。

表 12-127 SNi5504 型号和化学成分（质量分数）对照 （%）

标准号	焊丝型号 化学成分代号	Ni	Cu	Al	Ti	杂质≤						
						C	Fe	Si	Co	Nb	Mn	其他
GB/T 15620—2008	SNi5504 NiCu25Al3Ti	63.0~ 70.0	≥20.0	2.0~ 4.0	0.3~ 1.0	0.25	2.0	1.0	—	—	1.5	—

（续）

标准号	焊丝型号 化学成分代号	Ni	Cu	Al	Ti	杂质≤						
						C	Fe	Si	Co	Nb	Mn	其他
ISO 18274:2010(E)	Ni 5504 NiCu25Al3Ti	63.0~ 70.0	≥20.0	2.0~ 4.0	0.3~ 1.0	0.25	2.0	1.0	—	—	1.5	0.5
JIS Z3334:2017	Ni5504 NiCu25Al3Ti					P:0.03,S:0.015						
AWS A5.14/A5.14M:2018	ERNiCu-8 N05504	63.0~ 70.0	余量	2.0~ 4.0	0.25~ 1.00	0.25	2.0	1.00	—	—	1.5	0.50
						P:0.03,S:0.015						

12.5.3 镍铬焊丝型号和化学成分

中外镍铬焊丝型号和化学成分对照表见12-128~表12-130。

表12-128 SNi6072型号和化学成分（质量分数）对照 （%）

标准号	焊丝型号 化学成分代号	Ni	Cr	Ti	C	杂质≤						
						Mn	Fe	Si	Cu	Nb	Al	其他
GB/T 15620—2008	SNi6072 NiCr44Ti	≥52.0	42.0~ 46.0	0.3~ 1.0	0.01~ 0.10	0.20	0.50	0.20	0.50	—	—	—
JIS Z3334:2017	Ni6072 NiCr44Ti	≥52.0	42.0~ 46.0	0.3~ 1.0	0.01~ 0.10	0.20	0.50	0.20	0.50	—	—	0.5
ISO 18274:2010(E)	Ni6072 NiCr44Ti					P:0.020,S:0.015						
AWS A5.14/A5.14M:2018	ERNiCr-4 N06072	余量	42.0~ 46.0	0.3~ 1.0	0.01~ 0.10	0.20	0.50	0.20	0.50	—	—	0.50
						P:0.02,S:0.015						

表 12-129 SNi6076 型号和化学成分（质量分数）对照 （%）

标准号	焊丝型号 化学成分代号	Ni ≥	Cr	C	杂质≤ Ti	Mn	Fe	Si	Cu	Nb	Al	其他
GB/T 15620—2008	SNi6076 NiCr20	75.0	19.0~21.0	0.08~0.25	0.5	1.0	2.00	0.30	0.50	—	0.4	—
ISO 18274:2010(E)	Ni 6076 NiCr20	75.0	19.0~21.0	0.08~0.25	0.15~0.50	1.0	2.00	0.30	0.50	—	0.4	0.5
JIS Z3334:2017	Ni6076 NiCr20	75.0	19.0~21.0	0.08~0.25	0.15~0.50	P:0.020,S:0.015						0.5
AWS A5.14/A5.14M:2018	ERNiCr-6 N06076	75.0	19.0~21.0	0.08~0.25	0.15~0.50	1.00	2.00	0.30	0.50	—	0.40	0.50
						P:0.03,S:0.015						

表 12-130 SNi6082 型号和化学成分（质量分数）对照 （%）

标准号	焊丝型号 化学成分代号	Ni ≥	Cr	Mn	Nb①	C	杂质≤ Fe	Si	Cu	Ti	Al	其他
GB/T 15620—2008	SNi6082 NiCr20Mn3Nb	67.0	18.0~22.0	2.5~3.5	2.0~3.0	≤0.10	3.0	0.5	0.5	0.7	—	—
JIS Z3334:2017	Ni6082 NiCr20Mn3Nb	67.0	18.0~22.0	2.5~3.5	2.0~3.0	≤0.10	3.0	0.5	0.5	0.7	—	0.5
ISO 18274:2010(E)	Ni 6082 NiCr20Mn3Nb	67.0	18.0~22.0	2.5~3.5	2.0~3.0	≤0.10	P:0.03,S:0.015					0.5
AWS A5.14/A5.14M:2018	ERNiCr-3 N06082	67.0	18.0~22.0	2.5~3.5	2.0~3.0②	≤0.10	3.0	0.50	0.50	0.75	—	0.50
							P:0.03,S:0.015,Co:0.12					
EN ISO 14172:2015(E)	Ni 6082 NiCr20Mn3Nb	63.0	18.0~22.0	2.0~6.0	1.5~3.0	≤0.10	4.0	0.8	0.5	0.5	—	0.5
							P:0.020,S:0.015,Mo:2.0					

① Ta 的质量分数应不低于 Nb 的质量分数的 20%。
② 美国 ERNiCr-3 中 w(Nb+Ta)：2.0%~3.0%。

12.5.4 镍铬铁焊丝型号和化学成分

中外镍铬铁焊丝型号和化学成分对照表见12-131～表12-147。

表12-131 SNi6002型号和化学成分（质量分数）对照 （%）

<table>
<tr><th rowspan="2">标准号</th><th rowspan="2">焊丝型号
化学成分代号</th><th rowspan="2">Ni</th><th rowspan="2">Cr</th><th rowspan="2">Fe</th><th rowspan="2">Mo</th><th rowspan="2">Co</th><th rowspan="2">W</th><th rowspan="2">C</th><th colspan="4">杂质≤</th></tr>
<tr><th>Mn</th><th>Si</th><th>Cu</th><th>其他</th></tr>
<tr><td rowspan="2">GB/T 15620—2008</td><td rowspan="2">SNi6002
NiCr21Fe18Mo9</td><td rowspan="2">≥44.0</td><td rowspan="2">20.5～23.0</td><td rowspan="2">17.0～20.0</td><td rowspan="2">8.0～10.0</td><td rowspan="2">0.5～2.5</td><td rowspan="2">0.2～1.0</td><td rowspan="2">0.05～0.15</td><td rowspan="2">2.0</td><td rowspan="2">1.0</td><td rowspan="2">0.5</td><td rowspan="2">—</td></tr>
<tr></tr>
<tr><td rowspan="2">JIS Z3334:2017</td><td rowspan="2">Ni6002
NiCr21Fe18Mo9</td><td rowspan="2">≥44.0</td><td rowspan="2">20.5～23.0</td><td rowspan="2">17.0～20.0</td><td rowspan="2">8.0～10.0</td><td rowspan="2">0.5～2.5</td><td rowspan="2">0.2～1.0</td><td rowspan="2">0.05～0.15</td><td>2.0</td><td>1.0</td><td>0.5</td><td rowspan="2">0.5</td></tr>
<tr><td colspan="3">P:0.04,S:0.03</td></tr>
<tr><td rowspan="2">ISO 18274:2010(E)</td><td rowspan="2">Ni 6002
NiCr21Fe18Mo9</td><td rowspan="2">≥44.0</td><td rowspan="2">20.5～23.0</td><td rowspan="2">17.0～20.0</td><td rowspan="2">8.0～10.0</td><td rowspan="2">0.5～2.5</td><td rowspan="2">0.2～1.0</td><td rowspan="2">0.05～0.15</td><td>1.0</td><td>1.0</td><td>0.5</td><td rowspan="2">0.5</td></tr>
<tr><td colspan="3">P:0.04,S:0.03</td></tr>
<tr><td rowspan="2">AWS A5.14/A5.14M:2018</td><td rowspan="2">ERNiCrMo-2
N06002</td><td rowspan="2">余量</td><td rowspan="2">20.5～23.0</td><td rowspan="2">17.0～20.0</td><td rowspan="2">8.0～10.0</td><td rowspan="2">0.5～2.5</td><td rowspan="2">0.2～1.0</td><td rowspan="2">0.05～0.15</td><td>1.0</td><td>1.0</td><td>0.50</td><td rowspan="2">0.50</td></tr>
<tr><td colspan="3">P:0.04,S:0.03</td></tr>
<tr><td rowspan="2">EN ISO 14172:2015(E)</td><td rowspan="2">Ni 6002
NiCr22Fe18Mo</td><td rowspan="2">≥45.0</td><td rowspan="2">20.0～23.0</td><td rowspan="2">17.0～20.0</td><td rowspan="2">8.0～10.0</td><td rowspan="2">0.5～2.5</td><td rowspan="2">0.2～1.0</td><td rowspan="2">0.05～0.15</td><td>1.0</td><td>1.0</td><td>0.5</td><td rowspan="2">0.5</td></tr>
<tr><td colspan="3">P:0.020,S:0.015</td></tr>
</table>

表12-132 SNi6025型号和化学成分（质量分数）对照 （%）

<table>
<tr><th rowspan="2">标准号</th><th rowspan="2">焊丝型号
化学成分代号</th><th rowspan="2">Ni</th><th rowspan="2">Cr</th><th rowspan="2">Fe</th><th rowspan="2">Al</th><th rowspan="2">Y</th><th rowspan="2">Ti</th><th rowspan="2">C</th><th colspan="4">杂质≤</th></tr>
<tr><th>Mn</th><th>Si</th><th>Cu</th><th>其他</th></tr>
<tr><td rowspan="2">GB/T 15620—2008</td><td rowspan="2">SNi6025
NiCr25Fe10AlY</td><td rowspan="2">≥59.0</td><td rowspan="2">24.0～26.0</td><td rowspan="2">8.0～11.0</td><td rowspan="2">1.8～2.4</td><td rowspan="2">0.05～0.12</td><td rowspan="2">0.1～0.2</td><td rowspan="2">0.15～0.25</td><td>0.5</td><td>0.5</td><td>0.1</td><td rowspan="2">—</td></tr>
<tr><td colspan="3">Zr:0.01～0.10</td></tr>
<tr><td>JIS Z3334:2017</td><td>Ni6025
NiCr25Fe10AlY</td><td rowspan="2">≥59.0</td><td rowspan="2">24.0～26.0</td><td rowspan="2">8.0～11.0</td><td rowspan="2">1.8～2.4</td><td rowspan="2">0.05～0.12</td><td rowspan="2">0.1～0.2</td><td rowspan="2">0.15～0.25</td><td>0.5</td><td>0.5</td><td>0.1</td><td rowspan="2">0.5</td></tr>
<tr><td>ISO 18274:2010(E)</td><td>Ni 6025
NiCr25Fe10AlY</td><td colspan="3">Zr:0.01～0.10
P:0.020,S:0.015</td></tr>
</table>

AWS A5.14/A5.14M:2018	ERNiCrFe-12 N06025	余量	24.0~ 26.0	8.0~ 11.0	1.8~ 2.4	—	0.10~ 0.20	0.15~ 0.25	0.50	0.5	0.1	0.50
									Co:1.0 P:0.020,S:0.010			
EN ISO 14172:2015(E)	Ni 6025 NiCr25Fe10AlY	≥55.0	24.0~ 26.0	8.0~ 11.0	1.5~ 2.2	≤0.15	≤0.3	0.10~ 0.25	0.5	0.8	—	0.5
									P:0.020,S:0.015			

表 12-133　SNi6030 型号和化学成分（质量分数）对照　（%）

标准号	焊丝型号 化学成分代号	Ni	Cr	Fe	Mo	W	Cu	C	杂质≤			
									Mn	Si	Co	其他
GB/T 15620—2008	SNi6030 NiCr30Fe15Mo5W	≥36.0	28.0~ 31.5	13.0~ 17.0	4.0~ 6.0	1.5~ 4.0	1.0~ 2.4	≤0.03	1.5	0.8	5.0	—
									Nb:0.3~1.5[①]			
JIS Z3334:2017	Ni6030 NiCr30Fe15Mo5W	≥36.0	28.0~ 31.5	13.0~ 17.0	4.0~ 6.0	1.5~ 4.0	1.0~ 2.4	≤0.03	1.5	0.8	5.0	0.5
ISO 18274:2010(E)	Ni 6030 NiCr30Fe15Mo5W								Nb:0.3~1.5 P:0.04,S:0.02			
AWS A5.14/A5.14M:2018	ERNiCrMo-11 N06030	余量	28.0~ 31.5	13.0~ 17.0	4.0~ 6.0	1.5~ 4.0	1.0~ 2.4	≤0.03	1.5	0.80	5.0	0.50
									Nb:0.30~1.50[②] P:0.04,S:0.02			
EN ISO 14172:2015(E)	Ni 6030 NiCr29Mo5Fe15W2	≥36.0	28.0~ 31.5	13.0~ 17.0	4.0~ 6.0	1.5~ 4.0	1.0~ 2.4	≤0.03	1.5	1.0	5.0	0.5
									Nb:0.3~1.5 P:0.020,S:0.015			

① Ta 的质量分数应不低于 Nb 的质量分数的 20%。

② 美国 ERNiCrMo-11 中 w(Nb+Ta)：0.30%~1.50%。

表 12-134　SNi6052 型号和化学成分（质量分数）对照　（%）

标准号	焊丝型号 化学成分代号	Ni	Cr	Fe	C	杂质≤ Mn	Si	Cu	Al	Ti	Mo	其他
GB/T 15620—2008	SNi6052 NiCr30Fe9	≥54.0	28.0~31.5	7.0~11.0	≤0.04	1.0	0.5	0.3	1.1	1.0	0.5	—
						Nb:0.10[①],Al+Ti:1.5						
JIS Z3334:2017	Ni6052 NiCr30Fe9	≥54.0	28.0~31.5	7.0~11.0	≤0.04	1.0	0.5	0.3	1.1	1.0	0.5	0.5
						Nb:0.10,P:0.020,S:0.015,Al+Ti:1.5						
ISO 18274:2010(E)	Ni 6052 NiCr30Fe9	≥54.0	28.0~31.5	7.0~11.0	≤0.04	1.0	0.5	0.3	1.1	1.0	0.5	0.5
						Nb:0.10,P:0.020,S:0.015, Al+Ti<1.5						
AWS A5.14/A5.14M:2018	ERNiCrFe-7 N06052	余量	28.0~31.5	7.0~11.0	≤0.04	1.0	0.50	0.30	1.10	1.0	0.50	0.50
						Nb:0.10[②],P:0.02,S:0.015,Al+Ti:1.5						

① Ta 的质量分数应不低于 Nb 的质量分数的 20%。
② 美国 ERNiCrFe-7 中 w(Nb+Ta)≤0.10%。

表 12-135　SNi6062 型号和化学成分（质量分数）对照　（%）

标准号	焊丝型号 化学成分代号	Ni	Cr	Fe	Nb[①]	C	杂质≤ Mn	Si	Cu	Co	Mo	其他
GB/T 15620—2008	SNi6062 NiCr15Fe8Nb	≥70.0	14.0~17.0	6.0~10.0	1.5~3.0	0.08	1.0	0.3	0.5	—	—	—
JIS Z3334:2017	Ni6062 NiCr15Fe8Nb	≥70.0	14.0~17.0	6.0~10.0	1.5~3.0	0.08	1.0	0.3	0.5	—	—	0.5
ISO 18274:2010(E)	Ni 6062 NiCr15Fe8Nb	≥70.0	14.0~17.0	6.0~10.0	1.5~3.0	0.08	P:0.03,S:0.015					0.5
AWS A5.14/A5.14M:2018	ERNiCrFe-5 N06062	余量	14.0~17.0	6.0~10.0	1.5~3.0[②]	0.08	1.0	0.35	0.50	—	0.12	0.50
							P:0.03,S:0.015					
EN ISO 14172:2015(E)	Ni 6062 NiCr15Fe8Nb	≥62.0	13.0~17.0	≤11.0	0.5~4.0	0.08	3.5	0.8	0.5	—	—	0.5
							P:0.020,S:0.015					

① Ta 的质量分数应不低于 Nb 的质量分数的 20%。
② 美国 ERNiCrFe-5 中 w(Nb+Ta)：1.5%~3.0%。

表 12-136　SNi6176 型号和化学成分（质量分数）对照　（%）

<table>
<tr><th rowspan="2">标准号</th><th rowspan="2">焊丝型号
化学成分代号</th><th rowspan="2">Ni
≥</th><th rowspan="2">Cr</th><th rowspan="2">Fe</th><th rowspan="2">C</th><th colspan="7">杂质≤</th></tr>
<tr><th>Mn</th><th>Si</th><th>Cu</th><th>Co</th><th>Mo</th><th>Nb</th><th>其他</th></tr>
<tr><td>GB/T 15620—2008</td><td>SNi6176
NiCr16Fe6</td><td>76.0</td><td>15.0~
17.0</td><td>5.5~
7.5</td><td>0.05</td><td>0.5</td><td>0.5</td><td>0.1</td><td>0.05</td><td>—</td><td>—</td><td>—</td></tr>
<tr><td>JIS Z3334:2017</td><td>Ni6176
NiCr16Fe6</td><td rowspan="2">76.0</td><td rowspan="2">15.0~
17.0</td><td rowspan="2">5.5~
7.5</td><td rowspan="2">0.05</td><td>0.5</td><td>0.5</td><td>0.1</td><td>0.05</td><td>—</td><td>—</td><td rowspan="2">0.5</td></tr>
<tr><td>ISO 18274:2010(E)</td><td>Ni 6176
NiCr16Fe6</td><td colspan="6">P:0.020,S:0.015</td></tr>
</table>

表 12-137　SNi6601 型号和化学成分（质量分数）对照　（%）

<table>
<tr><th rowspan="2">标准号</th><th rowspan="2">焊丝型号
化学成分代号</th><th rowspan="2">Ni</th><th rowspan="2">Cr</th><th rowspan="2">Fe</th><th rowspan="2">Al</th><th rowspan="2">C</th><th colspan="6">杂质≤</th></tr>
<tr><th>Mn</th><th>Si</th><th>Cu</th><th>Co</th><th>Ti</th><th>其他</th></tr>
<tr><td>GB/T 15620—2008</td><td>SNi6601
NiCr23Fe15Al</td><td>58.0~
63.0</td><td>21.0~
25.0</td><td>≤20.0</td><td>1.0~
1.7</td><td>≤0.10</td><td>1.0</td><td>0.5</td><td>1.0</td><td>—</td><td>—</td><td>—</td></tr>
<tr><td>JIS Z3334:2017</td><td>Ni6601
NiCr23Fe15Al</td><td rowspan="2">58.0~
63.0</td><td rowspan="2">21.0~
25.0</td><td rowspan="2">≤20.0</td><td rowspan="2">1.0~
1.7</td><td rowspan="2">≤0.10</td><td>1.0</td><td>0.5</td><td>1.0</td><td>—</td><td>—</td><td rowspan="2">0.5</td></tr>
<tr><td>ISO 18274:2010(E)</td><td>Ni 6601
NiCr23Fe15Al</td><td colspan="5">P:0.03,S:0.015</td></tr>
<tr><td rowspan="2">AWS A5.14/A5.14M:2018</td><td rowspan="2">ERNiCrFe-11
N06601</td><td rowspan="2">58.0~
63.0</td><td rowspan="2">21.0~
25.0</td><td rowspan="2">余量</td><td rowspan="2">1.0~
1.7</td><td rowspan="2">≤0.10</td><td>1.0</td><td>0.50</td><td>1.0</td><td>—</td><td>—</td><td rowspan="2">0.50</td></tr>
<tr><td colspan="5">P:0.03,S:0.015</td></tr>
</table>

表 12-138　SNi6701 型号和化学成分（质量分数）对照　（%）

<table>
<tr><th rowspan="2">标准号</th><th rowspan="2">焊丝型号
化学成分代号</th><th rowspan="2">Ni</th><th rowspan="2">Cr</th><th rowspan="2">Fe</th><th rowspan="2">Nb①</th><th rowspan="2">C</th><th rowspan="2">Mn</th><th rowspan="2">Si</th><th colspan="4">杂质≤</th></tr>
<tr><th>Cu</th><th>Co</th><th>Ti</th><th>其他</th></tr>
<tr><td>GB/T 15620—2008</td><td>SNi6701
NiCr36Fe7Nb</td><td>42.0~
48.0</td><td>33.0~
39.0</td><td>≤7.0</td><td>0.8~
1.8</td><td>0.35~
0.50</td><td>0.5~
2.0</td><td>0.5~
2.0</td><td>—</td><td>—</td><td>—</td><td>—</td></tr>
</table>

（续）

标准号	焊丝型号 化学成分代号	Ni	Cr	Fe	Nb①	C	Mn	Si	杂质≤			
									Cu	Co	Ti	其他
JIS Z3334:2017	Ni6701 NiCr36Fe7Nb	42.0～48.0	33.0～39.0	≤7.0	0.8～1.8	0.35～0.50	0.5～2.0	0.5～2.0	—	—	—	0.5
ISO 18274:2010(E)	Ni 6701 NiCr36Fe7Nb								P:0.020,S:0.015			
EN ISO 14172:2015(E)	Ni 6701 NiCr36Fe7Nb	42.0～48.0	33.0～39.0	≤7.0	0.8～1.8	0.35～0.50	0.5～2.0	0.5～2.0	— P:0.020,S:0.015	—	—	0.5

① Ta 的质量分数应不低于 Nb 的质量分数的 20%。

表 12-139　SNi6704 型号和化学成分（质量分数）对照

（%）

标准号	焊丝型号 化学成分代号	Ni ≥	Cr	Fe	Al	Ti	Y	C	杂质≤			
									Mn	Si	Cu	其他
GB/T 15620—2008	SNi6704 NiCr25FeAl3YC	55.0	24.0～26.0	8.0～11.0	1.8～2.8	0.1～0.2	0.05～0.12	0.15～0.25	0.5 Zr:0.01～0.10	0.5	0.1	—
JIS Z3224:2010	Ni 6704 NiCr25Fe10Al3YC	55.0	24.0～26.0	8.0～11.0	1.8～2.8	≤0.3	≤0.15	0.15～0.30	0.5	0.8	—	0.5
EN ISO 14172:2015(E)	Ni 6704 NiCr25Fe10Al3YC								P:0.020,S:0.015			

表 12-140　SNi6975 型号和化学成分（质量分数）对照

（%）

标准号	焊丝型号 化学成分代号	Ni	Cr	Fe	Mo	Cu	Ti	C	杂质≤			
									Mn	Si	Co	其他
GB/T 15620—2008	SNi6975 NiCr25Fe13Mo6	≥47.0	23.0～26.0	10.0～17.0	5.0～7.0	0.7～1.2	0.70～1.50	≤0.03	1.0	1.0	—	—

（续）

JIS Z3334:2017	Ni6975 NiCr25Fe13Mo6	≥47.0	23.0~ 26.0	10.0~ 17.0	5.0~ 7.0	0.7~ 1.2	0.70~ 1.50	≤0.03	1.0	1.0	—	0.5
ISO 18274:2010(E)	Ni 6975 NiCr25Fe13Mo6								P:0.03,S:0.03			
AWS A5.14/A5.14M:2018	ERNiCrMo-8 N06975	47.0~ 52.0	23.0~ 26.0	余量	5.0~ 7.0	0.7~ 1.2	0.70~ 1.50	≤0.03	1.0	1.0	—	0.50
									P:0.03,S:0.03			

表 12-141　SNi6985 型号和化学成分（质量分数）对照　（%）

标准号	焊丝型号 化学成分代号	Ni	Cr	Fe	Mo	Cu	C	杂质≤				其他
								Mn	Si	Co	Nb①	
GB/T 15620—2008	SNi6985 NiCr22Fe20Mo7Cu2	≥40.0	21.0~ 23.5	18.0~ 21.0	6.0~ 8.0	1.5~ 2.5	≤0.01	1.0	1.0	5.0	0.50	—
								W:1.5				
JIS Z3334:2017	Ni6985 NiCr22Fe20Mo7Cu2	≥40.0	21.0~ 23.5	18.0~ 21.0	6.0~ 8.0	1.5~ 2.5	≤0.01	1.0	1.0	5.0	0.50	0.5
								W:1.5,P:0.04,S:0.03				
AWS A5.14/A5.14M:2018	ERNiCrMo-9 N06985	余量	21.0~ 23.5	18.0~ 21.0	6.0~ 8.0	1.5~ 2.5	≤0.015	1.0	1.0	5.0	0.50②	0.50
								W:1.5,P:0.04,S:0.03				
ISO 18274:2010(E)	Ni 6985 NiCr22Fe20Mo7Cu2	≥40.0	21.0~ 23.5	18.0~ 21.0	6.0~ 8.0	1.5~ 2.5	≤0.01	1.0	1.0	5.0	0.50	0.5
								W:1.5,P:0.04,S:0.03				

① Ta 的质量分数应不低于 Nb 的质量分数的 20%。

② 美国 ERNiCrMo-9 中 w(Nb+Ta)≤0.50%。

表 12-142　SNi7069 型号和化学成分（质量分数）对照　（%）

标准号	焊丝型号 化学成分代号	Ni ≥	Cr	Fe	Nb①	Ti	Al	C	杂质≤			
									Mn	Si	Cu	其他
GB/T 15620—2008	SNi7069 NiCr15Fe7Nb	70.0	14.0~ 17.0	5.0~ 9.0	0.70~ 1.20	2.0~ 2.7	0.4~ 1.0	≤0.08	1.0	0.50	0.50	—
JIS Z3334:2017	Ni7069 NiCr15Fe7Nb	70.0	14.0~ 17.0	5.0~ 9.0	0.70~ 1.20	2.0~ 2.7	0.4~ 1.0	≤0.08	1.0	0.50	0.50	0.5
ISO 18274:2010(E)	Ni 7069 NiCr15Fe7Nb								P:0.03,S:0.015			
AWS A5.14/A5.14M:2018	ERNiCrFe-8 N07069	70.0	14.0~ 17.0	5.0~ 9.0	0.70~ 1.20②	2.00~ 2.75	0.4~ 1.0	≤0.08	1.0 P:0.03,S:0.015	0.50	0.50	0.50

① Ta 的质量分数应不低于 Nb 的质量分数的 20%。
② 美国 ERNiCrFe-8 中 w(Nb+Ta)：0.70%~1.20%。

表 12-143　SNi7092 型号和化学成分（质量分数）对照　（%）

标准号	焊丝型号 化学成分代号	Ni ≥	Cr	Ti	Mn	Fe	C	杂质≤				
								Si	Cu	Co	Nb	其他
GB/T 15620—2008	SNi7092 NiCr15Ti3Mn	67.0	14.0~ 17.0	2.5~ 3.5	2.0~ 2.7	≤8.0	≤0.08	0.3	0.5	—	—	—
JIS Z3334:2017	Ni7092 NiCr15Ti3Mn	67.0	14.0~ 17.0	2.5~ 3.5	2.0~ 2.7	≤8.0	≤0.08	0.3	0.5	—	—	0.5
ISO 18274:2010(E)	Ni 7092 NiCr15Ti3Mn							P:0.03,S:0.015				
AWS A5.14/A5.14M:2018	ERNiCrFe-6 N07092	67.0	14.0~ 17.0	2.5~ 3.5	2.0~ 2.7	≤8.0	≤0.08	0.35 P:0.03,S:0.015	0.50	—	—	0.50

表 12-144　SNi7718 型号和化学成分（质量分数）对照　（%）

标准号	焊丝型号 化学成分代号	Ni	Cr	Fe	Nb①	Mo	Ti	C	杂质≤			
									Mn	Si	Cu	其他
GB/T 15620—2008	SNi7718 NiFe19Cr19Nb5Mo3	50.0~55.0	17.0~21.0	≤24.0	4.8~5.5	2.8~3.3	0.7~1.1	≤0.08	0.3	0.3	0.3	—
									Al:0.2~0.8 B:0.006,P:0.015			
JIS Z3334:2017	Ni7718 NiFe19Cr19Nb5Mo3	50.0~55.0	17.0~21.0	≤24.0	4.8~5.5	2.8~3.3	0.7~1.1	≤0.08	0.3	0.3	0.3	0.5
ISO 18274:2010(E)	Ni 7718 NiFe19Cr19Nb5Mo3								Al:0.2~0.8,B:0.006 P:0.015,S:0.015			
AWS A5.14/A5.14M:2018	ERNiFeCr-2 N07718	50.0~55.0	17.0~21.0	余量	4.75~5.50②	2.80~3.30	0.65~1.15	≤0.08	0.35	0.35	0.30	0.50
									Al:0.2~0.8 P:0.015,S:0.015			

① Ta 的质量分数应不低于 Nb 的质量分数的 20%。
② 美国 ERNiFeCr-2 中 w(Nb+Ta)：4.75%~5.50%。

表 12-145　SNi8025 型号和化学成分（质量分数）对照　（%）

标准号	焊丝型号 化学成分代号	Ni	Cr	Fe	Cu	Mo	Mn	C	杂质≤			
									Si	Ti	Al	其他
GB/T 15620—2008	SNi8025 NiFe30Cr29Mo	35.0~40.0	27.0~31.0	≤30.0	1.5~3.0	2.5~4.5	1.0~3.0	≤0.02	0.5	1.0	0.2	—
JIS Z3334:2017	Ni8025 NiFe30Cr29Mo	35.0~40.0	27.0~31.0	≤30.0	1.5~3.0	2.5~4.5	1.0~3.0	≤0.02	0.5	1.0	0.2	0.5
ISO 18274:2010(E)	Ni 8025 NiFe30Cr29Mo								P:0.020,S:0.015			
EN ISO 14172:2015(E)	Ni 8025 NiCr29Fe26Mo	35.0~40.0	27.0~31.0	≤30.0	1.5~3.0	2.5~4.5	1.0~3.0	≤0.06	0.7	1.0	0.1	0.5
									Nb:1.0 P:0.020,S:0.015			

表 12-146　SNi8065 型号和化学成分（质量分数）对照　（%）

标准号	焊丝型号 化学成分代号	Ni	Cr	Fe	Cu	Mo	Ti	C	杂质≤			
									Mn	Si	Al	其他
GB/T 15620—2008	SNi8065 NiFe30Cr21Mo3	38.0~46.0	19.5~23.5	≥22.0	1.5~3.0	2.5~3.5	0.6~1.2	≤0.05	1.0	0.5	0.2	—
JIS Z3334:2017	Ni8065 NiFe30Cr21Mo3	38.0~46.0	19.5~23.5	≥22.0	1.5~3.0	2.5~3.5	0.6~1.2	≤0.05	1.0	0.5	0.2	0.5
									P:0.04,S:0.03			
ISO 18274:2010(E)	Ni 8065 NiFe30Cr21Mo3	38.0~46.0	19.5~23.5	≥22.0	1.5~3.0	2.5~3.5	0.6~1.2	≤0.05	1.0	0.5	0.2	0.5
									P:0.03,S:0.03			
AWS A5.14/A5.14M:2018	ERNiFeCr-1 N08065	38.0~46.0	19.5~23.5	≥22.0	1.5~3.0	2.5~3.5	0.6~1.2	≤0.05	1.0	0.50	0.20	0.50
									P:0.03,S:0.03			

表 12-147　SNi8125 型号和化学成分（质量分数）对照　（%）

标准号	焊丝型号 化学成分代号	Ni	Cr	Fe	Cu	Mo	Mn	C	杂质≤			
									Si	Ti	Al	其他
GB/T 15620—2008	SNi8125 NiFe26Cr25Mo	37.0~42.0	23.0~27.0	≤30.0	1.5~3.0	3.5~7.5	1.0~3.0	≤0.02	0.5	1.0	0.2	—
JIS Z3334:2017	Ni8125 NiFe26Cr25Mo	37.0~42.0	23.0~27.0	≤30.0	1.5~3.0	3.5~7.5	1.0~3.0	≤0.02	0.5	1.0	0.2	0.5
ISO 18274:2010(E)	Ni 8125 NiFe26Cr25Mo								P:0.020,S:0.015			
EN ISO 14172:2015(E)	Ni 8165 NiFe30Cr25Mo	37.0~42.0	23.0~27.0	≤30.0	1.5~3.0	3.5~7.5	1.0~3.0	≤0.03	0.7	1.0	0.1	0.5
									P:0.020,S:0.015			

12.5.5　镍钼焊丝型号和化学成分

中外镍钼焊丝型号和化学成分对照表见 12-148~表 12-156。

表 12-148　SNi1001 型号和化学成分（质量分数）对照　（%）

<table>
<tr><th rowspan="2">标准号</th><th rowspan="2">焊丝型号
化学成分代号</th><th rowspan="2">Ni</th><th rowspan="2">Mo</th><th rowspan="2">Fe</th><th rowspan="2">V</th><th rowspan="2">C</th><th colspan="5">杂质≤</th><th rowspan="2">其他</th></tr>
<tr><th>Mn</th><th>Si</th><th>Cu</th><th>Co</th><th>Cr</th></tr>
<tr><td rowspan="2">GB/T 15620—2008</td><td rowspan="2">SNi1001
NiMo28Fe</td><td rowspan="2">≥55.0</td><td rowspan="2">26.0~
30.0</td><td rowspan="2">4.0~
7.0</td><td rowspan="2">0.20~
0.40</td><td rowspan="2">≤0.08</td><td>1.0</td><td>1.0</td><td>0.5</td><td>2.5</td><td>1.0</td><td rowspan="2">—</td></tr>
<tr><td colspan="5">W:1.0</td></tr>
<tr><td>JIS Z3334:2017</td><td>Ni1001
NiMo28Fe</td><td rowspan="2">≥55.0</td><td rowspan="2">26.0~
30.0</td><td rowspan="2">4.0~
7.0</td><td rowspan="2">0.20~
0.40</td><td rowspan="2">≤0.08</td><td>1.0</td><td>1.0</td><td>0.5</td><td>2.5</td><td>1.0</td><td rowspan="2">0.5</td></tr>
<tr><td>ISO 18274:2010(E)</td><td>Ni 1001
NiMo28Fe</td><td colspan="5">W:1.0,P:0.020,S:0.03</td></tr>
<tr><td rowspan="2">EN ISO 14172:2015(E)</td><td rowspan="2">Ni 1001
NiMo28Fe5</td><td rowspan="2">≥55.0</td><td rowspan="2">26.0~
30.0</td><td rowspan="2">4.0~
7.0</td><td rowspan="2">≤0.6</td><td rowspan="2">≤0.07</td><td>1.0</td><td>1.0</td><td>0.5</td><td>2.5</td><td>1.0</td><td rowspan="2">0.5</td></tr>
<tr><td colspan="5">W:1.0,P:0.020,S:0.015</td></tr>
<tr><td rowspan="2">AWS A5.14/A5.14M:2018</td><td rowspan="2">ERNiMo-1
N10001</td><td rowspan="2">余量</td><td rowspan="2">26.0~
30.0</td><td rowspan="2">4.0~
7.0</td><td rowspan="2">0.20~
0.40</td><td rowspan="2">≤0.08</td><td>1.0</td><td>1.0</td><td>0.50</td><td>2.5</td><td>1.0</td><td rowspan="2">0.50</td></tr>
<tr><td colspan="5">W:1.0,P:0.025,S:0.03</td></tr>
</table>

表 12-149　SNi1003 型号和化学成分（质量分数）对照　（%）

<table>
<tr><th rowspan="2">标准号</th><th rowspan="2">焊丝型号
化学成分代号</th><th rowspan="2">Ni</th><th rowspan="2">Mo</th><th rowspan="2">Cr</th><th rowspan="2">Fe</th><th rowspan="2">V</th><th rowspan="2">C</th><th colspan="4">杂质≤</th><th rowspan="2">其他</th></tr>
<tr><th>Mn</th><th>Si</th><th>Cu</th><th>Co</th></tr>
<tr><td rowspan="2">GB/T 15620—2008</td><td rowspan="2">SNi1003
NiMo17Cr7</td><td rowspan="2">≥65.0</td><td rowspan="2">15.0~
18.0</td><td rowspan="2">6.0~
8.0</td><td rowspan="2">≤5.0</td><td rowspan="2">≤0.50</td><td rowspan="2">0.04~
0.08</td><td>1.0</td><td>1.0</td><td>0.50</td><td>0.20</td><td rowspan="2">—</td></tr>
<tr><td colspan="4">W:0.50</td></tr>
<tr><td rowspan="2">JIS Z3334:2017</td><td rowspan="2">Ni1003
NiMo17Cr7</td><td rowspan="2">≥65.0</td><td rowspan="2">15.0~
18.0</td><td rowspan="2">6.0~
8.0</td><td rowspan="2">≤5.0</td><td rowspan="2">≤0.50</td><td rowspan="2">0.04~
0.08</td><td>1.0</td><td>1.0</td><td>0.50</td><td>0.20</td><td rowspan="2">0.5</td></tr>
<tr><td colspan="4">W:0.50,P:0.020,S:0.03</td></tr>
<tr><td rowspan="2">ISO 18274:2010(E)</td><td rowspan="2">Ni 1003
NiMo17Cr7</td><td rowspan="2">≥65.0</td><td rowspan="2">15.0~
18.0</td><td rowspan="2">6.0~
8.0</td><td rowspan="2">≤5.0</td><td rowspan="2">≤0.50</td><td rowspan="2">0.04~
0.08</td><td>1.0</td><td>1.0</td><td>0.50</td><td>0.20</td><td rowspan="2">0.5</td></tr>
<tr><td colspan="4">W:0.50,P:0.020,S:0.02</td></tr>
<tr><td rowspan="2">AWS A5.14/A5.14M:2018</td><td rowspan="2">ERNiMo-2
N10003</td><td rowspan="2">余量</td><td rowspan="2">15.0~
18.0</td><td rowspan="2">6.0~
8.0</td><td rowspan="2">≤5.0</td><td rowspan="2">≤0.50</td><td rowspan="2">0.04~
0.08</td><td>1.0</td><td>1.0</td><td>0.50</td><td>0.20</td><td rowspan="2">0.50</td></tr>
<tr><td colspan="4">W:0.50,P:0.015,S:0.02</td></tr>
</table>

表 12-150　SNi1004 型号和化学成分（质量分数）对照　（%）

标准号	焊丝型号 化学成分代号	Ni	Mo	Fe	Cr	C	杂质≤					
							Mn	Si	Cu	Co	V	其他
GB/T 15620—2008	SNi1004 NiMo25Cr5Fe5	≥62.0	23.0~ 26.0	4.0~ 7.0	4.0~ 6.0	≤0.12	1.0	1.0	0.5	2.5	0.60	—
								W:1.0				
JIS Z3334:2017 ISO 18274:2010(E)	Ni1004 NiMo25Cr5Fe5 Ni1004 NiMo25Cr5Fe5	≥62.0	23.0~ 26.0	4.0~ 7.0	4.0~ 6.0	≤0.12	1.0	1.0	0.5	2.5	0.60	0.5
							W:1.0,P:0.04,S:0.03					
AWS A5.14/A5.14M:2018	ERNiMo-3 N10004	余量	23.0~ 26.0	4.0~ 7.0	4.0~ 6.0	≤0.12	1.0	1.0	0.50	2.5	0.60	0.50
							W:1.0,P:0.04,S:0.03					
EN ISO 14172:2015(E)	Ni1004 NiMo25Cr3Fe5	≥60.0	23.0~ 27.0	4.0~ 7.0	2.5~ 5.5	≤0.12	1.0	1.0	0.5	2.5	0.6	0.5
							W:1.0,P:0.020,S:0.015					

表 12-151　SNi1008 型号和化学成分（质量分数）对照　（%）

标准号	焊丝型号 化学成分代号	Ni ≥	Mo	W	Cr	Fe	C	杂质≤				
								Mn	Si	Cu	Co	其他
GB/T 15620—2008	SNi1008 NiMo19WCr	60.0	18.0~ 21.0	2.0~ 4.0	0.5~ 3.5	≤10.0	≤ 0.1	1.0	0.50	0.50	—	—
JIS Z3334:2017 ISO 18274:2010(E)	Ni1008 NiMo19WCr Ni 1008 NiMo19WCr	60.0	18.0~ 21.0	2.0~ 4.0	0.5~ 3.5	≤10.0	≤ 0.1	1.0	0.50	0.50	—	0.5
								P:0.020,S:0.015				
AWS A5.14/A5.14M:2018	ERNiMo-8 N10008	60.0	18.0~ 21.0	2.0~ 4.0	0.5~ 3.5	≤10.0	≤ 0.10	1.0	0.50	0.50	—	0.50
								P:0.015,S:0.015				
EN ISO 14172:2015(E)	Ni 1008 NiMo19WCr	60.0	17.0~ 20.0	2.0~ 4.0	0.5~ 3.5	≤10.0	≤ 0.10	1.5	0.8	0.5	—	0.5
								P:0.020,S:0.015				

表 12-152 SNi1009 型号和化学成分（质量分数）对照 （%）

标准号	焊丝型号 化学成分代号	Ni ≥	Mo	W	Cu	Fe	C	杂质≤ Mn	Si	Al	Co	其他
GB/T 15620—2008	SNi1009 NiMo20WCu	65.0	19.0~ 22.0	2.0~ 4.0	0.3~ 1.3	≤5.0	≤ 0.1	1.0	0.5	1.0	—	—
JIS Z3334:2017	Ni1009 NiMo20WCu	65.0	19.0~ 22.0	2.0~ 4.0	0.3~ 1.3	≤5.0	≤ 0.1	1.0	0.5	1.0	—	0.5
								P:0.020,S:0.015				
ISO 18274:2010(E)	Ni 1009 NiMo20WCu	65.0	19.0~ 22.0	2.0~ 4.0	0.3~ 1.3	≤5.0	≤ 0.1	1.0	0.5	1.0	—	0.5
								P:0.020,S:0.015				
AWS A5.14/A5.14M:2018	ERNiMo-9 N10009	65.0	19.0~ 22.0	2.0~ 4.0	0.3~ 1.3	≤5.0	≤ 0.10	1.0	0.50	1.0	—	0.50
								P:0.015,S:0.015				
EN ISO 14172:2015(E)	Ni 1009 NiMo20WCu	62.0	18.0~ 22.0	2.0~ 4.0	0.3~ 1.3	≤7.0	≤ 0.10	1.5	0.8	—	—	0.5
								P:0.020,S:0.015				

表 12-153 SNi1062 型号和化学成分（质量分数）对照 （%）

标准号	焊丝型号 化学成分代号	Ni ≥	Mo	Cr	Fe	Al	C	杂质≤ Mn	Si	Cu	Co	其他
GB/T 15620—2008	SNi1062 NiMo24Cr8Fe6	62.0	23.0~ 25.0	7.0~ 8.0	5.0~ 7.0	0.1~ 0.4	≤ 0.01	0.5	0.1	0.4	—	—
JIS Z3334:2017	Ni1062 NiMo24Cr8Fe6	62.0	21.0~ 25.0	6.0~ 10.0	5.0~ 8.0	≤ 0.5	≤ 0.01	1.0	0.1	0.5	—	0.5
ISO 18274:2010(E)	Ni 1062 NiMo24Cr8Fe6	62.0	21.0~ 25.0	6.0~ 10.0	5.0~ 8.0	≤ 0.5	≤ 0.01	P:0.020,S:0.015				0.5
EN ISO 14172:2015(E)	Ni 1062 NiMo24Cr8Fe6	60.0	22.0~ 26.0	6.0~ 9.0	4.0~ 7.0	—	≤ 0.02	1.0	0.7	—	—	0.5
								P:0.020,S:0.015				

表 12-154　SNi1066 型号和化学成分（质量分数）对照　（%）

标准号	焊丝型号 化学成分代号	Ni	Mo	Fe	C	杂质≤						
						Mn	Si	Cu	Co	Cr	W	其他
GB/T 15620—2008	SNi1066 NiMo28	≥64.0	26.0~ 30.0	≤2.0	≤0.02	1.0	0.1	0.5	1.0	1.0	1.0	—
JIS Z3334:2017	Ni1066 NiMo28	≥64.0	26.0~ 30.0	≤2.0	≤0.02	1.0	0.1	0.5	1.0	1.0	1.0	0.5
ISO 18274:2010(E)	Ni 1066 NiMo28					Ti:0.5,P:0.04,S:0.03						
AWS A5.14/A5.14M:2018	ERNiMo-7 N10665	余量	26.0~ 30.0	≤2.0	≤0.02	1.0	0.10	0.50	1.0	1.0	1.0	0.50
						P:0.04,S:0.03						
EN ISO 14172:2015(E)	Ni 1066 NiMo28	≥64.0	26.0~ 30.0	≤2.2	≤0.02	2.0	0.2	0.5	1.0	1.0	1.0	0.5
						P:0.020,S:0.015						

表 12-155　SNi1067 型号和化学成分（质量分数）对照　（%）

标准号	焊丝型号 化学成分代号	Ni≥	Mo	Fe	Cr	C	杂质≤					
							Mn	Si	Cu	Co	W	其他
GB/T 15620—2008	SNi1067 NiMo30Cr	52.0	27.0~ 32.0	1.0~ 3.0	1.0~ 3.0	≤0.01	3.0	0.1	0.2	3.0	3.0	—
							Al:0.5,Ti:0.2,Nb:0.2[①],V:0.20					
JIS Z3334:2017	Ni1067 NiMo30Cr	65.0	27.0~ 32.0	1.0~ 3.0	1.0~ 3.0	≤ 0.01	3.0	0.1	0.2	3.0	3.0	0.5
ISO 18274:2010(E)	Ni 1067 NiMo30Cr						Al:0.5,Ti:0.2,Nb:0.2,V:0.20, P:0.03,S:0.015					
AWS A5.14/A5.14M:2018	ERNiMo-10 N10675	65.0	27.0~ 32.0	1.0~ 3.0	1.0~ 3.0	≤0.01	3.0	0.10	0.20	3.0	3.0	0.50
							Al:0.50,Ti:0.20,Nb:0.20[②], V:0.20,P:0.03,S:0.01					

EN ISO 14172:2015(E)	Ni 1067 NiMo30Cr	62.0	27.0~ 32.0	1.0~ 3.0	1.0~ 3.0	≤0.02	2.0	0.2	0.5	3.0	3.0	0.5
							P:0.020,S:0.015					

① Ta 的质量分数应不低于 Nb 的质量分数的 20%。

② 美国 ERNiMo-10 中 w(Nb+Ta)≤0.20%。

表 12-156　SNi1069 型号和化学成分（质量分数）对照　（%）

标准号	焊丝型号 化学成分代号	Ni	Mo	Fe	Cr	C	杂质≤					其他
							Mn	Si	Cu	Co	Al	
GB/T 15620—2008	SNi1069 NiMo28Fe4Cr	≥65.0	26.0~ 30.0	2.0~ 5.0	0.5~ 1.5	≤0.01	1.0	0.05	0.01	1.0	0.5	—
JIS Z3334:2017	Ni1069 NiMo28Fe4Cr	≥65.0	26.0~ 30.0	2.0~ 5.0	0.5~ 1.5	≤0.01	1.0	0.1	0.5	1.0	0.1~ 0.5	0.5
ISO 18274:2010(E)	Ni 1069 NiMo28Fe4Cr						Ti:0.3,Nb:0.5,P:0.020,S:0.015					
AWS A5.14/A5.14M:2018	ERNiMo-11 N10629	余量	26.0~ 30.0	2.0~ 5.0	0.5~ 1.5	≤0.010	1.0	0.10	0.5	1.0	0.1~ 0.5	0.50
							Ti:0.3,Nb:0.50①,P:0.020, S:0.010					
EN ISO 14172:2015(E)	Ni 1069 NiMo28Fe4Cr	≥65.0	26.0~ 30.0	2.0~ 5.0	0.5~ 1.5	≤0.02	1.0	0.7	—	1.0	0.5	0.5
							P:0.020,S:0.015					

① 美国 ERNiMo-11 中 w(Nb+Ta)≤0.50%。

12.5.6　镍铬钼焊丝型号和化学成分

中外镍铬钼焊丝型号和化学成分对照表见12-157~表12-170。

表12-157　SNi6012型号和化学成分（质量分数）对照　（%）

标准号	焊丝型号 化学成分代号	Ni≥	Cr	Mo	Fe	C	杂质≤					
							Mn	Si	Cu	Co	Al	其他
GB/T 15620—2008	SNi6012 NiCr22Mo9	58.0	20.0~ 23.0	8.0~ 10.0	≤3.0	≤0.05	1.0	0.5	0.5	0.4	0.4	—
							Nb:1.5①					
JIS Z3334:2017	Ni6012 NiCr22Mo9	58.0	20.0~ 23.0	8.0~ 10.0	≤3.0	≤0.05	1.0	0.5	0.5	0.4	0.4	0.5
							Nb:1.5,P:0.020,S:0.015					
EN ISO 14172:2015(E)	Ni 6012 NiCr22Mo9	58.0	20.0~ 23.0	8.5~ 10.5	≤ 3.5	≤0.03	1.0	0.7	0.5	0.4	0.4	0.5
							Nb:1.5,P:0.020,S:0.015					
ISO 18274:2010(E)	Ni 6012 NiCr22Mo9	58.0	20.0~ 23.0	8.0~ 10.0	≤ 3.0	≤0.05	1.0	0.5	0.5	0.4	0.4	0.5
							Nb:1.5,P:0.020,S:0.015					

① Ta的质量分数应不低于Nb的质量分数的20%。

表12-158　SNi6022型号和化学成分（质量分数）对照　（%）

标准号	焊丝型号 化学成分代号	Ni	Cr	Mo	Fe	W	C	杂质≤				
								Mn	Si	Cu	Co	其他
GB/T 15620—2008	SNi6022 NiCr21Mo13Fe4W3	≥49.0	20.0~ 22.5	12.5~ 14.5	2.0~ 6.0	2.5~ 3.5	≤0.01	0.5	0.1	0.5	2.5	—
								V:0.3				
JIS Z3334:2017	Ni6022 NiCr21Mo13Fe4W3	≥49.0	20.0~ 22.5	12.5~ 14.5	2.0~ 6.0	2.5~ 3.5	≤0.01	0.5	0.08	0.5	2.5	0.5
ISO 18274:2010(E)	Ni 6022 NiCr21Mo13Fe4W3							V:0.3,P:0.020,S:0.015				

AWS A5. 14/A5. 14M:2018	ERNiCrMo-10 N06022	余量	20. 0~ 22. 5	12. 5~ 14. 5	2. 0~ 6. 0	2. 5~ 3. 5	≤0. 015	0. 50	0. 08	0. 50	2. 5	0. 50
								V:0. 35, P:0. 02, S:0. 010				
EN ISO 14172:2015(E)	Ni 6022 NiCr21Mo13W3	≥49. 0	20. 0~ 22. 5	12. 5~ 14. 5	2. 0~ 6. 0	2. 5~ 3. 5	≤0. 02	1. 0	0. 2	0. 5	2. 5	0. 5
								V:0. 4, P:0. 020, S:0. 015				

表 12-159 SNi6057 型号和化学成分（质量分数）对照 （%）

标准号	焊丝型号 化学成分代号	Ni	Cr	Mo	Fe	C	杂质≤					
							Mn	Si	Cu	V	Al	其他
GB/T 15620—2008	SNi6057 NiCr30Mo11	≥53. 0	29. 0~ 31. 0	10. 0~ 12. 0	≤2. 0	≤0. 02	1. 0	1. 0	—	0. 4	—	—
JIS Z3334:2017	Ni6057 NiCr30Mo11	≥53. 0	29. 0~ 31. 0	10. 0~ 12. 0	≤2. 0	≤0. 02	1. 0	1. 0	—	0. 4	—	0. 5
ISO 18274:2010(E)	Ni 6057 NiCr30Mo11						P:0. 04, S:0. 03					
AWS A5. 14/A5. 14M:2018	ERNiCrMo-16 N06057	余量	29. 0~ 31. 0	10. 0~ 12. 0	≤2. 0	≤0. 02	1. 0	1. 0	—	0. 4	—	0. 50
							P:0. 04, S:0. 03					

表 12-160 SNi6058 型号和化学成分（质量分数）对照 （%）

标准号	焊丝型号 化学成分代号	Ni	Cr	Mo	Fe	C	杂质≤					
							Mn	Si	Cu	Ti	Al	其他
GB/T 15620—2008	SNi6058 NiCr25Mo16	≥50. 0	22. 0~ 27. 0	13. 5~ 16. 5	≤2. 0	≤0. 02	0. 5	0. 2	2. 0	—	0. 4	—

（续）

<table>
<tr><th rowspan="2">标准号</th><th rowspan="2">焊丝型号
化学成分代号</th><th rowspan="2">Ni</th><th rowspan="2">Cr</th><th rowspan="2">Mo</th><th rowspan="2">Fe</th><th rowspan="2">C</th><th colspan="6">杂质≤</th></tr>
<tr><th>Mn</th><th>Si</th><th>Cu</th><th>Ti</th><th>Al</th><th>其他</th></tr>
<tr><td>JIS Z3334:2017</td><td>Ni6205
NiCr25Mo16</td><td rowspan="2">≥55.0</td><td rowspan="2">24.0~
26.0</td><td rowspan="2">14.0~
16.0</td><td rowspan="2">≤1.0</td><td rowspan="2">≤0.03</td><td>0.5</td><td>0.5</td><td>0.2</td><td>0.4</td><td>0.4</td><td rowspan="2">0.5</td></tr>
<tr><td>ISO 18274:2010(E)</td><td>Ni 6205
NiCr25Mo16</td><td colspan="5">Co:0.2,W:0.3,P:0.020,S:0.015</td></tr>
<tr><td rowspan="2">AWS A5.14/A5.14M:2018</td><td rowspan="2">ERNiCrMo-21
N06205</td><td rowspan="2">余量</td><td rowspan="2">24.0~
26.0</td><td rowspan="2">14.0~
16.0</td><td rowspan="2">≤1.0</td><td rowspan="2">≤0.03</td><td>0.5</td><td>0.5</td><td>0.2</td><td>0.4</td><td>0.4</td><td rowspan="2">0.50</td></tr>
<tr><td colspan="5">Co:0.2,W:0.3,P:0.015,S:0.015</td></tr>
<tr><td rowspan="2">EN ISO 14172:2015(E)</td><td rowspan="2">Ni 6205
NiCr25Mo16</td><td rowspan="2">≥50.0</td><td rowspan="2">22.0~
27.0</td><td rowspan="2">13.5~
16.5</td><td rowspan="2">≤5.0</td><td rowspan="2">≤0.02</td><td>0.5</td><td>0.3</td><td>2.0</td><td>—</td><td>0.4</td><td rowspan="2">0.5</td></tr>
<tr><td colspan="5">P:0.020,S:0.015</td></tr>
</table>

表 12-161　SNi6059 型号和化学成分（质量分数）对照　（%）

<table>
<tr><th rowspan="2">标准号</th><th rowspan="2">焊丝型号
化学成分代号</th><th rowspan="2">Ni</th><th rowspan="2">Cr</th><th rowspan="2">Mo</th><th rowspan="2">Fe</th><th rowspan="2">Al</th><th rowspan="2">C</th><th colspan="5">杂质≤</th></tr>
<tr><th>Mn</th><th>Si</th><th>Cu</th><th>Co</th><th>其他</th></tr>
<tr><td>GB/T 15620—2008</td><td>SNi6059
NiCr23Mo16</td><td>≥56.0</td><td>22.0~
24.0</td><td>15.0~
16.5</td><td>≤1.5</td><td>0.1~
0.4</td><td>≤0.01</td><td>0.5</td><td>0.1</td><td>—</td><td>0.3</td><td>—</td></tr>
<tr><td>JIS Z3334:2017</td><td>Ni6059
NiCr23Mo16</td><td rowspan="2">≥56.0</td><td rowspan="2">22.0~
24.0</td><td rowspan="2">15.0~
16.5</td><td rowspan="2">≤1.5</td><td rowspan="2">0.1~
0.4</td><td rowspan="2">≤0.01</td><td>0.5</td><td>0.1</td><td>0.5</td><td>0.3</td><td rowspan="2">0.5</td></tr>
<tr><td>ISO 18274:2010(E)</td><td>Ni 6059
NiCr23Mo16</td><td colspan="4">Ti:0.5,V:0.3,P:0.020,
S:0.015</td></tr>
<tr><td rowspan="2">AWS A5.14/A5.14M:2018</td><td rowspan="2">ERNiCrMo-13
N06059</td><td rowspan="2">余量</td><td rowspan="2">22.0~
24.0</td><td rowspan="2">15.0~
16.5</td><td rowspan="2">≤1.5</td><td rowspan="2">0.1~
0.4</td><td rowspan="2">≤0.010</td><td>0.5</td><td>0.10</td><td>0.50</td><td>0.3</td><td rowspan="2">0.50</td></tr>
<tr><td colspan="4">P:0.015,S:0.010</td></tr>
<tr><td rowspan="2">EN ISO 14172:2015(E)</td><td rowspan="2">Ni 6059
NiCr23Mo16</td><td rowspan="2">≥56.0</td><td rowspan="2">22.0~
24.0</td><td rowspan="2">15.0~
16.5</td><td rowspan="2">≤1.5</td><td rowspan="2">—</td><td rowspan="2">≤0.02</td><td>1.0</td><td>0.2</td><td>—</td><td>—</td><td rowspan="2">0.5</td></tr>
<tr><td colspan="4">P:0.020,S:0.015</td></tr>
</table>

表 12-162　SNi6200 型号和化学成分（质量分数）对照　（%）

<table>
<tr><th rowspan="2">标准号</th><th rowspan="2">焊丝型号
化学成分代号</th><th rowspan="2">Ni</th><th rowspan="2">Cr</th><th rowspan="2">Mo</th><th rowspan="2">Cu</th><th rowspan="2">Fe</th><th rowspan="2">C</th><th colspan="5">杂质≤</th></tr>
<tr><th>Mn</th><th>Si</th><th>Al</th><th>Co</th><th>其他</th></tr>
<tr><td>GB/T 15620—2008</td><td>SNi6200
NiCr23Mo16Cu2</td><td>≥52.0</td><td>22.0~
24.0</td><td>15.0~
17.0</td><td>1.3~
1.9</td><td>≤3.0</td><td>≤0.01</td><td>0.5</td><td>0.08</td><td>—</td><td>2.0</td><td>—</td></tr>
<tr><td>JIS Z3334:2017</td><td>Ni6200
NiCr23Mo16Cu2</td><td rowspan="2">≥52.0</td><td rowspan="2">22.0~
24.0</td><td rowspan="2">15.0~
17.0</td><td rowspan="2">1.3~
1.9</td><td rowspan="2">≤3.0</td><td rowspan="2">≤0.01</td><td>0.5</td><td>0.08</td><td>0.5</td><td>2.0</td><td rowspan="2">0.5</td></tr>
<tr><td>ISO 18274:2010(E)</td><td>Ni 6200
NiCr23Mo16Cu2</td><td colspan="4">P:0.025,S:0.015</td></tr>
<tr><td rowspan="2">AWS A5.14/A5.14M:2018</td><td rowspan="2">ERNiCrMo-17
N06200</td><td rowspan="2">余量</td><td rowspan="2">22.0~
24.0</td><td rowspan="2">15.0~
17.0</td><td rowspan="2">1.3~
1.9</td><td rowspan="2">≤3.0</td><td rowspan="2">≤0.010</td><td>0.5</td><td>0.08</td><td>0.50</td><td>2.0</td><td rowspan="2">0.50</td></tr>
<tr><td colspan="4">P:0.025,S:0.010</td></tr>
<tr><td rowspan="2">EN ISO 14172:2015(E)</td><td rowspan="2">Ni 6200
NiCr23Mo16Cu2</td><td rowspan="2">≥45.0</td><td rowspan="2">20.0~
24.0</td><td rowspan="2">15.0~
17.0</td><td rowspan="2">1.3~
1.9</td><td rowspan="2">≤3.0</td><td rowspan="2">≤0.02</td><td>1.0</td><td>0.2</td><td>—</td><td>2.0</td><td rowspan="2">0.5</td></tr>
<tr><td colspan="4">P:0.020,S:0.015</td></tr>
</table>

表 12-163　SNi6276 型号和化学成分（质量分数）对照　（%）

<table>
<tr><th rowspan="2">标准号</th><th rowspan="2">焊丝型号
化学成分代号</th><th rowspan="2">Ni</th><th rowspan="2">Cr</th><th rowspan="2">Mo</th><th rowspan="2">Fe</th><th rowspan="2">W</th><th rowspan="2">C</th><th colspan="5">杂质≤</th></tr>
<tr><th>Mn</th><th>Si</th><th>Cu</th><th>Co</th><th>其他</th></tr>
<tr><td rowspan="2">GB/T 15620—2008</td><td rowspan="2">SNi6276
NiCr15Mo16Fe6W4</td><td rowspan="2">≥50.0</td><td rowspan="2">14.5~
16.5</td><td rowspan="2">15.0~
17.0</td><td rowspan="2">4.0~
7.0</td><td rowspan="2">3.0~
4.5</td><td rowspan="2">≤0.02</td><td>1.0</td><td>0.08</td><td>0.5</td><td>2.5</td><td rowspan="2">—</td></tr>
<tr><td colspan="4">V:0.3</td></tr>
<tr><td>JIS Z3334:2017</td><td>Ni6276
NiCr15Mo16Fe6W4</td><td rowspan="2">≥50.0</td><td rowspan="2">14.5~
16.5</td><td rowspan="2">15.0~
17.0</td><td rowspan="2">4.0~
7.0</td><td rowspan="2">3.0~
4.5</td><td rowspan="2">≤0.02</td><td>1.0</td><td>0.08</td><td>0.5</td><td>2.5</td><td rowspan="2">0.5</td></tr>
<tr><td>ISO 18274:2010(E)</td><td>Ni 6276
NiCr15Mo16Fe6W4</td><td colspan="4">V:0.35,P:0.04,S:0.03</td></tr>
<tr><td>AWS A5.14/A5.14M:2018</td><td>ERNiCrMo-4
N10276</td><td>余量</td><td>14.5~
16.5</td><td>15.0~
17.0</td><td>4.0~
7.0</td><td>3.0~
4.5</td><td>≤0.02</td><td>1.0</td><td>0.08</td><td>0.50</td><td>2.5</td><td>0.50</td></tr>
<tr><td rowspan="2">EN ISO 14172:2015(E)</td><td rowspan="2">Ni 6276
NiCr15Mo15Fe6W4</td><td rowspan="2">≥50.0</td><td rowspan="2">14.5~
16.5</td><td rowspan="2">15.0~
17.0</td><td rowspan="2">4.0~
7.0</td><td rowspan="2">3.0~
4.5</td><td rowspan="2">≤0.02</td><td>1.0</td><td>0.2</td><td>0.5</td><td>2.5</td><td rowspan="2">0.5</td></tr>
<tr><td colspan="4">V:0.4,P:0.020,S:0.015</td></tr>
</table>

表 12-164 SNi6452 型号和化学成分（质量分数）对照

（%）

标准号	焊丝型号 化学成分代号	Ni≥	Cr	Mo	Fe	C	杂质≤					
							Mn	Si	Cu	Nb①	V	其他
GB/T 15620—2008	SNi6452 NiCr20Mo15	56.0	19.0~21.0	14.0~16.0	≤1.5	≤0.01	1.0	0.1	0.5	0.4	0.4	—
JIS Z3334:2017	Ni6452 NiCr20Mo15	56.0	19.0~21.0	14.0~16.0	≤1.5	≤0.01	1.0	0.1	0.5	0.4	0.4	0.5
ISO 18274:2010(E)	Ni 6452 NiCr20Mo15						P:0.020,S:0.015					
EN ISO 14172:2015(E)	Ni 6452 NiCr19Mo15	56.0	18.0~20.0	14.0~16.0	≤1.5	≤0.025	2.0	0.4	0.5	0.4	0.4	0.5
							P:0.020,S:0.015					

① Ta 的质量分数应不低于 Nb 的质量分数的 20%。

表 12-165 SNi6455 型号和化学成分（质量分数）对照

（%）

标准号	焊丝型号 化学成分代号	Ni	Cr	Mo	Fe	Ti	C	杂质≤				
								Mn	Si	Cu	Co	其他
GB/T 15620—2008	SNi6455 NiCr16Mo16Ti	≥56.0	14.0~18.0	14.0~18.0	≤3.0	≤0.7	≤0.01	1.0	0.08	0.5	2.0	—
								W:0.5				
JIS Z3334:2017	Ni6455 NiCr16Mo16Ti	≥56.0	14.0~18.0	14.0~18.0	≤3.0	≤0.7	≤0.01	1.0	0.08	0.5	2.0	0.5
ISO 18274:2010(E)	Ni 6455 NiCr16Mo16Ti							W:0.5,P:0.04,S:0.03				
AWS A5.14/A5.14M:2018	ERNiCrMo-7 N06455	余量	14.0~18.0	14.0~18.0	≤3.0	≤0.70	≤0.015	1.0	0.08	0.50	2.0	0.50
								W:0.50,P:0.04,S:0.03				
EN ISO 14172:2015(E)	Ni 6455 NiCr16Mo15Ti	≥56.0	14.0~18.0	14.0~17.0	≤3.0	≤0.7	≤0.02	1.5	0.2	0.5	2.0	0.5
								W:0.5,P:0.020,S:0.015				

表 12-166　SNi6625 型号和化学成分（质量分数）对照　（%）

标准号	焊丝型号 化学成分代号	Ni≥	Cr	Mo	Nb①	Fe	C	杂质≤ Mn	Si	Cu	Al	其他
GB/T 15620—2008	SNi6625 NiCr22Mo9Nb	58.0	20.0~23.0	8.0~10.0	3.0~4.2	≤5.0	≤0.1	0.5	0.5	0.5	0.4	—
								Ti:0.4				
JIS Z3334:2017	Ni6625 NiCr22Mo9Nb	58.0	20.0~23.0	8.0~10.0	3.0~4.2	≤5.0	≤0.1	0.5	0.5	0.5	0.4	0.5
								Ti:0.4,P:0.020,S:0.015				
ISO 18274:2010(E)	Ni 6625 NiCr22Mo9Nb	58.0	20.0~23.0	8.0~10.0	3.2~4.1	≤5.0	≤0.1	0.5	0.5	0.5	0.4	0.5
								Ti:0.4,P:0.020,S:0.015				
AWS A5.14/A5.14M:2018	ERNiCrMo-3 N06625	58.0	20.0~23.0	8.0~10.0	3.15~4.15②	≤5.0	≤0.10	0.50	0.50	0.50	0.40	0.50
								Ti:0.40,P:0.02,S:0.015				
EN ISO 14172:2015(E)	Ni 6625 NiCr22Mo9Nb	55.0	20.0~23.0	8.0~10.0	3.0~4.2	≤7.0	≤0.10	2.0	0.8	0.5	—	0.5
								P:0.020,S:0.015				

① Ta 的质量分数应不低于 Nb 的质量分数的 20%。
② 美国 ERNiCrMo-3 中 w(Nb+Ta)：3.15%~4.15%。

表 12-167　SNi6650 型号和化学成分（质量分数）对照　（%）

标准号	焊丝型号 化学成分代号	Ni	Cr	Mo	Fe	W	C	杂质≤ Mn	Si	Cu	Nb①	其他
GB/T 15620—2008	SNi6650 NiCr20Fe14Mo11WN	≥45.0	18.0~21.0	9.0~13.0	12.0~16.0	0.5~2.5	≤0.03	0.5	0.5	0.3	0.5	—
								N:0.05~0.25,Al:0.5,S:0.010				
JIS Z3334:2017	Ni6650 NiCr20Fe14Mo11WN	≥44.0	19.0~21.0	9.0~12.5	12.0~16.0	0.5~2.5	≤0.03	0.5	0.5	0.3	0.05~0.50	0.5
ISO 18274:2010(E)	Ni 6650 NiCr20Fe14Mo11WN							N:0.05~0.20,P:0.020,S:0.010,Al:0.05~0.50,Co:1.0,V:0.30				

（续）

标准号	焊丝型号 化学成分代号	Ni	Cr	Mo	Fe	W	C	杂质≤				
								Mn	Si	Cu	Nb①	其他
AWS A5.14/A5.14M:2018	ERNiCrMo-18 N06650	余量	19.0~ 21.0	9.0~ 12.5	12.0~ 16.0	0.5~ 2.5	≤0.03	0.5	0.50	0.30	0.05~ 0.50②	0.50
								Al:0.05~0.50,Co:1.0 V:0.30,P:0.020,S:0.010				
EN ISO 14172:2015(E)	Ni 6650 NiCr20Fe14Mo11WN	≥44.0	19.0~ 22.0	10.0~ 13.0	12.0~ 15.0	1.0~ 2.0	≤0.03	0.7	0.6	0.5	0.3	0.5
								N:0.15,Al:0.5,Co:1.0 P:0.020,S:0.02				

① Ta的质量分数应不低于Nb的质量分数的20%。
② 美国ERNiCrMo-18中 w(Nb+Ta)：0.05%~0.50%。

表12-168　SNi6660型号和化学成分（质量分数）对照

（%）

标准号	焊丝型号 化学成分代号	Ni	Cr	Mo	W	Fe	C	杂质≤				
								Mn	Si	Cu	Co	其他
GB/T 15620—2008	SNi6660 NiCr22Mo10W3	≥58.0	21.0~ 23.0	9.0~ 11.0	2.0~ 4.0	≤2.0	≤0.03	0.5	0.5	0.3	0.2	—
								Al:0.4,Ti:0.4,Nb:0.2①				
JIS Z3334:2017	Ni6660 NiCr22Mo-20	≥58.0	21.0~ 23.0	9.0~ 11.0	2.0~ 4.0	≤2.0	≤0.03	0.5	0.5	0.3	0.2	0.5
ISO 18274:2010(E)	Ni 6660 NiCr22Mo10W3							Al:0.4,Ti:0.4,Nb:0.2 P:0.020,S:0.015				
AWS A5.14/A5.14M:2018	ERNiCrMo-20 N06660	余量	21.0~ 23.0	9.0~ 11.0	2.0~ 4.0	≤2.0	≤0.03	0.5	0.5	0.3	0.2	0.50
								Al:0.4,Ti:0.4,Nb:0.2② P:0.015,S:0.015				

① Ta的质量分数应不低于Nb的质量分数的20%。
② 美国ERNiCrMo-20中 w(Nb+Ta)≤0.2%。

表 12-169 SNi6686 型号和化学成分（质量分数）对照 （%）

标准号	焊丝型号 化学成分代号	Ni	Cr	Mo	W	Fe	C	杂质≤				
								Mn	Si	Cu	Co	其他
GB/T 15620—2008	SNi6686 NiCr21Mo16W4	≥49.0	19.0~23.0	15.0~17.0	3.0~4.4	≤5.0	≤0.01	1.0	0.08	0.5	0.25	—
								Al:0.5				
JIS Z3334:2017	Ni6686 NiCr21Mo16W4	≥49.0	19.0~23.0	15.0~17.0	3.0~4.4	≤5.0	≤0.01	1.0	0.08	0.5	0.25	0.5
ISO 18274:2010(E)	Ni 6686 NiCr21Mo16W4							Al:0.5,P:0.020,S:0.02				
AWS A5.14/A5.14M:2018	ERNiCrMo-14 N06686	余量	19.0~23.0	15.0~17.0	3.0~4.4	≤5.0	≤0.01	1.0	0.08	0.5	0.25	0.50
								Al:0.5,P:0.02,S:0.02				
EN ISO 14172:2015(E)	Ni 6686 NiCr21Mo16W4	≥49.0	19.0~23.0	15.0~17.0	3.0~4.4	≤5.0	≤0.02	1.0	0.3	0.5	0.3	0.5
								P:0.020,S:0.015				

表 12-170 SNi7725 型号和化学成分（质量分数）对照 （%）

标准号	焊丝型号 化学成分代号	Ni	Cr	Mo	Nb[①]	Ti	Fe	C	杂质≤			
									Mn	Si	Al	其他
GB/T 15620—2008	SNi7725 NiCr21Mo8Nb3Ti	55.0~59.0	19.0~22.5	7.0~9.5	2.75~4.00	1.0~1.7	≥8.0	≤0.03	0.4	0.20	0.35	—
JIS Z3334:2017	Ni7725 NiCr21Mo8Nb3Ti	55.0~59.0	19.0~22.5	7.0~9.5	2.75~4.00	1.0~1.7	≥8.0	≤0.03	0.3	0.20	0.35	0.5
ISO 18274:2010(E)	Ni 7725 NiCr21Mo8Nb3Ti								P:0.020,S:0.015			
AWS A5.14/A5.14M:2018	ERNiCrMo-15 N07725	55.0~59.0	19.0~22.5	7.0~9.5	2.75~4.00[②]	1.0~1.7	余量	≤0.03	0.35	0.20	0.35	0.50
									P:0.015,S:0.01			

① Ta 的质量分数应不低于 Nb 的质量分数的 20%。
② 美国 ERNiCrMo-15 中 w(Nb+Ta)：2.75%~4.00%。

12.5.7 镍铬钴焊丝型号和化学成分

中外镍铬钴焊丝型号和化学成分对照表见12-171~表12-174。

表12-171 SNi6160型号和化学成分（质量分数）对照 （%）

标准号	焊丝型号 化学成分代号	Ni	Cr	Mo	Si	Ti	Fe	C	杂质≤			
									Mn	Nb①	Mo	其他
GB/T 15620—2008	SNi6160 NiCr28Co30Si3	≥30.0	26.0~30.0	27.0~33.0	2.4~3.0	0.2~0.8	≤3.5	≤0.15	1.5	1.0	1.0	—
									W:1.0			
JIS Z3334:2017	Ni6160 NiCr28Co30Si3	≥30.0	26.0~29.0	27.0~32.0	2.4~3.0	0.2~0.6	≤3.5	0.02~0.10	1.0	0.3	0.7	0.5
ISO 18274:2010(E)	Ni 6160 NiCr28Co30Si3								Al:0.40,W:0.5,Cu:0.5,P:0.03,S:0.015			
AWS A5.14/A5.14M:2018	ERNiCoCrSi-1 N12160	余量	26.0~29.0	27.0~32.0	2.4~3.0	0.20~0.60	≤3.5	0.02~0.10	1.0	0.50②	0.7	0.50
									Al:0.40,W:0.5 Cu:0.50, P:0.030,S:0.015			

① Ta的质量分数应不低于Nb的质量分数的20%。

② 美国ERNiCoCrSi-1中 w(Nb+Ta)≤0.50%。

表12-172 SNi6617型号和化学成分（质量分数）对照 （%）

标准号	焊丝型号 化学成分代号	Ni	Cr	Co	Mo	Al	Fe	C	杂质≤			
									Mn	Si	Cu	其他
GB/T 15620—2008	SNi6617 NiCr22Co12Mo9	≥44.0	20.0~24.0	10.0~15.0	8.0~10.0	0.8~1.5	≤3.0	0.05~0.15	1.0	1.0	0.5	—
									Ti:0.6			

JIS Z3334:2017	Ni6617 NiCr22Co12Mo9	≥44.0	20.0~ 24.0	10.0~ 15.0	8.0~ 10.0	0.8~ 1.5	≤3.0	0.05~ 0.15	1.0	1.0	0.5	0.5
ISO 18274:2010(E)	Ni 6617 NiCr22Co12Mo9								Ti:0.6,W:0.5 P:0.03,S:0.015			
AWS A5.14/A5.14M:2018	ERNiCrCoMo-1 N06617	余量	20.0~ 24.0	10.0~ 15.0	8.0~ 10.0	0.8~ 1.5	≤3.0	0.05~ 0.15	1.0	1.0	0.50	0.50
									Ti:0.60 P:0.03,S:0.015			
EN ISO 14172:2015(E)	Ni6117 NiCr22Co12Mo	≥45.0	20.0~ 26.0	9.0~ 15.0	8.0~ 10.0	≤1.5	≤5.0	0.05~ 0.15	3.0	1.0	0.5	0.5
									Ti:0.6,Nb:1.0 P:0.03,S:0.015			

表 12-173　SNi7090 型号和化学成分（质量分数）对照　（%）

标准号	焊丝型号 化学成分代号	Ni	Cr	Co	Ti	Al	Fe	C	杂质≤			
									Mn	Si	Cu	其他
GB/T 15620—2008	SNi7090 NiCr20Co18Ti3	≥50.0	18.0~ 21.0	15.0~ 21.0	2.0~ 3.0	1.0~ 2.0	≤1.5	≤0.13	1.0	1.0	0.2	①
JIS Z3334:2017	Ni7090 NiCr20Co18Ti3	≥50.0	18.0~ 21.0	15.0~ 18.0	2.0~ 3.0	1.0~ 2.0	≤1.5	≤0.13	1.0	1.0	0.2	0.5①
ISO 18274:2010(E)	Ni 7090 NiCr20Co18Ti3								P:0.020,S:0.015			
AWS A5.14/A5.14M:2018	ERNiCrCo-1 N07740	余量	23.5~ 25.5	15.0~ 22.9	0.8~ 2.5	0.5~ 2.0	≤3.0	0.01~ 0.06	1.0	1.0	0.50	0.50
									Nb+Ta:0.5~2.5 Mo:2.0,P:0.03,S:0.015			

① 其他杂质（质量分数,%）：Ag≤0.0005，B≤0.020，Bi≤0.0001，Pb≤0.0020，Zr≤0.15。

表 12-174　SNi7263 型号和化学成分（质量分数）对照　（%）

标准号	焊丝型号 化学成分代号	Ni≥	Cr	Co	Mo	Ti	Al	C	杂质≤			
									Mn	Si	Fe	其他
GB/T 15620—2008	SNi7263 NiCr20Co20Mo6Ti2	47.0	19.0~21.0	19.0~21.0	5.6~6.1	1.9~2.4	0.3~0.6	0.04~0.08	0.6	0.4	0.7	①
						Al+Ti:2.4~2.8			Cu:0.2			
JIS Z3334:2017	Ni7263 NiCr20Co20Mo6Ti2	47.0	19.0~921.0	19.0~21.0	5.6~6.1	1.9~2.4	0.3~0.6	0.04~0.08	0.6	0.4	0.7	0.5①
ISO 18274:2010(E)	Ni 7263 NiCr20Co20Mo6Ti2					Al+Ti:2.4~2.8			Cu:0.2,P:0.020			

① 其他杂质（质量分数,%）：S≤0.007，Ag≤0.0005，B≤0.005，Bi≤0.0001。

12.5.8　镍铬钨焊丝型号和化学成分

中外镍铬钨焊丝型号和化学成分对照表见 12-175。

表 12-175　SNi6231 型号和化学成分（质量分数）对照　（%）

标准号	焊丝型号 化学成分代号	Ni	Cr	W	Mo	Co	Fe	C	杂质≤			
									Mn	Si	Cu	其他
GB/T 15620—2008	SNi6231 NiCr22W14Mo2	≥48.0	20.0~24.0	13.0~15.0	1.0~3.0	≤5.0	≤3.0	0.05~0.15	0.3~1.0	0.25~0.75	0.50	—
									Al:0.2~0.5			
JIS Z3334:2017	Ni6231 NiCr22W14Mo2	≥48.0	20.0~24.0	13.0~15.0	1.0~3.0	≤5.0	≤3.0	0.05~0.15	0.3~1.0	0.25~0.75	0.50	0.5
									Al:0.2~0.5 P:0.03,S:0.015			

ISO 18274:2010(E)	Ni 6231 NiCr22W14Mo2	≥48.0	20.0~ 24.0	13.0~ 15.0	1.0~ 3.0	≤5.0	≤3.0	0.05~ 0.15	0.3~ 1.0	0.25~ 0.75	0.50	0.5
									Al:0.2~0.5 P:0.03,S:0.015			
AWS A5.14/A5.14M:2018	ERNiCrWMo-1 N06231	余量	20.0~ 24.0	13.0~ 15.0	1.0~ 3.0	≤5.0	≤3.0	0.05~ 0.15	0.3~ 1.0	0.25~ 0.75	0.50	0.50
									Al:0.2~0.5 P:0.03,S:0.015			
EN ISO 14172:2015(E)	Ni 6231 NiCr22W14Mo	≥45.0	20.0~ 24.0	13.0~ 15.0	1.0~ 3.0	≤5.0	≤3.0	0.05~ 0.10	0.3~ 1.0	0.3~ 0.7	0.5	0.5
									Al:0.5,Ti:0.1 P:0.020,S:0.015			

12.6　镍基钎料型号和化学成分

中外镍基钎料型号和化学成分对照见表 12-176～表 12-191。各表中钎料杂质含量（质量分数，%）：Al≤0.05，Cd≤0.010，Pb≤0.025，S≤0.02，Se≤0.005，Ti≤0.05，Zr≤0.05，杂质合计≤0.50。

表 12-176　BNi73CrFeSiB（C）型号和化学成分（质量分数）对照　　（%）

标准号	型号 代号	熔化温度 范围/℃	Ni	Co	Cr	Fe	Si	B	杂质≤		
									C	P	Mo
GB/T 10859—2008	BNi73CrFeSiB(C)	980~1060	余量	≤0.1	13.0~ 15.0	4.0~ 5.0	4.0~ 5.0	2.75~ 3.50	0.60~ 0.90	0.02	—

（续）

标准号	型号 代号	熔化温度 范围/℃	Ni	Co	Cr	Fe	Si	B	杂质≤ C	杂质≤ P	杂质≤ Mo
AWS A5.8/A5.8M:2019- AMD 1	BNi-1 N99600	—	余量	≤0.10	13.0~ 15.0	4.0~ 5.0	4.0~ 5.0	2.75~ 3.50	0.60~ 0.90	0.02	—
				S≤0.02，Al≤0.05，Ti≤0.05，Zr≤0.05，Se≤0.005，合计≤0.50							
EN ISO 17672:2016	Ni 600	980~1060	余量	≤0.10	13.0~ 15.0	4.0~ 5.0	4.0~ 5.0	2.75~ 3.50	0.60~ 0.90	0.02	—
ISO 17672:2016(E)	Ni 600	980~1060		S≤0.02，Al≤0.05，Cd≤0.010，Pb≤0.025 Ti≤0.05，Zr≤0.05，Se≤0.005，合计≤0.50							

表 12-177　BNi74CrFeSiB 型号和化学成分（质量分数）对照　（%）

标准号	型号 代号	熔化温度 范围/℃	Ni	Co	Cr	Fe	Si	B	杂质≤ C	杂质≤ P	杂质≤ Mo
GB/T 10859—2008	BNi74CrFeSiB	980~ 1070	余量	≤0.1	13.0~ 15.0	4.0~ 5.0	4.0~ 5.0	2.75~ 3.50	0.06	0.02	—
AWS A5.8/A5.8M:2019- AMD 1	BNi-1a N99610	—	余量	≤0.10	13.0~ 15.0	4.0~ 5.0	4.0~ 5.0	2.75~ 3.50	0.06	0.02	—
				S≤0.02，Al≤0.05，Ti≤0.05，Zr≤0.05，Se≤0.005，合计≤0.50							
EN ISO 17672:2016	Ni 610	980~ 1070	余量	≤0.10	13.0~ 15.0	4.0~ 5.0	4.0~ 5.0	2.75~ 3.50	0.06	0.02	—
ISO 17672:2016(E)	Ni 610	980~ 1070		S≤0.02，Al≤0.05，Cd≤0.010，Pb≤0.025 Ti≤0.05，Zr≤0.05，Se≤0.005，合计≤0.50							

表 12-178　BNi81CrB 型号和化学成分（质量分数）对照　（%）

标准号	型号 代号	熔化温度 范围/℃	Ni	Co	Cr	Fe	Si	B	杂质≤ C	杂质≤ P	杂质≤ Mo
GB/T 10859—2008	BNi81CrB	1055	余量	≤0.1	13.5~ 16.5	≤1.5	—	3.25~ 4.0	0.06	0.02	—

AWS A5.8/A5.8M:2019-AMD 1	BNi-9 N99612	—	余量	≤0.10	13.5~16.5	≤1.5	—	3.25~4.0	0.06	0.02	—
				S≤0.02,Al≤0.05,Ti≤0.05,Zr≤0.05,Se≤0.005,合计≤0.50							
EN ISO 17672:2016	Ni 612	1055	余量	≤0.10	13.5~16.5	≤1.5	—	3.25~4.0	0.06	0.02	—
ISO 17672:2016(E)	Ni 612	1055		S≤0.02,Al≤0.05,Cd≤0.010,Pb≤0.025 Ti≤0.05,Zr≤0.05,Se≤0.005,合计≤0.50							

表 12-179 BNi82CrSiBFe 型号和化学成分（质量分数）对照 （%）

标准号	型号 代号	熔化温度范围/℃	Ni	Co	Cr	Fe	Si	B	杂质≤		
									C	P	Mo
GB/T 10859—2008	BNi82CrSiBFe	970~1000	余量	≤0.1	6.0~8.0	2.5~3.5	4.0~5.0	2.75~3.50	0.06	0.02	—
AWS A5.8/A5.8M:2019-AMD 1	BNi-2 N99620	—	余量	≤0.10	6.0~8.0	2.5~3.5	4.0~5.0	2.75~3.50	0.06	0.02	—
				S≤0.02,Al≤0.05,Ti≤0.05,Zr≤0.05,Se≤0.005,合计≤0.50							
EN ISO 17672:2016	Ni 620	970~1000	余量	≤0.10	6.0~8.0	2.5~3.5	4.0~5.0	2.75~3.50	0.06	0.02	—
ISO 17672:2016(E)	Ni 620	970~1000		S≤0.02,Al≤0.05,Cd≤0.010,Pb≤0.025 Ti≤0.05,Zr≤0.05,Se≤0.005,合计≤0.50							

表 12-180 BNi78CrSiBCuMoNb 型号和化学成分（质量分数）对照 （%）

标准号	型号代号	熔化温度范围/℃	Ni	Cr	Si	B	Cu	Mo	Nb	杂质≤ C	杂质≤ P
GB/T 10859—2008	BNi78CrSiBCuMoNb	970~1080	余量	7.0~9.0	3.8~4.8	2.75~3.50	2.0~3.0	1.5~2.5	1.5~2.5	0.06	0.02
										Co:0.1,Fe:0.4	
AWS A5.8/A5.8M:2019-AMD 1	BNi-13 N99810	—	余量	7.0~9.0	3.8~4.8	2.75~3.50	2.0~3.0	1.5~2.5	1.5~2.5	0.06	0.02
										Co:0.10,Fe:0.4	
				S≤0.02,Al≤0.05,Ti≤0.05,Zr≤0.05,Se≤0.005,合计≤0.50							
EN ISO 17672:2016	Ni 810	970~1080	余量	7.0~9.0	3.8~4.8	2.75~3.50	2.0~3.0	1.5~2.5	1.5~2.5	0.06	0.02
ISO 17672:2016(E)	Ni 810	970~1080	余量	S≤0.02,Al≤0.05,Cd≤0.010,Pb≤0.025,Co:0.10 Fe:0.4,Ti≤0.05,Zr≤0.05,Se≤0.005,合计≤0.50							

表 12-181 BNi92SiB 型号和化学成分（质量分数）对照 （%）

标准号	型号代号	熔化温度范围/℃	Ni	Co	Cr	Si	B	Fe	Mo	杂质≤ C	杂质≤ P
GB/T 10859—2008	BNi92SiB	980~1040	余量	≤0.1	—	4.0~5.0	2.75~3.50	≤0.5	—	0.06	0.02
AWS A5.8/A5.8M:2019-AMD 1	BNi-3 N99630	—	余量	≤0.10	—	4.0~5.0	2.75~3.50	≤0.5	—	0.06	0.02
				S≤0.02,Al≤0.05,Ti≤0.05,Zr≤0.05,Se≤0.005,合计≤0.50							
EN ISO 17672:2016	Ni 630	980~1040	余量	≤0.10	—	4.0~5.0	2.75~3.50	≤0.5	—	0.06	0.02
ISO 17672:2016(E)	Ni 630	980~1040	余量	S≤0.02,Al≤0.05,Cd≤0.010,Pb≤0.025 Ti≤0.05,Zr≤0.05,Se≤0.005,合计≤0.50							

表 12-182 BNi95SiB 型号和化学成分（质量分数）对照 （%）

标准号	型号代号	熔化温度范围/℃	Ni	Co	Cr	Si	B	Fe	Mo	杂质≤	
										C	P
GB/T 10859—2008	BNi95SiB	980~1070	余量	≤0.1	—	3.0~4.0	1.50~2.20	≤1.5	—	0.06	0.02
AWS A5.8/A5.8M:2019-AMD 1	BNi-4 N99640	—	余量	≤0.10	—	3.0~4.0	1.50~2.20	≤1.5	—	0.06	0.02
				S≤0.02,Al≤0.05,Ti≤0.05,Zr≤0.05,Se≤0.005,合计≤0.50							
EN ISO 17672:2016	Ni 631	980~1070	余量	≤0.10	—	3.0~4.0	1.50~2.20	≤1.5	—	0.06	0.02
ISO 17672:2016(E)	Ni 631	980~1070		S≤0.02,Al≤0.05,Cd≤0.010,Pb≤0.025 Ti≤0.05,Zr≤0.05,Se≤0.005,合计≤0.50							

表 12-183 BNi71CrSi 型号和化学成分（质量分数）对照 （%）

标准号	型号代号	熔化温度范围/℃	Ni	Co	Cr	Si	B	Fe	Mo	杂质≤	
										C	P
GB/T 10859—2008	BNi71CrSi	1080~1135	余量	≤0.1	18.5~19.5	9.75~10.50	≤0.03	—	—	0.06	0.02
AWS A5.8/A5.8M:2019-AMD 1	BNi-5 N99650	—	余量	≤0.10	18.5~19.5	9.75~10.50	≤0.03	—	—	0.06	0.02
				S≤0.02,Al≤0.05,Ti≤0.05,Zr≤0.05,Se≤0.005,合计≤0.50							
EN ISO 17672:2016	Ni 650	1080~1135	余量	≤0.10	18.5~19.5	9.75~10.50	≤0.03	—	—	0.06	0.02
				S≤0.02,Al≤0.05,Cd≤0.010,Pb≤0.025 Ti≤0.05,Zr≤0.05,Se≤0.005,合计≤0.50							

（续）

标准号	型号代号	熔化温度范围/℃	Ni	Co	Cr	Si	B	Fe	Mo	杂质≤ C	杂质≤ P
ISO 17672:2016(E)	Ni 650	1080~1135	余量	≤0.10	18.5~19.5	9.75~10.50	≤0.03	—	—	0.06	0.02
				S≤0.02,Al≤0.05,Cd≤0.010,Pb≤0.025 Ti≤0.05,Zr≤0.05,Se≤0.005,合计≤0.50							

表 12-184　BNi73CrSiB 型号和化学成分（质量分数）对照　（%）

标准号	型号代号	熔化温度范围/℃	Ni	Co	Cr	Si	B	Fe	Mo	杂质≤ C	杂质≤ P
GB/T 10859—2008	BNi73CrSiB	1065~1150	余量	≤0.1	18.5~19.5	7.0~7.5	1.0~1.5	≤0.5	—	0.10	0.02
AWS A5.8/A5.8M:2019-AMD 1	BNi-5a N99651	—	余量	≤0.10	18.5~19.5	7.0~7.5	1.0~1.5	≤0.5	—	0.10	0.02
				S≤0.02,Al≤0.05,Ti≤0.05,Zr≤0.05,Se≤0.005,合计≤0.50							
EN ISO 17672:2016	Ni 660	1065~1150	余量	≤0.10	18.5~19.5	7.0~7.5	1.0~1.5	≤0.5	—	0.10	0.02
ISO 17672:2016(E)	Ni 660	1065~1150		S≤0.02,Al≤0.05,Cd≤0.010,Pb≤0.025 Ti≤0.05,Zr≤0.05,Se≤0.005,合计≤0.50							

表 12-185　BNi77CrSiBFe 型号和化学成分（质量分数）对照　（%）

标准号	型号代号	熔化温度范围/℃	Ni	Co	Cr	Si	B	Fe	Mo	杂质≤ C	杂质≤ P
GB/T 10859—2008	BNi77CrSiBFe	1030~1125	余量	≤1.0	14.5~15.5	7.0~7.5	1.1~1.6	≤1.0	—	0.06	0.02

AWS A5.8/A5.8M:2019-AMD 1	BNi-5b N99652	—	余量	≤1.0	14.5~15.5	7.0~7.5	1.1~1.6	≤1.0	—	0.06	0.02
				S≤0.02,Al≤0.05,Ti≤0.05,Zr≤0.05,Se≤0.005,合计≤0.50							
EN ISO 17672:2016	Ni 661	1030~1125	余量	≤1.0	14.5~15.5	7.0~7.5	1.1~1.6	≤1.0	—	0.06	0.02
ISO 17672:2016(E)	Ni 661	1030~1125		S≤0.02,Al≤0.05,Cd≤0.010,Pb≤0.025 Ti≤0.05,Zr≤0.05,Se≤0.005,合计≤0.50							

表 12-186　BNi63WCrFeSiB 型号和化学成分（质量分数）对照　（%）

标准号	型号 代号	熔化温度 范围/℃	Ni	Co	W	Cr	Si	B	Fe	杂质≤	
										C	P
GB/T 10859—2008	BNi63WCrFeSiB	970~1105	余量	≤0.1	15.0~17.0	10.0~13.0	3.0~4.0	2.0~3.0	2.5~4.5	0.40~0.55	0.02
AWS A5.8/A5.8M:2019-AMD 1	BNi-10 N99622	—	余量	≤0.10	15.0~17.0	10.0~13.0	3.0~4.0	2.0~3.0	2.5~4.5	0.40~0.55	0.02
				S≤0.02,Al≤0.05,Ti≤0.05,Zr≤0.05,Se≤0.005,合计≤0.50							
EN ISO 17672:2016	Ni 670	970~1105	余量	≤0.10	15.0~17.0	10.0~13.0	3.0~4.0	2.0~3.0	2.5~4.5	0.40~0.55	0.02
ISO 17672:2016(E)	Ni 670	970~1105		S≤0.02,Al≤0.05,Cd≤0.010,Pb≤0.025 Ti≤0.05,Zr≤0.05,Se≤0.005,合计≤0.50							

表 12-187　BNi67WCrSiFeB 型号和化学成分（质量分数）对照　（%）

标准号	型号 代号	熔化温度 范围/℃	Ni	Co	W	Cr	Si	B	Fe	杂质≤	
										C	P
GB/T 10859—2008	BNi67WCrSiFeB	970~1095	余量	≤0.1	11.5~12.75	9.0~11.75	3.35~4.25	2.2~3.1	2.5~4.0	0.30~0.50	0.02

（续）

标准号	型号 代号	熔化温度 范围/℃	Ni	Co	W	Cr	Si	B	Fe	杂质≤ C	杂质≤ P
AWS A5.8/A5.8M:2019- AMD 1	BNi-11 N99624	—	余量	≤0.10	11.00~ 12.75	9.00~ 11.75	3.35~ 4.25	2.2~ 3.1	2.5~ 4.0	0.30~ 0.50	0.02
				S≤0.02,Al≤0.05,Ti≤0.05,Zr≤0.05,Se≤0.005,合计≤0.50							
EN ISO 17672:2016	Ni 671	970~1095	余量	≤0.10	11.5~ 12.75	9.0~ 11.75	3.35~ 4.25	2.2~ 3.1	2.5~ 4.0	0.30~ 0.50	0.02
ISO 17672:2016(E)	Ni 671	970~1095		S≤0.02,Al≤0.05,Cd≤0.010,Pb≤0.025 Ti≤0.05,Zr≤0.05,Se≤0.005,合计≤0.50							

表 12-188　BNi89P 型号和化学成分（质量分数）对照　（%）

标准号	型号 代号	熔化温度 范围/℃	Ni	Co	P	Cr	Si	B	Fe	杂质≤ C	杂质≤ Mo
GB/T 10859—2008	BNi89P	875	余量	≤0.1	10.0~ 12.0	—	—	—	—	0.06	—
AWS A5.8/A5.8M:2019- AMD 1	BNi-6 N99700	—	余量	≤0.10	10.0~ 12.0	—	—	—	—	0.06	—
				S≤0.02,Al≤0.05,Ti≤0.05,Zr≤0.05,Se≤0.005,合计≤0.50							
EN ISO 17672:2016	Ni 700	875	余量	≤0.10	10.0~ 12.0	—	—	—	—	0.06	—
ISO 17672:2016(E)	Ni 700	875		S≤0.02,Al≤0.05,Cd≤0.010,Pb≤0.025 Ti≤0.05,Zr≤0.05,Se≤0.005,合计≤0.50							

表 12-189　BNi76CrP 型号和化学成分（质量分数）对照　（%）

标准号	型号代号	熔化温度范围/℃	Ni	Co	P	Cr	Si	B	Fe	杂质≤ C	杂质≤ Mn
GB/T 10859—2008	BNi76CrP	890	余量	≤0.1	9.7~10.5	13.0~15.0	≤0.10	≤0.02	≤0.2	0.06	—
AWS A5.8/A5.8M:2019-AMD 1	BNi-7 N99710	—	余量	≤0.10	9.7~10.5	13.0~15.0	≤0.10	≤0.02	≤0.2	0.06	0.04
				S≤0.02,Al≤0.05,Ti≤0.05,Zr≤0.05,Se≤0.005,合计≤0.50							
EN ISO 17672:2016	Ni 710	890	余量	≤0.10	9.7~10.5	13.0~15.0	≤0.10	≤0.02	≤0.2	0.06	0.04
ISO 17672:2016(E)	Ni 710	890		S≤0.02,Al≤0.05,Cd≤0.010,Pb≤0.025 Ti≤0.05,Zr≤0.05,Se≤0.005,合计≤0.50							

表 12-190　BNi65CrP 型号和化学成分（质量分数）对照　（%）

标准号	型号代号	熔化温度范围/℃	Ni	Co	P	Cr	Si	B	Fe	杂质≤ C	杂质≤ Mn
GB/T 10859—2008	BNi65CrP	880~950	余量	≤0.1	9.0~11.0	24.0~26.0	≤0.10	≤0.02	≤0.2	0.06	—
AWS A5.8/A5.8M:2019-AMD 1	BNi-12 N99720	—	余量	≤0.10	9.0~11.0	24.0~26.0	≤0.1	≤0.02	≤0.2	0.06	—
				S≤0.02,Al≤0.05,Ti≤0.05,Zr≤0.05,Se≤0.005,合计≤0.50							
EN ISO 17672:2016	Ni 720	880~950	余量	≤0.10	9.0~11.0	24.0~26.0	≤0.10	≤0.02	≤0.2	0.06	—
ISO 17672:2016(E)	Ni 720	880~950		S≤0.02,Al≤0.05,Cd≤0.010,Pb≤0.025 Ti≤0.05,Zr≤0.05,Se≤0.005,合计≤0.50							

表 12-191　BNi66MnSiCu 型号和化学成分（质量分数）对照　（%）

标准号	型号 代号	熔化温度 范围/℃	Ni	Co	Mn	Si	Cu	B	Fe	杂质≤	
										C	P
GB/T 10859—2008	BNi66MnSiCu	980~1010	余量	≤0.1	21.5~24.5	6.0~8.0	4.0~5.0	—	—	0.06	0.02
AWS A5.8/A5.8M:2019-AMD 1	BNi-8 N99800	—	余量	≤0.10	21.5~24.5	6.0~8.0	4.0~5.0	—	—	0.06	0.02
				S≤0.02,Al≤0.05,Ti≤0.05,Zr≤0.05,Se≤0.005,合计≤0.50							
EN ISO 17672:2016	Ni 800	980~1010	余量	≤0.10	21.5~24.5	6.0~8.0	4.0~5.0	—	—	0.06	0.02
ISO 17672:2016(E)	Ni 800	980~1010		S≤0.02,Al≤0.05,Cd≤0.010,Pb≤0.025 Ti≤0.05,Zr≤0.05,Se≤0.005,合计≤0.50							

12.7　钛及钛合金焊丝型号和化学成分

GB/T 30562—2014《钛及钛合金焊丝》中共有 34 个型号。中外钛及钛合金焊丝型号和化学成分对照见表 12-192~表 12-225。

表 12-192~表 12-225 的统一注释如下：

1）表中单值均为最大值。

2）合金成分的余量为钛。

3）残余元素的总量应不大于 0.20%，其中除钇外的单个元素应不大于 0.05%，钇应不大于 0.005%。残余元素为表中除钛以外没有列入的元素。

表 12-192　STi0100 型号和化学成分（质量分数）对照　（%）

标准号	焊丝型号 化学成分代号	化学成分(质量分数)									
		C	O	N	H	Fe	Al	V	Pd	Ru	其他
GB/T 30562—2014	STi0100 Ti99.8	0.03	0.03~0.10	0.012	0.005	0.08	—	—	—	—	—
JIS Z3331:2011	STi0100 Ti99.8	0.03	0.03~0.10	0.012	0.005	0.08	—	—	—	—	—
AWS A5.16/A5.16M:2013	ERTi-1 Ti99.8										
ISO 24034:2020(E)	Ti0100 Ti99.8										
EN ISO 24034:2020	Ti0100 Ti99.8										

表 12-193　STi0120 型号和化学成分（质量分数）对照　（%）

标准号	焊丝型号 化学成分代号	化学成分(质量分数)									
		C	O	N	H	Fe	Al	V	Pd	Ru	其他
GB/T 30562—2014	STi0120 Ti99.6	0.03	0.08~0.16	0.015	0.008	0.12	—	—	—	—	—
JIS Z3331:2011	STi0120 Ti99.6	0.03	0.08~0.16	0.015	0.008	0.12	—	—	—	—	—
AWS A5.16/A5.16M:2013	ERTi-2 Ti99.6										
ISO 24034:2020(E)	Ti0120 Ti99.6										
EN ISO 24034:2020	Ti0120 Ti99.6										

表 12-194 STi0125 型号和化学成分（质量分数）对照 （%）

标准号	焊丝型号 化学成分代号	化学成分(质量分数)									
		C	O	N	H	Fe	Al	V	Pd	Ru	其他
GB/T 30562—2014	STi0125 Ti99.5	0.03	0.13~0.20	0.02	0.008	0.16	—	—	—	—	—
JIS Z3331:2011	STi0125 Ti99.5										
AWS A5.16/A5.16M:2013	ERTi-3 Ti99.5	0.03	0.13~0.20	0.02	0.008	0.16	—	—	—	—	—
ISO 24034:2020(E)	Ti0125 Ti99.5										
EN ISO 24034:2020	Ti0125 Ti99.5										

表 12-195 STi0130 型号和化学成分（质量分数）对照 （%）

标准号	焊丝型号 化学成分代号	化学成分(质量分数)									
		C	O	N	H	Fe	Al	V	Pd	Ru	其他
GB/T 30562—2014	STi0130 Ti99.3	0.03	0.18~0.32	0.025	0.008	0.25	—	—	—	—	—
JIS Z3331:2011	STi0130 Ti99.3										
AWS A5.16/A5.16M:2013	ERTi-4 Ti99.3	0.03	0.18~0.32	0.025	0.008	0.25	—	—	—	—	—
ISO 24034:2020(E)	Ti0130 Ti99.3										
EN ISO 24034:2020	Ti0130 Ti99.3										

表 12-196　STi2251 型号和化学成分（质量分数）对照　（%）

标准号	焊丝型号 化学成分代号	化学成分(质量分数)									
		C	O	N	H	Fe	Al	V	Pd	Ru	其他
GB/T 30562—2014	STi2251 TiPd0. 2	0. 03	0. 03~ 0. 10	0. 012	0. 005	0. 08	—	—	0. 12~ 0. 25	—	—
JIS Z3331:2011	STi2251 TiPd0. 2	0. 03	0. 03~ 0. 10	0. 012	0. 005	0. 08	—	—	0. 12~ 0. 25	—	—
AWS A5. 16/A5. 16M:2013	ERTi-11 TiPd0. 2										
ISO 24034:2020(E)	Ti2251 TiPd0. 2										
EN ISO 24034:2020	Ti2251 TiPd0. 2										

表 12-197　STi2253 型号和化学成分（质量分数）对照　（%）

标准号	焊丝型号 化学成分代号	化学成分(质量分数)									
		C	O	N	H	Fe	Al	V	Pd	Ru	其他
GB/T 30562—2014	STi2253 TiPd0. 06	0. 03	0. 03~ 0. 10	0. 012	0. 005	0. 08	—	—	0. 04~ 0. 08	—	—
JIS Z3331:2011	STi2253 TiPd0. 06	0. 03	0. 03~ 0. 10	0. 012	0. 005	0. 08	—	—	0. 04~ 0. 08	—	—
AWS A5. 16/A5. 16M:2013	ERTi-17 TiPd0. 06										
ISO 24034:2020(E)	Ti2253 TiPd0. 06										
EN ISO 24034:2020	Ti2253 TiPd0. 06										

表 12-198 STi2255 型号和化学成分（质量分数）对照 （%）

标准号	焊丝型号 化学成分代号	C	O	N	H	Fe	Al	V	Pd	Ru	其他
		化学成分(质量分数)									
GB/T 30562—2014	STi2255 TiRu0. 1	0. 03	0. 03~ 0. 10	0. 012	0. 005	0. 08	—	—	—	0. 08~ 0. 14	—
JIS Z3331:2011	STi2255 TiRu0. 1										
AWS A5. 16/A5. 16M:2013	ERTi-27 TiRu0. 1	0. 03	0. 03~ 0. 10	0. 012	0. 005	0. 08	—	—	—	0. 08~ 0. 14	—
ISO 24034:2020(E)	Ti2255 TiRu0. 1										
EN ISO 24034:2020	Ti2255 TiRu0. 1										

表 12-199 STi2401 型号和化学成分（质量分数）对照 （%）

标准号	焊丝型号 化学成分代号	C	O	N	H	Fe	Al	V	Pd	Ru	其他
		化学成分(质量分数)									
GB/T 30562—2014	STi2401 TiPd0. 2A	0. 03	0. 08~ 0. 16	0. 015	0. 008	0. 12	—	—	0. 12~ 0. 25	—	—
JIS Z3331:2011	STi2401 TiPd0. 2A										
AWS A5. 16/A5. 16M:2013	ERTi-7 TiPd0. 2A	0. 03	0. 08~ 0. 16	0. 015	0. 008	0. 12	—	—	0. 12~ 0. 25	—	—
ISO 24034:2020(E)	Ti2401 TiPd0. 2A										
EN ISO 24034:2020	Ti2401 TiPd0. 2A										

表 12-200 STi2403 型号和化学成分（质量分数）对照 （%）

标准号	焊丝型号 化学成分代号	化学成分(质量分数)									
		C	O	N	H	Fe	Al	V	Pd	Ru	其他
GB/T 30562—2014	STi2403 TiPd0.06A	0.03	0.08~ 0.16	0.015	0.008	0.12	—	—	0.04~ 0.08	—	—
JIS Z3331:2011	STi2403 TiPd0.06A	0.03	0.08~ 0.16	0.015	0.008	0.12	—	—	0.04~ 0.08	—	—
AWS A5.16/A5.16M:2013	ERTi-16 TiPd0.06A										
ISO 24034:2020(E)	Ti2403 TiPd0.06A	0.03	0.08~ 0.16	0.015	0.008	0.12	—	—	0.04~ 0.08	—	—
EN ISO 24034:2020	Ti2403 TiPd0.06A										

表 12-201 STi2405 型号和化学成分（质量分数）对照 （%）

标准号	焊丝型号 化学成分代号	化学成分(质量分数)									
		C	O	N	H	Fe	Al	V	Pd	Ru	其他
GB/T 30562—2014	STi2405 TiRu0.1A	0.03	0.08~ 0.16	0.015	0.008	0.12	—	—	—	0.08~ 0.14	—
JIS Z3331:2011	STi2405 TiRu0.1A	0.03	0.08~ 0.16	0.015	0.008	0.12	—	—	—	0.08~ 0.14	—
AWS A5.16/A5.16M:2013	ERTi-26 TiRu0.1A										
ISO 24034:2020(E)	Ti2405 TiRu0.1A										
EN ISO 24034:2020	Ti2405 TiRu0.1A										

表 12-202　STi3401 型号和化学成分（质量分数）对照　（%）

标准号	焊丝型号 化学成分代号	化学成分(质量分数)									
		C	O	N	H	Fe	Ni	Mo	Pd	Ru	其他
GB/T 30562—2014	STi3401 TiNi0. 7Mo0. 3	0. 03	0. 08~ 0. 16	0. 015	0. 008	0. 15	0. 6~ 0. 9	0. 2~ 0. 4	—	—	—
JIS Z3331:2011	STi3401 TiNi0. 7Mo0. 3	0. 03	0. 08~ 0. 16	0. 015	0. 008	0. 15	0. 6~ 0. 9	0. 2~ 0. 4	—	—	—
AWS A5. 16/A5. 16M:2013	ERTi-12 TiNi0. 7Mo0. 3										
ISO 24034:2020(E)	Ti3401 TiNi0. 7Mo0. 3										
EN ISO 24034:2020	Ti3401 TiNi0. 7Mo0. 3										

表 12-203　STi3416 型号和化学成分（质量分数）对照　（%）

标准号	焊丝型号 化学成分代号	化学成分(质量分数)									
		C	O	N	H	Fe	Ni	Mo	Pd	Ru	其他
GB/T 30562—2014	STi3416 TiRu0. 05Ni0. 5	0. 03	0. 13~ 0. 20	0. 02	0. 008	0. 16	0. 4~ 0. 6	—	—	0. 04~ 0. 06	—
JIS Z3331:2011	STi3416 TiRu0. 05Ni0. 5	0. 03	0. 13~ 0. 20	0. 02	0. 008	0. 16	0. 4~ 0. 6	—	—	0. 04~ 0. 06	—
AWS A5. 16/A5. 16M:2013	ERTi-15A TiRu0. 05Ni0. 5										
ISO 24034:2020(E)	Ti3416 TiRu0. 05Ni0. 5										
EN ISO 24034:2020	Ti3416 TiRu0. 05Ni0. 5										

表 12-204　STi3423 型号和化学成分（质量分数）对照　（%）

标准号	焊丝型号 化学成分代号	化学成分(质量分数)									
		C	O	N	H	Fe	Ni	Mo	Pd	Ru	其他
GB/T 30562—2014	STi3423 TiNi0. 5	0. 03	0. 03～0. 10	0. 012	0. 005	0. 08	0. 4～0. 6	—	—	0. 04～0. 06	—
JIS Z3331:2011	STi3423 TiNi0. 5	0. 03	0. 03～0. 10	0. 012	0. 005	0. 08	0. 4～0. 6	—	—	0. 04～0. 06	—
AWS A5. 16/A5. 16M:2013	ERTi-13 TiNi0. 5										
ISO 24034:2020(E)	Ti3423 TiNi0. 5										
EN ISO 24034:2020	Ti3423 TiNi0. 5										

表 12-205　STi3424 型号和化学成分（质量分数）对照　（%）

标准号	焊丝型号 化学成分代号	化学成分(质量分数)									
		C	O	N	H	Fe	Ni	Mo	Pd	Ru	其他
GB/T 30562—2014	STi3424 TiNi0. 5A	0. 03	0. 08～0. 16	0. 015	0. 008	0. 12	0. 4～0. 6	—	—	0. 04～0. 06	—
JIS Z3331:2011	STi3424 TiNi0. 5A	0. 03	0. 08～0. 16	0. 015	0. 008	0. 12	0. 4～0. 6	—	—	0. 04～0. 06	—
AWS A5. 16/A5. 16M:2013	ERTi-14 TiNi0. 5A										
ISO 24034:2020(E)	Ti3424 TiNi0. 5A										
EN ISO 24034:2020	Ti3424 TiNi0. 5A										

表 12-206　STi3443 型号和化学成分（质量分数）对照　（%）

标准号	焊丝型号 化学成分代号	C	O	N	H	Fe	Ni	Cr	Pd	Ru	其他
		化学成分(质量分数)									
GB/T 30562—2014	STi3443 TiNi0.45Cr0.15	0.03	0.08~0.16	0.015	0.008	0.12	0.35~0.55	0.1~0.2	0.01~0.02	0.02~0.04	—
JIS Z3331:2011	STi3443 TiNi0.45Cr0.15	0.03	0.08~0.16	0.015	0.008	0.12	0.35~0.55	0.1~0.2	0.01~0.02	0.02~0.04	—
AWS A5.16/A5.16M:2013	ERTi-33 TiNi0.45Cr0.15										
ISO 24034:2020(E)	Ti3443 TiNi0.45Cr0.15										
EN ISO 24034:2020	Ti3443 TiNi0.45Cr0.15										

表 12-207　STi3444 型号和化学成分（质量分数）对照　（%）

标准号	焊丝型号 化学成分代号	C	O	N	H	Fe	Ni	Cr	Pd	Ru	其他
		化学成分(质量分数)									
GB/T 30562—2014	STi3444 TiNi0.45Cr0.15A	0.03	0.13~0.20	0.02	0.008	0.16	0.35~0.55	0.1~0.2	0.01~0.02	0.02~0.04	—
JIS Z3331:2011	STi3444 TiNi0.45Cr0.15A	0.03	0.13~0.20	0.02	0.008	0.16	0.35~0.55	0.1~0.2	0.01~0.02	0.02~0.04	—
AWS A5.16/A5.16M:2013	ERTi-34 TiNi0.45Cr0.15A										
ISO 24034:2020(E)	Ti3444 TiNi0.45Cr0.15A										
EN ISO 24034:2020	Ti3444 TiNi0.45Cr0.15A										

表 12-208　STi3531 型号和化学成分（质量分数）对照　（%）

标准号	焊丝型号 化学成分代号	化学成分(质量分数)									
		C	O	N	H	Fe	Ni	Co	Pd	Ru	其他
GB/T 30562—2014	STi3531 TiCo0. 5	0. 03	0. 08～0. 16	0. 015	0. 008	0. 12	—	0. 20～0. 80	0. 04～0. 08	—	—
JIS Z3331:2011	STi3531 TiCo0. 5	0. 03	0. 08～0. 16	0. 015	0. 008	0. 12	—	0. 20～0. 80	0. 04～0. 08	—	—
AWS A5. 16/A5. 16M:2013	ERTi-30 TiCo0. 5										
ISO 24034:2020(E)	Ti3531 TiCo0. 5										
EN ISO 24034:2020	Ti3531 TiCo0. 5										

表 12-209　STi3533 型号和化学成分（质量分数）对照　（%）

标准号	焊丝型号 化学成分代号	化学成分(质量分数)									
		C	O	N	H	Fe	Ni	Co	Pd	Ru	其他
GB/T 30562—2014	STi3533 TiCo0. 5A	0. 03	0. 13～0. 20	0. 02	0. 008	0. 16	—	0. 20～0. 80	0. 04～0. 08	—	—
JIS Z3331:2011	STi3533 TiCo0. 5A	0. 03	0. 13～0. 20	0. 02	0. 008	0. 16	—	0. 20～0. 80	0. 04～0. 08	—	—
AWS A5. 16/A5. 16M:2013	ERTi-31 TiCo0. 5A										
ISO 24034:2020(E)	Ti3533 TiCo0. 5A										
EN ISO 24034:2020	Ti3533 TiCo0. 5A										

表 12-210 STi4251 型号和化学成分（质量分数）对照 （%）

标准号	焊丝型号 化学成分代号	化学成分(质量分数) C	O	N	H	Fe	Al	V	Pd	Ru	其他
GB/T 30562—2014	STi4251 TiAl4V2Fe	0.05	0.20~0.27	0.02	0.010	1.2~1.8	3.5~4.5	2.0~3.0	—	—	—
AWS A5.16/A5.16M:2013	ERTi-38 TiAl4V2Fe	0.05	0.20~0.27	0.02	0.10	1.2~1.8	3.5~4.5	2.0~3.0	—	—	—
ISO 24034:2020(E)	Ti4251 TiAl4V2Fe										
EN ISO 24034:2020	Ti4251 TiAl4V2Fe										

表 12-211 STi4621 型号和化学成分（质量分数）对照 （%）

标准号	焊丝型号 化学成分代号	化学成分(质量分数) C	O	N	H	Fe	Al	Zr	Mo	Sn	其他
GB/T 30562—2014	STi4621 TiAl6Zr4Mo2Sn2	0.04	0.30	0.015	0.015	0.05	5.50~6.50	3.60~4.40	1.80~2.20	1.80~2.20	Cr:0.25
SAE AMS 4952J:2007	STi4621 TiAl6Zr4Mo2Sn2	0.04	0.30	0.015	0.15	0.05	5.50~6.50	3.60~4.40	1.80~2.20	1.80~2.20	Cr:0.25
JIS Z3331:2011	STi4621 TiAl6Zr4Mo2Sn2										
ISO 24034:2020(E)	Ti4621 TiAl6Zr4Mo2Sn2										
EN ISO 24034:2020	Ti4621 TiAl6Zr4Mo2Sn2										

表 12-212　STi4810 型号和化学成分（质量分数）对照　（%）

标准号	焊丝型号 化学成分代号	化学成分(质量分数)									
		C	O	N	H	Fe	Al	V	Mo	Sn	其他
GB/T 30562—2014	STi4810 TiAl8V1Mo1	0.08	0.12	0.05	0.01	0.30	7.35~8.35	0.75~1.25	0.75~1.25	—	—
SAE AMS 4955J:2008	STi4810 TiAl8V1Mo1	0.08	0.12	0.05	0.01	0.30	7.35~8.35	0.75~1.25	0.75~1.25	—	—
JIS Z3331:2011	STi4810 TiAl8V1Mo1										

表 12-213　STi5112 型号和化学成分（质量分数）对照　（%）

标准号	焊丝型号 化学成分代号	化学成分(质量分数)									
		C	O	N	H	Fe	Al	V	Sn	Mo	其他
GB/T 30562—2014	STi5112 TiAl5V1Sn1Mo1Zr1	0.03	0.05~0.10	0.012	0.008	0.20	4.5~5.5	0.6~1.4	0.6~1.4	0.6~1.2	Zr:0.6~1.4 Si:0.06~0.14
JIS Z3331:2011	STi5112 TiAl5V1Sn1Mo1Zr1	0.03	0.05~0.10	0.012	0.008	0.20	4.5~5.5	0.6~1.4	0.6~1.4	0.6~1.2	Zr:0.6~1.4 Si:0.06~0.14
AWS A5.16/A5.16M:2013	ERTi-32 TiAl5V1Sn1Mo1Zr1										
ISO 24034:2020(E)	Ti5112 TiAl5V1Sn1Mo1Zr1										
EN ISO 24034:2020	Ti5112 TiAl5V1Sn1Mo1Zr1										

表 12-214　STi6321 型号和化学成分（质量分数）对照　（%）

标准号	焊丝型号 化学成分代号	化学成分(质量分数)									
		C	O	N	H	Fe	Al	V	Sn	Mo	其他
GB/T 30562—2014	STi6321 TiAl3V2.5A	0.03	0.06~0.12	0.012	0.005	0.20	2.5~3.5	2.0~3.0	—	—	—

（续）

标准号	焊丝型号 化学成分代号	化学成分(质量分数) C	O	N	H	Fe	Al	V	Sn	Mo	其他
JIS Z3331:2011	STi6321 TiAl3V2.5A	0.03	0.06~0.12	0.012	0.005	0.20	2.5~3.5	2.0~3.0	—	—	—
AWS A5.16/A5.16M:2013	ERTi-9 TiAl3V2.5A	0.03	0.06~0.12	0.012	0.005	0.20	2.5~3.5	2.0~3.0	—	—	—
ISO 24034:2020(E)	Ti6321 TiAl3V2.5A	0.03	0.06~0.12	0.012	0.005	0.20	2.5~3.5	2.0~3.0	—	—	—
EN ISO 24034:2020	Ti6321 TiAl3V2.5A	0.03	0.06~0.12	0.012	0.005	0.20	2.5~3.5	2.0~3.0	—	—	—

表 12-215 STi6324 型号和化学成分（质量分数）对照

（%）

标准号	焊丝型号 化学成分代号	化学成分(质量分数) C	O	N	H	Fe	Al	V	Ru	Pd	其他
GB/T 30562—2014	STi6324 TiAl3V2.5Ru	0.03	0.06~0.12	0.012	0.005	0.20	2.5~3.5	2.0~3.0	0.08~0.14	—	—
JIS Z3331:2011	STi6324 TiAl3V2.5Ru	0.03	0.06~0.12	0.012	0.005	0.20	2.5~3.5	2.0~3.0	0.08~0.14	—	—
AWS A5.16/A5.16M:2013	ERTi-28 TiAl3V2.5Ru	0.03	0.06~0.12	0.012	0.005	0.20	2.5~3.5	2.0~3.0	0.08~0.14	—	—
ISO 24034:2020(E)	Ti6324 TiAl3V2.5Ru	0.03	0.06~0.12	0.012	0.005	0.20	2.5~3.5	2.0~3.0	0.08~0.14	—	—
EN ISO 24034:2020	Ti6324 TiAl3V2.5Ru	0.03	0.06~0.12	0.012	0.005	0.20	2.5~3.5	2.0~3.0	0.08~0.14	—	—

表 12-216　STi6326 型号和化学成分（质量分数）对照　（%）

标准号	焊丝型号 化学成分代号	化学成分(质量分数)								
		C	O	N	H	Fe	Al	V	Ru	Pd	其他
GB/T 30562—2014	STi6326 TiAl3V2. 5Pd	0. 03	0. 06~ 0. 12	0. 012	0. 005	0. 20	2. 5~ 3. 5	2. 0~ 3. 0	—	0. 04~ 0. 08	—
JIS Z3331:2011	STi6326 TiAl3V2. 5Pd	0. 03	0. 06~ 0. 12	0. 012	0. 005	0. 20	2. 5~ 3. 5	2. 0~ 3. 0	—	0. 04~ 0. 08	—
AWS A5. 16/A5. 16M:2013	ERTi-18 TiAl3V2. 5Pd										
ISO 24034:2020(E)	Ti6326 TiAl3V2. 5Pd										
EN ISO 24034:2020	Ti6326 TiAl3V2. 5Pd										

表 12-217　STi6402 型号和化学成分（质量分数）对照　（%）

标准号	焊丝型号 化学成分代号	化学成分(质量分数)								
		C	O	N	H	Fe	Al	V	Ru	Pd	其他
GB/T 30562—2014	STi6402 TiAl6V4B	0. 05	0. 12~ 0. 20	0. 030	0. 015	0. 22	5. 50~ 6. 75	3. 50~ 4. 50	—	—	—
SAE AMS4954J:2012	TiAl6V4 R56402	0. 05	0. 12~ 0. 20	0. 030	0. 015	0. 22	5. 50~ 6. 75	3. 50~ 4. 50	—	—	—
AWS A5. 16/A5. 16M:2013	ERTi-5 TiAl6V4B										
ISO 24034:2020(E)	Ti6402 TiAl6V4B										
EN ISO 24034:2020	Ti6402 TiAl6V4B										

（续）

标准号	焊丝型号 化学成分代号	化学成分（质量分数）									
		C	O	N	H	Fe	Al	V	Ru	Pd	其他
JIS Z3331:2011	STi6402 TiAl6V4B	0.03	0.08	0.012	0.005	0.15	5.50~6.75	3.50~4.50	—	—	—

表 12-218 STi6408 型号和化学成分（质量分数）对照 （%）

标准号	焊丝型号 化学成分代号	化学成分（质量分数）									
		C	O	N	H	Fe	Al	V	Ru	Pd	其他
GB/T 30562—2014	STi6408 TiAl6V4A	0.03	0.03~0.11	0.012	0.005	0.20	5.5~6.5	3.5~4.5	—	—	—
JIS Z3331:2011	STi6408 TiAl6V4A	0.03	0.03~0.11	0.012	0.005	0.20	5.5~6.5	3.5~4.5	—	—	—
AWS A5.16/A5.16M:2013	ERTi-23 TiAl6V4A										
ISO 24034:2020(E)	Ti6408 TiAl6V4A										
EN ISO 24034:2020	Ti6408 TiAl6V4A										

表 12-219 STi6413 型号和化学成分（质量分数）对照 （%）

标准号	焊丝型号 化学成分代号	化学成分（质量分数）									
		C	O	N	H	Fe	Al	V	Ni	Pd	其他
GB/T 30562—2014	STi6413 TiAl6V4Ni0.5Pd	0.05	0.12~0.20	0.030	0.015	0.22	5.5~6.7	3.5~4.5	0.3~0.8	0.04~0.08	—

JIS Z3331:2011	STi6413 TiAl6V4Ni0.5Pd	0.05	0.12~0.20	0.030	0.015	0.22	5.5~6.7	3.5~4.5	0.3~0.8	0.04~0.08	—
AWS A5.16/A5.16M:2013	ERTi-25 TiAl6V4Ni0.5Pd										
ISO 24034:2020(E)	Ti6413 TiAl6V4Ni0.5Pd										
EN ISO 24034:2020	Ti6413 TiAl6V4Ni0.5Pd										

表 12-220　STi6414 型号和化学成分（质量分数）对照　（%）

标准号	焊丝型号 化学成分代号	化学成分(质量分数)									
		C	O	N	H	Fe	Al	V	Ru	Pd	其他
GB/T 30562—2014	STi6414 TiAl6V4Ru	0.03	0.03~0.11	0.012	0.005	0.20	5.5~6.5	3.5~4.5	0.08~0.14	—	—
JIS Z3331:2011	STi6414 TiAl6V4Ru	0.03	0.03~0.11	0.012	0.005	0.20	5.5~6.5	3.5~4.5	0.08~0.14	—	—
AWS A5.16/A5.16M:2013	ERTi-29 TiAl6V4Ru										
ISO 24034:2020(E)	Ti6414 TiAl6V4Ru										
EN ISO 24034:2020	Ti6414 TiAl6V4Ru										

表 12-221　STi6415 型号和化学成分（质量分数）对照　（%）

标准号	焊丝型号 化学成分代号	化学成分(质量分数)									
		C	O	N	H	Fe	Al	V	Ru	Pd	其他
GB/T 30562—2014	STi6415 TiAl6V4Pd	0.05	0.12~0.20	0.030	0.015	0.22	5.5~6.7	3.5~4.5	—	0.04~0.08	—
JIS Z3331:2011	STi6415 TiAl6V4Pd	0.05	0.12~0.20	0.030	0.015	0.22	5.5~6.7	3.5~4.5	—	0.04~0.08	—
AWS A5.16/A5.16M:2013	ERTi-24 TiAl6V4Pd										
ISO 24034:2020(E)	Ti6415 TiAl6V4Pd										
EN ISO 24034:2020	Ti6415 TiAl6V4Pd										

表 12-222　STi8211 型号和化学成分（质量分数）对照　（%）

标准号	焊丝型号 化学成分代号	化学成分(质量分数)									
		C	O	N	H	Fe	Mo	Al	Nb	Si	其他
GB/T 30562—2014	STi8211 TiMo15Al3Nb3	0.03	0.10~0.15	0.012	0.005	0.20~0.40	14.0~16.0	2.5~3.5	2.2~3.2	0.15~0.25	—
AWS A5.16/A5.16M:2013	ERTi-21 TiMo15Al3Nb3	0.03	0.10~0.15	0.012	0.005	0.20~0.40	14.0~16.0	2.5~3.5	2.2~3.2	0.15~0.25	—
ISO 24034:2020(E)	Ti8211 TiMo15Al3Nb3										
EN ISO 24034:2020	Ti8211 TiMo15Al3Nb3										

表 12-223 STi8451 型号和化学成分（质量分数）对照 （%）

标准号	焊丝型号 化学成分代号	化学成分(质量分数)									
		C	O	N	H	Fe	Mo	Al	Nb	Si	其他
GB/T 30562—2014	STi8451 TiNb45	0.03	0.06~0.12	0.02	0.0035	0.03	—	—	42.0~47.0	—	—
AWS A5.16/A5.16M:2013	ERTi-36 TiNb45	0.03	0.06~0.12	0.02	0.0035	0.03	—	—	42.0~47.0	—	—
ISO 24034:2020(E)	Ti8451 TiNb45										
EN ISO 24034:2020	Ti8451 TiNb45										

表 12-224 STi8641 型号和化学成分（质量分数）对照 （%）

标准号	焊丝型号 化学成分代号	化学成分(质量分数)									
		C	O	N	H	Fe	V	Cr	Mo	Zr	其他
GB/T 30562—2014	STi8641 TiV8Cr6Mo4Zr4Al3	0.03	0.06~0.10	0.015	0.015	0.20	7.5~8.5	5.5~6.5	3.5~4.5	3.5~4.5	Al:3.0~4.0
AWS A5.16/A5.16M:2013	ERTi-19 TiV8Cr6Mo4Zr4Al3	0.03	0.06~0.10	0.015	0.015	0.20	7.5~8.5	5.5~6.5	3.5~4.5	3.5~4.5	Al:3.0~4.0
ISO 24034:2020(E)	Ti8641 TiV8Cr6Mo4Zr4Al3										
EN ISO 24034:2020	Ti8641 TiV8Cr6Mo4Zr4Al3										

表 12-225 STi8646 型号和化学成分（质量分数）对照

（%）

标准号	焊丝型号 化学成分代号	化学成分(质量分数) C	O	N	H	Fe	V	Cr	Mo	Zr	其他
GB/T 30562—2014	STi8646 TiV8Cr6Mo4Zr4Al3Pd	0.03	0.06~0.10	0.015	0.015	0.20	7.5~8.5	5.5~6.5	3.5~4.5	3.5~4.5	Al:3.0~4.0 Pd:0.04~0.08
AWS A5.16/A5.16M:2013	ERTi-20 TiV8Cr6Mo4Zr4Al3Pd	0.03	0.06~0.10	0.015	0.015	0.20	7.5~8.5	5.5~6.5	3.5~4.5	3.5~4.5	Al:3.0~4.0 Pd:0.04~0.08
ISO 24034:2020(E)	Ti8646 TiV8Cr6Mo4Zr4Al3Pd										
EN ISO 24034:2020	Ti8646 TiV8Cr6Mo4Zr4Al3Pd										

附录　中外常用有色金属及其合金相关标准目录

1. 中国（GB、YS）常用有色金属及其合金相关标准目录

1.1　GB/T 8063—2017《铸造有色金属及其合金牌号表示方法》

1.2　GB/T 16474—2011《变形铝及铝合金牌号表示方法》

1.3　GB/T 1196—2017《重熔用铝锭》

1.4　YS/T 275—2018《高纯铝锭》

1.5　GB/T 3190—2020《变形铝及铝合金化学成分》

1.6　GB/T 8733—2016《铸造铝合金锭》

1.7　GB/T 1173—2013《铸造铝合金》

1.8　GB/T 3499—2011《原生镁锭》

1.9　GB/T 5153—2016《变形镁及镁合金牌号和化学成分》

1.10　GB/T 19078—2016《铸造镁合金锭》

1.11　GB/T 1177—2018《铸造镁合金》

1.12　GB/T 11086—2013《铜及铜合金术语》

1.13　GB/T 29091—2012《铜及铜合金牌号和代号表示方法》

1.14　YS/T 70—2015《粗铜》

1.15　GB/T 467—2010《阴极铜》

1.16　GB/T 5231—2012《加工铜及铜合金牌号和化学成分》

1.17　YS/T 544—2009《铸造铜合金锭》

1.18　GB/T 1176—2013《铸造铜及铜合金》

1.19　GB/T 470—2008《锌锭》

1.20　GB/T 3610—2010《电池锌饼》

1.21　YS/T 565—2010《电池用锌板和锌带》

1.22　YS/T 225—2010《照相制版用微晶锌板》

1.23　GB/T 8738—2014《铸造用锌合金锭》

1.24　GB/T 1175—2018《铸造锌合金》

1.25　GB/T 13818—2009《压铸锌合金》
1.26　YS/T 310—2008《热镀用锌合金锭》
1.27　GB/T 728—2020《锡锭》
1.28　YS/T 44—2011《高纯锡》
1.29　YS/T 523—2011《锡、铅及其合金箔和锌箔》
1.30　GB/T 469—2013《铅锭》
1.31　GB/T 1470—2014《铅及铅锑合金板》
1.32　GB 3132—1982《保险铅丝》
1.33　YS/T 498—2006《电解沉积用铅阳极板》
1.34　GB/T 1472—2014《铅及铅锑合金管》
1.35　GB/T 6516—2010《电解镍》
1.36　GB/T 5235—2021《加工镍及镍合金牌号和化学成分》
1.37　GB/T 15007—2017《耐蚀合金牌号》
1.38　GB/T 36518—2018《镍及镍合金铸件》
1.39　GB/T 2524—2019《海绵钛》
1.40　GB/T 3620.1—2016《钛及钛合金牌号和化学成分》
1.41　GB/T 15073—2014《铸造钛及钛合金》
1.42　GB/T 6614—2014《钛及钛合金铸件》
1.43　GB/T 3457—2013《氧化钨》
1.44　GB/T 10116—2007《仲钨酸铵》
1.45　YS/T 524—2011《合成白钨》
1.46　GB/T 3458—2006《钨粉》
1.47　YS/T 659—2007《钨及钨合金加工产品牌号和化学成分》
1.48　GB/T 3875—2017《钨板》
1.49　GB/T 3459—2006《钨条》
1.50　GB/T 4187—2017《钨条和钨杆》
1.51　GB/T 26023—2010《抗射线用高精度钨板》
1.52　GB/T 26038—2010《钨基高比重合金板材》
1.53　GB/T 23272—2009《照明及电子设备用钨丝》
1.54　GB/T 4181—2017《钨丝》
1.55　YS/T 639—2007《纯三氧化钼》

1.56　GB/T 23271—2009《二硫化钼》

1.57　GB/T 3460—2017《钼酸铵》

1.58　GB/T 3461—2016《钼粉》

1.59　YS/T 245—2011《粉冶钼合金顶头》

1.60　GB/T 3462—2017《钼条和钼板坯》

1.61　YS/T 660—2007《钼及钼合金加工产品牌号和化学成分》

1.62　GB/T 4182—2017《钼丝》

1.63　GB/T 3876—2017《钼及钼合金板材》

1.64　GB/T 3877—2006《钼箔》

1.65　GB/T 14592—2014《钼圆片》

1.66　GB/T 4185—2017《钼钨合金条及杆》

1.67　GB/T 4188—2017《钼条和钼杆》

1.68　YS/T 428—2012《五氧化二铌》

1.69　YS/T 548—2007《高纯五氧化二铌》

1.70　GB/T 24485—2009《碳化铌粉》

1.71　YS/T 258—2011《冶金用铌粉》

1.72　GB/T 6896—2007《铌条》

1.73　YS/T 656—2015《铌及铌合金加工产品牌号和化学成分》

1.74　GB/T 8183—2007《铌及铌合金无缝管》

1.75　GB/T 14842—2007《铌及铌合金棒材》

1.76　GB/T 3630—2017《铌板材、带材和箔材》

1.77　YS/T 427—2012《五氧化二钽》

1.78　YS/T 547—2007《高纯五氧化二钽》

1.79　YS/T 573—2015《钽粉》

1.80　YS/T 259—2012《冶金用钽粉》

1.81　YS/T 751—2011《钽及钽合金牌号和化学成分》

1.82　GB/T 8182—2008《钽及钽合金无缝管》

1.83　GB/T 14841—2008《钽及钽合金棒材》

1.84　GB/T 3629—2017《钽及钽合金板材、带材和箔材》

1.85　YS/T 397—2015《海绵锆》

1.86　GB/T 26314—2010《锆及锆合金牌号和化学成分》

1.87　GB/T 26283—2010《锆及锆合金无缝管材》
1.88　GB/T 8769—2010《锆及锆合金棒材和丝材》
1.89　GB/T 21183—2017《锆及锆合金板、带、箔材》
1.90　GB/T 30568—2014《锆及锆合金锻件》
1.91　GB/T 17684—2008《贵金属及其合金术语》
1.92　GB/T 18035—2000《贵金属及其合金牌号表示方法》
1.93　GB 11887—2012《首饰 贵金属纯度的规定及命名方法》
1.94　YS/T 203—2009《贵金属及其合金丝、线、棒材》
1.95　GJB 947A—2003《贵金属及其合金丝、线、棒材规范》
1.96　YS/T 201—2018《贵金属及其合金板、带材》
1.97　GB/T 15159—2020《贵金属及其合金复合带材》
1.98　GB/T 18762—2017《贵金属及其合金钎料规范》
1.99　GB/T 4134—2015《金锭》
1.100　GB/T 25933—2010《高纯金》
1.101　GB/T 26312—2010《蒸发金》
1.102　GB/T 1775—2009《超细金粉》
1.103　YS/T 855—2012《金粒》
1.104　GB/T 26021—2010《金条》
1.105　QB/T 1734—2008《金箔》
1.106　GB/T 23611—2009《金靶材》
1.107　GB/T 4135—2016《银锭》
1.108　YS/T 857—2012《银条》
1.109　GB/T 1774—2009《超细银粉》
1.110　GB/T 1773—2008《片状银粉》
1.111　GB/T 1419—2015《海绵铂》
1.112　YS/T 81—2020《高纯海绵铂》
1.113　YS/T 754—2011《二氧化铂》
1.114　YS/T 596—2006《二亚硝基二氨铂》
1.115　YS/T 376—2010《物理纯铂丝》
1.116　GB/T 1776—2009《超细铂粉》
1.117　YS/T 82—2020《光谱分析用铂基体》

1.118 YS/T 378—2009《工业热电偶用贵金属丝材》
1.119 YS/T 377—2010《标准热电偶用铂铑 10-铂偶丝》
1.120 GB/T 1420—2015《海绵钯》
1.121 GB/T 8185—2020《二氯化钯》
1.122 GB/T 23518—2020《钯炭》
1.123 GB/T 1777—2009《超细钯粉》
1.124 YS/T 83—2020《光谱分析用钯基体》
1.125 GB/T 1422—2018《铱粉》
1.126 YS/T 595—2006《氯铱酸》
1.127 YS/T 643—2007《水合三氯化铱》
1.128 YS/T 790—2012《铱管》
1.129 YS/T 84—2020《光谱分析用铱基体》
1.130 GB/T 1421—2018《铑粉》
1.131 GB/T 23519—2009《三苯基膦氯化铑》
1.132 YS/T 593—2006《水合三氯化铑》
1.133 YS/T 85—2020《光谱分析用铑基体》
1.134 YS/T 682—2008《钌粉》
1.135 YS/T 598—2006《超细水合二氧化钌粉》
1.136 GB/T 23517—2009《钌炭》
1.137 YS/T 755—2011《亚硝酰基硝酸钌》
1.138 YS/T 681—2008《锇粉》
1.139 GB/T 8740—2013《铸造轴承合金锭》
1.140 GB/T 1174—1992《铸造轴承合金》
1.141 GB/T 8012—2013《铸造锡铅焊料》
1.142 GB/T 3131—2020《锡铅钎料》
1.143 GB/T 20422—2018《无铅钎料》
1.144 GB/T 10858—2008《铝及铝合金焊丝》
1.145 GB/T 9460—2008《铜及铜合金焊丝》
1.146 GB/T 15620—2008《镍及镍合金焊丝》
1.147 GB/T 10859—2008《镍基钎料》
1.148 GB/T 30562—2014《钛及钛合金焊丝》

2. 俄罗斯（ГОСТ）常用有色金属及其合金相关标准目录

2.1 ГОСТ 2171—1990《有色金属及其合金部件、制品和锭标志》

2.2 ГОСТ 25501—1982《有色金属及其合金的半成品 术语和定义》

2.3 ГОСТ 11069—2001《原生铝牌号》

2.4 ГОСТ 4784—1997《铝及铝合金牌号》

2.5 ГОСТ 1131—1976《变形铝合金锭技术条件》

2.6 ГОСТ 1583—1993《铸造铝合金锭技术条件》

2.7 ГОСТ 2685—1975《铸造铝合金》

2.8 ГОСТ 14113—1978《耐磨铝合金牌号》

2.9 ГОСТ 804—1993《原生镁锭》

2.10 ГОСТ 14957—1976《变形镁合金牌号》

2.11 ГОСТ 2581—1978《镁合金锭技术条件》

2.12 ГОСТ 2856—1979《铸造镁合金牌号》

2.13 ГОСТ 193—1979《铜锭技术条件》

2.14 ГОСТ 859—2001《铜牌号》

2.15 ГОСТ 18175—1978《压力加工用无锡青铜牌号》

2.16 ГОСТ 15527—2004《压力加工用黄铜（铜锌合金）牌号》

2.17 ГОСТ 5017—2006《锡青铜牌号》

2.18 ГОСТ 492—2006《压力蒸炼镍、镍及铜镍合金牌号》

2.19 ГОСТ 17711—1994《铸造铜锌合金（黄铜）牌号》

2.20 ГОСТ 613—1979《铸造锡青铜牌号》

2.21 ГОСТ 493—1979《铸造无锡青铜牌号》

2.22 ГОСТ 3640—1994《锌技术条件》

2.23 ГОСТ 25140—1993《铸造用锌合金牌号》

2.24 ГОСТ 19424—1997《压模铸造用锌合金锭技术条件》

2.25 ГОСТ 860—1975《锡技术条件》

2.26 ГОСТ 18394—1973《锡板、铅箔和锡箔技术条件》

2.27 ГОСТ 3778—1998《铅技术条件》

2.28 ГОСТ 849—1997《基础镍技术条件》

2.29　ГОСТ 492—2006《压力蒸炼镍、镍及铜镍合金牌号》
2.30　ГОСТ 1924—1980《锻镍和低合金镍牌号》
2.31　ГОСТ 17746—1996《海绵钛技术条件》
2.32　ГОСТ 19807—1997《锻钛及钛合金牌号》
2.33　ГОСТ 2197—1978《钨酸技术条件》
2.34　ГОСТ 2677—1978《钼酸铵技术条件》
2.35　ГОСТ 25442—1982《深冲用退火钼带技术条件》
2.36　ГОСТ 23620—1979《五氧化二铌技术条件》
2.37　ГОСТ 16100—1987《铌条牌号》
2.38　ГОСТ 16099—1980《铌锭牌号》
2.39　ГОСТ 25475—1985《金阳极技术条件》
2.40　ГОСТ 6835—1980《金和金合金牌号》
2.41　ГОСТ 25474—1982《银阳极技术条件》
2.42　ГОСТ 6836—1980《银及银合金牌号》
2.43　ГОСТ 19738—1974《银焊料牌号》
2.44　ГОСТ 12341—1981E《铂锭技术条件》
2.45　ГОСТ 14837—1979《精炼铂粉》
2.46　ГОСТ 13498—1979《铂及铂合金牌号》
2.47　ГОСТ 12340—1981E《钯锭牌号》
2.48　ГОСТ 14836—1982《精炼钯粉》
2.49　ГОСТ 13462—1979《钯及钯合金牌号》
2.50　ГОСТ 13099—2006《纯铱牌号》
2.51　ГОСТ 13098—2006《纯铑牌号》
2.52　ГОСТ 1320—1974《含锡及含铅巴比合金技术条件》
2.53　ГОСТ 21930—1976《锡铅钎料》

3. 日本（JIS）常用有色金属及其合金相关标准目录

3.1　JIS H2102：2011《铝锭》
3.2　JIS H4100：2015《铝及铝合金挤压型材》
3.3　JIS H4040：2015《铝及铝合金棒和线》
3.4　JIS H4000：2017《铝及铝合金薄板、板、带材和薄板卷》
3.5　JIS H4140：1988（R2019）《铝及铝合金锻件》

3.6 JIS H4080：2015《铝及铝合金无缝管》

3.7 JIS H4160：2006《铝及铝合金箔》

3.8 JIS H4090：1990（R2019）《铝及铝合金焊接管》

3.9 JIS H2211：2010《铸造用铝合金锭》

3.10 JIS H5202：2010《铝合金铸件》

3.11 JIS H5302：2006（R2019）《铝合金压铸件》

3.12 JIS H 2150：2017《镁锭》

3.13 JIS H4201：2018《镁合金锭》

3.14 JIS H4202：2018《镁合金无缝管》

3.15 JIS H4203：2018《镁合金棒》

3.16 JIS H4204：2018《镁合金挤压型材》

3.17 JIS H4205：2011《镁合金锻件》

3.18 JIS H2222：2006《压铸用镁合金锭》

3.19 JIS H2221：2006《铸造用镁合金锭》

3.20 JIS H5203：2006（R2019）《镁合金铸件》

3.21 JIS H5303：2006（R2019）《镁合金压铸件》

3.22 JIS H2121：1961（R2005）《电解阴极铜》

3.23 JIS H3510：2012《电子设备用无氧铜薄片，板、带、杆和棒材及无缝管材》

3.24 JIS H3250：2021《铜及铜合金杆材和棒材》

3.25 JIS H3100：2018《铜及铜合金薄板、厚板和带材》

3.26 JIS H3130：2018《弹簧用铜铍合金、铜钛合金、磷青铜、铜镍锡合金和镍银薄板材、板材和带材》

3.27 JIS H3260：2018《铜及铜合金线材》

3.28 JIS H3300：2018《铜及铜合金无缝管》

3.29 JIS H3110：2018《磷青铜和镍银合金薄板、板材和带材》

3.30 JIS H3270：2018《铍铜合金、磷青铜及镍银杆材、棒材及丝材》

3.31 JIS H3320：2006—2019ENG《铜及铜合金焊接管》

3.32 JIS H2202：2016《铸造用铜合金锭》

3.33 JIS H5120：2016《铜及铜合金铸件》

3.34　JIS H5121：2016《铜合金连续浇铸件》

3.35　JIS H2107：1999（R2019）《锌锭》

3.36　JIS H2201：2015《压铸用锌合金锭》

3.37　JIS H5301：2009《锌合金压铸件》

3.38　JIS H2108：2009《锡锭》

3.39　JIS H2105：1955（R2018）《铅锭》

3.40　JIS H4301：2006《铅及铅合金薄板和板》

3.41　JIS H2104：1997（R2018）《精炼镍》

3.42　JIS H4551：2000《镍及镍合金板、薄板及带材》

3.43　JIS H4552：2000《镍及镍合金无缝管》

3.44　JIS H4553：1999《镍及镍合金棒材》

3.45　JIS H4554：1999《镍及镍合金丝和拉制丝》

3.46　JIS C2520：1999《电热合金丝及带》

3.47　JIS H5701：1991（R2005）《镍及镍合金铸件》

3.48　JIS H2151：2015《海绵钛》

3.49　JIS H4670：2016《钛及钛合金线材》

3.50　JIS H4600：2012《钛及钛合金薄板、板及带材》

3.51　JIS H4650：2016《钛及钛合金棒材》

3.52　JIS H4630：2012《钛及钛合金无缝管》

3.53　JIS H4635：2012《钛及钛合金焊接管》

3.54　JIS H4657：2016《钛及钛合金锻件》

3.55　JIS T7401-1：2002《外科手术植入物用钛材料　第1部分：非合金钛》

3.56　JIS T7401-2：2002《外科手术植入物用钛材料　第2部分：锻制 Ti-6Al-4V 合金》

3.57　JIS T7401-3：2002《外科手术植入物用钛材料　第3部分：Ti-6Al-2Nb-1Ta 合金》

3.58　JIS T7401-4：2002《外科手术植入物用钛材料　第4部分：Ti-15Zr-4Nb-4Ta 合金》

3.59　JIS T7401-5：2002《外科手术植入物用钛材料　第5部分：Ti-6Al-7Nb 合金》

3.60　JIS T7401-6：2002《外科手术植入物用钛材料　第 6 部分：Ti-15Mo-5Zr-3Al 合金》

3.61　JIS Z3331：2011《钛及钛合金熔焊用焊条和实心焊丝》

3.62　JIS H2116：2002（R2007）《钨粉及碳化钨粉》

3.63　JIS H4463：2002（R2019）《照明及电子设备用加有氧化钍的钨丝和棒》

3.64　JIS H4461：2002《照明及电子器件用钨丝》

3.65　JIS H4481：1989《照明及电子设备用钼丝》

3.66　JIS H4471：1989《照明及电子设备用钨钼合金丝》

3.67　JIS H4483：1984《照明及电子设备用钼板》

3.68　JIS H4701：2001（R2005）《钽扁平轧制产品、杆材和线材》

3.69　JIS H4751：2016《锆合金管》

3.70　JIS Z3268：1998《真空用贵金属焊料》

3.71　JIS H6309：1999《珠宝．贵金属合金的纯度》

3.72　JIS Z3266：1998（R2004）《金铜焊金属焊料》

3.73　JIS H2141：1964（R2019）《银锭》

3.74　JIS Z3261：1998（R2017）《银铜焊金属焊料》

3.75　JIS H6201：1986《化学分析用铂坩埚》

3.76　JIS H6202：1986《化学分析用铂器皿》

3.77　JIS H6203：1986（R2018）《化学分析用铂蒸发皿》

3.78　JIS T6113：2015《牙科铸造用 14K 金合金》

3.79　JIS T6116：2012《牙科用铸造金合金》

3.80　JIS T6117：2011《牙科用金合金钎焊材料》

3.81　JIS T6118：2012《牙科金属烤瓷修复用贵金属材料》

3.82　JIS T6124：2005《牙科用锻制金合金》

3.83　JIS T6111：2011《牙科用银焊剂》

3.84　JIS T6108：2005《牙科用铸件银合金》

3.85　JIS Z3267：1998（R2018）《钯铜焊金属焊料》

3.86　JIS H5401：1958（R2005）《轴承合金铸件（白色金属）》

3.87　JIS Z3282：2017《焊锡-化学成分及形状》

3.88　JIS Z3202：2007（R2019）《铜及铜合金气焊条》

3.89　JIS Z3341：2007（R2018）《铜及铜合金焊丝》

3.90　JIS Z3334：2017《镍及镍合金焊接用棒、实心焊丝和条状电极》

3.91　JIS Z3331：2011《钛及钛合金熔焊用焊条和实心焊丝》

4. 美国（ASTM 等）常用有色金属及其合金相关标准目录

4.1　ASTM E527—2016《金属及合金编号的标准实施规范》

4.2　ANSI H35.1/H35.1（M）—2017《铝合金及热处理状态代号命名系统》

4.3　ASTM B37—2018《钢铁制造用铝》

4.4　ASTM B209/B209M—2021《铝及铝合金薄板和中厚板标准规范》

4.5　ASTM B210/B210M—2019《拉制无缝铝及铝合金管标准规范》

4.6　ASTM B211/B211M—2019《铝及铝合金轧制或冷加工棒材和线材标准规范》

4.7　ASTM B221M—2020《铝及铝合金挤压棒材、杆材、线材、型材和管材标准规范》

4.8　ASTM B234M—2017《铝及铝合金拉制无缝管标准规范》

4.9　ASTM B241/B241M—2016《铝及铝合金无缝管和挤压无缝管标准规范》

4.10　ASTM B247M—2020《铝及铝合金压模锻件、手工锻件和轧制环锻件标准规范》

4.11　ASTM B316/B316M—2020《铝及铝合金铆钉和冷镦合金线材和棒材标准规范》

4.12　ASTM B491/B491M—2015《通用铝及铝合金挤制圆管标准规范》

4.13　ASTM B26/B26M—2018《铝合金砂铸件标准规范》

4.14　ASTM B108/B108M—2018e1《铝合金永久铸模铸件标准规范》

4.15　ASTM B179—2018《所有铸造工艺铸件用铝合金锭和熔

融铝合金标准规范》

4.16　ASTM B92/B92M—2017《重熔用镁锭和镁棒标准规范》

4.17　ASTM B90/B90M—2021《镁合金薄板和厚板标准规范》

4.18　ASTM B91M—2017《镁合金锻件标准规范》

4.19　ASTM B107/B107M—2013《镁合金挤压棒材、条材、型材、管材和线材的标准规范》

4.20　ASTM B93/B93M—2021《砂型铸件、永久模型铸件及压铸件用镁合金锭标的准规范》

4.21　ASTM B94—2018《镁合金压铸件标准规范》

4.22　ASTM B224—2016《铜分类标准规范》

4.23　ASTM B846—2019《铜及铜合金标准术语》

4.24　ASTM B248/B248M—2017《锻造铜及铜合金厚板、薄板材、带材及轧制棒材用要求标准规范》

4.25　ASTM B249/B249M—2019《锻造铜及铜合金棒材、条材、型材和锻件基本要求标准规范》

4.26　ASTM B250/B250M—2016《锻制铜合金线材通用要求标准规范》

4.27　ASTM B251/B251M—2017《锻制无缝铜及铜合金管一般要求标准规范》

4.28　ASTM B601—2016《锻造及铸造铜及铜合金回火名称与符号标准分类》

4.29　ASTM B115—2016《电解铜阴极标准规范》

4.30　ASTM B75/B75M—2019《无缝铜（加工铜）管标准规范》

4.31　ASTM B170 —99（R2020）《无氧电解铜精制型材标准规范》

4.32　ASTM B187/B187M—2019《铜（加工铜）母线、棒和型材标准规范》

4.33　ASTM B301/B301M—2013（2020）《易切削铜（加工铜和高铜）条材、棒材、线材和型材标准规范》

4.34　ASTM B152/B152M—2019《铜（加工铜）薄板、带材、中厚板材和轧制棒材标准规范》

4.35　ASTM B465—2020《铜铁（高铜）合金板、薄板、带材和轧制棒材标准规范》

4.36　ASTM B196/B196M—2018《铜铍合金棒材标准规范》

4.37　ASTM B134/B134M—2015（R2021）《铜锌（普通黄铜）合金线标准规范》

4.38　ASTM B927/B927M—2017《铜锌（普通黄铜）合金杆材、棒材和型材标准规范》

4.39　ASTM B36/B36M—2018《铜锌（普通黄铜）合金板、薄板、带材及轧制棒标准规范》

4.40　ASTM B131—2017《弹头火帽壳用铜合金》

4.41　ASTM B140/B140M—2012（R2017）《铜锌铅（铅黄铜）棒材、杆材和型材标规范》

4.42　ASTM B16/B16M—2019《易切削铅黄铜条材、棒材和型材标准规范》

4.43　ASTM B121/B121M—2016《铅黄铜中厚板、薄板、条板及轧制棒材标准规范》

4.44　ASTM B21/B21M—2018（R2019）《海军黄铜（铜锌锡）条材、棒材和型材标准规范》

4.45　ASTM B508—2016《柔性金属软管铜锡合金条标准规范》

4.46　ASTM B135/B135M—2017《无缝黄铜管标准规范》

4.47　ASTM B159/B159M—2017《磷青铜丝标准规范》

4.48　ASTM B103/B103M—2019《磷青铜板、薄板、带材和轧制棒材标准规范》

4.49　ASTM B139/B139M—2012（R2017）《磷青铜条材、棒材和型材标准规范》

4.50　ASTM B150/B150M—2019《铝青铜线材、棒材和型材标准规范》

4.51　ASTM B169/B169M—2020《铝青铜薄板、带材和轧制棒材标准规范》

4.52　ASTM B315 —2019《无缝铜合金管（铝青铜）标准规范》

4.53　ASTM B371/B371M—2019《铜锌硅合金条标准规范》

4.54 ASTM B411/B411M—2014（R2019）《铜镍硅合金杆材和棒材标准规范》

4.55 ASTM B122/B122M—2016《铜镍锌合金（镍银）及铜镍合金板、薄板、带材和轧制棒材的标准规范》

4.56 ASTM B111/B111M—2018a《铜及铜合金无缝冷凝汽器管和套管标准规范》

4.57 ASTM B124/B124M—2020《铜及铜合金锻棒、棒材和型材标准规范》

4.58 ASTM B206/B206M—2017《铜镍锌合金（镍银）丝和铜镍合金丝的标准规范》

4.59 ASTM B283/B283M—2020《铜及铜合金模锻件（热压）标准规范》

4.60 ASTM B888/B888M—2017《电连接器或弹簧触点制造用铜合金条标准规范》

4.61 ASTM B372—2017《无缝铜及铜合金矩形波导管标准规范》

4.62 ASTM B171/B171M—2018《压力容器、冷凝器和热交换器用铜合金板和薄板的标准规范》

4.63 ASTM B359/B359M—2018《整体散热叶片的冷凝器及热交换器用铜及铜合金无缝管标准规范》

4.64 ASTM B395/B395M—2018《热交换器及冷凝器用U型无缝铜及铜合金管的标准规范》

4.65 ASTM B543/B543M—2018《焊接铜及铜合金换热器管标准规范》

4.66 ASTM B694—2019《铜和铜包合金钢片和带电缆屏蔽标准规范》

4.67 ASTM B30—2016《铜合金铸锭标准规范》

4.68 ASTM B505/B505M—2018《铜合金连续铸件标准规范》

4.69 ASTM B271/B271M—2018《铜基合金离心铸件标准规范》

4.70 ASTM B584—2014《通用铜合金砂模铸件标准规范》

4.71 ASTM B763/B763M—2015《阀门用铜合金砂铸件标准规范》

4.72 ASTM B176—2018《铜合金模铸件标准规范》

4.73 ASTM B62—2017《青铜、高铜和黄铜铸件标准规范》

4.74 ASTM B148—2018《铝青铜砂铸件标准规范》

4.75 ASTM B22/B22M—2017《桥梁和转车台用青铜铸件标准规范》

4.76 ASTM B6—2018《锌的标准规范》

4.77 ASTM B69—2016《轧制锌的标准规范》

4.78 ASTM B240—2017《铸造和压模铸件用锌和锌铝合金锭标准规范》

4.79 ASTM B86—2018《锌和锌铝（ZA）合金铸造和压铸件标准规范》

4.80 ASTM B852—2016《热浸用连续镀锌用锌合金标准规范》

4.81 ASTM B750—2016《热镀锌用铸锭型锌铝加混合稀土合金标准规范》

4.82 ASTM B860—2017《热浸镀锌用锌合金标准规范》

4.83 ASTM B339—2019《锡锭标准规范》

4.84 ASTM B560—2014《现代锡铅锑合金标准规范》

4.85 ASTM B29—2019《精炼铅标准规范》

4.86 ASTM B749—2020《铅和铅合金带材、薄板材和板材产品标准规范》

4.87 ASTM B32—2020《金属焊料标准规范》

4.88 ASTM B775/B775M—2019《镍和镍合金一般要求的标准规范》

4.89 ASTM B39—1979（R2018）《镍标准规范》

4.90 ASTM B160—2005（R2019）《镍条和镍棒标准规范》

4.91 ASTM B161—2005（R2019）《无缝镍管标准规范》

4.92 ASTM B162—1999（R2019）《镍板和带标准规范》

4.93 ASTM B163—2019《冷凝器及热交换器用无缝镍和镍合金管标准规范》

4.94 ASTM B164—2003（R2019）《镍铜合金棒和丝标准规范》

4.95 ASTM B165—2019《无缝镍铜合金管标准规范》

4.96 ASTM B166—2019《镍铬钴钼合金、镍铬钴钨合金、镍

铬钴铜合金棒和丝标准规范》

4.97 ASTM B167—2018《无缝镍铬铁合金管标准规范》

4.98 ASTM B168—2019《镍铬铝合金标准规范》

4.99 ASTM B127—2019《镍铜合金板、薄板和带材标准规范》

4.100 ASTM B333—2003（R2018）《镍钼合金板、薄板和带材标准规范》

4.101 ASTM B423—2011（R2021）《镍铁铬钼铜合金无缝管标准规范》

4.102 ASTM B424—2019《镍铁铬钼铜合金板材、薄板和带材标准规范》

4.103 ASTM B425—2019《镍铁铬钼铜合金杆材和棒材标准规范》

4.104 ASTM B622—2017《无缝镍和镍钴合金管标准规范》

4.105 ASTM B564—2019《镍合金锻件标准规范》

4.106 ASTM B705—2017《镍合金焊接管标准规范》

4.107 ASTM A494/A494—2018a《镍和镍合金铸件标准规范》

4.108 ASTM B299/B299—2018《海绵钛标准规范》

4.109 ASTM B265—2020a《钛及钛合金带、薄板和中厚板标准规范》

4.110 ASTM B338—2017《冷凝器和热交换器用钛及钛合金无缝和焊接管标准规范》

4.111 ASTM B861—2019《钛及钛合金无缝管标准规范》

4.112 ASTM B862—2019《钛及钛合金焊接管标准规范》

4.113 ASTM B863—2019《钛及钛合金线标准规范》

4.114 ASTM B348/B348M—2019《钛及钛合金棒和坯标准规范》

4.115 ASTM B381—2013（R2019）《钛及钛合金锻件标准规范》

4.116 ASTM F136—2013《外科植入用 Ti-6Al-4VEL1（超低间隙）合金棒标准规范》

4.117 ASTM F67—2013（R2017）《外科植入用 R50250、

R50400 和 R50550 纯钛标准规范》

4.118　ASTM F1108—2014《外科植入用钛合金 Ti-6Al-4V (R56406) 铸件标准规范》

4.119　ASTM F1295—2016《外科植入用锻制钛合金 Ti-6Al-7Nb (R56700) 标准规范》

4.120　ASTM F1341—1999《外科植入用纯钛丝标准规范》

4.121　ASTM F1472—2014《外科植入设备用锻制钛合金 Ti-6Al-4V 标准规范》

4.122　ASTM F1580—2012《外科植入物覆层用钛合金 Ti-6Al-4V 粉末标准规范》

4.123　ASTM F620—2011 (R2015)《外科植入用钛合金锻件标准规范》

4.124　ASTM B367—2013 (R2017)《钛及钛合金铸件标准规范》

4.125　ASTM B760—2007 (R2019)《钨制板材、薄板材和箔标准规范》

4.126　ASTM B777—2015 (R2020)《钨基高密度金属标准规范》

4.127　ASTM B387—2018《钼和钼合金棒和线标准规范》

4.128　ASTM B386/B386M—2019《钼和钼合金板、薄板、带材和箔标准规范》

4.129　ASTM B391—2018《铌和铌合金铸锭标准规范》

4.130　ASTM B392—2018《铌和铌合金棒和线标准规范》

4.131　ASTM B393—2018《铌和铌合金带材、薄板和中厚板标准规范》

4.132　ASTM B394—2018《铌和铌合金无缝管和焊接管标准规范》

4.133　ASTM B652/B652M—2010 (R2018)《铌和铌合金锭标准规范》

4.134　ASTM B654/B654M—2010 (R2018)《铌铪合金箔、带材、薄板材、中厚板材标准规范》

4.135　ASTM B655/B655M—2010 (R2018) 铌铪合金棒材和线材标准规范》

4.136 ASTM B364—2018《钽和钽合金锭标准规范》

4.137 ASTM B365—2012（R2019）《钽丝、钽棒标准规范》

4.138 ASTM B521—2019《钽和钽合金无缝管和焊接管标准规范》

4.139 ASTM B708—2012（R2019）《钽和钽合金板材、薄板材和带材标准规范》

4.140 ASTM B349/B349M—2016《核应用的海绵锆和其他形式的原金属标准规范》

4.141 ASTM B493/B493M—2014（R2019）《锆及锆合金锻件标准规范》

4.142 ASTM B494/B494M—2008（R2020）《原生锆标准规范》

4.143 ASTM B495—2010（R2017）《锆及锆合金锭标准规范》

4.144 ASTM B550/B550M—2007（R2019）《锆及锆合金棒材和线材标准规范》

4.145 ASTM B551/B551M—2012（R2017）《锆和锆合金板材、薄板材和带材的标准规范》

4.146 ASTM B351/B351M—2013（R2018）《核设备用热轧和冷加工锆合金棒材、杆材和线材标准规范》

4.147 ASTM B352/B352M—2017《核应用锆和锆合金薄板、板材和带材标准规范》

4.148 ASTM B353—2012（R2017）《核设施用锻制锆及锆合金无缝管和焊接管的标准规范》

4.149 ASTM B476—2001（R2017）《锻制贵金属选材一般要求标准规范》

4.150 ASTM B562—1995（R2017）《精炼金标准规范》

4.151 ASTM B522—2001（R2017）《金银铂电接触合金标准规范》

4.152 ASTM B596—1989（R2017）《金铜电接触合金标准规范》

4.153 ASTM B541—2001（R2018）《电接触用金合金标准规范》

4.154　ASTM B477—1997（R2017）《金银镍电接触合金标准规范》

4.155　ASTM F72—2017《半导体铅键用金丝标准规范》

4.156　ASTM F106—2012（R2017）《电子器件填充金属焊接标准规范》

4.157　ASTM B413—1997a（R2017）《精炼银标准规范》

4.158　ASTM B617—1998（R2016）《电触点和货币用银铜合金标准规范》

4.159　ASTM B628—1998（R2016）《银铜共晶电触头合金标准规范》

4.160　ASTM B631—1993（R2016）《电接触用银钨合金标准规范》

4.161　ASTM B780—2016《含银75%、铜24.5%和镍0.5%的电触点合金标准规范》

4.162　ASTM B781—1993a（R2012）《氧化银镉接触材料标准规范》

4.163　ASTM B692—1990（R2012）《含银75%、石墨25%的滑动触点材料标准规范》

4.164　ASTM B693—2017《电触头用银镍合金标准规范》

4.165　ASTM B662—1994（R2012）《电接触用银钼合金标准规范》

4.166　ASTM B663/B663M—2016《电接触用银钨硬质合金标准规范》

4.167　ASTM B664—1990（R2012）《含银80%、石墨20%的滑动触点材料标准规范》

4.168　ASTM B742—1990（R2012）《精细银电触点标准规范》

4.169　ASTM B561—1994（R2018）《精炼铂标准规范》

4.170　ASTM B684/B684M—2016《电接触用铂铱合金标准规范》

4.171　ASTM B589—1994（R2017）《精炼钯标准规范》

4.172　ASTM B683—2001（R2012）《电接触用纯钯标准规范》

4.173 ASTM B685—2001（R2012）《电接触用钯铜合金标准规范》

4.174 ASTM B731—1996（R2012）《电触点用钯 60%、银 40%合金的标准规范》

4.175 ASTM B563—2001（R2017）《电接触用钯银铜合金标准规范》

4.176 ASTM B540—1997（R2017）《电气接触用钯银铜金铂锌合金的标准规范》

4.177 ASTM B867—1995（R2013）《工程电镀层用钯镍合金标准规范》

4.178 ASTM B671—1981（R2017）《精炼铱标准规范》

4.179 ASTM B616—1996（R2018）《精炼铑标准规范》

4.180 ASTM B634—2014a《工程用铑电解沉积镀层标准规范》

4.181 ASTM B717—1996（R2012）《精炼钌标准规范》

4.182 ASTM B23—2020《白色金属轴承合金标准规范》

4.183 AWS A5.10/A5.10M：2017《裸铝和铝合金焊接电极和焊条规范》

4.184 AWS A5.7/A5.7M：2007（R2017）《铜及铜合金裸焊棒和焊条规范》

4.185 AWS A5.8/A5.8M：2019-AMD 1《钎焊用填充金属规范》

4.186 AWS A5.6/A5.6M：2008（R2017）《电弧焊用铜及铜合金焊条规范》

4.187 AWS A5.14/A5.14M：2018《镍及镍合金裸焊条规范》

4.188 AWS A5.11/A5.11M：2018《金属电弧焊用镍和镍合金焊接电极规范》

4.189 AWS A5.16/A5.16M：2013《钛及钛合金焊接电极和焊条规范》

4.190 SAE AMS4954J：2012《钛合金焊丝标准规范》

5. 国际标准化组织（ISO）常用有色金属及其合金相关标准目录

5.1 ISO/TR 7003：1990（E）《金属命名的统一形式》

5.2 ISO 2092：1981《轻金属及其合金 以元素符号表示牌号

的规则》

5.3　ISO 3134-1：1985《轻金属及其合金　术语和定义　第1部分：材料》

5.4　ISO 3134-2：1985《轻金属及其合金　术语和定义　第2部分：未加工产品》

5.5　ISO 3134-3：1985《轻金属及其合金　术语和定义　第3部分：加工产品》

5.6　ISO 3134-4：1985《轻金属及其合金　术语和定义　第4部分：铸件》

5.7　ISO 3134-5：1981《轻金属及其合金　术语和定义　第5部分：处理方法》

5.8　ISO 2107：2007（E）《变形铝及铝合金产品状态代号》

5.9　ISO 115：2003（E）《重熔用纯铝锭分类和成分》

5.10　ISO 209：2007（E）《铝和铝合金化学成分》

5.11　ISO 6361-5：2011（E）《变形铝和铝合金　薄板材、板材和带材　第5部分：化学成分》

5.12　ISO 6362-7：2014（E）《变形铝和铝合金　挤压棒材、管材和型材　第7部分：化学成分》

5.13　ISO 3522：2016（E）《铝和铝合金　铸件　化学成分和力学性能》

5.14　ISO 8287：2021（E）《镁和镁合金　纯镁　化学成分》

5.15　ISO 3116：2019（E）《变形镁和镁合金　化学成分和力学性能》

5.16　ISO 16220：2017（E）《镁和镁合金　镁合金铸锭和铸件》

5.17　ISO 1190-1：1982《铜及铜合金　代号规范　第1部分：材料牌号》

5.18　ISO 1190-2：1982《铜及铜合金　代号规范　第2部分：状态代号》

5.19　ISO 197-1：1983《铜和铜合金　术语和定义　第1部分：材料》

5.20　ISO 197-4：1983《铜和铜合金　术语和定义　第4部分：铸件》

5.21　ISO 431：1981（E）《精炼铜锭》

5.22　ISO 1336：1980（E）《锻铜（铜含量最小为97.5%）锻制品化学成分和型式》

5.23　ISO 1337：1980（E）《锻铜（铜含量最小为99.85%）锻制品化学成分和型式》

5.24　ISO 1187：1983（E）《特殊锻铜合金　锻制品化学成分和型式》

5.25　ISO 426-1：1983（E）《加工铜-锌合金　化学成分和产品形状　第1部分：无铅和特种铜锌合金》

5.26　ISO 426-2：1983（E）《加工铜-锌合金　化学成分和产品形状　第2部分：含铅铜锌合金》

5.27　ISO 427：1983（E）《加工铜-锡合金　化学成分和产品形状》

5.28　ISO 428：1983（E）《加工铜-铝合金　化学成分和产品形状》

5.29　ISO 429：1983（E）《加工铜-镍合金　化学成分和产品形状》

5.30　ISO 430：1983（E）《加工铜-镍-锌合金　化学成分和产品形状》

5.31　ISO 752：2004（E）《锌锭》

5.32　ISO 301：2006（E）《铸造用锌合金锭》

5.33　ISO 15201：2006（E）《锌合金　铸件规范》

5.34　ISO 6283：2017（E）《精炼镍》

5.35　ISO 9723：1992（E）《镍和镍合金棒材》

5.36　ISO 9724：1992（E）《镍和镍合金线材》

5.37　ISO 9725：2017（E）《镍和镍合金锻件》

5.38　ISO 15156-3：2015（E）《抗裂耐蚀合金和其他合金　第3篇》

5.39　ISO 6207：1992（E）《镍和镍合金无缝管》

5.40　ISO 6208：1992（E）《镍和镍合金薄板、厚板和带材》

5.41　ISO 12725：2019（E）《镍和镍合金铸件》

5.42　ISO 5832-2：2018（E）《外科植入物金属材料　第2部分：纯钛》

5.43　ISO 5832-3：2016（E）《外科植入物金属材料　第3部分：Ti-6Al-4V合金》

5.44　ISO 5832-10：1996（E）《外科植入物金属材料　第10部分：Ti-5Al-2.5Fe合金》

5.45　ISO 5832-11：2014（E）《外科植入物金属材料　第11部分：Ti-6Al-7Nb合金》

5.46　ISO 5832-14：2019（E）《外科植入物金属材料　第14部分：Ti-15Mo-5Zr-3Al合金》

5.47　ISO 17672：2016（E）《焊接　填充金属》

5.48　ISO 9453：2020（E）《软焊料合金　化学成分和形式》

5.49　ISO 18273：2015（E）《焊接消耗品　焊接用铝及铝合金焊丝和焊条》

5.50　ISO 24373：2018（E）《焊接消耗品　焊接用铜及铜合金焊丝和焊条》

5.51　ISO 18274：2010（E）《焊接消耗品　焊接用镍及镍合金焊丝和焊条》

5.52　ISO 14172：2015（E）《焊接消耗品　手工电弧焊接用镍及镍合金焊条》

5.53　ISO 24034：2020（E）《焊接消耗品　钛和钛合金熔焊用焊丝和焊条．分类》

6. 欧洲标准化委员会（EN、CEN/TS）常用有色金属及其合金相关标准目录

6.1　EN 12258-1：2012（E）《铝和铝合金　术语和定义　第1部分：通用术语》

6.2　EN 515：2017（E）《铝和铝合金　锻制产品　状态代号》

6.3　EN 573-1：2004《铝及铝合金　化学成分和形式　第1部分：数字牌号体系》

6.4　EN 573-2：1994《铝及铝合金　化学成分和形式　第2部分：化学符号牌号》

6.5　EN 573-3：2019（E）《铝及铝合金　化学成分和形式　第3部分：化学成分》

6.6　EN 573-4：2004《铝及铝合金　化学成分和形式　第4部分：产品形状》

6.7　EN 1780-1：2002《铝及铝合金　铸锭标识　第1部分：数字牌号体系》

6.8　EN 1780-2：2002《铝及铝合金　铸锭标识　第2部分：化学符号牌号》

6.9　EN 575：1995《铝及铝合金　中间合金锭》

6.10　EN 576：2003（E）《铝及铝合金　再熔用非合金铝锭》

6.11　EN 1676：2020（E）《铝及铝合金　重熔用合金锭》

6.12　EN 1706：2020（E）《铝及铝合金　铸件化学成分和力学性能》

6.13　EN 1754：2015（E）《镁及镁合金　阳极、铸锭和铸件牌号体系》

6.14　EN 12421：2017（E）《镁及镁合金　非合金镁》

6.15　EN 12438：2017（E）《镁及镁合金　铸造阳极用镁合金》

6.16　EN 1753：2019（E）《镁及镁合金　镁合金锭和铸件》

6.17　EN 1412：2016（E）《铜及铜合金　欧洲编号系统》

6.18　EN 1173：2008（E）《铜及铜合金　材料状态名称》

6.19　CEN/TS 13388：2015（E）《铜及铜合金　化学成分和产品形状》

6.20　EN 13600：2021（E）《铜和铜合金一般电气用无缝铜管》

6.21　EN 13601：2021（E）《铜和铜合金一般电气用铜棒和铜丝》

6.22　EN 1978：1998《铜及铜合金　阴极铜》

6.23　EN 1977：2013（E）《铜及铜合金　铜拉丝棒》

6.24　EN 1976：2012（E）《铜及铜合金　铸造未锻铜制品》

6.25　EN 12420：2014（E）《铜及铜合金　锻件》

6.26　EN 12451：2012（E）《铜及铜合金　热交换器用无缝铜管》

6.27　EN 12163：2016（E）《铜及铜合金　棒材　一般用途》

6.28　EN 12164：2016（E）《铜及铜合金　易切削用棒材　化学成分》

6.29　EN 12165：2016（E）《铜及铜合金　锻件　化学成分、力学性能和尺寸公差》

6.30　EN 12166：2016（E）《铜及铜合金　线材　一般用途》

6.31　EN 12167：2016（E）《铜及铜合金　型材和扁棒材　一般用途》

6.32　EN 12168：2016（E）《铜及铜合金　高速切削用空心棒材　化学成分

6.33　EN 1652：1997《铜及铜合金　板材、薄板和带材　一般用途》

6.34　EN 1653：1997+A1：2000《铜及铜合金　锅炉、压力容器和热水存储设备用板材、薄板和带材》

6.35　EN 1654：2019-05《铜及铜合金　弹簧和连接器用带材》

6.36　EN 1981：2003（E）《铜及铜合金　中间合金》

6.37　EN 1982：2017（E）《铜及铜合金　铸锭和铸件》

6.38　EN 1179：2003（E）《锌及锌合金　初级锌》

6.39　EN 988：1997《锌及锌合金　建筑用轧制平板》

6.40　EN 1774：1997《锌及锌合金　铸造用合金铸锭和熔液》

6.41　EN 610：1995《锡及锡合金　锡锭》

6.42　EN 611-1：1995《锡及锡合金　第1部分：锡铅合金》

6.43　EN 611-2：1995《锡及锡合金　第2部分：锡铅合金器皿》

6.44　EN 12659：1999《铅及铅合金　铅》

6.45　EN 12548：1999《铅及铅合金　电缆护套和套筒用铅合金锭》

6.46　EN 12588：2006（E）《铅及铅合金　建筑用轧制薄铅板》

6.47　EN 2858-1：1994《航空航天系列钛和钛合金　锻坯和锻件　技术规范第1部分：一般要求》

6.48　EN ISO 5832-2：2017（D）《外科植入物　金属材料　非合金钛》

6.49　EN 1044：1999《钎焊　填充金属》

6.50　EN ISO 9453：2020《软焊料合金　化学成分和形式》

6.51　EN 29453：1993《软钎料合金　化学成分和形式》

6.52　EN ISO 18273：2015（E）《焊接消耗品　铝和铝合金焊接用焊丝电极、焊丝和焊条》

6.53　EN ISO 24373：2018《焊接消耗品　焊接用铜及铜合金焊丝和焊条》

6.54　EN 14640：2005（E）《焊接消耗物　铜和铜合金熔焊用实心焊丝和焊棒》

6.55　EN 13347：2002（E）《铜和铜合金　焊接和铜焊用铜棒和铜丝》

6.56　EN ISO 14172：2015（E）《焊接消耗品　镍和镍合金手工金属电弧焊用涂敷电焊条》

6.57　EN ISO 24034：2020《焊接消耗品　钛和钛合金熔焊用焊丝和焊条．分类》

参考文献[1]

[1] 张永裕. 世界有色金属牌号及对照手册 [M]. 北京：中国标准出版社，2015.

[2] 田争. 有色金属材料国内外牌号手册 [M]. 北京：中国标准出版社，2006.

[3] 美国金属学会. 世界有色金属与合金牌号对照手册 [M]. 张少棠，马科岩，译. 北京：中国标准出版社，1991.

[4] 李维钺，李军. 中外金属材料牌号和化学成分对照手册 [M]. 北京：机械工业出版社，2011.

[5] 李维钺，李军. 中外金属材料牌号和化学成分对照数字化手册 [M]. 北京：机械工业出版社，2013.

[6] 范顺科. 袖珍世界有色金属牌号手册 [M]. 北京：机械工业出版社，2003.

[7] 朱中平. 中外金属材料对照手册 [M]. 北京：化学工业出版社，2018.

[8] 安继儒，张建成. 金属材料牌号对照手册 [M]. 北京：化学工业出版社，2008.

[9] 马存真. 世界有色金属牌号手册 [M]. 北京：冶金工业出版社，2017.

[10] 张印本，杨良太，简汶彬，等. 金属材料对照手册 [M]. 北京：国防工业出版社，2012.

[11] 贾沛泰. 国内外有色金属材料对照手册 [M]. 南京：江苏科学技术出版社，2006.

---

[1] 本手册参考了 592 种国内外标准，见附录 A，限于篇幅，在此不再一一列出。